Hans-Jürgen Warnecke

Schiffsantriebe

5.000 Jahre Innovation

Heckansicht der britischen GREAT EASTERN *(1857)*

Hans-Jürgen Warnecke

Schiffsantriebe

5.000 Jahre Innovation

Koehlers Verlagsgesellschaft mbH
Hamburg

Weitere Autoren und Mitwirkende in einzelnen Kapiteln:

Dipl.-Wirt.Ing	Marcus Delin
Dipl.-Ing.	Kurt Jüngling
Prof. Dr.-Ing.	Hans-Erhard Peters
Prof. Dr.-Ing.	Jürgen Ritterhoff
Dr.-Ing. Dr. sc. techn.	Helmut Sauer
Dipl.-Ing.	Dietmar Voss
Prof. Dr.-Ing.	Martin-Christoph Wanner
Prof. Dr.-Ing. Dr. h. c.	Erno Wiebeck

Abbildungen des Schutzumschlags:

Deutz Marine Power: **TCD 2016 – the high perfomance engine for yachts,** Deutz AG: Deutz Motor, 2003

Aylmer, Gerald: **RMS Mauretania – The Ship and her Record.** Brimscombe Port, Stroud, Gloucestershire: Tempus Publishing Limited, The Mill, GL5 2QG, 2000

Hackmann, Peter: **Die Schiffe der Radience-Klasse der RCCL** (Royal Caribbean Cruise Ltd.). Papenburg: Jos.L.Meyer GmbH (Meyer Werft), 2003

Lindsay, W.S.: **History of Merchant Shipping and Ancient Commerce,** 4. Band. London: Sampson Low, Marston, Low, and Searle, 1876

Woodman, Richard: **The History of the Ship – The comprehensive story of seafaring from the earliest times to the present day,** Conway Maritime Press, first published in 1997, reprinted 1999

Morris, Roger: **Pacific Sail – Four Centuries of Western Ships in the Pacific.** Auckland: David Bateman, 1987

Warwick, Captain Ronald W.: **QE2, with a Foreword by H.R.H.,** the Prince Philip, Duke of Edinburgh. New York, London: W.W. Norton & Company, 1988

Nicht bei allen Fotos konnten die Inhaber der Bildrechte ermittelt werden. Der Verlag bittet freundlich um Kontaktaufnahme: **Verlagsgruppe Koehler/Mittler**
Striepenweg 31, 21147 Hamburg

Ein Gesamtverzeichnis der lieferbaren Titel der Verlagsgruppe Koehler/Mittler schicken wir Ihnen gern zu. Sie finden es aber auch im Internet unter www.koehler-mittler.de.

Bibliografische Information Der Deutschen Bibliothek
Die Deutsche Bibliothek verzeichnet diese Publikation in der Deutschen Nationalbibliografie; detaillierte bibliografische Daten sind im Internet über http://dnb.ddb.de abrufbar.

ISBN 3-7822-0908-7

Produktion: Inge Mellenthin
Druck und Bindung: B.O.S.S. Druck und Medien GmbH, Kleve

Printed in Germany

Inhalt

Vorwort

Über 5.000 Jahre Schiff und Schifffahrt heißt auch über 5.000 Jahre Innovationsgeschehen in unterschiedlichen Zeiträumen. Vom Wasser und Meer ist schon immer eine Faszination auf die Menschen ausgegangen, obwohl es im Grunde ein für sie feindlicher Lebensraum ist. Es ist sicher eine gute philosophische Frage, warum das so ist? Vielleicht, weil der Ursprung allen organischen Lebens im Wasser ist.

Damit der Mensch das Meer, das zwei Drittel der Erdoberfläche ausmacht, und Landmassen voneinander trennt oder in Form von Flüssen zerschneidet, diese Trennung überwinden und Meere und Binnengewässer als Nahrungsquelle nutzen kann sowie in neuerer Zeit auch den Meeresboden, hat er vor Tausenden Jahren das Boot und dann immer größere Boote, das Schiff – beide Begriffe sind nicht klar abgrenzend definiert – geschaffen. Solange es dieses Produkt von Menschenhand gibt, wird es entsprechend den vorhandenen Möglichkeiten verbessert. Das geschieht nicht von selbst, sondern es ist eine Motivation zur Deckung eines Bedarfs bzw. zur Lösung eines Problems vorhanden. Die treibende Kraft hat der französische Dichter *Saint-Exupéry* mit seiner Aussage getroffen: *»Wenn du ein Schiff bauen willst, so trommle nicht Männer zusammen, um Holz zu beschaffen, Aufgaben zu vergeben und die Arbeit einzuteilen, sondern lehre die Männer die Sehnsucht nach dem weiten endlosen Meer.«*

Das Schiff ist das erste Mittel zur Globalisierung geworden – schon lange bevor es dieses Wort überhaupt gab – und ist es heute noch, indem es die Transportvolumina zwischen den regionalen Volkswirtschaften mit geringen Transportkosten bewältigt.

Die Sehnsucht war sicher die treibende Kraft bis ins Mittelalter hinein, heute sind treibende Kräfte die Wirtschaftlichkeit (Nutzen zu Aufwand), Planbarkeit (Zeiten und Termine), Zuverlässigkeit, Sicherheit und Machbarkeit, die die Entwicklung des Schiffes und seines Antriebes weitertreiben. Dabei herrscht das nüchterne kaufmännische Finanzkalkül vor. Einen Endzustand wird es bei der Vielfalt sich widersprechender Forderungen und ihrer wechselnden Gewichtung nicht geben.

Innovationen entstehen aber nicht nur aus Sehnsucht, Problemen und Forderungen, sondern auch aus neuen Möglichkeiten, die zunächst mit einer Schiffsanwendung nichts zu tun haben müssen. Es ist ein dauerhaftes wechselndes Treiben durch:

- neue Produkte (Mikroelektronik, Antriebe),
- neue Werkstoffe (Stahl, Kunststoffe),
- neue Werkzeuge (Hartmetall, Keramik),
- neue Bearbeitungsverfahren (Laser),
- neue Bearbeitungsmaschinen (Roboter).

Da ein Schiff einen hohen Bauaufwand hat, meist ein Unikat ist, das nur begrenzt getestet werden kann, und bei dessen Betrieb nicht nur Betriebskosten, sondern auch Leben und Tod auf dem Spiel stehen können, sind Seefahrt und Schiffbau von ihrer Natur her konservativ im Sinne von innovationshemmend, man hängt an Bewährtem und Vertrautem. Der Anwender einer noch nicht bewährten Lösung wird dieses nur wagen, wenn er einen wesentlichen Vorteil gegenüber seinen Wettbewerbern erwarten kann. So dauern auch Revolutionen meist Jahrzehnte:

Die erste Revolution des Schiffsantriebes war der Übergang vom gepaddelten zum geruderten Schiff und dauerte zwei Jahrtausende (2. und 3. Jhdt. v.Chr.). Unsere Kenntnisse dazu stammen aus den Hochkulturen in Ägypten und Mesopotamien.

Das Paddel ist sicher sehr alt – sodass der Untertitel des Buchs von 5.000 Jahren Innovation sprechen kann, aber was damals an Innovationsprozessen geschah, ist für uns nicht nachvollziehbar und spekulativ. Funde, die nach 10.000 bis 2.000 v.Chr. zurückdatiert werden können, erlauben den Schluss auf Einbäume und Fischfang.

Die zweite Revolution zum Hochsee-Segelschiff dauerte auch zwei Jahrtausende (1. Jt v.Chr. und 1. Jt. n.Chr.) und weitere Verbesserungen in den folgenden 800 Jahren. Darin war ein wesentlicher Schritt die Entwicklung des Dreimasters im 15. Jhdt. n.Chr., der dann die Entdeckungsreisen ermöglichte.

Die dritte Revolution, die Entwicklung des mechanischen Antriebs in verschiedener Form, dauerte nur etwas über 100 Jahre von etwa 1800 bis 1910.

Nun, etwa weitere 100 Jahre später, haben wir eine Vielzahl von Antrieben und Antriebskonzepten für kommerzielle, militärische und sportliche Wasserfahrzeuge. Der Dieselmotor hat aufgrund seiner Wirtschaftlichkeit über 95% aller Schiffsantriebe erobert. So könnte man sagen, das 20. Jhdt. gehört dem Dieselmotor. Neue Möglichkeiten und Forderungen werden weitere Innovationen hervorbringen. Was davon vielleicht eine vierte Revolution im Antrieb hervorruft, bleibt momentan noch Dunkel der Zukunft, es könnte Wasserstoff, Brennstoffzelle und Elektroantrieb sein.

Eine wesentliche Triebfeder war sicher auch immer der Wunsch nach höherer und beständiger Geschwindigkeit. Heute spielen andere Forderungen eine Rolle. Das Wasserfahrzeug wird dem Flugzeug hinsichtlich Geschwindigkeit hoffnungslos unterlegen bleiben. Seine Stärke liegen in Transportvolumen und -leistung.

Ich definiere Innovation als das Ergebnis eines Innovationsprozesses, der mit der neuen Erkenntnis, der Erfindung oder nur einer Idee oder einer Unternehmensgründung beginnt und mit der Akzeptanz und Aufnahme im Markt beim Kunden, beim Betroffenen nachhaltig endet.

Im Unterschied zu früher sind heute sicher komplexe Systemlösungen und -optimierungen zu entwickeln. Das erfordert eine andere Organisation des Innovationsprozesses, weil etliche verschiedene Fachdisziplinen bzw. Fachleute zusammenwirken müssen. Und zwar gleichzeitig, denn heute ist im globalen Wettbewerb Geschwindigkeit ein Wettebewerbsfaktor. In diesem Zusammenhang wird auch viel über Wissensmanagement gesprochen, und meist denkt man dabei an Rechnerunterstützung und Datenbanken. Das ist meines Erachtens aber irreführend, denn die Beschleunigung von Innovationsprozessen und Wissensmanagement ist die Zusammenarbeit von Menschen und deren Kommunikation, also das Überwinden der Schnittstellen zwischen den Menschen. Das kann nur begrenzt von außen bzw. »oben« bewirkt werden, sondern bedarf der teamorientierten Führung und Randbedingungen zur Selbstorganisation.

Hinsichtlich Nutzlast je Antriebsleistung und Energieverbrauch ist der Seeverkehr unschlagbar. Mit 1 PS Antriebsleistung sind zu transportieren: Luft 10 kg, Straße 150 kg, Schiene 500 kg, See 4.000 kg. Ähnliche Verhältnisse gelten auch für Binnenschiff- zu Straßentransport, letzterer hat zehnfachen Verbrauch.

Umgekehrt sieht es bei der Transportgeschwindigkeit aus: Luft 950 km/h, Straße 100 km/h, Schiene 150 km/h, See 40 km/h oder 25 kn.

Damit hat der Luftverkehr das Schiff als Personentransportmittel seit 1960 verdrängt. Dem Passagierschiff ist der Fährdienst auf kurzen Strecken sowie allerdings mit zunehmender Tendenz die Kreuzfahrt als Erholungs- und Erlebnisangebot geblieben.

Die Betrachtung von Innovationsprozessen am Beispiel des Schiffsantriebes macht deutlich: Jedem Traum vom Neuen folgt eine tiefe Enttäuschung, weil es dann zunächst doch nicht so geht, wie es sich der Erfinder vorgestellt und begeistert verkündet hat. Die Geschichte ist voll von Beispielen, aber auch davon, dass sich eine Erfindung dann doch vielleicht nach vielen Jahren durchsetzt. Beharrlichkeit und Zähigkeit, aber auch immer wieder kritisches und selbstkritisches Hinterfragen sind notwendig. Denn es gibt natürlich auch Beispiele dafür, dass der Mut fehlte, ein aussichtsloses Innovationsprojekt rechtzeitig abzubrechen und viel Zeit und Geld nutzlos ausgegeben wurde.

Das Buch zeigt an vielen Beispielen der Entwicklung der Schiffsantriebe auf, welche Vielfalt von Innovationsprozessen abgelaufen sind und wie schwer es ist, Eintritt, Dauer und Größe des Erfolges vorauszusehen. Es zeigt aber vor allem die Bedeutung der menschlichen Komponente in diesem Prozess. Selbst eine herausragende neue technische Lösung ist kein Selbstläufer am Markt.

Ein persönliches Wort:

Schon als Zehnjähriger – es tobte der Zweite Weltkrieg – haben mich Technik und darin besonders das Schiff fasziniert. Diese Faszination hat bis heute angehalten. Am Schiff reizt mich, dass es ein Gebilde ist, das sich völlig autark über längere Zeit abgeschnitten von der gewohnten Landinfrastruktur bewegen kann, sich ständig ändernden Umweltbedingungen trotzt und einen eigenen Lebensraum für Menschen darstellt. Es war das erste Mittel zur Globalisierung und lange Zeit das einzige, welches das Zusammenwachsen der Menschheit bewirkte, die sich isoliert in völlig verschiedenen Regionen entwickelte. Das Schiff bekam erst im 20. Jhdt. einen Konkurrenten – das Langstreckenflugzeug – sowie wesentliche Ergänzungen – Telekommunikation und Computer-Vernetzung im Internet. Die Ergänzungen nutzt es auch selbst zur Steigerung seiner Leistungsfähigkeit und zur ständigen Information zwischen Schiff, Land und standardisierten Ladungseinheiten (Container) sowie zur Erhöhung der Sicherheit – z.B. Global Positioning System (GPS).

In Form von Marineschiffen dient es heute noch der Projektion von Macht auf und über See. Weltmächte müssen von alters her Seemächte sein.

Die Faszination Schiff hat weltweit zu einer großen Gemeinde der »shiplover« geführt. Etliche arbeiten aktiv daran, unsere Kenntnisse über die Vergangenheit zu erhalten bzw. zu erweitern. Bis 1500 finden sich Angaben zum Schiff verstreut in allgemeinen Geschichtswerken, in Urkunden, in Seegerichtsakten, in Zoll- und Geschäftsbüchern. Das erste bekannte beschriebene Schiff ist die Arche Noah, die ca. 120 m lang und 20 m breit gewesen sein soll, aber wohl ohne Antrieb, denn es ging nur ums Überleben, bis das Wasser wieder wich. Unser Bild ist also aus vielen Puzzle-Erkenntnissen zusammengesetzt und in Enzyklopädien und Nachschlagewerken zusammengetragen. Die zugängliche Literatur ist sehr umfangreich. Hilfreich ist die Unterwasserarchäologie. Viele Schiffswracks sind um die Küsten bekannt, teilweise untersucht und sogar gehoben, wenige konserviert und in Museen erhalten. Die uns hier besonders interessierende Takelage, Masten und Segel sind natürlich nicht mehr erhalten, sodass wir auf die wenigen Darstellungen auf Seekarten, Siegeln, Gemälden und zufälligen Beschreibungen angewiesen sind. Zeitgenössische Schiffsmodelle existieren bedeutsam aus der Neuzeit, so die Admiralitätsmodelle aus England, die der Überzeugung und Entscheidung durch König und Admiralität dienten. Sie sind aber aus Zeitgründen ohne Takelage und Masten erbaut.

Die vorliegende Arbeit wertet zugängliche Literatur hinsichtlich des Antriebes bzw. des Antriebsstranges des Schiffes und seiner Steuerung aus. Hilfreich war dem Autor, dass er selbst in den vergangenen Jahrzehnten eine umfangreiche Bibliothek zu Schifffahrt und Schiffbau mit Werken in deutscher, englischer und französischer Sprache zusammengetragen hat. Ein großer Teil des Schrifttums ist in seinem Eigentum, ja das Buch hätte ohne diesen Hintergrund kaum geschrieben werden können.

Was ich immer wieder – vielleicht nur als Ingenieur – als Lücke empfinde, ist die Vernachlässigung der Technik in den Darstellungen zu Schiff- und Seefahrt. Auch wenn sie im Inneren verborgen ist, hat sie doch eine entscheidende Bedeutung. Das Buch möchte dazu beitragen, diese Lücke zu füllen, denn ich vermute, dass auch dazu »shiplover« gern Kenntnisse hätten.

Seit etwa 200 Jahren haben zivile Schiffe und Marineschiffe kaum noch Gemeinsamkeiten. Die Vielfalt ziviler Schiffstypen ist sehr groß geworden, um besonders an der Schnittstelle Schiff–Land (Hafen) zu einer schnellen Be- und Entladung, zu einer Transportkette, zu kommen. Aber Schiffe sind nicht nur Transporter, sondern auch Dienstleister wie Schlepper, Eisbrecher, Bagger und Fischereifahrzeuge.

Dieses Buch befasst sich mit dem Schiffsantrieb allgemein. Schiffstyp oder -zweck wirkt sich dabei vor allem auf die Größe der installierten Leistung für Antrieb und Hilfsmaschine bzw. -Anlagen aus, wie die Tabelle (Seite 10) der Gegebenheiten existierender Schiffe um 1980 zeigt; vor allem Container- und Kreuzfahrtschiffe haben bis heute ein erhebliches Größenwachstum gehabt.

Der Preis des Buchs ist niedriger, als der Umfang erwarten lässt. Das ist nur durch finanzielle Förderung möglich geworden, für die ich den Firmen *Mahle GmbH*, Stuttgart, Herrn *Prof. Junker*, der *Deutz AG*, Köln, Herrn *Gordon Riske*, und *Siemens*, Erlangen, Herrn *Heinrich v. Pierer*, herzlich danke. Deren Mitarbeiter *Kurt Jüngling* (*Mahle*) bzw. *Dipl.-Ing. Dietmar Voß* und *Steven Roller* (*Deutz*) sowie *Peter Brüncke*, *Heinz Waschin* und *Peter Wagner* (*Siemens*) haben zu dem Thema des Buchs aus den Archiven ihrer Firmen und ihren eigenen Erfahrungen beigetragen.

Dank an *MAN-B&W*, Augsburg, Herrn *Dr. Rupprecht*, Herrn *Dr. Spindler* (Vorstandsmitglied) und Herrn *Prof. Dr. Wolfram Lausch* (Senior Vice President) für Gespräch und Informationen zum Diesel-Antrieb, der heute 98% der Schiffsantriebe abdeckt und darin *MAN B&W* Diesel etwa 50% Weltmarktanteil hat.

Zum wichtigen Bindeglied zwischen Antrieb und Propeller, zum Getriebe, haben Fa. *Renk AG*, Augsburg, Herr *Prof. Hirt* und Herr *Dipl.-Ing. Karl-Heinz Merk*, mit viel Engagement beigetragen.

Die Fraunhofer-Gesellschaft, deren Präsident ich von 1993 bis 2002 in München war, hat das Projekt finanziell gefördert, sodass ich Unterstützung von der Arbeitsgruppe Produktionstechnik und Automatisierung, Rostock, des Fraunhofer-Instituts für Produktionstechnik und Automatisierung (IPA), Stuttgart, bekommen habe.

Aus Rostock seien insbesondere Herr *Professor Dr.-Ing. M.-C. Wanner* sowie sein Mitarbeiter Herr *Dipl.-Wirt.Ing. Marcus Delin* dankend genannt. Letzterer fungierte als Schriftleiter und übernahm viele Arbeiten, um das Manuskript druckreif zu machen.

Die Mit-Autoren haben wesentliche Themen vor ihrem Erfahrungshintergrund behandelt und so dazu beigetragen, dass das vorliegende Buch dem interessierten Laien, aber auch dem Fachmann eine Übersicht zur Antriebsentwicklung gibt. Ihnen sei herzlich für Mitwirkung und Engagement gedankt.

Es ist und kann aber kein Lehrbuch sein, das auf Vollständigkeit bedacht sein muss. Allein die im Umfang gesetzte Grenze erlaubt nur exemplarische Behandlung des Themas.

Dem Verlag *Koehler/Mittler*, Hamburg, danke ich für die aufgeschlossene und gute Zusammenarbeit sowie die schnelle Bereitschaft, dieses Buch zu verlegen. Genannt seien hier die Herren *Storck* und *Herfs-George*. Dem bekannten Sammler und Schiffshistoriker *Peter Tamm* danke ich für die Herstellung der Verbindung zum Verlag.

Weil der Stadt bei Stuttgart,
im Frühjahr 2005

Hans-Jürgen Warnecke

Installierte Leistungen

Schiffstyp	Größe Volumen cft[1)] Tragfähigkeit tdw	Geschwindigkeit kn	Leistung Vortrieb bhp[2)] Generatorleistung kW
Vielzweckfrachter	120.000–1.300.000 3.000–25.000	12–17	2.000–24.000 3x70–3x700
Containerfrachter	120–3100 TEU 2.000–52.000	13–26	1.500–2x40.000 3x100 – 3x3.000
Barge Carrier	18–100 Schuten 2.600–45.000	13–22	4.000–36.000 5x200–2x2.000
Schwergutfrachter	300–800 t 2.000–8.000	12–14	2.500–5.000 3x120–3x500
Konventionelles Kühlschiff	80.000–600.000 –	14–23	2.000–24.000 3x200–4x1.000
Container-Kühlschiff	50–1.200 TEU –	14–26	2.000–2x2.700 4x100–4x1.800
LPG/LNG-Gastanker	2.500–125.000 m^3 –	13–20	2.000–45.000 3x150–3x1.800
Erdöltanker	– 80.000–565.000	14–17	16.000–65.000* 3x600–3x1.500**
* Doppelschrauben, Einschrauber 45.000 bhp ** Einige Schiffe haben auch Wellengeneratoren mit 2x500 kW			
Chemietanker	– 3.000–40.000	13–16	9.000–14.000 3x150–3x600
Erz-Bulk-Carrier	– 3.000–250.000	11–16	1.500–33.000 3x70–3x1.200
Eisenbahn-Fähren	3.000–10.000 BRT 1.200–12.000	16–20	2x3.000–2x10.000 4x500–4x1.000
Personenfähren	1.600–23.000 BRT 600–3.500	15–31	2x1.500–2x37.500 4x300–5x1.400
Ro/Ro-Frachter	100–1.700 TEU 1.500–32.000	13–22	2.000–32.000 3x100–4x1.800
Auto-Frachter	500–6.100 Wagen 800–18.000	14–22	2.500–18.000 3x200–3x1.000
Kreuzfahrtschiffe	3.000–32.000 BRT –	10–21	2x2.000–2x14.000 2x120–2x2.400
Trawler	300–3.000 BRT 200–2.000 m^3	12–16	1.000–5.000 2x50–2x1.200
See-Schlepper	spez. Pfahlzug 0,1–0,17 kN/bhp	14–22	2.000–20.000 3x150–3x500
Hafen-Schlepper	spez. Pfahlzug 0,1–0,15 kN/bhp	–	1.000–3.500 2x30–3x60
Feuerlösch-Fahrzeug	300–800 m^3/h 60–140 m Strahlhöhe	13–22	500–4.500 1x30–2x60
Eisbrecher	200–1.400 bhp/mB 15–20 m/Breite	–	4.000–36.000 –
Schaufel-Saugbagger	Wassertiefe bis 35 m	–	300–3.500 Gesamtleistg. 200–3x5.000 Gesamtleistg.
Versorger	25–150 t Pfahlzug 450–4.500	12–16	2x1.000–2x6.000 2x150–3x700
Forschungsschiff	1.600–5.500 BRT L 60–100 m	13–17	3.000–20.000 4x150–2x2.000

[1)] 1 cft = 0,0283 m^3 [2)] 1 bhp = 0,7457 kW

1. Maritime Antriebe – Die Lösungen der Natur sind nur sehr begrenzt übertragbar

Die Natur hat seit Millionen von Jahren durch das Zufallsprinzip beim Vererben und durch anschließende harte Auslese des Leistungsfähigeren optimiert, also kann sie in etlichen Lösungen Vorbild für Mensch und Technik sein. Das gilt natürlich insbesondere für das Schiff, das sich auf natürlichen Wasserwegen bewegen muss.

Die Natur nutzt ihre Gesetze aus, die der Mensch erst im Laufe der Jahrtausende erkannt und nutzen gelernt hat. Er steht immer noch vor Geheimnissen. So erlaubt die Nutzung des *archimedischen* Gesetzes, dass das gegenwärtig größte Tier auf Erden, der Blauwal, bei etwa 30 m Länge 130 t schwer ist. Seine Nahrung wiederum sind kleine Krebse, Krill, die er durch seinen 6 m langen Kiefer einsaugt. Die jungen Kälber sind schon bei Geburt 7,5 m lang und nehmen täglich 90 kg zu. Seine kräftige große Schwanzflosse treibt ihn voran, seine lauteste Stimme der Welt hallt durch das weite Meer.

Die Natur ist aber als Vorbild für den Antrieb nicht ergiebig. Während die Natur etwas Vorbild bei der Gestaltung der Segelantriebe sein kann, so ist sie jedoch für den Maschinenantrieb oder den Propeller ergiebig, denn die Natur hat wohl nicht den Bedarf und damit auch keine Lösung für Drehbewegung und Lagerung, obwohl sie auch das Problem begrenzter Antriebsleistung und Reduzierung des Strömungswiderstandes für schnelle Vorwärtsbewegung hat. Seevögel und andere schwimmende Tiere benutzen ihre Beine als Vortriebsmittel. Die Füße haben Schwimmhäute, um die treibende Fläche zu vergrößern und andererseits beim Vorziehen der Beine in der Fläche verkleinert zu werden.

Wenn wir das Segel in seiner Eigenschaft als Tragflügel ansehen und erfassen können, so liegt natürlich der Vergleich mit einem Vogelflügel nahe. Die besten Flieger unter den Vögeln, die sich auch häufig ohne Flügelschlag gegen die Windströmung gleitend aufwärts tragen lassen, haben große Spannweite (Länge) zu Breite des Flügels, was für hohe schmale Segel spricht, wie wir sie heute mehr und mehr gestalten. Bei geringer Länge zu Breite bilden sich mehr und mehr energieverzehrende Wirbel. Bei Vogelflügeln ist L : B = 3:1, beim Albatros sogar 5:1. Letzterer hat ein Gewicht von 12–15 kg, nur 0,8 m^2 Flügelfläche und erreicht eine Geschwindigkeit von 30 m/s oder 110 km/h. Fliegen tut er aber schon ohne Flügelschlag mit 15 km/h. Sein Gleitwinkel ist 3° fallend, da aber

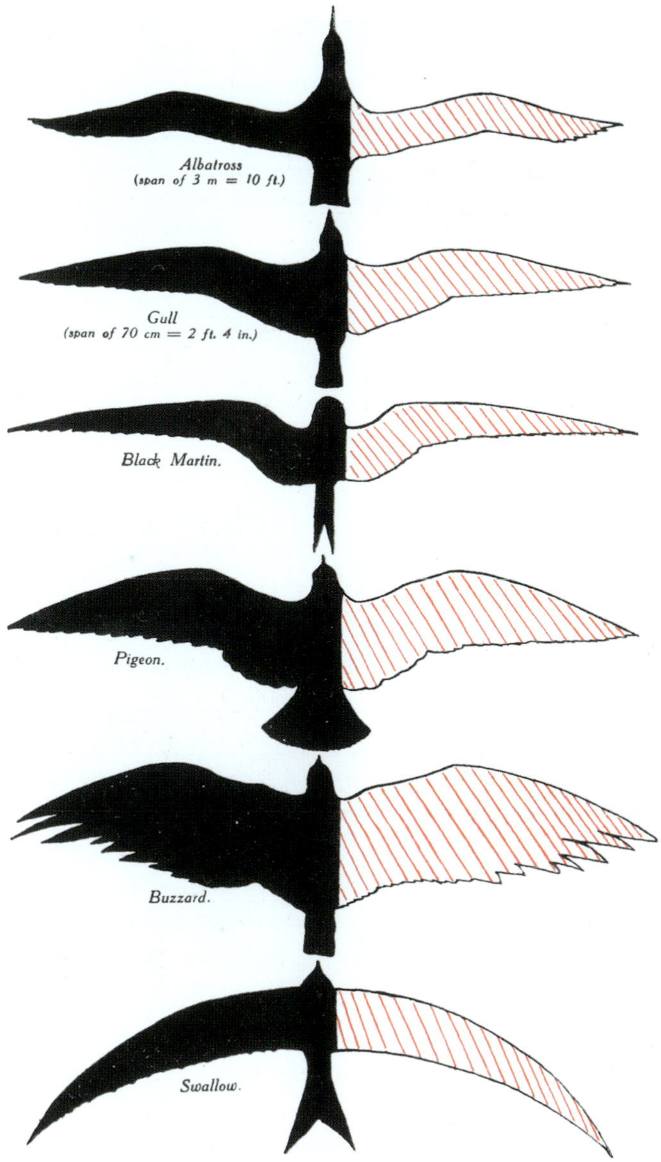

Flügel verschiedener leistungsfähiger Flugvögel im Vergleich zum Segelschnitt

der Wind in Erdnähe häufig 4° aufwärts weht, kann er gegen den Wind Höhe gewinnen.

Schon *Eiffel* hat im 19. Jhdt. die Auswirkungen des Längen-Breiten-Verhältnisses erkannt.

Wenn man einer Fliege die Flügellänge um die Hälfte kürzt, kann sie nicht mehr fliegen, wenn man aber die gleiche Fläche von der Breite der Flügel wegnimmt, kann sie immer noch fliegen.

Der Widerstand der Scheibe (links) ist genauso groß wie der des stromlinienförmigen Körpers (rechts). Die Pfeile sind die auf den Körper wirkenden Kräfte.

Ferner sind die Flügel gewölbt. Wenig bei schnellen (etwa $^1/_{15}$ der Breite), mehr bei schweren und langsamen Fliegern (etwa $^1/_{10}$ der Breite). Ein flach gestrecktes Segel gibt am Wind mehr Vortriebskraft als ein stärker gewölbtes. Die durch die Wölbung erzeugte Gesamtkraft hat eine große Komponente senkrecht in Richtung der Wölbung und eine kleine gegen die Anströmung gerichtet.

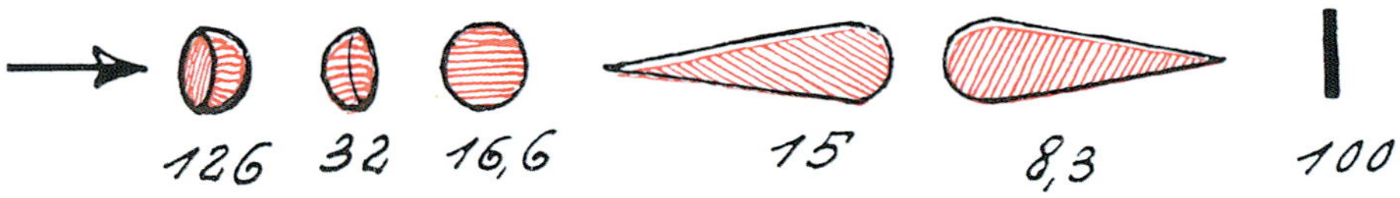

Eine fest liegende Eisscholle wird von der Strömung stromlinienförmig gestaltet, da sie so den geringsten Widerstand bietet. Je schneller die Strömung, desto länger und schmaler die Form.

Die Natur versucht die umströmte Form so zu gestalten, dass eine laminare gleichmäßige Strömung in Luft oder Wasser entsteht, denn jede Turbulenz oder Wirbelbildung verzehrt unnütz Energie, ist Verlust. Eine weitere Beobachtung am Vogelflügel, aber auch an Fischflossen ist, dass keine glatte Achterkante gebildet wird, sondern eine beispielsweise durch Einzelfedern ausgefranste, was wohl auch der Verkleinerung der sich bildenden Ablösewirbel in der Strömung und damit Verminderung des Energieverzehrs bewirkt.

Nicht weit hinter der Vorderkante seiner Flügel kann der Vogel mit seinen Federn eine Art Tasche bilden. Hier hinein gibt ein Wirbel Vortrieb, der sich unterhalb des Flügels bildet.

Beim Schlagen der Flügel, um Auftrieb zu erzeugen, biegt sich der Flügel aufgrund seiner Elastizität. Daraus sollten wir aber keine falschen Schlüsse ziehen. Ein Segel muss z.B. durch versteifende Latten seine Form behalten und keine elastische Kanten (Lieken) haben. Man erhält etwa 20% mehr Kraft.

Die Vorderkante der Flügel ist häufig rückwärts zugeschnitten, das hat aber nur Flug-Stabilitätsgründe und sollte uns nicht verführen, die Masten des Seglers auch nach achtern zu neigen. Dies hat keinen Effekt.

Ein dicker Mast, wie eine dichte Vorderkante des Flügels, muss nicht schädlich sein. Man sollte aber z.B. durch stromlinienförmige Gestaltung für einen guten Strömungsübergang zum Segel sorgen. Die Oberfläche des Segels sollte – wie ein Vogelflügel auch – möglichst glatt für geringe Reibung sein.

Durch den Vogelflügel kann man in jeder Richtung durchblasen, er ist durchlässig. So darf auch ein Segeltuch durchlässig (permeabel) sein. Ein völlig dichtes Tuch ist nur vernachlässigbar wirksamer. Viel wichtiger ist die Form des Segels, ein Großsegel vor allem muss deshalb ein festes Tuch haben, ein Vorsegel kann ein leichteres haben.

Wenn ein Vogel aufsteigt, muss er die unteren drei Meter stärker arbeiten als in größeren Höhen. Das hängt auch mit der Windgeschwindigkeit zusammen, die mit der Höhe zunimmt:

Höhe über Wasser m	Windgeschwindigkeit m/s
0,2	2,5
1	4
2	5
3	5,5
4	6
6	6,4
8	6,7
10	7
15	7,2

Hilfreich beim »Starten« ist, dass der Wind schwankend, aber im Durchschnitt 4° Aufwärtsrichtung hat – schon von *Lilienthal* beobachtet. Dementsprechend sollte der Großbaum, Segelnähte und -taschen leicht aufwärts gerichtet sein. Eine Erklärung für die Aufwärtstendenz könnte in der schnelleren, saugenden Luftströmung weiter oben liegen.

Wir wissen, dass eine kleine Sloop mit Groß- und Vorsegel von 25 m^2 Segelfläche nicht langsamer ist als ein catgeriggtes Boot, also nur ein Großsegel am weit vorn stehenden Mast, von 30 m^2 Segelfläche. Das Vorsegel wirkt kraftverstärkend, wie ein Vorflügel beim Flugzeug, was wiederum der Natur abgeschaut wurde. Insbesondere große Vögel, wie beispielsweise der Adler, haben kleine Vorflügel. Lange nahm man an, dass die Düsenbildung durch den Spalt eine verstärkende Sogbildung bewirkte – aber warum sollte sich die Luft durch den Spalt zwängen –, entscheidend ist, dass mehr Luft auf die Sog-(Lee-)Seite von Vor- und Hauptflügel (Vor- und Großsegel) geleitet wird und damit schneller strömen muss.

Meerestiere, die im Wasser leben, haben verschiedenste Ausprägungen für ihre Propulsion. So bewegt sich der Cuttle-Fisch wie die meisten Fische vorwärts mittels Flossen, rückwärts aber durch Ausstoßen von Wasser aus einer Röhre. Der Hummer kann seine Schwanzflosse ebenfalls vergrößern und verkleinern, sodass in der Gesamtbewegung ein Vortrieb entsteht.

Auch der Wind wird von schwimmenden Tieren genutzt. Es gibt auch segelnde Meerestiere. Man sollte dabei nicht nur an den Fliegenden Fisch denken, sondern eine Qualle, die Siphonophora, die eine transparente gewölbte Membran »hissen« kann und segeln. So spreizt auch der Schwan seine Federn vor dem Wind.

Die Wissenschaft, die sich mit den Lehren und Lösungen der Natur befasst, ist die Bionik. Der mächtigste Vortriebsapparat der Natur ist wohl die Schwanzflosse des Welses, die symmetrisch profiliert bei der Ab- und Aufwärtsbewegung Schub erzeugt, indem sie einmal an der Unterseite und dann an der Oberseite angeströmt wird. Sie lehrt Lösungen zur Herabsetzung des Strömungswiderstandes in Luft und Wasser.

Der 70 cm lange Pinguin kann unter Wasser kurzfristig mit 7 m/s Geschwindigkeit schwimmen, also 14 kn. Sie schwimmen täglich an die hundert Kilometer mit einer Magenfüllung Krill, kleinen Garnelen, also – aufs Land bezogen – mit einem Liter Benzin 1.500–2.000 km weit. Man nimmt an, dass das Stummelfederkleid der Pinguine den Reibungswiderstand herabsetzt. Messungen ermittelten dazu einen Betrag von –30%. Durch das Federkleid sind wohl wirbeldampfende Eigenschaften gegeben. Dazu kommt die an den Enden spitz zulaufende Form. In Pinguinmodellen hat man bei mittleren Schwimmgeschwindigkeiten einen Widerstandsbeiwert von $c_w = 0{,}07$ gemessen, beim Eselspinguin bei schnellem Schwimmen sogar $c_w = 0{,}035$. Die Hinterbeine legt er als Stabilisierungsflosse eng zusammen, den Vortrieb erzeugt er über die Schwimmflossen, die umgewandelten Vorderbeine. Mit einem Längen–Breiten-Verhältnis von 4:1 ist der Pinguin allerdings relativ dick.

Der bekannte Spruch: »*Schlüpfrig wie ein Aal*« gilt für alle Fische. Sie haben eine glatte Oberfläche, um den Reibungswiderstand klein zu machen. Beim Fisch dient dazu das anhaftende Wasser. Schnell schwimmende Fische haben einen schlankeren Körper als schnell fliegende Vögel, da in Luft vor allem der Reibungswiderstand eine Rolle spielt und deshalb die Gesamtoberfläche klein gehalten wird, Längen-Breiten-Verhältnisse kleiner 4:1.

Wildgänse fliegen nie direkt hintereinander – also in den Turbulenzen des Vorfliegers, sondern gestaffelt, um laminare Strömungen zu haben.

Bei Delfinen weiß man, dass ihre »schwabbelige« Hautstruktur den Reibungswiderstand herabsetzt.

Der im Pazifik vorkommende Delphin Tursiops gilli, etwa 1,9 m lang, kann kurzzeitig 16 kn und fast eine Minute 12 kn schnell schwimmen. Man hat aber auch höhere Geschwindigkeiten gemessen, 40 kn in der Spitze, 18 kn dauernd und das mit einer geschätzten Antriebsleistung des »Muskelmotors« von nur 2 PS.

Die weiche oder schwabbelige Haut ist schwingungsdämpfend, sodass der Delfin laminar umströmt wird statt eigentlich turbulent, was den Widerstand mehr als die Hälfte reduziert.

Dazu sondert die Haut Schleim ab und steigert dies beim Auftreten von Grenzschichtschwingungen oder Turbulenzen.

Bis heute ist es noch nicht gelungen, eine technische Nachahmung wirtschaftlich zu realisieren.

Die genaue Wirkweise ist immer noch nicht bekannt. Da sie sich ja unter Wasser bewegen, ist Wellenwiderstand – unser Problem beim Schiff – bei Delfinen nicht vorhanden, bei den Schwimmvögeln sehr wohl, aber die fliegen, wenn sie es eilig haben.

Schnelle Fische und Pinguine haben eine Spindelform, sodass sie trotz ihrer Dicke einen geringen Widerstand haben. Man weiß immer noch nicht, ob der Delfin durch Muskel-Hautbewegungen eine laminare strömungsgünstige Grenzschicht kann.

Ein anderer schneller Fisch ist die Forelle. Eine 20 cm lange Forelle, die mit 0,2 m/s, also 0,4 kn, schwimmt, benötigt dafür soviel Leistung wie eine Honigbiene, die mit 5 m/s fliegt. Bei Bewegung in Luft ist der Widerstand gleich groß wie unter Wasser, wenn die Geschwindigkeit 15-fach ist.

Andererseits sind die Fische als Widerstandsvorbilder problematisch, da sie keine starren Gebilde sind und der gesamte Körper mitschlängelt, wenn die Schwanzflosse Vortrieb erzeugt. Das Schlängeln erhöht den Widerstand, erzeugt aber andererseits etwas Schub.

Auf die Lösungen der Natur zu schauen ist nicht neu. Schon im Mittelalter gab man Schiffsrümpfen eine Fischform, ohne das allerdings systematisch weiterverfolgt zu haben. Heute können wir im Experiment und Modellversuch, aber auch in der Computersimulation systematisch optimieren. Denn analog zur Natur muss immer ein Kompromiss zwischen sich widersprechenden Forderungen gefunden werden.

2. Das Schiff im Spannungsfeld widersprechender Anforderungen

Je nach Zweckbestimmung muss ein Schiff die unterschiedlichsten Anforderungen erfüllen, beispielsweise als:

- Fahrzeug für den Personentransport,
- Fahrzeug für den Gütertransport,
- Kampfschiff,
- Seenotrettungsschiff usw. oder als
- Schlepper,
- ein auf dem Wasser operierendes »Arbeitsgerät« (Ölhavariebekämpfungsschiff, Feuerlöschfahrzeug, Kabelleger, Werkstattschiff und v.a.m.).

Um aber für den jeweiligen Einsatzfall funktionsfähig zu sein, muss jedes Wasserfahrzeug, in unterschiedlicher Wichtung, bestimmte Grundfunktionen erfüllen. Es sind dies:

- Schwimmfähigkeit,
- Tragfähigkeit,
- Stabilität,
- Seegangsverhalten,
- Geschwindigkeit,
- Manövrierfähigkeit.

Der berühmte anglo-schwedische Schiffbauer *Fredrik Henrik af Chapman* (1721–1808), in Schweden arbeitend, ist sich der Schwierigkeit des Abgleichs dieser sich z.T. widersprechenden Forderungen wohl bewusst, wenn er schreibt:

»Wenn … die Theorie keine Einschränkung hat, so ist doch die Praxis, die ihre Grenzen determinieren soll, eingeschränkt. Hieraus kann man schlussfolgern, dass die Wissenschaft Schiffe zu bauen niemals zur Vollkommenheit gebracht werden kann und dass die Schiffe nicht alle guten Eigenschaften, die ihnen möglich wären, erreichen können, bevor man nicht gleichzeitig sowohl das theoretische als auch das praktische Wissen im vollkommensten Grade besitzt.«

Chapman erkannte schon den Zusammenhang zwischen feinen Linien des Unterwasserschiffs und der Geschwindigkeit. Er dokumentierte seine Erkenntnisse 1768 in »Architecture Navalis Mercatoria« und 1775 in »Treatise on Shipbuilding«, sodass sich das Wissen über Schiffbau verbreitete.

In seinem 1826 erschienenen Buch »Die Schiffbaukunst« – in der damaligen Zeit galt der Schiffbau als Kunst – bemerkt der stark an den Theorien und Ideen *Chapmans* orientierte Autor, *Dr. Korth*, zu dieser Problematik: *»Ein jeder Schiffbauer wird daher nie nach bloßem Herkommen, dem den Wissenschaften zurückdrängenden alten Schlendrian, sondern allzeit der Bestimmung des zu erbauenden Schiffes gemäß bauen. In letzterer Absicht ist es höchst notwendig, dass er gute theoretische Kenntnisse von den Eigenschaften flüssiger und der Mechanik schwimmender Körper besitze.«* Und weiter schreibt er zu der Erfüllung der aus damaliger Sicht gesehenen Hauptforderungen an ein Schiff, nämlich:

- Maximierung der Zuladung,
- Stabilität,
- gute Segeleigenschaften,
- geringe Besatzungszahl.

»Käme es bloß darauf an, dem Schiffe eine dieser Eigenschaften zu geben, so würde der Schiffbau viel leichter sein, als er ist; allein es ist sogar unmöglich, sie sämtlich in einem vorzüglichen Grade in einem Schiffe zu vereinigen, weil die Gestalt des Schiffes, die ihm eine dieser Eigenschaften verschafft, sehr oft von derjenigen gänzlich verschieden ist, die es haben müsste, um eine andere Eigenschaft zu besitzen. Die Kunst besteht also darin, auf einer Seite etwas aufzuopfern, um dadurch auf der anderen zu gewinnen, oder auf der einen Seite nicht so viel zu gewinnen suchen, als wohl tunlich wäre, um andere Vorzüge dadurch nicht gänzlich zu verlieren. Es ist daher nötig, ein gewisses Gleichgewicht zu erhalten. Dazu gehört aber, dass man ungefähr wisse, was für eine Gestalt man dem Gebäude (gemeint ist hier der Schiffsrumpf) zur Erhaltung einer guten Eigenschaft, ohne Rücksicht auf alle übrige, zu geben habe.« Und abschließend: *»Hieraus erhellt nun, dass die Eigenschaften der Gebäude … einander zum Teil geradezu entgegengesetzt sind und dass es nur möglich ist, zwei dieser Eigenschaften in einem Schiffe in beträchtlichem Grade zu vereinigen, dass man daher eine Unmöglichkeit fordert, wenn man die Erfüllung aller vier Forderungen verlangt, indem sich nicht drei dieser Eigenschaften vereinigen lassen, ohne dass die dritte die Vollkommenheit der beiden anderen beeinträchtige.«*

Chapman, dessen Werke dadurch bestechen, dass er stets die funktionellen Zusammenhänge der einzelnen Einflussgrößen in ihrer gegenseitigen Abhängigkeit darzustellen suchte, schlägt in diesem Zusammenhang für Handelsschiffe folgendes Kriterium vor: *»Gutes Segeln und dazu Quantität der Ladung, dividiert durch die Anzahl der Besatzung und Quantität des Ballasts«* soll ein Maximum ergeben.

Hat nun die Schiffbauwissenschaft heute, nach über 200 Jahren, bessere Antworten auf diese Probleme? Wir haben es damals wie heute beim Schiffsentwurf mit einem mehrkriteriellen Optimierungsproblem zu tun. Und daran kann sich nach Sachlage der Dinge auch in der Zukunft nichts ändern. Nur wissen wir heute die gegenseitige Beeinflussung der sich widersprechenden Forderungen besser zu quantifizieren und damit zielgerichteter bei der Lösung der Aufgaben vorzugehen.

Schon *J. Scott Russell* hat in seinem Werk »Modern System of Naval Architecture« 1865 zwischen der Wissenschaft vom Schiffbau und der Kunst oder Technik des Schiffbaues unterschieden. Er stellt dazu grundlegende Fragen zusammen, die bis heute bei jedem Schiff immer wieder zu beantworten sind:

Wissenschaftlich:

1. How to make a ship swim. (Schwimmfähigkeit)
2. How to make her carry heavy weights. (hohe Tragfähigkeit)
3. How to make her stand upright when the waves or the wind try to upset her. (hohe Stabilität)
4. How to make her obey the will of her commander. (gute Manövrierfähigkeit)
5. How, in addition to all these, to make her go easily through the water at high speed. (geringer Widerstand)
6. How to give a ship a given draft of water, and no more; first when she is light, and, second, when she is loaded. (geringer Tiefgang)
7. How, with the given draft of water, to prevent her oversetting when she is light and rises high out of the water, and how to prevent her being overturned by the great burden laid upon her when she is heavily loaded. (Kentersicherheit)
8. How, when the waves roll up one side of the ship, to prevent them rolling into her, without at the same time heeling her so far over, as to be exposed to danger on the other side. (Seetüchtigkeit)
9. How to make her bow rise to the sea, so that the waves may not roll over her deck, without at the same time making her rise so far, as to plunge her deeply into the succeeding hollow, and make her uneasy and slow. (angenehmes Seeverhalten)
10. How to make her stern of such a form, that when running before a following sea, it shall not break over her poop, and destroy her. (sicheres Seeverhalten)
11. How to make her so stiff on the water that the pressure of wind on her sails shall not upset her, without at the same time giving her so much stiffness as to carry away her masts by the jerk of the sea. (Einklang von Stabilität und Segelfläche)
12. How to make her turn around quickly, and in short space, in obedience to her rudder, however fast she may going the way the wind blows, except under the direction of her rudder. (gute Steuerfähigkeit)
13. How, in combination with all the foregoing, to make her fast before the wind, fast against the wind, fast across the wind, fast when she is deeply loaded, and fast when the sea is smooth, and fast when the sea is rough. (hohe Geschwindigkeit bei allen Windrichtungen)

Das ist nur eine Auswahl von Fragen, die schon vor der **Technik** beantwortet werden können und müssen, technisch ist dann gefordert:

1. Das Schiff muss dicht sein.
2. Das Schiff muss auf seiner Konstruktionswasserlinie schwimmen, also die angenommenen Gewichte müssen eingehalten werden.
3. Dem Schiff ausreichende Festigkeit geben.
4. Eine Gewichtsverteilung, die den richtigen Trimm und die richtige Stabilität ergibt.
5. Die festgelegte Schiffsform muss genau in Material umgesetzt werden. Das zeigt besonders die Kunst des Schiffbauers.
6. Alles zu berücksichtigen an Ausrüstung und Zubehör, damit das Schiff in See gehen kann.
7. Für einen sicheren Stapellauf sorgen, dabei sollte er auf Tradition und Erfahrung bauen.
8. Der Schiffbauer sollte nicht für einen unwissenden Eigner bauen und mit für einen guten Kapitän und Belader sorgen.

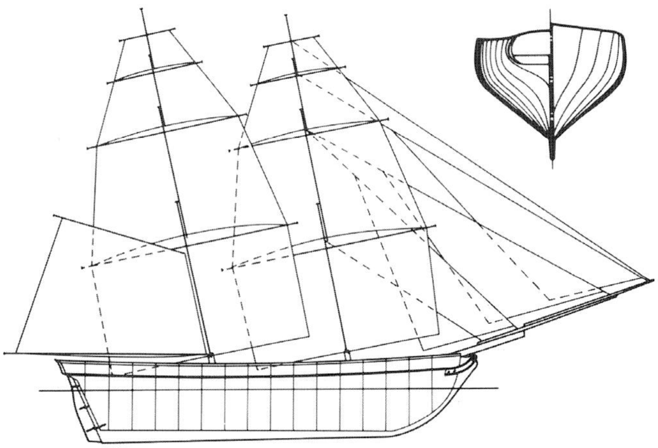

Sklavenschiff DILIGENTE. Ein extremes Beispiel eines Baltimore-Clippers. Es war ein Spezialschiff, denn Menschenfracht ist leicht. Die starke Aufkimmung im Querschiff gibt Schnelligkeit und gute Am-Wind-Eigenschaft, sodass man den Kriegschiffen davonlaufen konnte, besonders bei schwachem Wind. Das wurde schwieriger gegen die Blackwall-Fregatten, die auf Wirken von Sir Wiliam Symmonds entstanden, denn gegen die neuen Fregatten hatten sie keine Chance mehr. Das Schiff wurde 1837 gekapert, kam aber wieder in den Sklavenhandel und wurde 1838 von HMS PEARL aufgebracht. Vor dem Abwracken wurden ihre Linien noch in der Admirality-Werft in Rermude aufgenommen. Die Aufkimmung der Frachtklipper fünfzehn Jahre später war in der Größenordnung von nur 11°, denn sie mussten Tragfähigkeit haben. Linien und Takelage der Baltimore-Clipper lebten wieder auf bei den Lotsenschonern der US-Ostküste, deren berühmter Konstrukteur Georges Steers war, bis sie der Maschinenantrieb ablöste. Steers zeichnete auch die bekannte Schoner-Yacht AMERICA (L 27,4 m).

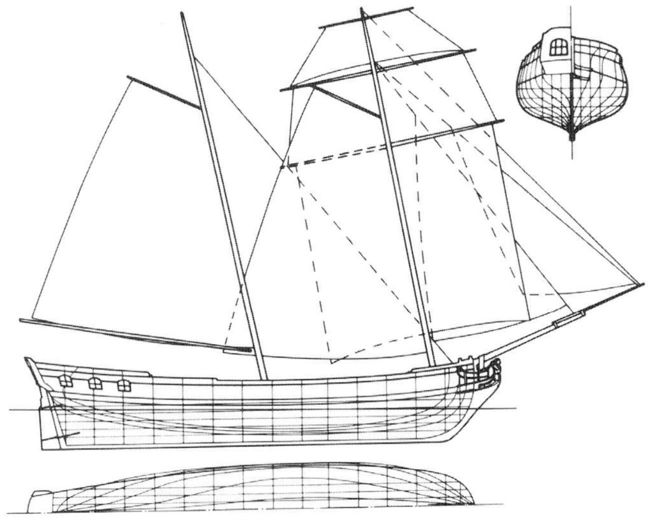

Toppsegelschoner ST. ANN, in Amerika 1786 gebaut. Damals entstand die Regel, ein Unterwasserschiff muss wie ein Fisch mit »cod's head and mackerel tail«, also mit feinem Wassereinlauf und besonderem Wasserauslauf gestaltet sein. L 13,56 m, B 3,54 m, T 1,87 m (achtern), D 26,77 m^3. Man beachte die Anordnung der Masten weit vorn. Die Neigung der Masten nach achtern hielt man damals für schnelle Schiffe als notwendig. Das schlanke Schiff war sicher nicht einfach zu segeln.

Brigg SWIFT der Royal Navy, 1778 in Amerika gebaut, also vierzig Jahre später als die ST. ANN und damit eine bessere ausgeglichenere Gestaltung. D 87,8 ts, L_{bp} 22,95 m, B 6,23 m, Raumtiefe 2,35 m. Die Admiralität kürzte die Takelage und erhöhte den Ballast (ursprünglich 18 ts), sodass sie ihre großen Vorteile verlor. Auch ihre Linien wurden im Dock in Deptford 1783 aufgenommen.

Der Entwurfskonflikt ist vor allem zwischen Widerstand z.B. geringer Breite und schlank bei geringem Gewicht einerseits sowie Stabilität, also großer Breite und hohem Gewicht gegeben, wenn wir vor allem auf eine hohe Geschwindigkeit zielen.

Der Konstrukteur einer Segelyacht muss beispielsweise folgende Geschwindigkeitsbeeinflussenden Größen beachten:

- Wasserlinienlänge
- Verdrängung
- Benetzte Oberfläche des Rumpfes
- Stabilität oder Segeltragvermögen
- Segelfläche
- Verteilung des eingetauchten Volumens über der Rumpflänge (Zylinderkoeffizient)
- Verhältnis Segelfläche zu Verdrängung (Segeltragzahl)
- Verhältnis Segelfläche zu benetzter Rumpfoberfläche
- Verhältnis Verdrängung zu Länge der Wasserlinie

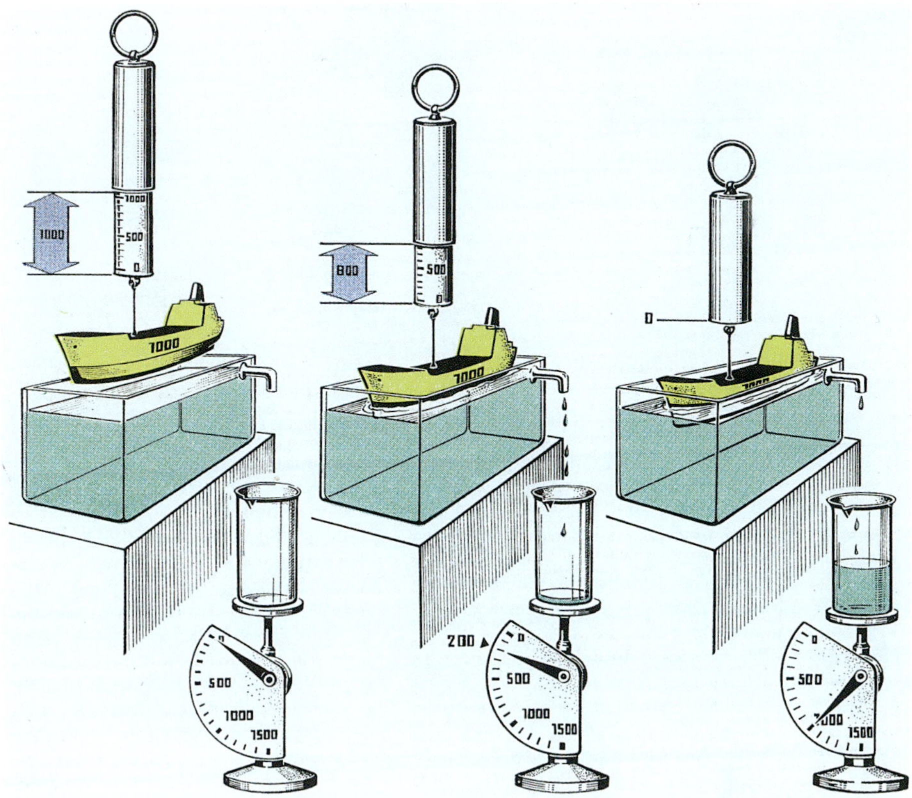

Phasen des Aufschwimmens eines Schiffs: Ein Schiffsmodell wird in ein Wasserbassin schrittweise eingetaucht, wobei die durch das Modell verdrängte Wassermenge abfließt, bis der Auftrieb und die Gewichtskraft des eingetauchten Schiffsmodells im Gleichgewicht stehen. In diesem Zustand schwimmt das Wasserfahrzeug.

2.1 Die Schwimmfähigkeit

Schwimmfähigkeit ist das Vermögen eines Wasserfahrzeuges, bei Glattwasser im stationären Zustand einen stabilen Gleichgewichtszustand im Bereiche der Wasseroberfläche dauerhaft einzunehmen.

Bereits der bedeutendste Mathematiker, Physiker und Techniker der Antike, *Archimedes von Syrakus* (um 287–212 v. Chr.), beschäftigte sich u.a. mit den Gesetzen der Hydrostatik eines Körpers und formulierte das nach ihm benannte archimedische Prinzip:

»Jeder Körper, in Wasser oder eine andere Flüssigkeit getaucht, erfährt einen statischen Auftrieb, der gleich der Gewichtskraft der durch den Körper verdrängten Flüssigkeitsmenge ist.«

Der Auftrieb ist jene Kraft, die auf einen in eine Flüssigkeit getauchten Körper der Schwerkraft entgegengesetzt wirkt. Dabei sind drei Grundfälle zu unterscheiden:

Die Gewichtskraft ist größer als die durch die verdrängte Wassermenge maximal erzeugbare Auftriebskraft. In diesem Fall sinkt der Körper auf den Gewässergrund.

Die Gewichtskraft ist gleich der Auftriebskraft im vollgetauchten Zustand des Körpers. In diesem Fall befindet sich der Körper in einem Schwebezustand in der Flüssigkeit.

Die Gewichtskraft ist kleiner als die durch das vorhandene Volumen des Körpers erzeugbare Auftriebskraft. In dieser Situation kommt es zu einem statischen Gleichgewicht des partiell getauchten Körpers.

Die Schwimmfähigkeit eines Wasserfahrzeuges kann durch unterschiedliche Materialien realisiert werden. Sie ist zeitlich begrenzt, wenn dem Verlust dieser Eigenschaft nicht bewusst entgegengewirkt wird.

Die eingesetzten Materialien und ihre Strukturierung hing in starkem Maße von den verfügbaren Werkzeugen und damit von den mit ihnen realisierbaren Technologien zur Fertigung von Wasserfahrzeugen ab. Die einfachsten Werkzeuge gestatteten zunächst nur die Herstellung von Schilfbündeln, die in verschiedenartiger Weise zu größeren Auftriebskörpern zusammengesetzt wurden. Die Erfahrung lehrte aber bald, dass die Schwimmfähigkeit derartiger Körper zeitlich begrenzt ist. Sie verrotten irgendwann, wenn sie sich nicht schon vorher allmählich voll Wasser gesaugt und dadurch ihre Schwimmfähigkeit bereits verloren haben. Es ist deshalb wichtig, dass in derartige Schwimmkörper nicht ständig Wasser eindringen kann. *Thor Heyerdahl* hatte z.B. bei der RA-II deshalb die Enden der Schilfrohre in Erdpech eingetaucht und somit abgedichtet. Bei derartigen floßförmigen Wasserfahrzeugen, die aus einer Anzahl für sich schwimmfähiger Körper bestehen, ist die Gefahr des Wassereinbruches nicht gegeben, da sie nicht volllaufen können, denn das Wasser überkommender Brecher läuft zwischen den Schwimmkörpern (Balken, Schilfbündel) wieder ab. Allerdings muss man beim Bau derartiger Wasserfahrzeuge zusätzliche Vorkehrungen als Schutzfunktionen für Personen und Ladung treffen (z.B. Aufbau einer Hütte auf den Schwimmkörpern).

Mit der weiteren Entwicklung der Werkzeuge wurde es möglich, den Körpern eines Wasserfahrzeugs durch Planken, die erforderlichenfalls durch Spante ausgesteift werden, eine gefäßförmige Gestalt zu geben. Bei einem Vergleich der Schwimmlage eines massiven Schwimmkörpers (z.B. aus Holz) und die eines gefäßförmigen Schwimmkörpers bei Verwendung der gleichen Holzmenge, die zuvor aber zu Planken verarbeitet wurde, zeigt sich: Bei einem Tiefertauchen beider Schwimmkörper um den Betrag ΔT kann der gefäßförmige Schwimmkörper, in diesem Beispiel, eine doppelt so hohe zusätzliche Gewichtskraft (verursacht z.B. durch eine Zuladung) aufnehmen wie der massive Schwimmkörper. Analog lässt sich ein massiver nicht schwimmfähiger Körper (z.B. aus Metall) in einen gefäßförmigen und damit schwimmfähigen Körper umbilden. Der Kuriosität halber sei eine Episode aus den Anfängen des Eisenschiffbaus erwähnt. Beim Stapellauf eines eisernen Wasserfahrzeugs im Jahre 1818 auf dem Fluss Clyde eilten aus allen Teilen des Landes Leute herbei, um sich davon zu überzeugen, dass ein Schiff aus Eisen *wirklich auf dem Wasser schwimmen könne.*

Gefäßförmige Wasserfahrzeuge aus Werkstoffen einer Dichte, die deutlich über jener des Wassers liegt, müssen gegenüber den floßförmigen Schwimmkörpern zwei zusätzliche Bedingungen erfüllen, nämlich:

- Dichtheit des Gefäßes, d.h. es darf durch die Gefäßwandung kein Wasser in den Körper des Wasserfahrzeuges eindringen, und

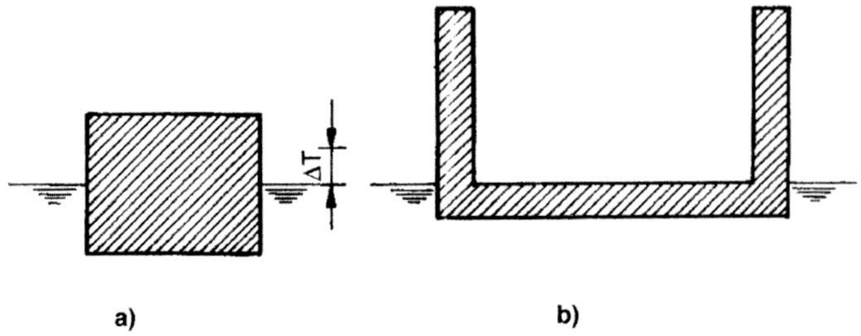

Schwimmlagen von zwei Körpern bei gleichem Volumen, jedoch unterschiedlicher Querschnittsgestaltung,
a) massiver Schwimmkörper
b) gefäßförmiger Schwimmkörper

- durch entsprechende Gestaltung des gefäßförmigen Rumpfes (hohe Bordwände, verschließbare Luken) muss dafür gesorgt werden, dass die See nicht »einsteigen« kann.

Da aber diese Forderungen nur bedingt erfüllbar sind, sind sie dadurch zu ergänzen, dass Möglichkeiten vorgesehen werden:

- eingedrungenes Wasser (z.B. durch Ausschöpfen, Auspumpen) möglichst schnell wieder entfernen zu können oder/und
- durch zweckentsprechende Unterteilung (Quer- oder/und Längsschotte) die Menge des (im Falle einer Leckage) eingedrungenen Wassers zu begrenzen, sodass die Schwimmfähigkeit nicht gefährdet wird.

Bei Konstruktion und Bau eines Schiffs sind folglich zwei unterschiedliche Forderungen bezüglich der Schwimmfähigkeit zu erfüllen, nämlich:

- Maßnahmen zur Herstellung der Schwimmfähigkeit (z.B. die Herstellung der Dichtheit eines gefäßförmigen Schwimmkörpers) und

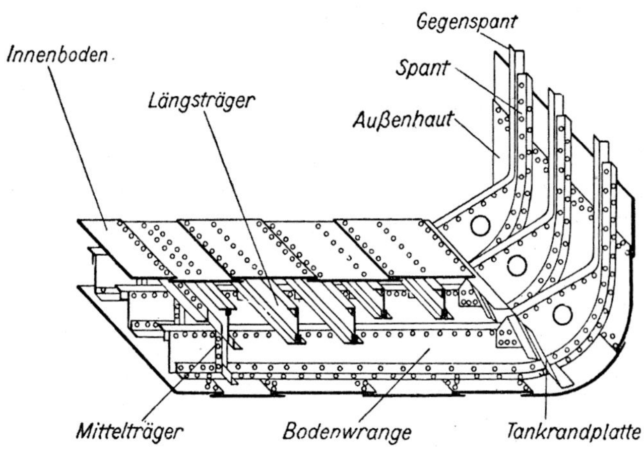

Doppelbodenkonstruktion System Mac Intyre

– den (wenn auch reduzierten) Erhalt der Schwimmfähigkeit im Havariefall (z.B. Wassereinbruch nach Kollision).

Bei einem Doppelboden bleibt im Falle von Grundberührung mit einer partiellen Beschädigung der Bodenbeplattung (Leckage) das Schiff weiterhin schwimmfähig, da das Wasser nur bis zum Innenboden vordringen kann. Die Doppelbodenkonstruktion geht zurück auf den schottischen Schiffbauer *MacIntyre*. Er ordnete über den Bodenwrangen Längsträger an, die mit einer Innenbodenbeplattung abgedeckt wurden. Aus dieser Konstruktion entwickelte sich der heute durch Längsträger und Bodenwrangen ausgesteifte Doppelboden.

Quer- und Längsschotte unterteilen den Schiffsrumpf, sodass bei einer Leckage nur ein Teil des Schiffsrumpfes volllaufen kann. Das erforderliche Maß an wasserdichter Unterteilung des Schiffsrumpfes ist durch internationale Vorschriften sowohl im Hinblick auf die Schwimmfähigkeit als auch auf die Stabilität geregelt.

Das erste mit eisernen wasserdichten Schotten versehene Schiff war die 1834 erbaute HARRY GOVEN. Aber bereits aus dem chinesischen Holzschiffbau des 13. Jhdts. sind Querschotte überliefert. Diese Konstruktion fand im 17. Jhdt. auch Einzug in den europäischen Schiffbau.

2.2 Die Tragfähigkeit

Die Tragfähigkeit eines Wasserfahrzeuges ist sein Vermögen, eine Zuladung aufnehmen zu können, ohne die zum Betrieb des Fahrzeuges erforderliche Schwimmfähigkeit einzubüßen.

Wenn die beabsichtigte Reise nicht ohnehin die Erfüllung einer Transportaufgabe darstellt, sind zumindest für die Besatzung ausreichend Proviant und Frischwasser und anderes mitzuführen. Damit wird, abhängig von der geplanten Fahrtroute, die verwendbare Fahrzeuggröße nach unten begrenzt.

Größer und schneller

Im Verlaufe der Entwicklung von Schifffahrt und Schiffbau wurden zunehmende Anforderungen an die Menge der Zuladung, die ein Wasserfahrzeug zu tragen hatte, gestellt und realisiert. Mit der damit zwangsläufig verbundenen Zunahme der Schiffsgrößen leiteten sich steigende Anforderungen an die Antriebe der Schiffe ab. Kurze Rückblende:

Wie nachgebaute Schilfboote aus dem 3. Jahrtausend v. Chr. und mit ihnen durchgeführte Seefahrten vermuten lassen, erreichten die Boote der damaligen Zeit Längen um 15 Meter und Segelgeschwindigkeiten zwischen 2,5 und 5 Knoten. Die Zuladungen dürften damals wenige Tonnen betragen haben.

Gut 4.000 Jahre später kreuzen die Hansekoggen, Karavellen und Dauen auf den Meeren unseres Erdballes. Sie erreichen Längen von 20 bis 25 m und ihre Segelleistungen liegen bei maximal 8 bis 10 Knoten. Ihre Tragfähigkeit mit 50 bis 200 Tonnen erscheinen aus heutiger Sicht noch recht moderat.

Erst im 19. Jhdt. erreichte die Entwicklung der Schiffsgrößen mit dem Bau der berühmten Klipperschiffe eine bisher ungekannte Dynamik. Bei einer Rekordfahrt erreichte der Klipper SOVEREIGN OF THE SEAS die phantastische Geschwindigkeit von fast 22 Knoten. Die Durchschnittsgeschwindigkeit der Klipperschiffe lag bei 14 Knoten.

Der Klipper GREAT REPUBLIC war mit einer Länge von 100 m das größte hölzerne Segelschiff und erreichte die Tragfähigkeit von 4.500 Tonnen. Seine Länge markierte aus Festigkeitsgründen etwa die obere Grenze für hölzerne Seeschiffe.

Der Übergang vom Holz als Baumaterial für Schiffe zum Eisen und später zum Stahl vollzog sich mit hoher Dynamik und eröffnete damit die Möglichkeiten der weiteren Erhöhung der Tragfähigkeit der Schiffe. Im Zeitraum von 1850 bis 1880, also

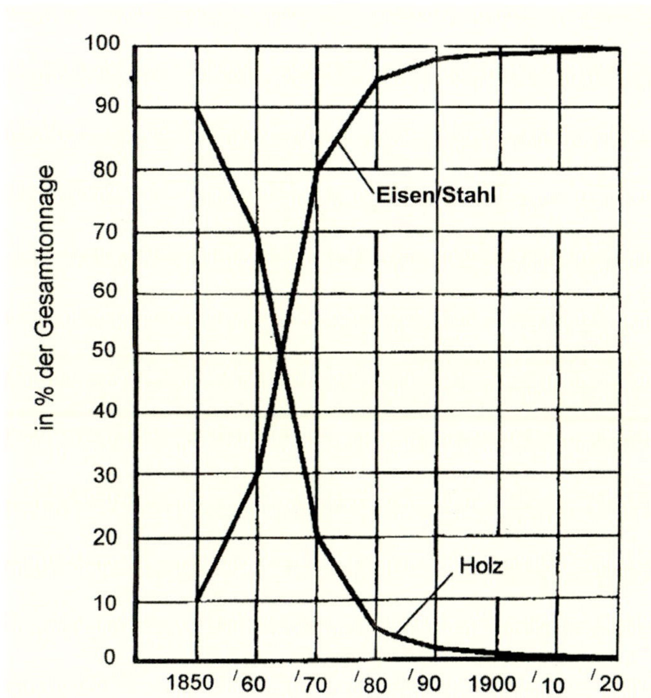

Übergang von Holz zum Eisen/Stahl als Baumaterial von Schiffen im Schiffbau Großbritanniens, des damals führenden Schiffbaulands

in einem Zeitraum von nur 30 Jahren, hatte sich praktisch der Übergang in dem damals führenden Schiffbauland Großbritannien vom Holzschiffbau zum Stahlschiffbau vollzogen. Als Baumaterial wurde zunächst Eisen verwendet, dem 1877 der Stahl als Baumaterial folgte, der 1880 durch die Klassifikationsgesellschaften offiziell zugelassen wurde. Die Unterscheidung zwischen dem (weicheren) Schmiedeeisen und dem (härteren) Stahl (man bezeichnete Schmiedeeisen mit einem Kohlenstoffgehalt von mehr als 0,35% als Stahl) hatte auf die Schiffbautechnologie selbst praktisch keinen Einfluss.

Bedeutend langsamer als der Stahl das Holz verdrängten Dampf- und Motorantrieb das Segel als Vortriebsorgan. Dieser Vorgang zog sich über einen Zeitraum von etwa 100 Jahren hin.

Mit den hier dargestellten Entwicklungen waren die Voraussetzungen gegeben, die nach langsamem Anlauf zu einer Tragfähigkeitsentwicklung der Schiffe von bisher nicht gekannter Dynamik führte. Besonders ausgeprägt war diese Entwicklung im Tankschiffbau.

Die folgende Tabelle zeigt an ausgewählten Beispielen die Anfangsphase der Entwicklung im Tankschiffbau.

Name des Schiffs	Baujahr	Tragfähigkeit [tdw]
GLÜCKAUF	1886	3.000
DEUTSCHLAND	1893	5.350
HAGEN	1912	8.220
C. O. STILMAN	1928	23.078

Die GLÜCKAUF ist ein Schiff *»für den Öltransport …, bei dem Schiffsboden wie auch Seitenwände und das Deck die unmittelbare Begrenzung für dieÖlladung sein sollen«*. Sie wird gebaut zu einer Zeit, in der man das Öl noch in Fässern transportierte. Ihr Bau ist die Geburtsstunde des modernen Tankschiffs.

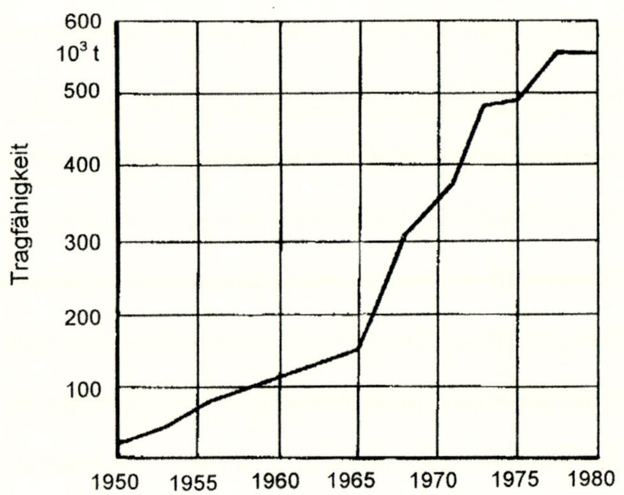

Entwicklung der Tragfähigkeit bei Tankschiffen

Nach dem Zweiten Weltkrieg vollzieht sich die Entwicklung im Tankschiffbau mit einer bisher ungekannten Dynamik. Sie findet ihren Abschluss mit dem Bau von Supertankern in der 2. Hälfte der 70er Jahre, welche die enorme Tragfähigkeit von 550.000 tdw erreichen. Bedingt durch den israelisch-ägyptischen Krieg und die damit verbundene Schließung des Suezkanals 1967 mussten die Tanker von Nordeuropa kommend die Südspitze Afrikas umfahren, um in den Arabischen Golf zu gelangen. Beim Befahren dieser längeren Seeroute kamen die ökonomischen Vorteile der Großtanker besonders zum Tragen. Nach der Wiedereröffnung des Suezkanals stagnierte die Entwicklung der Tragfähigkeit der Tanker.

Kehren wir nun nach diesem Exkurs wieder zu den an ein Schiff zu stellenden Anforderungen zurück.

2.3 Die Stabilität eines Schiffs

Stabilität ist die Fähigkeit eines Schiffes, einem z.B. durch Wind, Trossenzug oder Seegang erzeugten krängenden Moment entgegenzuwirken, sich aus einer um die Schiffslängsachse (Querstabilität) geneigten Lage (Krängung) oder aus einer um die Schiffsquerachse (Längsstabilität) geneigten Lage selbst wieder aufzurichten, d.h. in seine ursprüngliche Schwimmlage zurückkehren zu können. Entsprechend einer statischen bzw. dynamischen Einwirkung des krängenden Moments wird in statische und dynamische Stabilität unterschieden.

Die statische Stabilität ist durch das Gleichgewicht von krängendem Moment M_{SK} und dem aufrichtenden Moment $M_{SS} = F_{AT} \times h$ (Kraft x Hebelarm) gekennzeichnet, wobei F_{AT} die Auftriebskraft darstellt (siehe Bild Seite 21).

GM ist für sehr kleine Neigungswinkel (bis etwa 5°) ein Maß für die Anfangsstabilität. Hier ist G der Massenmittelpunkt und M das Metazentrum. Der Begriff »Metazentrum« wurde von dem französischen Hydrografen und Mathematiker *Pierre Bougher* (1698–1758) eingeführt. Es ist definiert als der Schnittpunkt M_ϕ zweier Geraden durch die Auftriebsmittelpunkte B_ϕ zweier sehr eng benachbarter Neigungszustände. Ein großes GM führt zu »harten« Bewegungen des Schiffs im Seegang mit negativen Auswirkungen auf das Wohlbefinden der auf dem Schiff befindlichen Personen. Er war zu

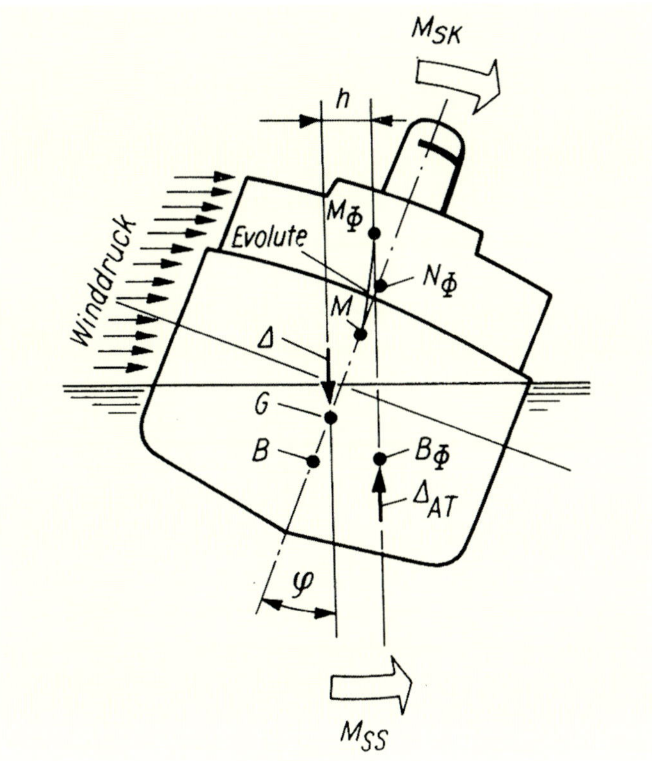

Querstabilität

seinen Überlegungen veranlasst, als er in den 1750ern im Auftrag der französischen Regierung den Erdumfang ermitteln sollte und bei seinen Messungen immer durch Bewegungen des Schiffs gestört wurde.

Die Hebelarmkurve als charakteristische Kurve für die Stabilität eines Schiffes gibt die Länge des Hebelarms h als Funktion des Neigungswinkels eines Schiffes an. Im Punkte A (Neigungswinkel ϕ_{stat}) herrscht bei statischer Beanspruchung Gleichgewicht in Schlagseite (Gleichheit des krängenden Momentes M_{SK} und des aufrichtenden Moments M_{SS}). Die labile Gleichgewichtslage im Punkte B führt bei geringster Vergrößerung von ϕ zum Kentern des Schiffs.

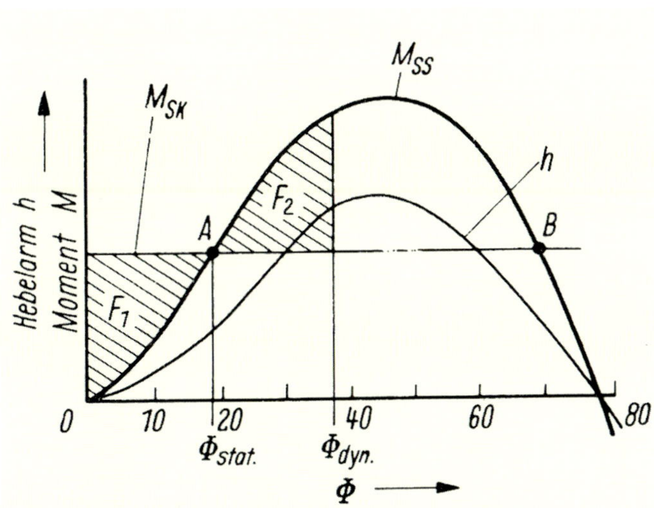

Hebelarm- und Momentenkurve in Abhängigkeit vom Neigungswinkel

Dynamische Stabilität liegt vor, wenn die Arbeit von M_{SS} gleich der Arbeit von M_{SK}.

Zur Zeit der Segelschifffahrt konzentrierten sich die Betrachtungen zur Stabilität vorrangig auf die Belange des Segelns. *F. H. Chapman* beschreibt verbal in *Tractat om Skepps-Byggeriet* 1775 die Stabilitätsanforderungen an ein Segelschiff. Darin heißt es: »... *ein Schiff (kann) durch die Disposition von Ladung und Gewicht im Schiff unbändig und bösartig werden; kommt sie zu hoch, wird das Schiff rank, sodass es bei stürmischem Wetter nicht genug Segel führen kann, um sich aus einem Legerwall herauszuarbeiten; kommt sie zu dicht an die Enden, wird dadurch Setzen und Stampfen verursacht, wodurch das Schiff der schlechteste Segler werden kann;* ...«. Wenn also ein Schiff gut am Wind segeln soll und bei hoher See gut über Stag gehen soll, so muss es ein großes »Steifheits-Moment« (gemeint ist hier die Anfangsstabilität) besitzen, damit es bei stürmischem Wetter viel Segel führen kann. Das Schiff muss ferner im Verhältnis zur Länge eine große Breite haben und knapp unter der Wasseroberfläche völlig sein.

Chapman beschreibt hier empirisch die wesentlichen Zusammenhänge. Er hat aber auch in der o.g. Schrift Näherungsformeln entwickelt, die es gestatten, die wichtigsten Parameter der Stabilität näherungsweise zu bestimmen. Es sind dies:

- Lage des Auftriebsschwerpunkts B unterhalb der Schwimmwasserlinie,
- Distanz Metazentrum–Verdrängungsschwerpunkt, der Antriebsschwerpunkt ist durch die Krängung ausgewandert, hier im Bild nach rechts.
- Distanz Metazentrum–Gewichtsschwerpunkt; MG-Wert,
- maximales aufrichtendes Moment

Chapman ist sich wohl des begrenzten Gültigkeitsbereiches solcher Näherungsformeln bewusst gewesen, denn er gibt für unterschiedliche Schiffstypen auch unterschiedliche Formeln an. Er unterscheidet die Näherungsformeln grob nach folgenden Kauffahrtei-Schiffstypen:

- Fregatten,
- Heckboote und Pinken,
- Katten und Barken,
- flachgehende völlige Fahrzeuge.

Zu den wohl ungewöhnlichsten Lösungen zur Gewährleistung der Stabilität von Wasserfahrzeugen zählen die Rundschiffe, die nach den Plänen des zaristischen Vizeadmirals *A. A. Popow* erbaut wurden:

Mit dem Friedensvertrag von Paris am 30. März 1856 wurde der Krimkrieg beendet und dem Verlierer Russland Auflagen erteilt, die auch gravierende Reduzierungen der Flotte einschlossen. Das zaristische Russland hatte sich zum Schutze seiner Küsten auf eine Flotte von 6 kleinen Schiffen mit einem Tiefgang von maximal 4,3 m zu beschränken. Das russische Marineministerium beschloss in diesem Rahmen den Bau von Küstenpanzerschiffen. Ihre Panzerung sollte die der damaligen Panzerschiffe übertreffen. Für diesen Zweck entwickelte Vizeadmiral *A. A. Popow* das Projekt eines Rundschiffes. Grundlage war eine Kreisform der Schiffe, die bei gegebenem Volumen die kleinste zu panzernde Oberfläche ergab.

Am 17. Dezember 1871 wurde das erste Rundschiff, die NOWGOROD, nach erfolgreichen Modellversuchen auf der Newa in St. Petersburg auf Kiel gelegt. Sie hatte folgende Parameter:

Verdrängung	2.630 t
Rumpfdurchmesser	30,80 m
Mittlerer Tiefgang	4,02 m
Panzerdicke	228 bis 279 mm
Gesamtmasse der Panzerung	760 t
Besatzung	150 Mann

Der Schiffskörper wurde nach der Fertigstellung zerlegt und per Bahn nach Nikolajew transportiert, das zum damaligen Zeitpunkt noch über keine Möglichkeiten zum Bau derartiger Schiffe verfügte. Dort begann am 29. März 1873 die Endmontage. Mit 6 Schrauben erreichte das Schiff eine Probefahrtsgeschwindigkeit von 7,5 Knoten. Zum Aufbau der beiden 28-cm-Hinterladerkanonen wurde das Schiff nach Sewastopol überführt.

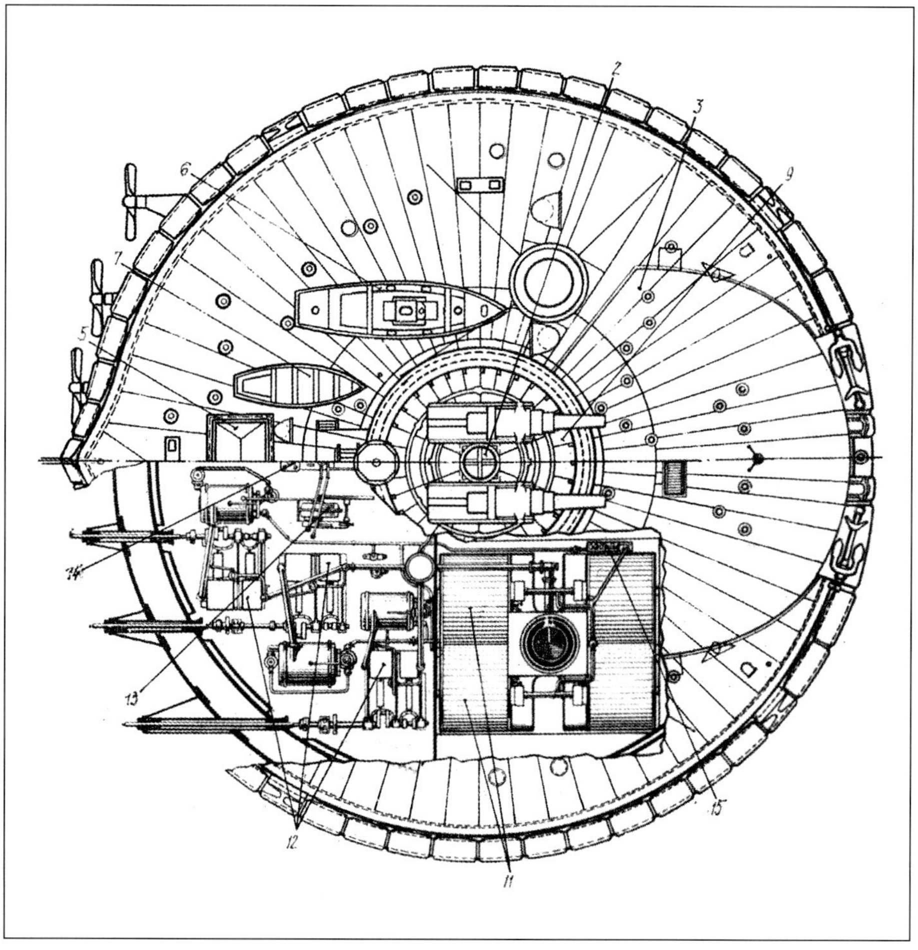

Panzerschiff VIZEADMIRAL POPOW

Die Formgebung der Rundschiffe (im August 1874 wurde das zweite noch größere Rundschiff, die VIZEADMIRAL POPOW, auf Kiel gelegt) gewährleistete das Vermeiden von starken Schlinger- und Stampfbewegungen. Bei grober See mit 6 m Wellenhöhe machte die VIZEADMIRAL POPOW noch eine Fahrt von 5,6 Knoten bei Rollwinkeln von nur 7°.

Popow erhielt 1879 vom Zaren den Auftrag zum Entwurf und Bau der Yacht LIVADIJA. Besonderer Wert wurde dabei auf das bei den beiden bereits gebauten Rundschiffen nachgewiesene gute Seeverhalten (wenig Schlingern und Stampfen) gelegt.

Die Yacht wurde nach *Popows* Entwürfen in Glasgow auf der Werft *John Elder & Co.* gebaut.

Die Hauptabmessungen betrugen $L_{ÜA}$ 83,0 m, B 46,60 m, T 2,14–2,50 m.

Diese wegen ihrer Konstruktion zweifellos gewöhnungsbedürftige Yacht erreichte Geschwindigkeiten um 15 Knoten, und bei der Überführungsfahrt ins Schwarze Meer zeigte sich die Biskaya von der härtesten Seite. Trotz starkem Wellengang sollen nur Schlingerwinkel von 4° gemessen worden sein. Die mitfahrenden Experten hoben hervor, dass unter vergleichbaren Bedingungen noch auf keinem Schiff ein gleichermaßen gutes Seeverhalten festgestellt wurde. Nachteilig wirkte sich jedoch im Vorschiffsbereich, bedingt durch den flachen Schiffsboden, das sehr ungünstige Slamming-(Stampf-)Verhalten des Fahrzeugs, Aufschlagen des Vorschiffes auf die See, aus.

Wegen anderer deutlicher Mängel (z.B. geringes Drehvermögen nach Ruderlegen) blieben aber die Rundschiffe nur eine Episode in der Entwicklung der Schiffstypen.

Stabilitätsunfälle einst und jetzt

Angemessene Stabilität ist eine Grundvoraussetzung für das einwandfreie Funktionieren eines jeden Wasserfahrzeuges im Schiffsbetrieb. Und dennoch lassen sich Stabilitätsunfälle nicht vollständig vermeiden. Stabilitätsunfälle im Schiffsbetrieb können zwei wesentliche Ursachen haben:

Fehler beim Entwurf eines Schiffs, die auf unzureichende Sachkenntnis und Erfahrung zurückgehen und

im Betriebszustand des Schiffs auftretende Veränderungen, die zum teilweisen oder vollständigen Verlust der Stabilität führen können. Dazu gehören massive oder gravierende Wassereinbrüche in das Schiff und das Verrutschen der Ladung.

Hierzu zwei Beispiele:

Am 10. August 1628 kentert und sinkt das schwedische Kriegsschiff *WASA* bei seiner Jungfernfahrt im Stockholmer Hafen. Das Schiff mit einer für jene Zeit enormen Größe ($L_{ÜA}$ 61 m) wurde damaligem Brauche folgend nach einem Rohentwurf gebaut. Dieser enthielt nur die annähernden technischen Daten des künftigen Schiffes. Am Tage der Jungfernfahrt hatte das Schiff nur etwa die Hälfte seiner Segelfläche gesetzt und glitt bei leichtem Wind dahin. Die Jungfernfahrt der *WASA* war kurz. Nach nur etwa 1.500 Metern drückte sie ein Windstoß so auf die Backbordseite, dass Wasser durch die offenen Stückpforten eindringen konnte und die *WASA* innerhalb weniger Minuten sank.

Beim Bau dieses Schiffs waren offenbar die Grenzen bisheriger Erfahrungen überschritten worden, sodass es zum Verlust des Schiffes unter den o.g. Umständen kommen konnte.

Völlig andere Begleitumstände führten zum Kentern des schwedischen Ro/Ro-Schiffes VINCA GORTHON am 28.02.1988 vor der holländischen Küste. Transportgut waren Papierrollen. Für den Transport der Papierrollen wurden Rolltrailer benutzt, die mit ihrer Fracht an Bord gebracht und gesichert wurden.

Als Ursache des Kenterns wurde das Verrutschen der Ladung, also Lageänderung des Gewichtsschwerpunkts, durch die ungenügende Sicherung der Papierrollen auf den Trailern und deren Siche-

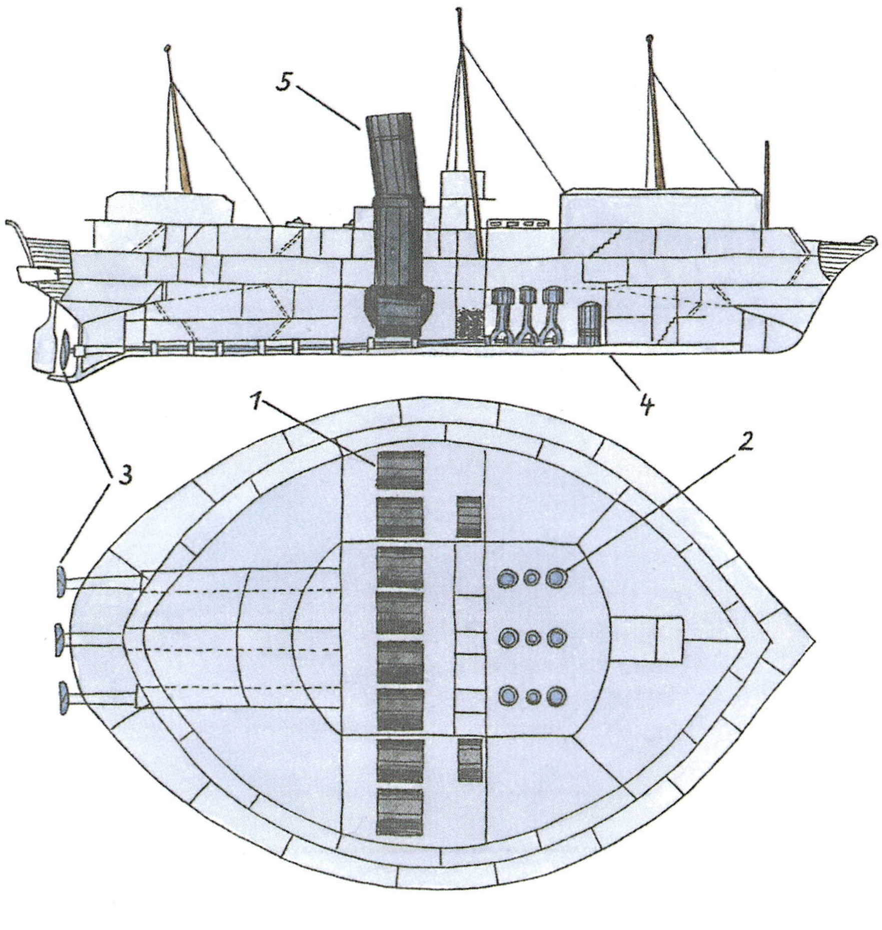

Die russische Kaiseryacht LIVADIA (1880).
1868 hatte der englische Marineingenieur Elder den Gedanken eines kreisrunden Schiffes. 1871 wurden solche Schiffe gebaut, die NOWGOROD und die VIZEADMIRAL POPOW, zunächst sechs, dann vier Propeller.
Mit 12.354 PSi erreichte die LIVADIA allerdings nur 15,7 kn.

1. acht Kessel
2. drei Dreifach-Expansionsmaschinen
3. Propeller 4,8 m Ø
4. Doppelboden
Drei Schornsteine nebeneinander

HERZOGIN CECILIE wurde als Ladung tragendes Schulschiff 1902 gebaut, fuhr ab 1921 ebenfalls für Erikson und machte schnelle Reisen z.B. 1936 Belfast – Port Lincoln, Australien, in 91 Tagen. Sie ging total verloren.

rung auf den Decks und die damit verbundene Reduzierung der (im Normalfalle ausreichenden) Stabilität des Schiffes festgestellt. Die Kommission, die den Unfall untersuchte, kam zu dem Schluss, dass *»als Ursache des Kenterns … eindeutig sowohl die ungenügende Sicherung der Papierrollen auf den Trailern als auch der Trailer auf den Decks festgestellt«* wurde.

2.4 Seegangsverhalten

Ein im Wasser schwimmendes Schiff verfügt über 6 Freiheitsgrade (3 rotatorische und 3 translatorische). Wird ein solches System, das sich im stabilen Gleichgewicht befindet, durch eine Kraft oder ein Moment aus seiner Ruhelage gebracht und dann sich selbst überlassen, dann wird dieses System dadurch in Schwingungen versetzt. Entsprechend den vorhandenen Freiheitsgraden kann das Schiff nun Schwingungen

- parallel zu seiner Längsachse,
- parallel zu seiner Querachse,
- parallel zur Vertikalachse (Tauchschwingungen),
- um die Längsachse (Rollen oder Schlingern),
- um die Querachse (Stampfen) und
- um die Vertikalachse (Gieren)

ausführen. Die beiden erstgenannten Schwingungsarten haben keine praktische Bedeutung.

Die wohl älteste Darstellung, die den Versuch zeigt, den Einfluss der Schiffsbewegungen zu kompensieren, stammt aus dem Jahre 1567. Durch eine Art kardanischer Aufhängung des Beobachtungsorts des Navigators soll der Einfluss der Schlingerbewegungen des Schiffes auf die Messungen der Gestirnshöhen reduziert werden. 300 Jahre später erfindet *Sir Henry Bessemer,* Erfinder des nach ihm benannten Prozesses der Stahlerzeugung aus Roheisenschmelzen, hochgradig anfällig gegen Seekrankheit, den nach dem gleichen Prinzip funktionierenden rollgedämpften Passagiersalon. Ein solcher Salon (Länge: 22,75 m; Breite: 11,30 m) wurde nach experimentellen Voruntersuchungen 1875 auf einem speziell hierfür in Auftrag gegebenen Schiff, der nach dem Erfinder benannten BESSEMER, eingebaut. Der Salon war um die Längsachse drehbar gelagert, um Rollschwingungen des Schiffes ausgleichen zu können. Allerdings bewährte sich die Erfindung nicht. Das Schiff wurde zum Frachtschiff umgebaut und erlitt als solches bereits auf seiner ersten Fahrt nach London Schiffbruch.

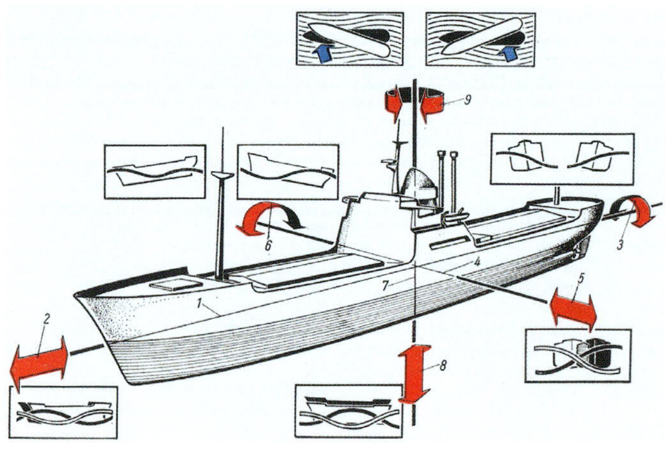

Freiheitsgrade eines Schiffs

Prinzip des rollgedämpften Passagiersalons der BESSEMER

besteht aus an beiden Seiten längs der Kimm angebrachten Flach- oder Wulststählen, die den Schlingerwinkel um 25 bis 35 % verringern können.

Ein weiteres Mittel der Schlingerdämpfung ist der Schlingertank (Rollstabilisierungstank). Das Prinzip des Schlingertanks besteht darin, dass die Rollschwingungen des Schiffes durch die Eigenschwingungen einer Masse an Bord des Schiffes gedämpft werden. Zur Nutzung dieses Effekts wurden unterschiedliche Modelle entwickelt. Eine häufig eingesetzte Variante war der um 1910 aufgekommene »Frahmsche Schlingertank«. Bereits 1907 hatte der damalige Technische Direktor der Werft *Blohm & Voss, Hermann Frahm* (1867–1939), das von ihm entwickelte System zum Patent angemeldet. Es besteht aus je einem Hochtank auf jeder Bordseite, die miteinander durch einen Überlauf-

Rollen oder Schlingern

Die wichtigste Schwingungsart des Schiffs ist das Rollen oder Schlingern, das auch als Bezeichnung für die Gesamtheit der Schiffsbewegungen im Seegang gebräuchlich ist. Hierbei wirken zwei Kräftepaare am Schiff. Das eine Kräftepaar wird gebildet durch Schiffsgewicht und Verdrängung, das andere durch die Zentrifugalkraft (im Schwerpunkt des Schiffes wirkend) und die dynamische Gegenwirkung des Wassers (im Verdrängungsschwerpunkt des Schiffs wirkend).

Am ungünstigsten für das Schiff bei Rollbewegungen im Seegang ist der Fall des Synchronismus von Schiff und Wellen (Resonanzschwingungen). Der Widerstand des Wassers bewirkt zusätzlich eine Dämpfung der Schwingung und damit eine gewisse Entschärfung der Situation.

Weil die Rollschwingungen die Stabilität des Schiffes gefährden oder zumindest ungünstig beeinflussen, die Sicherheit der Ladung beeinträchtigen und sich auf des Befinden von Passagieren und Mannschaft nachteilig auswirken können, ist man bestrebt, die Einwirkungen des Rollens im Schiffsbetrieb zu reduzieren.

Zur Reduzierung der Rollschwingungen ist eine Reihe von Lösungen entwickelt und eingesetzt worden. Das verbreitetste Mittel der Schlingerdämpfung ist der Schlingerkiel. Er

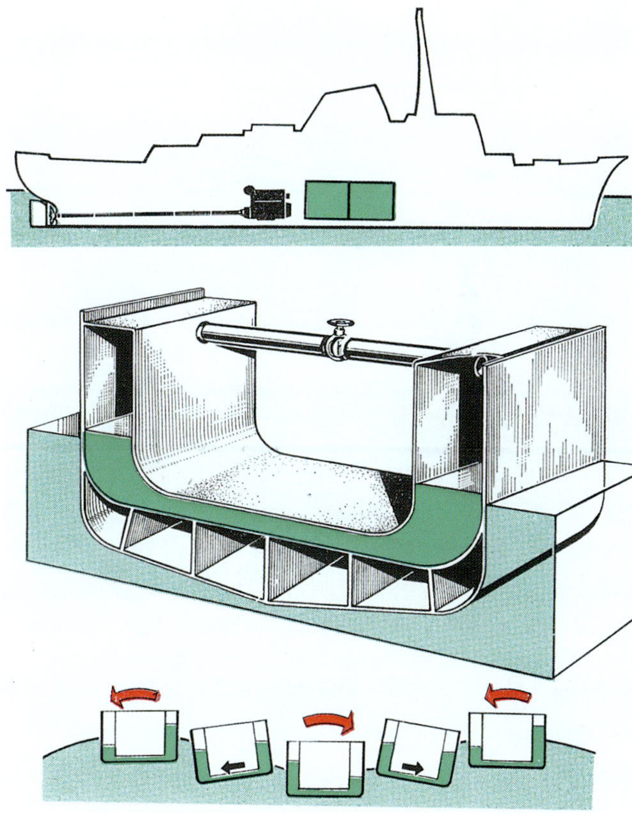

Schiffsstabilisierung durch Schlingerdämpfungstank

kanal kleineren Querschnitts miteinander verbunden sind. Die obere Verbindung der Tanks bildet ein Luftkanal. Die maximale durch derartige Tanks erreichbare Schlingerdämpfung liegt bei 50%. Die Stabilisierung des Schiffes im Seegang beruht darauf, dass durch die Eigenschwingungen des Wassers im Tanksystem das Bestreben des Schiffes, seine Vertikalachse lotrecht zur Wellenneigung zu stellen, reduziert wird. Zwischen der Rollbewegung des Schiffs und der Bewegung des Tankwassers wird deshalb eine Phasendifferenz von 90° angestrebt.

Zur Verstärkung der Rolldämpfung wurden nach 1930 kraftgesteuerte (»aktivierte«) Schlingertanks eingesetzt, bei denen das Wasser durch eine Pumpe zwangsläufig bewegt wird (erreichbare Reduktion der Schlingerwinkel um 75 bis 90 %).

Stabilisierungsmittel unter Verwendung von Tragflächen (Stabilisierungsflossen) werden ausfahrbar oder ausklappbar ausgeführt. Die Flossen werden entgegengesetzt der Rollbewegung des Schiffes und entsprechend der Rollperiode des Schiffes automatisch eingestellt. Die Flossen erzeugen

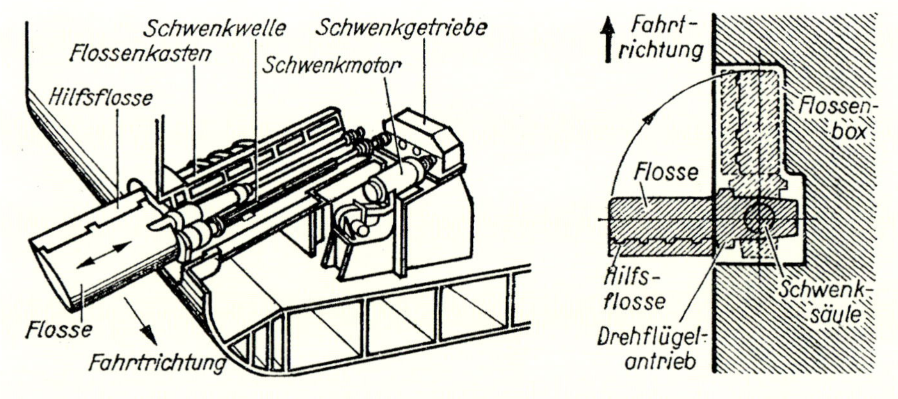

Stabilisierungsflossen
- *links ausfahrbar*
- *rechts ausklappbar (Draufsicht)*

ein Kräftepaar, das der Rollbewegung des Schiffes entgegenwirkt und die Schlingerbewegungen des Schiffes bis zu 75 % dämpfen. Die Wirkung der Flossen nimmt mit zunehmender Fahrtgeschwindigkeit des Schiffes zu. Stabilisierungsflossen werden vor allem auf Kreuzfahrtschiffen, Fährschiffen und Ro/Ro-Schiffen zur Verbesserung des Wohlbefindens der Fahrgäste und Besatzung, zur Vermeidung von Ladungsschäden eingesetzt.

Schließlich sei noch die als spezielles Krankenbett auf Schiffen eingesetzte Schlingerkoje genannt. Ihre Wirkweise ist vergleichbar mit *Bessemers* rollgedämpftem Passagiersalon.

Weitere Schwingungsarten

Wesentlichen Einfluss auf das Verhalten des Schiffs im Seegang haben neben dem Rollen noch das Stampfen und Gieren.

Das Stampfen ist die Bewegung des Schiffes um seine Querachse bei Seegang von vorne. Das Schiff vollführt die stärksten Stampfbewegungen, wenn seine Lage normal zu den Wellenbergen und -tälern ist. Stampfen tritt aber, so die Erfahrung, seltener als das Rollen auf. Die Stampfbewegungen eines Schiffes sind verbunden mit dem als Slamming bezeichneten Aufschlagen des Schiffsbodens auf die Wasseroberfläche bei Seegang. Auf die Beeinflussung der Stampfbewegungen eines Schiffes wird noch bei der Gestaltung der Schiffslinien eingegangen.

Tauchen ist eine Translationsschwingung des Schiffs längs seiner Vertikalachse. Tauchschwingungen treten z.B. in einer Dünung auf, in die das Vorschiff eintaucht und dann durch den Auftrieb angehoben wird.

Das Gieren ist eine Drehschwingung des Schiffes um seine vertikale Achse, wodurch es bei nicht gelegtem Ruder aus dem gesteuerten Kurs läuft. Das Gieren entsteht durch von vorn oder achtern kommende See (oder Wind). Die maximale Gieramplitude entsteht, wenn die Wellenrichtung einen Winkel von 45° oder 135° mit dem Kurs des Schiffes bildet. Gieren tritt besonders bei Leer- bzw. Ballastfahrt auf.

Das Gieren kann durch unterschiedliche Maßnahmen vermindert werden:
- Schnelles Ruderlegen
- Leichte Änderung der Schiffsgeschwindigkeit
- Bei Zweischraubern Verminderung der Geschwindigkeit des einen Propellers
- Hecklastiger Trimm des Schiffes

In der Praxis treten fast ausnahmslos verschiedene Schwingungsarten miteinander gekoppelt auf, wobei folgende Kopplungen möglich sind:
- Rollen–Stampfen–Gieren
- Rollen–Stampfen
- Rollen–Tauchen
- Stampfen–Tauchen

Auf eine Erklärung für das Auftreten der genannten Kopplungen sei hier verzichtet.

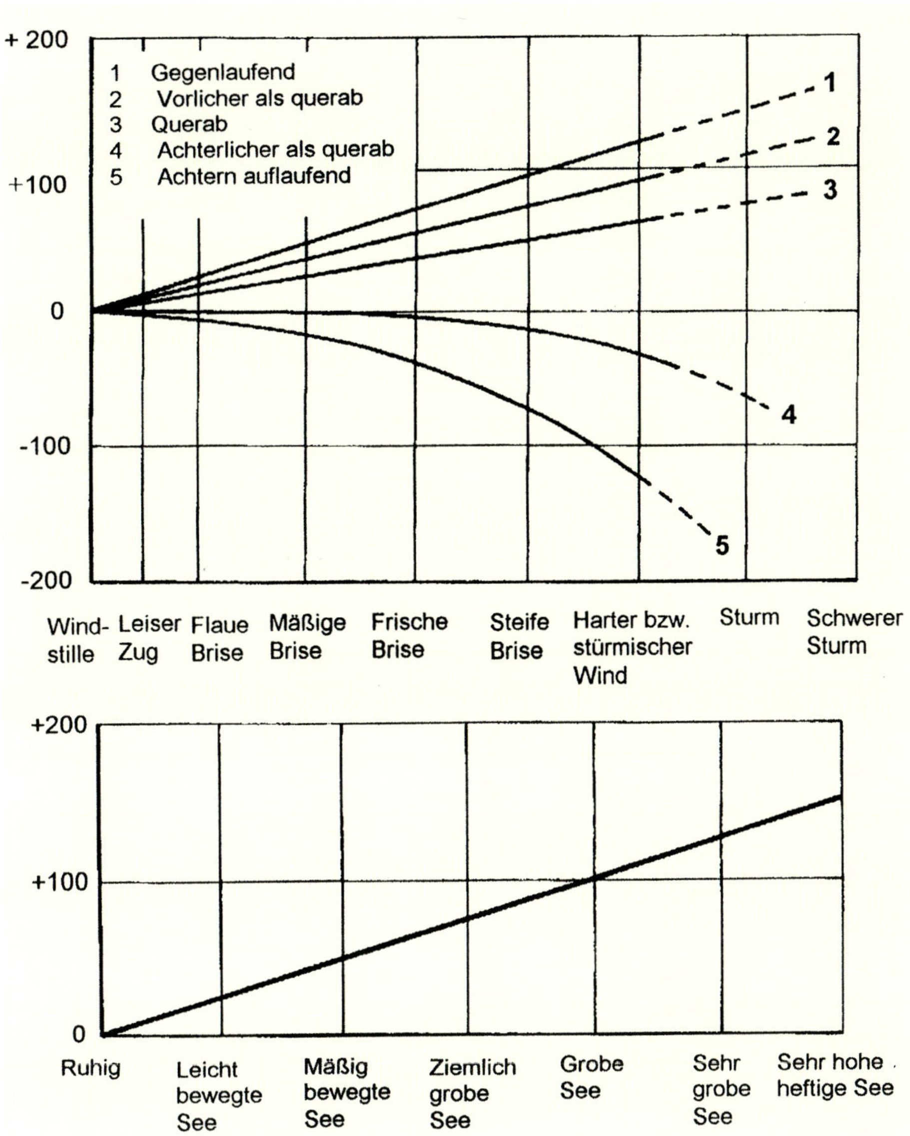

Bestimmung von Wetterzahlen nach Kari
oben: Windstärke
unten: Seegang

Wettereinflüsse auf das Seegangsverhalten von Schiffen

Seit längerer Zeit gab es Bemühungen, die Seeeigenschaften eines Schiffes in eine messbare Korrelation zu bestimmten Wetterzuständen zu bringen. Aus ausgewerteten Schiffsreisen stellte *Kari* Diagramme für die Bestimmung von Wetterzahlen zusammen. Die Wetterzahlen setzen sich aus Einzelwerten für Windstärke und -richtung und Seegang (Wellenhöhen) zusammen. Danach wird »idealem« Wetter die Wetterzahl 0 zugeordnet. Die Wetterzahl 50 entspricht z.B. einer Windstärke Beaufort 2 und Wellenhöhen von 2 Fuß. Die Wetterzahlen werden in Abhängigkeit von Fahrtroute und Jahreszeit angegeben. Beispielsweise beträgt die Wetterzahl für den Fahrtbereich vom östlichen Teil der Ostsee zu Nordseehäfen im Mai 75 bis 100.

2.5 Auf der Suche nach der widerstandsgünstigsten Schiffsform

Mitte des 18. Jhdts. beginnt man den Schiffbau auch theoretisch-wissenschaftlich zu betrachten. So erfasst der Schweizer Mathematiker *Daniel Bernoulli* (29.01.1700–17.03.1782) die Zusammenhänge zwischen Druck und Geschwindigkeit in laminaren Strömungen. Das nach ihm benannte Gesetz – es gilt für Luft wie für Wasser, das die 800fache Dichte hat – besagt:

$p+\rho/2\cdot v^2=p_o+\rho/2\cdot v_o^2$

worin uns der Term $\rho/2\cdot v^2$, darin ist ρ die Dichte des strömenden Mediums, in Strömungsrechnungen immer wieder begegnet, er wird Staudruck genannt, z.B.:

Luftgeschwindigkeit:
v_o =10 m/s

Luftgeschwindigkeit:
v =20 m/s; an einem Gegenstand einseitig

Barometerstand:
p_o 35 mmHg;
mmHg = mm Quecksilbersäule oder = 10 m Wassersäule (mmWs) = 1 bar ergibt

p = 9.981,3 mmWs oder 19 mmWs geringer, also 0,002 bar Sog (Unterdruck) an dieser Strömungsoberfläche des Gegenstands.

Trotz dieses einfachen Zusammenhanges zwischen Druck und Geschwindigkeit in einem Medium wird die quantifizierende Rechnung an einem Segel oder einem Schiffsrumpf wegen vieler störender Einflüsse schwierig. Man ist bis heute auf Versuche und Messungen angewiesen.

Das von dem englischen Physiker *Isaac Newton* (04.01.1643 bis 31.03.1727) entdeckte mechanische Ähnlichkeitsgesetz lautet, aufs Schiff übertragen: Wenn zwei geometrisch vollkommen ähnliche Schiffskörper sich mit korrespondierenden Geschwindigkeiten (die Geschwindigkeiten stehen im Verhältnis der Quadratwurzel aus dem Maßstab, also Modellmaßstab, z.B. 1:25 heißt 30 kn des Originals, dann $^1/_5 = 6$ kn das Modell) im Wasser bewegen, so verhalten sich die wellen- und wirbelbildenden Widerstände (Formwiderstand) dieser Körper wie die dritte Potenz ihrer linearen Abmessungen oder wie ihre Verdrängungen. Also: Modell 5 m lang, Wellenwiderstand 100 N, Original 200 m lang, sein Wellenwiderstand 64.000 N, also 40fach hoch 3. Für den Gesamtwiderstand muss der Reibungswiderstand addiert werden. Dazu hat *William Froude* seine noch heute angewendete Berechnungsmethode entwickelt.

Es war der berühmte Mathematiker *Leonhard Euler* (1707 bis 1783), der sich als erster mit dem Problem des Widerstandsverhaltens eines Schiffes im Wasser theoretisch beschäftigte. Er entwickelte 1749 folgende Gleichung für die Ermittlung des Schiffswiderstands F_w:

$$F_w = \frac{\gamma}{2g} A v^2$$

Mit den Größen

γ – spezifisches Gewicht
g – Erdbeschleunigung
A – Hauptspantfläche des Schiffes
v – Schiffsgeschwindigkeit

Zur Berechnung des Widerstandes wurde die Oberfläche des Unterwasserschiffes in Elementarflächen zerlegt und die von *Euler* entwickelte Gleichung auf jede der Elementarflächen angewandt und die Summe der auf diese Weise ermittelten Elementarwiderstände sollte dann den Gesamtwiderstand ergeben.

Ein durchschlagender Erfolg war dieser Berechnungsmethode jedoch nicht beschieden. Erst 1816 wurde experimentell festgestellt, dass die Gleichung von *Euler* noch mit einem Faktor k zu multiplizieren sei, dessen Quantifizierung erst fast 100 Jahre später erfolgte. Zu jenem Zeitpunkt hatte aber die Schleppversuchstechnik zur Widerstandsermittlung durch das Wirken des Engländers *William Froude* in den Grundzügen bereits ihre heutige Form erhalten.

Anfangs, der erste Schleppversuch mit Schiffsmodellen wurde wahrscheinlich 1717 von *Charles Sheldon* (1665 bis 1739) durchgeführt, bestand die Versuchsapparatur aus einem Modell, das an einer Leine befestigt war und durch einen Fallgewichtszug geschleppt wurde. Nachteilig für diese Versuchstechnik war die Tatsache, dass sie ohne Berücksichtigung der Fallgesetze arbeitete und die Zeitmessungen ungenau waren. Der Widerstand wurde nach der Zeit bestimmt, in der das Modell eine bestimmte Strecke durchfuhr.

Die Admiralitätsformel

Da die bisher ausgeführten Modellschleppversuche keine für den Schiffbaupraktiker verwertbaren Ergebnisse gezeitigt hatten, griff man in den Marine-Konstruktionsbüros auf die Eulersche Gleichung zurück:

$F_W = \xi A v^2$

wobei ξ einen Erfahrungswert darstellt. Dieser zu erwartende Widerstand muss von einer Maschinenanlage mit adäquater Leistung P überwunden werden. Da der Wirkungsgrad der Maschinenanlage nicht bekannt ist, wird auf die indizierte Maschinenleistung Bezug genommen. Es gilt:

$P_i = F_W v^3/75$ [PS]

oder unter Verwendung der Eulerschen Gleichung:

$P_i = \xi A v^3/75$ [PS]

Als Erfahrungswert, der sowohl den Wirkungsgrad der Maschinenanlage als auch die Verhältnisse bei der Umströmung des Schiffskörpers berücksichtigt, wurde der Wert C, die so genannte Admiralitätskonstante, eingeführt. Für den praktischen Gebrauch wurde statt des Hauptspantquerschnittes F das Deplacement D [ts] mit der Potenz 2/3 als Bezugsbasis eingeführt, sodass die Beziehung zur Ermittlung der Maschinenleistung P_i nunmehr lautet:

$P_i = v^3 D^{2/3} /C$[PS], darin v in kn

Diese in der Literatur als englische Formel bezeichnete Beziehung diente nun beim Schiffsentwurf zur Bestimmung der Maschinenleistung bei gegebenem Deplacement. Die C-Werte sind von Vergleichsschiffen abzuleiten. Dabei ist jedoch zu beachten, dass der C-Wert (Admiralitätskonstante) nach Schiffstyp und -größe unterschiedlich ist und zudem streng genommen auch nur für die angegebene Geschwindigkeit des Vergleichsschiffes Gültigkeit hat, da der Widerstand und damit die erforderliche Leistung nicht genau mit der 3. Potenz sich ändern.

Nachstehend sind auszugsweise die Admiralitätskonstanten einiger Schiffstypen, die Anfang des 20. Jhdts. gebaut wurden, angegeben.

Schiffstyp	L[m]	D[t]	v[kn]	P[PS_i]	C
Schnelldampfer	202,00	22.900	23,5	37.800	277
Schnelldampfer	190,50	21.385	22,0	27.000	292
Schnelldampfer	153,60	11.540	19,8	16.100	245
Passagierdampfer	69,50	2.200	10,0	1.050	162
Frachtdampfer	170,69	24.800	13,5	5.460	280
Frachtdampfer	131,06	12.400	11,0	2.500	284
Frachtdampfer	88,10	4.580	10,5	1.225	264
Frachtdampfer	79,86	3.400	9,0	700	234
Schleppdampfer	40,00	390	11,0	350	142
Flussradschlepper	40,00	212	10,5	300	137
Eisbrecher	47,25	890	9,5	500	160
Heckraddampfer	46,80	144	9,0	210	97
Linienschiff	122,00	13.200	18,0	16.000	205
großer Kreuzer	139,00	11.320	22,5	22.000	258
kleiner Kreuzer	104,00	3.300	22,0	10.000	235
Kanonenboot	62,00	1.000	13,5	1300	250

John Scott Russel (1808–1882)

Bis etwa 1830 herrschten im Schiffbau kopieren, imitieren sowie »trial and error» vor. Einen Vorsprung hatten vor allem Schweden, Dänemark, Russland, Frankreich und Spanien dank einiger in wichtigen Grundlagenbereichen des Schiffbaues wissenschaftlich arbeitender Männer, so durch *Chapman* im 18. Jhdt. Schweden, *Sané* in Frankreich, auf den zurückzuführen ist, dass die Franzosen zur Zeit *Napoleons* bessere Schiffe als die Briten hatten, die nur dank ihrer besseren Seemannschaft siegten. In Russland und Spanien berücksichtigten die Schiffbauer die Arbeiten von *Euler*, *Bernoulli*, *Bougner*, *d´Ulloa* und *Chapman*. Dagegen hatte man in England sogar die *Royal School of Naval Architecture* in der English Admirality, die vor allem *Chapman´s* Erkenntnisse verbreiten sollte, wieder geschlossen und ihre Schüler stigmatisiert. Sie wurden erst rehabilitiert, als sie – bereits im hohen Alter – gerufen wurden, um den Aufbau einer neuen britischen Dampfer-Kriegsflotte zu unterstützen. Kurze Zeit bestand damals die Gefahr, dass Großbritannien seine Vorherrschaft zur See aus Ignoranz verlieren könnte.

John Scott Russel

Der englische Schiffbauer *John Scott Russel* beschäftigte sich ab 1834 mit der Formgebung für geringsten Widerstand und machte Schleppversuche mit Fallgewichten auf einem See bei Blackheath. Er nahm das Bild eines Keiles, der das Wasser teilt, um Platz für das Schiff zu schaffen, und hatte die sicher nicht ganz falsche Vorstellung, dass ein Graben im Querschnitt des Unterwasserteils des Hauptspantes (»ruling section«) vom Schiff gegraben werde und die entsprechende Wassermenge bewegt werden muss, also z.B. ein Schiff 36 ft breit und 15 ft Tiefgang erfordert bei 10 kn die Beseitigung von 270 ts Wasser jede Sekunde, das sind 16.200 ts in der Minute. Er kommt zu hohlen konkaven Wasserlinien des Vorschiffes, um das Wasser allmählich beiseite zu drängen und eine energieverzehrende Bugwelle möglichst zu vermeiden. Diese von ihm »wave-line« genannte Form erfüllt die Anforderungen besser als ein einfacher Keil. Die Schiffsformen schneller Schiffe folgen bis heute dieser »wave-line«. Er untersuchte auch die Hecklinien und fand die Cycloide als günstigste Form. Die französische Akademie der Wissenschaften führte Anfang des 19. Jhdts. Versuche mit dem Keilbug verschiedener Schiffsmodelle durch. Die Ergebnisse sind plausibel: je schärfer je besser, nur ein völliges Schiff mit rundem Bug – wie es bis dahin üblich war – trägt mehr und ist seetüchtiger.

Russel baute ein Schiff nach seinen Erkenntnissen mit »wave-bow« und nannte es WAVE. Er verglich mit drei ähnlichen Passagierschiffen, alle über 60 ft (18 m) lang, und fand das nachstehend zusammengestellte positive Ergebnis:

Schiff	WAVE	Vergleichsschiffe
Widerstands-beiwerte	84–189,8	126–166 225–241
Geschwindigkeit [kn]	5,7–9,7	5,7–9,7

Scott Russel propagierte dann diesen schlanken konkaven Wassereintritt. Er spricht von »wave principle«. Es wurde bestärkt von den Schiffbauern *John* und *Charles Wood*. *Capt. Fishbourne* schlug diese Gestaltung auch für Kriegsschiffe der Admiralität vor und hat wohl auch den berühmten Konstrukteur amerikanischer Klipperschiffe, *MacKay*, beeinflusst. Auch der Triumph der Yacht

AMERICA im Americas-Cup-Rennen – sie war von *Steers* bei *Messrs. Stevens* gebaut – lehrte die Vorteile dieser Linien. Genannt sei hier noch *Prinz Adalbert von Preußen*, der schon 1849 die »wave-line« bei deutschen Kriegsschiffen einführte, das erst 1859 in Großbritannien bei der Konstruktion der Warrior-Klasse von der englischen Admiralität angewendet wurde.

Russels »wave-line«-Konzept fand auch Eingang in den Entwurf der 1852 bis 1858 erbauten GREAT EASTERN, jenes Riesenschiffes, das mit einer Länge von 207,25 Metern seiner Zeit um ca. 50 Jahre vorauseilte.

Zur Entwicklung der Schiffsgeschwindigkeiten schreibt Russel 1865: *»In meiner Jugend (Anmerkung: also etwa 1820) wurden 10 kn bei einem Dampfantrieb als das ›non plus ultra‹ angesehen, dann kamen 12 kn, 14, 16 und heute 18 kn mit Sicherheit. Ich bin überzeugt, dass 20 kn über den Ozean erreicht werden können und mehr, wenn man bereit ist, dafür zu zahlen.«*

Er war weitsichtig und hielt das Schiffbauwissen seiner Zeit in einem umfassenden Werk zum Vorteil Englands fest. Denn die bis dahin unvorstellbaren Geschwindigkeiten durch den Maschinenantrieb, des Eisen- und später Stahlschiffbau und die stark ansteigenden Schiffsgrößen bedeuteten eine Revolution zur systematisch-wissenschaftlichen Erkenntnisgewinnung und neuen Regeln. Sein Buch war das erste, das den Schiffbau maschinengetriebener Schiffe als Lehrbuch für die nächste Generation beschreibt.

Der Massengutfrachter BRITISH STEEL wurde 1984 für die British Steel, Eigner Lombard Finance Ltd, gebaut und für den Transport von Eisenerz von der Werft Harland and Wolff in Belfast eingesetzt, war dann der größte Frachter in Europa. Bei großen, relativ langsam laufenden Schiffen (15 kn) wird ein völliges Vorschiff mit Bugwulst angewendet. Eine »wave-line« würde nur die Tragfähigkeit reduzieren.

Die »wave-line« bei der QUEEN ELISABETH 2, vom Engländer Scott Russel in den 1850ern propagiert, bis heute ein Merkmal schneller Schiffe.

Russel war der erste Vizepräsident der *Institution of Naval Architects*, die am 16. Januar 1860 in London gegründet wurde.

Fast bis zum Ende der ersten Hälfte des 19. Jhdts. waren die Linien der Schiffe im Vorschiff voll, rund und kurz, also konvex, es galt als Regel, konkave Linien zu vermeiden. Warum man im späteren Mittelalter Schiffe baute, bei denen die größte Breite vor Mitte Schiff lag, ist nicht erklärbar. Dabei waren schlanke Linien und langer Wassereintritt am Bug und volles Achterschiff nicht neu, wurden aber von den damaligen Schiffbauern nicht richtig zur Kenntnis genommen, man glaubte wohl, dass das nur für kleinere Boote gültig ist.

Heute gilt als Richtwert für den Eintrittswinkel der Wasserlinie für schlanke Schiffe (Zylinderkoeffizient $c_p = 0{,}55$) 8°, für völlige Schiffe ($c_p = 0{,}75$) 22°.

Wegen der Wellenbildung am Schiff sagt eine alte Schiffbauer-Regel: Länge läuft. Kurze Schiffe, wenn sie Verdränger sind wie z.B. Segelyachten mit Kiel, haben eine Grenzgeschwindigkeit, die mit höherer Antriebsleistung nur aufwendig erhöht werden kann. Diese Rumpfgeschwindigkeit ist erreicht, wenn die relative Geschwindigkeit

$$\frac{\text{Fahrtgeschwindigkeit } v \text{ [kn]}}{\sqrt{\text{Rumpflänge } L_{CWL} \text{ [m]}}} \approx 2{,}43$$

wird. Das ist die Fortpflanzungsgeschwindigkeit des erzeugten Wellensystems – oder die
Froude-Zahl = 0,295
Eine Yacht von: $L_{CWL} = 10 \text{ m} \approx 7{,}7 \text{ kn}$
$L_{CWL} = 20 \text{ m} \approx 10{,}9 \text{ kn}$

Eine der üblichen Fahrtenyachten um 1960, die REINA vor dem Wind unter Spinnaker mit Rumpfgeschwindigkeit: Das Boot ist zwischen Bug- und Heckwelle »gefangen«. Die Fortpflanzungsgeschwindigkeit des von dem Boot erzeugten Wellensystems bestimmt seine erreichbare Geschwindigkeit.

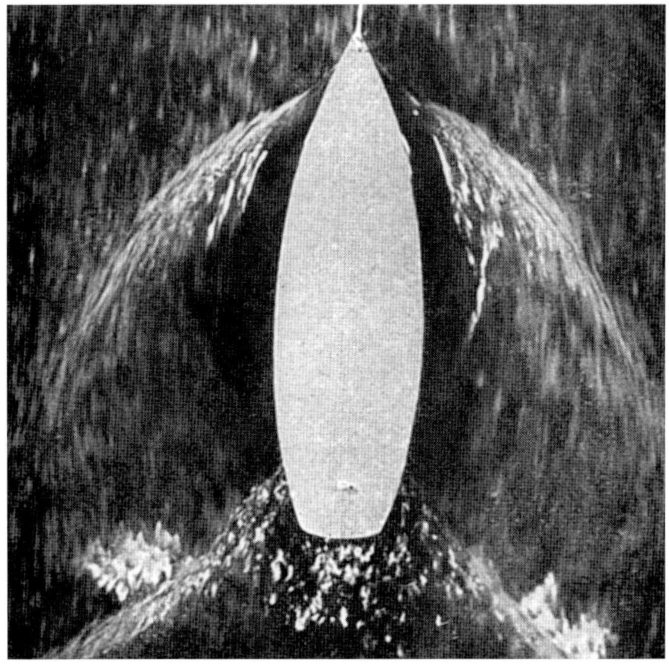

Wellenbildung an einem Schiffsmodell, L 460 mm, bei einer Schleppgeschwindigkeit von 0,92 m/s
Die Heckwellen, die dem Schiff senkrecht zu seinem Kurs folgen, hängen in ihrer Wellenlänge nur von der Geschwindigkeit des Schiffs ab:

Geschwindigkeit km/h	*Wellenlänge m*
1,8	0,2
3,6	0,65
9,0	4
14,4	10,2
19,8	18,4

Ein anhängendes Beiboot muss deshalb immer so angehängt werden, dass es die zweite folgende Welle abwärts läuft, also relativ kurz. Die Schleppkraft ist dann weniger als halb so groß wie im ungünstigen Fall der Welle aufwärts. Das gilt für ein Segelboot, bei einem Motorboot sollte die Schleppleine länger sein, damit das anhängende Boot nicht im noch stark turbulenten Schraubenstrom (erhöhter Reibungswiderstand) läuft. Deswegen: Folge nicht im Kielwasser.

kommt also schon bei relativ niedrigen Geschwindigkeiten in den Grenzbereich einfach erreichbarer Fahrgeschwindigkeit.

Die Welle pflanzt sich um so schneller fort, je länger sie ist. Ein Schiff in Verdrängerfahrt kann nicht schneller sein, als das von ihm erzeugte Wellensystem. Daraus erklärt sich die alte Faustregel – »Länge läuft«. Man ist deswegen bestrebt, bei einer Segelyacht eine möglichst lange Konstruktionswasserlinie (CWL) zu erreichen und gibt ihr deshalb heute einen steilen Vorsteven zu Lasten eines gefälligen »schiffigen« Aussehens. Ein Gleiter wird sein Wellensystem los. Dies hat erstmalig

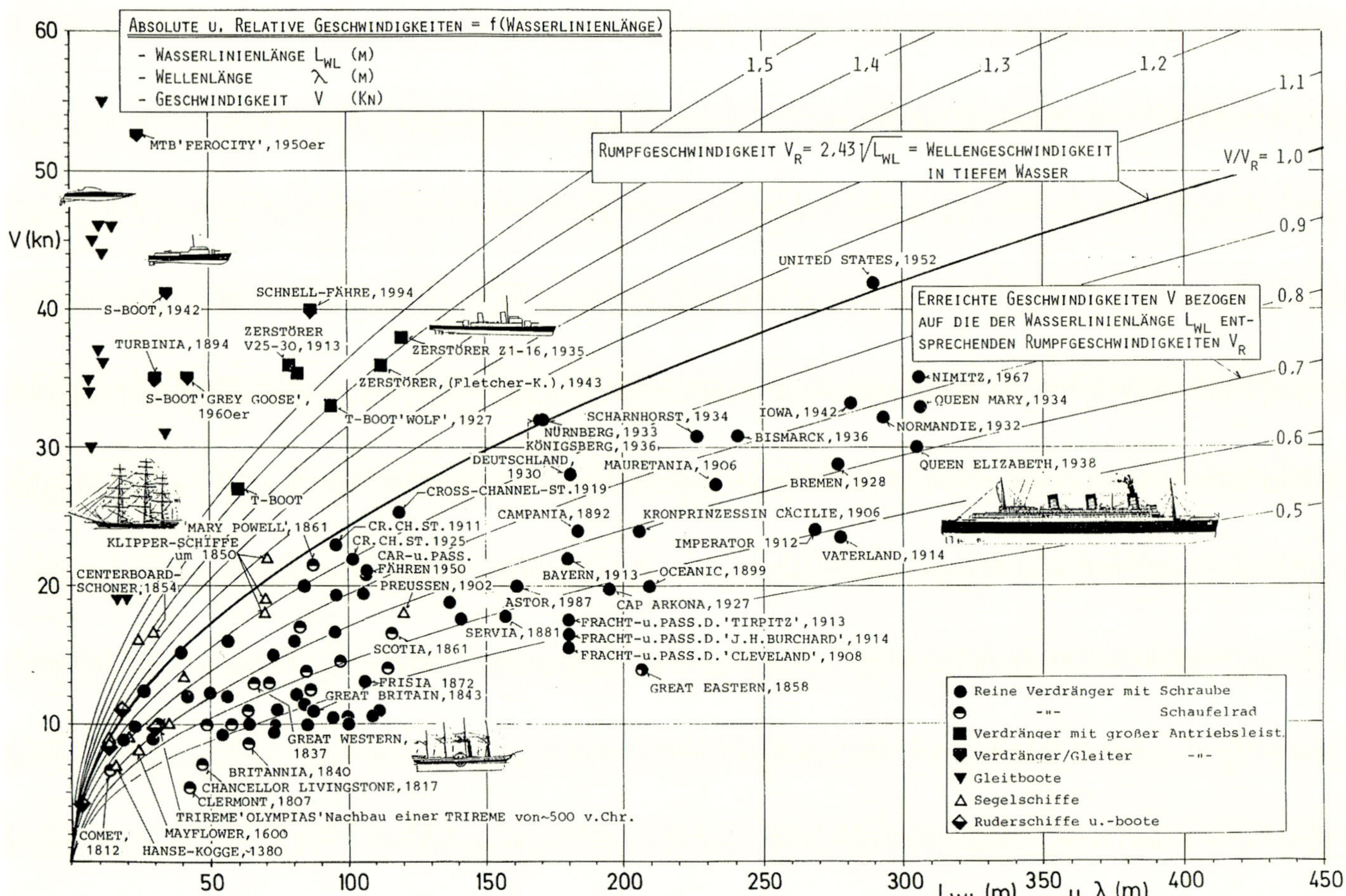

ABB.9

Länge des Schiffs reduziert die relative Geschwindigkeit

der Engländer *Uffa Fox* 1927 erkannt und in einem kleinen Segelboot realisiert, welches dann alle großen Yachten schlug.

Die Wasserlinienlänge einer Yacht kann sich beim Segeln etwas, aber durchaus merklich ändern. Die erreichbare Geschwindigkeit ist natürlich vor allem eine Frage der Antriebsleistung, die enorm ansteigen muss, um die Rumpfgeschwindigkeit zu überschreiten, vorstellungsmäßig muss durch das Schiff die Bugwelle immer weiter hochgeschoben werden.

Den Einfluss der Geschwindigkeit auf Leistungsbedarf und Widerstand zeigt folgender Vergleich:

Beide Schiffe sind etwa 500 ft (150 m) lang.

	kn	Leistung WPS	Anteil % Wellenwiderstand
Schnelle	32	60.000	75
Begleitfregatte	19	8.000	30
Frachter	19	12.000	35

Zwei Zahlen sind beeindruckend: Die Fregatte benötigt bei voller Geschwindigkeit von 32 kn die fünffache Antriebsleistung, obwohl sie nur halb so groß ist (6.200 tdw) wie der Frachter (12.000 tdw). Bei 19 kn benötigt sie dagegen aufgrund ihrer schlanken Linien nur zwei Drittel der Leistung des Frachters.

Die Schärfe, also die Kantenlänge eines mit der Verdrängung raumgleichen Würfels zur Schiffslänge, ist bei der Fregatte doppelt so groß wie beim Frachter, allerdings rechnerisch ist diese, zuerst in England angewandte Kennzahl reziprok, nämlich 50 (Fregatte) zu 100 (Frachter).

Ein anderes Beispiel: Ein 120-m-Schiff läuft mit 12 kn, einmal völlig gestaltet (Schärfegrad 200) und hat 0,3 kN/t Widerstand, bei Schärfegrad 50 hätte es nur etwa 0,2 kN/t, verdoppelt es die Geschwindigkeit auf 24 kn, hat es 9,2 kN/t bzw. 5 kN/t, also der Widerstand ist weit stärker gewachsen als mit der dritten Potenz, denn der Anteil Wellenwiderstand am gesamten ist von 25% auf 66% gestiegen.

William Froude (1810–1879) betritt die Bühne

Der Physiker und Privatgelehrte *William Froude* war jener Mann, der dem Schleppversuchswesen Form und Inhalt gab, die es in seinen Grundzügen bis in die Gegenwart behalten sollte.

Experimentelle Untersuchungen des Widerstandes bei der Durchströmung von Rohren und seine Abhängigkeit von der Rauhigkeit ihrer Innenflächen führten *Froude* zur Auseinandersetzung mit dem Problem der Reibung des Wassers an der Schiffsaußenhaut. Er wurde damit zum Begründer der Forschung über den Reibungswiderstand. Diese Betrachtungsweise führte zur Differenzierung des Widerstandes in »Reibungswiderstand« und »Rest- oder Formwiderstand (Wellenwiderstand)«. Man muss unterscheiden:

– Widerstand infolge von Zähigkeitserscheinungen:
- Reibungswiderstand
- Druckwiderstand (Strömungswiderstand)

– Widerstand infolge von Trägheits- u. Schwerkräften:
- Wellenwiderstand

Druckwiderstand und Wellenwiderstand ergeben gemeinsam den Rest- oder Formwiderstand.

William Froude

Auf der Grundlage von Schleppversuchen mit dünnen Brettern unterschiedlicher Oberflächenrauhigkeit fand *Froude* heraus, dass sich der Reibungswiderstand mit der 1,8- bis 1,9fachen Potenz der Schleppgeschwindigkeit änderte. Daraus leitete Froude folgende Formel zur Berechnung des Reibungswiderstandes F_R ab:

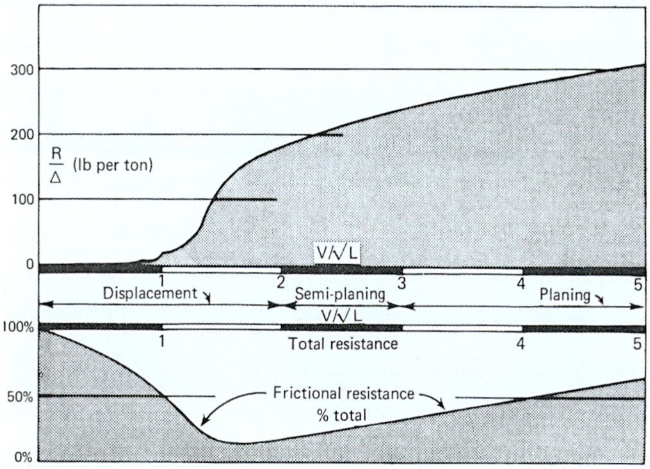

Die obere Kurve zeigt beispielhaft den Widerstand je Tonne Verdrängung über dem Geschwindigkeits-Längenverhältnis $V/\sqrt{gL}$. Die untere Kurve zeigt den Verlauf der Widerstandsanteile Reibung (Viskosität) und Wellenbildung (Schwerkraft). Der Reibungswiderstand sinkt in seinem Anteil am Gesamtwiderstand, der Wellenwiderstand wird zu einer »Schallmauer«, die beim Gleiten überwunden ist. 60–75% des Widerstandes üblicher Verdrängerschiffe ist Reibungswiderstand, erst bei sehr schnellen Marinefahrzeugen ist er auf 35% gesunken. (1 lb = 0,44 kN)

$F_R = \zeta \rho A v^x$

Hier ist

ζ experimentell ermittelter Reibungsbeiwert

ρ Dichte des Wassers (Seewasser 1,025 t/m^3)

A benetzte Oberfläche

v Fahrgeschwindigkeit des Schiffes

Zieht man nun den mittels dieser Formel ermittelten Reibungswiderstand von dem durch Schleppversuch ermittelten Gesamtwiderstand ab, so erhält man den Rest- oder Formwiderstand. Die Möglichkeit der Quantifizierung des Reibungswiderstandes schärfte auch den Blick für die Anforderungen an die Anstrichsysteme und weitere Schutzmaßnahmen, die wesentlichen Einfluss auf die Größe des Reibungswiderstandes und damit auch auf die Schiffsgeschwindigkeit haben.

Das Beplatten des hölzernen Unterwasserschiffs mit Kupferblechen gegen Bewuchs und insbesondere gegen die Bohrmuschel (teredo navalis) kam in der Royal Navy zwischen 1775–1783 auf. In Frankreich waren dazu bereits Versuche unternommen worden. Die Fregatte ALARM mit 32 Kanonen steigerte nach der Beplattung ihre Geschwindigkeit auf 13 kn.

Dank ihrer höheren Geschwindigkeit gewannen die britischen Schiffe unter Admiral *Rodney* am 16. Januar 1780 gegen elf spanische und 1782 unter den Admiralen *Hood* und *Rodney* gegen die Franzosen unter *de Grasse* zwischen den Westindischen Inseln.

Ein Problem ergab die Kupferbeplattung: Die Eisennägel der Beplankung der Schiffe korrodierten bis zur Auflösung. Erst Ende des Jahres 1778 fand man eine den Korrosionsprozess zumindest stark verzögernde Lösung: eine Lage ölgetränkten Papiers zwischen der Rumpfbeplankung und den auf der Innenseite mit Bleiweiß lackierten Kupferplatten. Durch die Verwendung von Nägeln aus einer Kupfer-Zink-Legierung hatte man 1783 die Probleme weitgehend gelöst, und die meisten Holzschiffe der Royal Navy waren oder wurden gekupfert, sodass zeitweise Materialversorgungsschwierigkeiten auftraten. Ein 50-Kanonen-Schiff benötigte 2.010 Kupferplatten mit einem Gewicht von über 6 t, die verwendeten Kupfernägel waren über 100 mm lang.

Beim Übergang vom Nieten zum Schweißen Mitte des 20. Jhdts. ergab sich neben der Gewichtseinsparung von 15%

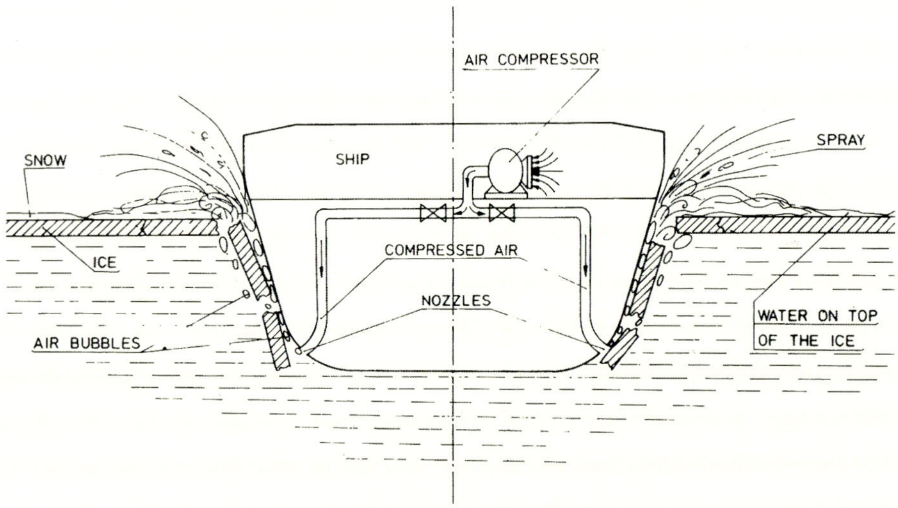

Air-bubbler-System von Wärtsilä, Finnland, um die Reibung im Eis bis zu 50% herabzusetzen. Das ist zu einer Standardausrüstung für Eisbrecher geworden. Mehr als die Hälfte der Eisbrecher auf der Erde sind in Finnland gebaut. Die größte Flotte hatte die Sowjetunion mit 185, davon 36 reine Eisbrecher-Einheiten. An zweiter Stelle Schweden in der Zahl, die USA in der Größe. Die russische ARKTIKA (1975) und SIBIR (1977) sind die größten Eisbrecher mit 23.750 BRT und 75.000 hp Antriebsleistung nuklear erzeugt.

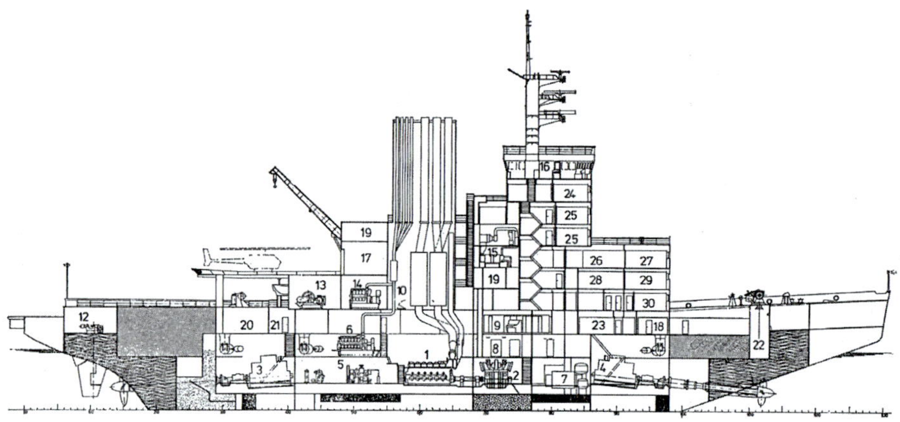

Eisbrecher ATLE und FREJ, gebaut 1974 von Oy Wärtsilä AB/Helsinki, für Schwedische Verwaltung für Schifffahrt und Navigation. $L_{ÜA}$ 104,6 m, B 23,8 m, 18 kn, Pfahlzug 190 t, Antrieb dieselelektrisch, wegen der Manövrierfähigkeit bei Eisbrechern überwiegend, mit 5x 5.000 bhp Dieselmotoren Wärtsilä – Pielstick 12 PC2 2V 400 bei 485 min^{-1}. Zwei achtere und zwei vordere Propeller, die Leistungsverteilung 60% achtern, 40% vorn. Hilfsenergie kommt von vier 785-kVA-Generatoren. 610 t Wasser können in 50 s von einer Seite auf die andere gepumpt werden, um das Schiff u. U. mit ±13° freizuschaukeln.

auch eine Reduzierung des Reibungswiderstandes von 5%. Der Rumpf der BREMEN (1929) war wie damals üblich genietet. Versuche ergaben, dass Plattenüberlappung nach vorn weisend überraschenderweise etwas weniger Widerstand ergibt als umgekehrt.

Polieren ist bei Rennyachten üblich. Immer wieder gibt es Versuche, eine Luftschicht zwischen Wasser und Rumpf zu bilden. Schon 1883 erhielt dafür ein Franzose ein Patent. Aber bis heute ist der Erfolg unbefriedigend im Vergleich zum Aufwand. Es ist bisher auch nicht gelungen, eine laminare Grenzschicht – sie würde den Widerstand der meist turbulenten Grenzschicht am Rumpf auf ein Drittel reduzieren – zu erzeugen. Experimente mit besonderen Polymeren zeigten auch Wirkung, allerdings wogen die Kosten für die Beschichtung mehr als die Vorteile. An der Vervollkommnung bewuchsabweisender und selbstpolierender Anstrichsysteme, die zudem noch umweltverträglich sein müssen, wird bis in die Gegenwart gearbeitet.

Eine positive Nutzung der Kavitation scheint der russische Raketentorpedo SHKVAL zu haben, der Geschwindigkeiten um 200 kn – etwa viermal schneller als konventionelle mit zwei gegenläufigen Propellern angetriebenen Torpedos, die um 50 kn schnell sind – erreicht, indem er sich in einem durch Kavitation entstehenden, die Reibung stark herabsetzenden Dampf-Wasser-Schaum bewegt. Mit dem Antrieb allein, ein Feststoff-Raketen-Strahltriebwerk, das mit pulverisiertem Aluminium arbeiten soll, kann die hohe Geschwindigkeit nicht erklärt werden. Diese Waffe wurde unter der Leitung des russischen Waffentechnikers *Michail Merkulow* in Kiew entwickelt, seit den 1980ern gibt es dazu Gerüchte, aber es ist noch bis heute ein militärisches Geheimnis geblieben.

Froude, der sich der Unzulänglichkeiten der Modellschleppversuche mit Antrieb durch Fallgewichte bewusst war, hatte in der Nähe seines Landhauses in Chalston Cross ein Bassin (Länge 60 m, Breite 11 m, Tiefe 3,5 m) für Schleppversuche errichtet (1871) und fand unter Anwendung seiner Erkenntnisse und Formeln eine vollständige Übereinstimmung der Messwerte zwischen Modell und Original. Die Schleppeinrichtung bestand aus einem schienengeführten Wagen, der durch eine kleine Dampfmaschine mit einem über Seilscheiben geführten endlosen Seil geschleppt wurde und sich in seinem Grundkonzept bereits jenem moderner Anlagen näherte.

Ein weiterer Schwerpunkt der Arbeiten *Froudes* war die Entwicklung und Verifizierung einer Beziehung, die es gestattete, die Ergebnisse der Modellversuche auf die Großausführung zu übertragen. *Froude* ging davon aus, dass das Wellenbild bei Modell und Großausführung geometrisch ähnlich sein muss. Das wiederum setzt voraus

- geometrische Ähnlichkeit der Form von Modell und Großausführung sowie
- gleiches Verhältnis von Geschwindigkeit zu der Wurzel aus der Länge bei Modell und Großausführung.

Dementsprechend ergab sich 1874 das *Froudsche* Ähnlichkeitsgesetz $F_n = V/(g\ L)^{1/2}$. Die nach *Froude* benannte Kennzahl für die Ähnlichkeit des Wellenbilds in Flüssigkeiten mit freien Oberflächen ist:

$$\frac{V_G}{\sqrt{(gL_G)}} = \frac{V_M}{\sqrt{(gL_m)}}$$

v_G ... Geschwindigkeit Großausführung
L_G ... Länge Großausführung
v_M ... Geschwindigkeit Modell
L_M ... Länge Modell
g ... Erdbeschleunigung

Zur Verifizierung seiner Ergebnisse führte *Froude* erfolgreiche Schleppversuche mit einer Großausführung, der 49 m langen Fregatte HMS GREYHOUND (L 52 m, 1.180 tdw), auf Veranlassung der britischen Admiralität, vor allem von Chefkonstrukteur *Sir Edward John Reedbar,* auf der Reede von Portsmouth durch. Er ließ diese durch die Korvette HMS ACTIV (3.127 tdw, 4.000 PSi) bei verschiedenen Geschwindigkeiten schleppen. Um die GREYHOUND während des Schleppversuches außerhalb des Wellensystems des Schleppschiffs zu halten, wurde sie an einem querschiffs angeordneten Ausleger geschleppt.

Der Wellenwiderstand wird durch die Formgebung, insbesondere den Schlankheitsgrad, stark beeinflusst. Vergleicht man ein 400-ft-Schiff (122 m) bei 12 kn Geschwindigkeit mit den Schlankheitsgraden 200 (völlig) bzw. 50 (schlank) oder Wellenwiderständen 0,67 bzw. 0,41 lb/t (3 N/t bzw. 1,8 N/t) – der Wellenwiderstand hat 25% Anteil am Gesamtwiderstand –, so ändert sich das eklatant bei 24 kn auf 20,4 bzw. 10,4 lb/t (90,8 N/t bzw 46,3 N/t), der Wellenwiderstand hat dann 66% Anteil. In anderen nicht metrischen Maßsystemen ergeben sich natürlich andere Kennzahlgrößen wie hier beispielsweise der Schlankheitsgrad.

Die Wellen, die vom Wind erzeugt werden und die, die vom Schiff erzeugt werden, sind in ihrem Verhalten ähnlich. Beide erzeugen zusätzlichen Widerstand. Die trochoidalen Wellen werden in ihrer Geschwindigkeit nur von der Wellenlänge von Kamm zu Kamm bestimmt. Die vom Schiff erzeugten schreiten natürlich mit der Schiffsgeschwindigkeit voran.

Die Fortschrittsgeschwindigkeit der Welle ist:
v[kn] = 2,43·√g·L, in m

Die aufgenommene Energie der Welle ist proportional zur Wellenlänge und dem Quadrat der Wellenhöhe von Talsohle zu Kamm. Um den Energieverlust durch Wellenbildung klein zu halten, muss die Rumpfform möglichst wenig Wellen erzeugen.

Aufgrund der erfolgreichen Tätigkeit *Froudes* begann man auch in Holland, Frankreich und Italien mit Modellschleppversuchen bzw. nahm sie wieder auf. In Amsterdam, in der Königlichen Werft, wurde unter Veranlassung des obersten Ingenieurs *Tidemann* eine Versuchsstrecke nach englischem Vorbild eingerichtet. Die Paraffinmodelle waren etwa 9 m lang. *Tidemann* veröffentlichte seine Ergebnisse, die bis zum Jahre 1898 ein Standardwerk waren. In Frankreich experimentierte der Ingenieur *Risbec* im Arsenal zu Brest mit Stanniol bekleideten Holzmodellen, die anders als bei *Froude* und *Tidemann* von einem Dampfer an einem Ausleger geschleppt wurden. In Italien wurden zunächst einfache Schleppversuche auf der Königlichen Werft in Spezia begonnen. 1889 wurde dann in Spezia (heute La Spezia) eine Versuchsstation gebaut. Diese wurde übrigens dann auch von deutschen Schiffbauern und Reedereien genutzt. 1893 folgten Russland in St. Petersburg und 1899 die USA in Washington in der Navy Yard. Dort entstanden dann unter Admiral *David Taylor* aus Schleppversuchen im Navy Towing Tank die »Taylor Standard Series«, auf die heute noch Bezug genommen wird. Meist waren es die Marinen, die hinter dem Bau von Schlepptanks standen.

Der englische Werftbesitzer *William Denny* am Clyde erkannte den Wert solcher Anlagen auch für den Handelsschiffbau, sodass es seit 1881 (bis 1950 arbeitend) einen Schlepptank bei *W. Denny & Brothers* in Dumbarton am Clyde gab. Die britische Admiralität hatte nach den erfolgreichen Untersuchungen von *Froude* eine eigene Versuchsanstalt in Hasler, in der Nähe von Portsmouth, bauen lassen.

In Deutschland entstand bereits 1892 in Übigau bei Dresden die erste zivile Schiffbau-Versuchsanstalt durch die deutsche Elbschifffahrtsgesellschaft »Kette«, insbesondere für die Kanalfahrt. Sie wurde, alsbald vergrößert, auch für Schleppversuche für die großen Schnelldampfer VATERLAND und IMPERATOR verwendet. Der *Norddeutsche Lloyd* im Kampf um

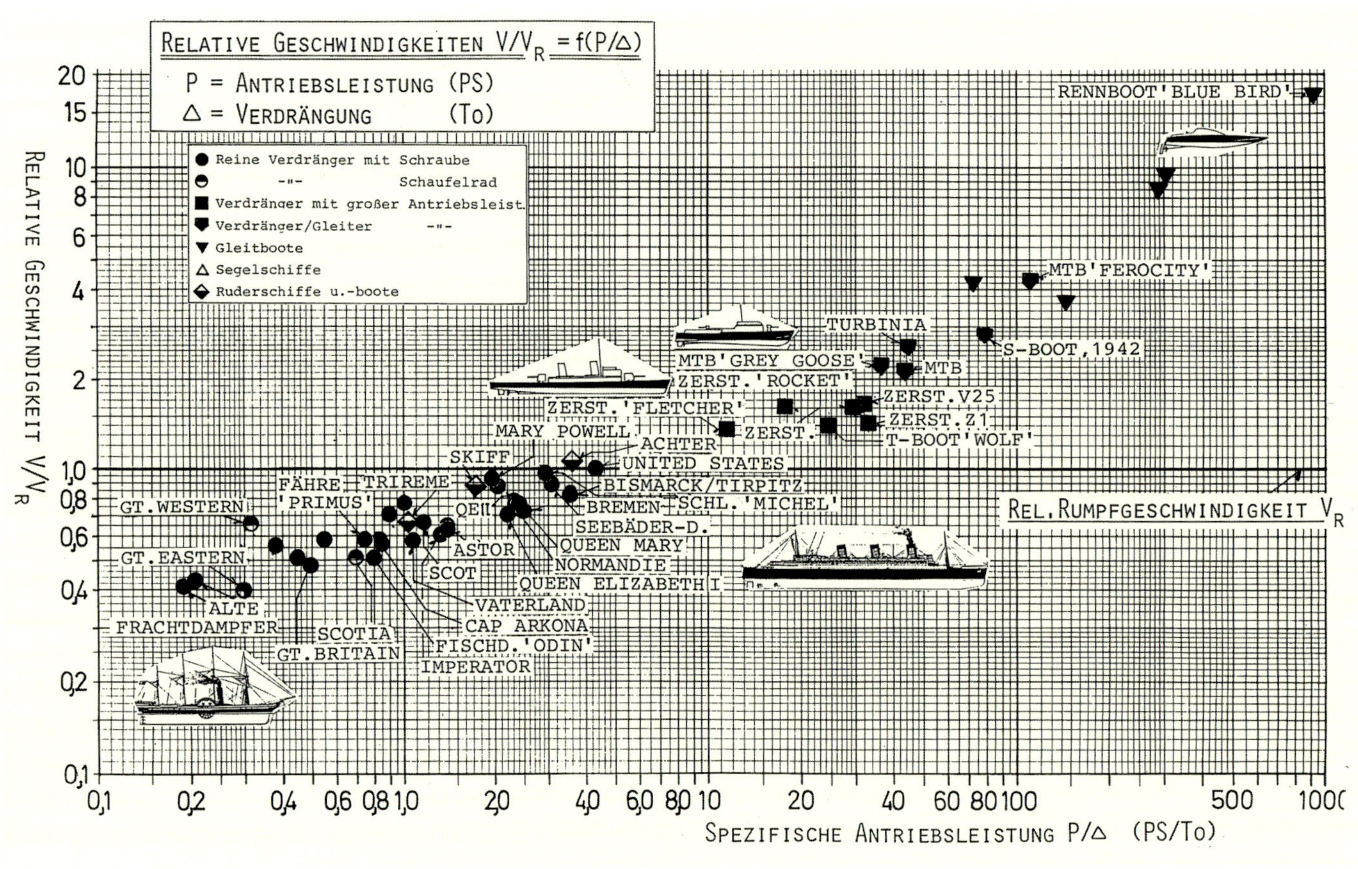

Die Beziehung zwischen Geschwindigkeit, Größe und Antriebsleistung

den Nordatlantikverkehr gefordert, baute 1899/1900 seine Schleppversuchsstation, die dem Schiffbau allgemein geöffnet war, mit 164 m langem Schleppbassin, Breite 6 m, Tiefe 3,2 m und einem gleisgebundenen Schleppwagen mit Messinstrumenten. Untersucht werden in Bremerhaven 4 bis 5 m lange Paraffinmodelle.

Es folgten dann noch weitere Versuchsanstalten, so die königliche Versuchsanstalt für Wasser- und Schiffbau in Berlin-Charlottenburg (Sommer 1903), die 1998,

Heckwulst, Propeller und Plattenruder des Schnelldampfers KAISER WILHELM DER GROSSE 1897 und Gesamtbild des Schiffs

dann zur TU Berlin gehörig, aus Kostengründen ihren Betrieb einstellte, die Schiffbau-Versuchsanstalt Potsdam, die erst 1954 in der damaligen DDR entstand und heute privat weiterbetrieben wird, die Maschinenversuchsanstalt Lichtenrade, die nach einem Vorschlag des Marinebaurat *Herrmann Wellenkamp* nur mit Fallgewichten als Schleppantrieb arbeitete, entstand 1906 und musste 1918 aufgelöst werden, die Hamburgische Schiffbauversuchsanstalt 1913 – sie geht auf Professor *Friedrich Ahlborn* (1858–1937), einem experimentierenden Gymnasiallehrer, zurück und entstand, als die SVA des Norddeutschen Lloyd wegen Hafenerweiterung in Bremerhaven abgebrochen werden musste. Die HSVA arbeitet heute noch erfolgreich sowie die Versuchsanstalt für Binnenschiffbau in Duisburg, die 1954 eröffnet wurde und in Verbindung mit der RWTH Aachen steht. Genannt sei auch noch die Schiffbautechnische Versuchsanstalt Wien, die 1916 ihren Betrieb aufnahm und durch anerkannte Leistung noch heute existiert.

Ob das gebaute Original dann die erwartete Leistung und Geschwindigkeit erreicht, wird bei der sog. »Meilenfahrt« – eine durch Landmarken genau messbare Strecke – überprüft. Seit 2000 erfolgt die genaue Feststellung der Schiffsgeschwindigkeit über GPS (Global Positioning System). Hierbei können auch Strömung, Drift und Schiffsbewegung berücksichtigt werden.

Schleppversuch kontra CFD

(Computational Fluid Dynamics)

Angesichts der kostenaufwendigen Schleppversuchstechnik steht die Frage nach dem Einsatz von Berechnungsverfahren und Computertechnik zur Bearbeitung von Problemen des Schiffswiderstandes. Um 1950 wurde dieses Problem wie folgt kommentiert: *»Könnte man sämtliche Probleme der Theorie des Schiffes rechnerisch erfassen, so würde niemand die hohen Kosten für Bau und Betrieb für Versuchsanstalten und -einrichtungen auf die Dauer vertreten können. Es lassen sich zwar in der Mehrzahl der Fälle angenäherte Werte recht gut errechnen, über die letzten Feinheiten kann aber nur der Versuch Aufschluss geben. Es ist eine Binsenwahrheit, dass jeder gemessene Wert einem gerechneten vorzuziehen ist, ...«*

Knapp 50 Jahre später führt die rasante Entwicklung numerischer Berechnungsverfahren und der Computertechnik zu einer deutlich veränderten Einschätzung der Situation:

»In Zukunft ist ... mit dem steigenden Einsatz von CFD bei gleichzeitigem geringeren Bedarf für Modellschleppversuche in Schiffbauversuchsanstalten zu rechnen.« Und weiter: »Die Genauigkeit der (Berechnungs-)Methoden im Vergleich mit Schleppversuchen ist mittlerweile sehr gut.«

Welchen Spielraum hat die Schleppversuchstechnik in der Zukunft?

Die Forderung nach optimaler Gestaltung des Schiffswiderstandes und damit auch der Schiffsgeschwindigkeit wird auch in Zukunft unverändert eine der Hauptforderungen eines konkurrenzfähigen Schiffsentwurfes sein. Allerdings ist zu beachten, dass dem Gestalter der Schiffslinien meist die nachstehenden Hauptparameter des Schiffes vorgegeben sind:

- Länge,
- Breite,
- Tiefgang,
- Blockkoeffizient C_B und
- die Lage des Verdrängungsschwerpunktes der Länge nach.

Drei 3.652-TEU-Containerschiffe SEA-LAND PRIDE, -VALUE und -MOTIVATOR werden 1994 bei Blohm & Voss um drei Containerlängen verkürzt, bekommen ein strömungsgünstigeres Vorschiff und eine Leistungssteigerung des Antriebs, um von 18 kn auf 21 kn zu kommen. Dazu werden 4.000 kW zusätzlich von einem Dieselgenerator über einen Elektromotor und Getriebe in die Propellerwelle gekoppelt. Der Dieselgenerator liefert auch ggf. die 1.800 kW für den Betrieb des Bugstrahlruders.

Diese Vorgaben ergeben sich aus der vorangegangenen Entwurfsrechnung und lassen nur noch begrenzt Spielraum für die Gestaltung der Linienführung. Diese konzentriert sich vorrangig auf die Schiffsenden (Bugformen, Spant- und Wasserlinienformen im Vorschiff, Gestaltung der Heckform).

1972 kam das Konzept, einen Schiffstyp in Serie mit geraden Flächen (Platten) zu bauen, also ein Polygonprofil und verschiedene Größen einfach durch Veränderung des geraden Mitteschiffs zu erreichen. Die Antriebsleistung sollte durch Mehrmotoren-Anlagen unterschiedlicher Anzahl angepasst werden. Der Wasserwiderstand war nicht entscheidend höher, trotzdem wurde diese »gute« Idee keine Innovation, wenn auch über zwanzig Schiffe dieser Art in Indien in Lizenz billig gebaut wurden.

Beim Bewegen des kleinen Schiffs werden dynamisch Druckwellen generiert; immer mehr, bis es zum Gleiten, Herausheben aus dem Wasser kommt.

Für ein 49-ft-Boot (15 m) gilt:

Geschw.	Geschw./ $\sqrt{L}$		Wellenlänge	Widerstand	
kn	$\frac{kn}{\sqrt{ft}}$ (brit.)	$\frac{kn}{\sqrt{ft}}$ (metr.)	m	lb/t	N/t
6	0,85	1,54	6,96	2	8,90
8	1,14	2,06	10,85	18	80,06
10	1,43	2,59	16,95	95	422,65
12	1,71	3,10	24,41	132	587,14
16	2,29	4,15	43,28	153	680,54
20	2,86	5,18	67,82	160	711,68

Widerstand und Rumpfform am Beispiel schneller Boote

Die erforderliche Antriebsleistung wächst mit der dritten Potenz der Geschwindigkeit, ja noch mehr, wenn der Wellenwiderstand stark zunimmt. Man ist deshalb bemüht, Rumpfformen und/oder Bewegungszustände zu finden, die den Energieverzehr durch Wellenbildung an der Wasseroberfläche reduzieren. Dadurch ist eine Vielfalt von Rumpfformen entstanden, insbesondere bei Kleinfahrzeugen.

Bei einer bestimmten Geschwindigkeit wird ein Boot, unabhängig von seiner Länge, dieselbe Wellenlänge generieren. Die Tabelle zeigt das starke Ansteigen des Wellenwiderstands mit der Geschwindigkeit.

Bei einem Verhältnis Geschwindigkeit in kn zu Wurzel aus Länge CWL in m mal Erdbeschleunigung in m/s^2 von $\approx 2{,}43$ (metrisch) ist Wellenlänge = Bootslänge, also ein Wellenkamm an Bug und Heck. Bei noch höherer Geschwindigkeit verschiebt sich die Heckwelle weiter nach achtern, das Heck liegt tiefer und ist im Wellental, ein scharfes Heck sinkt noch tiefer

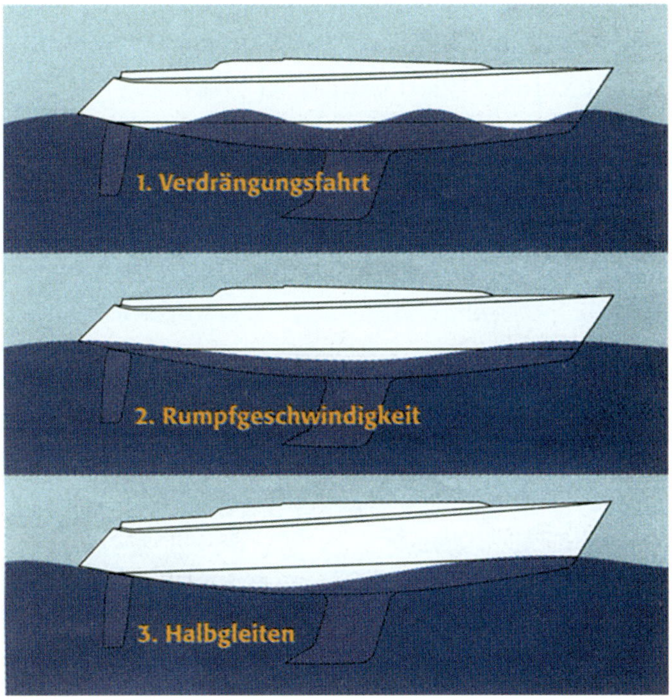

Fahrtzustände einer Kielyacht: Rumpfgeschwindigkeit: Eine Bugwelle, die zweite Bug- und die erste Heckwelle überlagern sich. Angleiten. Die Yacht schiebt sich auf ihre Bugwelle.

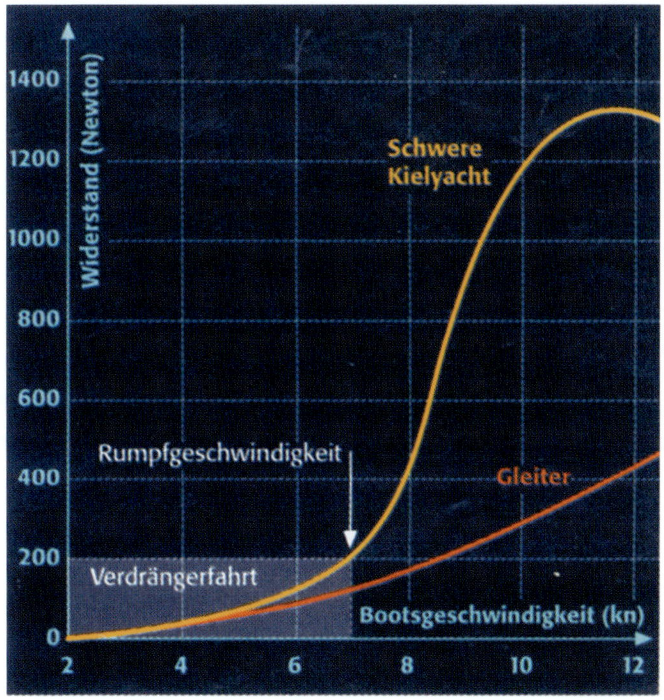

Widerstandskurven einer 3-Tonnen-Kielyacht und eines 0,8-Tonnen-Gleiters. Für den Verdränger kostet ein Knoten mehr als Rumpfgeschwindigkeit fast so viel Kraft wie von Stillstand bis zur Rumpfgeschwindigkeit.

als ein flaches. Der Widerstand steigt bis etwa 2,90 stark an, darüber nicht mehr so stark.

Die verursachten Wellen werden mit zunehmender Geschwindigkeit höher, bis das Geschwindigkeits-Längenverhältnis um 5 wird, dann beginnt das Gleiten und die Wellen werden niedriger. Jedes geeignet geformte Boot will oberhalb dieses Geschwindigkeits-Längenverhältnisses anfangen zu gleiten, auch ein Segeldingi von 12 ft (4 m) bei 8,45 kn.

Für Kleinfahrzeuge gibt es zwei Wege zu hoher Geschwindigkeit:

1. das Boot kommt zum Gleiten, hebt sich aus dem Wasser und reduziert so die benetzte Oberfläche (Reibungswiderstand) und die verursachten Wellen (Wellenwiderstand) oder
2. ein langes, leichtes Boot wird eingesetzt, also ein kleines Geschwindigkeits-Längenverhältnis.

Noch höhere Geschwindigkeiten können erreicht werden, wenn vor allem der Reibungswiderstand reduziert wird. Das Wasser muss weg von der oberen Bootsoberfläche gehalten werden und das Boot hecklastig trimmen, damit möglichst viel von der unteren Bootsfläche aus dem Wasser kommt.

Schnelle Schiffe trimmen mit zunehmender Geschwindigkeit nach achtern. Bei den Zerstörern der deutschen Kriegsmarine baute man deswegen einen Staukeil, d.h. der Rumpfboden am Heck bekam eine Wölbung nach unten, um das Heck dynamisch anzuheben. Die Erfahrungen waren aber nicht gut, denn der Bug wurde umgekehrt in die See gedrückt, die Rumpfkonstruktion wurde zu hoch belastet, sodass der Staukeil verkleinert und schließlich ganz entfernt wurde.

Für verschiedene Bootsformen gelten unterschiedliche Geschwindigkeits-Längen-Verhältnisse als Richtwert für die Grenze zum Gleiten. Wichtig ist, dabei die Steuerfähigkeit zu erhalten.

	$\frac{kn}{\sqrt{m}}$
Rundspant	4,5–6,3
Knickspant	5,0–8,1
Sea-Sled	5,4–10,8
Stufenrumpf	6,3–11,7

Natürlich muss das Boot ausreichend Leistung haben, um zum Gleiten zu kommen. Die Überschlagsformel nach *K. C. Barnaby* lautet:

$$P = D\frac{v^2}{K^2}$$ darin:

P – Leistung in b.h.p., etwa PS
D – Verdrängung in tons
v – Geschwindigkeit in kn
K – Beiwert aus Grafik

Daraus ergibt sich, dass bei einer gegebenen Antriebsleistung die Rumpfform entscheidend für die erreichbare Geschwindigkeit ist, z.B. ein Boot von 2,5 ts und L_{CWL} 25 ft erreicht mit einer 100-hp-Maschine (75 kW):

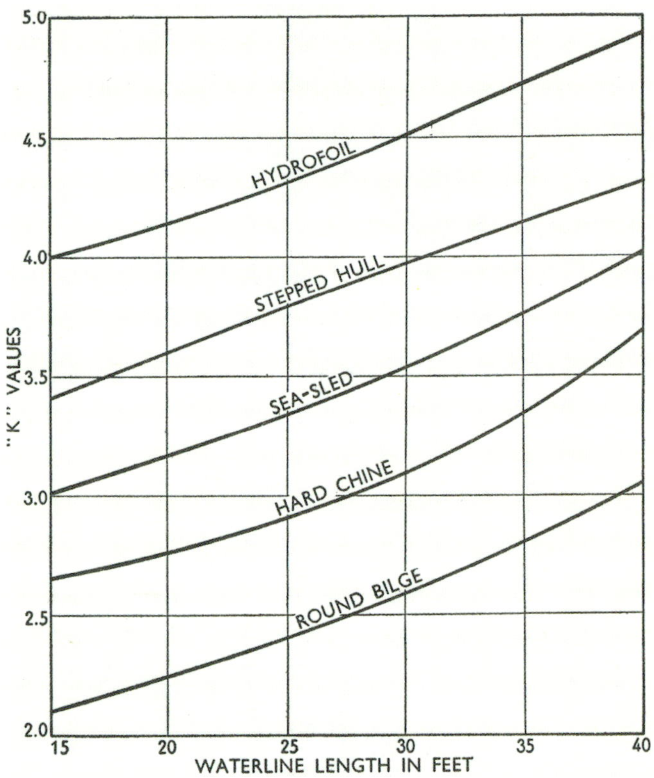

K-Werte verschiedener Bootsformen: Rundspant, Knickspant, Sea Sled, Stufenrumpf, Tragflügel

Rundspant	Knickspant	Sea-Sled	Stufenrumpf
15,1 kn	18,3 kn	21,1 kn	23,9 kn

Als Daumenwert gilt: Gleiten setzt erst bei etwa doppelter Rumpfgeschwindigkeit ein oder wenn mehr als 50% des Auftriebs hydrodynamisch – vorher nur hydrostatisch – erzeugt wird. Das Boot kommt vorher in den Zustand des Halbgleitens durch den starken Überdruck unterm Vorschiff. Zum Gleiten beim Segeln muss – neben einer großen Segelfläche – ein leichter Rumpf mit flachem Boden und breitem Heck gegeben sein. Lange Zeit glaubte man, dass Gleiten bei Segelbooten nur vor dem Wind möglich ist, in den 1960ern kam erstmalig auch am Wind der Segelboottyp »Flying Dutchman« zum Gleiten.

Bei schnellen Booten überwiegt das Spatenruder. Der Ruderschaft sollte etwa 15% der Gesamtlänge hinter der Ruder-Vorderkante liegen. Bei Motorbooten ist es häufig keilförmig mit der scharfen Kante vorn, bei Segelbooten ist es meist ein tragflügelartiges Profil, natürlich symmetrisch. Zur Kursstabilität dienen senkrechte Flächen, so genannte Schwerter, als Mittel- oder Seitenschwert.

Jedes Ruder-Legen – auch nur zum Kurshalten bei Geradeausfahrt – bedeutet Energie- oder Geschwindigkeitsverlust. Automatische Steueranlagen werden schon seit Beginn des 20. Jhdts. über eine Kompass- oder Kreisel-Anlage ausgeführt, um die menschlichen Konzentrationsmängel auszuschalten.

In den 1950ern/60ern machte der holländische Schiffbauingenieur *E. G. Van de Stadt* einige kühne Schritte vorwärts. So brach er vollständig mit dem Vorurteil, dass das Ruder hinter dem Kiel sein muss, und baute kurze Kiele und ein weit achtern hängendes Spatenruder. Er war auch einer der ersten, der GFK-Rümpfe (glasfaserverstärkter Kunststoff) baute.

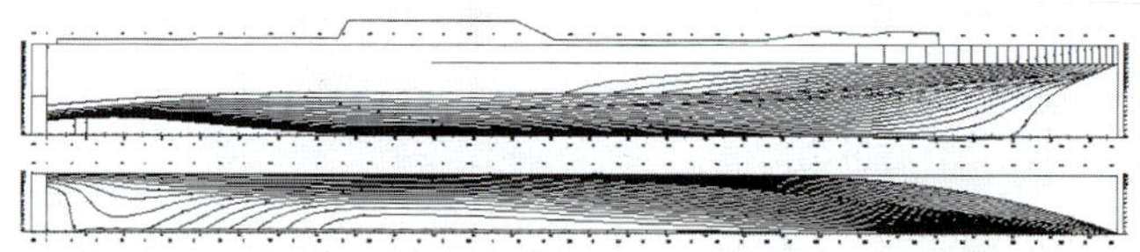

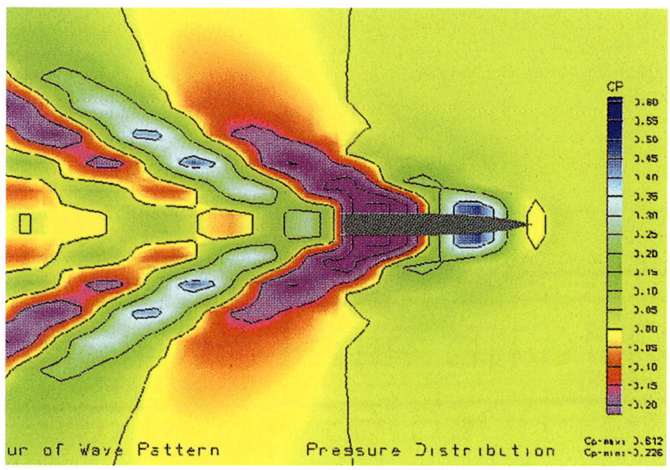

Wellenbild (unterschiedliche Farben für verschiedene Wellenhöhen) eines Entwurfs für eine 50-kn-Schnellfähre, Einrumpf mit vier Wasserstrahlantrieben. Rechnung und Simulation spielen eine zunehmende Rolle, um zu Verbesserungen zu kommen. Die Arbeiten finden im Rahmen des europäischen Forschungsprojektes FasdHTS statt. Durch Verwendung hochfesten Stahls HTS 690 soll das Stahlgewicht um 40 % reduziert werden. Leerschiffsgewicht 7.000 t, 3.000 tdw, L_{bp} 205 m, B 24,7 m, T 5,55 m. Antriebskonzept: Vier Gasturbinen je 27.600 kW und zwei Dieselmotoren je 8.200 kW, die auf steuerbare Wasserstrahlantriebe bei Revierfahrt wirken.

Der Luftwiderstand ist meist vernachlässigbar, aber bei schnellen Schiffen und Booten kann der Leistungsmehrbedarf doch nennenswert werden und bei starkem Wind bis auf 50% Anteil gehen. Diese Leistung kann relativ einfach abgeschätzt werden mit:

$$P = c_W \frac{\rho}{2} A v^3, \text{ darin ist der Widerstand } F_W = c_W \frac{\rho}{2} A v^2$$

Für ein 20-ft-Motorboot (6 m) beispielsweise mit einem Querschnitt des Aufbaues von 1,6 m² bei 30 kn_f Geschwindigkeit und 15 kn Gegenwind wäre eine zusätzliche Leistung von 26 hp (20 kW) nötig. Eine stromlinienförmige Gestaltung hilft nur wenig, diesen Bedarf zu reduzieren.

Je größer das Boot, je angenehmer das Seeverhalten. Sehr wichtig, unabhängig von der Größe, ist die Unterwasser-Bodenform. Natürlich ist eine V-Form des vorderen Unterwasserschiffs für weiches Eintauchen günstig. Untersuchungen auf Kriegsschiffen zur Kampffähigkeit der Besatzung in Abhängigkeit von der Länge bzw. Größe des Schiffs hat einen eindeutigen Zusammenhang zugunsten des größeren Schiffs bei Seegang ergeben.

Zu den Rumpfformen einige Anmerkungen:

Rundspant

Ist der Rundspant ein Halbkreis, ergibt sich die kleinste benetzte Oberfläche. Damit diese durch sich aufbäumendes Wasser nicht größer wird, haben die Boote meist eine Wasser ablenkende Scheuerleiste. Für gleitende Boote findet man die Rundspant-Konstruktion kaum.

Als Beispiel sei ein Boot von *Camper & Nicholson* genannt (1934), das bei L 15,24 m, B 2,44 m, T 0,76 m mit einem 100-hp-Motor (75 kW) eine Geschwindigkeit von 20 kn erreichte. Also bei einem Geschwindigkeits-Längen-Verhältnis um 5,43 ohne zu gleiten. Wenn Rundspant-Boote zum Gleiten kommen, sind sie nicht so gut wie ein Knickspant-Boot.

Die ersten gleitenden Dingis (kleine Segelboote) kamen 1928 in England durch *Uffa Fox* auf sowie auch durch *Tom Thornycroft*. Sie hatten ein V-förmiges Vorschiff und einen flachen Boden des Achterschiffs. Damit sie darauf zum Gleiten kommen können, müssen sie natürlich möglichst aufrecht gesegelt werden. Dazu setzt sich die Crew auf die Luvseite und lehnt sich heraus. *Moore* war wohl der Erste Mitte der 1930er mit seinem Thames Rater VAGABOND – man hielt sich nur an einer am Masttop befestigten Leine und stand weit heraushängend auf dem Bootsrand. Daraus entwickelte sich das heutige Trapez, in dem man sitzen kann, um längere Strecken auszuhalten. Allerdings hat es etliche Jahre gedauert, bis die internationale *Yacht Racing Association* (YRA) dies in ihren Regeln erlaubte.

Leichtbau in Holz ist teuer und erfordert aufwendige, qualifizierte Facharbeit. Man findet für geringe Verdrängung des-

Die international 14-ft-Dingis DARING von Uffa Fox und PINCTAIL von Tom Thornycroft vor Cowes in den 1930ern.

Rundspant-Boot. Beachte den breiten flachen Boden des Hinterschiff, um Gleiten zu erleichtern. Bau um 1960

ORLO III, Hickmann's sea-sled racer. Der Amerikaner Hickmann bekam ein Patent für seine Sea-sled-Konstruktion. Die ORLO III (1921) erreichte 57,799 mph (93 km/h), gewann aber die Fisher-Allison Trophy in Buffalo nicht, da sie zu langsam wendete. Hickmann beteiligte sich nicht mehr an Rennen, sondern konzentrierte sich auf den Bau 13–28 ft großer Privatboote. Ein 26 ft großes Sea-sled erreichte mit 200 hp 42 mph (67,5 km/h).

wegen Aluminium-Boote, z.B. bei L 8 m, 1,3 ts Verdrängung. Ein Holzbau hätte mindestens 1,75 ts und würde mit einer 65-hp-Maschine (48 kW) 19 kn erreichen, dagegen das genannte Aluminiumboot 22 kn. Geringes Gewicht und niedrige Verdrängung ist für hohe Geschwindigkeiten wichtig.

Ein gangbarer Kompromiss ist das Vorschiff als Rundspant, das Achterschiff als Knickspant, denn das Gleiten findet auf dem Achterschiff statt, das Vorschiff sorgt für ein angenehmes Seeverhalten.

Knickspant

Es gibt eine große Vielfalt von Formen, vom Spant mit mehreren Knicken als Kompromiss zum Rundspant und zur Verbesserung der Dreheigenschaften bis hin zum reinen Knickspant mit Geschwindigkeits-Längen-Verhältniss 4,53–7,7, man kann bei großer Maschinenleistung sogar 18 oder mehr erreichen.

Das Länge-Breite-Verhältnis ist in den letzten Jahrzehnten kleiner geworden und beträgt etwa 3:1, was die Bereitschaft zum Gleiten unterstützt.

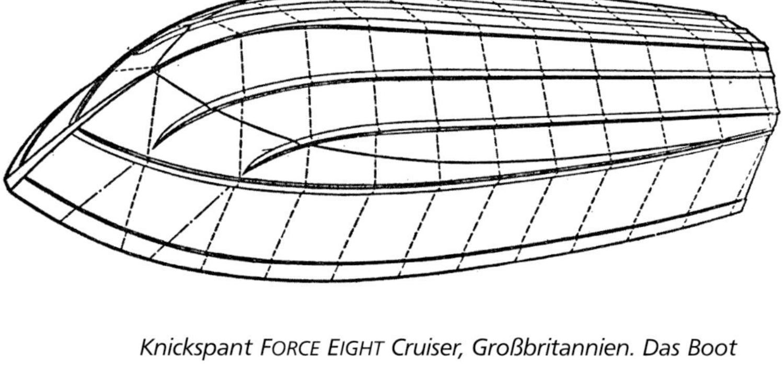

Knickspant FORCE EIGHT Cruiser, Großbritannien. Das Boot zeichnet sich durch gutes Seeverhalten auch in rauer See aus.

Sea Sled

Der Amerikaner *Albert Hickmann* bekam auf diese Schiffsform ein Patent und baute Boote von 3,6–18 m mitte des 20. Jhdts.. Die Besonderheit ist, dass das katamaranartige Doppelrumpfvorschiff in einen flachbödigen Einrumpf übergeht. Die Nachteile sind der schwierige Bau und Probleme der Innengestaltung, sodass sich diese Art nicht weit durchgesetzt hat. Das Baumaterial ist glasfaserverstärkter Kunststoff. Andererseits ist das Boot komfortabel, sicher und schnell auf offener See, mit einer großen Deckfläche.

Es ist schneller als ein Knickspant-Boot, da es auf einem Wasser-Luft-Gemisch gleitet. Es bewegt sich praktisch auf den beiden inneren Bugwellen der beiden Rümpfe des Vorschiffes. Die Geschwindigkeits-Längen-Verhältnisse liegen zwischen 5,5 bis 18, das Längen-Breiten-Verhältnis ist 3 bis 4.

Stufenrumpf

Zweck einer Stufe im Boden des Rumpfes ist es, die benetzte Oberfläche zu reduzieren, ansonsten arbeitet und hebt sich das Boot dynamisch wie bei konventionellen Gleitern auch. Bei hoher Geschwindigkeit wird das Boot sich so weit herausheben, dass es nur noch auf der Stufe und Hinterkante Rumpfboden gleitet, die ganze Rumpflänge hinter der Stufe ist aus dem Wasser, zwischen Rumpfboden und Wasser ist ein Luft-Wasser-Gemisch. Beim Gleiten ist der Reibungswiderstand noch da und wächst mit dem Quadrat der Geschwindigkeit. Die benetzte Oberfläche muss deshalb so klein wie möglich gemacht werden.

Eine Stufe teilt die Gleitfläche in zwei kleinere, auf denen das Boot gleitet. Diese Konstruktion kommt für Segelboote

MERCEDES WN in Monaco um 1910. Der Weltrekord lag damals bei 34,17 mph (54,98 km/h).

nicht in Frage, da sie bei geringer Geschwindigkeit zuviel Widerstand hat.

Das Gleiten beginnt bei einem Geschwindigkeits-Längen-Verhältnis von 7,25, also bei 16 kn eines 5-m-Boots oder 24 kn eines 11-m-Boots. Dann benötigt das Boot weniger Antriebsleistung als andere bisher betrachtete, darunter allerdings mehr wegen der widerstandserhöhenden Stufe.

Ideal wäre, ohne Trimm zu fahren, aber das Boot würde instabil. Deswegen ist ein geringer Trimm nach achtern wichtig, sodass das Boot nicht nur auf der Stufe, sondern gleichzeitig auch auf einem kleinen Teil des Achterschiffs gleitet. Gewichtsschwerpunkt und Auftriebszentrum müssen also etwas hinter der Stufe liegen.

Katamaran

Um die Dingis als Einrumpfboote noch zu übertrumpfen, kamen Anfang der 1950er Katamarane auf. Schon *Capt. Cook* hatte 200 Jahre zuvor von diesen Booten in der Südsee berichtet und von ihrer erstaunlichen Geschwindigkeit. Aber das »not-invented-here«-Syndrom verhinderte wohl eine Einführung in Europa. Es kann auch sein, dass man diese Bootsart nicht ernst genommen hat, weil man vor allem an Tragfähigkeit interessiert war, die bei den Südsee-Katamaranen natürlich nicht da war. Die Katamarane waren in der Südsee schon eine Verbesserung im Vergleich zu den Auslegerbooten.

Der erste Trimaran in Europa, ein schlanker Rumpf mit beidseitigen Auslegern, baute wohl *Victor Tchetchet* 1945. Beim Trimaran entfällt das Problem der Mast-Aufstellung.

Der Katamaran hat nicht nur den Vorteil hoher Stabilität bei zwei schlanken Rümpfen und damit hohem Geschwindigkeitspotenzial, sondern auch geringen Tiefgangs. Er erreicht Stabilität ohne Ballast, andererseits ist er nicht so schnell beim Wenden. Im Jahr 1663 soll *Sir William Petty* einen Katamaran, die THE EXPERIMENT, von 30 ts gesegelt haben, der durch seine Geschwindigkeit überraschte. Das setzte sich aber vermutlich deshalb damals nicht durch, da das Schiff in der Biskaya verloren ging und man die hohen Strukturbelastungen nicht beherrschte.

Die heutige Entwicklung konzentriert sich vor allem auf die Segel, um noch mehr Vortriebskraft herauszubekommen, allerdings sind die neuen Lösungen meist zu teuer und zu unpraktisch für den Alltagsgebrauch, wie beispielsweise Tragflügel.

Die britische VOLARE II, Clive Curtis und James Beard in den Cockpits. Jeder Rumpf hat eine Stufe, am 18. Mai 1969 über 50 mph (80,5 km/h). Man gab ihr keine Chance gegen Monohul Rümpfe. Zwei Evinrude X 115-Außenbord-Benzinmotoren mit zusammen 300 hp waren der Antrieb.

Der britische Trimaren COLT CARS *ist ein Beispiel der leichten Mehrrumpfschiffe für Hochseerennen. Sie sind die schnellsten Segler auf See. Sollten sie doch einmal Kentern, soll ein Großteil der Kabine über Wasser bleiben und Aufenthalt für die Crew geben, was sich als besser erwies als Aufenthalt in einem Rettungsfloß. Auf langen Strecken werden Durchschnittsgeschwindigkeiten von über 14 kn erreicht, Spitzengeschwindigkeiten von über 20 kn.*

Wenn ein Katamaran einmal gekentert ist, richtet er sich nicht, wie eine Kielyacht, allein wieder auf. Mit einem Schwimmkörper im Masttop beim Segelkatamaran nach *Michael Henderson* kann man nur erreichen, dass er auf der Seite liegen bleibt. Ein Nachteil bei kleinen, kürzer als 9-m-Katamaranen ist der geringe, unkomfortable Innenraum. Darum gibt es auch Trimarane mit drei Rümpfen, einem größeren mittleren und zwei Stützrümpfen. Sie müssen aber allein wegen der benetzten Oberfläche langsamer sein und noch schwerer zu drehen. Ein Nachteil der Mehrrumpfboote ist also die schlechtere Manövrierbarkeit.

Zwei lange Rümpfe mit einem großen Länge-Breiten-Verhältnis ergeben einen geringen Wellenwiderstand, trotzdem erreichen kleine Katamarane nur Geschwindigkeits-Längen-Verhältnisse von 6,3 bis 7,25, wenn sie nicht zum Gleiten kommen. Katamarane erreichen zwar außerordentlich hohe Geschwindigkeiten dank ihrer schmalen Rümpfe und relativ großen Segelfläche zum Gewicht, kommen aber wegen ihrer geringen Rumpffläche unter Wasser nicht zum Gleiten. Dies kann bei einem Geschwindigkeits-Längen-Verhältnis oberhalb 5,4 eintreten und bis 14,5 reichen. Bei noch höheren Geschwindigkeiten und Längen über 12 m treten sehr große Beanspruchungen auf, die Grenzen setzen.

Gleiten kann erreicht werden, wenn die Achterschiffe als Knickspant mit einem breiten, flachen Boden ausgebildet sind. Das Vorschiff über Wasser sollte ausladend sein, um Auftrieb zu erzeugen, wenn das Boot in den Wellen seine Nase »vergraben« will. Das Brückendeck sollte höchstens zwei Drittel der Rumpflänge von achtern aus abdecken, um trocken zu bleiben. Dafür sollte es auch 0,5–1 m über dem Wasser lie-

Bugansicht des britischen Katamarans HOVERSPEED GREAT BRITAIN, *gebaut von Austral, Tasmanien. Der dritte kleine Rumpf in der Mitte gibt zusätzlich Auftrieb in rauer See. L 73,86 m, B 26 m, 42 kn. Im Juni 1990 machte sie die Atlantiküberquerung Ambrose Lightship nach Bishop Rock in 3 d, 7 h, 54 min. Da sie ein kommerzielles Schiff ist, nahm sie der* UNITED STATES *das Blaue Band, die es seit Juli 1952 hielt, ab. Antrieb von vier 16-Zylinder-Ruston-Dieselmotoren je 3.600 kW auf vier Wasserstrahldüsen. 430 Passagiere und 85 Fahrzeuge. Eingesetzt im Ärmelkanal*

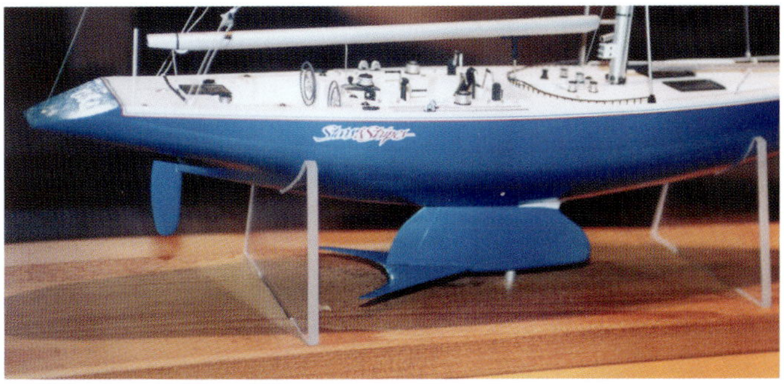

Modell der US-Renn-Segelyacht STARS & STRIPES *1987, mit Flossenkiel zur Erhöhung des Widerstands gegen Abdrift. Der induzierte Widerstand und Druckausgleich über die untere Kiel-Kante wird reduziert. Modell ausgestellt auf dem Kreuzfahrtschiff* QUEEN ELISABETH *2.*

Katamaran CROSSBOW *I, nur auf Geschwindigkeit gebautes britisches Segelboot für die Portland Speed Weeks ab 1975. Bei 25 kn Wind lief sie am 30. September 31,09 kn. Eigner und Designer Timothy Colman. Seine zweite verbesserte Version hat zwei Großsegel je 650 sqft, L 18,2 m und hat im November 1980 36 kn erreicht.*

Britisches Segel-Tragflügelboot MAY FLY, das nach vieljähriger Entwicklungszeit bis 1983 mit 23 kn den Weltrekord für kleine Segelboote hielt. Noch schneller wurden die Surfboards und Segelbretter mit 10 m² Segelfläche und 30,83 kn (Fred Hayward). Sie wurden 1967 vom Computer-Verkäufer Hoyle Schweitzer und Ingenieur Jim Drake in Kalifornien entwickelt, 1969 waren die Surfbretter kommerziell erhältlich.

Aussitzen in einem Rennkanu

Trimaran der 29-jährigen Britin Eden MacArthur, L 22,9 m, 8,3 t, Masthöhe 30,6 m, Segelfläche 420 m², Höchstgeschwindigkeit 32 kn. Sie segelt allein um die Welt, um den Weltrekord des Franzosen Fransic Joyon 72 d, 22 h, 54 min, 22 s zu brechen. Sie segelte vom 28. November 2004 bis 7. Februar 2005, 23.29 Uhr MEZ, also in 71 d, 14 h, 18 min, 33 s von der bretonischen Insel Ouessant zur Antarktis, um diese herum und zurück zum südenglischen Falmouth, 23.211 sm. Diese Einhand-Nonstop-Weltumsegelung in neuer Rekordzeit absolvierte sie mit einer Durchschnittsgeschwindigkeit von etwa 13,5 kn.

gen. Der amerikanische Konstrukteur *Nathaniel Herreshoff* segelte schon 1867 mit seinem 7 m langen Leichtbaukatamaran AMARYLLIS der New Yorker Yacht-Club-Flotte davon und wurde wie *Uffa Fox* von weiteren Regatten ausgeschlossen.

Bei Katamaran-Rümpfen beträgt das Länge-Breiten-Verhältnis 8 bis 20, sodass der Wellenwiderstand sehr niedrig ist. Für den ganzen Katamaran sollte Länge zu Breite 2 bis 3, also bei einem 15-m-Katamaran etwa 5 m Breite sein. Damit hat der Katamaran bei Geschwindigkeits-Längen-Verhältnissen bis 5,4 einen großen Vorteil. Ein weiterer ist wegen der großen Breite die große Segeltragfähigkeit im Verhältnis zur Verdrängung, so beispielsweise 480. Beim International 14-ft-Dinghy dagegen 332. Das Verdrängungs-Längen-Verhältnis ist 74, beim International dagegen 98.

Bei entsprechenden Parametern kommen nicht nur Motorboote, sondern auch Segelboote zum Gleiten und erreichen dann hohe Geschwindigkeiten. Als Vorraussetzungen seien genannt:

- ein Achterschiff mit flachem Boden, Aufkimmung 10–12°, das in Ruhe aus dem Wasser ragt, beim Gleiten aber durch mehr achterliche Trimmung Gleitfläche gibt
- Das Vorschiff soll im Querschnitt eine V-Form haben und das Wasser nach außen weisen.
- die Kenngröße Verdrängung zu Länge:

  $D/(L/100)^3$; darin D in ts; L_{CWL} in ft

  beträgt bei bekannten Typen, die zum Gleiten kommen, 75–145.
- Die Kenngröße Segelfläche zu Verdrängung:

  $A/D^{2/3}$; darin D in ts; A in sqft

  beträgt für fünf Typklassen: 253-332, also mindestens 250
- Erzeugung ausreichender Stabilität, um die Segelfläche tragen zu können. Dann können 20 kn und mehr erreicht werden.
- Länge/Breite sollte in der Wasserlinie über 3,5 betragen.
- Der Sprung sollte klein sein, damit das Deck bei Neigung unter Winddruck nicht unter Wasser schneidet und den Widerstand erhöht.
- Gleiten ist beschränkt auf kleine Boote bis etwa 8 m Länge. Als Daumenregel kann man sagen, wenn das Gewicht der Mannschaft als Stabilitätsfaktor keine Rolle mehr spielt, kann richtiges Gleiten nicht mehr erreicht werden. Also wirklich seegehende Katamarane können nicht zum Gleiten gebracht werden.

Wave-piercing-Katamaran der US-Navy SWIFT (HSV–2), gebaut von der australischen Werft Incat, wurde im August 2003 als schnelles Transportschiff in Dienst gestellt. Sie kann vier Hubschrauber aufnehmen und instand halten, T 12 ft (3,64 m), Geschwindigkeit 47 kn.

Von den genannten Rumpfformen scheint der Katamaran diejenige zu sein, die sowohl für Segel- wie für Motorantrieb gleich geeignet ist. Das ist aber nicht der Fall. Man muss bedenken, dass Segler nur eine begrenzte Antriebsleistung erzeugen können und meist der Wind schwach oder aus der »falschen« Richtung weht. Die Motorleistung steht dagegen immer zur Verfügung, und wenn es die See und Situation erlaubt, kann hohe Geschwindigkeit bis zum Gleiten gefahren werden. Damit ist der flache Boden im hinteren Teil der

Rümpfe das einzig Gemeinsame zwischen Motor- und Segelboot.

In den letzten Jahrzehnten haben große motorgetriebene Katamarane als Fähren oder als Sonderfahrzeuge zunehmend Verbreitung gefunden. In küstennahen Gewässern zeigen sie günstigeres Seeverhalten als Einrumpf-Schiffe.

Fähren müssen schnell, sehr manövrierfähig und zuverlässig sein. Sie sind Innovationen leichter zugänglich, da sie meist nur auf Kurzstrecken operieren. In den letzten Jahrzehnten hat es etliche neue Lösungen gegeben:

- Katamarane
- Luftkissen-Fahrzeuge
- Boden-Effekt-Fahrzeuge
- Tragflügelboote
- SWATH-Katamarane

Hinsichtlich der Verbreitung sind allerdings häufig die Erwartungen nicht erfüllt worden.

Im Juli 1998 durchläuft der große Katamaran CAT-LINK V, 5.620 BRT, die »Blaue Band«-Strecke New York–Scilly Island in 2 d 20 h 9 min, also mit 41,2 kn im Schnitt. Die Höchstgeschwindigkeit des Schiffs (L 91 m, B 26 m, 800 Passagiere) wird mit 43 kn angegeben. Dieser Rekord wird aber nicht als »Blaues Band« anerkannt, da er nicht im kommerziellen Liniendienst erworben wurde.

Die von *Abeking & Rasmussen* um 2000 gebauten Doppelrumpf-Lotsenversetzschiffe (SWATH-Multihulls) haben bei Seegang 5 in der Deutschen Bucht nur ein Viertel der Bewegungsamplituden der Einrumpfschiffe. Die Vertikalbeschleunigungen betragen nur 0,2 g. Die Dienstgeschwindigkeit von 20 kn kann aufrechterhalten bleiben, während Einrumpfschiffe auf 50% Fahrt heruntergehen müssen. SWATH geht zurück auf Berechnungen von *Prof. Dr. Seidl* aus Hawaii, der 1989 ein entsprechendes 40-m-Schiff entworfen und berechnet hat. So werden bei dem Konzept – zwei tiefgetauchte torpedoförmige Verdrängungskörper, die eine Plattform auf sehr schlanken Stützen tragen – vor allem die vertikalen Beschleunigungen im Seegang und damit das Wohlbefinden der Besatzung (Fahrstuhleffekt) stark reduziert. Anzustreben sind max. 0,2 g, was aber nur Schiffe über 60 m Länge erreichen, es sei denn, man wendet das SWATH-Konzept an. Die Antriebsanlage ist in Verdrängungskörpern untergebracht, die dementsprechend konstruktiv mehr Auftrieb achtern aufweisen.

Ein neues Konzept ist das SLICE-System von *Lockheed Martin Systems Comp.*, Kalifornien, das mit vier anstatt zwei Schwimmkörpern arbeitet, die mit geringstem Widerstand zueinander angeordnet werden können. Ein existierender Prototyp wird gegenwärtig untersucht und weiterentwickelt.

Schneller und höher – Können Schiffe fliegen?

In dem Bestreben, den Schiffswiderstand zu reduzieren und damit höhere Geschwindigkeiten zu erreichen, wurden im 20. Jhdt. neue Wege beschritten, die sich ein, wenn auch nur beschränktes Segment des Schiffbaues erobern konnten. Sie führten weg vom traditionellen Verdrängungsschiff, das permanent an der Trennstelle zwischen den Medien Wasser und Luft operiert. Für das Verdrängungsschiff umfasst die Widerstandskurve einen Bereich, in dem der Wasserwiderstand mit zunehmender Geschwindigkeit gravierend ansteigt. Eine weitere Erhöhung der Geschwindigkeit erweist sich wegen der damit verbundenen überproportionalen Widerstandszunahme zunächst als ökonomisch unzweckmäßig und schließlich als technisch unmöglich. Für die Bestimmung der kritischen Geschwindigkeit v_{kr}, bei der die Widerstandskurve steil anwächst, wird von *Dower* folgende Beziehung angegeben:

$$v_{kr} = 0{,}26\ L^{2/3}/D^{1/3}$$

mit Schiffslänge L in m und Wasserverdrängung D in m^3.

Zur weiteren deutlichen Erhöhung der Schiffsgeschwindigkeit mussten neue Lösungen gefunden werden. Sie beruhen sämtlich darauf, dass das Wasserfahrzeug sich im Gegensatz zum traditionellen Verdrängungsschiff nicht mehr an der Trennstelle zweier Medien (Wasser und Luft), sondern nur noch in einem dieser Medien (Wasser oder Luft) bewegt.

Nachstehend soll die Entwicklungslinie betrachtet werden, bei der der Rumpf des Wasserfahrzeuges durch geeignete Maßnahmen während der Fahrt teilweise oder vollständig aus dem Wasser gehoben wird. Diese Strategie wird gekennzeichnet durch die Entwicklung von Gleit-, Tragflächen-, Luftkissen- und Bodeneffektfahrzeugen.

Gleiter vs. Verdränger

Um die Geschwindigkeitsbarriere der Verdrängungsschiffe zu umgehen, wurde bereits 1870 durch den englischen Schiffbauer und Pastor *Charles Ramus* der Entwurf eines Torpedobootes vorgelegt, das an der Wasseroberfläche gleiten sollte. Aber erst fast 30 Jahre später baute und erprobte der französische Flugpionier *Charles D'Alembert* im Jahre 1897 das erste Gleitboot mit Eigenantrieb. Die Erprobung war ein voller Erfolg: Das Boot glitt mit einer Geschwindigkeit von 20 kn über das Wasser.

Solange ein Gleitfahrzeug sich im Ruhezustand befindet oder sich nur langsam vorwärts bewegt, wird es durch die

Verteilung der Antriebsleistung während der Fahrt eines Tragflächenschiffs

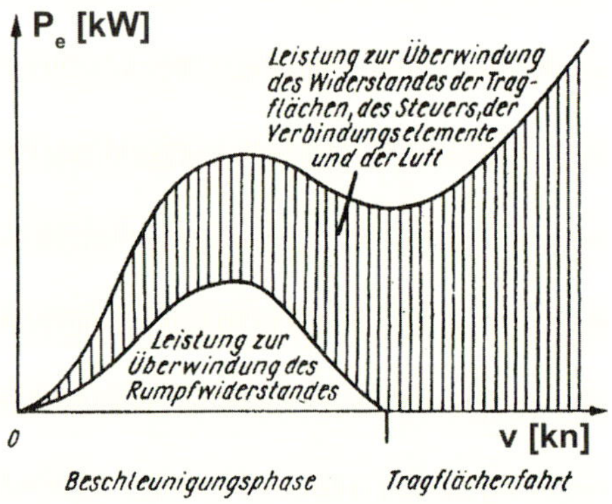

SWATH-Katamaran Seagull 2, gebaut von der japanischen Mitsui Engineering and Shipbuilding Company 1989. L 39,31 m, B 15,60 m, Antrieb vier MTU-sechzehn-Zylinder-V-Motoren 16 V 396 TB 84, 30,6 kn, 410 Passagiere. Mitsui begann in den 1970ern mit Untersuchungen zur Swath Technologie oder Semi Submarged Catamaran (SSC), also Katamarane, die ihren Auftrieb durch zwei torpedoähnliche voll getauchte Schwimmkörper bekommen. 1977 wurde das Versuchfahrzeug MARINE ACE, L 13m, B 6,5, 18t, Antrieb zwei Petroleummotoren je 200 hp auf zwei dreiflügelige Propeller, 20 kn.

Katamaran (Swath) Kreuzfahrtschiff RADISSON DIAMOND der Diamond Cruise, gebaut von Finnyards, Raüma, Finnland, 350 Passagiere

Tragflügelboot ACORES der Far East Hydrofoil Company Ltd. Zwischen Hongkong und Macao. Gebaut von Kawasaki Heavy Industries in Japan, die eine amerikanische Entwicklung von Boeing übernahm. Sensoren erfassen die Lage des Fahrzeuges und Computer geben entsprechende Korrekturkommandos. Antrieb durch zwei GM Allison Gasturbinen je 4.000 shp auf zwei Wasserstrahlantriebe, die 90.000 l·min^{-1} Wasser herausdrücken. Bei 25 kn nach 2 min ins der Rumpf über dem Wasser.

Schnellfähre der Scandlines mit Vorschiffform »wave piercer« Wellendurchstecher, in Australien von Incat erbaut, Fahrtgebiet Ärmelkanal. Vier Wasserstrahlantriebe von vier Dieselmotoren je 7.081 kW, Drehzahl 1.030/617 min^{-1}, 40 kn, L 86 m, 800 Passagiere, 128 Autos, Getriebe in Aluminium-Gehäuse.

statische Auftriebskraft in seiner Schwimmlage gehalten, d.h. es verhält sich wie ein Verdrängungsschiff. Erst bei höheren Geschwindigkeiten setzt Gleiten ein.

Das Gleitprinzip beruht auf der Trägheit der Flüssigkeitsteilchen. Dank ihrer Trägheit können sie sich nicht plötzlich vor einem mit hoher Geschwindigkeit anlaufenden Fahrzeug auseinander schieben, sodass sich am flachen Unterwasserschiff des Fahrzeuges eine Hubkraft des Wassers (dynamischer Auftrieb) aufbaut.

Mit wachsender Geschwindigkeit vergrößert sich die Hubkraft zunehmend, und parallel dazu nimmt die statische Auftriebskraft ständig ab. Hubkraft (dynamischer Auftrieb) und Auftriebskraft (statischer Auftrieb), die das Schiff in seiner Schwimmlage halten, sind stets gleich der aus der Schiffsmasse resultierenden Gewichtskraft. Gleiten setzt ein, wenn die Hubkraft eindeutig dominiert. Dabei wird das Fahrzeug teilweise aus dem Wasser gehoben. Der Schiffswiderstand sinkt dadurch sprunghaft ab, weil sich bei Einsetzen des Gleitvorganges sowohl Verdrängung als auch benetzte Oberfläche des Fahrzeugrumpfes verringern.

Gleitboot mit Luftschraubenantrieb im Hafen von Monte Carlo in den 1920ern

Das Länge-Breite-Verhältnis von Gleitfahrzeugen hat sich in den vergangenen Jahrzehnten verringert und liegt bei etwa 3:1, was die Bereitschaft zum Gleiten unterstützt.

Je größer die Verdrängung eines Gleitschiffes ist, desto höher liegt die Geschwindigkeit, bei der Gleiten eintritt. Bei einer Verdrängung von beispielsweise von 27 t liegt die Gleitgeschwindigkeit bei ca. 32 kn und steigt bei einer Verdrängung von 1.000 t auf 58 kn. Damit sind aber auch die Grenzen für den Einsatz derartiger Fahrzeuge gegeben.

Dieser Fahrzeugtyp erregte verständlicherweise das Interesse der Marineschiffbauer insbesondere im Hinblick auf seinen Einsatz als Torpedoträger, wofür er über beste Voraussetzungen verfügte (hohe Geschwindigkeit, immun gegenüber Minen und Torpedos wegen des geringen Tiefganges).

Bereits im Ersten Weltkrieg wurden ca. 300 dieser Fahrzeuge fertiggestellt. Die schnellsten unter ihnen erreichten um die 40 kn.

Tragflächenfahrzeuge (Hydrofoils)

Tragflächenfahrzeuge wurden mit der gleichen Zielstellung wie Gleitfahrzeuge entwickelt, nämlich: Umgehen der Geschwindigkeitsbarriere der traditionellen Verdrängerschiffe durch Herausheben des Fahrzeugrumpfes aus dem Grenzbereich Wasser/Luft in das Medium »Luft« während des Fahrtzustands. Wenn dieser mit höherer Geschwindigkeit mehr aus dem Wasser kommt, wächst der Widerstand nicht quadratisch mit der Geschwindigkeit.

Der bereits aus dem Gleitbootbau bekannte Pionier *Charles D´Alembert* hat die Idee des Tragflächenboots erstmals praktisch realisiert. 1894 baute er ein kleines Boot mit Tragflächen. Die mit diesem Boot auf der Seine erreichten Versuchsergebnisse konnten jedoch nur teilweise befriedigen. 1906 baute der Italiener *Enrico Forlanini* (1848–1930) ein Tragflächenboot (75-hp-Benzinmotor, 1,65 tdw) mit verändertem Tragflächensystem, das die für damalige Zeit extrem hohe Geschwindigkeit von 40 kn auf dem Lago Maggiore erreichte. Nach weiteren Experimenten mit modifizierten Tragflächensystemen wurde 1919 das kanadische Tragflächenboot ND-4 gebaut. Es hatte eine Wasserverdrängung von 5 t, wurde durch zwei Benzinmotoren (Leistung je 255 kW) angetrieben und hielt einige Jahre den Geschwindigkeitsrekord auf dem Wasser von 61,5 kn. Die Amerikaner bauten in den Zwanziger Jahren ein Rennboot MISS U.S.A., 35 ft (11 m) lang, 2 $^1/_2$ ts Verdrängung, das mit einer 650-hp-Maschine (≈ 485 kW) 80 kn erreichte, dann aber leider verbrannte. In Deutschland experimentierte man im Zweiten Weltkrieg ebenfalls mit dieser Technik, aber ohne Umsetzung.

Das Gleiche geschah in Italien, wo schon vor dem Zweiten Weltkrieg Kapitän *Ettore Bussei* (1897–1965) ein Tragflügel-

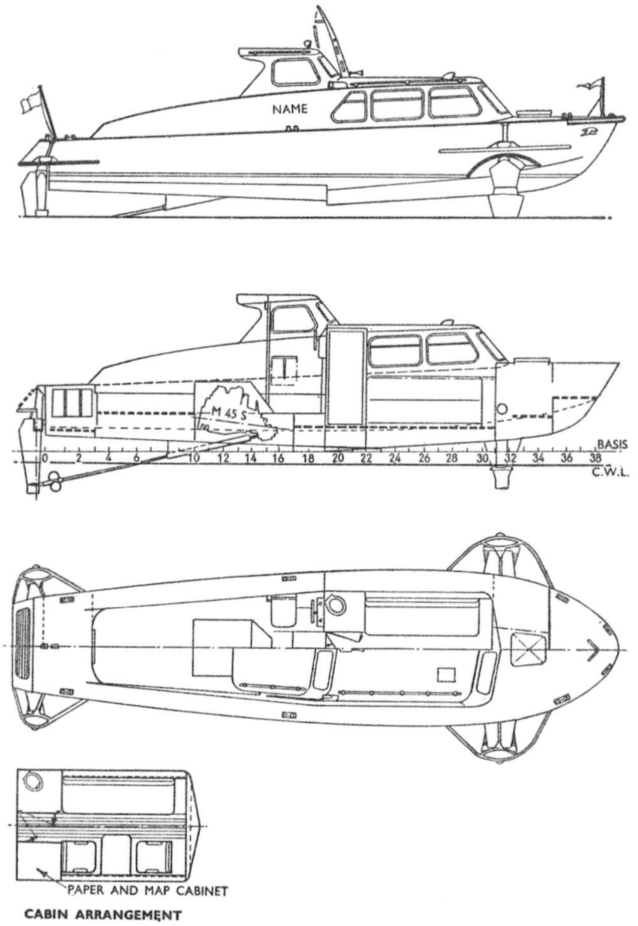

Tragflügelboot der holländischen N.V. Werft Gusto, 1960

boot mit Tragflügeln am unteren Ende eines langen Kiels und einer Antriebswelle mit einem ziehenden und einem schiebenden Propeller zwischen den Tragflügeln konzipiert, das 1941 entwickelt, aber nie gebaut wurde. Erst Ende der 1960er bauten die US-amerikanische und italienische Marine gemeinsam Tragflügelboote der PEGASUS- und der SPARVIERO-Klasse.

Ebenso wie die Flügel dem Flugzeug den notwendigen Auftrieb verleihen, so erhält ein Wasserfahrzeug den erforderlichen Auftrieb durch ein System von Tragflächen, die unter dem Schiffsrumpf angeordnet werden. Ähnlich wie beim Gleitboot reagiert das Tragflächenboot im stationären Zustand bzw. bei geringer Fahrtgeschwindigkeit wie ein Verdrängungsfahrzeug. Bei zunehmender Fahrtgeschwindigkeit beginnt sich dann der Rumpf des Fahrzeugs infolge der sich entwickelnden Hubkraft der Tragflächen aus dem Wasser zu heben. Zunächst tritt der Bug aus dem Wasser, sodass das Fahrzeug zeitweise gleitet. Anschließend beginnt auch das Heck sich aus dem Wasser zu heben, sodass das Fahrzeug schließlich seine endgültige Gleichgewichtslage einnimmt. In diesem Zustand erreicht die Leistung-Geschwindigkeits-(P_e-v-)Kurve ihr Maximum. Durch das Herausheben des Schiffsrumpfs aus dem Wasser wird der Widerstand deutlich verringert, sodass die P_e-v-Kurve und damit auch der Kraftstoffverbrauch in einem begrenzten anschließenden Geschwindigkeitsbereich wieder abfällt.

Trotz dieser Erkenntnisse galt es technischer Realisierungsschwierigkeiten zu überwinden. Erst Baron *Hans von Schertel* zeigte Mitte der 1930er die wirtschaftliche Machbarkeit, was nach dem Kriege mit der *Fa. Supramar AG* fortgesetzt wurde mit dem ersten kommerziellen Tragflügelboot 1953 auf dem Lago Maggiore mit 30 Passagieren. Die Werft *Rodriguez* übernahm dann die weitere Entwicklung von *Supramar.*

Die erforderliche Antriebsleistung zum Erreichen der zugehörigen Geschwindigkeit ist für ein Tragflächenboot bedeutend geringer als die entsprechende Antriebsleistung für ein Verdrängungsfahrzeug gleicher Größe und Geschwindigkeit. Die Differenz beträgt 40 % und mehr. Grundsätzlich entstehen am Tragflügel im Wasser die gleichen Strömungs- und Sog-Druck-Verhältnisse wie am Tragflügel in Luft, nur das Wasser etwa 800fach größere Dichte hat, also höherer Auftrieb bei kleinerer Fläche.

Beim Geschwindigkeits-Längen-Verhältnis 6,2 sollte das Schiff aus dem Wasser sein, also ein 25-ft-Boot (8 m) bei 17,5 kn.

Der Auftrieb einer Fläche ist: $F_A = c_L A \frac{\rho}{2} v^2$
worin
c_L = Auftriebskoeffizient ≈ 0,25
ρ = Dichte des Wassers = 1,025 t/m^3 (Seewasser)
A = projizierte Fläche
v = Geschwindigkeit in ft/s

also z.B. ein Boot von $1^1/_2$ ts benötigt bei 17,5 kn eine Tragflügelfläche von 15 sqft (≈ 1,5 m^2), um aus dem Wasser zu kommen. Dann sollten 35–50 kn erreicht werden. Ein Boot mit 25 ft Länge und 2,5 ts Gewicht braucht dazu wenigstens 165 hp (123 kW).

Weil das Tragflächenfahrzeug sich bei geringen Geschwindigkeiten wie ein Verdrängungsfahrzeug verhält, muss es mit starken Antriebsmaschinen ausgerüstet werden, damit die Geschwindigkeit erreicht wird, bei der sich der Schiffsrumpf aus dem Wasser hebt. Das setzt der Fahrzeuggröße vorläufig noch eine Grenze, die (ähnlich wie bei den Gleitfahrzeugen) zurzeit bei etwa 1.000 t Verdrängung liegt. Die zugeordnete Geschwindigkeit der Tragflächenschiffe beträgt ca. 120 km/h.

Obwohl im ersten Viertel des 20. Jhdts. Tragflächenboote gebaut wurden, fanden sie wenig Verbreitung. Besonders wurde diese Entwicklung durch den Stand des Antriebsmaschinenbaues (das Fehlen starker leichter Motoren) sowie ungeklärte Probleme der Theorie der Tragflächenboote gebremst. Die bestehenden Lücken der Theorie wurden durch die Arbeiten sowjetischer und deutscher Wissenschaftler geschlossen. Genannt sei das 4-t-Boot des deutschen Ingenieurs *Wendel*, der 1956 an seinem 10 m langen Boot zwei vordere Stelzen mit Tragflügeln und Höhenruder, eine achtere Stelze mit Tragflügel, Höhen- und Seitenruder hatte. Zwei Antriebe von je 44 KW wirkten auf zwei Zugschrauben in den Vorschiffstragflächen. Die Anstauchhöhe war abhängig vom Wellengang beeinflussbar. Die USA bauten 1961 das 80-t-Versuchsboot DENISON, das mit einer Gasturbine von 15.000 kW und einem mit Propeller 0,91 m Ø achtern 180 km/h erreichte.

Als ab ca. 1950 auch leichte und leistungsstarke Triebwerke, Motoren und später Gasturbinen verfügbar waren, begannen die führenden Industrieländer mit dem Bau von Tragflächenschiffen für zivile und militärische Einsatzfälle.

Die ersten Tragflächenschiffe, deren Serienfertigung 1957 begann, entwickelte und baute der sowjetische Konstrukteur *R. E. Alexejew* (1911–1980). 80% der für den Passagierdienst weltweit eingesetzten Fahrzeuge dieses Typs sind in der ehemaligen UdSSR gebaut worden. Ihre Kapazität beträgt bis zu 300 Fahrgäste. Als Antriebsaggregate werden Motoren oder Gasturbinen (bis ca. 5.000 kW; Versuchsschiffe sogar bis etwa 20.000 kW) eingesetzt. Als Propulsionsorgane dienen Propeller, z.T. auch Wasserstrahlantrieb. In Küstengewässern eingesetzte seegehende Tragflächenschiffe erreichen Geschwindigkeiten von bis zu 55 kn (Versuchsfahrzeuge sogar 100 kn), auf Flüssen und Binnenseen verkehrende Fahrzeuge bis zu 130 kn.

Nachstehend werden taktisch-technische Daten einiger Serientragflächenboote aus dem militärischen Sektor angegeben.

Schiffstyp	Raketen-schnellboot	Patrouillen-boot	Mehrzweck-Kampfboot
Verdrängung [t]	239	115	92
Leistung [kW]	13.300	5.500	3.500
Antriebsart [kn]	Wasserstrahl	Wasserstrahl	Propeller
v_{max}	48	50	52
Aktionsradius [sm]	700	–	580

Luftkissenschiffe

Ebenso wie bei Gleit- und Tragflächenfahrzeugen basierten die Entwicklungen von Luftkissenschiffen auf der Zielstellung, die Geschwindigkeitsbarriere der traditionellen Verdrängungsfahrzeuge dadurch zu umgehen, dass der Fahrzeugrumpf durch ein Luftpolster von dem Grenzbereich Wasser/Luft separiert wird und das Fahrzeug somit im Medium »Luft« operieren kann. Die Wirkweise des Luftkissenschiffes beruht darauf,

Das Luftkissenfahrzeug SRN 6, die SEA HAWK, entwickelt von der British Hoverkraft Corporation. Es wurde auf dem Solent von der Reederei Seaspeed betrieben und zeigte die wirtschaftliche Machbarkeit. Allerdings ging das Vertrauen in diesem Fährservice in den 1960er/70er Jahren durch häufigere technisch oder wetterbedingte Ausfälle verloren. Es bleibt der Reiz der Geschwindigkeit von über 60 kn. Nur China und Japan verfolgen diese Technik weiter intensiv.

Landungs-Luftkissenschiff der UdSSR und Prinzip des Bodeneffektes durch Aufbau eines Luftkissens

dass unter seinem Boden mittels eines Gebläses Luft komprimiert wird, welche die unter dem Schiffsboden seitlich abströmende Luft kompensiert. Die Vorwärtsbewegung des Fahrzeuges wird durch einen gesonderten Antrieb (Luftschrauben) realisiert.

Erste Ideen zum Luftkissenschiff wurden von dem schwedischen Wissenschaftler *E. Swedeborg* 1716 geäußert. Das Luftkissen, das das Schiff vom Wasser abheben sollte, wurde nach *Swedeborgs* Vorstellung durch zwei handgetriebene Luftschrauben erzeugt. Es vergingen 150 Jahre. 1853 schlug der Archangelsker Architekt *Iwanow* eine verfeinerte Variante des Luftkissenschiffes vor, die ebenso wie *Swedeborgs* Idee daran scheiterte, dass das Luftkissen mittels handbetriebener Bälge erzeugt werden sollte. Schon frühzeitig waren auch die Marineführungen auf Luftkissenschiffe aufmerksam geworden. Schon 1897 schlug der französische Ingenieur *Clement Ader* (1814–1925) die Verwendung seines Luftkissenbootes AVION-3 für militärische Zwecke vor. Das vom österreichischen Konstrukteur *D. Müller* 1916 auf Luftkissenbasis gebaute Torpedoschnellboot erreichte eine Geschwindigkeit von 40 kn. Allerdings war seine Seetüchtigkeit unbefriedigend.

Nach vorangegangenen Modellversuchen wurde 1934 das durch den sowjetischen Wissenschaftler *W. I. Lewkow* gebaute Luftkissenschiff (die zweisitzige L-1) erfolgreich erprobt. Ein weiterentwickeltes Fahrzeug, die L-5, erreichte bei einer Masse von 9 Tonnen bei seiner Erprobung im Jahre 1937 bereits eine Geschwindigkeit von 73 kn. In den Vorkriegsjahren wurde auch in anderen Ländern den Luftkissenschiffen Aufmerksamkeit geschenkt. Besonders bekannt wurde der amerikanische Konstrukteur *D. K. Warner*. Bremse der Entwicklung war, wie auch bei Gleitbooten und Tragflächenschiffen, insbesondere der Mangel an leichten leistungsstarken Motoren.

Von der Konstruktion her unterscheidet man zwei Typen von Luftkissenschiffen:

Amphibische Luftkissenschiffe: Der Rumpf ist im Fahrtzustand vollständig aus dem Wasser herausgehoben. Das ist auch der Grund dafür, dass dieser Luftkissenschiffstyp über Land fahren und Hindernisse bis zur Luftkissenhöhe überwinden kann. Dementsprechend kann man auf ihnen nur Luftschrauben als Antriebsorgane verwenden, was aber ihre potenzielle Größe in starkem Maße begrenzt.

Masse [t]	Geschw. [kn]	Anzahl Propeller	Ø [m]	Stand
30–40	60–70	2	3	Projekt
168	60–70	4	5,8	SR.N4
1.000	60–70	12	10,7	Projekt

Dieser Vergleich zeigt bereits, dass das 1.000-Tonnen-Schiff praktisch nicht realisierbar ist.

Seitenwand-Luftkissenschiffe haben feste, in das Wasser hinabgeführte Seitenwände. Sie können sich deshalb nicht, wie die Amphibienfahrzeuge, an Land, sondern nur im Wasser fortbewegen. Verwendet werden Propeller- und Wasserstrahlantrieb. Sie haben deshalb auch nicht jene Beschränkungen, denen das mit Luftschrauben angetriebene Amphibienfahrzeug unterliegt.

Deutliche Parallelen bestehen zur Entwicklungsgeschichte und den Voraussetzungen zur Einführung der Tragflächenschiffe (Schaffung eines theoretischen Fundaments, Entwicklung des Gasturbinenbaues und Fortschritte in der Leichtmetallherstellung). Erst Ende der 50er Jahre wurde der Bau von Luftkissenschiffen in größeren, Umfang in Angriff genommen. Der Brite *Christopher Cockerell* baute 1953 das erste praktisch verwendbare Luftkissenschiff HOVERKRAFT, SR.N1, mit dem er am 25. Juli 1959 erstmals den Ärmelkanal überquerte.

Vickers Armstron Ltd. baute das erste, SR.N2 wurde von *Saunders Roe Division* der *Westland Aircraft Ltd.,* Yeovil, England, gebaut.

Technische Daten: Gewicht 27 ts, 57–76 Passagiere, ist 1,2–1,5 m hohe Wellen einsatzfähig, 73 kn Geschwindigkeit, vier Gasturbinen 3.300 PS, zwei Hub- und zwei Vortriebspropeller. Wenn die Wellen zu hoch werden, kann es als Verdränger fahren.

Das britische Luftkissenschiff SR.N3 wurde 1963 getestet. Es hatte ein Gewicht von 37,5 Tonnen und konnte eine Nutzmasse von 15 Tonnen tragen. Es erreichte eine Höchstgeschwindigkeit von 90 kn, die sich bei Seegang der Stärke 3 mit Wellenhöhen von 1 m auf etwa 60 kn reduzierte.

Das bisher größte zivile Luftkissenschiff ist die INGENIEUR BREMEN, das seit dem 5. Juli 1978 als Kanalfähre Boulogne–Dover verkehrt. Seine Daten sind:
L 50 m, B 18 m, 400 Passagiere, 55 Pkw, v_{max} 54 kn

Am 01.10.2000 wurde der Betrieb eingestellt, denn inzwischen exsistiert der Kanaltunnel. Luftkissenfahrzeuge sind gegenwärtig nur noch in der Straße von Otranto eingesetzt und bei einigen Marinen.

Das in den USA gebaute militärische Luftkissen-Versuchsobjekt (Landungsboot SKMR-1) hatte ein Gewicht von 240 Tonnen und erreichte Geschwindigkeiten zwischen 70 und 90 kn.

Zusammenfassend ist festzustellen, dass es den Tragflächen- und Luftkissenschiffen gelungen ist, die Widerstandsbarriere der Verdrängungsschiffe durch das Lösen von der Grenzfläche Wasser/Luft zu umgehen. Daraus ergibt sich:

Der Fahrbetrieb der amphibischen Luftkissenschiffe ist bei der Froudeschen Zahl $F_{nv} = 4$ oder 80 kn optimal. Dieses Optimum resultiert aus der Verringerung des Wellenwiderstandsanteils und der Spritzwasserbildung.

Der Fahrbetrieb der Seitenwand-Luftkissenschiffe hat bei $F_n = 2{,}5 \ldots 4{,}0$ oder 40 … 80 kn sein Optimum. Dieser Schiffstyp hat eine den Tragflächenschiffen ähnliche Charakteristik.

Aus Berechnungen ist ableitbar, dass die Geschwindigkeit der Seitenwand-Luftkissenschiffe bei gleicher Leistung etwas über jener von Tragflächenschiffen liegt.

Bodeneffektfahrzeuge – Alternative oder sinnvolle Ergänzung?

Wie wir gesehen haben, haben Gleiter, Tragflächenschiffe und Luftkissenschiffe die Widerstandsbarriere der traditionellen Verdrängungsfahrzeuge erfolgreich überwunden. Ihnen haftet jedoch ein gemeinsamer Makel an: die Größenbeschränkung. Stellen nun Bodeneffektfahrzeuge eine echte Alternative dar, indem sie sowohl die Widerstandsbarriere als auch die Größenbeschränkung umgehen? Doch zunächst zum Bodeneffekt.

Die Idee zur Ausnutzung des Bodeneffekts entstand bei der Lösung eines völlig anderen Problems. Schon die Flugpioniere wurden mit einer seltsamen Erscheinung konfrontiert. Bei Start- und Landevorgängen trat in Bodennähe gegenüber dem Flug in großer Höhe eine zusätzliche Auftriebskraft auf. Diese Erscheinung war begleitet von einem deutlichen Abfall des Luftwiderstandes an der Stirnseite der Flügel. Dieser so genannte »dynamische Bodeneffekt« entsteht dadurch, dass ein kurz über dem Boden fliegender Flügel unter sich den Luftgegenstrom sammelt, wodurch sich dort eine Überdruckzone und als Folge davon am Flügel eine zusätzliche Auftriebskraft F_A herausbildet. Die zusätzliche Auftriebskraft hängt ab vom Abstand zwischen Flügel und Erdoberfläche. Sie steigt mit abnehmendem Abstand »Flügel–Erdoberfläche«. Es entsteht also ein Luftkissen. Im Gegensatz zum Luftkissenschiff, bei dem das Kissen statischen Charakter hat und durch ständiges Komprimieren aufrechterhalten werden muss, handelt es sich unter dem Flügel um ein dynamisches Luftkissen, auf dem der Flügel dahingleitet.

Wissenschaftler und Konstrukteure versuchten nun diese für Flugzeuge ungünstige Eigenschaft für die effektive Gestaltung von Seetransportmitteln zu nutzen. Der für die Seetransportmittel günstige Bodeneffekt wird aber, ebenso wie beim Tragflächenschiff, erst wirksam, wenn das Fahrzeug in der Startphase durch leistungsstarke Antriebe die zum Abheben erforderliche Geschwindigkeit erreicht und sich der Rumpf des Fahrzeuges aus dem Wasser gehoben hat. Die Geschwindigkeit zum Abheben liegt bei 80 kn und darüber. Um diese Problematik insbesondere bei großen Objekten zu entschärfen, wurden Startanlagen entwickelt, die den für das Abheben erforderlichen Aufwand minimieren sollen. Dazu erhält die Startanlage spezielle Flügel und Vorflügel, die so eingestellt werden, dass im Moment des Starts der durch die Luftschrauben oder Triebwerke erzeugte Luftstrom unter die Tragflügel gelenkt und komprimiert wird. Dadurch wird ein statischer Auftrieb erzeugt, der den Startvorgang (insbesondere das Herausheben des Rumpfes aus dem Wasser) unterstützt.

In den Vorkriegsjahren des Zweiten Weltkriegs interessierten sich militärische Kreise für Bodeneffektfahrzeuge. Der Schwede *I. Troeng* baute und testete unter anderen Objekten auch ein Bodeneffekt-Torpedoschnellboot. Allerdings blieben die Aktivitäten auf diesem Gebiete eher moderat. Erst in den 50er und 60er Jahren des 20. Jhdts. wurden in zahlreichen Ländern bedeutende Kapazitäten für die Untersuchung und Entwicklung von Bodeneffektfahrzeugen geschaffen. Diese waren aber in der Phase des Kalten Krieges vorzugsweise auf militärische Zielstellungen ausgerichtet. Mit dem Ende des Kalten Krieges stagnierte diese Entwicklung, und es formierten sich weltweit Aktivitäten für die Schaffung kommerziell nutzbarer Bodeneffektfahrzeuge insbesondere für den schnellen Personentransport.

Halb Schiff, halb Flugzeug sollen Bodeneffektfahrzeuge bis zu 200 km/h knapp über der Wasseroberfläche »fliegen«.

Vor allem ab 1963 ist aus der ehemaligen Sowjetunion der Typ AIRFISH 3 in Australien im kommerziellen Einsatz. Die FLIGHTSHIP hat seit September 2002 Einsatzreife. Besonders in Australien wird Entwicklung und Bau solcher Fahrzeuge betrieben.

Diese Entwicklungen sind jedoch nicht als Ansatzpunkte der Revolutionierung des Frachttransportes über See zu bewerten und haben sich weniger verbreitet als erwartet. Deshalb zurück zu den Entwicklungen, die während des Kalten Krieges mit militärischen Zielstellungen durchgeführt wurden.

»Monster des Kaspischen Meeres« enttarnt

»Was sich auf Bildern amerikanischer Spionagesatelliten als Flugobjekt darbot, das mit der unvorstellbaren Geschwindigkeit von 800 km/h im Tiefflug über das Kaspische Meer jagte, wurde alsbald unter dem Begriff ›Kaspisches Monster‹ in den Geheimdienstunterlagen geführt.«

In der ehemaligen Sowjetunion hatten militärische Interessen zur Entwicklung und zum Bau auf dem Bodeneffekt-Prinzip basierender waffentragender Systeme mit mehreren hundert Tonnen Startmasse geführt. Und hier begegnen wir wieder dem durch seine Leistungen auf dem Gebiete des Tragflügelschiffbaues bekannten russischen Ingenieur *R. E. Alexejew*, der zum Vater der EKRANOPLANE werden sollte, jener geheimnisumwitterten »Monster des Kaspischen Meeres«.

Alexejew war es, der auf dem Gebiete der Bodeneffektfahrzeuge den Schritt in eine bisher unbekannte Dimension wagte. Nachdem er kleinere Prototypen ausgetestet hatte,

Monster des Kaspischen Meeres

ging bereits 1966 die KM auf Probefahrt. Hervorzuheben ist, dass Starts und Landungen dieser Objekte (z.B. der LUN) noch bei Wellenhöhen von drei bis vier Metern problemlos möglich sein sollen.

Die Hauptparameter einiger vom Konstruktionsbüro »Alexejew« entwickelter und gebauter Objekte sind (soweit bekannt geworden) nachstehend zusammengestellt. Als Vergleich dient die Boeing 747.

		KM	ORLYONOK	LUN	Boeing
Länge	[m]	100	–	–	70
Startgewicht	[t]	544	–	400	356
Nutzladung	[t]	–	140	–	–
Erstflug		1966	1973	1987	1969
Reichweite	[km]	–	1500	3.000	12.000
Geschw.	km/h	–	400	550	900

Im direkten Vergleich zu einem Flugzeug gleicher Größe ergeben sich für die Ekranoplane folgende Feststellungen:

Bei gleichem Startgewicht 40 % ökonomischer im Betrieb (Anschaffungs-, Wartungs- und Betriebskosten) als ein Flugzeug-Transport von 50% mehr Fracht als ein Flugzeug gleicher Größe.

Nachstehend weitere Vergleichsdaten von Schiff, EKRANOPLAN und Flugzeug bei gleichem Transportvolumen und gleicher Transportdistanz von 5.000 km

	Schiff	Ekranoplan	Flugzeug
Geschwindigkeit km/h	40	500	900
Preis			2,3 x
	günstig	günstig	teurer

Gegenwärtig wird an der kommerziellen Nutzung dieser Objekte gearbeitet.

Ekranoplan – Schiff oder Flugzeug?

Der EKRANOPLAN lässt sich nicht eindeutig zuordnen. Er ist vielmehr ein Hybridfahrzeug, denn man unterscheidet insgesamt drei Kategorien, die den Übergang zwischen Schiff und Flugzeug fließend gestalten.

Typ A: Ausschließlich für den Bodeneffekt-Flug ausgelegt

Typ B: Beschränkt imstande, den Bereich des Bodeneffekts zu verlassen und in größeren Höhen (mehrere tausend Meter) temporär zu operieren

Typ C: EKRANOLYOT genannt, kann sowohl im Bodeneffekt als auch wie ein herkömmliches Flugzeug fliegen (im Projektstadium)

MISS AMERICA X, 120 mph (193 km/h) bei Vollgas. L 38 ft, 8 tdw, vier Motoren mit sechzehn Vergasern, sechsundneunzig Zündkerzen, je zwei dieser aufgeladenen Packard-Motoren standen in Reihe an Backbord und Steuerbord und entwickelten zusammen 6.400 hp. Im Wettstreit mit der MISS ENGLAND III fuhr sie auf dem Lak St.Claire in einem 7-Meilen-Rennen Weltrekord 1932 mit 124,91 mph (201 km/h). Die Erfahrungen mit diesen Booten wurden für die schnellen Motor-Torpedoboote (MTB) der Navies angewendet. Der deutsche Blankenfeld fuhr mit einem 175 cm^3 Außenbordmotor Anfang 1930 Weltrekord für diese Klasse mit 33,29 mph (53,57 km/h).

Der Ekranoplan erscheint geeignet, sich zu dem gegenwärtig noch fehlenden Bindeglied zwischen Schiff und Flugzeug zu entwickeln und damit die bestehenden Transportmittel sinnvoll zu ergänzen. Sein Einzugsbereich könnte unter dem Motto »Schneller Transport zu günstigen Preisen« stehen.

Antriebe für höchste Geschwindigkeit auf dem Wasser

Den Weltrekord der Geschwindigkeit auf dem Wasser hält heute offiziell der Australier *Ken Warby* mit 317,60 mph (511,11 km/h) und Düsenstrahlantrieb des Boots.

In den USA fanden zwei Versuche mit Booten mit Raketenantrieb statt, um diesen Rekord zu brechen, scheiterten jedoch mit jeweils tödlichem Ausgang. In beiden Fällen erreichten die Boote wohl eine höhere Geschwindigkeit, überschlugen sich aber vor Durchlaufen der Teststrecke. Diese Gefahr ist gegeben, wenn sich der Bug z.B. durch eine kleine Welle anhebt, Luft unter das gleitende Boot dringt und es hochkippt. Das würde ein ziehender anstatt schiebender Antrieb vermeiden. Eine solche Lösung ist aber bisher nicht realisiert.

Den Geschwindigkeitsrekord auf dem Wasser kann man natürlich nur erreichen, wenn das Boot/Schiff minimalen Widerstand hat, also kein Verdränger, sondern ein Gleiter ist. Damit kommen vor allem Antriebe mit geringstem Leistungsgewicht wie Düsentriebwerke und Raketen in Frage. Sie müssen ja auch nur die Teststrecke überstehen.

Die Maierform – von einem Wiener namens Maier

Der Wunsch nach guten Seeeigenschaften und geringem Widerstand von Schiffen brachte den Schiffbauingenieur *Friedrich Franz Maier* (1844–1926) in Wien zu der Überlegung, dem Schiff V-förmige Vor- und Hinterschiffsspanten, einen schrägen Vorsteven und einen löffelartigen Bug zu geben. Grundgedanke waren möglichst kurze Wege der Stromlinien vom Vor- zum Achterschiff, um dadurch einen geringen Reibungswiderstand zu erzielen. Entscheidend war jedoch der Übergang von den traditionellen U-Spanten an den Schiffsenden zu einer V-Spantform, die zu geringeren Stampfbewegungen des Schiffs im Seegang führten. Durch das ausladende Vorschiff taucht das Schiff beim Stampfen sanft gebremst in die See.

Maier, der als Schiffbauingenieur und Konstrukteur auf den Teeklipper-Werften in Nordamerika gearbeitet hatte und Absolvent der TH Wien 1865 war, machte bereits 1865–1870 die ersten Modellversuche auf der Donau. Er nahm Kontakt mit *William Froude* auf und ließ seine Modelle 1900 in die Versuchsstation des Norddeutschen Lloyd in Bremerhaven schleppen.

Im Verlaufe der Jahre hat die Gestaltung des Vorschiffes nach Maier-Form verschiedene Modifikationen erfahren, wobei das Grundprinzip jedoch beibehalten wurde.

Ab 1942 wurden 1.072 Kriegsfischkutter (KFK) nach Maierform-Plänen auf verschiedenen Werften im Kompositbau (Nadelholz auf Stahlspanten) gebaut. Es sanken 135 von 554 im Fronteinsatz tätigen KFK, 322 wurden nach dem Krieg zum Minenräumen eingesetzt oder wurden kommerzielle Fisch-

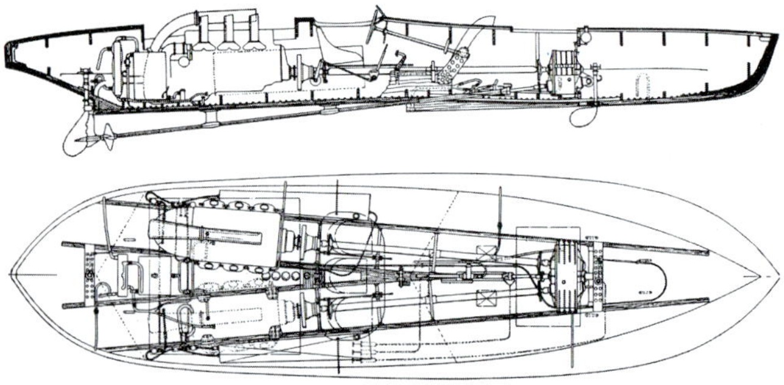

Zeichnung der MISS ENGLAND II

Ein britisches THORNNYCROFT C.M.B., 55 ft lang, kurz vor Fertigstellung des Rumpfs. Die Stufe ist gut sichtbar.

Sir Malcolm Campbell beschleunigt BLUEBIRD (K4) auf 141,74 mph (228,04 km/h) am 19. August 1939, Weltrekord. Deutlich das Gleiten des Stufenrumpfs.

1919 bekam Dr. Alexander Graham Bell ein Patent auf ein Hydrofoil, das mehrere Tragflügel übereinander auf beiden Seiten hat. Das Versuchsboot war die HD-4 im selben Jahr, sie erreichte über 60 mph (96,5 km/h). Das Ziel damals war 1 mile a minute.

Modell 1:8 des Hydroplane CRUSADER mit Düsenantrieb für Rekordversuch. Bauwerft: Vosper Ltd., Portsmouth; Auftraggeber: John Rhodes Cobb, Brookland. Baubeginn: Frühjahr 1949; Baukosten: 15.000 Pfund Länge: 31 ft; Baustruktur: Birkenholzspantskelett mit Aluminium beplankt. Nur im Kiel ist eine Stufe gebaut. Antrieb: De Havilland Ghost Düsentriebwerk, 2.207 kN Schub. Cobb hielt den Geschwindigkeitsrekord zu Lande mit 630 km/h, der Rekord zu Wasser lag bei 297,39 km/h von Stanley Sayers. Das Boot erreichte am 29.September 1952 330,96 km/h, schlug auf eine Welle und zerbarst, Cobb konnte nur tot geborgen werden. Der Rekord wurde nicht anerkannt, da der vorgeschriebene zweite Lauf nicht gemacht werden konnte.

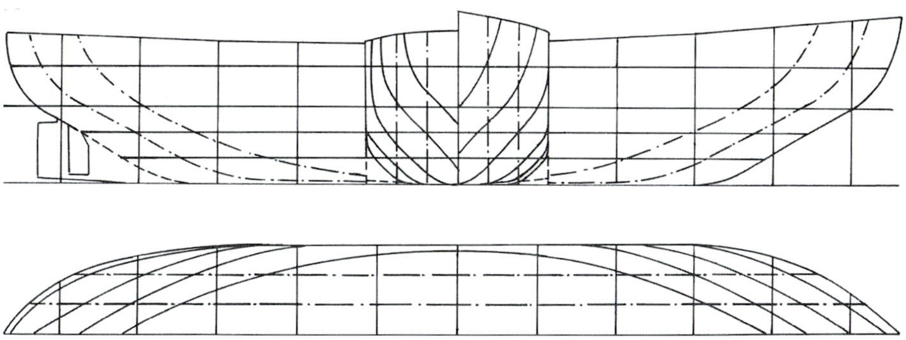

Ursprüngliche Maierform mit V-förmigen Spanten im Vor- und Achterschiff

kutter. Noch heute sollen etwa zwei Dutzend unter deutscher Flagge laufen.

Es war übrigens von den Alliierten nicht nur die Größe, sondern auch die Anzahl Fischdampfer begrenzt, sodass nach der Einrichtung des Frankfurter Wirtschaftsrates eine Zuteilung an die Hochseefischereien erfolgte (1947). Da eine Reise nach Island bei 11 kn Geschwindigkeit 7 Tage dauerte, waren 400 BRT zu klein und unwirtschaftlich. Das Fassungsvermögen beträgt 3.000 Körbe Fisch, 19 Mann Besatzung, die Kolbendampfmaschine leistete 600 PS (441 kW). Ein 560-BRT-Fischdampfer, die nach Freigabe in den 1950ern gebaut wurden, fasst dagegen 250 t Fisch (etwa 5.000 Körbe), hat 22 Mann Besatzung, kann 25 Tage in See sein, die Antriebsanlage leistet 850 PS (625 kW) und ergibt 12 kn.

Erst 1926 gelang es dann die AG *Weser* in Bremen so zu interessieren, dass drei Fischdampfer von 42 m Länge nach der Form von Maier gebaut wurden, 1929 folgten dann Frachtschiffe. Internationale Schutzrechte bestanden für die dreieckigen Spanten, die im glatten Wasser geringeren Widerstand und im schlechten Wetter bessere See-Eigenschaften ergaben.

Das erste Schiff mit Maier-Form war der im Jahre 1928 erbaute Fischdampfer WEISSENFELS. Bis 1950 wurden 2.850 Schiffe, Frachter und Spezialschiffe nach den Plänen der Maierform-Gesellschaft gebaut. Die Abwandlungen eingeschlossen sollen es sogar ca. 4.000 Schiffe gewesen sein.

Mit der »Maierform« konnten die mit üblichen Schiffsformen erreichbaren Geschwindigkeiten mit etwa 10% weniger Antriebsleistung realisiert werden bzw. eine entsprechende Brennstoffersparnis (15–25% im Jahresdurchschnitt) oder $^{1}/_{2}$–1 kn Geschwindigkeit mehr, vor allem bei Schlechtwetter-Reisen.

Besonders häufig hat die Maierform bei Fischdampfern Anwendung gefunden: Man kann noch bei schlechtem Wetter weiterarbeiten und erreichte die Märkte schneller bzw. man sprach von 20% Brennstoffersparnis. Das war für die deutschen Fischdampfer, deren Größe nach 1945 auf 400 BRT begrenzt war, besonders erfreulich. Nachdem die Beschränkung aufgehoben war (1949), wurde natürlich auch beim größeren Typ (540 BRT) die Maierform angewendet. Aber auch kleine Fischkutter wurden seit etwa 1940 so gebaut. Man stellte Geschwindigkeitszunahmen von 0,6 kn und Brennstoffersparnisse bis zu 31 % fest.

Die deutlich erkennbare Überlegenheit der Maier-Form bei schlechtem Wetter ist vor allem dadurch bedingt, dass die große, durch die V-Spanten bedingte Reserveverdrängung am Bug dem Eintauchen desselben einen erhöhten Widerstand entgegensetzt. Ferner werden die anlaufenden Wellen durch die stark ausfallenden Spanten seitlich abgedrängt, und die Ausbildung einer Bugwelle wird weitgehend unterdrückt.

Mit der allgemeinen Einführung des Bugwulstes zu Beginn der zweiten Hälfte des 20. Jhdts. verlor die Maierform an Bedeutung.

Mit neuartigem Ruderhaus, vollwertiger Kommandobrücke und dem massiven vorderen Aufbau als Plattform für die 2-cm-Flak, machten die Wachboote einen stattlichen Eindruck. Die ersten Fahrzeuge des Bundesgrenzschutzes in den 1950ern waren umgebaute Kriegsfischkutter.

SS Wilhelm Traber der Reederei W. Traber & Co., Hamburg, mit Holzladung. Die Maierform erbrachte bis zu 14% mehr Holztragefähigkeit, gebaut 1930 bei Flensburger Schiffbau-Gesellschaft, Flensburg, 4.000 tdw, 1.000 PSi, 11,5 kn.

»Der Bugwulst wurde nicht erfunden, sondern entdeckt.«

Jeder von uns kennt den »Schnurrbart«, die weiße Bugwelle, die das fahrende Schiff vor sich aufwirft. Das sieht zwar gut aus, bedeutet aber Energieverlust.

Die widerstandsreduzierende Wirkung eines Bugwulsts war schon *R. E. Froude* Ende des 19. Jhdts. und *D. W. Taylor* Anfang des 20. Jhdts. bekannt, jedoch fehlten noch die Kenntnisse zur Gestaltung in Bezug auf Schiffstyp, Völligkeit, Schiffsform, Geschwindigkeit und Tiefgang für die Wulstgröße, Wulstquerschnitt und Anordnung am Vorschiff.

Das Vorschiff mit Wulstbug des Turbinendampfers Potsdam, 1935. Das Schiff (17.526 BRT, L 193,08 m, B 22,60 m, T 12,42 m) ersparte fast 6.000 t Stahl durch weitestgehendes Schweißen anstatt Nieten. Das Antriebskonzept war turboelektrisch. Die beiden vierflügeligen Schrauben werden direkt von je einem Elektromotor der Siemens-Schuckert-Werke von zusammen 26.000 PSe mit 168 Umdrehungen pro Minute angetrieben. Die Wellen laufen in Pendelrollenlagern. Die Turbinen treiben Drehstromgeneratoren mit 3.200 min^{-1}. Der Dampf wird in vier Benson-Kesseln mit 80 bar Überdruck und 470° C erzeugt. Im Hafenbetrieb arbeiten zwei Dieseldynamos.

Heute gehört der Bugwulst zum normalen Bild eines modernen seegehenden Handelsschiffes. Hauptgrund für die breite Anwendung des Bugwulstes ist die Tatsache, dass durch ihn erhebliche Widerstandsreduzierungen und damit Leistungseinsparungen erreichbar sind.

Bereits zum Ende des 19. Jhdts. stellte man bei Schleppversuchen mit Kriegsschiffen in den USA fest, dass der unter Wasser liegende Rammsporn eine widerstandsmindernde Wirkung hat.

David Watson Taylor (1864–1940), US-Marine-Architekt und Erbauer einer Schleppversuchsanstalt für die US-Kriegsmarine, führte aufgrund der von ihm durchgeführten Versuche den Wulstbug (auch als »Taylorwulst« bezeichnet) für große Schiffe der US-Kriegsmarine ein.

Erstmalig wurde ein Schiff der US-Marine 1912 mit einem Wulstbug ausgestattet, der im Verlaufe der Entwicklung den Rammsporn verdrängte.

Aber erst Ende der 20er Jahre wurden die ersten Handelsschiffe mit einem Bugwulst ausgestattet. Dazu gehörten die Fahrgastschiffe BREMEN und EUROPA, die beide das »Blaue Band« erringen konnten. Sie hatten eine Froude-Zahl von 0,23, ihr sog. Y-Wulst ragte nicht vor den Vorsteven. Eine weitere Verbreitung erfuhr der Wulstbug erst beginnend mit den 50er Jahren des 20. Jhdts...

Kennzeichnend ist die nach unten scharf zulaufende Wulstspantform. Dadurch wird eine höhere Slamming-Sicherheit erreicht. Durch diese Querschnittsgestaltung wird auch ein scharfer Auslauf der unteren Wasserlinien erreicht. Der Vorteil dieser Linienführung besteht darin, dass zusätzlicher Widerstand und Spritzerbildung des bei Ballastfahrt nur teilweise getauchten Wulstes vermieden werden.

Die widerstandsmindernde Wirkung eines Bugwulsts beruht hauptsächlich darauf, dass bei einem ausreichenden Querschnitt des Wulsts am vorderen Lot (bis zu 10% der Hauptspantquerschnittsfläche), einer günstigen Tieflage und Form des Wulstes und einem Überstand über das vordere Lot (ca. 20% der Schiffsbreite) der Wulst eine Dämpfung des Wellenbildes im Bugbereich und damit eine Minderung des Wellenwiderstandes erzeugt.

Anders ausgedrückt: Das bestehende Wellenfeld im Bugbereich wird durch das Eigenwellenfeld des Bugwulsts so überlagert, dass das Wellenbild im Bugbereich gedämpft, d.h. abgeflacht wird.

Die erreichbare Widerstandsminderung heutiger Wülste überschreitet oft 20%.

Das Bestreben ist, die Bugwelle durch Interferenz mit einem Abstrom, den man durch einen herausragenden Bugwulst erreicht, zu unterdrücken. Außerdem löst sich vom Bugwulst eine Wirbelwalze, die achtern den Propulsionswirkungsgrad erhöht. Ein Bugwulst erhöht die hydrodynamische Länge eines Schiffs.

Doch seit 1957 wird die »Birne«, der Bugwulst, auch bei relativ langsameren (Froudezahlen 0,17–0,23) und völligeren Schiffen (Blockkoeffizient > 0,82) angewendet, erstmals für das norwegische Tankmotorschiff GRENA. Ab den 70er Jahren werden die großen Massengutschiffe mit runden Was-

Bereit zum klassischen Stapellauf: die 253.975 tdw große MELPO LEMOS, welche die A.G. »Weser«, Bremen, für die Sunflaire Shipping Co., S.A. Panama, im Jahre 1971 in Auftrag hatte und die auf der Abbildungen für den Stapellauf vorbereitet wird. Während in der ganzen Welt Schiffe dieser Größenordnung im Dock erbaut und aufgeschwommen werden, war der Helling-Stapellauf solcher Superschiffe bei dieser deutschen Werft Routinesache.

Achteres Unterwasserschiff des Doppelschrauben-Postdampfers MULTKE der am 27. August 1901 bei Blohm & Voss vom Stapel lief. L 160 m, B 18,9 m, T 11,89 m, 8.000 tdw. Vierfach-Expansionsmaschinen (System Schlick), Zylinderdurchmesser 748 mm, 1.070 mm, 1.528 mm, 2.180 mm, Hub 1.400 mm, Gesamtleistung 9.500 PS. Dampf von 15 bar Druck aus drei Doppelend- und drei einfachen Stahlkesseln.

Fischdampfer SS GUSTAV HOGO DEITERS der Hochseefischerei Karl Kämpf, Wesermünde, gebaut von Rickmers Werft, Wesermünde, nach Maierform-Plänen 1937, 1.000 tdw, Kolbendampfmaschine 1.000 PSi, 13 kn. Ein typischer Seitenfänger der 1930'er Jahre. Heute haben viele Schiffe ein oder mehrere Bugstrahlruder, mitunter auch Heckstrahlruder um Querversetzen zu können. Das reduziert notwendige Schlepper.

Rammsporn des deutschen Panzerschiffes KAISER FRIEDRICH III.

Heute haben viele Schiffe ein oder mehrere Bugstrahlruder, mitunter auch Heckstrahlruder, um Querversetzen zu können.

Rhein-Seeschiff THALIA der Schifffahrtsgesellschaft Neptun, Bremen, gebaut 1935, der Nordsee-Werke Emden GmbH, Emden, 1.880 tdw, 1.000 Pse, 11,5 kn.

Der Wulstbug des britischen Containerschiffs ENCOUNTER BAY der Overseas Container Ltd.

MS STEIERMARK der HAPAG, Hamburg, gebaut 1938 von Fried. Krupp Germaniawerft AG, Kiel-Gaarden, 12.000 tdw, 8.736 BRT, 12.400 PS, 17,5 kn. Am 20.11.1941 als Hilfskreuzer nach Gefecht mit australischem Kreuzer SYDNEY im Pazifik selbst versenkt.

Einer der großen unter den Erz/Öl-Frachtern, von denen wenigstens einer in diesem Buch im Bild gezeigt werden soll, ist das bei den Kieler Howaldtswerken erbaute 234.750 tdw/125.973 BRT große TS HAVKONG.

Kühlmotorschiff PUNA der Reederei F. Laeisz auf der Bananenroute Hamburg Ecuador. L 141,8 m, B 18 m, T 6,3 m, 1964 von Deutsche Werft AG, Hamburg, 9.600 PS bei 135 min^{-1}, 20 kn. Sie hat die in den 1850ern von Scott Russel propagierten »wave-line« Wasserlinien des Vorschiffes, ein Merkmal schneller Schiffe. In den 1960ern bemühte man sich auch noch um die Ästethik des Schiffes. Das ist dann in der Folgezeit der Wirtschaftlichkeit und dem Kostendruck geopfert worden.

serlinieneinläufen mit und ohne Wulstbug gestaltet, also entgegen der Gepflogenheit seit 150 Jahren, nachdem sich gezeigt hat bei völligen Schiffen (Fz=0,11–0,18), dass durch diesen so genannten Parabelbug der Widerstand geringer ist (um 5%) und die Baukosten als beim scharfen Bug. Natürlich ist ein Vorteil für die Tragfähigkeit gegeben.

Der deutsche Dipl.-Ing. *E. Eckert*, stellv. Geschäftsführer der deutschen *ESSO-Tankschiff Reederei GmbH* in Hamburg, hat die weitere Anwendung des Wulstbugs so durch Überlegungen und bestätigende Modellversuche um die 1960er bewirkt. Sein Anlass war, dass nicht nur im beladenen Zustand, sondern auch auf der Ballast-Rückreise Tiefgang nur 40–70% des maximalen und günstige Fahrtbedingungen herrschen müssen, um das Schiff insgesamt gut nutzen zu können.

Letztlich wurde eine Vorschiff- und Wulstgestaltung gefunden, die den Widerstand beladen um etwa 3 % und im Ballast-Zustand um etwa 25 % reduzierte. Aufgrund der dann auch in der Wirklichkeit bestätigten Vorteile wurden in den Jahren 1963–1965 beispielsweise 120 ESSO-Schiffe mit Wulstbug versehen, der je nach Größe 4 bis 8 m über das vordere Lot hinausragte. Die Durchschnittsgeschwindigkeit auf der Rundreise wird um 4,8 % gesteigert. Das klingt nicht viel, ist es aber, wenn man es auf die gesamte erforderliche Tankerkapazität hochrechnet und die gesparten Investitionen und Betriebskosten.

Auch ein Heckwulst kann im Bereich des Propellers die Strömungsverhältnisse verbessern. Erste Versuche sind dazu in den 1920ern gelaufen, ab Ende der 1950er wird diese Gestaltung wieder intensiver verfolgt.

2.6 Steuerfähigkeit des Schiffs

Steuerfähigkeit ist das Vermögen eines Schiffes, den Kurs zu halten (Kursbeständigkeit) und bei Bedarf seine Fahrtrichtung schnell und raumsparend zu ändern (Wendefähigkeit). Die Steuerfähigkeit ist erforderlich, um da hinfahren zu können, wo man hin will und nicht nur da hin, wohin Strömung und Wind das Fahrzeug treiben.

Je nach Einsatzbereich werden hinsichtlich der Steuerfähigkeit unterschiedliche Anforderungen an die Gestaltung des Schiffsrumpfes gestellt. Schiffe mit einem großen Längen-Breiten-Verhältnis zeigen bessere Kursbeständigkeit als solche mit kleinem Längen-Breiten-Verhältnis, welche wiederum schneller beim Ruderlegen reagieren. Letzteres wird beispielsweise von einem Bugsierschlepper erwartet, der darüber hinaus auch noch kleine Drehkreisdurchmesser aufweisen muss. Von einem Linienfrachter verlangt man hingegen gutes, verlustfreies Kurshalten, das die Wirtschaftlichkeit positiv beeinflusst. Spielte die Größe des Drehkreisdurchmessers bei derartigen Schiffen noch vor 50 Jahren eine zweitrangige Rolle, so nimmt das schnelle Reagieren bei Kursänderungen auch bei diesen Schiffen angesichts der ständig wachsenden Verkehrsdichte deutlich zu.

Die Steuerfähigkeit eines Schiffes hängt weiterhin ab von seiner Unterwasserform, vom Tiefgang, Trimm und der Mas-

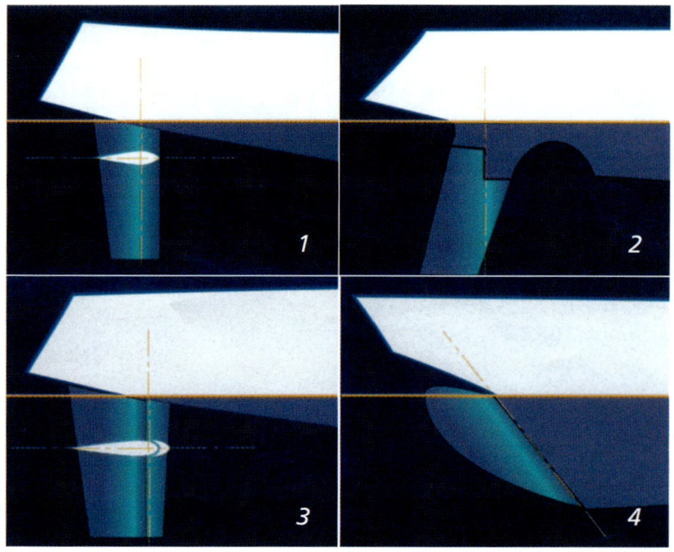

1. Balanceruder: wirkungsvoll, geringer Widerstand, Abmessungsverhältnisse bestimmen Wirkung, Strömung kann beim Anstellen abreißen.
2. Halbbalance-Ruder: schlechte Ruderwirkung, Propellerausschnitt behindert Anströmung
3. Ruder mit Skeg: sicher und gut durch harmonischen Strömungsverlauf, Skeg wirkt kursstabilisierend
4. Langkielruder: nicht sehr effektiv, Profilierung schlecht möglich

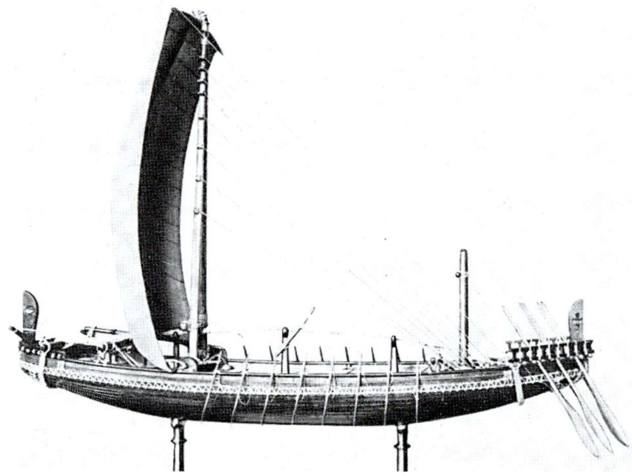

Altägyptisches Schiff um 3500 v. Chr. mit drei Steuerrudern

severteilung im Schiff. Weitere Einflüsse sind Wind und Seegang, Flachwasser und Fahrwasserbegrenzungen.

Als Steuerorgan eines Wasserfahrzeuges dienten über Jahrtausende hinweg einfache Steuerpaddel. Ähnliche Steuerpaddel haben sich z.B. auf indischen Lastkähnen bis in die Gegenwart erhalten.

Wann das Heckruder seinen Siegeszug antrat, ist ungewiss. Die wohl älteste Abbildung eines solchen Ruders, sie stammt aus dem 12. Jhdt., findet sich auf einem marmornen Taufbecken in der Kathedrale von Winchester. In der Bucht von Rye, Südost-England, wurden ein Seitenruder von einem großen Schiff (1040–1165) und ein Heckruder (1315–1405) gefunden. In dieser Zeit, 12. bis 13. Jhdt., hat offenbar dieser Übergang stattgefunden. Von der Segelschiffszeit bis in die Gegenwart hatte das Heckruder eine fast unangetastete Monopolstellung. Diese beruhte vor allem auf seiner Einfachheit. Kleinere Einbußen erfuhr das Ruder zugunsten steuernder Propeller (z.B. Voith-Schneider-Propeller oder Bugstrahlruder).

Das Ruder besteht aus einem um seine vertikale Achse drehbaren flächenförmigen Körper.

Man unterscheidet die Ruder nach

- Ruderquerschnitt,
- Ruderaufhängung und
- Lage des Ruderschafts.

Der Ruderquerschnitt bestand im Holzschiffbau und zunächst auch im Stahlschiffbau aus einer ebenen Platte (Plattenruder).

Im 19. bis nahezu in die Mitte des 20. Jhdts. gab es immer wieder Diskussionen, wie die Fläche des Ruderblatts über den Tiefgang zu verteilen ist. Sehr viel Fläche nahe der Oberfläche würde mehr Seeschlag auf das Ruder bedeuten, sehr nahe dem Schiffsboden oder an der Ruderhacke, würde die schwächste Stelle stark belasten und auch die empfindlichste bei Grundberührung. So kam es zu den runden, nach oben und unten abnehmenden Ruderflächen als Kreisabschnitt, was wohl Anfang des 19. Jhdts. entstand.

Das Plattenruder wurde ersetzt durch das Verdrängungsruder mit einem stromlinienförmigen Ruderkörper. Das hatte einmal den Vorteil, dass die Widerstandswerte der Profilruder deutlich geringer waren als beim Plattenruder und die (für die Ruderwirkung ausschlaggebenden) maximalen Seitentriebswerte bereits bei kleinen Ruderwinkeln erreicht wurden. Verdrängungsruder wie

Oertz-, wie ein Tragflügel

Seebeck-, von der Seebeck-Werft, Wesermünde, entwickelt

Simplex-, von der Deutschen Werft, Hamburg, entwickeltes verwundenes Ruder, oberhalb der Schraube anders ausgebildet als unterhalb der Propellerwelle,

steigern die Kursbeständigkeit und tragen damit zur Erhöhung der Schiffsgeschwindigkeit bei.

Nach der Ruderaufhängung unterscheidet man

a) oben und unten gelagertes Ruder,
b) oben und in der Mitte gelagertes Ruder und
c) oben gelagertes Schweberuder,

Und schließlich unterscheidet man nach der *Lage* des Ruderschafts

a) nicht balancierte Ruder,
b) Halbbalanceruder und
c) Balanceruder,

Beim unbalancierten Ruder liegt der Ruderschaft, d.h. die Achse, um die das Ruder dreht, an der Stirnseite des Ruderblattes. Dementsprechend sind beim Ruderlegen relativ hohe Kräfte aufzubringen. Weniger Kraft beim Ruderlegen erfordert das Balanceruder, bei dem ein Teil der Ruderfläche vor der Drehachse liegt.

Durch das bei Fahrt des Schiffes am Ruder entlangströmende Wasser wird bei Legen des Ruders eine Kraft erzeugt, welche eine Drehbewegung des Wasserfahrzeuges einleitet. Bei Ausschlag des Ruders um den Winkel α entsteht durch die Umströmung senkrecht zur Ruderblattebene eine Kraft F_R, die sich in einen Fahrtwiderstand F_W und eine Querkraft F_Q zerlegen lässt. Durch die Querkraft F_Q wird die Drehbewegung des Schiffes eingeleitet, wobei der Drehpunkt in der Schwerpunktachse des Schwimmkörpers (etwa auf halber Länge) liegt.

Um eine möglichst große Ruderwirkung zu erzeugen, werden die Ruder am langen Hebelarm, d.h. an den Schiffsenden (im Regelfall am Heck), angeordnet. Schiffe mit hoher Kursstabilität (z.B. große Containerschiffe), die aber auch schnell auf Ruderlegen reagieren sollen, erhalten zusätzlich spezielle Bugruder. Es sind dies so genannte Bugstrahlruder, sie können auch als Heckstrahlruder im Achterschiff angeordnet sein. Sie befinden sich in einem in Querrichtung des Schiffs angeordneten kleinen Tunnel, in dem zwei Propeller (ein schiebender und ein ziehender) angeordnet sind. Diese erzeugen einen Schub, der die gleiche Wirkung wie das am Heck installierte Ruder hat, aber das Schiff muss keine Fahrt machen.

3. Antrieb von Wasserfahrzeugen durch Muskelkraft

3.1 Staken

Über das Staken ist wenig genauer Beschreibendes überliefert. Man findet es heute noch im Binnenland auf schmalen, flachen Kanälen.

Der Mensch stützt rückwärts gewandt eine lange Stange auf dem Grund des Kanals ab und sich selbst auf dem Boot, das dadurch in Gegenrichtung nach vorn ausweicht. Da auch das größte Schiff in Ruhe den Widerstand 0 hat, natürlich hat es seine Masse m, so ist die Geschwindigkeitsaufnahme bzw. Beschleunigung $a = F/m$, Kraft aufs Schiff geteilt durch seine Masse.

Wenn der Kahn einmal in Fahrt ist, ist seine Masse m von Vorteil, denn die in ihm dann gespeicherte Energie verzehrt sich nur langsam und er bleibt lange in Bewegung, länger als zum Weitersetzen der Stange benötigt wird. Bei größeren, längeren Kähnen geht der Stakende auf dem Schiff nach achtern, sodass er länger kontinuierlich Kraft auf das Schiff ausüben kann. Natürlich muss er dann für den nächsten Krafthub nach vorne gehen.

Staken auf dem Wangamni-Fluss in Neuseeland. Ätzung von James Crawford 1880. Die Staken (Stangen) wurden von Bäumen, die groß, stark und elastisch waren, maorisch: kopuka, manuka, toatoa genannt, hergestellt. Üblich waren mindestens 3, die nach Gesang stakten. Achtern steuert ein Rudergänger ebenfalls mit einer Stange.

Bei dieser Art des »Antriebes« hat man nicht eine hohe Geschwindigkeit als besondere Zielsetzung, sondern das Schiff erreicht Fußgänger-Geschwindigkeit, also 5–6 km/h (3 kn).

Diese Fortbewegungsart im Binnenland wurde weltweit angewendet:

Von den Maori, Neuseeland, wird berichtet, dass sie auf den Flüssen viel mit Staken arbeiteten. Am unteren Ende wurde die Holzstange durch Verkohlen gehärtet, später, als es durch die Europäer bekannt geworden war, durch Tauchen in Zinn.

Gegen Strömung, insbesondere Stromschnellen anzustaken, ist mühsam, schwer und schwierig, abwärts dagegen ist es schnell und gefährlich.

Leutnant *F. W. Machenzie* schrieb Mitte der 1850er dazu folgendes über eine Fahrt auf dem oberen Wangamni/Neuseeland:

»Während des Gleitens im ruhigen Wasser ist plötzlich ein starkes Rauschen zu hören, die Bootsleute hören auf zu singen, sie stehen auf und viel Diskutieren folgt. Schließlich, gerade beginnen wir eine glasklare Wasserfläche geräuschlos mit Blitzgeschwindigkeit herunterzugleiten, scheinen sie sich zum steuernden Kurs entschlossen zu haben, sie setzen sich wieder und paddeln wie ums Leben. Das Kanu schießt mit furchterregender Geschwindigkeit abwärts und dann durch sich brechendes Wasser zwischen großen Felsen, die häufig nur drei oder vier Fuß (1 bis 1,2 m) auseinander stehen. Manchmal müssen sie quer zur Strömung fahren, und es scheint, als ob sie gegen einen Felsen schlagen, aber sie beherrschen das Boot so gut und treiben es so schnell vorwärts, dass die Strömung den Kurs kaum beeinflusst. Nach wenigen Momenten sind wir wieder in ruhigem Wasser, das Rauschen der Stromschnelle hinter uns.«

3.2 Paddeln

Paddeln ist sicher der älteste Antrieb von Booten und kleinen Schiffen in allen Regionen der Welt. Wir denken dabei an das beidseitige Paddeln durch ein oder zwei Personen in Sportbooten oder zum Jagen in ihren Fellbooten (Kajak) an die Eskimos sowie an das einseitige Paddeln sitzend oder kniend (Canadier) im Kanu. Dabei kommt sicher das Kanu der nordamerikanischen Indianer meist in unsere Vorstellung.

Der erste gefundene geschnitzte Paddel, das Paddel von Star Carr, in der Nähe von Searborough an der Nordseeküste Mittelenglands 1948 gefunden, wird auf 9.500 v.Chr. zurückdatiert. Ein jüngeres, 7.000 v.Chr., wurde in Duvensee, Schleswig-Holstein, gefunden.

Große Einbaumkanus mit vielen Paddlern wurden vor allem im pazifischen Raum gebaut. Man fuhr damit auch auf See in Küstennähe oder zwischen den Inseln zum Fischen oder Transport. Das Paddel aus Hartholz ist etwa 1,7 m lang.

Die Ureinwohner Neuseelands, die Maori, pflegen bis heute die Tradition des Baus großer Kanus (Waka), die vor allem dem Transport großer Mengen Krieger dienten und »Waka tana« heißen. Sie waren die größten Kanus (25 m lang, 1,5 m breit, aus 3 Teilen gebaut, das Mittelteil 15 m lang) mit bis zu 80 Paddlern und Reserve-Kriegern in der Mitte sitzend.

Schon in der polynesischen Mythologie spielt das Kanu eine große Rolle und war sicher entscheidend bei der Besiedelung Neuseelands und der anderen pazifischen Inseln. Natürlich wurden für die großen Entfernungen Besegelungen, gewebte Fasersegel, erforderlich. Das waren dann »waka paki«, also seegehende Kanus, meist Doppelrümpfe (Katamaran), 18–21 m lang, schmale Einbaum-Rümpfe mit aufgesetzten Planken, die mit Kokosnussfasern zusammengenäht waren. Auf der Plattform zur Verbindung der beiden Rümpfe stand meist eine Schutzhütte. Neben den Doppelrumpfbooten mit gleich langen Rümpfen konnte der zweite Rumpf auch kürzer und kleiner sein. *Capt. Cook* beschreibt beispielsweise März–Mai 1773 eines mit einem Rumpf von 5,5 m Länge und einem zweiten in etwa 30 cm – häufig waren es 90 cm – Abstand von 4,3 m Länge. *William Anderson* beschreibt im Mai 1776 die Paddel als schmal und spitz auslaufend bei 1,2 bis 1,5 m Länge.

Die polynesischen Seefahrer hatten Wissen von Generationen, sehr gute Beobachtungsgabe, Verstehen der Natur sowie physische und mentale Ausdauer. Schon in 80 km Entfernung erkannten sie Landnähe, sie schmeckten z.B. das Seewasser, um Temperatur- und Salzgehaltänderungen zu erkennen. Schon 25 bis 30 km vor dem Land erkannten sie die Änderungen im Seegang durch die Reflexion des Landes. Die Lehrzeit dauerte mehr als zwei Jahre, allein zum korrekten Paddeln, etwa vier Jahre zum guten Steuern. Ein großes Kriegskanu erreichte 10 kn Geschwindigkeit.

Auch kleinere Kanus hatten häufig ein Segel, große Kriegskanus hatten bis zu drei. Die Segel waren aus verwebten Blättern, nur eines aus der voreuropäischen Zeit ist im British Museum erhalten, 4,4 m hoch, 30 cm am Unterliek und 2 m am Oberliek, also dreieckig mit der Spitze nach unten. Die Stagen und Schoten waren aus Flachs. Die Kanus konnten gut am Wind anliegen, hatten aber wegen des kleinen Lateralplans eine große Abdrift. Gekenterte Kanus konnten von der Mannschaft wieder aufgerichtet werden.

Die Maori kannten auch schon das Reffen des Segels bei starkem Wind und hatten dazu Löcher im Segel zum Einbinden eines Teils der Segelfläche.

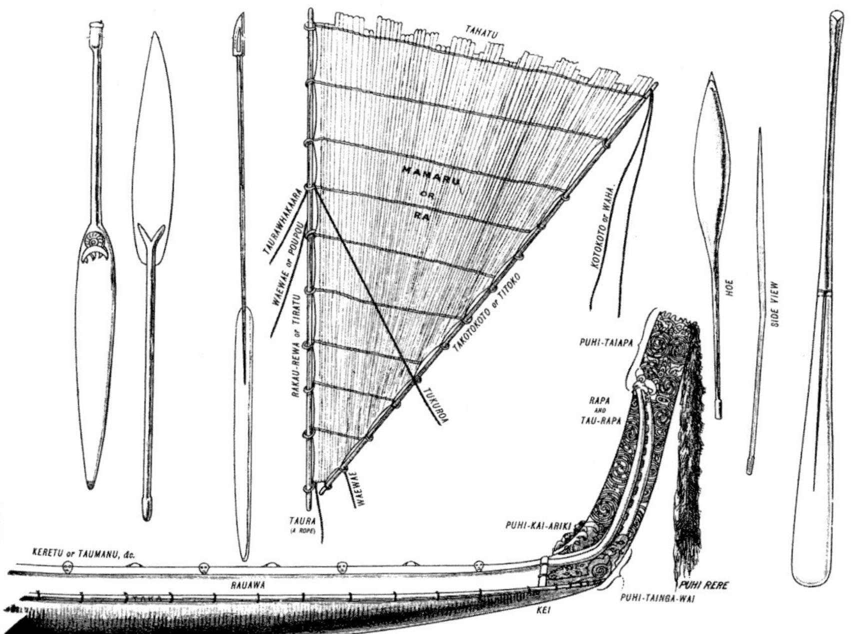

DIAGRAMS OF THE PARTS OF A MAORI CANOE.

Paddel und Segel eines Maori Kanus

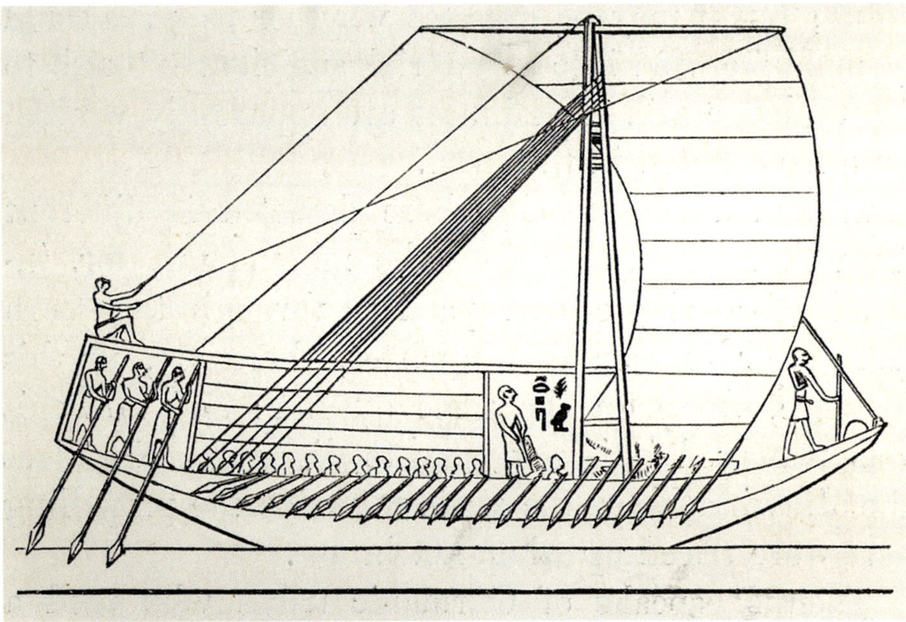

Ägyptisches Nilschiff etwa 2.500 v.Chr.
Es konnte nur direkt vor dem Wind gesegelt werden.

Nach dem Kommen der Europäer ließ Bau und Anwendung von Kanus nach, sodass Mitte des 20. Jhdts. nur noch wenige, meist in Museen existieren. Kriege im 19. Jhdt. verminderten die Ackerbau- und Handelsaktivität. Um 1863 z.B. wurden viele Kanus der Maori bewusst zerstört, um ihnen Transportmöglichkeit und Bewegungsfähigkeit zu nehmen.

Beginnend mit Walfangbooten, 6–9 m lang, wurden immer mehr europäische Boote auch von den Maoris eingesetzt.

Alte und neue Kanus sieht man seit Mitte des 19. Jhdts. vor allem nur noch bei entsprechenden Regatten und Wettbewerben. Da die großen Bäume für die Herstellung knapp und teuer geworden sind, baut man Kanus heute aus faserverstärktem Kunststoff.

Beim Ziehen der Paddelfläche durchs Wasser überträgt sich der Widerstand des Wassers als Vortriebskraft auf das Boot, wobei der Schlupf des Paddels den Wirkungsgrad der aufgewendeten Leistung vermindert.

Um eine rechteckige Platte A = 0,1 m^2 mit v = 1 m/s durchs Wasser zu ziehen, braucht man:

$$F = c_w A \frac{\rho}{2} v^2 \approx 6 \text{ kN Kraft.}$$

Der Wunsch, das Eigengewicht des Boots oder Schiffs zu erniedrigen, um dadurch die Nutzlast-Tragfähigkeit und damit auch die Zahl der Antriebskräfte paddelnder oder rudernder Personen zu erhöhen, führte zum Spantbau und Überziehen des Spant-Skeletts zunächst mit Fellen, dann mit Holzplanken.

Ein Spant aus Renntiergeweih wurde bei Husum gefunden, der auf 9.000 v.Chr. datiert wird. Man nimmt aber an, dass diese Technik des Bootbaus noch viel weiter, bis um 15.000 v.Chr. zurückreicht.

Felszeichnungen westlich von Hammerfest in Norwegen, aber auch in Nordschweden und in Karelien zeigen Fellboote von ca. 6 m Länge mit einem Elchkopf am Bug. Sie werden auf 5.000 v.Chr. datiert. Bei Einbeck an der Leine ist das Tonmodell eines Fellboots gefunden, Alter um 4.000 v.Chr.

Am Nil wurden die ersten Plankenboote gegen Ende der prähistorischen Zeit gebaut. Bis dahin kannte man die Schilfboote und aufgeblasene Tierhäute als Schwimmhilfe sowie als Unterbau von Flößen. Mit den Plankenbooten, den ersten richtigen Verdrängungsfahrzeugen, konnte dann auch mit einem großen Segel nilaufwärts gefahren werden.

3.3 Rudern – Eine Antriebstechnik mit 5.000-jähriger Geschichte

Etwa 3.000 Jahre vor unserer Zeitrechnung geschah die erste große Revolution im Schiffsantrieb. Erstmals wurden in Ägypten bei größeren Schiffen Paddel durch die wirksameren Riemen (Ruder) ersetzt. Der Riemen diente vorher seitlich an der Bordwand als Steuerruder, bis man in den frühen Hochkulturen in Ägypten und Mesopotamien erkannte, dass er als Antriebsorgan wesentlich wirksamer als das Paddel ist.

Beim Paddel kniend, sitzend oder stehend muss die Kraft über den Körper in das Schiff geleitet werden. Beim Rudern kann gegen die Fahrtrichtung sitzend und sich mit den Füßen am Schiffsboden abstützend die Kraft direkt vom Riemen über seine Abstützung ins Schiff eingeleitet werden. Trotz dieser offensichtlichen Vorteile vollzog sich der Übergang vom Paddel zum Ruder sehr langsam in der Zeit vom 3. bis 1. Jahrtausend v. Chr.

Vor etwa 4.000 Jahren entstand das Ruderboot der Babylonier, ein Holzgerüst, das mit Leder umkleidet war. Allerdings konnte sich der Mensch mit diesem Schiff noch nicht aufs Meer hinauswagen.

Wichtig für die geschichtliche Rekonstruktion ist der weltweit älteste erhalten gebliebene Schiffsfund, Bestattungsschiff von *Cheops* dem 2. Pharao der 4. Dynastie.

Man fand im Grab auch 6 Paar Riemen, das längste Paar von 7,8 m und das kürzeste von 6,8 m Länge. Diese Riemen dienten wahrscheinlich zum Steuern des von Ruderbooten geschleppten Schiffes, da Ruderbänke oder andere Ruderausrüstung nicht vorhanden waren. Die weitgehende Verwendung von Zedernholz für das Schiff beweist, dass zumindest 2650 v.Chr. für besondere Vorhaben die Möglichkeit bestand, wahrscheinlich auf dem Seeweg Zedernholz aus dem Libanon oder anderen Gebieten des Mittelmeeres zu transportieren. Dieser Holztransport so großer Baumstämme über See erforderte bereits seegehende Schiffe und stark gebaute Ruderboote zum Schleppen des Holzes. Damit kann Ägyptens Flotte bereits früher als bisher angenommen nicht nur den Nil, sondern auch das östliche Mittelmeer befahren haben.

Phönizische Schiffe beim Holztansport auf einem Relief im Palast des Königs Sargon (722–705 v. Chr.). Mast und Mastkorb sind gut erkennbar und implizieren den Gebrauch eines Segels. Der Vorsteven mit Pferdekopf sowie der Achtersteven sind deutlich ausgeprägt.

Ende des 16. Jhdts. v. Chr. entstanden in Ägypten große Obeliskentransporter, die nach Berechnungen der Archäologen 1.500 t und mehr getragen haben sollen. Um 1502 v.Chr., beim Transport des Obelisken der Königin *Hatschepsut*, soll ein Transporter über 7.000 t Wasserverdrängung gehabt haben. Es wird von Schleppzügen mit 27 Ruderschiffen und 864 Ruderern berichtet.

In Nordeuropa wurden Ruderboote gefunden, wovon das älteste auf 350 v.Chr. datiert. Es waren auf Spanten gebaute Klinkerbauten, ca. 30 m lang, die wohl nur gerudert wurden.

Dänisches-Nydam Schiff um etwa 350 v. Chr., Klinkerbau aus Eiche, L 24 m, Rekonstruktion nach Mark Myers.

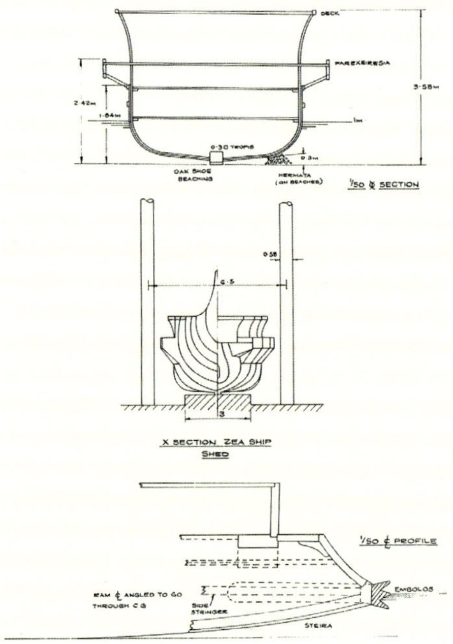

Athenische Triere

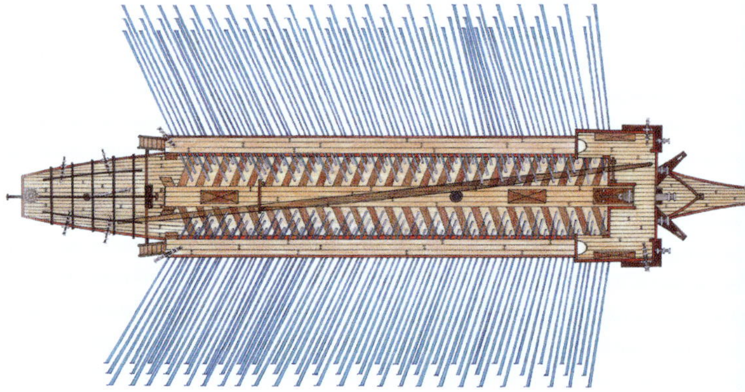

Venetianische Marine: Galeere um 1570, LÜA 45,2 m, B 7,4 m. Je drei Ruderer auf einer schräg gestellten Bank, Modell nach einer Studie des italienischen Kontre-Admirals Fincanti, Rom 1881, im Marine-Museum Venedig

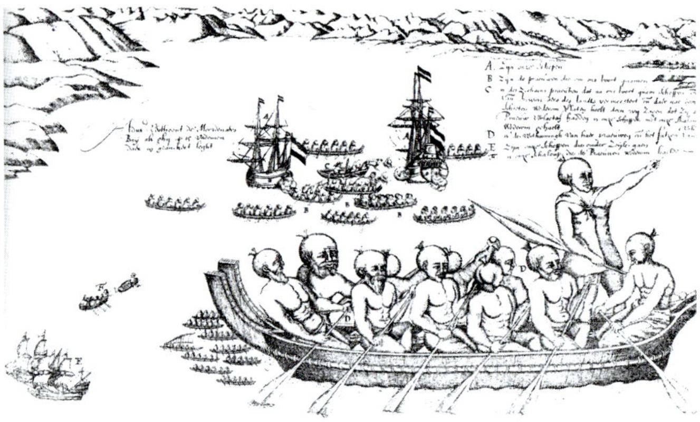

Maori in einem Doppelkanu wie sie dem Holländer Abel Tasman 1642 erschienen beim Massaker in der »Mörder Bucht«. Vier Holländer wurden getötet bei der ersten Begegnung der Europäer mit den Maori/Neuseeland. Tasman schreibt: lange schmale Kanus nebeneinander, über die einige Bretter oder andere Sitzgelegenheiten gelegt waren. Er bemerkt, dass sie sehr schnell waren. Doppelkanus wurden selten angewendet.

Modell einer britischen 20. Kanonen Sixth-Rate-Fregatte um 1720 (Maidstone Museum). Ein Zweidecker mit Rudern auf dem zweiten unteren Deck. Diese Hybridschiffe waren mehr oder weniger Kopien Henry VIII's Galeass Bull von 1546 und der CHARLES GALLEY von 1676.

Schaufelradboote nach Valturius de re Militari um 1472

Tretradantrieb des ersten U-Bootes von W. Bauer, geb. 1822. Zwei Treträder sind über Zahnräder mit der Schiffsschraube verbunden. Das Tauchboot SEEHUND sank im Kieler Hafen 1850 auf 15 m Tiefe, Bauer und ein Begleiter konnten sich retten. Heute steht das Boot im Dresdner Armeemuseum.

Bei der Länge und der Flexibilität war es nicht einfach, einen Mast für ein Segel stabil aufzustellen. Man datiert etwa auf die zweite Hälfte des 9. Jhdts. n. Chr., dass diese Langboote auch gesegelt wurden.

Die Schiffe der Wikinger, also der Nordeuropäer – zwei Exemplare, das Gokstad- und das Oseberg-Schiff –, sind ausgegraben und im Museum in Oslo erhalten – waren lange, bis 46 m, schlanke Ruderschiffe, die Ruderbänke hatten 98 cm Abstand, und ein Rahsegel. Die langen Strecken auf See wurden gesegelt – die Drakkars oder Lang-Boote waren dazu auch durch große Breite sehr stabil – und die Flüsse hoch wurde gerudert. Das Segel war – mangels anderen geeigneten Materials – aus gewebter Wolle, kreuzweise mit Lederstreifen verstärkt.

Unglaublich, aber auch beim Unterwasser-Antrieb wurde an den Riemen gedacht:

Der Niederländer *Cornelius von Drebbel* baute in London 1624 das erste Unterwasserfahrzeug und führt mehrere erfolgreiche Fahrten in der Themse durch. Geflutet wird über dichte Schweinehäute, aus denen zum Auftauchen das Wasser wieder herausgedrückt wird. Fortbewegung mittels Riemen, die durch abgedichtete Öffnungen gesteckt sind.

Geruderte Kriegsschiffe meist als Galeeren waren im Mittelmeer noch bis in die Mitte des 18. Jhdts. anzutreffen und erreichten ihr Maximum in den französischen REALEN (L 60 m, 450 Ruderer, sieben an einem Ruder, was wohl besser war als mehrere übereinander). Sie hatten zwei große Lateinersegel, die aber vorm Kampf weggenommen wurden. Ihre Kanonen konnten nur nach vorn schießen. Sie waren also einer europäischen Fregatte hoffnungslos unterlegen, sie hatten nur eine Chance, wenn sie sich bei Windstille von achtern nähern konnten. Immerhin hatte man erkannt, dass schlanke leichte Schiffe schnell sind.

3.4 Erreichbare Antriebsleistungen beim Rudern

Auf Flüssen wurden schon früh Eiltransporte von Personen durch Rudererwechsel organisiert. So ist aus Jahr 467 n.Chr. die Fahrt von *Sidonius Apollinaris* den Po abwärts nach Ravenna bekannt, wobei nach 50 km jeweils ein solcher Wechsel stattfand.

Im Jahr 1773 veröffentlichte der Naturwissenschaftler *Euler* seine »Complete Theory of the Construction and Properties of Vessels«, in dem er ein Kapitel den Grundlagen des Ruderns widmete. Darauf baute *Dr. G. C. Bourne* 1923 auf in seinem »A Text-book of Oarsmanship«, das von der Oxford University Press veröffentlicht wurde. 1896 hatte schon *E. Cuthbert Atkinson* die Kräfte während des Ruderschlages gemessen und in »Natural Science« veröffentlicht.

Das Wesentliche beim Rudern im Vergleich zum Maschinenantrieb ist die nur zyklische Wirkung des Vortriebes auf das Boot bzw. Schiff, deswegen hat man auch immer wieder über manuellen Schaufelradantrieb nachgedacht.

Untersuchungen von *Alexander* (1927) ergaben, dass in einem Rennachter mit Rollsitzen 1,1 hp/Mann und in einem schweren 10-Riemen-Walfangboot 0,9 hp/Mann Leistung über 20 Minuten erbracht werden kann. Damit erreicht der Achter 10 kn, das Walfangboot $6^3/_4$ kn. Der Vortriebswirkungsgrad ist allerdings nur 32% beim Achter, 22% beim Walfangboot, da unproduktive Arbeit zum Bewegen von Körper und Riemen anfällt und während des Schlages die Vortriebskraft zu- und abnimmt. Beim Achter ist die Vortriebskraft über einen größeren Schlagwinkel hoch.

Der Abstand zwischen den Ruderern ist mit 0,94 m anzusetzen. Sie saßen auf einem »Kissen«, das etwa 20 cm vor und zurückgleiten konnte, wie man aus Reliefdarstellungen der Körperhaltungen schließt. Die Ruder konnten 40° bis 50° bei einem Schlag bewegt werden wie beim untersuchten Walfangboot 48°, bei einem Sportachter sogar 80°.

Aus der Vielzahl der von *Alexander* angegebenen Größen sei eine Auswahl genannt, dazu auch sein Vergleich mit den Kennwerten einer Kanalfähre (1927): siehe nebenstehende Tabelle.

Von Bedeutung ist das Verhältnis von Innen- zu Außenlänge der Riemen. Es beträgt beim Achter 0,41, beim Walfangboot 0,26.

Der Weg des Ruders

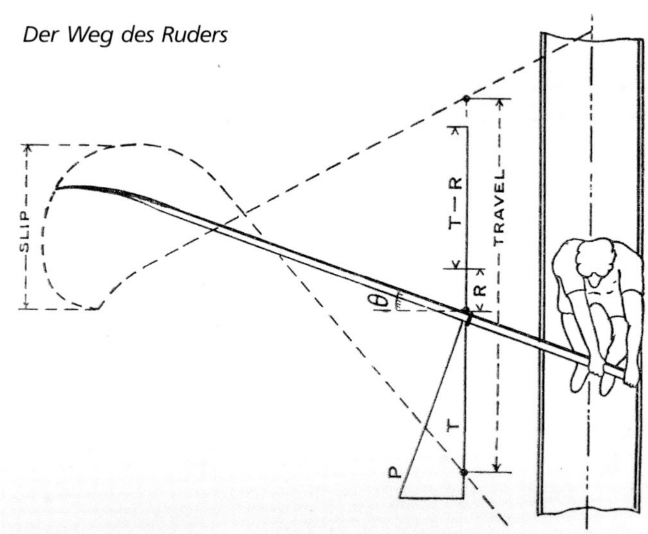

		Achter	Walfänger	Fähre
Länge CWL	[m]	18,90	8,53	97,5
Breite	[m]	0,6	2,1	12,2
Verdrängung	ts	0,81	1,7	1850
Benetzte Oberfläche [m^2]		10,18	12,36	1162,2
Widerstand [kN]		0,34	0,36	388,31
Widerstand je ts Verdrängung		0,42	0,21	0,21
Widerstandsverhältnis Reibung/Gesamtwiderstand		0,95	0,51	0,40
Gewicht, ausgerüstet	[kg]	118	852	
Gewicht der Ruderer	[kg]	620	685	
Gewicht der Riemen	[kg]	33	55	
Gewicht Steuermann	[kg]	55	130	
Gewicht (Ruderer+Riemen)/ Verdrängung		0,79	0,43	
Länge Riemen innen	[m]	1,15	0,86	
Länge Riemen außen	[m]	2,62	3,10	
Verhältnis außen : innen		2,28	3,6	
Schlagwinkel		80°	48°	
Fortschritt bei Kraftschlaf	[m]	2,32	1,33	
Fortschritt bei Rückholen	[m]	6,58	2,82	
Fortschritt je Schlag	[m]	8,90	4,15	
Durchschnittsgeschwindigkeit				
Kraftschlag	[m/s]	4,48	3,32	
Rückholen	[m/s]	5,52	3,47	
Je Schlag	[m/s]	5,21	3,44	
(5 m/s ≈ 10 kn)				
Schlupf %		30,5	35,8	
Schlagdauer	[s]	0,52	0,40	
Schlagzahl	[min^{-1}]	35	50	
Arbeit am Handgriff	[Nm]	718	287	
Wirkungsgrad Arbeit am Handgriff				
Gesamtwirkungsgrad Ruderer		0,318	0,221	

Der Schlupf des Ruderblattes ist definiert als das Verhältnis der Wegstrecke des Ruderblattes beim Schlag im Wasser zu der dabei zurückgelegten Wegstrecke des Bootes/Schiffes. Er beträgt beim Achter 30%, beim Walfangboot 36%. Mit der Annahme 32% ergibt sich bei 10 kn Fahrt eine Geschwindigkeit von 3 m/s am Handgriff des Riemens. Der Weg beträgt 1 m, also die Dauer des Kraftschlages 0,33 s. Zum Rückholen ist gute Ruderpraxis 2,5–3fache Zeit, sodass um die 50 Schläge je Minute durchgeführt werden.

Zu Beginn des Kraftschlages beschleunigen die Ruderer ihren Körper und üben dabei gleichzeitig eine Kraft auf die Fußstütze nach achtern aus. Am Ende des Schlages ziehen sie den Riemen an den Körper und richten sich dabei auf, wobei das Boot stark nach vorn beschleunigt wird. Das bleibt auch beim Rückholen zunächst, bis sie die eigene Rückwärtsbewegung abbremsen müssen und dabei hohe Kraft auf die Fußstützen ausüben müssen.

Der Massenschwerpunkt des Systems Boot, Steuermann, Crew und Riemen bewegt sich mit nur geringen Geschwindigkeitsschwankungen fort. Wenn sich aber Teilmassen in diesem System bewegen und verlagern, gibt es entsprechende Bewegungen anderer Teilmassen. So ist die starke Änderung der Bewegung des leichten Rennbootes – eine Teilmasse – fast bis zum Stillstand während eines Schlages zu verstehen, denn wir sehen nicht die Bewegung des Masseschwerpunktes, sondern zum Beispiel des Buges des Boots.

Das Abfallen der Geschwindigkeit des Bootes muss kein Nachteil sein, denn schon bei einer geringen Geschwindigkeit der Riemen beim Kraftschlag wird Vortriebskraft aufgebaut. Die Zeit für den Vortrieb wird länger. Eine gute Rudermannschaft nutzt diese Effekte. So müssen die Riemen z.B. schon wieder eingetaucht sein, kurz bevor der Roll- oder Gleitsitz wieder seine achtere Position erreicht hat und der Kraftschlag beginnt.

Dr. Yandelt Henderson hat den Sauerstoffverbrauch der Rudermannschaft der Yale-Universität gemessen und dabei festgestellt, dass jeder Mann in einem 4-Meilen-Rennen 1,25 hp (fast 1 kW) entwickelte.

Es existieren verschiedene Ansätze zur Schätzung der Höchstgeschwindigkeit antiker Ruderschiffe: Annahme ist, dass ein gesunder Mann in der Lage ist, ca. $^1/_3$ PS über eine kurze Zeit von etwa 10 Minuten und $^1/_{10}$ PS mehr oder weniger unbegrenzt zu leisten. Diese Werte werden ebenso für die griechischen Ruderer angenommen. Ein Teil der Energie geht aufgrund des Wirkungsgrads von nicht mehr als 75% verloren. Für die Antike wird ein Wirkungsgrad von 70% angenommen. Hieraus ergibt sich eine Antriebsleistung für die Trireme von etwa 30 kW ≈ 40 PS. Auf der Grundlage dieser Werte ist es möglich, den an das Schiff angreifenden Gesamtdruck bei verschiedenen Geschwindigkeiten zu berechnen.

Die erreichbaren Geschwindigkeiten werden im Wesentlichen durch den Wasserwiderstand beeinflusst. Wenn die Froude-Zahl kleiner 1,27 ist, bleibt der Wellenwiderstand sehr klein und kann vernachlässigt werden. Darüber steigt der Widerstand steil an und wird ab etwa 2,35 sehr groß. Für eine mit 33 m Länge angenommene Trireme ergibt sich für Werte der Froudeschen Zahl Fz:

1,27	1,8	2,35
7 Knoten	10 Knoten	12 Knoten

Die größte Geschwindigkeit von 12–13 Knoten wurde von fast allen Schiffen erreicht und ist auf die ausgezeichnete Konstruktion zurückzuführen sowie auf das Training der Ruder-Mannschaft, des humanen Antriebs.

Bekannt sind die Triremen, die Kriegsschiffe im Altertum. Die Griechen und besonders die Römer trainierten die Ruderer – nach den Seemännern oder Navigatoren die zweite Klasse an Bord – zu hoher Perfektion in der Ausführung schwieriger Manöver. Per Stimme oder Pfeife wurden sie immer wieder zur Anstrengung ermuntert und ihre eintönige deprimierende Arbeit erleichtert.

Viele Schriftsteller der damaligen Zeit wie *Xenophon*, *Polybios* oder *Arrian* haben das beschrieben: Nach dem Kapitän, der achtern stand, war der erste Offizier im Bug platziert und mit ihm ein weiterer Offizier oder Bootsmann, der für die Verpflegung der Ruderer zuständig war sowie für ihre Anfeuerung.

3.5 Ruder-Kriegsschiffe, insbesondere die griechische Trireme

Eine wesentliche Innovation in der Antike war das geruderte Kriegsschiff (engl.: oared fighting ship).

Um die Mitte des 1. Jhdts. v. Chr. bauten die Kreter und die Phönizier, das erste große Seefahrervolk, seetüchtige Schiffe auf Kiel und Spanten. Die Phönizier waren es auch, die spezielle Kriegsschiffe mit Rammsporn und zwei übereinander liegenden Reihen von Ruderbänken bauten – die Biremen. Mit diesen seetüchtigen Schiffen, die sich durch hohe Bord-

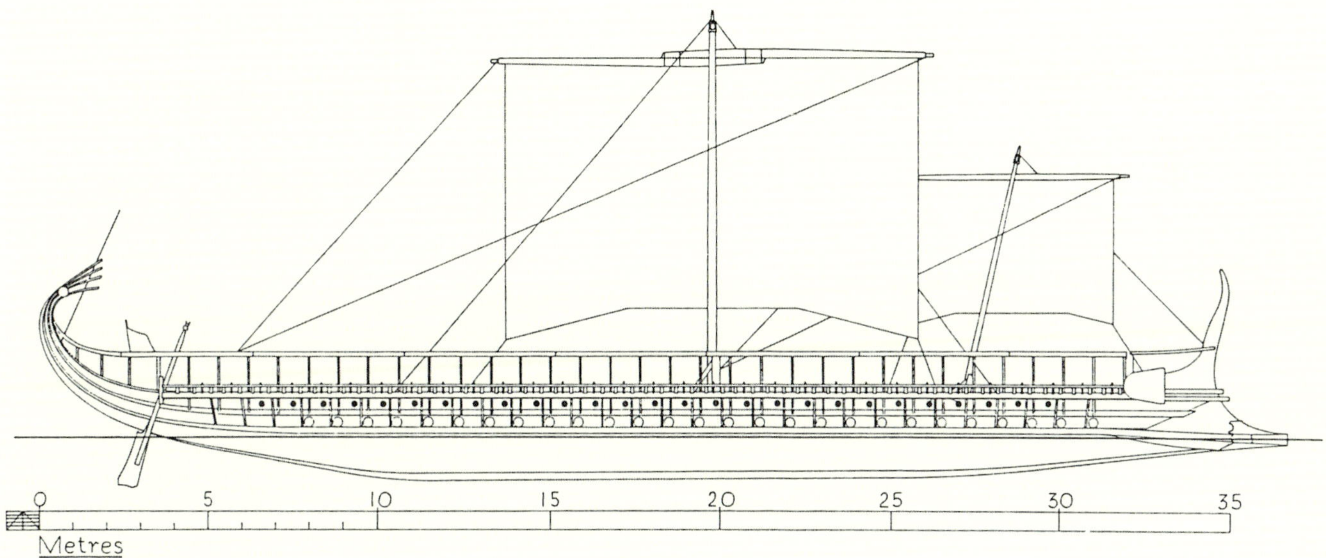

Die Rekonstruktion einer griechischen Triere in der Seitenansicht aus dem 5. Jahrhundert v.Chr.. die Besegelung besteht aus einem am Großmast gesetzten Rahsegel ergänzt durch ein kleineres Segel, das am Fockmast gesetzt ist. Letzterer weist einen starken vorlichen Fall auf.

Athenische Trieren bei Salamis 480 v.Chr., Gemälde von Mark Myers.

wände auszeichneten und ein Rahsegel zur Unterstützung bekamen, gelangen Fahrten bis zur Südspitze Afrikas, nach Indien, England und in die Ostsee.

Die Griechen entwickelten diesen Schiffstyp weiter. Berühmt ist die griechische Trieres (lat.: Trireme), also ein Schiff mit drei Reihen Rudern. Sie beeinflusste die spätere Entwicklung all dieser Schiffsarten. Sie wurde laut *Plutarch von Themistodes* besonders für Geschwindigkeit und schnelles Drehen entwickelt. Durch diese Innovation konnten die phönizischen und persischen Biremen bei der zweiten Invasion der Perser in der Schlacht von Salamis (480 v. Chr.) zurückgeschlagen werden und Griechenland zur Seeherrschaft im Mittelmeer aufsteigen. Die Trireme sicherte dann eine ganze Zeit die politische und wirtschaftliche Blüte Athens.

In den folgenden Jahrhunderten wurde die Triere auch von anderen Mittelmeervölkern nachgebaut. Im Zusammenhang mit den Kämpfen um Karthago (146 v.Chr.) setzte ein bedeutender Aufbau der römischen Flotte ein. In relativ kurzer Zeit wurde eine große Zahl von griechischen Trieren, die sich im Mittelmeer bewährt hatten, nachgebaut und an die bei Landtruppen bewährte Kampftechnik mit beispielsweise Enterbrücke angepasst.

Man vermutet, dass auf der alten Trireme schon eine primitive Form eines besser beweglichen Gleitsitzes vorhanden war.

Durch die Rekonstruktion, Nachbau und Tests einer Trireme auf Poros im Ägäischen Meer (1986) wissen wir heute viel über ihre Eigenschaften. Die Rekonstruktion hatte nur feste Sitze/Bänke, die Ruderleistung war enttäuschend. Das kann daran liegen, dass man heute kaum so viele trainierte und praktisch erfahrene Ruderer zusammenbekommt. Es kann aber auch sein, dass der Abstand der Ruderbänke zu klein bemessen war. Es wurde aber doch klar, dass die überlieferten quantitativen Angaben im Bereich des Wahrscheinlichen liegen.

Für den Kriegseinsatz blieben Masten und Segel an Land, die Schiffe hatten kein Deck und wurden an Land gelagert, um das Vollsaugen des Holzes mit Wasser und somit eine Gewichtszunahme zu reduzieren.

Man nimmt folgende Abmessungen an:

Länge, aus der Länge erhaltener Gleitbahnen an Land geschlossen: 37–40 m

Neigung der Gleitbahn: 1:10, Ablauf Bug voran,

Breite: 5,2–5,5 m, geschlossen aus dem Abstand der Säulen der Lagerhäuser, die Ausleger für die Ruder wurden mit 0,61 m auf jeder Seite ermittelt, also bleiben für die Rumpfbreite 4 m.

Die Zugkraft eines Mannes an einer Leine wird mit 245–400 N angesetzt. Da man von etwa 180 Mann ausgeht, errechneten die britischen Archäologen *Hamilton-Smith* und

Corlet unter Annahme eines Reibungskoeffizienten von 0,1 (Eichenholzkiel auf gefetteten Schwellen) ein Gewicht von 58 Tonnen. Rein rechnerisch ergibt sich bei den Abmessungen eine Verdrängung von 50 t, bei voller Beladung 65 t. Der Tiefgang betrug rund 1 Meter.

Die Schiffe waren schlank mit einem Block- oder Völligkeitskoeffizient 0,5 (bei 52 t Verdrängung, beladen) und Prismenkoeffizient 0,7 (Völligkeit der Enden).

Die Besonderheit der Triremen war der Rammsporn, mit dem das Schiff zu einem Geschoss wurde, um das feindliche Schiff zu versenken oder zumindest kampfunfähig zu machen.

Der Rammsporn war aus Bronze und schräg nach achtern aufwärts im Schiff so angeordnet, dass der Stoß mittschiffs im Massenschwerpunkt des Schiffs aufgenommen wird. Damit wird vermieden, dass das Schiff beim Rammen einen Drehimpuls bekommt und größere Querkräfte auf den Rammsporn und das rammende Schiff kommen. Bei 10 Knoten Rammgeschwindigkeit und 0,5 bis 1 Meter Eindringen macht sich der Stoß mit 1–2facher Erdbeschleunigung (9,81–20 m/s^2) bemerkbar.

Für die Trireme ergeben sich die folgenden Leistungswerte bei 26% Wirkungsgrad des Ruderers:
170 Ruderer,

	hp	kW
20 min Sprint, 100% Leistung	44	33
Dauerleistung, 25%	17,5	13
Langsame Fahrt, 15% Leistung	12,4	9

Berechnungen ergaben für eine athenische Trireme mit 170 Ruderern:
12 kn für 10–15 Minuten,
8,1 kn für sechs Stunden,
7,2 kn für Langfahrt, 15% Leistung,
also die Angabe von *Xenophon*: 120 sm sind zu überbrücken in 16 h, sind wahrscheinlich.

Obwohl bis ins 17. Jh. geruderte Schiffe im Mittelmeerraum gebaut wurden, wurde die Perfektion der griechischen Ruderschiffe nicht weiter übertroffen, allerdings waren die jüngeren Ruderschiffe größer und stärker.

Eine Weiterentwicklung der Trireme stellte die Galeere dar. Sie besaß Vor- und Achterschiff sowie einen breiten, flachen Boden und war – typisch für die Gesellschaftsordnung Roms – gleich gut als Handelsschiff, als Truppen- und Sklaventransporter oder als Kampfschiff zu gebrauchen. Gewöhnlich hatte die Galeere zwei oder drei Masten, an denen dreieckige Segel (so genannte Lateinsegel) angebracht waren. Trotzdem hatte sie bis zu 250 Ruderer an Bord, wodurch der Schiffstyp eine hohe Geschwindigkeit erhielt. Zum Teil wurden 12 m lange Riemen verwendet, die eine Masse bis 300 kg hatten und von bis zu 5 Ruderern gleichzeitig gerudert wurden. Selbst als das Segelschiff immer mehr vervollkommnet war, wollte man auf geruderte Schiffe nicht verzichten, da es Jahrhunderte dauerte, bis der Mensch gelernt hatte, gegen den Wind zu segeln. Daher waren die Galeeren bis ins Mittelalter die bedeutendsten Kampfschiffe im Mittelmeerraum und verschwanden erst im 17. Jhdt. von der Bildfläche, da sie dann den großen Segelkriegsschiffen, den Linienschiffen und Fregatten, hoffnungslos unterlegen waren.

3.6 Modernes Sportrudern

Bereits 1315 ist auf dem Canale Grande in der Seerepublik Venedig die erste überlieferte Ruder-Regatta ausgetragen worden. Es war Ehrensache eines jeden freien Venezianers, seinen Ruderdienst auf den Schiffen der Stadt auszuüben. Das Ausbildungsprogramm dieses Dienstes umfasste bereits spezielle Ruderübungen.

Das systematisch organisierte sportliche Rudern hat seinen Ursprung in England. Um 1700 wurde es zunächst von im Dienst des englischen Adels stehenden Ruderern betrieben, meist waren dies Fährleute, Fischer, Kutscher und Gärtner, die für das Rudern bezahlt wurden. Die Barken der damaligen Zeit waren ein Zeichen von Rang und Würde. So hatte jeder Rang eine bestimmte Bootsgröße, die bewegt werden durfte. Um 1760 besaß der König ein Prunkboot, die ROYAL BARGE, die von 10 Ruderern vorwärts bewegt wurde. So durften sich die Herzöge nur mit einer Barke von acht Ruderern auf den Flüssen bewegen, die Earls nur mit einer Barke von sechs und der niedere Adel nur mit vier oder zwei Ruderern. Alle Boote hatten feste Sitzbänke und waren etwa 1,30 m breit. Die Riemen waren vierkantig, etwa 5 m lang und am Griff rund. Diese Barken haben zwar nichts gemeinsam mit den heutigen Ruderbooten, sie sind aber als Vorläufer unserer Sportruderboote anzusehen. Die Söhne der Adligen, aber auch die der an die Macht drängenden Bourgeoisie, die an den traditionellen Colleges in Eaton, Oxford und Cambridge studierten, benutzten das Rudern als Zeitvertreib. Sie ließen sich von Fährleuten anleiten und vervollkommneten dadurch ihre rudertechnischen Fertigkeiten. Zu Beginn des 19. Jhdts. entwickelte sich eine rege Wettkampftätigkeit überwiegend zwischen den Studenten der bekannten Universitäten und Colleges. Ein Wettkampf, der sich auf eine lange Tradition beruft und noch heute Zehntausende Zuschauer an die Ufer der Themse lockt, ist der Vergleich der Achtermannschaften der Studenten aus Oxford und Cambridge. Der erste Vergleich fand 1829 statt und endete mit einem Sieg der Universität Oxford mit einem Ruderboot von 14 m Länge und einer Masse von 440 kg. Das noch erhaltene Boot aus dieser Zeit hatte keine Ausleger, keine Stemmbretter und keinen Rollsitz. Die Ruderer saßen »verschränkt« im Boot, um den erforderlichen Mindestabstand zur Dolle zu erreichen, die auf der obersten Planke montiert war.

Von diesen Wettkämpfen gingen Impulse für eine ganze Reihe von Erfindungen und Entwicklungen des modernen Rudersportes aus, die sich revolutionierend auf den Bootsbau und damit auf die Rudertechnik auswirkten. 1828 erschien erstmalig ein Boot zu einem Wettkampf, das mit Auslegern ausgerüstet war, damals nichts anderes als kurze Holzstückchen, die an der Außenseite des Bootes angebracht waren. Bereits 1830 stellte der englische Ruderer und Bootsbaukonstrukteur *Emmet* ein Ruderboot vor, das mit eisernen Auslegern versehen war. Die Boote mit Auslegern waren den Klassischen deutlich überlegen, sodass man die Ruderboote in zwei Klassen einteilte: Kutter (Nichtausleger) und Gigs (Ausleger). Durch die Erfindung des Auslegers verringerte sich die Breite und das Gewicht der Boote beträchtlich, die Bootsbreite konnte unabhängig von der Länge der Ruder gestaltet werden. Es wirkten sich auch die durch die Ausleger günstigeren Verhältnisse zwischen Innenhebel und Außenhebel positiv auf die Geschwindigkeit des Bootes aus.

Im Jahr 1871 wurde erstmalig in England ein mit Gleitsitzen versehenes Ruderboot benutzt. Bis zu diesem Zeitpunkt war es unter guten Wettkampfruderern üblich, dass sie, um den Ruderschlag zu verlängern und somit die Geschwindigkeit zu steigern, auf der fixierten Sitzfläche heckwärts rutschten. Einige von ihnen unterstützten die Rutschbewegung, indem sie den Sitz mit Butter oder Seife einrieben. Die technische Lösung dieses Problems ließ nicht lange auf sich warten. Indem auf der Sitzfläche in Gleitschienen hinein ein Sitz montiert wurde, erreichte man zugleich, dass bei der Gleitmethode die Beine einen Teil der Kraftübertragung übernahmen. Der Ruderer kann den Weg des Ruderblattes durch das Wasser verlängern und damit die Schubkraft erhöhen. Während die bis zur Erfindung des Gleitsitzes praktizierte Methode des Ruderns hauptsächlich den Oberkörper dynamisch beanspruchte, führte die Einführung des Gleitsitzes dazu, dass die Ruderbewegung eine Ganzkörperbewegung wurde. Eine wesentliche Verbesserung fand der Gleitsitz durch den Rollsitz, der 1878 von dem Engländer *Taylor* zum ersten Mal in einem Wettkampf vorgestellt wurde. Aber erst durch ein Patent vom Bremer Dentist *Johann Caspar Bruncke* am 13. Dezember 1890 beim kaiserlichen Patentamt in Berlin setzte sich der Rollsitz durch. Er kombinierte den Rollsitz mit einer sich drehenden Achse. Zuvor hatte das primitive, noch nicht gekapselte, extrem schmierungsbedürftige und schlecht funktionierende Kugellager den Ruderern häufig Probleme bereitet.

Als notwenige Konsequenz der Erfindung des Roll- und Gleitsitzes kam die drehbare Dolle zum Einsatz. Als Vorstufe verwendete man U-förmige Einkerbungen in der Bootswand. Die ersten Dollen wurden noch auf die Bootswand montiert, immer schmaler werdende Boote machten es notwendig, dass die Dollen auf das Ende des Auslegers positioniert wurden. Zunächst war die Kastendolle üblich, die aus zwei Stiften und einem festen Bügel oben bestand. 1860 gab es schon Versuche von *Carl Leux* mit eisernen Drehgabeln, doch es dauerte bis 1871, bis sich dann in England und den USA die Drehdolle durchsetzte. Die zuerst nach oben hin offene Dolle wurde 1897 in Berlin zur Bügeldolle weiterentwickelt. Diese konnte durch einen Bügel oben verschlossen werden. Heute werden alle Dollentypen aus Kunststoff hergestellt, was eine erhebliche Gewichtsreduktion mit sich bringt.

Eine weitere wichtige Entwicklung für den Bootsbau und die Festlegung der noch heute gültigen Bootsklassen war der Bau eines Vierers, der ohne Steuermann auskam. Um seinen Landsleuten zu beweisen, dass so ein Boot durch die Einsparung des Steuermanns im Wettkampf deutliche Vorteile besitzt, bediente sich der damals bekannte englische Rudertrainer *Woodgate* 1868 im Vierer-Rennen der Henleyregatta einer List. Er ließ einen extra angefertigten Vierer antreten, entsprechend des Regattareglements mit einem Steuermann versehen, der allerdings nur auf einem Behelfssitz saß. Sofort nach dem Startsignal sprang der Steuermann in das Wasser, und der nun vom Schlagmann über die Fußbetätigung gesteuerte Vierer erreichte mit großem Vorsprung das Ziel. Zwar wurde die Mannschaft disqualifiziert, aber *Woodgate* hatte seine Auffassung eindrucksvoll nachgewiesen.

Das Rennboot wird sehr leicht gebaut; im Training und im Wettkampf wird es weitgehend auf die Merkmale und Fähigkeiten des Ruderers abgestimmt, wodurch zum Teil sehr anspruchsvolle Konstruktionen erforderlich werden.

Ruderboote werden grundsätzlich mit einem, zwei, vier oder acht Ruderern besetzt. In jedem Boot kann ein Steuermann oder eine -frau hinzukommen. Der Antrieb erfolgt über die Riemen (ein Ruder für jedes rudernde Mannschaftsmitglied) oder Skulls (zwei kleinere Ruder pro Ruderer). Der Einer (oder das Skiff) ist immer ein Skullboot, der Achter in der Regel ein Riemenboot mit Steuermann.

Ein Ruderschlag lässt sich im Allgemeinen in 2 Phasen unterteilen, dem Durchzug und dem Freilauf. Am Beginn des Durchzuges erfolgt das – nach Möglichkeit spritzerarme – »Wasserfassen« der Blätter durch eine Aufwärtsbewegung der Hände. Nach dem Einsatz beginnen Knie und Hüfte sich gleichzeitig zu strecken, während die Arme erst etwa in der Orthogonalstellung angewinkelt werden. Der letzte Teil des Durchzuges wird als Endzug bezeichnet. Der Endzug und das Aufheben der Blätter erfolgt in erster Linie durch den Einsatz der Arme und Schultern. Die Hände werden dabei leicht nach hinten unten gezogen, unterstützt durch die Schultern und eine leichte Rückenlage bei fast vollständig gestreckten Beinen. In der Position der maximalen Rückenlage – der so genannten hinteren Bewegungsumkehr – werden die Blätter aus dem Wasser gehoben und flach gedreht, nach Möglichkeit spritzerlos. Während des Freilaufes, dem so genannten Vorrollen, werden Ruder und Körper wieder in die Auslage geführt. Große Körpermassen werden heckwärts verlagert, der Oberkörper wird über den Rollsitz gebracht und dieser wird durch Anwinkeln der Beine nach vorne geführt. Im letzten Drittel des Vorrollens bis zur vorderen Bewegungsumkehr werden die Blätter durch Strecken von Armen und Schultern in die maximale Auslage gebracht und aufgedreht. Entscheidend für eine minimale Beeinträchtigung der Geschwindigkeit des Bootes in dieser Phase ist, dass keine großen Beschleunigungen oder Geschwindigkeitsschwankungen am Ruder oder durch den Ruderer auftreten.

Die Entwicklung der Ruder hat vier Phasen durchlaufen, vom Vollholz-Ruder bis heute zum Voll-Kohlefaser-(CfK-)Ruder. Der Vorteil der CfK-Bauweise liegt in der Leichtigkeit und der variierbaren Eigenschaften durch die Anordnung des Kohlenstoffgewebes. Neben dem verbesserten Windwiderstand sind die neuen Riemen und Skulls haltbarer und pflegeleichter.

Die Form der Ruderblätter ist ganz entscheidend für eine effektive Rudertechnik. Auch in diesem Bereich gab es im Laufe der Zeit zahlreiche Verbesserungen. Ausgehend vom *Davis*-Blatt, einer alten Idee von 1880, gab es unterschiedlichste Versuche mit asymmetrischen Blättern, löffelförmigen Blättern wie beim Kajaksport oder Schwenkruder, die theoretisch von der Kraftübertragung her sinnvoll wären. Alle Überlegungen haben das Ziel, den Widerstand des Blattes beim Herausziehen, Eintauchen und Freilauf der Ruder gering zu halten und während der Durchzugsphase für einen hohen Widerstand im Wasser zu sorgen.

Die Entwicklung im Sport wird besonders von den Wettkampfregeln bestimmt. Anfang der 80er Jahre des 20. Jhrdts. wurde die schon seit 1883 bekannte Idee des Rollauslegers von *Empacher* zur Einsatzreife gebracht. 1981 und 1983 wurde der deutsche Peter-Michael Kolbe in einem Boot mit Rollauslegern Einer-Weltmeister. Das Prinzip des Rollauslegers ist, dass das Stemmbrett und die Ausleger auf Rollen montiert sind, wobei der Ruderer fest sitzt. Somit geht weniger Kraft verloren. Im Jahr 1983 wurde der Roll-Ausleger aber vom Internationalen Verband wegen fehlender Chancengleichheit verboten.

In den letzten Jahren ist im Rudersport vermehrt die Mannschaft als mitbestimmender Faktor für Erfolg und Misserfolg betrachtet worden. Vor allem beim Flaggschiff des deutschen Ruderverbandes, dem Achter, ist dieses in den vergangenen Jahren deutlich geworden. Wurde früher die Besatzung streng nach Leistung bestückt, wird jetzt vermehrt auf eine harmonische Zusammenstellung geachtet. Die Effektivität einer Rudermannschaft und damit ihre erreichbare Renngeschwindigkeit werden wesentlich von der Übereinstimmung des motorischen Verhaltens der einzelnen Ruderer bestimmt. Neben einer optimierten Bootseinstellung, der zeitlichen Synchronisation der Bewegungsabläufe und der Bootsbalance, kommt der Übereinstimmung in der Form der Kraft-Zeit-Verläufe sowie in der Höhe der Krafteinsätze besondere Bedeutung zu. Die negativen Auswirkungen unterschiedlicher Kraft-Zeit-Verläufe im Mannschaftsboot lassen sich auf verschiedene Ursachen zurückführen. Der Bootslauf kann vor allem bei Riemenbooten unruhig werden, es kommt zum Gieren und Rollen, wodurch die Bewegungsabläufe der anderen Ruderer negativ beeinflusst werden. Bringt ein Mitglied der Mannschaft eine abweichende Erhöhung des Krafteinsatzes, kann zwar der Vortrieb erhöht werden, ein Teil der aufgebrachten Energie wird jedoch zu einer vermehrten Verwirbelung des Wassers führen. Die gegenseitige Beeinflussung der einzelnen Ruderer im Mannschaftsboot kann nach Einschätzungen aus Ergometerstudien zu 10–30% verringerten Leistungen führen. Langjähriges gemeinsames Training ist unabdingbar für runde, effektive Bewegungen, optimalen Rhythmus, ruhigen Lauf des Bootes und somit erfolgreiche Teilnahme an Wettkämpfen.

Rudern 2.000 m		Männer Olympia 2004			Frauen Olympia 2004		
		Zeit	Geschwindigkeit		Zeit	Geschwindigkeit	
Klasse	Abk.	min:sek	km/h	kn	min:sek	km/h	kn
Achter	8+	05:42,48	21,02	11,35	06:27,9	19,06	10,29
Doppelvierer	4x	05:56,85	20,18	10,89	06:34,5	18,50	9,99
Doppelzweier	2x	06:29,00	18,51	9,99	07:15,0	17,07	9,22
Leichtgewicht-Doppelzweier	LG 2x	06:20,93	18,90	10,21	07:24,8	17,31	9,34
Zweier	2-	06:30,76	18,43	9,95	07:20,3	16,88	9,11
Einer	1x	06:49,30	17,59	9,50	07:49,2	16,43	8,87

Über aktuelle Kennwerte im Rudersport gibt die folgende Übersicht Auskunft.

Die Messwerte wurden mit internationalen Spitzenathleten im Rennboot (Achter) mit einem mobilen Messsystem gemessen.

		Frauen	Männer
Maximale Zugkräfte während der Beschleunigung des Bootes im Startabschnitt gemessen	[N]	400–500	500–750
Länge des Innenhebels	[mm]	114,0	113,5
Länge des Außenhebels	[mm]	257,5	262,5
Maximale Zugleistungen im Durchzug im Bereich der maximalen Bootsgeschwindigkeit	[kW]	0,75–1,1	1,35–1,4
Maximale Schlagfrequenzen im Startabschnitt	[min^{-1}]	42–44	44–46

Die Daten beziehen sich auf den Startbereich eines 1.000-m-Rennens (Männer) bzw. auf spezielle Startuntersuchungen (Frauen). Im Startbereich werden aufgrund der Massenträgheit des Bootes die höchsten Zugkräfte festgestellt. Im sich anschließenden Bereich der höchsten Bootsgeschwindigkeit treten die Maxima der Zugleistung auf. Würden wir die Athleten auffordern, maximal am Ruder zu ziehen, dann könnten durchaus noch höhere Kräfte und Leistungen auftreten.

3.7 Die Alternative zum Rudern: Schaufelrad oder Schraube

Ein wesentlicher Nachteil des Antriebs durch Paddeln oder Rudern ist die nur zyklische Vortriebswirkung. Deswegen hat man schon früh das Schaufelrad als Alternative erkannt.

Schaufelräder und Tierantrieb nach Morisotus 1643, aber wohl schon um 1606 dargestellt.

Eine Sonderanwendung auf Flüssen wird in Italien beschrieben:

1449 stellt der Italiener *Mariano Taccola* sein Werk »De Machinis« fertig. Darin wird unter vielen anderen »Maschinen« ein Flussschiff mit zwei Schaufelrädern beschrieben, die ein an einem Pfahl befestigtes Seil auf ihre Welle wicklen und so das Schiff flussaufwärts ziehen sollen.

Robertus Valturius veröffentlicht 1472 in Verona Holzschnitte eines Schiffs – wohl aus China stammend –, das von Schaufelrädern angetrieben wird. Zum Antrieb wird keine Aussage gemacht.

Ab Mitte des 16. Jhdts. gibt es zunehmend Veröffentlichungen, dass Schiffe mit anderen Mitteln Vortrieb bekommen als mit Riemen oder Segeln. Die Energie zur Bewegung kam natürlich in der Vorstellung immer nur von Menschen oder Tieren als Antrieb.

Pancivolli beschreibt 1587 ein Schiff mit 6 Schaufelrädern, die offensichtlich von Rindern gedreht werden. *Morisotus* spricht 1643 vom Schaufelrad als mögliches Antriebselement für Schiffe und meint, dass es schon im Altertum bekannt war. Allerdings ist anzunehmen, dass derartige Konstruktionen – wenn überhaupt – nur auf Binnengewässern und Flüssen, z.B. in Fähren, zur Anwendung kamen.

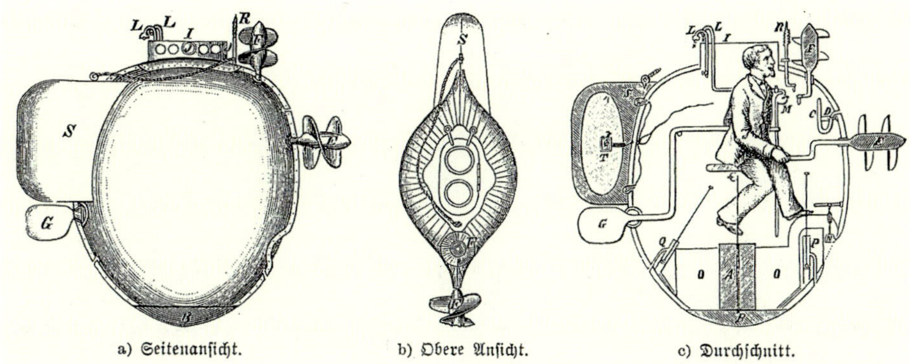

Der Amerikaner Bushnell baute während des Unabhängigkeitskriegs 1787 ein Tauchboot, das Seeminen an Schiffe anbringen sollte. Antrieb manuell durch Schraube.

Der Antrieb durch Tiere hat den Nachteil im Vergleich zu Menschen, dass sie viel Platz kosten.

Ende des 17. Jhdts. gab es die Idee, die Schaufelräder durch eine Windmühle auf dem Schiff anzutreiben, um unabhängig von der Windrichtung zu werden. Dabei wurde vergessen, dass die Aufbauten, vor allem die Windmühle selbst, wie ein Segel wirken und – wenn man noch den sicher schlechten Wirkungsgrad berücksichtigt – ein Fahren gegen den Wind unmöglich wird. Es ist also eine zunächst bestechende, aber nicht realisierbare Idee.

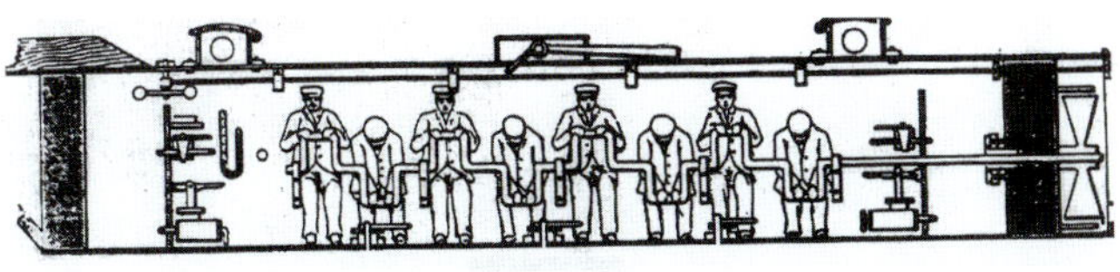

Manueller Kurbelantrieb der HUNLEY. U-Boot der Südstaaten im amerikanischen Bürgerkrieg

An Menschenantrieb und Schraube dachte man natürlich auch, nur bei Unterwasserfahrzeugen. 1775 hatte der Amerikaner *David Bushnell* ein solches Fahrzeug entwickelt: die TURTLE. Es wurde im Unabhängigkeitskrieg – allerdings ohne Erfolg – gegen das britische Flaggschiff von Admiral *Richard Howes*, die EAGLE, eingesetzt.

Als Mitte des 19. Jhdts. Versuche mit Tauchbooten begannen, blieb natürlich zunächst nichts anderes übrig als der Menschenantrieb und Schraube.

Am bekanntesten ist in Deutschland der BRANDTAUCHER des bayrischen Artillerie-Unteroffiziers *Wilhelm Bauer*, der 1850 einen Tretradantrieb durch zwei Mann vorsah. Das Boot sinkt bei Erprobungen im Hafen Kiel. *Bauer* und seine zwei Begleiter können sich aus dem gesunkenen Boot retten.

3.8 Treideln – zuverlässig und kostengünstig auf Binnenwasserstraßen

Schon früh hat sicher die Erfahrung gelehrt, dass Lastentransport über Wasser reibungsarm, damit weniger mühevoll und billiger ist als der Landtransport. Oft gab es auch keinen anderen Weg. Beim Treideln – es begann spätestens in der Römerzeit, wurde aber vermutlich schon früher und weltweit angewandt – gehen Menschen oder Tiere auf einem Leinpfad entlang des Ufers und ziehen das Schiff, das natürlich wegen des schrägen Zuges immer die Tendenz hat, gegen das Ufer zu laufen.

Seit Jahrtausenden werden also weltweit Schiffe vom Ufer aus gezogen zur Personen- oder Frachtbeförderung bis hinein in das 20. Jhdt. So sind heute noch die Pfade für Treidelkolonnen am Yang-tse-kiang, China, sichtbar, die in senkrechte Felswände eingestemmt wurden (einige 100 Jahre v.Chr.). Eine besondere Art des Treidelns mit Maschinenkraft durch elektrische Lokomotiven, die allerdings symmetrisch von beiden Ufern ziehen, wird im Panama-Kanal bis heute angewendet, beim Schleusen der Schiffe.

Um die Zugkraft-Komponente, die das Schiff zum Ufer zieht, möglichst klein zu halten bzw. ihr entgegenzuwirken, wurde eine Leine möglichst lang genommen und im Topp des Treidelmastes angebracht. Mit dem Ruder wurde weg vom Ufer gesteuert.

Ein Scherbrett z.B. im Bugbereich erhöhte ggf. den Abdrift-Widerstand.

Auf den zeitgenössischen Abbildungen von Treidelschiffen (in den Niederlanden Trekschuit oder in Ostfriesland Pünte genannt, für die kleinen Boote gab es etliche Bezeichnungen

Unsignierte Radierung aus »›Verscheyde Schepen en Gesichten van Amsterdam‹, Naer + Leven afgetekuet en opt Cooper gebracht, door Reinier Nooms alyas Zeeman«, ca. 1623–64

wie z.B. Mutten, Poggen, Binnentjalk, Prahm) ist erkennbar, dass der Treidelmast außermittig zur Ufer- bzw. Zugseite hin auf etwa einem Drittel der Schiffslänge von vorn angeordnet war.

Dadurch fallen Zugkraft und resultierende Widerstandskraft aus Wasserwiderstand und Ruderkraft nahezu zusammen, und es entsteht kein Drehmoment, welches das Schiff zum Ufer dreht. Außerdem erlaubt die oben am Mast angreifende Zugkraft dem Schiff mehr Manövrierfähigkeit und die Leine trifft weniger auf Hindernisse am Ufer.

Die gleiche Kräftekonstellation könnte man auch durch Anordnung des Treidelmastes mittschiffs weiter achtern bewirken; man würde dann aber an Nutzungsmöglichkeiten des Schiffsraumes einbüßen.

Wegen der Zuverlässigkeit des Transportes entwickelte sich ein regelmäßiger Dienst entlang von Wasserstraßen, die Trekschuit-Verbindungen, im Mittelalter bis zum Beginn des 19. Jhdts. So gab es z.B. eine tägliche mehrmalige Trekfahrtverbindung zwischen Berlin und Charlottenburg. Auf dem Wasserweg Amsterdam—Harlem wurden z.B. 1648 144.350 Leute nach Harlem und 143.530 nach Amsterdam transportiert, wozu 23 Trekschuiten eingesetzt wurden.

Streitigkeiten und Rechtsprechungen gab es wegen der notwendigen Freihaltung des Treidelweges. Auch angelegte Schiffe störten durch ihren Mast, kleinere hatten einen Bügel zu haben, über den die Zugleine gleiten konnte.

Die Passagiere konnten bequem und gemütlich in einer Kajüte, niederländisch in einer Roefje, sitzen.

Der Schiffer, der einer behördlichen Genehmigung bedurfte, wurde unterstützt von einem oder mehreren Scheepsjagers, die ebenfalls eine Genehmigungsplakette tragen mussten und für den Seilzug verantwortlich waren. Das ist noch bis ins 20. Jhdt. hinein dokumentiert.

Strecken, bei denen nicht mit Seilzug gearbeitet werden konnte, wurden mit Stagstangen überwunden. Wenn Wind- und Flussrichtung übereinstimmten, konnte auch ein Segel gesetzt werden. Durch Staken konnte u.U. vom Schiff aus das Ziehen unterstützt werden.

Bei starken Biegungen der Wasserstraße wurde die Zugleine am Ufer um Rollpfähle gelenkt.

Bei einer Gruppe von organisierten »Bomätschern« (aus dem Slawischen) war einer der Leitzieher der »König«, hinterher schritt mit einer langen Holzgabel der »Leinenwächter«, der die Zugleine über Hindernisse zu hieven hatte. Die Bomätscher benutzten häufig eine Handstütze, den Trekstock.

Der Kostenvergleich Land- zu Wassertransport beim Treideln wird bei Talfahrt auf 10:1 und Bergfahrt auf 2:1 geschätzt.

Beim Treideln auf der Wolga z.B. zog ein Mann 5 Tonnen, ein Pferd bis zu 20 Tonnen. Dort wurde gut bezahlt, deswegen wurde die Arbeit gern übernommen, der Landweg war dort 20mal teurer.

»Unter Umständen sehr wohlfeil, indes äußerst anstrengend und gesundheitsschädlich sei das Kanaltreideln«, meint das Lexikon »Große Meyer« von 1907 mit kühler Sachlichkeit. Und ergänzt, »dass in Frankreich zwei Männer Kähne von 85–115 Tonnen Tragfähigkeit mit einer Geschwindigkeit von 0,4–0,5 m/s (1 kn) oder 7–15 km am Tag befördern.«

Die Dampfschiffe setzten sich weltweit auf den großen Flüssen durch, auf den kleineren verdrängte die Eisenbahn den Schiffsverkehr, sowohl im Personen- wie im Gütertransport. Damit hörte das Treideln zu Beginn des 20. Jhdts. auf.

Die Ketten- und Seilschifffahrt – entlang einer im Kanal oder Fluss liegenden Kette oder eines Seiles – wurde besonders in Frankreich eine Zeit lang praktiziert, Ende des 19. Jhdts. aber dann wegen ungenügender Betriebssicherheit – bei Kettenbrüchen werden alle nachfolgenden Kähne auch gestoppt – und hohen Kosten aufgegeben. Es standen immer leistungsfähigere Schleppdampfer zur Verfügung.

Zum Überwinden der Stromschnellen der Donau am »Eisernen Tor«, dem Durchbruch durch die Karpaten, wurde eine kurze Bahnstrecke angelegt, starke Lokomotiven zogen die Schiffe, also Treideln mit Maschinen, ab 1898.

Während des Baus des Kanalnetzes zwischen Rhein und Weser wurden 1898 Versuche auf dem Dortmund-Ems-Kanal und 1903 auf dem Teltowkanal durchgeführt, ob nicht durch elektrischen Schiffszug Geschwindigkeit und Regelmäßigkeit gesteigert werden können, ohne dass es zur Erhöhung der Unterhaltskosten für den Kanal kommt.

Auf einigen Kanälen war noch zu der Zeit das Treideln durch Mensch oder Pferd – so z.B. in Nordfrankreich auf dem »Canal de St. Quentin« oder dem »Canal de la Sensée« – üblich mit Tagesleistungen von 20–30 km (Pferd). Die Zugkosten lagen bei 0,30–0,35 Pf/tkm.

Im Jahr 1898 stellt Baurat *Haack* fest: Es ist unmöglich, wegen der Sohlen- und Uferbefestigungen die zulässige höchste Fahrtgeschwindigkeit über 1,4 m/s = 5 km/h zu steigern.

Er stellte auch fest, dass die Schleppkähne mit höherer Geschwindigkeit immer schwieriger auf Kurs zu halten waren. Ferner ist die infolge des Slips nach hinten geworfene Wassermenge mit mehreren Metern pro Sekunde Geschwindigkeit so groß, dass vor allem die Kanalsohle in einer Wellenform zerstört wird. Das entfällt natürlich beim Treideln, sodass höhere Geschwindigkeiten zulässig wären. Auch läuft der Kahn hinter der elektrischen Lokomotive stabiler. *Haack* kommt zum Ergebnis, dass die Geschwindigkeit auf 7 km/h, beim Begegnen auf 3 km/h statt 2,2 km/h, gesteigert werden kann. Allerdings müsste das elektrische Treideln monopolisiert werden.

1873–1878 treidelte man in Frankreich auf dem »Canal de la Deûle« mit Dampflokomotiven mit 10–15 t Eigengewicht. Zur Wirtschaftlichkeit mussten immer viele Kähne gleichzeitig geschleppt werden, sodass man das wieder aufgab.

1895 begann man in Frankreich mit elektrischen Lokomotiven, zunächst unter *Galliot* auf dem »Canal de Bourgogne«. Dann folgten Kanäle in Nordfrankreich, der »Canal de Charleroi« in Belgien, der Erie-Kanal in Nordamerika, in Deutschland der Finowkanal und der Teltowkanal. Dabei wurden verschiedene Zugwagen-Lösungen probiert:

– Elektrisches Dreirad *Galliot-Deuéfle*: Der dreirädrige Wagen von 2,2 t Gewicht, 1,8 t auf die Triebachse, die von einem Gleichstrommotor angetrieben wird, läuft auf dem gut befestigten Leinpfad.

Erstes deutsches Kettendampfschiff, von Maschinenfabrik Buckau in Magdeburg 1866 gebaut, Modell im Museum für Technik, Berlin.

– Elektrischer Wagen, System *Gérard*: Der vierrädrige Wagen, 2,2 t Gewicht, 1,6 t auf der Triebachse, die von einem dreiphasigen Drehstrommotor angetrieben wird. Es wurde ein Wirkungsgrad von 58% versprochen.

– Lokomotivsystem, 1 Rad auf Schiene, 1 Rad auf dem Leinpfad, wasserseitig

System *Siemens-Halske – Köttgen*: Eine zweiachsige Lokomotive, 2,0 t Gewicht, 1,6 t auf der Schiene, mit 600 kg Zugkraft bei 4,5 km/h Geschwindigkeit (10 km/h im Leerlauf), Gleichstromantrieb von 12 PS, Wirkungsgrad 60%. Da die Räder auf dem Leinpfad immer in der gleichen Spur laufen, sind die Unterhaltungskosten des Leinpfades hoch.

– System *Siemens – Halske*: Es blieb bei einem Prototyp zur Pariser Weltausstellung 1900. Beide Achsen der 2,5 t schweren Lokomotive laufen auf Haupt- und Nebenschiene, sie werden von je einem Gleichstrommotor angetrieben. Der Treidelmast ist 2 m ausfahrbar.

– Laufkatzensystem auf Seil- oder Trägerbahn. Der Leitgedanke des Systems war, die Bedienung der Schiffsmannschaft zu übertragen. Die mangelnde Betriebssicherheit führt alsbald zur Einstellung des Betriebes in Amerika wie Deutschland.

– System *Laub*: Kleine elektrische Lokomotiven von 7 PS laufen auf einem Tragkabel 4–5 m über Leinpfad. Alle 30 m ein Tragpfosten. Die Stromrückführung erfolgte über die Erde durch das 16 mm dicke Treidelseil.

– Trägerbahn nach *Thwaite – Cawley*: Alle 10 m unterstützt ein Pfosten die Laufbahn, die natürlich stabiler ausgelegt werden kann als ein Seil.

– Lokomotivsystem auf zwei Schienen

System *Gérard – Deuèfle:* Auf einer Spurweite von 0,92 m lief 1902 am »Canal de Charleroi« eine elektrische Lokomotive. Man fand heraus, dass man selbst bei einem Reibungs-

Gangspill-Warpen auf dem Tennessee, USA. Aus einer englischsprachigen Zeitschrift um 1880. Der Dampfer wird durch Stromschnellen gezogen, ein Gangspill an Land, ein zweites vorn auf dem Schiff, die Warpleine ist rechts außerhalb der Abbildung an Land fest.

koeffizient von nur 0,1 auf glatten Schienen ohne Durchdrehen der Räder auch mit leichteren Lokomotiven anfahren kann. Auch bei starkem Regen werden noch 10% des Triebgewichtes als Zugkraft umsetzbar.

System *Siemens – Schuckert*: Die Lokomotive, 8 t, davon 6,5 t auf dem vorderen angetriebenen Drehgestell, dessen zwei Achsen von je einem 8-PS-Gleichstrommotor angetrieben werden, läuft auf einer Schiene von 1 m Spurweite nur in einer Richtung ziehend, da auf beide Kanalseiten eine Schiene gelegt ist. Das Treidelseil kann bis zu 3,75 m über Oberkante Schiene angreifen. Die max. Zugkraft ist über eine Rutschkupplung auf 12 kN eingestellt. Die Gleichspannung beträgt 1.500 Volt, jede der hintereinander geschalteten Fahrlokomotiven bekommt 750 Volt.

– Lokomotivensystem auf zwei Schienen mit künstlich erhöhter Adhäsion

– System *Feldmann* und *Rudolph*: An eine dritte Kontaktschiene, die oberhalb eines Gleises liegt, wird ein Kontaktrad zugkraftabhängig gedrückt. Das dazu *Rudolph* am 17. April 1898 erteilte Patent kam aber nie zur Umsetzung wegen der damit verbundenen Schwierigkeiten und Aufwendungen.

System *Vering*: Die Achsen der Lokomotive sind um 60° gegen die Horizontale geneigt, die Schienen 30°, um die Adhäsionskraft zu erhöhen und die Zugkraft besser aufzunehmen. Das System kam über einen Versuch nicht hinaus, da es zu kompliziert war.

System *Wood*: Auf einer Versuchsstrecke am Eriekanal in Nordamerika wurde eine Treidellokomotive mit 84–100 PS und 6 t Gewicht installiert. Die Zugkraft bis 90 kN wird erreicht durch zwei Anpressrollen, die in Abhängigkeit von der Zugkraft an die untere Schiene gedrückt werden. Bei Normalfahrt mit 100 t Nutzlast und 7 km/h Geschwindigkeit betrug die Zugkraft 30 kN (Lastkahn mit viereckigem Bug) und die Antriebsleistung 104 PS. Die Anlage- und Unterhaltungskosten sind erheblich, weswegen das System wohl nicht weiter zur Anwendung kam.

System *Gérard – Clarke*: Im Jahre 1905 wandelten *Gérard* und *Clarke* die *Woodsche* Lösung ab auf eine Versuchsstrecke bei Schenectady in Nordamerika. Die Lokomotive wiegt 2,92 t, hat 33 kW und zwei Anpressräder, die zugkraftabhängig angedrückt werden und bei Normalfahrt (7,2 km/h) 10 kN Zugkraft ermöglichen. Die Pressung der Anpressräder kann über Änderung des Hebelarmes im $5^1/_2$ bis 7fachen Wert der Zugkraft variiert werden. Der Wirkungsgrad soll mit 72,5 % hoch sein.

Panama-Kanal – Schleuse mit elektrischen Lokomotiven zum Treideln des Schiffes im Schleusenbereich

Unsignierte Miniatur aus einer lateinischen Bibelhandschrift (Vulgata) des 12. Jhdt. Aus Winchester/England. Nachzeichnung von K. Vliermann. Das Scherbrett vorn soll die Abdrift zum Ufer mindern. Die Kombination Treideln und Segel wurde häufiger genutzt.

Treideln eines Marktschiffs mit Pferden, hier bei Düsseldorf

Niederländische Trekschnit wie sie über Jahrhunderte in den Niederlanden zum Personenverkehr genutzt wurde. Typisch der außermittig im Vorschiff zur Uferseite hin stehende Treidelmast.

Niederländische Trekschnit um 1850, farbige Lithographie von R. de Vries, Nederlands Scheepvaartmuseum, Amsterdam

Motorschlepper VRI, gebaut 1938 auf der Schiffswerft J. Boel und Zu. In Temsche, Belgien, Antrieb 4 x 900 PS, L 76,3 m, B 9,96 m mit sieben Anhängen auf dem Niederrhein zu Berg. Bis 1972 in Fahrt, 1977 zum Motorfahrgastschiff umgebaut.

Raddampferschlepper HARPEN VII, gebaut 1902 auf der Schiffswerft Berminghams in Duisburg als RUHORT VI, Antriebsleistung 1.110 PS, L 74,15 m, B 18,88 m. Bis 1957 in Fahrt, 1959 verschrottet.

Das »elektrische Treideln« wurde seit 1897 auf dem »Canal d'Aire et de la Deûle« eingeführt, 1899 auf dem »Canal de Charleroi« in Frankreich, Ende 1903 auf dem Erie-Kanal und seit 1905 auf dem Teltowkanal.

Man war beeindruckt von der weit höheren Fahrgeschwindigkeit und der Zuverlässigkeit.

An Frachtkosten werden für das Treideln angegeben (1906): in [Pf./netto km]

Mensch:	0,45–0,50	
– Lohn (25 Pf./Std.)		
Pferd:	0,30–0,45	
Dampfschlepper:	1 Mill. t/Jahr	10 Mill. t/Jahr
100 km	2,1	2,1
500 km	1,1	1,08
Lastkahn elektrisch getreidelt, 600 t Nutzlast, Anschaffung 36.000 RM:		
	1 Mill. t/Jahr	10 Mill. t/Jahr
100 km	2,3	1,97
500 km	1,26	0,94

Die Berechnung von *Schinkel* zeigt eine Kostenüberlegenheit des elektrischen Zugs bei hohem Verkehrsaufkommen von über 60 Mill. t im Jahr, wobei bei weiterer Erhöhung nur wenig Kostensenkung stattfindet. Die Energiekosten spielen bei höherer Geschwindigkeit eine Rolle, wobei die wirtschaftlichste Geschwindigkeit 4 km/h beträgt. Die Stromkosten steigen bei Erhöhung auf 6 km/h etwa um das $2^1/_2$fache, auf 7 km/h um das 4fache. Flache Fahrwasser lassen mit wenig Wasser zwischen Schiffsboden und Flusssohle und damit erhöhtem Widerstand keine hohe Geschwindigkeit zu. Letztlich hat das elektrische Treideln keine Verbreitung gefunden.

Die genannten Systeme haben nur noch historisches Interesse und haben dann vor allem gegen Schleppzüge und vor allem gegen die frei fahrenden, durch einen Dieselmotor getriebenen Binnenschiffe keine wirtschaftliche Chance gehabt. Deswegen soll hier auch nicht auf weitere Details und Abwägungen eingegangen werden. Noch zu Beginn des 20. Jhdts. war für den Rhein-Weser-Kanal das elektrische Treideln geplant. Man dachte dabei vor allem an die Erhöhung der Geschwindigkeit. Das sagt schon, dass kurze Kanäle oder zeitaufwendige Schleusungen einen elektrischen Treidelbetrieb wirtschaftlich nicht zulassen. Ein weiterer Nachteil ist die eingeschränkte Flexibilität.

Erstes Schubboot auf dem Rhein, WASSERBÜFFEL der Reederei Raab Karcher, gebaut 1957 auf der Ruthof-Werft in Mainz-Kastel, Antriebsleistung 2 x 630 PS, L 36,45 m, B 8,36 m. Heute noch in Fahrt.

Die Schleppschifffahrt mit Schaufelrad- oder Schraubenschleppern hat schnelle Verbreitung gefunden und wurde dann Mitte des 20. Jhdts. durch die frei fahrenden Motorschiffe stark zurückgedrängt.

Zu Beginn des 20. Jhdts. gab es auch Vorschläge, elektrische Energie vom Ufer aus für einen elektrischen Antrieb, z.B. Schraubensteuer, System *Galliot – Büsser*, zuzuführen, die aber keine Verbreitung gefunden haben.

Der Wirkungsgrad des Schraubenantriebes wurde auf flachen Binnengewässern um 1900 mit 25%, max. 30% angegeben.

Heute treideln elektrische Lokomotiven, je eine beiderseits vorn ziehend und je eine achtern bremsend und stoppend, das Schiff in die Panama-Kanal-Schleusen. Das ist wohl das einzige Überbleibsel des Treidelns.

4. Wind als Energiequelle für den Antrieb von Wasserfahrzeugen

4.1 Das Segel und seine Entwicklung

Die ersten richtigen Seefahrer und Schiffbauer waren wohl die Phönizier am Persischen Golf. Sie überwanden weite Strecken, sodass man von der Einführung eines Mastes und einfachen Segels ausgehen kann. In der Zeit scheinen Schiffe mit Planken – und dem Problem der Dichtung der Nähte – entstanden zu sein, zunächst als offene Boote und vielleicht dann auch mit einem halben Deck zum Schutz.

Der Tiefgang war gering, sodass man nur vor dem Wind segeln konnte. Der Boden war flach, aber es entstand wohl auch alsbald ein längslaufender Balken als Kiel und sein Übergang in Vor- und Achtersteven.

Die Schiffe v.Chr. waren in der Regel 3- bis 4-mal länger als breit, mit flachem Kiel und einem Rahsegel, größere Schiffe auch mit einem weiteren Mast vorn und kleinem Rahsegel, auch gelegentlich achtern einen dritten Mast.

Venezianisches Mosaikbild. Erstmals ein dreimastiges Schiff zeigend, spätes 13.Jhdt.

Der Segelantrieb hat auf Flüssen kaum eine Rolle gespielt, da die Windrichtung häufig nicht passt und ein Kreuzen wegen der engen Schiffbarkeit nicht möglich ist. Die einzige Ausnahme ist der Nil, wo meist ein stetiger Nordwind flussaufwärts bläst. Segelsport in geringem Umfange gibt es auf Flüssen und natürlich umfangreicher in den breiten Flussmündungen.

Für lange Zeit blieb das große rechteckige Segel am Hauptmast das wesentliche Vortriebsmittel. Bei längeren, größeren Schiffen gab es auch ein vorderes und ein achteres kleines Segel an einem entsprechend kurzen Mast, was wohl aber mehr der Kurshaltung als dem Vortrieb diente.

Es bedurfte keiner besonderen Erfindungshöhe, um festzustellen, dass Wind, der auf eine Fläche trifft, Kraft ausübt, die als Vortriebskraft für Wasserfahrzeuge ausgenutzt werden kann. So sind Rahsegel und Mast sowie weitere Teile der Takelage vor vielen Jahrtausenden in verschiedenen Regionen der Welt vermutlich zu ziemlich gleicher Zeit entstanden, wobei sich verschiedene Grundformen des Segels in den einzelnen Kulturkreisen, vor allem bedingt durch das verfügbare Material, herausgebildet haben. Die Archäologie ist dazu nicht ergiebig, da wohl Rümpfe oder deren Reste erhalten sind, nicht aber deren Takelage. Bildliche Darstellungen sind häufig nicht zweifelsfrei interpretierbar, aber wesentliche Quelle unseres Wissens.

Die unterschiedlichen Entwicklungen der Segelformen wurden beeinflusst

- durch die Konstruktion des Wasserfahrzeuges,
- die zu segelnden Kurse und die daraus resultierenden Positionen zum Wind (z.B. im Monsun) sowie Art und Häufigkeit
- der auszuführenden Segelmanöver und schließlich
- durch das für die Gestaltung der Segel verfügbare Material.

Als Material für Segel sind bekannt:
- Matten aus Papyrus (Ägypten 3000 v. Chr.)
- Geflochtene Palmenblätter (Asien, Afrika), Reisstroh oder Bambusstreifen (China)
- Leder (Griechen, 8. Jahrtausend v. Chr.; Römer, 50 v. Chr.; Germanen)
- Stoff, gewebtes Tuch aus Flachs, Baumwolle oder Leinen, verstärkt durch Dopplungen oder Umsäumungen, vor allem mit Leder oder Hanftauen, nicht nur an den Rändern (Liektaue), sondern auch horizontal und vertikal in einem Netzmuster verlaufenden Tauen (Griechen, 6. Jhdt. v. Chr.). Solche Netzmuster finden sich noch in Schiffsdarstellungen des 15. Jhdts. n. Chr. Diese können natürlich auch nur durch kreuzweises Doppeln genähter Tuchbahnen entstanden sein. Die senkrechte Verstärkung/Unterteilung des Segels bei Rahseglern ist bis heute erhalten geblieben. Natürlich wird jedes große Segel aus Bahnen zusammengenäht, wobei die Aufteilung zur Kunst des Segelmachers gehört.
- Stoff, gewebtes Tuch aus Kunststofffäden (20. Jhdt.) bis hin zu
- hochfesten Kohlestoff-Fasern (Kevlar); (Ende 20. Jhdt.), was sehr leichtes, feuchtigkeitsabweisendes, aber auch teures Tuch ergibt,
- (in neuerer Zeit) auch Starrkörper-Segel aus z.B. Leichtmetall.

Bei synthetischen Fasern ist eine zunehmende Vielfalt gegeben wie:
- Polyester (Dacron der Fa. *DuPont*)
- Polyamind (Nylon der Fa. *DuPont*), es ist dehnbarer, aber erheblich leichter
- Laminate mit Polyestergeweben (Mylar) seit Mitte der 1970er
- Aramid (Kevlar), sehr fest und leicht, aber knick- und lichtempfindlich
- Aramid (Vectran), sehr teuer (50% mehr als Kevlar), sehr lichtempfindlich.

Diagonal zu den Fäden ist das Tuch gegen Krafteinwirkung am empfindlichsten, und es besteht die Gefahr, dass es sich bleibend verzieht.

Die Segel werden aus einzelnen zugeschnittenen breiten Bahnen mit doppeltem Saum zusammengenäht. Die unteren Rahsegel, die auch bei Starkwind bis Sturm gefahren werden, sind aus starkem Gewebe, die oberen aus leichterem Tuch, doppelte oder dreifache Verstärkung werden aus dem nächst leichterem Tuch gefertigt.

Zu den Segeln kommt dann noch zu ihrem Bewegen laufendes Gut und zum Abstützen der Masten stehendes Gut:

Bis zum Ende des 19. Jhdts. verwendete man Hanftauwerk aus der Faser der bis zu 4 m hohen Pflanze. Da dies sehr witterungsanfällig ist, wird es wenn möglich geteert.

Manilatauwerk wird aus den Blattscheiden der Faser-Banane gewonnen, die bis zu 1,5 m lang werden. Es ist witterungsbeständiger, aber 20% weniger fest als Hanf. Es schwimmt einige Zeit. Sisaltauwerk aus den Blattfasern der Sisalagave ist etwa wie Manilatauwerk.

Heute verdrängt die Kunstfaser mehr und mehr die Naturfaser.

Seit Mitte des 19. Jhdts. verwendet man Drahttauwerk, das besonders geeignet ist für stehendes Gut wegen seiner geringen Dehnung.

Wettkampfregeln und -kurse beeinflussen das Design und die Besegelung. So ist der Übergang von den üblichen Dreieckkursen bei Regatten zu Up-and-Down-Kursen mit einem größeren Vorwindanteil mit der Anwendung schmalerer Spinnaker verbunden.

Ein zwischen Rundhölzern und Tauen aufgespanntes Segel ist physikalisch ein sehr komplexes System, das durch Nichtlinearitäten zwischen Winddruck und spannenden Kräften sowie anisotropem Verhalten Kraft-Dehnung in verschiedene Richtungen schwer beherrschbar, geschweige berechenbar ist. Verschiedene Materialien sind auch verschieden durchlässig. Solange Windrichtung und Kurs nahezu übereinstimmen, man also vor dem Wind segelt, ja besser gesagt treibt, ist Vorstellung und Rechnung relativ einfach:

Sobald der Wind nicht genau achterlich, mehr von vorn einfällt, setzt ein Wechselspiel der Kräfte am Segel und Schiff ein. Für theoretische Überlegungen greifen die Segelkräfte im Segelschwerpunkt S und die Wasserkräfte im Lateralschwerpunkt LP des Unterwasserschiffs an, soweit es die Abdrift durch Seitenkraftkomponenten betrifft.

Die praktische Bedeutung des Segeltuch-Materials zeigte 1851 die amerikanische Yacht AMERICA. Sie siegte dank Baumwollsegel, die sich weniger dehnten als die üblichen Flachsgewebe. Sie konnte deshalb die Segel flacher trimmen und mehr Höhe laufen.

Segelschiffe sollen und müssen sich bei Flaute bis Sturm und verschiedenen Kursen relativ zum Wind fortbewegen. Dabei entsteht eine Wechselwirkung zwischen den Kräften am Rumpf und den Kräften am Rigg, die bei einer bestimmten Geschwindigkeit ins Gleichgewicht kommen. Die vielen Einflussgrößen sowie Zweck des Schiffs führen schon seit alters her zu verschiedenen, ja einer Vielfalt von Kompromiss-Lösungen, sprich Typen von Segelfahrzeugen, die schon vielfach erfasst und dargestellt wurden.

Hier soll nur das Segel bzw. Rigg als Antrieb des Schiffs und was dies für den Schiffsrumpf bedeutet behandelt werden.

Unser Wissen zu Schifffahrt und Schiffbau in der Zeit vor dem 16. Jhdt. stammt nur aus Dokumenten oder bildlichen Darstellungen auf Siegeln, in gemalten Fenstern, Reliefs in Monumenten oder aus Berichten und Dichtungen. Dabei ist

Siegel der Stadt Dover, 1284

immer unklar, wie viel und wie genau Detailkenntnisse der Künstler hatte.

In den letzten Jahrzehnten hat man sehr viele neue Erkenntnisse dadurch gewinnen können, dass man weitgehend erhaltene Schiffswracks gefunden und konserviert hat, als herausragendes Beispiel sei die schwedische WASA genannt. Allerdings hat das alles wenig zur Erweiterung der Kenntnisse über die »Antriebsanlage« gebracht, da diese entweder gleich zerstört oder im Laufe der Zeit verrottet ist.

Das früheste Werk zur Seemannschaft ist *Wagenhaers* »Speculum Nauticum«, das 1584 erschien.

Die Rahsegel im europäisch-ägyptischen Raum

Über Jahrtausende dominierte das Rahsegel die Entwicklung im europäisch-ägyptischen Raum. Eine Totenurne aus Luxor zeigt erstmals ein Segel (um 5.000 v. Chr.). Ferner sei die Abbildung eines Wasserfahrzeuges (ca. 3.100 v. Chr.) erwähnt, die ein Rahsegel zeigt, das an einem weit achterlich angeordneten Mast gesetzt ist.

In Ägypten, in Hierakonpolis, sind Darstellungen gefunden, die ein Papyrusschiff mit hochgezogenem Heck, einem Steuerruder und hüttenartigen Aufbauten zeigen. Eine Totenurne aus Luxor zeigt erstmals ein Segel (um 5.000 v.Chr.).

Ab 1.500 v. Chr. hatten Schifffahrt und Schiffbau schon einen solch hohen Stand erreicht, dass unterschiedliche Schiffstypen je nach Verwendungszweck und Fahrtgebiet gebaut wurden. So für das Rote Meer schnelle Schiffe, schlank mit großen Segeln, breite Schiffe hoher Tragfähigkeit und Seetauglichkeit für das Mittelmeer, Nilschiffe mit flachem Boden.

Südlich von Antalya fand man ein Schiffswrack, das eine Kupferschmiedewerkstatt installiert hatte, datiert auf 1.200 v. Chr.

Die Geschwindigkeit ergibt sich nur indirekt aus den Angaben der Dauer von Reisen. So schreibt *Pliny*, dass ein Frachtsegler von Messina nach Alexandria 6 Tage brauchte oder ein anderer von Narboune nach Ostia drei Tage oder St. Luke von Rhegimes nach Pukoli (182 miles) am 2. Tag ankam (gemessen wurde in »stadia«, das Stadium war 201 yds und 1 ft).

Galeeren legten jeden Abend an, gesegelt wurden kurze Strecken auch nachts außer Sicht des Landes.

In der Zeit der Griechen (500–200 v.Chr.) entwickelte sich neben der Handels- und Kriegsschifffahrt auch eine ansehnliche Personenschifffahrt in ihrer Inselwelt. Etliche Schiffe hatten nur Segel, sie wurden in und an den Häfen geschleppt. Deshalb wurden sie auch Schleppschiffe genannt. Sie waren breit und geräumig. Sie erreichten 2–6 kn, je nach – natürlich nur – achterlicher Windstärke. Das »Standardschiff« hatte 100–300 t Tragfähigkeit, es soll auch schon größere Getreideschiffe gegeben haben. Mehrere tausend dieses Standardschiffs »Ceres« sollen gebaut worden sein. Es hatte neben einem Rahsegel auch 20 Riemen sowie einen flachen Boden, sodass es überall landen konnte. Der Seetransport ist weit billiger als der Landtransport. So ist aus 329 v.Chr. bekannt, dass 100 Bodenfliesen über 12 Meilen zu Land nach Elensis 40 Drachmen, die Fahrt von Ägina nach Piräus dagegen nur 2 Obolen kostete. Eine Schifffahrt kostete für eine ganze Familie von Ägypten in das Schwarze Meer nur 2 Drachmen.

500 v.Chr. entstanden solche ähnlichen kleinen schnellen Schiffe auch an der Nordostküste der Adria zwischen der Halbinsel Istrien und dem heutigen Albanien. Diese »Lembi« genannten Schiffe dienten den dortigen Illyveren der Piraterie.

Um 20 n.Chr. werden folgende Vergleichszahlen angegeben:

	Ladung [Zentner]	Tagesleistung [km]	Kosten [relativ]
Land	5	20	65
Fluss	120	aufw. 10–15	6
See	2.000	40–70	1

Natürlich hat es auch schon »Superschiffe« für Sondertransporte gegeben. Der große Obelisk vor dem Vatikan wurde 40 n.Chr. von Ägypten mit einem 95 m langen und 21 m breiten Schiff transportiert. Er wiegt 500 t, dazu sollen noch 800 t Linsen als Ballast gekommen sein. Zwischen 700 n.Chr. bis 1.000 n.Chr. leidet der Seehandel im Mittelmeer unter der Expansion der Araber und die Schiffe wurden sogar kleiner, 50 bis 300 t Tragfähigkeit.

Der Historiker *Flavius Josephus* berichtet von seinem Schiffbruch 64 n. Chr. in der Adria, wobei 600 Personen an Bord waren, von denen 80 gerettet wurden. Das durchschnittliche Handelsschiff damals war 90 m lang, 8 bis 10 m breit und hatte 400 t Tragfähigkeit. Das bedeutete etwa 10.000 Amphoren oder 60.000 medimui (Scheffel = 50 l) Getreide.

Die Araber am westlichen Indischen Ozean verfügten bereits im 1. Jhdt. n.Chr. über Schiffe mit bis zu 200 Personen Fassungsvermögen. Diese Dhaus hatten ein bis zwei Masten mit Lateinsegeln, einen Steven an Bug und Heck, die Planken waren mit elastischen Kokosfasern zusammengenäht. Das Holz der Kokospalme von den Malediven oder indisches Teakholz war das Baumaterial. Das Heckruder, anstatt Seitenruder, wurde wohl um dieselbe Zeit wie in Europa eingeführt.

Durch die Araber kam im Mittelmeer in der zweiten Hälfte des 1. Jhdts. n.Chr. das Lateinersegel in Gebrauch. Es ist handlich leicht zu bedienen, insbesondere auf kleinen Schiffen. Gegenüber dem Rahsegel erlaubt es näher am Wind zu segeln.

Der Grieche *Hippaulus* bekam um 100 v. Chr. genauere Kenntnisse über die Monsunwinde, was zum Lösen der Schifffahrt, vom Roten Meer nach Indien und zurück, von der Küste führte. Die Transportzeit verkürzte sich von zwei Jahren auf neun Monate für einen Umlauf. Die Erkenntnis der regelmäßigen periodischen Monsunwinde hat Hippalus vermutlich von dem in Ägypten lebenden Kaufmann *Endoxus von Kyzikus*, der 120 v. Chr. eine Seereise nach Indien unternommen hatte.

Rahsegel wurden auch in indonesischen Gewässern verwendet, allerdings an einer Seite breiter und höher gesetzt wie ein Lateinsegel. Man findet das heute noch in Polynesien.

Segel auf der anderen Seite des Globus

Lange bevor Spanier und Portugiesen das europäische Zeitalter der großen Entdeckungen eröffneten, hatte auf der anderen Seite des Globus ein Seefahrervolk bereits zwei Ozeane erobert. Von ihrem Ursprungsland, das irgendwo an den Küsten oder auf den ihnen vorgelagerten Inseln Südostasiens gelegen haben muss, stießen diese Seefahrer nach Osten in den Pazifik vor, entdeckten und besiedelten die Inseln dieses schier endlosen Seegebietes. Ein anderer Zweig dieser Seefahrer richtete sehr viel später den Bug seiner Wasserfahrzeuge in Richtung Westen, eroberte den Indischen Ozean und kolonisierte das große Eiland Madagaskar.

Diese austronesisch sprechenden Seevölker entwickelten im Verlaufe der sich über Jahrhunderte erstreckenden Entdeckerfahrten eine Reihe von unterschiedlichen Wasserfahrzeugen und damit auch Segeltypen. Bei der Einteilung der Segeltypen folgen wir *Edwin Doran jr.*, der sich über vier Jahrzehnte mit den Wasserfahrzeugen Ozeaniens ausführlich theoretisch und experimentell beschäftigt hat. Er führt die auf den ersten Blick verwirrende Vielfalt der Segel zurück auf zwei Gruppen, nämlich

- Sprietsegel und
- Luggersegel.

Die bei den Entdeckerfahrten eingesetzten »Langstreckenkanus« bestehen aus drei Grundtypen, nämlich:

- Der älteste Typ wird gebildet durch die Doppelkanus,
- als Innovation entwickelte sich im Verlaufe der Zeit das Auslegerkanu und
- schließlich entstand das Doppelauslegerkanu.

Das Auslegerkanu hatte einen gravierenden Nachteil bei Amwind-Kursen: Es konnte, im Gegensatz zu den beiden anderen Bootstypen, nicht effizient kreuzen. Beim Wendevorgang kommt der Ausleger des polynesischen Auslegerkanus von der Luvposition nach der Wende in eine Leeposition. Dadurch entsteht statt des vor der Wende herrschenden Kräftegleichgewichtes ein Kräftepaar, das durch permanente Ruderkorrektur kompensiert werden muss. Das mikronesische Auslegerkanu hat diesen Nachteil dadurch behoben, dass der Wendevorgang so ausgeführt wird, dass der Ausleger stets in Luvposition verbleibt. Das erfordert aber ein Umsetzen des Mastes. Diese weltweit einmalige Wendetechnik wird als »Shunting« bezeichnet, für das es keine deutsche Vokabel gibt.

Doran hat die drei grundsätzlichen austronesischen Kanutypen nachgebaut und experimentell untersucht. Es sind dies:
- Polynesisches Doppelkanu
- Mikronesisches Auslegerkanu
- Indonesisches Doppel-Auslegerkanu

Die wichtigsten Parameter der untersuchten Kanus sind:

Dimensionen der Kanus	Doppel	Ausleger	Doppelausleger
	NALEHIA	MIKAEL	NARDI
L_{OA}	12,87 m	7,87 m	7,47 m
$B_{Schwimmkörper}$	0,61 m	0.64 m	0.52 m
B_{gesamt}	2,29 m	4,18 m	4,12 m
Gewicht mit Crew	2.310 kg	958 kn	730 kg
Segelfläche	19,5 m²	20,5 m²	22,0 m²

Mit Doppelkanus (Längen von 30/33 m) erreichten die Austronesier bereits um 1500 v. Chr. die Fidschi-Inseln, von wo aus sie die Weiten des Pazifiks entdeckten.

Erwartungsgemäß ist das Doppelkanu im Vergleich zum Auslegerkanu bzw. Doppelauslegerkanu nicht besonders schnell, wie vergleichsweise in den Polardiagrammen dargestellt. Eines jener »Langstreckenkanus« aus dem Seegebiet von Tonga wurde wahrscheinlich auf *Cooks* zweiter Reise (1772/75) von dessen Begleiter *Hodges* gezeichnet. Immerhin erreichten die Doppelkanus der Fidschi-Inseln Geschwindigkeiten von 12 kn.

Die nächste Entwicklungsstufe der Austronesier-Kanus wird gebildet durch die Auslegerkanus. Man beachte die Segelpolare der MIKAEL. Die Auslegerkanus waren schnelle Fahrzeuge. Sie hatten eine Länge von 7 bis 10 m, manchmal länger. Für ihren Bau wurde ein Minimum an Material gebraucht. Einige der mikronesischen Auslegerkanus, die so genannten »Fliegenden Proas«, erreichten die erstaunliche Geschwindigkeit von 17 kn.

Die letzte Entwicklungsstufe der Austronesier-Kanus bildete das Doppelausleger-Kanu. Die Segel-Polare der von Doran untersuchten NARDI ist mit der der MIKAEL nahezu vergleichbar. MIKAEL segelt besser hoch am Wind wegen ihres aerodynamisch effektiveren Segels und des wirksameren Unterwasser-Lateralplanes. Die NARDI hat mehr Abdrift, kann aber das Auslegerkanu vor dem Wind aussegeln wegen ihres größeren Segels und des wahrscheinlich geringeren Reibungswiderstandes des Bootskörpers und der Ausleger.

Ähnlich wie im europäisch-nordamerikanischen Raum finden wir auch im Indischen und Pazifischen Ozean auf mittleren und kleineren Segelfahrzeugen Spriet- und Luggersegel. Allerdings finden sich diese Segeltypen in einer kaum noch überschaubaren Vielfalt von Modifikationen. Dass sich hier analog zum europäisch-nordamerikanischen Seegebiet zuvor eine Abkehr vom Rahsegel vollzogen hat, ist anzunehmen, jedoch nicht schlüssig nachweisbar.

Eine Besonderheit besteht darin, dass das Gaffelsegel im indisch-pazifischen Raum fehlt. Das könnte damit zusammenhängen, dass dieser Segeltyp höhere Ansprüche an die Segelfertigung stellte, deren Erfüllung seitens der Bootsbauer und -betreiber nicht als zwingend notwendig angesehen wurde.

In China wurden die bekannten Dschunken schon vor der Zeitwende entwickelt. Sie erreichten einen höheren Stand vor den Schiffen der Europäer. Merkmale sind Spiegel an Heck und Bug, Schotten, Heckruder und elastischer Rumpf sowie bis zu neun Masten mit Mattensegeln. Ihre Vorteile erschließen sich nicht so leicht dem europäischen Auge Wasserverdrängung von über 1.000 t werden angegeben und Längen bis 138 m. Ein Schiff von 40 m Länge hatte drei Masten.

Die Schiffswracks an den Mittelmeerküsten stammen mehr aus der Antike als aus dem Mittelalter. Man konnte sich mit der damaligen Segel- und Rumpfgestaltung von einer Leeküste nicht freisegeln.

Wenn uns auch kaum die Entwicklung im Einzelnen und in zeitlicher Abfolge bekannt sind, so war man in allen Erdteilen bestrebt, die See zu nutzen und immer weiter zu überbrücken. In Südamerika begann man mit Flößen aus aufgeblasenen Tierhäuten, Binsen und dann Balsaflößen, die aber auch nicht gegen Wind und Strömung operieren konnten und somit nicht zu regelmäßigen Kontakten in beiden Richtungen führten. Ganz anders in der Südsee, wo etwa 2.000 v. Chr. das noch heute verwendete Auslegerkanu entwickelt wurde und die Besiedelung der Südseeinseln bis hin nach Hawaii und Neuseeland von Malaysia und Indonesien aus ermöglichte. Es wurden also Seefahrtleistungen vollbracht, die über die Wikinger nautisch hinausgehen.

Für Wikingerschiffe des 8. bis 11. Jhdts., ausnahmslos Einmaster mit Rahsegel, z.B. dem Gokstadschiff, wurden die Segeleigenschaften berechnet. Die schnellen Wikingerschiffe des 8. bis 11. Jhdts. sind ausnahmslos Einmaster mit Rahsegel. Mit ihren seetüchtigen Schiffen erreichten die Wikinger Island, Grönland, und sie sollen sogar bis an die Küsten Amerikas vorgestoßen sein. Für Wikingerschiffe, z.B. für das Gokstadschiff, wurden die Segeleigenschaften nachgerechnet. Es ergab sich eine Bestätigung der überlieferten 6–7 kn Dauergeschwindigkeit. Die Wikinger rechneten für eine Fahrt

- von Westnorwegen nach Island 7 bis 10 Tage,
- von Island nach Irland 5 bis 7 Tage und
- von Island nach Spitzbergen 4 bis 5 Tage bei günstigsten Fahrtbedingungen.

Durch die Wikinger war auch in Nordeuropa aus der Küstenschifffahrt eine Hochseeschifffahrt geworden.

Die Weltmachtzentren verlagerten sich im Laufe der Jahrtausende von Ost nach West. Damit waren auch nach der »Mittelmeerzeit« die härteren Wind- und Seeverhältnisse in Atlantik und Nordsee zu überwinden. Galeeren haben dort Schwierigkeiten, stabile kleine Segelschiffe waren das Transportmittel. Allerdings wurde trotz höherer Widerstandsfähigkeit und verbesserter Takelage nur von April bis Oktober gefahren.

Nach der Ära der Wikinger kamen im 11./12. Jhdt. zunehmend andere Zielsetzungen im Schiffbau: Für den Handel stieg die Tragfähigkeit, für kriegerische Auseinandersetzungen waren hohe Plattformen (Kastelle) vorn und achtern, sodass man sich möglichst oberhalb des Feinds befand, vorteilhaft. Die Schiffe wurden völliger, schwerer und stabiler, was zu Lasten der Geschwindigkeit ging. Der Unterschied zwischen Handelsschiff oder Kriegsschiff spielte keine Rolle mehr, denn als ab Mitte des 14. Jhdts. Kanonen mehr und mehr installiert wurden, gab es zunehmend bewaffnete Schiffe jeder Art. Es bildeten sich wieder spezialisierte Kriegsschiffe heraus, die sich durch viele Kanonen auszeichneten, und man brauchte dicke Planken und kräftige Strukturen, um Treffer hinnehmen zu können. Es entwickelten sich die »wooden walls«.

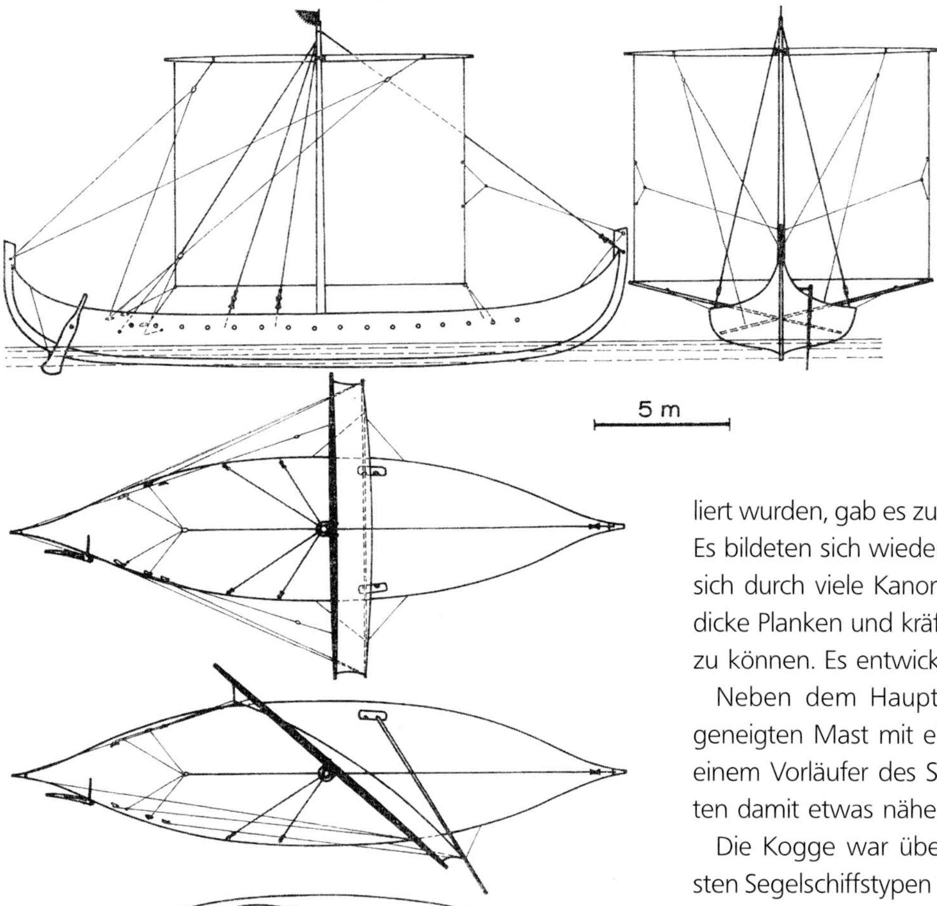

Rekonstruierte Takellage des Gokstadschiffs mit typischen Segelstellungen des Rahsegels beim Vor-Wind-, Halb-Wind- und Am-Wind-Kurs. Das Segel war aus Wolle, die sich bei Nässe dehnte und deswegen mit Leinen- oder Lederstreifen quergestreift gestützt wurde. Die Flächen an den Steven (Stevenbärte) vergrößerten den Lateralplan und verbesserten die Am-Wind-Eigenschaften. Der Nachbau des Gokstad Schiffes, das 1880 auf dem Gokstad-Kof beim Sandefjord/Norwegen gefunden wurde, segelte 1993 in 28 Tagen über den Atlantik. Mit einer langen Spiere, dem Beifass, wird das Vorliek beim Am-Wind-Segeln gestreckt gehalten, um Flattern und Verwirbelungen der Ausströmung zu verhindern. Er wurde ab 8. Jhdt. durch die Bulienen ersetzt, Bugleinen vom Vorsteven zum Seitenliek des Rahsegels. Das lernte man schnell aus der Erfahrung, heute wissen wir warum: Vor dem Wind baut sich durch Windwiderstand Kraft am Segel auf, am Wind durch Sog (auf der Leeseite) und Druck (auf der Luvseite) in der Umströmung des Segels.

Neben dem Hauptmast gab es vorn einen nach vorn geneigten Mast mit einem Steuersegel, dem Artemon, also einem Vorläufer des Segels am Bugspriet. Die Schiffe konnten damit etwas näher an den Wind gehen.

Die Kogge war über Jahrhunderte einer der bedeutendsten Segelschiffstypen Nordeuropas. Zu den ersten Vorläufern der Kogge gehörte die Knorr, ein breiteres Segellastschiff der Wikingerflotten des 9. Jhdts.. Die Bezeichnung Kogge erschien erstmals 948 in den Schiffsvermerken von Muiden bei Amsterdam. Markante äußere Merkmale der seetüchtigen Kogge im Anfangsstadium der Entwicklung waren die einmastige Rahtakelage, der gedrungene kurze Schiffskörper, das Verhältnis von Kiellänge zur Schiffsbreite von 3 zu 1, die fast geraden und steil aufragenden Steven und der hochbordige klinkergeplankte Schiffskörper. An dem kräftigen Mast wurde ein großes Rahsegel gefahren.

Die durchschnittliche Hansekogge war ca. 25 m lang, 8 m breit und trug bis zu 200 t. Als bedeutende Neuerung zählt das 1242 an diesem Schiffstyp erstmalig nachgewiesene Heckruder.

Bedingt durch die rege Handelstätigkeit der Hanse segelten Koggen im gesamten Ostseegebiet, nach Skandinavien, Flandern, Frankreich, England, Spanien und gelegentlich auch ins Mittelmeer. Allerdings wurde die Schifffahrt nicht ganzjährig betrieben. Es gab im 13. Jhdt. in der Hanse eine Vorschrift, die die Winterpause vom 11. November bis zum 22. Februar festlegte. Streng wurde diese Vorschrift aber wohl nicht eingehalten.

Bis Anfang des 14. Jhdts. wurden Koggen in Klinkerbauweise hergestellt. Einige Funde liefern genauere Aufschlüsse über Konstruktion und Bauweise, so z.B. die Bremer Kogge von 1380, die im Schifffahrtsmuseum Bremerhaven konserviert ausgestellt ist. Das 1962 bei Baggerarbeiten entdeckte Schiff gehört zu den wenigen erhalten gebliebenen Originalnachweisen. Ihre Länge beträgt 23,5 m, die Breite 6,2 m und die Deckshöhe über Kiel 3,5 m. Die Bremer Kogge ermöglichte Berechnungen und Versuche, die die überlieferten Etmale bestätigten und daraus ableitend die durchschnittliche Reisegeschwindigkeit von 4 kn (maximal 6 bis 7 kn). Die Höhe am Wind ist mit 45° bis 50° besser als gemeinhin angenommen. Es zeigte sich auch, dass das Seitenverhältnis Höhe zu Breite des Segels einen großen Einfluss hat. Das Segel soll möglichst ein großes Seitenverhältnis, große Höhe zu Breite, haben.

Neben anderen Segelformen werden Rahsegel in einer modifizierten Form, so genannte »geneigte Rahsegel«, in indonesischen Gewässern verwendet. Diese geneigten Rahsegel werden trotz ihrer Rechteckform in ähnlicher Position wie ein Lateinsegel oder ein Dausegel am Wind gefahren. Als Besonderheit ist noch zu vermerken, dass der vorliche Teil der Rah kürzer ist als der achterliche Teil. Geneigte Rahsegel werden nur von einem speziellen Prau-Typ Indonesiens, der Patorani, gefahren.

Im Stillen Ozean entwickelten sich Segelformen. Für die Vielfalt ihrer Modifikationen ist exemplarisch die Form des Krebsscheren-Segels eines seetüchtigen Auslegerkanus von den Santa-Cruz-Inseln am Ostrande Melanesiens. Das Segel wird mit seiner Breitseite nach oben gefahren, um den Wind mit seinen höheren Geschwindigkeiten höher über dem Wasser (Gradientenwind) ausnutzen zu können. Dazu folgender Kommentar eines Wissenschaftlers für Boots- und Schiffbautechnik: *»Die Form des Segels hat einen Wirkungsgrad, wie ihn ein durchschnittlicher europäischer Ingenieur mathematisch kaum besser berechnen könnte.«*

Das Lateinsegel ist ein an einer geneigten Rah gefahrenes Dreiecksegel. Es unterscheidet sich vom Dausegel dadurch, dass das Dausegel unten nicht spitz zuläuft, sondern ein extrem kurzes Vorliek und mithin eine Trapezform hat.

Eine Auswertung überlieferter Darstellungen von Latein- und Dausegeln ergibt:

- Vom 2./3. Jhdt. an ist das Lateinsegel im Mittelmeer nachweisbar. Das Lateinsegel tritt grundsätzlich nicht im Indischen Ozean auf.
- Das Dausegel ist im 2./3. Jhdt. im Mittelmeer nachweisbar, vom 9. Jhdt. an nur noch im arabischen Raum mit Ausbreitung nach Indien und Ostafrika.

Der Ursprung der Dau und damit auch des Dausegels ist irgendwo im Persischen Golf mit seinen jahrtausendealten Schiffbautraditionen zu suchen. Nach *W. Mondfeld* hat sich aus dem Dausegel arabischen Ursprunges das im Mittelmeerraum verwendete Lateinsegel entwickelt, was der obigen Analyse zumindest nicht widersprechen würde.

Eine für dieses Seegebiet charakteristische Besegelung (»Krebsscheren«-Form) eines seetüchtigen Auslegerkanus von den Santa-Cruz-Inseln am Ostrande Melanesiens.

Als die Araber im 7. Jhdt. die Schifffahrt im Persischen Golf beherrschten und im 9. Jhdt. auch noch den gesamten Seehandel vom Roten Meer bis hin nach Südchina kontrollierten, waren es Dauen, mit denen die Araber in diesen Seegebieten operierten. Damit vollzog sich der Übergang von der Küsten- zur Hochseeschifffahrt. Die Zeitdauer für eine Seefahrt vom Roten Meer nach Indien und zurück verkürzte sich damit von zwei Jahren auf neun Monate. Das Überqueren des Indischen Ozeans erfolgt also zur richtigen Jahreszeit und mit dem richtigen Monsunwind. Diese Strategie macht auch den (angeblichen) Ausspruch der Dausegler verständlich, der da lautet: *»Kein Mensch außer Verrückte und Christen segelt gegen den Wind.«*

Die Dau führt in der Regel nur einen Mast, selten zwei und nur in Ausnahmefällen drei Masten. Eine zweimastige Dau mit L_{OA} = 33,7 m hat beispielsweise folgende Segelflächen:

Großsegel	430 m^2
Besansegel	202 m^2

Die Dau führt bei einem Kreuzkurs wegen der vergleichsweise großen Segel fast ausschließlich Halsemanöver aus, d.h. sie geht beim Wechseln des Bugs mit dem Heck (und nicht wie sonst üblich mit dem Bug) durch den Wind. Abgesehen von diesem Nachteil, der sich beim Segeln im Monsun wegen der geringen Anzahl der auszuführenden Wendemanöver jedoch nur eingeschränkt auswirkt, scheint der Wirkungsgrad des Dauriggs recht gut zu sein. Arabische Dauen der Gegenwart erreichen bei günstigem Wind ohne Schwierigkeiten Geschwindigkeiten von 7,5 bis 10 kn.

Das Lateinsegel ist unverwechselbares Attribut der Takelage jener Mittelmeerschiffe, deren Entwicklung bei der Galeere, dem wohl typischsten und ältesten Mittelmeerfahrzeug, ansetzt. Die Entwicklungslinie verläuft weiter über kleinere Galeerenvarianten (wie Brigantino) bis zur Schebecke, bei der sich der Umbruch vom Ruderschiff zum reinen Segelschiff vollzieht. Die Schebecke war wiederum Ausgangspunkt für die gesamte weitere Entwicklung, die sich in Richtung der Fregatte vollzog. Die Schebecke, als typischer Vertreter dieser Entwicklungsreihe, ist ein flachgehendes Schiff mit außerordentlich scharfen Linien, das sich als hervorragender Segler erweist, der durch eine verhältnismäßig kleine Besatzung gesegelt werden kann. Die Schebecke ist zudem mit einer starken Bewaffnung ausgerüstet.

Traditionell hatte die Schebecke eine Latein-Takelung mit Fock-, Groß- und Besansegel. Bei kleineren Schiffen des Mittelmeeres, die nur über ein Segel verfügten, wurde, ähnlich wie bei der Dau, statt der Wende eine Halse gefahren. Durch ein solches Manöver wurde erreicht, dass die Rah stets umgeschiftet wurde, d.h. auf der Leeseite des Mastes (in »Normalstellung«) positioniert wurde, was zu einer bestmöglichen Ausnutzung des Windes führte. Bei den großen Rahen mehrmastiger Schiffe war ein derartiges Umschiften der Rahen praktisch undurchführbar. Es war deshalb bei Schiffen, die zwei oder drei Lateinsegel führten, übliche Praxis, Rahen abwechselnd rechts und links an den Mast zu setzen. Damit wurde erreicht, dass wenigstens ein gut im Wind stehendes Segel gesetzt war.

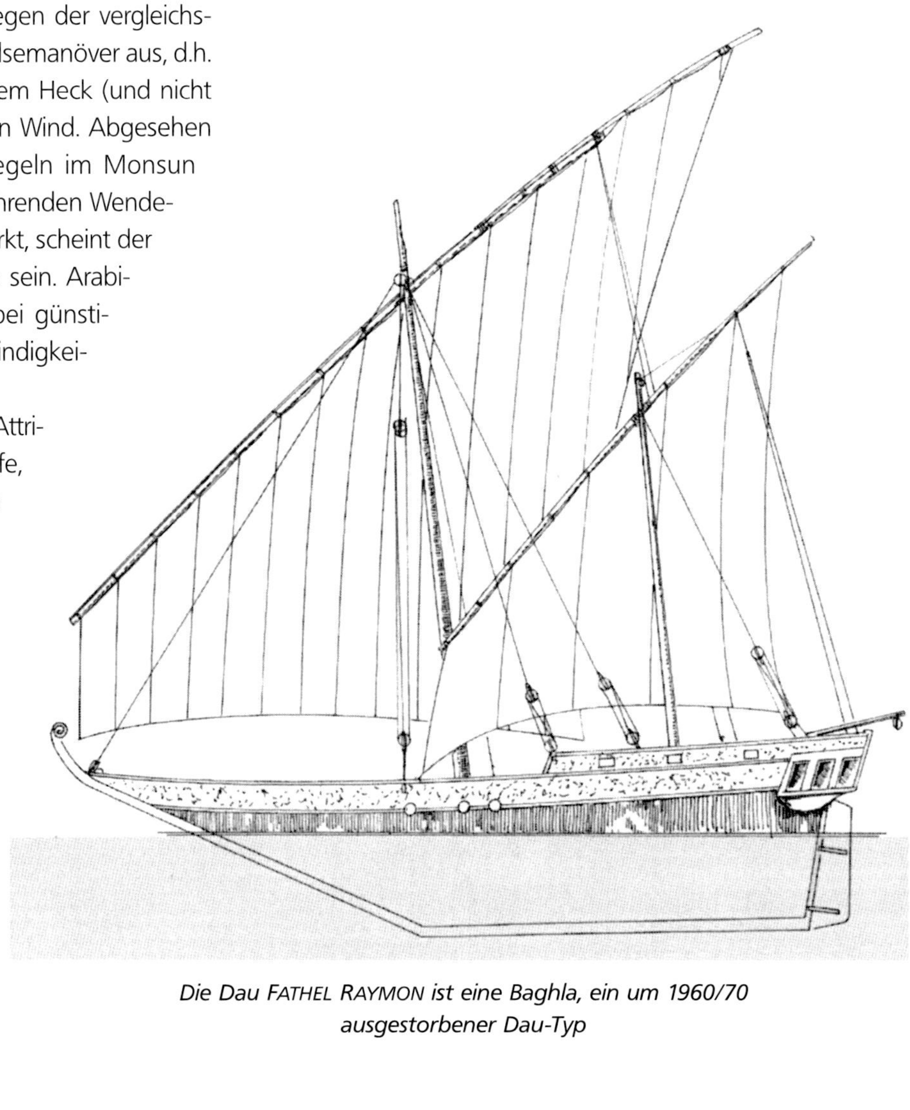

Die Dau FATHEL RAYMON ist eine Baghla, ein um 1960/70 ausgestorbener Dau-Typ

Das Lateinsegel ist auf kleinen Schiffen vergleichsweise leicht zu bedienen. Ferner kann, verglichen mit einem rahgetakelten Schiff, ein Fahrzeug mit Latein-Takelage höher am Wind laufen.

Neben der oben kurz genannten Entwicklungslinie, die von der Galeere über die Schebecke bis hin zur Fregatte reichte, gab es eine zweite separat verlaufende Entwicklungslinie, zu der auch Karavelle und Nao gehörten. Zu einer Verschmelzung beider Linien kam es erst im 19. Jhdt.

Zwei der Entdeckerschiffe des Kolumbus, die Karavellen PINTA und NIÑA, gehörten zu ihrer Zeit nicht nur zu einem äußerst beliebten Schiffstyp, sondern sie gelangten durch Kolumbus zu Berühmtheit. Den gleichen Schiffstyp benutzte auch *Vasco da Gama*, als er den Seeweg nach Indien erkundete. Karavellen führten ursprünglich zwei bis drei Masten. Die Rekonstruktion der NIÑA zeigt lateingetakelte Masten (Groß-, Besan- und Bonaventurmast; (caravela latina). Unter dem Einfluss und in Fortsetzung römischer Traditionen entwickelte sich die ebenfalls dreimastige, selten viermastige Quersegelkaravelle. Ausgenommen war der hintere Mast, der wegen der günstigeren Steuereigenschaften weiterhin das Lateinsegel beibehielt (caravela rotunda). Vom 14. bis zum 16. Jhdt. gehörten Karavellen zu den seetüchtigsten Segelschiffen. NIÑA und PINTA erreichten Geschwindigkeiten von über 11 Knoten. Im Tagebuch des Kolumbus wird die NIÑA als sehr segeltüchtig bezeichnet.

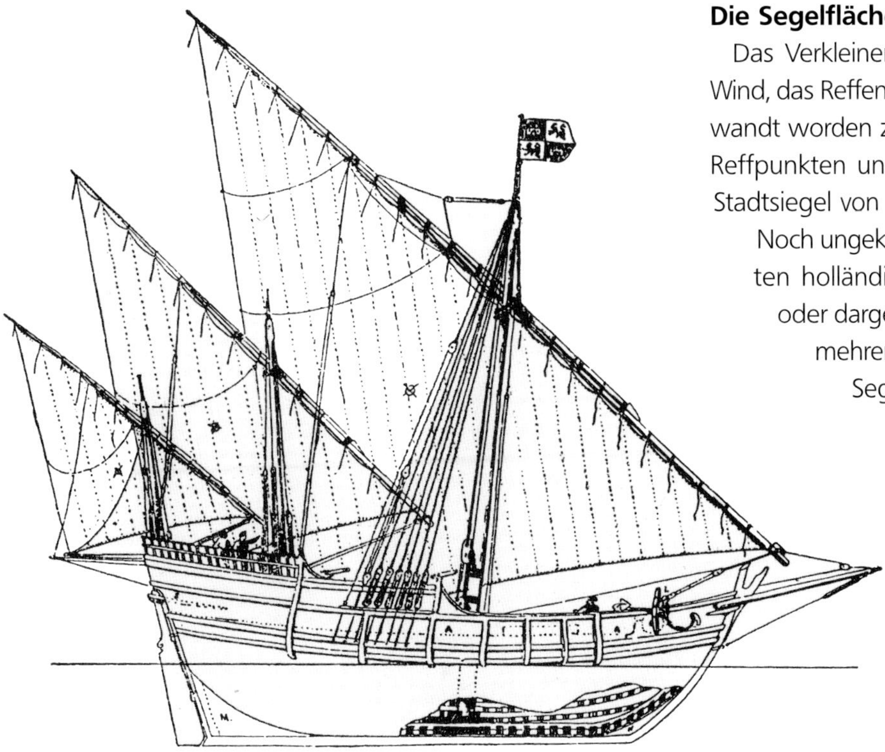

Eine Rekonstruktion der NIÑA (lateinische Karavelle) nach einem italienischen Entwurf von 1892

Das Flaggschiff des Kolumbus, die SANTA MARIA, war eine Nao. Sie war ein dreimastiges Fahrzeug, das folgende Segel (von vorn nach achtern) führte: (erstmalig) eine Blinde (unter dem Bugspriet gesetztes Rahsegel), Fock, Großsegel, am Großmast über dem Großsegel angeordnetes Rahsegel (Großmarssegel) und Besansegel. Das Besansegel war aus den bereits genannten Gründen ein Lateinsegel. Die SANTA MARIA war, wie Kolumbus feststellt, ein schwerfälliges Schiff und hat wahrscheinlich Geschwindigkeiten von bis zu 9 kn erreicht.

Nao, Nau, Naue ist die vom Lateinischen »navis« stammende allgemeine Bezeichnung für einen größeren, mehrmastigen portugiesisch-spanischen Segelschiffstyp. Vom 11. bis zum 13. Jhdt. galt z.B. ein Kreuzfahrerschiff als groß, wenn seine Ladefähigkeit etwa 90 Personen erreichte. Im 14. Jhdt. gab es die Nao als zweimastiges Schiff und danach meistens als Dreimaster, der fähig war, den enormen Transportanforderungen der Kreuzzüge zu entsprechen.

Die Segelfläche und Methoden ihrer Anpassung

Das Verkleinern der Segelfläche bei zu stark werdendem Wind, das Reffen, scheint seit dem 12. Jhdt. bekannt und angewandt worden zu sein. Die älteste bekannte Darstellung von Reffpunkten und Reffbändseln im Rahsegel findet sich im Stadtsiegel von La Rochelle.

Noch ungeklärt ist, warum von 1530–1665 (Zeit des zweiten holländischen Krieges) Reff-Bändsel nicht erwähnt oder dargestellt werden. Reffpunkte werden in ein oder mehreren Reihen gezeigt, aber auch über das ganze Segel verteilt. Die erste Reihe kann entweder im unteren Teil des Segels sein oder im oberen, dann wurde der gereffte Teil an der Rah eingebunden. Wenn die Bändsel über das Segel verteilt sind, konnte wohl irgendein Teil des Segels gerefft werden.

Um schnell ein Reff zu binden, braucht man je ein Bändsel auf Vor- und Rückseite, um das geraffte Segeltuch einzubinden. Zwei Bändsel werden erstmalig in Frankreich in einem Buch des späten 14. Jhdts. dargestellt.

Heckansicht des Linienschiffes VICTORY, Modell 1:400, mit voller Besegelung, insbesondere Leesegel. Stapellauf im November 1765, heute noch Flaggschiff des Kommandanten des Kriegshafens Portsmouth.

Spätestens wenn das Schiff etwa 15° Krängung hat, müssen obere Segel weggenommen werden, denn der erhöhte Wasserwiderstand durch die größere benetzte Fläche hebt die größere Vortriebskraft durch Zunahme des Windes wieder auf. Beim Packen des Segels wird von Luv nach Lee gearbeitet. Besonders schwer zu bändigen ist das Luv-Seitenliek, weil der Wind es von der Rah immer wieder wegtreibt.

Die Vergrößerung der Segelfläche durch Addition von Segeln und Masten ging davon aus, dass die einzelnen Segel unabhängig voneinander wirken. Überliefert ist eine Dreisatzaufgabe von etwa 1445 aus Italien, wie die Reisezeit durch zwei oder drei anstatt einem Segel verkürzt wird. Lange folgte man dieser Vorstellung, z.B. bei der Ermittlung des Segelschwerpunktes sowohl des einen Segels wie des gesamten Segelschwerpunktes aller Segel eines Schiffes. Natürlich muss man aus der Erfahrung das Problem der Windabdeckung von Segeln gekannt haben, aber es wurde bei den »Vorausberechnungen« vernachlässigt.

Die Vergrößerung der Segelfläche geschah variabel durch

- Bonnets, Segeltuchbahnen unterhalb des Rahsegels am Unterliek, schnell lösbar angereiht bis zur Verdoppelung der Fläche. Dabei wurde das Verhältnis H : B besser.

Zu Zeiten der *Tudors* (1485–1603) wurden sogar zwei Bonnets untereinander verwendet. Die ersten Bonnets werden als Ausrüstungsgegenstände bzw. Inventar für Schiffe der Navy unter König *Edward III.* genannt im Jahr 1338, erhalten im Record Office. Die Royal Navy verwendet Bonnets bis 1720, anscheinend die gesamten knapp 400 Jahre.

- Leesegel, die zusätzlich über die Rahen ausgefahrene Spieren die Breite der Segel nach beiden Seiten vergrößerten. Dabei wurde das Verhältnis H : B verkleinert, was aber direkt vor dem Wind keine Bedeutung hatte, denn nur dann konnten sie eingesetzt werden.
- Verlängerung der Masten durch Stengen.
- Teilung der Segel, vor allem zur besseren Bedienbarkeit, über dem Großsegel, ein, dann zwei Marsegel, dann darüber zwei Bramsegel, dann darüber ein selten zwei Topsegel. Die Unterteilung der Segel ist ein, Kompromiss zur besseren Handhabung, denn einerseits verschlechtert sich das Seitenverhältnis und ergibt schlechtere Werte Am-Wind, andererseits ist die Wölbung, besser gesagt die Herabsetzung der Wölbung, beim Am-Wind-Kurs beherrschbarer. Weiterhin lässt das freie Unterliek Druckausgleich, induzierten Widerstand zu. Erst Mitte des 20. Jhdts. gibt es Versuche, diese Lücke zu schließen.
- Stagsegel, ein Rahsegel unter dem Bugspriet weit vorn bringt am Wind wenig nutzen, deswegen Stagsegel über den Bugspriet (Beginn des 18. Jhdts.), dann auch Stagsegel zwischen den Masten.
- Mehrere Masten.

Die Höhe der beim Am-Wind-Segeln angeströmten Seite zu der Ausdehnung in Strömungsrichtung, also Rah-Länge oder Breite des Segels, ist bei einem schmalen Rahsegel (geringe Höhe zu Breite) ungünstig, es entspricht einem Tragflügel mit großer Flügeltiefe und geringer Spannweite, andererseits ist bei einem hohen Rahsegel die angeströmte Kante instabil und musste durch Leinen, die Bulienen, möglichst waagerecht nach vorne geführt, stabilisiert werden.

Broelmann kommt in seinen Betrachtungen zur Entwicklung des Segels zum Schluss, dass bereits zur Römerzeit Segel bzw. Segelschiffe eine Leistung erreichten, die in den folgenden zwei Jahrtausenden spezifisch nicht weiter gesteigert wurden. Natürlich wurden Steigerungen durch andere Entwicklungen erreicht, wie

- Steigerung der Tragfähigkeit,
- Steigerung der Länge, die einen großen Einfluss auf die erreichbare Schiffsgeschwindigkeit hat bzw. den Schiffswiderstand,
- Verbesserung der Rumpfform, besonders dann ab Mitte des 19. Jhdts..

Rückschauend hat sich von den einmastigen Schiffen der Pharaonin Hatschepsut um 1.500 v. Chr. bis zur Nao des Kolumbus um 1.500 n. Chr. eine deutliche Strukturierung der Takelage vollzogen. Sie ist gekennzeichnet durch:
- Erhöhung der Anzahl der Masten,
- Verlängerung der Masten durch Stengen,
- Erhöhung der Anzahl der Segel je Mast zwecks besserer Handhabung,
- Setzen eines Rahsegels (Blinde) am Bugspriet,
- Manipulation der Fläche der einzelnen Segel durch
  • Reffen: Verringerung der Segelfläche oder
  • Anbringen von Bonnets: Vergrößerung der Segelfläche

Ende des 15. Jhdts. hatten große Schiffe bis zu vier Masten mit je drei Rahsegeln.

Im 13.–14. Jhdt. gab es erhebliche Verbesserungen im Schiffbau. Die Schiffe wurden durch Übergang vom Klinker- zum Kraweelbau leichter, das Steuerruder wurde von der Steuerbordseite an das Heck verlegt und die Takelung verbessert. Beim Klinkerbau wurde das Dichtheitsproblem durch Laschen (Vernähen) der Planken und aus Moos gedrehter Dichtschnur, bei Krawellbau durch Nut und Feder gelöst.

Die Seefahrt wurde länger im Jahr betrieben, wenn auch Nebel und Finsternis nach wie vor gefürchtet waren. Die Liegezeit im Winter verkürzte sich auf November bis Februar.

Im 13. Jhdt. gibt es eine Vorschrift der Hanse, die die Winterpause vom 11. November bis zum 22. Februar festlegt. Streng wurde das aber wohl nicht eingehalten.

Erfahrungen mit der nachgebauten Hanse-Kogge zeigen, dass man etwa 70° an den Wind herangehen konnte. Wenn man darüber hinausgeht, verliert man sehr schnell an Vortrieb. Die Geschwindigkeiten ist bei halbem Wind am größten und beträgt 5 kn bei Bft 4 über 7 kn bei Bft 6.

Die Handelsschiffe im Mittelmeer (Rundschiffe, kleine Naves, große Scheb) hatten zwei Masten mit Lateinersegeln, eine Tragfähigkeit von 400 t und 20 bis 30 Mann Besatzung. Handelsgaleeren hatten Lateinbesegelung mit zwei bis drei Masten, trugen 300 t und hatten eine Besatzung von 140–180 Mann.

Die »runden« Hanseschiffe erwiesen sich als technisch überlegen gegenüber dem bisherigen Langschiff, das vor allem in Skandinavien entwickelt worden war.

Großes Koggensiegel der Stadt Stralsund aus dem Jahre 1329

Es gab auch Spezialschiffe wie z.B. Pferdetransporter (25 m lang, 6 m breit, 2 Decks für bis zu 100 Pferde).

Das Frachtschiff des 14. Jhdts. hatte häufig ein großes Rahsegel am Hauptmast und ein Lateinersegel am kleineren Besanmast.

Für die Schiffe in West- und Nordeuropa gibt es für die Zeit Ende des 1. bis 15. Jhdts. nur wenig Anhaltspunkte (nur Abbildungen auf Teppichen oder Siegeln) oder wenige Funde wie z.B. die Hansekogge von Bremen von 1380. In Urkunden wird von der Nef, einem bauchigen Schiff größerer Ladekapazität, das vor allem nach Südeuropa fuhr, und der Coga, der Kogge, mit flachem Boden im 12. und 13. Jhdt. geschrieben. Dieser Name wurde dann auch für die Kogge des 14. und 15. Jhdts. verwendet, die einen Kiel, ein festes Deck und eine bessere Takelung, aber auch nur ein großes Rahsegel an einem großen Mast hatte.

Die durchschnittliche Hochseekogge war ca. 25 m lang, 8 m breit und trug bis zu 200 t. Es gab sie sowohl im Klinker- als auch im Kraweelbau. Sie hatte einen scharfen Bug.

Die Hanse-Kogge von 1380 wurde rekonstruiert, sodass Berechnungen und Versuche möglich wurden. Sie bestätigten die überlieferten Etmale und daraus die durchschnittliche Reisegeschwindigkeit von 4 bis maximal 6–7 kn. Die Höhe am Wind ist mit 45° bis 50° besser als gemeinhin angenommen.

Das zeigt der folgende Vergleich:

Schiffstyp	ε in °
moderne Rennyachten, Einrumpfboote	30 … 35
Rennyacht AMERIKA (um 1880)	45
Bremer Kogge (1380)	45 … 50
Teeklipper	60
Pazifische Kanus	60
Frachtsegler	65 … 70
Schilfboot ABORA	80–90
Schilfboot TIGRIS	< 90

Die nordeuropäische Kogge entwickelte sich wohl im 13. Jhdt. aus der dann beginnend im 14. Jhdt. die Karake entstand. Sie war der Anfang des hochseefähigen europäischen Dreimastschiffs in zahlreichen Varianten, was bis in das 20. Jhdt. die größeren Segelschiffe prägte.

Der Beginn der Kogge im Mittelmeer wird auf 1304 datiert aufgrund von Berichten des Florentiner Chronisten Villani, der u.a. den Einfall baskischer Bayonner Koggen als Freibeuter ins Mittelmeer beschrieb. Diese Bauart drängte das lateinergetakelte Rundschiff zurück, da sie sicherer – das könnte auch heißen: besser verteidigbar – und billiger sind. Wichtigstes Kennzeichen war also die Rahbesegelung, das Heckruder und die völlige Rumpfform. Diese Bauart erforderte weniger Besatzung und konnte im Winter länger in Fahrt bleiben.

Schon zu Beginn des Mittelalters war die Zahl der Schiffstypen und Größen groß, wenn auch das Augenmerk vor allem immer auf die Entwicklung großer Schiffe gerichtet ist. Die großen Koggen Norwegens befuhren Routen von Danzig bis nach Portugal, die Zahl der Küstenschiffe betrug aber wohl das 10fache, wenn auch das Transportvolumen zwischen kleinen und großen Schiffen insgesamt wohl etwa gleich war.

Erst im 15. Jhdt. tauchten in Westeuropa Schiffe mit 3 Masten, die Hulk, auf. Sie haben größere Tragfähigkeit, sind 45 m lang, haben mehrere Decks und ein Vor- und Achterkastell. Groß- und Fockmast tragen je ein Rahsegel, am Besanmast wird ein Lateinersegel geführt, das vor allem der Kursstabilität dient.

Die Entdeckungsfahrten Ende des 15. und im 16. Jhdt. wurden mit Karavellen gemacht. Sie hatten 50 bis 100 Raumtonnen Fassungsvermögen, Länge zu Breite betrug 4:1. Die Rekonstruktion der SANTA MARIA aus Spanien geht von drei Masten aus mit Rahsegel und einem Lateinersegel am Besanmast sowie erstmalig einem Rahsegel unter dem Bugspriet. Diese Schiffsart (Karake) war in Südwesteuropa entwickelt worden. Die notwendige Besatzungszahl war klein.

Ein größerer Schiffstyp war die NAO mit 100 bis 300 Raumtonnen, vier Masten mit Rahsegeln und einem Lateinersegel am Besan. Sie war ein Rundschiff, d.h. das Längen-Breiten-Verhältnis betrug 3:1, hatte höhere Aufbauten und einen größeren Tiefgang.

Holländisches Handelsschiff, eine Fleute, im 17. Jhd. Holland soll zu der Zeit 10.000 Handelsschiffe verschiedener Art besessen haben. Ein holländisches 100-Tonnen-Schiff fährt mit 10 Mann Besatzung, die Engländer benötigen dagegen 30. Bis 1669 wurde der Öresundzoll nach der »Trächtigkeit« bemessen, dies führte dazu, dass die Schiffe schmal mit stark einfallenden Seiten gebaut wurden. Dieser Typ war fast zwei Jahrhunderte im Gebrauch mit vielen Abwandlungen. Hier das achterlicher Unterwasserschiff mit großem Totholzbereich.

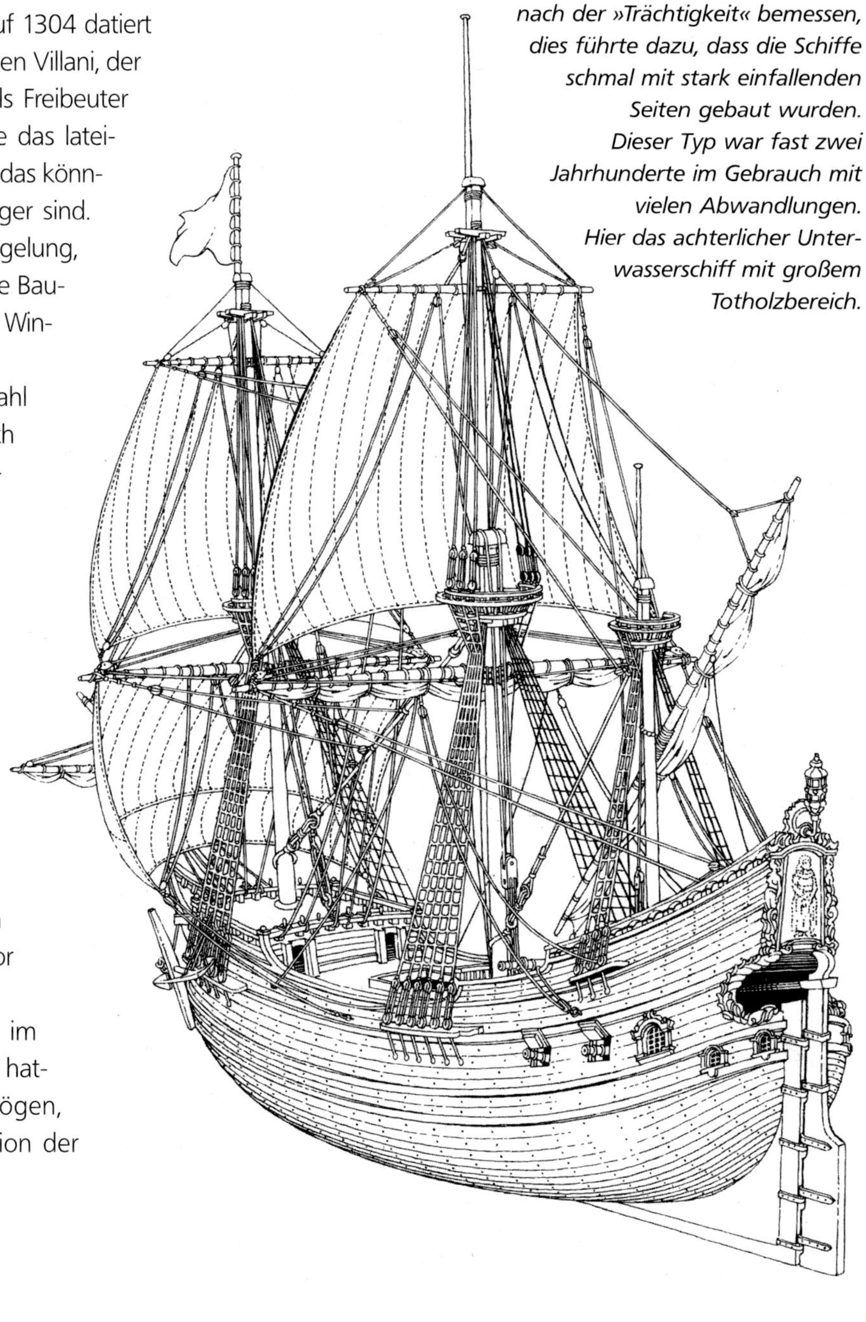

Die Holländer arbeiteten unermüdlich an einem neuen Schiffstyp. Er musste schneller sein als die Kogge und Karavelle, denn die Wege zu den Kolonien waren für die alten Schiffe weit. So entstand die Fleute, die sich so gut bewährte, dass sie von allen anderen Nationen nachgebaut wurde. Sie wird 1595 in Hoorn, Niederlande, gebaut. Sie ist preiswert zu bauen und braucht nur die halbe Besatzungsstärke. Sie war als Vollschiff getakelt, hatte ein rundes Heck und ein Längen-Breiten-Verhältnis von 5–6:1.

Im 16. Jhdt. wurde die Galeone entwickelt, um den steigenden Anforderungen nach Tragfähigkeit und Handlichkeit gerecht zu werden. Sie trug bis zu 1.000 t, hatte weniger hohe Aufbauten und bis zu vier Masten, an den beiden vorderen große Rahsegel für den Vortrieb und den beiden achteren Lateinsegel für die Manövrierfähigkeit. Das Verhältnis Länge zu Breite betrug 4:1.

Die Pinags war ein kleines Fahrzeug von 10 bis 20 t, das aber nur für Erkundungsfahrten eingesetzt werden konnte wegen unzureichender Hochseefähigkeit.

Josef Furtenbach veröffentlicht 1629 das erste deutsche Buch über Schiffbau und Seewesen in Ulm, die »Architektura Navalis«.

Anthony Deane zeichnete HMS RESOLUTION in einem Gemälde von Van der Velde. Obwohl die Segel wegen Sturm gekürzt sind, zeigt sie die große Union Flagge am Großmast, weil ein Admiral an Bord ist.

Dassié in Frankreich gibt 1677 sein Werk »l'architecture navale contenant la maniére de construiere les navires«, *Renault* (1689) »Théorie de la manoevre des vaisseaux « und Paul Hoste (1697) »Theorie de la construction de vaisseaux, que contient plusieurs traités de mathematique«. Es entwickelt sich eine Lehre vom Schiffbau, auch aus wissenschaftlicher Sicht.

Im 16. Jhdt. verloren die Galeeren ihre Bedeutung für die Handelsschifffahrt, vor allem wegen des Personalaufwandes und damit der Schwierigkeiten, ausreichend Seeausdauer und Nutzlast zu erreichen.

Die Galeone wurde das wesentliche Schiff in Europa sowohl als Fracht- wie als Kriegsschiff. Als Ostindienfahrer z.B. bekam es leichte Bewaffnung. Mit voller Bewaffnung auf einem Batteriedeck war sie ein häufig anzutreffendes Kriegsschiff. Die Größe betrug 400 bis 800 t. Länge war bis zu 60 m, die Breite bis zu 15 m. Fock- und Großmast trugen Rahsegel, jetzt schon aufgeteilt in Groß-, Mars- und auch Bramsegel, beide Kreuzmasten waren je mit einem Lateinersegel bestückt. Die Ruderpinne wurde mit dem Kolderstock nach oben verlängert, denn das Schiff hatte drei bis vier Decks. Im Laufe des 16. Jhdts. verdreifachte sich die Segelfläche. Natürlich gab es lange Zeit auch noch die alten Schiffstypen.

Die Reisedauer Lissabon–Indien beträgt im 16. Jhdt. 5–6 Monate, es gibt aber auch Rekordzeiten von unter 4 Monaten. Die Abfahrt Lissabon erfolgt meist um den 1. März, die Verluste betragen 5–10 %.

Ein holländischer Küstenfahrer, eine Flotte am Wind auf der Zuider See. Gravur von Frans Huys nach Peter Brengel 1565.

In Schiffbau und Flottengröße sind die Niederlande im 17. Jhdt. die führende Nation. Die Größe ihrer Handelsflotte im Jahre 1678 wird mit 568.000 t angegeben. Die Werften arbeiten sehr rationell, sodass ein Schiff von ihnen nur die Hälfte eines gleichwertigen fremden Schiffes gekostet haben soll.

Der stark wachsende Schiffbau in Europa lässt auch die Holzverschiffung in der Ostsee in der zweiten Hälfte des 17. Jhdts. stark anschwellen und lässt Spezialschiffe dafür entstehen. Etwa 200 bis 400 Last = 400 bis 800 t groß, es sollen damals 1.000 solcher Holztransporter unterwegs gewesen sein. Ein Linienschiff benötigte – Masten, meist aus Föhren, nicht mitgerechnet – 1.000 t Last Bauholz.

In Sibirien wird im 17. Jhdt. ein spezieller Schiffstyp, die Kock, für die Eismeerfahrten entwickelt. Wesentlich ist der runde Hauptspant, sodass das Eis das Schiff nicht zerdrückt, sondern herausschiebt. Es ist etwa 20 m lang, 6 m breit, kann gerudert werden, hat aber auch einen Mast mit einem Rahsegel.

Zur Seemannschaft und Schiffsführung auf Kriegsschiffen schreibt der französische Schiffspfarrer *Paul Hoste* erstmalig ein Buch zu diesem Thema: »L'Art des Armies Navales«, Lyon 1697.

Es gibt damals schon Fischerboote mit Seewassertanks, um wertvollere Fische lebend frisch anlanden zu können.

Im 17. Jhdt. wurden diese schnellen Schiffe insbesondere in den Niederlanden weiterentwickelt, für eilige Transporte, als StaatsYachten z.B. auch an englische Könige und Fürsten, die damit Yachtrennen organisierten. Sie legten den Grundstein für den heutigen Yachtsport.

In der Regierungszeit (40 Jahre) Kaiser Karl V zu Beginn des 16. Jhdts. verlassen 2.421 Schiffe Spanien und 1748 kehren zurück. Der Verlust von 673 Schiffen hat verschiedene Ursachen: Verbleib oder Abwracken in Amerika, Unfall oder Piraterie und feindliche, vor allem französische Kaperung. Deswegen fahren die spanischen Schiffe zunehmend in Geleit im Schutz von Kriegsschiffen.

1564 gibt König *Philipp II.* (1556–1598) einen Erlass heraus, dass es nur zwei große Geleitzüge von Spanien nach Amerika jährlich gibt. Gegen Ende des Jahrhunderts ist jedes Geleit etwa 70 Schiffe stark.

Im 17. Jhdt. seien die Verluste anhand dokumentierter Zahlen der V.O.C., der niederländischen Ostindien-Compagnie dargestellt:

Von 1602 bis 1700 fahren 1.760 Schiffe nach Ostasien, 55 gehen verloren, 993 kehren zurück. Die Verluste sind aber geringer, als man gemeinhin meint. Wenn man von den Verlusten nur die ohne Fremdeinwirkung rechnet, so hat der Seetransport schon eine gewisse Sicherheit erreicht.

Anfang des 17. Jhdts. wurden auch am dritten hinteren Mast (Besanmast) Rahsegel geführt, das Vollschiff entstand. Stagsegel wurden zum Bestandteil der Takelage, um die Manövrierbarkeit zu verbessern.

Neben den Franzosen machten die Amerikaner im 18. Jhdt. die bemerkenswertesten Verbesserungen im Schiffbau. Das erste in Amerika gebaute Schiff, das Depeschen-Schiff ST. ANN, kam 1736 nach Portsmouth und beeindruckte so, dass die britische Admiralität sie im Trockendock vermessen ließ.

Anstatt eines großen Gaffelsegels am Besanmast wird dieses in drei kleinere unterteilt und der Besanmast erhöht.

Im 18. Jhdt. richten Großbritannien und Spanien erstmalig regelmäßig, meist wöchentlich abfahrende Postschiffe ein. Natürlich konnte nur die Abfahrtzeit genau festgelegt werden. Das änderte sich dann erst in der 2. Hälfte des folgenden Jahrhunderts mit dem Einbau von Dampfmaschinen.

Mitte des 19. Jhdts. löst Draht den seit Jahrzehnten verwendeten Hanf im stehenden Gut ab. Im laufenden Gut werden

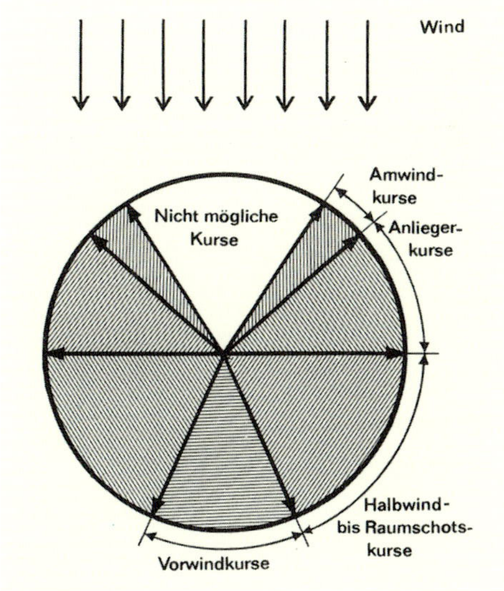

Das Bild zeigt die möglichen Kursen eines nur durch den Wind getriebenen Schiffs. Jedoch gibt es zwischen den Am-Wind-Kursen auf Steuerbord-Bug und Backbord-Bug einen für das Segelschiff nicht nutzbaren dazwischen liegenden Winkelbereich. Das Segelschiff läuft also nur eine bestimmte »Höhe« am Wind.

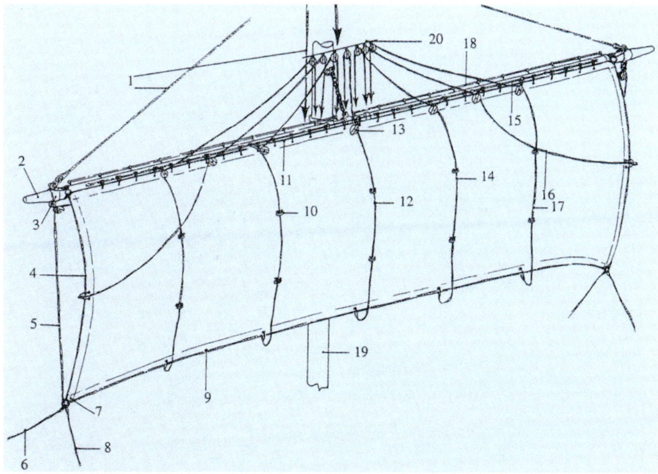

Leinen zum Setzen und Reffen des Rahsegels.
Die Seitenränder haben zur Verstärkung eine Taueinfassung. Die Geitane dienen zum Bergen der Rahsegel, die Halse als Antagonist der Schot, wenn das Unterliek des Rahsegels lose ist. Das Segel wird mit dem Oberliek durch Rahbändsel an das Jackstag, ein dünnes Rundeisen auf der Rah, gebunden. Als letztes Segel bei zunehmendem Sturm bleibt das Untermarssegel, das zwischen zwei Rahen aufgespannt ist.
1 Toppnant, 2 Rahnock, 3 Nockbund, 4 Seitenliek, 5 Geitau, 6 Schot, 7 Schothorn, 8 Hals, 9 Unterliek, 10 Leitklote, 11 Oberliek, 12 Innengording, 13 Leitblock, 14 Mittelgording, 15 Jackstag, 16 Nockgording, 17 Außengording, 18 Handstag, 19 Mast, 20 Marssaling

Stoppen des amerikanischen Vollschiffs E. F. GABAIN, gebaut 1858 in Quincy, USA, 1877 bei Kap Hoorn in einem Seebeben gesunken. Die Segel des Großmastes sind back gebrasst. Das Schiff treibt im rechten Winkel zum Kurs ab.

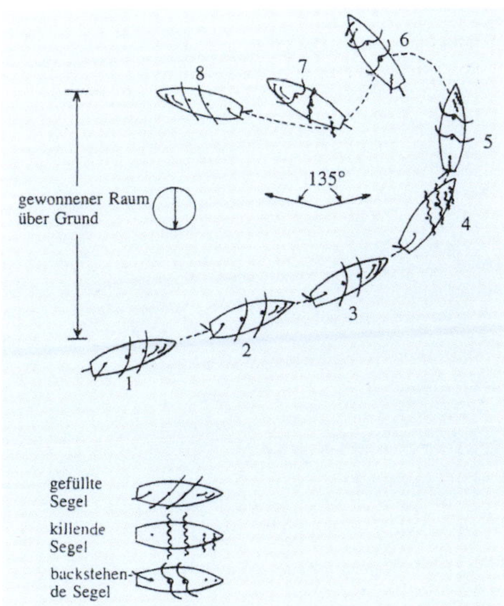

Ablauf einer Wende
Obwohl sie nur etwa die halbe Zeit wie bei einer Halse kostet und dabei weiter Raum gegen den Wind gewonnen wird, gilt die Regel: Unter 5 kn und über 12 kn Windgeschwindigkeit keine Wende fahren. Wenn bei stärkerem Wind die Segel back schlagen kann die Belastung für das stehende Gut zu groß werden. Back geschlagene Segel bringen das Schiff zum Stehen. Es kann sogar Rückwärtsfahrt aufnehmen, Das Heck kann in den Wind gedreht werden und das Schiff durch Halsen auf neuen Kurs gebracht werden (Backhalsen).

Hauser schreibt über das Wenden der PAMIR: »… Es dauert – wenn alles gut geht – etwa 20 min. Es ist die härteste und konzentrierteste Arbeit, die ich kenne. Zweihundert Flaschenzüge müssen geholt werden, und alles nur mit zwölf bis fünfzehn Mann …«

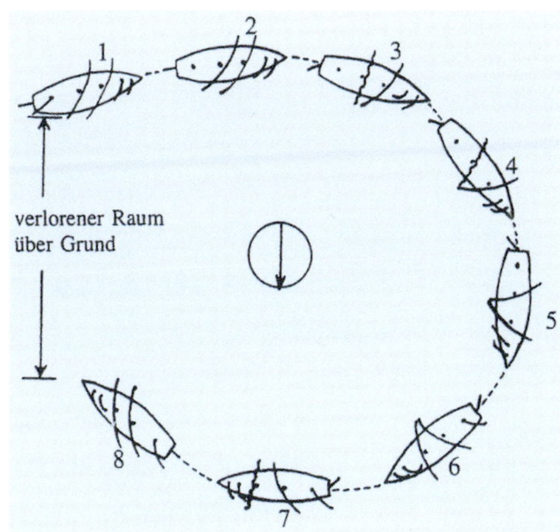

Ablauf einer Halse
Immer muss das Drehen des Schiffs durch die Segelkräfte unterstützt werden.

Die britische ENDEAVOUR *von Capt. Cook. Trotz ihrer völligen Linien lief sie bei günstigem Wind über 6 kn, Baujahr 1764 als Kohlenfrachtsegler*

leicht bewegliche Ketten angewendet. Die Taljen werden durch Wantenspanner und Spannschrauben abgelöst.

Bis zum 20. Jhdt. hat der Walfang im Fischereiwesen immer eine Rolle gespielt und dementsprechende Schiffe erfordert. Die Wale sind dadurch immer mehr in die kalten Gewässer zu den Polen abgedrängt worden. Um Spitzbergen waren z.B. 1700 178 Fangschiffe im Einsatz, 807 Wale wurden gefangen. 1680 – einem sehr ergiebigen Jahr – waren es 148 Schiffe und 1.373 gefangene Wale, also fast 10 Wale je Schiff gewesen.

Zur Quantifizierung der Segelleistungen hat *J. Broelmann*, Deutsches Museum München, aus Literaturquellen folgende Übersicht zusammengestellt:

Jahr	Typ	durchnittl. Geschwindigkeit kn	Rumpflä[illegible] m
0-300	Röm. Getreideschiff	1,5–3,3 3,4–6,2	36
850	Gokstad-Schiff	ca. 4	23
1380	Hanse-Kogge	ca. 3	22,6
1498	Flanderngaleere	3–3,6	41,2
1492	SANTA MARIA	3,5	21,3
1498	V. da Gama	4,1	25
1606	SUSAN CONSTANT Nachbau 1957	10,2 max.	24,5
1629	Galeere unter 2 Segeln	8,75	47,2
1837	Sumners Schiff	6,5	61
bis 1850	US-Klipper	4,8 (4,0–4,9)	67
1850	Klipper	6	76
ab 1870	Frachtsegler	4,83 (3,1–7,2)	80
1870 bis 1910		4,56 (3,2–5,8)	76,[illegible]
1902	PREUSSEN	7,15 (4,6–11,1)	12[illegible]
1926	Rotorschiff	5	45
1932	PARMA	7,5	10[illegible]
1978	GORCH FOCK	13	8[illegible]
	Dyna-Projekt	11	150
1983	Kreuzfahrt-Passagierschiff	10–14	10[illegible]
	Yachten		
1905	ATLANTIC	10,3	41,[illegible]
1935	STORMY W.	6,6	1[illegible]
1935	6-M Yacht	5,75	1[illegible]
1935	J-Klasse	9,75	4[illegible]
1972	PEN DUICK IV	5,8	2[illegible]

4.2 Zusammenwirken von Schiff und Segel

Der Schiffbauer muss dafür sorgen, dass das Segelschiff neben ausreichender Stabilität bzw. Segeltragefähigkeit auch ausreichend Widerstand gegen Abdrift hat, wenn der Wind nicht achterlich, also nicht in Fahrtrichtung, einfällt.

durchschnittl. Froude-Zahl	Bemerkungen
0,044–0,096	langsame Reisen
0,1–0,18	schnelle Reisen
0,136	
0,104	
0,077–0,092	
0,144	Passat
0,143	Monsun
0,36	kurzfristig
0,209	Kurzfristige Meilenfahrt
0,14	gute Reise
0,1	7 Schiffe, 135 Reisen
0,121	
0,093	28 Schiffe, 149 Reisen
0,097	20 Schiffe, 153 Reisen
0,112	
0,122	BADEN-BADEN ex. BUCKAU
0,130	
0,239	kurzfristig
0,155	
0,279	Transatlantikrennen
0,287	
0,310	
0,277	
0,200	

Entscheidend für die Segeltragfähigkeit ist das Stabilitätsmoment, das so im Verhältnis zur Segelfläche stehen muss, dass sich unter dem Winddruck ein Großsegler nicht mehr als 5°, eine Yacht nicht mehr als 10° neigt.

Einen geringen Fahrtwiderstand und geringe Leegierigkeit, also hohen Widerstand gegen Abdrift, erreicht man durch einen großen Lateralplan, also große Länge in der Wasserlinie x Tiefgang und geringen Querschnitt des Hauptspantes. Das Schiff muss also ein großes Länge : Breite-Verhältnis haben. Zum Beispiel sei ein Schiff 11 m breit und 5,50 m tief im Wasser und habe damit einen Querschnitt von 60,5 m^2. Es benötige 30 lbs/sqft (ca. 1.440 N/m^2), um es mit 10 kn durchs Wasser zu treiben. Wenn das Schiff 6fache Länge hat, also 66 m lang ist, hat es 361,21 m^2 Lateralfläche und annähernd 6fachen Widerstand gegen Abdrift. Der ist noch höher bei schlanken Wasserlinien und scharfem Bug.

Eine alte Daumenregel sagt, dass ein Segelschiff etwa das 6fache seiner Lateralfläche als Segelfläche tragen kann, also in unserem Beispiel 2.167 m^2 bei frischer Brise (1865).

Mit diesem Verhältnis 6:1 wäre unser Schiff ein übliches. Um es zu verbessern, fügt der Schiffbauer Unterwasserfläche, vor allem am Vorschiff und Achterschiff (dead wood), als auch am Kiel (false keel) ohne viel zusätzliche Wasserverdrängung hinzu. Das ist häufig bei Klippern und schnellen Segelyachten zu finden. Dazu dienen auch hochziehbare Seitenschwerter, aus Holland bekannt, oder Kielschwerter bei flachgehenden Segelbooten. Wenn die Lateralfläche vor allem Mitschiffs ist, reagiert das Schiff natürlich schneller auf Ruderlegen.

Bei einem Schiff mit rundem Hauptspant bzw. Bilgen muss mit etwas ungünstigerem Verhältnis gerechnet werden.

Scott Russel gibt für ein Segelschiff, dessen Rahen 45° angebrasst sind, folgende Kraft- und Geschwindigkeitsverhältnisse an:

Lateralplan : Hauptspantfläche	6 : 1	8 : 1
Windkraft	1	1
Windkraft je m^2 Lateralplan	6	4,5
Windkraft je m^2	36	48
Geschwindigkeit voraus [kn]	10	13,6
Geschwindigkeit nach Lee [kn]	1,7	1,5

Scott Russel gibt den Erfahrungswert zur Segelfläche an: 36 m^2 Segel je 1 m^2 Hauptspant unter der Wasserlinie für eine schnelle Fregatte.

Dieser Richtwert kann bis zum Dreifachen überschritten werden bei Schiffen, bei denen Geschwindigkeit im Vordergrund steht und bei leichtem Wind.

Die theoretisch vorteilhafteste Segelstellung ist die, welche den Winkel zwischen der scheinbaren Windrichtung, denn nur die wirkt am Schiff und ist immer vorlicher als der wahre Wind, und der Kiellinie des Schiffs halbiert. Wegen der Abdrift, die 8°–12° nicht überschreiten soll, muss die Rah noch etwas mehr angebrasst werden. 40°–50° (vier Strich) von vorn ist der kleinste Winkel, bei dem ein Segelschiff (Rahsegler) noch Fahrt macht. Die Geschwindigkeit nach Luv, also direkt entgegen den Wind, ist immer nur Schiffsgeschwindigkeit über Grund mal cos des Winkels zwischen Wegrichtung über Grund und Windrichtung. Das Schiff darf nur so weit an den Wind gehen, dass diese Luv-Geschwindigkeit maximal wird.
Der Winddruck (Kraft) auf eine Fläche ist:

$F = c \cdot A \cdot \rho/2 \cdot v^2 = c \cdot A \cdot 0{,}6125 \cdot v^2$,
wenn Luftdichte $\rho = 1{,}22\ kg/m^3$

Fällt der Wind unter dem Winkel α ein, so ist
$F = c \cdot A \cdot 0{,}6125 \cdot (v \cdot \sin\alpha)^2$

Und die Vortriebskraft
$F_v = F \cdot \cos\beta$, worin β der Winkel zwischen Rah und Kiellinie ist.

Die Segelfläche wird unterteilt wegen ihrer Handhabbarkeit und wegen ihrer Machbarkeit.

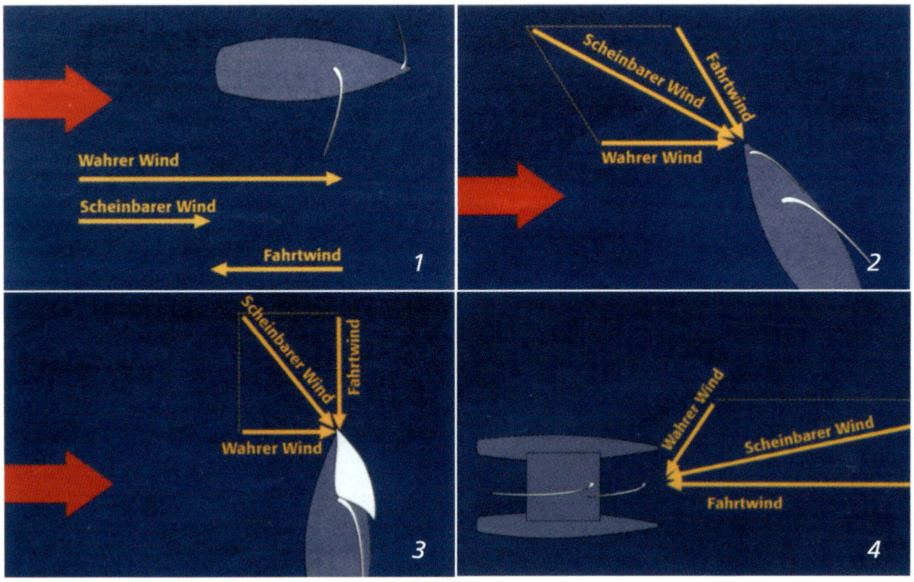

1. *Kommt der Wind von achtern, reduziert sich der wahre Wind um den Fahrtwind, ist also schwächer. Deswegen die alte Segler-Regel: Vor dem Sturm ablaufen.*
2. *Hoch am Wind: Wahrer Wind schräg von vorn lässt durch die Fahrt den scheinbaren Wind stärker werden, aber spitzer einfallen.*
3. *Schneller als der wahre Wind: Bei flauem Wind kann schon ein Leichtbau recht schnell sein: starker scheinbarer Wind.*
4. *Katamarane oder Eisyachten können so viel Fahrt aufnehmen, dass sie zusammen mit dem wahren Wind einen scheinbaren Starkwind erzeugen.*

Schiffstyp	Länge [m]	Segelfläche [m^2]	Segelfläche je Mast [m^2]	Fläche je Segel [m^2]
Einmast-Dau	13	43	43	43
Zweimast-Dau	24	226	113	113
Zweimast-Dau	30	386	193	193
Fünfmast-Vollschiff	124	4670	934	200

Aus der Tabelle ist ersichtlich, dass bei den Dauen die Erhöhung der Anzahl der Masten von 1 auf 2 ausreichte, um Segelgrößen zu realisieren, die im Schiffsbetrieb noch einwandfrei handhabbar waren. Nur in Sonderfällen haben Dauen 3 Masten. Beim Extremfall des Fünfmast-Vollschiffes ergab sich jedoch eine durchschnittliche Segelfläche je Mast von über 900 m^2, sodass eine weitere Unterteilung unabdingbar war. Das führte zu etwa 35 Segeln. Wegen der unterschiedlichen Segelgrößen dieses Schiffes wurden die Schratsegel nicht berücksichtigt und nur die ungefähre durchschnittliche Größe der Rahsegel mit 200 m^2 ermittelt. Der durchgeführte Vergleich skizziert die Entwicklung von Segelgröße und Struktur der Takelage von Segelschiffen. Vermerkt sei an dieser Stelle noch, dass durch die Begrenzung der Fläche der einzelnen Segel die Herabsetzung der Segelwölbung durch Strecken der Segel auf Am-Wind-Kursen mit allen daraus resultierenden Vorteilen besser beherrschbar ist.

Die Aufteilung der Segelfläche auf die Masten und ihre dortige Unterteilung erfolgt unter Berücksichtigung der Balance, d.h. des Kräftegleichgewichtes zum Lateralwiderstand. Die aus den Segelkräften resultierenden Momente bezüglich des Lateralschwerpunktes müssen also vorne und achtern gleich sein. Zur Festlegung der Formparameter der einzelnen Segel wurden aus der Erfahrung bewährte Auslegungsregeln genutzt, die auch ziemlich strikt eingehalten wurden, ebenso wie die geteilte Verantwortung (Schiffbauer/Werft – der Schiffskörper; Kapitän/Reeder – die Takelage) für das Gesamtschiff. Damit wurden aber auch Weiterentwicklungen behindert.

Die Stagsegel werden häufig nur zum Trimmen oder zum Steuern, weniger zum Vortreiben eingesetzt.

Die Aufteilung der Segelfläche auf die Masten und ihre dortige Unterteilung erfolgt unter Berücksichtigung der Erhaltung der Balance zum Lateralwiderstand und der Ausgewogenheit der Gestaltung. Segelflächen mal Hebelarm zum Lateralschwerpunkt müssen also vorn und achtern etwa gleich sein.

Das Moment der Vordersegel zu Moment der Hintersegel

scharfe Schiffe	1 : 0,75
breite Schiffe	1 : 0,8
Schoner mit Rahsegeln	1 : 0,85

Die weitere Rechnung zur Festlegung der einzelnen Segel nutzt aus der Erfahrung bewährte Verhältniswerte. So galt beispielsweise für ein dreimastiges Schiff:

Segelfläche	Vormast	1,41
	Hauptmast	2
	Besan	1

Die Segelfläche soll betragen im Verhältnis zur Fläche des eingetauchten Hauptspants:

Viermastbark	A_S	=	32 x Hauptspantfläche
Brigg	A_S	=	55 x
Schoner	A_S	=	60 x
Yachten	A_S	<	100 x

Diese Verhältniswerte wurden auch für die Längen der Rahen an den drei Masten genommen, und für die Aufteilung am Mast galt z.B. bei vier Segeln ein Breitenverhältnis:

Hauptsegel	3,3
Bramsegel	3,035
Marssegel	2,147
Royal	1,518

Die Länge der Rahen wurde gefunden aus der Quadratwurzel der doppelten Segelfläche. Die Höhen waren jeweils die Hälfte der Länge der jeweiligen unteren Rah.

Bis Mitte des 19. Jhdts. verfügte der Schiffbauer aber über detaillierte Tabellenwerke, die Proportionen und Abmessungen der einzelnen Komponenten der Takelage festlegten, wobei es für die einzelnen Schifffahrtsnationen abhängig von der Bauart der Schiffe durchaus unterschiedliche Festlegungen für die Takelage gab. In der britischen Royal Navy wurden die Dimensionen der Masten und Rahen für den Großmast eines 100-Kanonen-Schiffs wie folgt festgelegt:

Großmast

Länge	117	Fuß
Durchmesser	39	Zoll
Rahlänge	102	Fuß 4 Zoll
Durchmesser	24	Zoll

Marsstenge des Großmastes

Länge	70 Fuß
Durchmesser	$20^3/_4$ Zoll
Rahlänge	73 Fuß
Durchmesser	$15^1/_2$ Zoll

Bramstenge des Großmastes

Länge	35 Fuß
Durchmesser	$11^5/_8$ Zoll
Rahlänge	48 Fuß 9 Zoll
Durchmesser	10 Zoll

Analog sind die Segelabmessungen z.B. für ein Schiff 1. Ranges wie folgt angegeben:

Großsegel

hoch	19 Ellen
breit, oben	40 Ellen
breit unten	40 Ellen
Fläche	760 $Ellen^2$

Großmarssegel

hoch	28 Ellen
breit oben	24 Ellen
breit unten	39 Ellen
Fläche	914 $Ellen^2$

usw.

Wichtig ist, dass beim Bergen von Segeln wegen auffrischenden Winds die Kräfte-Balance erhalten bleibt und nicht ständig mit dem Ruder gegengehalten werden muss. Das spielte besonders bei den schnellen Klipper-Schiffen eine Rolle, um nicht Geschwindigkeit zu verlieren.

Der Konstrukteur eines Segelschiffes muss versuchen, das Zentrum der Windkraft in den Segeln, also der gedachte Punkt in der Segelfläche, in dem alle Kräfte vereint angreifen, und den Schwerpunkt des Wasserwiderstands gegen Abdrift im Lateralplan abzustimmen, im ersten Ansatz liegen beide mittschiffs. Es ist immer wieder bei Großseglern vorgekommen, dass man an fertigen Schiffen Korrekturen vornehmen musste. Die Erfahrung lehrte, dass schlanke Schiffe weniger anfällig gegen unzureichende Balance sind als völlige. Eine weitere Erscheinung ist, dass Segler mit langem geraden Mittelschiff zu Luvgierigkeit neigen und empfindlich auf achtern stehende Segelfläche reagieren. Die Lage des Lateralschwerpunktes ändert sich auch mit der Geschwindigkeit. Wenn sich das Schiff unter dem Winddruck neigt, wandert der Lateralschwerpunkt nach vorn – zunehmender Widerstand am Vorschiff –, das Schiff wird luvgierig. Mehr Segelfläche vorn ist eine Gegenmaßnahme, denn das Schiff sollte immer etwas luvgierig sein zur Erleichterung des Wendens. Der Segelschwerpunkt wandert beim Überlegen des Schiffs nach Lee, es ergibt sich ein anluvendes Moment, darum Segelschwerpunkt vor dem Lateralschwerpunkt. Bei Rahseglern mehr, da der Segelschwerpunkt beim Anbrassen die Lage behält, bei Gaffelsegel nach vorn und nach Lee wandert. Der Kraftangriffspunkt im Lateralplan sollte also nach Erfahrung etwas achterlicher als mittschiffs liegen – deswegen sind Segler häufig achtern tiefer getrimmt als vorn – und der Segelkraftangriffspunkt sollte dazu etwa $^1/_{20}$ der Schiffslänge weiter nach vorn liegen.

Die Verhältnisse am Segel und die Wechselwirkung der Kräfte am Segel und am Schiff werden sofort komplizierter, sobald Windrichtung und Kurs des Schiffes nicht übereinstimmen. Vom Segel wirken zwei Komponenten der Windkraft, die Vortriebskraft in Kursrichtung und senkrecht dazu die Abdriftkraft (entspricht in der Luftfahrt dem gewünschten Auftrieb).

Durch die Abdrift ist der Kurs am Wind, gemessen als Kurs über Grund, mehr nach Lee als der gesteuerte Kompasskurs.

Quantitative Anfgaben dazu gab es schon 1702 (zitiert von *J. Robertson*):

»Allowances for Leeway

1st: When a ship is closehauled, has all her sails set, the water smooth, and a moderate gale of wind, she is then supposed to make little or no layway.

2nd: Allow one point (Anm.: 1 Strich), *when it blows so fresh that the small sails are taken in.*

3rd: Allow two points, when the top-sail must be close reefed.

...

5th: Allow three and a half points, when both top-sails are to be taken in. ...«

Auch heute noch gilt für einen Rahsegler:

Hart am Wind sollte der Abdriftwinkel nicht mehr als ca. 10° betragen. Rahsegel und Schratsegel müssen dann sehr gestreckt, flach, gezogen sein, um die größtmögliche Vortriebskraft zu ergeben. Bei einem bandigen Segel ist der Winkel zwischen scheinbarem Wind und Segelfläche kleiner. Es ist üblich, nur bis 45° zur Mittschiffslinie oder vier Strich zu brassen. Bei mehr steigen Abdrift und Krängung stärker als der Vortrieb.

Beim Segeln vor dem Wind decken die achteren Segel die vorderen ab, sodass die Stagsegel und hinteren Untersegel meist ganz geborgen werden. Die größte Geschwindigkeit ergibt sich bei halbem bis raumem Wind, wenn alle Segel direkt Wind erhalten und ziehen können.

Die Takelage und Segel war nicht die Verantwortung des Schiffbauers, sondern der Schiffsführung. Der Schiffbauer muss nur für eine gute Abstimmung zwischen Segeln und Segelfläche einerseits und andererseits mit den Eigenschaften, den Proportionen und Dimensionen des Schiffsrumpfes sorgen. Diese Balance ist die Verantwortung des Schiffbauers.

Bis Mitte des 19. Jhdts., bis also zu Beginn der allmählichen Ablösung des Segelantriebes durch den Dampfantrieb, wurde die Besegelung und damit der Segelplan nicht vom Schiffbauer entwickelt, sondern die Schiffbauer schauten in Standardlisten von Spieren und Rahen sowie Taue für eine Schiffsgröße.

Eiserne Masten, Rahen und Stage erlaubten größere Segelflächen, sodass man dann auf die zusätzlichen Leesegel verzichtete, als der Eisenschiffbau auch bei Seglern angewendet wurde.

Die Rahen sollen so angebrasst sein, dass sie die Winkelhalbierende sind, des Winkels, mit dem der Wind zur Kiellinie des Schiffes einfällt. Die oberen Rahen werden nicht so stark angebrasst wie die unteren großen Rahen, das hat mehrere Gründe: Erst fangen die oberen kleineren Segel an zu killen, wenn das Schiff zu nah an den Wind geht. Auch ist die Windgeschwindigkeit in größeren Höhen höher als in Seenähe.

Dreieckssegel und Schonertakelung – oder engl. fore-and-aft rigs – haben gegenüber den rechteckigen Rahsegeln den Vorteil, dass sie gestreckt bessere Am-Wind-Eigenschaften geben. Das gilt auch für Gaffelsegel, obwohl die Gaffel, besonders wenn das Segel nur an den Enden festgemacht ist, zum Schwingen nach Lee neigt. Das kann allerdings durch Stagen an der Gaffel reduziert werden.

Ein weiterer Unterschied ist, dass beim Brassen der Rahsegel der Kraftangriff auf einem Kreis um den Mast festbleibt, während er sich beim Stagsegel ändert. Andererseits ist das Stagsegel ein ausgezeichnetes Hilfssegel bei maschinellem Antrieb.

Je mehr der Wind von vorne kommt, also je härter am Wind gesegelt wird,

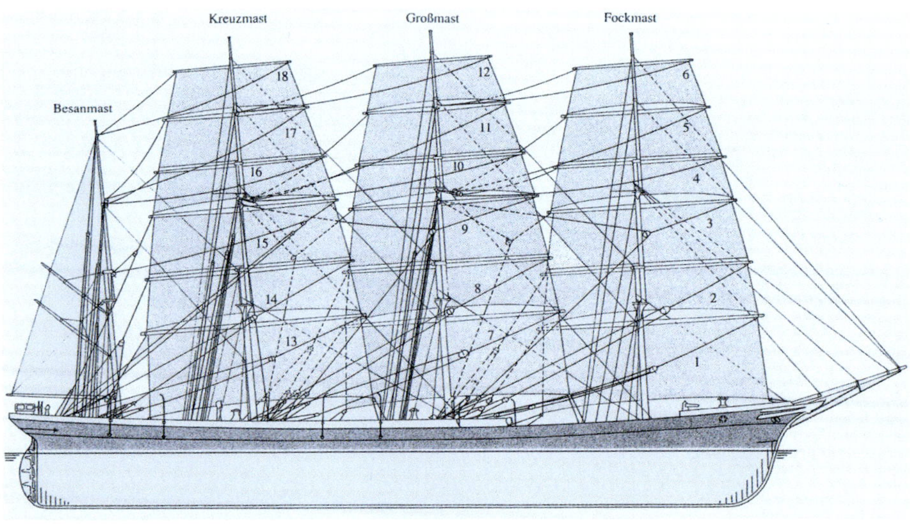

Segel, Rahen und Brassen einer Viermastbark. Einige Rahen sind vertikal beweglich, um den Schwerpunkt nach unten verlegen zu können und das Segelsetzen zu erleichtern. Die Toppnaten tragen das Gewicht der festen Rahen und der gefierten beweglichen.
1 Fockbrasse, 2 Vor-Unterarmbrasse, 3 Vor-Oberarmbrasse, 4 Vor-Unterarmbrasse, 5 Vor-Oberbrambrasse, 6 Vor-Royalbrasse, 7 Großbrasse, 8 Groß-Untermarsbrasse, 9 Groß-Obermarsbrasse, 10 Groß-Unterbrambrasse, 11 Groß-Oberbrambrasse, 12 Groß-Royalbrasse, 13 Bageinbrasse, 14 Kreuz-Untermarsbrasse, 15 Kreuz-Obermarsbrasse, 16 Kreuz-Unterbrambrasse, 17 Kreuz-Oberbrambrasse, 18 Kreuz-Royalbrasse

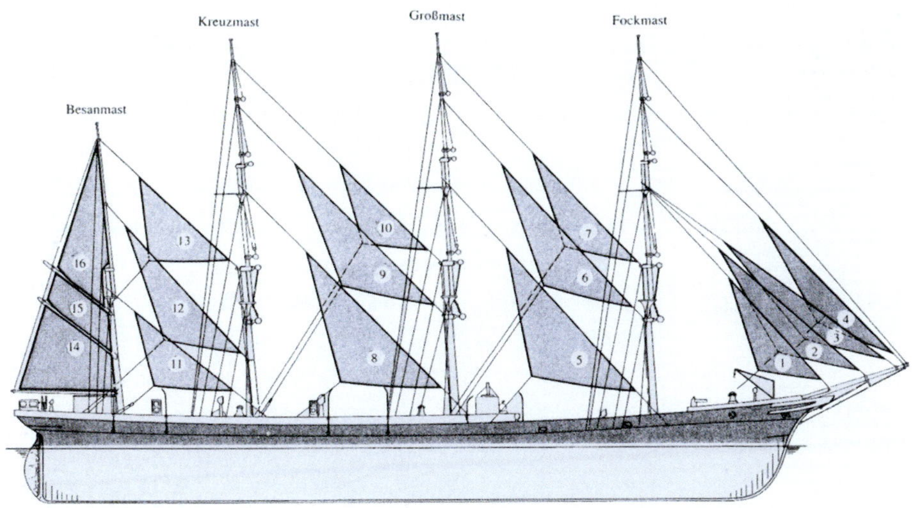

Stagsegel und Gaffelsegel einer Viermastbark:
1 Vorstengestagsegel, 2 Innenklüver, 3 Außenklüver, 4 Flieger, 5 Groß-Stengestagsegel, 6 Groß-Bramstagsegel, 7 Groß-Royalstagsegel, 8 Kreuz-Stengestagsegel, 9 Kreuz-Bramstagsegel, 10 Kreuz-Royalstagsegel, 11 Besan-Stagsegel, 12 Besan-Stengestagsegel, 13 Besan-Bramstagsegel, 14 Unter-Besan, 15 Ober-Besan, 16 Gaffeltoppsegel

desto flacher muss das Segelprofil sein, also als Tragflügel angesehen werden. Erst die im 20. Jhdt. n. Chr. gewonnenen Erkenntnisse in der Aerodynamik – getrieben durch den Flugzeugbau – haben das Verständnis der Strömungswirkung um das Segel gefördert. Nicht nur der Druckaufbau, sondern von gleicher bis größerer Bedeutung ist der Sogaufbau auf der Leeseite des Segels.

Ein zu bauchig am Wind gefahrenes Segel hat im vorderen Drittel des Windeinfalles keine Wirkung und im hinteren Drittel der Windabströmung eher entgegengesetzte Wirkung, die den Vortrieb reduziert. Das war auch schon im und vor dem 19. Jhdt. n. Chr. den Kapitänen aus der Erfahrung heraus bekannt. Das zeigt aber auch, dass die nominale Segelfläche eines Seglers noch nichts über die für den Vortrieb effektive Segelfläche aussagt und diese sich mit der Segelstellung stark ändert.

Das Rahsegel war das erste Segel im nördlichen, westlichen und östlichen Europa. Es wurde viele Jahrhunderte als alleiniges Segel gefahren. Seine Wirkung ist leicht verständlich, seine Wirkung bei vorlichen Winden schlecht. Dieses Verhalten konnte verbessert werden – der Zeitpunkt ist nicht bekannt – durch eine Holzstange, »*vergood*« genannt, später wurde es durch die Bugleine ersetzt, um das Luv-Liek zu strecken und damit am Killen und Verwirbelung des anströmenden Winds zu hindern.

Eiffel, der Erbauer des Eiffelturms, hat in Paris um 1910 als erster die Druckverteilung an gewölbten Flächen gemessen und die drei- bis vierfache Sogwirkung auf der Leeseite im Vergleich zur Luvseite des Segels festgestellt. Ein Segelboot wird also vorwärts gesogen und weniger gedrückt – genauso wie das Flugzeug mehr hochgesogen als gedrückt wird.

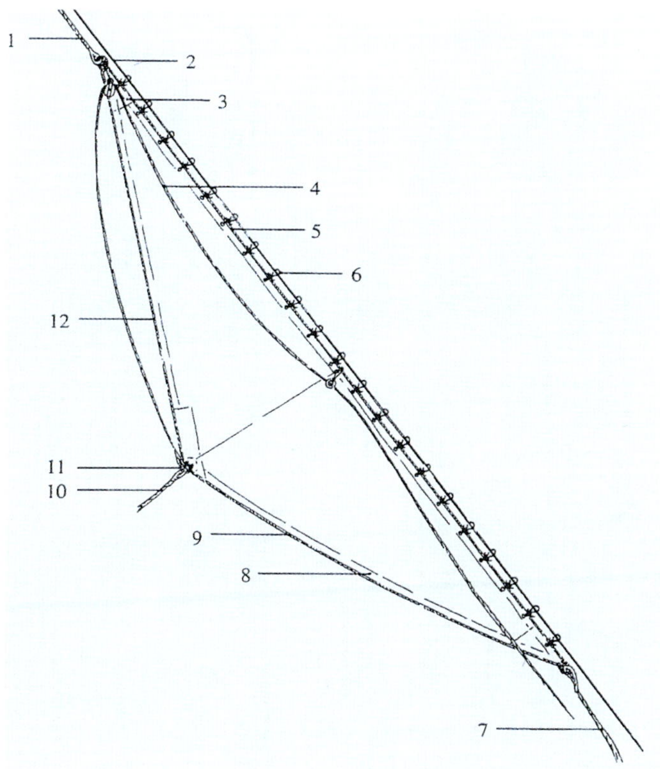

Stagsegel sind alle mittschiffs gefahrene Segel. Sie werden an Stagen mit Stagreitern oder Legel gefahren.
Die Gaffelsegel am Baum und Gaffel:
1 Fall, 2 Stag, 3 Kopf, 4 Niederholer, 5 Vorliek, 6 Stagreiter (Legel), 7 Hals, 8 Fuß, 9 Unterliek, 10 Schot, 11 Schothorn, 12 Achterliek

Die Wirkung des Segels

Es gibt schließlich einen Grenzwinkel ε, unterhalb dessen überhaupt keine Vortriebskomponente F_V mehr zu erzielen ist. ε markiert die Grenze zwischen Am-Wind-Kurs und dem Sektor nicht möglicher Kurse. Je geringer der Widerstand ist, umso höher kann das Fahrzeug am Winde laufen.

Beim Segeln mit raumem Wind ist ein hoher Widerstand bis zu einem gewissen Grade günstig für die Erzielung einer hohen Vortriebskomponente F_V in Fahrtrichtung. Es sind also auf den einzelnen Kursen unterschiedliche Gesichtspunkte für die Formgebung der Segelfläche, die eine Kompromisslösung erfordern, um ein gutes Allroundfahrzeug zu schaffen.

Die Umströmung eines Segels in einem horizontalen Schnitt auf etwa halber Segelhöhe ist durch ein glattes Abströmen an der Luvseite der Segelhinterkante und durch ein Abreißen der Leeströmung im letzten Segeldrittel gekennzeichnet.

Am Beispiel eines Gaffelsegels seien Druckkurven (Isobaren) bei drei verschiedenen Segelstellungen beschrieben:

- AI: Am Wind. Der Hauptdruck liegt im ersten Drittel des Segels. Der Druck vermindert sich in Richtung zum Vor- und Achterliek. Am Achterliek erfolgt schließlich der Übergang in einen kleineren negativen Druckbereich. Dieser verursacht das dem Segler bekannte unerwünschte Killen des Achterlieks.
- AII: Raumschotskurs. Gegenüber der Situation in AI verlagert sich hier der Druck hauptsächlich gegen den Mast, wo er zu beträchtlicher Höhe anwächst.
- AIII: Vorwindkurs. Hier prallt der Wind mit größter Wucht in der Mitte des Segels auf und gleitet mit abnehmender Druckwirkung nach den Seiten hin ab. Der Gesamtdruck auf das Segel setzt sich zusammen aus dem positiven Druck auf die Luvseite (untere Kurve) zuzüglich dem negativen Druck (Sog) auf die Leeseite (obere Kurve). Wir segeln eigentlich nicht mit dem Druck, der infolge des Windauffalls auf das Segel entsteht, sondern vielmehr mit dem Sog, der auf der Leeseite des Segels wirkt.

Wichtig ist hier noch die Erkenntnis, dass der Druckmittelpunkt, abhängig vom gesegelten Kurs, seine Lage bezüglich des Segels verändert und damit auch das Kräftegleichgewicht des Schiffes unter Segel.

An das Segel werden unterschiedliche, z.T. sich widersprechende Anforderungen gestellt, sodass keine Ideal-, sondern nur eine Kompromisslösung erreicht werden kann. Nachstehend werden einige Einflussfaktoren auf die Wirksamkeit eines Segels analysiert.

Der Einfluss der Segelwölbung

Ein wesentliches Problem der Gestaltung von Segeln ist ihre effiziente Wölbung. Als Faustregel gilt: Je leichter der Wind, desto größer muss die Wölbung des Segels sein. In diesem Zusammenhang sei erwähnt, dass ein durch Latten fixiertes Segel einen etwa 20% höheren Wirkungsgrad hat als ein normales Segel.

Zur detaillierteren Betrachtung werden Untersuchungen an Platten unterschiedlicher Wölbungen herangezogen. Die experimentell ermittelten Polarkurven sind als Funktion der Profilwölbung dargestellt. Auf den Kurven sind die jeweiligen Anstellwinkel α angegeben. Der Abstand Nullpunkt-Anstellwinkel ist das Maß für Größe und Richtung der im Segel entstehenden resultierenden Kraft F, zu der jeweils ein Wertepaar k_y (= F_A; Auftrieb) und k_x (= F_W; Widerstand) gehört. Die Polarkurven zeigen deutliche Unterschiede. Als günstig ist jener Kurvenverlauf anzusehen, der den höchsten Auftriebswert und gleichzeitig den geringsten Widerstandswert aufweist. Diese Aussage gilt für Am-Wind-Kurse, wohingegen bei Raumschots- oder Vorwindkursen die Gesamtkraft R von entscheidender Bedeutung ist. Da die Widerstandskomponente, da sie weniger oder gar nicht gegen die Fahrtrichtung fällt, ist sie nicht so bedeutsam. Die Betrachtung der Kurven zeigt:

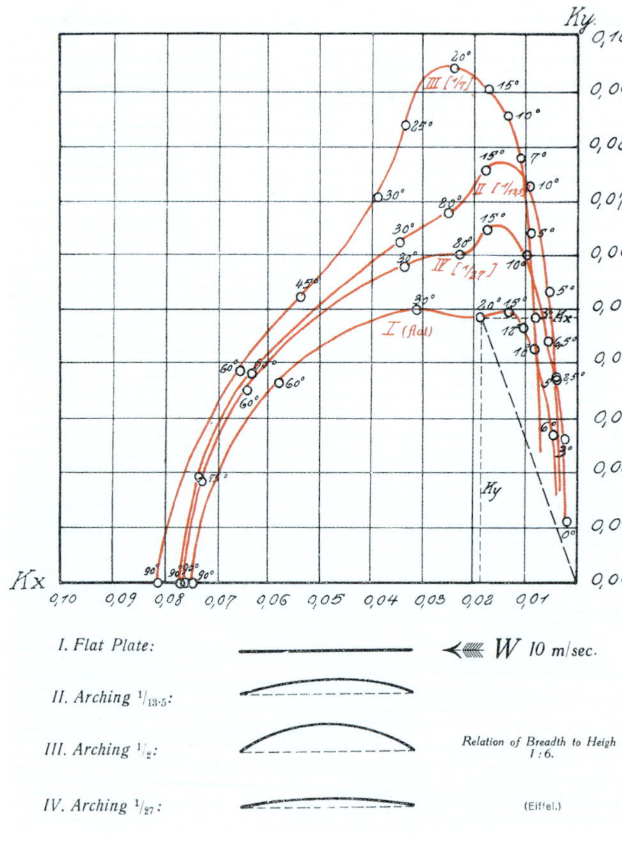

Polarkurven für verschiedene Wölbungen nach Eiffel 1910. Eingezeichnet ist für die ebene Platte bei 20° Neigung zur Windrichtung die Vortriebskraft K_X in Windrichtung und die Abtriebskraft K_Y. Dieses Kräfteverhältnis ist besonders wichtig am Wind. Das flache Segel ist auf allen Kursen unterlegen, die Wölbung sollte zwischen 1:7 bis 1:13,5 betragen. Bei realen Segeln ist sie meist geringer mit nur 1:30. Eine gleichmäßige Wölbung ist wohl am besten, wie Versuche 1921 in England ergeben haben, die Wölbung und nicht die Lage des »Bauches« ist entscheidend.

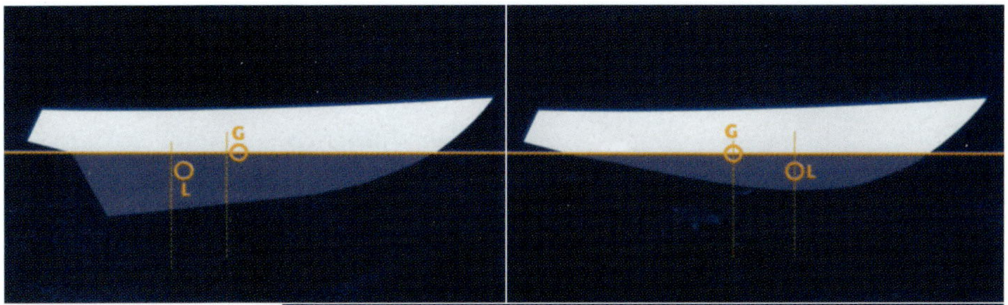

1. Ein langer Kiel mit viel Fläche achtern und dem Flächenschwerpunkt L hinter dem Gewichtsschwerpunkt G wirkt wie eine Windfahne. Das Schiff ist kursstabil.

2. Ein im Vorschiffbereich besonders ausgeprägter Lateralplan weist auf eine wendige Konstruktion hin. Yachten mit sehr flachen Hecks steuern unruhig und drehen mit wenig Ruderlage auf der Stelle. Das Schiff ist wendig.

3. Liegen Druckpunkt der Segel (S) und des Lateralplans (LP) übereinander, steuert eine Yacht neutral; liegt S vor LP, ist sie leegierig. S hinter LP bedeutet Luvgierigkeit.

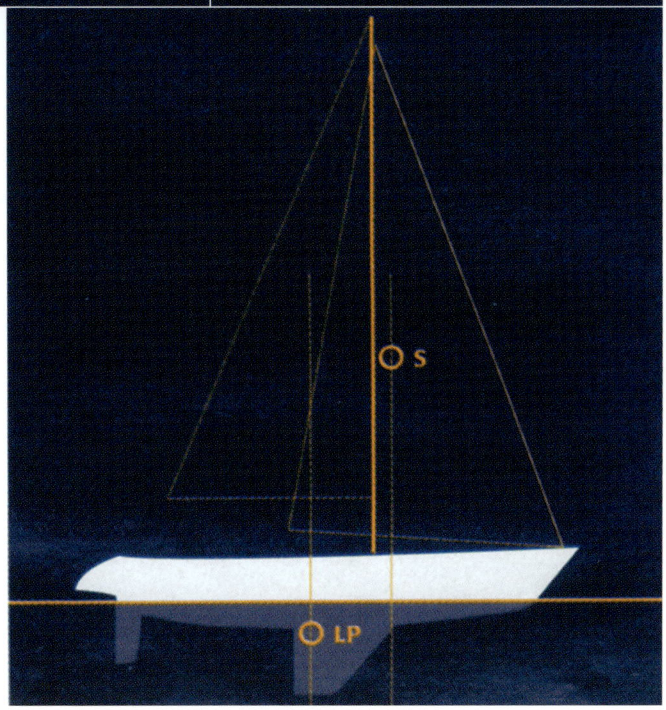

Die Polarkurve I hat einen vergleichsweise geringen Druck F und ist folglich bei keinem Kurs als günstig anzusehen.

Die Kurve III erscheint für Raumschotskurse am günstigsten zu sein. Jedoch bei Windeinfallwinkeln bis zu 5° ist der Widerstand verglichen mit Kurve II zu groß.

Dementsprechend wird die Kurve II trotz ihrer etwas geringeren Gesamtkraft vorzuziehen sein.

Dreiecksegel und Gaffelsegel haben gegenüber Rahsegeln den Vorteil, dass ihr Wölbungsverhältnis (z.B. durch Strecken) leichter verändert und damit den Anforderungen wechselnder Kurse besser angepasst werden kann.

Das Seitenverhältnis

Die untersuchten Seitenverhältnisse variieren zwischen H : B = 9 und 1/6.

Daraus lassen sich folgende Feststellungen ableiten:

Auf Am-Wind- und Anliegerkursen bis zu etwa 65 ° (Einfallswinkel des scheinbaren Windes zum Kiel) ist eine Fläche mit H : B > 1 überlegen. Allerdings ist in diesem Winkelbereich eine wesentliche Steigerung der Vortriebskomponente durch Erhöhung des Seitenverhältnisses über 6 nicht mehr möglich.

Oberhalb eines Einfallswinkels des scheinbaren Windes von etwa 65° wird die quadratische Fläche überlegen.

Von 90° ab ergeben die niedrigen Seitenverhältnisse von 0,2 bis 0,3 ebenfalls größere Werte als die am Winde so überlegenen schmalen hochgestellten Flächen.

Daraus ergibt sich, dass es kein Seitenverhältnis gibt, das für alle Kurse gleichermaßen günstig ist.

Die Wirkung des Segelumrisses

Beim Vergleich der Segelpolaren für ein elliptisches und ein traditionelles Segel, beide haben ein Wölbungsverhältnis von 1:12 und die gleiche Segelfläche, zeigt sich deutlich der Vorteil eines Segels mit elliptischem Umriss.

Aus den hier skizzierten Ergebnissen können jedoch nur tendenzielle Aussagen bezüglich der Wirksamkeit der Takelage eines Schiffes abgeleitet werden, da, abgesehen von einfachsten Fahrzeugen, jedes Segel in unterschiedlichsten Konfigurationen mit anderen Segeln in der Takelage eines Schiffes vorkommt. Durch diese Segelkombinationen treten gegenseitige Beeinflussungen der Wirkung der Segel auf, wodurch die für das einzelne Segel abgeleiteten Aussagen sich verändern können.

Kräfte am Schiffskörper

Durch die Wirkung des Windes entsteht in jedem Segel eine resultierende Kraft. Im gewählten Beispiel eines dreimastigen Rahseglers sind es die resultierenden Kräfte F_1, F_2 und F_3, die zu einer resultierenden Gesamtkraft F_G zusammengefasst werden. F_G kann wiederum zerlegt werden in eine Komponente in Kursrichtung F_V und eine quer zum Kurs wirkende Komponente, die Querkraftkomponente F_q. Die quer zum Kurs wirkende Komponente F_q sorgt dafür, dass der Drift- oder Gierwinkel β unvermeidlich auftritt. Die angenäherte Herstellung des Kräftegleichgewichtes am Schiffskörper ist eine wichtige Aufgabe des Schiffbaukonstrukteurs. Es ist in der Praxis immer wieder bei Großseglern vorgekommen, dass man an fertigen Schiffen Korrekturen vornehmen musste.

Während in erster Näherung die Längskraft F_V dem Schiff die Längsgeschwindigkeit v_L verleiht, wird durch die quer zum Kurs wirkende Kraft F_q eine Geschwindigkeit in Querrichtung v_q erzeugt. Die Resultierende beider Geschwindigkeitskomponenten ist die Schiffsgeschwindigkeit v in Kursrichtung mit dem Driftwinkel β zur Schiffslängsachse.

Die Folge der Quergeschwindigkeit v_q ist der Unterwasserseitenwiderstand $F_{G;U}$. Die Resultierende beider Kräfte, die Unterwassergesamtkraft $F_{G,U}$, ist der Überwassergesamtkraft F_G genau entgegengerichtet, gleich groß und greift am gleichen Punkt an. Nur dann fährt das Schiff mit konstanter Geschwindigkeit auf gerader Bahn.

Liegen die Gesamtkräfte F_G und $F_{G,U}$ nicht auf der gleichen Wirkungslinie, dann entsteht ein Moment M, dass, je nach Vorzeichen, das Schiff in den Wind (Luvgierigkeit) oder nach Lee (Leegierigkeit) dreht. Das Schiff kann in einem solchen Fall nur durch einen permanenten Ruderausschlag, der ein entgegengerichtetes Moment erzeugt, auf geradem Kurs gehalten werden. Die Erfahrung lehrte, daß schlanke Schiffe weniger anfällig gegen eine unzureichende Balance sind als völlige Schiffe.

Der Schiffbauer muss in der Entwurfsphase dafür sorgen, dass das Segelschiff neben ausreichender Stabilität und damit Segeltragfähigkeit auch ausreichend Widerstand gegen Abdrift hat, wenn der Wind nicht achterlich einfällt. Einen hohen Widerstand gegen Abdrift erreicht man durch einen großen (Unterwasser-)Lateralplan des Schiffes. Dieser ist im Allgemeinen etwas kleiner als das Produkt aus Wasserlinienlänge x Tiefgang ($L_{CWL} \cdot T$).

4.3 Am-Wind-Kurs: Die Schwäche des Rahsegels

In der Geschichte der Segelschifffahrt hat das Rahsegel stets eine bedeutende Rolle gespielt. Wir finden es bei ägyptischen Schiffen des 3. Jahrtausends v.Chr., es ist Antriebsmittel für die eleganten Wikingerschiffe und kommt bei den legendären Klipperschiffen zu höchster Entfaltung. Und dennoch fällt eine ganz allgemeine Beurteilung der Segel aus heutiger Sicht recht kritisch aus. Zitat: »Das Segel in seiner heutigen Gestaltung ist, aerodynamisch gesprochen, kein gutes Profil und erfordert durch die Art seiner konstruktiven Anordnung zuviel Elemente, wie Wanten, Stage, Schoten, Brassen usw., die aerodynamisch unwirksam sind, größtenteils reine Widerstandskörper, die einen bei Sturm gefährlich werdenden großen Takelagewiderstand ergeben.«

Betrachten wir nun die Entwicklung des Seitenverhältnisses (H : B) der Rahsegel.

Schiffstyp	Zeitraum	Seitenverhältnis
ägyptische Schiffe	3000 v. Chr.	1,7
Schilfboote und Flöße	3000 v. Chr.	0,8 … 1,2
ägyptische Schiffe	1500 v. Chr.	0,3 … 0,4
Wikingerschiffe	8./9. Jhdt.	0,6
Kolumbusschiffe	1500	0,7 … 1,0
Vollschiffe	20. Jhdt.	0,3 … 0,4

Abgesehen von etwas höheren H : B-Werten im 3. Jahrtausend v. Chr. bewegten sich die Seitenverhältnisse von Rahsegeln in den vergangenen 3.000 Jahren zwischen 0,3 und (in Ausnahmefällen) 1,0. Der Bereich zwischen 0,3 und 0,4 liefert auf Halbwind- und Raumschotskursen (Winkelbereich von 180° bis 90°) für Rahsegel durchaus akzeptable Werte. Für Frachtsegler verbleibt dann noch der Winkelbereich zwischen 90° und ~ 70° (Anliegerkurs). Für diesen Winkelbereich wäre ein Flächenverhältnis von 1,0 bis 1,5 wünschenswert. Das kann durch Gaffelsegel, die auf eine Entwicklungsgeschichte von ca. 300 Jahren zurückblicken können, realisiert werden. Ihre H : B liegt zwischen etwa 1,2 und 1,8. Eine Kombination von Rah- und Gaffelsegeln weist der nach dem Ersten Weltkrieg gebaute Fünfmastgaffelschoner CARL VINNEN auf. Dieser Fünfmaster führt neben Gaffelsegeln zusätzlich am 1. und 3. Mast Rahsegel. Die Überlegenheit des Gaffelsegels auf Am-Wind-Kursen einerseits und die Überlegenheit des Rahsegels auf raumen Kursen andererseits dürfte mit einer entsprechend strukturierten Takelage für Frachtsegler die beste Lösung für alle Kurse darstellen. Betrachtet man daraufhin die Takelage seegehender Segelschiffe, dann stellt man fest, dass die oben als günstig dargestellte Variante (Kombination von Rah- und Gaffelsegeln) in der Praxis in mehr oder weniger ausgeprägter Form gar nicht so selten vorkommt.

Vergleichbare empirisch basierte Erkenntnisse hat es offenbar bereits viel früher gegeben. *Dr. J. TU. D. Kurth* schreibt dazu in seinem 1826 erschienenen Buch »Die Schiffbaukunst«: *»Ein nach Fregattenart gebautes und zugerüstetes Kriegs-*

schiff kann 38 Segel führen; da aber sowohl die einen als die anderen nicht auf alle Richtungen des Windes berechnet sind, folglich auch nicht bei allen Winden dienen, so ist leicht begreiflich, dass die Segel um so weniger alle zugleich beigesetzt werden können, da die einen den anderen den Wind auffangen und vorenthalten, diese aber nicht nur ohne Nutzen, sondern sogar hinderlich sein würden.«

Der Widerstand, den das Segel als »gewölbte Fläche« dem Wind entgegensetzt, ist vor allem Druckwiderstand, der Reibungswiderstand ist sicher nicht als Vortriebskraft umsetzbar und kann aus der Betrachtung entfallen. Der Druckwiderstand kann experimentell über seinen Widerstandsbeiwert c_w ermittelt werden. Da der Druckwiderstand vor allem Formwiderstand ist, können wir für die verschiedenen Segelformen den c_w-Wert nur schätzen aufgrund annähernd gleicher untersuchter und gemessener Formen. Der Druckwiderstand oder die Vortriebskraft direkt vor dem Wind kann dann berechnet werden aus:

$$F_V = c_w \cdot A \cdot \rho/2 \cdot v^2$$

Darin ist v die Windgeschwindigkeit in m/s, A die Projektionsfläche der Segelfläche in m^2, die Luftdichte $\rho = 1{,}275\ kg/m^3$ bei 1,0132 bar und 0° C oder bei 20° $\rho = 1{,}188\ kg/m^3$.

Der Luftwiderstand einer Rechteckplatte, Breite B und Höhe H ist vom Seitenverhältnis B/H abhängig, so gilt:

B/H	c_w	
1	1,10	Quadrat
2	1,15	horizontal liegendes Rechteck,
4	1,19	wie die meisten Rahsegel
10	1,29	
18	1,40	
∞	2,01	Stab, wie die Rah alleine

Für eine offene Halbkugel gilt:
flache Seite gegen den Wind $c_w = 1{,}33$
dagegen Kugelseite gegen den Wind $c_w = 0{,}34$.

Wir kennen die Nutzung dieses Effektes von den Halbkugel-Antrieben der Windmesser.

Es zeigt auch, dass ein gestrafftes, also mehr plattenförmiges Segel (c_w=1,1) weniger Vortriebskraft ergibt als ein gewölbtes Segel (c_w=1,3), worauf die bekannte Seglerregel basiert: bei starkem Wind die Segel möglichst zu strecken, bei schwachem Wind sie möglichst bauchig zu fahren. Je vorlicher der Wind einfällt, desto gestreckter, flächiger ist zu fahren. Am Wind ist der Einfluss der Form groß. Die Kraft des Segels würde auf $^1/_4$ sinken, wenn es die Form eines Halbzylinders annimmt.

Für ein Rahsegel
- rechteckig, Breite/Höhe = 4
- Widerstandsbeiwert $c_w = 1{,}2$
- Fläche A = 1 m^2
- Dichte $\rho/2 \sim 0{,}6\ kg/m^3$

ergibt sich bei *Beaufort*-Windstärke Bft:

Bft	v [m/s]	Kraft [N/m²]	Kraft bei Bft. 4=1 gesetzt
2	2	3	0,1
4	6	26 (10fach)	1
5	10	72 (20fach)	2,8
6	12	104 (30fach)	4
8	18	233 (80fach)	9

Schon diese einfache Rechnung bestätigt unsere Erfahrung, dass ein Segler, für Windstärke 4–5 ausgelegt, bei weiter steigendem Wind seine Segelfläche verkleinern, in unserem kleinen Rechenbeispiel mehr als halbieren, d.h. reffen muss, um etwa gleichen Kräften zu unterliegen. Bei Sturm nimmt er am besten die Segel ganz weg, da der Widerstand des Riggs ohne Segel dem Schiff immer noch viel Antrieb bzw. Fahrt gibt, es kann dann allerdings nur vorm Wind ablaufen.

Bei Sturm in Orkanstärke wird die Belastung der Takelage durch Wind und Seegang so groß, dass das Schiff nur noch stampft, ohne Fahrt voraus zu machen. Man muss den Sturm dann abwettern und das Schiff vor dem Wind treiben lassen: Lenzen vor Topp und Takel. Es ist eine gefährliche Situation, denn das Schiff kann aus dem Ruder laufen, querschlagen und kentern. Hilfreich kann das achteraus Schleppen einer bremsenden Bucht (Schlaufe) einer starken Trosse sein. Wenn das zu risikoreich wird, muss beigedreht werden, also das Schiff unter ganz wenig Segelfläche so legen, dass der Wind schräg von vorn kommt und es mit ein bis zwei Knoten nach Lee treibt.

Die Windgeschwindigkeit wird entweder direkt in m/s angegeben oder klassisch nach der englischen Skala von Beaufort, einem englischen Admiral 1805 in 12 Stufen aufgestellt.

Der Wind ergibt sich aus dem Druckgefälle in der Lufthülle. Je dichter die Isobaren in der Wetterkarte, desto stärker der Wind. Er weht aber aufgrund der Ablenkung durch die Erdrotation (Corioliskraft) in etwa isobarenparallel oder genauer unter einem Winkel von 15° in Gefällerichtung, also auf der Nordhalbkugel der Erde rechtsherum aus dem Hoch heraus und linksherum in das Tief hinein. Ein Schiff vor dem Wind hat das Tief also ein wenig vorlicher als querab an Backbord. Der die Windgeschwindigkeit bestimmende Luftdruck-Gradient ist der Luftdruckunterschied zwischen zwei Orten, die einen geografischen Grad = 60 geografische Minuten = 60 Seemeilen = 110 km auseinander liegen.

Der von den Meteorologen als Gradientenwind oder geostrophischer Wind bezeichnete Wind kann als Richtwert bei 1 mbar je geografischem Grad auf 50° Nord – also in unseren Breiten – mit 12 kn oder Windstärke 4 angenommen werden. Bei genauer Ermittlung ist die genaue Breite des Ortes – der Wind weht bei gleichen Gradienten zum Äquator hin stärker – und Krümmung der Isobaren – je gerader desto stärker – noch zu berücksichtigen. Außerdem geht die Luftdichte – je höher, desto geringer die Luftdichte und desto stärker der Wind – und die Bodenreibung ein, was am Boden nur etwa 70% Stärke des Gradientenwindes heißt. Weitergehendes würde hier zu weit führen. Hindernisse spielen natürlich auch eine Rolle, wobei die Luft eher seitlich ausweicht als in die Höhe zu steigen, da sie im ersten Ansatz ihre physikalischen Eigenschaften (Dichte und Temperatur) beibehalten will.

Damit ein Rahsegel voll steht, muss der Wind zum Rahsegel mindestens in einem Winkel von $3^1/_2$ Strich ~ 40° achterlich einfallen, sonst wird es – wie der Seemann sagt – lebend bleiben. Dagegen genügt beim Backstehen zum Zurücksacken schon 1 Strich = $11^1/_4$° von vorn, weil sich dann schon das Segel gegen das stehende Gut lehnt.

Die Rahen können bis zu $2^1/_2$ Strich ~ 30° zur Mittschiffslinie gebrasst werden, also kann man einen Rahsegler bis maximal 6 Strich ~ 70° an den Wind bringen. Kleinere Segler, deren Segel aufgrund ihrer geringeren Größe mehr gestreckt werden können, können auf 5 Strich ~ 55° an den Wind kommen. Es bleibt ein Nachteil des Rahsegels, schlecht am Wind im Vergleich zu anderen Segelarten zu sein.

Wenn man dazu eine Abdrift (Querversetzung) von der Größenordnung 10° berücksichtigt, muss der Rahsegler also am wind 1 sm segeln, um 0,174 sm (sin 90°–70°–10° = sin 10°) gegen den Wind gutzumachen. Das wäre der gesegelte Kurs, aber über Grund verschiebt auch noch Strömung das Schiff. Wenn diese vor allem durch den Wind verursacht ist, so muss diese auch überwunden werden. Wenn das Schiff also 5 kn läuft, hat es durchs Wasser 0,87 sm in einer Stunde gutgemacht, über Grund hat es vielleicht nichts gewonnen, denn so stark könnte auch die Strömung es versetzen.

Dazu kommt noch unter Umständen die weitere Erschwerung, dass der scheinbare Wind beim Am-Wind-Kurs wegen der Fahrtwind-Komponente stärker als der wahre Wind ist;

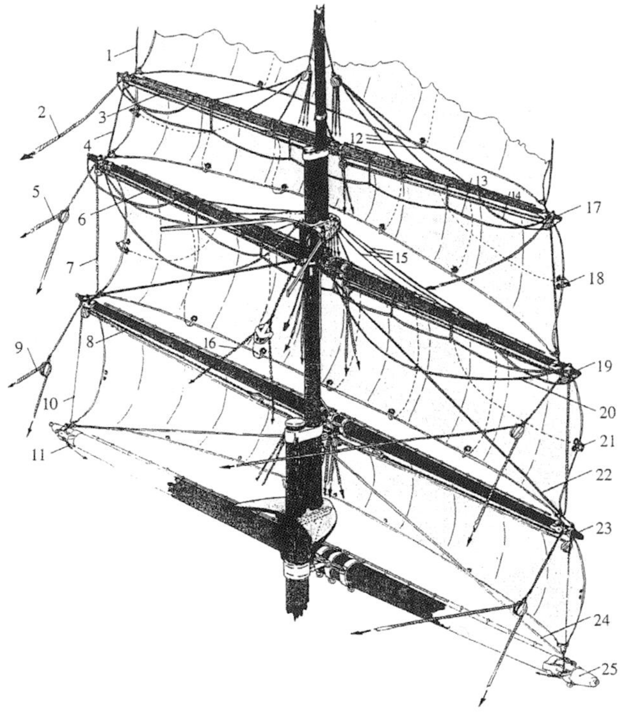

Laufendes Gut zum Bedienen der Rahsegel:
1 Geitau Oberbramsegel, 2 Brasse Unterbramrah, 3 Schot Oberbramsegel, 4 Geitau Unterbramsegel, 5 Brasse Obermarsrah, 6 Schot Unterbramsegel, 7 Geitau Obermarssegel, 8 Schot Obermarssegel, 9 Brasse Untermarsrah, 10 Geitau Untermarssegel, 11 Schot Untermarssegel, 12 Gordinge Unterbramsegel, 13 Fußpferd Unterbramrah, 14 Nochpferd Unterbramrah, 15 Gordinge Obermarssegel, 16 Fall Obermarsrah, 17 Unterbramrah, 18 Nockgording Unterbramsegel, 19 Obermarsrah, 20 Toppnant Obermarsrah, 21 Nockgording Obermarssegel, 22 Toppnant der Untermarsrah, 23 Untermarsrah, 24 Toppnant der Unterrah, 25 Unterrah

vorm Wind ist es umgekehrt, sodass es bei hoher Windstärke angenehmer ist, vor dem Wind abzulaufen als gegenan, was auch denn alsbald zum Beidrehen und damit langsamen Rückwärtstreiben zwingen kann.

Manöver auf Rah-Segelschiffen sind sehr aufwendig und kosten viel Zeit. Um das Schiff auf den anderen Bug zu legen, sodass der Wind von der anderen Seite kommt, wird überwiegend gehalst, also mit dem Heck durch den dann von achtern wehenden Wind gegangen. Vorher wurden die Großsegel geborgen, damit keine Arbeit an deren Schoten anfällt. Dann wird das Schiff mit dem Kommando »Rund achtern« gedreht und erst die Segel am achteren Kreuzmast, danach am Großmast und am Fockmast auf die andere Seite gebrasst. Das dauerte bei einem Test der Zeitschrift *Yacht* vor Helgoland auf dem ukrainischen Dreimast-Vollschiff KHERSONES im

Sommer 2004 bei Windstärke 5–6 sechs Minuten. Das Wenden, also mit dem Bug durch den Wind gehen, wobei das Schiff stark Fahrt verliert fast bis zum Stillstand, dauerte dagegen dreizehn Minuten. Dazu kommt, dass Weg gegen den Wind verloren geht oder weniger gemacht wird.

Zum Vergleich seien die Zeiten für das Wenden für andere Schiffe genannt:

Schiff	Länge		Wende		Halse	
Großsegler	109,4	m	13x60	s	6x60	s
Megayacht ATHENA	90	m	60	s	120	s
Riesen-Kat HYDROPLANEUR	18,3	m	20	s	20	s
Fahrtenyacht	11,6	m	15	s	10	s
America's Cupper	25	m	5	s	10	s
Laser-Jolle	7,2	m	5	s	5	s
Containerschiff	307	m	180°-Kurve ca. 4 min			
			90°-Kurve ca. 2 min			

Der Großsegler hatte 26 Segel und bei den Manövern an jedem der drei Masten 19 Kadetten, 2 Matrosen, 1 Obermatrose und 1 Bootsmann. Im 19. Jhdt. waren nur insgesamt 30 Leute dafür an Bord, es ging also vermutlich nicht schneller.

Modell der HMS BOUNTY

Diese Betrachtung macht klar, warum die Umrundung Kap Hoorns nach Westen so gefürchtet und in der Leistung so anerkannt war. Der Club der Kap Horniers, der Amicale Internationale des Capitaines au Long Cours – Kapitäne, die um Kap Horn gesegelt sind –, hat sich übrigens im Rahmen seines letzten Kongresses am 15. Mai 2003 in Saint Malo, seinem Gründungsort, mangels Nachwuchs aufgelöst. Die Segler mussten oft wochenlang kämpfen und dabei Menschen und Schiff riskieren, manche brachen die Umrundung ganz ab.

Als Beispiel sei der englische bewaffnete Frachtsegler (Armed Transport) BOUNTY vor Kap Hoorn genannt. Ihr Auftrag war 1787 Brotbaumpflanzen von Tahiti zu holen, um diese auf den karibischen Inseln heimisch zu machen, vor allem zur Ernährung der Sklaven. Auf der Rückreise dorthin meuterte die Besatzung am 28. April 1789 in der Nähe von Tofua (Freundschaftsinseln). Kapitän *William Bligh* wurde mit 18 Getreuen in einem der beiden Beiboote ausgesetzt. Er segelte in unglaublicher Leistung 3.618 sm in 48 Tagen bis 14. Juni 1789 westwärts zur holländischen Insel Timor. Die 25 Meuterer segelten unter ihrem Anführer, dem ehemaligen ersten Offizier *Fletcher Christian*, nach Tahiti zurück. Die Nachricht von der Meuterei führte 1790 zur Strafexpedition der Fregatte PANDORA, mehrere Meuterer wurden auf Tahiti festgenommen, nach England gebracht, drei wurden gehängt. *Fletcher Christian* und einige weitere Meuterer waren schon vorher mit ihren Freundinnen von Tahiti zur unbewohnten Pazifikinsel Pitcairn gesegelt, die BOUNTY wurde dort verbrannt. Nachkommen leben dort noch heute.

Auf der Hinreise wollte die BOUNTY um Kap Hoorn nach Tahiti. Nach 4 Wochen vergeblichen Versuchs entschied Kapitän *William Bligh*, der ja unzweifelhaft ein sehr guter Seemann war, umzukehren und Tahiti auf dem längeren, aber dafür einfacheren Weg vor dem Wind um das Kap der Guten Hoffnung durch den Indischen Ozean anzusteuern.

Am 22. April 1788 – es war also Herbst auf der Südhalbkugel – vermerkte Cpt. *William Bligh* zur Begründung seiner Entscheidung, die Fahrt um Kap Hoorn nach Westen abzubrechen und nach Osten abzulaufen, in seinem Logbuch:

»Mit großen Bedenken halte ich es für unpassend, ja ungerechtfertigt, noch länger diesen Weg nach den Gesellschafts-Inseln zu verfolgen. – Gegen Abend wurde der Wind und schwerer Schneefall so heftig, dass ich beidrehen musste in

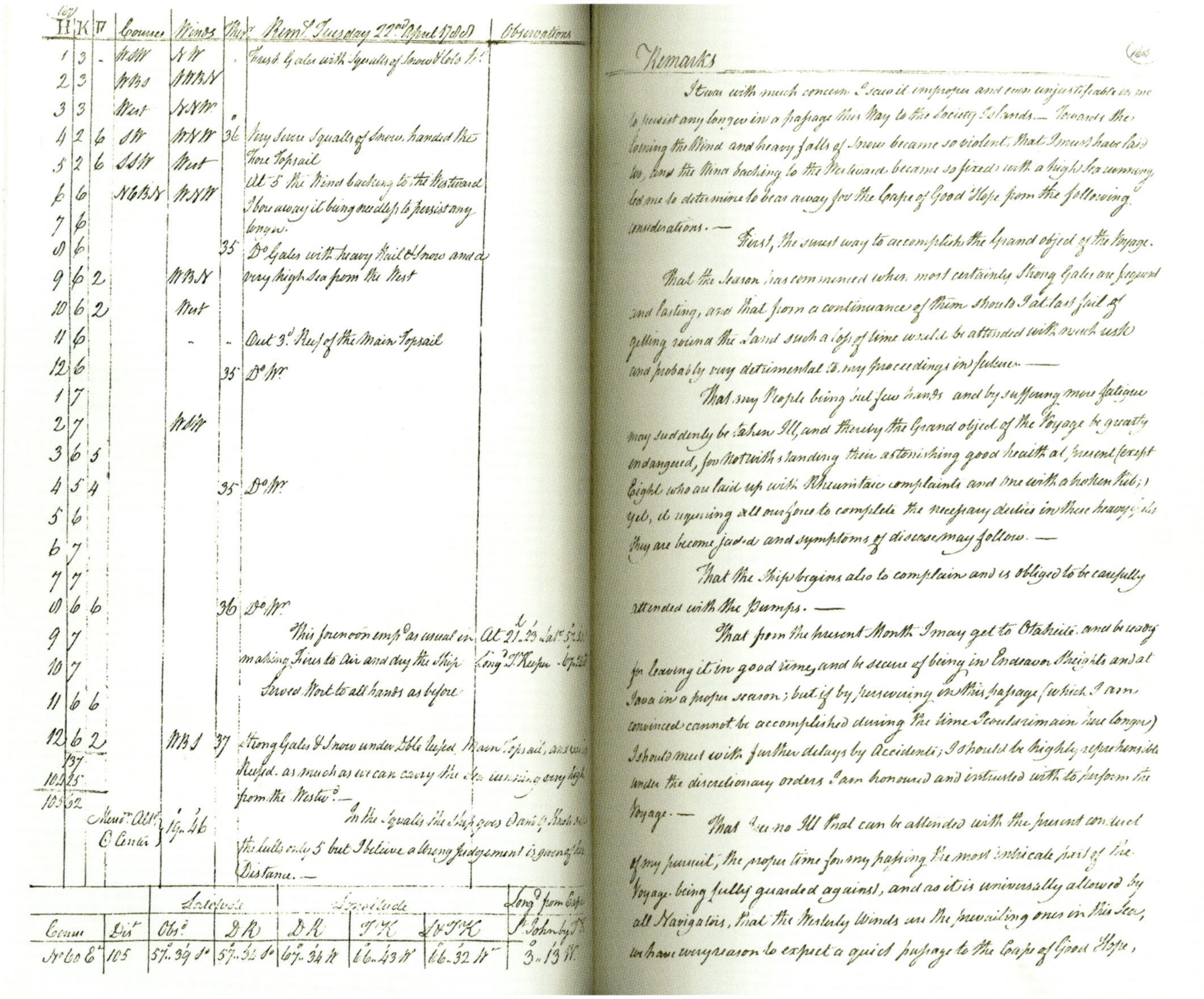

H	K	F	Courses	Winds	Ther.	Rem. Tuesday 22nd April 1788	Observations
1	3	-	WSW	NW	.	Hard Gales with Squalls of Snow & Cold Wr.	
2	3		WBS	NWBN			
3	3		West	NNW			
4	2	6	SW	WNW	36	Very Severe Squalls of Snow, handed the	
5	2	6	SSW	West		Fore Topsail	
6	6		NEBN	WNW		At 5 the Wind backing to the Westward	
						I bore away it being needless to persist any	
7	6					longer.	
8	6				35	Do Gales with heavy Hail & Snow and a	
9	6	2		WBN		very high Sea from the West	
10	6	2		West			
11	6			-	-	Out 3d Reef of the Main Topsail	
12	6				35	Do Wr	
1	7						
2	7			WSW			
3	6	5					
4	5	4			35	Do Wr	
5	6						
6	7						
7	7						
8	6	6			36	Do Wr	
9	7					This forenoon empd as usual in	At 21.23 Latd 57.3[illegible]
10	7					making Fires to Air and dry the Ship	Longd T. Keeper 67.[illegible]
11	6	6				Served Wort to all hands as before	
12	6	2		WBS	37	Strong Gales & Snow under Dble Reefed Main Topsail, and [illegible]	
137						Reefed. as much as we can carry the Sea running very high	
10 25						from the Westwd. —	
105 52			Mer. Alt. ☉ Center	19.46		In the Squalls the Ship goes [illegible] Knots [illegible]	
						the lulls only 5 but I believe a strong judgement is giving the	
						Distance. —	

Course	Dist	Latitude Obs.	Latitude D.R.	Longitude D.R.	Longitude T.K.	Longitude L.T.K.	Long. from Cape St. John by T.K.
N 60 E	105	57.39 S	57.32 S	67.34 W	66.43 W	66.32 W	3.13 W

Remarks (168)

It was with much concern I saw it improper and even unjustifiable in me to persist any longer in a passage this Way to the Society Islands. — Towards the Evening the Wind and heavy falls of Snow became so violent, that I must have laid too, and the Wind backing to the Westward became so fixed with a high Sea running led me to determine to bear away for the Cape of Good Hope from the following considerations. —

First, the surest way to accomplish the Grand object of the Voyage.

That the Season has commenced when most certainly Strong Gales are frequent and lasting, and that from a continuance of them should I at last fail of getting round the Land such a loss of time would be attended with much risk and probably very detrimental to my proceedings in future. —

That my People being but few hands and by suffering more fatigue may suddenly be taken Ill, and thereby the Grand object of the Voyage be greatly endangered, for Notwithstanding their astonishing good health at present (except Eight who are laid up with Rheumatic complaints and One with a broken Rib;) yet, it requiring all our force to complete the necessary duties in these heavy gales they are become jaded and symptoms of disease may follow. —

That the Ship begins also to complain and is obliged to be carefully attended with the Pumps. —

That from the present Month I may get to Otaheite and be ready for leaving it in good time, and be secure of being in Endeavor Streights and at Java in a proper season; but if by persevering in this passage (which I am convinced cannot be accomplished during the time I could remain here longer) I should meet with further delays by Accidents; I should be highly reprehensible under the discretionary orders I am honoured and intrusted with to perform the Voyage. —

That I see no Ill that can be attended with the present conduct of my pursuit, the proper time for my passing the most intricate part of the Voyage being fully guarded against, and as it is universally allowed by all Navigators, that the Westerly Winds are the prevailing ones in this Sea, we have every reason to expect a quick passage to the Cape of Good Hope,

Kopie des von Capt. Bligh geschriebenen Logbuches. Das Original wird in London verwahrt.

hoch laufender See aus dem Westen. Ich beschloss abzudrehen und zum Kap der Guten Hoffnung zu laufen aus folgenden Überlegungen:

Erstens, der sicherste Weg das große Ziel der Reise zu erreichen.

Dass die Jahreszeit begonnen hat, in der höchstwahrscheinlich starke Stürme, häufig und andauernd kommen, was zu einem großen Zeitverlust führen würde und Ärger, sodass wahrscheinlich meine zukünftige Karriere darunter leidet.

Dass meine Leute, die nur wenige sind, plötzlich krank werden, wenn sie noch mehr Überanstrengung erleiden und so das große Ziel der Reise gefährdet wird. Selbst wenn sie jetzt erstaunlich gesund sind (außer acht, die mit rheumatischen Beschwerden außer Dienst sind, und einer mit einer gebrochenen Rippe), doch unsere Kraft zum Erfüllen der notwendigen Arbeit in diesen starken Stürmen ist reduziert. Sie sind überfordert und Krankheitssymptome können folgen. Dass das Schiff zu klagen beginnt und uns zwingt, sorgfältig uns mit den Pumpen darum zu kümmern. Dass ich von jetzt an noch Otaheite erreiche und es auch rechtzeitig wieder verlassen kann, um sicher in Endeavor Sheights und Java in der richtigen Jahreszeit sein zu können; aber falls ich diesen Weg (ich bin aber überzeugt, dass er nicht vollendet werden kann in der Zeit, wenn ich hier weiter aufgehalten werde) weiter verfolge, könnte ich weitere Verzögerungen durch Unfälle erleiden. Ich sollte sehr sorgsam sein in Anbetracht des Auf-

trages, den ich die Ehre habe übernommen zu haben und zu dem ich die Reise vollziehen muss.

Dass ich nichts Schlechtes darin sehe, wenn ich feststelle, dass mein bisheriger Weg zum Ziel und damit der schwierigste Teil der Reise so nicht zu erreichen ist. Es ist allgemein angenommen von allen Seefahrern, dass die westlichen Winde in dieser See vorherrschen und wir jeden Grund haben anzunehmen, eine schnelle Fahrt zum Kap der Guten Hoffnung zu haben, wenn die ganze Besatzung Entlastung bekommt und die Gesundheit wieder hergestellt ist.

Dass, alles zusammengefasst, die Angelegenheit zur Gewissheit wird, die andere zweifelhaft, meine Ehre und mein Charakter stehen auf dem Spiel, ich entscheide mich für das erstere und bin sicher, dass es sich als erfolgreich zeigen wird.

Ich befahl das Ruder zu legen zur allgemeinen Freude der ganzen Besatzung um 5.00 Uhr. Da der Sturm anhielt, war es eine zusätzliche Genugtuung zu denken, dass wir keine Zeit verloren hatten. Der Vormittag wurde darauf verwendet, an verschiedenen Stellen im Schiff Feuer zu machen und zu reinigen unter der Besatzung. Um Mittag waren sie alle einigermaßen trocken und fühlten sich wohl erleichtert, dass sie nicht länger bei Kap Hoorn bleiben mussten.

Dies ist der 30. Tag, dass ich in dieser tosenden See bin. Kap St. John haben wir am 20. März passiert. In 16 Tagen, also am 9. April mittags, war ich auf 76° 58′ West, oder durch Zählen meiner Längengerade ab Kap St. John (Anm.: Kap St. Juán) durch den »Time Keeper«, der höchstwahrscheinlich nicht einen halben Grad falsch ist, zu weit nach Westen, war ich 73° 39′ West beim Kap und hatte gerade die Hoffnung, die Rundung abzuschließen. Aber ab der Zeit hatten wir ununterbrochen schwere Stürme und sehr schlechtes Wetter, das ich nicht mehr tun konnte als beizudrehen.

Die Segel und Leinen waren schwer zu bedienen und die wenigen Mann, die verpflichtet waren oben zu sein, fühlten die Schneeschauer so stark, dass sie fast nicht aufsteigen konnten und einige verloren manchmal für einige Zeit ihre Sprache, aber ich trug Sorge, dass sie in ihrer Freiwache jede Annehmlichkeit in meiner Macht hatten.

Die Invaliden hielt ich an, das Zeug zu trocknen und jede Nacht ein ordentliches Feuer zu halten, sodass kei-

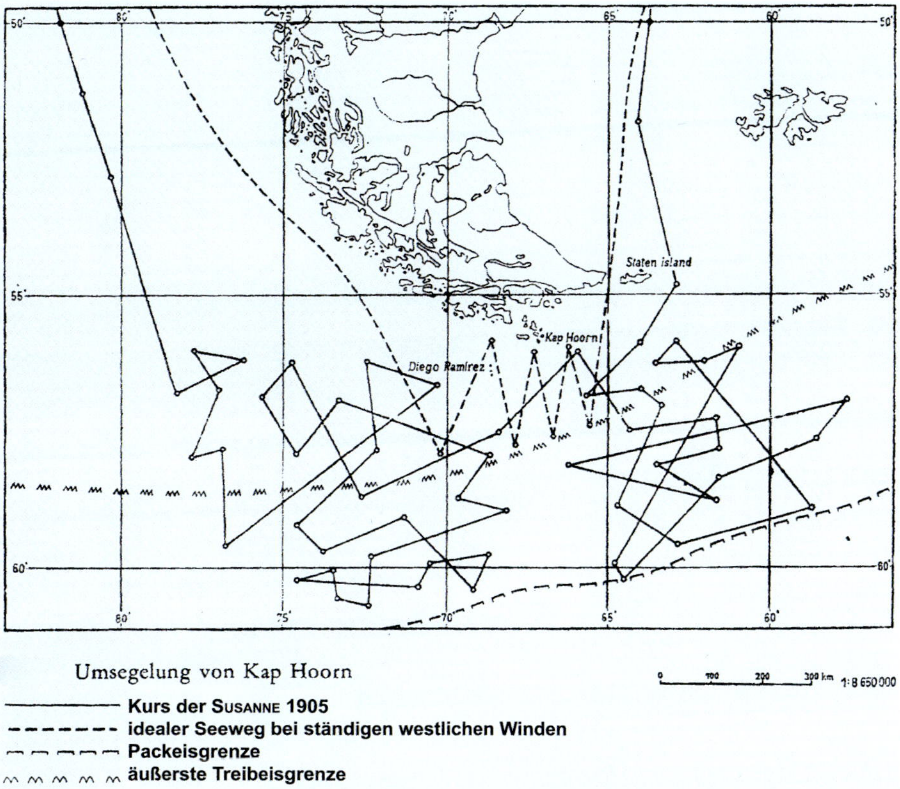

99 Tage kämpfte das deutsche Vollschiff SUSANNA 1905 gegen den Sturm, um Kap Hoorn von Ost nach West zu runden. Durch einen Chronometer-Fehler kämpft sie 500 sm zu weit nach Westen.

Brustat-Naval schreibt in Die Kap Hoorn Saga: »… Wenn die Matrosen von der Wache kommen, ist ihnen alles egal. Sie kippen das Wasser aus den Seestiefeln, das ihnen oben hereingeflossen ist, sie hängen das nasse Ölzeug auf. Sie wringen ihre Strümpfe aus, die von Nässe triefen, ihre Troyer, ihre geflickten Hosen und sinken noch feucht in die harte Koje mit dem stockigen Strohsack und den klammen karierten Bezügen, die sich jeder selbst mitzubringen hat, die seit mindestens sechs Wochen nicht mehr gewaschen worden sind und auch so aussehen. Denn die Matrosen haben jetzt weder Zeit noch Lust noch Frischwasser und reiben sich nur das Gesicht und die Bartstoppeln ab, in denen nachher das getrocknete Salz wie eine graue Puderschicht steht…«

Und der erfahrene Kapitän Fearson nach 36 Rundungen: »… Nach dem Segelkürzen ob Tag oder Nacht, wieder Segelsetzen, sobald der Wind nachlässt. Nimm das Schiff auf den anderen Bug – Wenden oder Halsen – sobald du merkst, dass es nicht auf dem richtigen Bug liegt, auch wenn das Kauschenarbeit bedeutet. Denke daran: Nur wer durchhält, gewinnt. Unter kleinen Segeln entlangbummeln und auf besseres Wetter warten bringt nichts. Nimm jederzeit mit, was du kriegen kannst, dann läuft es.«

ner, wenn er auf Wache ging, feuchtes Zeug um sich hatte.

Sie waren in drei Wachen eingeteilt und, wenn wir beigedreht lagen, waren immer nur zwei Mann zurzeit an Deck. Ich gab ihnen allen zusätzliche Kleidung und veranlasste schmackhafte und gute Mahlzeiten, wie man an den Ausgaben an verschiedenen Tagen sehen kann. Da ich mich weit nach Süden hielt, scheint uns keine Strömung beeinflusst zu haben.«

Nach diesen Ausführungen, im Logbuch finden sich etliche weitere, scheint das uns überlieferte Bild von *William Bligh* ihm nicht gerecht zu werden. Als gutem Seemann war ihm wohl bewusst, dass die Besatzung eines Segelschiffes ein wesentlicher Teil der Antriebsanlage ist und deshalb gesund und bei Kräften gehalten werden muss. Dies gilt sicher allgemein für alle nicht maschinengetriebenen Fahrzeuge.

Welche Anforderungen an das Segeln auf Am-Wind- und Anliegekursen bei der Umrundung von Kap Hoorn in westlicher Richtung gestellt werden, macht auch der Kurs des Hamburger Schiffes SUSANNE, das 1905 für die Umrundung 99 Tage benötigte und dabei 55 Wendemanöver ausführen musste, deutlich. Die Schwierigkeiten wurden noch dadurch verlängert, dass man sich wegen eines Chronometerfehlers einige 100 sm zu weit nach Westen kämpfte. Im selben Jahr havarierten 42 Schiffe bei Kap Hoorn.

Heutzutage würde wohl ein durch eine Maschine getriebenes Wasserfahrzeug ausreichender Größe das Kap Hoorn runden, aber auch nicht problemlos. Denn es müsste auf jeden Fall die Fahrt sehr stark reduzieren und an Fahrt voraus verlieren. Würde es seine Geschwindigkeit dank der Maschinenkraft beibehalten und gegen den hohen Wellengang anlaufen, so würde die See mit ungeheurer Gewalt etliches am Schiff kaputtschlagen.

Der Mensch bekommt heute und sicher auch in Zukunft immer wieder die Grenzen seiner Fähigkeiten von der Natur aufgezeigt.

4.4 Die Fregatte – Eine Innovation im Schiffbau des 18. Jhdts.

Ein Problem bei den Segelkriegsschiffen ist der Wunsch nach starker Bewaffnung und gleichzeitig nach hoher Geschwindigkeit und damit der Gefahr von Toplastigkeit sowie häufig auch zu großer Takelage. Schwere Unfälle bewiesen es: 19. Juli 1545 kentert die MARY ROSE kurz nach dem Auslaufen aus Portsmouth und im August 1628 die VASA im Hafen von Stockholm auf der Jungfernfahrt. In beiden Fällen kamen die offenen Stückpforten des untersten Batteriedecks unter Wasser durch Schräglage.

Im 17. Jhdt. wurde die Fregatte – ursprünglich als kleines leichtes bewaffnetes Handelsschiff konzipiert – immer größer werdend zum größten Kriegsschiff nach dem Linienschiff. Mit verringerter Bewaffnung und damit höherer Nutzlast war sie auch Handelsschiff, insbesondere für Fahrten in unsichere Gewässer, so z.B. die Ostindienfahrer, die allerdings völliger gebaut wurden.

Die klassische Segelfregatte wurde in Frankreich für die Marine entwickelt, nachdem der Typ schon bei privat betriebenen Seeräuberschiffen ausprobiert worden war. Die erste Marine-Fregatte, die MEDÉE, lief in Brest im Jahre 1741 vom Stapel, ihr folgten in den Folgejahren 30 Schwesterschiffe. Diese Schiffe wurden teilweise in den folgenden Kriegen von den Briten erobert und beeinflussten den britischen Kriegsschiffbau, der durch starke Reglementierung in den folgenden Jahrzehnten in seiner Entwicklung stagnierte. Die Vorteile: Die Fregatte liegt niedriger im Wasser und hat eine größere Segeltragefähigkeit, sodass sie höher und schneller am Wind segeln konnte. Ihre Kanonen konnten auch nach Lee und bei schlechtem Wetter eingesetzt werden. So war sie schneller als die stärkeren Linienschiffe und stärker als die anderen Schiffstypen. Zunächst bauten die Briten geeignete Zweidecker in Fregatten mit einem Hauptdeck um. 1757 die ADVENTURE und die SAPHIRE, die die Erwartungen erfüllten. Eine Kriegs-Segelfregatte, wie sie von der Mitte des 18. Jhdts. gebaut wurden, trug also nur Kanonen auf durchlaufendem Oberdeck, mittschiffs offen, vorn und achtern überdeckt. Das untere Deck trug keinerlei Bewaffnung, obwohl es von den damaligen Seeleuten »gun deck« bezeichnet wurde. Es waren auch schon zwei neue Fregatten in Auftrag gegeben: die LYME und die CHRICORN wurden schon 1747 nach den Linien des aufgebrachten französischen privaten Kaperers TYGRE auf Kiel gelegt und liefen im Dezember 1748 vom Stapel. Allerdings ging in dem Jahr auch der Krieg mit Frankreich und Spanien zu Ende, sodass der Entwicklungsdruck weg war und erst wiederkam, als 1756 der Siebenjährige Krieg begann. Neue Fregatten wurden in Auftrag gegeben mit 28 bis 32 Kanonen mit 9-lb- (4 kg) oder 12-lb-Kaliber (5,5 kg) in der Schiffshierarchie »6th bzw. 5th rates« in der Royal Navy. Sie wurden vielseitig eingesetzt, als »Augen der Flotte«, amphibische und Blockade-Operationen an feindlichen Küsten, Konvoi-Begleitung oder als Handelszerstörer. Der Bedarf war da, denn von 1739 bis 1815 gab es fünf größere Kriege in Europa.

Die GOLDEN HINT (100 t), mit der Francis Drake 1597/98 an der Pazifik-Seite der nordamerikanischen Küste war. Hier ist sie auf der Suche nach einem Ankerplatz, ein Boot voraus leitet sie.

Die 26-Kanonen Fregatte BOUDEUSE des Franzosen Bougainville zieht sich am Anker in das Atoll Hitiaa, Tahiti während seiner Südseereise 1767/69, die vor Cook's stattfand. Die Ruderboote bringen einen zweiten Anker weiter in die Bucht, an dem sich dann das Schiff weiter hineinzieht usw. Dieser Vorgang wird im Englischen als warping bezeichnet.

Ende des 18. Jhdts. versuchte man allgemein mit niedrigem Freibord auszukommen, denn ein tieferer Schwerpunkt und hohe Stabilität gewannen zunehmend Bedeutung.

In Frankreich begann auch die Tendenz zu größeren Fregatten mit 36 bis 38 Kanonen und 18-lb-Kaliber (8 kg). Dieses wurde besonders von den ihre neue Unabhängigkeit verteidigenden US-Amerikanern aufgegriffen, denn der Kongress hatte den Bau von Linienschiffen verweigert. Die größeren Fregatten trugen nun bis zu 60 Kanonen und wurden als »4th rate« eingestuft. Das Kaliber ging hoch auf 32 lb (14,5 kg). Man maß die Kampfkraft daran, wie viel Masse (kg) mit einer Breitseite in den Feind gebracht werden konnte, z.B. die US-Fregatte PRESIDENT 972 lb (440 kg). Die Entwicklung erreichte um 1840 ihren Höhepunkt.

Hinsichtlich der Geschwindigkeit gilt unter den britischen Fregatten die LOWESTOFFE als die schnellste mit bestätigten 14 kn in einem Sturm. Auf ihr diente übrigens auch *Nelson*.

Die Schiffe der Royal Navy und Frankreichs trugen selten Segel oberhalb der Topgallant und dann ganz selten das Main royal. In der Auslegung der Takelage bezog man sich auf Standardtabellen für die Abmessungen der Spieren, so z.B. auf Steel's Elements of Mastmaking, Sailmaking, and Rigging (1794).

Die Stuart Navy hatte Prototype-Fregatten, genannt »Charles Galley«, als frühe Kreuzer. Gemälde von Willem van de Velde, der Jüngere

Schiffsverkehr auf dem Fluss Mersey. Eine unbenannte Fregatte läuft vorm Westwind mit Royal-Segeln über den Bramsegeln an allen drei Masten. Gemälde von Robert Salmon

Üblich waren weiterhin doppelte Sprietsails unter dem Bugspriet und Studding-Segel (stun'sails), also zusätzliche Lee-Segel bis zum Topgallant-Rah-Segel an Haupt- und Vormast und am Besan-(Mizzen-)Mast ein »Treibersegel« (driver) zwischen Gaffel und Baum. Dazu kommen die Stagsegel und Klüver.

Zum Erkämpfen ihrer Unabhängigkeit von Großbritannien nach dem 4. Juli 1776, dem Tag der Unabhängigkeiterklärung, musste in den USA auch zur See eine kleine Flotte aufgebaut werden gegen eine übermächtige britische Flotte. Diese hatte 1804 190 Linienschiffe mit je mehr als 74 Kanonen (Drei-Decker) sowie 220 4-th- (Zweidecker) und 5-th-rate-Schiffe (Eindecker) , die man als Fregatten bezeichnen konnte.

In 1812 auf dem Höhepunkt des Unabhängigkeitskrieges hatte die britische Flotte 1.017 Kriegsschiffe aller Klassen, die USA 18.

Die heute noch als aktives Kriegsschiff gelistete Fregatte CONSTITUTION ist ein Monument und einzig überlebende einer Serie von damals 6 Fregatten. Der damalige Konstrukteur *Joshua Hemphrey*, unterstützt von dem jungen englischen Schiffbauer *Josiah Fox* und dem Konstrukteur/Zeichner *William Doughty*, hatte zur Aufgabe, ein Schiff zu entwickeln, das schneller war als die stärkeren oder gleich starken und stärker als die vielen britischen gleichartigen sowie mit langer Seeausdauer, z.B. gegen die muslimischen Piraten im Mittelmeer, einsetzbar war. Die CONSTITUTION hat 44 Kanonen und wurde 1794 zum Bau freigegeben, 1797 lief sie vom Stapel. Es musste also ein Kompromiss zwischen Bewaffnung (Stärke) und Besegelung (Geschwindigkeit) gefunden werden, was bis heute Problem und Aufgabe im Kriegsschiffbau geblieben ist.

Es ist interessant zu bemerken, dass der ältere *Hemphrey* seinen Entwurf als Halbmodell dem Kriegsministerium vorstellte, der junge *Fox* (etwa 30 Jahre alt) als Zeichnung, also als Linienriss, ein Ausdruck in der Änderung der Schiffsdarstellung. Aus beiden Entwürfen entstand die endgültige Lösung. Einige Originalzeichnungen sind noch im Nationalarchiv in Washington aufbewahrt.

Diese amerikanischen Fregatten sollten also in der Feuerkraft allen anderen Fregatten überlegen sein und schnell genug, um jedem Linienschiff zu entkommen. Hier einige Angaben zur CONSTITUTION:

Bauzeit:	1794 bis 1797 in Boston
$L_{ÜA}$:	62,2 m
B:	13,25 m
T:	4,5 m
Fockmast:	60,3 m
Großmast:	67,0 m
Besanmast:	52,6 m
Verdrängung:	2.200 ts
Segelfläche:	3.970 m^2
Geschwindigkeit:	14 kn(max.)
Kurs:	6 Strich (~ 67,5°) hart am Wind möglich
Bewaffnung:	54 Kanonen (32 24-Pfünder, 11 kg, 20 32-Pfünder, 14,5 kg und zwei 24-Pfünder am Bug)
Rumpf:	Eichenbeplankung von 40 bis 50 cm Stärke, wurde mit Kupferplatten gegen den gefürchteten Bohrwurm beschlagen
Besatzung:	450 Mann

Die amerikanische CONSTITUTION hatte im Vergleich zu ihren potenziellen Gegnern höhere Masten und damit die Möglichkeit, ein »skysail« über dem »main royal sail« zu führen. Die Masten waren dazu über den Topmasten durch zwei weitere Stengen (topgallant mast und royal pole) verlängert.

Erst etwa 50 Jahre später hatten viele Rahsegler diese Besegelung, ja dann wurde sogar auf manchen Klipper-Schiffen über dem Skysegel ein dreieckiges Segel gesetzt, der »Moonraker«. 1851 hatte der Klipper SEAMAN'S BRIDE eine obere Rah für einen rechteckigen Moonraker.

Die CONSTITUTION verwendete die oberen und die äußeren Leesegel regelmäßig, während die Gegner davon absahen wegen der schwierigeren Manövrierbarkeit.

Noch einige allgemeine Bemerkungen zur Besegelung der Fregatten. Auf der Grundlage jahrhundertelanger Erfahrungen kristallisierte sich im 17. Jhdt. der Bau dreimastiger Schiffe als die beste nautische Lösung für das größere, ozeangehende Segelfahrzeug heraus. Auf diesem Erkenntnisstand baute auch die Entwicklung der Takelage von Fregatten auf. Bestandteil der weiteren Entwicklung der Fregatten waren auch zahlreiche Verbesserungen der Takelage. Sie sind gekennzeichnet durch eine weitere Differenzierung der Segel. Die schrittweise Einführung der Stagsegel geht bis auf das Jahr 1650 zurück. Diese Segel wurden nicht sofort auf allen Schiffen verwendet. Ihre Anzahl und Form wechselten häufig.

Leesegel wurden anfangs nur gelegentlich an den Unterrahen gefahren. Sie setzten sich immer mehr durch und waren um 1700 auch an Marsrahen zu finden. Die Leesegel waren Schönwettersegel, die bei lauen achterlichen Winden als Verbreiterung der Rahsegel in Luv oder beiderseitig an ausschiebbaren Verlängerungen der Rahen gefahren wurden. Die Leesegel und ihre Befestigung an den Rahen wiesen deutliche Unterschiede auf.

Der Beginn des 18. Jhdts. brachte grundlegende Veränderungen am Vorgeschirr. Auf den Bugspriet wurde zur Verlän-

Die US-amerikanische Fregatte CONSTITUTION *entkommt zwei verfolgenden britischen Fregatten HMS* JUNON *und HMS* TENEDON *bei Cape Ann nach Gloucester Harbor am 3. April 1814 mit jedem Segel gesetzt. Gemälde im U.S. Naval Academy Museum*

gerung der Klüverbaum aufgelegt. Dadurch entfielen der Sprietmast und die daran befindliche Oberblinde. Auch das Blindesegel verschwand aus der Takelage der Fregatten.

Die Einführung der vor dem Vorstengestagsegel zu setzenden Außen- und Binnenklüver wird auf die Zeit um 1700 zurückdatiert. Seit etwa 1745 wurden Klüver in der holländischen Flotte häufiger verwendet und mit deutlichem zeitlichem Abstand erst in der französischen Marine. Der Klüverbaum erhielt im Verlaufe der Entwicklung zur Verlängerung noch einen Außenklüverbaum.

Am Kreuzmast wurde um 1720 das relativ große Lateinsegel um die vor dem Mast liegende Dreiecksfläche verkleinert, die Rah des Lateinsegels wurde aber zunächst noch in voller Länge (zuletzt 1798) beibehalten. Das typische Gaffelsegel wurde erst nach 1745 eingeführt. Dieses Segel war auf einigen Schiffen auch am Groß- und Fockmast zu finden. Zwischen 1760 und 1780 wurde über dem Kreuzmarssegel das Kreuzbramsegel gesetzt, das ab 1800 zur Norm wurde.

Um die Segelfläche zu erhöhen, wurden Fock- und Großmast verlängert. Zwischen 1760 und 1770 wurde ein 4. Rahsegel, das Oberbramsegel, gesetzt. Die Form der oberen Rahsegel veränderte sich dahingehend geringfügig, dass sich die Differenz zwischen Unter- und Oberliek verringerte, was zu einer Streckung des trapezförmigen Segels führte. Bis zum Anfang des 19. Jhdts. wurden die Segel noch relativ bauchig gefahren. Erst im Verlaufe der weiteren Entwicklung setzte sich ein geringerer Wölbungsgrad der Segel durch.

Um 1800 war ein vorläufiger Abschluss in der Entwicklung der Segel erreicht. Hinzu kamen noch, dem Einfluss amerikanischer Vorbilder folgend,

- ein fünftes Rahsegel an Fock- und Großmast und
- der Einsatz eines weiteren Klüversegels zu Beginn und
- der geteilten Marssegel in den 20er Jahren des 19. Jhdts.
- auf holländischen und englischen Schiffen.

4.5 Die Nachteile des Rahsegels lassen andere Segelformen entstehen

Das Rahsegel – wenn man von einigen großen Schonern absieht – ist bis heute das wesentliche Vortriebsmittel für große Segelschiffe geblieben.

Das Rahsegel am Wind hat den Vorteil, dass es am Luv-Liek keine den Luftstrom störende Spiere hat, andererseits ist die Schwierigkeit gegeben, das Segel ausreichend zu brassen und das Luv-Liek gestreckt zu halten für eine gute Anströmkante. Die als Nachteil angesprochenen Eigenschaften des Rahsegels rühren daher, dass es Grenzen hat, es korrekt entsprechend der Relation Kurswindrichtung zu setzen. Das Segelmaterial, Baumwolle anstatt Flachs, war schon ein großer Fortschritt. Stahldrähte für das stehende Gut waren dazu ebenso ein großer Fortschritt, da sie höhere und kleinere Stützwinkel erlaubten. Das Gleiche gilt für den Übergang zu Stahlmasten, der aber erst nach der Klipperära kam.

Es wurde gesagt, dass Mitte 19. Jhdt. einige Klipper-Kapitäne auf der Lee-Seite dem stehenden Gut Lose gaben, bei den 60 m hohen Masten sicher eine haarsträubende Angelegenheit, um die Segel noch mehr brassen und bis 67,5° an den Wind herangehen zu können. Die Abdrift war 5–10°, bei den Schiffen des Mittelalters war die Abdrift so groß wie der Fortschritt nach vorn. Der Kapitän der ARIEL sprach von 11 kn hart am Wind und 5° Abdrift, also effektiv 77° am wahren Wind, im Vergleich heute 40–45° einer Rennyacht.

Wegen seiner Schwächen, schlechte Am-Wind-Eigenschaften, aufwendiges Rigg und aufwendige Bedienung, was besonders in engen Gewässern ein Kreuzen verbietet, sind über die Jahrtausende und in allen seefahrttreibenden Regionen der Erde mehrere andere Segelformen entstanden. Das Lateiner-Segel soll von den Arabern nach der Zeit Mohammeds gekommen sein. Grabsteine der Griechen und Römer aus dem ersten und zweiten Jahrhundert n. Chr. zeigen schon Boote mit Spriet- und Lateiner-Segel. Vielleicht kam das Sprietsegel eine Zeit lang aus der Verwendung. Das Luggersegel mag sehr eng mit dem Lateiner-Segel in der Entwicklung verbunden werden.

Hier können nur einige Grundtypen angesprochen werden. Im Detail und in der Kombination mehrerer Segel an einem Schiff ist vieles probiert und eine kaum zu erfassende Vielfalt, vor allem bei kleineren Segelschiffen und -booten für ein oder mehrere Mann Besatzung, entstanden. Es ist nicht Zweck des Buches auch nur den Versuch zu machen, diese Vielfalt darzustellen. Ziel der Lösung waren immer gute Segeleigenschaften, insbesondere bei Am-Wind-Kursen sowie leichte und schnelle Bedienbarkeit bei geringen Investitionskosten.

Der Weg führte über das Sprietsegel, es ist dem Rahsegel am ähnlichsten. Reliefe, die aus der Zeit der Griechen und Römer stammen, zeigen Schiffe mit Sprietsegel, sodass es wohl schon in ihrer Zeit bekannt und genutzt wurde, also mindestens 2. Jhdt. v. Chr. Auch im westlichen Mittelmeer zeigt ein Relief auf einem römischen Sarkophag aus dem 3. Jhdt. n. Chr. ein Schiff mit Sprietsegel. Eine Rekonstruktion eines kleinen römischen Küstenschiffes, vermutlich 12 m lang, 3,5 m breit mit 40 m^2 Segelfläche, zeigt ein Sprietsegel. Das Fall dient gleichzeitig als Vorstag.

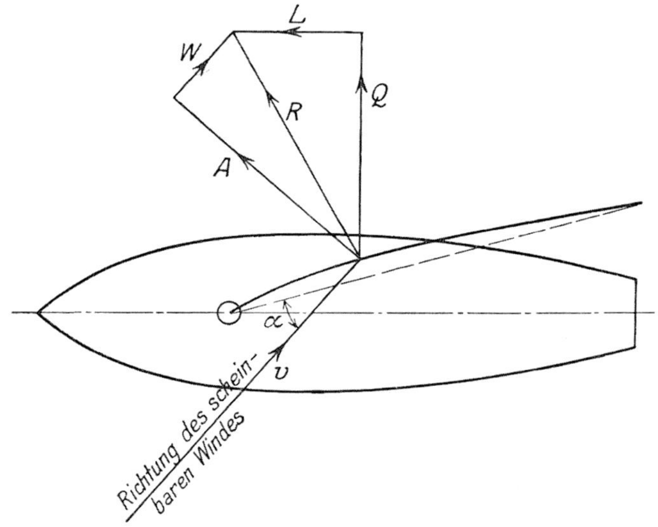

Kräftezerlegung bei Fahrt »am Winde«. Man sieht die große Abdriftskraft Q im Verhältnis zur Vortriebskraft L (Zerlegung der Gesamtkraft R am Segel)

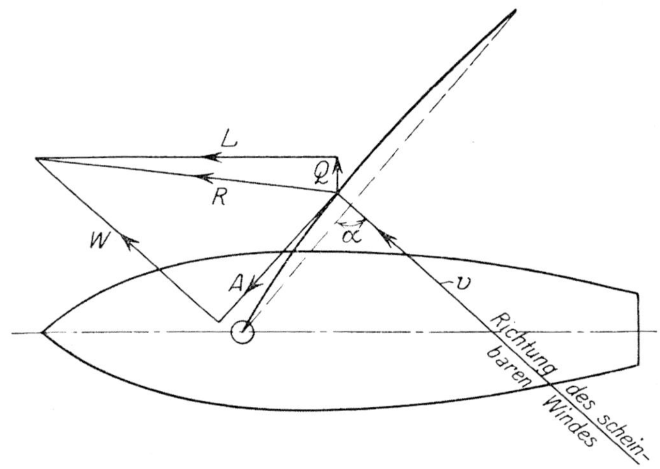

Kräftekonfiguration beim Segeln mit Raumschots-Wind. Hier ist ein hoher Widerstand W bis zu einem gewissen Grade günstig für die Erzielung einer hohen Vortriebskomponente L in Fahrtrichtung. Es sind also auf den einzelnen Kursen unterschiedliche Gesichtspunkte für die Formgebung der Segelfläche, die eine Kompromisslösung erfordern, um ein gutes Allroundfahrzeug zu schaffen.

Im nordeuropäischen Raum waren es vor allem die Holländer im 15. und 16. Jhdts., die es übernahmen, denn dort findet man es auch am häufigsten. Das rechteckige Segel wird also anstatt durch die Rah durch ein diagonal vom Fuß des Mastes zur freien oberen Ecke (Piek) des Segels verlaufenden Baum, dem Spriet, aufgespannt. Beim Am-Wind-Segeln ist, da das Luv-Liek des Segels mit dem Mast fest verbunden ist, eine gute Aerodynamik gegeben. So konnte man höher am Wind laufen und leichter wenden.

Man vermutet, dass aus dem Problem der Stabilisierung der Vorderkante Luv- oder Seitenliek eines Rahsegels am Wind sich das Lateinersegel und das Luggersegel entwickelt haben. Das Lateinersegel hat eine durch die Rah stabilisierte Vorderkante und kann weit über die Masthöhe hinausgeführt werden. Andererseits ist das Segel unsymmetrisch zum Mast geführt und hat Nachteile beim Kreuzen. Dadurch ist es wohl im arabischen Raum mit stetigen Monsunwinden verbreitet und von dort in den Mittelmeerraum (2. Jhdt. n. Chr.) gekommen.

Zum Wenden muss die Rah des Lateinersegels senkrecht gestellt und hinter den Mast auf die andere Seite gebracht werden.

Treib- oder Schnausegel waren Gaffelsegel, die z.B. bei einem Dreimast-Vollschiff zusätzlich am Fock- und Großmast an einem dünneren, mit dem eigentlichen Mast verbundenen Mast gefahren wurden. Das Schiff konnte damit höher am Wind segeln.

Ein Beispiel dafür ist die im August 1816 in Newburyport, Mass., USA, vom Stapel gelaufene DRAPER. Sie war das erste Schiff, das in den neuen Bremer Hafen direkt an der Wesermündung und damit tidefrei (Bremerhaven) 1830 einlief.

Der Widerstand eines Segels ist die Summe aus:

- Formwiderstand – von der Profiltiefe und Wölbung abhängig
- Reibungswiderstand – von der Fläche abhängig
- Induzierten Widerstand – vom Flächenzuschnitt abhängig

Der induzierte Widerstand entsteht dadurch, dass Luft von der Luv- oder Druckseite zur Lee- oder Saugseite um die Segelkanten (Lieken) strömt, denn die Natur versucht immer Gefälle auszugleichen, Gleichgewicht herzustellen. Dabei geht Kraft und Energie in Form von Luftwirbeln verloren. Deshalb ist aerodynamisch eine große Fläche besser als mehrere kleine, was aber wiederum aus anderen Gründen, z.B. Handhabung, zweckmäßig sein kann.

Ein anderes Beispiel: Ein Vorsegel, dessen Unterliek dicht über dem Deck (Deckwischer-Fock) steht, ist besser als eine hochgeschnittene Rollfock, wie sie heute als Komfort auf Yachten üblich ist.

Oder: Ein hochgestrecktes Segel ist besser als ein in der Höhe kurzes mit langem Unterliek, da dieses die Gelegenheit zum Druckausgleich und höherem induzierten Widerstand bietet. Wegen dieser Induktion hätte es auch – im ersten Ansatz richtig erscheinendes hochgestrecktes rechteckiges Segel – Nachteile, da dann am Oberliek das gleiche Problem auftritt. Es zeigt sich immer wieder: Die ideale Segelform wäre Teil einer hochgestellten Ellipse. Die übliche Dreieckform ist oben an der Spitze nahezu wirkungslos, aber andere konstruktive Anforderungen, beispielsweise der Achterstag, lassen eine größere Segelfläche im oberen Mastbereich einer Sloop nicht zu. Aerodynamisch unsinnig, aber komfortabel sind auch Roll-Großsegel, die in einem dicken Mast aufgerollt werden. Die vom Mast verwirbelte Strömung hat im oberen Teil des Segels wegen des kurzen Wegs von Mast (Vorliek) zum Achterliek keine Chance, noch Auftriebs-, Vortriebsarbeit zu leisten.

Beim Am-Wind-Kurs bildet sich am Segel auf seiner Luvseite Druck und auf seiner Leeseite Unterdruck aus. Letzterer ist größer als der Luv-Druck, bis zu dreimal. Am Segel wird also vom Wind mehr gesaugt als gedrückt wie beim Tragflügel, der stärker hochgesaugt als gedrückt wird. Die Druckunterschiede entstehen nach dem vom Schweizer Mathematiker *Bernoulli* (1700–1782) entdeckten und formulierten Naturgesetz $p \cdot v = \text{const.}$, in einer Strömung ist das Produkt aus Druck p und Geschwindigkeit v konstant, der Druck sinkt dort, wo das Medium schneller strömen muss. Zunächst glaubt man, das sei durch die Wölbung des Tragflügels bzw. des Segels bedingt. Dieser Wegunterschied ist aber beim Segel insbesondere minimal. Heute gilt die Erkenntnis: Luft hat auch eine gewisse Zähigkeit, sie ist viskos und wird durch das Segel aus ihrer Strömungsbahn abgelenkt und abgebremst, sodass sie Kräfte auf das Segel ausübt. Ein weiteres Phänomen ist die Zirkulation. Hinter dem Segel bildet sich ein Luftwirbel, der Anfahrwirbel, da die strömende Luft auf der Leeseite nicht bis zum Achterliek glatt anliegt, sondern auf ihrem Weg nach achtern vorher abreißt und turbulent wird. In dieses »Luftloch« wird Luft von der Luvseite um das Achterliek herum angesogen, schafft es aber nicht ganz und verwirbelt. Schon vor der Vorderkante des Segels geht dadurch mehr Luft zur Leeseite, das höhere Volumen muss durch höhere Geschwindigkeit – und damit niedrigem Druck – am Segel vorbei. Im Idealfall hat die Luft am Achterliek ankommend auf beiden Seiten wieder die gleiche Geschwindigkeit. Die höchsten Luftgeschwindigkeiten und Unterdrücke ergeben sich im ersten Drittel des Segels.

Die Druckverteilung um das Segel wird gedanklich zu einer Gesamtkraft, dem Auftrieb, der senkrecht zum scheinbaren Wind wirkt und im Segeldruckpunkt angreifend gedacht wird. Eine weitere Kraft ist der Widerstand, den das Segel dem scheinbaren Wind entgegensetzt.

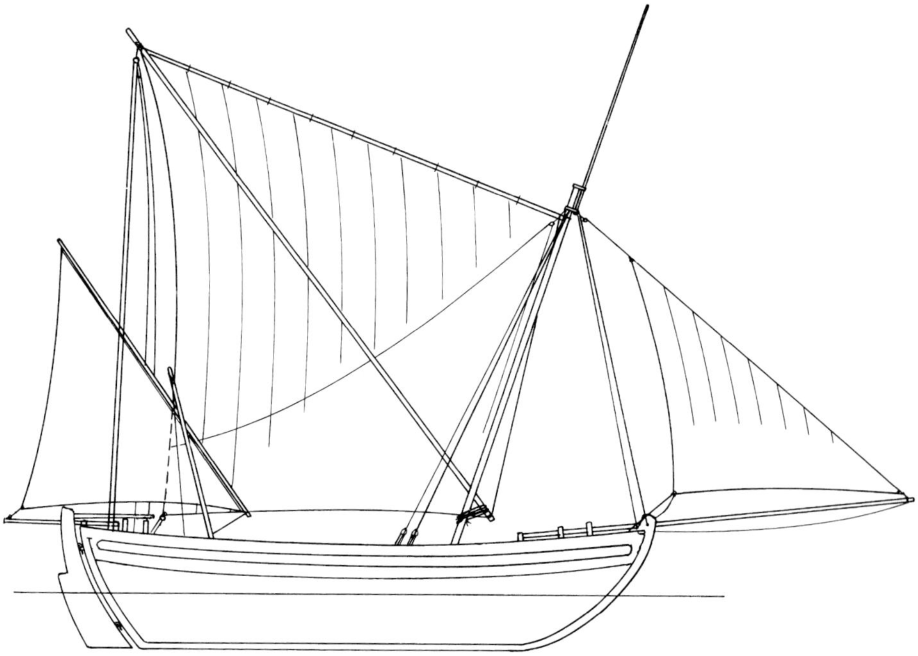

Zweimastiges Fischerei- oder Küstenfahrzeug, wie in Griechenland und der Türkei üblich. Das Oberliek des Sprietsegels läuft an einem Stag zwischen Hauptmast und Spritbaum. Am kleinen Besanmast ist ein Lateinersegel.

Bis heute sind noch nicht alle Phänomene am Tragflügel bzw. am Segel theoretisch und experimentell geklärt, doch liegen natürlich schon viele Aussagen und Regeln vor. So ist erwiesen, dass abgerundete Enden und elliptische Profile günstiger sind als gerade Seitenkanten. Das hängt mit der verzögerten Ablösung der Strömung um das Profil zusammen und den dabei reduziert auftretenden schädlichen Wirbelbildungen und induziertem Widerstand. Außerdem wird bei gebogenen Masten der obere Bereich des Segels wirksamer. Eine einfache dreieckige Segel-(Flügel-)Form ist im Vergleich zur elliptischen oder trapezförmigen die relativ schlechtere.

Zur Kontur des Segels haben Versuche gezeigt, dass an der Luvkante ein aufrecht stehender Mast, der im oberen Drittel nach achtern gebogen ist, günstig für die Segelkräfte ist, auch sollte die Abströmkante so weit wie möglich nach außen gerundet sein. Dass der obere Teil des Segels oder die Gaffel weiter nach Lee herausgedrückt wird als der mit der Schot dicht geholte Baum des Unterlieks, hat beim Am-Wind-Kurs auf jeden Fall eine negative Wirkung von bis zu 30%. Der stärkere Wind in größerer Höhe würde 3–5° rechtfertigen, doch der obere Teil des Segels weicht häufig 30–40° zum unteren Baum aus. Mit zunehmendem Wind kann einerseits dichter am Wind gefahren werden, da der scheinbare Wind achterlicher einfällt, andererseits muss bei weiter zunehmendem Wind das Segel mehr herausgelassen – die Schot gefiert – werden, um Druck aus dem Segel zu nehmen.

Sprietsegel

Ein einfaches Sprietsegel benötigt einige wenige Blöcke und keine oder wenige Verbindungsstücke (Fittings). Das annähernd quadratische Segel – das legt sein Herkommen vom Rahsegel nahe, braucht kein Fall und nur einen kurzen Mast. Um es zu setzen, wird eine Spiere, das Spriet, an der oberen freien Ecke befestigt und das andere Ende der Spiere unten am Mastfuß. Bei Am-Wind-Kursen kann es sehr flach gestreckt werden. Unter Winddruck hängt es trotzdem durch zu einer charakteristischen Form. Ein Baum für das untere Liek des Segels fehlt meist.

Das Sprietsegel findet man vor allem bei größeren und breiteren Schiffen. Wenn mehr Segelfläche zweckmäßig war, fügte man einen zweiten oder dritten Mast mit etwa gleicher Segelfläche dazu.

Die Schaluppe (Beiboot) der MAYFLOWER war mit einem Sprietsegel geriggt, sodass es auf diese Weise schon mit den ersten Siedlern nach Nordamerika kam. Am 21. November 1620 landeten 102 »Pilgerväter« von England kommend nach 67-tägiger Überfahrt beim jetzigen Plymouth an der Ostküste der USA. Das Sprietsegel wurde in Amerika im 18. und 19. Jhdt. sehr weit genutzt bis in die Anfänge des 20. Jhdts. Das Gleiche gilt auch für Europa.

Allerdings wurde das Sprietsegel in Europa im Laufe des 19. Jhdts. durch das Luggersegel verdrängt. Mehrmastige Schiffe behielten das Sprietsegel relativ kleiner Segelfläche am Besanmast.

Als die Schiffe zwei Masten bekamen, wurden verschiedene Segelformen probiert. Um das 16. Jhdt. wurden Schiffe mit einem Sprietsegel am Hauptmast, einem Vorstagsegel und einem Lateinersegel am Besanmast dargestellt. So z.B. in Lucas Waganaers »Speculum Nauticum« von 1586. Andere dargestellte Schiffe zeigen ein Rah-Großsegel, ein Rah-Topsegel und ein kleines Rahsegel unter dem Bugspriet, das verwirrend auch Sprietsegel genannt wird und wohl vor allem als Steuerhilfe genutzt wurde. In Waganaers Karten findet sich auch das Luggersegel am Hauptmast. Länge und Gewicht des Spriets begrenzte die Größe des Segels und damit auch seine Einsetzbarkeit für große Schiffe. In der Entwicklung von Sprietsegel und dann Gaffelsegel waren wohl vor allem die Holländer führend. Dabei gab es immer wieder kleine Verbesserungen von vielen namenlosen Seefahrern.

Allmähliche Verlängerung des Luv-Lieks, Erhöhung des vom Spriet getragenen Kopfes des Segels und damit Vergrößerung des unteren Lieks verbesserten die Am-Wind-Eigenschaften des Sprietsegels. Ein Vorsegel wurde hinzugefügt, um die Fläche Mast-Vorstag zu nutzen. Dann wurde noch ein weiteres Vorsegel eingeführt (Klüver), das zunächst an einer unverstagten Spiere gesetzt wurde. Nachdem die Verbesserung der Manövrierfähigkeit und der Am-Wind-Eigenschaften erwiesen waren, erhielten viele Segelfahrzeuge einen ständigen verstagten Bugspriet.

Luggersegel

Dieses trapezförmige Segel wird mit einem einfachen Fall gesetzt, es ist an einer Rah befestigt, die aber längs – und nicht quer – zum Schiff angeordnet ist. Der Mast ist relativ kurz und kann deshalb unverstagt sein. Das Segel steht gut am Wind. Es gibt verschiedene Grundformen, wie fallendes oder stehendes Luggersegel oder Gunter-Luggersegel. Man findet das Luggersegel häufig bei längeren und schlankeren Schiffen. Bei kleineren Booten macht man häufig das ganze Rigg wegnehmbar, damit es beim Rudern nicht stört.

Das Luggersegel wurde erstmals dargestellt von *Fortree* 1660, obwohl es damals wenig in europäischen Gewässern genutzt wurde.

Zum Wenden wurde das Luggersegel, wenn es ein fallendes war, fallen gelassen und hinter dem Mast nach Lee gebracht. Das stehende Luggersegel, häufig am Besanmast bei mehrmastigen Schiffen, blieb natürlich beim Wenden stehen und bedurfte keiner Beachtung.

Beim fallenden Luggersegel wurde das Fall üblich zur Luv-Seite geschoren und damit als Stag für den Mast wirksam, obwohl es das Wenden komplizierte.

Die Gunter-Lugger-Spiere dient dazu, dem Vorliek des Segels beim Am-Wind-Segeln Halt zu geben.

Der Begriff »Gunter« soll auf den Mathematiker und Instrumentenbauer *Edmund Gunter* (1581–1626) zurückgehen, der

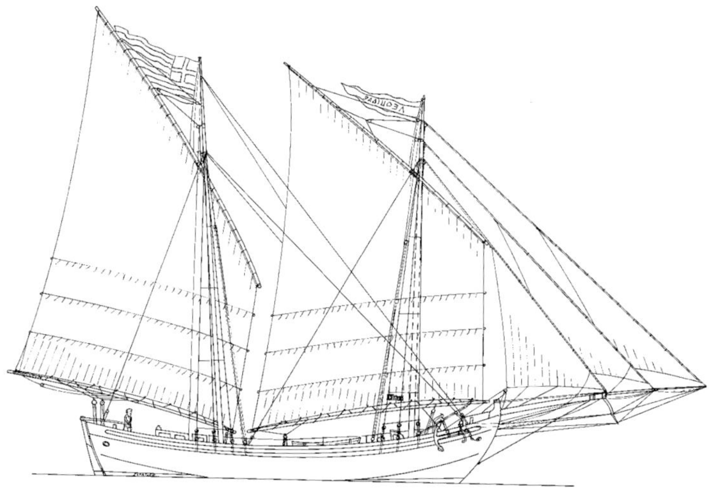

Ein griechischer Fracht-Lugger, L 60 ft (20 m). Die Luggersegel sind am Vor- und Hauptmast jeweils auf der anderen Seite gesetzt. Diese Art Schiff fand sich bis ins frühe 20. Jhdt.

einen Rechenschieber erfand, obwohl es unwahrscheinlich ist, dass die Seeleute seinen Namen für diese Art Rigg nahmen.

Die richtige Bezeichnung und Klassifizierung eines Wasserfahrzeuges war für die Nutzer für viele Jahrhunderte unwichtig. Da sie es häufig für ihren Lebensunterhalt benötigten, kopierten sie sehr schnell, wenn sie eine Verbesserung von irgendwoher gewahr wurden, sowohl in der Rumpfform wie im Rigg.

Ein Gemälde von *John Cleverly* 1752 zeigt eine Brigantine mit einem gebundenen, also weggenommenen Luggersegel und einem Toppsegel am Hauptmast. In der zweiten Hälfte des 18. Jhdts. wurde es vielfach genutzt, häufig verbunden mit für Geschwindigkeit gebauten Schiffsrümpfen.

Bewaffneter Lugger am Wind. Piraten und Schmuggler benutzten diese Fahrzeuge spätes 18./frühes 19. Jhdt., da sie überlegen schnell waren. Das Hauptsegel am Großmast sowie das Toppsegel am Besan haben Bulienen am Luv-Liek, um es zu strecken. Lithographie von J. Rogers 1825.

Mittelmeer-Schebecke mit drei Masten und Lateinersegeln, wie sie meist getakelt war. Sie wurde häufig von Piraten genutzt.

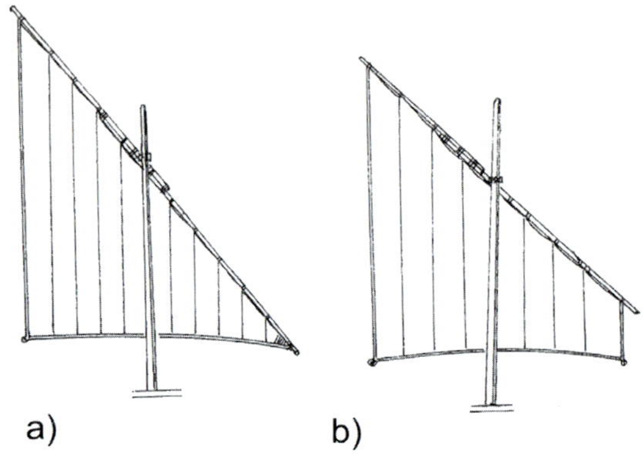

Vergleich von Latein- und Dausegel
a) Lateinsegel
b) Dausegel
(auch Settiesegel oder arabisches Lateinsegel)

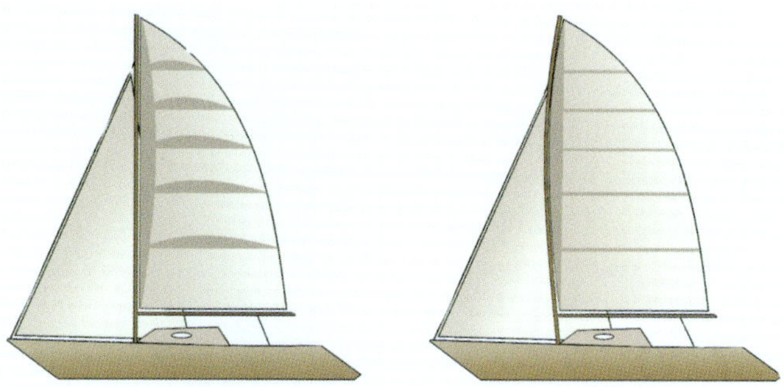

Durch Krümmen des Mastes kann das Profil des Großsegels beeinflusst werden. Das Segel ist mit einem runden Vorliek geschnitten, so dass es beim geraden Mast ein bauchiges, beim gekrümmten Mast ein Flaches Profil hat. Nach oben hat das Segel einen Twist, es öffnet sich. Da der Wind in der Höhe stärker weht bleibt der Anstellwinkel aber gleich. Das ist bei schwachem Wind relativ ausgeprägter als bei stärkerem.

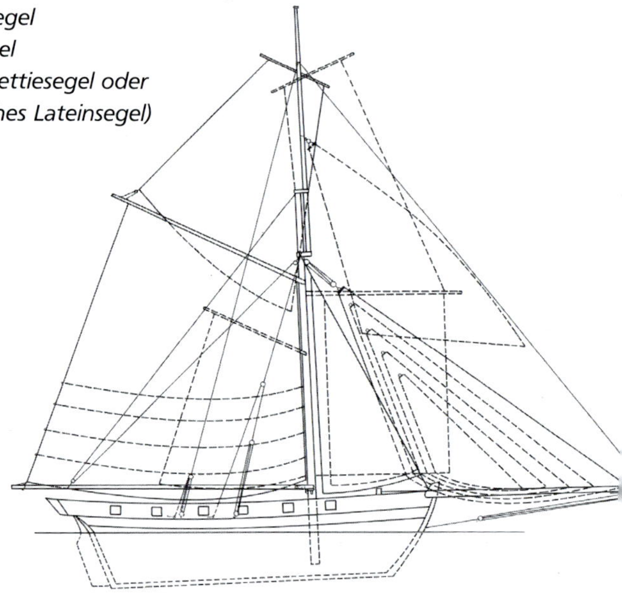

Segelplan eines Regierungskutters um 1840. Eine Vielfalt der Takelung ist angedacht.

Französische Dreimast BISQUINE *Fisch-Lugger vor La Houle, Bretagne. Sie trugen zwei Topsegel und waren gute Segler.*

Der berühmte Nova Scotia Schoner BLUENOSE*, L 142 ft (47,33 m), gebaut 1921 für den Fischfang auf den Neufundland-Bänken, hier bei der Spithead Naval Review 1935. Foto: Beken of Cowes.*

Die Leistungsfähigkeit und der Auftrieb verschiedener Segelformen in Abhängigkeit von ihrer Anstellung zum scheinbaren Wind von 0° (Wind von vorn) bis 90° (Wind von achtern bzw. senkrecht zur Segelfläche). Es gibt nicht die für alle Wind-Kurs-Relationen optimale Segelform. Das Rahsegel hat seine »Stärke« vorm Wind, die anderen Segelformen am Wind, besonders das hoch gestreckte dreieckige Schrat- oder Bermudasegel wie es heute üblich ist. Ein optimales Segel für alle Situationen gibt es nicht.

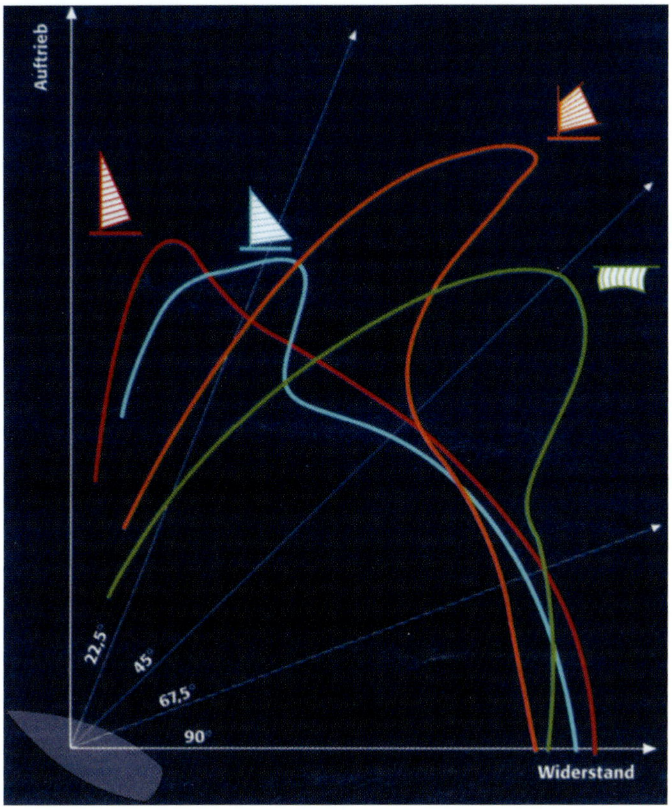

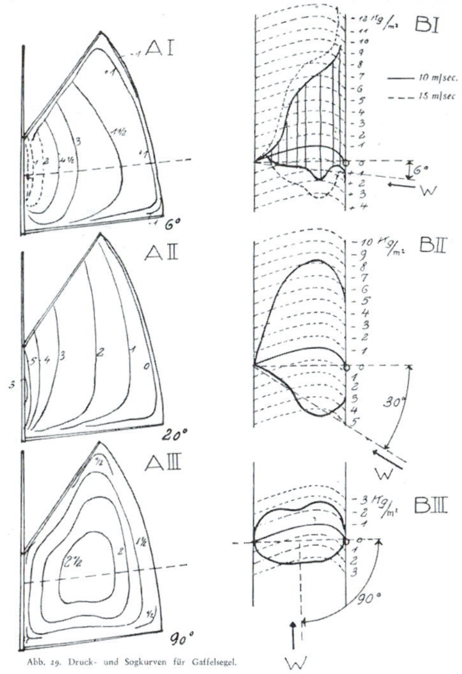

Verlauf der Geschwindigkeitsdreiecke auf den einzelnen Kursen
V ... Schiffsgeschwindigkeit
w ... wahrer Wind
v ... scheinbarer Wind
Str. = Strich (= $11^1/_4$°)

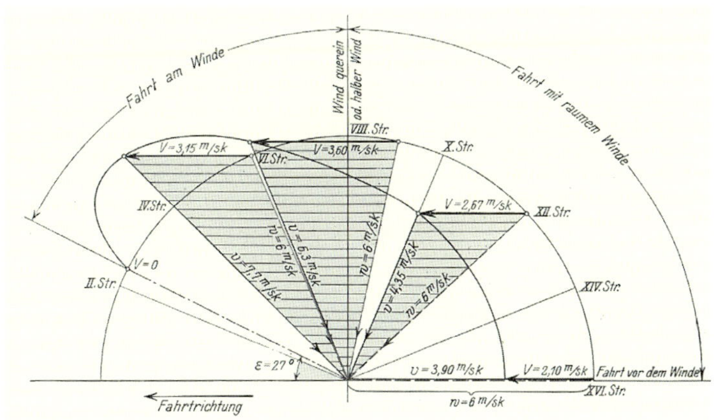

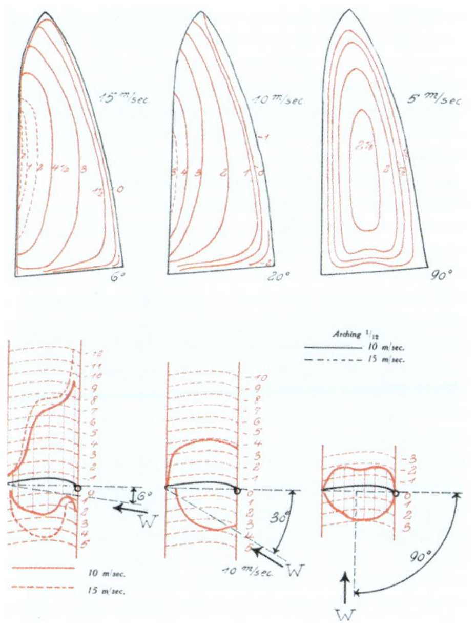

Isobaren für Druck und Sog an einem Gaffelsegel und einem Marconi-Großsegel, gemessen im Windkanal bei Junkers in Dessau, 1924. Am Wind liegt der größte Druck im ersten Drittel es Segels hinter dem Mast. Am Achterliek wird er sogar leicht negativ, was das leichte Flattern erklärt, was häufig zu beobachten ist. Bei halbem Wind ist der Druck am Mast am größten. Vorm Wind ist der Druck mittig im Segel am Größten, es tritt im Luv kein negativer Druck auf. Das Marconi-Segel ist weit besser Am Wind, bei halbem Wind ist das Gaffelsegel besser, vorm Wind sind beide gleich.

Im 19. Jhdt. war die große Entwicklung des Fischloggers. Dreimastige Fischlogger waren bis etwa 1850 in Großbritannien üblich, dann ließ man den Hauptmast weg – vermutlich für freie Arbeitsfläche –, während er auf dem europäischen Kontinent beibehalten wurde. Luggersegel-Riggs unterscheiden sich erheblich zwischen den verschiedenen europäischen Regionen.

Obwohl über Jahrhunderte ein Lugger-Rigg in Europa und Asien für kleinere Schiffe (L bis 20 m, bis zu drei Masten, 200–300 m² Gesamtsegelfläche) häufig zu finden war, setzte es sich in Nordamerika nicht durch.

Sprietsegel oder Luggersegel sind eine so einfache Methode, Antrieb für ein Wasserfahrzeug zu erhalten, dass sie vermutlich in vielen Regionen der Erde weitgehend unabhängig von einander entwickelt und genutzt wurden.

Sprietsegel und Luggersegel verschwanden fast vollständig Mitte des 20. Jhdts. Sie galten als Anachronismus, man fand sie noch bei einigen Arbeitsbooten im östlichen Europa und Asien, auch die englischen Segelbarken (sailing barges), Küstenfahrer, behielten Sprietsegel bei.

Heute sieht man unter Freizeitseglern solche »altmodischen« Beseglungen wieder mehr, dann auch mit neuzeitlichen Materialien, häufig im Eigenbau oder ein altes Boot restauriert.

In der Literatur zum Segeln findet man nur selten quantitative Angaben, so z.B. zu den Am-Wind-Eigenschaften. Beim Rahsegel hatten wir die Angabe 60° am Wind, eine moderne Yacht mit Bermuda-Rigg schafft etwa 30°. Dazwischen liegen die anderen Segelarten, wobei das dann auch noch innerhalb einer Segelart differieren kann, da die Bootsform und Kiel einen erheblichen Einfluss auf das Segelverhalten einschließlich Abdrift haben.

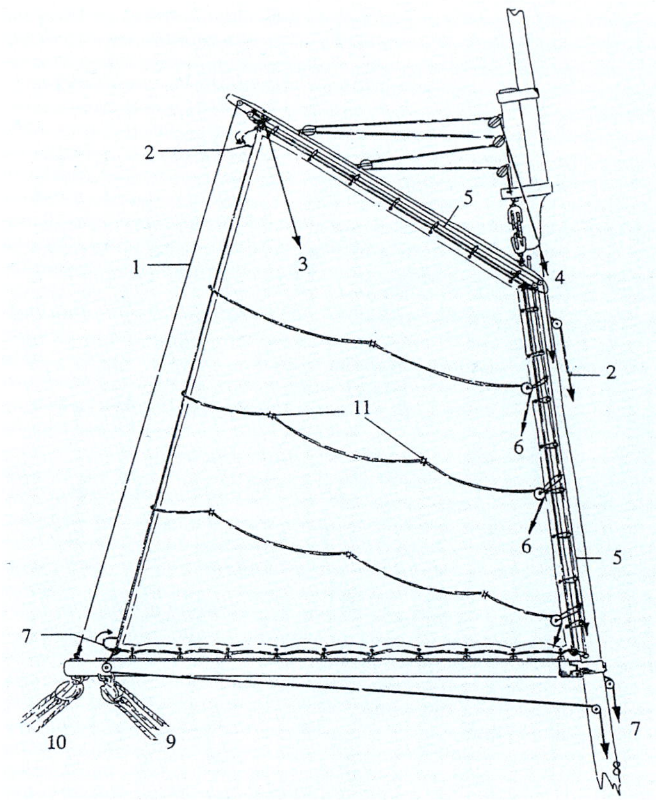

Gaffelsegel, hier als Besansegel am hinteren Mast, mit seinem laufenden Gut. Mit Geitanen oder Dempgordings auf beiden Seiten des Segels laufend, kann das Segel zum Bergen an den Mast geholt werden. Die Bullentalje verhindert ein unbeabsichtigtes Zurückschwenken des Baums.
1 Baumdirk, 2 Piekeinholer, 3 Geer, 4 Gaffeldirk, 5 Piekausholer, 6 Geitaue oder Dempgordinge, 7 Fußeinholer, 8 Fußausholer, 9 Bullentalje, 10 Schot, 11 Leitkloten

Gaffelsegel

Das Gaffelsegel entstand wohl – zunächst als stehende Gaffel –, als das obere Liek immer länger wurde und der Sprietbaum immer höher am Mast mit seinem Fuß gesetzt wurde. Dann bekam der Sprietfuß eine Klaue und der Spriet wurde zur Gaffel am oberen Liek des Segels geriggt. Ein Baum für das untere Liek gab es zunächst nicht. Das Segel wurde weggenommen, indem es mit z.B. 3 Geileinen zum Mast geholt wurde, und konnte auch gerefft werden. Das baumlose Gaffelsegel – vor allem in Großbritannien lange und gern gefahren – hat zwar den Vorteil leichten Reffens und Wegnehmens, indem zum Mast geholt wird und die Gaffel stehen bleibt. Aber es erfordert einen starken Mast und Gaffel sowie eine ständige Kontrolle durch die Schot, da das Segel stark schlagen kann, wenn es nicht im Wind steht. Dieses Rigg war nicht dazu gedacht, die Gaffel fallen zu lassen, obwohl Fallen natürlich da waren. Später kam man daraus dann zum Gaffelrigg mit langer Gaffel. Parallel entwickelte sich – der Ursprung ist ungewiss – das bekannte Gaffelrigg mit kurzer Gaffel, Baum und einem Fall etwa in der Mitte der Gaffel, womit es an den Mast gezogen wurde. Später hatte man dann zwei Fallen, eins für die Klau am Fuß der Gaffel und das andere mehr zur Nock. Das Luvliek wurde am Mast befestigt.

Der Baum diente wohl erst dazu, das Unterliek des Segels über das Schiff hinaus befestigen zu können und Segelfläche zu gewinnen. Das Unterliek wurde nicht am Baum befestigt, sondern nur so stark wie möglich gestreckt für gute Am-Wind-Wirkung. In jedem Fall gibt der Baum dem Segel bessere Am-Wind-Eigenschaften.

Im 17. Jhdt. waren Sprietsegel, stehende Gaffel und Segel mit kurzer Gaffel allgemein üblich. Die Größe des Riggs und

Rennkutter BRITANNIA von 1893 von König Edward VII., mit perfekt gesetzten 10.000 sqft (912 m²) Segelfläche. Dieser Kutter erreichte Geschwindigkeiten um 16 kn. Die große Segelfläche kann nur bei leichtem Wind getragen werden, andererseits waren die Schiffe dann zu schwer, um leicht zu laufen.

die Höhe der Masten waren vor allem durch die Festigkeit der verwendeten Materialien gegeben. Größere Schiffe und mehr Segelfläche führte dann immer zur Rah-Besegelung.

In Nordamerika setzte sich das Kurz-Gaffelrigg durch und dominierte bis ins späte 19. Jhdt. Dort wurde auch meist das Unterliek mit dem Baum verbunden, in britischen Yachten wurde das ab etwa 1880 auch so gemacht, während die Arbeitssegler weiter mit dem freien Unterliek fuhren.

Das Gaffelrigg, besonders in seiner Entwicklung von den Holländern als Schonertakelung beeinflusst, war wesentlich als Antrieb von Segelfahrzeugen über 250 Jahre nicht wegzudenken bis es vom Bermuda-Rigg im 20. Jhdt. zurückgedrängt wurde, das unzweifelhaft bessere Am-Wind-Eigenschaften hat und einfacher in der Bedienung ist. Trotzdem gibt es weiter Anhänger des Gaffelriggs, denn es bietet Vorteile in der Segelhandhabung, und das Schiff liegt gut vor Anker im Wind. Daneben hat es eine attraktive nostalgische Schönheit.

Nach 1875 wurden große mehrmastige (bis zu sieben Masten) Schoner mit Verdrängungen zwischen 800–1.800 t gebaut. Teilweise hatten sie ein Mittelschwert, um die Abdrift zu reduzieren. Sie hatten den Vorteil leichter Bedienung mit wenigen Mann. Ab 1890 zwang der Wettbewerb zu hoher Ladekapazität, und die Schoner verloren ihre eleganten Linien. Der Dampfantrieb drang mehr und mehr vor, sodass zwischen 1909–1915 nur wenige Schoner gebaut wurden. Dann kam wieder ein Boom bis 1921 durch hohe Frachtraten, dann brach es wieder zusammen, 1925 war ein Bauboom in den USA, speziell Miami, der Baumaterial transportierende Segelküstenschoner beschäftigte. Dann gab es aber kein Come-back.

Es ist unmöglich, die Vielfalt der Ausprägungen des Gaffelriggs zu klassifizieren. Selbst ein Spezialbuch konnte nur ausgewählte Typen aus der unzählbaren Vielfalt beschreiben. Die Entwicklung über die Jahrhunderte und in verschiedenen Regionen fand aus Erfahrung und Kreativität statt, wobei der Gebrauch – für Fischfang, Handel oder zum Vergnügen bzw. Sport – Rumpfform, der Wunsch nach möglichst großer Segelfläche, gute Am-Wind-Eigenschaften und leichte Handhabung von Einfluss waren. An erster Stelle kam allerdings immer Sicherheit und Zuverlässigkeit. Eine Rolle spielte sicher auch das schnelle Verdrängen der Arbeits-Segel-Fahrzeuge durch maschinengetriebene, sodass man heute das Gaffelrigg nur noch bei nostalgischen Oldtimern, als Segel am Besan der Großsegler oder bei kleinen Freizeitsegelbooten findet.

Die Verdrängung des Gaffelsegels durch das Marconi-Segel, also ein dreieckiges, machen auch folgende Untersuchungsergebnisse deutlich: Die Kraftwirkung in Abhängigkeit vom Windeinfall ist, wenn man 90°, also direkt auf das Segel 1 setzt, bei 6° von vorn, also sehr flach auf die Segelfläche bei Schratsegel, 0,55, beim Gaffelsegel 0,31. Ab 25° sind beide etwa gleich 1.

Was die Erfahrung lehrt, kann man auch aus den Polarenkurven erklären:

Das hohe, heute übliche Marconi-Segel entwickelt am Wind etwa 1/3 mehr Kraft und kann dichter am Wind segeln. Bei

Die wichtigsten Segel einer Fregatte

Segel des Kreuzmasts: 1 Besan, 2 Kreuzmarssegel, 3 Kreuzbramsegel, 4 Kreuzoberbramsegel

Segel des Großmasts: 5 Großgaffelsegel, 6 Großsegel, 7 Großmarssegel, 8 Großbramsegel, 9 Großoberbramsegel, 10 Großoberleesegel, 11 Großbramleesegel

Segel des Fockmasts: 12 Vorgaffelsegel, 13 Fock, 14 Vormarssegel, 15 Vorbramsegel, 16 Voroberbramsegel, 17 Voroberleesegel, 18 Vorbramleesegel

Segel des Bugspriets: 19 Vorstängestagsegel, 20 Klüver, 21 Außenklüver

Fünfmastgaffelschoner CARL VINNEN

Der US-amerikanische Schoner ATLANTIC. 1905 segelte er zur Kieler Woche in Rekordzeit, von Sandy Hook nach Lizard in 12 d 4 h 1 min, also mit 10,3 kn in Durchschnitt, ihr bester Tag 14,2 kn. Lüa 56,3 m, LCWL 48,7 m, von William Gardner konstruiert, Skipper Charlie Barr. Sein Rekord steht bis heute. Er ist bisher gebrochen nur von Mehrrumpfbooten, so die ELF AQUITAINE in 9 d 10 h 6 min, ihre beste Tagesleistung war 15 kn im Durchschnitt.

halbem Wind ist das Gaffelsegel zwar schwieriger zu handhaben, aber es entwickelt $^1/_3$ mehr Kraft. Es muss um etwa 15° dichter geholt sein als das Marconi-Segel. Vorm Wind ist Kreuzen für ein Gaffelsegel besser, während das Marconi-Segel direkt laufen kann. Der Angriffspunkt der Gesamtkraft im Segel liegt beim Marconi-Segel weiter vorn zum Mast.

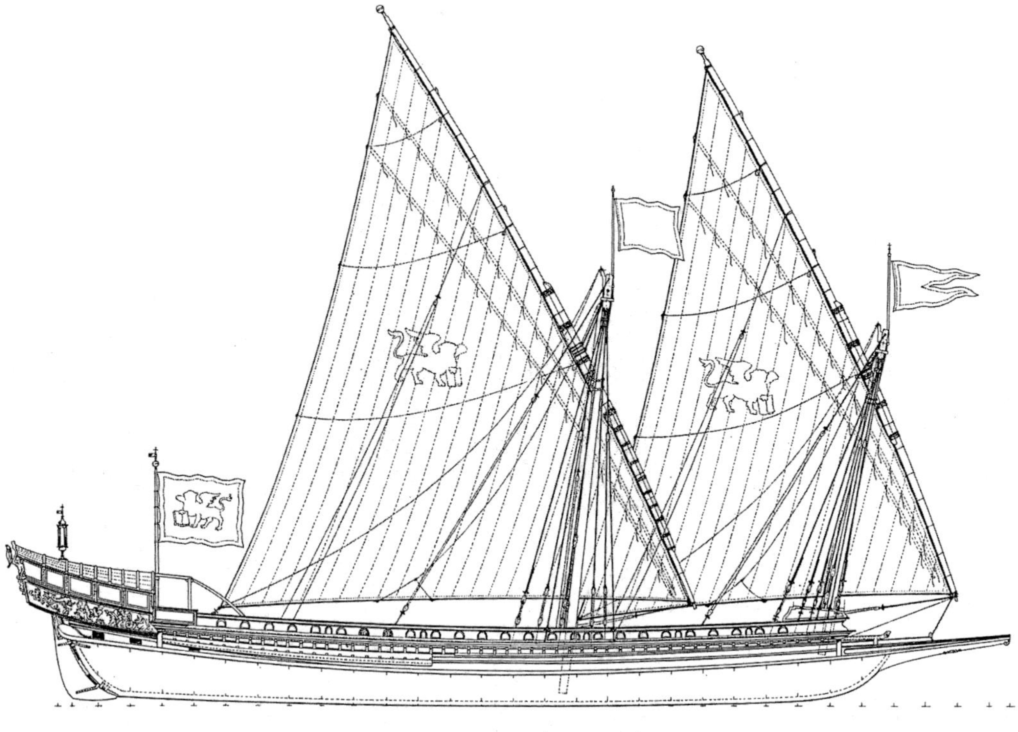

Segelanordnung auf einer venezianischen Galeere im 18. Jhdt. Rekonstruiert 1972 im Marinemuseum Venedig.

Lateinersegel

Während das Rahsegel wohl keine große Erfindungshöhe bedurfte und sicher bald die Erfahrung lehrte, dass es auch am Wind raumschots bis querab mit entsprechender Segelstellung noch Vortrieb ergab. Kam der Wind mehr von vorn, musste man eben auf günstigeren Wind warten. Gegen den Wind Weg zu gewinnen, wurde sicher lange für unmöglich gehalten. Es ist unklar, wer wo dieses Vorurteil überwand, denn die Natur gibt keine Vorbilder, und aus dem Gleiten großer Vögel gegen den Wind auf eine entsprechende Besegelung zu kommen, ist doch ein sehr großer Sprung. Das Lateiner-Segel ist eine solche Lösung. Wir wissen nur, dass es wohl 2.000 Jahre v.Chr. bei Arabern und Ägyptern entstand und dort heute noch anzutreffen ist in der Nil-Fellunke und der arabischen Dau. Erstaunlich ist auch der kurze Mast und wenig stützendes Rigg, denn beides hindert gegen den Wind. Das Lateiner-Rigg wurde mehrere tausend Jahre praktisch nicht verbessert, natürlich im eingesetzten Material, erst in den letzen einhundert Jahren durch moderne Yacht-Besegelung.

Türkische Pinke flieht vor einem Gaffelschoner. Nach einer Lithographie von Christian Ferdinad Möller

Ein großes Lateiner-Rigg ist nicht einfach zu handhaben und bedarf einer großen trainierten Mannschaft. Die lange labile Spiere bei starkem Wind zu handhaben ist sicher ein Albtraum. Das wird ein wesentlicher Grund sein, dass sich das Segel nördlich vom Mittelmeer in Europa nicht allgemein eingeführt hat, trotz seiner eindeutigen Vorteile am Wind.

Das Lateinersegel hat im Mittelmeer das Rahsegel der Ägypter und Phönizier gegen Ende des 1. Jhdts. verdrängt mit der Ausbreitung des Islam. Allerdings ist das auf venezianischen Galeeren erst im 16. Jhdt. ikonographisch belegt, das Rahsegel war im 14. Jhdt. noch im Gebrauch.

Der große Vorteil des Lateinersegels: die guten Am-Wind-Eigenschaften, bis etwa 45°. Bei starkem Wind kürzere Spieren mit kleineren Lateinersegeln; vor dem Wind Möglichkeit für Rahsegel.

Das Schiften der Rah wurde nicht immer praktiziert, darum wurde wohl auf dreimastigen Fahrzeugen häufig die Rahe alternativ an Backbord oder Steuerbord an den Masten angeschlagen. Man nimmt dann also in Kauf, dass das Segel »im Mast« steht.

Die Peichihli-Dschunke zeigt die charakteristische Besegelung chinesischer Dschunken.

Aus der Galeere entwickelte sich die schnelle Chebec, die besonders bei Piraten des Mittelmeers beliebt war. Sie wurde etwas breiter und tiefer gehend, um gut Segel tragen zu können. Sie waren meist dreimastig und konnten kleine und große Lateinersegel, auch Rahsegel, wenn der Wind von achtern kam, setzen. Aber für die Seeleute waren es »Arbeitsschiffe«.

Vergleiche durch Nachbauten hinsichtlich Segeleigenschaften sind wegen des heute anderen Segeltuchmaterials schwierig.

Chinesisches Lattensegel

Das chinesische Lattensegel kann als Rahsegel angesehen werden. Die Dschunke reicht sicher so weit zurück wie die europäische Schiffsentwicklung, wenn auch kaum etwas dazu erhalten ist. Denn wie bei uns in der Vergangenheit, konnten die Schiffbauer wohl eine Axt führen, aber keinen Federkiel, die Seeleute konnten ein Schiff führen, aber nicht schreiben. Wir wissen, dass schon in der *T'ang*-Dynastie 618-906 n.Chr., als China das am höchsten zivilisierte Land der Erde war, Seehandel und Seeschifffahrt getrieben wurde.

In der *Yuan*-Dynastie (1260–1367) fuhren große Dschunken, L über 100 ft (35 m), B 36 ft (12 m), nach Übersee, unter dem Kaiser *Yung Lo* 1403–1424, also vor Columbus, fuhren sie regelmäßig über den Indischen Ozean. Bis ins 15. Jhdt. waren ihre Schiffe überlegen, dann aber blieben sie in der Entwicklung stehen, während sich das Schiff in Europa und Amerika schnell weiterentwickelte. Auch der Maschinenantrieb verdrängte die Dschunke nicht. Sie begegnet uns heute mit Motorantrieb. Natürlich haben sich in den Provinzen verschiedene Abwandlungen ergeben. Man kennt siebzig unterschiedliche Typen.

Für das chinesische Lattensegel liegen keine quantitativen Angaben vor, überlieferte Aussagen dazu sind nicht ganz eindeutig interpretierbar, insbesondere was die erreichbare Höhe am Wind betrifft (Texte aus dem 12. Jhdt. n.Chr.). Es war wohl aber so, dass vor dem Wind ein leichtes und großes Stoffsegel gesetzt wurde, Am-Wind ein steiferes und festeres Mattensegel. Über erstaunliche Am-Wind-Eigenschaften wird immer wieder berichtet.

Das bei uns als »Dschunkensegel» bekannte Segel hat im Vergleich zu anderen Segelformen Vorteile, die aber wohl nicht so groß sind, dass es sich über die chinesische Region hinaus verbreitete. Ein großflächiges Ruder war mittschiffs am Heck.

Die verstärkenden waagerechten und senkrechten Leinen wurden als Schoten vom Segel zur Takelage bzw. zum Rumpf weitergeführt, was natürlich die Bedienung erschwerte. Das wurde deswegen bei größer gewordener Festigkeit des Tuches auf zwei Schoten an den Enden des Segels reduziert. Die verstärkenden Bambusstäbe an den Schoten ermöglichen eine Beeinflussung der Segelform. Mehrere Schoten der Bambusstäbe werden zu einer Schot zusammengeführt, sodass nur wenige Schoten bedient werden müssen. Wegen der versteifenden Bambusstäbe kann das Tuch weniger fest sein und auch Reißen wird immer wieder gestoppt, das Segel wird nach einem Riss nicht total nutzlos.

In einer Hinsicht ist das Dschunken-Rigg also einzigartig, nämlich in der Schoteinrichtung. Sie erlaubt die Kontrolle der Form und Anstellung des Segels: Wölbung und Verwindung des Segels werden über dünne Schotleinen an jeder Segellatte angesetzt und über einen Spinnenkopf oder -juffer, an dem die eigentliche Schot ansetzt, eingestellt, ohne dass der Anstellwinkel geändert wird.

Stehen nur Material minderer Qualität und Handarbeit zur Verfügung, ist das Dschunkenrigg sicherlich das wirksamste, das man für Schratsegel bauen kann.

MIRABELLA V, die größte Slup der Erde, 2004. Sie soll am Wind 20 kn laufen. Der Mast ist aus fünf Teilen aus Kohlefaser und Epoxydharz mit 1,6 m Durchmesser gefertigt, die Segel aus extrem dehnungsarmer polyesterähnlicher Vectran-Faser, straff verwoben (Ocean Weave bezeichnet) und beidseitig auflaminiertem Polyesterschutzgewebe unter 45°, dazu noch eine Schutzschicht gegen UV-Strahlung und Schimmelbildung. Wegen ihrer Größe sind die Segel aus mehreren Teilen, die durch die 7 bis 24 m langen Segellatten in Schlaufen beider Segelteile zusammengehalten werden. Am Kopf des Großsegels hängen 39 t. Der Hubkiel wiegt 150 t. Die Kennwerte sind mit Antriebsleistung 2,13 kW/t und Segeltragzahl 6 im üblichen Bereich.

Bermuda-Segel

Selbst eine Yacht lief im 17. Jhdt. nicht höher als 70° am Wind, es herrschte das Sprietsegel vor. Wenn es zusammen mit einem Vorsegel, einem Stagsegel gesetzt wird, sprechen wir von einer Slup-Takelung.

Im 18. Jhdt. hatte sich der Kutter mit Gaffelsegel und Bugspriet entwickelt, um möglichst viel Segelfläche zu bekommen. Er konnte bis etwa 55° an den Wind gehen. Bei günstigem Wind wurde auch noch ein Rah-Toppsegel gesetzt.

Im späteren 19. Jhdt. wurde der Schoner vom Gaffelkutter als schnelleres Schiff abgelöst.

In den 1920ern kam das flach und hoch zugeschnittene dreieckige Bermuda-Segel und der Spinnaker aus dünnem Kunststoff. Man kann um 40° an den Wind gehen, ohne merkbar an Vortrieb zu verlieren. Bei dieser Entwicklung verschwand auch der Bugspriet und der Löffelbug.

Das Bermuda-Rigg ist heute vorherrschend wegen seiner Eigenschaften und einfachen Bedienbarkeit. Das elliptische gerundete Achterliek gibt nicht nur etwas mehr Fläche, sondern vor allem liefert es mehr Auftrieb und weniger Widerstand. Segellatten versteifen, damit das Achterliek nicht umklappt. Beim »Lattengroß« gehen die Latten bis zum Vorliek, und zwar nicht nur die beiden oberen Latten.

In der zweiten Hälfte des 20. Jhdt. ist Segeln »demokratisiert« und die Boote sind dank Serienfertigung für den »kleinen Mann« erschwinglich geworden.

Am auffälligsten beim Vergleich moderner mit älteren Booten ist die Reduzierung von Gewicht und Abmessungen, sowohl der Schiffe wie auch ihres Riggs, vor allem dank der Werkstoff-Entwicklung.

4.6 Eine immer wieder faszinierende Innovation: der Klipper – das schnelle Segelschiff

Während des Siebenjährigen Kriegs, der zwischen Frankreich und Großbritannien von 1756–63 war und vor allem ein Kolonialkrieg war, kam der Bedarf nach höherer Geschwindigkeit, der zunächst von britischen Schiffbauern nicht gedeckt werden konnte, sodass die Royal Navy in Amerika, in Marblehead oder der Chesapeake-Bucht, gebaute Schiffe kaufte, um sie vor allem als bewaffnete Patrouillenschiffe einzusetzen.

Der Bedarf wurde noch durch zwei weitere Ereignisse erhöht: der Unabhängigkeitskrieg zwischen den USA und

Großbritannien 1775–83 und die Französische Revolution (14. Juli 1789). Am berühmtesten für schnelle kleine Schiffe wurden die Schiffbauer von Baltimore und ihre Baltimore Klipper. Sie hatten stark nach achtern geneigte Masten. Man kann dafür keine aerodynamische Begründung finden. Vielleicht hatte es den Zweck, Schwerpunkt und Takelage mehr nach achtern zu verlagern und damit besseres Seeverhalten zu erreichen. Die Segel wurden aus Louisiana-Baumwolle gearbeitet und waren nicht mehr Flachstuch.

Ihre unrühmliche Anwendung hatten dann die schnell Baltimore Klipper im Sklavenhandel, der ab 1833 von Großbritannien bekämpft wurde, in dem britische Fregatten vor der Westküste Afrikas patrouillierten.

Ab 1835 beginnt die Zeit der Klipperschiffe, Tee-Klipper zwischen Europa und China, Opium-Klipper zwischen Bengalen und Kanton. Zunächst entworfen und gebaut in den Neuengland-Staaten in den USA, deswegen Baltimore-Klipper. Durch hohe Geschwindigkeit bzw. gute Segeleigenschaften, durch gute Abstimmung zwischen Segeln (Antrieb) und schlanker Rumpfform und hohler Wasserlinie im Vorschiff (Widerstand wenig längs, viel quer), sollten die Reisezeiten nennenswert gesenkt werden.

1830–50 blühte der Opium-Schmuggel von Indien, wo Opium frei verfügbar war, nach China, wo Opium verboten war. Ein bekanntes Schiff in diesem Schmuggel war die britische FALCON, gebaut in Wooton Creek, Isle of Wight, 1824 für den *Earl of Yarborough*, Kommodore des Royal Yacht Squadron. Sie war sozusagen ein Miniaturkriegsschiff mit 11 kleinen Kanonen an jeder Seite und 350 ts Verdrängung. Sie konnte mehr Segel setzen, als sie tragen konnte. 1836 wurde sie verkauft und für den Opiumhandel ausgerüstet.

1837 baut *D. Green* an der Themse in Blackwall den ersten berühmten Blackwall-Klipper, die SERINGAPATAM, aus Eiche oder Teakholz, schwerer und haltbarer als die amerikanischen Klipper aus Weichholz.

1875 wurde der letzte Blackwall-Klipper aus Eisen gebaut.

Die *Black Ball-Linie* der USA richtet einen regelmäßigen Dienst mit Segelschiffen nach Liverpool ein, da man erkannt hat, dass regelmäßige und planmäßige Abfahrten ein Wettbewerbsvorteil um Kajütpassagiere ist. Die Ankunftszeiten bleiben natürlich immer noch vage.

Im Handel mit China standen Briten und Amerikaner im Wettbewerb. Jeder versuchte die schnelleren Schiffe zu haben. Von den Briten waren 1842, erster chinesischer Krieg, Schiffe wie ALEXANDER BARING, JOHN O'GAUNT, MONARCH oder FOAM bekannt. 1845 kamen neue amerikanische Schiffe mit geringem Freibord, größerer Breite und schlanken Linien – wie ein Baltimore-Klipper – sowie größeren Rahen für mehr Segelfläche in Fahrt. Die RAINBOW, 750 t, des Amerikaners John Griffiths, New York bei der Werft *Smith and Dimon* gebaut, war 1845 ein erstes richtig großes US-Klipperschiff, dazu gehören auch so bekannte Namen wie: SEA WITCH, 910 t, FLYING CLOUD, 1.780 t, CHALLENGE, 2.010 t, GREAT REPUBLIC. Viele dieser Schiffe kamen vom Schiffbaumeister *Donald Mackay* aus Newburyport, Massachusetts. Ein weiteres Schiff ist die SUNBEAM, 1845 in Medford gebaut für *Mr. Augustus Haneway* in Boston, für die Fahrt zur Westküste von Südamerika. Unter Kapitän *George W. Putnam* machte sie eine Reihe schneller Reisen.

Auch ein Donald-McKay-Klipper war die GREAT REPUBLIC, das größte Schiff ihrer Zeit, 6.000 ts Fracht, L 325 ft (108,33m). Kurz vor ihrer Jungfernreise (26. Dezmber 1853) fing sie Feuer in New York. Verkauft und wieder hergestellt mit reduzierter Segelfläche, leistete sie gute Dienste bis zu ihrem Untergang 1872.

Diese Entwicklung bekam 1848 neue Impulse durch den Goldrausch in Kalifornien und den Eingangshafen San Francisco. Ab 1850 bringen Klipperschiffe Goldsucher nach Kalifornien ums Kap Hoorn. Eine Rekordfahrt führt die SEA WITCH durch von New York in 97 Tagen auf der von Matthew F.

Maury empfohlenen Route. Die SEA CLOUD, von Donald Mackay gebaut, braucht 1851 nur 89 Tage.

Die FLYING FISH (1.505 ts) lief im September 1851 bei *Donald McKays* East-Boston-Werft vom Stapel. Mit 8.250 yards (7.535 m) Segeltuchspannweite hatte sie etwas weniger als ihr Schwesterschiff FLYING CLOUD. Im November 1858 erlitt sie Schiffbruch beim Auslaufen aus dem Min River, China, wurde aber von ihrem neuen Eigentümer, einem spanischem Kaufmann aus Manila, wieder zum schwimmen gebracht, der sie in Whampoa wieder reparieren ließ. Sie fuhr zwischen Manila und Cadiz als EL BUENA SUCESO bis zu ihrem Untergang in der Chinasee.

Der eingewanderte Schotte *Donald MacKay* baute in Boston um die 1850er noch heute berühmte Segelschiffe aus amerikanischem Holz, die meist in Hektik gebaut nicht lange hielten. Sie wurden auch rücksichtslos auf Geschwindigkeit und Profit gesegelt, fünf Jahre wurde als eine akzeptable Lebensdauer angesehen. Das Längen-Breiten-Verhältnis wuchs auf über sechs. *MacKay* baute mit eigenem Geld – fallende Frachtraten erzeugten keine Auftraggeber – die GREAT REPUBLIC, die kurz vor Fertigstellung ausbrannte. Das wäre der Ruin gewesen, wenn nicht *James Baines*, der Inhaber der *Black Ball Line* in Liverpool, 1854 vier Klipperschiffe in Auftrag gegeben hätte, darunter die bekannte LIGHTNING.

Ein anderer amerikanischer Schiffbauer war *William Webb*, der die herausragende *YOUNG AMERICA* baute, aber 1853 zum Dampfschiff überging.

Die COMET, von *William H. Webb* in New York gebaut, ist am 10.07.1851 vom Stapel gelaufen. Die Deckslänge betrug 229 ft (70 m). Die COMET war ein sehr erfolgreiches Klipper-Schiff, deren Spanten mit diagonalen Eisenverbindungen verstärkt waren. Sie war eines der erfolgreichsten und schnellsten Segelschiffe, die je vom Stapel gelaufen sind. Besonders wird vermerkt das sie elegant ausgestattete Kabinen hatte mit Toiletten und Baderäumen, einen Rauchsalon und eine schöne Bücherei.

Die neuen größeren und schnelleren Schiffe setzten dann häufig ihre Reise von San Francisco nach China fort mit lukrativen Ergebnissen für die Eigner, da sie etwa den doppelten Preis je Tonne Ladung auf einer Reise einnehmen konnten in Vergleich zu den britischen Wettbewerbern von London nach China und zurück. Dadurch kam die britische Schifffahrt in Bedrängnis und die amerikanische Tonnage stieg – 1815 etwa die halbe Größe der britischen – auf 3.535.454 t (1850) im Vergleich zur britischen von 4.232.960 t.

Die Ära des amerikanischen Klippers dauerte etwa nur zehn Jahre lang. Der Bau wurde angeheizt durch den Goldrausch 1849 in Kalifornien, denn der sicherste Weg dorthin zu kommen war der lange Seeweg um Kap Hoorn. Der Schiffbau in den USA boomte, und man konnte in der Schifffahrt viel Geld verdienen. Ein eklatantes Beispiel ist der Klipper STAGHOUND von McKay, der in nur 60 Tagen gebaut wurde, dann über San Francisco nach China und mit einer Ladung Tee nach New York segelte. Sie verdiente dabei nicht nur ihre Baukosten, sondern noch 80.000 Dollar Gewinn. 1857 kam eine Wirtschaftsrezession, aber schon 1853 fielen die Frachtraten wegen Überangebot an Schiffsraum.

Die amerikanischen Schiffe erwiesen sich als schwach in ihrer Struktur, sodass Ladung, z.B. Tee, beschädigt wurde. Die Briten antworteten mit gleich schnellen, aber festeren Schiffen. Der Durchbruch kam 1856 mit der LORD OF ISLES, gebaut von *Scott of Greenock*. Die schon verzweifelten britischen Reeder konnten dann allmählich wieder die Teefahrt von China nach, London übernehmen und halten bis zur Substitution der Segler durch Dampfer.

Wie schon in früheren Perioden gab es damals auch Bemühungen, den freien Wettbewerb einzuschränken, was z.B. gleichgewichtigen Transport auf britischen Schiffen zu denen anderer Nationen betraf. Der Druck auf das Parlament ließ aber nach als 1852 und 1853 gute Jahre des Aufschwungs in der Schifffahrt waren.

Durch die Navigationsakte Großbritanniens, vom englischen Parlament unter *Oliver Cromwell* im Jahre 1651 erlassen, waren Drittländer vom Seehandel mit Großbritannien und seinen Kolonien ausgeschlossen. Erst ab dem 1. Januar 1850 wurde sie nach jahrelanger Debatte aufgehoben und der Freihandel begann. Die USA schlossen sich dem an. Die britische Küstenschifffahrt wurde ab 1854 freigegeben, auch damit folgten die USA etwas später. Beide Länder sahen die Küstenschifffahrt als Personalreserve im Kriegsfall.

Der US-Klipper ORIENTAL ist mit 1.118 t Tee an Bord das erste Schiff unter fremder Flagge in London. Die Verhinderung des Wettbewerbs durch das beherrschende Großbritannien beeinträchtigte 200 Jahre lang die Innovation im Schiffbau.

Die Frachtraten stiegen in 1853 in vielen Fällen um 100%.

Der Krimkrieg (England, Frankreich gegen Russland 1854) gab wegen des Transportbedarfs größten Auftrieb bei den Frachtraten, Verdopplung bis teilweise Verdreifachung und damit Auftrieb für den Schiffneubau. Damit wurde auch die Verdrängung des Seglers durch den Dampfer beschleunigt.

Allerdings fielen die Frachtraten alsbald wieder wegen Überangebot an Frachtraum. So gab es nach Ende des kurzen Kriegs zu viele Schiffe. Sowohl in Europa als auch den USA, der Schiffbau kam dort teilweise zum völligen Stillstand (1857). Beschäftigung fanden aber die neuen Schraubendampfer aus Britannien.
Dazu einige Zahlenangaben:

Die Frachtraten stiegen kurzfristig, z.B. Holz von Quebec von 30 sh auf 55 sh je Ladung oder Kohle nach Konstantinopel von 20 £ auf 70 £ oder Charterraten von 20 sh bis 30 sh je RT und Monat für Segelschiffe und 35 sh bis 65 sh je BRT Dampfer. Dies brach schnell wieder zusammen, Ende 1855 galt nur noch 40 sh oder 50 sh je BRT und Monat, was den Dampfern das Eindringen in die Beschäftigungsfelder der Segelschiffe erleichterte.

Gleichzeitig mit der Verbesserung ihrer Schiffe sorgten die Briten mit dem Erlass »An Act for Improving the Condition of Masters, Mates and Seamen and Maintaining Discipline in the Merchant Service« auch für die Sicherstellung der Qualifikation ihrer Seeleute ab 1. Januar 1851 mit 124 Klauseln. Sie waren in der Hinsicht lascher als andere Nationen gewesen. Das ist vor allem dem Wirken des Staatssekretärs *T. H. Farrer* zu verdanken. Prüfungen und Zertifikate für Kapitäne und Offiziere wurden eingeführt, diese konnten auch bei Fehlverhalten wieder entzogen werden. Ferner wurde das Führen eines »offiziellen Logbuches« und die Vergabe eines Zeugnisses beim Abmustern obligatorisch.

Der weitere Erlass »The Merchant Shipping Act of 1854« enthält 548 Klauseln und verfeinert die Regelungen, einschließlich der Vermessung von Schiffen nach Regeln, die *Moorsen* entwickelt hatte. Ab 1. April 1862 mussten auch die Schiffsingenieure ein Zertifikat erster oder zweiter Klasse haben, Dampfer mit mehr als 75 kW mindestens einen qualifizierten Ingenieur, bei sehr viel größerer Leistung mindestens zwei haben.

Die Reduzierung des Einfuhrzolls in den 60ern des 19. Jhdts. in Britannien hatte den Effekt, dass eine neue Generation von Schiffen, elegant und auf Geschwindigkeit gebaut, entstand, die auch hohes öffentliches Interesse fand. So wurde 1866 das legendäre Teerennen öffentlich verfolgt: Die Klipper warteten – der neue Tee ist jedes Jahr Ende Mai bereit – vor allem im Hafen Fouchow, China, flussaufwärts, dass der frische Tee aus dem Landesinneren gebracht wurde. Im Mai 1866 lagen dort mehrere bereits bekannte Klipper. Als das erste Schiff war die ARIEL geladen und machte am 28. Mai, 17.00 Uhr, die Leinen los, ankerte dann aber über Nacht im Fluss. Am nächsten Morgen liefen auch die FIERY CROSS, TAEPING und SERICA, dicht gefolgt von der TAITSING, flussabwärts.

Das berühmte Rennen zwischen den Klippern TEAPING und ARIEL, die sich am Kanaleingang nach 1.300 Meilen auf dem Weg nach London wieder trafen, gefolgt vom Klipper SERICA mit wenigen Minuten Abstand.
Die ARIEL. Ihr Kapitän Keay schlief während der Rückreise kaum. Er ließ sogar in seine Kabine Ketten als Gewicht legen, um achtern mehr Tiefgang zu haben, und ließ eine große Kiste mit Ballast auf dem Schiff entsprechend der Situation platzieren. Das hatte Wirkung, da das Schiff relativ klein war.

Mittags 30. Mai waren alle in offener See, Fiery Cross am weitesten mit 14 h Vorsprung. Sie sahen sich immer wieder während der 16.000 sm langen Reise in 99 Tagen. Am 5. September liefen Ariel und Taeping Kopf an Kopf mit 14 kn im Englischen Kanal. Gegen 8.00 Uhr morgens am nächsten Tag signalisierte Ariel ihr Kennzeichen, Taeping war nur 10 min zurück. Taeping erwischte aber den besseren Schlepper und erreichte Gravesend an der Mündung der Themse etwas vor Ariel, um die Flut abzuwarten. Taeping mit etwas geringerem Tiefgang dockte in London um 21.47 Uhr, Ariel um 22.15 Uhr und Serica um 22.30 Uhr, kurz bevor die Docktore geschlossen wurden. Die Ariel erzielte für ihre 558 t Tee 7 £ je Tonne.

Solch eine atemberaubende Konstellation kam nie wieder vor.

In Großbritannien wurden zwischen 1860 bis 1872 schnelle Segelschiffe gebaut, die den bisher existierenden Schiffen überlegen waren und die amerikanischen Schiffe aus der China-Fahrt verdrängten. Zu den schnellsten und bis heute bekanntesten gehörte die Thermopylae und Sir Lancelot:

Segel-Klipper Thermopylae war ähnlich zur Cutty Sark. Sie machte die erste Reise von London im November 1868 nach Melbourne/Australien in 60 Tagen, die zweite Reise in 61 Tagen, mit Kohlen von Newcastle (North South Wales/Australien) nach Shanghai 28 Tage, mit Tee von Foo-chow-foo (Shanghai) nach London 91 Tage.

Die britische Cutty Sark running her easting down. Gemälde von John Allcot im Besitz von H.R.H., Duke of Edinburgh.

Sie war ein Kompositbau mit eisernen Spanten und Holzbeplankung:

Größe:	991	BRT
Lüa:	64,62	m
Breite:	10,97	m
Laderaumtiefe:	6,32	m

Konstruiert von *Bernard Waymouth*, später Sekretär von *Lloyd's Register*, in London.

Baujahr:	1868
Werft:	Messrs. *Walter Hood* and Co., Aberdeen
Eigner:	Messrs. *George Thompson Jun. and Co.*
Geschwindigkeit:	am 3. Januar 1870 330 sm in 24 h, mit einem Schnitt von 14 kn

Oder ein weiteres Beispiel:
Segel-Klipper Sir Lancelot
Kompositbau, Beplankung Teak

Werft:	Steele, Greenock	
Eigner:	*James MacCumm*	
Kapitän:	Richard Robinson	
Größe:	886	BRT
Länge:	60,20	m
Breite:	10,24	m
Laderaumtiefe:	6,40	m
Segelfläche:	4.180	m^2
Besatzung:	30	Mann
Ladefähigkeit:	1.430	ts Tee
oder	1,42	m^3/t
Tiefgang (beladen):	5,66	m vorn;
	5,72	m achtern
Ballast:	200	ts Steine,
	100	ts Gusseisen
	Zwischen Beplankung und Innenwand ergab sich eine hohe Stabilität	

17. Juli Foochow – 14. Oktober 1869 West India Dock/London: 90 Tage
Geschwindigkeit: 13 kn; an 7 Tagen mehr als 11 kn

Die Klipper der 1860er waren elegant, aber auch empfindliche Segler, die qualifizierter Handhabung bedurften. Bei 1.000 ts Teeladung hatten sie 100 ts festen und 200 ts hinzugenommenen Ballast. Während ein Segler in einer Böe meist den Wind durch Abfallen mehr nach achtern bringt, luvten die Klipper achtsam an, natürlich nicht zu viel, damit der Wind nicht plötzlich von vorn auf die Segel drückte. Vorm Wind war ständige Achtsamkeit erforderlich, damit die See das Schiff nicht querschlägt.

Andererseits mussten die Klipper für ihr Fahrtgebiet ein hohes Verhältnis Segelfläche/Verdrängung haben, denn von China kommend bis zur Sunda-Straße hatten sie meist leichten Gegenwind und im Indischen Ozean bis in die Breiten von Mauritius günstigen Südostwind.

Als die Geschwindigkeitsprämie Anfang der 1870er abgeschafft war, wurden Masten und Rahen gekürzt, die unteren um 8 ft (2,5 m), die oberen und die Rahen entsprechend. Die Teerennen hatten ihren Anreiz verloren.

Höhere Geschwindigkeit eines Seglers war nicht nur sportlicher Ehrgeiz, sondern vor allem Steigerung der Wettbewerbsfähigkeit und der Einnahmen – die CUTTY SARK (963 t) entnahm bei 17,5 kn mit ca. 3.000 m^2 Segelfläche etwa 3.000 PS –, denn z.B. erzielte eine Ladung frischen Tees aus China in London die höheren Preise. Dabei kam es natürlich auch zu Tricks. So waren 1869 der amerikanischen SEA SERPENT 30 Shilling extra je Tonne zugesagt, wenn sie vor der britischen CREST OF THE WAVES (gebaut von *William Pile* of Sunder Land) mit Tee in London ankam. Beide Schiffe hatten am selben Tag Shanghai verlassen und waren etwa gleichzeitig bei der Isle of Wight, aber der amerikanische Kapitän überließ sein Schiff der Führung durch den Lotsen und fuhr mit dem Zug nach London, um sein Schiff früher beim Zoll zu melden.

Noch etwas schneller soll die SIR LANCELOT gewesen sein. Weitere noch heute bei Enthusiasten der Seefahrt bekannt sind die FALCON, LEANDER, TAEPING, TITANIA oder SPINDRIFT.

Vom Mai 1868 bis Juli 1872 führten zahlreiche Tee-Klipper Rekordfahrten von China nach Großbritannien durch, so:

SIR LANCELOT: 90 Tage von Foo-chow
TITANIA: 98 Tage von Shanghai
TAEPING, FORWARETTO, UNDINE, THERMOPYLAE, CUTTY SARK: 95–120 Tage

Tee verliert bei der Lagerung im Schiff allmählich an Aroma, auch ein Grund für das Streben nach kurzen Reisezeiten.

Über die Geschwindigkeit von Klippern gibt es »Seemannsgarn«. Auch sie waren durch ihre Rumpfgeschwindigkeit festgelegt. Ihre Länge war um die 60 m, und selbst vor dem Wind – am besten ist raumschots, also seitlich von achtern, damit alle Segel voll ziehen können – und von achtern laufender See sind etwas über 21 kn zu erreichen.

Etwa ab 1850 wurde das Patent-Log (Walker-Log) eingesetzt. Ein nachgeschleppter Propeller dreht eine Zähluhr, die in der ersten Zeit in den Propeller eingebaut war, sodass das Gerät zum Ablesen eingeholt werden musste. Dabei wird als Fehler ± 5% angegeben.

Mit größter Wahrscheinlichkeit waren die höchsten Durchschnitts-Tagesgeschwindigkeiten 15,5 kn.

Die THERMOPYLAE machte eine schnelle Reise von London nach Melbourne unter Kapitän *Cressy* in 60 Tagen und nennt ihre beste Tagesleistung 358 sm, also 14,9 kn. FLYING CLOUD

Land	Schiff	Kapitän	Jahr	sm	kn
GB	CHAMPION OF THE SEAS, L 81 m	*Capt. A. Newlands*	1854	465	19,37
USA	FLYING CLOUD, L 68,5 m	*Capt. Cressy*	1855	369	15,37
zum Vergleich:					
F	SEA BIRD, L18,5 m (Mehrrumpf)	*Capt. M. Pajot*	1970	380	15,83
GB	SEA FALCON, L 21,3 m (Mehrrumpf)	*Capt. Knox-Johnson*	1981	380	15,83
USA	ATLANTIC, L 56,3 m	*Capt. Charlie Barr*	1905	341	14,2
		Sandy Hook – Lizard	1905	2.925	10,3
GB	BRITTANY FERRIES GB, L 19,8 m	*Capt. Blyth*	1981	3.000	8,57
		Plymouth-Newport			
GB	CONDOR II, L 24,4 m	*Capt. Bob Bell*	1983	605	8,4
		Fastnet Race			
USA	KIALOA, L 27 m	*Capt. J. B. Kilroy*	1975	630	10,1
USA	MERLIN, L 20,4 m	*Capt. Bill Lee*	1977	2.225	11,0
NL	FLYER, L 23,1 m	*Capt. Van Rietschoten*	1981	27.430	950
		Whitbread Round the World Race			

(L 65,5 m in der Wasserlinie) hat auf ihrer Rekordreise von New York nach San Francisco in 89 Tagen 21 Stunden 374 sm, also 15,58 kn am 58., ihrem besten Tag gemacht. Wichtig ist aber, es waren kommerzielle Frachtschiffe, die überragende Durchschnittsgeschwindigkeit für die damaligen Gegebenheiten hatten.

Die erreichte oder erreichbare Höchstgeschwindigkeit ist eine Größe, die wichtigere ist aber die Durchschnitts- oder Reisegeschwindigkeit. Diese war zweifelsfrei mit den Klippern ein Sprung höher als bei den Seglern vorhergehender Jahrhunderte.

In der 2. Hälfte des 19. Jhdts. können die schnellen Klipper billig transportieren, sowohl Tee aus China, als auch Wolle aus Australien, Getreide und Baumwolle aus den USA, Salpeter aus Chile, Guano aus Peru und Opium aus Indien nach China. Frachtkonferenzen gab es gegen ruinösen Wettbewerb, andererseits sorgten freie Tramper für vernünftige Raten.

Romantisch veranlagte Leute sagen, dass sich eine Beziehung zwischen Schiffen und den Menschen, die sie führen, entwickelt und dass das Schiff mehr für diese tut als für andere, unempfindsame. Das mag für Segler gelten. Nicht ohne Grund sind die schnellen Reisen der Klipperschiffe auch immer mit den Namen ihrer Kapitäne verbunden.

Joseph Conrad schreibt in seinem Buch »Der Spiegel der See«: »*... ein Triebwerk, das seine Arbeit in vollkommener Stille mit regungsloser Anmut verrichtet und in dem eine launenhafte, nicht immer zu zügelnde Kraft verborgen ist, die nichts von den stofflichen Vorräten der Erde verbraucht. Jenes Triebwerk gewinnt seine Kraft aus dem eigentlichen Inneren der Welt.*«

4.7 Wissenschaft verlängert das Leben der Großsegler

Matthew Foutaine Maury (14.01.1806–01.02.1873), Midshipman, Leutnant und Astronom bei der US-Navy, hatte besonderes Interesse an der Navigation. Er verfasste 1836 das Buch »A New Theoretical and Practical Treatise on Navigation«, das über die Erkenntnisse der Nautiklehre, *Nathaniel Broditch* (26.03.1773–16.03.1838), hinausging. Durch einen Unfall wurde *Matthew Foutaine Maury* gehbehindert und 1842 Direktor des »*Depot of Charts and Instruments of the Navy Department*«. Aus dort gelagerten alten Logbüchern – man hatte bereits vergeblich versucht, sie als Altpapier zu verkaufen – entwickelte er mit seinen Mitarbeitern Navigationskarten mit den schnellsten Schifffahrtsrouten für Segelschiffe. Kapitän *Jackson* von der Bark W.H.D.C. WRIGHT sparte dadurch auf der Strecke Baltimore–Rio und zurück 35 Tage ein, was *Maurys* Arbeiten bekannt machte. Bis 1851 hatte er 1.000 Handelsschiffkapitäne zur freiwilligen kostenlosen Mitarbeit gewonnen, die als Gegenleistung seine neusten »Pilot Charts« und Segelanweisungen bekamen. So konnte die Reisezeit New York–San Francisco – während des Goldrauschs eine viel befahrene Strecke – von durchschnittlich 187$^{1}/_{2}$ Tagen 1855 um 40–44 Tage verkürzt werden.

Seine wissenschaftlichen Arbeiten zur Ozeanographie setzte die Deutsche Seewarte fort, und die letzten großen Rahsegler des 20. Jhdts. folgten ebenfalls der »Meterologischen Navigation«.

Maury ist es zu verdanken, dass sich die Segler im Wettbewerb mit den Dampfern in einigen Fahrtgebieten noch einige Jahrzehnte länger wirtschaftlich halten konnten.

Für Segelschiffe war neben dem Wind auch die Meeresströmung zu beachten, um alle Vortriebsmöglichkeiten zu nutzen. Diese großen Meeresströmungen um den Erdball – durch die Passatwinde nördlich und südlich als Westströmung verursacht – ergaben bevorzugte Segelschifffronten. Man wird sie auch heute noch soweit möglich nutzen, um Energie zu sparen. Bei Strömungsgeschwindigkeiten, die 2–4 kn betragen können, ist es schon von Bedeutung, ob man mit oder gegen den Strom fährt.

4.8 Rollreff und Brasswinde

Zwei Innovationen, die für Rahsegler zu spät kamen: Rollreff und Brasswinde.

Noch bis in die 2. Hälfte des 19. Jhdts. waren nur vier Rahsegel am Mast üblich, also ungeteilte Mars- und Bramsegel. Diese großen Segel waren schwer zu reffen und zu bergen. Es gab häufiger Unfälle, dass Matrosen aus der Takelage stürzten. Mehrere sannen auf Abhilfe, bevor nach einem Patent von Kapitän *Frederick Howes* durch Teilung in Unter- und Obermarssegel man die aufwendigen und störanfälligen Rollreffeinrichtungen wieder verließ.

Durchgesetzt hatte sich vor allem das Patent von *H.D.P. Cunningham*, Zahlmeister in der Royal Navy, das ihn am 30. Nov. 1850 erteilt wurde. 1855 erhielt er ein weiteres Patent, mit dem auch das Reffen des Besansegels auf einen rotierenden Baum – was man noch heute auf Yachten fin-

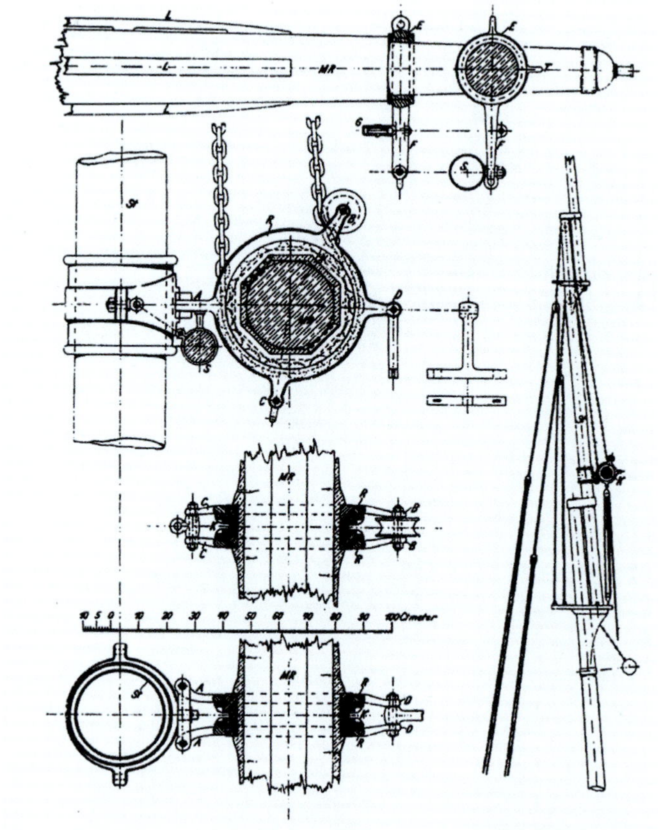

Detailzeichnung zu Cunninghams Rollreffeinrichtung: Die Rah ist an ihren Enden in Ringen gelagert. Über die Kette (Drehreep) in der Mitte kann sie gedreht werden und das Segel aufrollen.

det – geschützt wurde. Bis 1865 sollen etwa 4.000 Schiffe an ihren Marssegeln mit dieser Rollreffeinrichtung ausgerüstet worden sein, 1865 kam dann allerdings auch die Teilung der großen Segel auf. Geteilte Marssegel wurden 1841 von *Robert Bennt Forbes* auf amerikanischen Schiffen eingeführt, ab 1853 kam der entsprechende Vorschlag von Kapitän *Frederick Howes* zur Anwendung, ab 1865 dann allgemein. Erst später dann geteilte Bramsegel; wohl 1866 erstmalig auf der ANTIOPE und der MARPESA.

Der erforderliche Schlitz im Segeltuch zum Rollreffen wurde durch eine Segeltuchbahn (*Bonnet*), die hinten mit Latten verstärkt ist, verschlossen. Kapitäne äußerten sich sehr positiv und sprachen von »Drei Mann in zwei oder drei Minuten«, auch bei einsetzendem Sturm.

Erwähnt sei, dass es auch noch ein Patent der Kapitäne *Colling* und *Pinkney* für eine Rollreffeinrichtung vom 19.11.1863 gab, die den Vorteil hatte, dass nicht die ganze Rah, sondern nur eine davor angeordnete leichte Spiere gedreht werden musste und das Segel nicht geschlitzt werden muss, da die Kette zum Drehen der Spiere an den Nocken der Rah läuft. Sie wurde auch etliche Male auf Schiffen realisiert.

Rollreffeinrichtungen verschwanden schon 1875. Der letzte Segler war wohl die eiserne *Baron Colonsay*, gebaut dann von *James E. Scott in Greenock*. Sie war extrem hoch getakelt mit Groß-, doppelten Mars-, einfachen Bramsegeln, Royals und Skysegeln. Gerollt werden konnte das Bramsegel an Fock- und Großmast.

Durch die Teilung der Marssegel und etwas später der Bramsegel kamen zwei Rahen mit stehendem und laufendem Gut dazu, sodass in den 1860/70ern Havarien durch Topplastigkeit auftraten und das Aufwickeln nach *Cunningham* anzutreffen war. Das setzte sich aber nicht durch, und man ging wieder zu geteilten Segeln zurück.

Durchgesetzt bis heute hat sich dagegen die Brasswinde, so können nur zwei Mann an jedem Mast die unteren drei Rahen gleichzeitig bewegen.

Die Idee, ein Segel einfach durch Aus- bzw. Aufrollen zu setzen, zu bergen und zu reffen, ist in den letzten Jahrzehnten insbesondere für kleine Freizeitboote wieder gekommen. Insbesondere für das Vorsegel hat sich die Roll-Fock durchgesetzt, denn sie vermeidet das unangenehme Arbeiten auf dem Vorschiff.

Eine Roll-Genua oder -Fock als Vorsegel ist bequem und beim Anlegen sauber aufgetucht, aber eine teilaufgerollte Genua bei stärkerem Wind hat kein Profil und bringt mehr Krängung als Vortrieb. Eine gut ausgerüstete Fahrtenyacht mit Stag-Vorsegeln hat dagegen deren sechs: Genua I, II, III, Fock I, II und Sturmfock. Diese Bezeichnungen stammen aus den International Offshore Rules (IOR). Schiffe werden aber nicht mehr nach IOR gebaut. Seit 1985 gilt das International Measurement System (IMS). Die Vorsegel halten nur eine bestimmte Windstärke, z.B. 22 kn, oder bis 32 kn Windgeschwindigkeit aus und müssen dann weggenommen werden. Die kleineren stärkeren Vorsegel haben dann auch gleich ein flacheres Profil.

Auch der Bedienungskomfort eines Baumreff- oder Mastreff-Systems muss mit schlechter stehenden Teilsegelflächen bezahlt werden.

Die Großrah der amerikanischen Viermastbark GREAT REPUBLIC, Baujahr 1853, war 36,58 m lang, sicher extrem lang, etwa 30,48 m waren bei Klippern üblich. Man kann sich vorstellen, wie mühsam und bei Nacht und Sturm gefährlich das Brassen war. *Cunningham* erhielt am 09.09.1864 ein Patent für eine Brasswinde und veröffentlichte bei der Institution of Naval Architects. Die Kapitäne der wenigen Schiffe, die sie hatten, äußer-

Vollschiff Wild Duck 1859 im Trockendock in Auckland. Am Vormast zwei Topsegel-Rahen, am Haupt- und Besanmast für je ein großes Topsegel Rollreffeinrichtungen.

Die erste Roll-Reff-Einrichtung für das Großsegel am Großbaum auf einem Lotsen-Kutter der Bristol Kanals.

Der berühmte Staghound von Donald Mackay aus Boston.

Der 1885 gebaute Rahsegler Cambrian Chieftain verlor 1894 Takelage, die Kohleladung ging über Bord und der größte Teil der Mannschaft, einschließlich der Frau des Kapitäns, wurde von der Bark Dee übernommen. Da man nichts hörte, wurde die Versicherung in London ausgezahlt. Dann hörte man aber doch von ihrer sicheren Ankunft in Taltal, Chile. Hier ist sie beim Einlaufen in den chilenischen Nitrathafen Iquique um 1900 gezeigt. Gemälde von Mark Myers.

Ein seltenes Bild der Cutty Sark von ihrem Kapitän Richard Woodget unter vollen Segeln, Royal-Segel über dem noch ungeteilten Bram-Segel. Sie wurde schon um 1890 in der Wollefahrt von Australien eingesetzt.

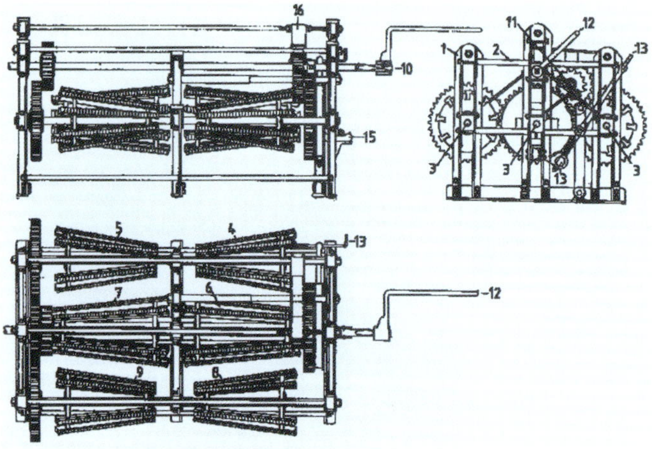

Jarvis- Braßwinde, gebaut von Wetzel & Freitag, Hamburg

Eine große Viermastbark mit insgesamt 34 Segeln hat bis zu 250 mit der Hand zu bedienende Taljen (Flaschenzüge), und das mit nur etwa 20 Mann auf den kommerziellen Großseglern. Anfang des 20. Jhdt. war häufig eine Dampfmaschine, »Donkey«, Esel, genannt zur Erleichterung des Segelsetzens sowie besonders des Ladens und Löschens der Ladung an Bord, hier auf der Viermastbark WAGLINDE.

Fünfmastbark R. C. RICKMERS der Reederei Rickmers, gebaut auf der Rickmers Werft, Bremerhaven für eigene Rechnung.
L 125,24 m , B 16,33 m , T 9,30 m , 5548 BRT
Hilfsdampfmaschine 1.100 PS, um das schneller und pünktlicher zu machen: ca. 20% kürzere Reisedauer, Verstellpropeller, so dass Segelstellung möglich ist.

Trotz des starken Rückgangs der Zahl der Segelschiffe, glaubte man, dass sie längerfristig in der kommerziellen Seefahrt ihre Nische gründen und überleben. Laas stellte (1906) folgende Betrachtung an:

	Hilfsdampfmaschine	Ölmotor
Geschwindigkeit:	ca. 4 kn	
Leistung:	15–20% der BRT	
	600 PSI	400PSe/510 min^{-1}
Gewicht:	250 t	50 t
Kohlen:	300 t/800 g/PSih	70 t/350 g/PSih
Zusatzpersonal:	4	–
Tragfähigkeitsminderung:	12%	2,7%

Damals ging man noch von Nicht-Umsteuerbarkeit aus und forderte leistungsfähige Wendegetriebe, die notwendige Drehzahl-Untersetzung sollte durch einen Riemenantrieb erfolgen. Fünf solche Schiffe würden sechs herkömmliche reine Segelschiffe ersetzen. Man ging von folgenden Kostenverhältnissen aus: Anschaffungskosten des reinen Segelschiffs: 600.000 Mark, Motorenanlage: 120.000 Mark (Eine Dampfmaschine ist an sich billiger, aber wohl teurer, wenn man alle notwendigen Einbauten rechnet), Betriebskosten 100.000 Mark pro Jahr.

Brasswinde heute auf einem Großsegler. Durch ihre Anordnung mittschiffs erhöhten sie die Sicherheit eklatant, da nicht an der häufiger in See tauchenden Seite gearbeitet werden musste.

ten sich sehr zufrieden, besonders dass die Männer in Schiffsmitte stehen können und wesentlich trockener bleiben. Aber eine große Verbreitung blieb aus, denn die Winde konnte jeweils nur eine Rah bedienen, und beim Brassen bekam die andere Seite der Brasse unerwünschte Lose. Der Nachteil wurde erst Jahre später – und da war die Zeit der Klipper schon vorbei – von Kapitän *John Charles Barron Jarvis* behoben.

Etliche Großsegler im 20. Jhdt., wie beispielsweise auch die PREUSSEN, hatten Brass- und Fallwinden. Man war bestrebt, durch Arbeitserleichterung eine möglichst geringe Besatzungszahl zu haben.

4.9 Der Kompositbau – nur eine kurze Blütezeit in der Klipper-Ära

Die Gewichte des Schiffes und der gegenwirkende Auftrieb sind nicht gleichmäßig und in gleicher Weise über die Länge des Schiffes verteilt. Das wird bei Schiffen mit schlankem Vor- und Achterschiff ungünstiger als bei einem völligen Schiff, wie es sie vor den schnellen Klippern des 19. Jhdts. nur gab. Ein ruhig im Wasser liegendes Schiff kann also deswegen bereits in seiner Struktur erheblich belastet sein. Das wirkt sich bei langen Holzschiffen so aus, dass sie mit zunehmendem Alter vorn und achtern hängen. Da liegt eine Eisenstruktur, sozusagen ein festes eisernes Skelett, nahe, die auch mehr nutzbaren Raum ergibt. *John Walters* bekam 1814 ein Patent für verschiedene Methoden, Eisen und Holz im Schiffbau zu kombinieren. Es gab dazu noch weitere Patente, das bekannteste ist das von *John Jordan* vom November 1849.

Es ist schwierig, das erste Kompositschiff zu identifizieren, denn es hat in den 1840ern Experimente gegeben, die aber nicht offiziell registriert sind. So werden die ersten Schiffe nach *Jordans* Patent, der Schoner EXCELSIOR (1850, 33 tons), die Bark MARION MACINTYRE (1851, 283 tons) und der Klipper TUBAL CAINE (1851, 787 tons) gebaut, die beiden letztgenannten für *L. H. Macintyre & Co.*, Liverpool, und kosteten nur 10 engl. Pfund/ts, was sehr preiswert war. Allerdings gab es später Schwierigkeiten, da es zwischen der Kupferblech-Beplankung des Unterwasserschiffes und den Eisenbolzen der Holzplankenbefestigung Korrosion gab. So wurde der Kompositbau nicht richtig angenommen bis 1862. Das ist *Alexander Stephen* zu verdanken, der dafür kämpfte, dass Lloyds Register bereit war, die höchste Klasse 15 A1, also 15 Jahre Lebensdauer mit zweijährlicher Inspektion, zu vergeben. Er hatte inzwischen Patente und Vorgehensweise, um Korrosion zwischen verschiedenen Metallen zu verhindern. Sein erstes von ihm gebaute Schiff kostete allerdings 18.185 engl. Pfund, die *John Lidgett* von 750 ts, und war teuer. Die erste Inspektion im März 1866, der Stapellauf war 29. August 1862 gewesen, zeigte dann auch keinerlei Schäden, *Stephens* war mit dem Eigner *John Lidgett* & Co. eine Vertragsstrafe

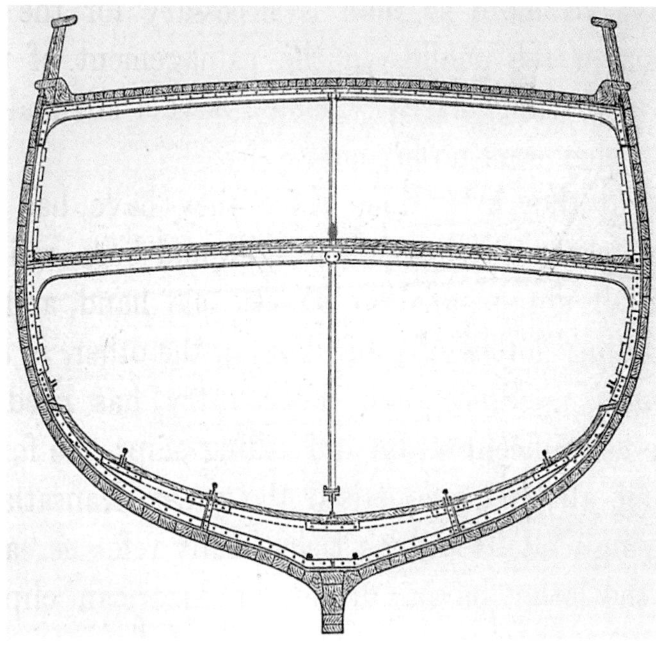

Hauptspant des Kompositbaus THERMOPYLAE

bis zu 500 engl. Pfund im Schadensfall eingegangen. Erst 1867 strich *Lloyds Register* den Zusatz »experimentell« bei Kompositschiffen, die dann sehr in Mode waren.

Ein Wort zu *Lloyds Register*, der britischen Versicherungsgesellschaft:

Nachdem schon 1688 in einem Kaffeehaus in der Londoner City die Sicherheit von Schiff und Ladung diskutiert und seit 1696 in einer eigenen Zeitung »Lloyd's News« veröffentlicht wurde, gründeten die Versicherer 1760 ein Register of Shipping, das »Green Book«, in dem man die Schiffe nach ihrer Sicherheit klassifizierte, um für ihr Risiko und Prämie eine Grundlage zu schaffen. Es wurde dann auch festgelegt, dass in London gebaute Schiffe 13 Jahre, andere nur 8 Jahre registriert sein sollten. Im deutschen Raum wurde der *Germanische Lloyd* am 16. März 1867 in Hamburg gegründet. Im Oktober 1868 erschien das erste Register mit 272 hölzernen und einem eisernen Segler, zunächst mit Angabe der Tragfähigkeit in 1000 kg, später dann auch mit seinem Raummaß. 1870 wurden auch eiserne Schiffe aufgenommen und Bauvorschriften herausgegeben.

John Jordan bekam für jedes Kompositschiff, denn er hatte das Grundpatent, eine Lizenzgebühr von 2 s/ts, *Alexander Stephens* musste nur 6 d/ts zahlen, denn er hatte es zur Akzeptanz gebracht. 1870 lief das Patent aus, allerdings hörte auch der Kompositbau auf, da man auch bei Seglern ganz auf Eisen überging.

Die letzten Kompositschiffe in Großbritannien waren wohl 1876 die Bark INDIA, gebaut von *Stephen*, und die Bark HELENA MENA von *Robert Thompson*. Auch in Nantes und Bordeaux waren Kompositschiffe gebaut worden, in Holland noch bis in die 1880er hinein.

Der Balkenkiel wurde auch später bei den aus Eisen gebauten Großseglern beibehalten, um die Abdrift klein zu halten, die bei großen Schiffen in Ballast noch ca. 1 Strich beträgt. Die Völligkeit geht nicht über 0,7, auch wegen Abdrift und Geschwindigkeit.

4.10 Das Segel verschwindet aus der Berufsschifffahrt erst in der ersten Hälfte des 20. Jhrdts.

1850–1860 war der Höhepunkt des großen frachttragenden Segelschiffs.

Die Suche nach Geschwindigkeit unter Segeln ging aber auf den Yachtsport über.

In den 60er Jahren des 19. Jhdts. ging der Wettstreit zwischen den amerikanischen Klipper-Schiffen und den britischen

Dreimast-Vollschiff mit maximal angewandter Besegelung. Das war natürlich arbeitsintensiv und erforderte starke Besatzung. Zur Kostensenkung bei geringem Geschwindigkeitsverlust ging man zur Bark-Takelung über, also keine Rahsegel am Besanmast, und entfernte die oberen (6. und 7.) Segel.

1 Außenklüver, 2 äußerer Klüver, 3 innerer Klüver, 4 Vor-Stengestagensegel, 5 Vor-Unterleesegel, 6 Vor-Marsleesegel, 7 Vor-Bramleesegel, 8 Vor-Royalleesegel, 9 Focksegel, 10 Vor-Untermarssegel, 11 Vor-Obermarssegel, 12 Vor-Unterbramsegel, 13 Vor-Oberbramsegel, 14 Vor-Royalsegel, 15 Vor-Skysegel, 16 Großsegel, 17 Groß-Untermarssegel, 18 Groß-Obermarssegel, 19 Groß-Unterbramsegel, 20 Groß-Oberbramsegel, 21 Groß-Royalsegel, 22 Groß-Skysegel, 23 Moonsail, 24 Begiensegel, 25 Kreuz-Untermarssegel, 26 Kreuz-Obermarssegel, 27 Kreuz-Unterbramsegel, 28 Kreuz-Oberbramsegel, 29 Kreuz-Royalsegel, 30 Kreuz-Skysegel, 31 Besansegel, 32 Außenklüverschot, 33 äußere Klüverschot, 34 innere Klüverschot, 35 Fockschot, 36 Großschot, 37 Begienschot, 38 Besanschot, 39 Großschot, 40 Begienschot, 41 Fockgording, 42 Nockgording, 43 Großgording, 44 Nockgording, 45 Begiengording, 46 Vor-Marsgording, 47 Groß-Marsgording, 48 Kreuz-Marsgording, A Vor-Mars-Leesegelspiere, B Vor-Bram-Leesegelspiere, C Vor-Royal-Leesegelspiere

Schraubendampfern um die Führerschaft. Die aus Holz gebauten Yankee-Klipper hatten mehr Frachtraum, und sie hatten Chancen gegenüber den eisernen Schraubendampfern, die in ihren Anfangs-Entwicklungen teuer in der Herstellung und

Betrieb waren. Die maschinengetriebenen Schiffe machten schnelle Fortschritte zur Reduzierung ihrer Nachteile und entschieden in den 1870er Jahren zweifelsfrei den Wettkampf für sich, zumindest in der interessanten Europa-Nordamerika-Fahrt. So musste auch die bisher erfolgreiche US-Klipper-Reederei, die *Black-Ball Line* aufgeben. Sie fusionierte mit der *Guion Line*, die im August 1866 begann, Dampfschiffe einzusetzen, als erstes die in England aus Eisen gebaute MANHATTAN. Segelschiffe wurden noch sehr viel länger auf anderen Routen eingesetzt. Genannt sei der Transport von Baumwolle von New Orleans nach Liverpool/Europa. Aber auch dafür begann man 1870 Dampfer einzusetzen. Noch bis in die 30er Jahre des 20. Jhdts. fuhren Großsegler Salpeter von Chile, Wolle von Australien oder Weizen von Argentinien nach Europa.

Die amerikanischen Reeder und Segelschiffkapitäne machten alle Anstrengungen gegen die britische Dampfschiff-Konkurrenz im Nordatlantikverkehr, durch Erhöhen der Größe sowie der Geschwindigkeit und Seefähigkeit. Doch immer mehr, insbesondere Passagiere und hochwertige Güter, gewannen britische Dampfer.

Eine Anstrengung war die MASSACHUSETTS, ein Segler mit Hilfs-Dampfmaschine und Schraube, im Herbst 1845. Sie fuhr tatsächlich planmäßiger, traf aber doch nicht die Wünsche des gehobenen Publikums. Ein damals bekannter Mr. *Forbes* engagierte sich sehr stark, um sie trotzdem zum Erfolg zu bringen.

1850 werden Dampfer gebaut in:

Großbritannien:	600	Hochsee-,
	600	Binnenschiffe
Frankreich:	170	Hochsee-,
	250	Binnenschiffe
Deutschland:	77	Hochsee- und
	180	Binnenschiffe
Russland:	56	Hochsee- und
	92	Binnenschiffe
USA:	ca. 2.000	Dampfschiffe, davon über
	1.500	Binnenschiffe.

1854 werden in den USA gebaut:

253	Dampfschiffe,
261	Segel-Vollschiffe,
126	Briggs,
605	Schoner und
669	Sloops, also
2014	Schiffe mit 583.000 t, also immer noch ein großes Übergewicht des Segelantriebs.

So hatte beispielsweise die niederländische Segelflotte 1860, 2.319Segelschiffe, davon:

564	Koffen
387	Barken
357	Schoner
303	Galioten
258	Tjalken
149	Fregatten
81	Schonerbriggs
68	Briggs
26	Smacks
7	Klipper

In den 9 Jahren vor Änderung der »Navigation laws« (1859) zu mehr Wettbewerb wuchs die Zahl der Segelschiffe um 23,5%, die der Dampfschiffe um 81%, danach in einem gleichen Zeitraum die der Segelschiffe um 26,5%, der Dampfschiffe um 184%. Das zeigt ihre wachsende Wettbewerbsfähigkeit.

Die Verlustrate an Schiffen lag 1840–1865 bei 1–1,5%. Ein bemerkenswerter Rückgang tritt erst sehr viel später ein.

1870 ist die Tonnage (Laderaum) in Großbritannien in letzten 15 Jahren um 30% gestiegen, Dampfschiffe aber um 200%.

1874 gibt es weltweit noch mehr als 10-mal so viele Segler wie Dampfer, deren Tonnage ist 4-mal so groß. 30 Jahre später um 1900 sind 70% Dampfer, 30% Segler. Dampfer durchschnittlich 650 NRT groß, Segelschiffe 260 NRT.

Einige Länderangaben

Griechenland –		
1875:	5.000	Segelschiffe und
	27	Dampfer
1914:	880	Segelschiffe und
	474	Dampfer
Norwegen –		
1885:	7.640	Fahrzeuge mit 1.563.000 t und 58.600 Mann, meist im Ausland tätig, erst 317 Dampfschiffe mit 109.200 t.
Australien –		
1850:		Segelschiffe mit 220.000 t und
	680	Dampfschiffe mit 95.000 t.
Dänemark –		
1888:		270.000 NRT, davon 80% schon Dampfschiffe.

Noch 1880 hatte die größte Segelschiffreederei der Welt, *D.H. Wätjen* in Bremen, 47 Segler, der erfolgreiche Norddeutsche Lloyd »nur« 35 Hochsee-Dampfer. Erst seit 1891 überwogen in Bremen nach Zahl und Tonnage die Dampfer.

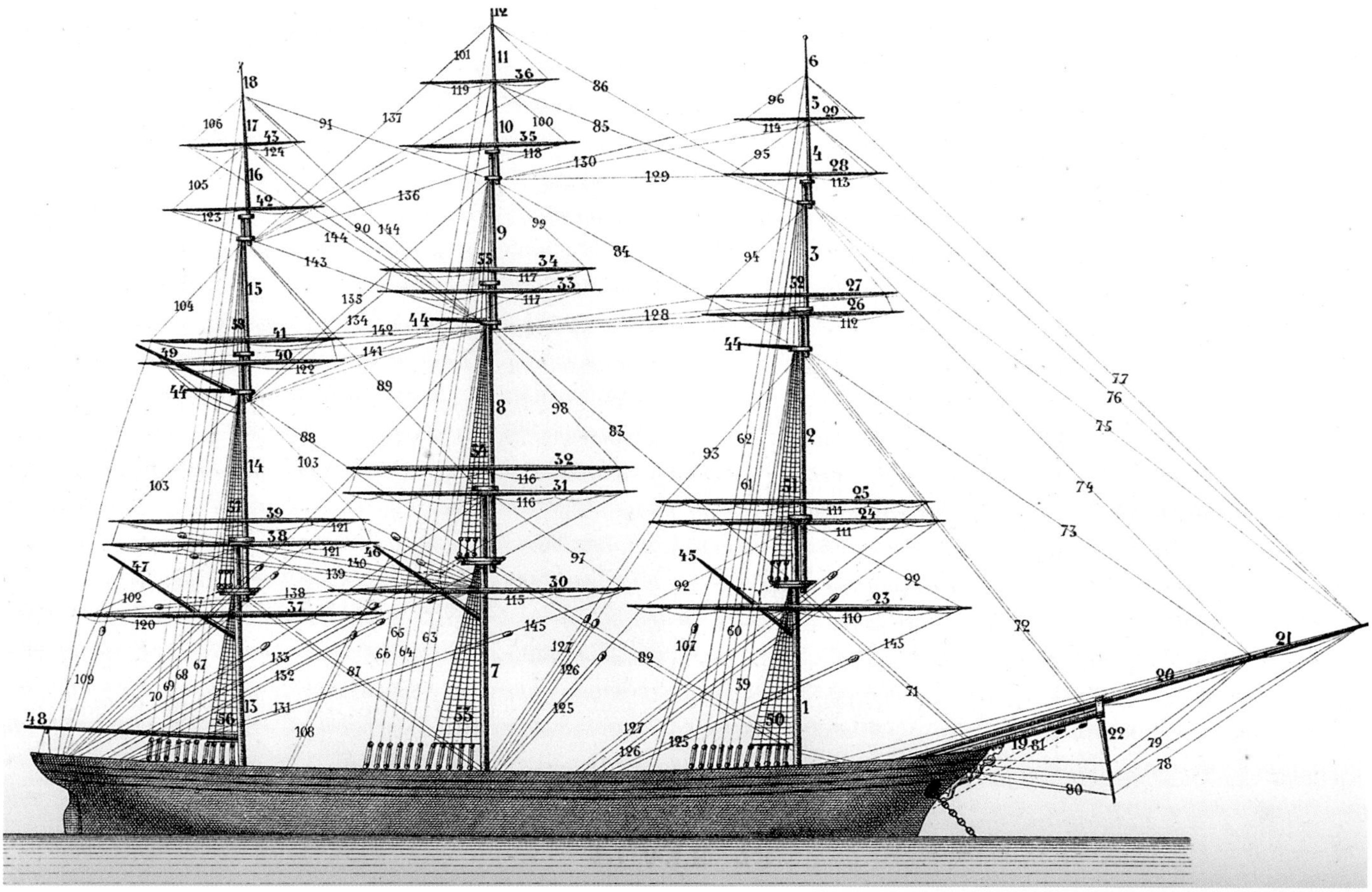

Dreimast-Vollschiff vor Anker. Bezeichnungen der Takelage:
1 Fockmast (Fockuntermast), 2 Vormarsstenge, 3 Vorbramstenge, 4 Vorroyalstenge, 5 Vor-Skysail-Stenge, 6 Vor-Skysail-Topp, 7 Großmast (Großuntermast), 8 Großmarsstenge, 9 Großbramstenge, 10 Großroyalstenge, 11 Groß-Skysail-Stenge, 12 Groß-Skysail-Topp, 13 Kreuzmast (Kreuzuntermast), 14 Kreuzmars, 15 Kreuzbramstenge, 16 Kreuzroyalstenge, 17 Kreuz-Skysail-Stenge, 18 Kreuz-Skysail-Topp, 19 Bugspriet, 20 Klüverbaum, 21 Außenklüver (-baum), 22 Stampfbaum, 23 Fockrah, 24 untere Vormarsrah, 25 obere Vormarsrah, 26 untere Vorbramrah, 27 obere Vorbramrah, 28 Vorroyalrah, 29 Vor-Skysail-Rah, 30 Großrah, 31 untere Großmarsrah, 32 obere Großmarsrah, 33 untere Großbramrah, 34 obere Großbramrah, 35 Großroyalrah, 36 Groß-Skysail-Rah, 37 Begienrah, 38 untere Kreuz-Marsrah, 39 obere Kreuz-Marsrah, 40 untere Kreuzbramrah, 41 obere Kreuzbramrah, 42 Kreuz-Royalrah, 43 Kreuz-Skysail-Rah, 44 Ausricker, 45 Vorgaffel, 46 Großgaffel, 47 Besangaffel, 48 Besanbaum, 49 Monkey-Gaffel, 50 Fockmastwanten (Fockuntermastwanten), 51 Vor-Stengewanten, 52 Vor-Bramwanten, 53 Großmastwanten (Großuntermastwanten), 54 Groß-Stengewanten, 55 Groß-Bramwanten, 56 Kreuzmastwanten (Kreuzuntermastwanten), 57 Kreuz-Stengewanten, 58 Kreuz-Bramwanten, 59 Vor-Stengepardunen, 60 Vor-Brampardunen, 61 Vor-Royalpardunen, 62 Vor-Skysail-Pardunen, 63 Groß-Stengepardunen, 64 Groß-Brampardunen, 65 Groß-Royalpardunen, 66 Groß-Skysail-Pardunen, 67 Kreuz-Stengepardunen, 68 Kreuz-Brampardunen, 69 Kreuz-Royalpardunen, 70 Kreuz-Skysail-Pardunen, 71 Fockstag, 72 Vor-Stengestag, 73 Klüverleiter, 74 Vor-Bramstag, 75 Außenklüverstag, 76 Vor-Royalstag, 77 Vor-Skysail-Stag, 78 Außenklüver-Stampfstag, 79 Klüver-Stampfstag, 80 achtere Stampfbaum-Abspannung/Seile, 81 Wasserstag, 82 Großstag, 83 Großstengestag, 84 Großbramstag, 85 Großroyalstag, 86 Groß-Skysail-Stag, 87 Kreuzstag, 88 Kreuz-Stengestag, 89 Kreuz-Bramstag, 90 Kreuz-Royalstag, 91 Kreuz-Skysail-Stag, 92 Vor-Geitau, 93 Vor-Marsgeitau, 94 Vor-Bramgeitau, 95 Vor-Royalgeitau, 96 Vor-Skysail-Geitau, 97 Groß-Geitau, 98 Groß-Marsgeitau, 99 Groß-Bramgeitau, 100 Groß-Royalgeitau, 101 Groß-Skysail-Geitau, 102 Kreuz-Geitau, 103 Kreuz-Marsgeitau, 104 Kreuz-Bramgeitau, 105 Kreuz-Royalgeitau, 106 Kreuz-Skysail-Geitau, 107 Vor-Trysail-Gei, 108 Groß-Trysail-Gei, 109 Gaffelgei, 110 Vor-Fußperden, 111 Vor-Mars-Fußperden, 112 Vor-Bras-Fußperden, 113 Vor-Royal-Fußperden, 114 Vor-Skysail-Fußperden, 115 Groß-Fußperden, 116 Groß-Mars-Fußperden, 117 Groß-Bras-Fußperden, 118 Groß-Royal-Fußperden, 119 Groß-Skysail-Fußperden, 120 Kreuz-Fußperden, 121 Kreuz-Mars-Fußperden, 122 Kreuz-Bras-Fußperden, 123 Kreuz-Royal-Fußperden, 124 Kreuz-Skysail-Fußperden, 125 Fockbrasse, 126 untere Mars-Brasse, 127 obere Mars-Brasse, 128 untere und obere Bram-Brasse, 129 Royal-Brasse, 130 Skysail-Brasse, 131 Groß-Brasse, 132 untere Groß-Mars-Brasse, 133 obere Groß-Mars-Brasse, 134 untere Groß-Bram-Brasse, 135 obere Groß-Bram-Brasse, 136 Groß-Royal-Brasse, 137 Groß-Skysail-Brasse, 138 Kreuz-Brasse, 139 untere Kreuz-Mars-Brasse, 140 obere Kreuz-Mars-Brasse, 141 untere Kreuz-Bram-Brasse, 142 obere Kreuz-Bram-Brasse, 143 Kreuz-Royal-Brasse, 144 Kreuz-Skysail-Brasse, 145 Brasspender

Um 1900 fuhren Passagiere fast ausschließlich auf Dampfschiffen, 1850 war es noch etwa die Hälfte gewesen. Güter wurden 1850 zu 10% höchstens auf Dampfern transportiert, 1900 immer noch erst 20%.

Segelnde Passagierschiffe hatten ein Belüftungsproblem. Das war geringer bei Dampfern, die ihren eigenen Fahrtwind produzieren.

Die ausreichende seemännische Besatzung der Segler und deren Heuerkosten war ein wesentlicher und kaum zu senkender Betriebskostenanteil. Die Dampfer konnten deshalb zum Ende des 19. Jhdts. niedrigere Frachtraten sowie schnellere und pünktlichere Fahrten bieten.

Die Frachtraten fielen von 1850–1900 auf ein Drittel, die sehr stark schwankenden Frachtraten beeinflussen bis heute immer wieder die Entwicklung in Schifffahrt und Schiffbau außerordentlich stark.

Zur quantitativen Vorstellung des Wandels:
1890 ist folgende Situation:

	Segelschiffe (in Mio. t)	Dampfschiffe (in Mio. t)
Großbritannien	3,0	5,0
USA	2,0	2,0
Frankreich	0,4	0,5
Deutschland	0,6	0,7
Österreich-Ungarn	0,2	0,1
Italien	0,6	0,2
Russland	0,3	0,2

Großbritannien liegt weit vorn im Bau und Einsatz von Dampfschiffen. Um diese Zeit geht aber das Gleichgewicht Segler–Dampf auf vielen Routen zugunsten des Dampfes zu Ende.

1875 ist das britische Panzerschiff DEVASTATION, 9.400 t, das erste Kriegsschiff, das keine Takelage mehr hat. Diese war auf Kriegsschiffen besonders hinderlich. Man braucht nun kein Personal mehr zur Bedienung der Takelage, also eine weitere Kostensenkung.

Ab Ende des 19. Jhdts. wurden alle größeren Segelschiffe aus Eisen- bzw. dann aus Stahl gebaut, auch Masten und Rahen, das Rigg ebenfalls meist aus Stahldraht und Ketten. Wanten und Stage wurden mit Spannschrauben aufgesetzt.

Eine Vorstellung vom notwendigen laufenden und stehenden Gut gibt die Zahl für die Viermastbark PASSAT des Hamburger Reeders *Ferdinand Laeisz*: 16,7 km Stahldraht, 200 m Ketten, 6,4 km Hanf- und Manilataue, 709 Blöcke, davon 78 zwei- und mehrscheibige und 808 Schäkel.

Alain Villiers schreibt zu der verwirrenden Vielfalt der Leinen in seinem Buch »Auf blauen Tiefen«: »... *Sie wussten genau, wo jedes Tau des laufenden Guts saß, wozu es diente, wie es lief, und sie konnten es in der wildesten schwärzesten Nacht finden. Abgesehen von kleineren Varianten waren alle großen Rahsegler in gleicher Weise getakelt, und die Varianten wurden von allen spielend beherscht, die an solche Dinge gewöhnt waren. Jeder einzelne Draht, jede Kette, jedes Tau hatte seine Aufgabe, seinen Namen und seinen Platz ... und nur diesen einen Platz, der allen bekannt war, die damit zu tun hatten.*«

Dazu wurden auf jedem Schiff bestimmte Regeln beachtet:
- Leinen, die in ihrer Funktion zusammengehören, sind nahe beieinander
- Leinen, die gleichzeitig geholt werden müssen, sind abwechselnd steuerbord und backbord angeordnet, sodass die Seeleute sich nicht gegenseitig behindern.
- Je höher ein Segel am Mast, desto achterlicher der Belegpunkt
- Je weiter innen zum Mast beim einzelnen Segel, desto weiter vorn ist die Leine geschoren und belegt.

Bestand der Welthandelsflotte in den Jahren 1821–1914 in Register-Tonnen:

Im Jahre	Dampfer	Segelschiffe
1821	11.500	5.240.000
1831	43.000	5.085.000
1841	140.500	6.377.000
1851	329.500	9.425.000
1861	1.003.500	13.420.000
1871	2.443.000	15.260.000
1881	5.006.100	12.885.800
1891	9.483.100	10.626.000
1901	13.856.500	8.205.100
1910	21.680.100	6.411.600
1914	45.400.000	4.050.000

Da das Segelschiff aus allen lukrativen Fahrtgebieten verdrängt war, ging es jetzt nicht mehr um Geschwindigkeit, sondern um geringste Kosten und damit um geringste Besatzungsstärke bei Segelschiffen.

Die Dreimast-Bark wurde in der 2. Hälfte des 19. Jhdts. das häufigste Groß-Segelschiff. Man vereinfachte das Rigg, um möglichst eine kleine Besatzung und niedrige Kosten zur Dampfer-Konkurrenz zu haben. 1871 gab es 1.000 deutsche Barken, aber nur 100 Vollschiffe. Die Besatzungsstärke sank von 80–100 bei den Klippern auf 25–30 Mann.

Darum verschwanden auch die obersten Segel, das Sky- und Moonsegel, die Drei- und die Viermastbark wurden der häufigste Frachtsegler.

Auch in Frankreich nahm der Bestand an Segelschiffen ab 1870 stetig ab. Am 29. Januar 1881 erließ die französische Regierung ein Gesetz, das sowohl Bau- wie auch Fahrtprämien bis 1891 zur Belebung der französischen Segelschifffahrt vorsah. Dadurch entstand das erste eiserne französische Viermastvollschiff L'UNION der Fa. *A. D. Bordes*, das 1882 in Greenock, England, gebaut wurde. Diese Reederei ließ auch 1890 die erste Fünfmastbark FRANCE (L 110,03 m, B 14,87 m, 3.784 BRT) durch *D. W. Henderson* in Glasgow bauen, die imstande war, zwei volle Reisen im Jahr zu machen. Englische oder deutsche Segler brauchten dagegen 13–14 Monate. Das lag aber nicht an Geschwindigkeit, denn die französischen Schiffe fuhren nur in Ballast hin und her und verdienten an der Subvention, der Fahrprämie. Sie wurden deswegen auch Bounty-(Prämien-)Schiffe genannt. Das Gesetz vom 7. April 1902 machte den Sinnlosigkeiten ein Ende. Die Bautätigkeit war sofort »Null«.

Die französische Viermastbark CAP HORN (1888, 2843 BRT) war übrigens der erste Segler mit durchlaufendem Doppelboden und Wasserballast von 600 t darin, sie rundete so 1889 Kap Hoorn. Das hat sich aber für Segler nicht durchgesetzt. Wasserballast und Doppelboden hatten sich übrigens in der Kohlenfahrt Newcastle–London ergeben, um für die Rückfahrt schnell Ballast nehmen zu können.

Es entstand noch 1902 das deutsche Fünfmast-Vollschiff PREUSSEN, die aber noch keine Nachahmer fand, obwohl sie 16 kn schnell sein konnte, was 6.000 PS (4.400 kW) Antriebsleistung aus dem Wind entsprach.

Zur Verminderung der erforderlichen Arbeit in der Takelage entstanden große Segelschiffe mit bis zu 7 Masten und Gaffel-Takelung vor allem in den USA:

WILLIAM C. CARNEGIE:	Verdrängung	4.500 t
	Länge	88 m
	Breite	14 m
	Besatzung	10 Mann
	Anzahl der Masten	5
WYOMING	Länge	107 m
	Anzahl der Masten	6
THOMAS W. LAWSON	Länge	117 m
	Breite	12,25 m
	Verdrängung	5.218 t
	Anzahl der Masten	7

Ab 1890 zwang der Wettbewerb mit den Dampfern zur Erhöhung der Tragfähigkeit der Segelschiffe, wodurch die Schoner ihre eleganten Linien verloren. Der Dampfantrieb drang mehr und mehr vor, sodass zwischen 1909 und 1915 nur wenige Schoner gebaut wurden. Dann ergab sich ein temporärer bis 1921 anhaltender Bauboom bei Segelschiffen, der insbesondere durch hohe Frachtraten bedingt war. Ein kleiner Bauboom ist noch um 1925 zu verzeichnen, der jedoch nichts mehr am Niedergang der Hochsee-Segelschifffahrt ändern konnte.

In Deutschland wurde 1858 auf der *Reiherstiegs*-Werft, Hamburg, das erste große deutsche Segelschiff für die *Hapag* aus Eisen gebaut, die Bark DEUTSCHLAND. Erst Anfang der 1870er folgen weitere Werften im Eisenschiffbau von Großseglern, so *Blohm & Voss*, Hamburg, 1880, *Joh. C. Tecklenborg*, Geestemünde, 1886. Die erste deutsche Viermastbark baute *Blohm & Voss* 1885, es wurde ein beliebter Schiffstyp.

Die PREUSSEN wurde aus Stahl von John C. Tecklenburg in Geestemünde für die Reederei F. Laeisz gebaut. $L_{ÜA}$ 407,9 ft, B 53,6 ft, T 27, 2 ft, 5.081 BRT, 5.560 m² Segelfläche Sie war das einzige Fünfmast-Vollschiff, das je gebaut wurde, und war das größte Segelschiff der Welt. Die ideale Größe für Groß-Rahsegler war 4.000-5.000 Ladetonnen, die PREUSSEN hatte 8.000 und 47 Mann Besatzung. Sie schaffte es unter Kapitän Boye Petersen, in 8 Tagen Kap Hoorn zu runden und in 57 Tagen von Ausgang Ärmelkanal–Iquique/Chile

1926 lässt die deutsche Reederei *F. Laeisz* den letzten großen Frachtsegler, die PADUA, bauen und Kohle nach Chile und zurück Salpeter transportieren.

Der Zwang zur Wirtschaftlichkeit ist bei einem Vergleich der Viermastbark GREAT REPUBLIC von 1854 mit einer etwa gleich großen von 1904 eklatant:

		1854	1904
Länge	m	89	95
Breite	m	15,35	14
Verdrängung	t	5.375	6.500
Segelfläche	m^2	4.120	3.023
Segelfläche	m^2	51,2	34,2
Tragfähigkeit	t	3.000	4.500
Besatzung		100	32

4.11 Yachtsport bleibt Motor der weiteren Segler-Entwicklung

Der Beginn des Wassersports kann wohl auf ca. 1550 v.Chr. in Ägypten gelegt werden. Die besseren Bevölkerungsschichten vergnügen sich in Ruder- und Segelwettkämpfen. Die Sieger werden dem Pharao vorgestellt, der selbst diesem Vergnügen nachgeht.

Im Jahr 1556 n.Chr. werden erstmals schnelle Yachten erwähnt, die im Juni in die ersten Heringsfanggebiete fahren und dann als erste mit dem »jungen Hering« in den großen Hafenstädten auftauchen.

Im 17. Jhdt. wurden diese schnellen Schiffe insbesondere in den Niederlanden weiterentwickelt. Für eilige Transporte, als Staatsyachten z.B. auch für englische Könige und Fürsten, die damit Jachtrennen organisierten. Sie legten den Grundstein für den heutigen Yachtsport.

Am 28. Mai 1660 beschloss die Stadt Amsterdam, dem englischen König *Charles II.* die Yacht *Mary* zu schenken, denn seinen holländischen Freunden war seine Segelleidenschaft bekannt. Das Wort »Yacht« kommt aus dem Holländischen von »jaghen« – verfolgen. Die MARY hatte etwa 100 ts, L 15,8 m, B 5,8 m, T 3, neun Kanonen, 30 Mann Besatzung.

Das erste offizielle Yachtrennen fand 1661 in der Themsemündung zwischen Greenwich und Gravesend statt zwischen König *Charles II.* mit seiner Yacht KATHERINE und dem *Herzog von York* mit seiner Yacht ANNE.

Charles II. ließ dann in England die MARY II von 1677, L 20,12 m, B 6,55 m, T 2,29 m, bauen, mit Gaffelrigg und baumlosen Großsegel. Allerdings sind 20 Mann Besatzung und 6 Kanonen bis heute unüblich geblieben.

In England wuchs der Yachtsport dann nach 1800, später auch in Nordamerika und anderen Regionen. Das Streben nach Geschwindigkeit und schneller Anpassung beim Rennen führte zu ständiger Verbesserung. Ab ungefähr 1850 wurden die Yachten von Konstrukteuren und nicht von Seeleuten weiterentwickelt, wenn auch hin und wieder Personalunion herrscht. Der Entwurf wurde zunehmend durch Klassenregeln beeinflusst, zunächst lokale, dann nationale und heute internationale.

Des deutschen Kaisers Yacht METEOR IV vor dem Wind laufend. Beeindruckend das ausgebaumte Ballon- und das Stag-Vorsegel, die zusammen mit dem weit ausgeladenen Großbaum die große Segelfläche ergeben.

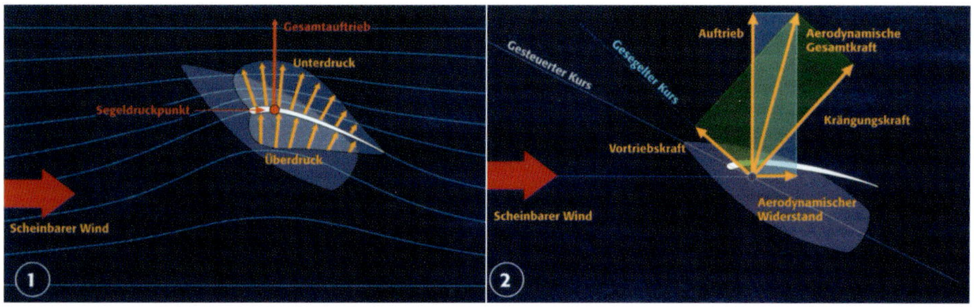

1. *Die Luftmassen in Lee des Segels strömen schneller als diejenigen in Luv. Je höher die Strömungsgeschwindigkeit, desto geringer der Druck, wie schon Bernoulli in seinen Gleichungen erfasst hat. An der Leeseite entsteht Unterdruck, an der Luvseite Überdruck. Der resultierende Auftrieb wird rechnerisch im Segelpunkt zusammengefasst.*
2. *Der Auftrieb wirkt senkrecht zum scheinbaren Wind, zusammen mit dem Widerstand des Segels ergibt sich eine aerodynamische Gesamtkraft. Die beiden Kraftkomponenten am Segel (Auftrieb und Widerstand) können durch Messung von Beiwerten c_A und c_W für das Original berechnet werden. Die Gesamtkraft wirkt mit einer Komponente in Fahrtrichtung (Vortrieb, dem der Schiffswiderstand entgegenwirkt) und einer quer zum Schiff (Kränkung, Abtrieb, der das aufrichtende Moment des Schiffes entgegenwirkt sowie sein Lateralplan).*

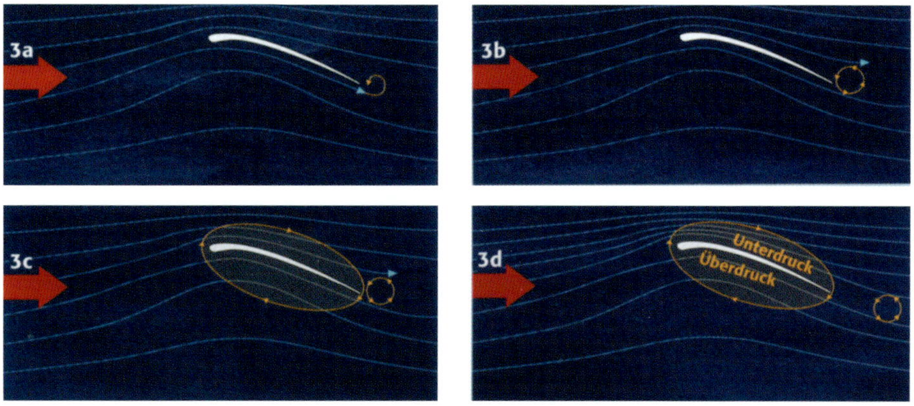

Die Beschleunigung der Strömung in Lee und die Verlangsamung in Luv wird durch das Phänomen Zirkulation verstärkt. Sie wird durch den so genannten Anfahrwirbel in Gang gesetzt. Beim Segel bewirkt die Gegenströmung in Luv, dass mehr Luft über die Leeseite »geschaufelt« wird mit der Folge, dass der Druckunterschied zunimmt.

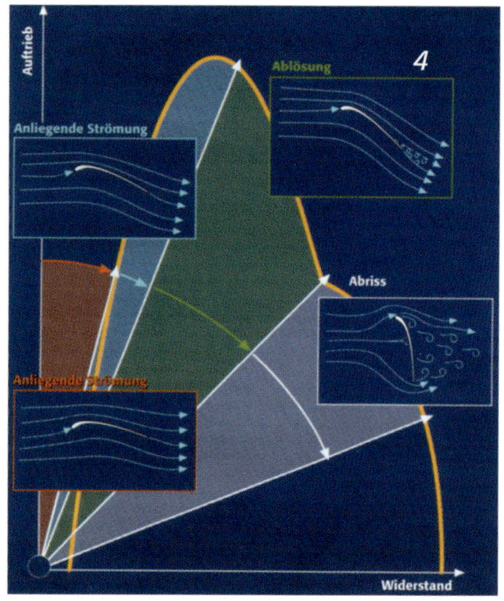

Zusammenspiel von Anstellwinkel, Auftrieb und Widerstand. Je geringer der Winkel zum scheinbaren Wind, desto weniger Widerstand, aber auch weniger Auftrieb. Mit zunehmendem Anstellwinkel erhöht sich der Auftrieb bei geringer Vergrößerung des Widerstands – der ideale Am-Wind-Trimm. Wird der Anstellwinkel zu groß, kann die Strömung nicht mehr folgen und löst sich ab. Das verringert den Auftrieb und erhöht den Widerstand beträchtlich. Wenn Umströmung komplett abreißt, sinkt der Auftrieb gegen null, der Widerstand erhöht sich immens. Das ist die Segelstellung für den Vorm-Wind-Kurs. Vortrieb entsteht dann fast ausschließlich durch Widerstand und nicht mehr durch Umströmung.

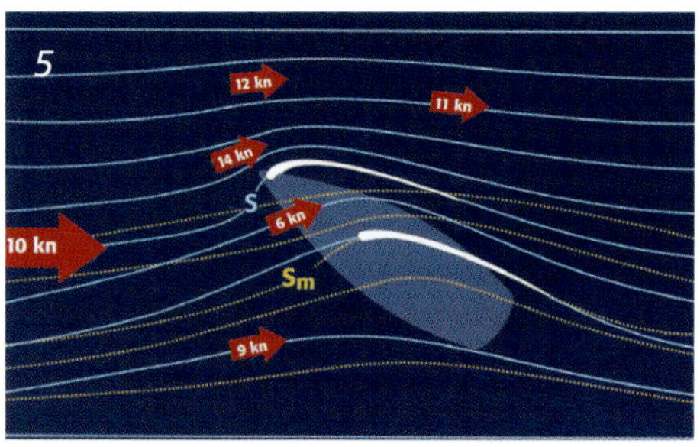

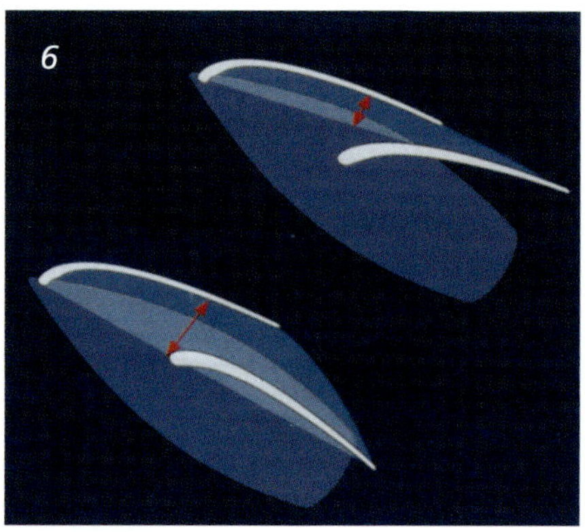

5. *Eine Erläuterung, warum zwei Segel schneller sind als eins: die Veränderung der Windströmung bei einer Slup (blauen Linien). Im Spalt ist sie auf 6 Knoten abgebremst. Wo sie sich wie beim Kap-Effekt um das Vorliek der Genua krümmt, wird sie beschleunigt. Die Scheidelinie (S), die die Luft in Lee- und Luvströmung teilt, ist raumer als die eines Monosegels (Sm, gelbe Linien). Mehr Luft wird um das Vorliek geschaufelt.*
6. *Vor- und Großsegel wirken zusammen als Einheit. Wird das Groß gefiert, verringern sich die Tiefe (rote Pfeile) und die Breite des Gesamtprofils (oben): Der Vortrieb nimmt ab. Das Groß ist zwar generell weniger bestimmend für den Vortrieb, übernimmt aber die wichtige Trimmklappenfunktion wie beim Flugzeug.*

Vorreiter waren natürlich die für Sport und Wettbewerb begeisterten Engländer mit ihrer *Yachting Racing Association* seit 1875. 1896 und 1901 gab es die ersten Linear Rating Rules. In 1906 wurden internationale Regeln aufgestellt, denen alle europäischen Staaten beitraten. Wesentlich war jetzt vor allem die Länge, die Breite wurde nicht berücksichtigt, was sich positiv auf die weitere Entwicklung auswirkte. Man wollte immer mit den Regeln Sicherheit, Komfort und Geschwindigkeit der Boote vereinen.

In den letzten 150 Jahren wurde – abgesehen von neuen Werkstoffen – etliches als neu gepriesen, was aber nur ein Wiederbeleben alter Lösungen war, z.B. die GENUA, ein großes Vorsegel, das von einem Yachtsegler bei einer Regatta bei Genua in den 1920ern eingesetzt wurde, kann man schon auf einer Gravur von *E. W. Cooke* »Hereinkommende Makrelen-Fänger« von 1830 in Brighton sehen. Diese Boote hatten übrigens an zwei Masten Sprietsegel, wobei die Sprietspiere auf $^3/_4$ Masthöhe ihren Fuß hatte, also man war im Übergang zum Gaffelsegel.

Als preiswerte Marinemotoren verfügbar wurden sowie die wirtschaftliche Depression bewirkten einen schnellen Niedergang der Arbeitssegler nach 1920 und damit 10 Jahre später des Gaffelsegels. Es hatte 300 Jahre das »Fore and aft rig« dominiert. Bis heute blieben bei Großseglern die Rahsegel, bei Kleinfahrzeugen, sofern sie Besegelung haben, hat sich das Bermuda-Rigg durchgesetzt, das wohl aus der Karibik zu uns kam, denn dort wurde es schon lange genutzt, mindestens seit Ende des 18. Jhdts. bei den karibischen Sloops und Schonern, häufig schon mit heute angestrebten Proportionen, langes (hohes) Luv- oder Vorliek am Mast und kurzes Unterliek. Es kam etwa um 1800 nach England, vermutlich durch kleine Marineschoner aus Westindien.

Yachtkonstrukteure entdeckten die sehr guten Am-Wind-Eigenschaften des Bermuda-Riggs um etwa 1910 wieder. Bis heute werden Spieren, Takelage, Ausrüstung und Segel entwickelt, die Leichtbau und Festigkeit miteinander verbinden. Diese Prinzipien könnte man auch auf eine Gaffeltakelage anwenden, was allerdings meines Wissens bis heute – vermutlich mangels Nachfrage – nicht geschehen ist.

Das effektivste Rigg hat die Bermuda-Sloop mit je einem Groß- und Vorsegel. Mehr Segel erzeugen zwar mehr Auftrieb, aber auch mehr Widerstand.

Im 18. Jhdt. war es üblich, auch bei Arbeitsseglern ein leichtes Rahsegel zusätzlich zu den Vorsegeln (Stagfock und Klüver) zu setzen, wenn man vor dem Wind lief. Im Jahr 1852 setzte eine kleine Yacht LEO, Eigner *McMullen*, bekannter viktorianischer Amateur-Yachtsegler, einen dreieckigen Spinnaker, Kopf am Topp des Haupt- oder Vormastes, ausgebaumte zweite Ecke nach Luv und dritte freie Ecke an der Schot. Dann wurde erstmalig bei einer Regatta 1865 auf dem Kutter NIOBE, Eigner William Gordon, ein Spinnaker gesetzt und dann ein Jahr später wieder – 1866 gilt als das Jahr der Spinnaker-Erfindung – auf der Yacht SPHINX. Das Segel wurde von seiner Mannschaft Spinkar genannt, woraus sich wohl der Name Spinnaker entwickelt hat.

Das Trysegel wird im Sturm gesetzt, wenn die gerefften Segel noch zu viel Fläche bieten.

Der Name kommt aus dem Englischen »to lie a-try«, also beigedreht liegen und wenig Fahrt nach Lee oder vorwärts machen. Das Segel sollte möglichst schon an einer eigenen Gaffel angeschlagen sein, um Arbeit bei schwerer See zu reduzieren. Natürlich ist das Trysegel aus schwerem, festem Tuch gefertigt. Es wird ohne Baum gefahren und gemeinsam mit dem Sturmklüver gesetzt. Beim Beidrehen ist das Ruder ganz leicht nach Luv festgelegt, um dem Winddruck entgegenzuwirken.

Beispiele aus unserer Zeit sind:

Die französische Yacht MARAMU, seit 1988 gebaut bei *Chantier Amel* in La Rochelle, ist bei 16 m Länge nur 4,60 m breit, also für heutige Konstruktionsmerkmale relativ schmal. Sie hat schlanke Linien zum Heck hin sowie ausgewogene Überhänge. Dadurch läuft sie auf allen Kursen gut. Die Segelfläche von 125 m^2 am Wind ist auf 3 Segel (Ketsch) verteilt und damit leicht handhabbar, die Effektivität ist dadurch etwas geringer im Vergleich zu einer einmastigen Sloop. Vor dem Wind segelt man mit ausgebaumter Genua (großes Vorsegel) und dem Boomer, der nach der anderen Seite ausgebaumt wird.

Hochsee-Rennen kamen erst in den 1920ern auf wie das Fastnet- oder das Bermuda-Rennen. Bekannt wurde die britische Yawl DORADE von *Sparkman* und *Stephens* 1930, $L_{ÜA}$ 15,8 m und L_{CWL} 11, 35 m, 14,75 ts. Sie lief im Tagesdurchschnitt 8,3 kn (Rumpfgeschwindigkeit 8,5 kn).

Bis heute wird die Entwicklung stark durch die Rennregeln der IOR (*International Ocean Racing*) beeinflusst. Dazu kommen in den letzten Jahrzehnten verschiedene spektakuläre Transatlantik- oder Round-the-World-Rennen wie Whitbread mit wenig behindernden Regeln, sodass die Entwicklung – dank Sponsoren – zu immer technisch an die Grenze gehenden und schnelleren Yachten führt. Auch die großen Yachten können heute zum Gleiten gebracht werden, sodass 20 kn erreicht werden.

Der America's Cup ist eigentlich kein Hochseerennen, wird aber in offener See gesegelt. Die US-amerikanische RELIANCE (1903, $L_{ÜA}$ 43,8 m, L_{WL} 27,4 m) von dem bekannten Yachtkonstrukteur *Nathanael Herrehoff* war die größte und hatte 16.000 sqft (1.486 m²) Segelfläche an einem hohlen Stahlmast. Sie war relativ breit, um Stabilität durch Breite und nicht durch Ballast zu bekommen. Eine Regel, die andere ausländische Yachtkonstrukteure Jahrzehnte nicht begriffen.

Ab 1930 wurden die Yachten kleiner und in der J-Klasse gesegelt, und es galt die Regel: 18% der Wasserlinie in ft mal Wurzel aus Segelfläche in sqft geteilt durch die dritte Wurzel aus der Verdrängung in cft muss 76 sein. Weiterhin sind die Sicherheitsregeln von Lloyds zu beachten.

Im America's Cup-Rennen 2003 gewann die Schweizer Yacht ALINGHI gegenüber der verteidigenden neuseeländischen Yacht NEW ZEELAND im Matchrace Punkt für Punkt, weil der Chefkonstrukteur *Rolf Vrolijk* vom Hamburg/Bremerhavener Konstruktionsbüro *Judel/Vrolijk/Conradi* den Rumpf mit 25 m etwas länger entwarf im Vergleich zum Gegner und damit bessere Allroundereigenschaften erzielte: Bei kräftigerem Wind war sie schneller, bei schwacher Brise wegen der etwas größeren Reibfläche kaum langsamer.

Eine Segelyacht, die beim America's Cup (seit 1851 als Trophäe ausgesetzt) eine Chance haben soll, ist für leichteren Wind und Küstengewässer konzipiert. Das Gewinnen ist neben der Leistung der Crew vor allem eine Finanzierungsfrage von mehreren -zig Millionen Euro, um das beste, festeste und leichteste Material einsetzen zu können. So wird es auch wieder 2005 sein, denn Deutschland hofft auch einmal wieder dabei zu sein. Dazu läuft gegenwärtig das Projekt »Fresh 17«, für das 45 Mio. € aufgebracht werden müssen.

Ganz anders müssen die Auslegungen bei den Hochsee-Round-The-World-Yachten sein, die jedes Wetter und jeden Seegang durchstehen müssen.

Ein Segelschiff sollte möglichst aufrecht segeln, weil es dann den geringsten Widerstand hat. Deswegen sind in den letzten Jahren Segelyachten relativ breiter geworden. Bei einer Jolle, die kentern kann, muss deshalb wegen des krängenden Moment des Winds die Mannschaft auf der Luvseite sitzen oder sogar am Trapez nach außenbords »ausreiten«.

Wenn bei stärker werdendem Wind der oder die »Ausreitenden« nicht mehr ausgleichen können, muss das Großsegel aufgefiert, also der Winkel zwischen Schiffslängsachse und Großbaum vergrößert werden, sodass das Krängungsmoment möglichst gleich bleibt. Es ist die Kunst des Seglers, das mit so viel Gefühl zu machen, dass das Großsegel nicht anfängt zu killen, denn es würde sofort an Vortriebskraft verlieren.

Segelyacht ILLBRUCK, Teilnehmer am Volvo Ocean Race: ab 23. September 2001 von Southampton bid 9. Juni 2002 nach Kiel über 32.700 sm, ILLBRUCK gewann. Vorgeschrieben war L 60–64 ft (18,30 bis 19,50), darum heißt der Typ VO60, B 5,25 m maximal, T 3,75 m, Gewicht minimal 13,5 t, davon 7 t in der Bleibombe des Kiels. Die ILLBRUCK hat 26 m Masthöhe, Segelfläche Großsegel 117 m², Vorsegel 83 m² maximal, Spinnaker 300 m² maximal.

Das vorhergehende Rennen, das noch Whitbread-Rennen hieß, 1997/98 – es wurde 1973 erstmals veranstaltet – hat einen Rekord-Etmail von 449,26 sm in 24 h oder etwa 19 kn. Volvo hatte das Rennen von Whitbread für 8,5 Mio. $ 1998 gekauft. Jedes teilnehmende Boot hat einen Etat von 8–20 Mio. €.

Beim nächsten Volvo-Race 2005/06 wird 70 ft Bootslänge zugelassen sowie Schwenkkiel und Zusatzschwerter. Der Kiel hat eine Ballastbombe. Der Mast ist aus Kohlefaser, und es werden ein oder zwei Ruder verwendet.

Eine Kielyacht richtet sich nach dem Kentern durch den Kiel wieder auf. Um das aufrichtende Moment gegen den krängenden Wind situationsgerecht zu erhöhen, sind einige Yachten des bekannten *Volvo Ocean Race »Round the World«* mit dem neuartigen Schwenkkiel ausgestattet. Der Kiel kann nach Luv geschwenkt werden, um sein Gegenmoment zu erhöhen. Von den Konstrukteuren muss ein Kompromiss zwischen Leistung und Geschwindigkeit des Schwenkantriebs und seinem Gewicht, das möglichst niedrig sein muss, gefunden werden. Es sollen Etmale von 540 sm = 22,5 kn erreicht werden, also ab und zu 30 kn in der Spitze (2005). 2001 war der Rekord der Yacht ILLBRUCK 481 sm oder 20 kn Durchschnittsgeschwindigkeit.

Die Aerodynamik der Segel und die Hydrodynamik des Rumpfs werden heutzutage gemeinsam wissenschaftlich behandelt und optimiert.

Auf dem Schiff spürt man nur den scheinbaren Wind, dem das Rigg mit seinen Segeln den aerodynamischen Widerstand entgegensetzt, auch der Rumpf setzt seiner Bewegung die hydrodynamische Gesamtkraft entgegen. Beide Kräfte sind im Gleichgewicht gleich groß und entgegengerichtet. Die Vortriebskomponente ist immer mit einer senkrecht dazu stehenden Kränkungskraft verbunden. Hart am Wind ist die Vortriebskomponente etwa ein Drittel bis ein Viertel der Krängungskraft, die der Stabilität des Schiffs entgegenwirken muss.

Im Ringen um den America's Cup entstand der Flossenkiel, der den Druckausgleich am Kiel mindert und damit die Abdrift.

Der Lateralplan eines Schiffs, seine Fläche und Form, bestimmt sein Verhalten in der Kursstabilität, bei Seitenwind oder am Wind. Beim früher fast nur üblichen »Langkieler« ist seine Kursstabilität der wesentliche Vorteil. Der Lateralplan wirkt wie eine Windfahne und zwingt das Schiff immer wieder auf Kurs. Andererseits bedeutet ein kleiner Lateralplan einer modernen Yacht Lebendigkeit und weniger Reibung. Ein direkt am Kiel anschließendes Ruder ergibt eine gewölbte Fläche mit dem Effekt, dass der Lateralschwerpunkt mit zunehmender Geschwindigkeit nach achtern wandert und so weniger Luvgierigkeit entsteht, auch kann ein relativ schmales Ruderblatt verwendet werden, da hohe Kräfte bei geringem Ruderlegen entstehen.

Eine Konstruktion und Trimmung gilt als ausgewogen, wenn zum Kurshalten nur 3 bis 6° Ruderwinkel gegen Luvgierigkeit – die ein Sicherheitsfaktor ist, da das Schiff bei einer plötzlichen Böe selbst in den Wind geht – notwendig ist. Zu viel und starker Ruderdruck, der Energie und Geschwindigkeit kostet, müssen durch Änderung der Segeltrimmung oder Verlagerung des Segeldruckpunkts vermieden werden.

1923 erhielt *Manfred Curry* ein Patent auf wölbbare Ruder und gewölbte Schwerter. Letztere erzeugen eine Gegenkraft zum Abtrieb, sodass die Abdrift von z.B. 5° mehr als zu null gemacht werden kann. Aber nicht jede Erkenntnis führt zur Innovation, wenn die Umsetzung (Lösung) kein akzeptables Verhältnis Nutzen zu Aufwand erreicht, kompliziert in der Handhabung ist oder einfach nicht gefällt. Seine Arbeiten förderten aber die Anwendung stromlinienförmiger Kiele und Ruder, das nie mehr als 30° gelegt werden darf, damit die Strömung nicht abreißt und hoher Widerstand vermieden wird, sowie die Erkenntnis, dass bei einer Yacht der Lateralplan mehr durch den Kiel (Schwert) als durch den Rumpf gebildet werden sollte. *Curry* schlug auch vor, den Kiel um einige Grad zur Mitschiffslinie schwenkbar zu machen, um der Abdrift entgegenzuwirken, was meines Wissens auch keinen Eingang gefunden hat.

Man hat (1925) die Kräfteverhältnisse an einem kleinen Segelboot untersucht: Das Segel (15 m²) entwickelt am Wind 8 kp (78,5 N) Vortriebskraft bei 6 m/s Wind, Mast und Takelage dagegen 1 kp (9,8 N) Widerstand, woran der Mast etwa 50% Anteil hat, also bleiben nur 7 kp (68,7 N) effektiver Vortrieb.

Nicht nur die Segel, sondern auch der Rumpf können als Tragflügel angesehen werden. Der Rumpf bewegt sich mit dem Abdriftwinkel und der Geschwindigkeit v_A durchs Wasser. Es ist sofort verständlich, dass der Rumpfwiderstand um so größer wird, je größer die Geschwindigkeit, Abdrift und Krängungswinkel werden.

Hinsichtlich der Erzeugung einer möglichst großen Vortriebskomponente und einer möglichst kleinen Widerstandskomponente kann man die Güte eines Segels bzw. eines Rumpfs quantifiziert bewerten. Die kennzeichnenden Winkel müssen – wie der Gleitwinkel bei einem Segelflugzeug – möglichst klein sein.

Wenn der Bootswiderstand sehr klein ist oder, wie bei Eisyachten, gegen »null« geht, kann das Boot maximal vorm Wind so schnell wie der wahre Wind werden. Am Wind kann ein leichtes, stabiles Boot, vor allem ein Katamaran, schneller als der wahre Wind werden, da sich wahrer und Fahrtwind geometrisch zu einem starken scheinbaren Wind addieren: Das Boot wird schneller als der wahre Wind, der scheinbare ist die Geschwindigkeitsgrenze.

Eine durchschnittliche Fahrtenyacht, meist aus glasfaserverstärktem Kunststoff in Serie gebaut, hat heute folgende Merkmale:

$L_{ÜA}$:	m	10	
L_{CWL}:	m	8,7	
L : B:		2,6–2,8	
Gewicht:	t	4–5	
Ballastanteil:		28–35 %	
Segelfläche:	50–60 m²	Groß- und Vorsegel	
Segeltragzahl:		4,5–5	
Masthöhe ü. Wasser:	m	14–15	
Antriebsleistung Motor:	kW	15–20	
Spez. Antriebsleistung:	kW/t	3–4	
Rumpfgeschwindigkeit:	kn	7,1	
Segelleistung bei Windgeschwindigkeit	kn	12–16 (4–5 Bft),	
Wellenhöhe 0,5–1 m:			
Am Wind	ca. 40°		6,3 kn
Ohne Abdrift u. Strom	60° Windeinfall		7,1 kn
	90°		7,3 kn
	130°		5,7 kn
Vorm Wind	ca. 180°		5,3 kn

Eine schon seltenere Fahrtenyacht-Größe:

Lüa:	15 m
L_{CWL}:	11,5 m
Lüa: B:	3,5–4
L_{CWL}: B:	2,6–2,8

Gewicht:	t	18
Ballastanteil:	%	35
Segelfläche:	m^2	120
Masthöhe:	m	21
Antriebsleistung:	kW	65
Spez. Antriebsleistung:	kW/t	3–4

Ein 12-m-Kielboot hat etwa 27 t Verdrängung und 200 m^2 Segelfläche, dagegen ein Segel-Surfbrett 90 kg (0,09 t) und 6,2 m^2 Segelfläche, ihre Segeltragzahl ist aber etwa gleich, beim Surfbrett sogar rund 10% größer. Segelsurfer gelten nach der Seewasserstraßenordnung als gleichberechtigte Segelfahrzeuge.

Bei Regattaseglern sieht man keine Rollsegel, da diese einen schlechteren Strömungseinlauf an der Luvkante mit Verwirbelungen ergeben. Man bekommt den Komfort nicht ohne etwas zu geben, denn aerodynamisch ist vor allem das Roll-Großsegel eine Sünde.

Heute arbeiten die Yachtdesigner weltweit mit vergleichbaren Computer-Werkzeugen, sodass sich die Rumpfformen immer mehr angleichen wie auch heute die Fahrzeugkarosserien. Die Forschungen für den Flugzeugbau haben die physikalischen Erkenntnisse zur Aero- und Hydrodynamik weitestgehend abgerundet. Trotzdem bleiben natürlich noch Fragen offen. So beispielsweise, ob der sich ändernde scheinbare Wind beim Stampfen Effekte auf den Vortrieb hat. Diese scheinen sogar positiv sein zu können.

Aber jedes komplexere Produkt ist ein Kompromiss zwischen sich häufig widersprechenden Forderungen, sodass Intuition und Erfahrung nach wie vor gefragt sind und über den Erfolg entscheiden. Meist stehen Sicherheit, Ästethik, Schnelligkeit – in der Rangfolge – im Vordergrund.

4.12 Der Flettner-Rotor – Eine gute Idee, die nicht zu einer Innovation führte

Eine Erfindung, die nicht zu einer Innovation im Schiffsantrieb wurde, obwohl an den »Rotor« anstatt Segel hohe Erwartungen geknüpft wurden. Sie wurden dadurch hervorgerufen, dass ein schlanker rotierender Turm eine 10-mal so große Segelfläche ersetzten kann.

Ein Segelantrieb erfordert hohe Investitionen und ist aufwendig in der Instandhaltung wie in der Bedienung, sodass relativ viel Besatzung erforderlich ist. Beim Rotor kann einfach

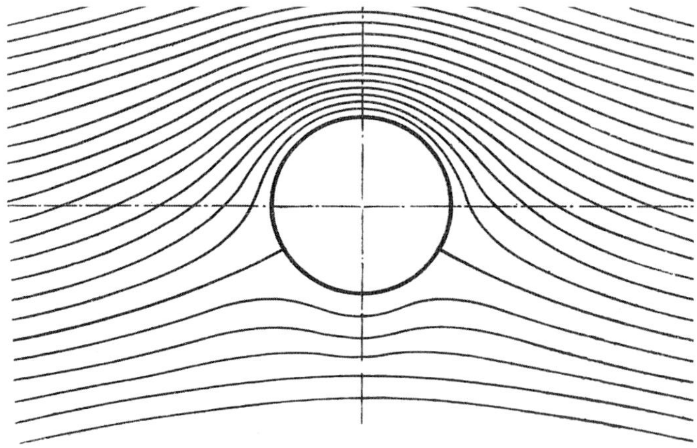

Die unsymmetrische Magnus-Strömung. Der rotierende Zylinder erfährt eine nach oben gerichtete Kraft.

durch Herabsetzen seiner Drehzahl »gerefft« werden. Bei der Drehzahl 0 bleibt nur seine Fläche als Windwiderstand.

Der Effekt ist durch Experimente des Berliner Physikers *H. Gustav Magnus* seit 1852 bekannt. *Magnus* untersuchte die Ablenkung eines rotierenden Geschosses durch Seitenwind und veröffentlichte seine Ergebnisse als Ballistiker unter dem Titel: Über die Abweichung der Geschosse.

Diese Erkenntnis griff der aus Hessen stammende Techniker *Anton Flettner* (1885–1961) auf, der schon durch die Konstruktion des Flettner-Steuerruders bekannt geworden war.

Beim Flettner-Ruder ist an der Hinterkante des Ruders ein kleines Hilfsruder angebracht, das die Stellung des Ruders steuert. Es war wohl Voraussetzung für den Einsatz von Autopiloten. Der 8.000-t-Dampfer ODENWALD fuhr als erster Kreiselkompass gesteuert mit dem Autopiloten in den 1920ern über den Atlantik.

Fletter erreichte Finanzierung und Bau eines Rotor-Schiffes als Prototyp.

Er hatte zunächst an den Ersatz der Segel durch Tragflächenprofile gedacht, die er aus dem Flugzeugbau kannte, fand aber für das Problem der Flächenverkleinerung im Sturm keine sichere Lösung. Mitte 1923 stieß er auf die Versuche mit Rotoren in Göttingen, griff diese Erkenntnis auf und realisierte sie zunächst in Modellbooten auf dem Wannsee in Berlin. Schon im Oktober 1924 begannen die Probefahrten des zum Rotorschiff umgebauten Dreimast-Schoners BUCKAU.

Grundlage war das am 29. August 1923 angemeldete und am 4. November 1925 erteilte Patent: Verfahren zur Erzeugung des Quertriebs an Quertriebskörpern, z.B. an Segeln von Schiffen.

Die BUCKAU war 1920 als eines von vier Dreimasttoppsegelschonern auf eigene Rechnung bei der Krupp Germaniawerft in Kiel gebaut worden. Der Hilfsantrieb war ein U-Bootsdiesel des Ersten Weltkriegs. Nach dem folgend beschriebenen Experiment ging sie – die Rotoren waren, nachdem der Blitz eingeschlagen war, wieder entfernt – im Orkan bei Cap Halteras 1927 verloren.

Der Magnus-Effekt, die unsymmetrische Strömung um einen rotierenden Zylinder und eine dadurch entstehende Kraft quer zur Strömungsrichtung ist durch die Prandtlsche Grenzschicht-Theorie (*Ludwig Prandtl*, 1875–1953, Prof. in Göttingen) erklärbar: An der sich entgegen der Strömungsrichtung bewegenden Fläche des Zylinders erfährt die Luft durch Reibung eine stärkere Abbremsung und nach dem Bernoullischen Gesetz

Rotorschiff BUCKAU der Hanseatischen Motorschifffahrts-AG, umgebaut bei Germania Werft Kiel 1924. Die Endscheiben oben auf den Rotoren vermindern den Druckausgleich. Drehzahl der Türme 100–120 min^{-1}, bei starkem Wind wird die Drehzahl bis auf 0 reduziert. $L_{ÜA}$ 45 m, B 9 m, T 3,6 m, D 900 t, elektrische Antriebsleistung des Turms 10–15 PS, 6-Zylinder-Hilfsdiesel 120 PS bei Windstille und Manöver.

Rotorfrachtschiff BARBARA, Versuchsschiff des Deutschen Reichs, Marine-Verwaltung, Hamburg. Erbaut bei AG Weser, Bremen, Stapellauf 1926, 2.077 BRT, Tragfähigkeit 2.800 t, Frachtraum 4.392 m^3, Geschwindigkeit ca. 10 kn, Maschinenleistung 1.060 PS.

einen Druckaufbau, auf der Gegenseite des Zylinders geschieht der gegenteilige Ablauf und damit ein Druckabfall. In einer Strömung ist die Summe aus Druck und dem Staudruck der Geschwindigkeit konstant. (Bernoullisches Gesetz, *Daniel Bernoulli*, 1700–1782). Die Differenz ergibt die Querkraft, deren Größe von der Drehgeschwindigkeit des Zylinders abhängig ist. Zusätzlich zur Querkraft hat der Zylinder natürlich noch eine Kraftkomponente, den Widerstand gegen die Strömungsrichtung. Darin ist er ungünstiger als der Tragflügel oder auch das Segel, die beide einen verhältnismäßig geringen Widerstand bieten.

Die theoretischen Gesetzmäßigkeiten haben nur für einen unendlich langen Zylinder Gültigkeit. Man muss ihn auf jeden Fall so lang wie möglich machen und dann noch durch Endscheiben den Druckausgleich an den Enden behindern. So kann ein nur halb so hoher Zylinder etwa die gleiche Kraft erreichen. Der rotierende Zylinder wirkt wie ein Tragflügel, nur letzterer erzeugt Auftrieb ohne mechanische Bewegung seiner Teile und mit sehr viel weniger Widerstand. Aber auch ist hier die Sogseite sehr viel kräftiger als die Druckseite.

Für den rotierenden Zylinder gilt

Querkraft $F_Q = c_q \cdot \rho/2 \cdot v^2 \cdot A$

Widerstandskraft $F_W = c_W \cdot \rho/2 \cdot v^2 \cdot A$

darin ist $A = 2 \cdot r \cdot h$

Die Beiwerte c_q und c_W wurden 1924 in der Aerodynamischen Versuchsanstalt in Göttingen gemessen. Sie sind von dem Verhältnis Umfangsgeschwindigkeit des Zylinders u zu Windgeschwindigkeit v abhängig und betragen bei einem Zylinder mit Endscheiten z.B. bei

$u/v = 2$:	$c_W = 1{,}4$	$c_q = 4{,}7$
$= 3$:	$c_W = 3{,}6$	$c_q = 8{,}2$
Segel:	$c_W = 0{,}2$; $c_q = 0{,}8$	

Damit ergibt sich bei einem scheinbaren Wind von 12 m/s und einem Zylinder (Turm) von 33 m Höhe und 7 m Durchmesser, also 231 m^2 Fläche und $u/v = 3$, was 36 m/s Umfangsgeschwindigkeit oder 100 Umdrehungen pro Minute entspricht, F_Q = 166 kN und F_W = 73,5 kN. Ein Schiff mit drei Türmen würde also dem Wind bei 10 kn Geschwindigkeit 3.000 PS (2.200 kW) entnehmen.

Der Auftriebsbeiwert c_q ist $\sim u/v$. Die experimentellen Werte sind kleiner als die theoretischen. Bei $u/v < 0{,}5$ entsteht kein Auftrieb.

Der Dreimasttoppsegelschoner BUCKAU wurde im Frühling 1924 von der *Germaniawerft* in Kiel umgebaut und mit 2 zylindrischen Stahlblech-Türmen, 2,8 m Durchmesser und Höhe 18,3 m, versehen, die über einen 45-PS-Dieselgenerator elektrisch mit 700 min^{-1} angetrieben wurden. Das Gewicht der Türme: 4 t – vorher das Gaffelrigg 35 t.

Die Fläche der Türme betrug etwas weniger als $^1/_{10}$ der Segelfläche des Dreimasttoppsegelschoners. Eine Erhöhung der Windgeschwindigkeit, damit auch Böen, hatte nur geringen Einfluss auf das Schiff. Sie geht fast unbemerkt vorüber, das Segelreffen entfällt. Der Widerstand der still stehenden Türme ist sehr klein im Verhältnis zur alten Takelage mit aufgetuchten Segeln.

Nach zufrieden stellender Probefahrt ging die erste Reise nach Danzig und von dort mit einer Holzladung nach dem Firth of Forth, dann mit Kohlen nach Hamburg. Das Interesse der Bevölkerung war so groß, dass das Schiff von einem Stralsunder Reeder für Kreuzfahrten in der Ostsee gechartert und entsprechend umgebaut wurde. Das Geschäft lief gut und man versuchte das im Winter unter dem Namen BADEN-BADEN an der amerikanischen Küste zu wiederholen, was aber merkwürdigerweise nicht erfolgreich lief.

Ein ehemaliges Besatzungsmitglied berichtet: *»Beim Wenden brauchte man nur zwei Rädchen auf der Brücke zu drehen. Das Schiff konnte bis zu 2 Strich (22,5°) an den Wind gehen wie eine schnittige Yacht und hatte eine Vortriebskraft wie mit 300 m² Segelfläche. Eine Geschwindigkeit von bis zu 8 kn wurde erreicht.«*

Ende Mai 1926 ging die BUCKAU von New York aus zur Weltausstellung nach Philadelphia. Während der dort vorgesehenen Besichtigungszeit von 2 Wochen erregte der neuartige Schiffsantrieb Aufmerksamkeit und es hieß: *»Wenn ... mit dem Rotor eine Entwicklungsreihe von Jahrtausenden jäh zu einem Endpunkt geführt worden ist und hier auch endlich der Weg von der Menschenarbeit zur Mechanisierung vollendet ist, technisch und aerodynamisch das Problem bei der ersten Ausführung nahezu restlos gelöst ist, so ist die weitere Einführung des Rotorschiffes in die Seefahrt ein wirtschaftliches Problem, das ... nicht so leicht zu lösen sein dürfte.«*

Die Erfahrungen mit dem Rotorschiff BARBARA waren vermutlich ähnlich. Die BARBARA, 1926 gebaut, wurde nach Ausbau der drei Rotortürme ein Dampfer von 1.190 BRT, überstand den Krieg und musste an die Kopenhagener Reederei *Oye Skon* ausgeliefert werden, die es zum Motorschiff ELSE SKON umbauen ließ.

Die Probefahrten der BUCKAU stießen damals auf großes Interesse, und man erwartete dadurch eine »Umwälzung« im Schiffsantrieb. Es ist häufig schwer einzuschätzen, ob eine gute Idee ihren Markt findet und zur Innovation wird.

Flettner selbst hat noch zwei Rotor-Yachten gebaut, die überlegene Leistungen zeigten, sich aber trotzdem nicht durchsetzten.

Letztlich scheiterte die Erfindung an wirtschaftlichen Gründen, an der Unberechenbarkeit des Windes und dem Treibstoff »Diesel«, der zu billig war. Ein weiterer Grund ist sicher auch die »Gewöhnungsbedürftigkeit« im Vergleich zum gewohnten schönen Seglerbild.

Die Kombination von Weltwirtschaftskrise und niedrigen Ölpreisen brachten 1929 ein schnelles Ende für den Flettner-Rotor. Das System hatte gezeigt, dass es effektiver als gewöhnliche Segel war, dem Schiff erlaubte noch höher am Wind zu segeln und von einer sehr kleinen Crew bedient werden konnte. Es wurden Überlegungen angestellt, es als ergänzende Antriebsanlage zur konventionellen Maschine einzusetzen. Der Aufwand für Ausrüstung und Bedienung konnte damals die Treibstoffeinsparungen von 10–30% nicht aufwiegen. Kosten-Nutzen-Rechnungen sind für das System konjunkturabhängig.

4.13 Rückkehr des Segels in die Berufsschifffahrt?

Das Segel als Vortrieb ist aus der Berufsschifffahrt nicht ganz verschwunden. So gibt es immer noch Groß-Segelschiffe als Schulschiffe und als Kreuzfahrer, sowohl aus Nostalgiegründen als auch unter Anwendung neuester Computer-Steuerung der Segelfläche und -stellung auf Neubauten. So ist ein Nachbau der legendären PREUSSEN, die ROYAL KLIPPER des schwedischen Reeders *Michael Krafft*, Baujahr 2000, mit fünf Masten. Sie kann 230 Passagiere aufnehmen.

Immer wieder wird das Segel auch wieder diskutiert in Zeiten von Energiekrisen. So wurde 1985 in Japan der Frachter USUKI MARU (26.000 dwt) mit zwei computergesteuerten Segeln versehen, die bis zu 50 % Treibstoffersparnis bei günstiger Windlage bringen sollen.

Ein segelunterstützter japanischer Küstentanker ist die SHIN AITOKU MARU (1.600 BRT, L 70,1 m, B 13,1 m, T 4,95 m, 1.400 hp Diesel, eine Schraube, 12 kn) von der *Nippon Werft* entwickelt und von der *Imamura-Werft* in Kure Mitte der 1970er gebaut. Es war der erste kommerzielle Motorsegler der Welt in der Nachkriegszeit. Die Tragfähigkeit ist 1.500 t, der Maschinenantrieb ein 1.600-PS-Dieselmotor, der Segelantrieb sind je ein Kunststoffsegel je 100 m² (8 m x 12,5 m) Fläche an zwei Masten. Es wird von 30–40% Brennstoffersparnis und 15 kn Geschwindigkeit bei Windstärke 6 gesprochen. Das muss man natürlich gegen den Aufwand für die Besegelung rechnen.

Inzwischen laufen in Japan eine Reihe von Schiffen mit Hilfsbesegelung. Der 2.600-tdw-Bulkcarrier, die USUKI OINEER, auf der *Saiki-Werft* der *Usuki Iron Works* in Japan gebaut, wurde am 18. Nov. 1984 in Dienst gestellt. Sie hat eine Länge von 162 m, B 25 m, T 10,5 m, einen 3.300 PS Dieselantrieb und erreicht 13,5 kn Geschwindigkeit. 1985 kommt das Schwesterschiff USUKI MARU dazu. Die Segelfläche beträgt 640 m² durch zwei computergesteuerte faltbare Segel. Es kann eine konstante Dienstgeschwindigkeit gefahren werden, die Treibstoffersparnis bei Segelunterstützung soll bis 50% betragen.

Fünfmast-Vollschiff ROYAL KLIPPER der Star Klipper Kreuzfahrten mit L 133,22 m, B 16,40 m, T 5,49 m, Masthöhe 54 m, 5.200 m² Segelfläche, 42 Segel, 228 Passagiere, Besatzung 108, Hilfsdieselantrieb 2 x 2.500 PS. Der Segel-Kreuzfahrer knüpft an die PREUSSEN nach 100 Jahren wieder an. Er soll aus der Segelschiff-Nostalgie wirtschaftlich werden.

Es sieht aber so aus, als wenn das Einzelerscheinungen bleiben. Letztlich entscheiden nicht technische Möglichkeiten, sondern nüchterne Wirtschaftlichkeitsbetrachtung Nutzen zu Aufwand.

Großsegler werden nicht mehr gebaut, ab und zu als Schulschiffe. So wird 1960 in Argentinien die LIBERTAD gebaut: Stahlrumpf, 2.740 tdw, 3.765 voll ausgerüstet, Segelfläche 2.640 m², zwei Dieselmotoren je 1.200 PS (880 kW) als Hilfsantrieb.

Seit dem »Ölschock« 1973 gibt es Bemühungen, den Wind als Antriebsenergie für Schiffe zu nutzen, sowohl als Zusatzantrieb wie auch als Hauptantrieb bei Kreuzfahrtschiffen.

Projekte und Prototypen zur Nutzung der Windkraft entstehen immer wieder, insbesondere wenn der Ölpreis steigt. Neben der Energieeinsparung wird die dämpfende Stützwirkung der Segel als Vorteil angeführt.

1967 gab es das Projekt »Dynaschiff« des Hamburger Ingenieurs *W. Prölls*, das 1979 Windkanaltests und Computersimulationen erfolgreich absolvierte, aber dann doch nicht realisiert wurde. Das Schiff sollte ein Rahsegler mit 9.600 m² synthetischem Segeltuch, das in elliptische Hohlmasten mechanisch eingerefft (eingerollt) werden sollte. Die Rahen sollten hochklappbar sein, um den Umschlagprozess nicht zu stören. Die Besatzung war mit 31 Mann geschätzt, 11 kn Durchschnittsgeschwindigkeit sollten erreicht werden.

Erwähnt sei das Projekt SkySails:

Mit Hilfe eines völlig neuartigen Segelantriebes will das Hamburger Unternehmen SkySails die Windenergie für die Handelsschifffahrt nutzbar machen. Ein 100 bis 500 m über dem Frachtschiff schwebender Zugdrachen soll den mechanischen Schiffsantrieb ergänzen und auf diese Weise bis zu 50 Prozent der Treibstoffkosten einsparen. Das innovative Antriebssystem für die gewerbliche Schifffahrt basiert auf einer Idee des Hamburger Ingenieurs *Stephan Wrage* und ist weltweit patentrechtlich gesichert. Ein Prototyp schwimmt bzw. fliegt bereits.

Das System besteht aus einem heliumgefüllten Zugdrachen und einer windoptimierten, softwarebasierten Routenführung. Bei günstigen Windverhältnissen sollen 70 Prozent der Antriebsenergie vom Zugdrachen geliefert werden, während der Antriebsmotor bei 30 Prozent seiner Nennleistung betrieben wird.

Angaben des Unternehmens zufolge ist eine Segelfläche von bis zu 5.000 m² geplant, womit bei durchschnittlichen Windverhältnissen eine Antriebsleistung von 5.000 kW erreicht werden soll. Dabei soll der Drachen nach einer entsprechenden Entscheidung des Kapitäns über eine Hochdruckanlage vom Bug aus automatisch gesetzt bzw. später auch wieder geborgen werden.

Die Routenführung besteht aus den vier Modulen Wettervorhersage, Leistungsrechnung, Entscheidungsmodell und Routenempfehlung. Eine im Zwölf-Stunden-Intervall aktualisierte Wettervorhersage ermittelt für jedes Ziel alternative Routen und berechnet die Leistung des SkySails-Antriebs. Unter Berücksichtigung der Zeit- und Kostenvorgaben des Reeders wird der Schiffsführung die optimale Route empfohlen.

Gegenwärtig ist der erste Einsatz am Schulschiff der Seefahrtsschule Leer 2005 vorgesehen.

Ein weiteres Projekt ist der Massengut-Transport mit Segelschiffen:

Kapitän *Hans-Bernd Schwab* beschäftigt sich seit Jahren mit dieser Idee, für den Transport von trockenen Massengütern speziell konstruierte Großsegelschiffe im Rahmen eines eigens dafür entwickelten Betreiberkonzepts einzusetzen.

Technisch und operativ wäre das möglich, wenn man die bewährten Segeltechniken mit modernster Technologie verbindet.

Größere Segler und eine größere Takelage sind durchaus möglich. Die Segel lassen sich mittlerweile ferngesteuert und maschinell bedienen. Untersuchungen haben wohl gezeigt, dass mit den schiffbaulichen Möglichkeiten, die heute zur Verfügung stehen, kommerzielle Frachtsegler mit einer Tragfähigkeit bis zu 50.000 Tonnen technisch und operativ in der Lage sind, im Wettbewerb mit modernen Bulkfrachtern zu bestehen und die gleichen Transportaufgaben für Massengüter preiswerter durchführen.

Die Betriebskosten eines Großseglers sollen um etwa 20 Prozent geringer als die Betriebskosten vergleichbarer Motorschiffe sein. Der Vorteil ergibt sich aus dem deutlich reduzierten Treibstoffverbrauch des Seglers gegenüber dem Motorschiff in Höhe von rund 75 Prozent. Zusätzlich gewinnt man bei gleicher Schiffsgröße pro Segler etwa 3–5 Prozent mehr Platz für Ladung, weil weniger Treibstoff mitgeführt werden muss. Ein weiterer Vorteil liegt in der Schiffsgröße bis 50.000 tdw. Da diese Schiffsgröße kleine bis mittlere Häfen besser anlaufen kann als die Großbulker, können die Vor- und Nachlaufkosten verringert werden. Die durchschnittliche Reisegeschwindigkeit eines Großseglers beträgt ca. 13 Knoten.

Die neuen Großsegler sollen zwei Antriebsanlagen haben: Segel und Motor. Mit der Motoranlage ist sichergestellt, dass der hier vorgestellte Großsegler Häfen sicher ansteuert und windarme Gebiete ohne Aufenthalt passiert. Der Panama-Kanal oder Suezkanal werden mit Motor passiert. In windreichen Gebieten mit Windstärken über 3–4 Beaufort, mit denen an circa 220 Einsatztagen gerechnet wird, werden die Segel gesetzt. In windarmen Gebieten unter 3–4 Beaufort Windstärke, was etwa 100 Einsatztagen entspricht, wird die eigene Motoranlage gegebenenfalls mit Segelunterstützung eingesetzt. Das ergibt etwa zwei Drittel Windantrieb zu einem Drittel Motorantrieb und entspricht den bisherigen Erfahrungen.

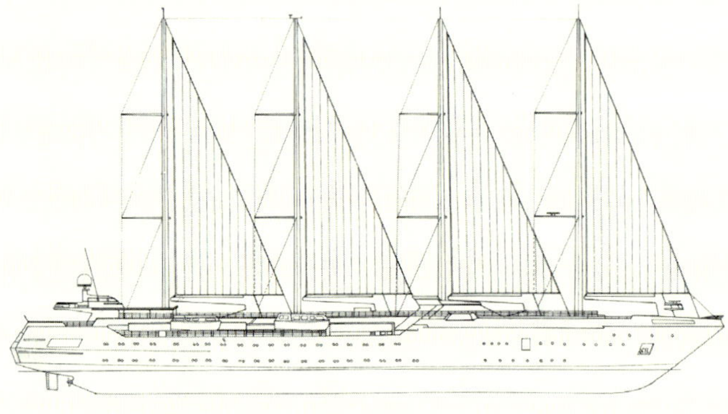

Segel-Kreuzfahrtschiff, 1981 in Finnland gebaut. In den beiden letzten Jahrzehnten sind mehrere solcher Schiffe in Fahrt gekommen, die neue Werkstoffe und Computer-Steuerung und -Automatisierung nutzen.

Das Investitionsvolumen für den Bau eines Schiffes liegt bei ca. 25 Mio. €, wenn es auf einer Werft in Korea, Polen oder Südosteuropa gebaut wird.

Segelantrieb von Kreuzfahrtschiffen ist natürlich vor allem Nostalgie, aber es dient auch der Weiterentwicklung von Großseglern bei Nutzung gegenwärtiger Möglichkeiten der Mechanisierung und Sensorsteuerung. So sollen mit dem neuen Rigg bis zu zweifach höhere Vortriebsleistung je qm Segelfläche erreicht werden.

Der Wind ist umgesetzte Strahlungsenergie der Sonne. Da diese örtlich und zeitlich unterschiedlich ist, entstehen Druckunterschiede, die zum Ausgleich Wind verursachen. Insofern nutzt ein Segelfahrzeug indirekt die Sonnenenergie.

Immer wieder hat man im kombinierten Segel-Maschinen-Antrieb die wirtschaftlichste Lösung für die Schifffahrt gesehen, besonders in Zeiten der Energieknappheit. Aber man muss einen doppelten Aufwand nicht nur in der Antriebsanlage treiben, sondern auch bei der Qualifikation der Besatzung und der Instandhaltung.

5. Vortrieb und Steuern

5.1 Der Übergang zum Maschinenantrieb

Die Vorstellung, Schiffe mit Maschinen anzutreiben, hat von je die Menschen beflügelt und zu Erfindungen angeregt. Die Ideen und Versuche zur Energieumwandlung in Maschinen, zur Energieübertragung auf geeignete Vortriebsorgane und die Erzeugung von Schub sind Legion. Ausgehend vom Paddel wurden nach dem Widerstandsprinzip bereits im Altertum Schaufelräder entwickelt und angewendet. Wissenschaftler (*da Vinci*, *Daniel Bernoulli*, *Leonhard Euler*) ersannen rotierende Flügelanordnungen, die in der späteren Entwicklung zum Propeller führten und das Prinzip der Turbomaschine begründeten. *Daniel Bernoulli* schlug in seiner 1838 erschienenen »Hydrodynamica« sogar vor, Wasser in Kanälen durch den Schiffskörper zu pumpen und als Strahl austreten zu lassen, Grundlage für den späteren Strahlantrieb.

Damit waren die grundlegenden Vortriebsmechanismen gefunden, die bis heute die technischen Lösungen dominieren: das Widerstandsprinzip, die axial durchströmte Turbomaschine und der Strahlantrieb. Sonderformen traten hinzu: Eine radiale Strömungsmaschine mit Anströmung quer zur Rotationsachse und zweifacher Durchströmung des Radialgitters bot als Voith-Schneider-Propeller die Möglichkeit, die Richtung des Schubes um 360° zu verändern. Allerdings waren ausgeklügelte Flügelbewegungen während einer Umdrehung erforderlich, und die Flügelumströmung wurde instationär. Schließlich wurde versucht, elektromagnetisch Kräfte auf das Wasser auszuüben und so den Schiffskörper zu bewegen. Weniger bekannt ist das Schlagflügelprinzip mit dem *Betz-Knoller*-Effekt.

Doch es war jeweils ein weiter Weg von einer grundlegenden Idee bis zur praktischen Anwendung, und die Aufgabe, Schiffe mit Maschinen anzutreiben, erwies sich als überaus komplex. Im Wesentlichen waren zwei Entwicklungslinien zusammenzuführen: in einer waren Energiemaschine, -übertragung und -umsetzung im Propulsionsorgan zu gestalten und in einer anderen die Ermittlung der Widerstände am Schiffskörper und deren Überwindung durch Propulsionsorgan und Steuer. Im Propulsionsorgan trafen beide Linien zusammen. Belastungen aus Seegang und Wind komplizieren die Aufgabe. Die Gestaltung der vielfachen Wechselwirkungen zwischen Schiffskörper, Propeller und Ruder, dem Wellenbild an der freien Wasseroberfläche und der Reibungsgrenzschicht an der Schiffswand, und das Zusammenspiel von Propulsionsorgan und Energiemaschine bietet auch heute noch Raum für Innovationen, besonders auch weil methodische Hilfsmittel und Rechentechnik zur Optimierung komplexer technischer Strukturen verfügbar sind.

Aber die ersten Maschinen und Propulsoren wurden von Praktikern entwickelt, und neben Maschinenbaumeistern wie *Joseph Bramah* mit seinem Patent (1785 Turbinenschaufelkranz) und dem englischen Techniker *Griffith* beteiligten sich die unterschiedlichsten Berufsgruppen: der amerikanische Uhrmacher *John Fitch*, der englische Kaufmann *Lyttleton*, Forstmeister *Joseph Ressel* in Österreich, der Farmer *Francis Pettit Smith* (1808–1874), der schwedische Hauptmann *Ericsson*, der *Großherzog von Oldenburg* u.a.

Physikalische Grundlage

Die physikalische Grundlage zur Vortriebserzeugung ist vergleichsweise einfach: Bildet man das Produkt aus Masse und Geschwindigkeit als »Bewegungsgröße« oder »Impuls« der Masse, so bleibt diese Bewegungsgröße erhalten, wenn keine äußeren Kräfte angreifen (Impulserhaltung, seit *Isaac Newton*). Zur Änderung der Bewegungsgröße muss eine Kraft auf die Masse einwirken. Schafft man nun ein Bauteil, das auf die durchströmende Masse eine Kraft ausübt und die Bewegungsgröße erhöht, so wird die Masse am Austritt eine größere Geschwindigkeit haben als am Eintritt, und die Reaktionskraft kann als Schub für ein Schiff wirksam werden. Die erhöhte Austrittsgeschwindigkeit bindet aber zusätzliche kinetische Energie, die für die Zielstellung der Propulsion als Verlust angesehen werden muss. Dieser »Austrittsverlust« (momentum losses) hat wesentlichen Einfluss auf den Wirkungsgrad einer Propulsionseinrichtung. Die Erhaltungssätze für Masse, Bewegungsgröße und Energie ermöglichen es, die Größe des Schubs mit dem wirksamen Querschnitt eines Propulsionsorgans, der durchströmenden Masse und der Geschwindigkeit im Strahl, in Beziehung zu setzen und mit sehr einfachen Modellgleichungen in einer so genannten

»Strahltheorie« zu beschreiben. Es gelingt dabei, den durch die Übergeschwindigkeit im Strahl bedingten Verlust in einem »ideellen« Wirkungsgrad zu erfassen und den ersten Hinweis zu guten Propulisonslösungen zu geben: Ein Propulsionsorgan muss einen möglichst großen Massenstrom erfassen und dazu einen möglichst großen Wirkungsquerschnitt haben, z.B. große Propeller, Mehrpropelleranordnungen oder große Schaufelflächen beim Radantrieb. Dieses Grundprinzip gilt für alle Propulsionsorgane, die Fluide (Flüssigkeiten und Gase) beschleunigen, aber die Art, in der diese Beschleunigung technisch erfolgt, bedingt unterschiedliche zusätzliche Verluste.

Einfache Strahltheorie für Schraubenpropeller

Als mit Abstand dominierende, technisch einfache, flexible und energetisch günstige Lösung hat sich der Schraubenpropeller durchgesetzt. Für ihn lassen sich das Wirkprinzip und der ideelle Wirkungsgrad anschaulich darstellen. Zur Energieübertragung auf das Fluid wird ein idealisiertes Modell des Schraubenpropellers gewählt, bei dem in einer Scheibe von der Größe des Propellerkreises eine Druckerhöhung angenommen wird, die obendrein im ganzen Propellerkreis denselben Wert hat. Diese Annahme entspricht als Grenzfall einem Propeller ohne Nabe und mit unendlich vielen Flügeln, der sehr schnell in einem reibungsfreien Medium umläuft und homogen angeströmt wird. Für diesen einfachen Ersatzpropeller sind die Bezeichnungen »Drucksprungscheibe« oder »Actuator disc« gebräuchlich.

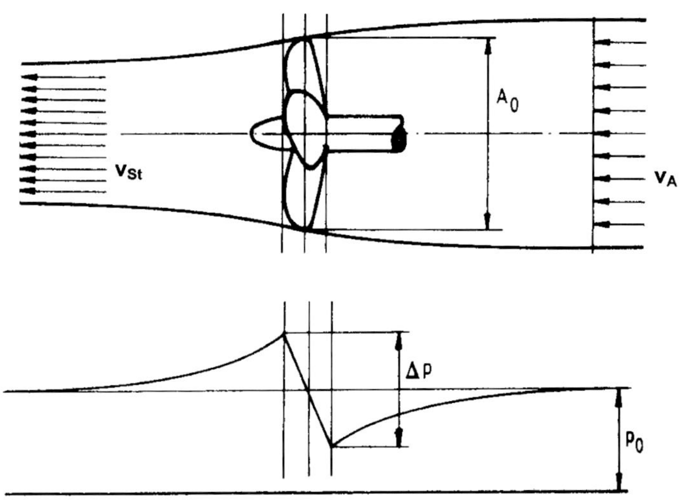

Modellvorstellungen zur Strahltheorie mit Drucksprung Δp, Schub= $\Delta p{\cdot}A_0$, Δ_0 Propellerkreisfläche

Der Schub F_S ergibt sich nach dem Impulssatz als Produkt aus Massenstrom und der Differenz zwischen Strahl- und der Anströmgeschwindigkeit. Für den speziellen Fall der Drucksprungscheibe lässt sich der Austrittsverlust als Folge der Geschwindigkeitserhöhung ermitteln. Er ist nach den physikalischen Grundlagen unvermeidlich, und seine Größe bildet infolge der besonders günstigen Annahmen im Modell den funktionsbedingten minimalen Verlust. Der mit ihm gebildete ideelle Wirkungsgrad stellt eine obere Grenze für den Wirkungsgrad dar. Es zeigt sich, dass für diesen ideellen Wirkungsgrad allein der Propellerdurchmesser wesentlich ist, wenn man den Schub F_S und die Anströmgeschwindigkeit v_A vorgibt. Das kommt im Schubbelastungsgrad c_s zum Ausdruck, in dem der Schub auf die Querschnittsfläche und auf den Staudruck $\rho/2{\cdot}v_A^2$ der Anströmung bezogen ist:

$$c_s = F_S / \rho/2 \cdot v_A^2 \cdot \pi/4 \cdot D^2$$

Mit diesem Schubbelastungsgrad erhält man den ideellen Wirkungsgrad zu

$$\eta_{ideell} = \frac{2}{1+\sqrt{1+c_s}}$$

Die folgende Tabelle gibt einen Eindruck vom Einfluss des unvermeidlichen Austrittsverlusts. Wenn der Austrittsverlust 10% nicht übersteigen soll, dann dürfte c_s nicht größer 0,5 sein.

c_s	0	0,5	1	5	10	50	100
η_{ideell}	1,0	0,90	0,83	0,58	0,46	0,25	0,18

Das Modell Drucksprungscheibe lässt sich jedoch nicht auf Schaufelradpropeller übertragen: Bei günstiger Auslegung eines Schaufelrads sind gleichzeitig mehrere Schaufeln im Eingriff, und durch die Umströmung der Schaufelkanten wird nicht derselbe Massenstrom von allen Schaufeln erfasst. Die Kantenumströmung führt zu Wirbelverlusten und formal zu einem geringeren ideellen Wirkungsgrad als beim Schraubenpropeller, wie Überlegungen von *Ludwig Prandtl* zeigen. Da beide Propellerarten weitere Verluste unterschiedlicher Art aufweisen, kann ein Vergleich der Antriebsenergie letztlich nur für die gesamte Propulsionsgüte eines Schiffs vorgenommen werden. Beispielsweise können bei begrenztem Tiefgang eines Binnenschiffs die Querschnittsflächen der Schaufelräder zum Ausgleich größer ausgeführt sein, als es mit Schraubenpropellern möglich ist.

Der Austrittsverlust wird besonders bei Einschraubenschiffen durch Energierückgewinnung aus dem Reibungsnachstrom des Schiffs kleiner als beim frei fahrenden Propeller. Er kann bei Handelsschiffen unter 10% der zugeführten Energie gehalten werden (mit Propellerdurchmessern von etwa $^2/_3$-mal dem Tiefgang bei Einschraubern). Er nimmt aber mit wachsendem Schubbelastungsgrad z.B. bei zunehmender Froudezahl zu und ist bei Schleppern und Binnenschiffen für die geringen Propulsionsgütegrade verantwortlich. Das Schaufelrad ist mit seinem rechteckigen Wirkungsquerschnitt bei hohen Belastungen flexibler anzupassen als kreisrunde Propeller. Für ihm sollte der Leser mit einer quantitativen Wirkungsgrad vorstellung von 0,7 im allgemeinen ausgehen.

Einer der letzen Rad-Dampfschlepper auf dem Rhein mit besonders breiten Schaufelrädern in den 1950ern.

Erste technische Umsetzungen als Schaufelrad und Propeller

Der Schaufelradantrieb war im Ansatz seit der Antike bekannt, ein Vorbild für den Schraubenpropeller lag in der archimedischen Schraube der Wasserschöpfgeräte vor:

Viele Ideen zielten darauf ab, die geeignete Anordnung am Schiff zu finden und die Antriebsenergie zuzuführen. Die historischen Berichte zeigen Anordnungen von Schaufelrädern sowohl seitlich am Heck oder auch mittschiffs.

Unsicher war man auch bei der Anordnung mehrerer Schaufelräder, die Vorschläge zeigen bis zu fünf Schaufelräder auf jeder Schiffsseite, hintereinander angeordnet.

Die Betrachtungen zu Austrittsverlust und Schubbelastungsgrad zeigen, dass hintereinander angeordnete Propulsoren, wenn sie jeweils den Strahl des vorlaufenden erfassen und weiter beschleunigen, letztlich die Wirkungsfläche nicht vergrößern und einen hohen Austrittsverlust zur Folge haben. Demgegenüber erfassen zwei oder mehr Propulsoren nebeneinander einen größeren Massenstrom bei geringerer Strahlgeschwindigkeit und ergeben einen besseren Wirkungsgrad durch geringeren Schubbelastungsgrad. Die ersten technischen Lösungen als Schaufelrad und Propeller hatten das bereits umgesetzt. Schaufelräder wurden bei Hochseeschiffen beiderseits angeordnet, bei Schleppern und Binnenschiffen wegen der hohen spezifischen Belastung auch mit breiten Schaufeln am Heck. Der Antrieb erfolgte über Wellen oberhalb des Wasserspiegels.

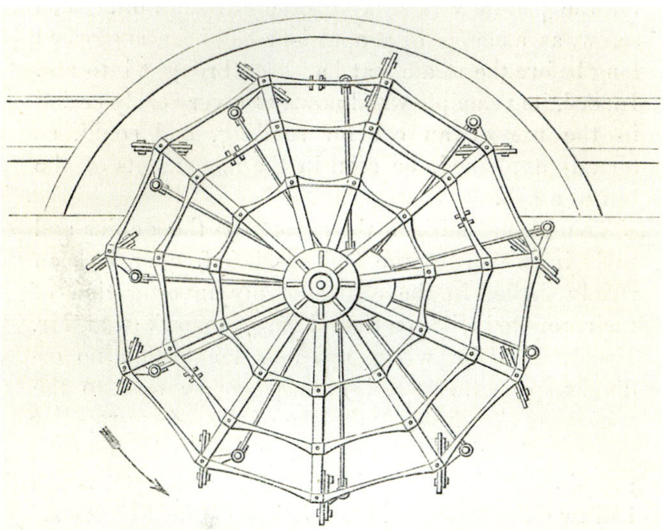

Schaufelrad mit »feathering paddles« nach Galloway, also mit gesteuerten beweglichen Schaufeln, damit sie senkrecht eintauchen 1829.

Für den Schraubenpropeller war es ebenso wichtig, eine große Fläche zu beaufschlagen. Bereits die ersten Schraubendampfer hatten relativ große Durchmesser im Verhältnis zum Tiefgang (RATTLER, WARRIOR, KAISER WILHELM DER GROSSE), bei großen Leistungen wurden Mehrpropelleranlagen angeordnet.

Als offen galten die Fragen, ob Bug- oder Heckpropeller besser seien und ob die Welle günstiger oberhalb oder unterhalb der Wasserlinie auszuführen sei. *Joseph Ressel* schrieb dazu: »Nur das Anbringen der Schraube war nicht gleichgültig.« Seit seinen Versuchen hat sich die Anordnung am Heck durchgesetzt, energetisch gesehen wegen der günstigen Wechselwirkung mit dem Nachstrom des Schiffskörpers. Der Antrieb erfolgte unterhalb der Wasserlinie.

Propeller und Schaufelrad im Wettstreit

Bekannt ist das Tauziehen der Dampffregatten der britischen Admiralität zwischen Schraubendampfer RATTLER und Raddampfer ALECTO im Jahre 1845 und die Wiederholung 1849 mit dem Schraubendampfer NIGER und dem Raddampfer BASI-

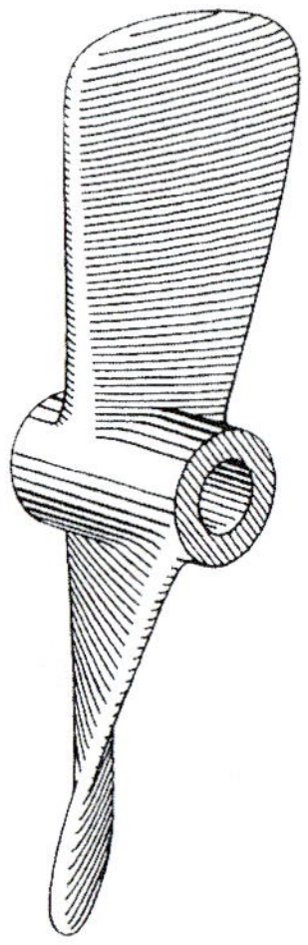

1843 RATTLER, 2 Flügel, $^1/_6$ Windung

LISC. In beiden Fällen siegte der Schraubendampfer überzeugend. Bei unbeschränktem Fahrwasser und optimaler Relation von Tiefgang zu Breite des Schiffs lassen sich hinreichend große Propellerdurchmesser bauen. Für den Schraubendampfer RATTLER wird bei einem Tiefgang von 3,4 m ein Propellerdurchmesser von 3 m angegeben, das ist im Vergleich mit modernen Verhältnissen ein sehr großes Verhältnis von 0,88.

Der Propeller des RATTLER war mit schmalen Flügeln gebaut, d.h. mit einem für den Einsatzfall optimalen Flächenverhältnis. Das war bei der ARCHIMEDES, dem ersten größeren Schiff mit einer archimedischen Schraube nach *F. P. Smith* 1839 noch nicht der Fall, und die ARCHIMEDES wurde folgerichtig von dem Schaufelraddampfer WILLIAM HUNSTON über Heck weggezogen. Auch später noch erwiesen sich Schaufelräder bei guter Auslegung als energetisch hinreichend effektiv: Der Schaufelraddampfer SCOTIA hielt sogar von 1862 bis 1867 das Blaue Band in der Atlantiküberquerung, und die für den türkischen Sultan *Abdula-Asisa* 1866 gebaute Yacht MAHAROUSSEE war mit einem Schaufelradantrieb zu ihrer Zeit das schnellste Dampfschiff mit 18,5 kn. Noch heute verkehren Schaufelradschiffe in größerer Anzahl auf der Oberelbe im Raum Dresden und auf dem Vierwaldstätter See in der Schweiz.

Eine besondere Überraschung bot Ausgangs des 20. Jhdts. eine Parade der Fahrgastschiffe auf der Oberelbe in Dresden, an der historische Schaufelraddampfer und moderne Binnenfahrgastschiffe teilnahmen, letztere mit Mehrpropelleranlagen oder mit bodenbündig eingebautem Pumpjet (Wasserstrahlantrieb). Man ließ dabei die DIESBAR (Baujahr 1884, Großreparatur 1977/78) vorausfahren, damit sie nicht abgehängt würde. Es zeigte sich aber, dass bei dem aktuellen niedrigen Wasserstand die DIESBAR mit ihrem Schaufelradantrieb besser zurecht kam als die anderen Schiffe und über Funk gebeten wurde, die Fahrt zurückzunehmen. Die im 19. Jhdt. von *Andreas Schubert* in Dresden für die Bedingungen der Oberelbe konzipierten Schiffe verkehren auch bei Wasserständen unter einem Meter. Für die Fahrgastschifffahrt sind die Niedrigwasserzeiten im Sommer besonders ertragreich und für den ökonomischen Erfolg entscheidend. Die Seitenraddampfer hatten betriebsfertige Leertiefgänge unter 0,60 m, als Glattdecker sogar unter 0,50 m. Nach Instandsetzung und Modernisierung 1993/94 betragen die Leertiefgänge 0,67 bis 0,79 m. Die Schaufelraddampfer für die Oberelbe sind eindrucksvolle Beispiele dafür, dass die Güte des Gesamtkonzepts für konkrete gegebene Einsatzbedingungen den Ausschlag gibt und die Auswahl der Systemelemente bestimmen muss!

5.2 Zusammenwirken von Wasserfahrzeug und Propeller

Vortrieb und Steuern – eine komplexe Aufgabe!

Um einen Schiffskörper im Wasser von einem Ort zu einem anderen zu bewegen, bedarf es geeigneter Kräfte, die an dem Körper angreifen, die Widerstände überwinden, Kurs halten und bei Bedarf Kursänderungen bewirken können. Diese Aufgabe mag relativ einfach erscheinen, kompliziert sich aber, wenn man die Vielfalt und das zeitliche Verhalten der Widerstandskräfte analysiert und die dem jeweiligen Entwicklungsstand entsprechenden Möglichkeiten, die notwendigen Vortriebskräfte bereitzustellen, in Betracht zieht. Die zu überwindenden Widerstände variieren sehr stark in Größe und Richtung. Es zeigt sich, dass die meisten technischen Lösungen für mechanisch angetriebene Vortriebsorgane zwar in der

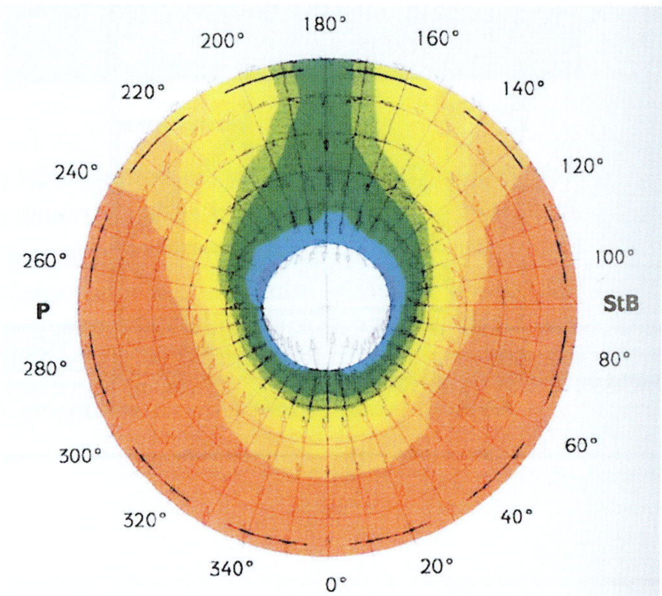

Von der HSVA gemessenes Nachstromfeld in der Propellerebene eines Einschraubers. Die Pfeile bedeuten die Resultierende der Radial- und Tangentialkomponenten des Geschwindigkeitsfeldes der Strömung. Die Farben sagen etwas über die Größe der Axialströmung. Man erkennt gut den Einfluss der Hinterschiffsform bei 180°.P für Backbord, StB für Steuerbord.
Aus dem Bild wird auch deutlich, dass der Schraubenpropeller ein Schwingungserreger ist.

Größe der Kräfte auf veränderte Anforderungen reagieren können, aber nicht in der Richtung. Die Bereitstellung der Energie für den Vortrieb führte technisch über die Drehbewegung einer fest installierten Welle. In der historischen Entwicklung bot sich zunächst in Verbindung mit Schaufelrädern eine Wellenanordnung quer zur Schiffslängsachse an und später mit Aufkommen des Propellers eine Anordnung in Richtung der Schiffslängsachse. In beiden Fällen war damit die Richtung der Antriebskraft als »Vortriebskraft« grundsätzlich festgelegt. Für Kräfte quer zur Vortriebskraft, die zu Kursänderungen, zum Kurshalten und zum Manövrieren erforderlich sind, mussten ergänzende Bauteile vorgesehen werden, die aber von alters her als Ruder bereits bekannt und erprobt waren. Als Konsequenz ergab sich letztlich eine Aufspaltung der Bewegungsaufgabe in zwei Teilaufgaben: Ein technisches Bauteil wurde für den Vortrieb vorgesehen und ein weiteres für zusätzliche Kraftwirkungen zur Richtungsänderung, das Ruder, später im Bedarfsfall durch weitere Elemente wie Querstrahlruder ergänzt. Begriffsbildung und Gliederungen im Schiffbau, Bauteile und Problemstellungen für die Entwicklung und sogar die Forschung sind bis heute durch diese Aufgabenteilung geprägt. Die Schiffsform beeinflusst die Wahl und Auslegung der Schiffsschraube. Maschinenleistung, Schiffsabmessungen, -größe und -form beeinflussen Schraubendurchmesser, Flügelzahl, -form und -steigung sowie die Schraubenlage am Schiff. Damit können erhebliche Leistungsersparnisse erreicht werden. Außerdem wird das immerwährende Schraubenproblem, Schwingungen, besonders im Heckbereich des Schiffs, sehr stark von der Schraube bestimmt. Erst im 20. Jhdt. tauchten Vortriebsorgane auf, deren Drehachse vertikal angeordnet ist, bei denen die Kräfte auch ihre Richtung ändern können, sogar um 360°: Azimutalpropulsoren in der direkten Ausführung als *Voith-Schneider*-Propeller oder als Propulsoren, die um eine vertikale Achse geschwenkt werden konnten. Sie sind damit geeignet, der Grundaufgabe der Schiffsbewegung in Einheit von Vortrieb und Steuern zu entsprechen.

Dieser Azimutal- oder Cycloidal-Propeller ist wie ein waagerecht liegendes Schaufelrad. Die Schaufeln schwenken während einer Umdrehung so, dass Schub in jeder gewünschten Richtung entsteht. Diese Gestaltung wurde um 1870 vom Engländer *Moody* und vom Amerikaner *Fowler* unabhängig voneinander erfunden und erprobt. Ersterer an Lastkähnen auf dem Clyde-Fluss, Letzterer am Torpedoboot ALARM. Aber man war mit der Wirtschaftlichkeit nicht zufrieden. In den 1920ern wurde die Idee wieder aufgenommen von *Kirsten-Boeing* in den USA und *Voith-Schneider* in Deutschland.

Bei der Analyse und Bewertung der Aufgaben und der technischen Lösungen zur Schiffsbewegung unter dem Aspekt der Innovation sollte jedoch nicht aus dem Blick geraten, dass letztlich diese Systemlösung angestrebt werden muss. Ebenso darf eine weitere Konsequenz nicht übersehen werden, die sich aus der Anordnung abgesonderter Propulsoren außerhalb des Schiffsrumpfs ergab: die Trennung von Schiffskörper und Propulsionsorgan. Sie war funktionell unabdingbar, hinterließ aber tiefe Spuren in der Theorie des Schiffs, in Begriffsbildung und Entwurfsmethoden sowie im schiffbaulichen Versuchswesen und erforderte, sich mit den Wechselwirkungen zwischen den getrennt angeordneten Bauelementen auseinanderzusetzen. Auch hier ist Raum für neue Ansätze und Innovationen, wenn man die Systemaufgabe im Auge behält.

Es ist daher sinnvoll, bei der Darstellung der historischen Entwicklung die Propulsoren im Zusammenhang mit der Entwicklung der Energiemaschinen für den Schiffsantrieb in den jeweiligen Kapiteln zu behandeln.

Abschätzung der Antriebsleistung

Die Abschätzung der erforderlichen Antriebsleistung für die angestrebte Geschwindigkeit eines Schiffs ist natürlich eine Grundaufgabe des Schiffsentwurfs. Theoretische Bemühungen zur Ermittlung des Widerstandes eines umströmten Körpers stießen auf das Problem, dass man die Strömung für

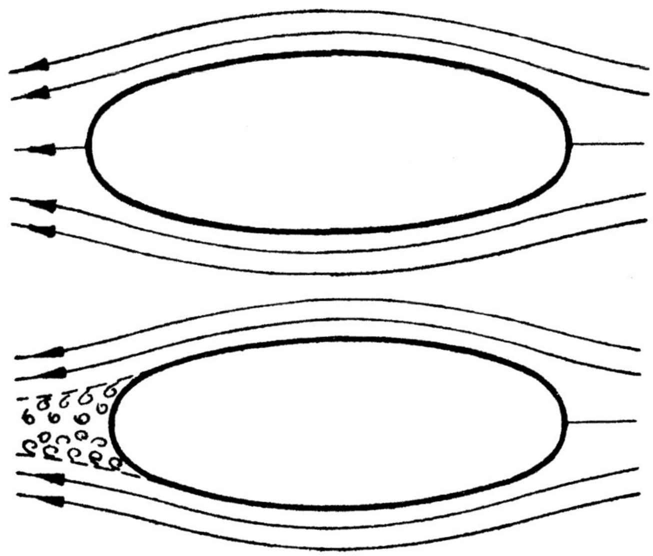

Skizze zum d'Alembertschen Paradoxon. *Die reibungsfreie Modellrechnung (oben) ergibt vorn und hinten dasselbe Stromlinienbild. Die reale Strömung (unten) zeigt am Heck Totwasser und Verwirbelung.*

das reibungsbehafte Medium brauchte, aber nicht berechnen konnte, und dass man den reibungsfreien Fall berechnen konnte, das Ergebnis aber nicht zu gebrauchen war. Der französische Mathematiker *Jean Le Rond d'Alembert* (1717–1783) ermittelte, dass im reibungsfreien Fall kein Widerstand auftrat:

Es war, wie *Goethes* Faust sagt: *»Was man nicht weiß, das eben brauchte man, und was man weiß, kann man nicht brauchen.«*

Jedenfalls reichte das damalige Wissen nicht aus. Die beschreibenden Gleichungen für die Strömung eines reibungsbehafteten Fluids fanden der französische Ingenieur *H. Navier* (1826) und der englische Mathematiker und Physiker *G. Stokes* (1847) unabhängig voneinander, jedoch konnte man die Gleichungen für den allgemeinen Fall über anderthalb Jahrhunderte nicht lösen. Erst die Leistungsfähigkeit der Computer in den letzten Jahren des 20. Jhdts. brachte mit der numerischen Strömungsmechanik als »Computational Fluid Dynamics« (CFD) die Möglichkeit der Behandlung auch für komplizierte technische Geometrien. Damit wurde ein gravierender Umbruch in den Methoden der Strömungstechnik eingeleitet, der gegenwärtig noch anhält.

So waren wieder einmal die Praktiker und die Nutzer auf sich gestellt. Die englische Admiralität behalf sich durch einen Kennwert, in dem die Antriebsleistung P_e in Beziehung zum Deplacement D und zur Geschwindigkeit v gesetzt wurde:

$P_e = D^{2/3} \cdot v^3 / C$

Physikalisch lagen für Geschwindigkeit und Fläche dieselben Ansätze zugrunde wie beim c_w-Wert der Automobile, und man kann 1/C als modifizierten c_w-Wert auffassen. In erster Näherung wächst der Reibungswiderstand proportional zur reibenden Fläche, der »benetzten Oberfläche« eines Schiffs, und diese wiederum wächst quadratisch mit den linearen Abmessungen, wenn man geometrische Ähnlichkeit annimmt. Da das Volumen aber mit der dritten Potenz der Linearabmessung zunimmt, folgt daraus der Exponent 2/3 für den Einfluss des Deplacements. In gleicher Weise ist es üblich, den Strömungswiderstand proportional zu v^2 anzusetzen, für die Leistung folgt dann die dritte Potenz v^3.

Bei genauerem Hinsehen wird deutlich, dass mit wachsenden Abmessungen alle Verlustgruppen gegenüber den oben genannten Ansätzen etwas geringer als mit der 2. Potenz der Linearabmessung zunehmen:

- Der Widerstandsbeiwert für die Reibung an der benetzten Oberfläche im Reynoldszahlbereich naturgroßer Schiffe kann mit dem einfachen Ansatz $c_f = 0{,}03/Re^{1/7}$ dargestellt werden, ist also proportional zu $Re^{-1/7}$. Der Vorteil dieses Ansatzes ist es, dass die Einflussgrößen überschaubar sind. Dagegen sind die üblichen, allgemeiner gültigen Formeln sehr kompliziert.
- Die relative Rauhigkeit verringert sich mit wachsenden Abmessungen proportional 1/L
- Der Beiwert des Wellenwiderstands c_W ist (einfach abgeschätzt) proportional F_n^2 und damit proportional 1/L
- Austrittsverlust des Propellers, Drallverlust und Verlust der Spitzenwirbel sinken tendenziell mit dem spezifisch geringeren Schub
- Der Reibungsverlust des Propellers sinkt mit wachsender Reynoldszahl proportional $Re_{Prop.}^{-1/7}$, d.h. etwa proportional zu $L^{-1/7}$
- Die Wechselwirkung Schiff/Propeller wird durch Homogenisierung der Propellerzuströmung verbessert
- Der Widerstandsbeiwert des Ruders ist ebenso proportional zu $Re^{-1/7}$

$Re = L \cdot v/\nu$, Reynoldszahl mit L und v als charakteristischer Länge bzw. Geschwindigkeit eines Strömungsvorgangs (beim Schiffskörper L_{PP} und Schiffsgeschwindigkeit, bei Propellern Profiltiefe und Anströmgeschwindigkeit auf dem jeweiligen Radialschnitt) und ν als kinematische Zähigkeit.

$F_z = v/(g \cdot L)^{1/2}$

Die große Zahl der geometrischen Parameter und der Kennzahlen gibt einen Hinweis auf die Komplexität der Aufgabe, die Antriebsleistung bereits in einer frühen Entwurfsphase zu bestimmen und zu optimieren.

Je nach Anteil der einzelnen Verlustgruppen ist daher für den Einfluss des Deplacements auf die Antriebsleistung ein Exponent deutlich kleiner als 2/3 zu erwarten, solange eine geometrische Ähnlichkeit im Verhältnis der Hauptabmessungen L, B, T und Propellerdurchmesser zueinander besteht. Andernfalls kann der Deplacementexponent auch Werte bis 1 annehmen.

Für den Exponenten der Geschwindigkeit gilt ein größerer Streubereich. Bei sehr geringen Froudezahlen dominiert der Reibungswiderstand, der mit $\rho/2\ v^2 \cdot c_f$ mit dem Ansatz $c_f = 0{,}03 / Re^{1/7}$ letztlich proportional zu $v^{1{,}875}$ wird. *William Froude* und sein Sohn *Edmund* ermittelten für Schleppversuche bei verschwindendem Wellenwiderstand einen Exponenten von 1,825. Bei größeren Froudezahlen bis etwa $F_z = 0{,}3$ ist für den Wellenwiderstand eine Abhängigkeit proportional $c_w \cdot v^2$ mit c_w etwa proportional F_z^2 zu erwarten. Der Anteil des Wellenwiderstands wächst daher mit v^4 bzw. mit noch größeren Exponenten. Für Einschraubenschiffe bei $F_z < 0{,}3$ kann dann die Summe der Energieanteile mit einem Geschwindigkeitsexponenten zwischen 3 und 4 dargestellt werden. Damit erklärt sich der Ansatz von *Völker* für eine neue Admiralitätsformel.

Die neue Admiralitätsformel von Völker

Völker veröffentlichte 1974 eine Variante zur englischen Formel mit veränderten Exponenten, die eine bessere Approximation der Leistungsabschätzung für Froude- und Reynoldszahlbereiche üblicher Handelsschiffe darstellen:

$P_D = D^{0{,}567} \, v^{3{,}6} / (C \cdot \eta_D)$.

Mit

P_D	Wellenleistung in kW
v	Schiffsgeschwindigkeit in kn
D	Deplacement in t
η_D	Propulsionsgütegrad

Die Konstante C wird dazu mit 1.670 angegeben, (vgl. Schneekluth »Hydromechanik zum Schiffsentwurf«).

Die Formel stützt sich auf eine statistische Auswertung damals gebauter Handelsschiffe. Während die physikalisch begründbare Abhängigkeit der Leistung von Deplacement und Geschwindigkeit nach wie vor anwendbar ist, hat sich der Wert der Konstante in der Zwischenzeit erheblich verändert. Gegenwärtig wird eine gute Approximation mit dem Wert

$C \cdot \eta_D = 1.550$

erreicht. Mit diesem Wert werden z.B. die Analysen zum Leistungsbedarf sehr großer Containerschiffe von *Mewis/ Urban* für eine Verdrängung von 80.000 bis 130.000 m^3 im Geschwindigkeitsbereich 20 bis 27 kn im gesamten Bereich mit Abweichungen unter 5% gut erfasst.

Nimmt man für die Anpassung nach *Völker* ein η_D von 0,7 bis 0,75 an, so erhält man für die Gegenwart als Konstante C = 2.214 bis 2.067 gegenüber C = 1.670 in der Vergangenheit. Das entspricht einer Reduzierung der erforderlichen Antriebsleistung um 20 bis 25%. Da der Maßstabseinfluss in den Deplacement- und Geschwindigkeitsexponenten bereits erfasst ist, ist diese Verbesserung das Ergebnis von Forschung, Entwicklung und Innovationen.

Wie war das möglich? In der späten Phase einer Entwicklung werden Innovation und Fortschritt mit viel Aufwand bei vergleichsweise kleinen Gewinnen erzielt. Mit wissenschaftlicher Durchdringung, mit Beiträgen aus nahezu allen beteiligten Gebieten und mit aufwendigen Optimierungen wird letztlich doch eine nennenswerte Verbesserung erreicht. Für die Senkung der Antriebsenergie bei Schiffen waren folgende Anstrengungen erfolgreich:

- Moderne Methoden zur Wellenwiderstandsberechnung
- Theoretische und experimentelle Untersuchungen zu Bugwulsten und eine Optimierung für die jeweilige spezielle Entwurfsaufgabe
- Analyse der Schiffsumströmung (mit CFD) und Gestaltung einer günstigen, möglichst homogenen Propellerzuströmung, wobei der Reibungsnachstrom des Schiffskörpers weitgehend vom Propeller erfasst und so die Wechselwirkung zwischen Schiffskörper und Propeller optimal gestaltet wird
- Neuartige Anstrichsysteme mit deutlich verringerter Rauhigkeit der Schiffswand
- Optimierung der Propellerauslegung, höhere Belastung bei neuen Werkstoffen.

Vom Erkenntnisstand der modernen Schiffshydrodynamik mögen manche Theoretiker mit nobler Herablassung auf die Nutzung der Admiralitätskonstante herabblicken. Dazu besteht aber kein Anlass! In der klassischen Form ist sie tatsächlich etwas grob und der Wert der Konstante in Abhängigkeit vom Schiffstyp unterschiedlich angegeben. Es sei angemerkt, dass die englische Admiralität das Problem der Leistungsabschätzung und -bewertung damals ganzheitlich beschrieb als Aufwand für das gesamte System und damit eine Haltung zeigte, zu der man nach der zwischenzeitlichen Zerlegung des Systems durch *Froude* in Probleme des Widerstands und der Propulsion gegenwärtig wieder zurückkehren muss.

Eine allgemein gültige Formel für die Leistungsabschätzung gibt es bis heute nicht, und damit ist es auch schwer, das Entwicklungspotenzial und die Einflussgrößen abzuschätzen. Innovationen leben aber davon, dass man noch Entwicklungspotenzial vermutet und dabei auch spezielle Einflussgrößen und Bauelemente im Blick hat. Eine skeptische Haltung gegenüber übermittelten Erfahrungskonstanten ist angebracht: Bessere Werte im Vergleich zu bisherigen Lösungen allein sind noch nicht hinreichend, sinnvoll ist die Ausschöpfung des Entwicklungspotenzials. Dieses jeweils zu ermitteln ist aber eine eigene Herausforderung!

Weitergehende Analysen zur erforderlichen Antriebsenergie und die Rückführung auf stark vereinfachte Ansätze ermöglichen es z.B., die Abhängigkeit des Leistungsbedarfs von wesentlichen Entwurfsgrößen durchschaubar zu machen und die Antriebsleistung in einem frühen Entwurfsstadium abzuschätzen.

5.3 Die Suche nach der optimalen Flügelform und -anordnung

Der Einfall, eine archimedische Schraube zum Vortrieb auszunutzen, lag nahe, aber »der Fragen waren viele«: Wie viel Schraubengänge und wie viel Windungen sollten es sein? Welche Steigung ist sinnvoll, soll sie in Achsrichtung konstant oder veränderlich sein? Sind mehrere Schrauben hintereinander auf derselben Welle sinnvoll?

Um es vorwegzunehmen: Unsere heutigen Schraubenpropeller als optimale Lösung nach einer fast 200-jährigen Entwicklungsgeschichte entsprechen einer 4- bis 6-gängigen Schraube mit nach hinten zunehmender Steigung und einer geringen Windungszahl von nur einem Bruchteil eines Ganges und mit einer sorgfältigen Abstimmung des Flügelumrisses in Bezug auf die Güte der Energiewandlung, auf Kavitation, Festigkeit und Schwingungserregung. Wie kam es zu diesem Ergebnis? Eine Vielzahl von Parametern musste untersucht und durch Versuch und Irrtum optimiert werden.

Gangzahl, Windungen und Flächenverhältnis

Der Schub eines Propellers entsteht, vereinfacht beschrieben, dadurch, dass bei der Flügelumströmung ein Unterdruck auf der »Saugseite« und ein Überdruck auf der »Druckseite« entsteht und diese Druckdifferenz über die Flügelfläche integriert eine Kraft ergibt. Deren Komponente in Achsrichtung wird als Schub wirksam.

Bezieht man den erforderlichen Schub auf die Propellerkreisfläche (wie im Schubbelastungsgrad c_s) und stellt dem eine Flügelfläche gegenüber, an der eine zulässige, begrenzte Druckdifferenz zwischen »Saugseite« und »Druckseite« realisiert werden kann, so lässt sich abschätzen, wie groß die erforderliche abgewickelte Flügelfläche sein müsste. Als Parameter dafür hat sich das so genannte Flächenverhältnis der gestreckten Flügelfläche A_E zur Schrauben-Kreisfläche A_0 A_E/A_0 eingebürgert. Es ist in Serienmessungen von Propellern z.B. für Werte zwischen 0,3 und 1,1 variiert. A_E/A_0 wächst mit dem Produkt aus Flügelzahl und Profiltiefe und muss bei größer werdendem Schubbelastungsgrad c_s ebenfalls zuneh-

Verschiedene Propeller:
1. 1768 Paucton, *1 Gang, 1 Windung*
2. 1794 Lyttleton, *3 Gänge, 1 Windung*
3. 1838 LIVERPOOL, *4 Flügel, jeweils etwa $^1/_{10}$-Windung*
4. 1804 Colonel Stevens, *4 Flügel, weniger als $^1/_{10}$-Windung*
5. 1823 Delisle, *5 Flügel, jeweils $^1/_5$-Windung*
6. 1828 Staedman, *1 Gang, 6 Teilflügel, verteilt auf 3 Windungen*
7. 1826/29 Joseph Ressel, *2 Gänge, $^1/_2$-Windung*
8. 1836 Francis Pettit Smith, *1 Gang, 2 Windungen*

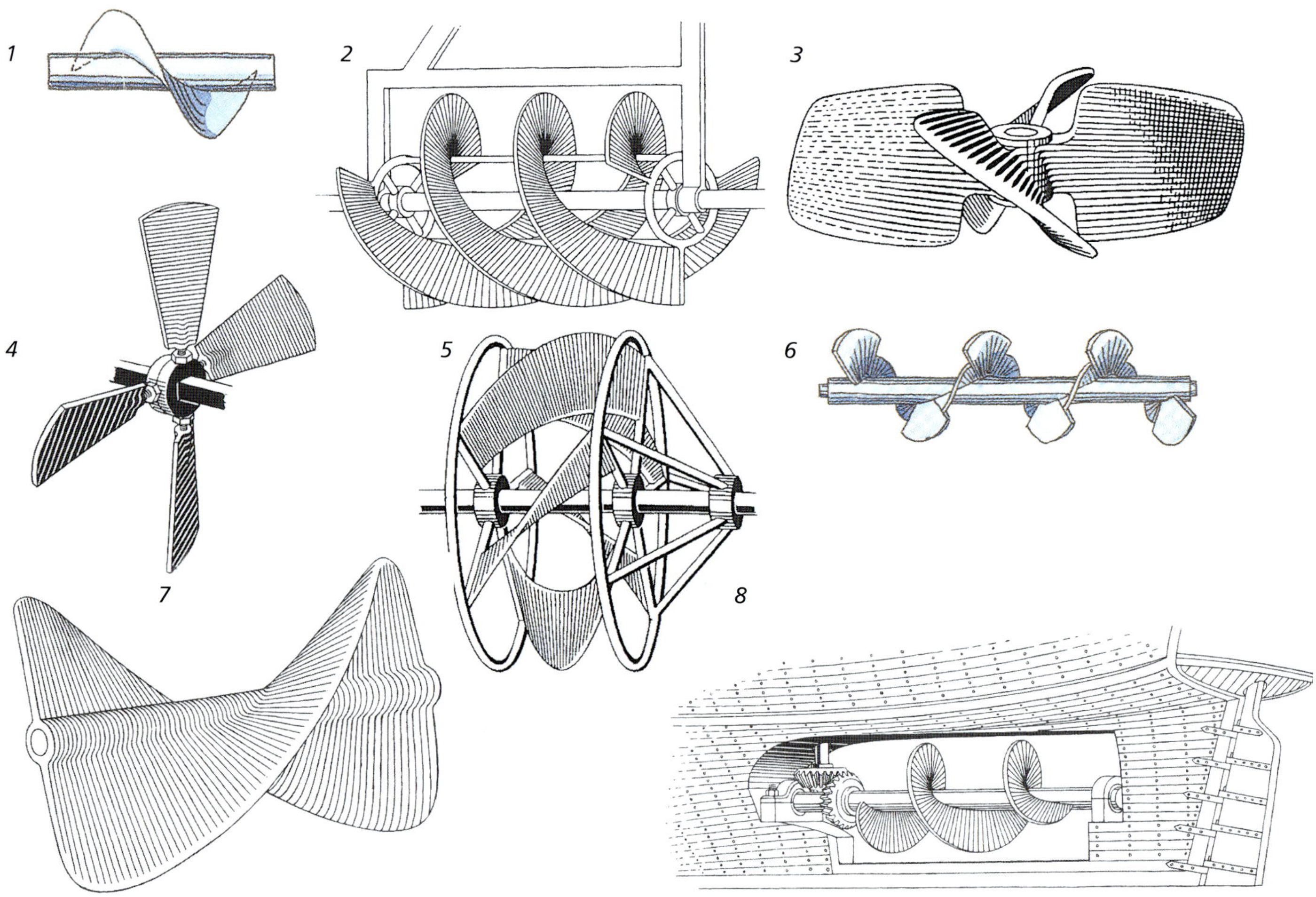

men. Wählt man nun eine im Verhältnis zum Produkt B·T große Propellerkreisfläche, so kann man bei kleinen Froudezahlen und geeigneter Drehzahl mit kleinen Flächenverhältnissen um 0,3 auskommen. Eine eingängige Schraube brauchte dann nur eine Fläche von 30% einer Windung! Die genannten Bedingungen waren z.B. für das Schraubendampfschiff RATTLER, das den Raddampfer ALECTO über das Heck hinter sich herzog, günstig: Für B·T = 10·3,4 m² war der Durchmesser der Schraube mit 3 m bemerkenswert groß und die Drehzahl mit 104 min⁻¹ gut gewählt. Der Propeller kam mit einem sehr kleinen Flächenverhältnis aus.

Von diesem Entwicklungsstand aus wird verständlich, dass die ersten Versuche noch mit zuviel Schraubenfläche ausgeführt wurden.

Francis Pettit Smith wählte für sein erstes Dampfboot eine archimedische Schraube mit 1 Gang und 2 Windungen, das war sicherlich etwas reichlich bemessen. Aber zu den großen Erfindern zählt auch der Zufall. Während einer Probefahrt auf dem Kanal von *Hendon* brach aus dem Propeller, der aus Holz gefertigt war, ein Stück heraus, und das Schiff fuhr schneller! Auf Grund dieser Erfahrung konstruierte *Smith* einen neuen Propeller mit nur einer Windung. 1836 führte *Smith* ein Dampfboot mit Schraubenpropeller erfolgreich auf der Themse vor und erhielt von der britischen Admiralität den Auftrag, einen größeren Schraubendampfer zu bauen, es entstand 1838/39 die ARCHIMEDES als das erste größere Schrauben-Dampfschiff. Bei einem Vergleich mit dem Schaufelradantrieb wurde die ARCHIMEDES jedoch von dem Schaufelraddampfer WILLIAM HUNSTON über Heck weggezogen. Der Schraubenpropeller war zu diesem Zeitpunkt offensichtlich noch nicht ausgereift, der Durchmesser relativ klein, das Flächenverhältnis zu groß, die Steigung in Achsrichtung noch konstant.

Zunehmende Steigung in Strahlrichtung

Eine andere Frage erwies sich als bedeutsam: Wie wirkt eigentlich eine archimedische Spirale mit in Achsrichtung konstanter Steigung? Wenn die Steigung an die größere Strahlgeschwindigkeit am Austritt angepasst ist, dann ist sie für die kleinere Eintrittsgeschwindigkeit zu groß. Eine Antwort kann die Profiltheorie geben. Eine Spirale mit konstanter Steigung kann mit einer ebenen Platte, die um einen Winkel α angestellt ist, verglichen werden. Eine wesentlich gleichmäßigere Verteilung der Druckdifferenz und der Belastung ergibt sich, wenn man eine gewölbte Platte einsetzt.

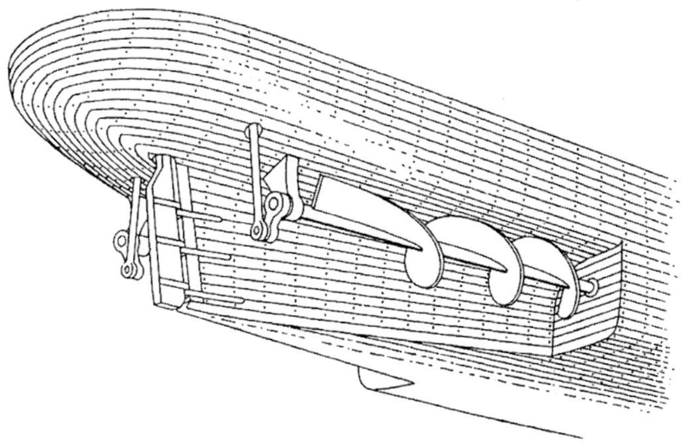

Schraube mit variabler Steigung von Bennet Woodcroft *1832*

Eine Schraube mit variabler Steigung erfand *Bennet Woodcroft* 1832.

Übrigens stellte sich dieselbe Frage auch zu Beginn der Luftfahrt und wurde von *Otto Lilienthal* beantwortet. Er erkannte die für den Auftrieb günstige Form der gewölbten Platte. Heute kann man die Belastungsverteilung in Sehnenrichtung vorgeben, z.B. im Hinblick auf gute Kavitationseigenschaften und geringe Reibungsverluste, und die zugehörige Profilform entwerfen.

Flügelzahl

Interessant ist die Frage nach der sinnvollen Anzahl der Schraubengänge bzw. der Flügel bei der Aufteilung der erforderlichen tragenden Fläche. Ausgeführt waren zunächst ein bis drei Schraubengänge. Andere Entwürfe gingen von vielen kleineren Flügeln aus. Im Jahre 1836 erhielt der schwedische Hauptmann *John Ericsson* ein Patent für einen Propeller mit zwei gegenläufigen Flügelrädern mit jeweils 8 Schaufeln. Diese Anordnung war zwar physikalisch sinnvoll, aber zu kompliziert in der Konstruktion. Nachfolgend wurde der zweite Propeller weggelassen. Die den Schaufelkranz tragenden Spei-

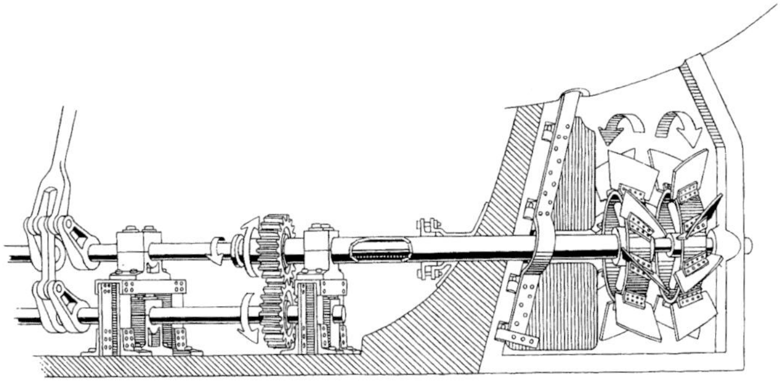

Ericssons *Entwurf 1836 mit zwei gegenläufigen Propellern*

chen wurden ebenfalls als Flügel gestaltet. 1837 wurde der Dampfer NOVELTY als erstes Handelsschiff mit einer *Ericsson*-Schraube in England in Dienst gestellt. *Ericsson* gilt als Erfinder der Schiffsschraube mit Flügeln.

Die Entwicklung verlief nicht ohne Überraschungen. Bei der Erprobung des englischen Zweischraubenkreuzers IRIS im Jahre 1878 lief dieser bei Reduzierung der Flügelzahl von vier auf zwei mit geringerer Maschinenleistung schneller, »die Schiffbauer heben die Hände«. Nach aufwendigen Entwicklungen wurden 4-flügelige Propeller mit kleinerer Flügelfläche gebaut.

Physikalisch betrachtet ergibt sich ein Optimum für die Flügelzahl zwischen den gegenläufigen Tendenzen der Reibungsverluste, die mit wachsender Flügelzahl zunehmen, und den Verlusten infolge der Spitzenwirbel, die mit wachsender Flügelzahl abnehmen. Die Abhängigkeit ist aber nicht stark ausgeprägt, sodass bezüglich des Wirkungsgrades Flügelzahlen in einem relativ weiten Bereich ausgeführt werden können. Mit der Verringerung der Widerstandsbeiwerte der Profile hat sich das Optimum gegenüber den Erfahrungswerten aus älteren Versuchsserien mit 3 zu größeren Flügelzahlen um 4–5 hin verschoben, ein Hinweis darauf, Erfahrungswerte immer wieder zu überprüfen, ob sie unter neuen Bedingungen und Erkenntnissen noch gelten!

Eine Analyse aktuell gebauter Containerschiffe weist Propeller mit 4 bis 6 Flügeln aus, die Flügelzahl nimmt mit zunehmender Leistung zu und beträgt bei sehr großen Containerschiffen im allgemeinen 6.

Im Übrigen wird die konkrete Flügelzahl in der Hauptsache unter dem Gesichtspunkt der Schwingungserregung und der Geräuschpegel bestimmt. Die Erregerfrequenzen Flügelzahl·Drehzahl und ihre Vielfachen müssen mit anderen Frequenzen des Systems abgestimmt werden, und die Intensität der Spitzenwirbel kann mit wachsender Flügelzahl verringert werden, etwa umgekehrt proportional zur Flügelzahl.

Die Flügel treffen bei jeder Umdrehung auf Wasserströmung unterschiedlicher Geschwindigkeit und verursachen Druckschwankungen auf das Achterschiff.

Propellerdrehzahl

Ein überaus interessantes Problem beanspruchte die Aufmerksamkeit und den Erfindergeist der Schiffbauer und der Schiffsmaschinenbauer: Es war die Wahl der geeigneten Drehzahl von Energiemaschine und Propeller und deren Abstimmung. Wesentlich für das System aus Maschinenanlage, Energieübertragung und Propulsoren ist neben weiteren Gesichtspunkten (Masse, Raumbedarf, …) die energetische Güte der gesamten Anordnung, wobei Verluste eines Elements zu Gunsten eines anderen toleriert werden können.

Für den freifahrenden Propeller und auch für den Propeller am Schiff bildet sich für das Verhältnis von Umfangsgeschwindigkeit zu Anströmgeschwindigkeit zwischen gegenläufigen Verlustgruppen ein optimaler Bereich heraus. Wenn Schiffsgeschwindigkeit und Propellerdurchmesser gegeben sind, ergibt sich für die Propellerdrehzahl aus energetischer Sicht ein optimaler Wert. Es ist bemerkenswert, dass bereits die ersten Schraubenschiffe in diesem Bereich ausgeführt wurden.

Grundsätzlich können Propeller wie auch andere Strömungsmaschinen eine gegebene Aufgabe mit sehr unterschiedlichen Drehzahlen lösen. Ein Vergleich mit anderen Energiemaschinen und deren Schnellaufzahlen ist hier lohnend. Aber eine Steigerung der Drehzahl über den optimalen Bereich hinaus vergrößert die Reibungsverluste, eine Absenkung der Drehzahl erhöht die Drallverluste. Das Optimum wird wiederum durch zwei Verlustgruppen mit gegenläufiger Tendenz bestimmt.

Die Drehzahlen der unterschiedlichen Antriebssysteme können von den sinnvollen Drehzahlen der Propeller stark abweichen und mussten durch Getriebe überbrückt werden, Probleme und Lösungen werden im Zusammenhang mit den Antriebsmaschinen behandelt. Das Ringen um einen geeigneten Kompromiss beim Übergang von Dampfmaschinen zum Turbinenantrieb für Kriegsschiffe im kaiserlichen Deutschland behandelte *G. Bauer*, Direktor der *Vulcan-Werft* Stettin, vor der Schiffbautechnischen Gesellschaft in seinem Beitrag.

In Verbindung mit dem Propellerdurchmesser wird dann das Steigungsverhältnis $^H/_D$ wichtig und die Frage nach dem Optimum des Propellerwirkungsgrades in Abhängigkeit von P/D.

Kavitation begrenzt die Flächenbelastung der Propellerflügel

Die mit dem dynamischen Auftrieb verbundenen Unterdrücke am Propellerflügel begrenzen entscheidend die mögliche Flügelbelastung. Bei Druckabsenkung unter den der jeweiligen Temperatur entsprechenden Dampfdruck bilden sich örtlich dampferfüllte »Hohlräume« (lat. cavitas: Hohlraum). Obwohl Wasser im reinen Zustand auch Zugspannungen aushält, sind die Verhältnisse im realen Wasser komplexer. Keime aller Art, Gasblasen und austretende gelöste Gase bilden Kristallisationskerne für Dampfblasen, hinzu kommen Rauigkeiten und ggf. Beschädigungen der Profiloberfläche und turbulente Druckschwankungen in der Strömung, die die Ausbildung der Kavitation beeinflussen.

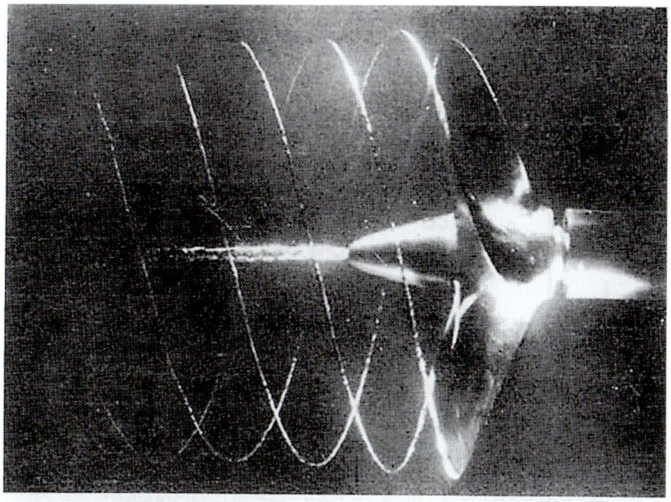

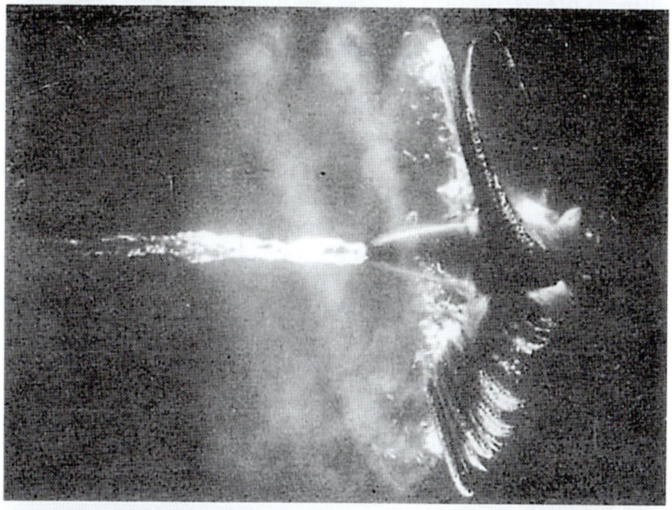

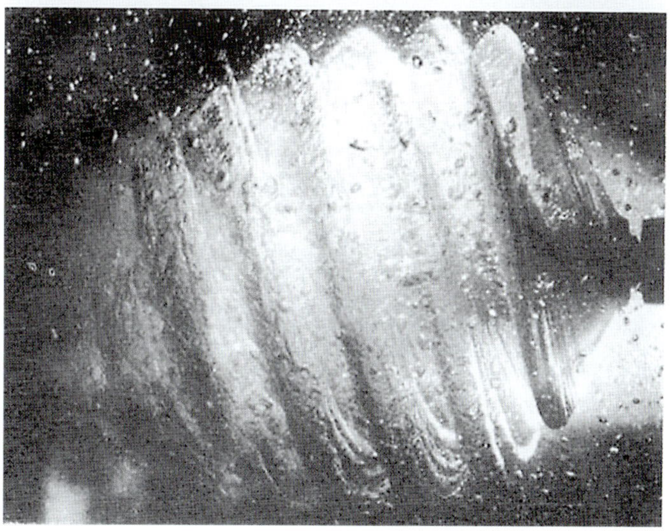

Oben: *Propeller in gesunder Strömung;*
Mitte: *Beginnende Kavitation;* unten: *Voll ausgebildete Kavitation*

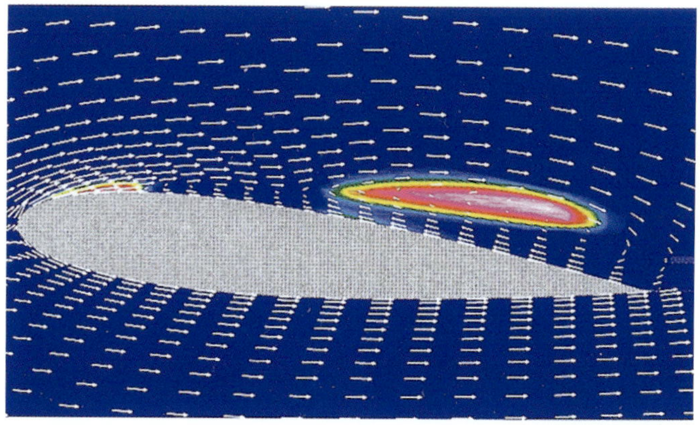

Simulation und Modellrechnung zur Kavitation und zu instationären Strömungen. Die Farbe zeigt den Dampfanteil in der Strömung: rot bis weiß 70–100%, grün-blau 30–0%, die Pfeile sind Geschwindigkeitsvektoren (nach Schnerr*). Dampfblasen (Kavitation) entstehen in Flüssigkeiten, wenn der lokale Druck unter den Dampfdruck sinkt. Die Folge sind Wirkungsgradverlust, Materialerosion und Geräusch. Meist sind es viele Blasen, die sich an kleinen Partikeln oder aus Luftblasen, wodurch die Spannungsfestigkeit der Flüssigkeit gesenkt wird, bilden; sobald die Blase in höhere Druckregionen kommt, fällt sie schlagartig zusammen.*

Bei Propellern können wegen der Kavitation nur Auftriebsbeiwerte realisiert werden, die etwa $^1/_3$ so groß sind wie bei Luftschrauben, entsprechend müssen die Flügelflächen vergrößert ausgeführt werden. Durch spezielle Formgebung der Profile (s. Propellerprofile in *Riegels*) kann man erreichen, dass eine Anströmung ohne Unterdruckspitze erfolgt, das gilt aber streng nur für den unmittelbaren Auslegungsbereich. Bei unterschiedlichen Betriebspunkten wie auch während einer Propellerumdrehung im Nachstromfeld eines Schiffes treten aber abweichende Anstellwinkel auf, die bei wachsender Belastung zu anstellwinkelbedingten Unterdrucken auf der Saugseite mit Saugseitenkavitation und bei sinkender Belastung zu Unterdrucken auf der Druckseite mit Druckseitenkavitation führen. Auch die konzentrierten Wirbelstrukturen an Flügelspitzen und Nabe können in ihrem Kern Kavitation zeigen.

Mit dem Kavitationsproblem wurde zuerst *C. A. Parsons* bei der Entwicklung seiner TURBINIA konfrontiert. In der Folge entwickelte er eine experimentelle Methode zur Untersuchung der Erscheinung in einem geschlossenen Umlauftank, in dem der statische Druck abgesenkt und damit vorgegeben werden konnte. Sein erster Kavitationstank ist erhalten und in Newcastle upon Tyne zu besichtigen. Vom Standpunkt der Innovationen sind bis heute die neuen Ansätze in der Hauptsache auf die Verfeinerung der Untersuchungsmethoden und auf die Korrelation zwischen Modell- und Großausführung gerichtet. In der praktischen Ausführung der Propeller ging man dazu über, die Profile auf den unterschiedlichen Radien in Umfangsrichtung gegeneinander zu verschieben, schief (»skew«) anzuordnen, sodass sie zeitlich versetzt die Nachlaufdelle hinter dem Steven durchlaufen. In Sonderfällen der »superkavitierenden Propeller« akzeptiert man die Kavitation, indem man zulässt, dass sich eine Kavitationsblase über die gesamte Saugseite erstreckt, wobei die Schäden am Flügel beim Zusammenschlagen der Kavitationsblase vermieden werden.

Grundlagen, Entstehung und Folgen der Kavitation und konstruktive Maßnahmen zur Beeinflussung und Vermeidung sind gegenwärtig noch unzureichend aufgeklärt und sind Gegenstand umfangreicher Forschungen und spezieller Publikationen.

Nacheinander versetzte Flügel erbrachten keinen Vorteil

Die allgemeine Marinebegeisterung riss auch den *Großherzog Friedrich August von Oldenburg* zu Erfindungen hin. Er ordnete die Flügel eines Propellers axial versetzt nacheinander an und benannte den Propeller nach seinem Thronerben *Großherzog-Nikolaus*-»Niki«-Propeller.

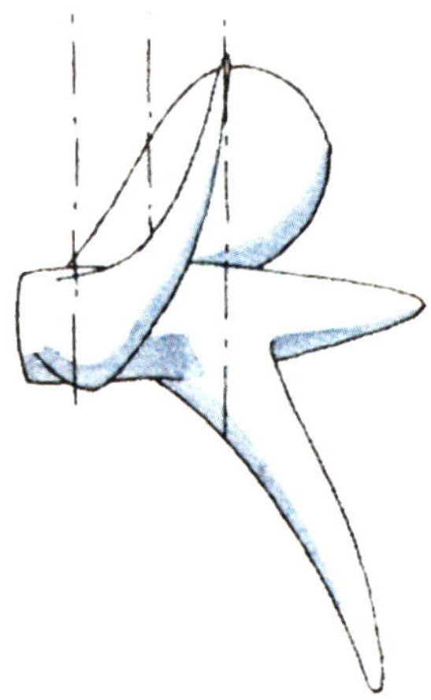

Niki-*Propeller des* Großherzogs von Oldenburg *1904*

Der Idee lag die Erwartung einer Energieeinsparung zugrunde, wenn sich die Flügel gegenseitig weniger behindern. Der Niki-Propeller wurde mehrfach angewendet, auch von der Presse bejubelt, konnte aber die Erwartungen nicht erfüllen. Die theoretischen Grundlagen weisen für diesen Fall kein nennenswertes Entwicklungspotenzial aus: Erfinderschicksal!

Auch *Albert Ballin*, Direktor der HAPAG und Duzfreund des Kaisers, machte sich bei dem Oldenburger unbeliebt. Die zeitgenössische Presse meldete dazu: *»Der Monarch fragte den Generaldirektor, ob er schon die neu erfundene Schiffsschraube habe und ob etwas daran sei. Ballin habe eine überlegene verächtliche Handbewegung gemacht und gesagt: ›Gesehen und weggeschmissen‹. Neben beiden stand der Großherzog von Oldenburg.«*

Am Ende war dann doch eine Anordnung gefunden, die den theoretischen Grundlagen von *Leonhard Euler* aus dem Jahre 1754 entsprach.

5.4 Der einfache Flügelpropeller ist unvollständig

Der axial durchströmte Flügelpropeller ist bei optimal gewählten Parametern eine effiziente und gleichzeitig robuste Lösung für die Vortriebserzeugung. Im Vergleich zu anderen Strömungsmaschinen, in denen jeweils Lauf- und Leitschaufeln in einer Stufe zusammenwirken, gibt es beim Propeller nur ein rotierendes Flügelgitter, es gibt weder Gehäuse noch Leitrad. Mögliche Energieverluste, die mit diesen Vereinfachungen verknüpft sind, werden akzeptiert, bieten aber ein Entwicklungspotenzial, das zu vielfältigen Neuerungen führte, die Anzahl der Vorschläge für ergänzende Bauteile ist Legion. In der Regel handelt es sich dabei aber nicht um Basisinnovationen, sondern um ergänzende Erfindungen und technische Entwicklungen zur Ausgestaltung des Propulsionskomplexes, die aber wegen der Komplexität der Aufgabe von besonderem Interesse sind und häufig die Fachwelt in Erklärungszwang brachten. Es bietet sich an, eine Einordnung und Bewertung dieser durchaus innovativen Vorschläge anhand der Verlustgruppen vorzunehmen.

Energieverluste am freifahrenden Propeller

Die Energieverluste am freifahrenden Propeller lassen sich wie folgt einteilen:

Austrittsverlust	15
Drallverlust	4
Flügelreibung	7
Spitzenwirbel	2
Verlust in der Nabennachlaufströmung	2

Die Zahlenangaben in Prozent der zugeführten Energie gelten für einen Propeller für ein Handelsschiff bei einem Freifahrtwirkungsgrad von 70%.

Größe und Anteil der einzelnen Verlustgruppen variieren naturgemäß mit den konkreten Auslegungsbedingungen, wesentlichen Einfluss nehmen besonders der Schubbelastungsgrad c_s, in den der Propellerdurchmesser eingeht, und die optimale Wahl der Drehzahl und damit das Steigungsverhältnis $^H/_D$, auch Flächenverhältnis, Flügelzahl, Nabenverhältnis und die Güte der Profile. Die oben in Klammern angegebenen Werte sollen die Größenordnung der Verlustgruppen veranschaulichen. Bei Anordnung des Propellers in der ungleichförmigen und leicht schrägen Anströmung hinter einem Schiffskörper vergrößern sich die Verluste noch um etwa 3–4 % der zugeführten Energie, werden aber durch die Wechselwirkung zwischen dem Propeller mit der Nachlaufströmung des Schiffskörpers mehr als kompensiert. Wenn der Propeller im Nachlaufgebiet angeordnet ist, so kann sein Strahl die Nachlaufdelle auffüllen. Hinter dem Schiff verbleibt dann eine weitaus geringere Übergeschwindigkeit als im Strahl des freifahrenden Propellers, und der Austrittsverlust als kinetische Energie der Axialkomponente ist so stark verringert, dass der Gütegrad der Propulsionslösung deutlich größer ist als der Freifahrtwirkungsgrad des Propellers. Im Beispiel großer Containerschiffe nach *Mewis/Urban* werden Freifahrtwirkungsgrade um 0,68–0,70 und Propulsionsgütegrade um 0,74–0,76 angegeben. Die ohnehin komplizierten Wechselwirkungen werden noch unübersichtlicher durch die Besonderheit, dass Schiffsformen und Propeller im Modellmaßstab untersucht werden. Bei den notwendigen Modellmaßstäben in der Größenordnung 1:25 ändern sich die Reibungseinflüsse gravierend. Zum Beispiel sind die reibungsbedingten Grenzschichten am Schiffsmodell etwa doppelt so dick im Verhältnis zu den Schiffsabmessungen wie in der Großausführung. Strömungsleitende Bauteile am Hinterschiff zeigen dabei im Modell andere Wirkungen, sodass Effekte in der Größenordnung verfälscht werden oder verborgen bleiben. Auch die Strömung hinter der Propellernabe wird von einem gegenläufigen Einfluss der Kennzahlen beherrscht, wodurch die Wirkung von Nabenkappenflügeln den Fachleuten lange Zeit Rätsel aufgab. Wen wundert es, dass Forscher, Entwickler und Erfinder sich von diesen Aufgaben angezogen fühlten und noch immer angesprochen fühlen!

Der Düsenpropeller verringert den Austrittsverlust

Der durch die Funktion des Propulsionsorgans bedingte Austrittsverlust wurde bereits diskutiert. Die Maßnahmen zu seiner Minimierung wurden in der Anordnung großer Propeller bzw. mehrerer Propeller benannt, wesentlich ist die Zuführung eines möglichst großen Anteils der Reibungsgrenzschicht des Schiffskörpers zum Propellerkreis.

Wenn bei beschränktem Tiefgang wie bei Binnenschiffen nur kleine Propellerdurchmesser möglich sind oder infolge zusätzlichen Trossenzugs bei Schleppern oder Fischereifahrzeugen große Schubbelastungsgrade unvermeidlich sind, dann ist das Mittel der Wahl eine Ummantelung des Propellers mit einer Düse, die ggf. auch in einen getunnelten Schiffsboden integriert wird. In diesen Fällen hoch belasteter Propeller erreicht der Schubbelastungsgrad zweistellige Werte, und der Wirkungsgrad der Propeller sinkt stark ab. Die Wirkung der Düse beruht darauf, dass durch die Düse die Strahlkontraktion unterbunden wird und die Strahlgeschwindigkeit mit der entsprechenden Energie bei gleichem Schub kleiner sein kann als bei einem nicht ummantelten Propeller. Nebenbei wird auch der Drallverlust gesenkt, aber die Düse bedingt einen zusätzlichen Reibungsverlust.

Propeller eines Schleppers in Düse. Ausgestellt im Museum für Technik, Berlin

Ludwig Kort war der erste, der eine solche Düse verwirklichte. Er hatte sich bereits 1917/18 als Leiter der Flugzeugwerke Wilhelmshaven mit ummantelten Propellern beschäftigt. Bei Schiffen wollte er ursprünglich einen Propeller in einem Rohr anordnen, das aus dem Bugbereich Wasser ansaugt (Patentanmeldung 1924). Erst die weitere Entwicklung führte zu der bekannten düsenförmigen Ummantelung.

In einer Biografie heißt es dazu:

»Die Kort-Düse, die sein Lebenswerk war, ist eine der wenigen Erfindungen, die nicht nur dem Erfinder lebenslange berufliche Existenz sicherte, sondern auch ihren Erfinder überlebte … Versuche wurden 1931/32 auf der Weser bei Minden durchgeführt, wobei man eine größere Anzahl von Vergleichsschleppern der fahrenden Flotte heranzog. Der Erfolg war überwältigend. … Prof. Horn bestätigte Kort, dass Wirkungsgradverbesserungen von etwa 50% beim Pfahlzug erreicht worden waren. … Kort, der über keine vertieften hydrodynamischen, dafür umso mehr ingenieurmäßigen Intuitionen verfügte, begann nun seine Ideen immer weiter auszubauen. … Prof. Horn, der die Leistungen Korts bereit-

willig anerkannte, entwickelte dann eine geeignete hydrodynamische Theorie … Wie so häufig in der Technik, ließen sich Theorie und Praxis nicht so verbinden, dass beide einen vollen Nutzen davon gehabt hätten. Das Hinterherhinken der Theorie hinter einer praktischen Anwendung ist häufig das Schicksal der Theorie. Langfristig, wenn auch manchmal erst nach Generationen, gewinnt die Theorie dann ihren Wert, wenn es um die Weiterentwicklung und Optimierung geht.«

Wesentlich für das Grundverständnis der Düsenwirkung ist die Verzögerung der Axialkomponente im Propellerstrahl, und maßgeblich für die Wirkungsgradverbesserung ist damit die Größe der Austrittsfläche der Düse unter der Bedingung, dass die Strömung nicht abreißt. Düsen erhalten deshalb im Austrittsbereich nur eine maßvolle Erweiterung. Auch die äußere Umströmung der Düse sollte nicht abreißen, eine neuere Entwicklung fügt einen weiteren Düsenring hinzu, der Außenablösung unterbinden kann.

Auch *Ernst Schneider*, der Erfinder des Voith-Schneider-Propellers, hatte die Ummantelung eines Propellers vorgeschlagen, aber Direktor *Gebers* in Wien hielt die Entwicklung nicht für erfolgversprechend, und so wurden die Versuche aufgegeben. Jedenfalls vergrößern sich die Reibungsverluste an der Düse wegen der großen Umfangsgeschwindigkeit wesentlich, wenn die Düse mit umläuft. Man kann aber den Effekt teilweise nutzen, wenn man einen düsenartigen Ringflügel in den inneren Schnitten des Propellers anordnet. Diese Lösung ist mit dem Namen *Schnitger* verbunden.

Einen Ausweg zur Senkung des Austrittsverlusts bieten schließlich Propulsionsorgane mit rechteckigem Wirkungsquerschnitt: Schaufelradpropeller und Voith-Schneider-Propeller sind nicht an die Kreisform gebunden und ermöglichen eine günstige Anpassung besonders bei Tiefgangsbeschränkung.

Der Drallverlust und Ideen zu seiner Reduzierung

Besonders vielfältig waren erfinderische Tätigkeiten zur Reduzierung des Drallverlusts. Die Grundlagen der Energiewandlung nach dem Turboprinzip ergeben einen Drall im Propellerstrahl, der kinetische Energie bindet. Fügt man hinter dem Propeller ein Leitrad hinzu, das die drallbehaftete Strömung wieder in die axiale Richtung umlenkt, so entsteht am Leitrad ein zusätzlicher Schub und der Drallverlust kann zumindest für den Auslegungspunkt vermieden werden. Von diesem Prinzip profitierten die Entwicklungen von *Rudolf Wagner*. In einer Kurzbiografie *Wagners* heißt es:

Direktes »Contraruder« nach R. Wagner

»*Wagner* hat in diesem Vortrag (1906 vor der STG) erstmalig seine Idee eines hinter dem Propeller angeordneten Leitapparates, den so genannten ›Gegenpropeller‹, vorgestellt. Leitschaufeln hinter einem Propeller zum Zwecke der Verbesserung des Propellerwirkungsgrades waren zwar schon von *Parsons* und *Thornycroft* gemacht worden, *Wagner* hat aber als erster solche Leitapparate erprobt und deren Wirkung quantitativ abgeschätzt. Schon wenige Jahre später war die Idee des ›Gegenpropellers‹ auf verschiedenen Fahrzeugen eingebaut und erprobt. Die größte Anlage mit ca. 17.000 PS war die 1909/1910 auf dem Torpedoboot V 185 der Kaiserlichen Marine eingebaute. *Rudolf Wagner* gehörte zu den wenigen Ingenieuren, die es verstanden, hohes theoretisches Niveau mit praktisch konstruktiven Tätigkeiten zu verbinden.«

»Gegenpropeller« nach R. Wagner

Wagner hat mit seinen Anlagen Wirkungsgradverbesserungen von 5–7% nachgewiesen. Auch das ohnehin nachgeschaltete Ruder kann zum Leitgitter geformt werden:

Eine japanische Entwicklung ordnete seitlich am Ruder Leitflächen unter der Bezeichnung Additional thrust profiles an.

Grundsätzlich ist es auch möglich, das Leitgitter vor dem Propeller anzubringen. Es muss dann so wirken, dass vor dem Propeller ein Drall entgegengesetzt zur Drehrichtung entsteht, der danach vom Propeller abgebaut wird. Bei älteren Lösungen war noch der Gedanke ausgeprägt, vor dem gesamten Propellerkreis einen gleichmäßigen Stern von Leitradflügeln anzuordnen. Da die Strömung im Hinterschiffsbereich nach oben gerichtet ist und der Propeller dadurch schräg angeströmt wird, kommt auf der abwärts schlagenden Seite des Propellers bereits eine Vertikalkomponente hinzu, die als Gegendrall wirkt. Auf dieser Seite würden dann Leitschaufeln nur unnötige Reibungsverluste verursachen. Eine konsequente Ausgestaltung der Vorleitgitter wird von einer Analyse des Nachstromfeldes ausgehen und Leitschaufeln an die lokalen Gegebenheiten anpassen. Leitschaufeln können unter Umständen auf einer Seite ganz wegfallen und auf der aufwärtsschlagenden Seite des Propellers zu einer einzigen großen Leitfläche zusammengefasst werden. Leitschaufeln vor dem Propeller bieten so die Möglichkeit, die Zuströmung zum Propeller zu beeinflussen.

Ernst Nönnecke hatte die Idee, den Schiffskörper selbst durch asymmetrische Gestaltung des Hecks zur Erzeugung von Gegendrall heranzuziehen. Durch spezielle Linienführung gelangen ihm energiesparende Propulsionslösungen. Dennoch blieben die Feinheiten des Entwurfs der Allgemeinheit verborgen, und die Optimierung im Wechselspiel zwischen der Intensität des Vordralls und der Senkung des Drallverlustes gab den Fachleuten längere Zeit Rätsel auf. Wesentlich für eine gute Gestaltung sind hier die Intensität und die radiale Verteilung des erzeugten Vordralls. Im Rahmen eines geförderten Forschungsprogramms wurde in der SVA Potsdam eine Kombination von asymmetrischem Hinterschiff und dem SVA-Leitflossensystem entworfen und im Modellversuch mit 7% Verringerung der Antriebsenergie getestet.

Der Kontrapropeller (Contra-Rotating-Propeller, CRP)

Man kann den Drallverlust natürlich auch vermeiden, wenn man die Energiewandlung auf zwei gegenläufig rotierende Gitter verteilt. Schon 1829 hatte der Engländer *William Church* ein Patent auf einen gegenläufigen Propeller bekommen. Einen Vorschlag für einen solchen Propeller hat ebenfalls *Ericsson* mit seinem Vorschlag eines Kontrapropellers getan, für den er 1836 ein Patent erhielt. Mit diesem unternahm er erfolgreiche Versuche mit einem 12 m langen Dampfboot. Die Lösung gilt wegen der zwei ineinander laufenden Wellen und der erforderlichen Getriebe als maschinenbaulich aufwendig. Sie kam längerfristig nur in Sonderfällen bei Torpedos und kleineren Booten zur Anwendung, wurde aber in der Luftfahrt für große Leistungen angewendet. In den 1980er Jahren ist die Entwicklung von Kontrapropellern für Schiffe in Japan wieder aufgegriffen worden. Im Juni 1988 wurde ein größeres CRP-System für 7.280 kW fertig gestellt, und eine in Getriebe, Lagerung und Dichtung verbesserte Version wurde in den existierenden 37.000-tdw-Massengutfrachter JUNO eingebaut. Es erbrachte bei Probefahrten im Januar 1989 15% Energieeinsparung gegenüber dem ursprünglichen konventionellen Propeller. 1993 wurde ein CRP-System für 28 MW in den 258.000-tdw-Öltanker OKINOSHIMA MARU installiert und erbrachte 14 % Ersparnis. Beide Schiffe laufen heute noch erfolgreich. JUNO zeigte nach neun Jahren bei der Inspektion keinerlei Probleme. Dasselbe gilt auch für das zweite Schiff,

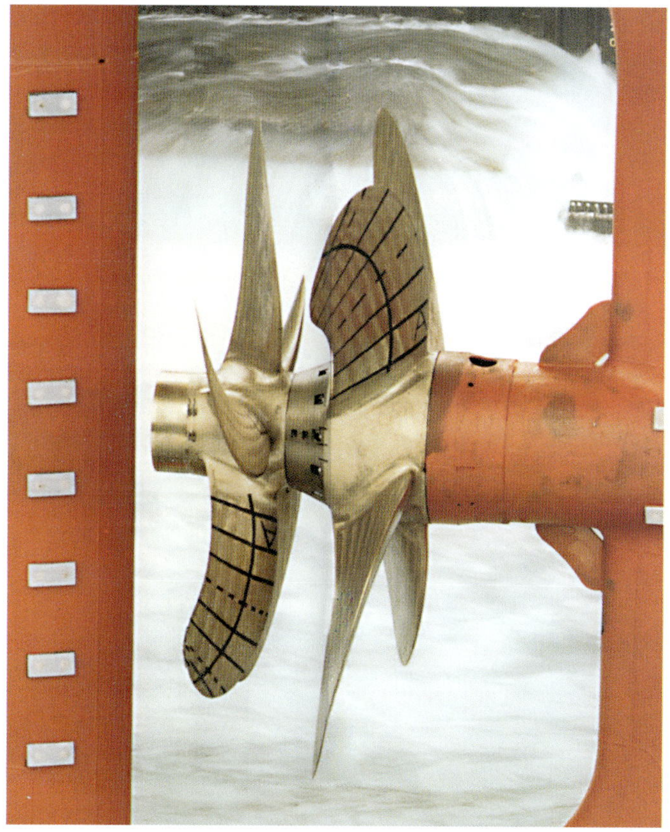

Contra-Rotating-Propeller (CRP), System von Ishikawajima-Harima Heavy Industries Co., Ltd.

bei dem die Klassifikationsgesellschaft nur alle 10 Jahre eine Inspektion der Propellerwellendichtung vorschreibt.

Obwohl beim Einsatz von Kontrapropellern wiederholt Energieeinsparungen von über 10 % in der Großausführung nachgewiesen wurden, bestehen vielfach Unsicherheiten in der Einordnung dieser Ergebnisse. Je nach Schubbelastungsgrad und Steigungsverhältnis eines Propellers können aus dem Drallverlust allein etwa 3–7 % der Antriebsenergie eingespart werden, und mit dem Wegfall des Nabenwirbels entfallen auch die Zusatzverluste aus Drallüberhöhung an der Nabe. Ein ausentwickeltes CRP-System erschließt aber mit der optimalen Abstimmung von Durchmessern, Flügel- und Drehzahlen noch nennenswerte Anteile aus weiteren Verlustgruppen, z.B. geringere Austrittsverluste infolge Homogenisierung des Geschwindigkeitsfeldes im Propellerstrahl, ggf. auch geringere Reibungs- und Spitzenwirbelverluste. Fotografien des Kielwassers zeigen ein deutlich ruhigeres Abströmen hinter einem CRP-Antrieb im Vergleich zum Festpropellerantrieb.

Auch in europäischen Versuchsanstalten wurden CRP-Alternativen systematisch untersucht und die Vorteile bestätigt. *K.-H. Paetow et al.* stellten 1995 ein CRP-Antriebssystem mit

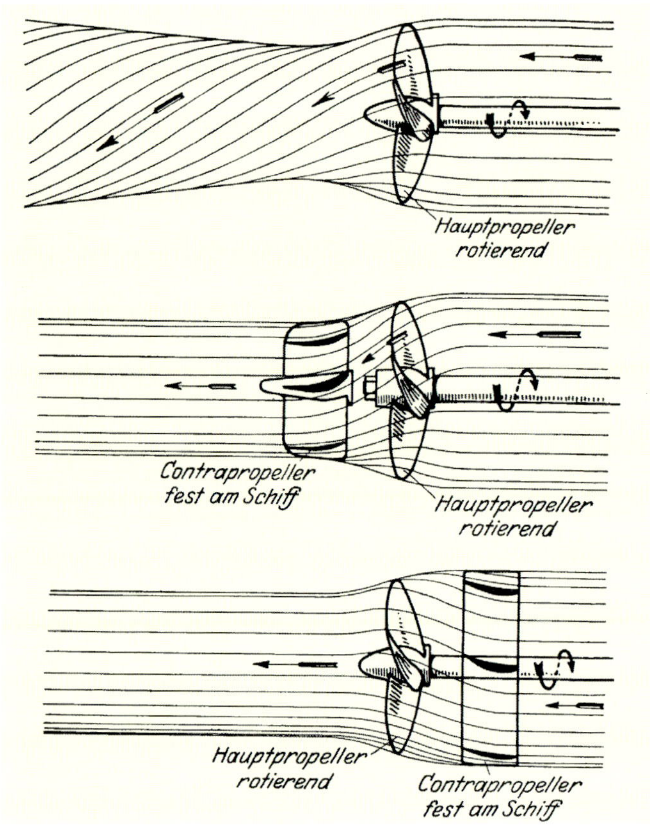

»Strömungsverlauf beim nach- und vorgeschalteten Contrapropeller« nach R. Wagner

zwei unabhängigen Energiequellen vor und diskutierten die Anwendung für den E3-Tanker. Dabei wird der vordere Propeller des Systems über die Außenwelle dieselelektrisch mit Elektroenergie von Hilfsmaschinen, die ohnehin für andere Aufgaben (u.a. Ladepumpen) installiert werden müssen, angetrieben. Sein Lastanteil ist gegenüber der üblichen Aufteilung auf 30% reduziert, seine Drehzahl stark abgesenkt. Neben dem erweiterten Leistungsangebot für die Marschfahrt kann die Redundanz des Antriebssystems bis in die Propeller erhöht und ggf. der Übergang zum Zweischrauber vermieden werden. Aus hydrodynamischer Sicht ist interessant, dass die optimale Drehzahl beim CRP wegen des Wegfalls des nach unten begrenzenden Drallverlustes um 20% niedriger als beim konventionellen Propeller ausfällt.

Letztlich kann man alle diese Entwicklungen zur Drallreduktion als Varianten eines verallgemeinerten Kontrapropellerprinzips auffassen.

Das Grundprinzip kommt bereits in der Skizze einer zusammenfassenden Darstellung von *R. Wagner* aus dem Jahre 1929 gut zum Ausdruck.

Das Grimsche Leitrad

Eine besonders originelle Idee und intensive Entwicklungsarbeiten von *Otto Grim* brachten ein Leitrad hervor, das als ein zweites Flügelgitter rotiert, aber nicht über eine Welle angetrieben wird. Es ist freilaufend hinter dem Propeller auf dem Wellenstumpf angeordnet und bezieht seine Antriebsenergie aus der Strahlenergie des Propellers, insbesondere aus der Drallenergie. Im Außenbereich überragt es den Propellerkreis und wirkt als Propeller. Dabei dreht es sich nur mit 30–40 % der Propellerdrehzahl. Wegen der Turbinenfunktion im inneren Bereich des Leitrades erhält es dieselbe Drehrichtung wie der Propeller. Das Konzept wurde erstmalig 1966 vorgestellt, kam aber erst nach dem gravierenden Anstieg der Ölpreise nach 1973 zur technischen Umsetzung und wurde 1980 auf dem Forschungsschiff GAUSS realisiert. Bei diesem und bei 4 nachfolgenden Schiffen mit Antriebsleistungen bis 12 MW und Leitraddurchmessern bis zu 7,50 m wurden in Meilenfahrten mit und ohne Leitrad Energieeinsparungen zwischen 6,8 und 11,0 % nachgewiesen. Wie bei anderen Lösungen, ist die Energieeinsparung auch hier nicht allein dem reduzierten Drallverlust zuzuschreiben.

Das »Grimsche Leitrad« ist in mehrfacher Hinsicht interessant. Einerseits greift es in mehrere Verlustelemente ein: es reduziert in den Innenbereichen den Drallverlust der Anordnung, es verringert den axialen Austrittsverlust des Systems durch Vergrößerung des Außendurchmessers und es trägt mit

Moderner Propeller mit freidrehendem »Grimschen Leitrad«

der geringeren Drehzahl dazu bei, dass die Flügelreibung in den Außenschnitten nicht so stark anwächst wie bei einem starren Propeller. Als Strömungsmaschine betrachtet bildet es mit dem Propeller zusammen den Ausnahmefall, dass die äußeren Flügelschnitte langsamer laufen als weiter innen liegende. Weiterhin ist der Energiefluss zu den Außenschnitten des Leitrades zu beachten, diese Energie unterliegt einer dreifachen Wandlung. Sie geht von der Propellerwelle in den Propellerstrahl und im Turbinenbereich in das Leitrad und im Außenbereich wieder aus dem mechanischen Teil in das Fluid. Jede dieser Wandlungen ist mit Reibungsverlusten an den Flügeln verbunden und macht den erzielbaren Gewinn der Gesamtanordnung empfindlich gegenüber wachsender Rauigkeit der Flügel im Betrieb. Schließlich ist die Flügelform nicht einfach und die maschinenbauliche Ausführung kompliziert. Es kam vor, dass ein Leitrad unterwegs verloren ging. Bei der QUEEN ELISABETH 2 werden deshalb die Leiträder hinter den beiden Propellern nach den Probefahrten wieder entfernt.

Zur Geschichte der Innovationen um die Reduzierung der Drall-Energieverluste gehörte, dass die Lösungen besonders in Zeiten hoher Energiekosten interessieren und zwischenzeitlich mitsamt dem Grundlagenwissen in den Hintergrund treten. Die relativ niedrigen Wirkungsgrade der Dampfkraftprozesse hatten in der Zeit nach dem Ersten Weltkrieg zahlreiche Anwendungen zur Folge. Mit dem Vormarsch des Dieselmotors nach dem Zweiten Weltkrieg traten sie für lange Zeit zurück (vermutlich auch wegen der geringeren Steigungsverhältnisse der Propeller und der damit verbundenen geringeren Drallverluste). Erst die hohen Ölpreise in den 1970er Jahren führten zu einer Neubelebung der Entwicklung so genannter »propulsionsverbessernder Maßnahmen« mit neuen Erfindern, neuen Skeptikern und neuen Zugängen zur theoretischen Fundierung. Wegen ihrer Größe standen die Drallverluste wieder im Blickpunkt des Interesses. Das komplexe Zusammenwirken von Bauteilen mit Einfluss auf meist mehrere Verlustelemente bei Propulsionslösungen führte aber allgemein zu Unsicherheiten in der Bewertung und nicht selten auch zu euphorischen Überschätzungen neuer Lösungen seitens der Entwickler, die ihre Marktchancen verbessern wollten.

Zur Abschätzung des Entwicklungspotenzials von drallreduzierenden Maßnahmen können grobe Anhaltswerte für die Drallverluste von freifahrenden Propellern und Düsenpropellern hilfreich sein. Sie beruhen auf einfachen Propellermodellen und ermöglichten, die durch Drallreduktion zu erwartenden Energieeinsparungen für einen Schiffsentwurf im Voraus zu bestimmen.

Vorleiteinrichtungen fanden erfolgreiche Anwendung auch bei Düsenpropellern für Binnenschiffe, so für ein flachgehendes Stromschubschiff für die Oberelbe mit nur 85 cm Tiefgang.

Nabenkappenflossen und Costa-Birne

Doch der Drall im Propellerstrahl hielt noch eine weitere Überraschung bereit. Aus Japan wurde berichtet, dass man mit kleinen Zusatzflügeln auf der Nabenkappe nennenswerte energetische Vorteile erreicht hätte, in der Größenordnung von bis zu 10%. Von der Anordnung her handelte es sich um ein zweites nachgeschaltetes Flügelgitter, von der Wirkung her um eine Turbine! Es erscheint widersprüchlich, denn das Turbinengitter entnimmt dem Wasser Energie, die der vorlaufende Propeller gerade in das Wasser übertragen hat! In Modellversuchen stellten die Fachleute zudem fest, dass nur geringfügige Energieeinsparungen von 1–2% erreicht wurden. Hier überlagern sich zwei Phänomene: Offensichtlich entsteht im Nabenbereich ein zusätzlicher Energieverlust, indem sich beim Überströmen der Nabe mit kleiner werdendem radialen Abstand die Umfangskomponente nach dem Drallsatz (das Produkt aus Umfangsgeschwindigkeit und Radius ist konstant) erhöht, weitere kinetische Energie bindet und den Unterdruck hinter der Nabe vertieft. Dieser Effekt ist aber im Modellversuch deutlich schwächer ausgeprägt, da das Verhältnis von Wirbelkern- und Nabendurchmesser maßstabsabhängig ist. Für die Großausführung wurden an Beispielen Energiegewinne in 3- bis 4facher Höhe gegenüber Modellversuchen ausgewiesen. Es ist verständlich, dass dieser Nabeneffekt umso ausgeprägter ist, je größer das Nabenverhältnis des Propellers ist. Derselbe Mechanismus erklärt auch die Energieeinsparungen durch die Costa-Birne, die als tropfenförmige »Gegennabe« am Ruder die Drallüberhöhung wieder rückgängig macht. Die Dissertation von *A. Junglewitz* ist diesem Problem gewidmet. Die Probleme des Nabenbereichs sind Beispiel dafür, wie sich erfinderische Tätigkeit und wissenschaftliche Analyse

CLT-Propeller mit Nabenkappenflossen

wechselseitig ergänzen. Letztlich dürfte die alte Aufgabe der optimalen Gestaltung der radialen Lastverteilung des Propellers speziell im Nabenbereich unter den Bedingungen der konkreten Nabenform den Hintergrund bilden. 1964 hieß es noch (nach *W.-H. Isay*): *»Es zeigt sich also auch hier wieder, dass der Einfluss der Nabe relativ unbedeutend ist und bei praktischen Rechnungen meist ohne größeren Fehler vernachlässigt werden kann.«*

Zum Drallverlust sei angemerkt, dass er an das Turbomaschinenprinzip gebunden ist. Er entfällt beim Schaufelradantrieb und beim *Voith-Schneider*-Propeller und trägt zu deren guten Wirkungsgraden bei.

Das freie Ende der Flügel führt zu Spitzenwirbeln

Die Kraft am Flügel eines Propellers lässt sich theoretisch mit einem Wirbelmodell erläutern, in dem der Flügel durch einen »Wirbelfaden« ersetzt wird. Wird dieser Wirbelfaden quer überströmt, so greift an ihm eine Kraft senkrecht zur Anströmrichtung an. Die Wirbelfäden »induzieren« in ihrer Umgebung Zusatzgeschwindigkeiten. Nach den Grundgesetzen der Strömungsmechanik setzen sie sich am freien Ende eines Flügels als »freie« Wirbel fort. Im Unterschied zum Flugzeugtragflügel, bei dem sie geradlinig nach hinten verlaufen, werden sie aber durch das Rotieren des Propellers als Spiralen am Strahlrand abgelenkt. Die Aufnahme eines Propellers im Kavitationstunnel macht die Spitzenwirbelspiralen der einzelnen Flügel und den Nabenwirbel, der die entsprechenden freien Wirbel an der Nabe zusammenfasst, sichtbar.

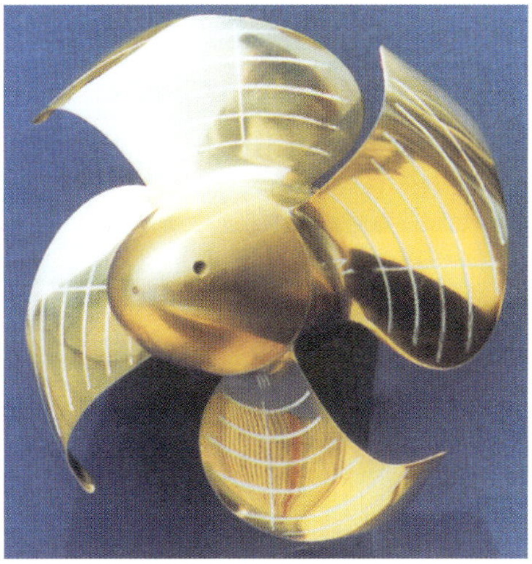

Kappel-*Propeller mit Spitzenflügeln*

Die Spitzenwirbel bedingen durch das erzeugte Geschwindigkeitsfeld einen Energieverlust von etwa 2% bei normalen Auslegungsparametern, sie wachsen wie der Drallverlust mit Schubbelastunsgrad und Steigungsverhältnis, verringern sich aber mit zunehmender Flügelzahl. Es hat natürlich nicht an Versuchen gefehlt, auch diese Verluste durch Endscheiben an den Flügelspitzen auszuschalten. Die energetischen Vorteile wurden erst mit umfangreichen Entwicklungsarbeiten erschlossen, da die Endscheiben zusätzliche Reibungsverluste generieren und sorgfältig positioniert werden müssen. Erst die Umgestaltung von Lastverteilung und Flügelform im gesamten Außenbereich

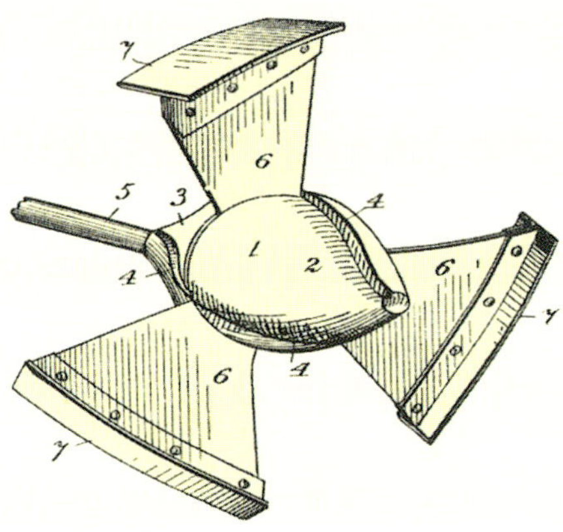

Patent von 1902 über einen Propeller mit Endscheiben, Potter (1905)

erbrachte im Zusammenspiel mit den anderen Verlustgruppen nennenswerte Energieeinsparungen in der Größenordnung von 4–5%. Neuere Entwicklungen sind von *Perez-Gomez* sowie von *Kappel et al.* bekannt.

Kombinationen von Flügelgittern

Schaltet man zwei Propeller mit gleicher Drehrichtung hintereinander, so entsteht der so genannte Tandempropeller. In Analogie zum Spaltgitter bei Turbomaschinen lässt sich eine größere Energie übertragen, aber das zweite Gitter würde die Drallverluste weiter steigern. Etwas anderes ist es, wenn man zwischen den Propellern ein Leitgitter anordnen kann, das den Drall des ersten Propellers kompensiert und ggf. noch etwas Gegendrall für den zweiten Propeller erzeugt. Eine Anordnung dieser Art ist beim SSP-Propulsionssystem durch die seitlichen Flossen gegeben, die mit dem Schaftprofil zusammenwirken.

Aktuelle Entwicklungen

Progressive Lösungen ergeben sich aus an sich bekannten Elementen, wenn in Teilsystemen neue Möglichkeiten erschlossen werden: Nutzt man – wie übrigens bei anderen

Teile des SSP-Propulsionssystems (Siemens-Schottel)

Strömungsmaschinen auch – die Düsenummantelung eines Propellers als Stator eines Elektromotors und einen Ring um die Flügel als Motorrotor, so lassen sich die Vorteile einer Düse und eines Leitgitters gut kombinieren. Der axiale Austrittsverlust wird gesenkt, Drallverlust und Spitzenwirbelverlust können eliminiert werden. Die Reibung am umlaufenden Ring bildet einen zusätzlichen Verlust, insgesamt wurden bei Untersuchungen die Entwicklungsziele in allen Aspekten erreicht oder überboten.

Rim-Driven Permanent Magnet Motor Propulsor Pod (RDP)

Wenn aus den Energieanforderungen eines Schiffs ohnehin eine zentrale Erzeugung elektrischer Energie vorgesehen ist, z.B. bei einem Kreuzfahrtschiff in der Tendenz zum vollelektrischen Schiff, dürften die Vorteile von POD-Antrieben und RDP besonders zur Geltung kommen.

5.5 Zusammenwirken von Propulsionsorgan und Schiff

Propeller im Nachstrom des Schiffs

Mit dem Schraubenpropeller war ein relativ einfaches, robustes Propulsionsorgan gefunden und ausgestaltet, *Sir William White* meinte sogar, dass es schwer sein muss, einen unbrauchbaren Propeller zu bauen: »*It takes a genius to design a bad propeller.*« Doch genügte dieses Element Propeller auch den Anforderungen des Systems Schiff? Wie verhält er sich in der Strömung um das Schiff, welche unliebsamen Nebenwirkungen treten außer den Energieverlusten auf? Können unterschiedliche Geschwindigkeiten und Rückwärtsfahrt realisiert und auch Steuern und Manövrieren gewährleistet werden?

Spätestens seit *Ressel* ist die energetisch günstige Anordnung am Heck üblich, wo der Propeller das vom Schiffskörper mitgerissene Wasser, den »Nachstrom«, möglichst weitgehend auffangen und so die »Nachlaufdelle« des Schiffskörpers ausgleichen kann. Hier zielten innovative Ansätze auf eine Beeinflussung der Strömung durch Zusatzbauteile am Hinterschiff. So sollen die Spoiler nach *H. Grothues-Spork* die abwärts gerichteten wandnahen Komponenten der Schiffsgrenzschicht, die bei ausgeprägten Kimmwirbeln auftreten, in die axiale Richtung umlenken.

Die Zustromausgleichsdüse (ZAD) von *H. Schneekluth* dient vorrangig der Unterbindung von Strömungsablösung am Hinterschiff. Die Einsparungen an Antriebsenergie resultieren somit aus einer Verringerung des Schiffswiderstandes und treten bei völligeren Schiffslinien auf. *Schneekluth* gibt selbst Kriterien an, bei welchen Wasserlinienwinkeln der Einsatz einer Düse lohnend erscheint. In Kombination mit drallreduzierenden Maßnahmen können sich die Einspareffekte addieren, da unterschiedliche Verlustgruppen beeinflusst werden. Die Düsen werden oberhalb der Propellerwelle als Halbschalen angebracht. Die Quantifizierung des Effekts und die Optimierung der Düsenanordnung sind wegen der unterschiedlichen Grenzschichtdicke in Modell und Großausführung sehr anspruchsvolle Aufgaben.

Die Zustromdüse bewirkt bei guter Anpassung an das Nachstromfeld eine Beschleunigung der Propellerzuströmung oberhalb und eine Verringerung unterhalb der Propellerwelle.

Eine möglichst gleichmäßige Zuströmung kommt der Arbeitsweise des Propellers zugute, die Verluste und andere Nebenwirkungen sind geringer. Ein Heckwulst unterhalb der Propellerwelle kann dazu ebenso beitragen wie ein größerer Abstand des Propellers vom Steven. Dennoch bleibt im Allgemeinen eine leicht aufwärts gerichtete Strömung im Hinterschiffsbereich erhalten, die letztlich eine Schräganströmung des Propellers zur Folge hat. Dadurch verringern sich die relative Anströmung der aufwärts schlagenden Flügel und deren Beitrag zum Gesamtschub, während sich auf der abwärts schlagenden Seite Anströmung und Schub erhöhen. Als Konsequenz wandert der Schwerpunkt des Schubes seitlich zur abwärts schlagenden Seite hin aus. Durch die oberhalb der Propellerwelle geringere Axialkomponente wird zudem oben ein größerer Schub gebildet, und der Schwerpunkt wandert entsprechend nach oben aus. Die »Schubexzentrizität« muss bei Schwingungserregung im Antriebssystem und bei Kurshaltung des Schiffes bedacht werden.

Komplexe Propulsionslösung mit Zustromausgleichdüse (ZAD) und »Grimschen Leitrad«

Gelegentlich werden mehrere Maßnahmen zur Verbesserung der Propulsionsgüte gleichzeitig angewendet. Generell ist die Kombination mehrerer Elemente möglich, sie ist aber nur dann sinnvoll, wenn diese nicht auf dieselbe Verlustgruppe zielen.

Wechselwirkungen an Schnittstellen

Um das System Schiff und Propeller mit seinen komplizierten Wechselwirkungen behandeln zu können, hat sich eine nunmehr schon klassische Systemzerlegung in Schiffskörper, Propeller und Ruder mit nur wenigen konzentrierten Wechselwirkungsparametern an den Schnittstellen herausgebildet: Nachstromziffer, Sogziffer und Gütegrad der Anordnung. Die Nachstromziffer z.B. beruht auf einer Mittelwertbildung der sehr unterschiedlichen axialen Strömungskomponente in der Propellerebene und entspricht dem »nulldimensionalen« Modellniveau ohne Ortsabhängigkeit. Zudem ergeben sich unterschiedliche Werte für Modell und Großausführung, die durch ergänzende Modellansätze berücksichtigt werden müssen. Zur Charakterisierung der Propelleranströmung ist diese Modellvorstellung nicht mehr ausreichend und im Hinblick auf die neuen Methoden dreidimensionaler Strömungsberechnung (CFD) auch nicht mehr zeitgemäß, wenn es um die Optimierung der komplexen Systemzusammenhänge bei der Propulsion geht. Das Dilemma der klassischen Systemzerlegung tritt demonstrativ zu Tage, wenn man für das Teilsystem Schiffskörper den Strömungswiderstand minimiert und dann einen Propeller mit optimiertem Freifahrtwirkungsgrad anfügt. Infolge der Wechselwirkung muss nicht das Minimum der Antriebsenergie für das System Schiff erreicht werden!

Die Überwindung des Schnittstellenproblems der bisherigen Systemzerlegung fördert übrigens hochinteressante Aufgaben zu Tage: Modellbildung des komplexen Systems Schiffskörper und Propulsion, Formulierung der Optimierungsziele unter Einbeziehung mehrerer Teilziele und Fahrtzustände und die Ausarbeitung anwendungsfreundlicher Software.

Auch zwischen Werft und Reeder, ebenso wie zwischen Werft und Schiffbau-Versuchsanstalt bestehen naturgemäß Schnittstellen, die die Gefahr von Informationsverlusten in sich bergen. In einer vertieften Zusammenarbeit liegt für Entwickler und Erfinder noch Entwicklungspotenzial, das erschlossen werden will.

Beispielsweise wird für die Antriebsleistung eines Schiffes ein Entwicklungspotenzial von 5% Einsparung gegenüber den Vertragsdaten zwischen Reeder und Werft eröffnet, wenn der Schiffseigner an der Systemoptimierung vor Ort in der Schiffbau-Versuchsanstalt mitwirkt.

Schließlich müssen auch Schiffbaupraktiker und Reeder vom Nutzen der neuen Methoden und von den Vorteilen einer engeren Kooperation zwischen Forschung und Entwicklung überzeugt werden. Es ist also noch Raum für Innovationen, kühne Ingenieurpersönlichkeiten wachsen immer wieder auf.

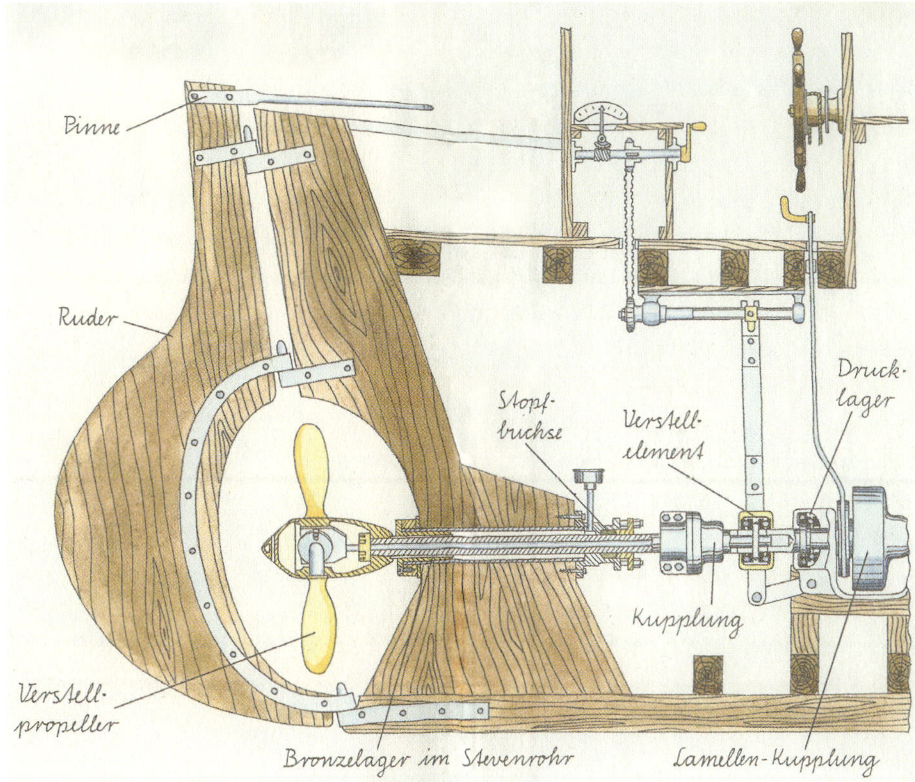

Verstellpropeller in einem Fischereifahrzeug um 1920

Interessant ist eine Entwicklung von Schiffsform und Propelleranordnung, die für ein Küstenpanzerschiff nicht von der Minimierung der Antriebsenergie ausging, sondern die Minimierung der zu panzernden Seitenwände zum Ziel hatte. Unter dem russischen Admiral *A. A. Popow* entstand um 1870 so eine kreisrunde Schiffsform mit 6 Propellern unter dem flachen Schiffsboden, wie in Kapitel 2 schon gezeigt.

Auch andere ungewöhnliche Propelleranordnungen haben sich in Sonderfällen erhalten und entwickelt, auf die hier nicht eingegangen werden soll: teilgetauchte Propeller, Vortrieb durch Luftschrauben über Wasser bei Amphibienfahrzeugen und Bodeneffektfahrzeugen, Bug- und Heckpropeller bei Doppelendfähren, spezielle Anordnung bei Tragflügelbooten, in die Schiffsform integrierte Düsenpropeller bei Binnenschiffen u.a.

Der Verstellpropeller

Wesentliche Vorteile bei der Anpassung der Propulsionsanlage an die Anforderungen bei Rückwärtsfahrt, beim Manövrieren oder bei sehr unterschiedlichen Betriebspunkten (wie z.B. Schleppen oder Freifahrt bei Fischereifahrzeugen) ergeben sich bei Verstellpropellern. Sie eröffnen für die gesamte Antriebsanlage Freiheitsgrade, die den höheren Fertigungsaufwand rechtfertigen. Innovative Lösungen beziehen sich hier vorrangig auf die konstruktive Gestaltung der Flügelverstellung, erste Patente datieren um 1850. Durch Verstellung der Flügelsteigung können bei gleich bleibender Drehrichtung der Antriebsmaschine Vorwärts- und Rückwärtsfahrt realisiert werden.

Der Festpropeller ist üblicherweise rechtsdrehend (von achtern in Fahrtrichtung gesehen), ein Verstellpropeller linksdrehend. Heute sind gleich gute Rückwärtseigenschaften beider Propellerarten gegeben.

Die konstante Drehzahl des Verstellpropellers ist vorteilhaft für den Einsatz eines Wellengenerators.

CFK-Propeller mit flexibler Steigung

Eine Innovation im Bereich der Schraubenpropeller ergab sich mit der Einführung von kohlefaserverstärkten Flügeln nach Patentideen von *D. Büchler* in den 1990er Jahren. Bereits Metallpropeller verformen sich unter Last, besonders bei großen Skew-Winkeln, die Steigung in den äußeren Flügelschnitten verringert sich und die Leistungsaufnahme geht zurück. Die wesentlich größere Elastizität des Faserverbundwerkstoffs ermöglicht es nun, die Verformung gezielt zur Anpassung der Kennlinie des Propellers an die Betriebsbedingungen zu nutzen. So nimmt der CFK-Propeller bei der hohen Standschubbelastung die Steigung so weit zurück, dass eine höhere Beschleunigung beim Anfahren erreicht wird. Gegenüber Metallpropellern haben CFK-Flügel ein wesentlich geringeres Gewicht, ergeben ein kleineres Massenträgheitsmoment und weisen nahezu keine Eigenschwingungen auf. Die außergewöhnlichen Festigkeitseigenschaften ermöglichen eine geringere Profildicke, die sich günstig auf Widerstandsbeiwert, Kavitation und Druckimpulse und damit auf Leistungsaufnahme, Schwingungserregung und Geräuschpegel auswirkt. Zudem hat der Werkstoff eine hohe Korrosionssicherheit. Die Konsequenzen für Strukturbelastung und Fahrkomfort sind offensichtlich. CFK-Propeller werden z.Z. im Leistungsbereich bis 4 MW angeboten.

Eine spezielle Lösung wurde für den Hilfsantrieb von Segelschiffen gefunden.

Beim Segeln ist der nicht angetriebene Propeller natürlich ein zusätzlicher Widerstand. Deshalb gibt es für Yachten mit geringer Antriebsleistung den Faltpropeller, der seine Flügel im Stillstand axial zusammenfaltet. Durch Drehen und der dabei wirkenden Fliehkraft faltet er sich wieder auseinander.

Der Wasserstrahlantrieb

Bei besonders hohen spezifischen Belastungen der Propeller mit großen Schubbelastungsgraden c_S, verbunden mit hohen Schiffsgeschwindigkeiten, können die Propeller nicht mehr mit einem optimalen Verhältnis von Umfangs- zu Abströmgeschwindigkeit ausgelegt werden und der Wirkungsgrad sinkt. Eine Lösungsmöglichkeit besteht dann in einer Axialpumpe an Bord des Schiffes, die das Wasser in einem sorgfältig angepassten Kanal von unten ansaugt und durch eine Beschleunigungsdüse am Heck ausstößt. Durch optimale Auslegung der Pumpenstufe mit Leitrad zur Drallreduktion werden für diesen Fall bessere Wirkungsgrade als mit einem nicht ummantelten freien Propeller erzielt. Im Bedarfsfall kann die Pumpe sogar mehrstufig ausgeführt werden. Bei üblichen Schubbelastungsgraden ist der Vortriebswirkungsgrad jedoch geringer als beim freien Propeller, da die zusätzlichen Strömungsverluste in Ansaugbereich und Rohrleitung anteilig zu groß sind. Wasserstrahlantriebe werden bei schnellen Fähren, Rettungs- und Patrouillenbooten und Yachten eingesetzt.

Erste nicht realisierte und theoretisch nicht fundierte Ideen tauchten bereits sehr früh auf, in England 1661 und wieder von *Allen* 1722. Auch *Daniel Bernoulli* hatte das Wirkprinzip benannt. Das erste Schiff mit diesem Antrieb wurde von dem Amerikaner *J. Rumsey* 1788 entwickelt, jedoch mit einer Kolbenpumpe und enttäuschendem (niederschmetterndem) Resultat. Die weitere Entwicklung verlief wechselhaft: 1856 wurde von dem Schotten *Ruthwen* und dem deutschen

Bodenbündiger Einbau von 2 Schottel-Pumpjets

Mechaniker *Seydel* mit Unterstützung durch die preußische Regierung der »Reaktionsdampfer« ALBERT mit Strahlantrieb gebaut, der einige Jahre zwischen Stettin und Schwedt verkehrte, dagegen erfüllte das 1883 von *Thornycroft* erbaute Torpedoboot mit Wasserstrahlantrieb bei weitem nicht die Erwartungen. Der russische Schiffbauer *S. O. Buratschek* veröffentliche 1861 Formeln zur Berechnung von Wasserstrahlantrieben und wollte auch ein Schiff mit diesem Antrieb ausrüsten. Das zaristische Marineministerium verwarf das Projekt:

»Wenn dort etwas Wertvolles daran wäre, so hätte man das in England längst getestet und eingeführt. Da aber in England nichts Ähnliches vorhanden ist, ist das alles Unsinn!«

Weitere interessante Einzelheiten sind von *Schapiro* zusammengetragen.

Der Wasserstrahlantrieb beruht nun nicht auf einem völlig neuen Wirkprinzip, er nutzt auf andere Weise das Reaktionsprinzip wie der Schraubenpropeller auch. Im Schiffbau eröffnete er innovativ den Bereich hoher Geschwindigkeiten, seine innere Ausgestaltung nutzte die Übertragung von Fortschritten im Strömungsmaschinenbau. Interessant ist auch, mit welchen Ideen und Konstruktionen eine Richtungsänderung des austretenden Strahls erreicht wird. Eine Strahlumkehr z.B. gibt es auch bei Strahltriebwerken der Luftfahrt. Für den Sonderfall eines um 360° schwenkbaren Strahls bei gleichzeitiger Tiefgangsbeschränkung wurde eine spezielle Lösung gefunden: Eine Kreiselpumpe radialer Bauart wird mit ihrer Drehachse senkrecht zum Schiffsboden so angeordnet, dass der Strahl aus der Gehäusespirale nahezu parallel zum Schiffsboden austreten kann. Das Wasser wird von unten durch ein Schutzgitter angesaugt und nach der Energiezufuhr in einer Austrittsdüse beschleunigt. Da keine Bauteile aus dem Schiffskörper hervorragen, ist der Antrieb auch bei niedrigem Wasserstand geeignet.

Yacht DESTRIERO *seiner Hoheit Agha Khan zur Erringung des Blauen Bands in den 1960ern.*
Antrieb durch zwei Gasturbinen je 1.500 kW auf drei Waterjets (zwei sind steuerbar). Für den späteren Yachtbetrieb waren drei Dieselmotoren (insgesamt 10.200 PS) vorgesehen, die aber wohl nie eingebaut wurden. Das Schiff läuft über 60 kn, und der Rekordversuch gelang in den wenigen Tagen des Frühjahrs, in denen das Wetter das zulässt. Der Rekord wird aber nicht anerkannt, da keine Passagiere, sondern nur Mitreisende an Bord waren. Oben links im Bild: eines der RENK-Getriebe.

Mit der Idee, das Pumpengehäuse um 360° drehbar zu gestalten, wurde die Eigenschaft eines »Rundumstrahlers« verwirklicht! Mit dieser Eigenschaft ist diese Lösung bereits ein Vorgriff auf das nachfolgende Kapitel.

5.6 Kombination von Vortriebs- und Manövrieraufgaben

Die Anforderungen des Schiffs beziehen sich nicht nur auf Schwimmfähigkeit, Stabilität und Propulsion, sondern auch auf Steuern und Manövrieren, letztere unter zunehmend erschwerten Bedingungen, denn die Größe der Schiffe nimmt zu, aber nicht alle Abmessungen der Wasserstraßen. Große Lateralflächen der Kreuzfahrtschiffe und Fähren bedingen ggf. große Windkräfte und Querversatz, und moderne Flussfahrtkreuzschiffe haben Mühe, sicher unter den Brücken hindurchzukommen. Die klassische Lösung sieht Ruder am Heck vor und bietet Querstrahlruder, insbesondere im Vorschiff, als Manövrierhilfe an. Die Vielfalt der Lösungen und Innovationen ist groß.
Ein Erfahrungswert ist:
- Die Ruderfläche soll etwa 1,6% der Fläche L x T sein.
- Der Ruderschaft, z.B. beim Spatenruder, sitzt 25–47% hinter der Vorderkante des Ruders.

Es blieb jedoch immer der alte Wunsch lebendig, Propulsion, Steuern und Manövrieren mit ein und demselben Aggregat vorzunehmen. Viel Nachdenken wurde darauf verwendet, die einfache Technik zu überlisten und die starre Bindung der Schubrichtung an die Rotationsachse des Schraubenpropellers und an die Längsachse des Schiffes zu überwinden. Gewünscht wurde ein »Rundumstrahler« oder »Azimutpropulsor«, in einem älteren Lexikon von 1973 als »Ruder- Lenk- oder Drehwende-Propeller« bezeichnet! Ebenso erwünscht war die Eigenschaft, den Schub kontinuierlich von volle Kraft auf null regeln zu können.

Der Voith-Schneider-Propeller

Die erste technisch brauchbare und zuverlässige Lösung wurde mit dem Voith-Schneider-Propeller vorgelegt. Er basiert auf Ideen des österreichischen Ingenieurs *Ernst Schneider* und wurde von der Firma *J. M. Voith* in Heidenheim zur patentfähigen Lösung entwickelt.

In langen Versuchsreihen ab 1926 findet bei *Voith* die Weiterentwicklung statt, sodass ein Schiffsantrieb entsteht, der gleichzeitig die Steuerung integriert. Die Antriebsrichtung kann stufenlos geändert werden, man erhält eine enorme Manövrierfähigkeit. Maßgeblichen Anteil an Entwicklung und Markterschließung hat der Ingenieur *Wolfgang Baer*, der bei Voith Direktor der Abteilung Schiffstechnik war. Der seit 1928 gebaute Propeller erschloss sich die Bugsierschifffahrt, findet dann aber auch bei Schwimmkränen, Autofähren und Passagierschiffen sowie kleineren Militärschiffen Anwendung.

Es begann 1928 mit der UHU, einem Schubschiff erstmalig mit Voith-Schneider-Propeller. 1951 kommt der erste Voith-Wassertrecker BIENE in Fahrt, der von *Baer* zum Patent angemeldet war. Die ständige Weiterentwicklung führt zu einer ersten Mikroprozessor-Steuerung für die Schaufeln dieses Propellers. Aufgrund seiner Manövrierfähigkeit wird der Voith-Wassertrecker 1997 als BAT (Best Available Technology) für den Sicherheitseskort von Öltankern ausgezeichnet. Die übertragbare Leistung erreicht 10.200 PS (1999) für zwei Wassertrecker für Eskortaufgaben in Alaska. Heute gibt es etwa 800 Wassertrecker in 120 Häfen. Der VSP ist ein optimales Antriebskonzept für ein Hafenbugsierschiff.

5-flügeliger Voith-Schneider-*Propeller*

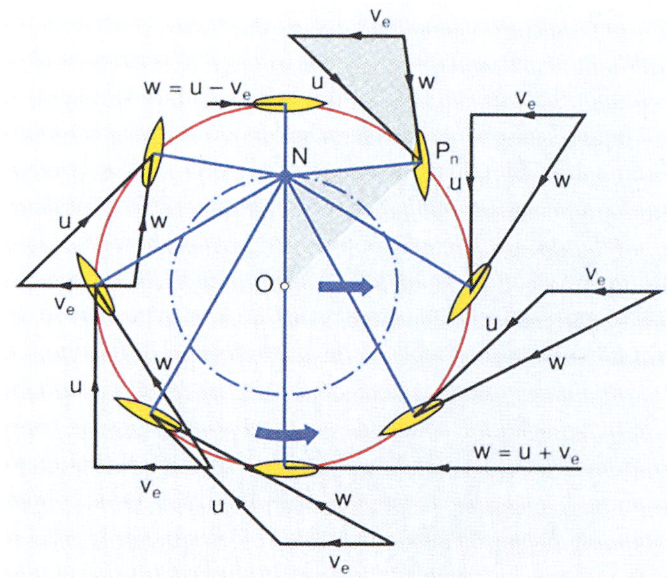

Geschwindigkeitsdreiecke am Flügel eines Voith-Schneider-*Propellers:*

O Propellermittelpunkt

N Steuerpunkt

P_n Drehpunkt des Flügels

u Umfangsgeschwindigkeit

v_e um den Nachstrom verminderte Schiffsgeschwindigkeit

w resultierende Geschwindigkeit

Bei diesem Propeller steht die Drehachse senkrecht zur Anströmrichtung, und die Flügel werden von einem Tragkörper so auf einer Kreisbahn geführt, dass die an ihnen angreifenden hydrodynamischen Kräfte einen resultierenden Schub bilden. Dazu müssen die Flügel auf ihrer Umlaufbahn ihren Winkel gegenüber der Umfangsrichtung ständig so verändern, dass sich der geeignete Anströmwinkel der Flügel einstellt.

Ein sinnreicher Mechanismus (Koppelgelenkgetriebe) ermöglicht es, durch Verschiebung eines Steuerpunktes die Flügelausschläge kontinuierlich zu verringern und so den Schub von volle Kraft auf null ohne Änderung der Drehzahl zurückzunehmen. Da der Steuerpunkt beliebig in der Ebene bewegt werden kann, kann auch der resultierende Schub in jede beliebige Richtung zeigen. Es war die zentrale Idee von *Ernst Schneider*, dass alle Flügel bei ihrem Umlauf von einem gemeinsamen Steuerpunkt aus geführt werden können.

Die Strömungsverhältnisse um die Flügel sind wegen der periodisch wechselnden Anströmrichtung während eines Umlaufs und des damit verbundenen Wechsels von Druck- und Saugseite der Flügel völlig anders als beim Flügelpropeller und hielten Praktiker und Theoretiker lange Zeit in achtungsvoller Distanz. Auf diese instationäre Wirkungsweise der Flügel als einem speziellen Wirkprinzip wird noch gesondert eingegangen. Auf Grund seiner Konstruktion ermöglicht der VSP bei konstanter Drehzahl z.B. $400^1/_{min}$ den Schub nach Größe und Richtung kontinuierlich und schnell zu verändern und verschafft einem Schiff eine herausragende Wendigkeit, die diesen Propeller für Schlepper, Binnenfahrgastschiffe, Doppelendfähren, Arbeitsschiffe aller Art, Schwimmkrane usw. besonders geeignet macht. In Verbindung mit einem zweiten Propeller ist auch ein Traversieren möglich.

Volvo Penta IPS als Bootsantrieb

Azimutpropeller mit z-förmigem mechanischem Antrieb

Von der 1921 gegründeten *Schottel GmbH & Co. KG* wurde um 1950 der Schottel-Ruderpropeller (SRP) entwickelt und auf den Markt gebracht. Das Unterwasserteil – der Propeller in Kort-Düse – ist um 360° drehbar, sodass Schubkraft in jeder gewünschten Richtung unabhängig von der Kurslinie ausgeführt werden kann. Zurzeit können bis 6.000 kW Antriebsleistung übertragen werden.

Zunächst bei Zoll- und Polizeibooten eingeführt, findet man das Antriebssystem heute weltweit vor allem bei Hafen- und seegehenden Schleppern. Die Überzeugung wurde mit JANUS, dem ersten »Tractor Tug« im Hamburger Hafen, ab 1967 erreicht. Zwei SRP mit je 342 kW Antriebsleistung sind im vorderen Drittel des Schiffs angeordnet. Damit wird exzellente Manövrierfähigkeit bei guter Zugleistung und Sicherheit erreicht.

Heute haben Schlepper, die auch als »Rotor Tugs« bezeichnet werden, beispielsweise drei SRP mit je 1.560 kW und erreichen 75 t Pfahlzug.

Besonders bekannt ist der Einsatz der Ruderpropeller auch bei Kranschiffen und insbesondere bei Bohrplattformen, um diese positionieren zu können. Die größten Anlagen haben Antriebsleitungen je Propeller von 5.000 kW. Man baut den Ruderpropeller auch ausfahrbar ein, sodass er nicht nur zum Positionieren, sondern auch als Notantrieb – oder Go-Home-Antrieb – eingesetzt werden kann, mit dem das Schiff immer noch einige Knoten Geschwindigkeit erreicht.

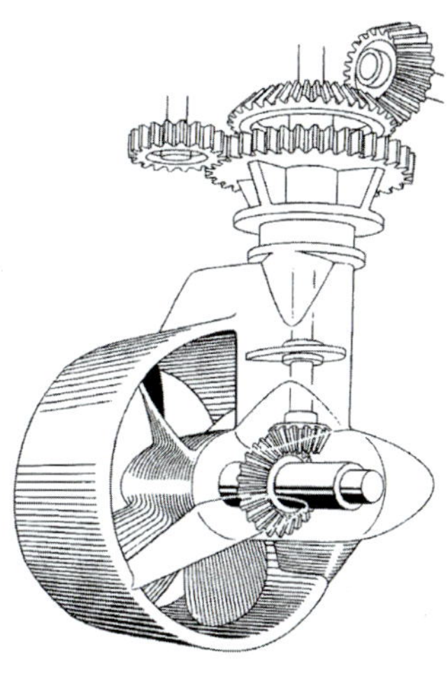

Schottel-*Ruderpropeller*

Auch die Aufgabe, Lastkähne nachträglich zu motorisieren, führte Anfang der 1960er Jahre in der ehemaligen DDR zu der Entwicklung eines so genannten Z-Antriebs mit Motoraufstellung auf dem Deck und Energieübertragung über z-förmig angeordnete Wellen zu einem Düsenpropeller.

Schon lange ist der Z-Antrieb bei kleineren Yachten anzutreffen: Der im Boot eingebaute Motor treibt über zwei Kegelradpaare den tiefer liegenden Propeller. Eine neue Version hat *Volvo Penta* in den letzten sechs Jahren entwickelt: das Inbord Performance System (IPS). Ein Sechszylinder-Turbodieselmotor mit Common-Rail-Einspritzung, 5,5 l Hubraum mit bis zu 272 kW, treibt zwei gegenläufig rotierende ziehende Propeller, die wie ein POD-Antrieb eingebaut sind. Grundsätzlich sind zwei solcher Anlagen für ein Boot vorgesehen. Vorteile sollten geringerer Treibstoffverbrauch, weniger Platzbedarf und höherer Fahrkomfort sein. Die Propellereinheit ist bis zu 28° in beiden Richtungen schwenkbar über Stellmotoren, ein Ruder kann damit entfallen.

Azimutpropeller mit elektrischem Antrieb und integriertem Elektromotor

Völlig neue Perspektiven für Propulsionslösungen mit Steuereigenschaften wurden mit der Entwicklung von leistungsfähigen Elektromotoren eröffnet, die außerhalb des Schiffs »eingehäust« werden (»podded« drive), vor oder hinter einem Propeller angebracht und gemeinsam mit dem Propeller um eine vertikale Achse gedreht werden können. Sie werden so zum »Rundumstrahler« oder »azimuthing pod«. Die Innovation ging hier von der Elektrotechnik aus. Aus hydrodynamischer Sicht kommt es dabei darauf an, den Motordurchmesser nicht allzu sehr über den Nabendurchmesser des Propellers anwachsen zu lassen, möglichst nicht über 40% des Propelleraußendurchmessers. Der permanenterregte Motor, in dem die Rotorwicklungen entfallen und durch starke Permanentmagnete ersetzt sind, entsprach den Anforderungen am besten. Beim Siemens-Schottel-Propulsor gelang es z.B. mit der Wahl einer longitudinalen Flussverteilung im Motor, den Außendurchmesser auf 40% Propellerdurchmesser zu begrenzen. Die Energieübertragung ist beim SSP auf zwei Propeller verteilt. Hydrodynamisch interessant sind die Leitflossen zwischen den beiden Propellern zur Reduktion der Drallverluste des ersten Propellers, wie schon gezeigt. Mit dem Motorkonzept wurde gleichzeitig der Motorwirkungsgrad um 2% verbessert und Gewicht eingespart. Mit dem Wegfall mechanischer Getriebe wird bei Podantrieben auch die Schwingungsübertragung ins Schiff vermindert. Gegenwärtig werden Propulsionssysteme bis 30 MW pro Einheit angeboten.

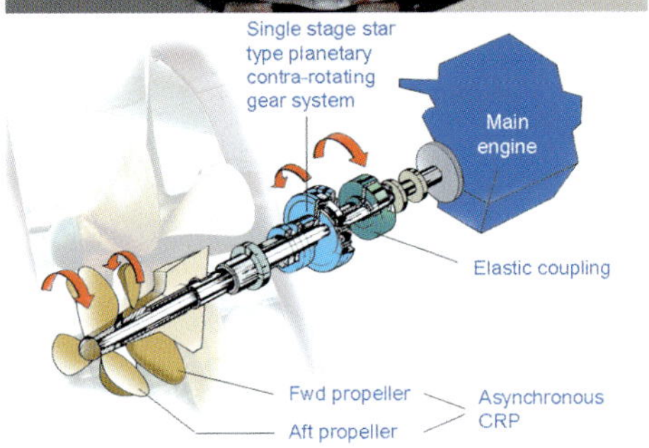

Antrieb über zwei gegenläufige Propeller (Prinzip) und Blick auf einen Planetenträger des CRP-Systems für 20.600 kW mit sieben Planetenrädern.

Neben der Eigenschaft dieser Propulsoren als 360°-Rundumstrahler ergaben sich auch energetische Vorteile im Zusammenwirken mit dem Schiff. Für das Kreuzfahrtschiff CENTURY der Meyer Werft Papenburg mit 35.200 t Deplacement wird beim Antrieb mit 2 SSP zu je 14 MW eine Energieeinsparung von 10% gegenüber einer Zweischraubenlösung angegeben.

Wie stellt sich dieser energetische Gewinn aus der Sicht der Analyse der Verlustgruppen dar? Er setzt sich aus vielen Einzelbeiträgen zusammen, für die in Klammern Richtwerte in Prozent der Antriebsleistung angegeben sind: Der Widerstand der Wellenleitungen und der Wellenböcke des Zweischraubers (2) und der Heckstrahlruder (2) entfallen, die Wechselwirkung mit dem Schiffskörper wird verbessert (2), die Propellerzuströmung wird homogener (1), der Drallverlust des vorderen Propellers wird reduziert (2), und anstelle des Ruderwiderstands tritt der Widerstand der Streben der SSP (1).

CRP-Azipod-System für ein sehr großes Containerschiff (ULCV)

Azipod als Kontrapropeller

T. Veikonheimo berichtet über ein Antriebssystem (CRP-Azimut-System) für übergroße Containerschiffe, bei dem ein Azipod als Kontrapropeller zu einem Festpropeller angeordnet ist. Das gesamte Propulsionssystem besteht aus drei Azipods. Der Vergleich mit Ein- und Zweischrauberlösungen ergab auf der Grundlage von Modellversuchen eine um 5 bzw. 9% bessere Energieeffektivität.

Die Fa. *ABB* hat in 2004 eine japanische Ro-ro-Passagierfähre der *Shin-Nikonkei* mit einem Azipod-Antrieb – anstelle des Ruders – hinter dem dieselgetriebenen Hauptpropeller ausgerüstet. Der ziehende Azipod-Propeller läuft gegenläufig zum Hauptpropeller. Der hydrodynamische Wirkungsgrad soll um 10–15% gestiegen sein, die erforderliche Antriebsleistung um 7% gesunken. Im Vergleich zum Doppelschraubenantrieb ist die erforderliche Antriebsleistung ca. 11% geringer. Die Leistungsverteilung ist 60–70% Haupt- und

40–30% für den CRP-Antrieb. Eine Gleichverteilung würde die elektrischen Verluste erhöhen und ungünstiger sein.

Die mechanischen Verluste an der Schraubenwelle betragen ca. 1,5%, die elektrischen Verluste insgesamt ca. 8%, die sich aber nur auf die CRP-Azipod-Antriebsleistung beziehen.

Vorteile der Pod-Systeme und neue Chancen für Schiffskonzepte

Neben exzellenten Manövriereigenschaften und der möglichen Verbesserung der Propulsionsgüte bieten Pod-Systeme weitere Vorteile für andere Ziele des Systementwurfs: Die Energieerzeugung für Propulsion und andere Bedarfsträger kann zusammengeführt werden, die Antriebsanlagen haben geringeren Raumbedarf, geringeres Gewicht und sind flexibler in der Raumnutzung, lange Propellerwellen und deren Lagerung entfallen, ggf. auch Heckstrahlruder. Pod-Systeme sind einfacher zu installieren und zu warten, Schwingungs- und Lärmpegel sind reduziert. Als die QUEEN MARY 2 am 12. Januar 2004 ihre Jungfernreise antrat, wurde sie von 4 Mermaid-Pods angetrieben, und die elektrische Energie wurde von 2 Gasturbinen und 4 Dieselmotoren mit zusammen 118 MW erzeugt.

Im Grunde genommen eröffnen die Pod-Systeme seitens der Propulsion neue Perspektiven für die Verwirklichung anderer Teilziele des Schiffsentwurfs, die zu einer zentralen Erzeugung elektrischer Energie für alle Bedarfsträger tendieren. Elektrizität gilt als das Energiemedium der Zukunft. In Verbindung mit der Umsetzung von Innovationen anderer Systemkomponenten, wie z.B. die Energieerzeugung durch GUD-Anlagen oder der Einsatz der Brennstoffzelle, bietet sich ein weites Tätigkeitsfeld für schöpferische Ingenieure.

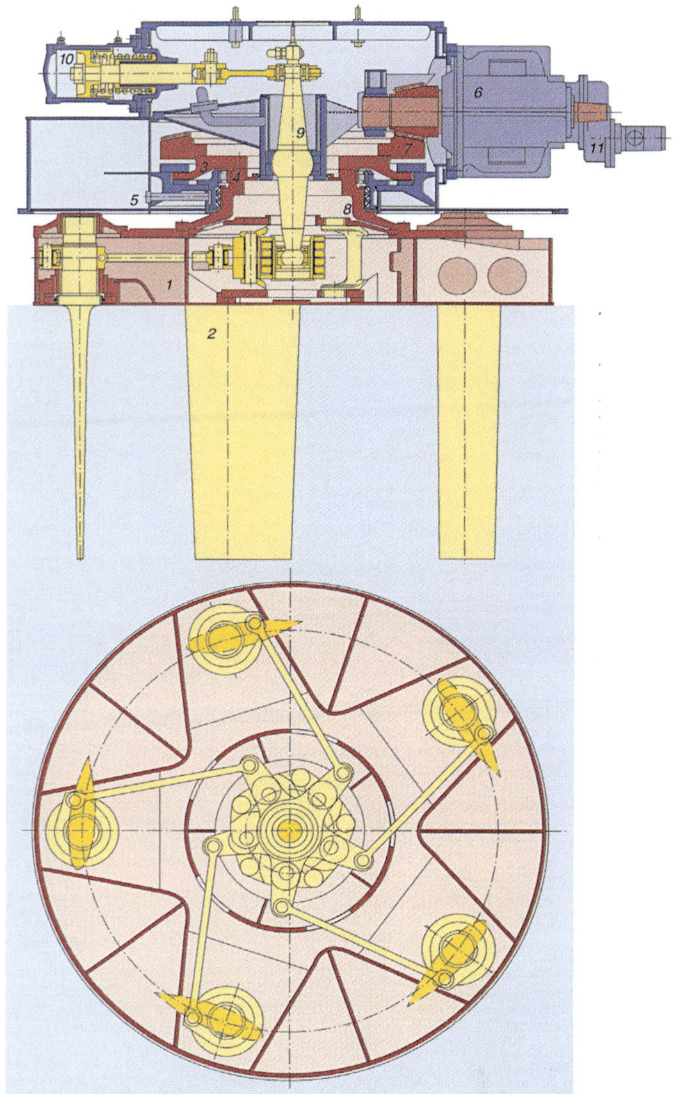

Aufbau eines VSP

5.7 Spezielle Wirkprinzipien

Der Voith-Schneider-Propeller

Die bekannteste und technisch vielfach genutzte Anwendung eines eigenwilligen Wirkprinzips querangeströmter Vertikalachsenmaschinen ist der *Voith-Schneider*-Propeller (VSP). Quer zur Anströmung werden Flügel auf einer Kreisbahn bewegt, wobei die Strömung zweimal durch die Flügelreihen hindurchgeht, einmal von außen nach innen und ein zweites Mal von innen nach außen. Die grundlegenden Eigenschaften und Einsatzgebiete wurden bereits im vorangehenden Kapitel beschrieben, hier soll auf die Wirkweise näher eingegangen werden.

Zunächst soll die Strömungssituation für die Propellerflügel dargestellt werden, wobei angenommen wird, dass die Flügel unendlich lang seien und keinen Schub erzeugen sollen.

Im unbelasteten Fall sind die Flügel in Richtung der resultierenden Anströmung einzustellen. Man kann das für die verschiedenen Positionen erreichen, indem man einen Steuerpunkt seitlich zur Anströmrichtung definiert, in dem sich die Flügelnormalen schneiden. Der Erfinder *Ernst Schneider* bezeichnete das dann entstehende Bewegungsgesetz als das »Normalenschnittgesetz« mit »strenger« Flügelbewegung. Wenn an den Flügeln Auftriebskräfte F_A gebildet werden sollen, so müssen die Flügel gegenüber der resultierenden Anströmung einen Anstellwinkel α bilden (vergleiche: Geschwindigkeitsdreiecke Seite 176). Das erreicht man wiederum, indem der Steuerpunkt etwas weiter vom Drehzentrum entfernt wird und den Einstellwinkel vergrößert. Die Komponenten der resultierenden Kraft entgegen der Anströmrichtung addieren sich zum Schub, die Kraftkomponenten in Umfangsrichtung gehen ein in Drehmoment und Antriebsleistung.

In der genauen Bestimmung der in den einzelnen Positionen wirksamen Anstellwinkel α simultan für alle Flügelpositionen liegt die wesentliche Schwierigkeit bei der Ausarbeitung hydrodynamischer Berechnungsmodelle.

Das strenge Normalenschnittgesetz in der ursprünglichen Formulierung von *Schneider* ergibt aber nicht den optimalen Propellerwirkungsgrad. Dafür liegen die maximalen Flügelausschläge jeweils zu nahe am 180°-Wendepunkt der Flügel, und die erzeugte Strahlgeschwindigkeit ist dadurch einseitig überhöht. Diese Unsymmetrie führt zu einem zusätzlichen Austrittsverlust, der vermieden werden kann, wenn die Flügelwinkelkurve sich der Sinusform annähert. Die im *Voith-Schneider*-Propeller mit der Schubkurbel-Kinematik realisierten Flügelwinkelkurven tragen dem in der Tendenz Rechnung.

Die konstruktive Ausführung des VSP ermöglicht es nun, den Steuerpunkt in der Ebene kontinuierlich zu verschieben und so den Schub nach Größe und Richtung stufenlos zu verändern, wobei Drehzahl und Drehrichtung beibehalten werden können.

Zu den Besonderheiten des Wirkprinzips zählt, dass die Auftriebskraft an einem Flügel während eines Umlaufs von einer Flügelseite zur anderen wandert. In der Modellvorstellung der Wirbeltheorie wechselt die Flügelzirkulation periodisch ihre Größe und sogar ihr Vorzeichen mit allen Konsequenzen für die Berechnung instationärer Strömungen.

Die Besonderheiten der Flügelanordnung und -bewegung beim VSP ergeben im Vergleich mit dem Schraubenpropeller bei gleichen Abmessungen deutlich größere Kräfte, da die gesamte Flügellänge am Außenradius wirksam wird, größere Anstellwinkel bei instationärer Umströmung zugelassen werden können und letztlich die Wirkung einer zweistufigen Maschine erreicht wird. Als Folge davon kann bei vergleichbarer Leistung die Drehzahl eines *Voith-Schneider*-Propellers wesentlich geringer als bei Schraubenpropellern ausgeführt werden.

Der VSP gehört zur Gruppe der »Zykloidalpropeller« und wird im Englischen als Cycloidal-Propeller bezeichnet. Überlagert man die Rotationsbewegung der Flügel mit einer Translationsbewegung, so ergeben sich für die Bahn eines Flügels Zykloiden. Ist die Translationsgeschwindigkeit kleiner als die Umfangsgeschwindigkeit des Propellers, so entsteht eine verlängerte Zykloide, ist die Translationsgeschwindigkeit größer, so ergibt sich eine verkürzte Zykloide. Im Grenzfall, wenn beide Geschwindigkeiten gleich sind, entsteht die gewöhnliche Zykloide. Der Voith-Schneider-Propeller basiert als »Schnelläufer« mit $u > v_A$ auf der verlängerten Zykloide.

Die für Schraubenpropeller überaus erfolgreiche Wirbeltheorie ist für VSP infolge der instationären Flügelumströmung erheblich komplexer. Auf Grund der periodischen Flügelumströmung werden auf der Bahn der Flügel ständig Wirbel abgelegt, die »frei« mit der Strömung weiter getragen werden. Will man nun für Berechnungsverfahren den Ort dieser freien Wirbel gegenüber dem Propeller zurückverfolgen, um ihren Einfluss auf die Flügel zu erfassen, so bietet sich zunächst wieder das Zykloidenmodell an. Es gilt aber streng nur für den nicht belasteten Propeller, da der Strahl bei Belastung nicht der konstant angenommenen Grundströmung der Zykloide entspricht. Bereits nach dem ersten Durchgang der Flügel ist das Zuströmfeld für den hinteren Flügeldurchgang wesentlich verändert. Eine theoretische Fundierung der Berechnungsverfahren erfolgte daher zeitlich deutlich später als beim Schraubenpropeller. Vereinfachen-de Annahmen zur Korrektur der Zykloide haben zeitweilig Abhilfe geschaffen. Die Methoden der numerischen Strömungsmechanik bieten heute die Möglichkeit, die komplexe Strömung nachzubilden und gemeinsam mit der Schiffsumströmung zu berechnen. Es ist aber für den bearbeitenden Ingenieur unverzichtbar, sich über die dahinter wirkende Physik Klarheit zu verschaffen, um die Ergebnisse zu verstehen. Der Computercode darf für ihn kein schwarzer Kasten sein!

Andere Steuerungsgesetze, nicht genutzte Ideen

Zum VSP gab es historische Vorläufer mit anderen Steuerungsgesetzen desselben Grundprinzips. Zu ihnen zählen der *Kirsten-Boeing*-Propeller und der »Translationsantrieb« von *Wels*. Auch Versuche mit einem »Wellpropeller« und der Schlagflügelantrieb lassen sich als Spezialfälle zuordnen. Die Lösungen unterscheiden sich im Wesentlichen durch die Lage des Steuerpunktes zum Flügeldrehkreis. Die Vielfalt der Ideen dürfte für das Innovationsgeschehen von Interesse sein. Die Lösungsvorschläge wurden aber technisch nicht genutzt, weil sie mit anderen Anforderungen nicht verträglich oder unter veränderten Bedingungen nicht mehr aktuell waren.

Der Kirsten-Boeing-Propeller

Im Jahre 1924 hatte *Frederick Kirsten*, der an der Universität Seattle lehrte, seine Version eines Zykloidalpropellers in ein kleines Versuchsboot einbauen lassen. Die Lösung war parallel und unabhängig von den Arbeiten *Schneiders* entstanden. Zur Verwertung hatte *Kirsten* sein Patent an die *Boeing Airplan Co.* in Seattle verkauft. Auch beim *Kirsten-Boeing*-Propeller werden Flügel auf einer Kreisbahn geführt, wobei der Normalenschnittpunkt als Steuerpunkt genau auf dem Flügelkreis liegt. Die Flügel drehen sich im Radkörper gleichmäßig mit der halben Propellerdrehzahl im entgegengesetzten Drehsinn. Im Bereich des Steuerpunkts wechseln sie im Gegensatz zum VSP die Eintrittskante der relativen Anströmung, weshalb die Profile im vorderen und hinteren Bereich symmetrisch ausgebildet werden. Der Wechsel der Anströmrichtung wird dadurch erleichtert, dass in diesem Punkt am Umfang die Umfangsgeschwindigkeit u der Anströmgeschwindigkeit v_A entspricht und die relative Anströmgeschwindigkeit verschwindet. Im Vergleich mit dem VSP muss bei dieser Steuerungsart bei gleichen Abmessungen die Drehzahl wesentlich niedriger gewählt werden mit allen Konsequenzen für Drehmoment und Gewicht, und sie muss zur Schubänderung variiert werden, da der maximale Flügelausschlag nicht verändert werden kann. Die Flügelbahn im Wasser entspricht der gewöhnlichen Zykloide. Versuche bestätigten die Funktion des Propellers, waren aber nicht sehr ermutigend.

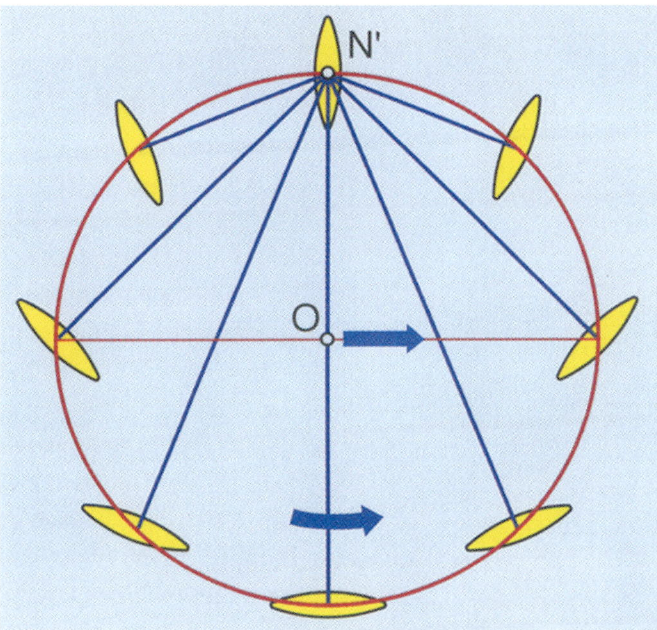

Kirsten-Boeing-*Propeller*

Zykloidalpropeller als Langsamläufer

Liegt der Steuerpunkt außerhalb des Flügelkreises, so vollführt der Flügel keine Drehbewegung, sondern pendelt gegenüber der Anströmrichtung mit wechselndem Anstellwinkel. Der Flügel vollführt im Wasser eine schlängelnde Bewegung, seine Bahn entspricht einer verkürzten Zykloide. Das Flügelprofil wechselt auch nicht mehr die Eintrittskante. Im Extremfall kann der Normalenschnittpunkt auch unendlich weit außerhalb des Drehkreises gedacht werden. Es entsteht dann ein auf einer Kreisbahn umlaufender Flügel, der parallel zur Anströmung ausgerichtet ist. Durch die Auf- und Abwärtsbewegung des Flügels ergibt sich jedoch jeweils eine Schräganströmung des Flügels, die zu einer periodisch wechselnden Umströmung der Eintrittskante führt. Der dabei entstehende Unterdruck an der Flügelnase ergibt eine Vortriebskraft, die als Schub genutzt werden kann, beschrieben als »*Betz-Knoller*-Effekt«. Um die entstehenden Anstellwinkel zu begrenzen, muss hier die

Voith-*Cycloidal-Ruder (VCR)*

Umfangsgeschwindigkeit wesentlich kleiner als die Anströmgeschwindigkeit gewählt werden. Mit Erfindungen, die diesen Effekt als Propeller gestalten wollten, wurde dieser in Demonstrationsmodellen überzeugend nachgewiesen. Bezieht man aber den konstruktiven Aufwand zur Realisierung des Effektes mit ein, so offenbart sich eine entscheidende Schwäche dieses Vortriebsprinzips: Die als Schub nutzbare Komponente der Kraft ist beim Langsamläufer nur klein gegenüber der auftretenden Gesamtkraft, die von Flügel und Lagerung aufgenommen werden muss. Erfinder sollten möglichst frühzeitig prüfen, welchen Anforderungen ihre Lösung außer dem Hauptzweck noch genügen muss, um einem leidvollen Schicksal zu entgehen.

Als Spezialfall eines Langsamläufers kann auch der Schlagflügelantrieb eingeordnet werden, bei dem ein Flügel periodisch gekippt oder auf und ab bewegt wird. Auch hier entsteht für den Flügel eine Schlängelbewegung im Wasser. Ein technischer Lösungsvorschlag für einen Bootsantrieb als Langsamläufer ist der Translationsantrieb von *Wels*, der für *Ernst Schneider* ein Ausgangspunkt zur Entwicklung seines Propellers als Schnelläufer bildete.

Liegt der Steuerpunkt auf dem Flügelkreis oder außerhalb, so ist das Verhältnis von Vortriebskomponente zur Gesamtkraft klein und damit das Verhältnis von Nutzen zu Aufwand unzureichend. Hier dürfte der wesentliche Grund dafür liegen, dass der *Kirsten-Boeing*-Propeller oder andere langsam laufende Zykloidalpropeller nicht Eingang in die industrielle Nutzung gefunden haben. Es ist das Verdienst von *Ernst Schneider*, herausgefunden zu haben, dass die Vortriebserzeugung bei Vertikalachsenmaschinen als Schnelläufer mit einem innerhalb des Drehkreises der Flügel liegenden Steuerpunkt sinnvoll und möglich ist und die praktische Umsetzung in langwierigen Entwicklungen zu der heutigen Reife geführt werden konnte.

Das »Querstrom«-Prinzip in anderen Fluidenergiemaschinen

Zum Wirkprinzip einer periodisch instationären Flügelumströmung zählen jedoch sehr erfolgreiche Anwendungen bei anderen Fluid-Energiemaschinen mit querüberströmter Achse und nicht verstellbaren Schaufeln wie *Darrieus*-Windturbinen, Querstromgebläsen und Wasserturbinen nach *Ossberger*. Wollte man das Voith-Schneider-Prinzip als Turbine nutzen, so müssten die Anstellwinkel für die Flügel gegenüber der Anströmung auf die andere Seite wechseln, d.h. die Flügel würden dann mit sehr geringen Winkeln gegenüber der Kreisbahn eingestellt werden und brauchten beim Umlauf nur geringfügig verstellt werden. Die technische Lösung als *Darrieus*-Windturbine oder der Vorschlag von *Gorlov* verzichtet deshalb konsequenterweise auf diese geringe Flügelverstellung und nutzt eine konstante Einstellung der Flügel. Allerdings laufen die Maschinen dann nicht selbsttätig an. Analysen und Versuche zur Winkelsteuerung ergaben nur marginale Vorteile. Ein Vorschlag zur Nutzung als Wasserturbine in Meeresströmungen wurde von *A. M. Gorlov* vorgestellt.

Bekannt ist die Modellvorstellung eines »Segelwagens« zur Nutzung der Windenergie. Dazu sollten Gaffelsegel auf einer Kreisbahn geführt werden, wobei sie zwei Mal dem Wind ausgesetzt werden, jeweils mit entgegengesetzter Fahrtrichtung.

Querstrom-Turbine

Auch bei axialen Strömungsmaschinen gibt es Sonderbauarten mit periodisch wechselnder Durchströmrichtung. Hier lohnt sich ein Blick auf die so genannte *Wels*-Turbine bei der Nutzung von Wellenenergie des Meeres.

Ein Blick auf Lösungen in anderen Bereichen der Technik oder auch in der Natur ist für Erfinder immer anregend und fördert die Durchdringung der Grundlagen durch Verallgemeinerung auf einer darüberliegenden »Meta«-Ebene, über die dann auch Lösungen übertragen werden. Künftige Erfinder seien aufgefordert, »Metaphernfähigkeit« zu entwickeln und zu nutzen.

Auch die Propulsion der zahlreichen Sonderfahrzeuge er-folgt mit den allgemein bekann-ten Lösungen! U-Boote, Tragflächenboote, Luftschraubenboote, Amphibienfahrzeuge, Luftkissenschiffe, Hovercraft, Bodeneffekt-Fahrzeuge und Sportboote, sie alle nutzen zur Propulsion die beschriebenen Wirkprinzipien in den unterschiedlichsten Ausprägungen.

5.8 Aktuelle Beispiele komplexer Propulsionslösungen und die Tretbootregatta der Studenten

Trotz der vielfältigen Innovationsansätze zur Optimierung der Propulsionssysteme hat der einfache, direkt angetriebene Flügelpropeller in den bisherigen 150 Jahren seinen Platz als dominierendes Propulsionsorgan behauptet, seine Leistungsfähigkeit ist mit den Anforderungen bis in die größten Dimensionen der Schiffe in evolutionärer Entwicklung mit gewachsen. Selbst bei der Entwicklungstendenz zu übergroßen Containerschiffen wird er sogar mithalten können, zunächst als Einschrauber, wenn der Tiefgang begrenzt ist und das Breiten-/Tiefgangsverhältnis anwächst als Zweischrauber.

Die von einem Propeller übertragene Antriebsleistung betrug im historischen Ablauf:

1855 ≈	500 kW
1900 ≈	10.000 kW
1950 ≈	35.000 kW
2000 ≈	65.000 kW

Im Vergleich dazu werden andere Propulsoren gegenwärtig mit folgenden Leistungsgrenzen je Einheit angeboten: Wasserstrahlantriebe bis 35.000 kW, Pod-Antriebe bis 20.000 kW und Voith-Schneider-Propeller bis 4.000 kW.

Mit 65.000 kW laufen z.B. die großen Containerschiffe (ca. 8.000 TEU) heute über 25 kn, haben 8–9 m Propellerdurchmesser, und die Flügelspitze läuft mit 45 m/s um. Die Leistungsdichte auf dem Propellerkreis ist um 1.000 kW/m^2 und damit gegenüber den üblichen Frachtschiffen (16 kn) mehr als verdoppelt. Eine weitere Vergrößerung der Propeller ist möglich. Im Jahre 2001 wurde von der *Mecklenburger Metallguß GmbH (MMG), Waren,* der weltweit größte Propeller mit 10,5 m Durchmesser für den ebenfalls weltgrößten Doppelhüllentanker einer koreanischen Werft ausgeliefert. Studien zeigen, dass ultragroße Containerschiffe bis 18.000 TEU und 25 kn mit bis zu 100 MW Antriebsleistung mit Propellern dieser Größe auch als Einschrauber möglich sind, wenn die Systemoptimierung eine solche Lösung nahe legt. Ansonsten müsste man zum Doppelschraubenantrieb mit zwei Maschinen übergehen, was aber teuer ist. Die Antriebsleistung je Container sinkt mit der Größe des Schiffs. Während ein 8.000-TEU-Containerschiff bei 25 kn etwa 8,5 kW/TEU benötigt, beträgt der Leistungsbedarf eines 18.000-TEU-Schiffs bei gleicher Geschwindigkeit etwa 100 MW oder 5,6 kW/TEU. Die Abhängigkeit der Antriebsleistung vom Deplacement folgt für Containerschiffe recht gut der Formel von *Völker* für die Admiralitätskonstante mit dem Deplacementkoeffizienten von 0,567. Ob überhaupt die Entwicklung zu derart großen Schiffen kommt, ist aber unsicher, denn der Vorteilsgewinn beim Energieverbrauch bei Zunahme der Größe muss gegen wachsende Probleme, z.B. beim Ladungsumschlag, abgewogen werden.

Aktuelle Propulsionskonzepte nutzen für Containerschiffe auch Möglichkeiten, die sich aus der Energieeinsparung durch propulsionsverbessernde Bauteile ergeben, z.B. Zustromausgleichdüsen nach *Schneekluth* an Containerschiffen der *Aker MTW Werft* in Wismar.

Kreuzfahrtschiffe und Luxusliner mit Pod-Antrieben

Mit den Vorteilen der Pod-Antriebe in Bezug auf Manövriereigenschaften und Energieeffektivität kann dem direkt angetriebenen Propeller eine Konkurrenz besonders dann erwachsen, wenn sich die Tendenz zu einer zentralen Erzeugung elektrischer Energie als »all electric ship« verstärkt durchsetzt. Erste Beispiele für neue Propulsionslösungen mit Pod-Antrieben und zentraler Energieerzeugung finden sich bei Kreuzfahrtschiffen.

1995 wurde das Kreuzfahrtschiff MERCURY der *Meyer Werft Papenburg* mit 2 Siemens-Schottel-Podantrieben von je 14 MW ausgerüstet. Für das Kreuzfahrtschiff RADIANCE OF THE SEAS wurde von derselben Werft ein besonders innovatives Gesamtkonzept realisiert, indem neben dem Antrieb mit zwei ABB Azipods von je 19,5 MW Leistung die Energieversorgung durch eine kombinierte Gas- und Dampfturbinenanlage erfolgt (Konzept COGES plant, 2 GE LM2500 Gasturbinen, 1 Dampfturbine). Mit der Kombination von Gas- und Dampfturbinen als GuD-Anlagen kann der Nachteil beim Wirkungsgrad der einzelnen Maschinen überwunden und ggf. eine Alternative zum Dieselmotor entwickelt werden.

Die Schwesterschiffe EXPLORER OF THE SEAS und VOYAGER OF THE SEAS als 2001 größte Kreuzfahrtschiffe werden mit 75.000 kW dieselelektrisch über 3 Schrauben angetrieben, wobei die mittlere fest installiert ist und die beiden Außenpropeller als Pods angeordnet sind.

Auch das derzeit größte Passagierschiff der Welt, die QUEEN MARY 2, wird von 4 Mermaid-Pods angetrieben. Die Presse berichtete anlässlich der Jungfernreise im Januar 2004: *»Die Fahreigenschaften seines Schiffs haben Commodore Warwick begeistert«*, das Schiff *»kann ohne Schlepperhilfe um die eigene Achse drehen.«*

Die internationale Tretbootregatta der Studenten – ein Innovationstraining

Neugier und der Reiz des Unkonventionellen veranlassen Studenten zu eigenwilligen Ideen und Initiativen. Sie bauen z.B. Brücken, Gebäude und Schiffe aus Papier in ausgeschriebenen Wettbewerben und ringen um die beste Lösung. 1979 kamen Studenten der Schiffstechnik in Hannover auf die Idee, eine Regatta mit selbst gebauten Tretbooten vorzubereiten, um die trockene Theorie mit Leben zu erfüllen. Im Jahre darauf startete der erste Wettbewerb mit drei Fahrzeugen auf dem Maschsee in Hannover. Die Boote dürfen nur mit der Muskelkraft zweier Personen angetrieben werden und in Länge und Breite 6 m nicht überschreiten. Die Fahrzeuge müssen sich in Voraus-

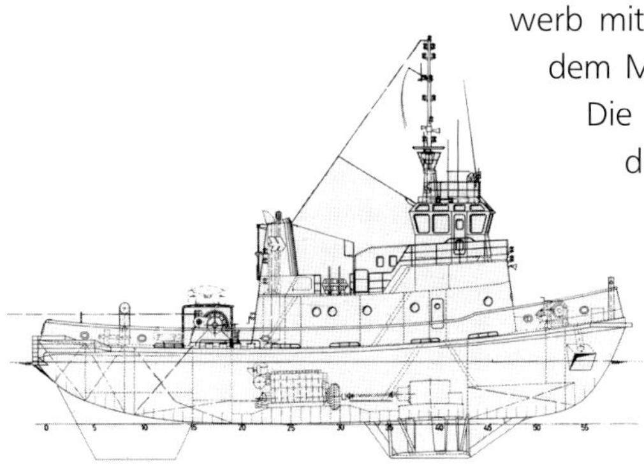

Hafenschlepper ROTE-SAND *mit zwei Voith-Schneider-Propellern, 2.600 mm ø, fünf Schaufeln 1.650 mm lang, L 30,25 m, B 8,8 m, T 4,7 m, Pfahlzug 31 t, 12,7 kn, genannte Antriebsleistung 2x 1.200 bhp bei 750 1/min, Stop-Weg 30 m in 10 s, gebaut 1978 bei der Jadewerft Wilhelmshaven GmbH*

geschwindigkeit, Rückwärtsfahrt, im Standschub und im Manövrieren bewähren, auch Konstruktion und Originalität werden bewertet. Gezeigt wurden Lösungen als Monohull mit und ohne Ausleger, als Katamaran und sogar als Fahrgestell mit Unterwassertragflächen. Zur Propulsion werden die bekannten Prinzipien neu geprüft: mechanisches Rudern, Schaufelrad- und Propellerantrieb, Luftschraube und Schlagflügel. Im Schnelligkeitsvergleich erwiesen sich auch hier schlanke Bootskörper mit Propellerantrieb als überlegen, den bisherigen Weltrekord hält der Katamaran CLOSE TO PERFECTION der Duisburger Studenten mit 10,6 kn über eine 100-m-Distanz. Langsamer, aber dafür originell und aufsehenerregend war das Trampolin TIGERDUCK der Flensburger Studenten, dessen Schlagflügelantrieb durch Hüpfsprünge der Muskelmänner auf- und abbewegt wurde.

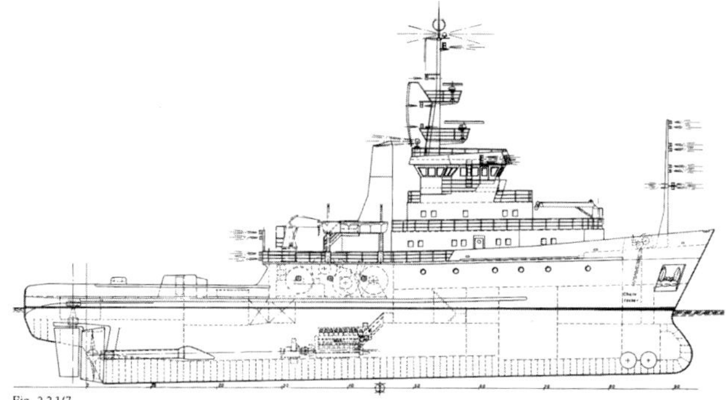

Fig. 2.2.1/7

Seeschlepper NEPTUN SUECIA, *jetzt als* ABFILLE LANGUEDOC *unter französischer Flagge in Brest stationiert, 1978 bei Ulstein Hatlø AS, Ulsteinvik, Norwegen gebaut, Lüa 63,75 m, B 3,76, also, kurz und breit, Gesamtleistung 23.000 PS, Pfahlzug 160 t, 16,8 kn, das Verhältnis Pfahlzug zu Antriebsleistung ist 12,5, ein sehr guter Wert. Die Antriebsleistung kommt von vier mittelschnelllaufenden Dieselmotoren MaK 8 M 453 AK je 3.000 bhp bei 600 min^{-1}, untersetzt auf 150 min^{-1} auf zwei Verstellpropeller in Kort-Düse. Diese erhöht den Pfahlzug um 20–40 %. Der Schub des Propellers ist bei Stillstand am größten, sinkt dann mit zunehmender Geschwindigkeit etwas ab. Die maximale Geschwindigkeit wird erreicht, wenn der steigende Widerstand des Schiffes die Größe dieser Kraft erreicht. Das Ruder hat Übergroße mit 6% der Fläche L x T und ± 70° Ruderwinkel in halber Zeit (beim Frachter nur 2% und ±35 ° in 30 s) Dieses ist heute die übliche Schlepper-Konfiguration, bei Schleppern hat sich sehr lange die Kolben-Dampfmaschine behauptet, da sie ein hohes Drehmoment beim Anlaufen entwickelt. Bei Froude-Zahlen 1,0–1,5 sind Seeschlepper schnelle Schiffe mit relativ feinen Linien. Das bedingt auch die Anordnung des Maschinenraums mittschiffs. Der Schlepphaken sollte bei 55–60% der Länge von vorn liegen. Jedes der beiden Getriebe hat vier PTO's für je einen 400 kVA Generator und Hydraulikpumpen.*

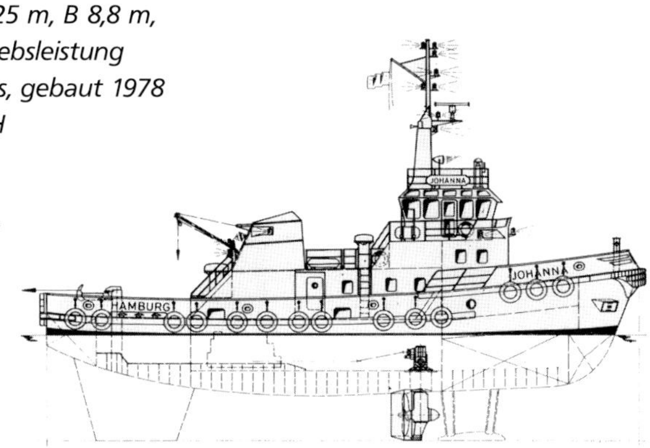

Hafenschlepper JOHANNA, *gebaut 1976 von der Mützelfeldwerft GmbH, Cuxhaven, mit zwei Schottel-Propeller 272 min^{-1} von je einem Dieselmotor Deutz SBA 8_M 528, je 110 bhp bei 900 min^{-1} angetrieben über Kardanwelle und Umlenk-Untersetzung. Dazu kommen drei luftgekühlte Dieselgeneratoren (zwei mit 57 kVA, einer mit 12 kVA).*

Inzwischen ist die jährlich von Studenten selbst organisierte Tretbootregatte zu einem internationalen Ereignis geworden, das sich auf das Städtepolygon Nantes–Trondheim–Gdansk–Zagreb–Triest ausgedehnt hat und u.a. in die 1.000-Jahr-Feier der Stadt Gdansk integriert wurde. Zum 25-jährigen Jubiläum 2004 in Berlin wurden 30 Tretboote und bis zu 3.000 Zuschauer erwartet. Innovationen zum Vortrieb stehen jedoch noch aus!

Schaufelradschiff ALECTO und Schraubenschiff RATTLER beim Ziehen gegeneinander.

Fluss-Kreuzfahrtschiff NEDERLAND, gebaut 1984 bei Ewald Beringhaus, Köln, Lpp 96,45 m, T 1,35 m 900 tdw, 102 Kabinen, Antrieb vier Deutz SBF 12 M 716 mit je 425 bhp bei 1.500 min^{-1} auf zwei Voith-Schneider-Propeller 600 min^{-1}, Ø 2.000 mm, 5 Flügel von 1.000 mm Länge. Zwei 180 kVA Generatoren, Bugstrahlruder 220 bhp und ein 6-Zylinder Dieselgenerator für Hafenbetrieb. Elastische Lagerung, auch der Propeller, hält Geräuschpegel niedrig.

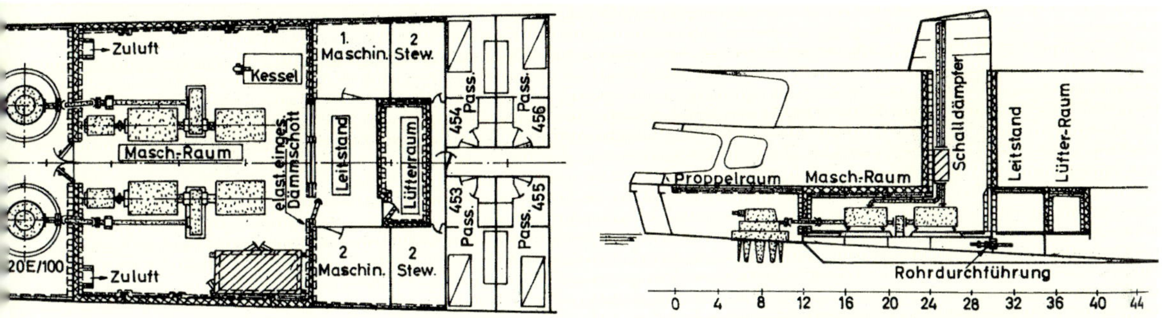

a 12 Zyl. Diesel in V-Anordnung
b elastische Kupplung
c Getriebe
d Kardanwelle wegen elastischer Lagerungen
e Wellenlager
g Voith-Schneider-Propeller
h Kupplung
i Generator

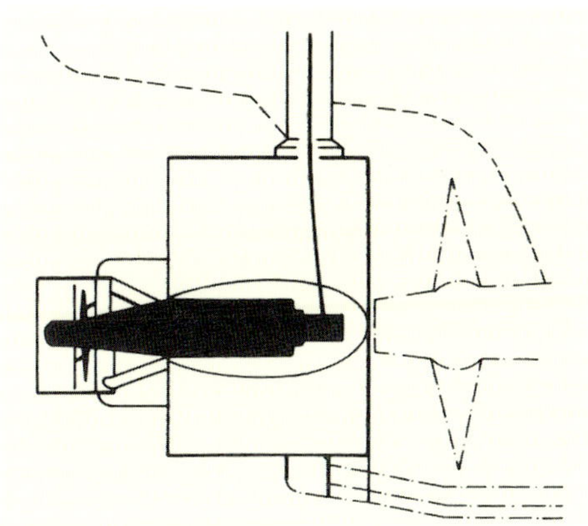

Aktiv-Ruder mit Unterwassermotor (Pleuger Prinzipdarstellung) seit 1960ern.
Der Unterwassermotor ist ein vollständig von Wasser umgebener Asynchronkurzschlussläufermotor.

5-flügeliger Skew-back Propeller. Die sichelförmigen Flügel ergeben einen schwingungs-(geräusch-)armen Lauf.

6. Der Dampfkessel und die Kolbendampfmaschine

6.1 Der lange Weg zum Schiffs-Dampfantrieb

Beim Verdampfen von Wasser ist der Zusammenhang zwischen Druck und Siedetemperatur entscheidend. Für den Übergang flüssig–Gas muss zusätzlich Energie zugeführt werden, nämlich bei Wasser 539,1 kcal/kg, damit es bei einem Druck von 760 mm Quecksilbersäule (760 Torr oder 1 bar) bei 100° C siedet. Diese Wärmemenge wird bei Kondensation natürlich wieder frei. Beim Sieden entsteht Nassdampf, da der aufsteigende Dampf (Sattdampf) Wassertropfen mitreißt. Darum sehen wir den Sattdampf weiß. In einem Überhitzer kann der Dampf weiter Wärme aufnehmen, er wird zu Heißdampf, der nicht so schnell bei Abkühlungen an Wandungen oder nach Entspannung kondensiert, damit wurde dann später die Mehrfach-Expansions-Dampfmaschine mit zwei bis vier Zylindern möglich.

Die ersten Experimente mit Dampf beschreibt *Hero*, ein Philosoph und Mathematiker, in Alexandria 120 v.Chr. in seiner Abhandlung »On Pneumatics«. Aus seinen 78 Experimenten sei besonders eines erwähnt, da es als Vorläufer der Turbine angesehen werden könnte. Er schreibt: Ein Feuer erwärmt Wasser in einem geschlossenen Gefäß, das über einem Rotor mit einer Hohlkugel verbunden ist. Aus dieser Hohlkugel ragen radial Rohre, die an ihren freien Enden in Umfangsrichtung gebogen sind. Sobald Dampf austritt, beginnt sich die Hohlkugel zu drehen. Die Maschine wurde »Aeolipile« genannt. Die Kenntnis, was man mit Dampf bewirken kann, wurde aber damals nur für Überraschungseffekte von Priestern im religiösen Bereich genutzt.

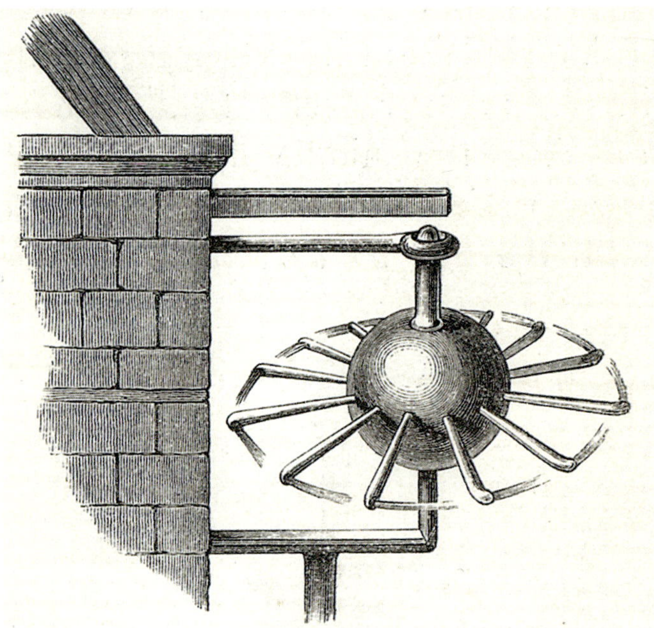

Dampfapparat (Aeolipile) nach Hero *120 v.Chr.*

Im Jahr 1543 schlägt *Blasco de Garay*, ein siebzigjähriger Greis, der schon an der Entdeckungsreise von *Columbus* teilgenommen hatte, Kaiser *Karl V.* den Vortrieb großer Schiffe bei Windstille ohne Segel oder Ruder durch eine Maschine vor. Das Experiment wurde mit dem Schiff TRINITY, 200 tons mit Korn beladen, am 17. Juni 1543 im Hafen von Barcelona gemacht. Ein Schaufelrad auf jeder Seite des Schiffes wurde angetrieben. *Garay* allerdings offenbarte seinen Dampfapparat nicht. Der beobachtende Schatzmeister *Ravago* merkte an, dass das Schiff nur 3,5 englische Meilen die Stunde Geschwindigkeit hatte, der Apparat komplex und teuer ist und die Gefahr einer Kesselexplosion bestünde. Ein fauchender Kessel war vor den Augen der riesigen Zuschauermenge an Bord gebracht worden, gefüllt mit geweihtem Wasser. Allerdings konnten Nachforschungen durch *McGregor* im September 1857, in den Archiven von Samancas nahe Valledolid in Spanien, den Dampfantrieb nicht bestätigen, man nimmt an, dass die Schaufelräder von 25 Mann auf jeder Seite gedreht wurden. Die Spanier selbst reklamierten auch diesen Vorgang nicht als erstes Experiment eines Dampfantriebes, es war wohl ein Betrug. Kaiser *Karl V.* war zwar zunächst angetan und zahlte *Garay* eine Prämie, wurde aber von Gegnern überzeugt, dass es sich um ein Teufelswerk handelt, und entzog seine Gunst. *Garay* starb 1555 im Kloster Montserrat.

Die Kraft des Dampfs war schon lange bekannt. So berichtet *Baptista Porta* 1601 in seinem in Neapel erschienenen Buch »Pneumaticorum Libri Tres« über etliche Experimente zur

Dampfkraft. 1615 schreibt *Solomon de Cans*, Ingenieur bei *Louis XIII.*, eine Abhandlung: »Les Raisons des Forces Mouvantes«, dass eine Wassersäule in einem Rohr hochgetrieben wird durch den Dampfdruck aus einem beheizten Kessel.

Der Engländer *Samuel Morland* (1625–1695) schreibt 1683 über seine vorjährige Entdeckung an König *Charles II.*: *»... water being converted into vapour by the fore of fire, these vapours shall require a greater space (about 2000 times) than the water occupied...«* und weiter, dass der Dampf ein Kanonenrohr sprengen könnte, wenn er gefangen bleibt.

Die Dampfmaschine lag seit Beginn des 17. Jhdts. »in der Luft«. So erhielt *David Ramsay* 1618 ein Patent »to make boats for carriages running upon the water as swift in calms and more safe in storms than boats fully sailed in great winds«. Weitere Patente für andere Erfinder in dieser Zeit folgten, alle mit dem gleichen Zweck, Schiffe unabhängig vom Wind zu machen. Es folgten 1637 *Francis Lis*, 1648 *Edward Ford* und *Dr. Thomas Grant, Thomas Toogwood 1661* und *James Hayes* 1662 mit ähnlichen Vorstellungen. Der *Marquis von Worcester* beschreibt am 08.02.1661 einen Apparat, der den damaligen Möglichkeiten und Vorstellungen für einen Dampfantrieb eines Schiffes entspricht. Es gab viele Patente und Versuche, die sich aber als nutzlos oder nicht machbar erwiesen und hier nicht erwähnt werden müssen. Sie dachten auch nicht so sehr an den Schiffsantrieb, sondern an Pumpen von Wasser.

Erst *Salomon de Caux* (1576–1635) in Frankreich und der Franzose *Diousyno* oder *Denys Papin* (1647–1712), ein Wissenschaftler und Hugenotte in Hessen, befassten sich experimentell mit Dampf und mit technischen Apparaten wie Pumpen.

Im Werk »Raisons des forces mouvantes« des Franzosen *Salomon de Caux* wird 1614 ein Apparat beschrieben, der eigentlich nur eine mit Dampf arbeitende Fontaine ist. Er wurde in das Bicêtre, das Irrenhaus von Paris, auf Betreiben *Richelieus* gebracht, wohl um sich seiner penetranten Bemühungen zu entledigen.

Ein Besuchsbericht des Engländers *Marquis von Worcester* beschreibt, dass *de Caux* hinter den Fenstergittern stand und ohne Unterlass rief (3. Februar 1641): *»Ich bin nicht toll, sondern ich habe eine Erfindung gemacht, welche dieses Land bereichern muss, wenn sie ausgeführt wird.«*

Von Worcester, ein Plänemacher und Aufschneider, beschreibt »Hundert von Erfindungen« auch einen Dampfapparat als »Erfindung Nr. 68«, mit dem Wasser hochgesaugt wer-

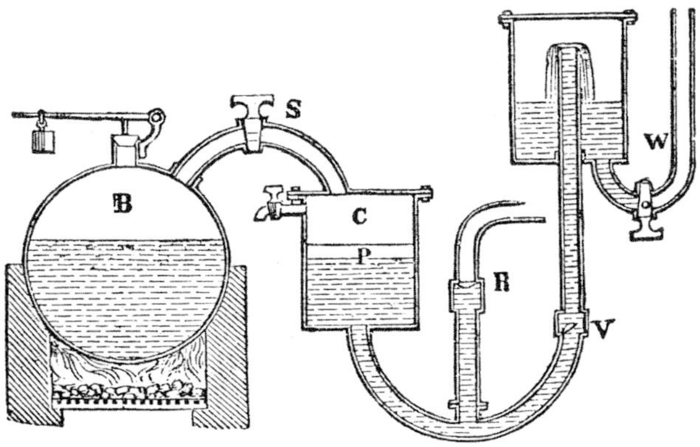

Papins *Dampfpumpe*
B Kessel, C Zylinder, P Kolben, R Speisepumpe, V Rückschlagventil, W Auslass

den kann. Es gibt aber keinen Beweis, dass je so etwas gebaut worden ist.

In *Papins* Zeit beim Landgrafen von Hessen ab 1688 fällt seine Erfindung der »Feuermaschine«, also die Nutzung von Wasserdampf, um durch dessen Kondensation einen luftleeren Raum zu erzeugen und den atmosphärischen Druck zu nutzen. In den Jahren 1703/04 baute er ein Boot, mit dem er Versuche anstellen wollte, aber nach seinen eigenen Worten nicht zum maschinellen Schiffsantrieb, um seine Kräfte nicht zu zersplittern. Ihn mit dem »Dampfschiff« in Verbindung zu bringen, ist eine Legende. Er wollte im September 1707 mit dem Schiff, seiner Familie und seinen Habseligkeiten nach Bremen, um von dort nach England zu kommen. Sein Schiff, das ein manuell angetriebenes Schaufelrad hatte und in England einen Dampfantrieb hätte bekommen können mit verzahnter Kolbenstange und Zahnradübertragung, wurde aber von der Schiffergilde in Münden an der Einfahrt in die Weser gehindert, an Land gezogen und zerstört, sodass *Papin* zu Lande weiterreisen musste.

Papin beobachtete 1681 Experimente auf der Themse mit drehenden Riemen oder Paddeln, also wohl Schaufelrädern. Er schreibt an *Leibniz*, er habe durch Rechnung festgestellt, dass man ein Schiff mit einer bestimmten Vorrichtung durch nur sieben bis acht Ruderknechte mit Hilfe des Feuers schneller fortbewegen könne als eine der gewöhnlichen Galeeren mit 250 Ruderern. Das führte ihn 1690 zum Vorschlag einer Antriebsmaschine, bei der in einer Röhre durch kondensierenden Dampf ein Vakuum erzeugt wird und sich dann der Kolben durch den Luftdruck hinauf bewegt. Davor war immer nur an Pulvergase gedacht worden. Die Maschine arbeitete also mit

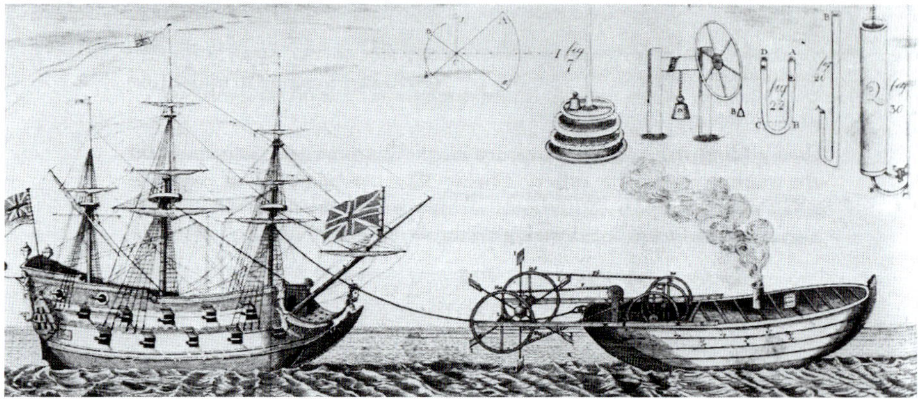

Jonathan Hulls *Vorschlag für einen Dampfschlepper 1736. Er dachte an eine Newcomen-Maschine als Antrieb. Es gab aber keine Realisierung, es blieb über ein halbes Jahrhundert ein Traum, weil Wissen, Material usw. noch fehlte und die Maschine noch zu ineffektiv war.*

Atmosphärendruck, wird darum »atmosphärische Dampfmaschine« genannt, kam allerdings nie als Schiffsantrieb zur Anwendung. *Papin* nutzte die Erkenntnis, dass Wasser in Dampf umgewandelt sein Volumen 1750fach vergrößert und im umkehrbaren Prozess ein Vakuum entsteht. *Otto von Guericke*, der 1654 die Luftpumpe in Magdeburg erfand, soll ihn angeregt haben. *Papin* hat nie eine eigene Maschine aufs Wasser gebracht.

Thomas Savery (1650–1715) baute zur Entwässerung der immer tiefer vorangetriebenen Kohlegruben in England seine Dampfpumpe »The Miner's Friend«. Sie ist aber in der »Horse Power« (hp) – er verwendet erstmalig den Begriff – noch zu schwach. Seine »hydraulische Dampfmaschine« zum Heben von Wasser aus den Kohlegruben war ein Rohr- und Behältersystem, in dem durch abwechselnden Dampfdruck und Vakuum durch Kondensation zum Absaugen Wasser gepumpt werden konnte.

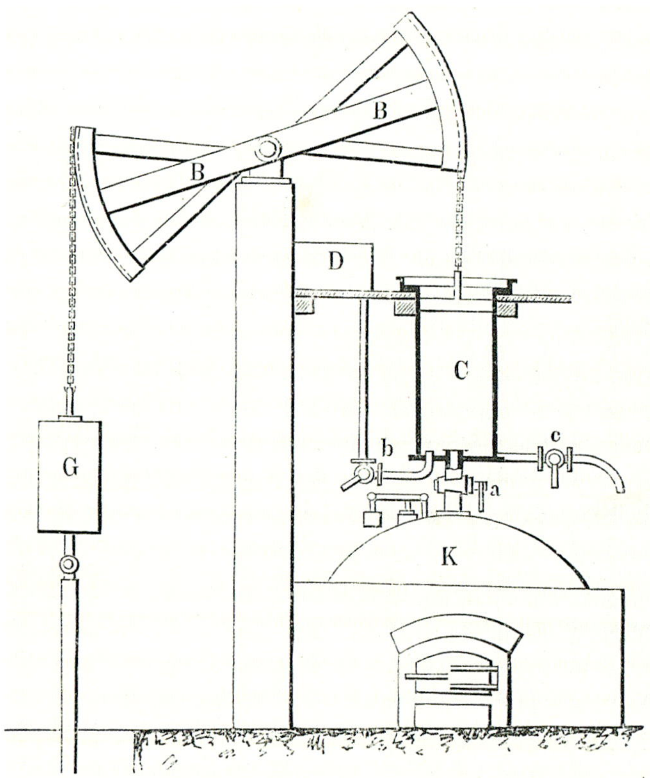

Die »Feuermaschine« von Newcomen *(1705). In den Zylinder C wird Dampf eingelassen, der dann durch kaltes Wasser aus D kondensiert. Der Luftdruck drückt den Kolben herunter und die Wasserpumpe über den Balancier B nach oben, dann ließ man Kondensat und Wasser durch den Hahn C ab. Das Gewicht G und Dampf drückt den Kolben wieder hoch, der Zyklus beginnt neu. Nachteilig ist die starke Temperaturschwankung der Zylinderwandung.*

Eine drehende Bewegung konnte seine Maschine nicht hervorrufen. Er befasste sich mit dem militärischen Ingenieurwesen und schlug der britischen Navy Schaufelradantrieb, allerdings von Menschen bewegt, vor. Die Marine wies ihn mit der Bemerkung zurück: »... wie sich überhaupt unberufene Leute anmaßen könnten, für sie Erfindungen machen zu wollen«.

Durch den Einsatz dieser »Dampfmaschine« mit Verbesserungen des Grobschmieds *Thomas Newcomen* (1663–1729) wurden in einer Grube in England 50 Pferde arbeitslos. Pferdestärken (PS) wurden zum Maß für die Leistungsfähigkeit von Kraftmaschinen. Erst durch weitere Ideen von *Savery* (1696) und *Newcomen* (1705) konnte eine arbeitsfähige atmosphärische Maschine gebaut werden, bei der aber nicht der Dampf, sondern der Luftdruck treibt.

Newcomens atmosphärische Dampfmaschine bedingte, dass die Hähne an der Maschine im Wechselspiel von Hand bedient werden mussten, eine langweilige geisttötende Arbeit. Der Knabe *Humphrey Potter*, der bei einer Maschine in Cornwallis die Hähne drehen musste, verband die Hähne mit Stricken mit dem Wagebalken (Balancier) der Maschine. Alsbald durch Zugstangen ersetzt, war damit 1718 die automatische Steuerung der Maschine erfunden.

1755 berechnete *Joseph Gautier* in der »Memoirs de la Societé Royale de Nancy«: Nahrung für 260 Ruderer nimmt mehr Raum als Kohle für eine gleich starke *Newcomen*-Maschine ein.

Jonathan Hull, geb. 1699, bekam 1736 ein Patent für einen Dampfschlepper und für die Idee, eine hin- und hergehende lineare Bewegung in eine kontinuierliche Drehbewegung umzusetzen. Seine praktischen Versuche aber misslangen und brachten ihm nur Hohn und Spott.

Bei jedem Arbeitshub wurde das Schaufelrad durch Ratschen angetrieben, die durch ein Gewicht zurückgeholt wurden.

In der Regel macht die technische Entwicklung keine Sprünge, sondern ist ein evolutionärer Prozess der Vorstellung, die auf Bekanntem und der Kombination mit neuen Möglichkeiten aufbaut. *James Ramsey* begann 1774 mit Experimenten an Dampfmaschinen und baute 1786 ein Dampfboot von »9 tons« Größe. Mit seinem Antrieb, er leitete mit dampfgetriebener Pumpe einen Wasserstrahl achtern aus dem Boot, erreichte er »4 or 5 miles an hour« gegen die Strömung des Potomac bei Shepherdstown, Pennsylvania, USA. Mit seinem Wasserstrahlantrieb erreichte er aber keine Akzeptanz.

Der Franzose *Marquis de Jouffroy d'Abbans* hatte am 15. Juli 1783 sein Dampfboot PYROSCAPHE gegen die Strömung der Saône eine Viertel Stunde fahrend Erfolg, aber die Vibrationen der Dampfmaschine waren zu stark, das Schiff zerbrach und versank.

Die Maschine von *Frérejean et Cie*, Lyon, hatte einen horizontalen Zylinder mit 650 mm Durchmesser, Hub 1,956 m und arbeitete über eine Ratsche auf die Schaufelräder.

John Fitch (21.01.1743–02.07.1798), ein Amerikaner und Uhrmacher aus Connecticut, hatte im Frühjahr 1785 erstmals die Idee, eine Dampfmaschine zum Schiffsantrieb zu nutzen. Er fertigte zunächst ein Modell, das von einer Messing-Dampfmaschine angetrieben wurde. Im Jahre 1786 entstand ein 10 m langes Schiff mit einem Heckschaufelrad, welches man als erstes betriebsfähiges Dampfschiff bezeichnen kann, und er bekam sogar vom Staat New Jersey ein Monopolrecht zum Bau von Dampfschiffen. Das Geld für seine Experimente verdiente er durch Verkauf eigener Kupferstiche und Landkarten, denn er war auch beim Staat Kentucky amtlicher Vermessungsingenieur gewesen. Die geringe Steuerfähigkeit seines Dampfers – bedingt durch seine geringe Geschwindigkeit –

John Fitch's zweites Dampfboot

Modell des Dampfers mit angetriebenen Paddeln von Fitch *(Museum für Technik, Berlin)*

führte er aber auf das Heckschaufelrad zurück und baute anstatt auf jeder Seite sechs Stangenruder ein.

Fitch baute ein Boot mit »grasshopper paddles« und erreichte 7 miles/h auf dem Deleware bei Philadelphia am 22. August 1787. Da die ersten Versuche mit Schaufelrad gescheitert waren, wurde es mit 12 Paddeln ausgerüstet. Es war fast 14 m lang, 3,6 m breit und hatte eine Maschine mit einem Zylinder-Durchmesser von 305 mm und 0,914 m Hub. Es soll 12,87 km/h schnell gewesen sein. Mehrere Versuche folgten, aber ohne Durchbruch. Er beschreibt selbst in einem Brief an das Philadelphia newspaper 1786 das Arbeiten seines ersten Boots: *»... jeder Hub der Maschine bewegt 12 Paddel $5^1/_2$ feet weit. Während sechs Paddel auf dem Wasser gehoben werden, tauchen sechs andere ein und machen 11 feet Schlag. ...«* Die Maschinerie war wohl sehr kompliziert und zu teuer, nach weiteren Geldgebern suchte er erfolglos. 1793 ging *Fitch* nach Frankreich, um ein weiteres Boot zu bauen. Die Französische Revolution verhinderte aber die Verwirklichung. Während eines mehrmonatigen Aufenthaltes in London bewahrte der amerikanische Konsul in Paris *L'Orient* seine Pläne und Zeichnungen auf und soll diese auch *Robert Fulton* gezeigt haben. *Fitch* kehrte erfolglos und pleite nach Amerika zurück. In New York baute er 1796 die PERSEVERANCE, eine Yawl mit Schraubenpropeller, L 45 ft, B 12 ft, 12 in Zylinderdurchmesser, 6–7 Landmeisen/h, die mehrfach zwischen Philadelphia und Burlington fuhr.

Zwischen Philadelphia und Trenton kam ein fast regelmäßiger Personen- und Frachtverkehr zustande, es blieb allerdings ein Zuschussgeschäft.

Die Zeitung *Federal Gazette and Philadelphia* schrieb am 26. Juli 1790: »*The steam-boat sets out to-morrow morning at ten o'clock from Arch Street Ferry, in order to take passengers for Burlington, Bristol, Bordingtown and Feuton.*« Die Entfernung nach Burlington ist 20 Landmeilen. Aber er erhielt wohl keine Akzeptanz und keine Aufmerksamkeit für seine Erfindung. Er war enthusiastisch über den Dampfantrieb und sah eine große Zukunft voraus. Ein Zeitgenosse soll dazu mitleidig gesagt haben: »Poor fellow! What a pity he is crazy!« *Fitch* starb arm und unglücklich durch Selbstmord, seine Erfindung war wohl zu kompliziert und nur auf ruhigem Flusswasser brauchbar, sodass keine Nachahmung stattfand. Genannt sei in diesem Zusammenhang, dass *James Ramsey* und *Fitch* sich wechselseitig mit Patentstreitigkeiten blockierten. *Ramsey* wollte sogar nach erfolglosen Versuchen mit Schaufelrädern Dampfschiffe maschinell in Flüssen vorwärtsstaken. In seinen Schriften schreibt *Fitch*: *»Es gibt zwei Übel, die auf einen Mann von Gefühl äußerst peinigend wirken: das eine ist eine zänkische Frau und das andere der Trieb, Dampfboote zu erfinden. Ist nun ein Mann von beiden geplagt, so muss er als der unglücklichste aller Menschen auf der Erde angesehen werden.«*

In sein Tagebuch schrieb er noch: *»Es wird der Tag kommen, da ein anderer durch meine Ideen Ruhm und Reichtum ernten wird.«*

Patrick Miller (1731–1815) aus Dalswinton, ein Bankier, hatte 1787 die Idee, Boote mittels Schaufelrad und Muskelantrieb anzutreiben. Er wurde von seinem Freund *James Taylor* gedrängt, eine Dampfmaschine wegen ihrer höheren Leistung einzusetzen. Dazu wurde Verbindung mit dem Ingenieur *William Symington* aufgenommen, dem am 5. Juni 1787 ein Patent für eine kleine Dampfmaschine erteilt worden war. Das Besondere war, dass die Kolbenstange auf zwei Ratschenrädern wirkte, sodass Antriebskraft beim Hin- und Hergehen der Kolbenstange ausgeübt werden konnte. Die Maschine (zwei Zylinder, 102 mm Zylinder-Ø, 457 mm Hub, Schaufelrad zwischen zwei Rümpfen) wurde auf einem der Boote *Millers* installiert und trieb am 14. Oktober 1788 das 7,8 m lange und 2,12 m breite Boot mit »5 miles an hour« (also etwa 4 kn) an, obwohl die beiden Zylinder nur 102 mm Durchmesser hatten.

Miller *und* Symingtons *Versuchs-Dampboot auf Loch Dalswinton, 1788*

Nach diesem erfolgreichen Versuch wurde eine stärkere Maschine mit zwei doppelt wirkenden Zylindern mit 457 mm Durchmesser beauftragt, und am 26. Dezember des Folgejahres fuhr das Dampfboot mit »6 to 7 miles an hour« (etwa 6 kn) auf dem Dalswinton Loch und löste Begeisterung in der Presse aus, dass man so leicht auch »10 miles an hour« erreichen könne. *Watt* und sein Partner *Boulton* seit 1774 bekämpften *Symingtons* Lösung und entmutigten den Kapitalgeber, sodass man aufgab. *Symington* überarbeitete sein Maschinenkonzept, für das er am 14. März und am 14. Oktober 1801 Patente bekam. Von nun an bildeten Kurbeltrieb und Schaufelradwelle eine Einheit und bewirkten ein kontinuierliches Drehen des Schaufelrades. Eine solche neue Maschine wurde auf dem Dampfboot CHARLOTTE DUNDAS installiert, benannt zu Ehren der Tochter des Kapitalgebers *Lord Dundas*. Dieser benötigte einen Schlepper für den Forth and Clyde Canal. Im März 1802 erfolgte die Probefahrt des Schiffs, das eine Länge von 17 m, eine Breite von 5,5 m, eine Antriebsleistung von 10 PS und ein Heckschaufelrad hatte.

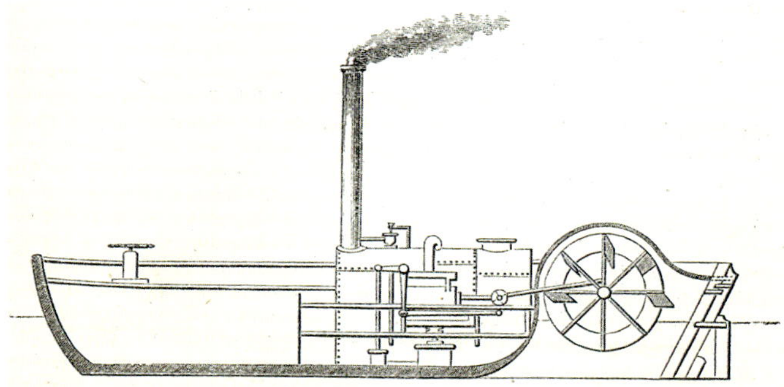

Die CHAROTTE DUNDAS nach Woodcroft

Der Antrieb war eine doppeltwirkende Watt-Maschine, deren Kolbenbewegung direkt durch Lenkstange und Kurbel auf die Radwelle übertragen wurde. *Symington* setzte die guten Lösungen seiner Zeit zusammen.

Das Boot schleppte zwei Lastkähne mit je 70 t bei stürmischem Gegenwind 6 Stunden auf dem Forth and Clyde Canal mit etwa 3 kn. *Symington's* Maschine hatte 10 PS bei 559 mm Zylinder-Ø und 1,219 m. Hub Eine Anzahl von geladenen Gästen begleiteten *Lord Dundas* auf dem offenen Deck des Raddampfers. Jedermann war angesichts des Sturmes, gegen den das Schiff ankämpfen musste, von dessen Leistung stark beeindruckt. Der *Herzog von Bridgewater* bestellte daraufhin acht Schiffe zum Dienst auf dem Kanal. Er starb allerdings und aus dem Projekt wurde nichts. Zwar ist die CHARLOTTE DUNDAS das erste erfolgreiche von einer Dampfmaschine angetriebene Schiff, wurde aber dennoch nicht weiter eingesetzt, die Bedenken wegen möglicher Zerstörung der Kanalufer waren zu groß. Innovation war auch schon damals eine schwere und zähe Aufgabe. *Symington* starb völlig verarmt. Er hatte vorher noch auf seine Bitte hin eine kleine Geldsumme von der Regierung bekommen.

Den Durchbruch der Dampfmaschine erreichte *James Watt* (19. Jan. 1736–25. Aug. 1815), Mechaniker an der Universität Glasgow. Ihm wurde schon am 5. Januar 1769 ein Patent erteilt für einen doppelt wirkenden Zylinder, bezeichnet als »double impulse«, also direkte Nutzung des Dampfdrucks.

Der Schotte *Watt,* aus Greenock stammend, war in seiner frühen Jugend sehr schwächlich, sodass er an den Spielen der Altersgenossen nicht teilnehmen konnte. Das brachte ihn zum Denken und Grübeln. Schon in seinem sechsten Lebensjahr soll er sich mit Aufgaben *Euklids* beschäftigt haben. Mit seinem 19. Lebensjahr machte er eine Mechanikerlehre in London und ging dann wieder nach Glasgow zurück, wo er an der Universität angestellt wurde. Der berühmte Staatsökonom *Adam Smith* lehrte dort und kam fast täglich mit ihm zusammen, denn *Watt* war inzwischen als Autodidakt ein Gelehrter geworden, vor allem in Naturkunde. Gleichzeitig soll er größte Bescheidenheit und Herzensgüte besessen haben, sodass ihm alle, die ihn kannten, zugetan waren. 1764 musste er eine Modell-Dampfmaschine von *Newcomen* aus der Universität für Lehrzwecke reparieren. Das brachte ihn dazu, sich intensiv mit dem Thema zu beschäftigen. Er vermied einige wesentliche Nachteile der Maschine und erfand 1775 den Kondensator, um die Abkühlung des Dampfes nicht im Arbeitszylinder haben zu müssen. Der Effekt war, dass die Maschine nur einen Zentner Kohlen anstatt vier für die gleiche Leistung benötigte. Dann ließ er den Dampf und nicht die Atmosphärenluft auf den Kolben wirken, und zwar von beiden Seiten, also doppelt wirkend. Er verband sich mit *Dr. Robuck,* sodass drei Jahre später eine befriedigend arbeitende Großmaschine gebaut werden konnte. Nach wenigen Jahren trennte man sich, denn die Verhältnisse *Robucks* waren völlig zerrüttet. Der mittellose *Watt* fand dann 1775 endlich in *Mathew Boulton* in Soho nahe Birmingham den richtigen Partner. Er führte das Schwungrad und den Fliehkraftregler ein, um einen gleichmäßigen Betrieb seiner Dampfmaschine zu erreichen.

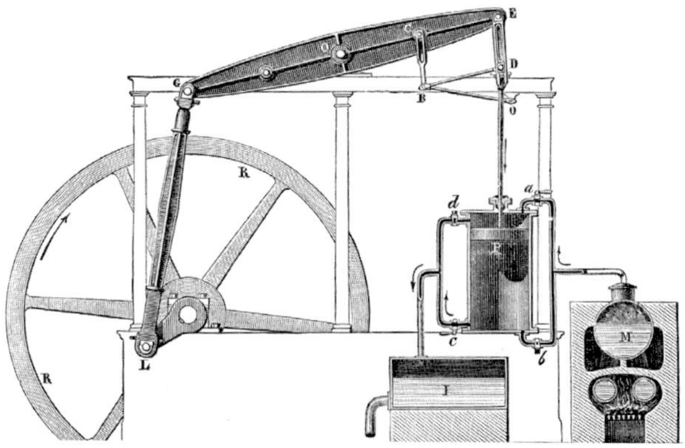

James Watt – *Maschine von 1774*

Zum Ausgleich der geradlinigen in der Stopfbuchse des Zylinders hin-und hergehenden Kolbenstange und der kreisförmigen Bewegung des Wagebalkens oder Balanciers erfand Watt das Parallelogramm. Auch der Excenter ist seine Erfindung. Die Dichtung des Kolbens im Zylinder wurde durch eine Umwicklung (Packung) mit Hanfzöpfen erreicht, bei heißeren, da höherer Dampfdruck, durch einen Ring von Metallklötzen, die durch Federn nach außen an die Zylinderwandung gedrückt werden. Mit dem Ablauf des *Watt-Boultonschen Patentes* 1800 trat *Watt* aus dieser Verbindung in den Ruhestand und lebte in seinem Landhaus Heathfield bei Birmingham, bis er mit 83 Jahren 1819 starb. Er erlebte noch den Erfolg seiner Arbeiten.

Watt war wohl auch der erste Anwender des Kurbeltriebs, für den *Matthew Wasborough* in Bristol am 16. März 1779 ein Patent bekam, das aber bei Realisierung nicht funktionierte. Dessen Partner *James Pickard* bekam am 23. August 1780 ein Patent auf Pleuelstange und Kurbeltrieb sowie ein verbundenes Schwungrad. Damit wurde die Dampfmaschine zu einem wirklichen Antriebsmittel, auch für Schiffe. *James Watt* schrieb selbst, dass er bei dem bekannten und bisher angewandten Prinzip Zahnstange und Ratschenrad Nachteile empfand, die er durch den Kurbeltrieb überwand.

In den USA soll *Samuel Morey* erstmals wohl mit einer Kurbel direkt auf die gekröpfte Schaufelradwelle 1797 auf dem Delaware gearbeitet haben, aber seine finanzielle Unterstützung brach zusammen.

Mathew Boulton (3. Sept. 1728–17. Aug. 1809), ein Industrieller aus Soho bei Birmingham, nahm Kontakt auf mit *Watt,* da er eine Dampfmaschine als Antrieb für seine Werkstattmaschinen brauchte. Daraus entstand eine gute Freundschaft und Geschäftsbeziehung, 1775 die Dampfmaschinenfirma *Boulton & Watt.* Sie verschlang zehn Jahre Kapital – Watt hatte in den Jahren immer Angst vor dem Schuldgefängnis -, erst 1785 begann die Dampfmaschine und damit die Firma ein Erfolg zu werden. Dem unternehmerischen Mut *Boultons* ist diese Innovation Dampfmaschine zu verdanken.

Der Einsatz einer Dampfmaschine als Schiffsantrieb wurde in Großbritannien intensiv verfolgt, aber auch in anderen europäischen Ländern und den USA. So seien aus Frankreich die Namen von *Ganthier*, *Guyon de la Plombiere*, *Marquis de Jouffroy* oder *Dixblancs* und *Seraffino Serrati* aus Florenz, Italien, genannt. Sie wirkten alle Ende des 18. Jhdts., erreichten aber keinen Durchbruch. Im Jahr 1781 soll der *Marquis de Jouffroy* ein Dampfboot auf der Saône bei Lyon ausprobiert haben. Das ist aber nicht bewiesen und ging dann in den Wirren der Französischen Revolution unter. Aus den USA sei *John Cox Stevens* (1749–1838) genannt, der erstmalig einen Röhrenkessel mit einundvierzig Kupferrohren beschreibt, der ihm 1805 patentiert wird. 1804 hat er nach langen und teuren Versuchen ein Dampfboot, die LITTLE JULIANA, L 24 ft, bei New York fahren lassen, das am Heck eine rotierende Welle mit Flügeln hatte wie eine Schraube. Die Dampfmaschine arbeitete ohne den Übertragungsbalken (Balancier), wie ihn die *James-Watt*-Maschine hatte. Außerdem hatte sie keinen Kondensator, dafür aber höheren Dampfdruck und trieb als Einzylindermaschine zwei Schrauben, was erst ein halbes Jahrhundert später wieder aufgegriffen wurde. Er gab nach dreizehn Jahren und 20.000 US-Dollar Ausgabe auf. Allerdings waren seine Söhne *Robert Livingstone Stevens* (1787–1856) und *Edwin Augustus Stevens* infiziert und widmeten ihr Leben dem Vorantreiben der Dampfschifffahrt in den USA. Übrigens baute ihr Vater noch 1808 den Raddampfer PHOENIX, wohl der erste Dampfer, der auch auf die hohe See hinausfuhr. Auch *Oliver Evans*, der von höherem Dampfdruck spricht, oder *Samuel Morey* versuchten die Dampfmaschine als Schiffsantrieb umzusetzen, aber erst *Robert Fulton* konnte das ernten, was viele vor ihm schon gedacht, versucht und erfahren hatten. Er baute das erste regelmäßig verkehrende Dampfboot und wird dadurch als Erfinder des Dampfschiffes angesehen, was in dieser einfachen Sicht nicht stimmt.

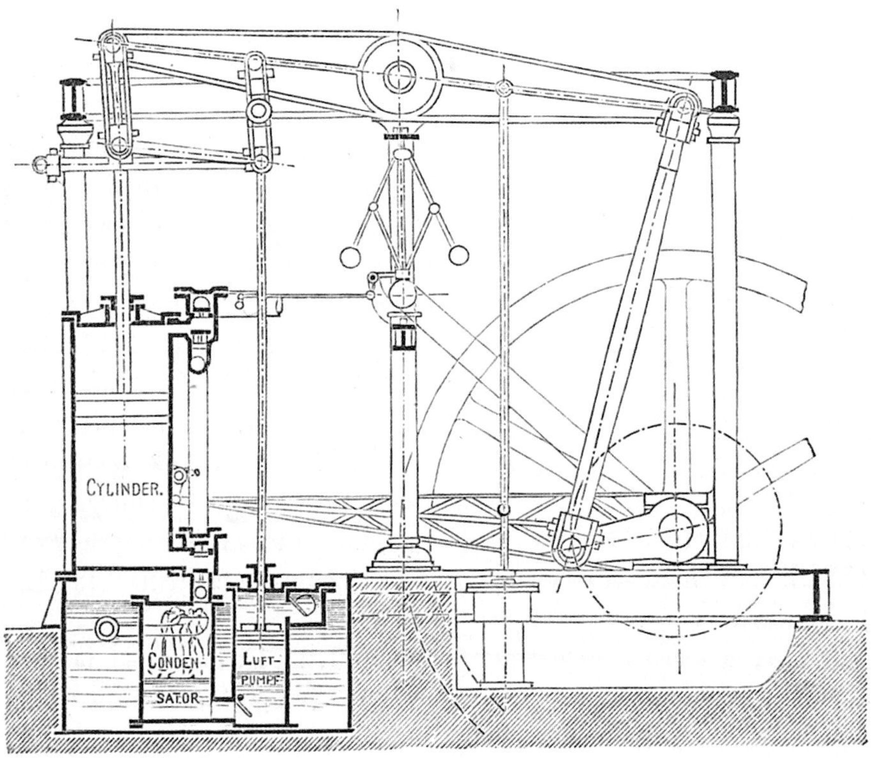

Die erste doppeltwirkende Dampfmaschine von Boulton & Watt *(1782), neu war: Trennung vom heißen Zylinder und kaltem Kondensator, gleichmäßiger Gang durch Schwungrad, Fliehkraft-Drehzahlregulator, selbsttätige Dampfsteuerung. Der direkt wirkende Kurbeltrieb war durch ein Patent, dessen Inhaber sich nicht mit* Watt *einigen konnte, gesperrt und konnte von* Watt *erst nach dem Freiwerden angewendet werden. Dampfdruck war mit 0,5 bar Überdruck gering, umso wichtiger war der Unterdruck im Kondensator. Die Druckgrenze der Kessel war sicher bestimmend. Man beachte die Parallelogramm-Geradführung der Kolbenstangen, typisch für die* Boulton & Watt*-Maschinen. Ab 1778 arbeiteten die Maschinen mit Expansion, was* Watt *1769 schon bedachte.*

Der Amerikaner *Robert Fulton* (1765–24. Februar 1815), gelernter Goldschmied, Uhrmacher und Kunstmaler aus Pennsylvania, erlebte in England das Boot von *Symington*, nahm Maße und bestellte bei *Boulton & Watt* eine Dampfmaschine für ein Boot in den USA. Er arbeitete zusammen mit *Livingston*, den er aus Paris kannte, der dort Botschafter der USA war, vorher aber schon sich in den USA mit dem Dampfschiff beschäftigt hatte und seit 1798 für 20 Jahre ein staatliches Privileg für die Dampfschifffahrt bekommen hatte. Die beiden ließen sogar 1803 ein Dampfboot für die Seine in Paris bauen, dessen zweite Version auch gut funktionierte, aber wegen des Kriegs mit England unbeachtet blieb. *Fulton* war in Paris gewesen, um sein Konzept für Fähren

Colonel John Cox Stevens, 1749–1838 und Robert Fulton, 1768-1815

mit Doppelend-Be- und -Entladung für Napoleons Invasion nach England zu verkaufen.

Fultons U-Boot-Projekt wurde von den Franzosen in Paris abgelehnt, was *Napoleon* im Nachhinein nach der verlorenen Seeschlacht bei Trafalgar (1805) bedauerte. Er hatte wenige Jahre vorher über *Fulton* gesagt: *»In allen Hauptstädten treibt sich derzeit eine Menge von Abenteurern und Projektanten herum... Es sind alles Scharlatane und Betrüger... Dieser Fulton ist einer von dieser Sorte!«*

Ganz utopisch war der Vorschlag *Fultons* gar nicht, denn die Linienschiffe hatten bei der Schlacht nur 4 kn Geschwindigkeit.

1807 wurde die CLERMONT, nach dem Landsitz Claremont des Förderers *Livingstone* genannt, von der Werft *Ch. Brown* in New York am East River gebaut und lief im August 1807 vom Stapel. Sie war fast 40,5 m lang, 5,5 m breit, hatte 160 tons Tragfähigkeit sowie 2-Seiten-Schaufelräder mit einem Durchmesser von 4,5 m, einer Breite von 1,2 m und 8 starren Schaufeln, die 0,6 m Eintauchtiefe hatten. Das Boot lief bei der Probefahrt mit 4 kn. Die Maschine hatte einen Zylinder-Durchmesser von 610 mm – 50 mm größer als bei der CHARLOTTE DUNDAS – und einen Hub von 1,2 m. Sie erbrachte 18 hp (13 kW) und war 160 ts schwer. *Fulton* war der Meinung, die Geschwindigkeit weiter erhöhen zu können, wenn er die Schaufelräder weiter aus dem Wasser herausragen ließe. Nach dem Umbau, bei dem auch der Komfort verbessert wurde, ging die CLERMONT auf ihre erste längere Fahrt auf dem Hudson ins 240 km entfernte Albany und erreichte die Stadt nach 32 Stunden, schaffte also eine Durchschnittsgeschwindigkeit von 5 Landmeilen/h. Die CLERMONT wurde sehr erfolgreich mehrere Jahre auf dem Hudson im Personen- und Handelsverkehr eingesetzt und verhalf damit der Dampfmaschine als Schiffsantrieb zum Durchbruch.

Der baptistische *Reverend Freeman* aus Illinois, der als Zweijähriger auf dem Arm seiner Mutter die Jungfernfahrt am 17. August 1807 unter 30 Fahrgästen mitmachte und die Geschichten dazu später sammelte, schreibt u.a.: *»... Das erste Dampfboot war schön mit Ausnahme von Kessel, Maschine und Schornstein, die roh, schwerfällig und ungewöhnlich furchtbar in ihrer Erscheinung waren. Die Seitenräder waren*

Die CLERMONT auf dem Hudson 1807

Modell der CLERMONT im Museum für Technik, Berlin

von plumper Gestalt, unbedeckt und mit ungeheuren Schaufeln versehen, die an ihrem Platz durch einen Ring halbwegs zwischen Achse und Umfang gehalten wurden und das Deck bei jeder Umdrehung bespritzten.

Die große Volksmenge, die sich an der Werft versammelt hatte, um zu sehen, was aus ›Fultons folly‹ (›Fultons Unsinn‹) werden würde, schrie und höhnte: ›God help you, Bobby!‹ … Diese vulkanische Erscheinung im Verein mit ihrem stetigen Fortgang inmitten des gewaltigen Stroms und begleitet von dem Lärm und Gestöhn der schwer arbeitenden Maschine war wohl geeignet, Schrecken in der Seele der Seeleute zu erwecken, die in ihren Schaluppen und Kähnen mit Korn und anderen landwirtschaftlichen Erzeugnissen beladen langsam den Strom hinabschwammen, zumal, da sie niemals davon gehört hatten, dass Schiffe auch ohne Wind zu bewegen seien und zugleich außerordentlich abergläubisch waren.

Mein Vater und andere erzählten mir, dass ganze Schiffsmannschaften auf die Knie fielen und die göttliche Vorsehung baten, sie vor diesem schrecklichen Ungetüm zu beschützen, das da auf dem Strom schwamm und seinen Weg durch Feuer beleuchtete.«

Fultons »Erfindung« – er hatte nie ein Patent beantragt – wurde von Zeitgenossen als Plagiat bezeichnet, da er Erfindungen anderer erfolgreich kombiniert hatte. Die Engländer waren natürlich »not amused«. Unbestritten war die CLERMONT das erste Dampfschiff der Erde, das regelmäßig verkehrte. Von seinen Kritikern wird oft übersehen, welche Probleme er durch die Segelbooteigner zu überwinden hatte: Sabotage, absichtliche Kollisionen und gerichtliche Anfeindungen. *Fultons* Partner, *Robert Livingstone*, hatte das Recht auf Dampfschifffahrt auf dem Hudson, sodass alsbald 21 Dampfer verkehrten. *John Steven* als Beispiel wird 1809 vom Hudson vertrieben und fährt erstmalig über See zum Fluss Delaware. *Fulton* baute noch ein zweites Boot, die CAR OF NEPTUNE, für den Hudson-Dienst sowie Fähren von New York nach New Jersey und auf dem Long Island Sound. Auf Fultons betreiben lief auch Ende 1814 das erste Kriegsschiff mit Dampfantrieb und 30 schweren Geschützen vom Stapel, die DEMOLOGES, später in FULTON THE FIRST umgetauft. Sie war bestimmt für die Verteidigung des Hafens von New York und ging 1829 durch eine Pulverexplosion verloren. Das Schaufelrad lag in der Mitte zwischen zwei im Abstand von 4,5 m fest miteinander verbundenen Schiffskörpern von 47 m Länge, um vor feindlichen Angriffen geschützt zu sein. Zur Probefahrt im Juli 1815 heißt es: »*… Durch genaue Versuche ist es nunmehr zur Gewissheit geworden, dass diese große Erfindung für den Krieg und für die Technik alle Hoffnungen ihrer wärmsten Verehrer erfüllen wird. Unsere Regierung darf stolz darauf sein, dass dieser Versuch unter ihrer Förderung gemacht worden ist. Unsere Feinde mögen zittern beim Anblick dieser furchtbaren Macht, die gegen sie hervorgewachsen ist! …*« Erst 1840 wurden dampfgetriebene Schiffe erstmals im Ernstfall eingesetzt. Trotz seiner Erfolge starb Fulton völlig verarmt. Er hinterließ 1815 seine Familie in Armut und war zermürbt von den vielen Anschuldigungen und Anfeindungen. Aber nur wenige Jahre folgten, bis solche Dampfboote überall auf der Welt gebaut wurden. Es war eine herausragende Innovation, von der er selbst keine Vorteile hatte.

Fulton hatte sich übrigens 1812 erboten, eine Dampferlinie zwischen Ulm und Wien einzurichten. Das zuständige bayerische Ministerium erbat von der Münchner Akademie der Wissenschaften ein Gutachten, das von Oberbergrat *Josef Ritter von Baader* erstellt wurde. Er kommt zu dem vernichtenden Schluss: »*…, dass die Anwendung irgendeiner Erfindung dieser Art, wobei die Kraft des Wasserdampfes auf einem Schiff selbst das gewöhnliche Ziehen durch Pferde am Ufer des Flusses ersetzen sollte, auf der Donau und überhaupt auf jedem etwas schnellen oder reißenden Strom durchaus nicht stattfinden könne*«. Das zeigt wiederum, wie skeptisch man zukunftsbezogenen Gutachten bzw. Aussagen von Fachleuten begegnen muss, da auch diese zukünftige Erkenntnisse und Entwicklungen selten vorhersehen können.

Die Briten nehmen für sich in Anspruch, dass *Fulton* nur ihre Ideen und Konzepte umgesetzt hat, speziell die von *Miller of Dalswinton* und *Symington*, deren Zeichnungen ihm von einem Kontaktmann, *Henry Bell* (geb. 1767, gestorben in Armut am 17. November 1830, er konnte den Schiffskessel nicht mehr ganz bezahlen und lebte von privaten Spenden), auf seine Bitte hin zugesandt wurden. Dieses wird von *Fulton* in einem Brief an *Bell* selbst bestätigt, dass er besonders die Maschine mit einigen Verbesserungen realisiert habe. *Bell* – er hatte schon 1801 und 1803 vergeblich versucht, Regierungsunterstützung für ein Dampfschiff-Projekt zu bekommen – wiederum schreibt 1816, dass er das Konzept besser zur Realisierung in England für sich behalten hätte. Er war Besitzer einer Badeanstalt bei Helensbury an der Clydemündung und unternehmerischer Geist, er war Viehhirt, Maurer, Zimmermann und Mühlenbauer gewesen, suchte nach einer schnellen Transportmöglichkeit, um die bisherige Transportzeit in Ruder- und Segelbooten seiner Bade-

Bells *COMET auf dem Clyde 1812, L 13,3 m, B 3,4 m, T 1,7 m, 2,3 tdw, Rahsegel am Schornstein, auf jeder Seite zwei Schaufelräder, 4 hp, 50 Passagiere, Schiffbruch bei Argyll 13. Dez. 1820*

Die Dampfmaschine der COMET. Ausgestellt im Museum of Patents *in London, South Kensington. Zahnräder übertrugen die Drehung des Schwungrades auf die Schaufelrad-Welle. Es gab keine direkte Verbindung zwischen Kolbenstange und der Kurbel am Schwungrad. Zylinderdurchmesser 279 mm, 3 PS. Nach 9 Jahren war die Leistung der Schiffsdampfmaschinen auf 100 PS gestiegen, erstmals bei dem Raddampfer MAJESTIC. 1853 bekam der Dampfer METROPOLIS den größten Dampfzylinder der Welt, vermutlich bis heute, mit 2.660 mm Durchmesser und 4,15 m Hub.*

gäste von bis zu sechs Stunden von Glasgow nach Greenock, Landungsplatz für Helensbury, abzukürzen und so mehr Geschäft zu generieren. Er ließ 1812 das Dampfboot COMET bei *John Wood & Co.* in Port Glascow bauen und taufte es so, weil ein Komet über Schottland in dem Jahr erschien. Es war das erste Schiff, das kommerzielle planmäßige Dampfschifffahrt auf dem Firth of Forth in Schottland durchführte. Es war 12,19 m lang, 3 m breit über den Radkästen, Tiefgang 1,22 m – trotzdem lief sie immer wieder bei Bowling auf Grund und die Passagiere gingen zu Fuß den Rest des Wegs nach Glascow –, hatte eine Verdrängung von 30 tdw und zwei Schaufelräder mit je vier Schaufeln. Die Maschine von *John Robertson* leistete 4 PS (3 kW), kostete 192 £ und konnte die COMET auf 6 kn Geschwindigkeit bringen. Der Kessel wurde wie damals üblich von Mauerwerk umgeben und von außen beheizt. Der Schornstein war gleichzeitig Mast für ein Rahsegel. Im August 1812 begann das Schiff seine regelmäßigen Fahrten. *Bell* warb erfolgreich um Passagiere mit den Sätzen: »... *Der Unterzeichnete hat mit vielen Kosten ein schönes Schiff auf dem Clydefluss zwischen Glasgow und Greenock in Fahrt gestellt, das bestimmt ist, mit der Kraft des Windes und des Dampfes zu fahren ... Von der Eleganz, dem Komfort und der Sicherheit möge das Publikum sich überzeugen, und der Eigentümer ist bereit, alles zu tun, was in seiner Macht steht, die Gunst des Publikums zu verdienen. ...*«

Die erste Zeit war keine große Resonanz: »... *niemand wollte sein kostbares Leben aufs Spiel setzen.*« Aber die Fahrt war um ein Drittel billiger als mit dem Wagen.

Allerdings hatte er auch mit erheblichen Widerständen der etablierten Segler zu kämpfen, sodass die COMET zwischenzeitlich für Kreuzfahrten an der Küste eingesetzt wurde und dann auf dem Forth and Clyde Canal. Die Antriebsanlage erwies sich als zu schwach, es konnte vorkommen, dass die Dampfversorgung erschöpfte und die Passagiere das Schwungrad, welches die Schaufelräder antrieb, per Hand bewegen mussten. Allerdings wurden mit ihr bereits Umsteuermanöver durchgeführt, wodurch ein Rückwärtsfahren des Schiffes ermöglicht wurde. Dampfschiffe der damaligen Zeit besaßen keine mechanische Umsteuerung, wenn sie aufliefen, mussten sie frei gestakt werden. Als die COMET eines Tages auflief, bekam der junge Maschinenwärter den Befehl, das Schwungrad von Hand zu betätigen. Dieser bewegte das Schwungrad aber nur so weit, bis sich der Zylinder in seinem Totpunkt befand. Dann öffnete er das Dampfventil und zog die oberste Schaufel zu sich heran. Es gab einen heftigen

Stoß und die COMET lief in einer Qualmwolke rückwärts von der Sandbank.

Bell war es nicht vergönnt, eine Bekanntheit wie *Fulton* als »Erfinder des Dampfschiffs« in Europa zu haben, er ist unbekannt geblieben, obwohl er es gerade in Europa verdient hätte, da er den ersten erfolgreichen Personendampfer in Europa betrieb. Dieses Beispiel zeigt, dass der Nachruhm von einigen nicht objektiven Maßstäben und sicher auch von Öffentlichkeitsarbeit abhängt.

Henry Bell lebte die letzten Jahre von seiner jährlichen Rente von 50 £, bis er 1830 63-jährig starb. So erlebte er nicht mehr den Aufstieg der Region »Clyde« zur größten Schiffbau-Region der Welt. Jahrzehnte später arbeiteten 10.000de von Arbeitern in Werften entlang des Ufer, und in ihrer Blütezeit wurden dort mehr Dampfer gebaut als zusammen auf der restlichen Welt. Der Clyde wurde stark verschmutzt und musste für immer größer werdende Schiffe vertieft werden, in 28 Jahren (1844–1872) wurden 18.000.000 Tonnen Schlamm vom Grund entfernt. Zu *Bells* Zeiten konnte es vorkommen, dass alle Passagiere aussteigen mussten, um zu Fuß nach Glasgow zu gehen, da Ebbe den Fluss zu flach gemacht hatte.

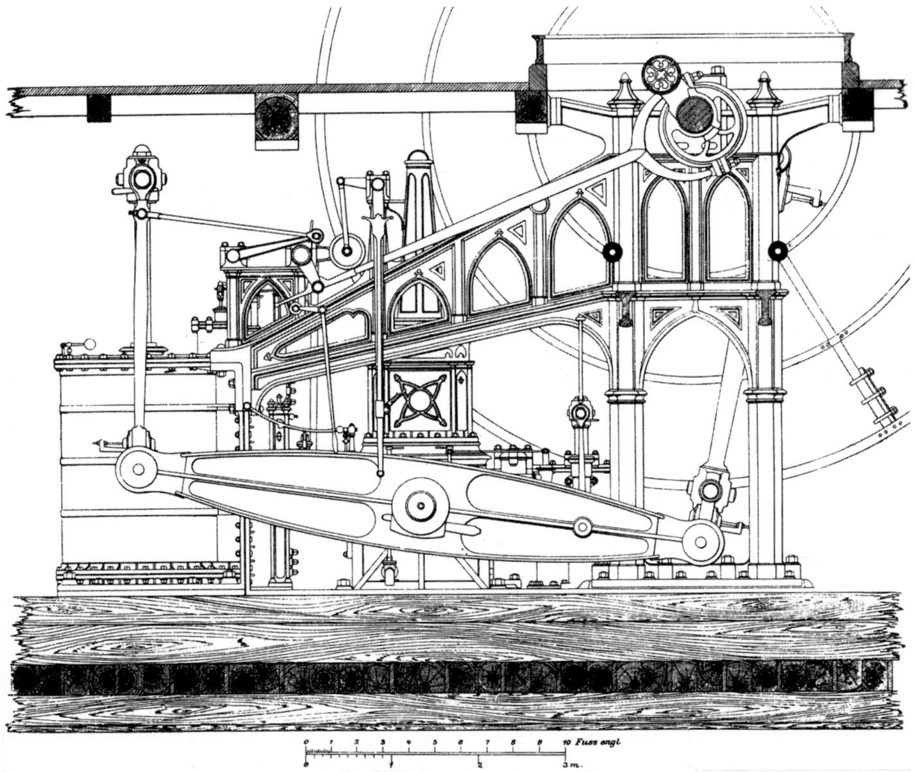

*Britische Seitenbalanciermaschine. Ende der 1830er aus Greenock. Sie war eine Zwillingsmaschine, von der nur eine Hälfte abgebildet ist. Oben auf der Kolbenstange ist ein Querhaupt für den zweiten Balancier auf der Hinterseite des Zylinders. Die Maschine arbeitet mit Expansion, der Füllungsgrad kann über Doppelsitzventile vor dem Schieber geändert werden. Zylinderdurchmesser 1.860 mm, Hub 2,13 m. Maschinen mit nur einem Seitenarm (Balancier) bezeichnete man als »*Grashopper*«-Maschinen. Die Seitenbalancier-Maschinen waren in der Bedienung umständlich, sodass sie Mitte des 19. Jhdts. von der direkt wirkenden verdrängt wurde.*

Thomas Savery, *Denis Papin* und *Thomas Newcomen* versuchten die atmosphärische Dampfmaschine zur Einsatzreife zu bringen, dies gelang aber nicht für die Schifffahrt, sondern erst durch die doppelt wirkende Dampfmaschine von *James Watt*. Doch setzte der hohe Kohleverbrauch zunächst Grenzen, sodass Dampfschiffe zunächst auf Binnengewässern und entlang den Küsten eingesetzt wurden. Schiffe für die Überseefahrt waren noch Segelschiffe bis in die 70er Jahre des 19. Jhdts. Die zunächst noch hohen Kosten, insbesondere Crew- und Brennstoffkosten, der Dampfer konnten nur in der Personenschifffahrt oder subventioniert in der Postbeförderung verdient werden. In Großbritannien wurden zahlreiche solcher Royal-Mail-Privilegien vergeben. Die Regelmäßigkeit und Pünktlichkeit ließ man sich etwas kosten. Der Kapitalbedarf für Schiffe und Infrastruktur an Land war enorm, sodass sich die großen Reedereien meist als Aktiengesellschaften entwickelten oder als schon aus der Segelschifffahrt bekannte Partnerreedereien.

Für ein Dampf-Frachtschiff von 1.500 ts galt beispielhaft 1865: Raum- und Gewichtsverteilung

	Raum cft	Gewicht ts
Fracht	25.000	500
Passagiere 25 1. Klasse	6.250	
30 2. Klasse	3.000	
Maschine und Kessel	7.500	150
Kohle	10.000	200
Ausrüstung	7.500	150
Schiffsrumpf	17.500	350
Wasser und Proviant	2.500	50
Mannschaft	7.500	10
Reserve	3.250	90
	90.000	1.500

Seereise 1.500 sm mit 8 kn	
Tiefgang	4,5 m
Höchstgeschwindigkeit	10 kn
Brennstoff/sm	68 kg
Besatzung	5 Offiziere
	5 Ingenieure
	22 Seeleute und Heizer
Einzelreise	8 Tage

Die Verbrennung des Brennstoffs (Kohle oder dann Öl) außerhalb der Kraftmaschine im Kessel, Erzeugung eines unter Druck stehenden Mediums Wasserdampf, aus dem mechanische Arbeit in der Kraftmaschine umgesetzt wird, ist ein verlustträchtiger Prozess. Die Umsetzungsverluste entstehen durch Wärmeverluste, Strömungsverluste, Reibung und Antrieb erforderlicher Hilfsmaschinen wie beispielsweise Speisepumpe, Kühlwasser- und Luftpumpen des Kondensators und Ventilatoren, die zum Betrieb der Hauptmaschine unbedingt erforderlich sind. Dadurch ist immer die effektive Leistung kleiner als die indizierte. Eine große Verlustquelle ist auch die Restenergie, die mit dem Abdampf in den Kondensator geht. Die versucht man später in der Abdampfturbine noch weitgehend zu nutzen. Auch im Abgas geht Energie verloren, die man versucht z. B. zur Warmwasseraufbereitung zu nutzen.

Die Verlustquellen der Dampfanlage sind mannigfacher als bei Brennkraftmaschinen. Die Energiebilanz sieht etwa so aus. Die zugeführte Energie (100%) bleibt:

–	25%	Abgase (320°)
–	48%	Abdampf
–	4%	Hilfsmaschinen
–	8%	Wärmeleitungsverluste
–	3%	schlechte Feuerführung
+	12%	Antrieb

Die Verbrennungsgase beim Schiffskessel haben in der Regel höhere Temperaturen wegen der geringen Schornsteinhöhe, was natürlich durch künstlichen Zug verbessert werden kann. Auch die geringere Heizfläche spielt eine Rolle, vergrößert man sie, kann die Abgastemperatur auf 180° C fallen. Damit sinken die Abgasverluste auf –14% bzw. die Brennstoffersparnis kann 11% betragen. Weiteres kann mit Luft- und Speisewasservorwärmern (auf 100° C) erreicht werden, das höhere Kesselgewicht wird durch den Energiegewinn überkompensiert. Allerdings haben sich Abgasspeisewasservorwärmer wegen erhöhter Korrosion kaum verbreitet, es ist sauerstofffreies Speisewasser Voraussetzung.

Zur Ölfreiheit des Dampfs ist die Dampfturbine besser als die Kolbendampfmaschine.

6.2 Die Wirkweise der Dampfmaschine

In der ersten Zeit der Kolbendampfmaschinen waren diese Volldruckmaschinen, d.h. der volle – damals noch geringe – Dampfdruck wirkte über den ganzen Kolbenhub (Volldampf), wenn abwechselnd auf beiden Seiten: doppeltwirkend. Später nutzte man die Expansion des Dampfs, der volle Kesseldruck wirkte nur über z.B. ein Drittel des Kolbenwegs. Das Hubvolumen ist:

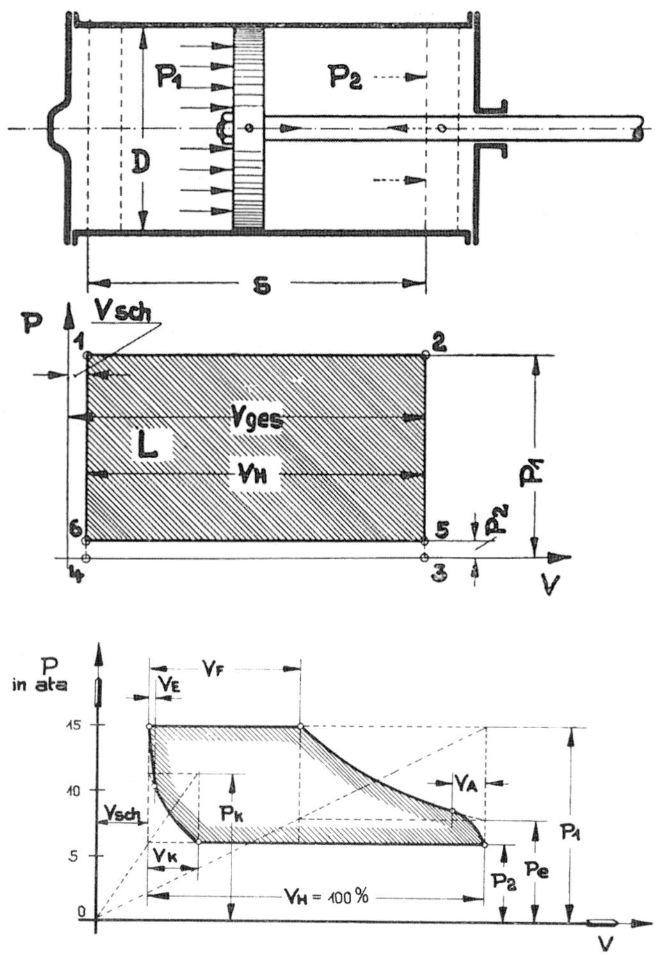

Dampfzylinder und Druckvolumen-Diagramm bei Volldampf (theoretisch) und mit Expansion. Darin ist Eintrittsdruck p_1 = 15 bar, Gegendruck p_2 = 6 bar, schädl. Raum V_{sch} = 15% Hubvolumen, Füllung (Einschieben) VF = 45% Hubvolumen, Vorausströmung VA =10% Hubvolumen, Kompression VK = 15% Hubvolumen, Voreinströmung VE = 1% Hubvolumen.

$V_h = D^2 \cdot {}^{\pi}/_4 \cdot s\ [m^3]$,

Den Raum am Zylinder, der mit Dampf gefüllt werden muss, bevor Druck auf den Kolben kommt, bezeichnet man als schädlichen Raum, meist in Prozent des Hubvolumens angegeben, der so klein wie möglich gehalten wird, denn es ist Dampfverlust bei jedem Hub. Man spricht nicht vom Strömen des Dampfs, sondern von Ein- und Ausschieben in den Zylinder. Die Nutzarbeit ist bei Volldampf theoretisch ein Rechteck im Druck-Volumen oder pV-Diagramm. Der thermische Wirkungsgrad bei Volldampf ist schlecht, unter 10%, wurde aber bei Hilfsmaschinen, die mit vollem Drehmoment anspringen müssen wie Rudermaschinen oder Ankerwinden, in Kauf genommen.

Bei Expansion nach einer Füllung mit einem einstellbaren Füllungsgrad soll der Dampf vollständig bis auf den Gegendruck des Auspuffs expandieren, um möglichst viel seiner Energie zu nutzen. Rechnerisch gilt der Verlauf $p \cdot V^n$ = konstant, worin der Exponent $n = 1$ bei Sattdampf und $n = 1{,}2$ bis 1,3 bei überhitztem Dampf ist. Bei Heißdampfbetrieb sinkt der Druck bei Expansion schneller ab als bei Sattdampfbetrieb, trotzdem arbeitet Heißdampf wirtschaftlicher, da das Dampfgewicht des Heißdampfes geringer ist.

Für theoretische Betrachtungen setzt man den schädlichen Raum gleich null und nimmt an, dass die Maschine wärme- und stoffdicht ist.

Wärmedicht ist ein Problem, da ständig abwechselnd Zu- und Abdampf dicht nebeneinander strömen und die Trennwand aufheizen bzw. abkühlen. Stoffdicht innen bedeutet, dass kein Dampf an Kolben und Schieber vorbeibläst. Der schädliche Raum hat den Nachteil, dass Zu- und Abdampf Wärme austauschen. Bei Kompression des Restdampfes muss er nicht wieder aufgefüllt werden, und die Maschine läuft erstaunlich »weich«. Schädliche Räume sind z.B. bei kleinen HD-Zylindern relativ größer. Sie liegen in der Größenordnung von 10–15%. Ein notwendiges Auffüllen schädlicher Räume heißt sinkende Wirtschaftlichkeit.

Ein Verlust bedeutet auch die Ein-Austrittsdrosselung des Dampfes, wodurch der Dampfdruck herabgesetzt wird. Nur schwer zu erfassen sind die Abkühlungsverluste, die in der gesamten Maschinenanlage auftreten. Sie sind proportional zur Temperaturdifferenz und der berührten Fläche. Der Wärmeübergang erfordert Zeit, sodass die Abkühlungsverluste in schnell laufenden Maschinen kleiner sind als in langsam laufenden. Die kleinste Abkühlungsfläche hat ein Dampfzylinder, bei dem der Durchmesser gleich dem Hub ist. Bei Sattdampf ist wegen höheren Wärmeübergangs der Verlust etwas höher als bei Heißdampf. Auch bei langsam laufenden Maschinen ist der Temperaturwechsel nur 1 s (z.B. Drehzahl 60 min^{-1}). Der Gütegrad einer Maschine ist das Verhältnis des theoretisch erforderlichen Dampfverbrauches einer Idealmaschine zum tatsächlichen, er kann 60–70 % sein.

Die Mehrfach-Expansionsmaschine hat auch den Vorteil, dass das Temperaturgefälle in den einzelnen Zylindern auf ein Drittel oder ein Viertel verkleinert wird.

Eintrittskondensation in den Steuerorganen vor dem Zylinder wird durch Heißdampf vermieden, der Dampf soll also mit so hoher Temperatur einströmen, wie es die Betriebssicherheit der Maschine erlaubt.

Das richtige Ein- und Ausschieben des Dampfes, um die hin- und hergehende Bewegung des Kolbens bzw. die Drehung der Kurbelwelle zu erreichen, besorgt die Steuerung über einen Schieber oder Ventile. Die Zahl der Dampfer bzw. Maschinen mit Ventilsteuerung ist klein geblieben, genannt sei die Lenz-Einheits-Schiffsmaschine, die Ventilsteuerung hatte.

Der Schieber wird von einer Exzenterscheibe – das ist nichts anderes als eine Kurbel von der Wirkung her – bewegt, die um 90° gegen die Maschinenkurbel verdreht ist, sogar häu-

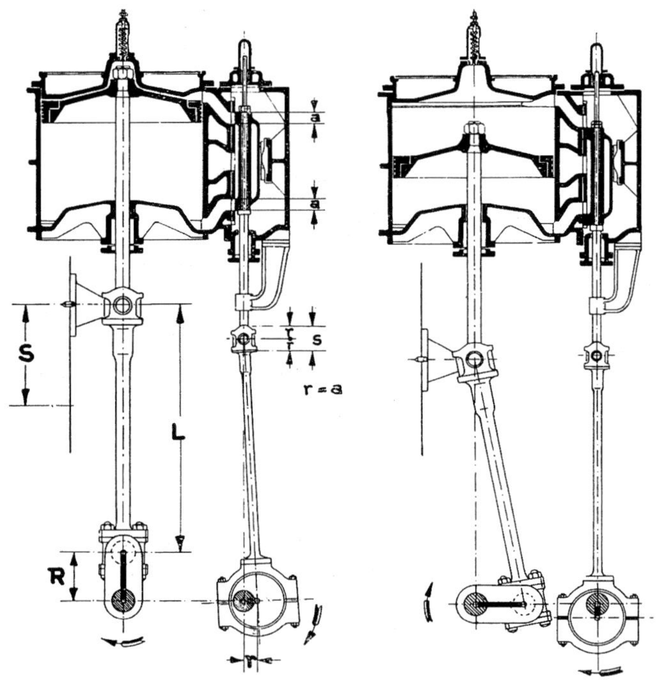

Gestaltungsprinzip eines Dampfzylinders mit Steuerung. Man erkennt, dass Totpunktlage des Kolbens bzw. des Schiebers um 90° versetzt sind. Der Schieber eilt vor, sogar etwas mehr, um Voreinströmung des Dampfes zu bewirken. Die endlichen Längen von Pleuel- und Exzenterstange bedingen unterschiedliche Geschwindigkeiten von Kolben bzw. Schieber beim Hin- und Rückgang.

fig etwas mehr oder weniger, um die Zeitpunkte für das Voreinströmen und die Kompression zu optimieren. Die genauen Werte ermittelt der Konstrukteur im sog. Schieberdiagramm. Dabei kann er auch die unterschiedlichen Wegeverläufe des Kolbens wegen der relativ kurzen Länge der Pleuelstange, auf die der Kreuzkopf und die Kolbenstange arbeitet, innerhalb einer Drehung berücksichtigen. Im Dampfzylinder passiert immer wieder der gleiche Vorgang, bei doppelt wirkenden Maschinen auf beiden Seiten des Kolbens. Bei manchen Maschinen, wie zum Antrieb von Pumpen, Ankerwinden oder Spills, arbeitet man über den ganzen Hub mit Volldruck des Dampfes und nutzt seine Expansion nicht aus. Das ist unwirtschaftlich, weswegen die Hauptmaschine immer eine Expansionsmaschine ist, wobei man die Leistung durch Änderung des Füllungs- bzw. Expansionsgrads über die Steuerung beeinflussen kann. Bei vollständiger Expansion ist der Enddruck gleich dem Gegendruck am Auspuff.

Die Fläche des Druck-Volumen-Diagramms ist die verrichtete Arbeit des Dampfs, es kann theoretisch ermittelt werden, gilt aber nur, wenn die Maschine

- wärmedicht,
- stoffdicht,
- der Dampf vollständig expandiert, er darf es aber nur bis auf den Gegendruck,
- kein schädlicher Raum zwischen den Zylinderdeckeln und dem Kolben wäre, denn der muss immer wieder erst aufgefüllt werden,
- keine Kompression stattfindet, was aber für einen ruhigen Lauf erforderlich ist – außerdem legt man die Steuerung der Dampfer so aus, dass Vor-, Ein- und Ausströmung an den Hubenden aus demselben Grund stattfindet
- keine Drosselverluste beim Strömen des Dampfs auftreten,
- keine Eintrittskondensation auftritt.

Dies ist natürlich praktisch nicht gegeben. Deshalb sehen durch einen messenden sog. Indikator gewonnene Diagramme, aus deren Fläche und Drehzahl der Maschine man dann die sog. indizierte Leistung der Maschine gewinnt, »runder« aus. Die Indikator-Flächen in seinem Diagramm zeigen die Arbeit der wirklichen Maschine im Vergleich zur Idealmaschine, was man als Völligkeitsgrad bezeichnet. Das Verhältnis zwischen der wirklich verrichteten Arbeit zur theoretisch möglichen Energieumsetzung bezeichnet man als Gütegrad der Maschine. Beides liegt in der gleichen Größenordnung zwischen 60–70%. Aus dem Indikatordiagramm ermittelt der Schiffsingenieur dann den mittleren Druck, der theoretisch über den ganzen Kolbenweg herrscht, und die Leistung:

Mittlerer Druck $p_m = \dfrac{P_{iges}}{D^2 \cdot \dfrac{\pi}{4} \cdot s \cdot n}$

Worin P_{iges} = Gesamtleistung
D = Durchmesser, z.B. des Niederdruckzylinders
s = Kolbenhub in m
n = Drehzahl in min^{-1}

man tut also so, als wenn die gesamte Leistung in einem Zylinder erbracht wird.

Indizierte Leistung $P_i = p_m \cdot A_{wirks} \cdot \dfrac{s \cdot n}{30 \cdot 75} \cdot$ PSi

Worin A_{wirks} = wirksame Kolbenfläche, also Minderung durch Kolbenstange, berücksichtigt.
Da für eine gegebene Maschine etliche Werte konstant bleiben, kann man auch vereinfachen:
$P_i = C \cdot p_m \cdot n$
worin C = Maschinenkonstante.

Abbildung 95

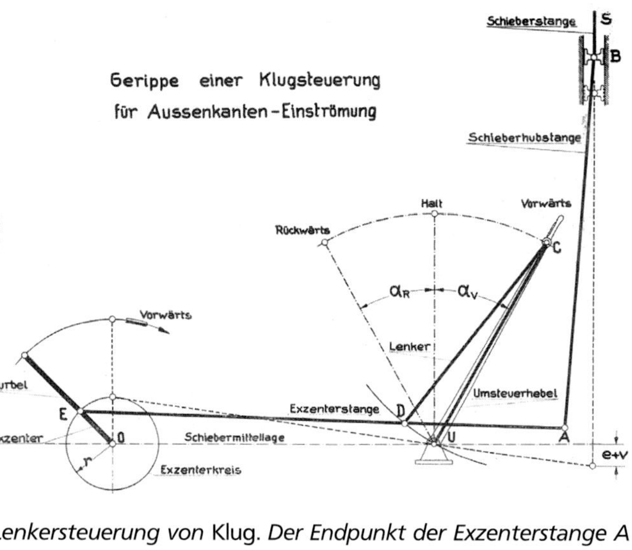

Lenkersteuerung von Klug. *Der Endpunkt der Exzenterstange A beschreibt eine ellipsenförmige Bahn. Um den Betrag e+v ist der Schieber beim Totpunkt des Kolbens wegen Voreinströmung bereits aus der Mittellage verschoben, der kleine Ausschlagwinkel* alpha *des Umsteuerhebels reduziert die Leistung der Maschine.*

Da die Dampfmaschine direkt mit der Propellerwelle gekuppelt ist, muss sie in der Drehrichtung umgesteuert werden können. Dazu muss die Schieberbewegung umgekehrt werden. Von den entwickelten Möglichkeiten sei die Kulissensteuerung und die Lenkersteuerung genannt. Diese Steuerungen von *Stephenson* oder *Klug* waren am häufigsten anzutreffen. Bei ersterer wird mittels einer sog. Kulisse die Schieberstange auf die eine oder zweite um 180° versetzte Exzenterscheibe geschoben. In Zwischenanlagen kommen beide Exzenter zur Wirkung und die Maschine kann in ihrer Leistung reduziert werden. Bei der Lenkersteuerung sind Hebel und Lenker zwischen Exzenter und Schieberstange angeordnet. Extreme Lagen des Lenkers ändern den Drehsinn, Zwischenlagen die Leistung. Diese wird also durch Änderung der Füllung des Zylinders (Expansionssteuerung) und nicht durch Drosselung beeinflusst, was unwirtschaftlich, da Energievernichtung wäre.

Kesselexplosion auf der ISAAC NEWTON auf dem Wege New York–Albany 1864

Auf technische Lösungen im Einzelnen kann hier nicht eingegangen werden.

6.3 Dampfantrieb und Schaufelrad breiten sich schnell aus auf Flüssen und Seen

In Nordamerika:

Nachdem die CLERMONT 1808 auf dem Hudson in den USA die Vorteile und Eignung des Raddampfers gezeigt hatte, folgten schon im selben Jahr weitere Schiffe von der Werft *Charles Brown* in New York, so z.B. die CAR OF NEPTUNE von 295 ts. Fultons Erfolg führte schnell zur Nachahmung, denn es gab Bedarf nach schneller und pünktlicher Beförderung. 1812 gab es bereits fünfzig Dampfschiffe auf amerikanischen Binnengewässern, 1840 sollen schon an die tausend Dampfer allein auf dem Mississippi und seinen Nebenflüssen verkehrt haben.

Der Raddampfer PHOENIX vom Ingenierur *John Stevens*, USA, fährt im Juni 1809 zu seiner Überführung als erster Dampfer über die hohe See von New York nach Philadelphia für Fahrten auf dem Delaware. Sie hat vorsichtshalber auch noch eine Schonertakelung.

1809 fährt das erste Dampfschiff, die ACCOMODA, auf dem St.-Lorenz-Strom zwischen Quebec und Montreal. Für die 250 km werden 36 h benötigt. Das nächste Dampfschiff, die SWIFTUREE braucht 1813 nur noch 22 h.

1812 fahren die ersten Dampffähren im New Yorker Hafen. Die 1811 in Pittsburgh erbaute NEW ORLEANS (L 42 m, B 9 m, 40.000 US-Dollar Baukosten) ist das erste Dampfschiff 1812 auf dem Mississippi.

In 1814 lief das erste am Mississippi gebaute Dampfschiff vom Stapel, es lief gleich nach seiner Indienststellung 700 Meilen den Strom aufwärts. Das weitere Wachstum, besonders auf den großen Seen, wurde bestimmt von der Nachfrage nach Passagen und Frachtaufkommen, das erst Anfang der 30er Jahre des 19. Jhdts. anschwoll. Vorher wuchs es in geschützten Buchten an der Küste sowie auf Mississippi und Ohio, dort verkehrten schon 1834 234 Dampfer, meist in Pittsburgh und Cincinnati gebaut. Eine besondere Gefährdung stellten – neben Stromschnellen und Untiefen – treibende Baumstämme dar. 1831–33 gingen 66 Schiffe durch Unfälle verloren. Der Tiefgang wurde so gering wie möglich, 0,3 bis max. 0,45 m gehalten.

1816 baut der Amerikaner Capt. *Henry M. Shreve* den ersten »echten« Mississippi-Dampfer mit Heck-Schaufelrad und flachem Boden ohne Kiel. Die Dampfmaschine arbeitete mit etwas höherem Druck als bisher üblich, die Zylinder lagen waagerecht auf jeder Seite des Boots, und jede der beiden Maschinen hatten ihre zugehörigen Kessel und Schornstein. Das Gewicht der Maschinenanlage konnte um 90 % im Vergleich zu vorhergehenden Anlagen reduziert werden. Diese WASHINGTON war ein bemerkenswerter Fortschritt. Sie hatte 500 t, war 41 m lang, 6,5 m breit, Tiefgang 2 m und hatte zwei Decks, am 10.09.1815 in Wheeling von *George White* auf Kiel gelegt, registriert in New Orleans. Am 5. Juli 1816 schreibt die *Lusianna Gazette*: *»Am letzten Montag fuhr die WASHINGTON von Wheeling nach New Orleans unter dem Kommando von Capt. Henry M. Shreve. Sie legte um 5.00 Uhr ab und machte in 45 min 9 Meilen … Sie hat drei schöne private Kabinen neben einer Bar. Ihre Dampfmaschine ist nach gänzlich neuem Prinzip gebaut und äußerst einfach. Sie hat kein Schwungrad. Mit 100 hp wiegt sie nur 9.000 pounds. Sie ist eine Erfindung von Henry M. Shreve.«*

Üblicherweise sind die beiden Schaufelräder fest miteinander verbunden. Für höchste Manövrierfähigkeit gab es aber auch lösbar gekuppelte Schaufelräder, sodass diese auch gegenläufig arbeiten konnten. Das Heckrad ist geschützt vor Beschädigungen durch Treibgut oder Kollisionen und hat einen etwas besseren Wirkungsgrad. In Europa hat es nur eine geringe Verbreitung gefunden.

1817 sieht man den ersten Dampfer auf dem Ontariosee: die ONTARIO aus den USA. Kanada stellt die FRONTENAC in Dienst. Die anderen Seen folgen natürlich.

1818 z.B. fährt die WALK IN THE WATER als erster Dampfer auf dem Eriesee. Das Dampfschiff SEA HORSE fährt als erstes von New York nach New Orleans und kann schon 13 Tage ununterbrochen unterwegs sein.

1824 werden alle Gewässer der USA für alle Bürger zur Dampfschifffahrt freigegeben, um die Konkurrenz zu beleben. Im Jahre 1838 gibt es bereits rund 700 Dampfschiffe. 45% der Tonnage fahren an der Küste, rund 55% auf den Flüssen. Die meisten Mississippi-Dampfer hatten keinen Kondensator im Abdampfstrang, sondern arbeiteten gegen die Atmosphäre (high pressure engine), der Eingangsdruck war mindestens 10 bis 30 pds/sqin (0,6–2 bar), teilweise auch auf 50 bis 150 pds/sqin (2,5–10 bar) hochgefahren, und man litt unter häufigen Kesselexplosionen. Zwischen 1816 und 1848 explodierten 233 Dampfschiffe, 2.563 Menschen verloren ihr Leben und 2.097 wurden verletzt. So starben allein 200 bei der Explosion der LOUISIANA in New Orleans. Gefeuert wurde mit Holz, wenn Kohle nicht leicht verfügbar war. Die Kohleförderung wurde aber durch die wachsende Dampfschifffahrt erheblich angeregt.

Während Großbritannien die erste Entwicklung der Schiffsdampfmaschine, des Schaufelrades und der Schiffsschraube für sich in Anspruch nehmen konnte, hatten die USA viele Verbesserungen zur schnellen Umsetzung gebracht. So gab es dort erstmals langhubige Dampfmaschinen mit entsprechend auskragender Kurbelwelle und senkrechter Führung des Kreuzkopfes für die lange Kolbenstange, ferner Räder mit geteilten Schaufeln, um die Erschütterungen des Schaufelrades zu reduzieren. Sie verbesserten auch die Rumpfformen, sodass die Geschwindigkeiten von 8 kn auf 11 kn erhöht werden konnten.

Den raschen Aufstieg führt man vor allem auf die großen schiffbaren Binnengewässer zurück mit insgesamt 38.200 sm Länge. So hatte Chicago am Michigan-See 1830 nur einige Siedler, die dort mit den Indianern Pelze handelten, 1840 hatte es 4.470 Einwohner, 1850 27.620, 1853 60.552 und 1860 bereits eine Zahl von 150.000, dazu große Steingebäude und Lagerhäuser.

1860 gab es 265 US-amerikanische Dampfschiffe mit zusammen 104.543 RTs und 104 kanadische mit 33.269 RTs in der Seenfahrt. Am 1. Januar 1875 waren 689 Dampfer mit 258.980 RTs in der Größe von 250–1500 ts registriert, daneben gab es noch 1.770 Segelschiffe mit zusammen 386.554 ts.

Am Atlantik bzw. der US-Ostküste herrschte die Maschine mit Kondensator (low pressure engine) vor, sie war schwerer, brauchte mehr Raum, aber auch ökonomischer. Im Binnenland verzichtete man auf den Kondensator zugunsten des Gewichts- und Raumgewinns. Die Kessel arbeiteten mit 18 bis 20 pds/qin (1,2–1,4 bar). Der Hub betrug bei den schnells-

Hudson-Rad-Dampfschiff NEW WORLD:
380 ft lang; 50 ft breit; 85 ft über die Radkästen; Schaufelrad 45 ft; Dampfzylinder 76 in, 15 ft Hub, Balken-Maschine 347 Kabinen, 600 Schlafplätze; Holzschiff, Planken $3^1/_2$ in dick, noch schneller war die DANIEL DREW mit 25 statute miles/h (40 km/h). Daten der Dampfmaschine (1875) für die Küstenschiffe BRISTOL und die PROVIDENCE, derzeit die größte Antriebsmaschine: 3.000 hp, 18–20 miles/h; Zylinder 110 in Durchmesser, Hub 12 ft; Oberflächenkondensator 8.500 sqft Rohroberfläche, Pumpe vom Balken angetrieben; Eisen-Schaufelrad: 39 ft 6 in Durchmesser, 12 ft breit, Wellendurchmesser 21 in.
3 Kessel: Röhren 35 ft lang, 12 ft 5 in Durchmesser, 4 Feuerstellen je Kessel, 13.800 sqft Feueroberfläche, Druck 25 lbs/sqi

US-amerikanisches Segelschiff MASSACHUSETTS mit Hilfsdampfmaschine und Schraubenantrieb. Länge 53,67 m, Breite 10,58 m, Laderaumtiefe 6,66 m, Größe 751 ts, 35 1. Klasse Passagiere, Baujahr 1845, Eigentümer Mr. Forbes u.a.

Raddampfer WASHINGTON, sie fuhr im Juni 1847 erstmals New York–Southampton–Bremen, brauchte allerdings zwei volle Tage mehr als die gleichzeitig fahrende britische BRITANNIA. Größe 1.750 ts Goverment measure oder 2.000 ts carpenter's measure, 2.000 hpi, also 1 hp/ts – tatsächlich sollen es 1 hp je 2 ts gewesen sein – (die BRITANNIA hatte 1 hp je 2 $^1/_2$ ts). Seitenbalkenmaschine mit 1.828,8 mm Zylinderdurchmesser, 3,33 m Hub, Dampfdruck 2 bar, Raddurchmesser 13 m

Raddampfer ATLANTIC, der Cunard-Line, Schwesternschiff PACIFIC, 1853, 3.000 ts, 800 hpn, Schaufelrad mit 36 Schaufeln, 11,67 m Breite, 15,8 min-1 Umdrehungen, 83 ts Anthrazit-Kohle Tagesverbrauch, 87 ts bei maximaler Drehzahl 16,7 min^{-1}, 1,2 bar Dampfdruck und 13,3 kn.

Der erste Dampfer vor dem Lido von Venedig 1859. Gemälde von Grubacs

Raddampfer PRESIDENT, 2.366 ts, 540 hp (403 kW), 1839

Raddampfer ROYAL WILLIAM läuft am 4. August 1833 von Quebec nach Gravesend aus

Dampfboot PHOENIX von Colonel John Steven 1808 fuhr vom 10.–23. Juni 1808 als erstes Dampfschiff auf offener See von New York nach Philadelphia, um auf dem Delaware Dienste zu tun. L 30,78 m, B 4,87 m, T 2 m. Zunächst eine Zwei-Zylinder-Maschine mit 400 mm Ø, meist Kreuzkopf, dann auf dem Delaware Ein-Zylinder-Maschine 610 mm Bohrung und Schwungrad für gleichmäßigeres Arbeiten.

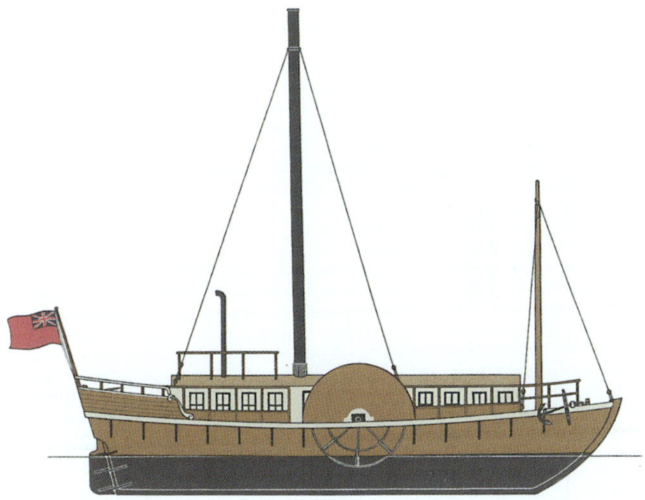

William Wager's DEFIANCE 1815/16 L 17,7 m, B 5,24 m mit einer Boulton-Watt-Maschine von 14 hp. Sie fuhr am 16. Mai 1816 über den Kanal nach Rotterdam. Er bekam aber für die niederländischen Binnengewässer keine Konzession, man wollte die bestehenden Transportdienste schützen.

ten Schiffen 10–11 ft (3,05–3,35 m) und die Pleuelstangen waren 13–19 ft (4–5,80 m) lang. Es bestand die Meinung, dass die englischen Maschinen besser gearbeitet sind, die amerikanischen das aber durch ihren größeren Hub und Baugröße mehr als wettmachen.

Eine englische *Boulton-Watt*-Maschine von 30 in (760 mm) Zylinder-Durchmesser und 4 ft (1,22 m) Hub mit 25 Umdrehungen/min und 3 pds/sqin (0,2 bar) Dampfdruck ist mit 30 hp (22 kW) kalkuliert.

Amerikanische Ingenieure meinten: Nimm 7 pds/sqin Dampfdruck, verlängere den Zylinder auf 8 ft (2,4 m) und erhöhe die Kolbengeschwindigkeit von 200 auf 400 ft/s (60–120 m/s), schalte die Dampfzufuhr auf halbem Kolbenweg ab, also Nutzung der Expansion des Dampfs, die Leistung steigt auf 80 hp (60 kW).

Die Geschwindigkeit eines Flussdampfers wurde in den USA ein wesentlicher Wettbewerbsfaktor, schon eine halbe Stunde Zeitersparnis von New York nach Albany würde alle Passagiere anziehen. So wurden die Schiffe immer schlanker in der Form. 1834 galt als Standard: 185 ft (56,40 m) lang und nur 20 ft (6,10 m) breit, also etwa 10:1 Längen-Breiten-Verhältnis mit einer Dampfmaschine 52 in (1.320 mm) Zylinderdurchmesser und 10 ft (3 m) Hub, Geschwindigkeit des Schiffs 16 kn. Der geringe Tiefgang trägt natürlich auch mit dazu bei, die hohe

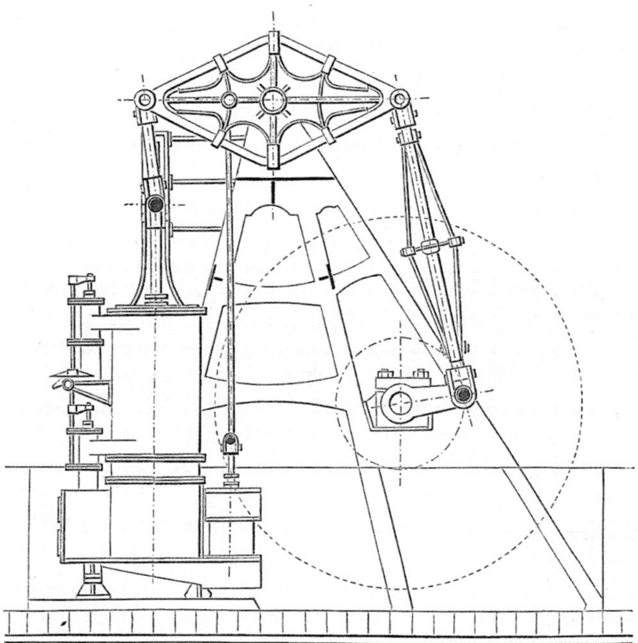

Amerikanische Raddampfer-Maschine für die NORDAMERIKA 1827. Einzylindrige mit 10–14 ft (bis 5 m) Hub, Dampfverteilung leicht umsteuerbar durch Ventilsteuerung, 3–3,5 bar Dampfdruck, Füllung 0,7–0,35 des Zylindervolumens.

Geschwindigkeit zu erreichen, es wurden bald 17,5 kn üblich. Die Amerikaner errangen die Führung im Binnenschiffbau.

1840 ist die wirtschaftliche Entwicklung in den USA vom Dampfschiff abhängig, allein auf dem Hudson 5 Reedereien mit 39 Dampfschiffen. Die Eisenbahn gewinnt erst später an Bedeutung.

In Großbritannien:

Die COMET begann im Jahr 1812 zu fahren. Im August/September 1813 fuhr ein zweiter Dampfer zwischen Norwich und Yarmouth. Ein dritter und vierter liefen in Manchester bzw. Bristol vom Stapel. Der Dampfer COMET versah seinen Dienst bis 1828, dann ging er nach einer Havarie unter. Aber die Dampfschifffahrt verbreitete sich schon vorher in der alten Welt. In England und Frankreich waren Flüsse und ein Kanalnetz förderlich.

So erschien 1814 die MERGERY auf der Themse und wurde 1816 nach Frankreich verkauft, innerhalb von neun Tagen, immer wieder von Stürmen behindert, am 9. März 1816 auslaufend von London nach Le Havre, also erstmalig über See, gebracht. Als das Schiff am 18. März zum Lotsen kommt, reißt dieser aus Angst vor dem fremdartigen Ungeheuer aus. Am 2. April 1816 fährt die MERGERY-ELISA, wie sie nun heißt, an dem begeisterten König Ludwig VIII. und den Tuilerien in Paris vorbei auf der Seine, ihrem zukünftigen Einsatzort.

Im Oktober 1814 fuhr ein erster Dampfer auf dem Fluss Humber. Im Frühjahr 1815 baute *Cook of Glasgow* einen Dampfer mit 14 hp (10,5 kW) Antriebsleistung für die Linie Glasgow–Dublin–London. Der Raddampfer THAMES, 75 t, macht vom 28. Mai bis 12. Juni 1815 die erste Hochseefahrt um die Britischen Inseln von Glasgow nach London und beweist damit die Unabhängigkeit von der Windrichtung und die Zuverlässigkeit des Dampfers.

In 1816 war es nicht unüblich, dass 500–600 Leute auf der Clyde Dampfer-Tagesfahrten machten. Der Dampfer begann bekannt zu werden und sich durchzusetzen, obwohl der Widerstand der so genannten Watermen mit ihren Frachtseglern groß war.

Die Größe der Dampfer war:

1813 die GLASGOW	74 ts,	16 hp	(12 kW)
1815 die MORNING STAR	100 ts,	16 hp	(19,5 kW)
1815 die CALEDONIA	102 ts,	32 hp	(24 kW)

Die GLASGOW wurde in Antrieb und Bedienung der Standard für Flussdampfer.

Der britische Raddampfer MARGERY, ehemals erster Themsedampfer ELISE, überquert im Mai 1816 erstmals regelmäßig den Ärmelkanal. Zwei Jahre später fährt er, wieder als erster Dampfer, im Mittelmeer unter französischen Eignern.

Ebenfalls im Jahr 1816 fährt der britische Personendampfer MAJESTIC mit 200 Passagieren von Dover nach Calais, aber erst ab 1821 steht eine regelmäßige Verbindung.

Übrigens fuhr *James Watt jun.* im Oktober 1817 mit der CALEDONIA über den Ärmelkanal nach Holland und den Rhein hinauf bis Koblenz. Die Geschwindigkeit betrug im Durchschnitt 7,5 kn. Aufgrund dieser Fahrt und anschließender 31 Versuchsfahrten auf der Themse kam es zu etlichen Verbesserungen an der Antriebsmaschine.

In 1818 ließ *David Napier* die ROB ROY auf der Werft von *William Denny*, Dumbarton, bauen, die dann zwei Jahre ohne irgendeine Reparatur einen fahrplanmäßigen Dienst Glasgow–Belfast aufnahm, Passagiere und Post befördernd. Sie war damit der erste seegehende Dampfer, später fuhr sie zwischen Dover und Calais. Sie war ein relativ kleiner Dampfer mit 30 ts und 30 hp (22 kW).

Napier ließ ein größeres Schiff von *Wood* in Glasgow bauen, die TALBOT mit 120 ts und 2 Maschinen je 30 hp; sie galt als das perfekteste Dampfschiff ihrer Zeit. Sie verkehrte zwischen England und Irland. *Napier* war ermutigt und gründete 1822 zusammen mit weiteren Kapitalgebern eine Linie zwischen Liverpool und Glasgow mit 3 Dampfern von 150 bzw. 240 ts und je 2 Dampfmaschinen mit 30 bzw. 35 hp (22 oder 26 kW).

Weitere Verbindungslinien folgten, so auch zwischen London und Leith mit den Dampfern JAMES WATT und LOKO, deren Besonderheit war, dass sie auch je zwei Maschinen mit je 50 hp (37 kW) bei 448 ts Größe hatten und erstmalig ein Untersetzungszahnradpaar zwischen Maschine und Schaufelradwelle.

1821 geht die RISING STAR, 430 t, von Gravesend, Großbritannien, auf Überführungsfahrt mit etlichen Zwischenstationen um Kap Hoorn nach Valparaiso. Fehlende Kohlestationen behindern die schnelle Entwicklung der Dampfschifffahrt auf den Ozeanen.

Das erste seegehende Seitenrad-Dampfschiff mit eisernem Rumpf, die AARON MANBY L 36,6 m, B 5,2 m, 7,2 m über Radkästen, T 1,1 m, 116 ts Tragfähigkeit, Antriebsleistung 30–50 hp (22 kW–37 kW), 7 kn Geschwindigkeit, gebaut bei *Horseley Ironworks*, Tipton, Staffordshire 1821, überquert den Ärmelkanal von der Themse zur Seine am 10. Juni 1822. Sie wird bei Paris eingesetzt, ab 1836 auf der Loire bei Nantes und wird erst 1855 außer Dienst gestellt.

1824 wird dann mit drei Dampfern: HILTON, JOLIFF und SIR EDWARD BANKS, durch die *General Steam Navigation Company* ein regelmäßiger Dienst London–Hamburg aufgenommen.

Ab 1827 gibt es einen Liniendienst London–St. Petersburg. Das Dampfschiff GEORGE IV befördert bei der ersten Fahrt 100 Personen und braucht im Allgemeinen neun bis zehn Tage, also doch schon eine lange Reichweite.

Eine wesentliche Verbesserung des Wirkungsgrads des Schaufelrads, die »feathering paddles«, also drehbare gesteuerte Schaufeln, wurde 1829 *Galloway* patentiert.

Die britische Admiralität stellte erst 1819 den ersten Raddampfer als Schlepper für ihre Segelkriegsschiffe in Dienst. Um dafür die Zustimmung zu erreichen, hatte der beratende Ingenieur der Admiralität, *Rennie*, auf eigene Kosten den Dampfer ECLIPSE gechartert, der die 74-Kanonen-Fregatte HAS-

Seitenbalkenmaschine (sidelever), Napier *baute ihre erste 1823 für die* LEVEN *mit 33 hp (25 kW)*

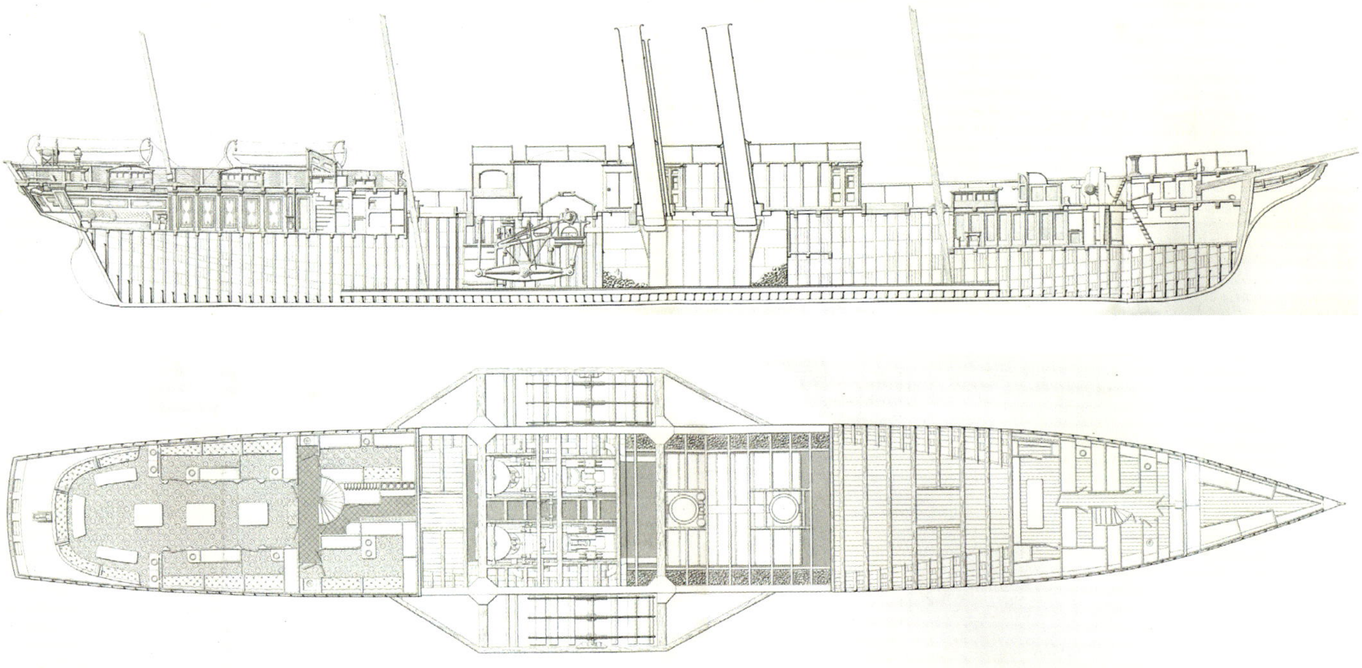

Britischer eiserner Raddampfer für den Dienst nach Irland, etwa um 1845, nicht schnell, aber ein zuverlässiges Handelsschiff, besonders auch für Vieh als häufige Deckladung, Entfernungen 200–300 Meilen, L 188 ft 6 in, B 24 ft 9 in, über Radkästen 43 ft, builder's measurement 550 64/96 ts, 458 BRT, T 9 ft beladen, getauchte Fläche des Hauptspantes 224 sqft, Verdrängung beladen 787 ts, 220 hpn, Seitenbalken-Maschine mit Kondensator, 2 Zylinder 54 in Durchmesser, Hub 5 ft, 28 min^{-1} Umdrehungen, mittlerer Dampfdruck 12 lbs/sqin, 12,17 kn, 2 Kessel 10 ft 6 in lang, 10 ft 8 in hoch, Heizoberfläche 4.228 sqft, 400 Flammrohre, Rad mit 17 festen Schaufeln, 19 ft Durchmesser, 3 Masten mit 653 sqyds Segelfläche. Gewicht des Rumpfes 173 ts, Maschine 91 ts, Kessel 35,3 ts, Kesselwasser 53,7 ts, Ladung 230 ts, 43 1.-Klasse-, 18 2.-Klasse-Passagiere. Das Schiff war in der gesamten Gestaltung gelungen und fand etliche Nachbauten, es wurde auch in anderen Kurzstrecken-Fahrtgebieten wie im Mittelmeer eingesetzt.

TINGS gegen den Strom von Woolwich nach Gravesend auf der Themse am 14. Juni 1819 geschleppt hatte.

Den Aufschwung der Passagierschifffahrt im Küstenbereich zeigt folgendes Beispiel: Von London nach Margate, Ostspitze von Kent, fahren 1821 27.000 Personen, 1833 390.000, nach Gravesend an der Mündung der Themse 1833 290.000 Personen, 1842 sind es 1.141.000. Insgesamt sind 1821 bereits 188 Raddampfer mit zusammen 20.000 t an der Küste der Britischen Inseln eingesetzt.

Im übrigen Europa:

Im Juni 1816 kommt das erste Dampfschiff, die britische LADY OF THE LAKE, nach Hamburg und fährt mehrfach nach Helgoland. Am 17. Juni 1816 nahm sie den regelmäßigen Verkehr zwischen Cuxhaven und Hamburg auf.

Zu gleicher Zeit begann der Dampfbootverkehr auf den Berliner Wasserstraßen mit drei Schiffen. Das erste in Deutschland gebaute Fluss-Dampfschiff ist die PRINZESSIN CHARLOTTE VON PREUSSEN (Verdrängung: 235 t; Länge: 40 m; Breite 6 m). Sie wurde vom Engländer *John Humphreys* auf einer Werft in Pichelsdorf bei Spandau erbaut, ein Doppelschiff mit dem Schaufelrad in der Mitte, der Maschine in einem Rumpf, der Kessel im anderen. Ab November 1816 fährt sie zwischen Berlin und Potsdam. Schon im nächsten Jahr fahren vier weitere Dampfer auf der Elbe bis nach Hamburg (KURIER und FÜRST BLÜCHER). Allerdings stellte der Reeder, die Königlich Preußische Post, den Betrieb wegen Unwirtschaftlichkeit und finanzieller Verluste bereits 1824 wieder ein, die Dampfer wurden verkauft oder abgewrackt.

Am 12. Juni 1816 um die Mittagszeit ankerte die in England gebaute DEFIANCE auf dem Rhein in Köln auf ihrem Weg nach Frankfurt. In der Kölnischen Zeitung heißt es dazu am 13. Juli 1816:

»*... Lissabons und Kalabriens Zerstörung, die Ausbrüche der Vulkane sind Beweise, die uns über die Allgewalt des Wassers, wenn es sich mit dem Feuer gattet, mit Grauen erfüllen. Die Kraft der Dampfmaschine beruht auf dem selben Grund... Die Dampfmaschinen ersparen der britischen*

Nation täglich 75.000 Pfund Sterling. Diese Summe müsste täglich mehr ausgegeben werden, wenn man die Kräfte der Dampfmaschinen durch Menschenarme ersetzen wollte. Watt and Boulton zu Birmingham liefern die vollkommensten Dampfmaschinen. Diese ganze Erfindung und ihre Vervollkommnung verdankt man dem an Tiefe den Deutschen verwandten Genius der Briten.«

1817 fährt die in Glasgow gebaute CALEDONIA auf dem Rhein. Sie ist 34 m lang, 5,20 m breit, 94 t. Sie wird 1819 von Dänemark aufgekauft und fährt dann vor allem Kopenhagen–Kiel.

Der Dampfer LADY OF THE LAKE war der erste auf der Elbe; er war zunächst 1816 Hamburg–Cuxhaven, aber bald nicht mehr lohnend, gefahren. Erst ab 1836 gab es regelmäßige Dampfschifffahrt auf der Elbe.

1821 läuft der erste Raddampfer BOHEMIA von Prag nach Dresden auf der Elbe.

1825 findet die erste erfolgreiche Dampferfahrt der deutschen FRIEDRICH WILHELM statt auf dem Rhein von Köln nach Koblenz, 5 $^{1}/_{2}$ Stunden Dauer. Die ein Jahr später gegründete Preußische Rhein-Dampfschiff-Gesellschaft schließt sich 1853 mit der Düsseldorfer Dampfschifffahrts-Gesellschaft zur heutigen Köln-Düsseldorfer-Dampfschifffahrts-Gesellschaft zusammen. Am 1. Mai war der Betrieb mit dem Dampfer CONCORDIA aufgenommen, ein Holzbau mit 70 PS (51 kW) Dampfmaschine.

1816 das erste Dampfschiff in Schweden, die STOCKHOLMHÄXAN fuhr 1816 auf dem Mälarsee und erreichte mit 3 kW Antriebsleistung 4 kn Geschwindigkeit.

1816 in den Niederlanden fährt das erste Dampfschiff PRINZ VON ORANIEN zwischen Antwerpen und Amsterdam. Es war in Antwerpen gebaut worden.

1818 fuhren im Mittelmeer der Dampfer FERDINANDO PRIMO, 115 t, regelmäßig zwischen Neapel–Civitavecchia–Livorno–Genua–Marseille und der Dampfer CAROLINE von Triest nach Venedig.

Preußisches Schlepp- und Passagierschiff PRINZ CARL, 1835 gebaut in Berlin-Moabit, erstes in Deutschland gebautes Eisenschiff, L 33,4 m, B 5,6 m (Modell im Museum für Technik, Berlin)

Schräg liegende Verbundmaschine des Raddampfers KAISERIN AUGUSTE VIKTORIA der Düsseldorfer Dampfschifffahrtsgesellschaft von der Fa. Gebr. Sachsenberg *in Rosslau a. Elbe 1899 für die Rheinfahrt gebaut. Zylinderdurchmesser 960 und 1.750 mm, Hub 1.250 m, 8,5 bar Dampfdruck, 750 PSi, 45 min^{-1}, 31 km/h Geschwindigkeit.*

1818 fährt die STEPHANIE als erstes Dampfschiff auf dem Bodensee, allerdings wurde eine Eigenbau-Dampfmaschine aus der Fabrik des Auftraggebers, ein Textilfabrikant, eingebaut, die auf der Rückfahrt von Meersburg nach Konstanz ihren Geist aufgibt. Die Passagiere müssen rudern, der Eigentümer muss vor seinen Gläubigern fliehen. Erst 1824 ist der Dampfer WILHELM, 90 t, bis 1846 erfolgreich.

1820 fährt die ERIDANO auf dem Po. Später wird die Po-Schifffahrt durch die Konkurrenz der Eisenbahn unwirtschaftlich.

1823 fährt das erste Dampfschiff der Schweiz, die WILHELM TELL, für 200 Personen aus Holz in Bordeaux gebaut, Maschine und Kessel aus England, auf dem Genfer See.

1826 erste Dampfer auf dem Lago Maggiore und dem Comer See, 1827 die ARCIDUCA RANIERI auf dem Gardasee

1829 wird die erste Donau-Dampfschifffahrts-Gesellschaft in Wien gegründet und nimmt 1830 den Dampfer FRANZ I. in Betrieb. Der braucht von Wien nach Budapest 14 h, zurück gegen den Strom 48 h. In Budapest entsteht die SAMSON mit eisernem Rumpf.

1835 fährt als erster Dampfer die in Manchester gebaute MINERVE auf dem Zürichsee. Sie wurde in Basel zerlegt und dann am See wieder zusammengebaut.

1835 wird die Verbindung Hamburg/Bremen–Hull/England etabliert.

In der übrigen Welt:

1820 wird in Indien das erste kleine Dampfschiff, die SNAKE, gebaut. Es fährt 60 Jahre auf dem Indus. Auf dem Ganges fahren ab 1829 die ersten vier Dampfer. Eine Fahrt von Kalkutta flussaufwärts bis Allahabad, etwa 1.200 km, dauert je nach Wasserstand 22–28 Tage. Begonnen hat es bereits 1823 mit der DIANA auf dem Ganges.

1827 wird in Surabaya das erste Dampfschiff BARON VON DER CAPELLEN, 220t, gebaut, nachdem ein Liniendienst nach Batavia durch die Niederländische Handels-Gesellschaft, der Nachfolgerin der V.O.C., aufgenommen wird.

1830 fahren die kleinen Dampfer QUORA und ALBURKAH erstmals in Afrika den Niger aufwärts. Von den 78 Teilnehmern starben 39 an Tropenkrankheiten.

1831 fährt der Dampfer SOPHIA JANE, meist unter Segel, nach Australien, um dort den Küstenverkehr aufzunehmen.

Auch heute noch sind in einigen Regionen der Erde Wasserstraßen die wichtigsten Verkehrswege, wenn die sonstige Infrastruktur (Straßen, Eisenbahn, Flugplätze) unzureichend entwickelt ist.

Als Beispiel genannt sei der Kongo. Dieses zentralafrikanische Land ist etwa so groß wie Westeuropa, hat aber nur (2003) 30 km Autobahn, 157.000 km meist ungepflasterte Straßen und etwas mehr als 230 meist kleine, nur von kleinen Buschflugzeugen anfliegbare Flughäfen. Die wesentlichen Transportadern sind immer noch die Flüsse. Bei Flüssen unterliegt die Schifffahrt besonderen Bedingungen durch Änderungen des Wasserstands und des Flussbetts, ferner ob es nur um Talfahrt, das soll es schon mit Flößen seit dem Paläolithikum, also in der Zeit bis 10.000 v.Chr. gegeben haben, oder um Bergfahrt geht.

Der Fluss stellt für das Schiff eine schiefe Ebene dar, auf der es bei Talfahrt »hinunterrutscht« und somit eine Eigengeschwindigkeit und Steuerbarkeit gegenüber dem Fluss bekommt. Andererseits muss bei Bergfahrt das Schiff nicht nur den Gegenstrom überwinden, sondern auch noch die »schiefe Ebene« hinaufgeschoben werden.

6.4 Dampf – Das Wissen darüber nimmt schnell zu

Kohle und Öl setzen bei ihrer Verbrennung Wärmeenergie frei bzw. nukleares Material bei seiner Spaltung. Diese geht im Kessel zu etwa 40% in Erhitzung des Wassers und dann in Dampf über. Seine Wärmeenergie wird in der Dampfmaschine in mechanische Energie und Antriebsleistung umgesetzt (erster Hauptsatz der Thermodynamik). Das nächste Ziel ist 50%, der Rest ist Verlust und erhöht unumkehrbar (irreversibel) die Temperatur unserer Erde und Atmosphäre. Der Wissenschaftler sagt: die Entropie steigt (zweiter Hauptsatz der Thermodynamik). Entropie ist ein Maß für die Ungeordnetheit in der Natur, die immer einen ausgeglichenen und damit ungeordneten Zustand anstrebt.

Wie den entsprechenden Tabellen unter Kennwerte zu entnehmen ist, verhält sich z.B. Heißdampf, der mit 200 bar einströmt, bei 364° C wie Sattdampf, der bei geringster Abkühlung Kondenswasser bildet. Mitunter muss mit Zwischenüberhitzung zum Vermeiden von Kondensation gearbeitet werden. Der Erhöhung von Temperatur und Druck setzt bis heute, voraussichtlich auch in Zukunft, der Werkstoff, vor allem im Kesselbau, Grenzen. Auch warmfeste Stähle verlieren an Festigkeit, Wärmerisse können auftreten. Selbst wenn der Stahl nicht reißt, fängt er bei zu hoher Temperatur an zu kriechen und ändert seine Form. Nach ihrem Gefüge benannt, werden austenitische Stähle verwandt.

Beim Kessel ist der Betriebsdruck meist höher als der Nenndruck. Der Betriebsdruck bestimmt dann auch den Speisewasser-Eintrittsdruck und den Frischdampf-Austrittsdruck. Der Betriebsdruck ist um 10% höher als der Austrittsdruck und kann heute normalerweise bis 125 bar, aber auch seltener bis 210 bar betragen. Höhere Austrittsdrücke sind schon realisiert worden, jedoch verliert man, da man dann an technischen Grenzen arbeitet, an Zuverlässigkeit, wie es z.B. bei den Zerstörern der deutschen Kriegsmarine im Zweiten Weltkrieg geschehen ist. Die Dampftemperaturen liegen dann – den Drücken entsprechend – bei 450 bis 540° C. Die Dampfleistung muss natürlich der Antriebsleistung entsprechen, wobei man zwischen Spitzenleistung, meist 10% über der maximalen Dauerleistung, und der Normalleistung, etwa 80% der maximalen Dauerleistung, unterscheidet. Dabei ergibt sich der beste Wirkungsgrad. Die Dampfleistung beträgt beispielsweise für 50.000 kW Antriebsleistung 40 kg/s. Das entspricht dann bei 120 bar, 400° C 29,224 kcal/s oder 6,958 MJ/s, also bei Steinkohle-Feuerung (27,31–34,12 MJ/kg, Wasser-Anteil bis 10%, Asche 3–12%) ca. 2 t Kohle/h bei 40% Wirkungsgrad; bei Öl-Feuerung (Öl ~ 40 MJ/kg) etwa 1,57 t Öl/h oder einem spezifischen Verbrauch 40 g Kohle/kWh bzw. 30 g Öl/kWh. Natürlich wird das in Realität mindestens doppelt so hoch wegen der Energieverluste in Maschine und Propeller.

Der Dampf hat einige hier zu nennende, aber nicht einfach zusammenhängende bzw. zu verstehende Eigenschaften, die in Wasserdampftafeln seit Beginn des 20. Jhdts., zusammengestellt sind:

- Sattdampf: Schon eine kleine Temperatursenkung oder Druckerhöhung verflüssigt ihn wieder. Sättigungstemperatur und -druck hängen zusammen.

- Nassdampf: Siedendes Wasser und Sattdampf sind noch zusammen. Die gesamte Energie des Systems ergibt sich aus seiner inneren Energie plus potenzieller plus kinetischer – bei strömendem Dampf – Energie. Diese Summe wird Enthalpie genannt.
- Überhitzter Dampf oder Heißdampf: In einem Überhitzer ist der Dampf weiter erwärmt, sodass er von der Kondensation weiter entfernt ist und einen höheren Energiegehalt hat.

6.5 Das Werden der Dampferbrücke Europa–Amerika

Erst 1819 war der Mut bei den Amerikanern da, einen Dampfer, die SAVANNAH, über den Atlantik zu schicken von Savannah/Georgia nach Liverpool vom 26. März bis 20. Juni 1819.

Modell der SAVANNAH (Museum für Technik, Berlin)

Das Schiff war als Segelschiff am 22. August 1818 bei *Crocker and Fickett* in Corlear's Hook, New York, vom Stapel gelaufen, dann von *William Scarborough* in Savannah gekauft, um es in einen Raddampfer umbauen zu lassen. Die Schaufelräder waren besonderer Konstruktion und konnten gefaltet an Deck verstaut werden, wenn gesegelt wurde. Die Maschine war von *Stephen Vail* in Morristown, New Jersey, gebaut worden und wurde geneigt eingebaut. Es war eine Dampfniederdruckmaschine mit 1.219 mm Zylinderdurchmesser und 1.828 mm Hub.

Die SAVANNAH brauchte 29 Tage und 4 h, die Maschine ist darin 91 h gelaufen. Segler brauchten damals 32 bis 40 Tage. Allerdings ab dem 18. Tag musste die SAVANNAH nur segeln, da ihr der Brennstoff, trockenes Fichtenholz, ausgegangen war. Sie konnte dann noch in Stockholm und St. Petersburg bestaunt werden, ehe sie wiederum in 25 Tagen nach Savannah zurückkehrte. Die Maschine wurde ausgebaut, sie wurde als Segelschiff weiter genutzt.

Versuche, einen transatlantischen Dampfverkehr aufzubauen, scheiterten an der Unwirtschaftlichkeit. Die Schiffe waren groß genug als Segler, aber zu klein als Dampfer. Noch im Jahre 1836 erklärte der englische Professor *Lardner* in einem Vortrag in Bristol: »*... die Dampfschifffahrt über den Ozean ist ein Unding, weil es nicht Aufgabe der Schiffe sein könne, nur ihren eigenen Treibstoff übers Meer zu bringen.*«

Schon 1824 startete der Versuch der Gründung einer Dampfschifffahrtsgesellschaft in London, die einen regelmäßigen vierzehntägigen Passagierdienst nach New York zum Ziel hatte. Es wurden aber nur 10% des benötigten Kapitals gezeichnet, weil das Vertrauen in die Machbarkeit fehlte. Damals trug ein »Fachmann« vor, man könne ebenso wenig mit Dampf über den Atlantik fahren, wie mit Dampf zum Mond fliegen.

Die CAPE BRETON, 124 t, fährt als erster Dampfer 1833 von Ost, Plymouth, England, nach West, Sydney, Neuschottland, Amerika, natürlich unter Segel und Dampf.

Im selben Jahr fährt die britische, in Kanada gebaute ROYAL WILLIAM, 120 RT, 364 ts dw, 132 kW, von Quebec, Kanada, nach Gravesend, England, fast nur unter Dampf, alle 4 Tage müssen die Kessel von Salz gereinigt werden.

Im Jahre 1833 bringt Capt., später Admiral *George Evans* R.,N., die RADAMANTHUS, 800 ts, gebaut von *Messrs. Maudslay Sons and Field*, zwei Maschinen von zusammen 400 hp (300 kW) mit einem Dampfdruck von 0,3 bar, Maschinengewicht 275 ts oder 1.500 pds/hp (900 kg/kW), über den Atlantik.

Bei diesen Schiffen hatte sich das Verhältnis Segel–Maschine schon dahingehend verändert, dass die Segel nur noch

Hilfsantrieb waren. Zum Segeln wurden die Schaufeln des Unterwasserteils entfernt.

Die CURACAO, 440 t, 1824 in England gebaut, 38,1 m lang, 8,20/13,60 m breit und Tiefgang 4 m, Dampfmaschine 74 kW, fährt für die holländische Marine nach Westindien von den Niederlanden aus. Es wird der erste Dampfer, der regelmäßig den Atlantik dorthin überquert zwischen 1827 und 1830.

Der weitere Erfolg versprechende Versuch der Transatlantik-Dampfschifffahrt begann am 4. April 1838 mit der Abfahrt des Kanalraddampfers SIRIUS von Cork/Irland nach New York mit 94 Passagieren. Die SIRIUS hatte 703 RT, L 60 m und 239 kW Antriebsleistung, ein gechartertes Schiff der *British and American Steam Navigation Company* mit zwei Seitenbalkenmaschinen (side-lever) und Oberflächenkondensator und Frischwasser im Kessel. Das eigentlich gedachte Schiff, die BRITISH QUEEN, wurde durch Fehler beim Maschinen-Hersteller *Messrs. Clark and Firwood* nicht fertig und wurde erst 1839 in Dienst gestellt, als die SIRIUS schon eine zweite Rundreise gemacht hatte. Die Maschine der SIRIUS war konstruiert von *Thomas Wingate*, Glasgow. Man vertraute auf die Zuverlässigkeit des Maschinenantriebs und legte die Abfahrtszeit zurück von New York auf 1. Mai 1838 fest. Der Kohlebunker fasste 450 ts Kohle, 20 ts Kesselspeisewasser waren an Bord, keine Fracht. Es wurde die erste Nordatlantik-Überquerung ausschließlich mit Dampf in 18,5 Tagen.

Am 8. April 1838 folgte die große GREAT WESTERN der konkurrierenden *Great Western Company* aus Bristol. Sie war zwar noch aus Holz, aber sehr sorgfältig und stabil gebaut von *Patterson* in Bristol und nach seinen Plänen: L 64,62 m, B 10,77 m, 7,06 Laderaumtiefe, 1.340 RT nach *builder's measurement* (1773 gesetzlich festgelegt, ab 1845 wurde ein neues Vermessungsgesetz angewendet, das zu etwa gleichem Ergebnis führt, aber den Antriebsraum unberücksichtigt lässt). Die Antriebsleistung der »Side lever«-Maschine betrug 328 kW, war von *Messrs. Maudsley Sons and Field*, London, gebaut. Das Schiff war von *Isamberd Kingdom Brunel* (1808–1959) konstruiert, einem jungen, aber schon bekannten Eisenbahningenieur, der die Bahnlinie London–Bristol gebaut hatte und gescherzt hatte, man müsste ihn die Linie bis New York verlängern lassen.

Brunels besonderer Verdienst sind seine großen Schiffe: GREAT WESTERN, von *Mr. Patterson* gebaut und bei Messrs. *Maudslay & Field* maschinell ausgerüstet, GREAT BRITAIN, von *Mr. Guppny* konstruiert und gebaut, und GREAT EASTERN, konstruiert von *Scott Russel*, Messrs. *James Watt and Co.* waren für die Kessel und den Schraubenantrieb verantwortlich, um eine erkannte Regel durchzusetzen: Ein Schiff muss so groß sein, dass es – neben der verdienenden Fracht – so viel Kohle bunkern kann, dass es eine Überfahrt ohne Stopp machen kann. *Scott Russel* nannte die Daumenregel für seine Zeit: Für jede Seemeile der Reise eine Tonne Schiff. Das bedeutet: Ein Dampfer nach Nordamerika sollte mindestens 3.000 ts, nach Südamerika 5.000 ts, nach Indien und China 12.000 ts (den Suez-Kanal gab es noch nicht) und um die Welt 24.000 ts haben.

Ankunft der GREAT WESTERN in New York. Gemälde von Mark Myers.

Die GREAT WESTERN kam am 23. April 1838 nur einen Tag nach der SIRIUS an und hatte nur 15 Tage gebraucht, die Durchschnittsgeschwindigkeit betrug 8,74 kn.

Bis 1843 werden 63 Fahrten in 12–13 Tagen unternommen, die Fahrtzeit nach Osten betrug 14 Tage plus 10 Stunden im Liniendienst. Dagegen brauchten Segelschiffe für die West-Ost-Passage ca. 25 Tage und ca. 35 für den Rückweg nach Westen.

Am 4. August 1833 fährt der Raddampfer ROYAL WILLIAM von Quebec nach London in 25 Tagen. Das Schiff hatte eine L von 53,60 m, B 8,23 m, Tiefe des Laderaums 5,33 m, sie hatte vier wasserdichte Eisenschotten, 817 ts Tragfähigkeit, 206 kW bei 1,68 m Hub des Kolbens,

Kohleverbrauch 635 kg pro Stunde, Reichweite 3.910 sm, Schaufelräder 7,32 m Durchmesser, 1,83 m im Wasser, Geschwindigkeit 11,5 kn. Das Schiff war von *Messrs. Wilson* gebaut, die Maschine von *Messrs. Fawsetts and Preston* in Quebec 1831. Die Maschinen waren *Boulton-and-Watt* Seitenbalken-Maschinen. Auf der Ausreise waren 32 Passagiere an Bord.

Obwohl immer mehr Dampfschiffe fahren, brauchte es noch mehrere Jahrzehnte, bis der Segler aus dem Geschäft gedrängt war, obwohl alsbald die Zuverlässigkeit und überlegene Durchschnittsgeschwindigkeit nachgewiesen war, ein Problem waren immer noch die Kosten.

Obwohl die *Great Western Company* sich sicher war, den Vertrag mit der britischen Regierung zur Postbeförderung über den Atlantik zu bekommen, ging er 1838 an Mr. *Cunard*, der das niedrigste und günstigste Angebot abgegeben hatte. Der Anfang der heute noch operierenden bekannten *Cunard Line* war gelegt. Der Amerikaner *Samuel Cunard* (1787–1865) war Partner in einer Bostoner Schifffahrtsgesellschaft.

Zu den ersten vier aus Holz an der Clyde gebauten Postdampfern ACADIA, CALEDONIA und COLUMBIA gehörte die BRITANNIA. Die Maschinen kamen alle von *Robert Napier* und waren Standard-Seitenbalkenmaschinen mit Einspritzkondensator. Die Schiffe konnten bei L 68,4 m 115 Salon-Passagiere und 225 ts Fracht befördern. Die ACADIA war das schnellste Schiff, sie erreichte im September 1842 ostwärts 10,97 kn.

Modell des Raddampfers BRITANNIA von 1840, aufgestellt an Bord der QUEEN ELIZABETH 2

Die BRITANNIA traf erstmals ab Liverpool am 4. Juli 1840 am 18. Juli nach 14 d 8 h in Boston via Halifax ein. Sie war 8,3 kn schnell gewesen. Auf ihrer Rückreise erreichte sie 10,5 kn. *Samuel Cunard* bekam von den Bostoner Bürgern 1.873 Einladungen zum Essen.

Der englische Dichter *Charles Dickens* schreibt in seinen »American Notes« über seine Winterreise Liverpool–Boston im Januar 1842, dass es in der Zeit kein Spaß war, mit solch einem Schiff in ungeheizten Kabinen den Nordatlantik zu überqueren. Eine Kuh war an Deck, sodass Kinder und Kranke mit frischer Milch versorgt werden konnten. Sie wurde jeden Tag vom Schlachter gemolken. Er schreibt 1844 über seine Reise: »...one party men were ›taking in the milk‹, or, in other words, getting the cow on board, and another were filling the icehouses to the very throat with fresh provision ...« *Dickens* fuhr auf einem Segelschiff nach England zurück.

Samuel Cunard, 1787–1865

Britischer Raddampfer BRITANNIA im vereisten Hafen von Boston, Holzbau mit 1.154 BRT. Er bot ab 1840 den ersten regelmäßigen Transatlantikdienst mit 8,5 kn der Cunard Line *an, ab 4. Juli 1840 alle 14 Tage.*

Die *Great Western Company* ging gegen *Cunard* vor. Eine parlamentarische Untersuchung bestätigte aber im August 1846 die Ordnungsmäßigkeit der Auftragsvergabe an *Cunard*. Dabei wurde auch Antriebsleistung je ts untersucht, was bei allen verglichenen Schiffen bei 1 hp (0,75 kW) je $2^1/_2$–4 ts lag, nur die PRESIDENT der *British and American Steam Navigation Company* fiel heraus mit 1 hp je $4^1/_2$ ts, es war auch ein relativ langsames Schiff, das, ausgelaufen am 11.03.1841, im März 1841 auf der Reise von New York nach Liverpool als erstes Dampfschiff mit 136 Passagieren und der gesamten Besatzung verscholl. Die Reederei gab ihr Geschäft auf.

Man fand hinsichtlich der unbefriedigenden Geschwindigkeit heraus, dass nicht allein die Maschinenleistung, sondern Form und Konstruktion die Geschwindigkeit beeinflussten.

Isambard Brunel baute 1843 für die *Great Western Company* den eisernen Raddampfer GREAT BRITAIN. Sie wurde alsbald zum Schraubendampfer umgebaut. Die Kurbelwelle lag 1,8 m unter Deck, die Schraubenwelle wurde mit 3:1 Übersetzung mit 54 min^{-1} Umdrehungen über Kettentrieb angetrieben, erstmalig hatte ein Schiff fünf wasserdichte Schotten. Sie fuhr erst mit fünfflügeliger, dann mit besser arbeitender vierflügeliger Schraube. Es folgten 1845–1876 Fahrten nach Amerika und vor allem Australien. Dann wurde das Schiff als Lager für Wolle und Kohle bei den Falkland-Inseln verwendet, bevor es 1870 in ihrem Baudock in Bristol wieder hergerichtet wurde und heute dort Museumsschiff ist.

Isambard Kingdom Brunel (9. April 1806–5. Sept. 1859) gestorben kurz vor dem ersten Versuch die GREAT EASTERN zu Wasser zu lassen in Millwall.

Dimensionen der drei Schiffe, die *Brunel* konzipiert hat

		GREAT WESTERN	GREAT BRITAIN	GREAT EASTERN
Baujahr		1838	1843	1857
Baumaterial		Holz	Eisen	Eisen
Länge über alles	m	80,16	98,15	210,92
Länge zwischen Loten	m	64,62	88,09	207,26
Breite des Rumpfes	m	10,76	15,54	25,21
über Schaufelradkasten	m	18,23	–	35,97
Tiefgang	m	5,09	5,49	9,14
Bruttoregister	BRT	1.340	3.270	18.915
Verdrängung	ts	2.300	3.618	32.000
Kesseldruck	bar	0,4	1	1,7
Heizoberfläche	m^2	356,74	unbekannt	4.570,68
Feuerrost-Fläche	m^2	18,77	33,44	216,27

				Schaufel	*Schraube*
Maschinentyp		direkt wirkende Seitenbalken	direkt wirkende, über Kopf, V-Anordnung	oszillierend	horizontal direkt wirkend
Hersteller		*Maudslay*	*G.W.S.S. Co.*	*Russel*	*James Watt*
Anzahl Zylinder		2	4	4	4
Durchmesser	mm	1.870	2.240	1.880	2.130
Hub	mm	2.130	1.830	4.270	1.220
Drehzahl	min^{-1}	15	18	10,75	38,8
nominelle Leistung	PS	450	1.000	1.000	1.600
induzierte Leistung	PS	750	1.500	3.410	4.890
Schaufelraddurchmesser	m	8,76	–	17,07	–
Länge der Schaufeln	m	3,05		3,96	
Schraubendurchmesser	m	–	4,72	–	7,32
Steigung	m	–	7,62	–	13,41
Drehzahl	min^{-1}	–	54	–	38,3

Die Zahlen beziehen sich auf die ersten Maschinen der GREAT BRITAIN und die ersten Schaufelräder der GREAT EASTERN.

Am 26. Juli 1845 hat es die Reise Liverpool–New York als erstes eisernes Schiff im Atlantikdienst und erstes Schraubenschiff dieser Größe gemacht mit 260 Passagieren an Bord. Das Jahr 1845 kann man als den Beginn des etablierten Dampf-Seeverkehrs zwischen Kontinenten bezeichnen. Im Jahr 1846 lief sie auf die Felsen in der Dundrum-Bucht auf, nach langen Wintermonaten wieder flottgemacht und in Fahrt gesetzt nach Australien und New York (1852). Das wäre mit einem Holzschiff nicht möglich gewesen.

Als in den 1840/50er Jahren die Klipper bei günstigem Wind Rekordgeschwindigkeiten erreichten – die berühmte LIGHTNING 436 sm oder 18 kn an einem Tag oder die FLYING CLOUD ums Kap Hoorn 19 kn für eine kurze Zeit –, lag es nahe, beide Antriebe zu kombinieren, es entstanden in den USA die »*Auxiliaries*«, die aber alle kein Erfolg wurden. Ein Beispiel ist die MASSACHUSETTS von 1845, die mit Maschinen des Schweden *John Ericsson*, der seit 1839 in New York lebte, ausgestattet war, die einen anhebbaren geschmiedeten Kupferpropeller antrieben. Der Dampfkessel wurde mit einem Gebläse ausgestattet, um schnell Dampf aufmachen zu können. Diese Art der Schiffe wurde keine Innovation.

Die Amerikaner begannen ihre eigene Dampferlinie New York–Southampton–Bremen einzurichten. Im Juni 1847 fuhren gleichzeitig die britische BRITANNIA und die US-amerikanische WASHINGTON der Ocean Steam Navigation Company aus New York ab.

Die BRITANNIA gewann um 2 volle Tage. Die WASHINGTON wurde nach einem Jahr zurückgezogen.

Die *Cunard Line* hat 1847 vier neue Raddampfer in Fahrt gebracht mit 2.000-hp-Seitenbalkenmaschinen (1.500 kW) und 11,3 kn Geschwindigkeit, um die Führung im Atlantikverkehr zu behalten. *Cunard* steigerte nochmals 1850 mit der AFRICA und der ASIA, hölzerne Raddampfer mit Zweizylinder-Seitenbalkenmaschinen mit 2.400 hpi und 12 kn oder 10 d 11 h 30 min Liverpool–New York. Sie konnten 180 Passagiere und 600 ts Fracht tragen, allerdings war der Kohleverbrauch enorm.

Obwohl die Amerikaner immer kritisch und skeptisch gegenüber Subventionen sind, wurde *E. K. Collins*, geb. 1802, Chef einer Segelschiff-Reederei in New York, mit einer Postlinie der *New York and Liverpool United States Mail Steamship Company*, *Collins Line* abgekürzt, nach Europa beauftragt. Er bekam 19.250 Dollar pro Reise. Er ließ vier Dampfschiffe aus Holz von je 3.000 RT bauen, beispielsweise die ARCTIC bei *William H. Brown* in New York mit Überwachung durch *Georg Steers*, der die berühmte Yacht AMERICA gezeichnet hatte. Die Maschinen wurden von *Novelty and Allaire Works* in New York gebaut mit 2.410 mm Durchmesser der Zylinder und 2,74 m Hub. Da die Schiffe weit teurer wurden als kalkuliert, erhöhte die Regierung die Unterstützung auf 33.000 Dollar pro Reise, allerdings musste eine höhere Geschwindigkeit zugesagt werden.

Raddampfer AMAZON *der* Royal Mail Steam Packet Company, *Stapellauf 28. Juni 1851 bei* Messrs. R. and H. Green, *Blackwall. Sie war der größte Holzbau-Dampfer und hätte im Kriegsfall auch von der Navy genutzt werden können. Sie kostete 100.000 GBP (Great Britan Pound). Die Bunkerkapazität war 1.000 ts Kohle, die Reichweite damit 16,5 Tage bei 2,5 ts/h auf ihren 26 Feuerrosten bei 9 kn Geschwindigkeit. Ihre erste Reise ab Southampton am 2. Januar 1852 nach Westindien mit 50 Passagieren und 110 Mann Besatzung wurde eine Katastrophe. Die Lager der Schaufelräder liefen immer wieder heiß, und um Mitternacht am 4. Januar brach ein Feuer aus, das sich schnell ausbreitete. Das Maschinenpersonal musste den Maschinenraum verlassen, sodass das Schiff weiter gegen starken Wind lief. 46 konnten sich in zwei Booten retten, das Schiff sank kurz vor vier Uhr morgens.*

Diese so einfache und verständliche Forderung hat enorme technische und wirtschaftliche Konsequenzen – noch heute. Denn die Kräfte auf das Schiff wachsen mit dem Quadrat der Geschwindigkeit, die erforderliche Maschinenleistung mit der dritten Potenz.

Als die amerikanische *Collins Line* ihren Betrieb aufnahm, waren ihre Dampfer die schnellsten, die bis dahin den Nordatlantik überquert hatten. So braucht die PACIFIC im Mai 1851 New York–Liverpool 9 d 20 h 16 min und die ARCTIC im Juli 1852 9 d 17 h 12 min. Dementsprechend zogen sie Passagiere an, so von Januar bis November 1852:

Collins	nach Liverpool	2.420,
	nach New York	1.886
Cunard	nach Liverpool	1.783,
	nach New York	1.186

So brauchten im Durchschnitt in der ersten Hälfte des Jahres 1852
Collins-Schiffe:
Liverpool–New York 11 d 22 h,
New York–Liverpool 11 d 1 h
Cunard-Schiffe:
Liverpool–New York 12 d 13 h 52 min,
New York–Liverpool 10 d 21 h 44 min,
also etwas zugunsten der *Collins Line*.

Die *Collins*-Schiffe hatten inzwischen Dampfheizung und elektrische Klingeln. Die amerikanischen hatten einen geraden Vorsteven und keinen Bugspriet mehr.

Man verglich die Schiffe hinsichtlich ihres Querschnittes im Wasser und fand

amerik. ATLANTIC:	1,010 hp/sqft (8,11 kW/m^2)
amerik. PACIFIC:	1,012 hp/sqft (8,12 kW/m^2)
brit. ASIA:	1,028 hp/sqft (8,25 kW/m^2)

also die britischen Schiffe hatten mehr Leistung und trotzdem, dank ihrer Linien und effektiven Kessel, liefen die amerikanischen schneller. Sie hatten Zweizylinder-Seitenbalkenmaschinen mit 2.400 mm Ø und 3 m Hub, vier Kessel arbeiteten mit 1,2 bar Dampfdruck aus Seewasser mit Einspritzkondensatoren.

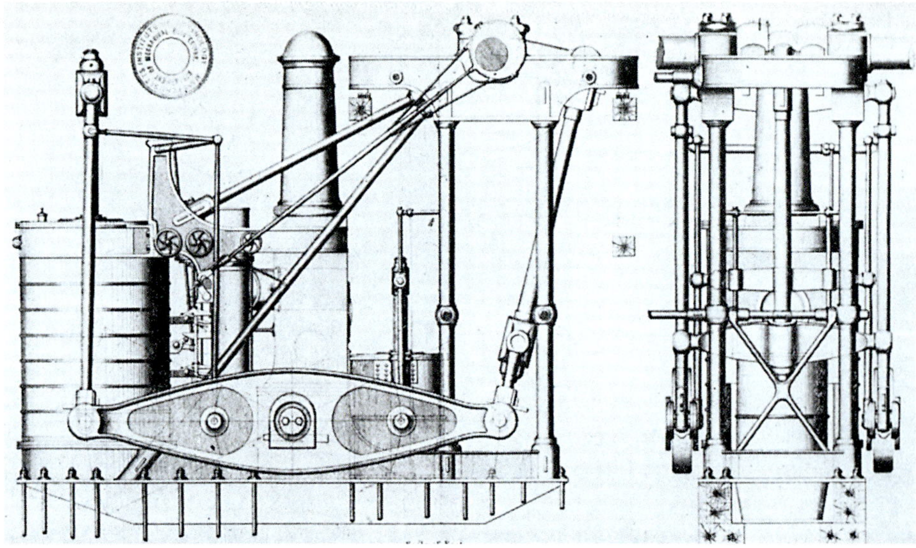

Die Seitenbalken oder -balancier-Maschine der ARCTIC und der BALTIC, die von Novelty Iron Works *in New York gebaut wurden.*

Der Collins Liner ARCTIC sinkt vor Cape Race auf dem Weg Liverpool-New York nach einer Kollision mit dem französischen Schraubendampfer VESTA am Mittag des 27. September 1854.

Capt. *McKinnon* der Royal Navy muss zugeben: *»Ich lasse nur Gerechtigkeit walten, wenn ich sage, dass sie (die Collins-Schiffe) ohne jeden Zweifel die schönsten, schnellsten und besten Seeschiffe der Welt sind. Es tut mir leid, dass ich sagen muss – aber als Marineoffizier bin ich zu Aufrichtigkeit verpflichtet –, dass sie eine große Überlegenheit haben. Ihre außerordentliche Weichheit in der See kann die Bewunderung des Seemanns hervorrufen. Ich habe das bisher noch nicht erlebt. Keine See kam an Bord, kein heftiges Stampfen. Das Dampfen der BALTIC war die absolute Poesie der Bewegung. … der Grund, warum wir Bruder Jonathan erlauben, uns im eigenen Element zu schlagen ist ein Zeichen für die Welt: Das britische Modell ist dem amerikanischen weit unterlegen.«*

Aber wirtschaftlich war es ein hoher Verlust für *Collins*
– Aufwand in den ersten zwei Jahren: 1.979.760 Dollar
– Regierung deckte für Postdienst: 770.000 Dollar
– Durch Passagiere und Fracht: 513.546 Dollar
– Verlust betrug: 256.453 Dollar

Die Amerikaner gingen davon aus, dass die britischen Postdampfer mit 10 lbs/sqin (0,7 bar) Kesseldruck arbeiten. Der amerikanische Marine-Chefingenieur *Faron* sah aber auf einer Reise mit der britischen NIAGARA, dass die Sicherheitsventile,

Querschnitt durch Maschinenraum der PERSIA, 1854, das erste Eisenschiff der britischen Cunard Line

mit 13 lbs/sqin (0,9 bar) belastet, immer wieder ansprachen. Somit wurde der Kesseldruck für die amerikanischen Schiffe entsprechend erhöht.

Cunard gab aber in dem Wettstreit nicht auf, dazu hatte die *Collins* Line Pech:

Die ARCTIC sank nach einer Kollision im Nebel mit dem kleineren eisernen französischen Schraubendampfer VESTA 60 sm vor Cape Race am 27. September 1854 mit hohen Verlusten – vor allem mangels Disziplin der Besatzung – aus den 233 Passagieren und 135 Besatzungsmitgliedern, nur 15 Passagiere, darunter keine Frauen und Kinder, und 31 Besatzungsmitglieder überlebten. Auch *E. K. Collins* Frau und Kinder ertranken. Die VESTA blieb schwimmen, weil das vordere eiserne Kollisionsschott hielt. Fast ein Jahr später verscholl die PACIFIC mit allen 45 Passagieren und 141 Besatzungsmitgliedern auf der Reise Liverpool–New York. Sie hatte Liverpool am 29. Juni 1856 verlassen.

Als Ersatz kam der Holzbau-Raddampfer ADRIATIC, L 117 m, der *Collins Line*. Dieser konnte aber nicht mehr zeigen, was er kann, denn die *Collins Line* musste aus finanziellen Gründen ihr Geschäft einstellen. *Cunard* brachte 1852 die ARABIA (2.400 ts, 700 kW) in Fahrt und 1855 die PERSIA.

Die PERSIA hatte 3.766 BRT, 7.130 ts dw, Länge des Kiels 106,68 m, B 13,72 m, Laderaumtiefe 9,14 m, Seitenbalken-Maschinen von 917 hp (nominal), die auf See auf 3.600 hpi kamen, Zylinder-Ø 2.552 mm, 3 m Hub. Ihre Geschwindigkeit war 16,5 kn unbeladen, der spez. Kohleverbrauch 2,11 kg je indizierte hp je Stunde. Der *Cunard*-Dienst wurde damit etwas schneller als der amerikanische.

Neben Fracht bekam die Schifffahrt einen Boom im Transport von Personen durch die Emigration von Europa nach Amerika. So emigrierten z.B. in acht Jahren bis 1857 2.446.802 Personen aus dem United Kingdom. Häufig wurde die Passage aus Nordamerika bezahlt, z.B. in 1854 1.730.000 GBP, etwa 3 GBP pro Person. Dabei kam es natürlich nicht nur zu Verlusten durch Seeunfälle, z.B. 1846–1853 61 Schiffe mit 1.567 Toten, sondern es gab viele Unzulänglichkeiten und Betrügereien in der Abwicklung, sodass der »Passenger Act of 1855« erforderlich wurde. In den USA wurde zur selben Zeit ein Gesetz erlassen, den Passagieren Mindestbedingungen zu sichern.

In 1850 bekam *Cunard* einige britische Wettbewerber auf der Nordatlantik-Linie, von denen sicher die *Liverpool and Philadelphia Steamship Company* des *William Inman*, der wichtigste war mit Schraubendampfern aus Eisen. Am 17. Dezember 1850 verließ die CITY OF GLASGOW erstmals Liverpool und bediente dann für viele Jahre die Nordatlantikroute. 1851 folgt die CITY OF MANCHESTER, auch gebaut von *Messrs. Tod and McGregor*, Länge an Deck 83,52 m, Breite 11,58 m, 2.125 BRT, Antriebsleistung zwei Maschinen von je 298 kW nominal, die auf eine dreiflügelige Schraube arbeiteten. Die Maschinen liefen aber nur mit Schaufelraddrehzahl, also etwa 20 min^{-1}, Zylinder-Ø 1.803 mm, 1,5 m Hub, und trieben über »walking beams«, wir würden heute sagen »Pleuelstange«, eine Kurbelwelle an, die über Holzzahnräder die Propellerwelle mit dreifacher Drehzahl drehte.

Die beiden Vormasten waren übrigens ebenfalls aus zu Röhren geformten Eisenplatten. Beide Schiffe verkehrten vierzehntäglich zwischen Liverpool und Philadelphia bis 1857, dann wurde New York bedient ab 1860 einmal die Woche und ab 1866 zweimal die Woche in den Sommermonaten. Ihre Schiffe waren sogar schneller als die *Collins* Line war, sodass sie für einige Zeit die US-mail transportierten.

William Inman, geb. 1825 in Leicester, baute auch einen Emigrantenservice auf, der weit schneller und komfortabler war als bisher gewohnt. Er begann den Service mit CITY OF GLASGOW trotz aller Unkenrufe, vor allem wegen des Schraubenantriebs, sehr erfolgreich mit 400 Passagieren. In 1870 beförderte *William Inman* in 68 Reisen 44.100 Passagiere nach New York.

Im Jahr 1869 ist das Schraubenschiff CITY OF BRUSSELS, 3.080 t, der *Inman Line* der prominente Halter des »Blauen Bandes« im Nordatlantik auf der Strecke New York–Queenstown nach der SCOTIA, was dann über 100 Jahre eine große Rolle zur Gewinnung von Passagieren spielt. Geschwindigkeit zieht Passagiere und damit Finanzierung an. Seltsamerweise war es die Strecke, die das Publikumsinteresse immer hatte, nicht aber zu anderen europäischen Häfen.

Der eiserne Schraubendampfer CITY OF BRUSSELS war speziell für den Wettstreit ums »Blaue Band« von *Tod and McGregor* gebaut worden, L 126,49 m, 6.900 ts dw, zwei Zylinder horizontale Trunkengine mit 3.000 hpi (2.240 kW) und 30 pds/sqin (2,1 bar) Dampfdruck. Sie war das erste Schiff mit einer Dampf-Rudermaschine. Sie lief 14,66 kn.

Wie so häufig bei aktiven, engagierten und erfolgreichen Unternehmern, hatte er inzwischen viele Ehren- und Nebenämter. In den 1850ern war er aber vor allem ein Promotor des Schraubenantriebs.

1873 kamen die Schwesterschiffe CITY OF CHESTER und CITY OF RICHMOND dazu, beide 4.700 BRT, 3.000 NRT, 800 hpn, gebaut von *Messrs. Caird and Co, Greenock,* bzw. von Messrs. Tod and McGregor, Glasgow. Sie sind $L_{üa}$ 138,23 m, B 13,11 m, T 10,97 m, Verbundmaschinen, Zylinder-Ø 3.048 mm und 1.930 mm, Hub 1,52 m, Geschwindigkeit 16 kn bzw. New York–Queenstown/Irland 8 d 11 h 26 min. 1875 folgte die CITY OF BERLIN, nach der GREAT EASTERN das größte Schiff mit 5.500 BRT, $L_{üa}$ 158,5 m, B 13,41 m , T 12,33 m. 2 Verbundmaschinen mit Kondensator, direkt wirkend mit Hochdruckzylinder 1.830 mm Ø, Niederdruckzylinder 3.050 mm Ø und 1,68 m Hub. Sie hat 12 Kessel mit 36 Feuerlöchern. 202 Erste-Klasse-Passagiere und 1.500 Auswanderer. Antriebsleistung 900 hpn (670 kW), 5.200 hpi (3.880 kW) und 14,8 kn Durchschnittsgeschwindigkeit bei der Meilenfahrt.

Eiserner Raddampfer SCOTIA der Cunard-Line, *1862. 3.871 BRT, L 122,33 m, B 15,83 m, Laderaumtiefe 10,16 m, 975 hpn, in Betrieb 4.200 hp tatsächlich, zwei Zylinder mit 2.540 mm und 3.658 mm Durchmesser, Schaufelraddurchmesser 13,33 m, Kohlebunker 1.800 ts, 16,4 kn, Eisengewicht im Rumpf 2.800 ts, Baukosten 170.000 GBP.*

Die *Collins Line* arbeitete mit ernormem Verlust, und 1858 verweigerten die Aktionäre weiteres Kapital, als auch die Regierung weitere Subventionen ablehnte, zumal die übrigen Seestädte wie Boston, Philadelphia oder Baltimore die Bevorzugung von New York angriffen. Es gelang auch nicht, eine neue unternehmerische Aktivität gegen *Cunard* zu starten.

Die *Cunard Line* baute ihren erreichten Vorsprung aus. 1862 mit der SCOTIA, noch ein eiserner Raddampfer.

Die SCOTIA war das größte, schnellste und schönste Schiff seiner Zeit. L 120 m, B 14,3 m, Zweizylinder-Seitenbalkenmaschine, 2.540 mm Ø, 3,6 m Hub, 4.000 hpi (2.990 kW) ergaben 16,5 kn in der Meilenfahrt, 13,5–14 kn durchschnittlich auf See. Im Dezember 1863 gewann sie das »Blaue Band« mit 8 d 3 h ostwärts und nahm damit der BALTIC der *Collins Line* den Rekord ab. Sie wurde der Liebling der Reisenden. Allerdings verbraucht sie 164 ts Kohle/Tag gegen den Schraubendampfer CHINA, L 97,8 m, B 13,5 m, gleicher Jahrgang, der nur 82 ts verbrauchte. Die CHINA wurde von zwei oszillierenden Zylindern angetrieben, 2.038 mm Ø, 1,65 m Hub, 2.250 hpi (1.680 kW), die über ein Holzzahnradgetriebe mit 3:1-Übersetzung die Propellerwelle drehten. Sie verwandte einen Oberflächenkondensator und Frischwasser im Kessel. Die CHINA war nur etwas langsamer als die SCOTIA, aber besiegelte das Ende des Schaufelradantriebs im Atlantikdienst. Die SCOTIA wurde nach wenigen Jahren aus der Fahrt genommen.

Gleichzeitig begann der Schraubenantrieb mit den *Cunard*-Dampfern aus Eisen, an der Clyde gebaut:

CHINA	1862
CUBA	1864
JAVA	1865
RUSSIA	1867

1874 hatte *Cunard* 23 Dampfer im Transatlantik-Dienst mit zusammen 64.718 BRT. In den vergangenen 35 Jahren ging nicht ein Menschenleben verloren. Zeitgenossen führten das nicht allein auf Glück zurück, sondern auf konsequente Disziplin und hohe Seemannschaft. *Cunards* Tonnage an Dampfschiffen ist größer als die gesamte Dampfschiff-Tonnage des

Seitenriss und Kabinendeck, Achterschiff, der eisernen Schraubendampfer BOTHNIA *und* SCYTHIA *der* Cunard Line, *gebaut 1874 bei* Messrs. James and George Thomson, *Glasgow, 4.535 ts, L 151,67 m, B 14,17 m, Laderaumtiefe 12 m, 300 1.-Klasse-Passagiere, 800 3.-Klasse-Passagiere, Bark-Takelung, 507 hpn, 2.543 hpi, Compoundmaschine mit 1.524 mm und 2.642 mm Durchmesser, Kohlebunker 1.200 ts, Kohleverbrauch 64 ts/d oder 1 kg/hp·h*

Deutschen Kaiserreiches und etwa halb so groß wie Frankreich, Holland und Hamburg zusammen. 1871 hatten

- Frankreich 106.478 ts
- Holland 36.644 ts
- Hamburg 45.669 ts Dampfschifftonnage.

Ein Vergleich der neuen Dampfer BOTHNIA und SCYTHIA von 1874 mit der BRITTANNIA von 1840 zeigt die Entwicklung in den vergangenen 25 Jahren:

	BRITTANNIA	BOTHNIA	Faktor
	1840	1874	
Ladefähigkeit [ts]	225	3.000	13,75
Passagiere	90	340	3,7
Geschwindigkeit [kn]	8,4	13	1,46
Verbrauch [lbs/hpi·h]	4,7	2,2	>50%

Nach weiteren zwanzig Jahren (1895) erreicht die CAMPANIA 22 kn, weitere fünfzehn Jahre (1910) die MAURETANIA 26 kn.

Hier ist nicht der Platz, über den Aufbau weiterer Linien, z.B. nach Kanada und den St.-Lorenz-Strom aufwärts durch die *Allan Line,* zu berichten oder auch der mitunter desaströse Wettlauf um subventionierte Postdienste, z.B. der *Royal Atlantic Steam Navigation Company* zwischen USA, Kanada und Großbritannien, mit nicht eingelösten und nicht einzulösenden Versprechungen hinsichtlich Geschwindigkeit, z.B. 17,4 kn bei nicht mehr als 3.990 kg Brennstoff je Stunde. Erreicht wurden von dem kontrahierten Schiff nur 13 kn. Nach weiteren Problemen mit ihren Schiffen und hohen Verlusten – die Aktionäre verloren in 18 Monaten all ihr eingesetztes Kapital – musste sie im Mai 1861 ihren Vertrag mit der Regierung beenden und schließen.

Die neuen sechs Schiffe, 7.240 ts dw, L 131,7 m, B 12,4 m, der *White Star Line*, von *Ismay* und *Imrie*, gebaut von der Werft *Harland and Woff*, Belfast, die etliche Innovationen enthielten, besonders die neue Compound-Maschine. Sie wurde 1871 von *Hornblower* patentiert. 1845 hatte *John M'Vaught* begonnen, an Land die Leistung und Wirtschaftlichkeit stationärer Watt-Balkenmaschinen zu steigern, indem er einen Zylinder vorschaltete, der in den vorhandenen Zylinder ausließ. *John Elder* marinisierte die Lösung, er setzte sich auch für den zylindrischen Kessel mit höherem Dampfdruck ein. Die stufenweise Entspannung hat auch den Vorteil, dass der Temperaturwechsel bei einem Hub beim Zylinder nicht so groß ist. Daraus folgte dann konsequenterweise die Mehrfach-Expansionsmaschine.

Die Compound-Maschine der sechs *White-Star*-Schiffe (OCEANIA, BALTIC, ATLANTIC, REPUBLIC, CELTIC und ADRIATIC) hatte 3.000 hpi mit je zwei Tandemzylindern, ein Hochdruckzylinder 1.040 mm Ø über einem Niederdruckzylinder 1.980 mm Ø mit zusammen 1.520 mm Hub und 4,5 bar Dampfdruck.

Die Schiffe wurden ein voller Erfolg, die Passagiere waren zufrieden und lobten: »... *Her sails are hoisted by steam and she is steered by the same power and therefore is as easily handled as a pleasure yacht although of such great size...*«

Die ATLANTIC strandete im März 1873 kurz vor Halifax, das wegen Kohlemangel angelaufen werden sollte, und war ein Totalverlust mit hohen Menschenverlusten.

Die *White Star* gewann aber bald ihre Beliebtheit beim Reisepublikum zurück.

1875 kam ihre BRITANNIC und GERMANIC. Erstere mit absenkbarer Schraube, die sich aber nicht bewährte, sodass der Schwenkmechanismus der Schwanzwelle entfernt wurde.

Achteres Unterwasserschiff eines Doppelschraubendampfers um 1880:
1 Hackenartige Ausformung, 2 Hufeisen-Platte, *3 Oxter-Platte, 4 Sorgleine, 5 Ruder-Anschlag, 6 Ruder, 7 Ruder-Aufhängung, 8 Schrauben-Narbe, 9 Schraubenblätter/-flügel, 10 Stevenrohr, 11 Schraubenwellen-Stagen (-Halterung), 12 Schraubenwelle, 13 Kielgang, 14 Kiel-Böcke*

Es war ein dauernder Wettbewerb zwischen Großbritannien und den USA insbesondere, der häufig nationale Züge hatte. So gelang es der amerikanischen *Guion Line* nicht, ihre in England gebauten Dampfer unter amerikanischer Flagge registrieren zu lassen. Aber natürlich wirkte sich der Wettbewerb beschleunigend auf die Maschinenentwicklung und Leistungssteigerung aus.

Die Schiffe MONTANA und DAKOTA der *Guion Line* bekamen Verbund-Corliss-Maschinen mit je einem vertikalen Hochdruckzylinder und zwei gegenüberliegenden horizontalen Niederdruckzylindern. Die folgende ARIZONA in den späten 1870ern, gebaut bei *Elders* auf der *Fairfield*-Werft an der Clyde, konstruiert von *William Pearce*, L 141,73 m, B 13,87 m, 9.900 ts dw, hatte eine Dreizylinder-Verbundmaschine mit einem Hochdruckzylinder 1.570 mm Ø und zwei daneben angeordnete Niederdruckzylinder von 2.290 mm Ø, die jeder auf dieselbe Kurbelwelle mit 1,68 m Hub arbeiten und bei 6,2 bar Dampfdruck 6.300 hpi (4.700 kW) brachten. Sie war das erste Schiff, das als reiner Passagierdampfer konzipiert war mit zwei großen Schornsteinen und vier Masten. Die ARIZONA bekam die Bezeichnung »ocean greyhound« (Windhund) und gilt als Vorläufer der später folgenden Schnelldampfer. Sie errang das »Blaue Band« im Juli 1879 mit 15,95 kn oder 7 d 3 h 38 min. Etwas später im selben Jahr rammte sie einen Eisberg mit 14 kn im Nebel und drückte ihr Vorschiff mehrere Meter ein, aber das vordere Kollisionsschott hielt.

Die CITY OF ROME der *Inman Line*, ein sehr elegantes, schönes Schiff, erreichte zwar 1881 17,5 kn mit 11.500 hpi (8.580 kW), konnte das aber auf langen Strecken wegen ungenügender Kesselleistung nicht durchhalten und errang deshalb nicht das »Blaue Band«.

Die Geschichte soll hier nicht weiter im Einzelnen verfolgt werden, obwohl sie mit der Maschinenentwicklung sehr eng verbunden ist. Aber auch andere Einflüsse auf die Geschwindigkeit wurden beobachtet, so erschien in 1884 die amerikanische *National Line* mit der AMERICA, 9.550 tdw, L 139,90 m, die auch von einer dreizylindrigen Verbundmaschine angetrieben war mit »nur« 9.500 hpi (7.100 kW), aber sehr feine Linien hatte, aus höherfestem Stahl leicht gebaut war und der Rekordhalterin OREGON (12.000 tdw, 13.000 hpi, 9.700 kW) den ersten Platz streitig machte.

Am 26. April 1885 kam die ETRURIA (Schwesterschiff UMBRIA, L 158,50 m, 13.300 tdw) der *Cunard Line* in Dienst mit den größten Dreizylinder-Expansionsmaschinen mit

14.500 hpi (10.800 kW) bei 7,6 bar Dampfdruck, die bis dahin gebaut worden waren. Sie erreichte 18,87 kn. Sie machte sogar noch 1905 die schnellste Reise, die je ein Einschraubendampfer bis dahin über den Nordatlantik gemacht hatte, mit 21,25 kn. Die Rekorde von 1885 gingen aber schnell verloren, als die *Inman Line* mit den ersten Doppelschrauben-Dampfern CITY OF NEW YORK und einer zweiten CITY OF PARIS herauskam, die von *J. G. Thompson*, später die berühmte Werft *John Brown and Company*, Clydebank, gebaut waren. Die Daten waren L 158 m, 10.650 BRT und 17.270 tdw, jede Schraube wurde von einer Dreifach-Expansions-Maschine von 9.175 hpi (6.850 kW) bei 10,3 bar Dampfdruck angetrieben. Die Schiffe liefen unter amerikanischer Flagge, denn die *Inman Line* war inzwischen die *Inman and International Steamship Company* geworden, in der als treibende Kraft der Amerikaner *C. A. Griscom* wirkte. Die CITY OF PARIS hatte dann noch einen unruhigen Lebenslauf unter amerikanischer Flagge, ehe sie zu Beginn der 1920er in Genua verschrottet wurde.

Sie reduzierten mit 19,95 kn westwärts und 20,03 kn ostwärts die Reise auf 5 d 19 h 18 min, wurden aber schon im August 1890 von der neuen *White Star* TEUTONIC (16.740 tdw, L 177,40 m, B 17,58 m), gebaut von *Harland and Wolff*, Belfast, übertrumpft, die mit 20,17 kn durch beide Dreifach-Expansions-Maschinen mit zusammen 17.500 hpi (13.050 kW) den Atlantik überquerte. Es blieb übrigens ein Kopf-an-Kopf-Rennen, denn die beiden *Inman*-Schiffe gewannen im Juli/August 1892 die Trophäe mit bis zu 20,7 kn zurück. *C. A. Griscom* wurde 1893 gestattet, die CITY OF PARIS und die CITY OF NEW York unter amerikanischer Flagge zu bringen, wenn er noch zwei Schiffe in den USA bauen ließ, das geschah dann auch mit der ST. LOUIS und der ST. PAUL auf der *Cramp-Werft* in Philadelphia. Sie hatten Vierfach-Expansions-Maschinen mit sechs Zylindern über einer vierfach geköpften Kurbelwelle. Für noch höhere Antriebsleistungen wurden die Maschinen immer größer. So erhielten die *Cunard* CAMPANIA und LUCANIA zwei fünfzylindrige Dreifach-Expansions-Maschinen mit je 15.000 hpi (11.200 kW). Sie hatte eine Dreifach-Kurbelwelle, auf zwei Kurbeln arbeiten ein Hochdruck- und ein Niederdruck-Zylinder in Tandemanordnung und auf die mittlere ein Mitteldruck-Zylinder. Von 1893 bis 1897 waren sie mit 21,09, später 22 kn unangefochten. Die LUCANIA ging 1909 durch Feuer in Liverpool verloren, die CAMPANIA wurde bei Ausbruch des Ersten Weltkriegs in einen Flugzeugträger umgebaut, ging aber durch Kollision im Firth of Forth verloren.

Im November 1897 nahm KAISER WILHELM DER GROSSE des *Norddeutschen Lloyd* den Briten mit 22,35 kn das »Blaue Band« ab.

6.6 Die Schiffsschraube – Ein langer Weg von der Erkenntnis zur Realisierung

Die Schraube als Schiffsantrieb soll schon im alten China konzipiert worden sein, denn es soll ein entsprechendes Modell 1680 nach Europa gebracht worden sein.

Uns allen ist das Prinzip der schiefen Ebene bekannt, denn es wird schon seit Jahrtausenden angewendet. Um eine Last hochzuheben oder in unserem Fall horizontal vorwärts zu bewegen, können wir die erforderliche Kraft reduzieren, indem wir die schiefe Ebene immer flacher legen bzw. den Keil immer schlanker machen, also mit immer weniger Steigung versehen. Dabei gilt immer: Je geringer die Kraft zum Anheben oder Vorwärtstreiben, desto geringer ist auch die Steigung und desto länger ist der Weg bis zum Ziel. Die Schraube allgemein ist nichts anderes als eine um einen Dorn gewickelte schiefe Ebene.

Der Schweizer Physiker *Daniel Bernoulli* reicht 1752 eine Denkschrift bei der französischen Akademie der Wissenschaften ein und bekam auch einen Preis dafür: Er beschreibt die Schiffsschraube als eine Möglichkeit zur Vorwärtsbewegung eines Schiffs, wobei er die Kraftaufbringung zum Drehen im Inneren des Schiffes offen lässt. Der französische Mathematiker *Paucton* wiederholt den Gedanken 1768 in Paris in seinem Werk »Theorie der Archimedesschen Schraube« und bemerkt auch, dass die Schraube teilweise aus dem Wasser ragen kann bzw. bei geringem Tiefgang des Schiffes zwei Schrauben angewendet werden können. Die Schraube schraubt sich also wie in einer Schraubenmutter durchs Wasser, das natürlich dabei ausweichen kann, weswegen dann Schlupf, engl. Slip, entsteht von 1–15 % und den Wirkungsgrad der Schiffsschraube vermindert. Dieser Schlupf ist übrigens umso kleiner, je größer die Schraube im Durchmesser ist und eine gewisse Drehzahl überschritten wird. Nach oben ist diese andererseits begrenzt durch die schädliche Kavitation, Dampfblasenbildung durch Unterdruck im Wasser, die den Wirkungsgrad herabsetzt und zur Zerstörung des Materials durch Schlagwirkung beim Zusammenfallen der Dampfblasen führt. Ein Problem, das uns weiter begleiten wird, immer wenn Flüssigkeiten gefördert werden, bei denen Verdampfung auftritt. Da man gern – wenn möglich – wegen des guten Wirkungsgrads beim Einschraubenantrieb bleibt, läuft gegenwärtig dazu ein von der Europäischen Union gefördertes Forschungsprojekt:

Ein Einschraubenschiff mit über 80 MW (109.000 bhp) und damit die Sorge zu starker Kavitation haben das Forschungsprojekt Erocav veranlasst. Ziel ist eine genaue Vorausberechnung. Projektführer ist die Hamburgische Schiffbau-Versuchsanstalt.

Ständig neuer Forschungsbedarf entsteht zu einem weiteren »alten« Problem: die vom Propeller angeregten Schwingungen. Diese werden natürlich mit steigender Antriebsleistung und Schiffsgeschwindigkeit verstärkt, vor allem durch die Kavitation an den Propellerflügeln. Das ist nach wie vor kaum vorauszuberechnen.

1770 spricht *James Watt* konkret in einem Brief an *Dr. Small* vom Gebrauch eines Schraubenpropellers, der von einer Dampfmaschine gedreht werden könnte.

In 1785 beschreibt *Joseph Bramah* (1748–1814) – er erfand auch die hydraulische Presse – ein Schiff mit Schaufelradantrieb oder Schraubenpropeller. Letzterer wird beschrieben als Rad mit geneigten Flügeln an seinem Umfang, das je nach Drehrichtung das Schiff vorwärts oder rückwärts drückt. Er konnte sich noch nicht die wasserdichte Durchführung der Propellerwelle aus dem Rumpf vorstellen, sodass er eine komplizierte Konstruktion eines Außenantriebes mit einer Dampfmaschine und vorn am Bug angeordnetem Ruder beschreibt.

Der Brite *Edward Shorter* bekam 1800 ein Patent für einen zweiflügligen Propeller und experimentierte damit auch zwei Jahre später in H.M.S. DREGON und SUPERB.

1802 baut Oberst *John Stevens* in den USA ein 5 m langes Boot mit einer Schiffsschraube. Er entdeckt den Seitendrall der Schraube und gleicht durch zwei gegenläufige Schrauben aus. Der Seitendrall oder »Radeffekt« ist allen Motorbootfahrern bekannt: das Heck des Schiffes wird versetzt, als wenn der Propeller auf Grund wie ein Rad läuft – natürlich mit erheblichem Schlupf.

Im Mai 1804 ließ er das kleine Dampfboot von Hoboken nach New York fahren, aber es war wohl nicht so erfolgreich, dass Aufmerksamkeit hervorgerufen wurde. In 1815 bekam *Richard Trevethick* in USA ein Patent für »a worm or screw revolving in a cylinder at the head, sides or stern of a vessel« und »a stuffingbox (Stopfbuchse), inclosing a ring of water«. Ein Jahr später beantragte *Robert Kinder* ein Patent für die Propeller-Anordnung, wie sie dann üblich wurde.

Eigentlich hätte man die Gedanken und Erkenntnisse der Wissenschaft schon zu *Fultons* Zeiten konsequenter hervorholen müssen, aber vermutlich waren diese unbekannt und man hatte ja eine Lösung mit dem Schaufelrad. Erst als das Schaufelrad auf hoher See seine Schwächen zeigte, entstand Druck für eine andere Lösung. Es ging also nicht mehr ums Erfinden, sondern ums Umsetzten und Anwenden.

Als solche Innovatoren sind drei zu nennen, die – je nach Nation – auch dort als Erfinder hingestellt werden:

Der Österreicher *Joseph Ressel*, geboren 1793 zu Chrudim in Böhmen, Vizeforstmeister in Triest, soll schon 1812 erste Versuche mit einer Schiffsschraube angestellt haben, nahm aber erst 1827 ein Patent und konnte 1829 Versuche mit dem Schraubendampfer CIVETTA (L 20,9 m, B 3,8 m, zweigängige archimedische Schraube 1,58 m Ø aus Kupfer, 6 PS, österreichische Dampfmaschine aus der Fabrik des *Baron Baldacci* in St. Stephan) im Hafen von Triest machen. Er hatte in dem Triester Kaufmann *Fontana* einen Geldgeber gefunden. Trotz zunächst erfolgreichem Ablauf – es wurden 6 kn mit schwacher Maschine erreicht – machte das Platzen eines Kupfer-Dampfrohrs schon nach 739 m alles zunichte, denn die Polizei verbot die Fortsetzung des Versuchs. Die Schraube war so wie heute an günstiger Stelle zwischen Achter- und Rudersteven angeordnet. *Ressel* starb arm und ohne jede Anerkennung. Erst posthum erhielt er ein Denkmal in Wien.

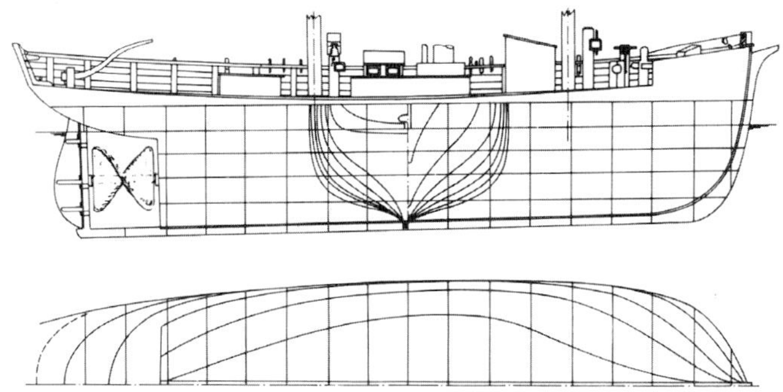

Schnittplan der CIVETTA (nach Ch. Geyer*),*
1829 Versuchsschiff von Joseph Ressel

Im Mai 1857 schrieb er: »... *Nur das Anbringen der Schraube war nicht gleichgültig. Soll sie ziehen oder schieben? Vorne oder an der Seite ist sie den Wellen ausgesetzt, also dachte ich sie mir zwischen Hintersteven und Ruder... Die Stellung hat aber allgemein missfallen ...*« Die Praxis bestätigte dann seine Vorstellungen.

Die Dichtung wurde durch einen ölgeschmierten Kegelsitz der Propellerwelle im Steven erreicht.

Im deutschsprachigen Raum wird *Ressel* als Erfinder der Schiffsschraube angesehen. Doch wie so häufig, war er – weltweit betrachtet – nicht der Erste und Einzige:

Schon erwähnt sind *Bernoulli* und *Paucton*, die die archimedische Schraube als Schiffsantrieb nannten. Weitere Vorschläge neben den bereits genannten kamen von *Lyttleton* (1794), *Dalleroy* (1803), *Müllington* (1816), *Perkins* (1825) und *Curch* (1829).

In Frankreich experimentierte Capt. *Delisle* 1823 mit dem Schraubenantrieb und dann der Franzose *M. Frédéric Saûvage*, geb. 19. September 1785 in Boulogne, gestorben am 17. Juli 1857, zwar dann anerkannt und unterstützt, nachdem er mehrere Jahre im Schuldgefängnis völlig verarmt und dann abgeschlossen in einem Kloster gesessen hatte. Er bekam 1832 ein Patent zur Schiffsschraube, hatte aber kein Geld, sie zu realisieren. Man setzte ihm im Oktober 1874 ein Denkmal, das ein Schiff mit Schraubenpropeller zeigt, in Bologne-sur-Mer. Die Schiffsschraube kam in Frankreich zur Realisierung mit Unterstützung der Regierung durch Bau des Kriegsschiffs NAPOLEON, das nach einem Modell des Engländers *Smith* mit Schraubenantrieb gebaut wurde. Es war erfolgreich, und man erinnerte sich jetzt erst an den Landsmann *Saûvage* durch eine Pressekampagne.

Der Engländer *Smith* ließ sich 1836 die Schraube als Antriebsmittel patentieren, 10 Jahre später als *Ressel* und 5 Jahre später als *Saûvage*. Er realisierte 1837 mit dem Dampfschiff INFANT ROYAL (9,45 m lang, 6 t Tragfähigkeit, 4,4 kW Antrieb) erfolgreich den Antrieb, den aber trotzdem die britische Admiralität erst im Mai 1838 prüfen ließ. Es entstand noch im selben Jahr ein größeres Schraubenschiff, die ARCHIMEDES (240 t dwt), das mehr als 10 kn lief. Seine Fahrt um ganz England glich einem Triumphzug für *Smith*.

So kann *Smith* – ähnlich wie *Fulton* – sicher nicht als Erfinder, aber als einer, wenn nicht der Innovator bezeichnet werden, denn danach breitete sich der Schraubenantrieb schnell aus.

Bei der Gestaltung der Schiffsschraube ging man von der archimedischen Schraube aus, die schon im Altertum zum Wasserheben angewendet wurde: eine umwendelte Welle, eine »Schraube«, wird in einem schräg liegenden, umschließenden Rohr gedreht und fördert so das Wasser zum höher gelegenen Ende. Die führt zunächst zur lang gestreckten Schiffsschraube. So hat die ARCHIMEDES einen Propeller in der Form eines breitflächigen Schraubengangs. Die Länge betrug 2,29 m, der Durchmesser 1,98. Der Zufall entwickelte mit, denn an einer seichten Stelle büßte man die Hälfte des Schraubenganges ein, das Reststück arbeitete besser als vorher.

Von da an gab man der Schiffsschraube nicht mehr einen vollen Umlauf, dafür aber zwei Gänge, zwei Flügel, zunächst etwa als halber Schraubengang. Die Drehzahlen betrugen – wie heute – 100–200 min^{-1}. Weitere Versuche führten zu vier Viertelgängen, und die Schraube der GREAT BRITAIN hatte schon vier gebogene Flügel in einer Ebene, also ein kleines Teilstück einer viergängigen Schraube. Daran hat sich Grundsätzlich bis in die Gegenwart nichts geändert, wenn es auch mannigfache Variationen gab.

Mit dem Erfolg des Schraubenantriebes waren – man möchte sagen »natürlich« – die Bedenken und Widerstände nicht überwunden. Es musste weitere Überzeugungsarbeit geleistet werden.

Robert Wilson hatte 1827 die Anwendung des Propellers der *Woolwich Dockyard* vorgeschlagen, wurde aber mit der Bemerkung schlechterer Wirkungsgrad als das Seitenschaufelrad abgelehnt.

1836 zeigte Captain *John Ericsson*, ein Schwede in London, am 13. Juli eine Demonstration des Propellers anhand eines 0,5-m-Modells, in das er eine kleine Dampfmaschine installierte. Der Dampf wurde aus einem Kessel über dem Wasserbassin zugeführt und das Boot wurde mit ansehnlicher Geschwindigkeit vorwärts gedrückt. Er ließ dann ein richtiges Boot, die FRANCIS B. OGDEN, das ihm der Namensgeber, amerikanischer Konsul in Liverpool, finanzierte, L 13,72 m, B 2,44 m, T 0,69 m, mit 2 Propellern von 1,6 m Durchmesser bauen, das mit 8,7 kn fahren und große Schiffe mit 4–6 kn schleppen konnte. Eine erfolgreiche Vorführung vor der britischen Admiralität konnte diese aber immer noch nicht überzeugen. Er musste sogar ins Schuldgefängnis.

Ericsson siedelte sich in Amerika an. Er hatte immer eine fast fanatische Arbeitswut, isolierte sich dadurch vom gesellschaftlichen Leben. 1889 starb er, aber nur wenige wussten, dass er der »Vater der amerikanischen Schraubenschiffe« war, denn die US-amerikanische Marine war aufgeschlossener. Auf der FRANCIS B. OGDEN machte Capt. *Robert F. Stockton* der US-Navy eine kurze eindrucksvolle Fahrt, sodass er auf eigene Rechnung zwei ähnliche Eisenschiffe beauftragte. Er machte Pläne und Modelle für die Regierung der Vereinigten Staaten, vor allem sah er die Anwendung für Kriegsschiffe. Endlich nach zwei Jahren – die Regierung hatte gewechselt – bekam er Finanzierung für Experimente mit der PRINCETON.

In der Zwischenzeit hatte Messrs. *Laird of Birkenhead* eines seiner Boote 1838 gestellt: L 21,34 m, B 3,05 m, T 2,06 m, Antrieb: Zylinder 410 mm Durchmesser, 0,46 m Hub, Propel-

Schraubendampfer ROBERT F. STOCKTON, *Bauwerft* Messrs. Laird *in Birkenhead, Eisenbau, Baujahr 1838, Länge 70 ft, Breite 10 ft, Tiefgang 6 ft 9 in, Maschine: Zylinder 16 in Durchmesser, Hub 18 in, Schraubendurchmesser 6 ft 4 in, Geschwindigkeit 11–12 miles/h, Besatzung 4 Mann und 1 Junge. Nach Atlantiküberquerung im April 1839 nach New York unter Segeln als Schlepper* NEW JERSEY *von der* Delaware and Rariton Canal Company *viele Jahre auf den Flüssen Delaware und Schuylkill eingesetzt.*
Beim Eisenschiff entfiel auch die Undichtheit des arbeitenden Schiffskörpers und damit die Belastung der Mannschaft durch häufiges Bedienen der Lenzpumpen.

ler 1,93 m lang, also eine richtige Schraube mit Längenausdehnung. Die ROBERT F. STOCKTON arbeitete erst zufriedenstellend nachdem man das Steuerruder direkt hinter die Schiffsschraube gesetzt hatte, und fuhr dann auf der Themse 9,6–10,4 kn. Sie schleppte Schuten von 400 ts mit 4,8 kn. Ab 1840 war sie bei der *Delaware and Rariton Canal Company* als NEW JERSEY auf dem Delaware als Schlepper tätig und bewährte sich besonders im Winter, wenn Raddampfer wegen des Treibeises nicht eingesetzt werden konnten. Übrigens war eine Regierungserlaubnis erforderlich, dass sie – in Britannien gebaut – in amerikanischen Gewässern fahren durfte. Sie war das erste Schraubenschiff in den USA dass praktisch genutzt wurde, also 35 Jahre nach dem ersten Versuch in den USA. In weniger als 10 Jahren folgten 150 Schraubendampfer in den USA, so waren auf dem Ontario-See 1848 13 Schraubenschiffe und nur noch drei Raddampfer im Einsatz.

In Großbritannien bekam endlich *Thomas Pettit-Smith* – er hatte am 31. Mai 1836 ein Patent für die Anordnung der Schraube vor dem Ruder in Fahrtrichtung bekommen und hatte mit seiner FRANCIS SMITH auf der Themse erfolgreich den Schraubenantrieb gezeigt – am 29. Juli 1839 sogar an Act of Parlament, um eine Firma, die *Steam Ship Propeller Company*, zu gründen, um den Schraubenantrieb umzusetzen.

Es wurde mit Unterstützung von *Lord Sligo* die ARCHIMEDES, 237 ts, 2,84 m Tiefgang, Maschine 0,94 m Durchmesser und 0,91 Hub, gebaut. Ihr Propeller hatte 2 halbe Windungen mit 2,44 m Steigung bei 1,6 m Durchmesser und 1,22 m Länge. Die Maschine machte 26 Hübe/min, der Propeller 38 2/5-Umdrehungen. Daraus errechnete *Smith* eine Geschwindigkeit von 11 kn, tatsächlich ergaben sich aber nur 9,25 kn, also ungefähr ein Sechstel weniger. Auch die Antriebsleistung war nicht groß genug.

Man ließ sie dann im Wettbewerb auf der Strecke Dover–Calais gegen den Raddampfer WIDGEON fahren. Dabei – allerdings wurden auch Segel mit eingesetzt – war die ARCHIMEDES 9 min schneller auf der Hin- und $5^1/_2$ min auf der Rückreise.

Die WIDGEON war nur bei leichter See und wenig Wind überlegen. Im Oktober1839 machte die ARCHIMEDES die schnellste Überfahrt Dover–Calais in 2 h 1 min und zurück in 1 h 53,5 min.

Trotzdem wurde sie im East-Indian-Dock aufgelegt, und die Investoren verloren all ihr Kapital.

Immerhin war der Wert des Propellers erwiesen, sodass es zum entscheidenden Versuch kam:

Gleichwertige Schiffe, der neue Schraubendampfer RATTLER, 59,44 m lang, 10,06 m breit, 880 ts, und der bestehende Raddampfer ALECTO konnten verglichen werden.

Die Versuche von Oktober 1843 bis Anfang 1845 zeigten, dass die Schraube – man muss sich eine tatsächliche lange Schraube vorstellen – um $^1/_3$ gekürzt werden konnte, ohne an Vortriebskraft zu verlieren. Die britische Marine lässt 1845 die leistungsgleichen Schraubenschlepper RATTLER gegen Schaufelradschlepper ALECTO ziehen. RATTLER schleppt ALECTO mit 2 kn ab. Da die RATTLER auf einer Reise von Portsmouth nach Pembroke gegen starken Gegenwind gegen die starken Raddampfer VICTORIA AND ALBERT sowie BLACK EAGLE verlor, kamen wieder Zweifel an der Schraube hoch.

Eine Kuriosität aus der Entwicklung des Schraubenantriebes sei erwähnt:

Die Schraube der BRITANNIC hatte eine Besonderheit: Wenn das Schiff im flachen Wasser fährt oder sich einem Hafen nähert, wird die laufende Schraube angehoben, sodass sie oberhalb des Kiels kreist. Sie kann noch höher angehoben werden, dass die Nabe oberhalb der Wasserlinie kommt und die Schraube inspiziert werden kann.

Die beiden letzten Propellerwellen-Abschnitte im Schiff sind mit einem Gelenk versehen und arbeiten in einer Kammer des Wellentunnels. Die Schraube wird durch Stangen angehoben, die manuell oder über einem Dampfantrieb auf dem Oberdeck betätigt werden.

Das am unteren Ende freie Ruder war für damalige Zeit (1874) beängstigend, es wird aber durch obere Breite des äußeren Achterstevens kompensiert.

Herland, der Konstrukteur dieses »lifting propeller«, gibt als besonderen Beweggrund an, den Propeller möglichst tief zu legen, sodass er nicht aus dem Wasser kommt bei bewegter See und die Maschine nicht »durchgeht«. Diese Konstruktion – sicher zu kompliziert und störanfällig – hat nur wenige Nachahmer gefunden.

1857 hatte die GREAT BRITAIN einen hochholbaren Propeller, der beim Segeln nicht behindern sollte. 30 Jahre später wurden die wenigen verbliebenen Segel nur gesetzt, um das Rollen zu dämpfen zum Komfort der Passagiere.

Eine Teilung in Nabe und Flügel reduziert das Gewicht der Gussstücke aus Grauguss, Stahlguss oder Bronze, und man kann auch die Flügel mit einem Modell abgießen. Bei Beschädigung ist ein einfacher Austausch möglich. Nur um einen Begriff für die Größenordnung zu geben: Ein einzelner Flügel des Lloyddampfers COLUMBUS wog 6,8 t.

Am 18. November 1826 bekam *Woodcroft* ein Patent für einen nicht spezifizierten Propeller, am 22. März 1832 eines für einen »increasing-pitch screw-propeller« und im Februar 1844 ein weiteres für den »varying-pitch screw-propeller«, also den Verstellpropeller, der dann als der beste und nützlichste angesehen wurde.

Woodcrofts Verstellpropeller wurden in H.M. ROYAL YACHT FAIRY eingebaut, die damit das erste Schraubenschiff in der Royal Navy war (ca. 1844).

Verstellpropeller werden noch heute viel eingesetzt, besonders wenn Manövrieren und Fahren mit unterschiedlichen Geschwindigkeiten häufig gefordert ist. Schon bald wusste man aus der Erfahrung, dass Schrauben mit zwei Flügeln den

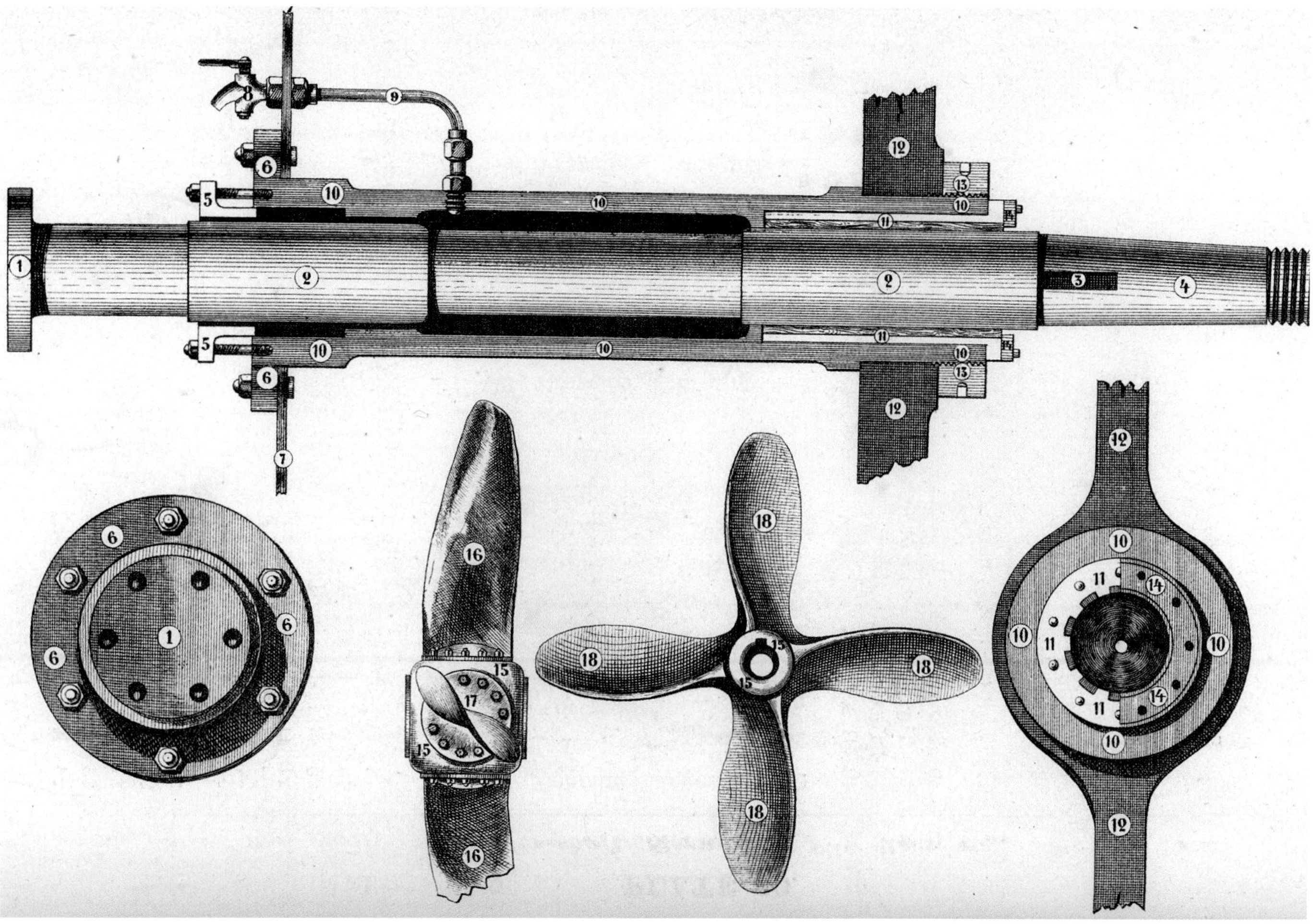

Propeller sowie Lagerung und Dichtung einer Schwanzwelle Ende 19. Jhdts:
1 Kupplungsflansch, 2 Aufsteckhülse, 3 Passfeder, 4 Schwanzende, 5 Stopfbüchse, 6 Stevenrohr-Flansch, 7 Stopfbuchsenschott, 8 Tunnel-Hahn, Gebrauchwasserhahn, 9 Wassergebrauchsleitung, 10 Stevenrohr, 11 Stevenbuchse, 12 Schraubensteven, 13 Stevenrohr-Mutter, 14 Sicherungsring, 15 Propellernabe, 16 Propellerblätter, 17 Propellerblatt-Flansch, 18 Propellerblätter (fest)

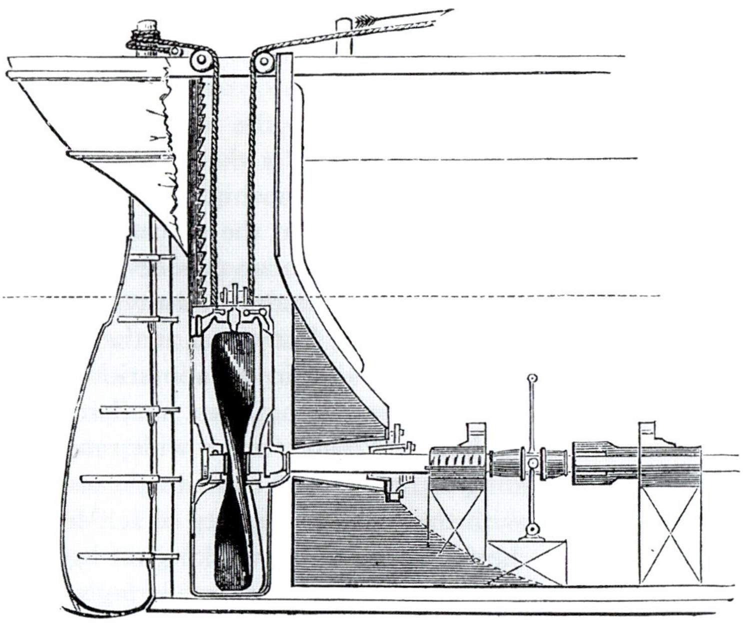

Die anhebbare Schraube und Drucklager.

Der hebbare, »lifting«, Propeller des Dampfers BRITANNIC. Der Propeller konnte während des Arbeitens angehoben werden bei niedriger Wassertiefe bzw. herabgelassen bei starkem Seegang. Diese Konstruktion setzte sich aber nicht durch. Bauwerft Messrs. Harland and Wolff, Belfast Reederei: White Star Line, Baujahr: 1874, Schwesterschiff: GERMANIA, Maschinen: Maudslay, Sons and Field, Leistung: je 760 hpn, 5090 hpi bei Meilenfahrt, schräg nach unten liegende Zylinder 1220 mm Ø, Niederdruckzylinder 2110 mm Ø, Hub 1,52 m, Dampfdruck 4,8 bar, 8 Kessel, an beiden Enden befeuert mit 32 Feuerlöchern. Schraube, vierflügelig. 7,16 m Ø, 7 m zu 9,6 m Steigung LÜA 142,65, B 13,79 m, Laderaumtiefe 10,36 m, 3.174 NRT, 1.300 Passagiere, 150 Mann Besatzung, Geschwindigkeit im Atlantikverkehr 15 kn, Verbrauch 75-80 ts/Tag, Baukosten 200.000 £

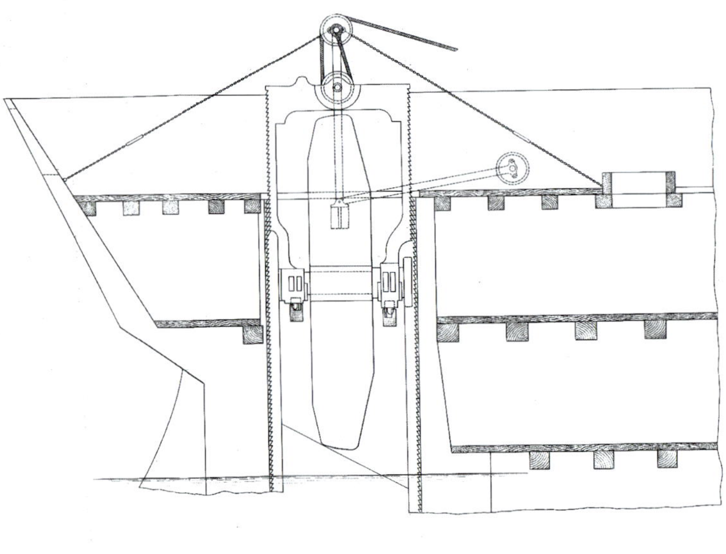

Anhebbare Schraube zum Vermeiden ihres Widerstands beim Segeln.

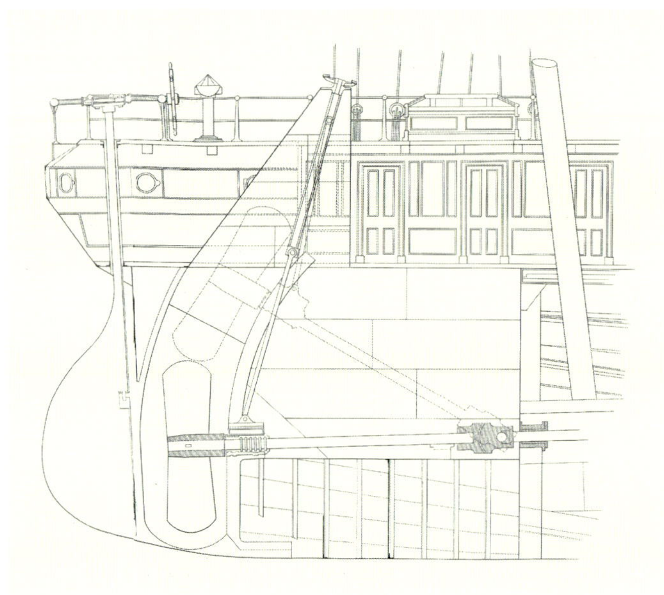

Konstruktion der hochschwenkbaren Schraube

Einer der neuen Rad-Schleppdampfer schleppt das alte britische Linienschiff TÉMÉRAIRE *zum Abbruch 1838. Gemälde von* Joseph Mallord William Turner *(1775–1851) in der* National Gallery, *London.*
TÉMÉRAIRE *war ein gekapertes französisches Linienschiff. Anfang des 18. Jhdts. wurde französischer Schiffbau, befruchtet von durch Marineminister* Jean-Baptiste Colbert *ab 1663 hereingeholte berühmte Schiffbauer, den Engländer* Anthony Deane *und den Neapolitaner* Biagio Pangallo, *dem britischen für einige Jahre überlegen.*

Noch in 1924 heißt es in einem Buch zur Technik: Die Aufstellung einer endgültigen Theorie der Schiffsschraube bedeutet eine der schwierigsten Aufgaben, welche die Technik kennt. Man weiß schon lange, dass die Schraube eine breite Fläche und einen großen Durchmesser haben soll, eine hohe Steigung für eine hohe Geschwindigkeit, eine niedrige für große Zugkraft (Schlepper) und eine entsprechende Drehzahl.

Eine große Schraube hat einen besseren Wirkungsgrad als mehrere kleine. Letzteres kann aber erforderlich werden, weil man einen großen Schraubendurchmesser nicht unterbringen kann, weil die Leistung groß sein muss, der Tiefgang zu klein ist oder aus Gründen der Sicherheit, da es dann auch mehrere Antriebsmaschinen gibt und Manövrierfähigkeit. In der Regel drehen die Schrauben an Backbord bzw. Steuerbord entgegengesetzt. Die Form der Wellenhose und des Achterschiffs geht natürlich auch in den Wirkungsgrad ein.

besten Wirkungsgrad haben, dass sie aber andererseits starke Schwingungen erzeugen. Deshalb findet man diese nur noch bei kleinen Fahrzeugen, sonst nur drei- bis fünfflüglige Schrauben. In den letzten Jahren bildet man die Flügel auch häufig sichelförmig aus, um die vom Propeller verursachten Schwingungen möglichst klein zu halten. Das gilt insbesondere für Kriegsfahrzeuge, die geräuscharm fahren sollen, man denke an U-Boote, die nicht durch Geräusch erkannt werden sollen.

Der Entwicklungsstand der Schraube ließ nun auch Dampf für Kriegsschiffe interessant werden:

1846 Nachrüstung des Dreideckers AJAX mit 331-kW-Dampfmaschine und Schraubenantrieb, nur als Hilfsantrieb zum Ein- und Auslaufen. Es ist das erste Kriegsschiff 1. Ordnung mit Dampfmaschine. 1850 wird die NAPOLEON vom französischen Ingenieur *Dupuy de Lome* gleich mit Dampfmaschine als Segellinienschiff gebaut.

1815 sind die britischen Schraubendampfer TIBER und ARNO der *Bibby Line* die ersten mit diesem Antrieb im Mittelmeer.

6.7 Die britische Admiralität zögert bei der Anwendung des Dampfantriebs – zu Recht

Der erste Rad-Kriegsdampfer in Europa war die SPINX der Franzosen, die Maschinen kamen aus Liverpool. Die Engländer ließen 1833 die MEDIA als ersten Rad-Kriegsdampfer vom Stapel.

John Ericssons FRANCIS B. OGDEN schleppte im Sommer 1837 eine Admirality barge auf der Themse. Capt. *Sir William Symonds* von der Admiralität, der dem beiwohnte, war der Meinung: »*...any method of propulsion working of the stern would ruin the steering; the Admirality barge had been towed to disguise this fatal flow ...*«

*Ericsson*s Schraube, zwei gegenläufige Trommeln mit Flügeln, war zu komplex und hatte tatsächlich negative Auswirkung auf das Steuern. Es wurde erst besser, die Franzosen erkannten das an der Fregatte POMONE, als *Ericsson* eine Trommel entfernte und die Schraube vor dem Ruder anordnete. *Count Rosen* und *Holm* setzten seine Entwicklung fort, beispielsweise im Tender BEE.

Capt. *Sir William Symonds* wird allgemein als der Hemmer in der Admiralität gegen Dampf und Schraube dargestellt. Er äußerte sich aber beispielsweise am 30.10.1839 positiv gegenüber dem Board der Admiralität. Natürlich sah er – wie viele andere Seeoffiziere auch – wegen der geringen Reichweite der Dampfer Dampf nur als Hilfe, der die guten Segeleigenschaften nicht mindern durfte. Es waren dazu weitere Versuche erforderlich.

Die Admiralität sah richtigerweise das Reichweiten-Problem. Bei Segelschiffen begrenzen nur Trinkwasser, Verpflegung, insbesondere Vitamine, das Dampfschiff reichte aber mit seinem Kohlevorrat 1850 nur wenige hundert Seemeilen.

Brunel, der im Auftrag der *Great Western Steamship Company* an der eisernen GREAT BRITAIN arbeitete, charterte die ARCHIMEDES im Sommer 1840. Er befürwortete ausschließlich den Schraubenantrieb als Hauptantrieb. Diese Zielrichtung hatte die Navy nicht und baute auch in den nächsten zwei Jahrzehnten kein großes voll dampfgetriebenes Kriegsschiff.

Der Schraubendampfer GREAT NORTHERN, Größe 1.360 BRT/350 ts nach Vermessung 1835, Länge 217 ft 10 in (66,4m), B 38 ft (11,6 m), Laderaumtiefe 26 ft 2/10 (8 m), 370 hpn, Zylinderdurchmesser 68 in (1.727 mm), Hub 1,5 m, Dampfdruck 3 lb/sqin (0,2 bar), drei Zylinderkessel, 22 min^{-1}. Eine F. P. Smiths*-Patentschraube, 7 ft (2,13 m) lang, 11ft (3,35 m) Durchmesser, Steigung 14 ft (4,27 m), drehte mit 88 min^{-1}, also Übersetzung von der Maschine 4:1. Die Schraube war anhebbar.*

Schraubendampfer GREAT NORTHERN – ein unternehmerisches Fiasko

Einige Daten:

- Stapellauf in Londonderry am 23. Juli 1842, Holzbau, britische Eiche, diagonal doppelt beplankt
- das erste Schiff mit achtern liegender Antriebsanlage (Kessel und Dampfmaschine)
- 40 Pforten für 18-Pfund-Kanonen, konzeptionell also die erste Schraubenfregatte
- anhebbare Schraube beim Segeln
- nach der GREAT BRITAIN (1843) der größte Schraubendampfer der Welt, erst 1850 von der eisernen CITY OF GLASGOW übertroffen
- Die Investoren verloren ihr Geld, denn sie wurde kein wirtschaftlicher Erfolg.
- Erbauer: Kanadier Capt. *William Coppin*, Londonderry, engagierte sich nie selbst finanziell
- Schraube von *F. P. Smith*, dem Patentinhaber des archimedischen Schraubenpropellers, Schraube wurde seinerzeit bei etlichen Schiffen angewendet, so auch bei der GREAT BRITAIN und RATTLER

Kessel und Maschine, auch von *William Coppin*, nehmen ein Sechstel des Raumes (73 ft, 22,25 m lang) ein, der dann immer noch 1.300 ts Fracht und 700 ts Kohle aufnimmt, sowie ein ganzes Deck für Passagiere und 44 Kanonen an Oberdeck.

Der Erbauer dachte an die Royal Navy als Charterer oder Käufer, z.B. zur Nutzung als Truppentransporter.

Am 10. Mai 1842 schreibt der beauftragte Inspekteur der Admiralität *William Blessly* an den Surveyor of the Navy, *Sir William Symonds,* zurückhaltend. Teilweise stellt er das verwendete Baumaterial in Frage.

Das Schiff war an der Obergrenze der Möglichkeiten im Holzbau um 1840. Die späteren, Anfang der 1850er größeren britischen und amerikanischen Holzbauten wurden vermutlich durch diagonale Eisen-Stringer zwischen den Spanten möglich. Dieses wurde auch beim größten hölzernen Segelschiff, dem Sechsmast-Schoner WYOMING (1909), angewendet.

Die GREAT NORTHERN war das erste große Segelschiff mit Dampfschraube als Hilfsantrieb und das erste mit achtern angeordneter Maschine.

Vermutlich meinte *William Coppin*, kapitalmäßig wird nur die Antriebsanlage riskiert, denn sie war ein vollwertiges Segelschiff.

Nach dem Ende der napoleonischen Kriege 1815 war kein Kriegsschiff größer als eine Brigg auf einer privaten Werft, sondern nur auf den Royal Dockyards entstanden, weil man besonders um die Qualität des Materials fürchtete.

Das Experimentierschiff der Admiralität war die RATTLER, die sich in der Konstruktion befand, als die GREAT NORTHERN vom Stapel lief.

Die Maschinen der GREAT NORTHERN waren nicht akzeptabel in Konstruktion und Konzeption. In einem Bericht in der »The Artizan« im Januar 1843 heißt es: »*...Wir können nicht glauben, dass Zeichnungen der Maschine vor ihrem Bau gemacht wurden. Das Ganze ist zusammengeworfen wie zufällig.*«

Messrs. *Miller und Ravenhile* bekamen den Auftrag zum völligen Umbau der Maschine.

»The Artizan« zieht ihre Kritik zurück und schreibt: »*... Wir können nun die GREAT NORTHERN nur loben, weil die Eigner die wesentlichen Missstände haben entfernen lassen... Die GREAT NORTHERN ist jetzt ein sehr gut bedienbares Schiff, und wir dürfen ergänzen: ein verkaufbares.*«

Trotzdem vermerkt Sir *Sydney Herbert*, Secretary of the Admiralty, am 22. November 1843 auf dem Schreiben eines Maklers: »Danken Sie ihm, aber ich habe keine Absicht, dieses Schiff zu kaufen.«

Man hat keine weitere Spur von dem Schiff in Dokumenten gefunden.

Als der Superintendent of Woolwich Dockyard, *Thomas Lloyd*, 1869 in den Ruhestand geht, heißt es vom Controller of Steam Machinery Capt. *W. E. Perry*: »*To Mr. Lloyd, more than anyone else, is due the successful application of the screw to the propulsion of steamships, and it was owing to his enlightened knowledge and his zealous exertions that the Royal Navy was enabled to take the lead in its application to ships of war.*«

Capt. *Perry* hatte übrigens auch die Aufgabe, für das Admiralty Board von den vielen Vorschlägen der Erfinder der damaligen Zeit die wenigen umsetzbaren herauszufinden.

Die zivile Schiffscommunity war natürlich durch das Schicksal der GREAT NORTHERN vorsichtig gegenüber dem Schraubenantrieb.

Brunel wurde von der Admiralität immer wieder zum Rat herangezogen. Sie war vor allem an der Tragfähigkeit über die ganze Schiffslänge für schwere Bewaffnung interessiert, was im Widerspruch zum vollen Dampfantrieb stand. So dachte man auch noch 1850 an maximal 6 kn durch den Dampfantrieb. Dieses Interesse wurde von *Brunel* nicht immer in Betracht gezogen bei seinen Empfehlungen.

Parallel zur RATTLER kaufte die Admiralität im Juni 1843 den kleinen eisernen Schraubendampfer MERMAID, in DWARF umgetauft. Sie wurde bis zu ihrem Verkauf in 1853 für Versuche mit verschiedenen Schrauben genutzt.

Das Vorhandensein dieses kleinen handlichen Versuchsschiffs war mit ein Grund, dass GREAT NORTHERN bei der Admiralität nicht zum Zuge kam.

Nach langen Diskussionen und Auseinandersetzungen, aber ohne bewusste Verzögerung, wird die Schaufelrad-Sloop RATTLER auf Schraubenantrieb umgebaut. Sie läuft im April 1843 vom Stapel, erhält ihre Maschinen in den East India Docks und macht am 30. Oktober 1843 ihre erste Probefahrt mit über 8 kn.

In 1848 schrieb *Lord Auckland*, der erste Lord in der Regierung: »Ich bin zufrieden, dass die ganze Schiffbau-Theorie sich von der alten Vorstellung des Segelschiffs dahin wendet, dass der Schraubenantrieb als Hilfe mit guten Segeleigenschaften kombiniert wird.«

Die Schiffe wurden länger gebaut, um einen guten Schraubenantrieb zu haben und gegen den Wind anzudampfen und vor dem Wind sehr gut zu segeln.

1843 wurde der Röhrenkessel in der Schaufelrad-Fregatte PENELOPE eingeführt. Dadurch wurde eine Einsparung von Gewicht und Platz erreicht.

1847 konzipierte die *The Propeller Company* erstmalig die direkte Getriebeverbindung zwischen Kurbelwelle und Propellerwelle. Das wurde in der Sloop NIGER entwickelt und war entscheidend für die Akzeptanz der Schraube als Hilfsantrieb bei der Navy. Das blieb so bis in die 1860er Jahre.

Capt. *Byam Martin* schrieb 1854 treffend: »*Ich kann mir nicht vorstellen, dass Schaufelraddampfer viel Besonderes der Royal Navy bringen. – Es mögen sich Gelegenheiten ergeben, in denen sie als Ersatz agieren und eine wichtige Gattung darstellen, allgemein aber werden sie in Zweier- oder Dreiergruppen abgeordnet werden – schleppen – beobachten – Kurierdienste leisten ... Schaufelraddampfer können nicht in den Kampf gehen.*«

Der Raddampfer wurde von Beginn an als Unterstützungsschiff außerhalb der Reichweite der Kanonen der Segel-Linienschiffe gesehen. So schleppten britische Dampfer zum Beschuss von Sewastopol am 17. Oktober 1854, an der nicht schießenden Seite der Linienschiffe festgemacht, die schweren Schiffe in den Kampf.

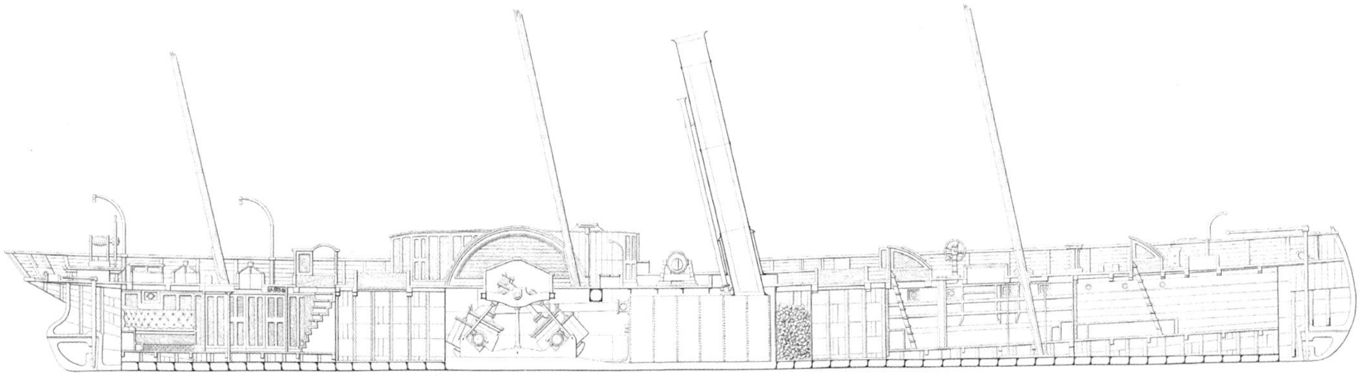

Kleines britisches Kanonenboot mit Schaufelradantrieb. Auch das Vorschiff hat ein Ruder. Zwei oszillierende Zylinder in V-Anordnung. Das Schiff machte Reisen über tausend Meilen, segelnd, denn der Kohlevorrat reichte nur 600–800 Meilen. Das Schiff trug 2–8 Kanonen, die nur zum Kampf auf Vorder- und Achterschiff gebracht wurden. Ursprünglich für His Royal Highness Adalbert von Preußen und die preußische Marine konzipiert, bewährte sich dieser Typ z.B. im Krimkrieg, sodass die britische Marine sie als Kurier- und Schleppschiff nutzte. L 140 ft (42,63 m), B 20 ft (6,1 m), 36 ft (11 m) über Radkästen, 267 ts, T 4 ft (1,2 m), 193 tdw builders measurement, 80 hpn, 364 hpi, zwei Zylinder (oszillierend), 40 in (1.000 mm) Ø, Hub 3 ft , 6 in (1 m), mittlerer Dampfdruck 20 lbs/sqin (1,3 bar), zwei Röhrenkessel 15 ft (4,6 m) lang mit je 2 Feuerstellen, Heizfläche je 136 Röhren 1.616 sqft (150 m^2) Schaufelrad-Durchmesser 13 ft, 14 Schaufeln; Gewicht des Rumpfs 56,8 ts, der Kessel 10,15 ts, des Kesselwassers 24 ts, der Maschine 20,85 ts, Kohlebunkerinhalt 39 ts ; 3 Masten 200 m^2 Segelfläche ; 1 Donkey-Maschine als Hilfsmaschine

Der Raddampfer konnte nur schwach bewaffnet werden und war in seinem Antrieb zu leicht verwundbar. Der Schraubendampfer dagegen konnte sehr schnell in herkömmlicher Weise bewaffnet werden.

In den frühen 1840ern wurde eine große Raddampfer-Fregatte, die TERRIBLE, gebaut, ohne Erfolg, sie blieb großer Schlepper und Kurierschiff. Nach 1847 wurden neue Raddampfer auf 1000 ts begrenzt.

Der Raddampfer konnte bei schwerer See seine Position in der segelnden Flotte nicht halten, er war auch ein schlechter Segler. Die Schraube konnte Dampf zum Hilfsantrieb machen. Das war entscheidend positiv für die Royal Navy.

Brunel: »Die Tonnage wächst mit der dritten Potenz der Abmessungen, der Widerstand aber nur etwa mit der zweiten. Das ist die Ökonomie der heutigen Schiffsgröße.« Aus dieser richtigen Überlegung entstand die GREAT EASTERN, die aber ihrer Zeit zu weit voraus war und ein Misserfolg wurde. Die Kosten je Tonnenmeile sind beim Schiff eine Größenordnung, also Faktor 10 niedriger als bei anderen Transportarten.

Die führenden Fachleute ihrer Zeit wie *Ericsson* und *Brunel* haben der Admiralität vorgeworfen, die Einführung des Dampfantriebs bewusst behindert zu haben sowie von Vorurteilen und Dummheit geprägt gewesen zu sein. Das ist auch heute ein Vorwurf, den jeder bekommt, der eine neue Entwicklung nicht mit vorantreibt oder schnell aufnimmt.

Dabei muss man aber gerechterweise sehr genau unterscheiden zwischen bewusster und unbegründeter Ablehnung einerseits und vorsichtigem Abwägen andererseits. Die Historiker kommen heute bezogen auf die damaligen Verantwortlichen für die Seemacht Großbritannien zu der letzteren Bewertung. Als Beispiel wird die HMS WARRIOR von 1861 angegeben, die das zweite Schiff mit Panzerung der Royal Navy war, das erste mit einem durch Schotten unterteilten Eisenrumpf usw., was aber alles erprobte Technik war und britische Vorherrschaft nicht aufs Spiel setzte. Sicher haben organisatorische Mängel und Aufteilung von Verantwortlichkeiten zu Verzögerungen beigetragen. Erst im Februar 1850 wurde die Verantwortung für Schiff und Maschine in der Admiralität in eine Hand, die von Capt. *Sir Baldwin Walker*, zusammengelegt.

Das erste seegehende Schiff ohne Segel-Takelage war dann das Doppelschrauben-Turm-Schlachtschiff DEVASTATION 1873. Vorher war die Verbundmaschine von *Randolph and Elder* in der 50-Kanonen-Fregatte CONSTANCE in 1861 installiert, allerdings noch nicht zufriedenstellend, da sie zu komplex war. Weitere Versuche folgten, das Schlachtschiff ALEXANDRA war dann 1877 das erste mit zweizylindrigen Verbundmaschinen. In den 1880ern kam dann die Dreifach-Expansions-Maschine in die Navy.

Das Problem Bunkerinhalt und Rechweite begleitet maschinengetriebene Kriegsschiffe bis heute und muss immer wieder im Ernstfall gelöst werden. Hier ein Beispiel:

Während des russisch-japanischen Kriegs 1904/05 verlegt ein Verband russischer Kriegsschiffe (Linienschiffe, Kreuzer, Torpedoboote und Trossschiffe) als II. Pazifisches Geschwader von Libau/Ostsee am 14. Oktober 1904 zur Verstärkung in den Pazifik. Auch neutrale Häfen können die Bunkerung versagen, so durfte der Verband z.B. in Vigo/Spanien nur 400 t Kohle je Schiff bunkern. Die Versorgung übernahm vertraglich die *Hapag* mit eigenen oder beauftragten Dampfern und verkaufte auch eine Anzahl älterer Handelsdampfer an die Russen. Das Geschäft endete, als der russische Verband am 27./28. Mai 1905 in der Tsushima-Straße von den Japanern vernichtet wurde.

6.8 Eisenschiffbau – Voraussetzung für Dampf und Schraube

Es wurde 1818 das erste richtige Eisenschiff, die VULCAN, ein Binnenschiff, von *Thomas Wilson* in Faskine am Monkland-Kanal bei Glasgow, also an der Clyde, gebaut. Es fuhr viele Jahre Erz auf dem Fluss.

Im Jahr 1821 wurde das erste Eisenschiff mit Dampfmaschine, die AARON MANBY, auf Rechnung von Mr. *Aaron Manby* und Capt. *Napier*, später Admiral *Sir Charles Napier*, von der *Horsley Iron Comp.* gebaut, in Teilen nach London transportiert, zusammengebaut und von Capt. *Napier* nach Paris gefahren. Die Maschine hatte 60 PS für eine Geschwindigkeit von 7 kn. In Paris begann man dann auch mit dem Bau eiserner Flussschiffe für die Seine.

Im Jahr 1824 folgte die *Shannon Steam Packet Company*, die bei der *Horsley Iron Comp.* in Horsley bauen ließ.

Es entstanden weitere Werften, genannt seien *William Laird* (1874) in Birkenhead und *SIR William Fairbairn* (1874) in Millwall an der Themse, die in ihrer Zeit eine führende und richtungweisende Funktion hatten.

Genannt sei auch *Henry Maudslay*, der sich um die Erhöhung der Genauigkeit bei der Metallbearbeitung bemühte.

Der Fortschritt des Dampfantriebes wäre sicher nicht so schnell und groß geworden, wenn nicht der Übergang vom Holz- zum Eisenschiffbau gegen alle Vorurteile – *»Who ever heard of iron floating?«* – gekommen wäre. Es begann 1830, als man in England über den Ersatz der Holzspanten durch Eisenspanten und dann auch über Eisenbeplankung diskutierte. Man lehnte damals sogar indisches Teakholz ab, da dieses schwerer als Wasser ist. Der Chef-Schiffbauer einer Marinewerft sagte: *»Der Bau eiserner Schiffe ist gegen die Natur.«*

Außerdem fürchtete man um die Dichtheit des Schiffes.

Die Idee, die hinter dem Eisenschiff stand, war nicht ganz neu. Schon *Richard Trevethick* und *Robert Dickenson* schlugen 1809 eine solche Schiffskonstruktion vor. 1815 erhielt *Dickenson* ein Patent darauf, aber es blieb bei wenigen sehr kleinen Booten.

In 1832 bauten Messrs. *Laird* den ersten seegehenden eisernen Dampfer, die ELBURKAH (55 ts, L 21,34 m, B 3,96 m, T 1,98 m). Ihre Bodenplatten waren 25,4 mm dick, die Seiten 3,18 mm, Gewicht 15 ts ohne Maschine und Takelage. Das Schiff wurde auf dem Niger in Afrika eingesetzt. 1834 wurde die GARRY OUREN fertiggestellt. Mit L 38,10 m, B 6,55 m und zwei Maschinen mit je 34 kW kam es in der Flussschifffahrt in Irland zum Einsatz. Auf seiner ersten Reise trieb es in einem Sturm zusammen mit mehreren Holzschiffen an die Küste. Letztere hatten größtenteils schwere Beschädigungen oder wurden zerschlagen, während das Eisenschiff den Unfall so gut wie unbehelligt überstand. Wieder hatte sich ein bewiesenes Argument für den Eisenschiffbau ergeben.

1837 baute *Laird* Flussdampfer für den Nil und den Euphrat. Obwohl der Wert des Eisens in den 30er Jahren des 19. Jhdts. erwiesen wurde, baute man Segelschiffe noch Jahrzehnte länger aus Holz, vor allem wegen der Kompassablenkung. Aber dieses Problem ließ sich alsbald durch Kompensation des Magnetfelds des Schiffs am Kompass beherrschen und die Vorteile des Eisenschiffs: Haltbarkeit, Dichtheit, Festigkeit und Sicher-

AARON MANBY war das erste Eisenschiff, das auf die See ging. Gebaut 1821 von den Horsley Ironworks, *Staffordshire, an der Themse montiert, Probefahrt 9. Mai 1822, fuhr am 10. Juni 1822 nach Le Havre. Lief dann 10 Jahre auf der Seine, dann auf der Loire oberhalb Nantes. 7 kn, 1855 abgebrochen, L 36,6 m, B 5,2 m, T 1,1 m, 116 tdw, Maschine 30 hp, Eisenblechdicke 6 mm.*

heit, größeres Fassungsvermögen, größere Wirtschaftlichkeit und Hygiene, setzten sich durch. Den Bewuchs des Unterwasserschiffes sah man lange Zeit als Nachteil des Eisens und hofft bis heute auf die Wissenschaft, dieses Problem zu lösen.

Mc Gregor Laird sagte 1834 vor dem Komitee *Steam Navigation to India* zur Frage Eisen oder Holz: »*Ein starkes Eisenschiff wird nicht einmal halb so viel wiegen, wie eins aus Holz und hat dementsprechend weniger Tiefgang. Sein Laderaum ist viel größer, denn seine Seiten, einschließlich Spanten, sind nur 4 inch (100 mm) dick, ein Holzschiff hat 12 inch (300 mm) Seitendicke. Ein Eisen-Dampfschiff wiegt 270 kg je Registertonne, ein hölzernes 900 kg und mehr.*«

Das heißt, das Eisenschiff lädt und trägt mehr als ein gleich großes hölzernes. Auch die Wirtschaftlichkeit hinsichtlich Bau- und Reparaturkosten ist größer.

Für ein Holzschiff legte damals »Lloyds Register« 4 bis 16 Jahre Lebensdauer, selten mehr als 12 Jahre fest. Für ein Eisenschiff gab es noch keine Festlegung, aber man ging von länger aus.

Dazu kam die Erkenntnis, dass bei einem Schraubenschiff die Schwingungen im Achterschiff von einer Holzkonstruktion nicht lange ertragen werden. Außerdem konnten die Maschinenfundamente aus Eisen sehr viel fester gebaut werden. Trotzdem kam die Royal Navy erst langsam, ab 1861, vom Holzschiff ab. Den Kampf in der Admiralität führten insbesondere der erste Lord *Sir John Parkington* und der Sekretär *Henry Corry*. Es wurde dabei sogar eine erste Serie von Eisenschiffen für die Royal Navy um 1850 gestoppt. Die Warrior-Klasse brachte dann in den 60er Jahren des 19. Jhdts. den Durchbruch. Dazu trug auch der Geschütz-Drehturm bei, der von Capt. *Cowper Coles* in England konzipiert wurde. Er kam nahezu zeitgleich in den USA auf. Im 18. Jhdt. wurden in Großbritannien gebaut:

		Anz.	ts
Eisenschiffe	< 100 ts	14	1.076
Dampfer	100–500	26	8.382
	500–1.000	13	9.786
	1.000–2.000	22	34.315
	2.000–3.000	24	60.026
	> 3.000	30	104.188
		129	217.773
Segler	< 500 ts	2	328
	500–1.000	-	-
	1.000–2.000	7	12.148
		9	12.476
Hull/Barge zur Verschiffung		1	198
Dampf in Sektionen		3	2.459
Schrauben-Dampfyacht		1	20
		143	232.926

Der Schiffbau wurde im 18. Jhdt. auf eine wissenschaftliche Basis gestellt. Nur wenige schafften das erforderliche genaue Arbeiten für den Eisenbau. Es begann in Großbritannien. Genannt seien die von der *Great Western Steam Ship Company* in Bristol eingerichtete Werft, die die GREAT BRITAIN (3.270) baute, die Werft *James Hogson* in Liverpool mit der SARAH SANDS (1.300) im Jahre 1847, die Werft *Tod & McGregor* in Glasgow, die bis 1856 acht eiserne Dampfschiffe baute, die Werft *William Denny & Bros.* in Dumbarton am Clyde mit

Längsschnitt der GREAT EASTERN. Vor dem Maschinenraum zum Schaufelradantrieb ist noch ein Pumpenraum, zwei Pumpen werden mit je 40 hp angetrieben. Das Schiff hatte Gas-Beleuchtung. Hinter der Antriebsmaschine des Propellers ist eine kleine zum Drehen des Propellers, wenn nur die Schaufelräder treiben sollen. Mit ihr kann auch das Achterspill angetrieben werden. Die beiden Laderäume fassen 6.000 ts. Es sollen wegen sehr steifer Bauweise keine Schwingungen im Achterschiff gewesen sein. Im Sturm im September 1861 brach der Ruderschaft und das Schiff lag 36 h hilflos quer zur See.

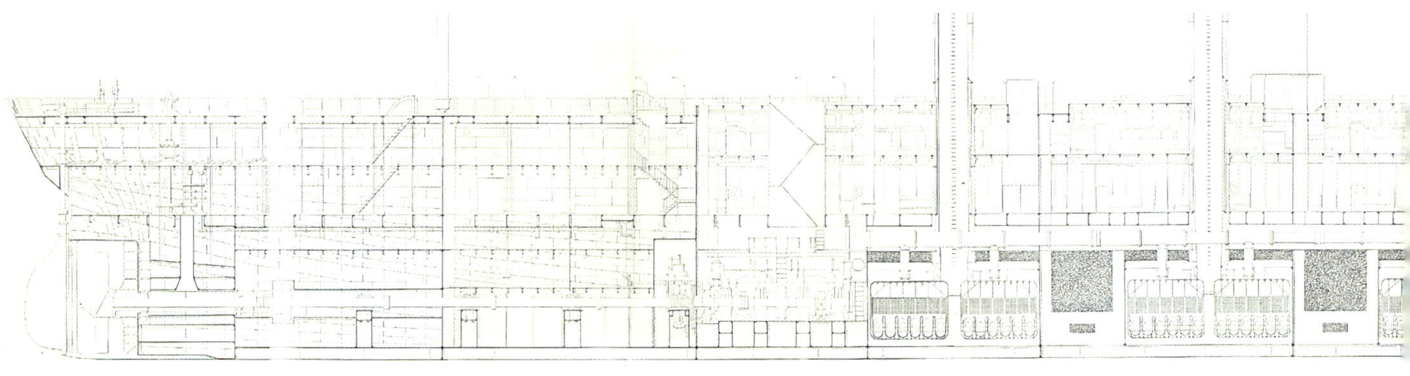

sieben Schiffen zwischen 1852 und 1856, *Robert Napier & Son* in Glasgow mit vier Schiffen, *Caird & Co* in Greenock am Clyde mit vier Schiffen, *J. & G. Thompson* in Glasgow mit drei Schiffen und *T. & W. Pim* in Hull mit der HELENA SLOMAN im Jahre 1850. Schwerpunkt des Eisenschiffbaus war am Clyde in Schottland. Die übrigen Nationen folgten zehn bis zwanzig Jahre später.

Die technologische Führung brachte Großbritannien für etwa 100 Jahre – erst 1957 löste Japan Großbritannien an der ersten Stelle im Weltschiffbau ab – viele tausend Arbeitsplätze, besonders am Clyde, wo eine bedeutende Werftindustrie in den ersten Jahren 12–13 Dampfschiffe mit durchschnittlich 400 ts lieferte, sich weiterentwickelte und auf die übrige industrielle Entwicklung ausstrahlte:

1784 erstes Walzwerk
1787 erstes eisernes Fahrzeug (kleines Boot)
1821 erster eiserner Flussdampfer AARON MANBY von *Manby & Napier*, Horsley
1837 erster eiserner Seedampfer RAINBOW, 600 t
1839 erstes eisernes Segelschiff IRON SIDES
1843 erster Schraubendampfer GREAT BRITAIN von Patterson, Bristol, für die Great Western Steam Paket Co., Länge 87,23 m, Breite 15,50 m, 3.443 BRT, später zum Segler umgebaut, 1886 bei den Falklandinseln gestrandet. Obwohl das Schiff als Dampfer kein wirtschaftlicher Erfolg war, verhalf es doch dem Eisenschiffbau zum Durchbruch, der sich
1857 mit der GREAT EASTERN, L 207,4 m, B 25,3 m, T 9,144 m, 18.913 BRT, manifestiert. Sie blieb für 50 Jahre, bis zum Bau der OCEANA, das größte Schiff.
1868: 232 Schiffe, 174.978 tons, darin acht Kriegsschiffe mit 5.384 ts
1869: 240 Schiffe, 194.000 tons, darin drei Kriegsschiffe mit 3.100 ts
1870: 234 Schiffe, 189.800 tons, darin ein Kriegsschiff mit 2.640 ts
1871: 231 Schiffe, 196.200 tons, darin sechs Kriegsschiffe 3.050 ts
1872: 227 Schiffe, 224.000 ts, kein Kriegsschiff
1873: Eisen- und Stahlschiffbau war für Großbritannien eine Innovation, die für Jahrzehnte Wachstum und Beschäftigung brachte. Die Jahreszahlen zeigen aber auch die Langsamkeit einer umwälzenden Innovation.

Ab 1865 kamen die ersten neuen Dampftrawler, die größere Schleppnetze benutzen konnten. Der größere Fang konnte mit Eis aus Norwegen oder Kanada konserviert werden.

Für die britische Admiralität war wichtig, diese privaten Werften könnten auch sofort für den Aufbau der Flotte mobilisiert werden.

In den USA begann man ebenfalls mit dem Eisenschiffbau. So kostete aber der eiserne Schraubendampfer PENNSYLVANIA, gebaut 1873 in Delaware, 600.000 $ oder 120.000 £. Die bei Messrs. *Alexander Stephens and Sons* am Clyde gebaute ähnliche CALIFORNIA und die Schwester VICTORIA kosteten je 100.000 £. Großbritannien war technisch, vor allem auch produktionstechnisch immer noch führend, obwohl Kostenvergleiche zwischen Schiffen natürlich immer problematisch sind.

Die für die Australienfahrt in fünf Jahren bis 1859 erbaute GREAT EASTERN der *Eastern Steam Navigation Company* hatte die Abmessungen $L_{üa}$ 210,92 m, B 25,30 m, über Radkästen 36,58 m, T beladen 9,14 m, 27.384 ts dw, Bunkerinhalt 13.000 ts Kohle, Schraubenantrieb von *James Watt and Company*, Birmingham, 4 Zylinder, 2.130 mm Ø, Hub 1,22 m, 4.500 hpi (3.360 kW) bei 45 min^{-1} Umdrehungen und 1 bar Dampfdruck oder 6.500 hpi (4.850 kW) bei 55 min^{-1} und 1,7 bar Druck. Einspritzkondensation und Seewasser in den sechs Kesseln, getestet mit 4,1 bar, Schrauben-Ø 7,32 m, Steigung

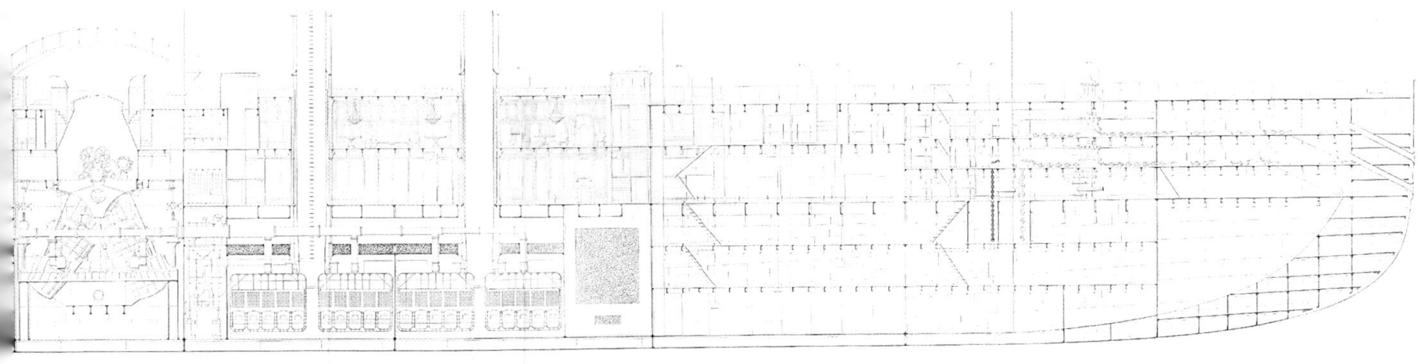

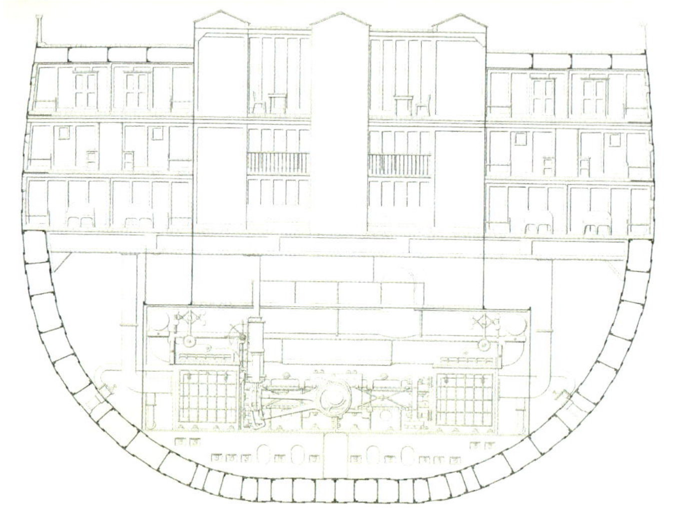

GREAT EASTERN – Querschnitt durch Schraubenantriebsraum

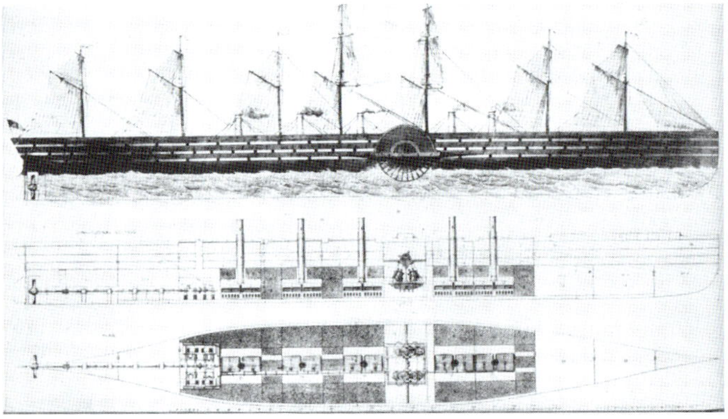

Künstlerische Darstellung der GREAT EASTERN sowie der Anordnung der Maschinen und Kessel

GREAT EASTERN – Querschnitt durch den Kesselraum

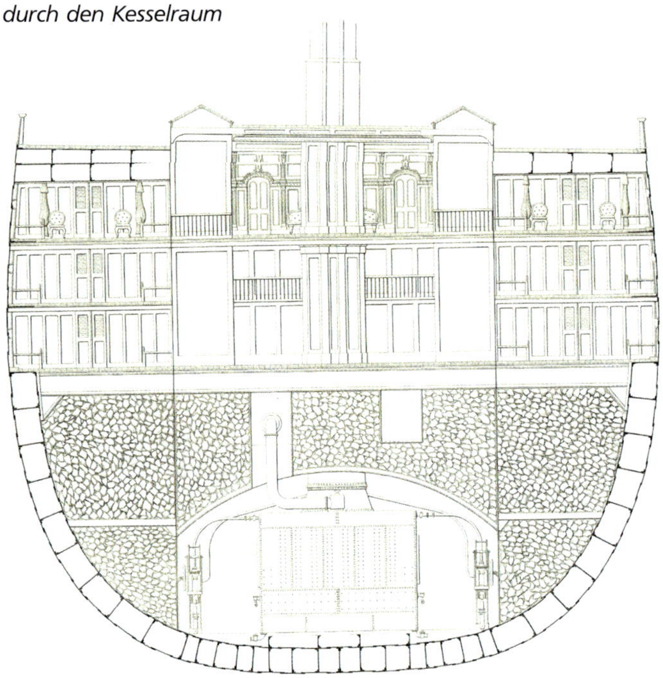

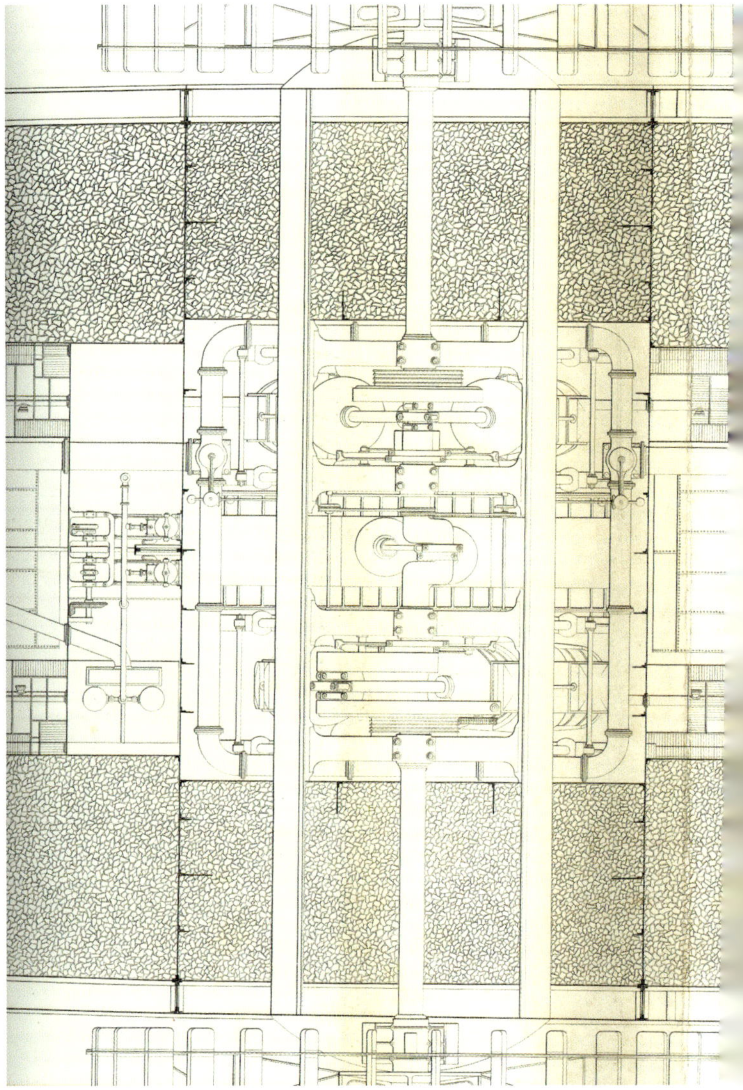

GREAT EASTERN – Maschinenraum des Schaufelradantriebs

Die GREAT EASTERN

Stapellauf durch seitlichen Ablauf der eisernen GREAT EASTERN.

Die GREAT EASTERN verlässt Sheerness mit dem Atlantik-Kabel. Zwei Kessel und ein Schornstein waren entfernt worden, um Platz für das Kabel zu schaffen.

13,41 m, 40 ts schwer, angeschraubte Flügel, die Schaufelradmaschine war bei *Scott Russel* gebaut, vier oszillierende Zylinder in umgekehrter V-Anordnung, 1.880 mm Bohrung, 4,27 m Hub für 3.000 hpi (2.240 kW) bei 11 min^{-1} und 1 bar Dampfdruck und 5.000 hpi (3.730 kW) bei 16 min^{-1} und 1,7 bar Druck, jeder Zylinder wog 31 ts fertig bearbeitet. Mit doppeltem Antrieb auf zwei Schaufelrädern und einer Schraube erwies sie sich ab 1859 als völlig unwirtschaftlich. Sie war konstruiert von *Isambard Kingdom Brunel* – er war sicher einer der bedeutendsten Ingenieure im 19. Jhdt. – und wurde bei *Scott Russell & Co. Ltd.* in London gebaut. Bei ihrer Fertigstellung im September 1859 hatte sie 18.900 t, fünf Schornsteine, eine komplette Takelage und 20 Mio. Mark Kosten verursacht. Die geplanten 15 Knoten werden alsbald wegen Bodenbewuchs, der mangels Trockendock nicht entfernt werden konnte, nicht mehr erreicht. Das Schiff leistete später gute Dienste als Kabelleger, so 1866 für das erste England-Nordamerika-Kabel.

Der richtige Gedanke, die Wirtschaftlichkeit des Dampfschiffes durch seine Größe zu erreichen, scheiterte zunächst an zahlreichen Unzulänglichkeiten, die erst im Laufe der weiteren Entwicklung, auch der Infrastrukturen, beseitigt wurden. Diese Art Schiff war erst seiner Zeit voraus, dann aber bald schon nicht mehr up to date (Takelage, Schaufelräder). Sie war so ausgelegt, dass sie ohne bunkern eine Rundreise nach Australien machen konnte.

Nach dem wirtschaftlichen Fehlschlag mit der GREAT EASTERN dauert es rund 30 Jahre, bis wieder Schiffe mit über 10.000 BRT gebaut werden. Der Grundgedanke, durch die Größe des Dampfers »economy of scale« zu erreichen, war aber richtig.

Geschwindigkeit war nur in der Passagierfahrt wirtschaftlich vertretbar, als es das Flugzeug noch nicht gab und vor allem Geschäftsreisende durch kürzere Fahrzeiten angezogen wurden. Natürlich gab es früher und gibt es heute immer wieder Menschen, die Geschwindigkeit zum reinen Vergnügen wollen und bereit sind, dafür auch entsprechend hohe Summen zu zahlen.

Der türkische Sultan *Abdul Aziz* ließ 1864 die Dampfyacht IZZEDIN natürlich in England mit 16,5 kn erbauen. 1865 die PERTEVI NEYALEH, die 17,5 kn erreichte. 1866 wurde, in London für den Vizekönig von Ägypten *Ismael Pascha* die MAHRUSSEH gebaut, die 18,6 kn erreichte.

Draht für die Takelage wurde in Britannien ab 1844 eingesetzt, Stahldraht ab den 1860ern. Als er billiger wurde fand man ihn auch bei kleineren Schiffen.

In der Zeit nach 1850 ging auch der deutsche Schiffbau vom Holz- zum Eisenschiffbau über. So entstand in Stettin die erste Eisenschiffswerft, die spätere *Vulkan-Werft*, trotzdem werden die größeren Seeschiffe z.B. für den Norddeutschen Lloyd bis 1889 in England gebaut. Die Rostocker Werft *Tischbein* baute zwei Eisendampfer, und 1854 baute *F. Schichau* in Danzig den ersten preußischen Schraubendampfer.

In Deutschland erschienen 1877 die ersten Vorschriften für den Bau eisener Schiffe vom *Germanischen Lloyd*, 1899 für stählerne. Die deutschen Werften holten erst gegen Ende des 19. Jhdts., vor allem gefördert durch den wilhelminischen Aufbau der deutschen Flotte, gegenüber den britischen Werften auf. Es war eine außerordentliche Anstrengung und Umdenken erforderlich. Können und Erfahrung mussten durch technisches Wissen und Regeln ergänzt werden.

1890 Schnelldampfer SPREE und HAVEL vom Stettiner *Vulcan* nehmen den Liniendienst des *Norddeutschen Lloyd* nach Amerika auf, ein Durchbruch der deutschen Werften im Bau großer Eisenschiffe. Das Schiffbaumaterial kam nach wie vor aus England und durfte nach einem Gesetz von 1879 zollfrei eingeführt werden, um den deutschen Schiffbau international konkurrenzfähig zu machen.

1898 Vertrag zwischen *Norddeutschem Lloyd* und *Hapag* einerseits und dem Verbund deutscher Grobblech-Walzwerke andererseits, dass Schiffbaubleche und -Profile für Schiffe auf deutschen Werften nur von deutschen Walzwerken mit 5 Mark je Tonne Aufschlag im Vergleich zum Preis aus England bezogen werden.

1857, drei Jahre nach der Öffnung Japans zunächst für die USA, wird das erste eiserne Dampfschiff auf einer neuen Werft in Nagasaki gebaut. Aber die nächsten dreißig Jahre werden die meisten Kriegsschiffe noch im Ausland gekauft.

Der Übergang vom Eisen- zum Stahlschiffbau war nicht ganz so schwierig, obwohl er zunächst zögerlich begann. Der Unterschied zum Eisen ist durch den Kohlenstoffgehalt bedingt. Stahl hat einen geringeren Kohlenstoffanteil, kleiner 1,7%, dagegen Gusseisen größer 3% Kohlenstoff. Dieser bewirkt eine höhere Festigkeit und Härte bei gleichzeitiger Abnahme von Zähigkeit und höherer Sprödigkeit der Legierung im Vergleich zum weicheren Eisen. Chemisch reines Eisen ist sehr weich und technisch als Konstruktionswerkstoff nicht brauchbar.

Man hatte also Bedenken, ob die höhere Sprödigkeit nicht Havarien und Kollisionen mit höheren Schäden oder gar Totalschaden ablaufen lässt. Ein Beispiel dafür ist die TITANIC 1912, deren starke Schädigung bei der Kollision mit dem Eisberg

Raddampfer ELISE überquerte 1816 als erstes Dampfschiff den englischen Kanal.

Raddampfer JAMES WATT der General Navigation Company, 448 t, fuhr ab 1821 fünf Jahre die Route London–Aberdeen, dann London–Leith. L 31,8 m, B 14 m über die Radkästen, T 4 m, 2 Dampfmaschinen von Boulton & Watt je 50 PS, 8,7 kn. Die Maschine war noch sehr störanfällig, der Kolbenverbrauch sehr hoch. Ein hoher Schornstein sorgte für den natürlichen Zug im Kessel. Sie war das erste Dampfschiff in Lloyd's-Register. Der Kapitän stellte sich häufig wegen der besseren Sicht auf den Radkasten.

Raddampfer ENTERPRISE. Er erreichte mit einer 120 PS Dampfmaschine, zusätzlich Segeln, 9,3 kn Geschwindigkeit.

UNITED KINGDOM der London and Edingburgh Packet, 1826, die erste der so genannte Leviathan Klasse von Dampfern, gebaut von Steele, Greenock, für Fahrtgebiet London–Edingburgh, 160 ft lang (48 m), 26,5 ft breit (8,83 m), Antrieb 200 hp von David Napier. Erstmals mit Oberflächenkondensator, von dem das Kondensat in den Kessel zurückgespeist wurde. Nach einer Zeichnung von E.W. Cooke.

Der Collins-Liner PACIFIC, 3.000 ts, 800 hp (597 kW), 1850

LE PARIS, 1855 einer der ersten französischen Schraubendampfer für den Le Havre-Hamburg-Dienst

Britischer Doppelschrauben-Schnelldampfer CITY OF NEW YORK, der Inman Line, gebaut 1888 auf der Werft J.&G. Thomson, Clydebank, 10.499 BRT, Lüa 170,6 m, B 19,3 m, 1740 Passagiere, zwei Dreifach-Expansionsmaschinen 18.500 PS (13.616 kW), 20 kn. Jungfernreise 1. August 1888 Liverpool–New York weniger als 6 Tage. Zusammen mit der CITY OF PARIS waren es die ersten Doppelschrauben-Dampfer auf dem Atlantik. Damit wurden die Einschraubendampfer der Wettbewerber veraltet.

Die CAMPANIA und ihr Schwesterschiff LUCANIA der Cunard Reederei dominierten die Nordatlantikroute von 1892 bis 1897 bis Kaiser WILHELM DER GROSSE antrat. 1914 sollte sie abgewrackt werden, doch die Royal Navy machte einen Hilfsflugzeugträger daraus mit 60 m Flugdeck. Das Schiff hatte L 189,6 m B 19,8 m T 7,9 m, 12.950 BRT, zwei Propeller werden von je einer Fünfzylinder-dreifach-Expansionsmaschine mit 28.000 hp angetrieben, Passagiere 600 1. Kl., 400 2. Kl., 1.000 3. Kl., gebaut bei Fairfield Co Ltd., Glasgow.

In 1889 wurden die CITY OF PARIS, 10.500 ts, und die CITY OF NEW YORK für die Inman Line gebaut. Die CITY OF PARIS war der erste Doppelschrauben-Dampfer der auch das Blaue Band gewann.

auf eine Versprödung des Stahls infolge des kalten Eiswassers zurückzuführen ist. Diese »Kaltversprödung«, die zum Beispiel durch einen zu hohen Stickstoffanteil in der Legierung bewirkt wird, war auch noch Mitte des 20. Jhdt. ein Problem und führte zum schnellen Untergang von Transportschiffen der Alliierten im Zweiten Weltkrieg durch Brechen des Rumpfes im Eismeer. Dazu kam, dass man mehr und mehr vom Nieten zum Schweißen übergegangen war, es aber in seinen technologischen Auswirkungen noch nicht übersah und beherrschte.

Durch Qualitätskontrolle bei der Stahlerzeugung wurde dieses Problem gelöst. Die Vorteile des Stahls gegenüber dem Eisen waren so groß, dass man sehr bald an dem Übergang nicht zweifelte. 1877 werden die beiden britischen Korvetten IRIS und MERKUR aus Stahl gebaut, in der deutschen Marine erstmal die Avisos BLITZ und PFEIL 1880 vor allem zur Gewichtsersparnis.

1879 war die BUENOS AYREAN als erster Passagierdampfer mit Stahlrumpf auf der Nordatlantikroute im Einsatz.

In der Belieferung mit Stahl gab es immer wieder Engpässe. Er war natürlich auch teurer als Eisen, sodass man ihn in der ersten Zeit vor allem im Kesselbau einsetzte, um den Dampfdruck steigern zu können und den Kohleverbrauch zu senken. Der Schiffbau konkurrierte mit der Eisenbahn in der Stahlbelieferung. Es gab eine wechselseitige Befruchtung der Erkenntnisse beim Bau von Schiffen und von Eisenbahnbrücken, so z.B. um den oberen Teil des Rumpfes besonders stark zu machen, in dem man das Schiff als Biegebalken betrachtete, oder der Vorteil von Längsträgern (Längsspanten) zu einer Querspant-Konstruktion.

1871 wird in Deutschland der erste Eisbrecher EISBRECHER I fertiggestellt nach der Idee des russischen Reeders *Brineff*. Der Eisbrecher schiebt sich auf die Eisfläche und bricht sie durch sein Gewicht durch.

1898 wird der Eisbrecher YARMAK, 10.000 t, gebaut auf Anregung des späteren russischen Admirals *Stephan O. Makarow* in England für Russland, der 60 Jahre lang den Weg um Sibirien im Sommer befahrbar hält.

6.9 Die Dampfmaschine im 19. Jhdt. – Eine kontinuierliche Entwicklung zur Wirtschaftlichkeit

Im Jahre 1800 lief das für die Dampfmaschine wichtigste Patent der Firma *Boulton and Watt* aus, und die Weiterentwicklung der Schiffsdampfmaschine setzte sich im Wettbewerb fort.

Die Innovation Schiffsdampfantrieb hatte im 19. Jhdt. drei wesentliche Phasen.

Die erste Phase war von 1808 bis zu den späten 1840ern bestimmt durch Dampfantrieb mit Niederdruck zum Antrieb von Schaufelrädern. Es war eine schnell steigende Anwendung auf Flüssen und Seen, besonders in den USA, gegeben. Das wurde dann auf die Küstenfahrt ausgedehnt, während der Schaufelraddampfer in der langen Hochseefahrt nie eine größere Bedeutung erreichte. Aber die Vorteile als Schlepper in den Häfen wurden schnell erkannt und für Marine- und Handelsschiffe realisiert.

Bei der Dampfmaschine selbst wurde die Verbindung zwischen Kolbenstange – Kreuzkopf – Pleuelstange – Kurbelwelle – man nannte diese Maschine »unit direct communication« – wegen des Wegfalls des bisher üblichen Umweges über den Balancierbalken oder Seitenbalken (lever engine), die noch lange auf großen Flussdampfern in den USA anzutreffen waren, wirksam. Dabei arbeitete die Kolbenstange auf einen Kreuzkopf, dieser auf einer Seitenstange, diese auf den Balken, dieser auf einen Kreuzkopf, dieser auf eine Pleuelstange und diese auf den Kurbelzapfen bzw. die Kurbelwelle des Schaufelrads. Wegen des niedrigen Dampfdrucks, kesselbedingt, anfangs um 1 bar Überdruck, waren die Zylinder-Ø »riesig«.

Die »unit oder engine of direct communication« wurde wohl erstmals von *Gutznur* in Leith auf den Dampfern ATHOL und TOURIST 1826 angewendet.

1826 entstand das erste so genannte Leviathan-Klasse-Schiff, der Raddampfer UNITED KINGDOM, bei der Werft *Steele* in Greenock. Sie hatte eine L von 48,77 m, B 8,08 m und hatte vertikal arbeitende Maschinen von 149 kW. *Napier* führte erstmals auf diesem Schiff den Oberflächenkondensator ein. Der Dampf kondensiert auf seinem Weg zur Vakuumpumpe in von kaltem Seewasser umströmten Kupferrohren, sodass das Kondensat dem Kessel wieder zugeführt werden kann und die Niederschläge von Salz und Kesselstein reduziert werden. Allerdings war man anfangs mit der Kondensationsleistung nicht zufrieden, sodass die bisherige Methode – Seewasser in den Abdampf einzuspritzen und damit natürlich das zukünftige Kesselwasser zu verderben – nicht schnell verdrängt wurde. So hatten die Schraubendampfer BREMEN und NEW YORK des Norddeutschen Lloyd 1858 eine Niederdruck-Zwillingsdampfmaschine mit Einspritzkondensation, 1.500 PS (1.100 kW) Leistung,

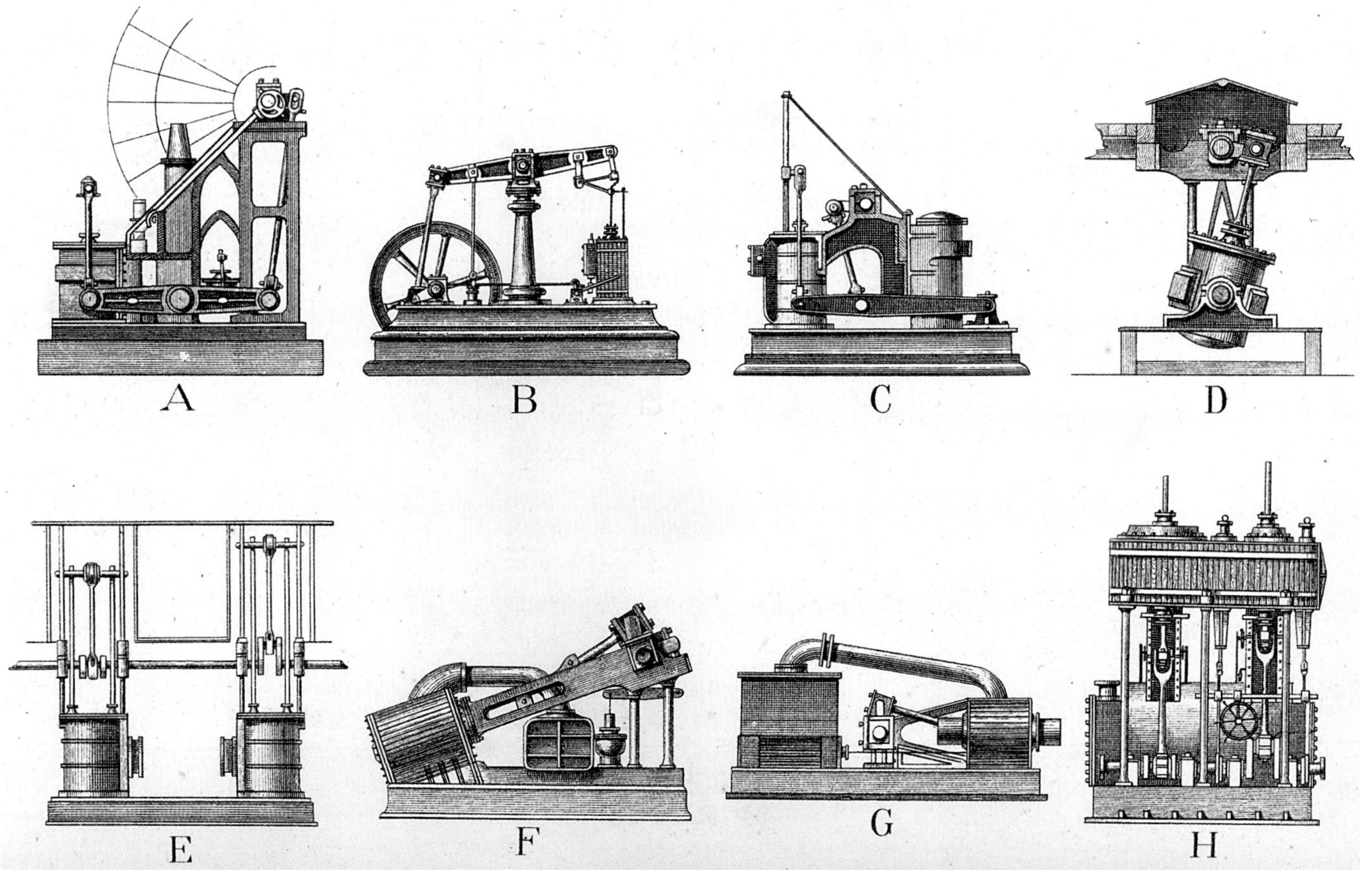

Von der Balancier-Dampfmaschine zur Compound-Maschine in der ersten Hälfte des 19. Jahrhunderts.
A Seiten-Balancier-Maschine (side lever); anfangs eine der häufigsten Schiffsmaschinen
B Balancier-Maschine (beam), die erste Maschine an Land, C Grashüpfer-Maschine (grasshopper), D Oszillierende (oscillating) Maschine, häufige Ausführung Mitte des 19. Jhdts., insbesondere auf Raddampfern. E Steeple-Maschine, F Schrägliegende Kreuzkopf-(Diagonal-)Maschine, G Horizontal-Maschine (Trunk), H Stehende (inverted vertical) Zweizylindrige Compoundmaschine

vier Kofferkessel mit sechzehn Feuerstellen und einem Dampfdruck von 1,23 bar. Bei 144° C scheiden sich die Bestandteile des Meerwassers als Kesselstein aus. Deswegen blieb man unter 135° C, was nur 2 bar Überdruck gestattet. Einspritzkondensation verhinderte also Druck- und Leistungssteigerung.

Die zweite Phase war in den 1850ern die Anwendung der Schiffsschraube. Da der Dampfantrieb den niedrigen Dampfdruck nur in einer Expansion – immerhin brachte das gegenüber dem reinen Volldampfantrieb 12% Brennstoffersparnis – in einem Zylinder ausnutzten konnte, war die Reichweite gering, weswegen die Dampfer eine Takelage hatten, die einem reinen Segelschiff noch nahe kam. Sie bedurften deshalb einer Mannschaft sowohl für Kessel und Maschine als auch für das Segeln. Dampfer, die 20 Tage dampfen konnten und wo die Besegelung nur noch ein Hilfsantrieb war, waren noch die Seltenheit. Der Druck des Dampfes war immer noch nur einige Atmosphären über dem Luftdruck.

In diese Phase fiel auch der Übergang vom Holzschiff zum Eisenschiff als wesentliche Voraussetzung für die weitere Entwicklung der Größe der Schiffe und der Leistung ihres Antriebes. Die Größe des Schiffes war wesentlich, um neben ausreichendem Kohlevorrat ausreichend Geld bringende Passagiere und Fracht tragen zu können. Noch dominierte das Segelschiff als Mittel für den internationalen Transport. In Großbritannien waren 1850 noch 3.396.659 NRT Segelschiffe registriert, dagegen nur 168.474 NRT oder 1.200 Dampfschiffe, 1852 davon nur 58 Schraubendampfer. Dagegen stieg die Royal Navy um diese Zeit auf eine neue Schraubendampfer-Schlachtflotte um, die natürlich auch noch wegen der begrenzten Reichweite volle Segeleigenschaften haben musste. Eine englische technische Zeitschrift schrieb damals zu Schiffsdampfmaschinen: »… *dass diese einer Eisenmine bedürfen, um sie anfertigen zu können, und eine Kohlengrube nötig wäre, um sie zu betreiben«*. Mitte der 1850er brauchte eine Schiffsdampfmaschine 2,4 kg/PSi h, also bei 1.000 PS auf einer 10-tägigen Reise 580 t Kohle. Um 1900 nur noch 0,6 kg/PSi h oder 144 t Kohle, also 436 t weniger. Das Maschinengewicht sank von 250 kg/PS (Mitte der 1850er) auf 80–90 kg/PS um 1900, bei Torpedobooten sogar 30 kg/PS durch schnell drehende Maschinen, vor allem aber durch Verwendung von Stahl anstatt Gusseisen.

Der Engländer *Samuel Hall* bekommt den Oberflächenkondensator 1834 patentiert, aber erst 1859 gelingt es dem Ingenieur *Humphry,* den Oberflächenkondensator dauernd in der Praxis einzuführen. Es entsteht damit ein geschlossener Kreislauf salzfreien Kesselspeisewassers, sodass der Kessel sehr viel länger in Betrieb gehalten werden kann. Die Fahrzeit über den Atlantik verkürzt sich dadurch um bis zu zehn Tage. Die ersten Dampfschiffe mit dieser Einrichtung sind die britischen Dampfer SIRIUS, BRITISH QUEEN und GREAT WESTERN. In der Anfangszeit der Hochsee-Dampfschifffahrt musste der Kessel alle drei Tage von Salzablagerungen gereinigt und dafür zwei Tage stillgelegt werden. Die Maschinen waren meist liegend angeordnet.

In der dritten Phase ab1869 setzte sich die stehende Verbund- oder Compound-Maschine durch, erstmalig wohl im Dampfschiff BRANDON 1854 angewendet. Das brachte eine erneute Ersparnis von zunächst 20%.

Der Dampf kann zwei- bis vierfach, in verschiedenen hintereinander geschalteten Zylindern expandieren. Zunächst war es die zweizylindrige »Compound«-Maschine, die *Richard Wright* 1816 patentiert wurde. Voraussetzung waren natürlich Kessel, die einen sehr viel höheren Dampfdruck zuließen. Sie wurden aus Stahl gefertigt. Für den Schiffsrumpf kam auch mehr und mehr Stahl zum Einsatz. In der Mitte der 60er Jahre des 19. Jhdts. zeichnete sich ab, dass das Dampfschiff den weltweiten Handel übernehmen kann.

Die Betriebskosten, bisher 50% über denen eines Segelschiffes, sind kaum noch höher, da sich der Kohleverbrauch halbiert hat.

Um 1870 hörte praktisch, von wenigen Ausnahmen abgesehen, der Bau großer Segelschiffe auf. Während 1860 erst 10% des Schiffsraumes der Handelsflotten Dampfer waren, sind es 1870 bereits 20%, 1880 35%, 1890 45% und 1900 über 50%.

Neben der Steigerung seiner eigenen Effektivität, wozu besonders die »economy of scale«, also Größenwachstum, gehörte, halfen dem Durchbruch des Dampfers Infrastrukturmaßnahmen, wie der Bau von Seekanälen zur Abkürzung des Seeweges und ein weltweites Netz von Kohle-Bunkerstationen. So hielt z.B. die britische Peninsular und Oriental (P&O)-Linie 90.000 ts Kohle zu jeder Zeit vorrätig: davon 2.000 ts in Southampton, 5.000 ts auf Malta, Alexandria und Suez 6.000 ts, Aden 20.900 ts, Bombay 8.000 ts, Ceylon 12.000 ts, Singapore 8.000 ts, Hongkong 10.000 ts sowie in einigen kleineren Stationen. Die Versorgung wurde durch das billigste Transportmittel, das Segelschiff, durchgeführt. 170 davon waren jährlich damit beschäftigt.

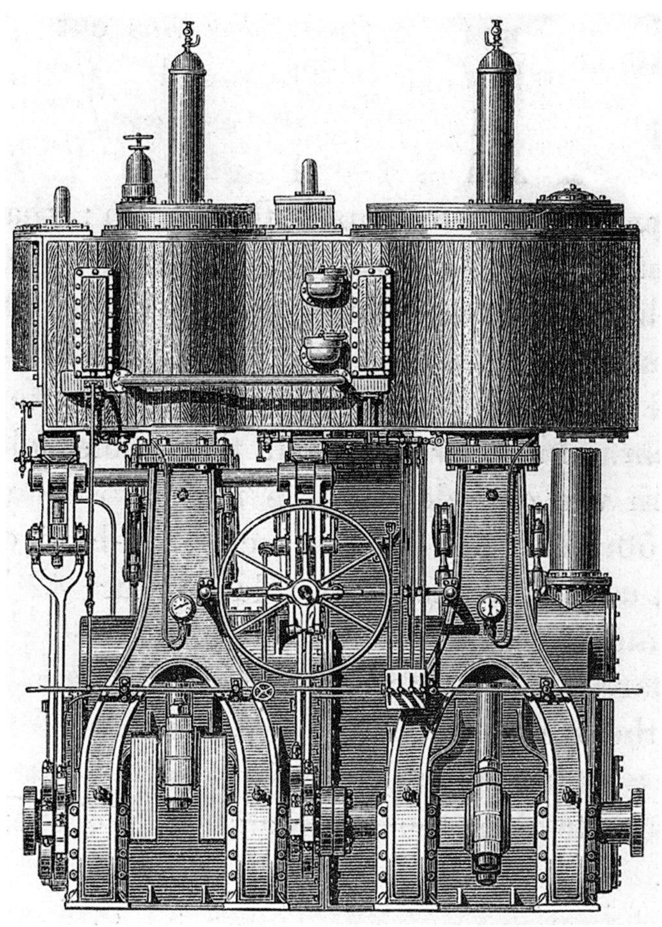

Eine der ersten Compound-Maschinen oder Zweifach-Expansions-Dampfmaschinen mit Oberflächen-Kondensator. Der Dampf geht erst mit Kesseldruck in den linken kleineren Hochdruckzylinder und dann in den rechten größeren Niederdruckzylinder und von dort in den Kondensator. Dort ist durch die Kondensation des Dampfes fast Vakuum, sodass der Niederdruckkolben nicht gegen den Luftdruck, sondern fast gegen Druck null arbeitet. Das große Handrad dient der Umsteuerung der Drehrichtung.

Schon Anfang des 19. Jhdts. gab es etliche Erfindungen, die Dampfmaschine zu verbessern. So wurde *Arthur Woolf*

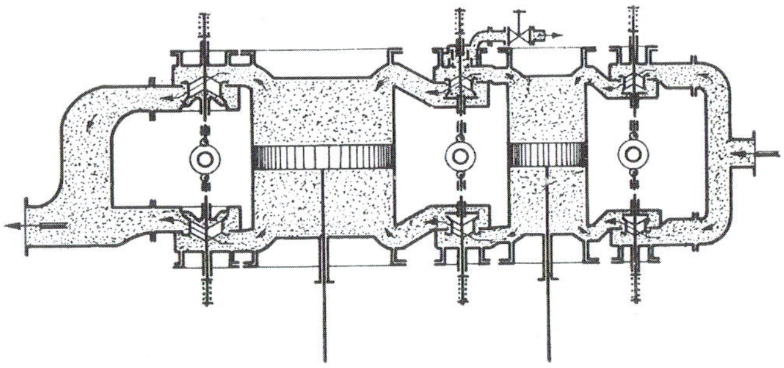

Dampfverbindung einer Zweifach-Expansionsmaschine (Verbundmaschine nach der Erfindung von Woolf). Ohne Aufnehmer zwischen den Zylindern, so dass der HD-Kolben direkt in den ND- Zylinder ausschiebt. Die Kurbeln sind um 180° versetzt. Werden zwei solcher Verbundmaschinen auf eine Kurbelwelle mit 90° versetzten Kurbelpaaren angeordnet, ergibt sich eine gute Manövrierfähigkeit. Die Lentz-Einheits-Schiffsmaschine ist so aufgebaut, ähnlich auch die Doppelverbundmaschine von Christiansen und Mayer.

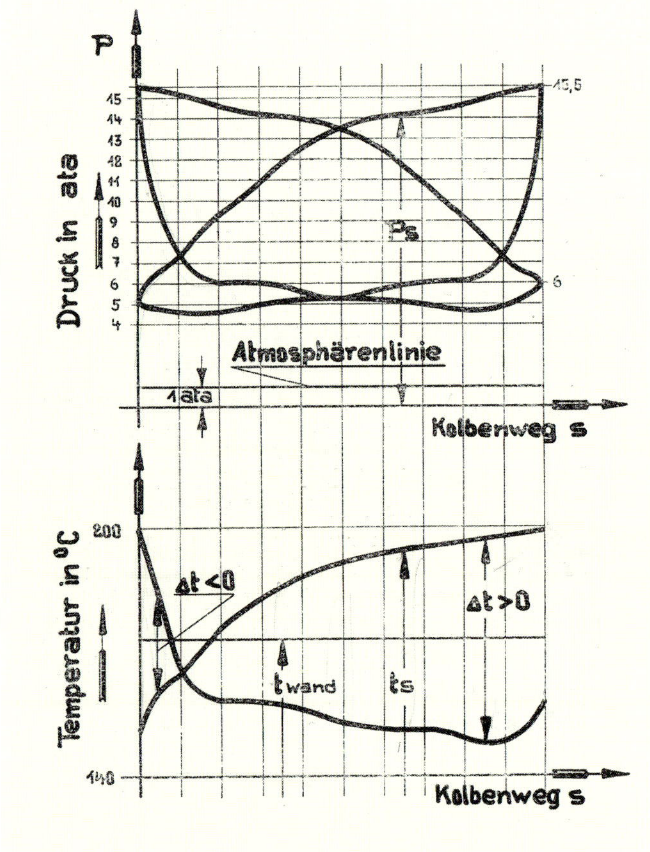

Indikatordiagramm einer doppelt- wirkenden Kolbendampfmaschine, die mit Sattdampf von 15,5 bar gegen 4,8 bar Auslassdruck arbeitet. Das untere Diagramm zeigt den Temperaturverlauf auf einer Kolbenseite beim Ein- und Ausschieben.

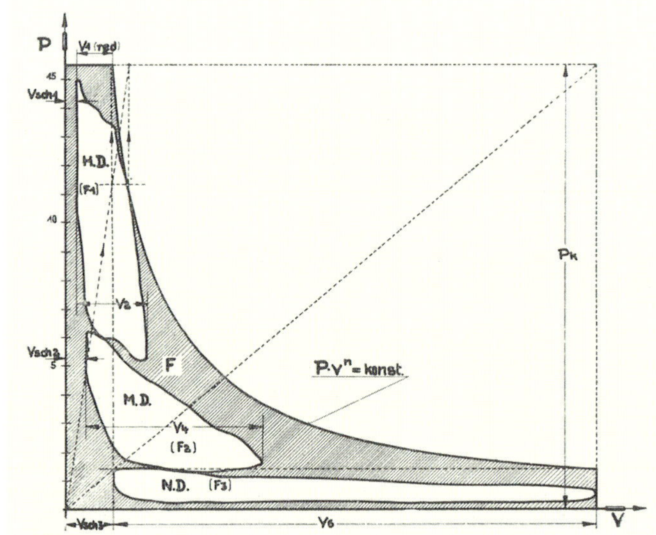

Die drei Indikatordiagramme einer wirklichen Dreifach-Expansionsmaschine in das p,V-Diagramm einer Idealmaschine gelegt. Das Verhältnis der Flächen F1+F2+F3 zu F der Idealmaschine wird als Völligkeitsgrad, hier 60%, also so viel der Dampfenergie wird in mechanische Arbeit umgesetzt, bezeichnet. Zur Beurteilung von Maschinen darf ihnen der Verlust in den Rohrleitungen und Ventilen nicht zur Last gelegt werden. Diesen dann kennzeichnenden Wert nennt man Gütegrad, zu dessen Ermittlung der Dampfverbrauch gemessen werden muss. Wenn man aus den Indikatordiagrammen den mittleren tatsächlichen Druck kennt, kann man die indizierte Leistung je Zylinder berechnen mit $Pi = p_m$ tats.·Fk·s·n oder $Pi = p_m$ tats.·D_·p_i/4·(s·n)/(30·75) PS oder $Ni = C{\cdot}p_m{\cdot}n$ für eine bestimmte Maschine. Darin ist p_m tats. der effektive mittlere Druck, also Gegendruck auf der andere Seite des Kolbens ist berücksichtigt.

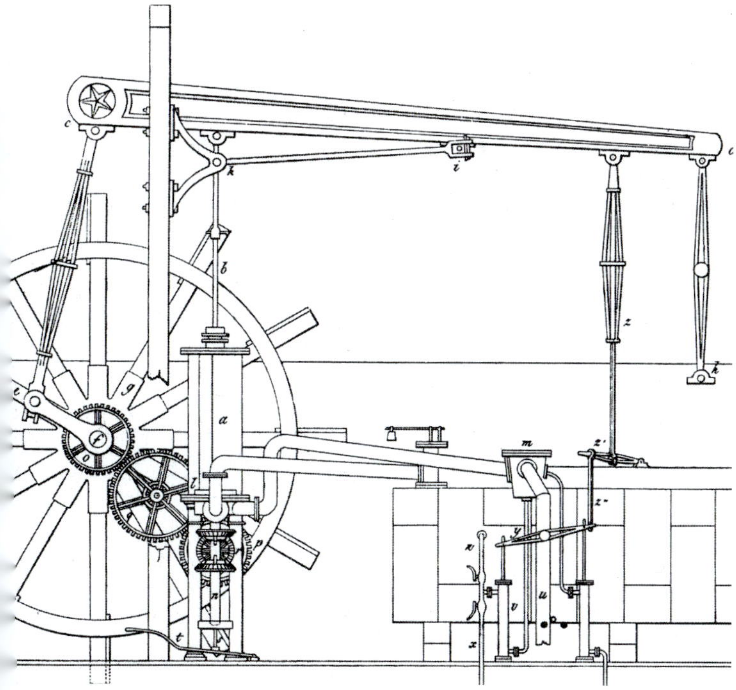

So genannte Hochdruckdampfmaschine des amerikanischen Raddampfers ATENA 1814, gebaut von Evans. Der vertikal angeordnete Zylinder a steht 1,8 m über Schiffsboden und bekommt Dampf von einem eisernen 5,5 m langen Zylinderkessel. Die Dampfverteilung besorgt ein über Zahnräder angetriebener Drehschieber unterhalb des Zylinders. Der Drehrichtungswechsel erfolgt durch Hebel t, der die Kegelräder auf Welle n verschiebt. Über den mächtigen hölzernen Hebel wird die Bewegung der Kolbenstange b auf die Treibstange c e und damit auf die Schaufelradwelle übertragen. Der kleine Behälter m ist ein Einspritzkondensator. Kaltwasser- und Speisepumpe werden auch vom Hauptbalancier über die Stange z angetrieben. Die Schubstange c e ist aus schmiedeeisernen Stangen zusammengeschweißt. Bei 10 bar und $^1/_4$ Füllung Leistung 45 PS bei 21 min^{-1}.

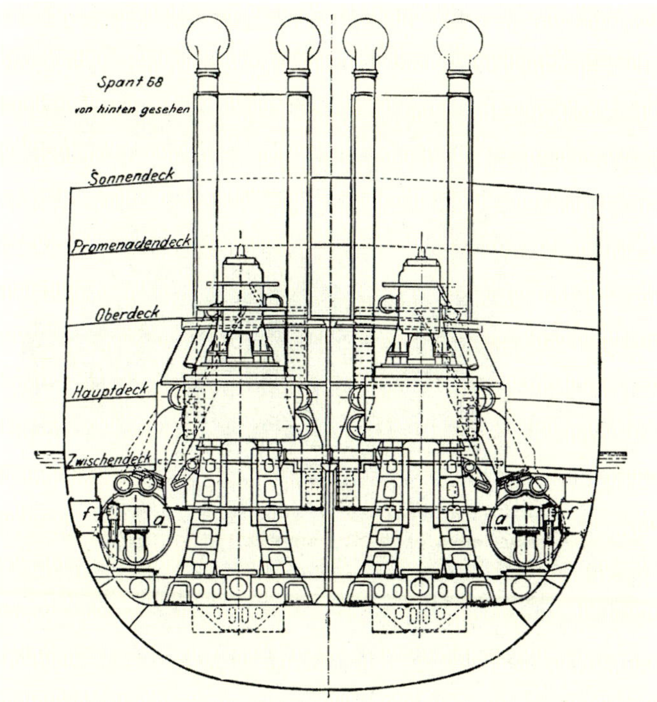

Fig. 181.

Antriebsanlage des Doppelschraubendampfers DEUTSCHLAND der Hapag, gebaut von der Stettiner Vulcan-Werft 1900. Zwei Vierfachexpansionsmaschinen mit zusammen 36.940 Psi, Kohlenverbrauch 0,644 kg/PSih, 23,36 kn, Dampfdruck 15 bar, 76 min^{-1}. 2 HD 930 mm Durchmesser, erster MD 1870 mm, zweiter MD 2.640 mm, 2 ND 2.700 mm, Hub 1,85 m. Die beiden MD sind an den Maschinenenden, dazwischen je ein HD- über einem ND-Zylinder im Tandem angeordnet.

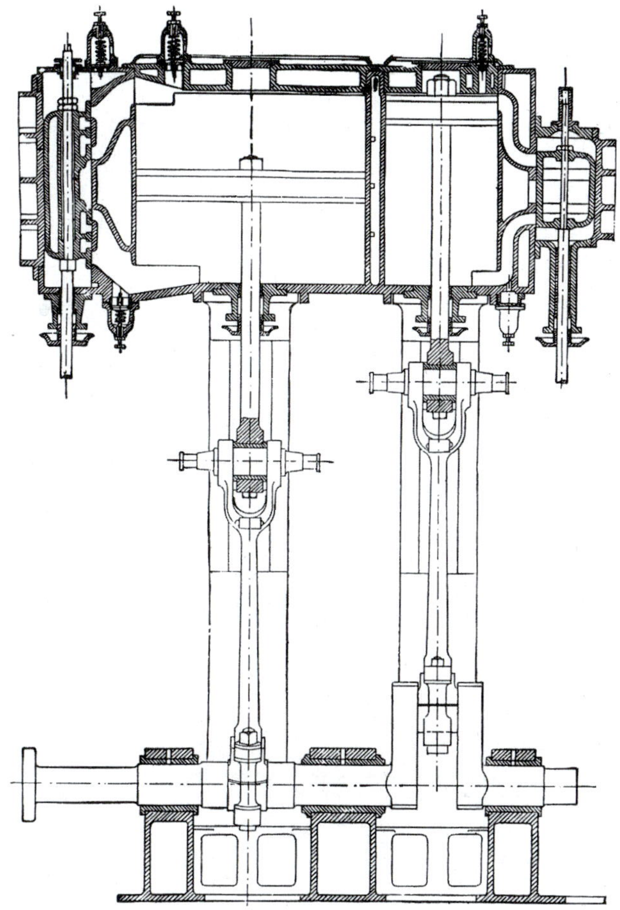

Verbundmaschine des Dampfers BORUSSIA der Hapag, 1870 von Day, Summers & Co. in Southhampton als Ersatz für die bisherige oszillierende Niederdruckmaschine erbaut. Zylinderdurchmesser 914 und 1.830 mm, Hub 1,27 m, Kolbengeschwindigkeit 2,18 m/s, 4 bar Dampfdruck, 1.371 PSi bei 63 min^{-1}. Kohleverbrauch täglich 28–30 t, nur halb so viel wie die Vorgängermaschine.

(gest. 1837) 1804 und 1810 in zwei Patenten eine – allerdings nicht umsteuerbare – zweizylindrige Expansionsmaschine, doppelt wirkend, Wattscher Kondensator und geringem Brennstoffverbrauch, geschützt. *Woolf* war allerdings ein unverträglicher Charakter, sodass seine Zusammenarbeit mit den Grubenbesitzern schwierig war, wo er seine Maschinen einsetzen wollte. Vor ihm hatte schon *Jonathan Hornblower* 1781 ein Patent für eine zweizylindrige Maschine erhalten: *»Der Dampf wird, nachdem er in einem Zylinder gearbeitet hat, benutzt, um noch in dem zweiten Zylinder zu wirken, in welchem ihm gestattet wird, sich auszudehnen.« Hornblower* war der ärgste Konkurent *Watts*, hatte aber wegen des noch geringen Dampfdrucks keine Vorteile gegenüber den einzylindrigen Watt-Maschinen, im Gegenteil, seine Maschine war teuer und schwieriger in der Herstellung. Bei der Woolfschen Maschine sind die Temperaturdifferenzen in den einzelnen Zylindern niedriger. Der Dampf tritt mit 5–6 bar in den HD-Zylinder und mit etwa 1–1,5 bar in den ND-Zylinder, dessen Kolben die 3–4fache Fläche hat.

Im Aufbau der Dampfmaschinen setzt sich die »Hammer«-Maschine durch. So genannt, weil sie wie die Dampfhämmer von Nasmyth aussieht mit senkrechten, oben liegenden Zylindern. Die obersten Teile liegen bei großen Maschinen 10 m über der Grundplatte, sodass mehrstöckige Umgänge (Grätings) aus Sprossen notwendig sind, um Licht durchzulassen.

Die beiden Zylinder der Woolf-Maschine liegen direkt nebeneinander, und die Kolben bewegen sich in derselben Richtung, bei der allgemeinen Compoundmaschine stehen die beiden Kurbeln unter einem Winkel von beispielsweise 90°, damit sie immer anlaufen kann und umsteuerbar ist, was ein Dampfreservoir zwischen den Zylindern bedingt.

Bei den Compoundmaschinen steigerte man den Dampfdruck auf 8–9 bar, bekam aber durch zunehmende Abkühlungsverluste in den Zylindern keinen Gewinn, sodass in den 1880er Jahren die Dreifach-Expansionsmaschine entstand, die dann mit 10–13 bar Dampfdruck arbeitete. Die Kolbenfläche des folgenden Zylinders ist 2,5–2,75fach größer, der ND-Zylinder hat also die sechs- bis achtfache Querschnittsfläche des Hochdruckzylinders. Um die Wende zum 20. Jhdt. ging man dann sogar auf Vierfach-Expansions-Maschinen bei Dampfdrücken bis 15 bar. Das blieben Extremfälle der Anwendung, die Dreifach-Expansionsmaschine blieb die häufigste Dampfkolbenmaschine.

Der Deutsche *Gerhard Moritz Roentgen* (1795–1852) machte eine Marine-Laufbahn, schied aber 1824 sehr ehrenvoll aus, um mehr Geld zur Gründung eines Haushalts zu verdienen als technischer Direktor der *Nederlandsche Stroomboot-Maatschappij*. 1828/29 entstand nach seinen Angaben die erste Verbundmaschine mit Zwischenkammern, was 1834 in England und Frankreich patentiert wurde. Man kann ihn als Innovator der Mehrfach-Expansions-Dampfmaschine bezeichnen. Er erkrankte 1847 und starb in geistiger Umnachtung.

Die stufenweise Expansion des Dampfes in mehreren – bis zu vier – Zylindern nutzt höher gespannten Dampf besser aus und vermeidet Kondensationsverluste innerhalb der Zylinder, da die Temperaturdifferenzen in den einzelnen Zylindern nicht so groß sind.

Die Compound-Maschine wurde von *Mr. Elder* zum Erfolg gebracht, nachdem es schon vorher etliche Vorschläge und Anläufe dazu gegeben hatte. So auch mit der Dreifach-Expansionsmaschine. 1872 von *Ferguson* bei Messrs. *Fleming & Ferguson* erfunden, wurde sie erstmals von Messrs. *R. Napier & Sons* 1882 in den Dampfer ABERDEEN eingebaut, und ihre Vorteile wurden allgemein anerkannt.

1871 ließ der Norddeutsche Lloyd die Niederdruck-Zwillingsmaschine der AMERIKA in eine Compound-Maschine umwandeln, anschließend auch bei etlichen weiteren Dampfern. Sie arbeitete mit 4 bar, bei Neubauten bis 6,4 bar. Der Kohleverbrauch ging von 1,6 kg auf 1,17 kg pro kW und Stunde zurück.

Der zweite Niederdruck-Zylinder der Compound-Maschine hat häufig den doppelten Durchmesser des (ersten) Hochdruck-Zylinders. Die Zylinder sind doppelt wirkend. Vom Niederdruck-Zylinder strömt der Dampf, der nun seine Expansionskraft verloren hat, in den Kondensator.

Um die Abkühlungsverluste zu reduzieren, umgab man die Zylinder mit einem Mantel und füllte den entstehenden Hohlraum mit frischem Dampf.

Eine andere Maßnahme ist die Überhitzung des Dampfs, die bei etwa 250° C eine Grenze wegen der Schmierung und der Stopfbuchsenpackungen bei Dampf-Kolbenmaschinen hat.

Die nötige Antriebsleistung der größer werdenden Dampfer war mit einer zweizylindrigen Compound-Maschine nicht zu erreichen. Zunächst wurden dreizylindrige eingebaut mit einem Hochdruckzylinder und zwei gleichen Niederdruckzylindern, so geschehen bei den ersten Schnelldampfern ELBE, WERRA, FULDA, EMS und EIDER des Norddeutschen Lloyd.

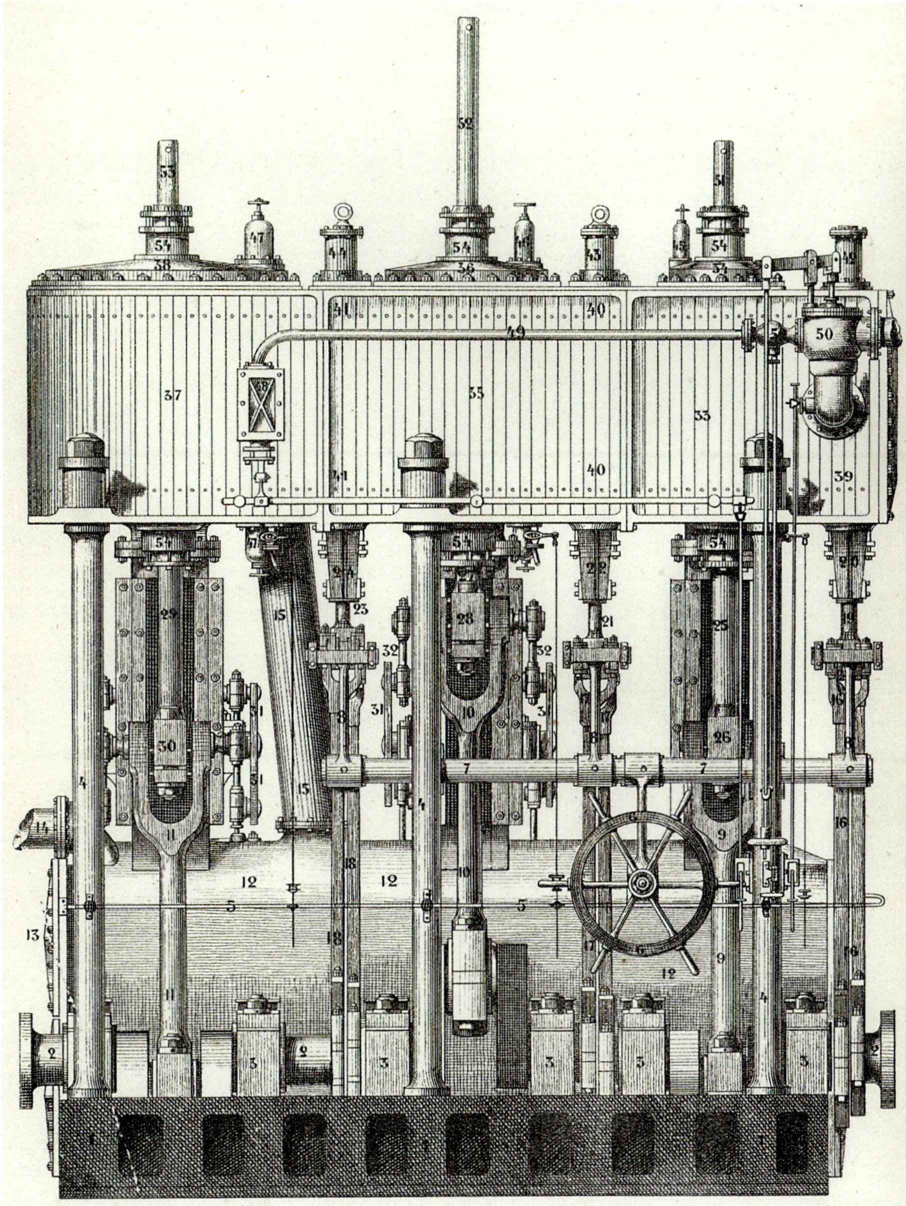

Dreifach-Expansions-Dampfmaschine ab Anfang der 1880er. Der Kohleverbrauch ging gegenüber der einfachen Expansion auf ein Drittel zurück. Die Maschine arbeitet auch bei niedrigen Drehzahlen ruhig und gleichmäßig.
1 Fundamentplatte, 2 Kurbelwelle, 3 Haupt-Auflager, 4 zylindrische Stützen, 5 Geländer, 6 Rückstellrad, 7 Lastwelle, 8 Lastwellen-Hebelarm, 9 Hochdruck-Pleuelstange, 10 Normaldruck-Pleuelstange, 11 Niederdruck-Pleuelstange, 12 Kondensator, 13 Kondensatortür, 14 Umwälzpumpen-Abflussrohr, 15 Zuleitung, 16 Hochdruck-Antriebsrad (exzentrisch), 17 Normaldruck-Antriebsrad (exzentrisch), 18 Niederdruck-Antriebsrad (exzentrisch), 19 Hochdruckventil-Spindel, 20 Hochdruckventil-Spindelführung, 21 Normaldruckventil-Spindel, 22 Normaldruckventil-Spindelführung, 23 Niederdruckventil-Spindel, 24 Niederdruckventil-Spindelführung, 25 Hochdruck-Kolbenstange, 26 Kreuzkopf der Hochdruck-Kolbenstange, 27 Normaldruck-Kolbenstange, 28 Kreuzkopf der Normaldruck-Kolbenstange, 29 Niederdruck-Kolbenstange, 30 Kreuzkopf der Niederdruck-Kolbenstange, 31 Pumpenhebel, 32 Pumpenverbindung, 33 Hochdruckzylinder, 34 Hochdruckzylinderkopfdeckel, 35 Normaldruckzylinder, 36 Normaldruckzylinderkopfdeckel, 37 Niederdruckzylinder, 38 Niederdruckzylinderkopfdeckel, 39 Hochdruckventilkasten, Schieberkasten, 40 Normaldruckventilkasten, Schieberkasten, 41 Niederdruckventilkasten, Schieberkasten, 42 Hochdruck-Ausgleichzylinder, 43 Normaldruck-Ausgleichzylinder, 44 Niederdruck-Ausgleichzylinder, 45 Hochdruckzylinder-Ausströmventil, 46 Normaldruckzylinder-Ausströmventil, 47 Niederdruckzylinder-Ausströmventil, 48 Start-/Zusatzventil, 49 Startventil-Rohr, 50 Notstopp-Ventil, 51 Abschlussstange, Hochdruckkolben, 52 Abschlussstange, Normaldruckkolben, 53 Abschlussstange, Niederdruckkolben, 54 Stopfbuchsen

Die alten herkömmlichen Kofferkessel und ovalen Kessel wurden zum Erreichen höherer Dampfdrücke durch den zylindrischen Röhrenkessel ersetzt. Damit konnten dann die Mehrfach-Expansionsmaschinen gebaut werden.

1874 baute der Ingenieur *Franklin* in Newcastle-on-Tyne eine Dreifach-Expansionsmaschine in den Dampfer SEXTA ein. Die drei Zylinder hatten 282, 436 und 615 mm Ø sowie 461 mm Hub. Der Dampfdruck war 9 bar, der Kohleverbrauch nur noch 0,56 kg/PSi h. Doch erst mit noch höheren Drücken von 9–12 bar und Kesseln, die auf die Dauer den höheren Drücken standhielten, setzte sich die Dreifach-Expansionsmaschine durch. Erst 1881 baute der englische Ingenieur *A. C. Kirk* für den Dampfer ABERDEEN eine Maschine von 2.600 PSi (1.900 kW), Zylinder-Ø 785, 1.177, 1.778 mm, Hub 1,412 m, Verbrauch 0,58 kg/PSi h, die sich im Dauerbetrieb bewährte. Am 7. April 1881 fuhr die ABERDEEN (3.700 t) von Plymouth nach Melbourne. Sie brauchte 42 Tage mit 4.000 ts Fracht und nur einem Bunkerstopp. Das wurde durch hohen Dampfdruck von 8,6 bar möglich, der wiederum in Stahlkesseln erzeugt werden konnte. Innerhalb der nächsten drei Jahre konnte auf 10,4 bar gesteigert werden. Gegenüber der Compound-Maschine war der Kohleverbrauch um 40% gesenkt worden. Das war der Durchbruch, 1885 waren bereits 150 Dampfer mit den neuen Dreifach-Expansionsmaschinen ausgerüstet. Ab 1885 werden keine Zweizylinder-Verbundmaschinen mehr gebaut, alsbald konnte mit 13,8 bar Dampfdrücken gearbeitet werden. Man machte damals deutlich:

Ein sehr guter Dampfer trägt 1 t Ladung 1 sm weit durch Verbrennen eines Blatts dicken Schreibpapiers. Entschieden hatte der Bau von Stahlkesseln, sodass Dampfschiffe gut und wirtschaftlich genug fahren konnten.

In Deutschland baute *Schichau* in Elbing für den Dampfer NIERSTEIN 1883 die erste Dreifach-Expansionsmaschine.

Die erste Vierfach-Expansionsmaschine wurde 1884 in ein Schiff eingebaut in England. Die Grenze für ihre weitere Verbreitung waren noch die Kessel, die noch um 1900 nicht dauernd 18 bar Dampfdruck liefern konnten.

In den USA wurde im Frühjahr 1903 die Expressyacht ARROW getestet, L 44 m, B 3,8 m, T 1,1 m, Geschwindigkeit 39,13 kn, Bau aus Stahl und Aluminium mit doppelter Mahagoni-Beplankung, Antriebsleistung zwei 3.500-hp-Vierfach-Expansions-Dampfmaschinen, Eigner *Charles R. Flint*. Er soll damals an Waffen- und Alkoholschmuggel mit schnellen Booten gedacht haben.

1887 baut *Blohm & Voss* den Dampfer ALIPA als Erprobungsschiff für Hochdruckkessel mit Überhitzer.

Die Dreifach-Expansionsmaschine und der stählerne Hochdruckkessel setzen sich auch in Deutschland durch.

Angegeben werden als spezifischer Kohleverbrauch: zweifach 0,66 kg pro kW und Stunde, dreifach Expansion 0,56 kg pro kW und Stunde.

1885/86 ließ der *Norddeutsche Lloyd* die Schnelldampfer ALLER, SAALE, TRAVE bei *Fairfield Shipbuilding Co.*, Glasgow, ferner beim Stettiner *Vulkan* 6 Dampfer (PREUSSEN, BAYERN, SACHSEN, STETTIN, LÜBECK, DANZIG) mit Dreifach-Expansionsmaschinen bauen. Der Dampfdruck war 10 bar aus Doppel- oder Einfach-Flammrohrkessel. Wasserrohrkessel, System Dürr oder System Yarrow, kamen beim *Norddeutschen Lloyd* nur auf kleineren Küstendampfern zur Anwendung.

Nochmals: Die Dreifach- und Vierfach-Expansionsmaschine ist in den 80er Jahren des 19. Jhdts. einsetzbar geworden, seit Dampfkessel mit dreifachem Druck aus Stahl gebaut werden konnten. Der Kohleverbrauch wird dadurch zur Verbundmaschine nochmals fast halbiert:

1850 Niederdruck-Dampfmaschine	12,2 kg Kohle/kWh
1870 Compound-Maschine	2,7–4,1 kg Kohle/kWh
1890 Dreifach-Expansionsmaschine	1,3–1,4 kg Kohle/kWh

Die Geschwindigkeit steigert sich 1850 bis 1890 von ca. 9 kn auf mehr als das Doppelte.

Da die Maschinen weniger Kohle verbrauchen und zuverlässig arbeiten, wird um 1880 auch die Segeltakelage aufgegeben.

In England begann um 1890 der Bau von Vierfach-Expansionsmaschinen. Der *Norddt. Lloyd* ließ von *Denny* im Dumberton die von *Caird & Co.* in Greenock gebauten Zwillings-Hochdruckmaschinen der KRONPRINZ FRIEDRICH WILHELM 1887 in eine vierzylindrige Vierfach-Expansionsmaschine umbauen. Die Zylinder, je zwei übereinander, arbeiteten auf eine zweifach gekröpfte Kurbelwelle. Wegen der Raumverhältnisse hatten die Schnelldampfer LAHN mit 9.000 BRT, SPREE und HAVEL mit 11.500 BRT Dreifach-Expansionsmaschinen mit 5 Zylindern; je 1 Hochdruck-Zylinder ist über je 1 Niederdruck-Zylinder angeordnet, der Mitteldruck-Zylinder ist in der Mitte dieser 3er-Anordnung um 120° versetzt in der Kröpfung der Kurbelwelle positioniert.

1896 wird beim *Norddt. Lloyd* die Vierfach-Expansionsmaschine allgemein eingeführt und außerdem noch Doppelschrauben bei den Schnelldampfern FRIEDRICH DER GROSSE, KÖNIGIN LUISE, BARBAROSSA, BREMEN, PRINZREGENT LUITPOLD und PRINZ HEINRICH.

Der Schnelldampfer KAISER WILHELM DER GROSSE erhielt zwei Dreifach-Expansionsmaschinen mit je 4 Zylindern (1 Hochdruck-, 1 Mitteldruck- und 2 Niederdruckzylinder), die beiden folgenden KRONPRINZ WILHELM und KAISER WILHELM II. erhielten Vierfach-Expansionsmaschinen. Jede hatte 22 m Länge. Erstgenannter 2 sechszylindrige Maschinen mit jeweils 2 Hochdruck-, 1 Mitteldruck I, 1 Mitteldruck II und 2 Niederdruckzylindern. Je ein Hochdruckzylinder steht über einem Niederdruckzylinder (2.850 mm Durchmesser), sodass jede Kurbelwelle vier Kurbeln mit 1,8 m Hub hat. Es wurden 25.700 kW erzeugt.

KAISER WILHELM II. (1902) hat dagegen 4 vierzylindrige Maschinen, von denen je zwei auf eine Kurbelwelle mit drei Kurbeln wirken. Alle vier Maschinen leisten zusammen 33.100 kW und stehen in Räumen durch ein Längsschott und Querschotten voneinander wasserdicht getrennt. Der Dampfdruck ist 15 bar, die Drehzahl 80 min^{-1}.

Die Größe der Passagierschiffe von 2.000 BRT und der Frachtschiffe von 500 BRT im Jahre 1850 ist bis 1900 auf 20.000 BRT bzw. 5.000 BRT angestiegen, wie die folgende Tabelle zeigt.

Entwicklung der Segel- und Dampftonnage (NRT):

			1850	1870	1900	1910
Deutschland	Segel			900.361	593.770	506.837
	Dampf			81.994	1.347.875	2.396.733
Großbritannien	Segel		3.396.659	4.577.855	2.096.498	1.113.944
	Dampf		168.474	1.112.934	7.207.610	10.442.719
USA	Segel		1.540.769	1.325.256	485.352	234.848
	Dampf		44.942	192.544	341.342	556.977
	binnen	Segel	1.418.500	1.795.389	2.021.690	2.372.873
		Dampf	481.005	882.551		
Frankreich	Segel		674.228	917.633	501.175	636.081
	Dampf		13.925	154.415	527.551	815.567
Niederlande	Segel		289.870	370.159	78.433	45.936
	Dampf		2.706	19.455	268.430	488.399

Beim Ausbruch des Ersten Weltkriegs hatten die größten Reedereien:

		Schiffe	Tonnage BRT
Hapag	D	194	1.307.000
NDL	D	136	911.000
Cunard Line	GB	27	350.000
P&O	GB	98	550.000
GGT	F	85	399.000

Die beiden größten deutschen Reedereien hatten sich also eine weltweit führende Position erarbeitet. Deutschland lag 1914 mit insgesamt 5.239.000 BRT mit 11,1% der Weltflotte an zweiter Stelle hinter Großbritannien, das 41,6% hatte. Nach dem Versailler Vertrag 1919 lagen wir an 13. Stelle. 1924 hatten wir schon wieder die 5. Stelle.

Weitere Verbesserungen der Ökonomie des Dampfantriebs werden durch Überhitzung des Dampfs erreicht. So wird 1926, nach jahrelangen Versuchen, die Hochdruck-Heißdampfmaschine erstmals eindrucksvoll eingesetzt. Die Werft *Denny & Bros.* baut das Passagierschiff KING GEORGE V für den Dienst auf dem Clyde. Die Antriebsanlage mit Yarrow-Kesseln und Parsons-Turbinen arbeitet bei einem Druck von 38 bar und einer Temperatur von 400° C.

Oder in einer anderen Struktuierung:

Die Entwicklung des Schiffsraums war in Deutschland

	Schiffe in 1.000 BRT	Dampf- in 1.000 NRT	Motor-	Segelschiffe
1890	32.174	12.985	–	9.133
1914	30.758	45.169	234	3.670
1939	31.186	51.591	16.919	930

1939 haben Dampfer 74,3%, Motorschiffe 24,4%, Segelschiffe 1,3% Anteil an der Gesamttonnage.

Das Rückgrat des Welttransports in der 1. Hälfte des 20. Jhdts. war das Trampschiff, das eine Dreifach-Expansions-Dampfmaschine und einen Scotch-Kessel bei 45.00–6.000 BRT und 7–10 kn Geschwindigkeit hatte. Diese Schiffe und vor allem ihre Besatzungen, die in beiden Weltkriegen einen relativ sehr hohen Blutzoll zahlten, bekamen nie die ihnen gebührende Anerkennung, im Gegenteil: *Lady Astor*, das erste weibliche britische Parlamentsmitglied, schlug vor, dass Seeleute ein gelbes Armband, als potenzielle Träger von Geschlechtskrankheiten, tragen müssen.

6.10 Dampfantrieb – ein klassisches Beispiel, wie eine Innovation erst durch weitere Innovationen erfolgreich wird

Die Dampfmaschine war zweifellos Ende des 18. Jhdts. eine Basisinnovation, die Wirtschaft und Wissenschaft befruchtete und das Industriezeitalter und die Industriegesellschaft bewirkte. Wenn wir hier nur den Schiffsantrieb betrachten, so wurde der Erfolg durch eine Reihe weniger spektakulärer, aber mit entscheidender Innovationen, teilweise in ganz anderen Bereichen und wohl auch nicht immer direkt hervorgerufen, erst ermöglicht.

Der Dampfer erforderte Infrastrukturmaßnahmen, wie z.B. Bunkerstationen in Häfen weltweit oder den Bau des Suezkanals. Der Kohleverbrauch gesenkt und die Wirtschaftlichkeit gesteigert werden konnte nur durch höhere Temperaturen und Drücke des Dampfes. Dazu mussten Kessel aus Stahl gebaut werden. Stahl ausreichender Festigkeit und Zähigkeit konnte aber nur in neuen Verfahren von *Bessemer* oder *Siemens-Martin* gewonnen werden.

Die Ablagerungen aus dem verdampfenden Kesselwasser mussten klein gehalten werden, um Überhitzungen des Werkstoffes zu vermeiden, also war ein Wasserkreislauf und damit Oberflächenkondensatoren anstatt des Einspritzkondensators für den Abdampf erforderlich. Ferner musste dafür gesorgt werden, dass kein Schmiermittel ins Kesselwasser gelangt.

Bewegte Teile müssen geschmiert werden, bei den hohen Drücken und Temperaturen versagten die bisher üblichen tierischen Fette, also wurden Mineralöle erforderlich. Auch die Dichtungen, zunächst talggeschmierte Taupackungen, waren neu zu gestalten in Form federbelasteter Packungen, um den Drücken standzuhalten. Das Schaufelrad begrenzte die Einsatzmöglichkeit des Dampfers, also musste die Schraube kommen und damit neue wasserdichte Lagerungen der Schraubenwelle. So verschliss die GREAT EASTERN auf ihrer Jungfernfahrt nach New York $^{3}/_{4}$ in (20 mm) des Lagers der

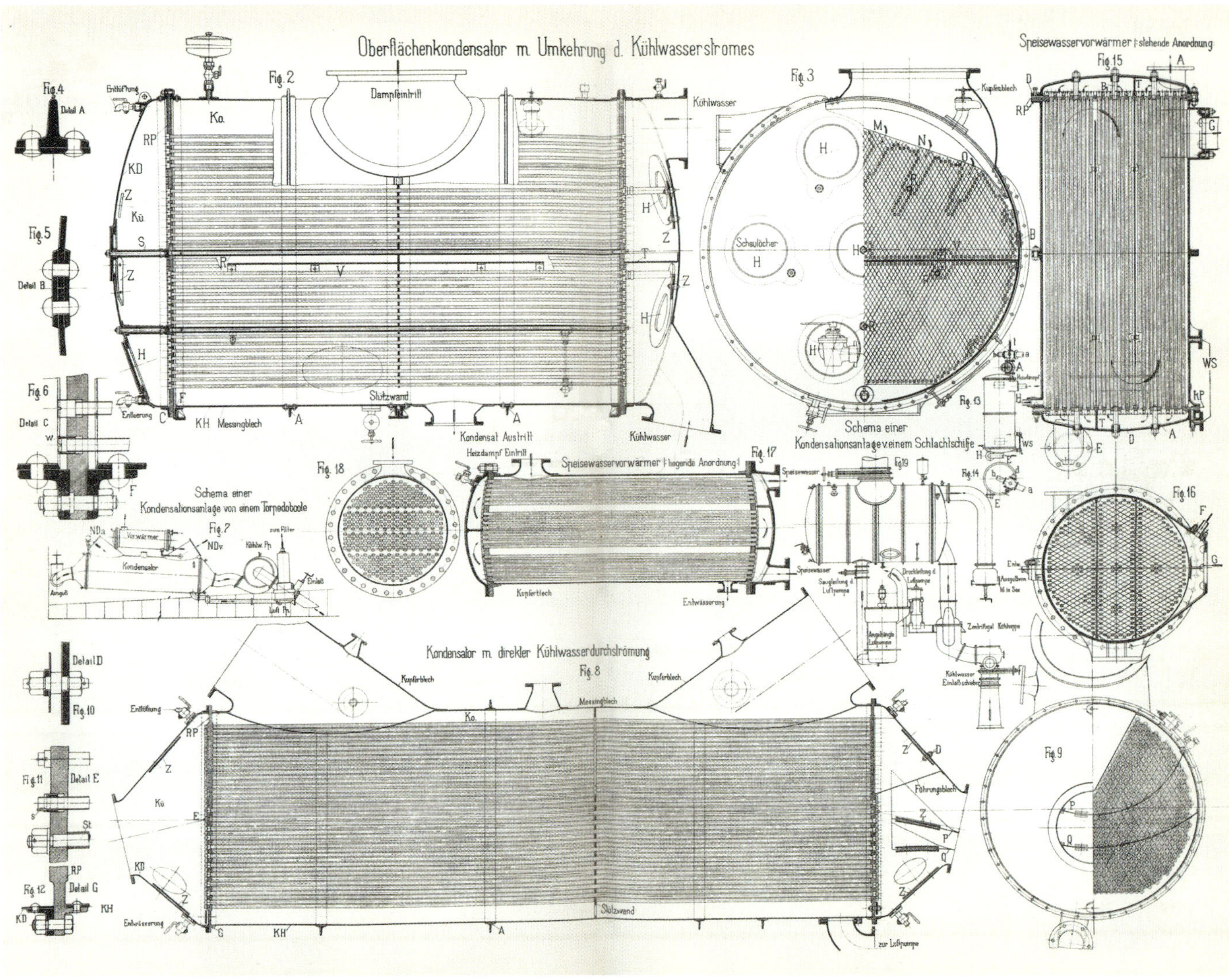

Um 1910: Kondensator einer Schlachtschiff-Kolbenmaschine mit zweimaliger Kühlwasserdurchströmung. Um einen Richtungswechsel des Kühlwassers zu erzwingen, ist in die mit dem Ein- und Ausströmstutzen verbundene Vorlage ein Trennungsblech eingesetzt, sodass das einströmende Kühlwasser die untere Hälfte der Rohre zuerst und in Folge dann die obere Hälfte der Rohre passiert. Der untere Teil des Bildes zeigt einen Kondensator für Torpedobootsmaschinen mit einmaliger Kühlwasserdurchströmung. Zur besseren Verteilung des Kühlwassers sind Verteilungsbleche (P, Q) eingebaut. Häufig werden die Kühlwassereinströmrohre derart angelegt, dass während der Fahrt das Wasser von selbst in den Kondensator eintritt. Nur bei Stillstand drückt eine vorgesehene Pumpe das Kühlwasser durch den Kondensator.

Modell der Fluss-Dampf-Launch zur Zeit Edwards, die Mirand

Modell 1:50 des Mississippi Heckraddampfers
MATTHEW V. SPRESS (1870)

Modell (1:196) des geschützten Kreuzers USS OLYMPIA, Flaggschiff von Admiral Dewey in der Manila Bucht 1898, gebaut von Union Iron Works, San Francisco, Stapellauf 5. Nov. 1892, in Dienst gestellt 5. Feb. 1895, 34 Offiziere und 416 Mann, L 340 ft (103,63 m), B 53 ft (16,15 m), T 21 ft (6,40 m), D 5.870 ts, 21,7 kn. Die Kreuzer hatten unterschiedliche Antriebsanlagen: Kolbendampfmaschine, Parson- oder Curtis-Turbine, um Erfahrung zu sammeln, Kohlefeuerung und zwei Schrauben. (Model von Fine Art Models, U.S.A.)

Eine der beiden Dampf-Pinassen mit Donkey-Kessel und kleiner Dampfmaschine des geschützten Kreuzers USS OLYMPIA.

Dampfschiff LA SUISSE auf dem Genfer See, gebaut 1909 von Fa. Gebrüder Sulzer. L 70 m, 1100 PS bei 10,5 bar Dampfdruck. Die Verbundmaschine mit Ventilsteuerung am HD-, Schiebsteuerung am ND-Zylinder verbrauchte 600 g/PSh Kohle. Unter dem Dampfer ist das Bild einer schräg liegenden Verbundmaschine mit Ventilsteuerung zu sehen.

Propeller-Schwanzwelle. Das war Anstoß für das wassergeschmierte Hecklager, das dann 100 Jahre lang angewendet wurde. Nach wie vor ist die Stevenrohr-Lagerung der Propellerwelle eine Herausforderung, dessen gute Lösung viel Knowhow erfordert. Eine Möglichkeit ist eine Luftkammer, die Seewasser und Stevenrohröl voneinander trennt. Der Luftdruck wird tiefgangsabhängig geregelt.

Die Propellerwelle besteht aus einer Schwanz- und mindestens einer Zwischenwelle. Diese wird ausgebaut, um die Schwanzwelle ziehen zu können für Inspektion oder Reparaturen.

Die Schwanzwelle läuft heute in Öl und hat eine komplizierte Dichtung am Ende des Stevenrohrs zur Seewasserseite und ein etwas einfacheres zur Maschinenraumseite.

Der Propeller hat keine Passfeder zur Mitnahme in seinem konischen Sitz, sondern ist mit Drucköl in einen Presssitz gebracht.

Der Schraubenantrieb gestattete hohe Geschwindigkeiten bei entsprechender Antriebsleistung. Diese wiederum bedingte Eisen- und dann Stahlbau des Schiffs. Eine weitere Größensteigerung, die sich bisher fortsetzt, war damit möglich und so eine fortdauernde Steigerung der Wirtschaftlichkeit des Seetransportes.

Es lässt sich am Beispiel des Schiffsantriebes sehr schön aufzeigen, wie eine Innovation zur Lösung einer Problemstellung neue Problemstellungen in anderen Bereichen aufwirft, weitere Innovationen bedingt oder hervorruft, die technisch-wirtschaftliche Entwicklung vorantreibt und so Arbeit und Beschäftigung schafft. Auf den Dampfantrieb bezogen hat dieser Prozess etwa 100 Jahre lang stattgefunden. Die dabei notwendigen und wirkenden komplexen fachübergreifenden Verflechtungen werden häufig nicht erkannt und machen es schwer, den Erfolg und den Zeitablauf einer Innovation vorauszusehen oder gar zu planen.

6.11 Die Deutschen wollen auch beim Nordatlantik-Verkehr mitmachen

Wenn eine Innovation erfolgreich ist, bleibt sie nicht lange ohne Wettbewerber. So erschienen bald die in England gebauten Dampfer der HAPAG Hamburg und des Norddeutschen Lloyd Bremen auf dem Nordatlantik. Selbiges galt auch für französische, holländische und belgische Schiffe.

Die erste regelmäßige Dampferverbindung Deutschlands in die USA hatte in Bremen ihren Ursprung. Die Initiative zu dieser transatlantischen Schiffslinie kam aus den Staaten, sah jedoch zunächst den Verkehr zwischen New York und Antwerpen vor. Auf besonderes Wirken des Bremer Senators *Duckwitz* und der Unterstützung seitens des Bremer Senates hin folgte am 15. Juni 1840 der Beschluss der US-Regierung, die Linie New York–Bremen zu bedienen und einen jährlichen Zuschuss für jedes Schiff in Höhe von 100.000 $ zu gewähren. Im Gegenzug beteiligte sich die deutsche Seite mit Aktien an der amerikanischen *Ocean Steam Navigation Company*. Dazu zeichnete Preußen 100.000 $, Hannover 25.000 $, Sachsen 20.000 $, Oldenburg, Baden, Frankfurt je 10.000 $ und die übrigen deutschen Staaten geringere Beträge. So kamen 280.000 Dollar zusammen, mit denen die beiden ersten Raddampfer WASHINGTON und HERMANN in den USA gebaut werden konnten. Die Linienverbindung existierte nur sechs Jahre.

Im März 1847 wurde ein Postvertrag zwischen dem Generalpostmeister der USA und dem Staat Bremen abgeschlossen, wonach Bremen der einzige und ausschließliche Agent für die US-Post nach Deutschland und den dahinter liegenden Staaten sein sollte. Da das Porto nur die Hälfte des in England fälligen Betrages aufwies, traten alle deutschen Postverwaltungen dem Vertrag bei.

Am 20. Februar 1857 ging auf Betreiben des Konsuls *Hermann Heinrich Meier* und mit der Genehmigung des Bremer Senats aus der Fusion von vier kleineren Schifffahrtsgesellschaften der *Norddeutsche Lloyd* hervor, mit dessen Gründung der historische Beginn einer regelmäßigen Transatlantik-Dampferlinie gegeben war. Man wollte mit vier Dampfern für die Transatlantikfahrt und drei für die Englandfahrt, London und Hull, beginnen. *Meier* wurde Präsident und *Crüsemann* als erster Direktor berufen.

Es wurden die Dampfer BREMEN und NEW YORK bei *Caird & Sons* in Greenock und die Dampfer HUDSON und WESER bei *I. B. Palmer* in New Castle bestellt, also in Großbritannien, das den technischen Vorsprung im Dampfschiffbau innehatte.

Die BREMEN des Norddeutschen Lloyd war ein Einschraubendampfer mit ca. 3.000 BRT und einer Leistung von 485 kW. Sie konnte 170 Kajüt-, 400 Zwischendeck-Passagiere und 1.000 t Fracht aufnehmen. Am 19. Juni 1858 verließ das Schiff Bremen in Richtung New York. Sie beherbergte nur einen Kajütgast und 93 Mitreisende im Zwischendeck. Die Laderäume waren mit knapp 150 Tonnen befüllt worden. Auf der Rücktour hatten sich 60 Reisende eine Kajüte gemietet.

Neben der BREMEN waren auch die drei weiteren Dampfer bis November 1858 geliefert worden. Doch der Norddeutsche Lloyd erlitt gleich zu Beginn einen schweren Rückschlag.

Am 2./3. November 1858 brennt die HUDSON in Bremerhaven völlig aus, kurz vor ihrer zweiten Reise nach New York. Und nicht genug, im Dezember desselben Jahres geriet die WESER in einen Sturm, bei dem sie so schwere Schäden davontrug, dass man das Schiff verkaufen musste. Anfang 1859 brach ihr auf der Reise von New York die Kurbelwelle, die erst nach sechs Monaten repariert war.

Die *Hamburg-Amerikanische-Packetfahrt-Actiengesellschaft* (HAPAG) wurde am 27. Mai 1847 von 41 Hamburger Firmen gegründet, um an dem lukrativen Geschäft, vor allem dem Auswanderertransport, teilhaben zu können. Dieser lief bis dahin an Hamburg vorbei. Bremen war die Hochburg.

Der erste Dampfer des Norddeutschen Lloyd*: BREMEN; machte am 19. Juni 1858 die erste Ausreise von Bremen nach New York*

So offerierte die Hansestadt an der Weser 1837 172 Schiffsabfahrten, während in Hamburg über einen Zeitraum von mehreren Jahren gerade einmal 42 zusammenkamen. Später setzte man sechs neu gebaute Segelschiffe ein. Man glaubte noch nicht an den Dampfer.

Dazu sei erwähnt, dass die Eigner der Schiffe auch Hamburger sein mussten, damit kein Zoll anfiel, den Hannover bis 1861 auf der Unterelbe von allen Schiffen erhob, außer Hamburgern.

Die Segler machten auch schnelle Reisen, wobei die schnellste Ausreise 1853 die RHEIN mit 26 Tagen unternahm, schnellste Rückreise erfolgte durch die DONAU mit 19 Tagen.

Mit dem Schraubendampfer HELENA SLOMAN der Hamburger Linienschifffahrtsgesellschaft des Reeders *Robert M. Sloman* beginnt 1850 der regelmäßige Dampfschiffverkehr nach New York, beflügelt durch die steigende Zahl der Auswanderer.

Am 3. Januar 1854 fasste die HAPAG den Entschluss, auf dieser Strecke Schraubendampfer einzusetzen. 1855 kaufte man zwei Dampfer, die zunächst für den Krimkrieg verchartert wurden und dann im Juni bzw. Juli 1856 auf die Reise nach New York gingen. Bremen handelte bedächtig, wenngleich die Bremer Firma *W. A. Fritze & Co.* mit zwei auf der Versteigerung der deutschen Flotte 1853 erworbenen Raddampfern die Fahrt nach New York aufnahm. Diese Schiffe erwiesen sich aber als ungeeignet und unrentabel.

Admiral *Brommy* war 1848 Abgeordneter des Frankfurter Parlaments geworden und mit der Organisation der ersten deutschen Flotte betraut. Diese wurde 1853 nach Auflösung der Frankfurter Reichsregierung versteigert.

Das erste Schraubenschiff der HAPAG, die BORUSSIA (2.030 t), fuhr 1856 mit 400 Passagieren in zwei Wochen nach New York. Wie ihr Schwesterschiff, die HAMMONIA, die ebenso im Jahr 1855 ausgeliefert wurde, kamen beide zuerst als gecharterte Transporter im Krimkrieg auf Seiten der Briten und der Franzosen zum Einsatz, bevor der zivile Liniendienst aufgenommen werden konnte.

1860/61 werden die Ersatzbauten HANSA und AMERIKA des Norddt. Lloyd bei *Caird & Co.* in Großbritannien bestellt. Die AMERIKA wird erstmals mit einer Gussstahlwelle der Firma Krupp ausgerüstet, sie erhielt außerdem die neueste Technik in Oberflächenkondensatoren und Überhitzungsapparaten. Ihre älteren Schwestern BREMEN und NEW YORK wurden entsprechend nachgerüstet.

Die AMERIKA brauchte dann für die Strecke Southampton–New York elf Tage drei Stunden westwärts und elf Tage elf Stunden ostwärts.

Durch jeweils neuzeitliche Schiffe konnte der Norddeutsche Lloyd seine Kontrakte zur Beförderung deutsch-amerikanischer wie auch englisch-amerikanischer Post immer wieder erneuern.

Erst 1865 kommt die Gesellschaft in die »schwarzen Zahlen«, kann sogar 15% Dividende auszahlen, und der bekannte Aufschwung beginnt.

Die Hamburger Schifffahrt stand bis Ende des 19. Jhdts. hinter der Bremer zurück, obwohl zahlreiche Faktoren, so zum Beispiel die Infrastruktur, für Hamburg als maritimen Standort gesprochen hätten.

Neue Schnelldampfer des *Norddeutschen Lloyd* kamen 1880 wieder aus Großbritannien, da die deutsche Schiffbauindustrie noch nicht auf dem technischen Stand war. So wurde die ELBE von *John Elder & Co*, Glasgow, gebaut, später die *Fairfield Shipbuilding Co.* Sie lief 1881 bei fünf Reisen zwischen Southampton und New York ausgehend 8 Tage 12 Stunden 50 Minuten, rückkehrend 8 Tage neun Stunden und zehn Minuten. Am 30. Januar 1882 sank das Schiff nach einer Kollision in der Nordsee. Die ELBE galt als richtungweisend für die Schnelldampfer des Norddeutschen Lloyds.

Die deutsche Region war bis 1871 in ihrer Entwicklung von Seefahrt und Schiffbau, im Vergleich zu Großbritannien, beeinträchtigt. Zum einen von außen, durch die englische Navigationsakte von 1651 bis 1854, aber noch mehr durch die eigene Situation von Kleinstaaterei und Zollschranken. Belebung stellte sich erst mit der Gründung der großen Reedereien *Norddeutscher Lloyd* in Bremen und HAPAG in Hamburg ein. Insbesondere stieg die Innovationsfähigkeit Deutschlands mit der Gründung des Deutschen Reiches 1870/71.

Die Dampfer ALLER, SAALE und TRAVE (5.000 BRT, 5.880 kW, >17 kn) wurden erstmals 1886 auf deutsche Rechnung aus Stahl anstatt zähem Eisen gefertigt. Es folgte die LAHN, die mit 6.620 kW sogar über 18 Knoten lief.

Erst seit 1886 mit dem Bau von Postdampfern für die Ostasienfahrt, die nur dann von der deutschen Regierung gefördert wurden, wenn sie in Deutschland gebaut wurden, lockerten die großen deutschen Reedereien ihre guten Geschäftsbeziehungen zu britischen Werften und bestellten bei deutschen, sodass eine Chance kam, den riesigen Vorsprung Englands aufzuholen. Mitte 1886 baute auch *Blohm & Voss* seinen ersten Dampfer, die YSABEL, für die Firma *A. von Hansemann*, Berlin/Hamburg, 524 BRT groß, aus Stahl. Es gab dagegen immer noch Vorurteile wie beispielsweise zu hart und spröde oder die höheren Baukosten, dafür gewann man aber Tragfähigkeit durch Gewichtsersparnis.

Der Lehrberuf »Eisenschiffbauer« beginnt ab 1890 zunächst auf Unternehmensebene, allerdings bleibt die soziale Anerkennung des Berufs noch aus. Ein 16-jähriger im vierten Lehrjahr verdient 1,80 Mark am Tag, ein ungelernter 3 Mark am Tag.

1889 wurden Schnelldampfer für den *Norddeutschen Lloyd* erstmals in Deutschland gebaut. Dies markierte einen Durchbruch für die deutschen Werften im Bau großer Eisenschiffe. Die HAVEL und die SPREE (7.000 BRT, 9.190 kW) entstanden bei der *Vulkan AG* in Stettin. Auf der Probefahrt lief die SPREE 20,3 kn, 19 kn waren vertraglich vereinbart worden. Ab 1890 sind beide Schiffe im Liniendienst nach Amerika im Einsatz.

Die Lloyd-Schnelldampferflotte umfasste 1890 zwölf Schiffe und war die größte der Welt.

Seit 1892 ließ der *Norddt. Lloyd* ausschließlich – es sei denn, sie waren überlastet – auf deutschen Werften bauen. Er hat damit wesentlich die Entwicklung des deutschen Schiffbaus gefördert.

Der *Norddt. Lloyd* richtete 1897 ein eigenes Konstruktionsbüro unter seinem Ingenieur *Walter* ein. Er betrieb sogar zusammen mit *Krupp*, Essen, seit 1904 eine eigene Kohlenzeche »Emscher Lippe«, um von den schwankenden Kohlepreisen etwas unabhängig zu sein.

Dampfer KAISERIN AUGUSTE VIKTORIA

Die Baukosten solcher Schiffe schnellten in die Höhe, von 2,85 Mio. Reichsmark bei der ALLER, SAALE und TRAVE, während der Bau der LAHN noch 3,8 Mio. Reichsmark kostete, waren es bei SPREE und HAVEL jeweils 5 Millionen Reichsmark.

1889 hatte die *White Star Line* die Schnelldampfer TEUTONIC und das Schwesterschiff MAJESTIC in Dienst gestellt. Sie sind mit 20 kn die schnellsten Schiffe im Nordatlantik. Sie wurden mit Hilfe der Royal Navy gebaut, um sie bei Bedarf als Hilfskreuzer einsetzen zu können.

Doppelschraubendampfer wurden zunächst in der Kriegsmarine verwendet. Anfang der 90er Jahre des 19. Jhdts. finden sie Einsatz in der englischen und der deutschen Handelsmarine.

Der Schnelldampfer KAISER WILHELM DER GROSSE, *gemalt von Hans Bohrdt, war nicht nur das größte, sondern auch das schnellste Schiff seiner Zeit.*

So hatte der *Norddeutsche Lloyd* innerhalb von 15 Jahren 56 Doppelschraubendampfer in seinem Besitz unter insgesamt 82 Seedampfern und vier Dampfern für den Badeverkehr sowie 48 Küstendampfer in Indochina und 50 Dampfer auf Flüssen im Ausland.

Die Antriebsanlage des Doppelschraubendampfers KAISER WILHELM DER GROSSE, *1897 vom* Stettiner Vulkan *für den* Norddt. Lloyd *gebaut. Zwei Dreifach-Expansionsmaschinen, je 14.000 Psi, mit vier Zylindern, HD 1.320 mm Durchmesser, 12,5 bar, MD 2.280 mm Durchmesser, zwei ND je 2.450 mm Durchmesser, d.h. der Dampf wirkt auf insgesamt 10.165 m³, Hub 1,750 m, Länge der Schubstange (Pleuelstange) 3,5 m, Kurbelwelle 600 mm Durchmesser, achtfach gelagert. Maschinengestell aus Stahlguss. Abmessung der Maschine: 12 m lang, 4,8 m breit, 10 m hoch. Geschwindigkeit 22,5 kn.*

Man glaubte zunächst, nicht die Geschwindigkeit eines Einschrauben-Schiffes erreichen zu können und unterschätzte die sich bietende Sicherheit und Zuverlässigkeit des Dienstes.

Ein weiterer Gesichtspunkt war, dass man 1890 die Leistungsgrenze bei 13.000 PS sah und der Tiefgang bei der Unterbringung einer zweiten Schraube zu groß werden würde. Man löste diese Probleme durch Nebeneinanderanordnung der Maschinen und erhielt so zwar eine größere Breite, aber einen geringen Tiefgang und eine höhere Geschwindigkeit. Zusätzlich konnte der Maschinenraum durch ein Längsschott getrennt werden. Mit nur einer Maschine erreichte das Doppelschraubenschiff noch zwei Drittel der Höchstgeschwindigkeit gegenüber zweien.

1893 stellt die *Cunard Line* die Schwesterschiffe CAMPANIA und LUCANIA (12.950 t) in ihren Dienst, die ersten der Gesellschaft mit Doppelschrauben.

Der erste Doppelschraubendampfer des *Norddeutschen Lloyd*, die H.H. MEIER, wurde fertig angekauft. Die Reederei wickelte ein ungeheures Neubauprogramm ab, sodass um 1890 wieder auf das Know-how englischer Werften zurückgegriffen werden musste.

Die ersten Schnelldampfer mit Doppelschraube waren KAISER WILHELM DER GROSSE, das damals größte und schnellste Passagierschiff der Welt, und KAISER FRIEDRICH. Sie wurden um 1896 beschafft. Letztgenannter wurde später der Werft zurückgegeben, da er nicht alle Vertragsbedingungen erfüllte. In den folgenden Jahren kamen KRONPRINZ WILHELM (1901, 15.000 BRT, 25.700 kW, 23 kn), KAISER WILHELM II (1903, 20.000 BRT, 29.420 kW, L 216 m), mit 26.000 t Wasserverdrängung größter Dampfer seiner Zeit, und im Jahre 1907 KRONPRINZESSIN CECILIE (20.000 BRT, 33.100 kW) hinzu.

Die Größe der GREAT EASTERN war wieder erreicht, die Geschwindigkeit hatte sich aber von 14 auf 24 kn erhöht.

Die Tabelle gibt einen Überblick über die Entwicklung der schnellsten Schiffe des Norddeutschen Lloyd und zeigt, wie das Verhältnis kW/BRT auf das Zweieinviertelfache anwuchs.

Schnellstes Schiff	Größe	Leistung	Geschw.
bis 1867			
AMERIKA	2.752 BRT	1.470 kW	12,5 kn
bis 1877			
ODER	3.158 BRT	3.290 kW	13,5 kn
ab 1881			
ELBE	4.510 BRT	4.120 kW	16 kn
SPREE	7.000 BRT	8.460 kW	19 kn
ab 1905			
KAISER WILHELM II	20.000 BRT	33.100 kW	23,5 kn

6.12 Die Dampferbrücke nach Indien

Nach Indien war für lange Zeit die Reise um das Kap der Guten Hoffnung zu lang für Dampfer. Ein erster Versuch war die ENTERPRISE, die am 16. August 1825 mit 17 Passagieren London nach Kalkutta verließ. Sie brauchte enttäuschende 113 Tage – 70 waren angestrebt –, davon 10 Tage, um immer wieder Kohle zu bunkern. Ihre Durchschnittsgeschwindigkeit war 8,13 kn. Die ENTERPRISE wurde dann etliche Jahre in Indien eingesetzt. Man verfolgte aber diesen Dienst nicht weiter, sondern über Teillandstrecken und den Seeweg nach Suez durchs Rote Meer. Der erste Vorschlag dazu wurde vom britischen Gouverneur von Bombay 1823 gemacht, *Hon. Monut-Stuart Elphinstone*. Sein Nachfolger, *Sir John Malcolm,* u.a. verfolgten das intensiv. So auch Mr. *J. R. Taylor*, der von einer erreichbaren Reisezeit von 54 bis 60 Tagen sprach. Am 20. März 1830 segelte das Dampfschiff HUGH LINDSAY, ein Teakbau in Bombay 1829 für die *East India Company* gebaut, unter Capt. *J. H. Wilson* von Bombay via Aden – wo sie nur noch bei der Ankunft für 6 h Kohle hatte, obwohl zusätzliche Säcke mit Kohlen in den Kabinen gestaut waren – nach Suez in 32 d 16 h, darin 21 d 6 h fahrend. Hätte in Alexandria ein Dampfer bereitgestanden, hätte die Post England von Indien in 63 Tagen erreichen können.

Die Reise wurde als Erfolg angesehen, trotzdem war man unsicher wegen des Monsuns und diskutierte die andere Möglichkeit: die Euphrat-Route. Schließlich wurde doch die Suez-Alexandria-Route durch stärkere Dampfer – gegen den Südwest-Monsun – ab 1835 zum Leben gebracht unter Überwindung vieler Schwierigkeiten. Die britische *P&O-Reederei* hatte einen Überlanddienst mit 3.000 Kamelen von Suez eingerichtet, um so eine kurze Reisezeit nach Indien zu schaffen.

1866, also im selben Jahr, als das Teerennen zwischen Clippern stattfand, fuhr der Dampfer AGAMEMNON der Reederei *Alfred Holt* von Liverpool nach Asien. Er hatte eine Zweifach-Expansionsmaschine und entsprechend schon höheren Dampfdruck. Er fuhr noch um das Kap der Guten Hoffnung. Das erledigte sich dann durch den Bau des Suez-Kanals, den wir der Energie des schon im Ruhestand befindlichen Diplomaten *M. Ferdinand de Lesseps* zu verdanken haben. Die Idee eines Kanals war schon alt, aber auch die Widerstände und abratenden Meinungen. Der Kanal war am 15. August 1869 fertig, am 28. September fuhr *Lesseps* erstmalig in 15 Stunden durch den Kanal, am 17. November 1869 war die offizielle Eröffnung. 1886 fand eine erste Nachtpassage statt.

Die Länge des Seeweges von Marseilles nach Bombay, um das Kap der Guten Hoffnung ist 13.675 sm, durch den Suez 5.745 sm, also 7.930 sm weniger. 1869 war London–Bombay anstatt 14.400 sm nur noch 7.500 sm, also 6.900 sm weniger entfernt.

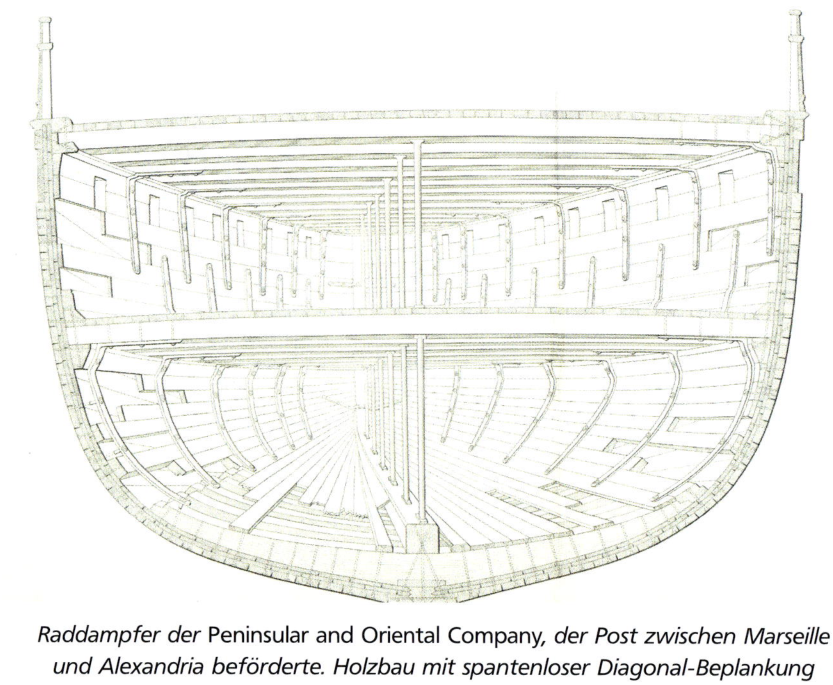

Raddampfer der Peninsular and Oriental Company, *der Post zwischen Marseille und Alexandria beförderte. Holzbau mit spantenloser Diagonal-Beplankung nach* John White, *gebaut 1853 von* Messrs. John and Robert of Cowes, *Schaufelrad-Antrieb mit oszillierenden Zylindern von* Messrs. John Penn and Son. *Nach damaligen Maßstäben soll das Schiff bemerkenswert schnell gewesen sein.*

Eiserner Schraubendampfer KHEDIVE *der* Peninsular and Oriental Company, *später bis heute nur* P&O *genannt, 1874. 3.329 ts, L 126,6 m, B 14 m, Seitenhöhe 12 m, 3.742 BRT, 2.092 NRT, 164 1. Kl., 53 2. Kl. Passagiere, Lagerraum 320 ts. Post und Gepäck 142 ts, Kohlebunker 846 ts, Ladekapazität 2.003 ts, 10 kn bei 32 ts/h Kohleverbrauch, max. 13,5 kn, 600 hpn Verbundmaschine, Zylinderdurchmesser 1.753 mm und 2.438 mm, 1..350 mm Hub, vierflügelige Schraube 5,25m Durchmesser, Steigung 6,75m, vier Kessel, Kesseldruck 3,79 bar. Besatzung: Seemännisch 42 Engländer, 56 Asiaten; Maschine: 6 Ingenieure, 49 Heizer; Hotel: 53 Europäer, 21 Asiaten.*

Interessant ist, dass Infrastrukturmaßnahmen dem Dampfschiff durch damit erreichte Fahrtzeit- und Kostensenkungen in seiner Innovation mit zum Durchbruch verhalfen. So der Suez-Kanal (ab 1869) von Europa nach Indien und Fernost und der Panamakanal (ab 15.08.1914).

Den Bedarf von der Ostküste zur Westküste Amerikas und in den Pazifik gab es schon vorher. Die Goldfelder in Kalifornien wurden auch durch Durchquerung von Panama von Ost nach West erreicht. Der Bau des Panama-Kanals war außerordentlich schwierig, nicht nur wegen der erforderlichen Schleusen an beiden Enden zur Überwindung der Höhen, sondern auch wegen des mörderischen feuchtheißen Sumpfklimas. So brach die Baugesellschaft 1889 zusammen, 1899 übernahmen die USA die Verantwortung für den Bau.

6.13 Die Dampferbrücke über den Pazifik und nach Südamerika

Anfangs gab es Dampfschiffbau nur in Großbritannien und den USA. Nach Asien oder Australien mussten lange Überstellungsfahrten durchgeführt werden, die meiste Zeit unter Segeln.

1847 wurde die *Pacific Mail Steam-Ship Company* gegründet, deren erstes Schiff, CALIFORNIA, verließ am 6. Oktober 1848 New York zur 13.000-Meilen-Reise nach San Francisco, sie war der erste Dampfer im Pazifik. Schnell wurden weitere Dampfer eingesetzt, obwohl Reparaturmöglichkeiten und Bunkerstationen erst noch von der Gesellschaft selbst aufgebaut werden mussten. Außerdem war die Kohle in den Bunkerstationen teuer.

Der Goldrausch in Kalifornien half sicher zum Überleben der Gesellschaft, die auch mehr und mehr Wettbewerb sowohl auf See als auch von der Eisenbahn bekam.

Sie war aber das größte maritime Unternehmen in den USA im 19. Jhdt. mit 33 Dampfern (1875). 1874 versuchte eine britische Gesellschaft im Verkehr Hongkong, Japan, China Konkurrenz zu machen, musste aber ihre Schiffe an die Amerikaner verchartern. Es waren Schiffe mit 5.560 ts Tragfähigkeit, L 128,93 m, B 14,63 m, T 11,58 m. Die CITY OF PEKING und die CITY OF KANTON machten $14^1/_2$ kn bei 53 Umdrehungen/min der Schaufelräder. Die Folgeschiffe wurden für 800 Passagiere und 3.000 t Fracht aus Eisen gebaut und bekamen Schraubenantrieb.

Die amerikanische MONUMENTAL CITY, 1.000 t, ist das erste Dampfschiff, das den Pazifik von Sydney nach San Francisco überquert im Februar–April 1835.

6.14 Ein Blick in den Kesselraum

Die ersten Kessel waren rechteckig (Kofferkessel) und aus Kupfer, um geringe Korrosion zu erleiden. Bei Drücken um 1 bar Überdruck ging das. Die Nutzung von Seewasser im Kessel – auch bedingt durch den einfachen Kondensator mit Seewasser-Einspritzung – verursachte bei den geringen Drücken erstaunlich wenig Probleme. Erst mit höheren Drücken (2 bis 6 bar) in den 1850/1860ern stiegen die Kesselablagerungen so stark, dass Frischwasser und der Oberflächenkondensator, der das kühlende Seewasser fern hält vom Kondensat, genutzt werden mussten. Der Einführungsdruck war groß genug geworden.

Viele Jahre blieben Zylinderkessel die häufigsten Schiffskessel. Die Hapag-Dampfer HAMMONIA und BORUSSIA hatten 1855 0,2 bar Dampfdruck und verbrauchten 3 kg/PSh (4 kg/kWh), 1890 hatte der *Norddt. Lloyd*-Dampfer SPREE mit einer fünfzylindrigen Dreifach-Expansionsmaschine 11 bar Dampfdruck und verbrauchte 0,7 kg/PSh (1 kg/kWh). Für die Dreifach-Expansionsmaschine stiegen die Drücke auf 9 bis 12 bar. Sie haben einen großen Wasserinhalt. Das Feuer brennt im Flammrohr entweder bei Kohlefeuerung auf dem Rost auf halber Höhe des Flammrohres und wird vom vorderen Boden des Kessels über eine Tür mit Kohle beschickt oder bei Ölfeuerung aus einem Brenner, der in die Tür eingebaut ist. Der heiße Rauch geht dann vom Flammrohr in die Feuerkammer (auch Feuerkiste oder Wolf) und von dort in die Rauchröhren, die das umgebene Wasser aufheizen. Das dabei abgekühlte Rauchgas wird dann in der Rauchkammer gesammelt und über den Schornstein abgeführt.

Der Vorteil dieses Kesseltyps ist die große Wassermenge und damit Energiespeicherung bei hohem Dampfverbrauch. Allerdings ist damit auch die Gefahr einer Kesselexplosion bei Rissbildung groß. Bei Entspannung von 12 auf 1 bar vergrößert sich das Volumen des Dampfs etwa um das 300fache. 1890 erschienen erstmalig vom *Germanischen Lloyd* Vorschriften für Kessel- und Maschinenanlagen.

Zu Schiffskesseln gab es schon um 1890 Hunderte von Patenten, den besten Ruf hatten die Zylinderkessel von *Cornish* (einseitig) und von *Lancashire* (doppelend) mit Galoway-Rohren. Das erste Patent zu diesen Kesseln datiert 1848. 1872 wurden in Manchester von Messrs. *Galoway* 400 Kessel in einem Jahr produziert, der Lagerbestand an Stahlblechen betrug 1.000 ts. Mit einer Prüfmaschine wurde schon damals die Qualität jedes einzelnen Blechs geprüft, das etwa 450 N/mm^2 und 20% Bruchdehnung bei 10 in (25 cm) erreichte. Die Kessel wurden natürlich genietet, gegenüberliegende Kanten der Bleche wurden gleichzeitig maschinell bearbeitet. Weniger belastete Teile konnte man schon Gasschweißen. Die Kessel wurden mit ihrem 1,5fachen Betriebsdruck geprüft, der zwischen 7–14 bar lag. Es gab Daumenregeln, dass z.B. ein Dampfzylinder von 30 in (760 mm) Ø, 4'0" (1,220 m) Hub bei 100 min^{-1} Drehzahl und 100 pds (440 N) Dampfdruck mit Expansion auf halbem Hub 31.080 pds/h (14,1 t/h) Wasser Wasserdampf erfordert.

Dieser zylindrische Flammroh-Schiffskessel würde in der Schifffahrt allgemein als »Scotch Boiler« bezeichnet, weil er zunächst bei den britischen Schiffbauern am Clyde-Fluss populär wurde. Er

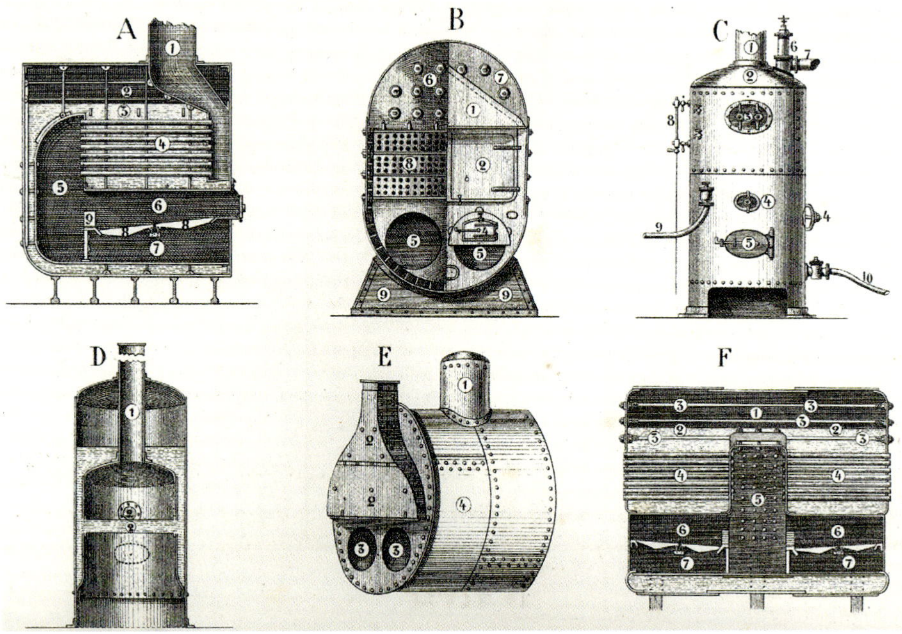

Verschiedene Schiffskessel des 19. Jhdts. (nach Paasch 1890)

A) Koffer-Kessel

1 Qualmschacht, 2 Dampfraum, 3 Wasserstand, 4 Kesselrohre, 5 Brennkammer, 6 Ofen, 7 Ascheraum, 8 Roststäbe, 9 Feuer-Brücke

B) Ovaler Kessel

1 Qualmschacht/Qualm-Box, 2 Qualm-Box-Tür, 3 Ofenfront, 4 Ofentür, 5 Ofen- und Ascheraum, 6 Rückwand, 7 vordere Wand, 8 hintere Rohr-Wand

C) Vertikaler Donkey-Kessel

1 Qualmschacht, 2 Krone, 3 Mannloch-Tür, 4 Schlammloch-Tür, 5 Feuer-, Ofentür, 6 Sicherheitsventil, 7 Dampfrohr, 8 Schauglas, 9 Speiserohr, 10 Abschlämmrohr

D) Wasserrohr Donkey-Kessel

1 Schacht, 2 Wasserrohre

E) Zylinder-Kessel

1 Kuppel, 2 Qualmschacht/Qualm-Box, 3 Ofen, 4 Kesselmantel

F) Doppelend-Kessel

1 Dampfraum, 2 Wasserstand, 3 Kesselstreben, 4 Kesselrohre, 5 Brennkammer, 6 Ofen, 7 Ascheraum

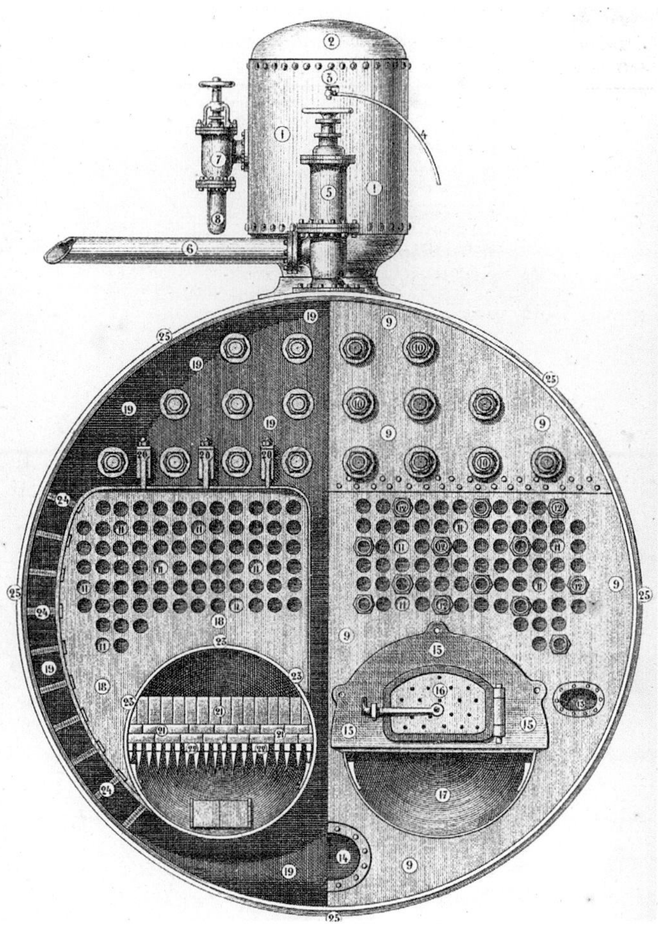

Rechts: Blick auf die Vorderwand des Flammrohr-Zylinder-Kessels und die Feuertür, links: Inneres des Kessels
1 Dom, 2 Krone des Doms, 3 Dampfdruckanzeige-Hahn, 4 Dampfdruckanzeige-Rohr, 5 Sicherheitsventil, 6 Dampfablassrohr, 7 Zusatzablassventil, 8 Zusatzablassrohr, 9 vordere Rohrlagerwand des Kessels, 10 äußere Muttern und Dichtungen der Kesselverstrebung, 11 Kesselrohre, 12 Stagrohre, 13 Handloch, 14 Schlammloch, 15 Ofen-Vorderseite, 16 Feuertür, 17 Ascheraum, 18 hintere Rohrlagerwand, 19 Rückwand des Kessels (Innenansicht), 20 Anschläge auf der Krone der Brennkammer, 21 Feuerbrücke, 22 Roststäbe, 23 Ofenkrone, 24 Brennkammerverstrebungen, 25 Kesselmantel

und die Dreifach-Expansions-Kolbendampfmaschine waren weit über ein halbes Jahrhundert die Arbeitspferde der Handelsschifffahrt.

Bei Wasserrohrkesseln ist die Situation umgekehrt, wie der Name schon sagt. Sie entstanden Anfang des 20. Jhdts. als insbesondere die Dampfturbine höhere Drücke und Temperaturen für einen wirtschaftlichen Betrieb erforderte. Der geringe Wasserinhalt bedingt eine automatische Speisewasserregelung und stark schwankender Verbrauch eine schnell regelbare Ölfeuerung. Allerdings hatten schon 1852 die Kessel des britischen Dampfers ARCTIC sehr wenig Wasserinhalt in senkrecht stehenden Röhren. Das Verhältnis der beheizten Oberfläche zur Rostfläche war mit 33,25 zu 1 unüblich groß.

Auf der BALTIC, einem Schwesterschiff, war das Verhältnis Seewasser im Kessel 3,88 kg Wasser zu 0,45 kg Anthrazitkohle auf dem Rost. Ursprünglich war Frischwasser aus dem kondensierten Dampf vorgesehen, aber die Röhren für den Kondensator gingen auf dem Transport von England nach USA verloren.

Der Wasserrohrkessel konnte sich erst in den 1920ern im Handelsschiffbau durchsetzen, als man Freiheit von Kesselsteinbildnern, Luft- und Ölfreiheit des Kesselspeisewassers beherrschte. Der Flammrohr-Kessel ist schwerer und unempfindlich – vor allem gegen Speisewasserverunreinigungen – und hat geringere Strahlungsverluste, denen man beim Wasserrohrkessel durch gute Isolierung begegnen muss. Ein Überhitzer lässt sich beim Wasserrohrkessel einfacher unterbringen. Hinsichtlich der Betriebssicherheit bestehen keine Unterschiede zwischen den beiden Kesselarten. Der Wasserrohrkessel hätte auch bessere Voraussetzungen für selbsttätige Kohlebeschickung und Regelung, was aber im Bordbetrieb dann nicht mehr kam, als sich die Ölfeuerung verbreitete.

Um einige bekannte Kessel-Hersteller zu nennen:
Kohlegefeuerte Wasserrohrkessel waren z.B. *Yarrow*-Kessel und *Babcock-Wilcox*-Kessel.
Ölgefeuerte dann Hochdruck-Heißdampfkessel *Wagner-*, *Benson-*, *La Mont*-Kessel.

Insbesondere beim empfindlicheren Wasserrohrkessel müssen Speisewasser-, Heizöl- und Luftzufuhr aufeinander abgestimmt fein geregelt werden.

Bei Kohlefeuerung verwendet man Steinkohle, die einen relativ hohen Heizwert hat, natürlich aber auch je nach Herkunft unterschiedliche Qualität. Gefragt ist ein möglichst niedriger Aschegehalt. Da ein Schiff häufig unterschiedliche Bunkerstationen anläuft, hat sich eine Automatisierung mit Wanderrosten, wie sie an Land üblich sind, nicht durchgesetzt, sondern es ist bei der Handfeuerung geblieben.

Beim Schnelldampfer KAISER WILHELM DER GROSSE des *Norddt. Lloyd* wurden stündlich 20,25 t Kohle verbraucht. Die Feuerbeschickung der Kessel war auf den großen Dampfern geregelt und erfolgte alle 3 bis 10 Minuten je nach Geschwindigkeit auf Klingelzeichen.

Bei natürlichem Zug können nicht mehr als 100 kg Kohle/Stunde und m^2 Rostfläche verbrennen. Mehr erreicht man nur mit künstlichem Zug.

Der russische geschützte Kreuzer ASKOLD. *1902 in Dienst gestellt, gebaut von der Germaniawerft Kiel. D 5.905 ts, LÜA 437 ft, B 49 ft, T 20 ft 4 in. Modell 1:196 von Fine Art Models, USA. Die fünf Schornsteine waren technisch bedingt, sollten aber auch Leistung und Geschwindigkeit symbolisieren.*

Kohlenübernahme auf See

Isaac Watts konstruierte die WARRIOR *(9.137 t) der Prototyp für viele folgende britische Großkampfschiffe. Sie wurde 1860 fertig gestellt, man befand sich in einem Rüstungswettlauf mit Frankreich, das 1859 die noch aus Holz gebaute, damit kleinere* GLOIRE *(5.630 t) vom Stapel ließ. Auch sie war mit Eisen gepanzert rundum, die Briten ließen Vor- und Achterschiff ungeschützt. Die* WARRIOR *hatte eine Schraube und eine horizontale Trunkmaschine, zehn Kessel, 5287 hp, 14 kn, Reichweite 1210 Meilen bei 10 kn, unter Segel allein erreichte sie 13 kn, zusätzlich Maschine über 17 kn.*

Ein einfaches Mittel zum Erhöhen des Zugs ist das Einblasen von Dampf über Blasrohre in den Schornstein, wie es von Dampflokomotiven her bekannt ist. Das ist für Schiffe zu teuer und scheidet auch wegen der Kondensation aus. Häufig ist die Zuführung von Druckluft in den geschlossenen Aschkasten – dabei muss die Feuertür natürlich geschlossen sein – oder auf Kriegsschiffen üblich – Druckluft wird in den Heizraum eingeblasen, der über Schleusen von den anderen Räumen abgeschlossen ist.

Ölfeuerung bedarf weniger Bunkerraum, lässt Nutzung des Doppelbodens zu, hat größere Sauberkeit, der Aschegehalt ist kleiner (0,1 Gewichtsprozent), ermöglicht schnelleres Dampfaufmachen, keine schwere Heizerarbeit und leichtere Treibstoffübernahme. Ein Vorteil ist auch die bessere und schnellere Regelung der Wärmezufuhr. Das Heizöl wird mit 6–30 bar den Brennern zugeführt. Beim Drucköl-Einfachbrenner wird der Regelbereich der Öl- bzw. Wärmezufuhr über Zerstäuberscheiben mit mehr oder weniger großen Austrittsöffnungen bestimmt. Weitere Typen sind der Drucköl-Regelbrenner, die Ölmenge wird über einen schiebbaren Kolben geregelt, oder der Drehzerstäuberbrenner, der Öl und Luft über Fliehkraft verwirbelt.

Die Situation im Juni 1914 ist:

Dampfmaschine mit Kohlefeuerung	89 %
Reine Segelschiffe	8 %
Dampfmaschine mit Ölfeuerung	2,6 %
Dieselmotor	0,4 %

Zur Zeit des Ersten Weltkriegs waren also nur 3% der Handelsschiffe auf Ölfeuerung umgerüstet, für die Kriegsschiffe Deutschlands und seiner Verbündeten gab es keinen Zugang zu Öllagerstätten.

Die Mehrzahl der in den USA gebauten Handelsschiffe hatte nach dem Ersten Weltkrieg Ölfeuerung.

Großbritannien verschiffte 1913 noch 76,7 Mio. t Kohle, 1938 nur noch die Hälfte. Die Frachtkosten fielen entsprechend.

Kohle bunkern kostet Liegezeit und sollte natürlich möglichst schnell erfolgen. In der Kaiserlichen Marine wurde daraus ein Sport gemacht; um 1900 soll die Durchschnittsleistung für das Kohleausschütten bei 350 t je Stunde gelegen haben.

In Deutschland sollte – besonders zwischen 1930 bis 1950 – der heimischen Kohle der Vorzug gegeben werden. Das wurde bei größeren Schiffen nicht umgesetzt. So ließ beispielsweise der *Norddeutsche Lloyd* fünf Frachtschiffe umbauen von 1.500 auf 4.500 PSw bzw. 10 auf 14 kn mit einer neuen Hochdruck-Turbinenanlage vor dem Zweiten Weltkrieg, ohne dass das Gewicht Anstieg und mehr Raum verbraucht wurde.

Vor Beginn des Zweiten Weltkriegs waren alle größeren Kriegsflotten und die meisten Handelsschiffe im Ausland entweder mit Öl gefeuerten Kesseln oder mit Dieselmotoren ausgerüstet.

Beim Anheizen muss für möglichst gleichmäßige Erwärmung gesorgt werden, um Wärmespannungen möglichst klein zu halten. Das warm werdende Kesselwasser muss also mit einer Umwälzpumpe bewegt werden.

So dauert das Hochfahren eines Zylinderkessels bis zu 48 Stunden. Wasserrohrkessel brauchen aufgrund des geringen Wasserinhaltes erheblich weniger Zeit.

Aufgabe des Heizers ist die Bedienung und Zustandshaltung der Dampfkesselanlage, bei größeren Anlagen mit Kohlefeuerung wird er durch den Trimmer unterstützt, der die Kohle aus den Bunkern vor die Kessel schafft, alle acht Stunden vier Stunden Schwerstarbeit in stickiger, staubiger Luft von 50–60° C auf häufig schwankendem Boden. Die Belastungen führten zu einer hohen Selbstmordrate bei Heizern und Trimmern, besonders in heißen Regionen um die Wende 19./20. Jhdt.

Trotzdem gab es auch weibliche Heizer, so im Ersten Weltkrieg auf den deutschen Erzfrachtern nach Skandinavien.

Bei Kohlefeuerung beginnt die Heizerwache in der Regel mit dem Ascheziehen, also der Reinigung des Feuerrosts. Das geschieht im laufenden Betrieb, indem das möglichst weit heruntergebrannte Feuer »übergeschlagen« wird, also die lose Glut auf einer Rosthälfte zusammengeschoben wird, sodass die andere Hälfte von Schlacke befreit werden kann, die mit einer Stahlstange, der Reinmachkrücke, in den Heizraum vor die Feuertür gezogen wird. Der Aschehaufen wird dann entweder über Pütz und handbetriebene Winde durch eine Windhutze nach oben und außenbords befördert oder der Eimer wird mit einem Ascheheber nach oben gefördert, wobei man mit dem Unterdruck aus dem Kondensator in einen Hebezylinder arbeitet, oder man fördert mit einem Wasserstrahl direkt oberhalb der Wasserlinie außenbords, mit dem so genannten Ascheejektor.

Damit das Feuer möglichst gleichmäßig und gut auf der gesamten Rostfläche (z.B. 2x0,8 m^2) brennt, muss die brennende Kohleschicht immer wieder aufgelockert, durchstoßen werden. Die Verbrennungsluft kommt entweder durch den natürlichen Zug eines hohen Schornsteines (Naturfeuer) oder künstliche Belüftung durch Gebläse, wobei diese Zuluft noch durch Wärmetauscher vom Rauchgas vorgewärmt werden kann, um den Wirkungsgrad zu erhöhen. Um »Schwarzqualmen« zu vermeiden, fährt man möglichst

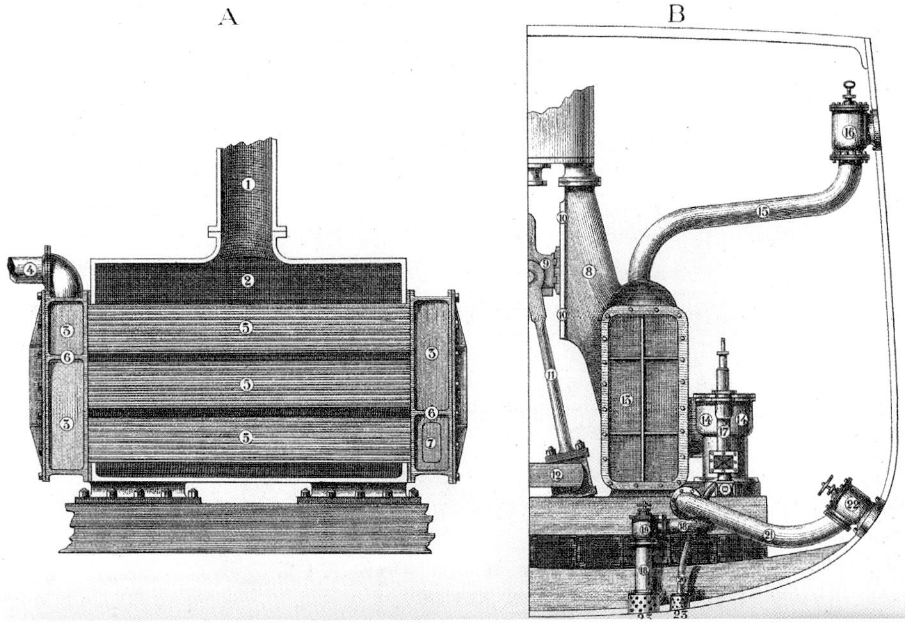

Längsschnitt durch einen Röhrenkondensator. Die Rohre werden von Seewasser durchströmt. An ihrer kühlen Oberfläche kondensiert der Abdampf. Im Bild B Blick auf die Stirnseite des Kondensators, links ist noch ein Teil der Kurbelwelle, Pleuelstange und Kreuzkopf zu sehen sowie rechts neben dem Kondensator die Umwälzpumpe und Bilgepumpe.
1 Zuflussrohr, 2 Verdichtungsraum, *3 Wasserbehälter, 4 Abflussrohr, 5 Kondensatorröhren, 6 Trennwand, 7 Wasserzufluss*

Neben Schlacke und Asche gibt es noch als weiteren unverbrannten Anteil Ruß, der entweder in den Rauchrohren innen, den Wasserrohren außen oder als Sott in der Rauchkammer hängen bleibt und nachts durch Rußblasen oder Ziehen des Sotts entfernt werden muss oder im Rauchgas abgeht, was Schiff und Passagiere verunreinigt.

immer mit leichtem Luftüberschuss, zu viel würde den Wirkungsgrad senken.

Immer ausreichender Wasserstand im Kessel wird durch Wasserstandsanzeiger auf beiden Stirnseiten des Kessels kontrolliert. Beim »System Klinger« sind diese aus Metall und nur auf der abgeflachten Vorderseite mit einer dicken Glasplatte versehen.

Jeder Kessel ist durch zwei federbelastete Sicherheitsventile abgesichert, die oberhalb 110% Betriebsdruck ansprechen. Aufgabe des Heizers ist aber, so zu heizen, dass sie auf keinen Fall (Energie- und Speisewasserverschwendung) ansprechen.

Das Kesselspeisewasser muss möglichst salzfrei destilliert sein, um die Kesselsteinbildung, die den Wärmeübergang behindert und zur Überhitzung z.B. der Flammrohre führt (schon 1mm Kesselstein erhöht die Temperatur der Rohrwand um ca. 180° C), zu verhindern.

Ein weiterer Übeltäter ist das über das kondensierte Kesselspeisewasser aus der Maschine eingeschleppte Öl, das sich mit den Kesselsteinsalzen verbindet. Es muss durch Speisewasserzusatz zu aufschwimmendem Schaum gebunden und abgeschäumt werden.

6.15 Öl verdrängt Kohle als Energieträger in der Schifffahrt

In der ersten Hälfte des 20. Jhdts. waren Kohle und Öl Konkurrenten bei der Energieversorgung der Weltschifffahrt. Hauptlieferanten waren Großbritannien, die USA und mit weitem Abstand Deutschland.

Bunkerkohleverschiffungen (Steinkohle) in Mio. t:

	1913	1920	1927
GB	21,369	14,147	17,111
USA	7,701	9,362	4,076
D	0,327	0,033	–

Um 1 Mio. t Bunkerkohle zu verschiffen, werden in kohlegefeuerten Dampfern 270.000 t Kohle verbraucht. Die Exporte Englands fielen von 7,2% 1913 am Weltkohleverbrauch auf 5% 1925. Die Ursache liegt einmal im Vordringen des Öls und im Streben vieler Staaten nach mehr Autarkie bei der Energieversorgung. Trotzdem hatte Großbritannien immer eine herausragende Stellung in der Bunkerkohlenversorgung, das lag nicht nur an günstiger Lage und Kosten, sondern auch an der Qualität. Die englische Steinkohle ist wegen ihres geringen Aschegehaltes und hohen Heizwertes bekannt.

Die Verdrängung der Kohle durch Erdöl erfolgte zwischen den beiden Weltkriegen, sowohl als Heizöl (schwere Destillate oder Erdöl direkt), als Treibmittel im Dieselmotor (leichte Destillate mit der Tendenz, schwerere, billigere Destillate anzuwenden) und als Schmiermittel.

Die Vorteile des Öls beim Bunkern und Handhaben sind jedem bekannt. Bei Passagierdampfern und Kriegsschiffen spielte auch noch die Kohlenstaubplage sowie das Qualmen der Schornsteine (weite Sichtbarkeit) und Rußbelästigung eine besondere Rolle. Die Rußbelästigung ist bis heute nicht ausgestanden, denn auch bei Ölfeuerung oder Dieselantrieb klagen Passagiere über Verschmutzung durch Rußpartikel aus dem Schornstein, was zu phantasievollen Schornsteinkonstruktionen führt, um die Partikel nicht auf Deck herunterkommen zu lassen. Die BREMEN (1929) hatte niedrige Schornsteine zugunsten schnittigen Aussehens, die nach kurzer Zeit erhöht werden mussten.

Es bleibt die Frage der Versorgung und des Preises. Wegen des höheren Heizwertes und besseren Wirkungsgrades der Ölfeuerung wird die Reichweite mehr als verdoppelt, beim Motor auf das 4–5fache, z.B. ein Kohle gefeuerter Dampfer reicht mit 988 t Kohle bei 11 kn 25 Tage weit, ein Motorschiff mit 1.013 t Öl 110 Tage weit. Für denselben Energievorrat ist das Verhältnis der Bunkerräume Kohle zu Öl 15:8. Für Öl kann der Raum im Doppelboden genutzt werden. Die Doppelböden von Dampfern wurden vor allem im Ersten Weltkrieg bei Knappheit an Tankern auch als Transportraum genutzt. So sollen 1 Mio. t Öl aus dem Ausland nach England gekommen sein. Bei Kohle ist auch immer die Gefahr der Selbstentzündung gegeben.

Die Gewichtsersparnis beim Motor durch Wegfall der Kesselanlage ist höher als die Raumersparnis, da eine Anzahl von Hilfsmaschinen für den Dieselmotor erforderlich ist. Nicht zu vernachlässigen ist auch die Arbeitssicherheit, die beim Dampfschiff z.B. durch heiße Dampfleitungen und der Gefahr ihres Platzens gemindert wird.

Zur wirtschaftlichen Seite:

Der Kohle gefeuerte Dampfer hat mehr Liegezeit wegen des zeitraubenden Bunkerns, das meist manuell geschieht. Für das Bunkern von 7.000 t Öl werden 1928 6 Stunden benötigt, die gleiche Menge Kohle wird erst in 46 Stunden in die Bunker geschafft. So arbeiteten bei der OLYMPIC, als sie noch kohlegefeuert war, 140 Mann drei Tage lang, um die Bunker zu füllen, nach ihrer Umstellung auf Ölfeuerung 6 Arbeiter 6 Stunden, außerdem wird dabei das übrige Laden nicht gestört.

Dazu kam, dass durchschnittlich 8% weniger Kohle in die Bunker gelangte als die vereinbarte Menge.

Wegen des unterschiedlichen Heizwertes und Wirkungsgrades braucht der Öl gefeuerte Dampfer nur 70%, das Motorschiff nur 25–30% der Brennstoffmenge des kohlegefeuerten für den gleichen Weg. Also braucht das Motorschiff etwa nur die Hälfte des Öl gefeuerten Dampfers.

Die Ersparnis an Personal bei Umstellung auf Ölfeuerung ist beträchtlich, natürlich bei einem großen Schiff mehr als bei einem kleinen:

Nach dem Board of Trade Journal 25.12.1919:

Besatzung Maschine:

	Kohle	Öl
5.000-t-Dampfer	16	12
10.000-t-Dampfer	27	18

Oder nach der Umstellung der CAP POLINO der Hamburg-Süd 6 Mann nur noch gegen 40 Heizer und Trimmer in jeder Wache in den 1920er.

Bei einem Motorschiff war die Zahl der Maschinenleute nur geringfügig geringer, da in der ersten Hälfte des 20. Jhdts. neben den Maschinisten noch Schmierer benötigt wurden, was in der 2. Hälfte mehr und mehr automatisiert wurde. Das Maschinenpersonal auf einem Motorschiff muss qualifizierter – höher bezahlt – als auf einem Dampfschiff sein.

Nach dem verlorenen Ersten Weltkrieg hatte Deutschland fast alle wesentliche Schiffskapazität abzuliefern, die dann über den »Shipping controller« an die Supermächte verteilt wurde. So erhielt die *Cunard Line* die IMPERATOR der HAPAG und brachte sie als BERENGARIA wieder in Fahrt (52.226 BRT, L 269,14 m, B 29,95 m, Leistung 56.860 kW aus 46 Yarrow-Kesseln mit 18.859 m^2 Heizfläche mit 16,2 bar Dampfdruck). Sie war als Kohlebrenner 1912 auf Stapel gelegt, 8.500 ts Kohlebunker-Kapazität, und wurde von *Cunard* auf Ölfeuerung, 6.200 ts Ölbunker-Kapazität, umgestellt. Ihre normale Geschwindigkeit war 23,5 kn mit 4 Schrauben und Dampfturbinen-Antrieb.

So geschah es mit etlichen Dampfern, Neubauten bekamen von vornherein Ölfeuerung. Obwohl Öl teurer ist als Kohle, bietet es so viele sofort plausible Vorteile, dass seine Anwendung keine Frage ist. Nicht so bekannt ist die Verstetigung der Kesselleistung, sodass die umgestellten Dampfer höhere Reisegeschwindigkeiten erreichten.

1926 kostete eine Schiffsdampfmaschine von 28.000 PS (20.600 kW) £ 380.000, ein Schiffsmotor £ 460.000, also 20% mehr.

Die spezifischen Verbräuche waren 1929 als Richtwert:

Kohle	1.170 g/kWh
Heizöl	610 g/kWh
Dieselmotor	260 g/kWh,

allerdings höherer Schmierölverbrauch als die Dampfmaschine.

Die Wirkungsgrade:

Kohle	10,75%
Öl	12,5 %
Motor	32,8 %

Das gilt bei Volllast, bei halber Leistung sinkt der Wirkungsgrad der Dampfmaschine um 15–20% ab, beim Motor nicht.

Wenn auch die vergangenen Jahrzehnte den einzelnen Antriebsarten ihren Arbeitsbereich zugewiesen haben, so ist eine Aussage vorher wegen der vielfältigen Einflussfaktoren unsicher und im Einzelfall mit schwer quantifizierbaren Einflüssen behaftet.

Brennstoffkosten machen 10–25% der Betriebskosten aus. Dabei spielt die Qualität, besonders bei Kohle, eine große Rolle, sodass billigerer Einkauf höhere Betriebskosten zur Folge haben kann.

So kostete z.B. im Januar 1928 1 t:

Kohle	15 s in englischen Häfen
	22 s in Hamburg
Heizöl	75 s in England und Hamburg
Dieselöl	90 s in England und Hamburg

In New York kostete Öl nur doppelt so viel wie Bunkerkohle, nämlich je Tonne

Bunkerkohle	\$ 5,65
Heizöl	\$ 10,50

Das Öl war in den Häfen nahe den Ölfeldern sehr viel billiger als z.B. in Nordeuropa. Natürlich kommt es im Wettbewerb immer nur auf die Relation an.

Wegen der Preisproblematik waren (1929) ein großer Teil der ölgefeuerten Dampfer, 29% der Welthandelstonnage mit gemischten Feuerungsanlagen, Kohle wie Öl, ausgerüstet. Man experimentierte auch mit Kohlenstaubfeuerung, wobei allerdings eine hohe Explosionsgefahr besteht.

Für die Lebensdauer einer Dampfmaschine setzt man in Rentabilitätsbetrachtungen 30 Jahre an, meist wird jedoch 5–7% des Anschaffungspreises als Abschreibungsquote eingesetzt. Für Motoren wurde noch in den 1930ern etwas höhere Werte empfohlen, da noch langjährige Erfahrungen fehlten. Für Instandhaltung und Reparatur setzt man 3–5% des Anschaffungswertes in die Rentabilitätsrechnung ein – sowohl für Dampfmaschinen wie für Motoren. Für Antriebsanlagen der Schiffe findet man selten veröffentlichte Kostenzahlen. In Engineering 1925, Vol. 119, S. 416 veröffentlichte *Biles*:

Motor-Fahrgastschiff AURANGI 20.740 t; 17,9 kn; 9.100 kW; 270 g/kWh,

Ölgefeuerter Turbinendampfer 19.000 t; 17,2 kn, 8.990 kW, 610 g/kWh, also auf 3.000 sm 393 t bzw. 923 t Verbrauch.

Die Betriebskosten des Motorschiffs sind aber nicht so viel niedriger, wie man nach diesen Zahlen meinen könnte, der Schmierölverbrauch ist erheblich höher: Auf einer Reise von 3.000 sm braucht der Dampfer ca. 0,1 t, das Motorschiff ca. 5 t Schmieröl.

Wegen der Preisschwankungen gab es damals (1929) noch keine allgemeingültige Antwort für Kohle, Öl oder Motor. Für den Motor sprachen vor allem die größere Ladefähigkeit auf langer Fahrt. Sie stieg z.B. bei einem 10.000-t-Schiff bei Motorenantrieb um 1.600 t gegenüber den Dampfern.

1929 zog man den Schluss, dass das Motorschiff deswegen nur bei Reiselängen über 8.000–10.000 sm wirtschaftliche Vorteile gegenüber dem Dampfer hat.

Noch ein paar Vergleichszahlen von damals:
10.000-t-Frachtschiff, 12 kn, 2.200 kW, jährlich 250 Seetage, 115 Hafentage.

		Kohle	Öl	Ölmotor
Baukosten der Maschine	£	58.000	58.000	85.000
Gewicht der Maschine	t	560	560	850
Brennstoff je kWh	g	616	426	266
Brennstoff je Seetag	t	38,6	25,7	16,2
Brennstoff je Hafentag	t	6	4	4
Brennstoff je Jahr	t	10.340	6.885	4.510
Brennstoffkosten je Jahr	£	(23 s/t) 11.891	(34 s/t) 11.705	(34 s/t) 7.667
Schmierstoff je Jahr	£	187	187	1.100
Personalkosten je Jahr	£	4.240	3.300	3.100
Frischwasser	£	143	143	21
Kapitalkosten ($18^1/_2$% der Baukosten)	£	10.730	10.730	15.725
Gesamtkosten je Jahr	£	27.191	26.065	27.613

An der Verbesserung der Dieselmotoren wurde heftig gearbeitet, z.B. durch Abgasverwertung in Hilfsmaschinen, so bei der MONTE OLIVIA der Hamburg-Süd 6% Senkung des Treibstoffverbrauchs im Vergleich zu seinem Schwesterschiff MONTE SARMIENTO.

Ölfeuerung in der Schifffahrt begann 1862 in den USA im Versuch, dann im größeren Umfange in Schiffen auf dem Kaspischen Meer und der unteren Wolga. Es waren Tankdampfer, denen die 1 t Kohle 76 Lei, 1t Erdölrückstände aber nur 22 Lei kostete. Die Betriebskosten gingen um 50% zurück und die Nutzungszeit der Schiffe ging stark hoch. Die rumänische Regierung beschloss 1906 die Einführung der Ölfeuerung auf allen staatlichen Schiffen. Um 1900 stellten die Kriegsflotten – wegen Versorgungsbedenken – auf gemischte

Feuerung – teils Kohle, teils Öl – um. So führten z.B. die deutschen Linienschiffe der KÖNIGS-Klasse 3.600 t Kohle und 700 t Heizöl in ihren Bunkern mit sich, wobei das Heizöl bei hoher Fahrt mit eingesetzt wurde.

Ab etwa 1910 begann die Ölfeuerung in die Handelsschifffahrt einzudringen.

1914 hatten 441 Dampfer Ölfeuerung oder 2,6% der Welttonnage, 1920 waren es 1.731 Dampfer oder 16,3% der Welttonnage, 1922 waren es 2.694 (23,3%), 1925 waren es 27,5%. Entsprechend ging die Kohlefeuerung in dem Zeitraum von 89% auf 64,8% zurück.

Erst nach 1900 kam der Ölmotor in die Schifffahrt, zuerst nur in der Binnen- und Küstenschifffahrt, das hatte auch Leistungsgründe. Die nordischen Länder sowie Russland und Deutschland gingen voran. Die Reeder aber bekamen Vorurteile gegen den Motor wegen einiger bekannt gewordener Betriebsstörungen.

Es gab empfindliche Rückschläge durch Fehlkonstruktionen, damit neue Vorurteile, 1914 entfielen nur 0,45% der Welttonnage auf Motorschiffe.

Erst im November 1911 lief bei *Burmeister & Wain*, Kopenhagen, das erste seegehende Motorschiff, die SELANDIA, 10.000 tdw und 3.000 PS Antriebsleistung, vom Stapel. Im selben Jahr im September 1911 überquerte erstmals das Motorschiff TOILER den Nordatlantik von England, seinem Bauort, nach USA. Es fuhr nach dem französischen Motorsegler QUEVILLY, dessen 515 kW leistenden Maschinen aber nur zeitweise in Betrieb waren. Auch in Deutschland begann man, 1910 und 1911 werden erstmals Motorschiffe in der Statistik ausgewiesen, 70 waren im Bau, darunter eines mit 10.000 BRT, zwei mit 6.000 BRT.

1912 erwarb die Hamburg-Amerika-Linie das dänische Motorschiff CHRISTIAN X und die Hamburg-Südamerikanische Dampfschifffahrtsgesellschaft stellt das erste große Fracht- und Passagier-Motorschiff MONTE PENEDO in Dienst. Während des Ersten Weltkriegs wurden in den Krieg führenden Ländern praktisch keine Motorschiffe für die Handelsflotten gebaut, anders in den USA und den neutralen Industrieländern. Die Zahl der Werften stieg z.B. von 47 (1914) auf 400 (1919). Sie bauten eine ganze Anzahl von Motorschiffen.

Der Anteil der Motorschifftonnage stieg sehr rasch, 1920 1,7%, 1922 2,4%, 1925 4,2%.

In diesen ersten Jahren waren die Kosten eines Motorschiffes 20–30% höher als die eines gleich leistungsfähigen Dampfers. Erst ab 1922, als der Rückschlag durch den verlorenen Krieg überwunden war, brachten die deutschen Motorenfabriken Maschinen auf den Markt, die die Vorurteile der Reeder überwanden.

Die Situation war bei Neubauten in BRT:

	GB		Welt	
	Dampfer	Motorschiff	Dampfer	Motorschiff
1. Q./1923	1.330.204	157.784	2.511.789	327.232
4. Q./1926	494.491	263.900	1.005.224	905.675
3. Q./1928			1.084.598	1.409.602

Also stieg der Motorenanteil von 11,8% auf 53%. Der langsamere Anstieg in Großbritannien kann darauf zurückgeführt werden, dass die Kohleindustrie um ihren wesentlichen Absatzmarkt kämpfte.

Ende Juni 1928 hatte die Welthandelstonnage zu 28,6% ölgefeuerte Dampfer, 63,9% kohlegefeuerte und 7,7% Motorschiffe. Ab Mitte 1927 waren immer mehr Motorschiffe als Dampfer im Bau.

In den einzelnen Staaten gab es leichte Unterschiede in der Entwicklung. Die USA gingen in der Umstellung voran. Sie besaßen Ende Juni 1928 bereits 45% der BRT der Welt an ölgefeuerten Dampfern, Großbritannien 30%, Deutschland nur 2,3% oder an achter Stelle. Im Verhältnis zu ihrer eigenen Handelsflotte sind in den USA 74,1% ölgefeuert, in GB 26,6%, Deutschland 11,7%.

Bei Motorschiffen führt Großbritannien mit 351 (7,7%), dann Norwegen 218 (24,1%), Dänemark 213 (3,9%) und Deutschland hat 146 (11,5%) seiner BRT-Tonnage.

Bei einem Vergleichsschiff: Trampschiff 7.500 tdw, 11 kn, 2.000 PS (1.470 kW) ergab sich bei der Einbeziehung aller relevanten Kosten 1933:

Schiffskörper	1.230.000 RM
Motorenanlage	660.000 RM
Dampfmaschine	489.000 RM

Also Preis Motorschiff zu Dampfschiff: 110:100. Als Lebensdauer – auch für die Antriebsanlagen – sind 20 Jahre angesetzt.

Bei Fahrt Nordeuropa–La Plata–Nordeuropa, je 6.000 sm, Reisezeit 35 Tage, bei 3 Reisen jährlich errechnete sich:

	kohlegef. Dampfer	ölgef. Dampfer	Motorschiff
Brutto-Reiseüberschuss je Jahr (sh)	2.067	3.426	40.212
Kapitalkosten (RM)	222.350	222.350	244.650

Damit kann der Dampfer seine Kapitalkosten gerade decken, das Motorschiff arbeitet wirtschaftlicher. Die Vorteile des

Motorschiffes steigen mit höheren Frachtraten und längerem Reiseweg. Trotzdem waren und sind allgemeingültige Aus- und Vorhersagen immer schwierig.

6.16 Die Abdampfturbine zur besseren Energie-Ausnutzung

Die Ausnutzung der im Dampf enthaltenen Energie hat in der Kolbendampfmaschine Grenzen durch schädliche Räume, durch Kondensation usw. Zu Beginn des 20. Jhdts. hatte man folgende Werte erreicht:

Leistung in % der theoretisch möglichen

	indizierte	effektive
Einzylinder-Auspuffmaschine	70–80	55–70
Einzylinder-Kondensationsmaschine	42–45	36–44
Zweizylinder-Kondensationsmaschine	50–55	43–52
Dreizylinder-Kondensationsmaschine	60–65	51–60

Die Werte gelten für Sattdampf, erstaunlich ist der gute Wert für die Auspuffmaschine, die aber wegen des Wasserverbrauches alsbald nicht mehr zur Anwendung kam. Nur die ersten seegehenden Dampfer speisten ihre Kessel mit dem für die Kessel schädlichen Seewasser.

Die Kolbendampfmaschine kann die Dampfenergie nicht bis zur vollständigen Expansion ausnutzen, aber die Dampfturbine, einer ihrer Vorteile. Deshalb schlug schon *Garsons* Abdampfturbinen für die Elektrizitätserzeugung vor, insbesondere für langsam fahrende Dampfer. *Rateaû* schlug vor, bei mehreren Wellen Kolbenmaschine und Abdampfturbine auf verschiedene Wellen arbeiten zu lassen.

Technisch kann die Abdampfturbine behandelt werden wie jede andere Dampfturbine, also es gibt Gleichdruckturbinen mit mehreren Druckstufen oder mehrstufige Überdruckturbinen, bei letzteren ist dem Axialschub besondere Aufmerksamkeit zu schenken.

Da die Abdampfturbine im Niederdruckbereich arbeitet (z.B. 0,55 bar auf 0,05 bar), sind die Dampfgeschwindigkeiten sehr hoch (828 m/s). Wenn man 15 bar auf 14,5 bar, also auch um 0,5 bar entspannt, ergeben sich nur 112 m/s. Deswegen muss auf möglichst geringe Strömungsverluste auf dem Weg vom ND-Zylinder zur Abdampfturbine und deren richtige Dimensionierung geachtet werden. Die Turbinen laufen wegen der hohen Dampfgeschwindigkeiten mit 2.000–8.000 min^{-1} Umdrehungen, ein guter Propellerwirkungsgrad ist aber bei 70–130 min^{-1} Umdrehungen gegeben.

Der gute Gesamtwirkungsgrad der Anlage ergibt sich, wenn mechanisch mit einem Untersetzungsgetriebe gearbeitet wird, für die Rückwärtsfahrt nur die umsteuerbare Kolben-Dampfmaschine eingesetzt und die Abdampfturbine ausgekuppelt wird. Es gibt auch Abdampf-Rückwärtsturbinen, beim häufigen System *Bauer-Wach* aber nicht. Die hydraulische Kupplung System *Föttinger* stellt, gefüllt mit Schmieröl, elastischen Kraftschluss her, sodass kleine Drehzahlschwankungen nicht zu stoßartigen Belastungen beispielsweise der Zahnräder führen. Bei Teilfüllung der Kupplung können auch kleine Propellerdrehzahlen wegen des dann größeren Schlupfes erreicht werden.

Es gab noch eine Reihe konkurrierender Systeme, z.B. beim BBC-System mit elastischer, nicht lösbarer Federkupplung, die aber kaum auf deutschen Schiffen anzutreffen waren.

Wegen des genannten Drehzahlunterschiedes wurde auch eine andere Lösung installiert: Die Abdampfturbine treibt einen Generator an. Die elektrische Energie dient der Zwischenerhitzung des Dampfes aus dem HD-Zylinder. Das verstößt gegen den zweiten Hauptsatz der Wärmelehre, und man erreicht auch nur ca. 8% Verbesserung, sonst 15–20 %. Man sollte elektrische Hilfsmaschinen besser damit betreiben. Die zweimalige Energieumsetzung (Arbeit in elektrische Energie und elektrische Energie in mechanische Arbeit) bedingt zusätzliche Verluste von 12–20%, es müssen also andere Vorteile überwiegen.

Die Gesamtleistung einer Dampfmaschinen-Anlage wird nennenswert erhöht, wenn der Abdampf aus dem Niederdruckzylinder nicht direkt zum Kondensator, sondern erst durch eine Abdampfturbine geleitet wird. Die Dampfmaschine arbeitet im Hochdruckbereich, die Turbine im Niederdruckbereich besser, da in dem ND-Bereich die Kolbendampfmaschine sehr groß gebaut werden muss und trotzdem der Dampf nicht so weitgehend wie möglich entspannt werden kann wegen begrenzter Querschnitte der Austrittsorgane der ND-Zylinder.

Dieses Antriebskonzept setzt Mehrwellen-Antriebsanlagen voraus, wie es z.B. bei der TITANIC als Schiff mit drei Propellern – der mittlere wurde durch eine Abdampfturbine angetrieben – gegeben war. Trotzdem erreichte man auch dadurch nicht einen sehr hohen Wirkungsgrad der Energieumsetzung, da die Kolbenmaschine mit Nassdampf betrieben wurde und die Abdampfturbine direkt mit der Propellerwelle gekuppelt war und deswegen der Propeller mit der für ihn zu hohen Turbinendrehzahl umlief.

Der Fahrgastdampfer CAP POLONIO der Hamburg-Süd, die am 25. März 1914 bei *Blohm & Voss* vom Stapel gelau-

S.S. TITANIC, auslaufend Southampton am 10. April 1912, 46.329 BRT, Länge 264,9 m, Passagiere 2.603. Sie sank am 15. April 1912 um 02.02 Uhr auf Position 40°16′ N, 50°16′ W nach Kollision mit einem Eisberg. Alle Ingenieure und Maschinenpersonal gingen mit ihr unter, da sie bis zuletzt für Stromversorgung gesorgt hatten. Auf Veranlassung des britischen Königs tragen die britischen Schiffsingenieure seitdem an Ärmel und Schulterklappen königlich rot unterlegte Streifen.

fen, am 8. Februar 1915 in Dienst gestellt war, 20.576 BRT, 8.520 tdw, L 194,5 m, B 22,1 m, T 8,9 m, zwei 4-zylindrige Dreifach-Expansions-Maschinen mit 5 bar, 13 Wasserrohrkessel, 17.850 PSi (13.130 kW), 18,2 kn und eine direkt gekuppelte Abdampfturbine an der Mittelwelle, hatte eine entsprechende Anlage. Nach Rückkauf dieser Reparationsleistung von Großbritannien 1921 erfolgte Umbau auf Ölfeuerung, auf Heißdampf für die beiden Kolbenmaschinen und zwei Getriebeturbinen für die Mittelwelle, was erhebliche Einsparungen brachte. Die Turbodynamos wurden durch zwei Dieseldynamos ersetzt, sodass mehr Dampf für den Hauptantrieb zur Verfügung stand.

Bei Ein-Propeller-Antrieb, also der Mehrzahl kleiner und mittelgroßer Schiffe, musste eine Lösung zur Verbindung von mit Propellerdrehzahl laufender Kolbenmaschine und schneller laufender Abdampfturbine gefunden werden. Deswegen war die Abdampfturbine von 1919 bis 1925, als keine großen Schiffe gebaut wurden, »out«. Erst das Antriebskonzept der Ingenieure *Dr. Bauer* und *Dr. Wach* der AG »Weser« für Einwellenanlagen löste das Problem unterschiedlicher Drehzahlen. Es wurde 1925 vorgeführt auf dem Prüfstand der *J. C. Tecklenborg* Werft.

Auf deutschen Dampfschiffen findet man seitdem hauptsächlich Abdampfturbinen System *Bauer-Wach*, bei dem die Kupplung von Kolbenmaschine und Getriebe-Abdampfturbine hydraulisch über eine Föttinger-Kupplung erfolgt.

Abdampfturbine im geöffneten Zustand

Zur quantitativen Vorstellung einige Zahlen von einer Antriebsanlage:

Eintrittsdruck HD-Zylinder	15,2 bar
Eintrittstemperatur HD-Zylinder	290 ° C
Eintrittsdruck MD-Zylinder = Gegendruck HD-Zylinder	5,2 bar
Eintrittsdruck ND-Zylinder = Gegendruck MD-Zylinder	1,7 bar
Gegendruck ND-Zylinder	0,45 bar
Eintrittsdruck Abdampfturbine	0,38 bar
Gegendruck Abdampfturbine	0,075 bar
Stündlicher Dampfverbrauch	14.100 kg/h

Leistungen:

HD-Zylinder	777 kW
MD-Zylinder	633 kW
ND-Zylinder	575 kW

Abdampfturbine	685 kW
Gesamtleistung	2.670 kW
Propellerdrehzahl	84 min^{-1}

Die Erhöhung des Drucks am Niederdruck-Zylinder durch die Abdampfturbine erhöht seinen Wirkungsgrad, da Verluste durch unvollständige Expansion und Strömungsverluste kleiner werden.

Das erreichte Vakuum im Kondensator – entscheidend für die Wirtschaftlichkeit der Anlage – hängt von der Kühlleistung des Seewassers ab, ist also im warmen Tropenwasser geringer/schlechter als im kalten Seewasser. Neben Abdampf muss auch etwa $^1/_{1.000}$ der Dampfmenge als Luftmenge gekühlt werden, die eine weit schlechtere Wärmedurchgangszahl hat. Die Kühlwassermenge, die durch den Kondensator gedrückt werden muss, muss etwa die 80-fache Dampfmenge betragen. Als Richtwert für die Kondensatorfläche gilt 0,1 m^2 je PSi oder 1 m^2 je 40 kg Dampf je Stunde. Der Einlassquerschnitt des Kondensators soll 0,4 m^2 je 1.000 PSi betragen.

Zu jedem Kondensator gehört eine Pumpe, die Luft und Kondensat (Wasser) absaugt, die Luft in die Atmosphäre nach außen drückt, das Kondensat in einen Sammeltank, aus dem die Kesselspeisepumpe absaugt. Es würde den Rahmen dieses Buches sprengen, eine *Edwards*-Nassluft-Kolbenpumpe oder eine Dual-Express-Luftpumpe der Atlas-Werke Bremen zu beschreiben, nur zwei Richtwerte: ihr Hubvolumen soll $^1/_{20}$ des Hubvolumens des ND-Zylinders betragen und 33,7 m^3 Dampf sind 1 l Kondensat und 33,7 m^3 Luft ergeben durch die Abkühlung 33 l.

Die Abdampfturbine hat – neben der Leistungserhöhung bzw. Brennstoffersparnis – einen weiteren positiven Effekt: Die Drehmomentschwankungen werden reduziert. So auf dem Fahrgastdampfer CAP NORTE von ± 60% bei 220.000 Nm Mittelwert auf ± 40%, bei größter Leistung und Drehmoment 265.000 Nm auf ± 25%. Deswegen braucht die Propellerwelle bei Zubau einer Abdampfturbine trotz höherer Gesamtleistung nicht dicker zu werden. Die große Schwungmasse der Abdampfturbine dämpft auch das »Durchgehen« der Kolbenmaschine, wenn bei schlechtem Wetter der Propeller durch das Stampfen periodisch austaucht. Das ist besonders bei Fischdampfern vorteilhaft, die dann auch noch bei hohem Seegang fischen können.

Bei Neubauten können die Mehrkosten für die Abdampfturbine wegen des geringen Dampfverbrauches durch eine kleinere Kesselanlage kompensiert werden. Bei Nachrüstung wird eine Amortisationszeit von $3^1/_2$ bis $4^1/_2$ Jahren (Kohlefeuerung) bzw. $1^1/_2$ bis $2^1/_2$ Jahre (Ölfeuerung) genannt.

Bis Ende 1939 waren 600 Anlagen System Bauer-Wach eingebaut. 1953 sah man noch eine Zukunft für kleine und mittlere Antriebsleistungen, da dort die Kolbendampfmaschine im Hochdruckteil wirtschaftlicher als die Turbine ist und den Vorteil ihrer sehr guten Manövriereigenschaften hat. Aber diesen Bereich hat dann der Dieselmotor übernommen.

Während 1880–1920 gab es keine wesentlichen Änderungen der Dampfmaschine mehr. Erst unter dem Wettbewerbs-

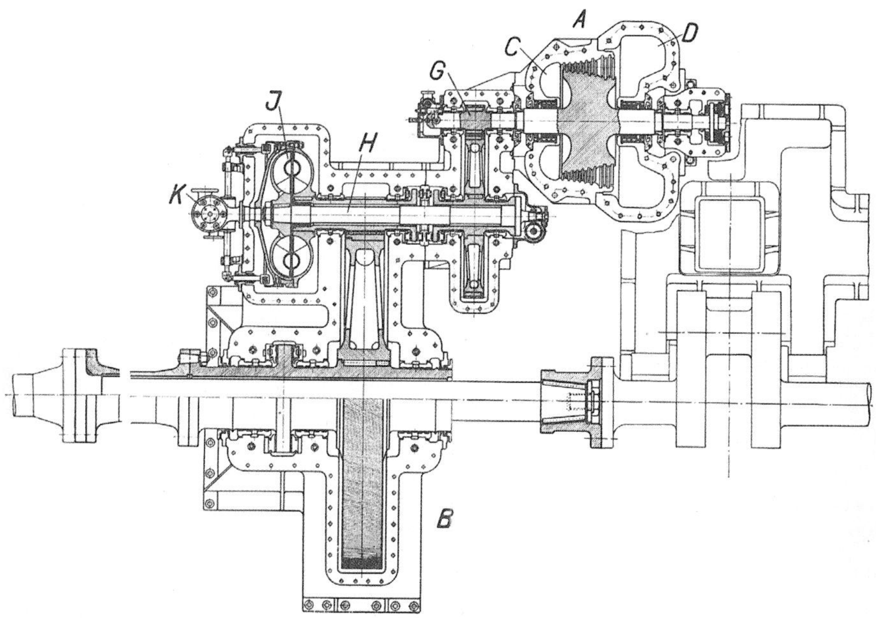

Antrieb durch Kolbendampfmaschine und Abdampfturbine an einer Welle nach Bauer-Wach. *Rechts sind Teil des Endes der Kolbendampfmaschine gezeichnet. A Abdampfturbine, C Zudampfturbine, D Abdampfseite, G 1. vorgelege, dessen kleines Zahnrad auf der Turbinenwelle sitzt, H Verbindungswelle zur zweiteiligen Flüssigkeitskupplung, K Hilfsmotor zur Entleerung der Kupplung J, B Unterteil Gehäuse für 2. Zahnradpaar und Kupplung. Die linke Kupplungshälfte wird angetrieben mit erster Untersetzung und treibt die rechte Kupplungshälfte im flüssigkeitsgefüllten Raum hydrodynamisch an und damit die Hohlwelle mit dem Ritzel (kleines Zahnrad), welche das große Rad auf der Propellerwelle teilt. Die Untersetzungen sind etwa 1:5 und 1:9, also insgesamt 1:45. Wenn Dampfmaschine und der festgekuppelte Propeller also 100 1/min-Umdrehungen mit hohem Wirkungsgrad macht, kann die Turbine mit 4.500 1/min ebenfalls im wirtschaftlichen Bereich drehen.*

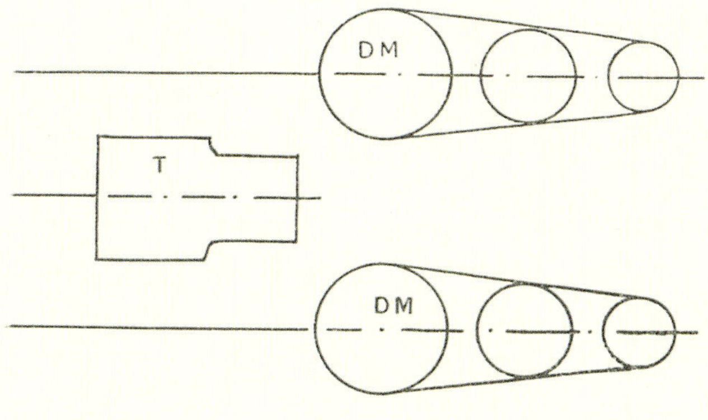

Fig. 38.

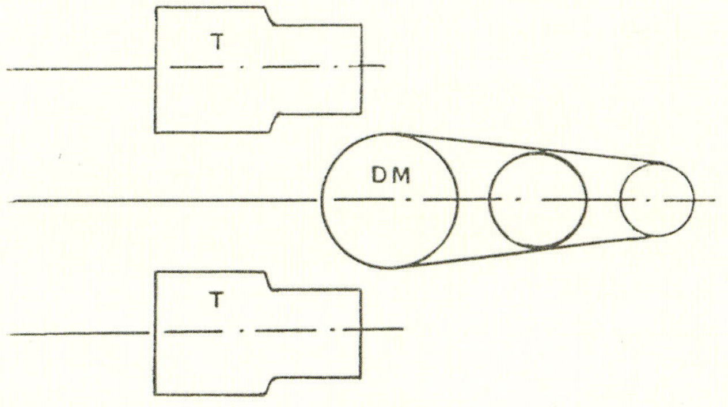

Fig. 39.

Möglichkeiten der Anordnung von Dampf-Kolbenmaschine und -Turbine bei einem Dreiwellen-Schiff. Die Anordnung Fig. 38 wurde bei der *Titanic*, *Olympic* und *Britannic* gewählt, Fig. 39 wurde auf dem brasilianischen Torpedoboot *Goyaz* gewählt. Die beiden Abdampfturbinen sind als Hoch- und Niederdruckturbine hintereinander geschaltet, die Dampfmaschine hat 60% der Gesamtleistung.

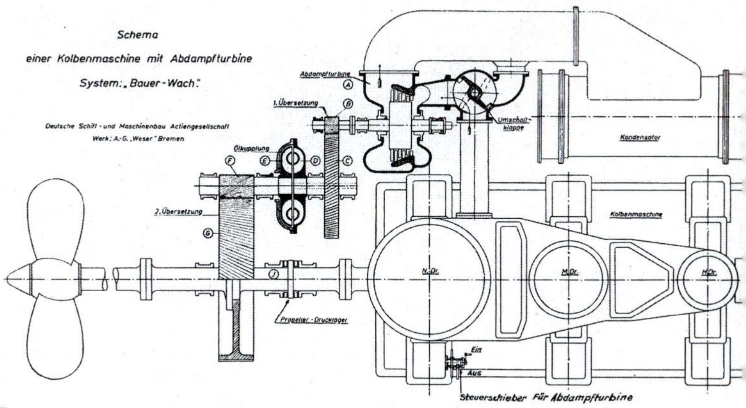

Schema einer Kolbenmaschine mit Abdampfturbine und hydraulischer Kupplung. Vor der Turbine ist das Umschaltventil zum Zu- und Abschalten der Turbine zu sehen.

Die am 25. März 1914 bei Blohm & Voss, Hamburg vom Stapel gelaufene *Cap Polonio* der Hamburg-Süd im Hamburger Hafen 1922 nach Rückkauf von den Engländern, Umbau auf Ölfeuerung. Sie- hatte zwei Dreifachexpansionsmaschinen und eine Abdampfturbine. 20.576 BRT, 8250 tdw, L 201,8 m, B 22,06 m, T 13,34 m, 17.850 PS, 18,5 kn. Die direkt gekuppelte Dampfturbine wurde ersetzt und eine Dampfüberhitzung eingebaut, die Geschwindigkeit wurde um 1,5 kn gesteigert. Sie wurde 1935 abgewrackt.

Am 13. September 1913 wird der Bauvertrag für den Dreischraubendampfer *Cap Finisterre* für die Hamburg-Süd und den La Plata-Dienst gebaut. Er erhält zwei Dreifach-Expansionsmaschinen mit vier Zylindern sowie eine Abdampfturbine. In dem Vertrag sind verschiedene Vertragsstrafen vereinbart, so: Kohleverbrauch 0,54 kg/PSih, für jedes 1/100 kg darüber bis 0,05 kg 3.000,– M, darüber 5.000,– M.

druck von Dampfturbine und Dieselmotor finden Verbesserungen statt, wie bessere Isolierung der Dampfrohre, der Anbau von Dampfüberhitzern auf 300 bis 400 °C (Brennstoffersparnis 15%), der Abdampfturbine und von Turbokompressoren (beim englischen System »Wallsend« wird der Dampf nach dem MD-Zylinder wieder komprimiert in den HD-Zylinder, beim schwedischen System »Götaverken« in den MD-Zylinder zur wiederholten Expansion hineingeschickt, Brennstoffersparnis ca. 20%. Man vermied damit die technische Kopplung der Turbine mit der Schraubenwelle wie beim *Bauer-Wach*-System, mit dem etwa 22% Brennstoffersparnis erreicht wird.) Das Bauer-Wach System hat den Vorteil, dass ältere Dampfer damit nachgerüstet werden können, es wird von etwa 26 % Brennstoffersparnis berichtet.

So wurde der Kohlenverbrauch von 1.088 g/kW auf 544 g/kW herabgedrückt, ohne Abdampfturbine auf 653 g/kW, bei Ölfeuerung 442 g/kW. Damit konnten dann auch kleinere Kessel verwendet werden, nach *Deschimag* decken die Kesselersparnisse die Anschaffung der Abdampfturbine.

Zwischen den beiden Weltkriegen im 20. Jhdt. war ein harter Wettbewerb zwischen Dampf- und Dieselantrieb.

Für den Dieselantrieb sprach
- ein geringerer Platzbedarf und die
- günstige Unterbringung des Diesel-Treiböls in kleinerem Volumen als Kohle.

Für den Dampfantrieb sprach
- ein höherer Preis Treiböl zu Kohle (2,5fach 1940),
- eine höhere Maschinenleistung,
- die Kosten je WPS waren billiger als bei Diesel und
- der Dampf unter Hochdruck steigerte die Wettbewerbsfähigkeit.

Ob Kohle oder Öl zur Kesselfeuerung verwendet wurde, galt die Regel, Kohle bei kleiner und mittlerer Leistung, teurer Heizölbetrieb aus räumlichen, betrieblichen und bei Fahrgastschiffen besonders Komfort- und Schnelligkeitsgründen. Die Arbeit vor den Kesseln sollte durch mechanische Kohlefeuerung erleichtert werden, was aber immer wieder wegen unterschiedlicher Kohlequalität Schwierigkeiten machte.

6.17 Die Anfänge der Kühlschifffahrt

Kühlfracht wurde erstmals, nachdem 1861 Gefrierfleisch in Sydney und Melbourne hergestellt wurde, an Bord der FRIGORIFIQUE 1877 von Argentinien nach Rouen/Frankreich, allerdings nur noch teilweise gut, transportiert.

Bananendampfer SS COMAYAGUA im Schwimmdock in Hoboken, New Jersey, USA, im Jahre 1954. Sie wird gerade sand-gestrahlt, um innerhalb von 14 Tagen mit hitzebeständiger weißer Farbe gemalt zu werden. Der 7.075 t große Dampfer konnte 78.000 Bananenstauden laden.

Aber schon aufgrund der Arbeiten von *Ferdinand Carre* und *Charles Tellier* lieferte die PARAGUAY kurz danach 5.500 gefrorene Tierkörper von Buenos Aires nach Le Havre. Sie hatte deren Ammoniak-Kompressoren dabei.

1884 bestellten *Turnbull, Martin and Co.* das erste Kühlschiff, das als solches konzipiert wurde, die ELDERSLIE.

Das erste deutsche Kühlschiff entsteht 1903 bei *Blohm & Voss* durch den Umbau des Dampfers SIBIRIA, 3.439 BRT, der Hapag. Dieser »Bananendampfer« fährt dann zwischen Mittelamerika und New York.

Die *New Zealand Shipping Company* ließ 1908 bei *William Denny* den Kühlfrachter OTAKI bauen, der 286.000 cft Kühlfracht, 173.000 cft Stückgut groß und 14 kn schnell war. Dazu erhielt er als Antrieb eine Parsons-Abdampfturbine zwischen zwei Dreifach-Expansions-Kolbendampfmaschinen. Bei Ausbruch des Ersten Weltkriegs gab es schon über 200 Kühlschiffe.

Viele Lebensmittel erfordern bei ihrem Transport spezielle Maßnahmen wie Art der Stauung, Temperatur, Luftwechsel, Feuchtigkeit und Transportdauer. Besonders empfindlich sind Bananen. Diese spezialisierten Schiffe werden auch

auch häufig »Reefers« genannt. Es kommen auch mehr reine Kühl-Container-Schiffe. Die Kühlleistung beträgt 40–50% der Antriebsleistung für Temperaturen zwischen +12° C (Bananen) und –30° C (Fleisch). Die Geschwindigkeiten mit 20–24 kn ergeben relativ hohe Froudezahlen und schlanke Unterwasserformen mit einem Blockkoeffizient von 0,55–0,65. Die Ladung hat einen hohen Staufaktor mit über 100 cu.ft (2,8 m^3), der Luftwechsel erfolgt 90–100fach die Stunde.

Die besonderen Anforderungen der Ladung bedingen meist eine Reise in Ballast zum Ladehafen. Es war zum Teil üblich, als Beispiel 1965 Volkswagen von Hamburg nach Charleston, USA, bei Bananen-Zielhafen Guajaquil, Equador, zu transportieren. Damals gab es noch keine spezialisierten Autotransporter.

Am Ende der Reise kann es Stabilitätsprobleme geben. Es ist seit 1973 Frachtern über 4.000 BRT verboten (MARPOL), Seewasser als Ballast in Ölbunker zu füllen, voll trat dies aber erst Januar 1978 in Kraft.

Für die USA bedeutet die Teilnahme an Kriegen immer Seetransport. Sie entwickelten den Sektions- und Serienbau von Schiffen. Da die Antriebsanlagen robust und leicht zu bedienen sein mussten, kam die »alte« Kolbendampfmaschine als Antrieb mit in Betracht. Etwa 2.000 Liberty-Schiffe (Standardtyp EC2-S-C1) wurden gebaut, 7.178 BRT, 10.800 tdw und 9–11 kn schnell. Es wurde zum Typ VC2-S-AP 3 (Victory),

Die britische SS SAMARKAND, *gebaut bei* Bethlehem-Fairfield, Sparrow's Point, *USA, als einer von 385 Standardfrachtern von den insgesamt 2.710 Liberty-Schiffen, die zwischen Dezember 1941 und Oktober 1945 in jeweils 60 Tagen gefertigt wurden. 1943 – dem Höhepunkt der Atlantikschlacht – wurden jeden Tag drei ausgeliefert, mehr als die Achsenmächte versenken konnten. Sie hatten 10.000 tdw und waren meist von einer Kolbendampfmaschine angetrieben. Nach dem Krieg lief sie unter verschiedenen Flaggen, sie wurde 1978 verschrottet.*

7.200 BRT, 12.600 tdw, 12–16 kn, entwickelt, wovon etwa 600 bis Kriegsende gebaut wurden. Sie hatten meist Dampfturbinen-Antrieb. Weniger häufig im Krieg gebaut, dafür aber nach dem Krieg häufig eingesetzt und weitergebaut wurden die Standardschiffe C1-A und C1-B.

6.18 1940 – Unfreiwillige Renaissance der Kolbendampfmaschine, vor allem in Deutschland

Als wesentliche heimische Energiequelle hat Deutschland Kohle, während das importierte Erdöl und damit der Dieseltreibstoff im Zweiten Weltkrieg sehr schnell knapp wurden und damit Kriegszwecken vorbehalten blieben.

Die Reeder reagierten sehr schnell. Der Bau von Motorschiffen, die vor dem Kriege einen immer höheren Anteil bei Neubauten bekamen, wurde beendet und auf Dampfmaschine umgestiegen.

Zur Beschleunigung des Neubaues wurden Standardschiffe gebaut, nicht nur in Deutschland im Hansa-Bauprogramm Einheitsschiffe von 2.000, 5.000 und 9.000 t Tragfähigkeit, das allerdings nur gering erfüllt wurde, sondern vor allem bei den Alliierten, in den USA wurden viele »Liberty«- und »Victory«-Standard-Schiffe gebaut und zum Teil auch mit Dampfmaschinen angetrieben.

Die deutschen Hansa-Schiffe bekamen die Lentz-Einheits-Dampfmaschine als Antrieb, die Kessel waren kohlegefeuert.
Der Tonnagebestand Deutschlands:

1939	4,6 Mio. BRT
1945	0,3
1954	2,3

Zur Zeit der Kapitulation waren noch 1,4 Mio. BRT vorhanden. Es mussten aber 1,1 Mio. BRT abgeliefert werden, 122.000 BRT wurden beladen mit Gasmunition versenkt. Im Frühjahr 1950 wurden 99.000 BRT an Deutschland zurückgegeben.

Der Alliierte Kontrollrat erlaubte am 26.09.1946 in seiner Direktive Nr. 37 als Antrieb nur Kolbendampfmaschinen und Kohlefeuerung für Schiffe über 33 m Länge. Die Geschwindigkeit durfte nur 12 kn betragen und der Aktionsradius 2.000 sm. Die Größe war auf 1.500 BRT begrenzt.

Im Washingtoner Abkommen im April 1949 wird das weitgehend aufgehoben, im Petersburger Abkommen vom 22.11.1949 ganz, sodass am 02.04.1950 die Alliierte Hohe Kommission den deutschen Schiffbau ganz freigibt.

Ein Vorteil der Dampfmaschine ist, dass sie gleiches Drehmoment in beiden Drehrichtungen liefert und mit niedriger Drehzahl betrieben werden kann. Das gilt nicht für die Dampfturbine, die einer Extra-Rückwärtsturbine bedarf sowie eines Untersetzungsgetriebes für die wirtschaftliche Propellerdrehzahl. Auch der Dieselantrieb hat bis heute Probleme mit der Langsamfahrt. Deswegen behielt die Dampfmaschine noch lange ihre Anwendung, z.B. bei Schleppern, Fischdampfern, Kabellegern und Tonnenlegern bis in die 1960er hinein. Dann wurde das Problem mit Diesel-Elektro-Antrieb oder Verstellpropeller gelöst.

Der Anteil Deutschlands an der Welt-Handelsschifftonnage war 1954 auf 1,9% gestiegen (1914 war er 11,1% gewesen). Allerdings stieg die Leistungsfähigkeit der Welthandelstonnage durch höhere Schiffsgeschwindigkeit, bessere Raumausnutzung und leistungsfähigeren Ladungsumschlag um 80% von 1929 bis 1948, die Schiffstonnage nur um 21,5%.

6.19 Tankschiffe nehmen ihre eigene Antriebsentwicklung

Öltanker

Im Altertum wurden Flüssigkeiten in römischen Amphoren transportiert. Marco Polo erwähnt 1210, dass aufgrund der Knappheit von Amphoren Öl in den Laderäumen von Segelschiffen von Baku aus verschifft wurde. Der Ölbedarf stieg nach dem napoleonischen Kriege, da es üblich wurde, mit Öllaternen zu beleuchten.

Bis in die frühen Jahre des 19. Jhdts. diente Walöl zum Beleuchten und Schmieren. Man suchte Mitte des 19. Jhdts. nach Alternativen. *Colonel Drake* fand eine und verkaufte »rock oil«, das nahe Titusville, Pennsylvania, aus Felsen an die Oberfläche kam und das er auffing. Ab 1859 wurden Ölbohrungen bis 21 m Tiefe durchgeführt und ab 1897 dann erstmals an und vor der Küste bis 90 m Wassertiefe vor South Carolina.

Anfang 1860 begann die Verschiffung von Erdöl aus USA. Am 17. Februar 1862 kam die erste reine Ölladung in 2.888 Fässern mit dem amerikanischen Segelschiff NINEVEH nach London. Der erste Tanker, der Erdöl direkt in seinem Rumpf transportierte, kam 1886.

Der erste große Übersee-Tanksegler der Welt war das Dreimast-Vollschiff ANDROMEDA. Mit vollen Segeln jagte der schnittige Klipper mit seiner gefährlichen Ladung über die See.

Gegen Ende des Ersten Weltkriegs erbrachte der hohe Transportbedarf eine Knappheit an Tankschiffen, sodass einige Segelschiffe, die als Tanker gebaut waren, Maschinenantrieb bekamen. So auch die SCALA SHELL von der *Anglo-Saxon Oil Company*, die 5.000 ts dwt hatte und achtern, wie es bei Tankern üblich geworden war, zwei Dreifach-Expansions-Dampfmaschinen bekam, die ihr 9 kn Geschwindigkeit gaben. 1931 wurde sie verschrottet. Dann wurde auch die ehemalige Bark DOLPHIN SHELL verschrottet, die 1918 einen Doppelschrauben-Dampfantrieb bekommen hatte.

Wegen der Explosionsgefahr bestanden die Klassifikationsgesellschaften wie Lloyds auf elektrischem Licht bei Tankern. Diese Gefahr, wie auch die Forderung, die Laderäume möglichst zusammen zu haben, hatte ja auch schon zu der Anordnung der Maschinen achtern geführt.

Die Suez-Kanal-Behörden erlaubten keine Tanker. Der erste Tanker, die MUREX – weil er unter Beachtung ihrer Vorschriften gebaut war bei *William Gray* of West Hartlepool an der Tees-Mündung im Auftrag von *Marcus Samuel –,* lief am 24. August 1892 durch den Kanal. So wurde vor allem Shell der ostasiatische Markt eröffnet.

Die *Eagle Oil Transport Company* wurde 1912 von *Lord Cowley* für den Transport mexikanischen Öls gegründet. Ihre ersten zehn neuen Tanker waren 16.000 tdw groß, weitere neun 9.000 tdw. Sehr schnell wurde bei Tankern die »economy of scale« deutlich. So kamen sofort nach dem Ersten Weltkrieg 20 neue mit 18.000 tdw und Dampfturbinen-Antrieb anstatt Vierfach-Expansions-Dampfmaschinen.

Auf deutscher Seite war es vor allem der Bremer Agent der *Standard Oil Company Heinrich Riedmann*, der schon 1884 den Tanksegler ANDROMEDA mit 72 Tanks als Laderaum umbauen ließ, der bis Februar 1919 in Fahrt bleibt. Er kaufte das Tankschiff GLÜCKAUF von *Armstrong Mitchell*, Wallsend-on-Tyne, wo Oberst *Henry Swan* eine zukunftsweisende Tankschiff-Konstruktion erdacht hatte. Das Schiff bekam in Amerika Probleme, als dort erkannt wurde, dass es Ladepersonal und Fassmacher überflüssig machte. Leider ging es 1893 in einem Sturm durch Strandung vor New York verloren.

Während also zur Zeit des Ersten Weltkriegs die Tankergrößen bei 10.000–15.000 tdw lagen, stiegen sie bis zum Zweiten Weltkrieg auf etwas über 20.000 tdw, meist mit Dieselmotorantrieb. Bis 1938 waren 41 % der Welttankerflotte auf deutschen Werften gebaut worden, nur ein verschwindend kleiner Teil davon lief unter deutscher Flagge.

Flüssige Brennstoffe (Schweröl und Dieseltreibstoff) hatten einen Anteil von 18% nach dem Ersten Weltkrieg einschließlich Kriegsschiffe. Vor dem Zweiten Weltkrieg hatten flüssige Brennstoffe 53% Anteil am gesamten Schiffstreibstoff-Verbrauch.

Nach dem Zweiten Weltkrieg beim Wiederaufbau der Tankerflotte kam die »economy of scale« voll zur Anwendung. Das betriebswirtschaftliche Gesetz ist von allgemeiner Bedeutung und begegnet uns überall. Es sagt: Die fixen Kosten je Stück fallen hyperbelartig mit 1/x, also indirekt proportional mit der Menge. Dazu kommt noch die Senkung der variablen Kosten je Stück im Serienbau, für den meist gilt: Das zweite Stück kostet wegen des Lerneffekts nur 80 % des ersten, das dritte nur 64 % des ersten. Natürlich erreicht man sehr schnell einen unteren Kostenwert, der nicht mehr allein durch den Wiederholungseffekt sinkt. Diese Überlegungen gehen nur bei Vollauslastung positiv auf. Wenn der große Tanker dann nur teilbeladen fahren muss, fährt er teurer als ein kleiner, aber voll beladener Tanker. Das Risiko steigt also auch bei Unfällen, was wir wegen der Folgen für die Umwelt in der heutigen Zeit diskutieren müssen. Außerdem bedingen die größeren Tanker (Tiefgang!) Infrastrukturmaßnahmen.

Im Jahr 1953 war der Turbinen-Tanker TINA ONASSIS mit 45.242 tdw der erste echte Supertanker, gebaut bei den *Howaldtswerken* in Hamburg. Er wurde durch eine Dampfturbine angetrieben. Ob Turbine oder Diesel ist ein Wettstreit, der die Leistung des Diesels immer höher treibt.

1959 wurde der damals größte Dieseltanker der Welt, die ALTAIR der *Compagne Novalede Petrole*, gebaut bei *Chantiers de L'Atlantique* Penchoit mit 11.000 kW für 16,4 kn.

Der Tanker SS TINA ONASSIS im Sturrack-Graving-*Dock in Kapstadt. Stapellauf 25. Juli 1953 bei den* Howaldtswerken *in Hamburg für die griechische* Onassis-Gruppe *unter liberianischer Flagge fahrend. Mit L 258,7 m, T 11,45 m, Geschwindigkeit 16,5 kn, 27.853 tdw und Baukosten 28 Mio. DM, begann mit ihr ein neues Größenwachstum der Tanker. Schon fünf Jahre später hatte die HAROLD H. HELM 51.300 ts, L 269,8 m. Zehn Jahre später, 1968, hatte die UNIVERS IRELAND 149.000 ts, L 377,7 m. Die TINA ONASSIS hatte eine Dampfturbine von 17.500 PSw. Ein Tanker halber Größe hätte 11.000 PSw bekommen, also doppelte Größe bedeuten nur 60% mehr Maschinenleistung. Die Schraube hatte 6,9 m Ø, wog 42 t von der Fa. Zeise, am Ruder war eine Costa-Birne, die 5% Leistungsersparnis bringen sollte. Die Besatzungsstärke betrug 62 Mann.*

1960 wird der Suez-Kanal für Schiffe bis 11,28 m Tiefgang ausgebaut.

Das schnelle Größenwachstum zeigt folgende Angabe:

Durchschnittstonnage tdw der Tanker-Neubauten zu Jahresbeginn:

1961	35.600
1962	38.470
1963	47.104
1964	54.118

Erwähnt sei, dass in diesen Jahren der Niedergang der britischen und deutschen Werften begann, denn die japanischen Werften boten 20% billiger an, vor allem wegen höherer Produktivität, der Lohnanteil je BRT war in Japan nur halb so groß wie in Europa. So wurden mehr und mehr Tanker in Japan, ab den 1980ern zunehmend auch in Süd-Korea gebaut, dort fand auch das weitere Größenwachstum statt.

Die Antriebsleistungen müssen nicht entsprechend wachsen, denn die erforderliche Antriebsleistung wächst bei gleicher Geschwindigkeit etwa mit $P \sim D^{2/3}$, also doppelte Verdrängung nur 60 % mehr Antriebsleistung.

Die WORLD BARONESS, Monrovia, der *Liberian Shield Transports*, gebaut bei der Sakai-Werft der *Hitachi Shipbuilding & Engeneering Co.*, ist 228.825 tdw groß und hat einen Turbinenantrieb mit 33.000 PSw (24.300 kW). Zum Vergleich: 1959 ist die UNIVERSE APOLLO auf der japanischen Kure-Werft für die *National Bulk Carriers Inc*, New York, mit 106.190 tdw erbaut. Sie hat eine Getriebeturbine von 25.000 PSw (18.400 kW) für 15,6 kn. Ein anderes Beispiel: 1953 werden zwei 66.800-tdw-Tanker in 67 Tagen auf 117.966 tdw vergrößert (Jumboising) durch Verlängern von 246,92 m auf 296,28 m und verbreitert von 31,70 m auf 38,10 m, ferner wird ein Bugwulst angefügt. Mit der gleich gebliebenen Maschinenanlage sinkt die Geschwindigkeit nur um 1,2 kn von 17,2 auf 16 kn.

Mit den größer werdenden Tankern steigt nicht die Besatzungsstärke, im Gegenteil: sie sinkt durch zunehmende Automatisierung von 48 Mann auf 28 Mann (1967).

Mitte der 1970er Jahre erreichen die Tankergrößen mit 500.000 tdw, 50.000 PS Antriebsleistung, L ca. 400 m, B ca. 60 m, T ca. 28 m einen Wert, der technisch sicher noch weiter zu steigern ist, aber doch etliche andere Faktoren zu Bedenken gibt.

Die Durchschnittsgeschwindigkeit der Tanker hat sich nur wenig geändert. Von 15,1 kn im Jahr 1960 auf 16,8 in 1970.

Die großen Tanker haben damals überwiegend Antrieb mit Dampf-Getriebeturbinen, die auf einen großen Propeller arbeiteten, heute hat sie der Dieselmotor aufgrund eines relativ hohem Wirkungsgrades verdrängt.

Supertanker BATILLUS, 1975 gebaut von Chantiers de l'Atlantique, *St.-Nazaire, Frankreich, für* Shell *als größter Tanker der Welt, L_{pp} 401,8 m, B 63 m, T 28,6 m, 553.662 tdw, 17 kn. Antrieb zwei Stal-Laval-Dampfturbinen, 2x 32.400 bhp, Doppelschrauben, 86 min^{-1} Elektrizitätsversorgung: ein Turbogenerator 1.700 kW, zwei Dieselgeneratoren 1.450 kW und 1.350 kW, letzterer auf dem Oberdeck angeordnet.*

Baukosten und Transportkosten sinken asymptotisch mit zunehmender Größe. Über 300.000 tdw lohnt sich der Umweg ums Kap der Guten Hoffnung. Der Suez-Kanal ist nur bis 12,2 m Tiefgang, die Malakka-Straße bis 17 m und Rotterdam bis 22 m befahrbar. Eine weitere Grenze ist der Panama-Kanal: Schiffbreite 106 ft (32,31 m) und max. Tiefgang 38 ft (11,58 m) im Gatunsee.

Das Größenwachstum der Tanker hat seit 1976 stagniert. Am 25.7.1976 stellte die französische Werft *Chantiere de l'Atlantique* in St.-Nazaire den Riesentanker BATILLUS (554.000 tdw, L 414 m, B 63 m, T 28,5 m) fertig, und Ende 1976 setzte die japanische Werft *Apame* in Yokosuka einen noch größeren ab, die SEAWISE GIANT (565.000 tdw, L 485 m, B 68 m, T 24,6 m). Damit war vorerst ein Höhepunkt erreicht.

Obwohl in 20 Jahren sich die Tankergröße verzehnfacht hat, ist die Antriebsleistung nur drei bis vierfach von etwa 15.000 PS bei Schiffslängen von 300–440 m gestiegen. Die Geschwindigkeiten sind bei 15–16 kn aus wirtschaftlichen Gründen stagniert. Tanker sind hydrodynamisch ausgesprochen langsame Schiffe und haben Blockkoeffizienten von 0,85. Da nach oben Raum ist, sollte der Maschinenraum so kurz wie möglich sein.

Die Stoppstrecke eines dieselgetriebenen Tankers, immer noch etwa 3.000 m, ist nur halb so lang (10 min) wie bei einem dampfgetriebenen.

Bei Schiffen, die im Falle eines Ausfalls des Hauptantriebs Umweltschädigungen verursachen könnten, setzt sich ein Hilfsantrieb als »Power Take Home (PTH)« fast schon als Standard durch, z.B. bei Tankern. Im Normalbetrieb wird über das Tunnelgetriebe, z.B RENK SHHL II-1600, ein Generator betrieben, der im Notfall als Elektromotor antreibt. Dabei ist die Propellerdrehzahl abgesenkt, um einen besseren Wirkungsgrad bei der geringerer Leistung zu haben.

Das Gesagte gilt auch für andere Massengut-Transporter, auch für Containerschiffe, bei denen, da sie ja Stückgut verschiedenster Art transportieren, hohe Geschwindigkeiten (25 kn) gefordert werden, mit entsprechend hohen Antriebsleistungen, sodass immer ein intensives Abwägen der Wirtschaftlichkeit nötig ist.

Als weitere Besonderheit sei erwähnt, dass die Übersee-Containerschiffe meist mit ausfahrbaren Flossenstabilisatoren gegen zu starkes Rollen in Seegang ausgestattet sind sowie mit Quer- oder Strahlruder zur besseren Manövrierfähigkeit in engen Fahrwassern und Häfen. Wegen der hohen Geschwindigkeiten bis an die 30 kn sind die Antriebsleistungen – meist Getriebeturbinen – groß:

		BRT	20 ft Container	kW	kn
HAMBURG EXPRESS	1972	58.088	3.010	58.840	27
OSAKA BAY	1973	58.889	3.000	59.664	26
CITY OF EDINBURGH	1973	58.440	2.804	64.724	26,5
SEA-LAND TRADE	1973	50.325	1.086 (40 ft)	88.260	33

Heute deckt der Dieselmotor diesen Leistungsbereich auch ab, sodass keine Dampfturbinenantriebe mehr gebaut werden.

Einige haben dann auch Doppelschrauben-Antrieb bekommen, was man aber möglichst zu vermeiden sucht.

Dazu gibt es ein Mehrfaches kleiner Containerschiffe, so genannte Feeder-Schiffe zum Verteilen oder Sammeln der Container aus kleineren Häfen, die nur 500, 1.000 oder 1.500 BRT, 50, 100 bis 200 20-ft-Container und 1.000 bis 3.000 kW bei 13 bis 15 kn haben und von einem Dieselmotor angetrieben werden.

Produkttanker sind Öltanker, die verschiedene Sorten von Erdölderivaten in separaten Ladetanks, mitunter auch mit verschiedener Temperatur, transportieren können. Sie sind selten größer als 40.000 tdw und verteilen über kurze Entfernungen. Wegen der kürzeren Länge ist die Froudezahl größer und dadurch die Völligkeit reduziert. Der Trend geht zu mittelschnell laufenden Dieseln mit Getriebe-Untersetzung und kurzen Maschinenräumen. Es gelten dieselben Auflagen wie für Öltanker.

Flüssiggastanker

Obwohl Flüssiggastanker, die verflüssigtes Erdgas (LNG) oder Petroleumgas (LPG) transportieren, als die sichersten Schiffe gelten, trägt jedes mehr Energie als mehrere Atombomben. Seit 1959 sind mehr als 33.000 Reisen ohne ernsten Unfall absolviert. Deshalb sind die Versicherungsraten 25% niedriger als für Öltanker. Frei werdende Dämpfe (Methan) sind nicht entzündbar in frischer Luft. 1877 gelang es dem Franzosen *Cailletet,* Methan durch Verdichten, Kühlen, Entspannen zu verflüssigen. Dabei reduziert sich das Volumen auf etwa $^{1}/_{600}$ bei –170° C.

Das erste Flüssigerdgas wurde 1912 hergestellt und der erste LNG-Tanker wurde 1914 patentiert, aber es dauerte noch, ehe man ökonomisch relevante Mengen herstellte. Aber der erste seegehende LNG-Tanker, die amerikanische METHANE PIONEER, der umgebaute Trockenfrachter MARLINE HITCH (5.180 t), fuhr von Lake Charles, Louisiana, nach Canvey Island, Essex, erst 1959. Sie hatte 5 Tanks mit insgesamt 5.123 m^3 Flüssiggas.

Heute fahren etwa 155 Flüssiggastanker, die Schätzungen für 2007 liegen bei 250, von denen schon 60 bestellt sind.

Flüssiggastanker haben heute meist 230–270 m Länge bei üblichen 19–20 kn und kleinen Froudezahlen. Ihre Antriebsleistung ist maximal 45.000 bhp auf eine Schraube.

Die Tanks müssen sehr gut isoliert sein, nicht nur, um die Verdampfung des verflüssigten Gases klein zu halten, sondern weil Stahl bei sehr niedrigen Temperaturen versprödet.

1969 baute beispielsweise die Werft *Kvaerner Masa* in Turku den größten Flüssiggastanker MRAWEK (116.700 BRZ, 72.950 tdw, L 290 m, B 48 m).

Auf die verschiedenen Flüssiggas-Transportsysteme kann hier nicht eingegangen werden, mehr als 50% der Schiffe verwenden seit 1971 das bei Kvaerner entwickelte sog. *Moss-*

LNG-Tanker GHASA*, Baujahr 1995, 71.593 tdw, der* National Gas Shipping Company, *Abu Dhabi. Die Gastanks sind vom* Mosstyp.

Rosenberg-sphärische Dom-Behältersystem, das unabhängig im Schiff angeordnet ist.

Erdgas besteht zu 80% aus Methan, das bei –163° C flüssig transportiert wird. Man geht heute auf 150.000 m³ Ladekapazität, 250.000 m³ sind in der Entwicklung, wobei man dann auf andere Membran-Behältersysteme im Schiffsrumpf integriert übergehen wird.

Petroleumgas (Propan oder Butan) kann entweder durch hohen Druck oder durch niedrige Temperatur verflüssigt werden. Die meisten LPG-Tanker nutzen Kälte von mindestens –46° C. Das flüssige Gas wird – üblicherweise in vier kubischen Tanks – transportiert und nicht als Brennstoff genutzt, sondern in die Ladung zurückgeführt. Die verschiedenen Gase (Flüssigkeiten) müssen getrennt in den Behältern transportiert werden.

Während des Transports wird das verdampfende Gas, etwa 0,25% je Tag, heute nur noch 0,15% dank besserer Isolierung, von einem Kompressor zu den Dampfkesseln der Dampfturbinen-Antriebsanlage gepumpt. Dieses war und ist der übliche Antrieb der Flüssiggastanker und hat sie zu den umweltfreundlichsten Schiffen gemacht. Das verdunstende Erdgas aus seiner Flüssigphase von –163° C nennt man »Boil-off«-Gas, das als hochprozentiges Methan einen hohen Heizwert hat. Deswegen wird es vom Dampfturbinenantrieb schon seit den späten 1960ern, seit es LNG-Tanker gibt, verheizt.

Zurzeit findet eine Änderung zur höheren Wirtschaftlichkeit des Gasmotor-antriebs statt. Da Dampfturbinen als Schiffsantrieb nahezu ausgestorben sind, sind sie relativ teuer geworden, und es ist schwierig, fachlich qualifizierte Bedienung zu finden. Die heutige Größe eines LNG-Tankers liegt bei 135.000–145.000 m³ Transportvolumen und 19–20 kn Geschwindigkeit. Das bedingt eine Dampfturbine von etwa 27.000 kW, zwei Kessel je 65 t/h Dampf und Turbogeneratoren zur Energieerzeugung und kostet etwa 22 Mio. US-Dollar. Um das zu ersetzen – daran wird zurzeit gearbeitet –, wäre denkbar:

1. dieselelektrischer Antrieb mit Dual-Fuel-Dieseln, die also Erdgas niedrigen Drucks oder Schweröl verbrennen
2. gasturboelektrischer und dampfturboelektrischer Antrieb (COGES)
3. Wiederverflüssigung und Rückführung zur Ladung, ansonsten Dieselantrieb.

Studien haben ergeben, dass alle drei Alternativen signifikant billiger sind in der Investition als die Referenzanlage. Die Differenz beträgt zu den Gesamtkosten von 160–170 Mio. US-Dollar etwa 2–4%. Doch ist das nicht allein entscheidend, der Betreiber wird noch Weiteres abwägen, wie

- variable Betriebskosten
- Kosten je Reise, darin gehen die Entfernungen ein, die für LNG sehr unterschiedlich sein können
- Flexibilität zu unterschiedlichen Treibstoffen, um Preisunterschiede zu nutzen
- Art des Transports (Membran- oder Kugeltank)
- Zweischraubenantrieb scheidet aus, da sehr viel teurer
- Risiko beim Umstieg auf andere Antriebsart

Obwohl also ein anderer Antrieb Vorteile zu bieten scheint, ist die »Innovation« hürdenreicher als der Nichtverantwortliche meint.

Das verdunstende Gas wäre bei großen Tankern nur aufwendig wieder zu verflüssigen, so ist es wirtschaftlicher, es als Antrieb zu verbrennen, am besten im Dual-fuel-Betrieb im Dieselantrieb.

Das Entladen der Tanker findet nie vollständig statt, um auf der Ballaströckreise noch verdampfendes Erdgas zur Kühlung der Tanks und als Brennstoff für die Maschine zu haben.

Der kleine Gastanker PIONEER KNUTSEN ist 2003 mit zwei Dieselgeneratoren ausgestattet, der eine läuft mit verdampftem Erdgas aus den Ladetanks, der andere mit üblichem Dieselöl. Zwei elektrische Schottel-Propeller, um 360° drehbar, treiben das Schiff mit 12 kn an.

Bei *Chantiers de l'Atlantique* ist ein 75.000-m³-Gastanker für *Gaz de France* in Bau, das mit vier *Wärtsilä*-Sechs-Zylinder-Dieseln und Generatoren mit insgesamt 22.800 kW ausgerüstet wird, die 16 kn Geschwindigkeit geben sollen. Wenn die Diesel mit Erdgas laufen, wird etwas Dieselöl mit verbraucht, um die Zündung einzuleiten. Obwohl die Anlagekosten höher sind als bei einer Dampfturbine, hat sie den Vorteil, mehr Laderaum zuzulassen, weniger Verbrauch zu haben und eine höhere Zuverlässigkeit.

Komprimiertes Gas – Gastanker

Der indonesische Reeder *PT Arpeni* denkt an eine neue Art von Gastankern, den CNG-(Compressed Natural Gas)-Schiffen, und ist dazu mit der koreanischen Werft *Hyundei Heavy Industries* im Gespräch. Das Schiff soll 75.000 m³ komprimiertes Erdgas fassen, direkt ohne Verflüssigung geladen und direkt wieder genutzt werden kann. Man sieht einen wachsenden Bedarf dafür in dezentralen Elektrizitätskraftstationen, die mit Gasmotoren und Generatoren aufgebaut sind. Die Kosten für das Schiff sollen etwa doppelt so hoch wie für einen VLCC-Supertanker sein. Es wäre natürlich für den Antrieb mit Gas-Dieselmotoren prädestiniert.

Der Gasdieselmotor

Die Entwicklung von Gas-Dieselmaschinen hat in den letzten Jahren auch für Schiffsanwendungen an Bedeutung gewonnen, vor allem für Gastanker, die für ihre Dampfturbinen die Verdunstung ihrer eigenen Flüssiggasladung verbrennen. Dieses durch Dieselmaschinen zu ersetzen, ist aussichtsreich wegen des geringen umweltbelastenden Abgases, reduzierter Wartung und längeren Betriebszeiten zwischen Generalüberholungen. *Wärtsilä*-Dieselmaschinen, Mittelschnellläufer, können mit Schweröl, Dieselöl, Rohöl direkt von der Quelle oder Erdgas betrieben werden, wobei ohne Unterbrechung automatisch umgeschaltet werden kann. Die Anwendung solcher Maschinen ist nicht nur für Gastanker interessant, sondern auch für landnah – versorgungsnah – operierende Fähren.

Die *Man B&W*-Gruppe bietet Vier- und Zweitakt-Gasmotoren an. Ein Hochdruck-Gas-Einspritz-System ist mit dem japanischen Lizenznehmer *Mitsui* entwickelt, der eine Zwölfzylinder-Maschine zur Energieerzeugung an Land von 41.000 kW geliefert hat (1998). Die großen Gas-Dieselmaschinen haben – wie die für Flüssigbrennstoffe auch – nur den Zylinderraum (ohne Vorkammer). Auch die Gasmaschinen können mit Aufladung arbeiten, wobei entweder nur Luft oder ein Gas-Luft-Gemisch bei Viertaktmaschinen, bei Zweitakt immer nur reine Luft hineingedrückt wird. Entsprechend dem stöchometrischen Verhältnis wird Brennstoff eingespritzt. Das kann entweder mit niedrigem Druck vor Beginn der Kompression oder aber mit hohem Druck kurz vor dem oberen Totpunkt des Kolbens geschehen. Ersteres wird bei neuen Maschinen nicht angewendet, da immer die Gefahr der unkontrollierten Selbstzündung besteht. Zur Sicherung der Zündung wendet man entweder Flüssig-Dieselöl-Piloteinspritzung (zuverlässig) oder eine Glühkerze (billiger) an. Der Verbrauch für die Piloteinspritzung liegt um die 5%. Der Leistungsbereich großer Gasmotoren liegt heute (Anfang des

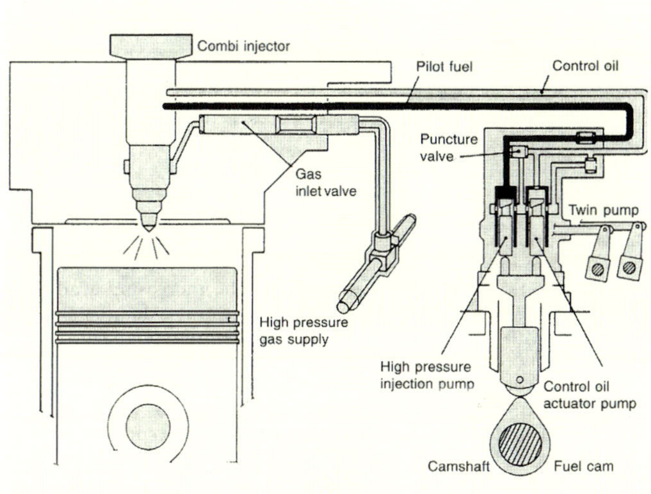

Brennstoff-Einspritzsystem des MAN B&W Diesel 16 V 28/32-GI. mit Hochdruck-Gas-Einspritzung

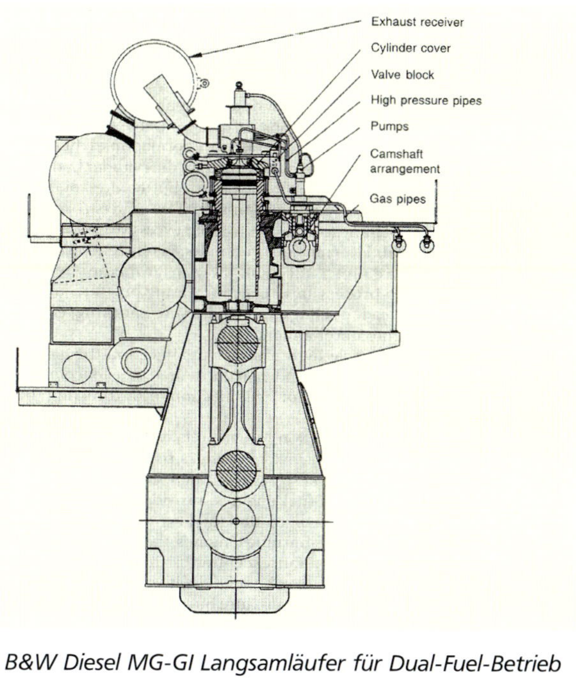

MAN B&W Diesel MG-GI Langsamläufer für Dual-Fuel-Betrieb

21. Jhdts.) im Bereich 3.000 kW bis 68.000 kW. Die Entwicklung ist aber noch nicht im stabilen Stadium.

6.20 Innovation bei Hilfsmaschinen

Die Energieversorgung auf dem Schiff durch Dampf und wenige Jahrzehnte später durch Elektrizität bewirkte natürlich die Entwicklung vielerlei Hilfsmaschinen, sei es zur Unterstützung der Hauptmaschine oder zur Entlastung des Menschen, Steigerung der Produktivität bei der Arbeit oder später dann zur Automatisierung bis zum Fahren der Antriebsanlagen von der Brücke heute und Überwachung in einem zentralen Leitstand.

Neben der Antriebsmaschine und ihren Hilfsmaschinen existieren eine Vielzahl von Schiffshilfsmaschinen zur Aufrechterhaltung des Schiffsbetriebs.

Dieses weite Feld kann hier nicht ausgeleuchtet werden, genannt seien nur:

- Pumpen zum Lenzen, Ballasten, Feuerlöschen und Deckwaschen
- Aschetransport bei Kohlefeuerung
- Rudermaschine (Steuereinrichtung)
- Ankereinrichtung
- Kompressoren
- Beleuchtungsanlage
- Signalanlagen, Kommunikations- und Navigationsanlage
- Pumpeneinrichtung für Süßwasser
- Seewasserverdampfer

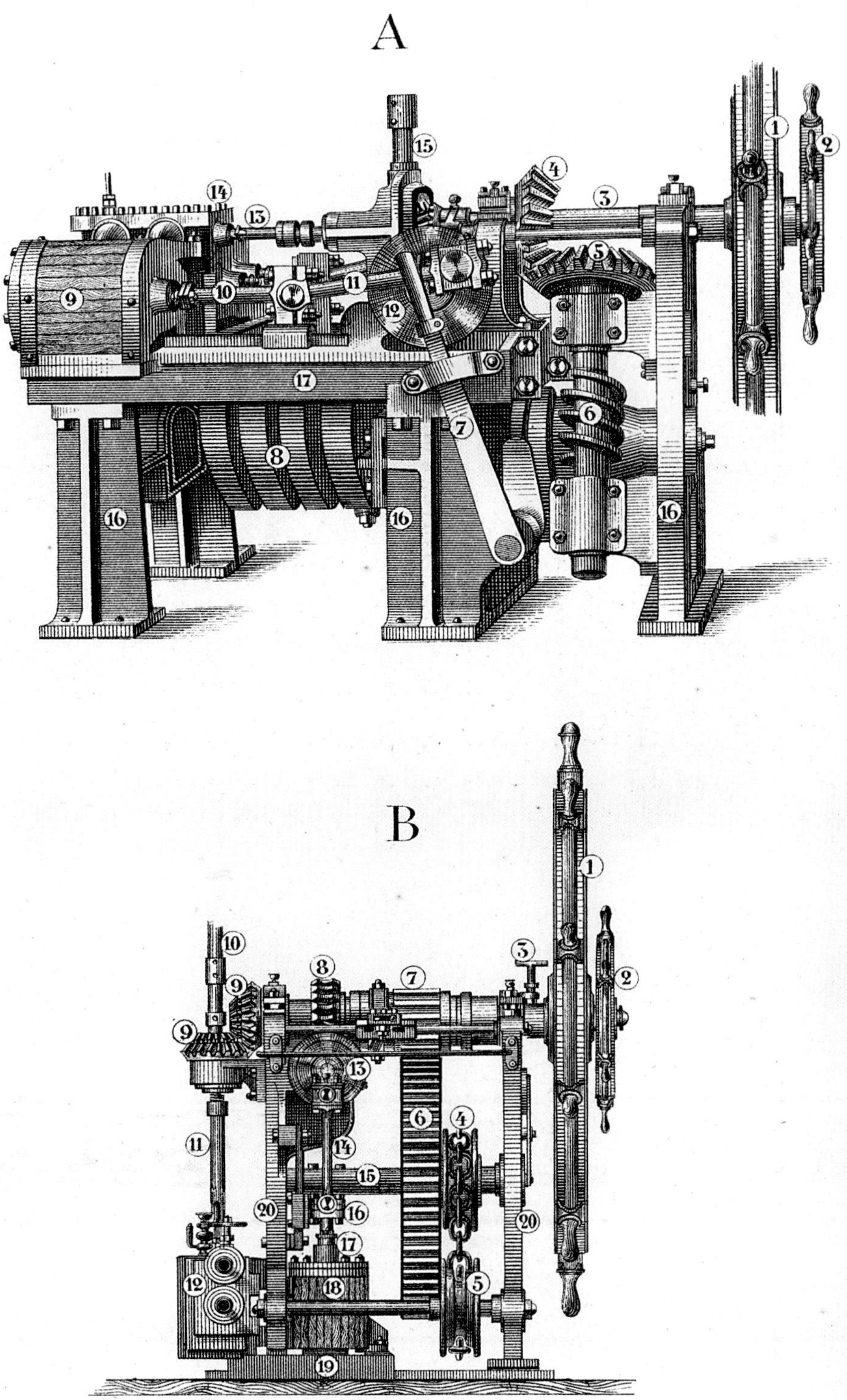

Horizontale (A) oder vertikale (B) Dampf-Ruder-Maschine im 19. Jhdt.

(A) 1 Hand-Ruderrad, 2 Dampf-Ruderrad, 3 Übertragungswelle, 4 Kegelrad (auf Übertragungswelle), 5 Kegelrad (auf Schneckenwelle), 6 Schneckenwelle, 7 Hebel, 8 Kettentrommel, 9 Zylinder, 10 Kolbenstange, 11 Pleuelstange, 12 Kurbelscheibe, 13 Ventilstange, 14 Ventilgehäuse, 15 Ventilstange (zur Brücke), 16 Ständer, 17 Fundamentplatte, (B) 1 Hand-Ruderrad, 2 Dampf-Ruderrad, 3 Stellschraube, 4 Übermittlerrad, Steuerkette, 5 Führungsrolle, 6 Stirnrad, 7 Antriebsritzel, 8 Schneckenrad, 9 Kegelrad, 10 Ventilstange (zur Brücke), 11 Ventilstange, 12 Ventilgehäuse, 13 Kurbelscheibe, 14 Pleuelstange, 15 Hauptwelle, 16 Kreuzkopf der Kolbenstange, 17 Stopfbuchse, 18 Zylinder, 19 Fundamentplatte, 20 Ständer

- Heizung
- Belüftung
- Kühleinrichtung für Proviant und Ladung
- Winden, Kräne usw.

Vor der Mechanisierung fehlten diese Einrichtungen oder sie mussten manuell betrieben werden. Seit der Einführung der Brennkraftmaschine als Hauptantrieb hat sich der elektrische Antrieb der Schiffshilfsmaschine und Elektrizitätserzeugung durch Dieselgeneratoren allgemein bewährt und durchgesetzt, auch auf Dampfern, auf denen Turbogeneratoren Elektrizität erzeugen. Damit hat der gesamte Schiffantrieb an Übersichtlichkeit gewonnen.

Für den Antrieb der Aggregate wurden zunächst Dampfkolbenmaschinen oder Turbinen genutzt, mit fortschreitender Entwicklung mehr und mehr Elektromotoren, diese seit der zweiten Hälfte des 20. Jhdts. ausschließlich.

Auf den Schnelldampfern um 1900 waren an die 50 Dampfmaschinen bzw. etwa 100 Dampfzylinder tätig. Während davor zur Umsteuerung einer großen, mehrere tausend PS leistenden Schiffsmaschine 4 Mann 1 min tätig waren, besorgte das dann 1 Mann mit einer Dampf-Hilfsmaschine in 10 Sekunden.

Besonders die Dampfwinden führten früher zu Ärger auf Passagierdampfern, da sie starken Lärm verursachten, vor allem durch ihre ungenau bearbeiteten Zahnräder. Man versuchte es mit hydraulischen, hierzu wurde Druckwasser oder –öl im Maschinenraum erzeugt, oder elektrischen Winden bzw. Kränen, die aber sehr viel mehr Instandhaltungsaufwand in den ersten Jahrzehnten verursachten.

Die Umstellung des Hilfsmaschinenantriebs von Dampf auf Elektromotoren wurde natürlich ab den 1920er Jahren mit zunehmender Anwendung des Dieselmotors als Hauptantrieb vorangetrieben.

Elektrische Energie fand Ende des 19. Jhdts. Eingang in die Schifffahrt.

Bis dahin war etwa ab 14. Jhdt. Bordbeleuchtung mit Beleuchtungskörpern für Öl und Talgkerzen anzutreffen. Ab 1650 wird Steinkohle zu einem Handelsartikel und zu Heiz- und Beleuchtungszwecken benutzt. Bei größeren Schiffen wurde eine Hecklaterne üblich. Eine Verbesserung der Innenbeleuchtung kam durch die Erfindung der Argandschen Lampe mit doppeltem Luftzug und Glaszylinder (1789) und der Stearinkerzen durch *Chevreul* (1825). Bis zu Beginn des 19. Jhdts. war wohl auch – den Möglichkeiten entsprechend – der Wunsch, die Dunkelheit zum Tage zu machen, nicht vorhanden. Noch im März 1819 schreibt eine große Zeitung gegen die öffentliche Gasbeleuchtung: *»... weil sie als Eingriff in die Ordnung Gottes erscheint. Nach dieser Ordnung ist die Nacht zur Finsternis eingesetzt, die nur zu gewissen Zeiten vom Mondlicht unterbrochen wird. Dagegen dürfen wir uns nicht auflehnen, den Weltplan nicht hofmeistern, die Nacht nicht in Tag verkehren wollen.«*

Die Petroleumlampe kam 1865. Allerdings stieg dann auch die Feuergefahr, die bis heute zur häufigsten und gefährlichsten Unfallursache auf See wurde. 1857 machte *Faraday* erste Versuche mit elektrischem Bogenlicht, *Gramme* stellte 1860 erstmals die Dynamomaschine industriell brauchbar her. So waren Suezkanal-Scheinwerfer die erste akzeptierte Anwendung elektrischen Lichts auf Schiffen. Der weltweite Durchbruch kam 1881 durch *Edison* auf der Pariser Weltausstellung mit seiner Kohlenfadenlampe.

1876 war der französische Schraubendampfer AMERIQUE der CGT erstes Schiff mit elektrischer Beleuchtung, anfangs aber nur außen, bald folgten Innenbeleuchtung und elektrische Klingeln in den Kabinen.

1878 erhält die CITY OF BERLIN der *Inman Line* einen kleinen Generator und sechs Lampen installiert. Sie war wohl damit der erste Atlantik-Liner mit elektrischem Licht.

Ab 1880 erfolgt die zunehmende Ausrüstung von Passagierschiffen mit Elektrizität.

1880 erhält der deutsche Dampfer COLUMBIA die erste Glühlichtanlage mit 115 Glühlampen. *Thomas Edison* fertigte dafür eigenhändig Skizzen für die AEG an, 1883 der Schnelldampfer WERRA des Norddeutschen Lloyd. 1912 werden auf der IMPERATOR 14.000 Glühlampen von *Siemens* installiert; *Siemens* hatte 1905 die ersten Metallfadenlampen anstatt der mehr Strom verbrauchenden empfindlichen Kohlefadenlampen entwickelt. Der Dampfer ELBE wird 1893 erstmalig von Siemens mit Glühlampen ausgerüstet. Die ersten Dynamomaschinen an Bord waren an der Wand angebracht und wurden mit Riemen von der unten stehenden Dampfmaschine angetrieben. Wegen der noch unzulänglichen Isolierung der elektrischen Leitungen litten die Anlagen unter Kurzschlüssen und waren sehr wartungsintensiv, vom Maschinenpersonal also nicht freudig aufgenommen.

Das Kabellegeschiff FARADAY, das 1874 von der englischen Siemens-Niederlassung zum Kabellegen zwischen England und Amerika gekauft wurde, erhält 1877 als erstes Schiff der Welt eine E-Anlage mit Generator und Bogenlampe, um auch nachts arbeiten zu können. *Werner von Siemens* hatte das elektrodynamische Prinzip 1866 entwickelt.

Bei Tankschiffen wurde sie für die Beleuchtung gefordert. Dazu wurden zunächst Dynamos, heute Generatoren genannt, durch kleine Dampfmaschinen angetrieben, später dann bis in die heutige Zeit durch Turbinen, vor allem aber Dieselmotoren. Diese »Gensets« kommen einbaufertig von den Generatoren- bzw. Motorenherstellern. Etliche Schiffe haben Wellen-Generatoren, die von der Schraubenwelle mit angetrieben werden, sodass in Fahrt keine Maschine zur Stromerzeugung betrieben werden muss.

Die Elektrizität an Bord wird aber nicht nur für Beleuchtung und ggf. Heizung eingesetzt, sondern auch für die Gebläse zur Lüftung und Klimatisierung. Viele Schiffe haben heute noch einen Heizkessel für die Warmwasserversorgung an Bord.

Die Elektrifizierung der Hilfsmaschinen wie Ankerwinden oder Rudermaschinen begann kurz vor dem Ersten Weltkrieg.

1895 wird die AEGIR der deutschen Kriegsmarine vollständig mit elektrischen Hilfsmaschinen von *Siemens* ausgerüstet.

Wegen der Explosionsgefahr sind bei Tankern keine elektrischen Hilfsmaschinen an Deck, sondern Lade- und Ballastpumpen sowie Tankreinigung müssen mit Dampfturbinen-Antrieb ausgerüstet sein, aber die Ölpreis-Entwicklungen der letzten Jahre sowie die Entwicklung großer langsam laufender Diesel mit Zylinderleistungen über 4.000 PS haben die Ölheizkessel verdrängt. Der Bedarf an Dampf wird durch Abgas-Dampfkessel gedeckt. Eine Reihe von Tankern wurde von Dampf auf Diesel umgebaut.

AEG-Schiffsturbodynamo 220 kW 2200 min^{-1}, erste Hälfte 20. Jhdt.

6.21 Getriebe – ein wichtiges Bindeglied zwischen Maschine und Propeller

Um die Zeitwende wurden wohl die ersten Mühlenantriebe mit Wasserradantrieb und hölzernen Winkelgetrieben zu den Mühlsteinen gebaut. Die »Zähne« waren runde Holzpflöcke bzw. -stäbe. Mit der Entwicklung des Dampfantriebs mussten auch Zahnräder und Getriebe verbessert werden. So gründete *Johann Renk* schon 1873 seine Mechanische Werkstatt, die ab 1882 *Maschinen- und Zahnräderfabrik Johann Renk*, Augsburg, hieß, ab 1923 gehörte das Unternehmen zur *Gutehoffnungshütte*. Als die Drehzahlen durch Elektromotoren und Dampfturbinen höher wurden, stiegen die Anforderungen an Genauigkeit und Schmierung, die Getriebe wurden gekapselt. Geschliffene Zahnräder wurden 1925/26 eingeführt, *Renk* war führend im Getriebebau. Der Stundenlohn für einen gelernten Arbeiter betrug 87 Reichspfennige. Laut VDMA gab es 118 Zahnräderfabriken in Deutschland. Renk baute Getriebe bis 1.000 PS und Raddurchmesser 3,2 m, 800 mm Zahnbreite, bis 2.500 PS.

Getriebe kamen von *Krupp Demag, Schichau Vulkan A.E.G und Skode*, über 2.500 PS von *Krupp, Skode und Hohenzollern*. Von letzterer wurde der Getriebebau gekauft, und am 1. Oktober 1929 nahm Renk den Großgetriebebau auf. Man begann mit den schwierigen Kegelrädern, baute selbst die dazu nötige Kegelrad-Hobelmaschine und baute »Doppelwinkelverzahnung« oder Wüst- Räderpaare, bei denen eine Zahnschräge um eine halbe Zahnteilung gegenüber der anderen versetzt war. So erhielt man 1929 den Auftrag für Getriebe für eine Serie von Schaufelradschleppern auf der Wolga aus Russland, die mit den modernen brennstoffsparenden Dieselmotoren ausgerüstet werden sollten. Die Motoren standen längs im Schiff, sodass die Drehzahl reduziert und die Leistung auf die querliegende Schaufelradwelle umgelenkt werden musste. Man hatte dann mit großen Schwingungsproblemen zu kämpfen, die durch große elastische Kupplungen mit Blattfedern und schaltbaren Lamellenkupplungen gelöst wurden. Ab 1934 sind diese Blattfederkupplungen auch bei kleineren Einzelantrieben angewendet, dann 1935 erstmals Gummikupplung und 1936 Hülsenfederkupplung. Man erreichte mit gehärteten und geschliffenen Zahnrädern über 60 m/s Umfangsgeschwindigkeit schon Mitte der 1920er Jahre.

Die kleinen, schneller laufenden Dieselmotoren waren natürlich nicht umsteuerbar, sodass in den 1920er Jahren Schiffswendegetriebe entwickelt und gebaut wurden, die auf dem aus dem Automobilbau bekannten Kegelraddifferenzial aufbauten. Bei Vorausfahrt wurde durch Schließen mit Handschaltung das Differenzialgehäuse mit der Antriebswelle verbunden, bei Rückwärtsfahrt war die Lamellenkupplung offen und das Differenzialgehäuse durch eine Handbremse festgehalten, sodass die Kegelräder eine Drehrichtungsumkehr bewirken. Bei Stopp war alles gelöst und das Differenzialgehäuse lief frei um. Auf Details der weiteren Entwicklung kann hier nicht weiter eingegangen werden, erwähnt sei nur, dass man auf eine Lösung nur mit Stirnzahnrädern kam, die bis in die 1970er gebaut wurden und zur Drehzahlreduzierung ein Untersetzungsgetriebe nachgeschaltet wurde. Bei Motorleistungen bis 100 PS und Drehzahlen 400–800 min^{-1} waren diese Getriebe bis nach dem Zweiten Weltkrieg bewährt. In den 1970ern begann auch für die Getriebehersteller die Zeit: Nicht mehr so gut wie möglich, sondern so gut wie nötig und so preiswert wie möglich. Die größeren Wendegetriebe wurden durch die immer besser gewordenen und mehr und mehr eingesetzten Verstellpropeller überflüssig. Damit war es auch nicht mehr so notwendig, die Schaltbarkeit hoher Leistungen (über 1.000 PS) durch Nasslamellenkupplungen mit Sinterbronzelamellen höher zu treiben. Eine andere Lösung dazu sind außen liegende, trocken laufende Kegelreibungskupplungen. Im Kriege stagnierte die Getriebeentwicklung, erst ab 1952 wurden wieder größere Untersetzungsgetriebe gebaut. Vorher war der Bau großer Dieselmotoren verboten, die Dampfturbine beherrschte das Feld hoher Antriebsleis-

Getriebe für ein eisgehendes Schiff für 2 x 12.825 kW bei 450 min^{-1} Umdrehungen, Achsabstand 5.200 mm, Eiszuschlag 50%, also 2 x 19.230 kW Auslegung, ein Verstellpropeller.
Abtriebsrad 4.700 mm Durchmesser, 31 t, ein sog. RENK-Checker überwacht Zahnfußbiegespannung, Schlupf der Schaltkupplung und Propellerschub.

Eisgehender Schüttgut-Transporter MV ARCTIC, 28.000 tdw, Mitte 1978 gebaut in Kanada, ein Dieselmotor mit Getriebeuntersetzung 3,2:1, Eisdicke bis 70 cm, Antriebsleistung bis 11.000 kW, Verstellpropeller in Kortdüse.

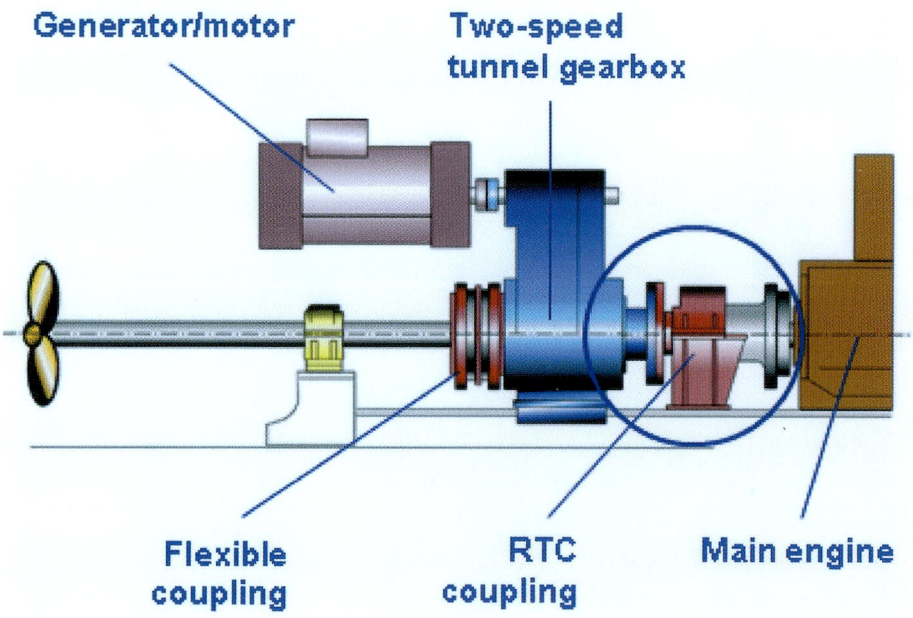

Antriebs- und GoHome oder PTH-System. Daten eines Beispieles (23.400 tdw, Chemikalientanker): RENK-Tunnelgetriebe auf dem Prüfstand

Antriebsleistung	*7.850*	*kW*
Drehzahl direkt	*127*	min^{-1}
PTH Leistung	*1.200*	min^{-1}
Propeller-Drehzahl	*75*	min^{-1}
Übersetzung	*16 : 1*	
Getriebegewicht	*18,5*	*t*

tungen, wobei die Turbinenhersteller häufig auch eigene Getriebe bauten.

Durch immer größer gewordene Abmessungen, Drehmomente und Wälzlager können die Ritzel im Betrieb »*taumeln*«, auch das Arbeiten der Getriebefundamente wirkt sich ungünstig aus, indem Zahnbrüche überraschend auftreten können. Man baut deshalb die Getriebe heute möglichst »selbsttragend« auf eigenen Füßen, vor allem bei Leistungen über 2 x 10.000 PS bzw. 2 x 2.000 mm Achsenabstand.

Die größte Wellenleistung über ein Getriebe liegt bei 46.000 PS, die von drei Dieselmotoren kommen.

Große Schiffsgetriebe sind meist Sonderkonstruktionen, weil auch fast jedes größere Schiff ein Prototyp ist. Damit existiert eine hier nicht erfassbare Vielfalt, und es können nur Beispiele dargestellt werden.

Selbst bei Langsamläufern denkt man heute an Untersetzungsgetriebe, um zu einer niedrigeren, wirtschaftlicheren Propellerdrehzahl zu kommen. Getriebe überwiegend Zahngetriebe, obwohl die feste Übersetzung bestenfalls abzustufen und die Geräuschemissionen Nachteile sind. Dagegen steht der unschlagbar hohe Wirkungsgrad und damit die geringe Wärmeerzeugung. Es überwiegt die Schrägverzahnung, um Achsschub zu vermeiden, häufig als Doppel-Schrägverzahnung (eine echte Pfeilverzahnung ist teuer) mit einsatzgehärteten, geschliffenen, genau im Profil berechneten Zähnen. Durch die Schrägverzahnung wird der Zahneingriff überlappend vergleichmäßigt. Wenn die Überlappung zwei ist, ist die Geräuschentwicklung minimal. Dabei ist die Genauigkeit/Toleranz von $^1/_{100}$ mm in den letzten Jahrzehnten auf $^1/_{1000}$ mm gestiegen bei Fertigung in klimatisierten Räumen.

Es gilt die Regel »wessen Lieferumfang zu Schaden kommt, ist auch schuld dran«. Besonders Getriebebauer haben darunter zu leiden und sind seit jeher an Schwingungsdämpfung durch elastische Kupplungen interessiert. Die erste elastische Kupplung der Welt im Schaufelradantrieb hatte bei 185 min^{-1} fast 2 m Durchmesser mit Blattfederpackungen.

Gummi als federndes Element wurde in »*Conti*«-Kupplungen seit 1935 verwendet. 1937 kam die *MAN-Renk*-Hülsenfederkupplung als patentierte Neuentwicklung wohl aus der Blattfederkupplung auf den Markt, wobei aber Resonanzbereich in der Drehzahl zu vermeiden sind bzw. schnell durchfahren werden.

Das ist bei der Flüssigkeitskupplung nicht der Fall, sie ist aber größer, schwerer, teurer und hat dauernd etwa 2% Leistungsverlust. Heute sind elastische Kupplungen – mit gewisser Dämpfung – (Vulkan-Kupplung) oder dämpfende Kupplungen – mit gewisser Elastizität – (Geislingerkupplung mit Ölkammern zwischen Flügeln) Marktführer.

7. Die Dampfturbine

7.1 Die Besonderheiten der Schiffs-Dampfturbine

Der Siegeszug der Dampfturbine im hohen Leistungsbereich bei Kraftwerken und großen, schnellen Schiffen innerhalb der ersten 10 Jahre des 20. Jhdts. ist ein Beispiel, dass auch in der Vergangenheit schnelle Marktänderungen eintraten. England führte eindeutig. Dort entstanden die großen Schnelldampfer LUSITANIA und das Schwesterschiff MAURETANIA mit je 4 Turbinen à 12.500 kW und über 25 kn Geschwindigkeit, allerdings mit jährlicher staatlicher Subvention von damals 3 Mio. Reichsmark. 1908 waren Turbinen mit Leistungen von bis zu 14.700 kW und mehr in Betrieb und Bau. Den Siegeszug zeigt die folgende Tabelle für Anfang 1908:

nach System	Anzahl	PS	seit
Parsons	1.900	3.800.000	1884
Curtis u. AEG	600	1.800.000	1902
Zoelly	300	400.000	1905
Rateau		150.000	1900
sonstige		150.000	

In ihren ersten 20 Jahren reduzierte die Turbine den Kohleverbrauch zur elektrischen Energieerzeugung an Land um 75%.

Die Idee dazu war ja schon alt und wurde von dem italienischen Gelehrten *Giovanni de Braca* 1629 beschrieben. Der Verdienst der Innovation Dampfturbine Ende des 19. Jhdts. gebührt dem englischen Ingenieur *Carles. A. Parsons* in Newcastle-on-Tyne, dem Amerikaner *Curtis* und dem Schweden *de Laval* in Stockholm. Letzterer baute kleine, sehr schnell drehende Turbinen.

Nach der Tabelle hatte im Durchschnitt eine Parsons-Turbine 2.000 PS und eine Curtis-Turbine 3.000 PS.

Bei der *Parson*-Turbine – die Entwicklung fand parallel zu *Dr. Carl Gustav Patrick De Laval* statt – wird der Dampf beim Eintritt durch einen in dem Gehäuse nach innen ragenden Leitschaufelkranz auf die folgenden Rotorschaufeln gelenkt, gibt dort in der Umkehr der Strömungsrichtung Energie ab, wird im nächsten Leitschaufelkranz wieder in die richtige Strömungsrichtung gedreht, trifft auf den nächsten Rotorschaufelkranz usw. Das Verhältnis Schaufel- zu Dampfgeschwindigkeit wird für einen hohen Wirkungsgrad möglichst konstant gehalten. Aus wirtschaftlichen Gründen macht man die Schaufelverlängerung nur in Gruppen von Schaufelkränzen, da die Schaufeln ihre Abmessungen durch Aufheizung ändern, hat es anfangs durch Berühren »Schaufelsalat« gegeben, denn man ist um möglichst

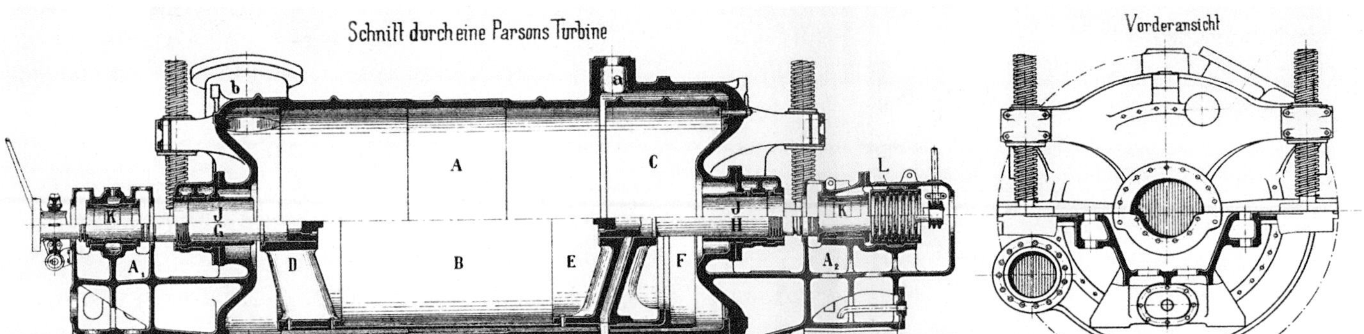

Die *Parson*-Turbine ist eine reine Überdruckturbine mit Druckabstufungen. Sie besitzt eine sehr hohe Stufenzahl, bei einzelnen Ausführungen bis 300 Stufen. Um die Länge der Turbine zu beschränken, sind die Schaufelkränze in Gruppen in einzelnen Gehäusen untergebracht. Die Teilturbinen werden analog den Kolbendampfmaschinen als Hoch-, Mittel- und Niederdruckturbinen bezeichnet. Die Teilung der Turbine bringt neben den konstruktiven noch ökonomische Vorteile. So kann man bei geteilten Turbinen verschiedene Leistungen ökonomischer erzielen als bei ungeteilten. A Gehäuse, A1 und A2 Lagerkörper, B Rotor, D und E Stahlguss-Nabenstern des Rotors, G und H Wellenstücke, C und F Entlastungszylinder, J Wellenstopfbüchse, K Lagerschalen dicht liegende Schaufelkanäle bemüht, um Spaltverluste zu vermeiden.

Die kinetische Energie im Dampf ist

$$E_{kin} = \frac{\text{Dampfmasse} \cdot v^2}{2}$$

Die Schaufeln waren ebene schräg gestellte Blechstreifen. Erst mit den wachsenden Kenntnissen über Strömungsvorgänge um Profile ab den 1920ern lernte man die Wirksamkeit einer Profilierung kennen.

In der *De-Laval*-Turbine (1883) wird in einem Düsenring der Dampf entspannt und erreicht dabei hohe Geschwindigkeit, das Turbinenrad muss mit halber Strömungsgeschwindigkeit umlaufen, um keine kinetische Energie verloren gehen zu lassen. *De-Laval*-Turbinen haben deshalb Drehzahlen um 20.000 min^{-1}. Man findet sie auf Schiffen als Antrieb für Dynamos zur Elektrizitätserzeugung. Wegen ihrer hohen Drehzahl führte *de Laval* auch als erster 1892 für einen Schiffsantrieb von 15 hp ein Untersetzungsgetriebe ein.

Die Turbine ist günstiger im Dampfverbrauch, eine 3.000-kW-Turbine lag bei 5,78 kg/kWh (1908). Im gleichen Maschinenraum kann man 5- bis 10-mal so viel PS an Turbinen wie Kolbendampfmaschinen unterbringen.

Bei der Dampfturbine kann die Energie des Dampfes besser ausgenutzt werden. Er kann bei

Kondensationsturbinen mit 0,05 bar austreten, Verluste wie in der Kolben-Dampfmaschine, z.B. Kondensation durch den ständigen Wechsel Ein- und Austritt, treten nicht auf sowie auch nicht die mechanischen Verluste, Umsetzung hin- und hergehender Bewegung in Rotation, die 10–20% betragen können. Dadurch reduziert sich der Dampfverbrauch, und die Leistungsgrenze ist nach oben verschoben. Trotzdem war die untere Grenze der Anwendung einer Turbine – auch einer Getriebeturbine ab Mitte der 1920er Jahre – 2.000 PS, darunter blieb die Kolbenmaschine.

Die im Dampf (Druck und Volumen) gespeicherte Energie wird in der Kolbendampfmaschine direkt in die Bewegung des Kolbens umgesetzt. Man kann aber auch diese statische Energie in Bewegungsenergie (Strömungsenergie) in einer Düse umsetzen und dann auf Schaufeln lenken, die einen Rotor drehen.

Bei einem Kesseldruck von 50 bar und der Luftleere im Kondensator von 0,05 bar ist das Druckgefälle 1.000, also 100-mal größer als bei einem Turbokompressor oder einer Gasturbine. Deswegen sind Dampfturbinen immer vielstufig, und häufig ist die erste Stufe nur partiell beaufschlagt. Die Abstufung kann auf zwei Arten erfolgen:

Druckstufung: In der Einströmung und den folgenden Leitschaufelkränzen wird ein Teil des Druckgefälles in Strömungsgeschwindigkeit umgesetzt. Durch Richtungsänderung der Strömung in den Laufschaufeln gibt der Dampf Energie ab, die Temperatur sinkt. Um das Laufrad herrscht gleicher Druck (Gleichdruckturbine). Die Umfangsgeschwindigkeit der Laufschaufeln ist

$$v_U = \frac{v_U \text{ einstufig}}{\sqrt{i}}$$

worin i die Zahl der Stufen ist.

Da die Quadrate der Umfangsgeschwindigkeit der einzelnen Stufen im selben Verhältnis stehen.

Geschwindigkeitsabstufung: Das ganze Druckgefälle wird in der Einströmung entspannt (*Laval*-Düsen) und die entstehende hohe Dampfgeschwindigkeit stufenweise abgebaut. Die Geschwindigkeitsstufen können nur partiell beaufschlagt sein, wodurch die Schnellläufigkeit noch weiter herabgesetzt werden kann. Die Leitschaufelkränze sind reine Umkehrkanäle aus Hakenschaufeln, in denen der Druck gleich bleibt. Die Umfangsgeschwindigkeit der Laufschaufeln ist

$$v_U = \frac{v_U \text{ einstufig}}{i \text{ Stufenzahl}}$$

also i Geschwindigkeitsstufen, z.B. 3 sind mit i^2 Druckstufen z.B. 9 gleichwertig. Geschwindigkeitsstufung ist also wirksamer und billiger, dafür aber erheblich schlechter im Wirkungsgrad. Grundsätzlich hat einstufig den besseren Wirkungsgrad, der Auslassverlust kann aber so erheblich sein, dass – sein Einfluss teilt sich durch die Stufenzahl – der Wirkungsgrad mit der Stufenzahl wächst.

Um die Bewegungsenergie voll auszunutzen, müsste der Rotor mit halber Dampfgeschwindigkeit (Gleichdruckturbine) oder voller Dampfgeschwindigkeit (Überdruckturbine) – bei 12 bar 400–600 m/s Umfangsgeschwindigkeit – drehen, was allein wegen begrenzter Werkstofffestigkeit nicht machbar ist. Deswegen braucht man Druckstufen zur stufenweisen Umsetzung von Druck in Geschwindigkeit. Eine weitere Drehzahl-Herabsetzung ist durch die Einführung von Geschwindigkeitsstufen erreichbar, indem der Dampf für das nächste Laufrad in einem Leitschaufelkranz wieder in die passende Strömungsrichtung umgelenkt wird. In Dampfturbinen werden beide genannten Wege parallel angewendet. In der Praxis ist eine Kombination Druck- und Geschwindig-

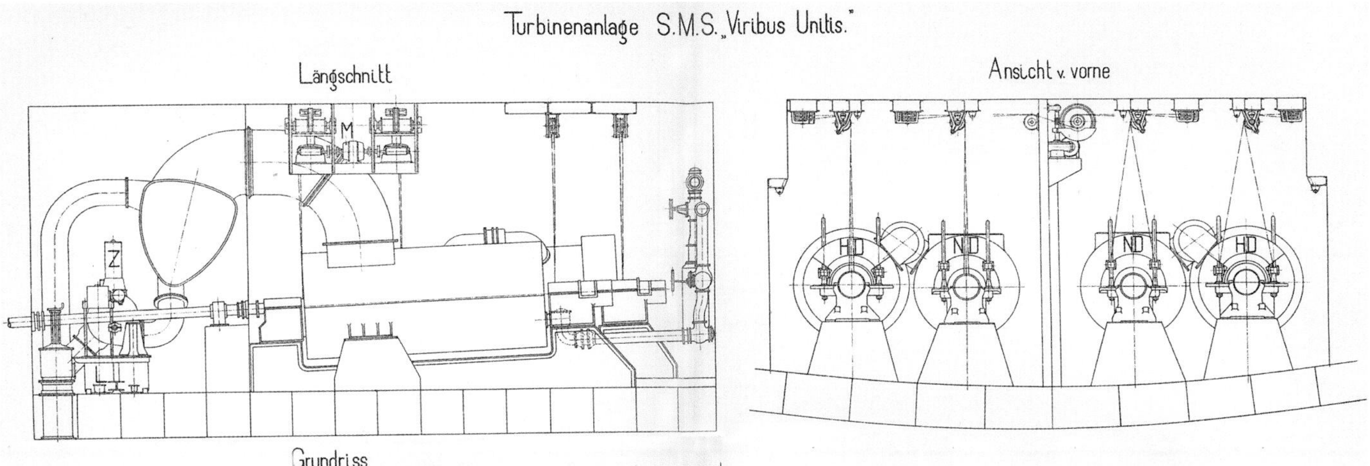

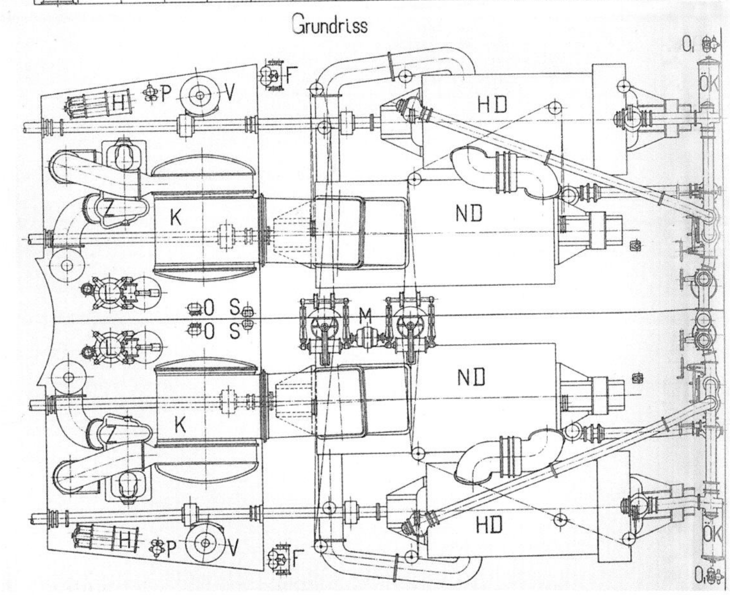

Turbinenanlage auf österreichischem Schlachtschiff S.M.S. VIRIBUS UNITIS. *Hochdruckturbinen arbeiten auf die beiden äußeren Propeller, Niederdruckturbinen auf die beiden inneren. Baujahr 1911, 25.000 PS, 20,8 kn*

keitsstufen üblich. Die Reibungsverluste des strömenden Dampfes steigen mit dem Quadrat seiner Geschwindigkeit.

Bei der Gleichdruckturbine herrscht am Laufrad gleicher Druck am Ein- und Austritt. Die ganze Fallhöhe (Druck) ist im Leitrad in Geschwindigkeit umgesetzt. Die Laufschaufeln müssen so ausgebildet sein, dass sie dem Dampf überall gleichen Strömungsquerschnitt bieten, und stark gekrümmt sein (Hakenschaufel), um zur Arbeitsleistung die Dampfströmung stark abzulenken. Die Ablenkung des Dampfstroms ist die einzige Ursache für das Entstehen einer treibenden Kraft am Rotor. Gleichdruckturbinen sind Langsamläufer, also kleine Radgeschwindigkeit trotz hoher Strömungsgeschwindigkeit. Das erste Laufrad kann auch nur teilweise partiell am Umfang axial beaufschlagt werden.

Bei der Überdruck- oder Reaktionsturbine wird nur ein kleiner Teil des Druckgefälles in Geschwindigkeit umgesetzt. Der verbleibende Druck presst die Strömung in das Laufrad hinein. Der Laufradkanal ist an der Austrittsseite enger, die Schaufel ist weniger gekrümmt als eine Gleichdruckschaufel. Der Wirkungsgrad müsste eigentlich besser sein, aber höhere Spaltverluste (Druckunterschied vor und hinter dem Laufschaufelkranz), höhere Radreibung wegen höherer Geschwindigkeit und Achsschub verhindern das. Überdruckturbinen sind Schnellläufer. Die treibende Kraft am Rotor entsteht auch durch Ablenkung, vor allem aber durch den Rückdruck im sich verengenden Kanal.

Die meisten Turbinen sind Gleichdruckturbinen mit 10% Reaktionsdruck, um die Vorteile des Überdrucks, um vor allem Grenzschichtanhäufung beim Durchströmen zu reduzieren.

Beim Durchströmen fällt Druck und Temperatur des Dampfs. Das wiederholt sich in jeder Turbinenstufe, gleichzeitig nimmt das Volumen des Dampfs/Gases zu. Deswegen müssen die Rotorschaufeln auf dem Durchströmweg immer länger werden und weiter auseinander stehen.

Als man in den ersten 15 Jahren der Schiffsdampfturbine noch keine Untersetzungsgetriebe dafür fertigen konnte, kam man deswegen, um z.B. 200 min^{-1} zu erreichen, zu großen Turbinendurchmessern in der Größenordnung von 5 m und mehr. Dampfgeschwindigkeiten von etwa 100 m/s waren anfangs üblich, nur $^1/_3$ bis $^1/_4$ der Geschwindigkeit, als wenn Dampf direkt aus einer Düse ins Vakuum strömt. Man war aus verschiedenen Gründen gezwungen, mit kleinem Druckgefälle je Stufe, niedriger Dampfgeschwindigkeit und vielen Stufen und Schaufeln zu arbeiten.

Seebäderdampfer KÖNIGIN LUISE *der Hapag, gebaut 1913 beim Stettiner Vulcan. Direkter Turbinenantrieb kam acht Jahre nach dem Bau des Schwesterschiffes* KAISER *nicht mehr in Frage. Es wurde eine hydraulische Untersetzung durch den sog. Föttinger-Transformator von 1:4 gewählt. Die beiden Propeller drehten mit 450 min^{-1}, die Turbinen meist 1.800 min^{-1}, 3.100 PSe je Turbine und Propeller.*
L 88,42 m, B 83,82 m, 1.720 t, 20 kn. Der Wirkungsgrad der Transformatoren (Föttinger-Getriebe) 87%. Zusätzlich wurden 2 Prozentpunkte dadurch gewonnen, dass das Übertragungsmedium das Kesselspeisewasser war und so vorgewärmt wurde, dass es mit 95° C eintritt. Kohleersparnis dadurch um etwa 2%, Kohleverbrauch 600 g/PSeh, Dampfdruck 16 bar, Temperatur 240° C.

Schon 1897 baut *Parsons* hinter eine kleine Schiffsturbine (10 hp, 19.720 min^{-1}), eine Untersetzung auf 1.400 min^{-1} der beiden Propeller einer 6,7 m Launch für 9 kn Geschwindigkeit, ein.

Um 1917 begann man mit doppelter Untersetzung, hatte aber die ersten Jahre erhebliche Schwierigkeiten.

Bis zur Entwicklung von Getrieben für das Übertragen hoher Leistungen in den Jahren um 1920 musste man also einen faulen Kompromiss: Drehzahl der Dampfturbine zu niedrig, Propellerdrehzahl zu hoch für besten erreichbaren Wirkungsgrad, gehen, also z.B. 400 min^{-1} Umdrehungen.

Die Drehzahlen der Schiffsturbinen bei Direktantrieb, wie bis zur Einführung von Zahnradgetrieben üblich, betrugen 500 bis abwärts 140 min^{-1}. Damals versuchte man 100 m/s Umfangsgeschwindigkeit bei den Laufrädern der Turbine nicht zu überschreiten. Zu große Raddurchmesser mussten auch wegen der Baugröße vermieden werden.

Eine möglichst große Schraube, die frei hinter dem Schiff arbeitet, ist das wirkungsvollste Antriebsorgan. Natürlich muss mit größerem Schraubendurchmesser die Drehzahl immer niedriger gewählt werden.

Das widerspricht der anderen Forderung wegen Gewicht, Abmessungen und Anlagekosten, möglichst schnell laufende Antriebsmaschinen zu haben. Ab dem ersten Jahrzehnt des 20. Jhdts. erhöht man deswegen die Schraubendrehzahl von z.B. 75 min^{-1} auf 150 min^{-1}, verdoppelte damit die übertragene Leistung, reduzierte aber den Wirkungsgrad und bekam Kavitationsschäden an der Schraube.

In den ersten Jahren der Anwendung der Schiffsturbine war man unsicher, ob der Kohleverbrauch tatsächlich sinkt. Ein aufschlussreicher Test (1905) wurde von der britischen Admiralität durchgeführt: Die Schwesterschiffe Kreuzer TOPAZE, SAPPHIRE, DIAMOND und AMETHYST, letztere mit Turbinenantrieb, die anderen drei mit Dreifach-Expansionsmaschinen, hatten 3.000 ts Verdrängung, 9.800 hp für 21,7 kn. Bei 14 kn ist der Kohle-

Das Föttinger-Getriebe (Transformator), das auch die Drehrichtung des Propellers umkehren konnte.
a) Einlauf Rückwärtsgehäuse
b) Auslauf
c) Auslauf Vorwärtsgehäuse
d) Einlauf

verbrauch gleich, darunter ist die Kolbenmaschine besser, darüber die Dampfturbine, bei 18 kn 20% weniger Kohleverbrauch, bei 20 kn 30% weniger, bei voller Kraft noch mehr. Mit ihren 750 ts Kohle kann also bei 20 kn die AMETHYST 3.160 Seemeilen, die anderen Kreuzer nur 2.140 Seemeilen dampfen. Der spezifische Verbrauch ist bei 20 kn 1,5 ts/hpi·h Turbine, 2,31 ts/hpi·h Kolbendampfmaschine. Gelobt wird auch der geringere Wartungs- und Reparaturaufwand der Turbinenanlage.

Nachteil aller Dampfturbinenanlagen ist der schlechte Wirkungsgrad im Teillastbereich.

Das größere Gewicht einer langsam laufenden Maschine (1920 nahm man an: Gewicht der Maschine in ts = 0,1·Leistung in PS) muss zum wirtschaftlichen Betrieb durch den höheren Propeller-Wirkungsgrad gerechtfertigt werden. Diese Überlagerung galt nur, als man bis in die 20er Jahre des 20. Jhdts. noch keine Untersetzungsgetriebe hatte, bis dahin bevorzugte man »Langsamläufer« trotz ihres höheren Gewichts. Da man damals der Zuverlässigkeit von Zahnradgetrieben für hohe Leistungen noch nicht traute, war der diesel- oder turboelektrische Antrieb immer wieder in der Überlegung, wobei man den Verlust durch die doppelte Energieumsetzung durch andere Vorteile kompensierte.

Das Problem wird seit Ende des Ersten Weltkriegs mit Zahnradgetrieben mit einfacher oder doppelter Untersetzung gelöst oder mit hydraulischer Untersetzung nach Prof. *Föttinger*.

Hermann Föttinger (09.02.1877–28.04.1945, er wurde in Berlin durch einen Granatsplitter tödlich verletzt) erfand 1903 – man hielt damals Leistungen des Zahnradritzels über 500 PS (370 kW) für nicht möglich – das Grundschema des »Turbotransformators«, eines hydrodynamischen Drehzahlwandlers. Er hatte sich seine Erkenntnisse dazu in jahrelanger Privatarbeit aufgebaut. Er hatte an der TH München Elektrotechnik studiert, 1924 erhielt er den Ruf an die TU Berlin auf den Lehrstuhl für Strömungsphysik und Turbomaschinen. Aber erst 1907, vier Jahre später, aufgrund einer Denkschrift *Föttingers,* entschloss sich der *Stettiner Vulcan* zum Bau eines Versuchsmodells (100 PS, 1.000/225 min^{-1}), das einen Wirkungsgrad von weit über 90% zeigte. Der *Vulcan*-Tender FÖTTINGER-TRANSFORMATOR war 1909 das erste Dampfschiff mit einer untersetzten 500-PS-Dampfturbine. Schon der Passagierdampfer GROSSADMIRAL VON TIRPITZ erhielt 1910/11 ein solches Untersetzungsgetriebe von 800/160 min^{-1}. Der Dampfer fuhr bis 1952 unter dem Namen EMPRESS OF CHINA und EMPRESS OF AUSTRALIA. Da diese hydraulische Untersetzung nur bis 1:5, die aufkommenden Zahnradgetriebe aber 1:25 in einer Stufe zuließen, wurde der *Föttinger*-Transformator ab 1924 verwendet als elastische Kupplung, die an- und abschaltbar war sowie die Übertragung von Drehschwingungen vermied.

Beim *Föttinger*-Transformator besteht eine elastische Verbindung zwischen dem mit hoher Drehzahl angetriebenen Kreisel- oder Pumpenrad und dem im selben Gehäuse befindlichen und über zwischengeschalteten Leitschaufeln beaufschlagten, mit der Propellerwelle verbundenem Abtriebsrad. Eine andere Möglichkeit ist die elektrische Übertragung. In einem Generator erzeugte elektrische Energie wird nach achtern zu einem Elektromotor geführt, der mit der Schwanzwelle und dem Propeller verbunden ist. Diese Art fand erst in den 1930er Jahren in die deutsche Schifffahrt Eingang, nachdem sie sich bei US-amerikanischen Schlachtschiffen und Fahrgastschiffen bereits bewährt hatte.

Eine Turbine kann nicht umgesteuert, d.h. in der Drehrichtung geändert werden. Also ist jeweils eine Rückwärtsturbine erforderlich, die in der Regel mit 50–60% Leistung der Vorwärtsturbine ausgelegt wird.

Die Leistungsregelung findet bei der Gleichdruckturbine durch Druck- und Mengenregelung des Dampfes statt, bei Überdruckturbinen durch Drosselung, was Energievernichtung bedeutet.

Da das Indikatordiagramm zur Leistungsmessung einer Kolbenmaschine bei der Dampfturbine nicht anwendbar ist, erfand *Föttinger* 1903 einen Torsionsindikator, der dann bei kontinuierlicher Messung aufgesetzt auf die Welle auch Drehschwingungen anzeigte.

7.2 Die Dampfturbine hat einen spektakulären Auftritt

Während der Spithead Naval Review, die aus Anlass Queen Victorias Diamond Jubilee (60 Jahre) am 26. Juni 1897 stattfand, gab es die Überraschung: Als die königliche Yacht VICTORIA AND ALBERT an den 170 ankernden Kriegsschiffen vieler Nationen 27 Meilen vorbeifuhr, schoss die kleine 100 ft (30 m) TURBINIA zwischen den Kriegsschiffen hervor, fuhr in bisher nicht gekannter Geschwindigkeit (32,75 kn) davon und schüttelte die verfolgenden Begleitschiffe ab. Es war die spektakuläre Präsentation des Dampfturbinenantriebes.

Charles Algernon Parsons (1854–1931), Aristokrat und Autodidakt, hatte vorher viel auf der Tyne experimentiert. Er war ein Mann voller Energie und Mut, Schwierigkeiten zu überwinden. 1884 konnte er die erste vielstufige Überdruckturbine – also Druckunterschied vor bzw. hinter den Laufschaufeln – vorweisen. Er änderte die Turbine von radialer zu axialer Zuströmung. Die Turbine war direkt mit der Propellerwelle, die drei Propeller trug, gekoppelt und drehte damit für die Propeller viel zu schnell. Erstmals wurde Kavitation und ihre negative Wirkung auf Propellerleistung und Material durch stroboskopische Aufnahmen im Glastank beobachtet. Er ordnete dann 3 Propellerwellen an und erreichte 34 kn Geschwindigkeit. Das Aufsehen wird auch dadurch deutlich, dass der deutsche *Prinz Heinrich* am Abend des Tages *Parsons* auf der KÖNIG WILHELM empfing.

TURBINIA *bei 34 kn.*

Die TURBINIA hatte eine L von 31,5 m, B 2,7 m, 9,9 m Raumtiefe, 44 ts, Stahlbau, 2.100 hp, gebaut bei *Brown & Hood*, Wallsend-on-Tyne, 1894. Die erste *Parsons*-Turbine hatte 1884 6 hp, die drei Schiffs-Turbinen 1884 in der TURBINIA leisteten 2.100 hp (1.550 kW) bei 2.200 min^{-1} Umdrehungen. Die Steuerbordturbine bekam Hochdruck von 15,5 bar und gab sie weiter an die Backbordturbine, von da in die mittlere Turbine, dann in den Kondensator. Es gab auch eine Rückwärtsturbine an der Mittelwelle. Die TURBINIA ist seit 1960 in der Turbinia Hall im Tyne & Wear Country Council Museum in Newcastle ausgestellt.

Das Wirkprinzip der Dampfturbine ist länger bekannt, als die Kolbendampfmaschine. 1629 blies *Giovanni Branca*, ein Ingenieur von Loretto, Dampf gegen Schaufeln, die am Umfang eines Rades befestigt waren, und brachte es so zum Drehen.

Die Geschwindigkeit des Dampfstrahls ist so groß, dass nicht nutzbare hohe Drehzahlen entstehen. Der Schwede *Carl Gustav Patrick de Laval* baute sehr kleine Turbinen mit Untersetzungsgetriebe, erzeugte aber nur kleine Leistungen. 1883 hatte er die erste betriebsfähige einstufige Gleichdruckturbine gebaut, der Dampf wurde in einer erweiterten Düse auf Überschallgeschwindigkeit entspannt. Große Leistungen bei nutzbarer Drehzahl war die Aufgabe, die sich *Parson* gestellt hatte.

Ende des 19. Jhdts. hatte die Dreifach- und Vierfach-Expansions-Kolbendampfmaschine für hohe Leistungen bis mehrere tausend Pferdestärken ihren Höhepunkt erreicht. Sie baute groß, vor allem hoch, durch mehrere Decks reichend. Eine Alternative kam, die in einem Deck untergebracht werden konnte und binnen weniger Jahre die Kolbendampfmaschine aus größeren und schnelleren Schiffen verdrängte. Neue Kriegsschiffe, vom Zerstörer bis zum Schlachtschiff, Passagierschiffe und schnellere Frachter wie Kühlschiffe wurden ab 1905 von Dampfturbinen angetrieben.

Die von *Parsons* gegründete *Marine Steam Turbine Company* sagte in ihrem Prospekt zur Dampfturbine: »*Gesteigerte Geschwindigkeit, erhöhte Tragfähigkeit, erhöhte Wirtschaftlichkeit im Dampfverbrauch, geringere Investitionskosten, geringeres Maschinengewicht, reduzierte Betriebskosten und Instandhaltung, stark verminderte Schwingungen, geringere Größe und Gewicht der Propeller und der Welle.*«

Die britische Admiralität bestellte schon 1899 ihre ersten turbinengetriebenen Zerstörer HMS VIPER und HMS COBRA, die beide 36 kn erreichten. 370 tdw, also nur $^1/_4$ so groß wie heutige moderne Zerstörer, L 64 m, B 6,4 m, vier Propellerwellen mit je zwei Schrauben, an den beiden äußeren Wellen Hochdruck-, an den inneren Niederdruckturbinen, die Rückwärtsturbine an den inneren Propellerwellen. Die Yarrow-Wasserrohrkessel lieferten 13,8 bar Dampfdruck und hatten Zwangsluftzufuhr. So wurden 8.200 kW erreicht. Nach Änderungen lief der VIPER beim Test am 13. Juli 1900 37,11 kn bei 1.180 min^{-1} Umdrehungen und 13,8 bar Dampfdruck. Schon am 3. August 1901 wurde er zum Totalausfall, indem er im Ärmelkanal bei einem Manöver auf einen Felsen lief. Der Zerstörer COBRA kam von *Armstrong Whitworth and Company*, die Turbinen ebenfalls von der *Parsons Company*, und hatte noch mehr Pech. Auf der Überführungsfahrt von der Tyne nach Portsmouth brach er am Morgen des 18. September 1901 in schwerer See auseinander. Ein eingesetzter Untersuchungsausschuss führte das mit großer Wahrscheinlichkeit auf strukturelle Schwächen des Schiffskörpers zurück. 1903 kam der leichte Kreuzer AMETHYST und dann 1905 der Durchbruch, als der erste Sealord Sir John Fisher entschied, dass das erste Schlachtschiff einer neuen Generation großer Schlachtschiffe, die revolutionierende HMS DREADNOUGHT, mit Turbinenantrieb ausgerüstet wird. Jede Turbine hatte 39.000 Schaufeln. Sie lief 22 kn schnell. Ihre Baukosten betrugen £ 1.797.497, ein großer Teil des Verteidigungsetats 1905/06.

Die britische VIPER *war das erste Kriegsschiff mit Turbinenantrieb 1899. 344 tdw, L 64 m, B 6,4 m, vier Wellen, auf jeder zwei Schrauben, 33,8 kn, Reichweite 920 Meilen bei 17 kn.*

Dieses Mal folgte die zivile Schifffahrt mit leichtem Verzug. Der ungeklärte Untergang der COBRA hatte sich negativ auf die *Parsons Company* ausgewirkt.

Das erste kommerzielle Schiff war der Ausflugsdampfer KING EDWARD mit 2.600 kW 1901. Der bei Messrs. *Denny of Dumberton* gebaute Dampfer von 76,2 m Länge machte 20,48 kn und hatte drei Schraubenwellen mit fünf (2-1-2) Propellern, die direkt mit den Turbinen 740 min^{-1} Umdrehungen machten.

Die Yacht EMERALD mit je einem Propeller auf den drei turbinengetriebenen Wellen war der erste Turbinendampfer, der den Atlantik überquerte.

Die ersten kommerziellen Transatlantik-Turbinendampfer waren die VICTORIAN und VIRGINIAN mit je 11.000 kW.

1904 baut die *Fa. Cockerill* in Belgien die mit 24 kn schnellste Fähre. Sie läuft im Ärmelkanal Dover–Ostende.

Im selben Jahr ließ die Cunard Line die CARONIA mit Dreifach-Expansionsmaschine (19 kn) und das Schwesterschiff CARMANIA mit Dampfturbine (über 20 kn) ausrüsten. Die Verbesserung wurde deutlich, und so bekamen die neuen schnellen Transatlantik-Liner MAURETANIA und LUSITANIA jeweils 52.200 kW Turbinenantrieb.

Mit den eleganten und schnellen Dampfern ab 1897, insbesondere KAISER WILHELM DER GROSSE, DEUTSCHLAND – die HAPAG beteiligte sich nicht am Geschwindigkeitswettstreit –, KRONPRINZ WILHELM und KAISER WILHELM II, hatte Deutschland Großbritannien im Nordatlantik-Verkehr überholt. Dazu kam, dass der amerikanische Finanzier *J. P. Morgan's International Mercantile Marine* bedeutsame Beteiligungen an der HAPAG, dem *Norddt. Lloyd* und der britischen *White Star Line* erworben hatte. Deswegen bot die britische Regierung der *Cunard Line* einen Kredit von 2,6 Millionen £ für den Bau zweier herausragender Schnelldampfer an, vorausgesetzt, dass Cunard 20 Jahre vollständig britisch bleibt und die Schiffe im Kriegsfall zur Verfügung stehen. Dazu kam ein Postbeförderungsvertrag von 75.000 £ pro Jahr und Schiff. Das führte zu den legendären MAURETANIA und LUSITANIA.

Parsons war klar, dass er allein nicht die Kapazität aufbauen konnte, um die schnell ansteigende Nachfrage zu befriedigen. Er vergab Lizenzen. So konnte ab 1. Januar 1904 die Schiffswerft *John Brown*, Clydebank, durch ihren Vorstand *John-Dunlop-Parsons*-Turbinen bauen. Die Werft musste dafür eine Lizenzgebühr von £ 2.500 jährlich und 2 s 6 d für jede Pferdestärke Maschinenleistung zahlen.

Der erste Dampfer von *John Brown* mit Dampfturbine war 1905 die CARMANIA.

Wer eine Erfolg versprechende Neuentwicklung anbietet, bleibt nie lange allein. Er wird das bedauern, andererseits treibt Wettbewerb die Fortentwicklung und verteilt die Last der Markterschließung. So gab es bald vier weitere Anbieter: *Curtis*, *Rateau*, *de Laval* und *Ljüngström*.

Curtis hatte sein Konzept schon 1896 patentiert bekommen und schon 1897 die Rechte an *General Electric Company* in New York verkauft. 1902 nahm die AEG (Allgemeine Elektrizitäts-Gesellschaft) die Lizenz für die *Curtis*-Turbine. Der Dampfer KAISER der HAPAG wurde 1905 bei der Vulkan-Werft, Stettin, mit *Curtis*-Turbinenantrieb ausgerüstet. Erst im

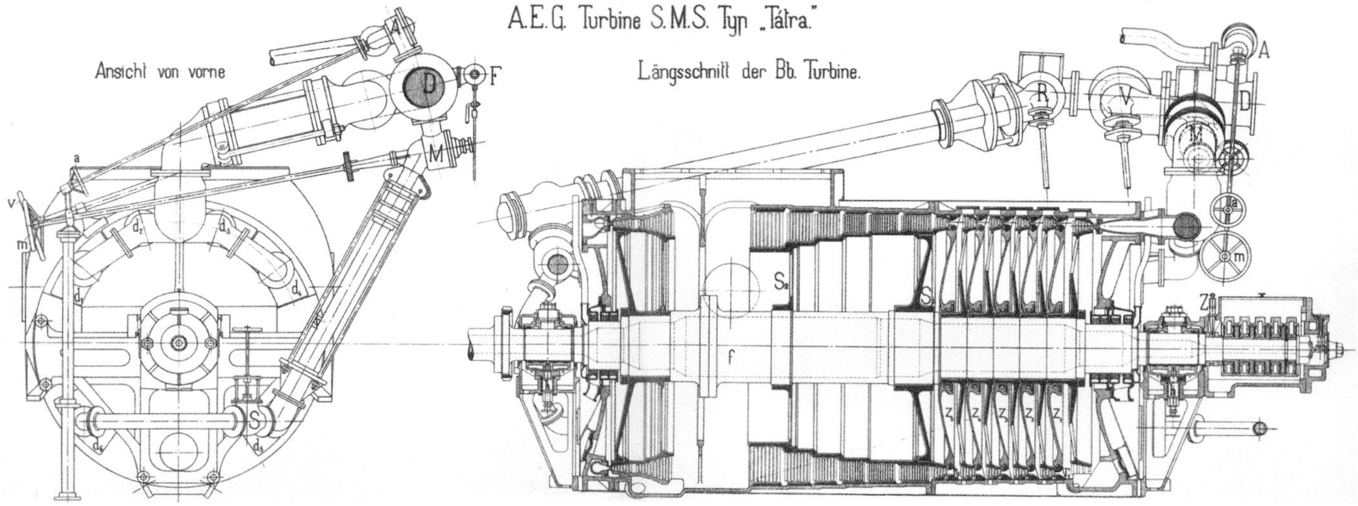

Vorwärts- und Rückwärtsturbine in einem gemeinschaftlichen Gehäuse auf dieselbe Welle arbeitend. Vorwärtsturbine besteht aus einem vierkränzigen und fünf dreikränzigen Curtisrädern. Der anschließende als Trommel ausgebildete Niederdruckteil enthält 29 Druckstufen. Die Rückwärtsturbine hat eine vierkränzige Druckstufe und eine daran anschließende 6-stufige Trommel. Die Räder sind auf die Welle gepresst und durch Federkeile gesichert. Das Gehäuse ist horizontal in der Mittelebene und zweimal vertikal geteilt. Der Hochdruckteil ist aus Stahlguss, die übrigen Teile aus Gusseisen hergestellt.

Mai 1908 bekam *John Brown & Company* als zweites Unternehmen eine Lizenz der *International Curtis Marine Turbine Company*.

Im Juli 1908 kam der junge amerikanische Ingenieur *Stephen Joseph Pigott* für ein Jahr, daraus wurde dann seine ganze Lebensarbeitszeit, nach Clydebank. *Charles Curtis* schrieb dazu an den Leiter des Maschinenwerkes, *Thomas Bell*: *»Wir halten es für wünschenswert, dass unser Herr Pigott auf der* LUSITANIA *zu Ihnen kommt, um das Schiff kennen zu lernen und Zeit zu sparen. In Anbetracht, dass er sehr anfällig gegen Seekrankheit ist und dass seine Frau, die sehr empfindsam ist, ebenfalls sehr empfindsam dagegen ist und ihr 4 Monate altes Baby mitnimmt, wünschen wir, dass Herr Pigott einen komfortablen Stateroom (Kabine) bekommt.«*

Es wurde eine erfolgreiche *Brown-Curtis*-Turbine entwickelt, die Vorteile gegenüber der *Parsons*-Turbine hatte. Nicht zuletzt deswegen bekam *John Brown* die Aufträge für die Schlachtkreuzer TIGER, REPULSE und HOOD.

Die Lizenzvereinbarung von 1904 mit *Parsons* umfasste übrigens alle Turbinen, sodass *John Brown* auch für *Curtis*-Turbinen an *Parsons* zahlte. Es zahlte sich aus, einen Streit zu vermeiden, denn *Parsons* stand in hohem Ansehen, und bis Juni 1916 wurden nicht weniger als 175 Schiffe mit Brown-Curtis-Turbinen ausgerüstet, sodass Curtis seine Lizenzforderungen von 1 Schilling je hp auf 9 Pence reduzierte.

Übrigens schrieb *Curtis* an *Pigott*: »... *Ich habe nicht den geringsten Zweifel, dass ihr die Umdrehungszahl weit unterhalb des in England üblichen bringen solltet, denn diese sind für den Propeller-Wirkungsgrad viel zu hoch. ...«*

Am 02.01.1907 unterzeichnet *Blohm & Voss* einen Lizenzvertrag mit der *Turbinia AG* zum Nachbau von *Parsons*-Turbinen. Für Schiffe bis 40.000 PSi sind 3, M/PSi zu zahlen, bei höheren Leistungen 5,– M/PSi. So zahlt die Werft für die Turbinenanlage ihres ersten Vierschraubenschiffs, des kleinen Kreuzers DRESDEN mit 15.000 PS, eine Lizenzgebühr von 75.000 M, verteilt auf drei Raten bis zur Beendigung der Probefahrten (1907/08).

Hermann Frahm ersann übrigens ein optisches Messgerät zur Messung der indizierten Leistung von Turbinen, der erste Apparat kommt auf dem *Cunard*-Dampfer LUSITANIA zum Einsatz.

7.3 Die Briten übernehmen die Führung im Turbinenantrieb

Die *Cunard Line* brachte 1905 zum Sammeln von Erfahrung die CARMANIA mit Turbinenantrieb in Fahrt. Das bei Ausbruch des Ersten Weltkriegs bewaffnete Schiff hatte übrigens am 14. September 1914 ein Gefecht mit dem deutschen Hilfskreuzer CAP TRAFALGAR, den sie beim Bunkern vor Trinidad überraschte und versenkte.

Die Erfahrungen mit dem Turbinenantrieb waren positiv, sodass die großen Schiffe LUSITANIA und MAURETANIA folgten.

Diese waren in vielerlei Hinsicht eine Innovation. Allein schon die Beherrschung der Belastung solcher großen Strukturen, je Schiff wurden etwa 4 Millionen Nieten verwendet.

Die Expansions-Kolbendampfmaschine hatte Dimensionen erreicht, die das Ende ihrer möglichen Entwicklung nahe legten. *Cunard* ließ die Alternative »Dampfturbine« von einer Kommission untersuchen. Sie kam im März 1904 zum Ergebnis, dass die Turbine die einzig richtige Lösung zur Erfüllung der Leistungs- und Geschwindigkeitsanforderungen ist. Bei den Schiffen ist die Turbine direkt an die Propellerwelle gekuppelt. Man war damals der Ansicht, dass ein Propeller nicht mehr als 20.000 hp übertragen solle, sodass das Schiff der erste Atlantik-Liner mit 4 Schrauben wurde, jede über 20 ft (6,7 m) Durchmesser. Die beiden äußeren werden von je einer Hochdruck-Turbine angetrieben, deren Abdampf dann auf je eine Niederdruck-Turbine wirkt und von dort in den Kondensator geht. An den beiden inneren Propellern greift auch je eine Rückwärtsturbine an.

Eine Rückwärts-, eine Niederdruck-Vorwärts- und eine Hochdruck-Vorwärts-Turbine in der Maschinenhalle in Wallsend, England

Die Hochdruck-Turbine hat 8 ft (2,7 m) Durchmesser und wiegt 72 ts, die Niederdruck-Turbine 11 ft 8 in (3,6 m) und wiegt 130 ts. Die Schaufeln oder Turbinenblätter sind 2–22 in (50–550 mm) lang. Alle Turbinen der MAURETANIA haben zusammen 3 Millionen Schaufeln.

Zur Dampferzeugung sind 23 Doppelender- und zwei Einender-Kessel vorhanden. Letztere haben 5,26 m im Durchmesser, 6,40 m Länge. Alle Kessel zusammen haben 192 Feuerstellen. Damit sind 14.634 m^2 Heizfläche und 378 m^2 Rostfläche gegeben. Es wird 13,5 bar Dampfdruck erzeugt, der mit 160 lb/sqin (11 bar) in die Turbinen geht. Die Kessel sind in 4 Räumen unterhalb der 4 Schornsteine angeordnet.

Das Gesamtgewicht der Antriebsanlage beträgt 9.400 ts, dazu kommen 5.000 ts Treibstoffgewicht. Das Leistungsgewicht betrug 224 pds/hp (136 kg/kW).

Die Kondensator-Oberfläche hat eine Größe von 7.692 m^2. Jede Minute werden 312 ts Wasser in Dampf und zurück umgeschlagen. Um eine Vorstellung zu geben: das entspricht dem Wasserverbrauch einer 3-Millionen-Stadt.

Ähnliches gilt auch für die elektrische Energie, die in vier Turbogeneratoren je 375 kW erzeugt. Die MAURETANIA erhielt auch erstmals neun elektrische Fahrstühle.

Die MAURETANIA, 37.938 BRT, L 240,8 m, B 26,8 m, T 11 m erreichte insgesamt 50.700 kW, eine Geschwindigkeit von 26,06 kn, vom 26.–30. September 1909 von Queenstown nach Ambrose (4 Tage 20 Stunden 51 Minuten), was erst 1929, also nach 20 Jahren, von der BREMEN unterboten wurde. Sie begann ihre Jungfernfahrt am 16.11.1907 von Liverpool nach New York über Queenstown/Irland. Auf der Rückreise nahm sie ihrem Schwesterschiff LUSITANIA mit 23,69 kn das Blaue Band ab.

Die MAURETANIA war von *Swan Hunter* and *Wigham Richardson's Shipyard* am Fluss Tyne im Nordosten Englands gebaut worden. Sie konnte Passagiere 1. Klasse 560, 2. Kl. 475, 3. Kl. 1.300 aufnehmen. Die Crew, seemännisch 70, Maschine 369, wovon ein großer Teil Heizer und Trimmer waren, und Hotel 827.

Im Jahre 1936 wurde sie verschrottet.

Das Schwesterschiff LUSITANIA ging in die Geschichte ein, nachdem sie am 7. Mai 1915 vor Südirland nach einem Torpedotreffer von U-20 unterging, was den Kriegseintritt der USA mit begründete.

1921 bis März 1922 wurden die *Scotch*-Flammrohrkessel der MAURETANIA von Kohle- auf Ölfeuerung umgestellt, obwohl Öl beträchtlich teurer ist, aber die geringe Zahl an Heizern und keine Trimmer sowie die höhere Durchschnittsge-

LUSITANIA, Schwesterschiff der MAURETANIA, bei der Meilenfahrt auf der Clyde. Sie hatte Dampfturbinen mit insgesamt 68.000 hp auf vier Schrauben für 24 kn. Sie gewann kurzzeitig das Blaue Band. Im September 1915 wurde sie von einem deutschen U-Boot vor Old Head of Kinsele, Ireland torpediert. Da auch Amerikaner ertranken, war das mit Anlass zum Kriegseintritt der USA.

Rauchsammler für 6 Kessel und Leitung zum Schonstein in der MAURETANIA.

Ein Gehäuseteil einer Dampfturbine wird mit einem Dampftraktor auf der Werft angeliefert.

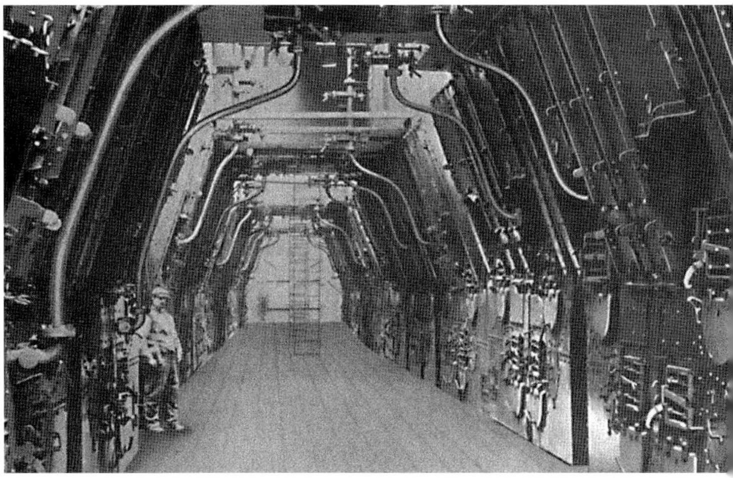

Ein Kesselraum der MAURETANIA nach Umstellung auf Ölfeuerung. Am 25.März 1922 begann die erste Reise Southampton—New York als Ölbrenner.

Die britische QUEEN MARY, L 1020 ft (309 m), vier Schrauben, von John Brown and Company, Clydebank, 1936 abgeliefert.

Turbinen der QUEEN MARY, je vier für die vier Propellerwellen und Untersetzungsgetriebe

Die vier Propeller der MAURETANIA. *Sie lief so vom Stapel, es gab kein ausreichend großes Dock in der Nähe. Die Propellerkanten sind noch zum Schutz abgedeckt.*

schwindigkeit, insbesondere in schlechterem Wetter, weil die Ermüdung des Heizpersonals entfällt und der Dampfdruck konstant bleibt, gleichen die höheren Treibstoffkosten aus. Das erforderliche Personal konnte um 184 auf 60 Personen reduziert werden. Auch die Instandhaltungskosten sanken.

Das Öl wird aus den Bunkern – den früheren Kohlebunkern – in einen beheizten Setztank gepumpt, von wo es erwärmt und damit flüssiger den Ölbrennern zugeführt wird. Der Geschwindigkeitsgewinn war da. Im August 1924 schlug sie selbst ihre vorhergehenden Rekorde ostwärts mit 26,25 kn oder New York–Cherbourgh in 5 Tagen, 1 Stunde, 49 Minuten, am besten Tag hatte sie 27,05 kn. Diese wurde im August 1929, nachdem die BREMEN konkurrierte, noch übertroffen, als sie 27,22 kn erreichte, 27,48 kn am 5. August, ihrem besten Tag. Ihre Maschinenanlage muss dann um die 66.200 kW geleistet haben.

Obwohl durch Maschinenantrieb und Mechanisierung vieler Funktionen auf einem Schiff das Maschinenpersonal und sein »CHIEF« an Bedeutung für das störungsfreie Arbeiten eines Schiffes gewonnen haben, stehen sie nicht im öffentlichen Blickpunkt, auch nicht des reisenden Publikums.

Am Beispiel der MAURETANIA haben wir gesehen, dass ein Schiff über 20 Jahre immer wieder Höchstleistungen vollbringen kann. Ihr Chief (Leitender Ingenieur) war *Mr. Andrew Cockburn*, der 1871 geboren, nach einer Karriere bei *Cunard*, zweimal, auf der LUSITANIA (1915) und der AURANIA (1918), torpediert, 1919 Chief der MAURETANIA wurde, bis er Ende 1932 in den Ruhestand ging. Auf ihn gehen etliche Verbesserungen zurück.

Die vor dem Ersten Weltkrieg, also zwischen 1910 und 1914, entstandenen Vierschraubenschiffe, die britische AQUITANIA, die deutsche IMPERATOR, VATERLAND und BISMARCK der HAPAG, hatten alle direkt gekuppelte Turbinen, die deutschen hatten die moderneren Wasserrohrkessel, die Briten noch den Scotch-Flammrohrkessel. Nach dem Kriege wurden die BERENGARIA der *Cunard Line*, die LEVIATHAN der *United States Line* bzw. die MAJESTIC der *White Star Line* ausgeliefert. Keine konnte in Geschwindigkeit mit der MAURETANIA mithalten.

Dampfer VATERLAND, *dann die amerikanische* LEVIATHAN, *verlässt den Hamburger Hafen zur ersten Ausreise am 22. Mai 1914. Größe: 54.282 BRT. In den USA interniert, Truppentransporter und dann* LEVIATHAN *der United States Line, fuhr allerdings mit Verlust*

Der Turbinendampfer UCKERMARK *hatte erstmals auf einem Frachtschiff einen Hochdruckdampfkessel nach Benson, für den Siemens-Schuckert die Lizenz für Deutschland haben. Der Vorteil sind Gewichts- und Raumersparnis sowie besserer Wirkungsgrad bis zu 90%. Allerdings hatte man die erste Zeit mit erheblichen Kinderkrankheiten zu kämpfen, so dass sie später gegen weiterentwickelte Benson-Trommelkessel ausgetauscht wurden.*

Flottentender und Staatsyacht AVISO GRILLE*, 1935 bei Blohm&Voss in Hamburg gebaut. Lüa 142,9 m, B 13,5 m, 3.430 t Verdrängung, 26.400 PSw, 26 kn, Doppelschrauben, Hochdruckheißdampfkessel, Getriebeturbinen. Umbau 1936/37, da Antriebsanlage nicht Erwartungen der Marine erfüllte.*

Britisches U-Boot K3 auf Testfahrt in der Irischen See. Das erste Boot dieser Serie, gebaut von der Vickers-Werft in Barrow, am 16. August 1916 in Dienst gestellt.

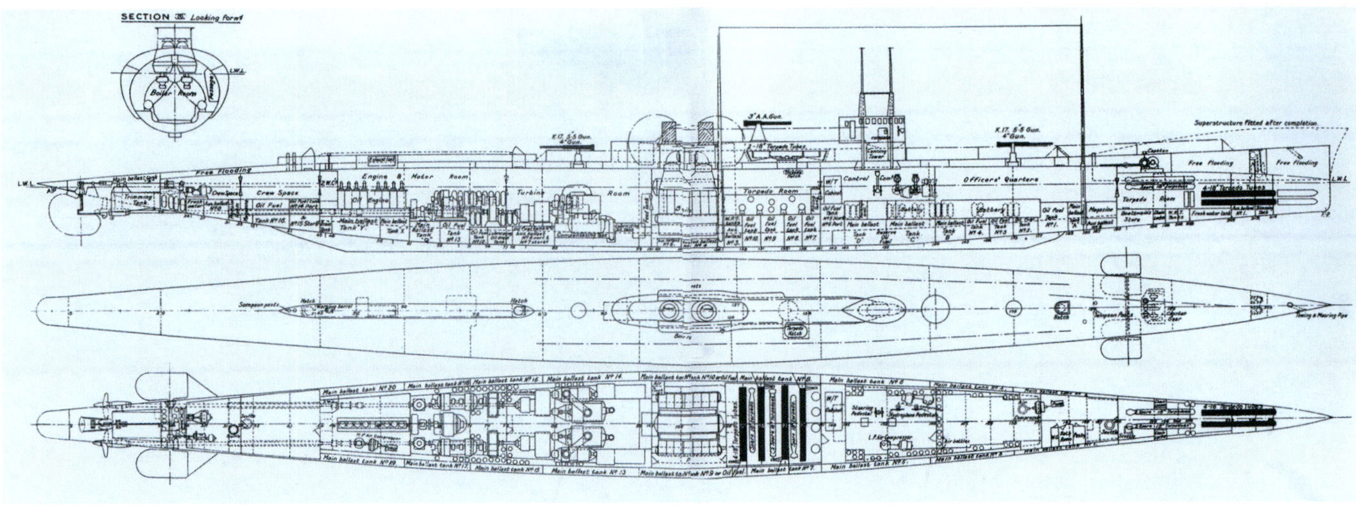

Längsschnitt und Draufsicht eines britischen U-Bootes der K-Klasse. Reichweite 3.000 Meilen. Geschwindigkeit über Wasser: 24 kn, um das Zusammenwirken mit der Flotte zu ermöglichen. Länge: 339 ft. Verdrängung: 1.800 ts aufgetaucht, 2.600 getaucht. Zehn 18 inch Topedorohre, drei Kanonen (das war 2x länger, 3x größer, 9kn schneller als die vorhandene E-Klasse) Antrieb Überwasser: zwei Dampfturbinen, zwei ölgefeuerte Kessel, ein Dieselmotor für sofortige Fahrt nach Auftauchen. Unterwasser: vier Elektromotoren

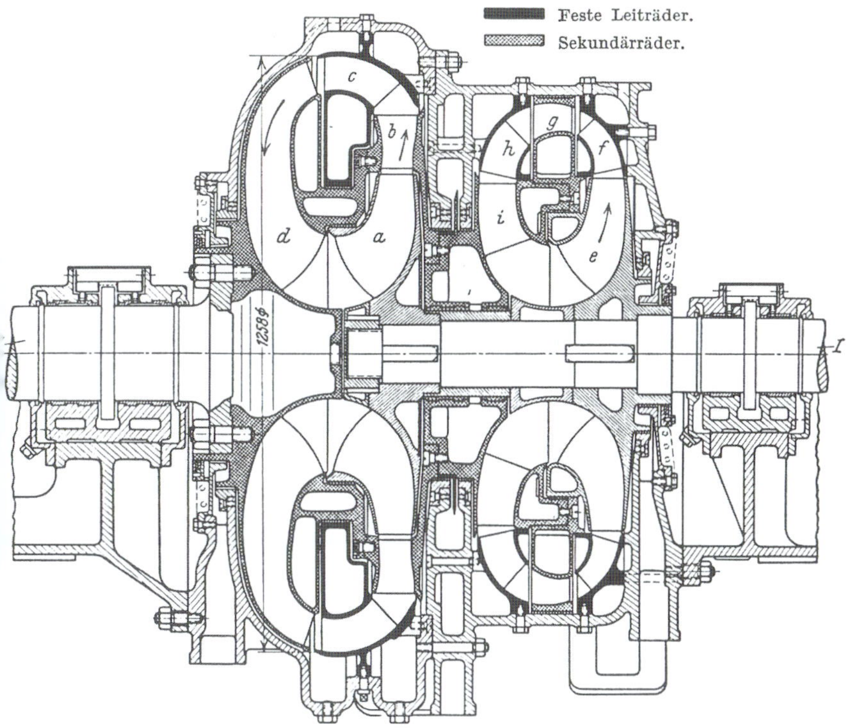

Zweistufiges Umsteuergetriebe nach Föttinger zum Vermeiden einer Extra- Rückwärtsturbine
I. Antriebswelle
II. Propellerwelle

Vorwärts:
a Primärrad, b Sekundärrad, c festes Leitrad, d 2. Sekundärrad

Rückwärts:
e Primärrad, f Umkehrleitapparat, g 1. Sekundärrad, h Leitapparat, j 2. Sekundärrad

Zum Umsteuern wird Vorwärtskreislauf geleert, Rückwärtskreislauf gefüllt. Die Rückwärtsleistung beträgt 90%. Anwendung als 150 PS Getriebe 1910 bei englischem Sauggasschiff HOLZAPFEL I, hat sich aber nicht durchgesetzt.

Als einer der ersten Neubauten in Deutschland läuft am 28. Juli 1920 die URUNDI der Deutschen-Ostafrika-Linie (DOAL) bei Blohm & Voss vom Stapel. Der Turbinendampfer hat als erstes Turbinenschiff ein Zahnrad-Untersetzungsgetriebe, von Blohm & Voss entwickelt, zwischen Turbine und Schraubenwelle. Der zunächst sehr hohe Lärmpegel wird durch Steigerung der Bearbeitungsgenauigkeit auf 0,02 mm Toleranz in klimatisierten Räumen gesenkt. Die beiden Ritzel (Zahnräder kleinen Durchmessers) werden von beiden Seiten durch je eine Turbine angetrieben.

Mehrscheiben-Drucklager der Backbord-Schraubenwelle des Schnelldampfers COLUMBUS des Nordd. Lloyd

Doppelschrauben-Passagierdampfer KAISER der Hapag. Erbaut von den Vulcan-Werken, Stettin, Stapellauf 1905, 1.900 BRT, 1959 Passagiere (Seebäderschiff), Geschwindigkeit 20 kn, Maschinenleistung 6.000 PS mit 2 AEG-Curtis-Turbinen mit je 3000 PS. Die Hochdruckstufe trägt 5 mehrkränzige Laufräder, also 5 Druckstufen mit je mehreren Geschwindigkeitsstufen, die Niederdruckstufe eine größere Zahl voll beaufschlagter Schaufelkränze, Reaktionsräder. Kohleverbrauch 0,66 kg je PS und h. Es zeigten sich Vorteile in Raum- und Gewichtsersparnis im Vergleich zur Parson-Turbine. Turbine und Schraubenwelle waren direkt gekoppelt.

Die großen Schiffe, die mit direkt gekuppelten Turbinen gebaut worden waren, hätten in ihrer Geschwindigkeit angehoben werden können durch Zwischenschalten von Untersetzungsgetrieben. Der Bedarf danach trieb ihre Entwicklung:

Parsons erkannte das und experimentierte schon 1897 mit einem kleinen Reduziergetriebe in dem kleinen Doppelschrauben-Dampfboot (L 6,6 m) CHARMIAN. 1909 war er so weit, dass der seegehende Frachter VESPASIAN (4.300 t) für seine Schraube (270 min^{-1}) ein Untersetzungsgetriebe hinter seiner Turbine bekam und dann der Anchor Liner TRANSYLVANIA ein weit verbessertes. Während des Ersten Weltkriegs wurden Kriegsschiffe mit Getriebeturbinen ausgestattet. Die größten auf dem britischen Schlachtschiff HOOD. Die Maschinenanlage einschließlich Kessel wog bei etwa 150.000 hp (111.855 kW) 80 pds/hp (49 kg/kW), bei der MAURITANIA waren es noch 136 kg/kW.

Zwischen 1915–1925 wurden viele Fähren im Ärmelkanal und Nordsee mit einfacher Getriebeuntersetzung, meist von *William Denny of Dumbarton,* ausgerüstet, erst 1955 wurden Fähren mit doppelter Untersetzung gebaut.

Der Dampfer COLUMBUS (32.565 BRT, 10.784 tdw, L 228,5 m, B 25,3 m, T 10,4 m) des Norddt. Lloyd, 1914 begonnen als HINDENBURG, wurde am 03.06.1924 zunächst in Dienst gestellt, noch mit zwei vierzylindrigen Kolbendampfmaschinen mit 28.000 PS (20.600 kW) und 18 kn, dann aber 1929 umgebaut auf zwei *Blohm & Voss*-Getriebeturbinen mit 49.000 PS (36.000 kW) und 23,0 kn. 12 Zylinderdoppelendkessel und 3 Einender erzeugten den Dampf. Das Schiff versenkte sich selbst am 19.12.1939 vor Kap Hatteras beim Nahen des britischen Zerstörers HYPERION.

Eine zwingende Verbindung von Schiffskörper und Maschine ist nicht vorhanden, neue Maschinen können eingebaut werden. So erhielten die vier *Hapag*-Schiffe der Ballin-Klasse im Winter 1929/30 neue Maschinen- und Kesselanlagen, wodurch die Durchschnittsgeschwindigkeit von 16 auf 19,25 kn erhöht wurde, später wurden diese gebrauchten Maschinenanlagen dann in neue Schiffskörper eingebaut.

Für ein Schiff mit 3.000 PSw, 11 kn Geschwindigkeit sowie 14 Reisen im Jahr von je 1.400 sm hat *Thais* 1923 folgende relativen Werte ermittelt:

	Brennstoffverbrauch	Anlagengewicht
Getriebeturbine	1,0	1,0
Turboelektrisch	1,06	1,05–1,1
Dieselmotor direkt	0,49	1,1–1,125
Dieselelektrisch	0,57	0,75

1934 galt als Richtwert für Leistungsbereiche:

Dampfmaschine:	kleine bis mittlere Leistung
Dampfturbine:	2.000 PS bis höchste
Dieselmotor:	bis 35.000 PS

Im Wettbewerb ging es darum, bei der

Dampfmaschine:	Betriebskosten senken
Motor:	Anlagenkosten senken.

7.4 Die Dampfturbine als U-Boot-Antrieb

Der Antrieb im U-Boot bei Luftabschluss unter Wasser ist natürlich ein Problem, das immer wieder zu Erfindungen anregte. So baute der britische Reverend *George Garrett* ein Tauchboot für die Unterwasserwelt, das mehrere Meilen getaucht mit seiner Dampfmaschine fahren konnte.

Der Maschinenantrieb sollte natürlich auch Unterwasser angewendet werden. Der englische Kleriker George Garetti trieb sein zweites Boot, die* RESURGAM II, *1875 mit einer Dampfmaschine an, die Unterwasser bei gelöschtem Feuer ihren Dampf aus einem Dampf-Reservoir entnahm.

Die britische Admiralität unterschätzte vor dem Ersten Weltkrieg die Fernwirkung der U-Boot-Waffe und hatte nur für kleine Küsten-U-Boote geplant. In den ersten Kriegsmonaten erlitten die Briten hohe Verluste an schweren Schiffen, so versenkte am 22. September 1914 morgens das deutsche U-Boot U 9 die drei Kreuzer ABOUKIR, AOGUE und CRESSY, nachdem letztere der ABOUKIR zur Hilfe eilten. Der erste Seelord *Fischer* soll das 20-mal an *Churchill* geschrieben haben, aber bekam erst letztlich Recht als er am 30. Oktober 1914 zurückgerufen wurde und *Winston Churchill* erster Lord der

Admiralität wurde. Im Juni 1913 hatte Lord *Fischer* noch geschrieben: *»Die Ölmaschine wird den gesamten Seekrieg beherrschen und dieser wiederum von Unterseebooten, und doch wie verdammte Narren geben wir nur dafür genauso viel Geld aus wie die Deutschen, dabei sind wir hinter ihnen in der Entwicklung der Ölmaschine und deswegen ziehen wir wie die Franzosen die Dampfturbine in Erwägung.«*

Und am 1. Juni 1913 an Admiral *Jellico – Fischer* wollte wohl den offenen Streit mit *Churchill* vermeiden:

»Krupp, the German arms firm, were making hundreds of submarine engines of a far larger power than ours … I am extremely anxious about the Admiralty development of the submarine. The more I hear, the more damned fools they seem to be!

I've written a memorandum on the subject, but if I sent it to Winston it would mean open war with the Admiralty so I withhold it …«

Die größte und leistungsstärkste U-Boot-Antriebsmaschine 1917. Die MAN S V 53/53 mit 3.000 PS bei 390 min^{-1} Umdrehungen.

Am 28. Oktober 1914 schrieb *Churchill* an den First Sea Lord *Fisher* – wohl mehr in Panik als aus Überzeugung:

»Please propose without delay the largest possible programme of submarine boats to be delivered in from 12 to 24 months from the present time. You should assume for this purpose that you have control of all sources of manufacture required for submarines, that there is no objection to using Vickers drawings and the steam-engines may be used to supplement oil engines. You should exert every effort of the ingenuity and organization to secure the utmost possible delivery. As soon as your proposals are ready, which should be in the next four days, they can be considered at the conference of the Sea Lords. The cabinet must be satisfied that the absolute maximum output is being worked to in submarines. We may be sure that Germany is doing this. Third Sea Lord's department must therefore act with the utmost vigour and not be deferred by the kind of difficulties which hamper action in time of peace.«

In den kleineren britischen U-Booten verwendete man in Lizenz gebaute Fiat-Ölmaschinen, über deren Zuverlässigkeit aber für lange Reisen Zweifel bestanden. So kam man letztlich bei den notwendigen Hochsee-U-Booten zum Dampfturbinenantrieb für die Überwasserfahrt, es entstand die K-Klasse. Frankreich hatte ein solches Boot, die ARCHIMÈDE, bereits im Dienst. Am 18. Juni 1915 wurde der Vertrag zwischen der Admiralität und der *Vickers Werft* für £ 300.000 pro Boot unterzeichnet. Sehr schnell folgten Aufträge auch an andere britische Werften unter größter Geheimhaltung. Vom August 1916 bis Mai 1918 wurden 17 Boote in Dienst gestellt, insgesamt waren 21 bestellt. Allerdings wurde die Serie vom Pech verfolgt, obwohl man das Schließen der beiden Schornsteine und der Lüfter vor dem Tauchen beherrschte und der Kesselraum wegen hoher Temperaturen unter Wasser nicht betreten werden konnte. Sie waren aber letztlich schon veraltet, als sie neu in Dienst gestellt wurden.

Die K-Boote hatten im Ersten Weltkrieg keine Feindberührung, bis auf eine: Das Boot schoss auf ein über Wasser fahrendes deutschesU-Boot, aber der treffende Torpedo explodierte nicht.

In die Reihe der Pannen in dieser Serie ist das Schicksal von K13 fast typisch, das beim Probetauchen zur Abnahme von der *Werft Fairfield* am 29. Januar 1917 in der Bucht Gareloch unterging auf etwa 18 m Tiefe. Die Ursache war ein nicht vollständig geschlossener Kesselraum-Lüfter. Durch Heben des Bugs über die Wasseroberfläche konnten über ein Bugtorpedorohr 47 Mann von 80 nach 57 Stunden gerettet werden. Ein Ergebnis der offiziellen Untersuchung des Unfalls war auch, dass kein Boot mehr die Kennung »13« führen durfte. Sicher ist es fraglich, ob das zu den Ursachen gehörte.

Natürlich ist es ungünstig, dass U-Boote für Überwasser- und für Unterwasserfahrt verschiedene Antriebe (Ölmotoren bzw. Elektromotoren und Akkumulatoren) benötigen.

Eine Lösung ist der Nuklearantrieb von U-Booten. Bei konventionell angetriebenen U-Booten blieb es wohl bei der Zweiteilung, es sei denn, die Brennstoffzelle kann die Basis eines All Electric Ship (AES) werden.

7.5 Die Schnelldampfer des Norddeutschen Lloyd Ende der 1920er – eine weltweit anerkannte Innovation

Bis 1929 lag die Geschwindigkeit der Transatlantik-Liner bei 23/24 kn, die Rekordmarke war mit 26 kn durch die MAURETANIA gesetzt, BREMEN und EUROPA erhöhten auf 28 kn. Es wurde Stahl höherer Festigkeit verwendet, um das Eigengewicht des Schiffs wesentlich zu senken. Nach dem Ersten Weltkrieg stieg auch in der Transportschifffahrt die Geschwindigkeit von durchschnittlich 10 kn auf 12 kn an, bei Linien-Frachtschiffen auf 15–16 kn, bis 18 kn in besonderen Fahrtgebieten. Fahrgastschiffe werden mit 20 bis 24 kn ausgelegt, eine Geschwindigkeit, die auch heute noch bei den großen Kreuzfahrtschiffen, wo Geschwindigkeit nicht die ausschlaggebende Rolle spielt, üblich ist.

Die beiden 1929 fertig gestellten, am 13. Dezember 1926 bestellten, am 18. Juni 1927 in Bremen, am 23. Juli 1927 in Hamburg auf Kiel gelegten, am 16. August 1928 vom Stapel gelaufenen Vierschrauben-Turbinendampfer BREMEN und EUROPA des Norddt. Lloyd Bremen, der erstere bei der *Deutschen Schiff- und Maschinenbau AG* Bremen entstanden Ende 1926 aus der Fusion der Werften *AG Weser* in Bremen, *Joh. C. Tecklenborg AG* in Geestemünde und der *AG Vulcan* in Hamburg, der zweite bei *Blohm & Voss* in Hamburg, wurden zu Recht als »deutsches Meisterwerk« bezeichnet. So wurden z.B. 800 t Gewicht in Außenhaut und Decks gespart, da (7.000 t) hochfester Stahl mit 52 kg/mm² (500 N/mm²) verwendet wurde. Deshalb geben die Daten der Maschinenanlage das wieder, was Ende der 1920er Jahre technisch erreicht und machbar war.

Modell des Schnelldampfers BREMEN *von 1929, Maßstab 1 : 333*
Foto: H. J. Warnecke

Bei der Finanzierung der geplanten 48 Mio. Mark bzw. der tatsächlichen von 65 Mio. Mark sollten übrigens dem Norddt. Lloyd 100 Mio. Mark Entschädigungszahlung helfen für die im April 1917 von den USA beschlagnahmten deutschen Schiffe, die der US-Senat am 28. Februar 1928 beschloss. Allerdings kamen im Juli 1930 nur die ersten 7,34 Mio. Dollar an, die restlichen 20 Mio. Dollar wurden nie gezahlt. Das war ein schwerer Schlag für den Norddt. Lloyd, auch die HAPAG war betroffen. Sie arbeiteten ab März 1930 enger zusammen.

Die Mehrkosten brachten die *Deschimag* an den Rand des Konkurses, der im Frühjahr 1931 nur durch Hilfe des Bremer Senats abgewendet werden konnte. Staatshilfe für die deutschen Reedereien gab es nicht.

Zwischen den Schwesterschiffen gab es auch in der Maschinenanlage, denn es kam eher zur Rivalität als zur Zusammenarbeit, Unterschiede, hier einige Zahlen zur etwas berühmteren BREMEN, die von 1929 bis August 1939 die Route Bremerhaven–New York – wie auch die EUROPA – befuhr, zu Beginn des Zweiten Weltkriegs von New York nach Murmansk und dann nach Bremerhaven gebracht wurde. Nachdem sie für die Invasion Großbritanniens vorbereitet war, ist sie am 16. März 1941 durch Brandstiftung in Bremerhaven ausgebrannt. Die EUROPA überlebte den Zweiten Weltkrieg und fuhr dann noch als LIBERTÉ unter französischer Flagge. Sie hatte übrigens immer wieder Probleme mit »Schaufelsalat« der Niederdruckturbinen. In 1962 wurde sie abgewrackt.

Einige Daten zur BREMEN wie gebaut:

Größe	51.656	BRT
$L_{üa}$	286,1	m
Länge zw. d. Loten	270,7	m
Breite auf Spanten	31	m
Seitenhöhe bis Deck D	13,9	m
Größter Tiefgang	10,33	m
Maschinenleistung indiz.	87.000	PSw

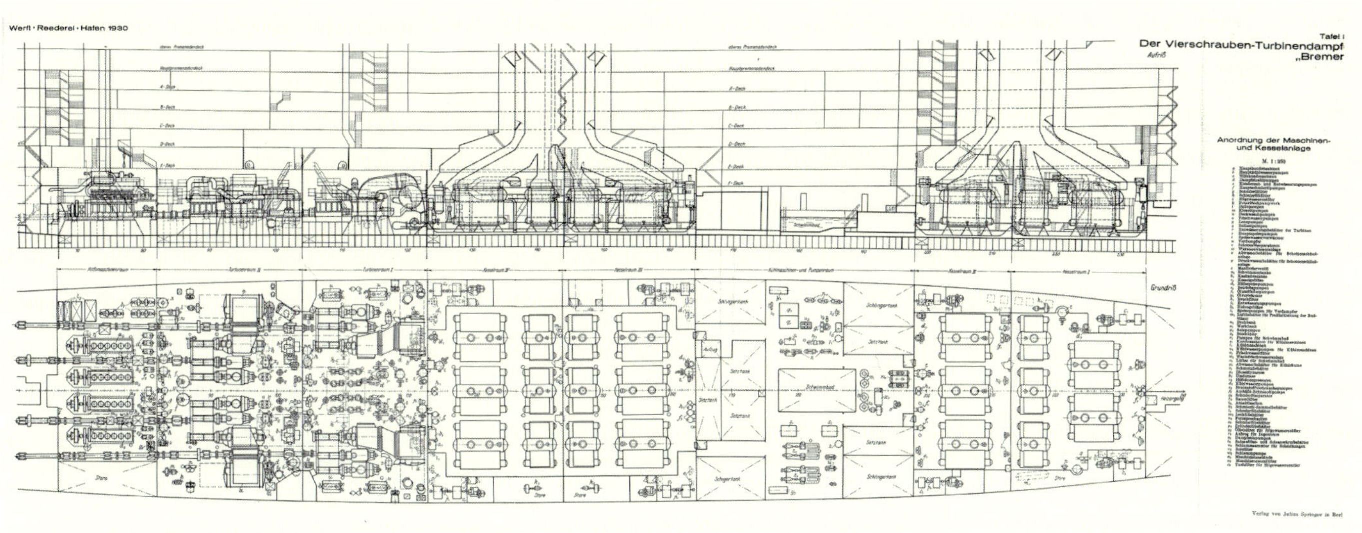

Der Vierschrauben-Turbinendampfer BREMEN – Anordnung der Maschinen- und Kesselanlage

Turbinensatz und Getriebe mit abgenommenem Oberteil auf dem Prüfstand

Einscheibensegment-Drucklager

Haupt- und Hilfskondensator

Überhitzer: Schon 1886 bekam der deutsche Ingenieur und Erfinder Wilhelm Schmidt ein Patent zur Überhitzung des Dampfes bei Heißdampfkesseln. Es gab dann die Schmidt'sche Heißdampf-Gesellschaft für seine Überhitzeranlagen.

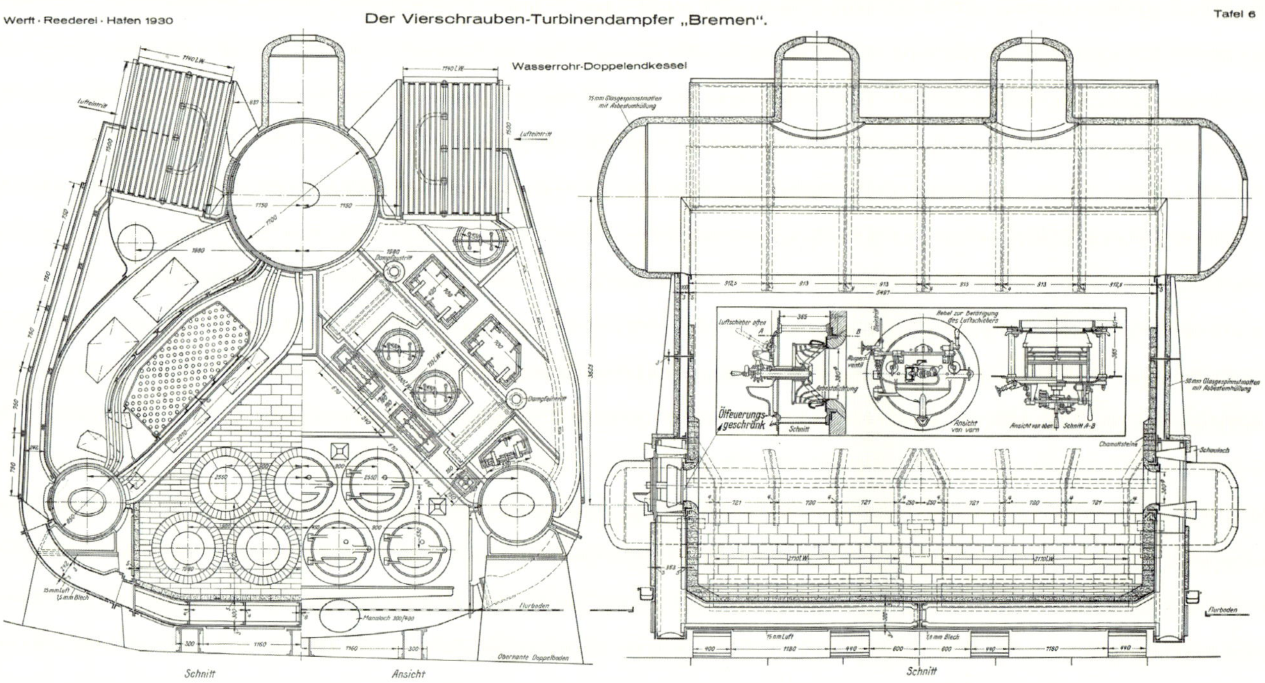

Der Vierschrauben-Turbinendampfer BREMEN *– Wasserrohr-Doppelendkessel*

Vorderfront eines Ölfeuerungskessels mit CO_2-Messer

Rückseite der Marmorschalttafel auf dem SchnelldampferEUROPA 1930. Auf der Vorderseite gab es keine stromführenden Geräte mehr.

Der italienische Schnelldampfer REX*, gebaut 1933 auf der Ansaldo Werft Genua nahm der* BREMEN *das Blaue Band ab.*

Maschinen-Fahrstand der BREMEN

Wasserrohrkessel für den Schnelldampfer BREMEN *stehen bereit zum Einbau.*

Die vier gleichen Turbinensätze, Curtis-Turbinen, arbeiten mit 23 bar Kesseldruck und 370° C überhitztem Dampf. Sie bestehen aus HD-, MD- und einer ND-Turbine, Rückwärtsturbinen HD im MD-Gehäuse und ND im ND-Gehäuse. Es stehen 65% der Vorwärtsleistung für rückwärts zur Verfügung. Die Dichtungen sind Labyrinth-Dichtungen aus Bronze. Am freien Ende jeder Turbine sitzt ein Schnellschlussventil, wenn die Höchstdrehzahl um 10% überschritten wird. Ein Wasserabscheider sorgt für wasserfreien Zudampf.

Die Ritzel auf den Turbinenwellen sind mit den Wellen über verschiebbare Klauenkupplungen verbunden, sodass die Turbinen einzeln abgeschaltet werden können.

Bei Normalfahrt (26,25 kn) drehen die Turbinen mit 1.800 1/min, die Propellerwellen mit 180 1/min. Die Leistung beträgt dann 84.000 PSw (61.800 kW), tatsächlich wurden 87.000 PSw (64.000 kW) für 26,25 kn gebraucht. Die maximale Leistung der Maschinenanlage war 130.000 PSw (95.600 kW). Die größte Geschwindigkeit im Dienst war 29,06 kn.

In das große doppelschräg verzahnte zweikränzige Getrieberad greifen die drei Ritzel der drei Turbinenteile, das HD-Ritzel im oberen Scheitel, die beiden anderen in der Horizontalen der Wellenmitte ein. Die Radwelle ist mit der anschließenden Druckwelle, die den Propellerschub auf das Schiff überträgt, den Laufwellen und der Propeller- oder Schwanzwelle fest gekuppelt. Vor dem Hochfahren werden die Turbinen angewärmt.

Die Propeller aus Spezialbronze sind vierflügelig in einem Stück gegossen, 17 ts schwer bei 5.000 mm Durchmesser und 5.200 mm Steigung. Sie drehen auf beiden Seiten entgegengesetzt nach außen.

Man entschied sich im Januar 1927 für eine Wasserrohr-Kessel-Anlage, da die Dampfbelastung je m^2 Heizfläche niedriger ist als bei Zylinderkesseln, selbst bei erheblich größerer Dampfentnahme. Auch die Seitenhöhe des Schiffes kann dabei kleiner sein.

Die 11 Doppelend- und 9 Einfachendkessel, in vier Gruppen aufgestellt, haben eine Obertrommel von 1.700 mm

Die BREMEN errang bereits das »Blaue Band« auf ihrer Jungfernfahrt ab 16. Juli 1929 bis 22. Juli 1929 mit 4 Tagen, 17 Stunden und 42 Minuten oder 27,83 kn und nahm es der MAURETANIA nach 20 Jahren ab. Auch ostwärts erreichte sie 27, 91 kn. Die Linien des Unterwasserschiffes waren nicht nur durch Schleppversuche in der Versuchsanstalt in Hamburg, sondern für die BREMEN durch noch weitere Versuche in der Berliner Versuchsanstalt optimiert worden. *Dr. Süchting* ließ den bereits an amerikanischen Kriegsschiffen praktizierten Taylorschen Bugwulst anwenden, Herr *Hein*, Chefkonstrukteur der *Deschimag*, ihn noch in Berlin weiter verbessern. Auch erhielten die Dampfer erstmalig statt des seit den 1870ern üblichen senkrechten, spitz zulaufenden Stevens einen runden ausfallenden Plattensteven. Bemerkt sei, dass die stromlinienförmigen Aufbauten und Schornsteine dann international übernommen wurden, es zu einer neuen Schiffsarchitektur kam. Der Konstrukteur der Maschinenanlage war *Prof. Dr. Gustav Bauer*, schon bei dem Thema Abdampfturbinen genannt.

Schon bei der Probefahrt am 27. Juni 1929 erreichte die BREMEN eine Höchstgeschwindigkeit von 28,8 kn und 27,4 kn Durchschnittsgeschwindigkeit. Im Juni 1933 lief sie New York–Cherbourg in 4 d 16 h 15 min oder mit 28,51 kn.

US-Schnelldampfer United States *– das schnellste bisher gebaute Passagierschiff. Gebaut 1951 von Newport News S.B. & D.D. Co für United State Lines, New York, 53.229 BRT, L 301,8 m, B 31 m, Antrieb vier Westinghouse-Getriebeturbinen auf vier Propeller, 240.000 PSw, 31 kn, maximal 42 kn. Bei der Meilenfahrt lief sie 28,32 kn mit 241.758 shp. 871 Kabinen 1. Kl., 508 Kabinenkl., 549 Touristenkl., 1.093 Besatzung, Jungfernreise 3. Juli 1952 nach Southhampton in 3d. 10h. 40min oder 35,59 kn. 1969 aufgelegt, heute Reserveschiff der US-Navy in Norfolk, Virginia. Zur Gewichtsreduzierung wurde für die Aufbauten viel Aluminium angewendet. Nach dem Zweiten Weltkrieg baute man wieder Nordatlantik-Passagierschiffe in 1950/60ern und setzte auf Getriebeturbinen-Antrieb, da man bei den hohen geforderten Leistungen keine Alternative sah. Heute liegt sie in Philadelphia.*

Durchmesser und zwei Untertrommeln von je 850 mm Durchmesser mit dazwischen liegenden Überhitzern, die aus den Dampfdomen den Dampf bekommen. Es werden 500 t/h Dampf erzeugt. Die Kesselbleche haben 461–530 N/mm^2 Festigkeit bei mindestens 20% Dehnung. Die Kesselanlage hatte 227 Ölfeuerungs-Brennstellen. Das Kesselspeisewasser wurde selbst aus aufgenommenem Rohwasser destilliert.

Die Gesamtheizfläche beträgt 17.050 m^2, die Überhitzer haben 3.875 m^2 und die Luftvorwärmer 8.786 m^2.

Die Ölfeuerung wird aus Tages- oder Setztanks gespeist, Duplex-Dampfpumpen drücken das Heizöl zu den Brennern.

Die vier Hauptkondensatoren mit je 1.760 m^2 Kühlfläche werden durch je eine zweistufige Dampfstrahlluftpumpe entlüftet und durch eine einstufige Kreiselpumpe mit Getriebeturbinenantrieb gekühlt. Es werden stündlich 6.000–7.000 m^3 gegen 6 m Förderhöhe mit 400 min^{-1} und 147 kW gefördert. Die Kondensat- und Entwässerungspumpen sind ebenfalls Kreiselpumpen mit direktem Gleichdruck-Turbinenantrieb mit drei Geschwindigkeitsstufen. Das Schmieröl zu den Maschinen läuft durch natürliches Gefälle aus Hochtanks zu und wird im Doppelboden gesammelt. Die Überwachung erfolgt durch Schaugläser und Einsteckthermometer, an den Kesseln durch Thermoelemente, die die Differenz zur jeweiligen Raumtemperatur angeben. Die Hauptschmierölpumpen sind senkrecht stehende Turbokreiselpumpen mit 3.200 min^{-1} Umdrehungen. Die acht zweistufigen Kesselspeisepumpen haben zweikränzigen Curtis-Turbinenantrieb und leisten 95–175 m^3/h gegen 320 m Wassersäulendruck, sie werden so geregelt, dass der Druck in der Speiseleitung einen bestimmten Betrag über dem Kesseldruck liegt. Das Speisewasser ist auf 130° C vorgewärmt.

Der Kraft- und Lichtbedarf auf der Bremen wurde von vier kompressorlosen 6-Zylinder-Viertakt-Diesel-Dynamos, Bauart Weser – MAN, mit 230 V Betriebsspannung und je 520 kW, 1 h auf 560 kW überbelastbar, bei 260 1/min Umdrehungen gedeckt. Es gab 420 E-Motoren und 21.000 Glühlampen, elektrische Kochherde und 20 Fahrstühle. Kühlwasser- sowie eine Reserve-Schmierölpumpe sind elektrisch angetriebene Kreiselpumpen.

Die Anlassluft für die Dieselmotoren ist auf 25–30 bar reduziert aus dem Anlassluftbehälter mit 75 atü Betriebsdruck. Die zweistufigen elektrisch angetriebenen Kompressoren für die Anfahrluft haben Zwischen- und Nachkühler.

Stündlich werden Maschinen- und Kesselräume mit 1,6 Mio. m^3 Frischluft versorgt.

Der Heizölverbrauch betrug bei 26,25 kn Dienstgeschwindigkeit 800 t/d, der Bunkervorrat 7.552 t, also der spezifische Verbrauch 33 t/h oder 380 g/PS·h.

Schon 1934 verlor die Bremen das Blaue Band an die italienische Rex (51.075 BRT, 140.000 shp), die 28,92 kn erreichte.

Das Vordringen des Dieselantriebs in immer höhere Leistungsbereiche hat natürlich Druck ausgeübt, die Dampfanlagen zu verbessern, das bedeutet vor allem höhere Temperaturen und Drücke. Noch bestand ein großer Unterschied zu Landanlagen. Während beispielsweise die Queen Mary mit 400° C und 27,5 bar arbeitet, hatten Landanlagen um diese Zeit 455° C und 83 bar. Die deutsche Potsdam des *Norddeutschen Lloyd* wurde schon 1935 mit einer 19.400-kW-Getriebeturbine ausgerüstet, die mit 480° C und 90 bar arbeitete.

Trotzdem bleibt natürlich die Instandhaltung der Kessel eine Belastung im Vergleich zum Dieselmotor, dessen geringer Brennstoffverbrauch unerreicht ist, der allerdings in der Anschaffung teurer ist als eine Dampfanlage. Um 1940 hatte der Dieselmotor den Leistungsbereich bis 30.000 PS (22.100 kW) und 20 kn Geschwindigkeit erobert. Ausnahme war das Panzerschiff DEUTSCHLAND mit 57.000 PS (42.000 kW) Dieselantrieb.

7.6 Das Problem der deutschen Zerstörer der Kriegsmarine

Jedes Schiff ist ein Kompromiss zwischen sich widersprechenden Wünschen und Forderungen. Jede Änderung zugunsten eines Einflusses belastet andere. Ganz besonders deutlich wird das bei Kriegsschiffen. Besonders empfindlich ist dabei der Typ Zerstörer, der einerseits eine leistungsfähige Antriebsanlage in kleinem Raum haben muss, um hohe Geschwindigkeiten zu erreichen, andererseits aber auch eine ausreichende Bewaffnung tragen soll. Die deutsche Kriegsmarine ging dabei an die Grenzen des technisch Machbaren zu Lasten der Zuverlässigkeit. Damit zeigen diese Kessel und Maschinen, was vor 70 Jahren erreicht werden konnte. Die Zerstörer Typ 34 A wurden Anfang der 1930er Jahre konzipiert und die ersten vier am 1. April 1934 bestätigt. Es war unstrittig, dass nur Hochdruck-Heißdampf-Anlagen infrage kamen, damit sollten 5.400 sm Reichweite bei 18 kn und eine Höchstgeschwindigkeit von 36 kn erreicht werden. Es konnten 752 t Heizöl, die Reichweite damit 4.400 sm mit 19 kn, gebunkert werden. Allerdings mussten etwa 30% in den Bunkern aus Stabilitätsgründen verbleiben. Wegen dieser verminderten Seeausdauer wurde der Typ 34 1943 aus den nördlichen Gewässern abgezogen. Die ersten vier Schiffe wurden bei den *Deutschen Werken* in Kiel gebaut, dann vor allem bei der *Deschimag* Werft in Bremen. Das erste Schiff stellte Anfang Januar 1937 in Dienst. Beispielhaft seien die Liegezeiten von Z15, der bei Blohm & Voss in Hamburg gebaut wurde, aufgeführt:

Liegezeiten von ERICH STEINBRINCK
(Indienststellung 31.5.1938)

Ursache:	Zeit/Zeitraum:
Wasser im Heizöl	12.12.39–18.12.39
Kollision	23.12.39–01.01.40
Überholung (Blohm & Voss)	27.01.40–05.05.40
Erprobung, Ausbildung	06.05.40–26.05.40
Maschinenschaden	08.06.40–10.06.40
Reparaturen (Blohm & Voss)	23.06.40–14.08.40
Erprobung, Ausbildung	14.08.40–29.08.40
Turbinenschaden	05.09.40–17.09.40
Überholung (Blohm & Voss), Erprobung, weitere Maschinenschäden	26.10.40–29.03.41
Maschinenzusammenbruch	25.05.41
Kollision, Überholung	25.08.41–22.03.42
Ausbildung, Erprobung	23.03.42–12.05.42
Maschinenschaden (neue Turbine eingebaut)	12.05.42–05.08.42
Grundberührung	03.09.42
Reparaturen (Deschimag)	27.09.42–01.43
Ausbildung	06.01.43–10.01.43
Maschinenschaden	10.01.43
Schraubenwelle repariert	30.01.43
Kollision mit Lody	21.11.43
von Dampfer gerammt	26.11.43
Reparaturen	02.12.43–17.01.44
Überholung (Blohm & Voss)	27.04.44–04.45
Aufgelet (Ölknappheit)	04.45–05.45

Deutscher Zerstörer der Kriegsmarine Typ 34 A, Geschwindigkeit 36 kn, Länge 117 m, Breite 11,7 m, Tiefgang 2,9 m, 1.811 t (Foto Hans Andres, Hamburg)

Schlachtschiff BISMARCK*, elbabwärts gehend. Am 1. Juli 1936 bei Blohm und Voss, Hamburg, auf Stapel gelegt, am 14. Februar 1939 vom Stapel gelaufen, am 24. August 1940 in Dienst gestellt, am 27. Mai 1941 versenkt, dabei starben 2.106 Menschen von der 2.200 Mann starken Besatzung. Voll ausgerüstet 53.546 tdw, Länge 251 m, Breite 36 m, Tiefgang 10,20 m. Die große Breite bedeutet eine hohe Standfestigkeit und gute Artillerieplattform. Der Antrieb mit drei Getriebeturbinensätzen, 12 Hochdruckkesseln leistete 150.000 NPS und erbrachte 30,1 kn. Er trug 9% zum Gesamtgewicht des Schiffes bei, hatte also 32,1 kg/WPS spez. Gewicht. Der Bunkerinhalt 8.700 t Heizöl. Damit 8.900 sm bei 17 kn, 9.280 sm bei 16 kn, aber 1.000 sm weniger als die Turbinenschiffsklasse* SCHARNHORST*. Die Stromversorgung kam von zwei Dieselgeneratoren je 500 kW und 6 Turbogeneratoren, insgesamt 7.900 kW/220 V. Die Artillerie beansprucht übrigens 17% des Schiffsgewichts.*

Die langen Stillstandszeiten führten in den Kesseln zu verstärkter Korrosion, vermutlich war auch ein zu hoher Sauerstoffgehalt im Speisewasser erlaubt. Die Kessel wurden deshalb alle 2–3 Tage bis zum Siedepunkt bei Niederdruck hochgeheizt. Z15 wurde nach dem Kriege an die UdSSR ausgeliefert, in den 1960ern abgebrochen.

Die zwei Satz Dampfturbinen leisteten 70.000 PSw (51.500 kW) auf die beiden Schrauben. Sechs Wasserrohr-Hochdruckkessel waren in drei Kesselräumen angeordnet. Die Kesselleistung betrug 54,6 t/h Dampf bzw. 47,8 t/h bei zwei der sechs Kessel. Der Kesseldruck betrug 70 bar (*Wagner*-Kessel), bei den *Benson*-Kesseln sogar 110 bar. Die britischen Zerstörer arbeiteten nur mit 21 bar. Die Versuche liefen meist 1933/34 an Universitätsinstituten, *Blohm & Voss* hatte eine Lizenz für Hochdruck-Benson-Dampfkessel erworben, einer davon wurde in den HAPAG-Dampfer UCKERMARK zur Probe eingebaut. Vier Benson-Kessel wurden auf der Dampfyacht AVISO GRILLE eingebaut, die am 19. Mai 1935 in Dienst stellte, der Kesseldruck betrug 80 bar. Die *Benson*-Kessel waren für 110 bar und 510° C ausgelegt.

Ein anderer Kessel, System Wagner, wurde erstmals 1936 auf dem Artillerieschulschiff BRUMMER erprobt mit 70 bar bei einer Temperatur von 460° C.

Insgesamt war zu wenig Zeit für Erprobungen und Verbesserungen gewesen, sodass im harten Kriegseinsatz die theoretischen Vorteile dieser Höchstdruckanlage nicht zum Tragen kamen. Die Kesselräume waren außerdem sehr eng, Briten und Amerikaner übten nach dem Kriege viel Kritik. Die Wirkungsgrade betrugen etwa 78%, 2–3% niedriger als amerikanische Bauarten.

Die Turbinen von *Deschimag* und *Blohm & Voss* erwiesen sich weniger kritisch mit einem leichten Vorteil für *Deschimag*-Turbinen, die dann mehr zum Einbau kamen. Das Leistungsgewicht betrug 13,8 kg/PS bei 35.000 PS je Turbine und 38 kn Geschwindigkeit. In den Kriegsjahren gelieferte *Deschimag*-Turbinen hatten nur noch 12,2 kg/PS (16,7 kg/kW) und verbrauchten 450 g/PShTreibstoff.

Nach dem Krieg wurde die Leistung und Qualität des Maschinenpersonals deutlich, als britische oder amerikanische Leute bei der Überführung Schwierigkeiten in der Bedienung hatten. Man war insgesamt in den technischen Daten zu weit gegangen.

Die elektrische Energie wurde durch zwei Turbogeneratoren von je 200 kW/220 V Wechselstrom erzeugt, im Hafen liefen drei Dieselgeneratoren, einer mit 30 kW, zwei mit je 60 kW Gleichstrom. Die britische Tribal-Klasse hatte nur insgesamt 190 kW.

8. Die Verbrennungskraftmaschine

8.1 Der Otto-Motor hat nur bei Booten bei guter Belüftung vor allem als Außenborder eine Chance

Der Benzin-Motor ist als Schiffsantrieb ungeeignet wegen der Explosionsgefahr von Benzindämpfen. Dieser Nachteil, wie auch sein höherer Verbrauch im Vergleich zum Dieselmotor, überwiegt seine Vorteile, insbesondere das geringe Leistungsgewicht. Bei Rennbooten setzt man sich über dieses Problem hinweg, um die Forderung nach hoher Leistung bei geringem Gewicht erfüllen zu können.

Allerdings holt der Dieselmotor auf, insbesondere durch die Entwicklungsanstrengungen für Fahrzeug-Diesel in den letzten Jahren.

Der Benzinmotor wird natürlich eingesetzt als Außenbordmotor für Kleinfahrzeuge (Boote und kleine Yachten).

Zu Beginn des 19. Jhdts. dachten etliche darüber nach, Maschinen aufgrund der Zündung von Gasgemischen zu bauen. Der Maschinist *Braun* bekam für einen solchen Motor 1835 ein Patent von der britischen Regierung.

Da die Dampfmaschine nur wenig mehr als 20% der aus Kohle erzeugten Wärme in mechanische Energie umsetzt, suchte man nach einem anderen gasförmigen Körper, der sich anstatt Wasserdampf durch Wärmezufuhr ausdehnt. Versuche mit Knallgas (zwei Volumenteile Wasserstoff und ein Volumenteil Sauerstoff) brachten keinen Erfolg, da die heftige Explosion die Maschine zerlegte. Es ist der Verdienst von *Jean Joseph Etienne Lenoir,* Arbeiter in einer Bronzefabrik in Paris, dass er die Lösung fand: Die Explosion darf nur eine Verbrennung sein, indem 95 Teile Luft und 5 Teile Leuchtgas (Kohlenwasserstoff) über dem Kolben zur »Explosion«, besser Verbrennung, gebracht werden. *Lenoir* verband sich mit dem Pariser Maschinenfabrikanten *Hypolie Marinoni*, um zur Realisierung von Maschinen zu kommen.

Die von *Lenoir* mitbegründete *Societé des moteurs Lenoir-Gantier* baute ab Mai 1860 380 Motoren von 1 bis 4 PS. 1861 baute *Lenoir* ein Boot mit einem 2-PS-Motor und einem von *Laslo Chandor* erfundenen neuen Brennstoff auf Petroleum-Basis. 1865 wurde ein 12 m langes Boot mit 6-PS-Motor gebaut, das zwei Jahre auf der Seine in Paris fuhr. Im September 1863 hatte er übrigens auch ein Automobil mit 1,5-PS-Motor gebaut, das in seiner Einweihungsfahrt 18 km in 3 Stunden einschließlich Aufenthalte zurücklegte. Das war sicher das erste französische, wenn nicht sogar weltweit das erste Automobil.

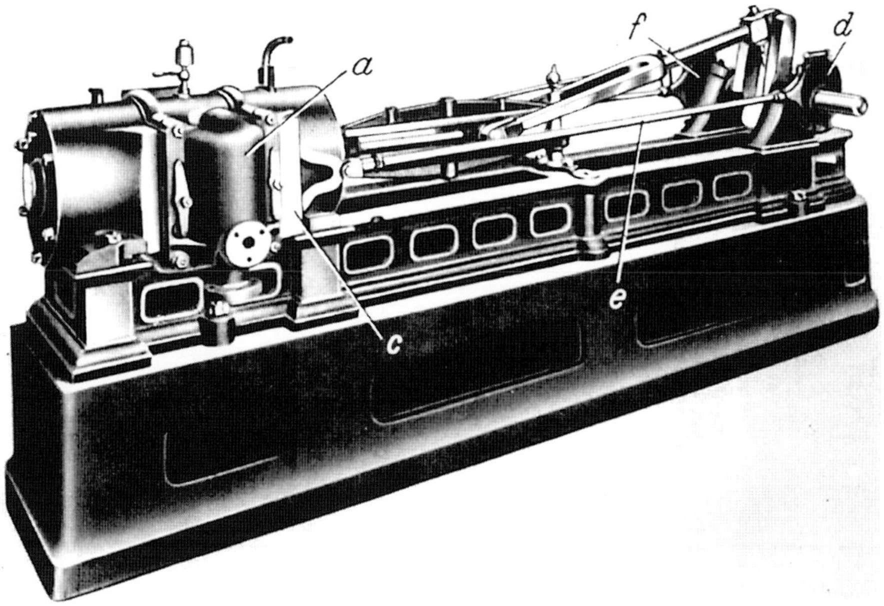

Jean Joseph Etienne Lenoir *(1822–1900) stellte am 23. Januar 1860 seinen ersten Gasmotor vor, der in der Lefevre-Werkstatt in Paris gebaut worden war. Er ist ein direkt wirkender einzylindriger Verbrennungsmotor. Ungefähr nach der Hälfte des Einlasshubes wurde der Einlassschieber geschlossen und das Leuchtgas-Luft-Gemisch durch den Funken einer* Rühnkorff*-Spule (der deutsche Physiker* Heinrich Daniel Rühnkorff, *lebte von 1803 bis 1877, hatte 1839 in Paris eine Fabrik für physikalische Apparate gegründet und konstruierte 1851 die nach ihm benannte Zündspule) gezündet. Die Spule ist im Wesentlichen ein Transformator mit hoher Spannungsübersetzung in der Sekundärwicklung, sodass bei Unterbrechung des Gleichstroms eine elektrische Entladung zwischen einer Elektrode und Zylinderwandung entsteht.*

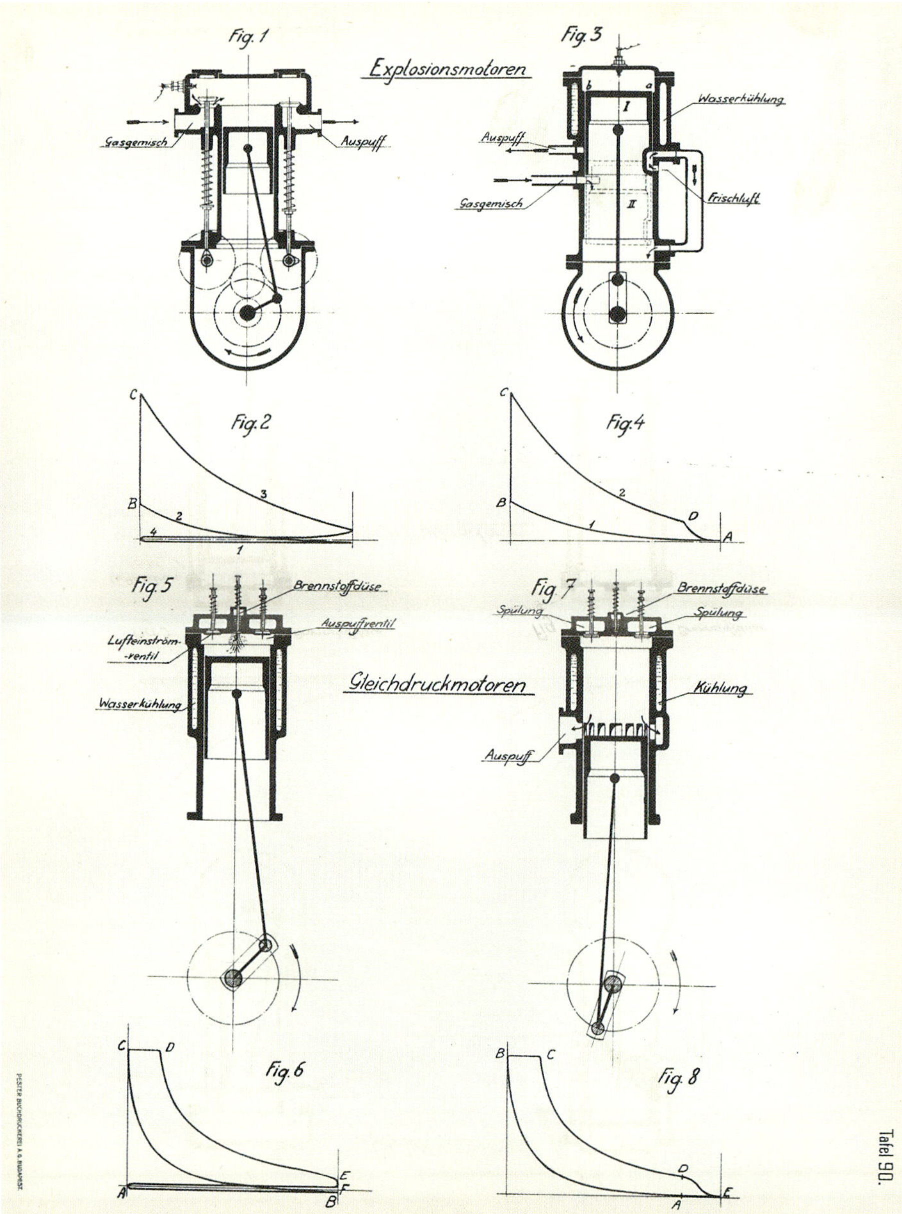

Fig. 1 Einzylinder-Viertakt-Explosionsmotor mit Arbeitsdiagramm (Fig. 2), Fig. 3 Einzylinder-Zweitakt-Explosionsmotor mit Arbeitsdiagramm (Fig. 4), Fig. 5 Viertakt-Gleichdruckmotor mit Arbeitsdiagramm (Fig. 6), Fig. 7 Zweitakt-Gleichdruckmotor mit Arbeitsdiagramm (Fig. 8)

Nicolaus August Otto handelte mit Kaffee, Reis, Tee und Zucker, lernte im Alter von 28 Jahren die *Lenoir*-Maschine kennen und ließ eine verbesserte Vier-Zylinder-Version 1861 in Köln bauen, die mit flüssigem Brennstoff arbeiten konnte.

Die Zündung der ersten Motoren erfolgte durch eine Gasflamme, die auf eine Öffnung im Zylinder gerichtet war. Diese Öffnung wurde über ein »Lamellen-Ventil« geöffnet, wenn der nach unten gehende Kolben passierte, die Flamme nach innen saugte und zündete. Der entstehende Druck verschloss die Öffnung über das Ventil sofort.

Keimzelle der heutigen *Deutz AG* ist die *N. A. Otto & Cie.*, die von *Nicolaus August Otto* und *Eugen Langen* am 31. März 1864 in der Kölner Altstadt gegründet wurde. *Deutz* ist daher die erste ausschließlich zum Bau von Verbrennungsmotoren bestimmte Fabrik der Welt. Den beiden Firmengründern gelang es, einen nach dem atmosphärischen Prinzip arbeitenden Verbrennungsmotor zur Serienreife zu entwickeln. 1867 wurde der atmosphärische Gasmotor auf der Pariser Ausstellung vorgestellt. Der Betrieb in der Kölner Altstadt erwies sich sehr bald als zu klein. Man zog daher bereits 1869 auf die rechtsrheinische Seite nach Deutz, baute eine neue Fabrik und nannte sich ab 1872 *Gasmotoren-Fabrik Deutz AG*. Technischer Direktor wurde *Gottlieb Daimler* und Leiter der Motorenkonstruktion *Wilhelm Maybach*. 1874 wurden bereits 80 Motoren monatlich produziert. 1876 gelang es *Otto*, mit seinem Viertaktmotor den entwicklungsfähigen Verbrennungsmotor zu schaffen, auf dem die weitere Entwicklung der Motoren für alle Kraftstoff- und Verwendungsarten beruht. Das Viertaktverfahren wurde durch das Patent 532 geschützt. Mit seinem Viertaktmotor begründete *Nicolaus August Otto* von Köln aus die Motorentechnik der Welt.

Hinsichtlich der Betriebskosten war der Motor der Dampfmaschine weit unterlegen. Der Gasverbrauch war recht hoch mit 2,75 m^3 Gas je Stunde und PS. Die Verbrennung erzeugte 5–6 bar Druck, die Drehzahl schwankte zwischen 102–153 min^{-1}. Wegen der Problematik gleichmäßiger Zündfolgen und Erzeugung gleichmäßiger Drücke hing man noch an der atmosphärischen Maschine, da der Luftdruck gleichmäßig über dem gesamten Hub wirkt.

Innenbordmotor um 1910, Zweitakt, wassergekühlt, mit Wendegetriebe, Handstart über Handkurbel, 5–6 PS, 1.200 min^{-1} (Museum für Technik, Berlin)

1884 entwickelte er die Niederspannungs-Magnetzündung, Voraussetzung für die Verwendung flüssiger Kraftstoffe. Die Aufhebung eines Teils des Viertaktpatents 1886 führte zu einer raschen Verbreitung des Verbrennungsmotorenbaus weltweit. Mit Gichtgas betriebene *Deutz*-Motoren erreichten ab dem Jahr 1900 Leistungen bis zu 2.000 PS.

Deutz ist heute noch ein unabhängiger Hersteller von Diesel- und Gasmotoren im Leistungsbereich von 4–4.000 kW in einer Palette flüssigkeits- und gasgekühlter Motoren in vielerlei Anwendungsgebieten und weltweitem Service. Dazu kommt heute eine enge Kooperation mit *VOLVO Penta*, einem der größten Anbieter von Marineantrieben. In dieser Zusammenarbeit konzentriert sich *Deutz* auf spezielle Nischen wie Arbeitsboote von 80–3.600 kW.

Anlässlich der Pariser Weltausstellung 1900 wurde ein Rennen für »carnots automobile« auf der Seine organisiert, wobei 15,3 km/h (8,3 kn) erreicht wurden.

Der Benzinmotor, *Otto*-Motor, wurde von *Gottlieb Daimler* auf dem Neckar bei Cannstatt ausprobiert. Der französische Vertreter ließ einen Motor von 35 hp (26 kW) 1901 in ein Eichen- und Zedernboot vom Ingenieur *Chevreux* einbauen, nannte es nach seiner schönen Tochter Mercedes und gewann beim Nizza-Rennen mit der damaligen Rekordgeschwindigkeit für Motorboote von 20 mph (32,2 km/h, 17,4 kn).

Das waren noch keine berauschenden Geschwindigkeiten, denn 1895 wurde der Geschwindigkeitsrekord auf dem Wasser in dem 54,86-m-Boot BOXER auf 29,31 kn (33,75 mph) eingestellt, konstruiert von *John I. Thormycroft* und von einer Dampfmaschine angetrieben.

Davor, 1885, hatte das amerikanische Torpedoboot STILETTO, L 28,65 m, entworfen von *Nathaniel Herreshoff*, acht Stunden lang 26 mph (41,8 km/h, 22,6 kn) gemacht und 1887 die ARIETE von *Thormycroft*, L 147 ft (49 m), mit einem speziellen Wasserrohrkessel 26 kn.

Im sportorientierten Großbritannien wurde am 13. November 1902 die *Marine Motoring Association* gegründet und legte Regeln für Rennen in vier Klassen fest; vor allem längen- und leistungsorientiert. Es folgten dann mehr und mehr organisierte Motorbootrennen, die die Entwicklung befruchteten.

In 1903 ließ *Selwyn Francis Edge*, Manager für Vertrieb und Rennen bei *Montagne Stanley Napier*, Autos und Motoren, bei der Werft *GM Tanner* in Camden Dock, London, ein 40-ft-Motorboot (12,20 m) bauen, 75 hp (56 kW) Antriebsleistung bei 800 min^{-1} Umdrehungen, das zum Gleiten kam und beim Rennen am 12. Juli 1903 24,9 mph (40 km/h, 21,6 kn) erreichte. Es beeindruckte *König Edward VII.* und *Königin Alexandra*, die unbedingt mitfahren wollten.

Benzinmotoren für Rennboote werden von *Seatek*, *Lamborghini*, *Mercedes* oder *Mercury* geliefert.

Der Ottomotor wurde Anfang des 20. Jhdts. in amerikanischen und britischen U-Booten angewendet. Die Kaiserliche Marine konnte sich dafür nicht entscheiden, auch noch nicht für den Dieselmotor, sodass in der Zeit 1906–1912 U1–U18 mit Petroleummotoren der Fa. *Körting*, Hannover, ausgestattet wurden, z.B. U14 mit zwei Sechszylinder-Zweitakt-Petroleummotoren mit je 290 PS. Sie bringen das Boot (516 t bei Überwasserfahrt, L 57,88 m, B 6 m) auf 14,8 kn. Diese Motoren haben aber systembedingte Nachteile:

- Zylinderleistung nicht über 46 PS
- Störanfälligkeit
- Kaum Drehzahländerung möglich
- Nicht umsteuerbar
- Hoher Brennstoffverbrauch 400–500 g/PSh
- Starke Rauchentwicklung und Feuerschein
- Anwärmen erforderlich

Das am 23. August 1911 bei der *Germaniawerft* in Kiel vom Stapel gelaufene Boot U16 hat vier Achtzylinder-Motoren von zusammen 1.400 PS, 15,6 kn.

In den beiden ersten Kriegsjahren gehen elf, alle Frontboote, verloren. Die Epoche Petroleummotor bei der Marine endete damit.

1897 begann die *American Motor Company* in Long Island, tragbare Bootsmotoren mit umkehrbarem Propeller zu bauen, und der Pariser Ingenieur *Alfred Segúin* baute in Genf seine

MOTOGODILLE, einen benzingetriebenen »Heckrudermotor«. Das waren die Anfänge der Außenbordmotoren, wie sie allgemein bekannt sind.

1942 hatten die leistungsfähigsten Otto-Motoren eine Literleistung von 180 PS, der Dieselmotor dagegen nur 40 PS.

Ottomotoren sind im Ersten Weltkrieg auf den kleinen Verdrängungsbooten (Schnellboote, Räumboote) anzutreffen, und zwar Viertakt-Benzinmotoren der Firmen *Benz, Daimler* und *Maybach*. Die Motorleistung ist – aus drei Motoren – bis 1.350 PS für 34 kn. In den 1920/30ern geht die Diskussion Benzin- oder Dieselmotor hin und her. Erst am 17. Oktober 1932 läuft bei der *Lürssenwerft* in Vegesack das Schnellboot S6 als erstes Boot mit Dieselmotoren vom Stapel. Drei doppeltwirkende *MAN*-Siebenzylinder-Zweitakt-Motoren mit je 1.320 PSe Maximalleistung lassen nur 32 kn bei der Meilenfahrt erreichen.

Die Weiterentwicklung, ein Elfzylinder-Motor, erreicht 2.050 Pse, 37,7 kn und wiegt nur noch 2 kg/PS. Die Motoren sind aber störanfällig, sodass alle Schnellboote ab S18 je drei *Mercedes-Benz*-Sechszylinder-Viertakt-V-Dieselmotoren erhalten, die zuletzt mit Aufladung 1.700 PS Höchstleistung geben, womit die Boote 37,5 kn erreichen. Einen Höhepunkt der Entwicklung im Kriege stellte S100 mit 100 t Verdrängung mit drei MB-518-Motoren je 2.500 PS Marschleistung und 3.000 PS Spitzenleistung. Das am 11. Februar 1944 in

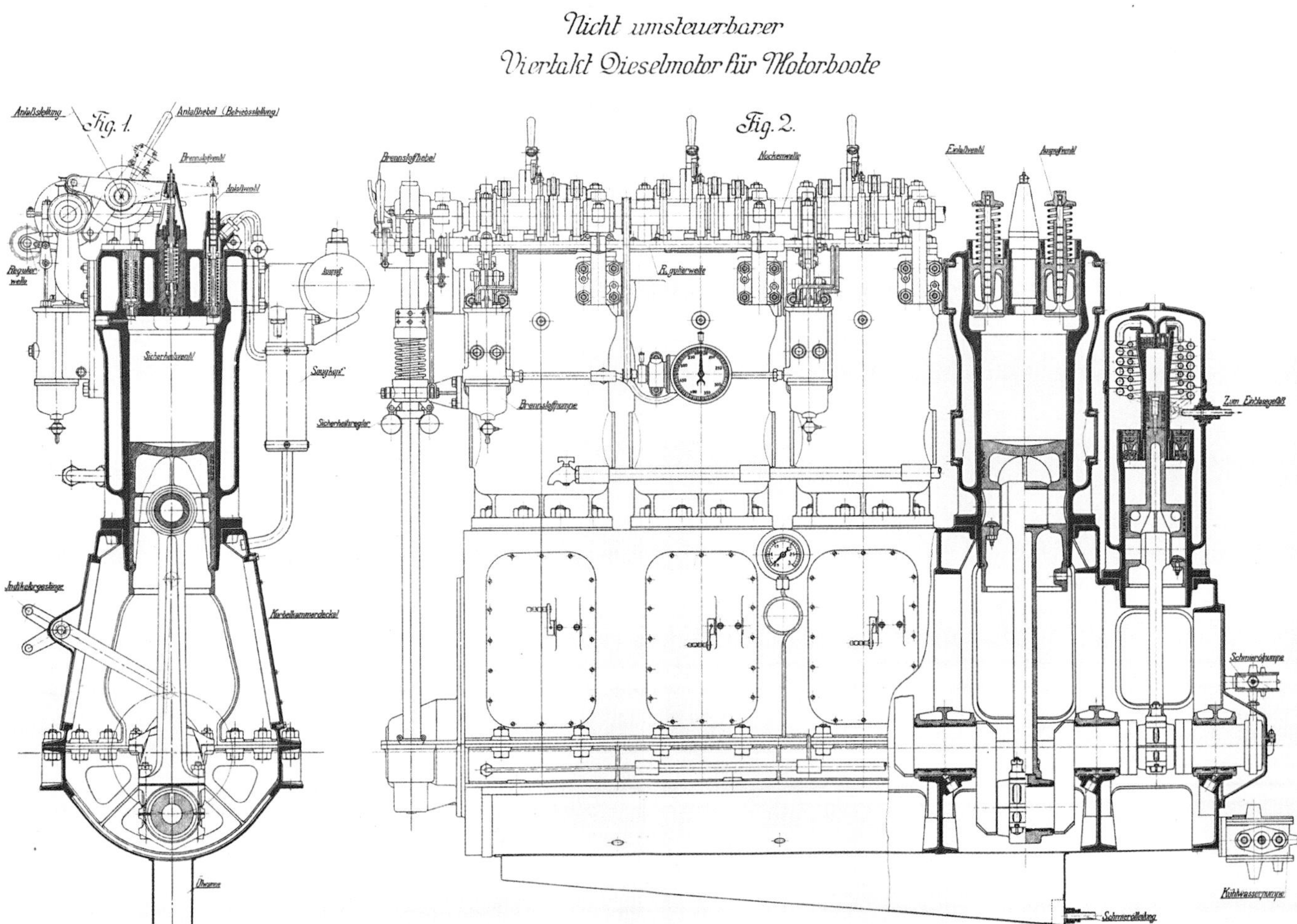

Die fehlende Umsteuerung eines normalen Viertakt-Dieselmotors wird ersetzt durch einen Wendepropeller in Zusammenarbeit mit einer Kupplung. Um ein Durchgehen des Motors im unbelasteten Zustand zu verhindern, ist auf der vertikalen Antriebswelle der Steuerwelle ein Sicherheitsregler angebracht, welcher bei zunehmenden Drehzahlen die Brennstoffregulierwelle derart dreht, dass die Saugventile der Brennstoffpumpen gehoben werden und hiermit die Motorleistung vermindert wird. Zum Anlassen werden alle vier Anlasshebel in Anlassstellung gebracht (Fig. 1). Dadurch werden die Anlassventile eingeschaltet. Ist die zum Zünden notwendige Umdrehungszahl erreicht, werden alle Anlasshebel der Reihe nach auf »Betrieb« gestellt. Dieser Motor leistet bei 550 min^{-1} normal 60 PSe und gestattet eine Überlastung bis 45%.

Dienst gestellte S170 stellte mit 43,5 kn den damaligen Geschwindigkeitsrekord für Motortorpedoboote auf. Heutige Boote erreichen 40 bis etwas über 50 kn.

Das Leistungsgewicht war bei Otto-Motoren 0,29 kg/PSe, bei Dieselmotoren etwa 0,88 kg/PSe.

Der Bau der Autobahnen erzwang die Entwicklung von Fahrzeugmotoren, die eine hohe Dauerleistung aushielten und damit auch als Bootsantrieb dienen konnten. Das wiederum erforderte kleine, leichte und preiswerte Bootswende-Untersetzungsgetriebe, die dann 1943 in ersten Entwürfen vorlagen, aber erst ab 1946 wurde eine zunehmende Anwenderfreundlichkeit und Betriebssicherheit erreicht, sodass die Getriebe mit ihren einsatzgehärteten und geschliffenen Zahnrädern unverwüstlich wurden.

Schon 1938 gab es Küsten- oder Binnenschiffe mit handhebel- oder druckölgesteuerten Wendegetrieben im direkten Propellerantrieb.

Nur in Thailand habe ich bisher eine andere interessante Art des Außenbordantriebes langer schlanker Boote gesehen: Ehemalige Vier- oder Sechszylinder-Fahrzeugmotoren werden am Heck aufgeständert und treiben über eine Kette etwa 1:4 untersetzt eine lange Propellerwelle, die in einem Rohr gelagert ist, und weit hinter dem Boot im Wasser arbeitet die Schraube. Das Kühlsystem ist so umgebaut, dass das Kühlwasser aus der Umgebung entnommen wird und einfach zurückfließt. Die starken Motoren treiben die Boote mit beeindruckender Geschwindigkeit.

Der Kreiskolbenmotor wurde von *Alfred Heerde* erfunden (Reichspatent Nr. 618403, Klasse 46a5, Gruppe 2) und war ab 5. November 1932 als Drehkolbenbrennkraftmaschine patentrechtlich geschützt. Ruhm und Erfolg erntete aber *Felix Wankel* (1902–1988) am Bodensee. Er entwickelte das Prinzip funktionsfähig mit dem Ziel, den Kolbenmotor abzulösen, da kleine hin- und hergehende, Schwingungen verursachende Teile vorhanden sind. Schnelle Boote sollten damit angetrieben werden. Versuchsfahrzeuge sind damit auch gefahren. Die Motorenindustrie für Fahrzeuge glaubte an eine Revolution, und der Motor ging auch in Serie, nachdem von 1932 bis 1957 eine intensive Entwicklungsarbeit stattgefunden hatte. 1964 kommt der *NSU* Spider (500 cm^3, 37 kW, 6.000 min^{-1}) auf den Markt und bis in die 1970er wird von der Firma der RO 80 (ab 1967, 2 Scheiben, 497,5 cm^3, 85 kW, 5.500 min^{-1}) gebaut. Dann gaben alle bis auf die japanische Firma *Mazda*, die jetzt noch Fahrzeuge mit Kreiskolbenmotor auf den Markt bringt, auf, obwohl man immer wieder aufgetretene Probleme mit Überhitzung, Zündung und Abdichtung in den Griff bekommen hatte. Grund sind immer schärfere Grenzwerte für Verbrauch und Abgasemissionswerte, die der Kreiskolbenmotor besonders im Teillastbereich nicht erfüllen kann. Ohne aber die Großserie als Kraftfahrzeugmotor im Hintergrund der Weiterentwicklung zu haben, gab es keine Entwicklung und Produktion von Bootsmotoren. Also auch eine viel versprechende Erfindung, die dann doch nicht zur Innovation wurde. *Wankel* wurde aber durch die Lizenznehmer wohlhabend.

8.2 Der Glühzünder – er hatte seine Nische

Am 8. Mai 1890 bekommt der Engländer *Herbert Akroyd Stuart* in London ein Patent für seine »hot bulb engine«. Sie ist der Vorläufer aller späteren Glühkopfmotoren, die insbesondere in Dänemark (*Bolinder*) weiterentwickelt wurden. Er wird auch Mitteldruck-Rohölmotor genannt.

Glühkopfmotoren werden ausschließlich als Zweitakter gebaut, denn eine Ventilanordnung ist wegen der Glühhaube kaum möglich.

Beim Glühkopfmotor spricht man auch vom Halbdieselmotor. Es gab auch Motoren dieser Art mit Zündung durch eine Zündkerze und auch Selbstzündung sowie Gemischbildung außerhalb des Zylinders durch Vergasung, wobei mit höherer Verdichtung über 10fach gearbeitet wurde.

Die Verdichtung ist 12 bar, auch bis 16 bar, der Glühkopf hat 355–370° C, Petroleum oder Gasöl wird mit 40–50 bar vor Erreichen des oberen Totpunkts eingespritzt. Der Verbrennungsdruck ist 20–25 bar. Als Spülpumpe wird das Kurbelgehäuse benutzt; da der Spülwirkungsgrad nur etwa 50% beträgt, werden nur mittlere effektive Drücke von 2,2–2,3 bar erreicht und nur Zylinderleistungen von 60 PS sowie ein Treibstoffverbrauch von 250–300 g/PSeh, der Wirkungsgrad ist etwa 24%, also schlechter als beim Dieselmotor. Die Motoren wurden dort angewendet, wo bei kleinen Leistungen Wert auf sehr einfache Bedienung und Wartung gelegt wurde.

Der Glühkopf muss vor dem Starten der Maschine mit einer Flamme, z.B. Gasbrenner, erhitzt werden, was 10–15 min dauerte. Der Motor hat also den Vorteil eines Saug-(Otto-)Motors, kann aber billige schwere Öle verbrennen. Er kostet weniger als ein Dieselmotor, verbraucht aber wesentlich mehr. *Hornsby & Sons*, Gratham, UK, erreichten eine Vereinbarung mit *Akroyd Stuart*, 1891 allei-

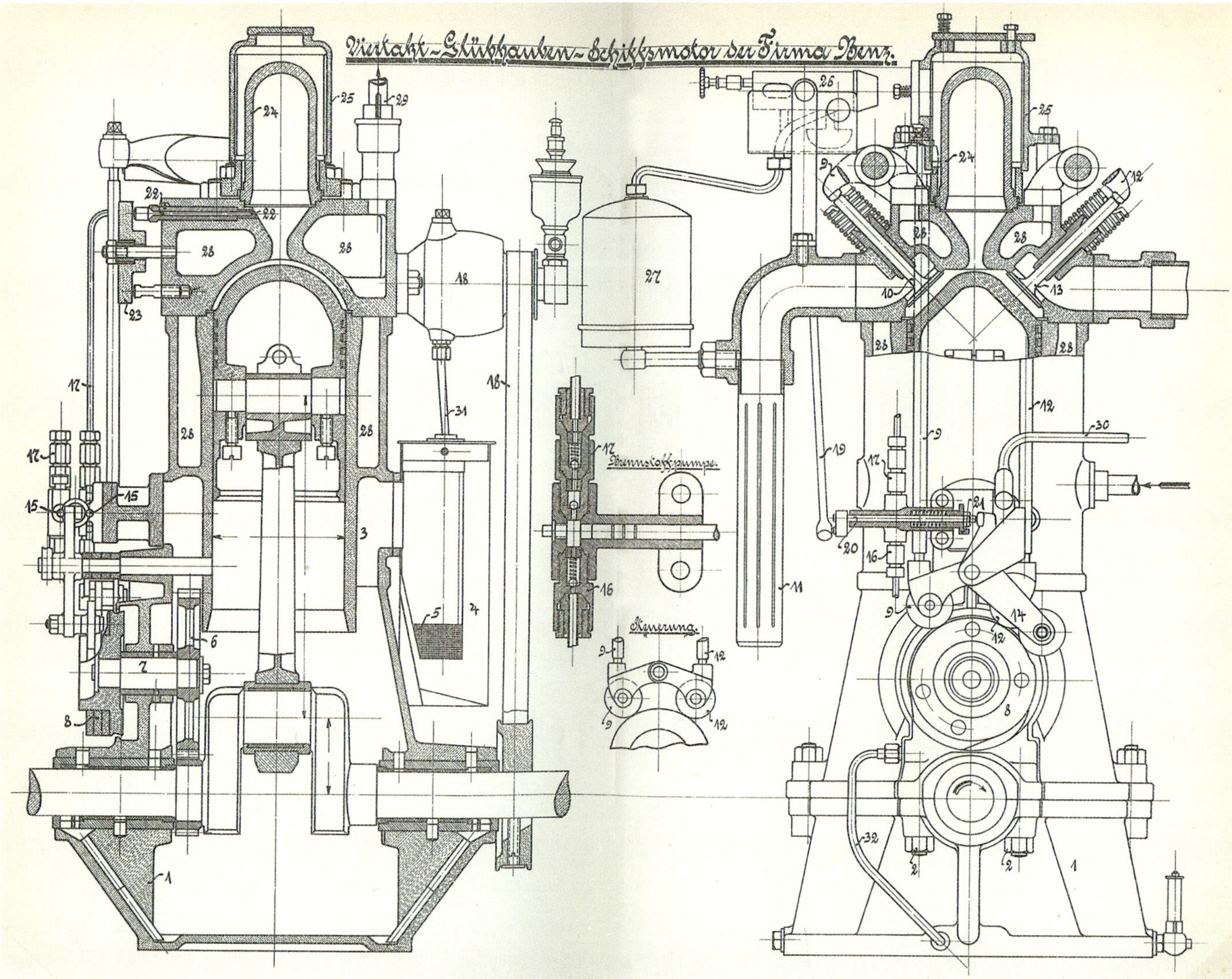

Um 1910: Viertakt-Glühhauben-Schiffsmotor der Firma Benz, *Mannheim:*

1 Kurbelkasten mit Sammelraum für Öl, 2 Lagerschrauben, 3 Kanal, durch den das herumgeschleuderte Öl in den, 4 Ölsammelkasten gelangt, 5 Schmierölfilter, 6 Zahnradübertragung 2:1, 7 Steuerwelle, 8 drei Nockenscheiben für Einlass-, Auslassventil und Brennstoffpumpe, 9 Gestänge und Hebel für, 10 Einlassventil, 11 siebartiges Luftsaugrohr, 12 Gestänge und Hebel für, 13 Auslassventil, 14 Hebel für beide, 15 Brennstoffpumpen, eine als Reserve, 16 Saugrohr und Saugventil, 17 Druckrohr und Druckventil, 18 Regulator mit Riementrieb zur Hubregelung der Brennstoffpumpen, 19 Regulatorstange, 20 Regulatorwelle, 21 Schneckenförmige Scheibe, durch deren Drehung der Pumpenhub geregelt wird, 22 Brennstoffdüse, 24 Glühhaube, 25 Schutzhaube mit Klappe, die bei starker Belastung des Motors geöffnet wird, damit Glühhaube nicht zu heiß wird, 26 Petroleumheizlampe, 27 Brennstoffbehälter für Heizlampe, 28 Hohlräume für Wasserkühlung, 29 Zu- und Abfluss des Kühlwassers, 30 Handhebel für Brennstoffpumpe, 31 Ableitungsrohr für überschüssiges Schmieröl, 32 wie 31

niger Hersteller seiner Maschinen in Großbritannien zu sein. Diese Hornsby-Akroyd-Ölmaschine – sie wird auch Semi-Diesel-Engine genannt – wurde sehr schnell ein Erfolg zu Lasten der Dampfmaschine, sie bauten 45.000 Glühzünder, die 1896 erstmalig in Traktoren und Lokomotiven eingebaut wurden. Es waren Ein- bis Sechs-Zylinder-Maschinen. Auf kleineren Schiffen, insbesondere Fischkuttern, traf man diese Maschinen auch noch in der zweiten Hälfte des 20. Jhdts. an, sicher laufen auch heute noch einige irgendwo auf der Erde. 1916 hieß es in einem Lehrbuch, dass er vor allem für Fischereifahrzeuge und Hilfsantrieb für Segler geeignet ist.

Der Vorteil der Glühkopfmotoren war ihre Einfachheit und Robustheit. Es entfällt eine elektrische Zündvorrichtung wie bei Otto-Motoren, auch schwere Ölsorten werden verbrannt, allerdings keine schwersten. Die Umsteuerung konnte brutal erfolgen, indem durch vorzeitige Gegenzündung der nach oben gehende Kolben vor seiner Totlage zur Umkehr gezwungen wird. Der Verbrauch ist höher als beim Diesel wegen der schlechteren Mischung und geringen Kompression: 544 g/kWh. Die Glühhaube kann wegen der Wärmespannungen leicht springen. Die Zylinderleistung war niedrig, nicht über 15 kW. Um die Anlasszeit zu reduzieren, gab es auch elektrische Hilfszündung mit anfänglichem Benzinbetrieb.

Im neutralen Schweden wurde während des Ersten Weltkriegs ein brauchbarer Glühkopfmotor entwickelt, der zur Motorisierung der Segelschiffe in kleiner Fahrt in den 1920ern beitrug und als schnellere und zuverlässige Belieferung – ein Muss bei kleinen Lagerbeständen – mehr und mehr verlangt wurde. Erst dann erklärten sich die Versicherungsgilden der Küstenschiffer bereit, auch Motorsegler aufzunehmen. Die deutschen Werften machten Umbauten oder boten motorisierte Segelschiffe an, besonders die *Krupp-Germaniawerft AG* in Kiel-Gaarden, bekannt von dieser Werft ist die Viermastbark MAGDALENA VINNEN, die noch fünf Schwesterschiffe in 1921/23 bekam, sowie die BUCKAU, die als Dreimasttoppsegelschoner von 450 BRT und 600 tdw entstand. Die Motorleistung dieses Schiffs war mit 120 kW etwas niedrig. Weitere kleinere Schiffe um die 100 BRT folgten, alle mit umklappbaren Masten und Bugspriet für die Fahrt auf Kanälen und geringem Tiefgang von nur 2 m. Die Segelfläche betrug etwa 340 m^2. Sie wurden meist mit Verstellpropellern (Wendeschrauben) ausgerüstet, um die Drehrichtung des Motors nicht umkehren zu müssen.

Etliche Fachleute sahen in dieser Art Schiffe noch eine Zukunft des Segels in der Berufsschifffahrt; man sprach von Motorschonern und den kleineren Motorseglern von 120–350 t, die meist von holländischen Werften kamen, die sich eine führende Stellung im Kleinschiffbau erarbeitet hatten. Als Beispiel sei das Motorfrachtschiff ANITA von der Werft *N:V:E:7. Smit en Zoon*, Hoogezand (Holland), 1929, 169 BRT, 235 tdw, LüA 33 m, B 6,2 m, T 2,35 m, 77 kW, genannt. Der achtere Mast ist gleichzeitig Auspuff, die Segel sind nur als Hilfseinrichtung gedacht. Der Antriebsmotor ist ein Dreizylinder-Viertakt-Bronsmotor, der schon 20 Jahre Erfahrungshintergrund hatte.

Er läuft mit 290 min^{-1} Umdrehungen, der Zylinderdurchmesser ist 280 mm, der Hub 350 mm. Angelassen wird mit Druckluft von 20 bar, die von einem Kompressor von der Hauptmaschine angetrieben in einen Behälter gespeichert ist. Beim Anlassen wirkt die Druckluft im Zweitakt, also bei jeder Umdrehung. Der Gusseisenpropeller von 1.300 mm Durchmesser wird über ein Wendegetriebe angetrieben.

Gebunkert sind 6 t Öl in zwei Tanks, der Verbrauch ist 20,7 kg/h oder 1.697 g/PSh.

Der Schmieröl-Verbrauch 5 g/PSh.

Es stellte sich heraus, dass die Besegelung in Anschaffung, Konservierung und Bedienung ein wesentlicher Kostenfaktor ist, sodass man die Segelfläche bei den Küstenfahrzeugen immer mehr verkleinerte und die Motorleistung erhöhte: das Motorschiff mit Hilfsbesegelung war entstanden.

In den 1930er Jahren setzte sich dann die Überzeugung durch, auf Segel ganz zu verzichten.

Der Dieselmotor wurde zwischen den beiden Weltkriegen im 20. Jhdt. ein starker Wettbewerber. Es gab damals Wirtschaftlichkeitsbetrachtungen, dass ein Schiff, das mehr als $15^1/_2$ Tage im Monat fährt, mit einem Dieselmotor wirtschaftlicher fährt als mit einem Glühkopfmotor.

8.3 Der Ölmotor

Zweifellos ist heute der dominierende Schiffsantrieb der Ölmotor oder Dieselmotor, wie er dann alsbald weltweit genannt wird. Er dominiert nur noch nicht den Bereich höchster Leistungen und Geschwindigkeiten, obwohl man auch das durch Mehrmotorenanlagen, insbesondere dieselelektrischen Antrieb, heute erreicht. Sein Plus sind hoher Wirkungsgrad und Wirtschaftlichkeit.

1823 erfindet *Samuel Brown* eine Rohölmaschine, 1827 wurde sie in einem Boot installiert, ab 1832 wurde sie allgemeiner als stationärer Antrieb genutzt. Es versuchten sich auch *Wright*, *William Bernett* und *Lenoir*, er baute 1860 den ersten Zweitakt-Gasmotor, der mit Leuchtgas betrieben wurde, kamen aber gegen die Kolbendampfmaschine nicht an.

Zehn Jahre vor *Nikolaus August Otto* beschrieben 1853 die Italiener *Pater Eugenio Barsanti* (12.10.1821–19.04.1864), Professor der Mechanik an der Scuole Pie in Florenz, und Ingenieur *Felice Matteuci* (12.021808–13.09.1887) aus Lucca das Prinzip eines Flugkolben-Gasmotors und erhielten ein Patent, das bereits 1854 zu einem funktionsfähigen atmosphärischen Verbrennungsmotor führte.

In einem Prospekt *Barsantis* heißt es 1863:

»... Die wahre Antriebskraft des neuen Motors ist der natürliche Druck der Atmosphäre. Die Wirkung dieses Drucks

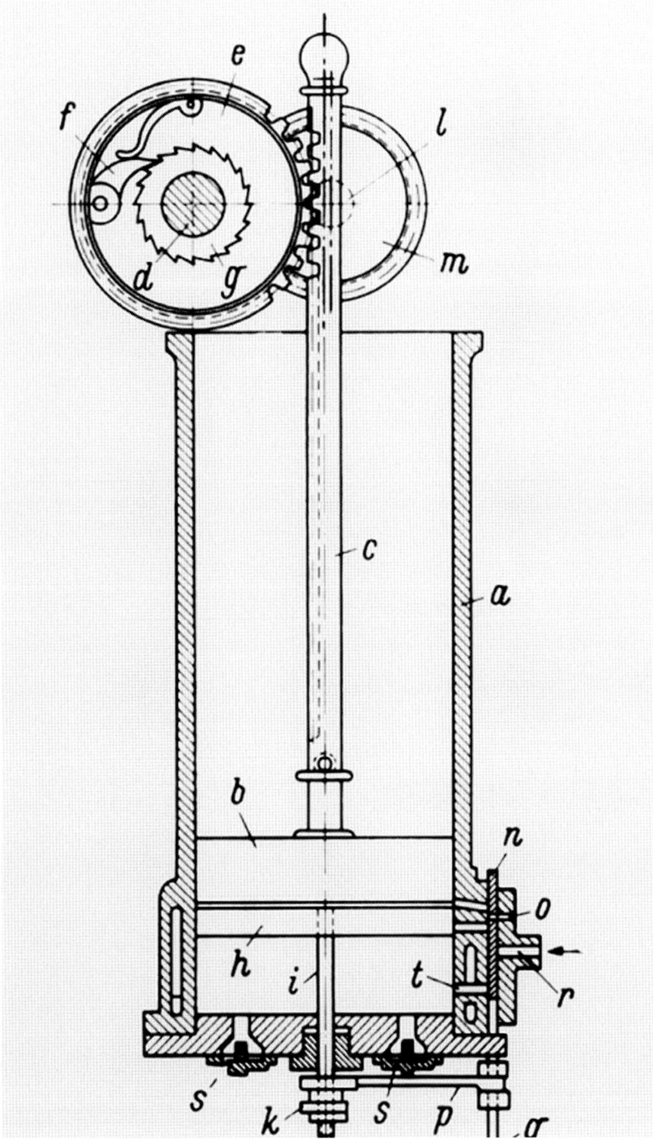

Aus dem englischen Patentantrag 1857.
Der Barsanti & Matteucci-Motor mit Hilfskolben.
Ansaugen: Die Motorwelle zieht den Hilfskolben (h) nach unten, sodass der Motor Luft ansaugt, dann aus einer zweiten Öffnung Wasserstoff oder Methan.
Verbrennen: Im unteren Totpunkt des Hilfskolbens Zündung, der Hauptkolben (b) wird nach oben getrieben, das Ritzel dreht sich lose, erst beim Heruntergehen des Kolbens durch atmosphärischen Druck dreht die Zahnstange (c) das Zahnrad (f) der Motorwelle und Schwungrad.
Ausstoßen: Beim Heruntergehen des Hauptkolbens läuft der Hilfskolben nach oben und schiebt Verbrennungsrückstände aus. In Zusammenarbeit mit dem Mechaniker Giovanni Baltista Babacci entstand 1857 daraus der Motor mit gegenüberliegenden Kolben gleicher Wirkweise.

wird durch das Vakuum hervorgerufen, das je nach Leistung der Maschine in einem oder in mehreren Zylindern durch die Verbrennung eines Gemisches aus atmosphärischer Luft und entzündbarem Gas erzeugt wird. Bei den kleinen Maschinen wird allerdings auch noch ein Teil der Ausdehnungskraft genutzt, die das Gemisch bei der Entzündung gewinnt. … da sich die Kolben, wenn sie durch die Impulskraft vorwärts getrieben werden, vom gesamten restlichen Mechanismus lösen, funktionieren sie wie riesige Sicherheitsventile. …«

Barsanti und *Matteuci* hatten vorher am 5. Juni 1853 einen verschlossenen Umschlag mit der Beschreibung der Umwandlung der Explosionsenergie eines Gases in mechanische Arbeit bei der Accademia di Georgofili in Florenz hinterlegt, denn das Patent wurde erst am 12. Juni 1854 erteilt. Zwischen ihnen und *Lenoir* gab es Patentstreitigkeiten, der italienische Motor verbrauchte nur ein Drittel Kubikmeter Gas je PS und Stunde.

Am 10. Mai 1858 lieferte die Eisengießerei *Calegari* in Livorno einen beauftragten Motor für das Boot ILVELOCE auf dem Comer See, der aber die Erwartungen nicht erfüllte. Man fand schließlich die Gesellschaft *John Cockeril* in Seraing bei Lüttich als Hersteller und *Barsanti* selbst übernahm die Leitung am 28. Februar 1864.

Der Tod *Barsantis* am 19.04.1864 beendete leider die weitere Verbesserung und Verbreitung des Motors. Das zeigt wieder die Abhängigkeit des Innovationsprozesses vom treibenden Menschen. Der nervenkranke *Matteuci* war hierzu nicht in der Lage.

Erst der Kaufmann *Otto* verbesserte 1867 den atmosphärischen Gasmotor und erfand 1876 den erfolgreichen Viertaktmotor. Im Jahr 1878 erfand *Sir Dugald Clark* den Zweitaktmotor, zunächst mit einem separaten Zylinder zum Vorverdichten der Ansaugluft, dann ersetzte *Day* diesen durch die Verdichtung der Ansaugluft in der Kurbelwanne. Daraus wurden dann mit besseren Vergasern und Zündeinrichtungen die erfolgreichen Benzinmotoren, die aber wegen der Feuergefahr und auch ihrer höheren Kosten für größere Schiffe nicht infrage kamen. Bei kleineren Schiffen, bei Booten finden wir diese Motoren und auch die Variante Glühkopfmotor. Für die Schifffahrt wurde dann aber das Patent von *Rudolf Diesel* (geb. 18. März 1858 in Paris, Sept. 1913 von der Fähre Antwerpen–Harwich ungeklärt verschwunden) 1892 und 1893 seine epochale Veröffentlichung »Theory and Construction of a Rational Heat Engine« interessant. Die besonderen Merkmale seines Motors waren:

Die Außenluft wird beim Abwärtshub angesaugt oder (Zweitakter) aus dem Kurbelraum in den Zylinder gedrückt.

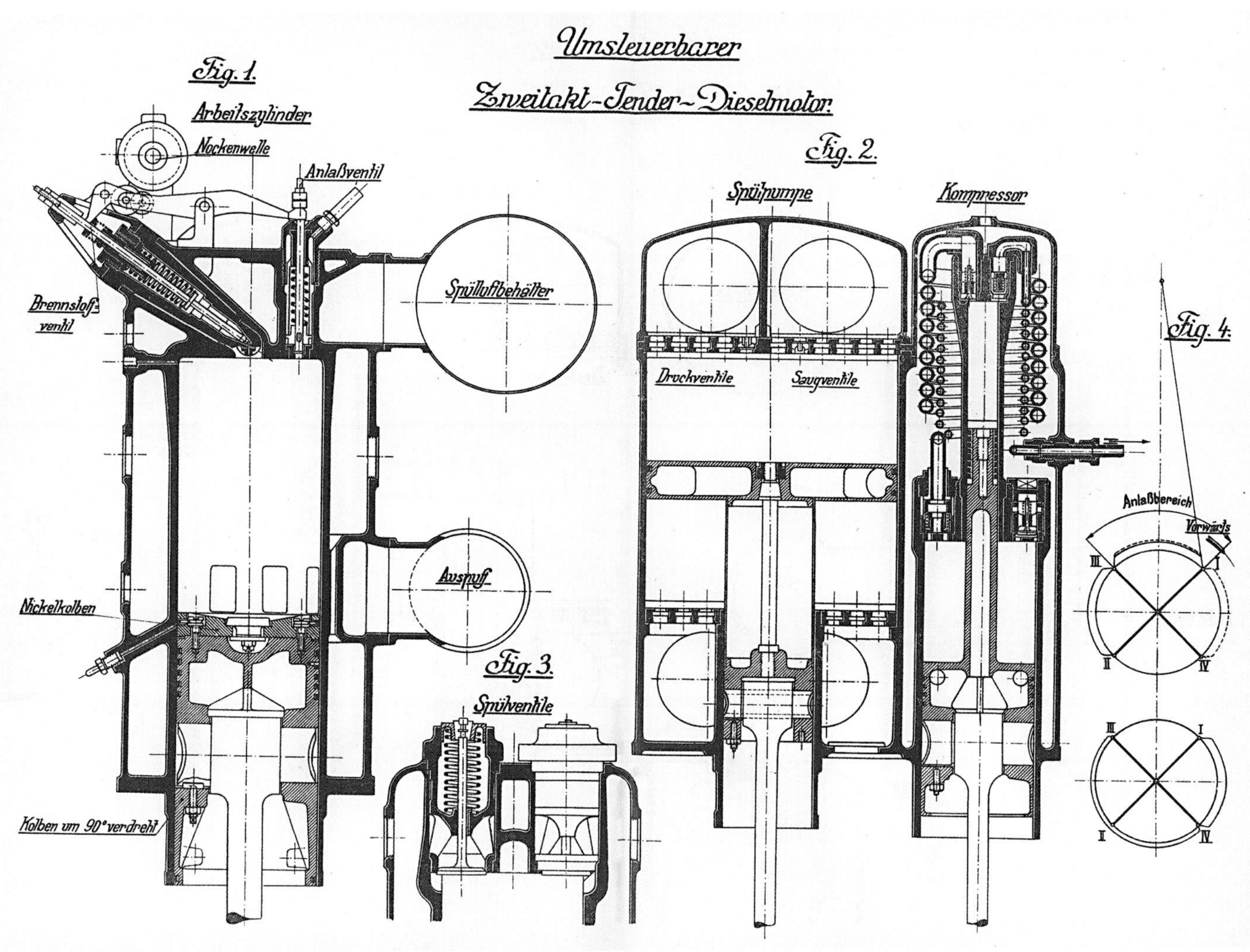

Vierzylindriger, direkt umsteuerbarer Motor mit 150 PS der Firma Leobersdorfer Maschinenfabrik. Direkt an den Zylinder ist die Spülpumpe mit daran anschließendem Luftkompressor angebracht, wobei die Spülpumpe direkt von der Kurbelwelle und der Luftkompressor über die sechste Kröpfung der Motorwelle angetrieben werden, um 1910.

Im Aufwärtshub wird die Luft so stark komprimiert, 30–50 bar, dass sie so heiß wird (600–900° C), dass sie hineinkommendes Öl (Gas- und Dieselöle verdampfen zwischen 200–370° C) sofort entzündet.

Um den oberen Totpunkt wird das Öl eingespritzt, dass der Kolben abwärts getrieben wird – zunächst vom verbrennenden Öl, dann von der Expansion des heißen Gases.

Das verbrannte Gas wird herausgeschoben bzw. (Zweitakter) frische Verbrennungsluft wird hineingedrückt, die dabei das verbrannte Gas gegenüber aus dem Zylinder herausschiebt.

Die ersten Motoren von Diesel sollten mit Kohlenstaub laufen, der erhebliche Zusatzprobleme bereitete und man schnell auf Öl kam.

Am 1. Februar 1897 begann *Diesel* mit seinem dritten Motor (stehend mit Kreuzkopf) mit Vorführungen. Das war wohl der erste brauchbare Dieselmotor der Welt mit 400 mm Hub, 250 mm Bohrung, 3.740 kg Gewicht, Leistung 18,3 PS bei 158 min^{-1}, Leistungsgewicht 204 kg/PS, Kraftstoffverbrauch 250 g/PSh, Wirkungsgrad 25%.

An der Entwicklung des klassischen Dieselmotors hatte *Deutz* zunächst keinen Anteil, nahm aber 1897 Lizenz auf das Dieselverfahren und entwickelte bereits 1898 einen Dieselmotor in kreuzkopfloser Ausführung. Obwohl Versuche mit diesem Typ X (kreuzkopflos mit Drucklufteinblasung, Bohrung 200 mm, Hub 330 mm, 10 PS bei 220 min^{-1}, Leistungsgewicht 250 kg/PS) Erfolg versprechend waren, gab man den Dieselmotorenbau 1900 wegen ungünstiger Lizenzbedingungen auf. Doch die konstruktive Weiterentwicklung war erfolgreich, sodass 1907 nach Erlöschen des Dieselpatents die Fertigung von Dieselmotoren im Hause *Deutz* bis zu einer Leistung von 400 PS aufgenommen werden konnte.

Der Produktionsschwerpunkt bei *Deutz* lag vorerst bei Dieselmotoren kleiner Leistung für Landwirtschaft, Gewerbe, Industrie und Binnenschifffahrt. Insbesondere die nach dem *Brons*-Verfahren arbeitenden Motoren wurden beliebte Antriebsmaschinen auch für seegehende Fischereifahrzeuge.

Bei diesem damals weltweit patentierten *Brons*-Verfahren saugt der Viertaktmotor beim ersten Hub Luft wie auch durch ein gesondertes Brennstoffventil Brennstoff an, der zunächst in einer mit Zylinder in Verbindung stehenden Kapsel gesammelt wird. Dann wird beim Aufwärtshub auf 35 bar verdichtet und die entstandenen Brennstoffdämpfe entzünden sich bei der entstandenen hohen Temperatur etwa im oberen Totpunkt. Dabei verbrennt dann auch der noch in der Kapsel befindliche flüssige Brennstoff. Ein Zylinder leistete 1910 bis

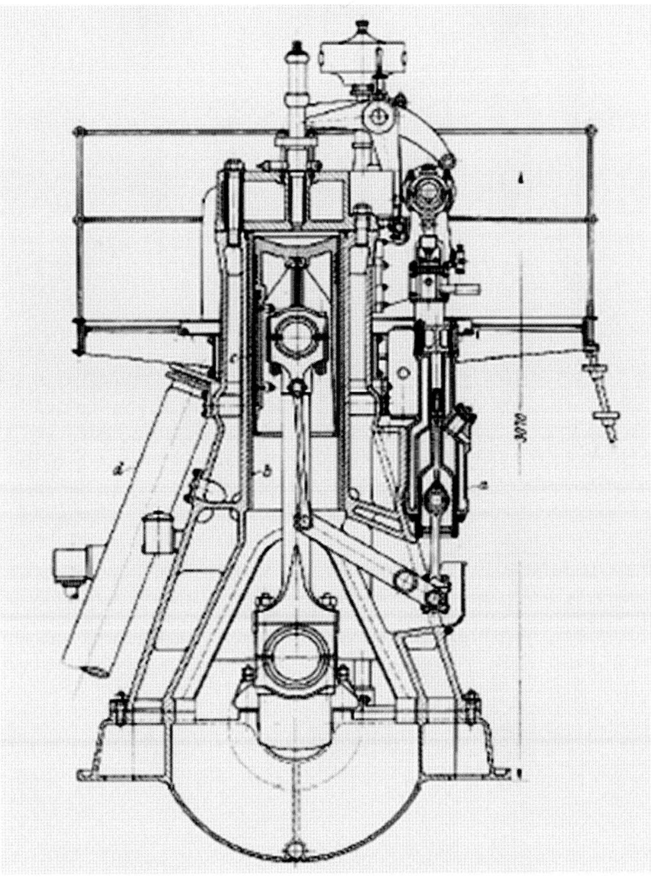

1902 führt MAN die zweistufige Kompression der Luft für das Treiböl-Einblasen mit Druckluft ein: die erste Stufe war die Druckluft von der Unterseite des Kolbens, die zweite ein kleiner Kompressor von der Hauptmaschine angetrieben.

16 PS bei 350 min^{-1} Umdrehungen. Der Zünddruck betrug bis 50 bar.

Erfolgreich wurden dann Dieselmotoren z.B. auf einer Ausstellung in München 1898 gezeigt, 1904 war bereits der Ruf des Dieselmotors als stationärer zuverlässiger Antrieb sehr geringen Verbrauches etabliert.

Der Grundgedanke *Diesels* – die Verbrennung fester Brennstoffe in einem ungekühlten Zylinder – ließ sich nicht verwirklichen, weil die Brennstoffzuführung auf unüberwindliche Schwierigkeiten stieß und kein Material die hohen Drücke und Temperaturen aushielt. Auch bei flüssigen Brennstoffen war die notwendige Zerstäubung zur guten und schnellen Verbrennung ein Problem, was bis 1924 mit Lufteinblasen gelöst wurde, erst danach kam allgemein die direkte Zerstäubung des Brennstoffstrahls.

1912 brachte die Fa. *Deutz* den ersten kompressorlosen – also ohne Brennstoff-Einblasung – kleinen Dieselmotor heraus. Der Kraftstoff wurde mittels Pumpe verdichtet und eingespritzt, allerdings war die Zerstäubung noch unbefriedigend, sodass mit Vorkammer gearbeitet werden musste. Erst ab 1921 spritzte man bei großen Motoren direkt mit hohem Druck in den Hohlkolben-Verbrennungsraum ein.

Der Brennstoff wird etwa 6° vor dem oberen Totpunkt (OT) eingespritzt bis etwa 40° nach dem OT. Der Einblasedruck der Luft muss mit steigender Drehzahl erhöht werden von mindestens 8 bar Überdruck über dem Verdichtungsdruck bis auf 95 bar, denn es steht immer weniger Zeit zur Verfügung. Man kann sich vorstellen, dass der zwangsläufige Motorbetrieb mit Verdichter eine Störungsquelle war und den Wirkungsgrad verschlechterte. Man muss sich vor Augen halten, dass bei einer Drehzahl von 1.200 min^{-1} und einem Einspritzwinkelweg von 40° nur $^{1}/_{180}$ s für den gesamten Verbrennungsvorgang zur Verfügung stehen. Bei der hohen Verbrennungstemperatur von 1.600° C bleibt bei abwärts gehendem Kolben (Volumenvergrößerung) der Druck im Zylinder konstant.

Der Ersatz des Einblasens des Brennstoffs durch luftlose Einspritzung war nicht einfach, denn man musste hohe Einspritzdrücke (mindestens 200–600 bar erzeugen, denn nur dann zerstäubt der Strahl nach der Düse und mischt sich gut mit dem Sauerstoff), kleine Düsenbohrungsdurchmesser (kleiner 0,1 mm) erreichen. Dabei hatte man mit Zündverzug, ungleichmäßiger Verbrennung oder zu hohem Verbrennungsdruck (weit über 60 bar) und Klopfen auch bei Großmotoren zu kämpfen.

Jede Verbrennung im Zylinder ist eine Anregung zu Schwingungen, ein Problem des Verbrennungsmotors bis heute, das man aber durch schwingungsdämpfende Aufstellung mehr und mehr in den Griff bekommt.

8.4 Der Ölmotor nach Rudolf Diesel (1858–1913) – eine Erfolgsstory mit schwierigem Anfang

Nach zehnjähriger Suche war *Dr. Rudolf Diesel* überzeugt, eine Maschine mit höchstem thermischen Wirkungsgrad gefunden zu haben. Er dachte dabei an flüssiges Treiböl, aber noch mehr an pulverisierte Kohle, dazu gab es allerdings nur in 1899 Versuche, die nicht befriedigend verliefen.

Diesel kam aus armem Elternhaus und bekam kein Stipendium, da er nicht bayerischer Bürger war; er hatte aber einen unzähmbaren Willen zum Lernen und eine große Erfindung zu machen. Er erwarb dann durch seine Patente ein großes Vermögen, spekulierte dann aber in Grundstücken sowie Ölfeldern und erlitt enorme Verluste. Der bevorstehende Ruin und seine angegriffene Gesundheit mögen zu einem freiwilligen Tod am 29. September 1913 geführt haben.

Man ist bis heute bemüht, dass eine Kraftmaschine mit interner Verbrennung dem schon 1824 als theoretisch den höchsten Wirkungsgrad erreichenden, nach ihm benannten *Carnot*-Prozess (*Sadi Carnot*: Die bewegende Kraft des Feuers) im Druck-Volumen-Verlauf folgt. Darin hat das Gas erst isotherme Entspannung mit Energiezufuhr, dann adiabatische bis zum Totpunkt des Kolbens, dann ausschieben isothermisch und adiabatische Verdichtung. *Carnot* empfahl auch Kohlepulver als Brennstoff, man dachte im 19. Jhdt. in Kohle. *Diesel* veröffentlichte im Januar 1892: Theorie und Konstruktion einer wirtschaftlichen Wärmekraftmaschine, erkannte aber bald, dass höherer Druck, über 30 bar, und mehr Brennstoff erforderlich ist, deswegen ein zweites Patent am 12. Juli 1895: Innovation to Internal Combustion Engines.

Rudolf Diesel überzeugte 1892 den damaligen Leiter der Maschinenfabrik Augsburg, *Heinrich von Buz*, nach dreimaligem Briefwechsel, eine Versuchsmaschine zu bauen. Krupp beteiligte sich an den Kosten. *Diesel* wurde mitgeteilt, dass die Versuche der dann fertigen Maschine am 17. Juni 1893 stattfinden werden. Er schrieb daraufhin an seine Frau: *»Morgen früh, Sonntag, fahre ich nach Augsburg zum wichtigsten und entscheidenden Moment meines Lebens. Halte den Daumen und bete für mich.«*

Die Versuche waren nicht erfolgreich, es folgten Änderungen und weitere Versuche, erst die fünfte Versuchsreihe vom März 1896 bis September 1896 brachte entscheidende neue Erkenntnisse. Die Maschine wurde total neu gebaut mit Luftaufladung, und die Unterseite des Kolbens wurde als Luftpumpe genutzt, wie es dann bei Automobil-Zweitaktern üblich wurde. Die Versuche vom Okt. 1896 bis Jan. 1897 waren erfolgreich, und es wurden zwei Maschinen »A« und »B« gebaut. Letztere steht heute im Deutschen Museum in München. Es wurden 26,2% Wirkungsgrad und 13,1 kW Leistung erreicht. Weitere Testmaschinen (220 mm Bohrung, 400 mm Hub) wurden gebaut, die dritte Serie hatte 300 mm Bohrung, 460 mm Hub, 30 PS (22 kW) bei 180 min^{-1} Umdrehungen. Die Dieselmaschine erhielt 1900 auf der Weltausstellung in Paris den »Grand Prix«, das war der Durchbruch.

Diesel schrieb: *»Nur ein Teil der ehrgeizigen Gedanken werden in die Wirklichkeit umgesetzt. Immer sieht die fertige Erfindung ganz unterschiedlich aus von der ursprünglichen Vorstellung, sonst würde sie nie vollendet.«*

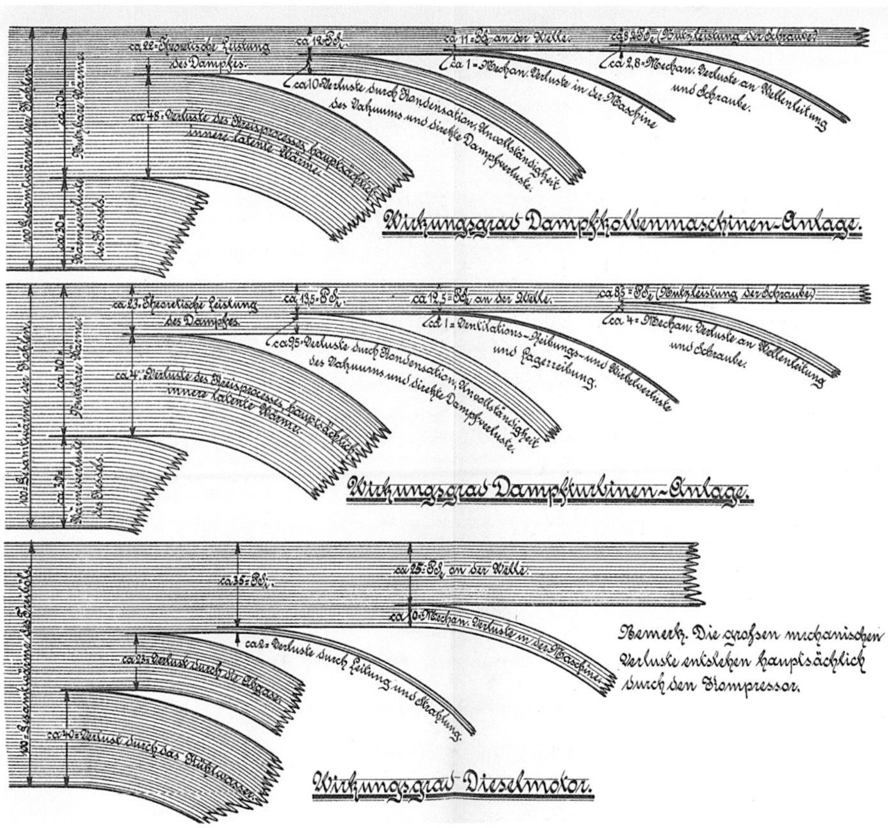

Die Verluste verschiedener Antriebe 1916 im Sankey-Diagramm

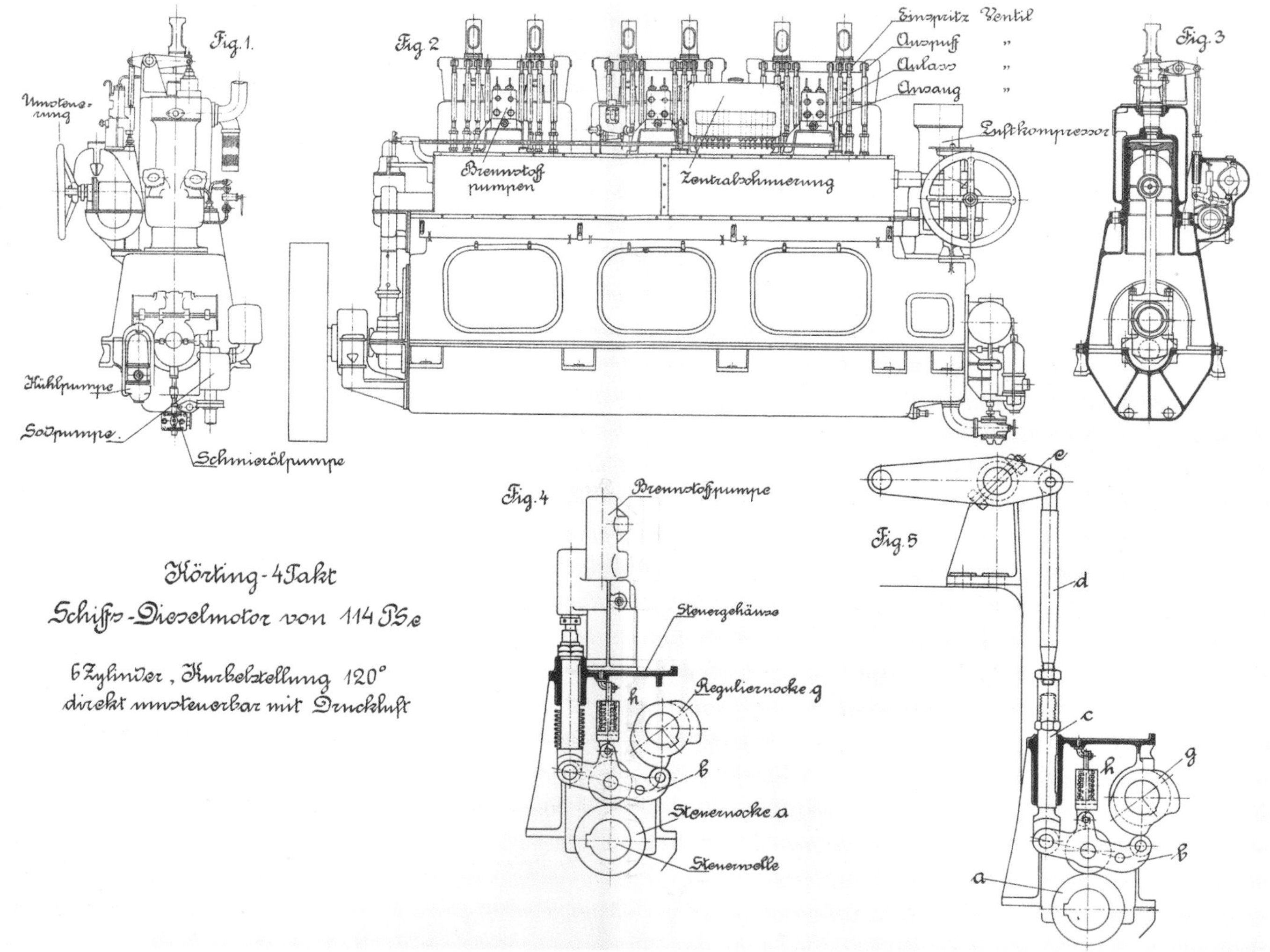

Sechszylindriger, direkt umsteuerbarer Viertakt-Schiffsdieselmotor mit 114 PS bei 500 min^{-1}, Zylinder sind aus feinkörnigem Gusseisen gefertigt, Kurbelgehäuse aus Bronze gegossen und beide über Schrauben verbunden. Der obere Teil des Kurbelgehäuses ist mit großen verschließbaren Wartungsöffnungen für die Lagerkontrolle versehen und auf der anderen Seite einen über die Länge durchgehenden Trog zur Aufnahme der Steuerwelle, welche am vorderen Ende über eine Stirnkurbel den vertikalen Kompressor antreibt. Auf der vom Motor angetriebenen und durch ein Handrad verschiebbaren Steuerwelle liegen die Steuernocken für alle vier Ventile pro Zylinder, wie auch für die Brennstoffpumpen. Jeder Zylinder hat ein Ansaug-, Anlass-, Auspuff- und Brennstoffventil, um 1910.

Schätzungsweise laufen heute (2002) auf der Welt 120 Mio. Dieselmotoren, 2002 wurden 18,2 Mio. neu produziert, davon hatten 3,9 Mio. 1–40 kW, 14,2 Mio. 41–999 kW und 15.000 1.000 kW und mehr, also nur 0,08% aller produzierten Motoren- oder 2% der weltweit produzierten Leistung. Die Hauptproduzenten sind Japan und USA, an dritter Stelle liegt Deutschland mit 13 Herstellern; 1914, sechs Jahre nach Auslauf der Dieselpatente, waren es 206. Heute haben 97% aller Seeschiffe Dieselantrieb.

1908 entschied MAN die Produktion von Dampfmaschinen einzustellen, da das Dieselgeschäft so erfolgreich wurde. Das geschah dann 1912 endgültig. Alle größeren asiatischen Werften haben Lizenzvereinbarungen für Dieselmaschinen mit europäischen Herstellern. Nach den USA brachte der in Mainz geborene *Adolphus Busch* (1839–1913) die Maschine, indem er am 9. Oktober 1897 einen Lizenzvertrag mit *R. Diesel* abschloss. Seine *Diesel Motor Company of America*, später (1901) *American Diesel Engine Company* in St. Louis, schloss Unterlizenzen mit Produzenten über die USA verteilt ab.

Wie schon bei den anderen Maschinen gesagt, war auch *Diesel* nicht allein, sondern es gab Mitstreiter und Wettbewerber, genannt hier insbesondere *Heinrich von Buz*, der an Diesels Gedanken glaubte.

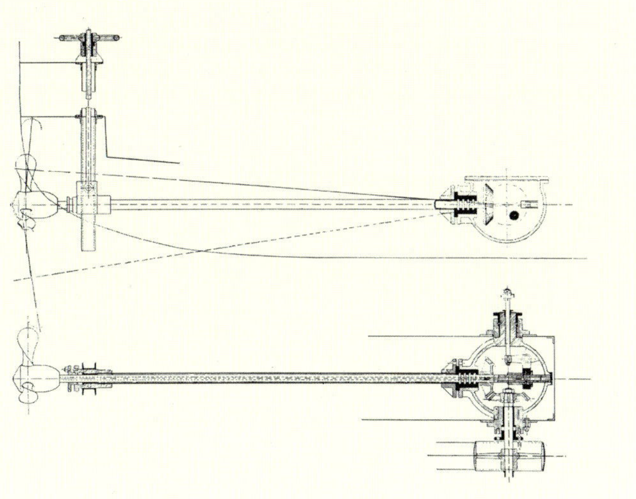

Heb- und senkbare Drehflügelschraube, der Gasmotorenfabrik Deutz, Köln, vor 1899 patentiert. Dann wurden die Flussschiffe der Firmen Gebr. Haldy, Saarbrücken, und Raab, Karcher & Co., Straßburg, mit dieser Schraube und einem Deutzer Petroleummotor ausgerüstet. Die Schraubenwelle ist hohl und hat intern eine verschiebbare Stange, mit der gabelförmig verbundenen Zahnstange die jede in Zahnsegmente der Schraubenflügel eingreifen und so die Steigung und Schubumkehr einstellen. Je nach Tiefgang kann der Propeller über ein Handrad gehoben bzw. gesenkt werden. Die Schraubenwelle wird über Riemen von einem 16 PS Petroleummotor angetrieben, wobei ein 270-t-Schiff 3,7 km/h Geschwindigkeit erreicht.

Für *Rudolf Diesel* waren der Amerikaner *Brayton*, der 1872 ein US-Patent auf seine Maschine bekam und sie 1876 auf den Markt brachte und 1878 auf der Pariser Ausstellung zeigte, eine Anregung. Die Luft wird in einem separaten Pumpenzylinder komprimiert, in den Hauptzylinder wird Druckluft von 60 bis 80 bar hineingedrückt und Treiböl eingespritzt, das von einer kontinuierlich brennenden Flamme entzündet wird.

Auch der Engländer *Stuart* war anregend mit seiner Erfindung der »hot bulb engine«, des Glühkopfmotors.

1888 wurde eine Maschinen-Yacht in Großbritannien erstmals von einem Ölmotor, der mit Petroleum lief, angetrieben. Antrieb mit einer Dammpfkolbenmaschine fand man auf Yachten aber noch bis in die 1930er wegen des Vorteils der Geräusch- und Schwingungsarmut.

1907/08 liefen die Diesel-Patente aus. Von den 206 Motorenfirmen in Deutschland bauten etwa die Hälfte Dieselmotoren. In 1913 waren 774.000 PS (570.000 kW) oder 45% der Dieselweltleistung in Deutschland installiert.

In 1914 hatten laut *Lloyds* Register of Shipping nur 297 Schiffe (234.287 BRT) weltweit Dieselantrieb, in 1939 6.912 Schiffe (15,2 Mio. BRT) oder 22,5% aller Schiffe. 1939 waren 65% der Neubauten In Deutschland dieselgetrieben, in Dänemark 100%.

Die Zylinderleistung der Maschinen war in den ersten Jahren – insbesondere für Kraftwerksanwendungen – (1902 das erste, Aleksandrowskaja in Kiew, mit vier Maschinen je 400 PS [294 kW], 252 g/kWh, es lief bis 1955) mit 8 PS bei den kleinsten, 150 PS bei den größten noch gering. Die Maschinen hatten ein Leistungsgewicht von 234–276 kg/PS, die nächste Generation nur noch 160 kg/PS.

Burmeister & Wain (B&W), Kopenhagen, unter ihrem technischen Direktor *Ivar Knudsen* (1861–1920) unterzeichnete am 11. Dezember 1897 einen Lizenzvertrag in München für 40.000 Mark für Maschinen unter 20 PS (15 kW) und 20.000 Mark für Maschinen über 20 PS sowie 10% Lizenzgebühr, mindestens 10.000 Mark jährlich. Am 28. Januar 1898 wurde der Vertrag in Kopenhagen bestätigt.

Ende des 19. Jhdts. war die Gasmotorenfabrik *Deutz* in Köln der größte Verbrennungsmotorenbauer. Das *Deutz*-»Modell X« war die erste Maschine ohne Kreuzkopf, also Pleuel direkt am Kolben angelenkt. Sie hatte 200 mm Bohrung, 300 mm Hub und erbrachte 7 PS bei 220 min^{-1}.

Ein weiterer Schritt zur Optimierung der Motoren waren die Erkenntnisse des *Deutz*-Mitarbeiters *Prosper L'Orange*, der die grundlegenden Schritte zur späteren Vorkammer-Verbrennung erfand. Er wechselte 1908 zur *Benz & Co.* nach Mannheim und entwickelte dort das Verfahren zur Serienreife.

1921 entwickelte man bei *Deutz* den Hohlkolben-Brennraum, der auch bei Großmotoren die luftlose Einspritzung durch verwirbelnde feine Düsenöffnungen ermöglichte. Ergebnis war die Motorenbaureihe »VM«. Die Weiterentwicklung im Großmotorenbau bezog sich nun insbesondere auf Leistungssteigerungen und Anpassungen an die verschiedensten Einsatzbedingungen.

Der Wirkungsgrad einer Kolben-Dampfmaschinenanlage betrug Ende des 19. Jhdts. nur 10–15%, einer Dampfturbinenanlage 15–25%, abhängig von der Leistungsgröße, Dampfdruck usw. Der noch andauernde Siegeszug des Dieselantriebs ist vor allem auf seine Wirtschaftlichkeit infolge hohen Wirkungsgrades und damit niedrigen Verbrauchs zurückzuführen. Die ersten Maschinen von Diesel lagen bereits bei 26–34% Wirkungsgrad.

8.5 Der Diesel kommt in die Schifffahrt

Die frühen Tanker zu Beginn des 20. Jhdts. waren kohlegefeuert, erst allmählich wurde das Öl zum Heizen der Kessel eingesetzt. Um die Wende 19./20. Jhdt. begannen *MAN* in

Glühkopfmotor und Dynamo 11 kW, 425 min^{-1}

Motorschiff FRITZ, das erste Schiff der Welt mit doppeltwirkenden Zweitaktmotoren, 1914 erbaut, auf der Ausreise nach England 1919 zur Reparationsablieferung.

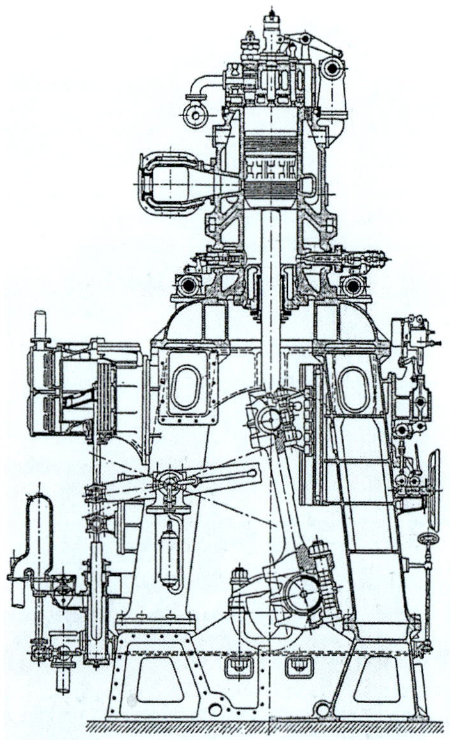

Querschnitt durch den ersten Doppeltwirkenden-Zweitakt-Schiffsmotor für das Motorschiff FRITZ von Blohm & Voss, 1911, 930 Pse in drei Zylindern, die Leistung konnte kurzzeitig auf 1.170 Pse gesteigert werden.

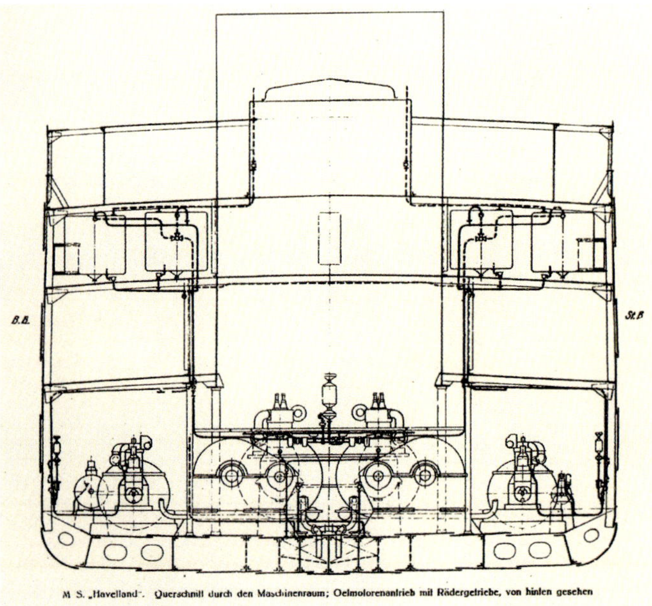

Motorschiff HAVELLAND der Hapag, 6.334 BRT mit Dieselantrieb auf zwei Schraubenwellen und Untersetzungsgetriebe (1921). Geschwindigkeit 12 kn. Schwesterschiff MÜNSTERLAND. Das gleiche Schwesterschiff RHEINLAND erhält direktgekuppelte Langsamläufer als Antrieb.

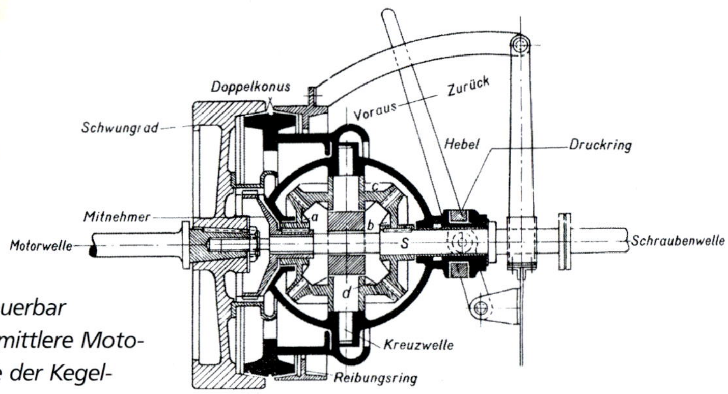

Beispiel eines Wendegetriebes für Bootsmotoren, die nicht umsteuerbar sind. Hier die vielfach verwendete Doppelkonusumsteuerung bis mittlere Motorenleistungen. Handhebel in Vorausstellung schiebt Kugelgehäuse der Kegelräder in die Innenverzahnung des Mitnehmers und den Kupplungskonus in das Schwungrad des Motors. Das Kugelgehäuse läuft mit der Schraubenwelle um. In Zurückstellung wird der Doppelkonus nach rechts in den feststehenden Reibungsring geschoben, das Kugelgehäuse steht fest, über die laufenden Kegelräder dreht die Schraubenwelle in entgegengesetzte Richtung. In mittlerer Stoppstellung läuft das Kugelgehäuse mit halber Drehzahl um, die Kegelräder wälzen sich auf dem Rade b ab.

Erster französischer Schiffsdieselmotor mit gegenläufigen Kolben liegend, Bohrung 210 mm, Hub 250 mm, 36 PS/360 min^{-1} für den Lastkahn PETIT PIERRE, 1903, hier auf dem Rhein-Marne-Kanal

Die SECUNDUS wird am 11. März 1914 an die Hapag übergeben. Eigentlich sollte es das zweite Motorschiff der Reederei sein, aber das erste, die an der Weser gebaute PRIMUS hatte nicht die Erwartungen erfüllt und wurde auf Dampfmaschinen umgebaut. Die SECUNDUS hatte zwei einfachwirkende Zweitakt-Ölmaschinen je 1.300 PSe und lief 11,5 kn. Außer Kurbel- und Grundlager müssen alle beweglichen Teile von Hand geschmiert werden. Das nach dem Krieg 1919 an Frankreich abgelieferte Schiff läuft noch bis 1943.

Der Antrieb des Motortankers VULCANUS der Anglo-Saxon Petroleum Company. Das erste seegehende Schiff mit einen umsteuerbaren 6 Zylinder Dieselantrieb von 650 hpi (485 kW) von Werkspoor, Amsterdam. D 1845 ts, bestellt im Februar 1910, L 59,65 m, B 3,75 m, T 1,49 m. Die Deckmaschinen arbeiteten mit Druckluft, Fahrtgebiet Ostindien, 1931 abgewrackt. Gebaut von Nederlandsche Scheepsbouw Maatschappij, Amsterdam.

Die italienische AUGUSTUS. Sie war das größte gebaute Passagiermotorschiff bis zur Umrüstung der QUEEN ELIZABETH 2. 1927 von der Werft Ansaldo in Sestri Ponente gebaut für die Navigazione Generale Italiana, Genua, 36650 BRT, L 216,6 m, B 25,2m, vier MAN-Sechs-Zylinder doppeltwirkende Zweitaktmaschinen (700mm Bohrung, 1.200 mm Hub) mit zusammen 2.8000 PSe auf vier Propeller, 19 kn.

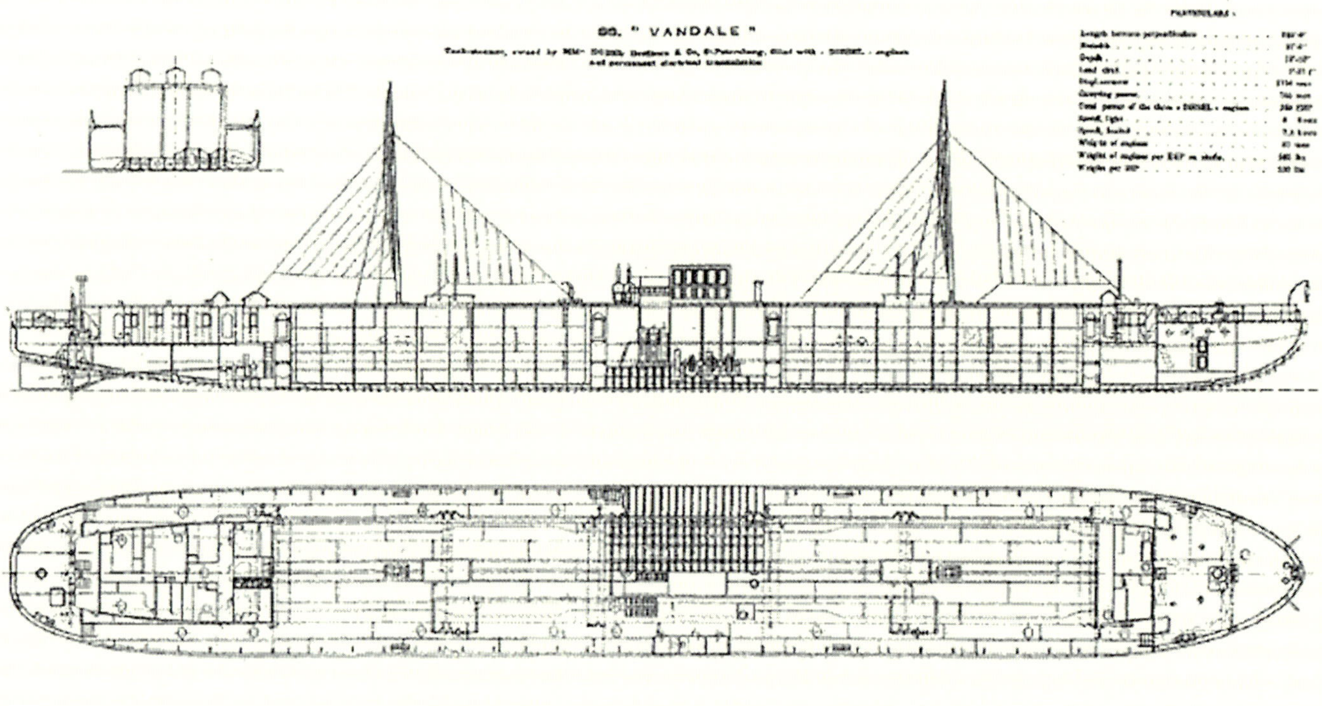

Die ersten Dieselmaschinen waren nicht umsteuerbar. Es gab noch keine Umkehrgetriebe und Verstellpropeller waren nicht verfügbar. Die russische VANDAL war 1903 das erste Diesel- getriebene und das erste Diesel- elektrisch getriebene Flussschiff mit drei Maschinen je 120 PS, die jede einen Gleichstromgenerator antrieben. Die elektrische Anlage kam von ASEA Schweden. Das Schiff fuhr ab Frühjahr 1903 bis 1913 auf der 3.000 km langen Strecke Kaspisches Meer–St. Petersburg

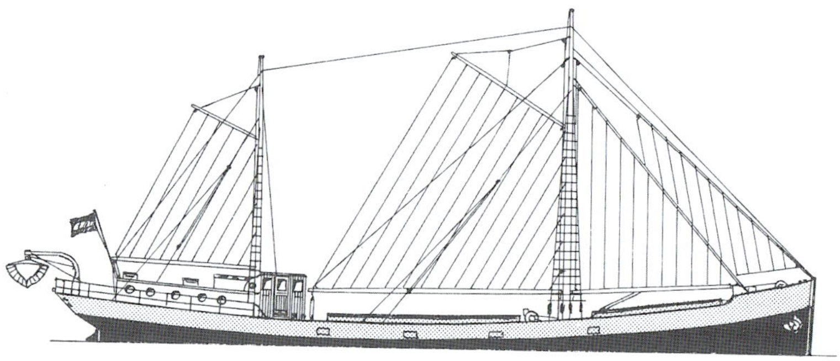

Motorsegler ANITA, 1929, N.V.E.J. Smit en Zoon, Hoogeland, 169 BRT/235 tdw, 105 PS, Lüa 33,00 m, B 6,20 m. Diese Küstenschiffe wurden häufig noch durch einen Glühkopfmotor angetrieben.

Unterseeboot U 14, Bauwerft: Kaiserliche Werft, Danzig, Stapellauf 11. Juli 1911, Wasserverdrängung 516 t über, 644 t unter Wasser. Hier mit der typischen Rauchfahne seines Antriebs: zwei Körting-Sechszylinder-Zweitakt-Petroleummotoren mit je 290 PS, 14,8 kn, L 57,88 m, von zwei britischen Fischdampfern gerammt am 5. Juni 1915 in der Nordsee gesunken

Schnellboot S 1 der deutschen Reichsmarine, gebaut Lürssen Vegesack, 1929, 38,8 t, L 26,85m, B 4,37 m, T 1,4 m, Drei DB-Zwölfzylinder-Viertakt-Ottomotoren 2.400 PS, max. 2.700 PS, 30 max. 34,2 kn. Am 10. Dez. 1936 an Spanien verkauft.

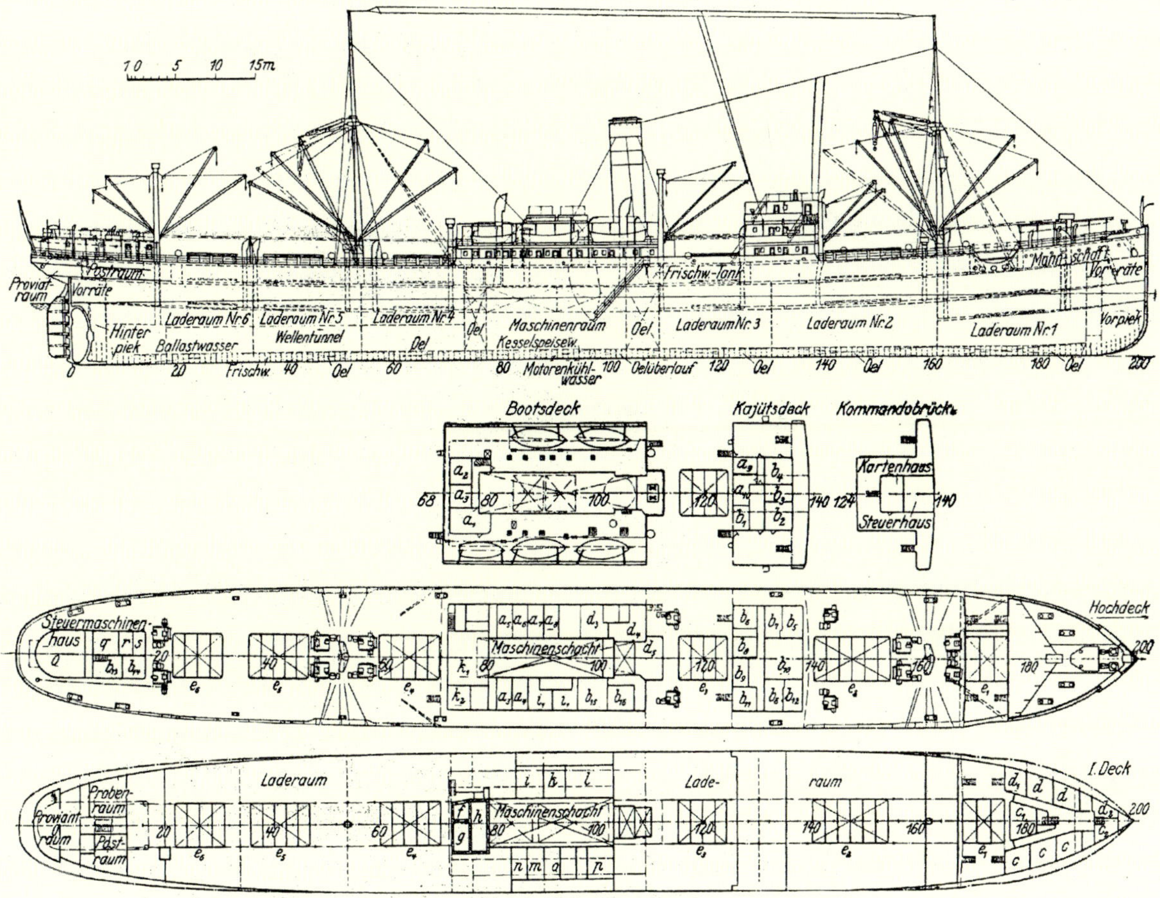

M.S. „Magdeburg".

- a_1 I. Ingenieur
- a_2 2. „
- a_3 3. „
- a_4 4. „
- a_5 2 Ingenieuraspiranten
- a_6 2 „
- a_7 Lagerhalter
- a_8 Köche
- a_9 Funkspruchraum
- a_{10} 2 Funker
- b_1 Kapitän
- b_2 Kapitän-Wohnzimmer
- b_3 Kapitän-Schlafzimmer
- b_4 I. Offizier
- b_5 2. „
- b_6 3. „
- b_7 4. „
- b_8 Anrichte
- b_9 I Stewart für Offiziere
- b_{10} Speisezimmer f. Offiziere
- b_{11} Hospital für Offiziere
- b_{12} Arzt
- b_{13} 4 Offizieraspiranten
- b_{14} Speiseraum für Offizieraspiranten
- b_{15} Speiseraum f. Ingenieure
- b_{16} Speiseraum für nautische Offiziere
- c Matrosen
- c_1 Eßraum für Matrosen
- c_2 Waschraum für Matrosen
- d Reiniger
- d_1 Eßraum für Reiniger
- d_2 Waschraum für Reiniger
- d_3 Zimmerleute
- d_4 Küchenbunker
- d_5 Küche
- e_1 bis e_6 Ladeluken
- f Vorraum zum Kühlraum
- g Gemüse
- h Fleisch und Fische
- i elektrotechn. Werkstatt
- i_1 Elektriker
- k elektrotechn. Vorräte
- k_1 Werkstatt
- k_2 Hospital für Mannschaft
- l Maschinenvorräte
- m Waschraum f. Ingenieure und Kapitän
- n Waschraum für Matrosen und Reiniger
- o Brennstoff-Tagestank
- p Maschinenzubehör
- q Zimmermannswerkstatt
- r Ölraum
- s Signalraum

Am 8. Dezember 1925 liefert Blohm & Voss den Motorfrachter MAGDEBORG an die Deutsch-Australische Dampfschiffs-Gesellschaft ab. 6.128 BRT. Der Antrieb ist ein doppeltwirkender Zweitakt-Motor mit 4.400 PS, eine Weiterentwicklung des ersten Motors der FRITZ. Der mittlere Druck beträgt 4,7 bar. Auf der 114 tägigen Jungfernreise legt sie 25.000 sm ohne jegliche Motorreparatur zurück.

Die GRIPSHOLM, das erste Passagier-Motorschiff auf dem Nordatlantik 1925.

Das Frachtmotorschiff *Selandia* 1912 und ihr Maschinenraum mit den beiden Hauptdieselmotoren.

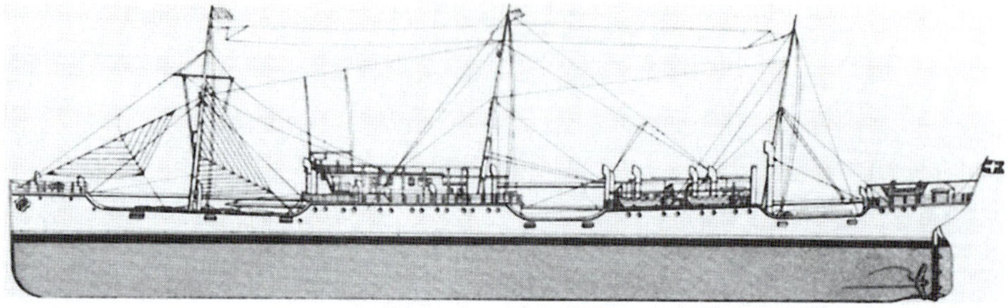

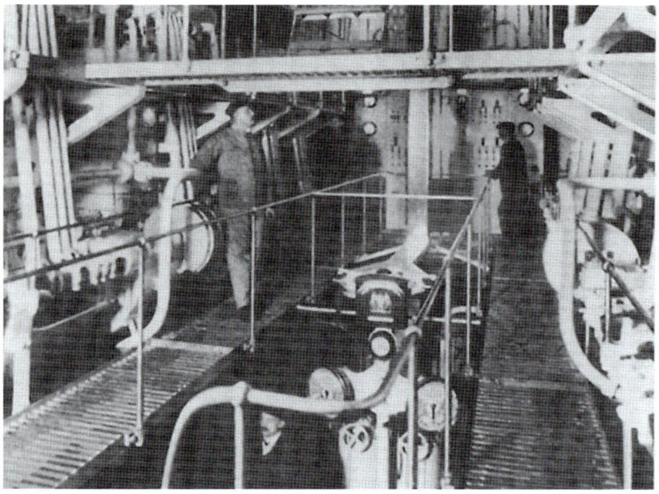

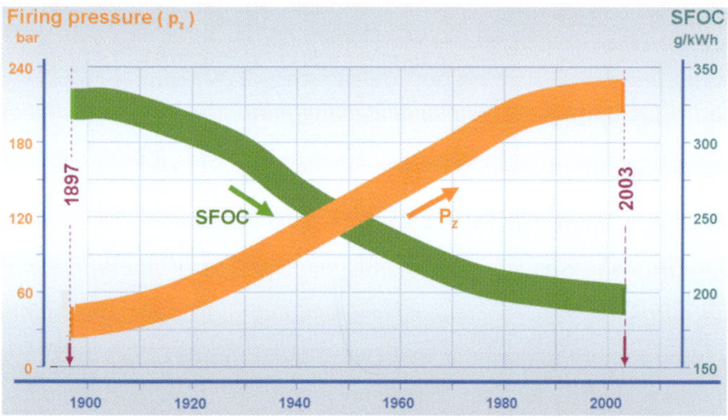

Der Verbrauch wird durch die Verdichtung vor allem beeinflusst. Das Verdichtungsverhältnis, sowie Bohrungs-Hub-Verhältnis haben auch Einfluss. Die Grafik gilt für einen Mittelschnellläufer und seine Entwicklung des spez. Verbrauchs.

Kanadische Katamaran-Fähre Spirit of Ontario der Canadian American Transportation Systems (CATS), die zwischen Toronto/Kanada und Rochester/USA auf dem Ontario See verkehrt. Sie wurde im westaustralischen Henderson 2003 gebaut und auf dem langen Seeweg über den Panamakanal nach Montreal überführt. L 86m, Antrieb durch vier 20-Zylinder-MTU-Motoren 20V8.000 mit zusammen 32.800 KW (45.000PS), je zwei in den beiden Rümpfen, Höchstgeschwindigkeit 48 kn (90 km/h), Dienstgeschwindigkeit 40 kn, 774 Passagiere und 238 Fahrzeuge und 10 Trucks. Jeder V-Motor hat 8.200 kW bzw. 410 kW je Zylinder, dreht mit 1.150 min^{-1}, Bohrung x Hub 265x315 mm (17,352), Zünddruck 230 bar, Einsspritzung über Common Rail, TBO (Überholzyklus) 24.000 Betriebsstunden, nur etwa alle drei Jahre, Motorgewicht 43 t, Kolbengewicht ohne Bolzen 56 kg, geschmiedet mehrteilig aus Stahl (FERROCOMP)
Die beiden Wasserstrahlantriebe stoßen das Wasser bei voller Fahrt etwa mit doppelter Schiffsgeschwindigkeit aus. Schubumkehrklappen können den Wasserstrahl zum Stoppen oder Rückwärtsfahren nach unten und vorn ablenken.

Einer der neun Dieselmotoren in der MAN-Fabrik in Augsburg. Die Zylinderleistung beträgt 1.213 kW

Augsburg, *Sulzer* in Winterthur und *Burmeister und Wain* in Kopenhagen, nach der Lizenz von *Rudolph Diesel* seine Maschine zu produzieren.

Die erste Schiffsanwendung war wohl 1903 in dem kleinen russischen Tanker VANDAL auf dem Kaspischen Meer, und zwar diesel-elektrisch, denn der Motor war noch nicht umsteuerbar. Bereits 1884 verkehrten 50 Dampftanker auf dem Kaspischen Meer und viele Flusskähne fuhren bis nach Polen und Finnland. Das erste diesel-elektrische Antriebskonzept ließen die Gebrüder *Nobel* – *Alfred* wurde durch die Erfindung des Dynamits weltbekannt und reich – in der VANDAL von der russischen Werft *Nizhni Novgorod's Sormovo Works* realisieren. Der Flusstanker war 73 m lang, 650 tdw groß und lief am 21. Mai 1903 vom Stapel. Drei je 120 hp starke Ölmaschinen trieben elektrische Generatoren, die wiederum drei Elektromotoren, die direkt die Propellerwellen drehten. Das Konzept kam vom russischen Ingenieur *Del Proposto*.

Rudolf Diesel hatte seine Ölmaschine erst kurz vorher 1898 in München vorgestellt, dachte aber zunächst nicht an eine Schiffsanwendung.

1904 erfolgte dann eine Anwendung im französischen Kanalboot PETIT PIERRE.

Am 15. April 1897 war die *Societe Française des Moteurs R. Diesel* in Barle'Duc gegründet worden, an der *R. Diesel* die Hälfte des Gründungskapitals bekam. Der Leiter *Frederix Dyckhoff*, ein alter Freund Diesels, baute noch vor 1900 einen kleinen umsteuerbaren Drei-Zylinder-Marinediesel. Ein Unter-Lizenznehmer *Sauter-Harle & Cie* baute dann zu Beginn des 20. Jhdts. Marine- und U-Boot-Diesel, das Flussschiff PETIT PIERRE wurde als zweites Schiff der Welt von einem Dieselmotor angetrieben.

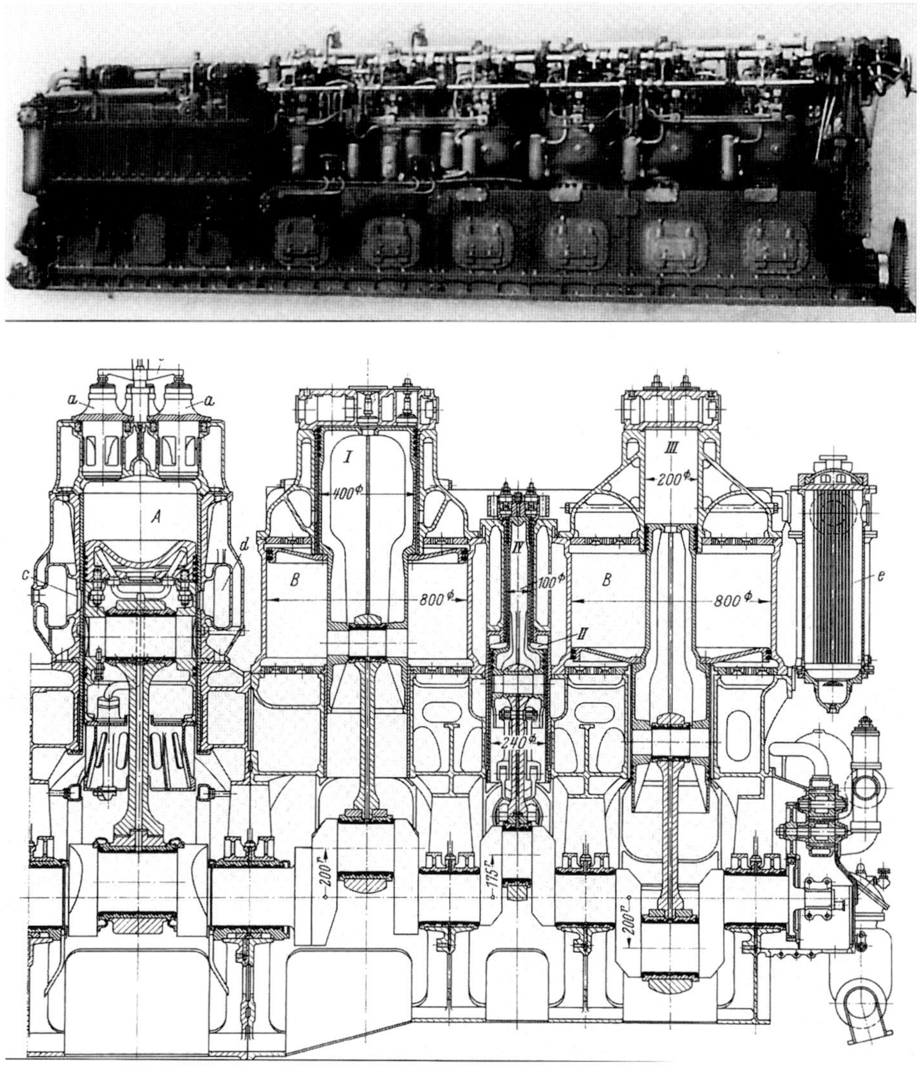

Abb. und Schnitt durch den Sechszylinder-Zweitakt-Motor der Krupp-Germania *Werft, Kiel, 1914, gezeigt ist der erste vordere Arbeitszylinder, dann zwei Spülpumpen-Zylinder und dazwischen der Hochdruckkolben der Einblasepumpe. Die Mitteldruck- und Niederdruckkolben für die Einblasluft sind auf die beiden Spülpumpenkolben aufgesetzt. Der Motor hat Ventil- anstatt Schlitzspülung. Ursprünglich von Russland bestellt, werden zwei Motoren in den U-Kreuzer U 139 eingesetzt. Bohrung 450 mm, Hub 500 mm, 1.650 PS, 390 min^{-1}*

1906 wurde auf dem Genfer See der Frachtkahn VENOGE (92 NRT) mit einem umsteuerbaren Dieselmotor ausgerüstet.

Der erste seegehende Diesel von Werkspoor in Amsterdam mit 370 kW, Sechszylinder-Viertakt-Kreuzkopf-Motor, 400 mm Bohrung, 600 mm Hub, wurde 1910 in dem kleinen englischen Shell-Tanker VULCANUS (2.080 ts) für die *Dutch East India*-Küstenfahrt installiert, der 6 kn lief. Das in den Niederlanden gebaute Schiff war das erste, das von *Lloyd's Register* klassifiziert wurde. 1911 ließ die *Danish East Asiatic Company* zwei Diesel mit zusammen 1.860 kW für 11 kn von *Burmeister & Wain* in den Doppelschrauben-Frachter SELANDIA installieren. Sie hatte konsequenterweise als Motorschiff keinen Schornstein, obwohl er bis heute allgemein zum Bild eines Schiffes gehört. Auf ihrer Ausreise am 22. Februar 1912 nach

Bangkok machte die SELANDIA einen Stopp in London, wo sie auch der erste Lord der Admiralität, *Winston Churchill*, besichtigte. Interessant war vor allem, dass eine 26.000-sm-Reise ohne Bunkern gemacht werden konnte. Die Reise wurde ein wirtschaftlicher Erfolg und bewies: Der Dieselantrieb beansprucht sehr viel weniger Platz als Dampfantrieb jeder Art, hat weniger Gewicht und bedarf sehr viel weniger Personal: acht Mann anstatt 25 bei einem Kohle brennenden Dampfer. Besonders die Heizer galten als unsicheres Element in einer Mannschaft, das man gerne loswerden wollte. 1936 war die SELANDIA 55-mal nach Asien gelaufen und hatte immer noch ihre erste Maschine. Vier Monate später folgte die FIONA, die 1912 vom deutschen Kaiser besichtigt und von der Hamburg-Süd als CHRISTIAN (4.950 BRT, L 110 m, B 15,3 m) bereedert wurde auf Wunsch des Kaisers.

Ein dringender Bedarf für Dieselmotoren war der U-Boot-Antrieb. Frankreich baute 1904 das erste U-Boot mit einer 120-PS-Dieselmaschine von *Sautter-Harlé*, Paris, auch *MAN* lieferte 1907 für die Schiffe CIRCE und CALYPSO Maschinen mit 300 PS bei 400 Umdrehungen an die französische Marine. Sie wogen nur noch 33 kg/PS.

Die ersten deutschen U-Boote U-1 bis U-16 hatten Körting-Petroleummaschinen ab 1904. *MAN* begann im selben Jahr und baute 15 verschiedene Typen von 1904 bis 1924. U-19, geliefert 1909, hatte zwei MAN-Diesel je 850 PS bei 450 min^{-1} Umdrehungen.

Am 6./7. Juli 1909 schließt *Blohm & Voss* einen Lizenzvertrag mit der *MAN Augsburg-Nürnberg* ab für Bau und Entwicklung von doppeltwirkenden Zweitakt-Dieselmotoren (Ölmaschine). Die *Woermann*-Linie und die *Hapag* gehören zu den ersten Interessenten, allerdings beginnt die Hapag zunächst mit einfachwirkenden Zweitaktmaschinen.

Blohm & Voss baute auf eigene Rechnung das Motorschiff FRITZ, Anfang Februar 1911 beginnend. Sie lief am 24. Februar 1914 vom Stapel, 1915 war die Probefahrt, die Antriebsleistung war 1.170 PSe. Nach dem Krieg wurde das Schiff an England abgeliefert, wo es zum Dampfer umgebaut wurde, da der Motorantrieb zu kompliziert erschien.

MAN zahlt 1917 Lizenzen von 1909–1914 zurück an *Blohm & Voss* aufgrund wechselseitiger Befruchtung. *B&V* bekommt sogar 30% der Einnahme von anderen Lizenznehmern. Der Vertrag wird am 7. März 1924 erneuert.

Die *Danish East-Asiatic Company* hatte bereits 1920 sechzehn Motorschiffe, das größte, die AFRIKA, mit zwei Sechs-Zylinder-B&W-Maschinen mit zusammen 3.300 kW bei 115 min^{-1}.

Die SELANDIA, dann NORSMAN, fuhr noch bis 1942, dann ging sie vor Japan verloren. Eine zweite SELANDIA war 1938 in Fahrt gekommen (8.300 tdw, 5.370 kW bei 120 min^{-1}) mit einer doppeltwirkenden Fünfzylinder-Zweitaktmaschine. Weniger bekannt als erstes seegehendes Schiff ist die 1910 von der *Cantieri Navali Rinniti* erbaute ROMAGNA mit zwei Vierzylinder-Motoren von *Sulzer*, jeder hatte 310 mm Bohrung, 460 mm Hub und leistete 280 kW bei 250 min^{-1}.

In 1911 fuhr der Große-Seen-Frachter TOILER, der bei *Swan-Hunter* in Großbritannien gebaut wurde, mit zwei schwedischen 132-kW-*Polar*-Motoren ausgerüstet über den Atlantik. Der erste *Krupp*-Marinediesel wurde je zweifach in die Doppelschraubentanker HAGEN und LOKI eingebaut für die deutsche *Standard Oil Co.*

1912, einige Monate nach der SELANDIA, kam für die Hamburg-Süd das 6.500-tdw-Fracht- und -Passagierschiff MONTE

Montage eines doppeltwirkenden Zweitakt-Dieselmotors 1909 bei MAN *Nürnberg. 1901 war die Zylinderleistung 30 PS, 1909 200 PS und 1914 2.000 PS. Der abgebildete Sechs-Zylinder für die deutsche Marine hat 12.000 PS bei 165 min^{-1} Umdrehungen, 850 mm Bohrung, 1.050 mm Hub. Der spez. Verbrauch war 214 g/Psh Dieselöl bzw. 291 g/PSh Teeröl.*

PENEDO in Fahrt. Es war das erste mit zwei Vier-Zylinder-Zweitakt-Kreuzkopf-Dieseln. Sie leisteten 625 kW bei 160 min^{-1} bei 470 mm Bohrung und 680 mm Hub.

Ein anderer wichtiger Neubau 1912 war das Frachtschiff EAVESTONE mit einem Zweitakt-Kreuzkopf-Diesel mit 590 kW bei 95 min^{-1}, 508 mm, 914 mm Hub, der in England bei *Richardson Westgarth*, Middlesbrough, gebaut worden war.

1914 lieferte dann *Blohm & Voss* die SECUNDUS an die *Hapag* mit zwei Vier-Zylinder-Zweitakt-Dieseln, jeder brachte 990 kW bei 120 min^{-1}, hatte 600/920 mm Zylinderabmessungen. Sie fuhr Hamburg—New York—Hamburg. 1919 ging sie an Frankreich.

Als die Dieselpatente 1910 abgelaufen waren, begann man in allen Industriestaaten sich mit dem Ölmotor zu beschäftigen. Damals war die Entscheidung für ein Motorschiff ein Unterfangen mit vielen Schwierigkeiten, denn Erfahrungen und qualifizierte Leute fehlten. In der SECUNDUS waren es zwei einfach wirkende Zweitaktmotoren, die mit Druckluft eines Kompressors angelassen werden, dessen Diesel wiederum mit Druckluft. Auf dem neuen Schiff gab es einen elektrisch angetriebenen Notkompressor, der die Elektrizität von einem kleinen Dynamo bekommt, der von einem von Hand anzuwerfenden Glühkopfmotor angetrieben wird.

Ein weiterer Vorteil des Dieselmotors im Vergleich zur Dampfkolbenmaschine oder Turbine ist, dass er beim Anlassen, auch nach Umsteuerung in entgegengesetzte Drehrichtung, sehr schnell, ja sofort hoch läuft und die gewünschte Drehzahl erreicht.

Der Dieselmotor war der ideale Antrieb für die Überwasserfahrt von U-Booten.

Schon 1903 hatte *MAN* einen Vierzylinder-Viertakt-Motor mit 140 PS, Leistungsgewicht 75 kg/PSe, entwickelt, den die Marine übernimmt, aber nur stationär auf der Werft in Kiel, später Wilhelmshaven nutzt. Die *Germaniawerft* baut, da die Marine dem Prinzip zuneigt, einen umsteuerbaren Sechszylinder-Zweitakt-Motor mit 320 PS, zwei davon werden 1909 in das Versuchsschiff METEOR eingebaut, das auch noch 1920 von der Reichsmarine genutzt wird.

Nach Aufforderung stellt *MAN* Augsburg am 31. Mai 1910 einen Sechszylinder-Viertakt-Motor mit 900 PSe, Bohrung/Hub 400/400, vor, der nur 22,3 kg/PSe wiegt und akzeptiert wird (U19-22, U27). Der größte Motor während des Ersten Weltkriegs leistete 1917 1.750 PS. Erst gegen Ende des Kriegs überwindet man die Hemmung, die Zylinderzahl (Sorge vor Torsionsschwingungen der langen Kurbel) zu erhöhen, sodass ein Zehnzylinder-Motor mit 3.030 PS entsteht, dessen Leistung im U-Boot-Einsatz auch im Zweiten Weltkrieg nicht überschritten wird. Neben der Hubraumvergrößerung versucht man die Zylinderleistung durch Erhöhen des mittleren Drucks und der Kolbengeschwindigkeit auf 6,71 m/s zu erhöhen. Die Drehzahl der Motoren reichte bis zu 500 min^{-1}.

Die Anforderungen des Ersten Weltkriegs machten den Motor zu einem zuverlässigen Antrieb hoher Wirtschaftlichkeit. Er war relativ schnell laufend mit 400 min^{-1} und wurde nach dem Krieg mit Untersetzungsgetriebe gern eingebaut. So bekamen 1923 bei Blohm & Voss die kombinierten Fracht- und Fahrgastschiffe HAVELLAND und MÜNSTERLAND der *Hamburg-Südamerika-Linie* (L 139,5 m, B 17,4 m) Doppelschrauben mit zwei zehnzylindrigen Dieselmaschinen mit 230 min^{-1} je 1.230 kW und damit etwas mehr als die halbe Leistung, die sie bei 319 min^{-1} als U-Boot-Antrieb hätten erbringen sollen. Die Propeller drehten über ein Untersetzungsgetriebe mit 85 min^{-1}.

Größter während des Ersten Weltkrieges gebauter Zehnzylinder-Viertakt-MAN-Dieselmotor S 10V 53/53 mit 3.030 PS für U-Kreuzer

In den 1920ern standen für den Dieselantrieb vor allem U-Boot-Diesel als erprobte Maschinen zur Verfügung mit Leistungen zwischen 550 bis über 2.000 kW. Ihre Drehzahl war für zivile Dampferpropeller zu hoch. Das förderte die Entwicklung von leistungsfähigen Untersetzungsgetrieben, was dann wiederum verschiedene Antriebskonzepte ermöglichte. So konnten mehrere Motoren auf eine Propellerwelle arbeiten

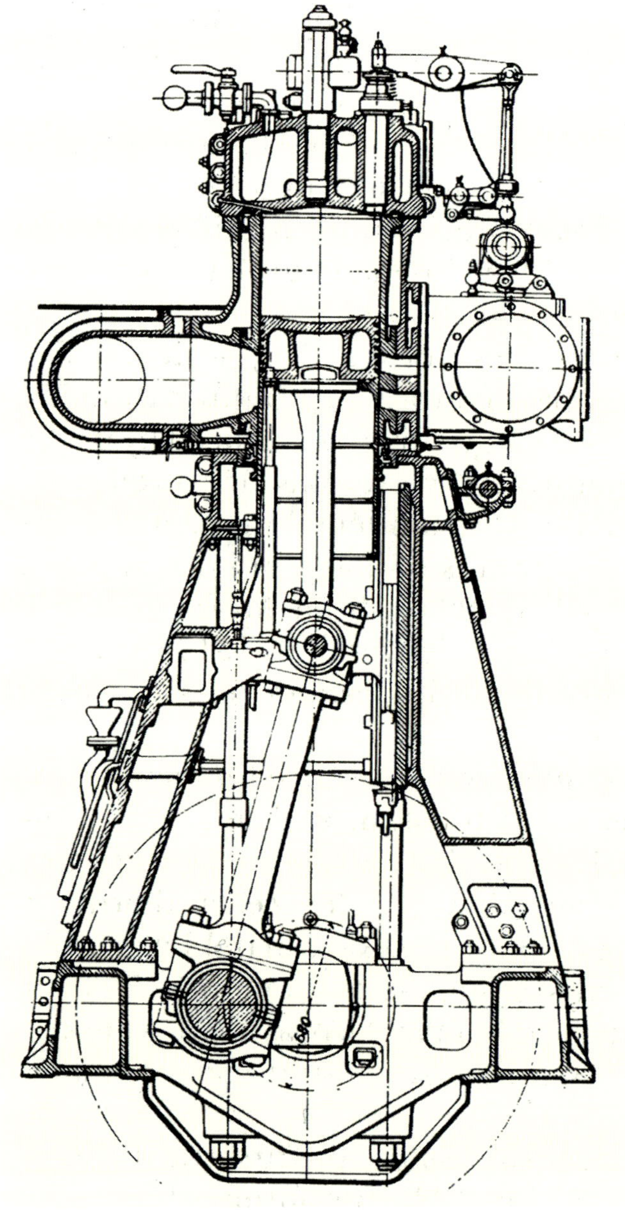

Querschnitt durch den Sulzer-Kreuzkopf-Zweitakt-Diesel (1912) für die MONTE PENEDO. Vier Zuganker je Zylinder und Grundplatte ergeben die notwendige Festigkeit.

oder vier doppelt wirkende Motoren auf eine Schraube. Meist waren elastische Kupplungen zwischen Getriebe und Motor angeordnet, um Stoßbelastungen auf die Zahnräder zu vermindern.

Der Antrieb mit Dieselmotoren der Unterseeboote der Kaiserlichen Marine im Ersten Weltkrieg zeigte nicht nur seine Zuverlässigkeit, sondern qualifizierte auch das Maschinenpersonal für die Handelsflotte nach dem Krieg.

Das erste Motorschiff mit Getriebe kam 1921.

Ab 1924 kamen dann auch größere Passagierschiffe, so die AORANGI der *Union Steam-Ship Company*, Neuseeland, gebaut bei der *Fairfield Company*, L 180 m, B 21,6 m, 23.000 ts dw. Sie wird von vier Schrauben angetrieben direkt von je einem 6-Zylinder-Zweitakt-Faifield-Sulzer-Diesel mit 698,5 mm Bohrung und 990,6 mm Hub. Zusammen werden 13.000 hp (9.700 kW) geleistet und 17 kn sollen erreicht werden. Sie macht 17,91 kn beim 60-h-Seetest. Sie lief die Route Vancouver–Sydney und zurück mit weniger als einer Bunkerung.

In den 1920er Jahren gab es einige Erfindungen, Diesel und Dampf zu kombinieren, die aber nicht zur Innovation kamen. 1924 wurde z.B. die DOLIUS (L 120 m, B 15,7 m, 11.370 ts) der *Alfred Holt Blue Funnel Line* mit zwei kombinierten Diesel-Dampf-Motoren nach Scott-Still angetrieben. Im Aufwärtshub wurde Dampf auf die Unterseite des Kolbens gegeben. Der Dampf wurde in der Zylinderummantelung erzeugt und in einem Dampfdom gesammelt. Diese doppelt wirkenden 4-Zylinder-Maschinen hatten 932 kW. Ein Zylinder war auf der Unterseite Dampf-HD-Zylinder, die anderen drei ND-Zylinder, dann ging der Dampf in einen Turbolader des Diesels und dann in den Kondensator. Die Maschine hatte dann aber wohl trotz ihrer Wirtschaftlichkeit wegen hoher Komplexität und Kosten keine Zukunft.

1928 hatte die ENRYBATES an den vorderen Enden ihrer beiden Diesel je eine doppelt wirkende Dampfmaschine.

Aber der Aufwand wurde nicht durch einen entsprechenden Gewinn gerechtfertigt.

Der Schweizer Ingenieur *Dr. Alfred Büchi* nutzte 1920 die Bewegungs- und thermische Energie des Diesel-Abgases in einer Turbine, um die Zylinder mit Luft (Sauerstoff) aufzuladen. Er kommt zunächst nur langsam voran, dann 1925 erfindet er das »Druckwellenverfahren«, durch kurzzeitiges Verbinden von Abgas- und Ansaugleitungen wird die Ansaugluft durch die Abgasdruckwelle zusätzlich verdichtet. 1929 nimmt *MAN* eine Lizenz und kann die Leistung 1.100 PS bei 425 min^{-1} auf 1.500 PS bei 465 min^{-1} steigern, den mittleren Druck auf 7,3 bar, den Verbrauch um 10 g/PSh senken, die Aufladung beträgt 28%. Dadurch wurde der Diesel für die meisten Handelsschiffe brauchbar. Sie wurde 1930 von den wesentlichen Anbietern eingeführt. Ende der 1960er kamen die ersten Motoren mit Leistungen von 10.000 PS von *MAN*, *Deutz* u.a. zur Auslieferung.

Ab etwa halber Motorleistung ist mehr Abgasstrom vorhanden, als zur Aufladung gebraucht wird. Diesen »Verlust« kann man heute in einer zusätzlichen Nutzturbine in mechsnische Energie umwandeln und über ein Getriebe dem Motor

Die Schwesterschiffe MONTE SARMIENTO und MONTE OLIVIA von Blohm & Voss, *1924/25, 13.625 BRT, waren die ersten deutschen großen Fahrgastschiffe mit Dieselmotoren-Antrieb und damals die größten Motor-Passagierschiffe der Welt. Vier mittelschnell laufende U-Boot-Motoren von je 1.500 PS mit Untersetzungsgetrieben von 215 1/min auf 77 1/min arbeiten auf zwei Schraubenwellen. Die elastischen Kupplungen bewährten sich nicht, sodass starre eingebaut wurden. Die Tauchkolben bewährten sich bei diesen Maschinen nicht, sodass Kreuzkopf und Pleuelstange eingebaut wurden. L 159,7 m; B 20,1 m; T 11,55 m; 2.500 Fahrgäste, 280 Besatzungsmitglieder*

zuführen (Turbo-Compound-System). Diese TCS-Anlagen gewinnen ca. 4% der Motorleistung zurück.

Der Turbolader hat am Motor nur einen sehr geringen Gewichtsanteil, 4–8% der Kosten, aber 35–40% der Wellenleistung des Motors, denn er erhöht die Leistungsdichte um mehr als 300 % heute. Die Weiterentwicklung wird getrieben durch die Leistungssteigerung der Zweitakt-Motoren (ein Motor von über 60.000 kW erfordert einen spez. Luftbedarf von bis zu 9 kg/kWh) und Drucksteigerungen zur Wirkungsgradverbesserung bei Viertakt-Motoren. Die Druckerhöhungen betragen 4,2 bzw. 4,7fach. Die beiden Motorenarten erfordern verschiedene Auslegung, gemeinsam besteht aber ein hohes Wirkungsgradniveau der Lader von 65–75%.

Die U-Boot-Diesel in den 1940ern wurden durch vom Motor angetriebene Radial-Gebläse aufgeladen. Ihre Flüssigkeitskupplung schaltete automatisch bei Teillast ab, um Treibstoff zu sparen.

Es zeigte sich, dass man an Vergrößerung und Leistungssteigerung des Dieselmotors behutsam herangehen muss wegen Überhitzung und ungleichmäßiger Ausdehnung der Zylinder. Wasser- oder ölgekühlte Kolben und Ventile bringen etwas, aber lösen nicht alle Probleme.

Der erste Nordatlantik-Liner als Motorschiff war die GRIPSHOLM (1925, 18.134 BRT, 23.600 ts dw, L 172,3 m, B 22,9 m) der *Schwedisch-Amerika-Linie*, gebaut bei *Armstrong and Whitworth*, Newcastle-upon-Tyre, mit Doppelschrauben und je einem doppelt wirkenden 4-Takt- 6-Zylinder-*Burmeister & Wain*-Dieselmotor (Bohrung 838,2 mm, Hub 1.499 mm) mit zusammen 13.500 PS (9.930 kW) für 17 kn.

Bald danach bestellte die *Union Castle Line* das erste 20.000-BRT-Passagiermotorschiff CAERNARVON CASTLE, das von zwei doppelt wirkenden Zweitakt-Diesel von *Herland & Wolff*, *B&W* mit 11.000 kW angetrieben wird. Zu nennen ist auch die italienische AUGUSTUS. 1939 sollte dieses größte Motorschiff der Welt auf Turbinenantrieb umgebaut werden. Grund war wohl die ungenügende Betriebssicherheit und ein hohes Reparaturkonto, aber auch der Wunsch nach höherer Geschwindigkeit. Der Zweite Weltkrieg kam dazwischen.

Ein Dieselmotor der MONTE PACOAL der Hamburg-Süd vor dem Einbau 1930. Es gab fünf etwa gleiche Schiffe der MONTE-Klasse.

Rennboot *Daimler I* 1906 mit drei Vierzylinder-61-hp-Daimler-Motoren. Der mittlere Propeller war vor den beiden anderen und etwas tiefer, er hatte Kupplung und Wendegetriebe, wurde als erster gestartet, die beiden anderen Propeller wurden durch die Fahrt des Bootes gedreht und starteten ihre Antriebsmotoren.

Gardner-Schiffsmotor Typ 4TP, ein Petroleum- bzw. Glühkopfmotor mit vier Zylindern

Sechszylinder-Viertakt-MAN Dieselmotor mit Hochaufladung durch Abgasturbolader M6V 40/46 UBB mit 2.000 PS für U-Boote Typ XXI, 1943

Eine Hawthorne-Werkspoor Schiffs-Dieselmaschine. Derartige einfachwirkende Großdiesel wurden typisch für den Antrieb von Motorschiffen zwischen den beiden Weltkriegen.

Blick in einen Motorenraum des Panzerschiffes *Admiral Graf Spee* mit zwei Motoren M 9 Zn 42/58

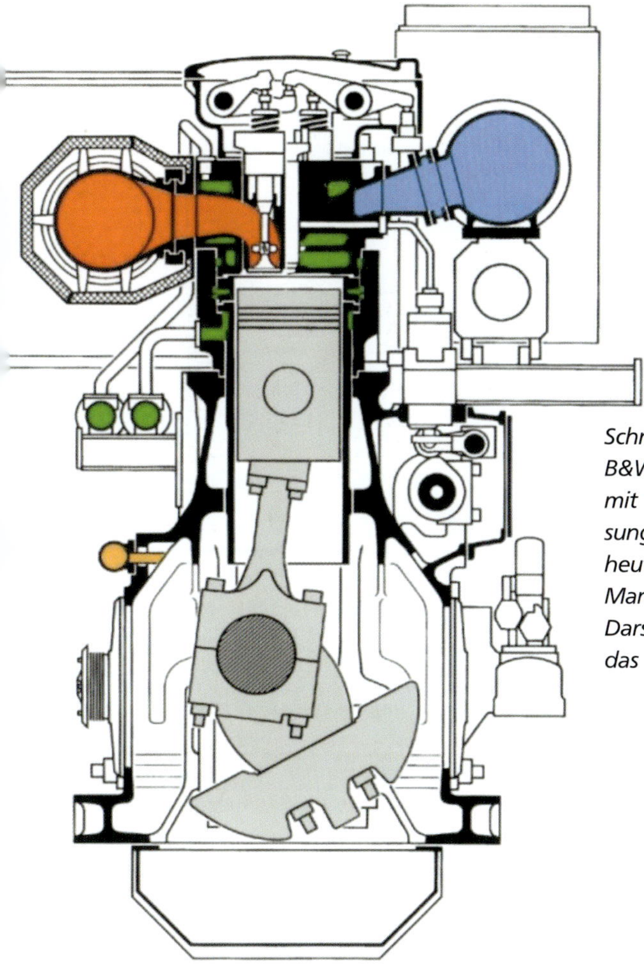

Schnitt durch den MAN B&W Viertaktmotor 58/64 mit der Zylinderabmessung 580/640 mm, wie er heute (2004) gebaut wird. Man erkennt in dieser Darstellung sehr deutlich das Tauchkolbenprinzip.

Großkolben - Kolbenflächenleistung

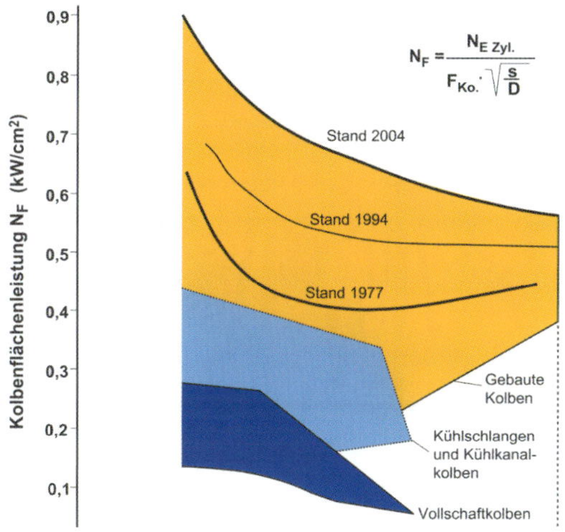

Großkolben - Entwicklungspotential

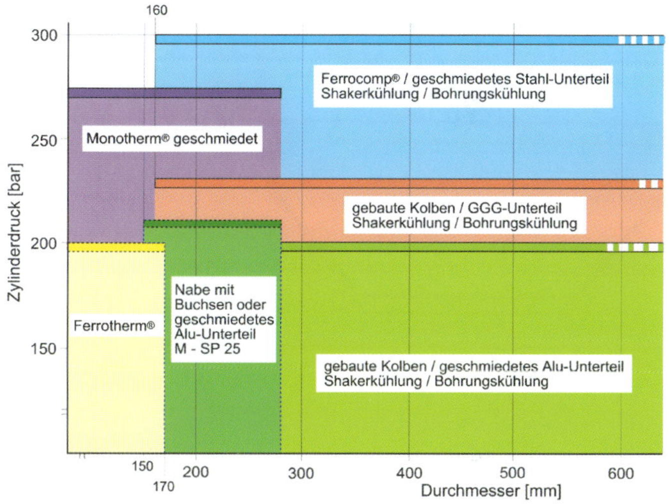

Die unterschiedlichen Einsatzgebiete mit ihren speziellen Anforderungen bezüglich Brennstoff, Lastprofil, Umgebungsbedingungen und Lebensdauer haben zur Folge, dass eine Vielzahl von ganz speziellen Kolbentypen, wie zum Beispiel gegossene Aluminiumkolben, elektronenstrahlgeschweißte Kolben, MONOTHERM®-Kolben und gebaute Kolben, im Einsatz sind. Bei weiterhin steigenden Belastungen werden mehrteilig gebaute Kolbenkonstruktionen dominieren.

Prinzip des leicht vorstehenden Feuer- oder Anti-polishingring in einer Zylinderbuchse mit etwas zurückgenommenem Bereich am Kolben oberhalb der Kolbenringe.

Nutenflankenhärtung mittels Laser

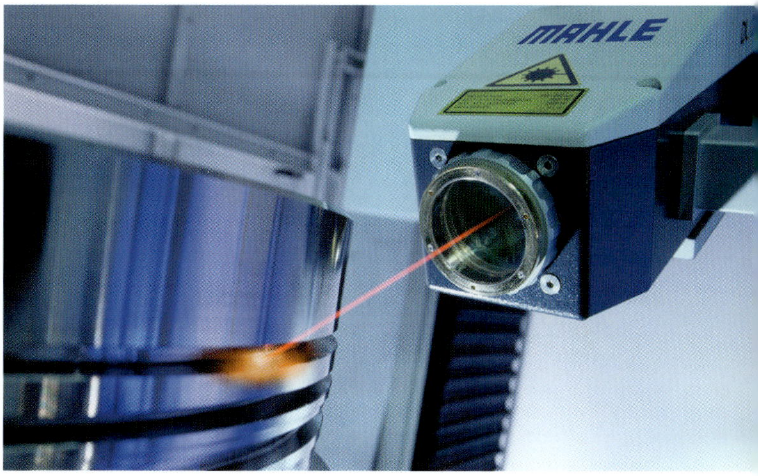

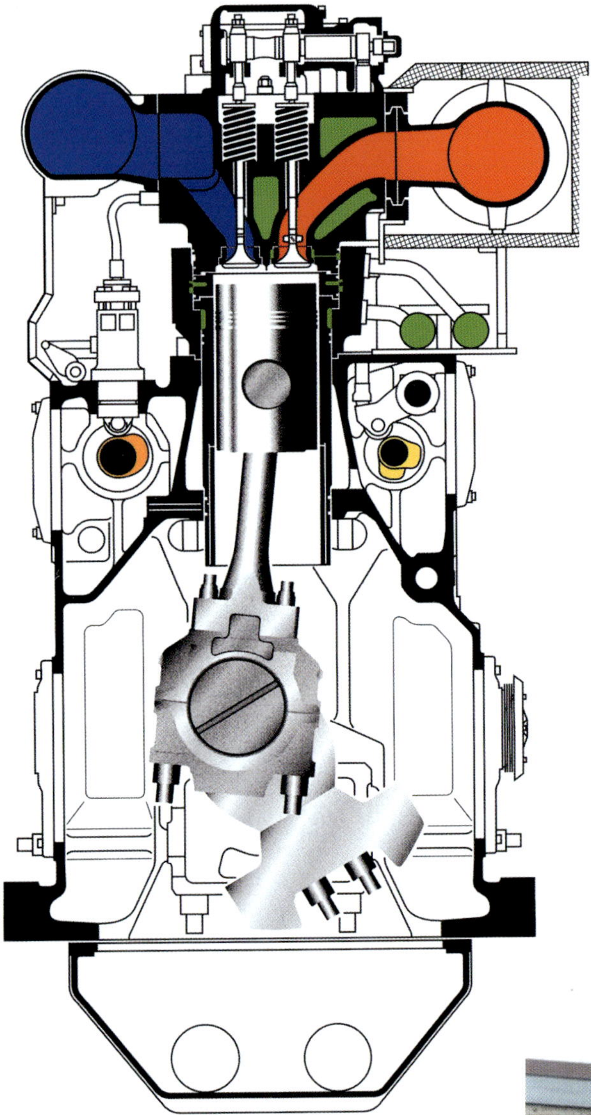

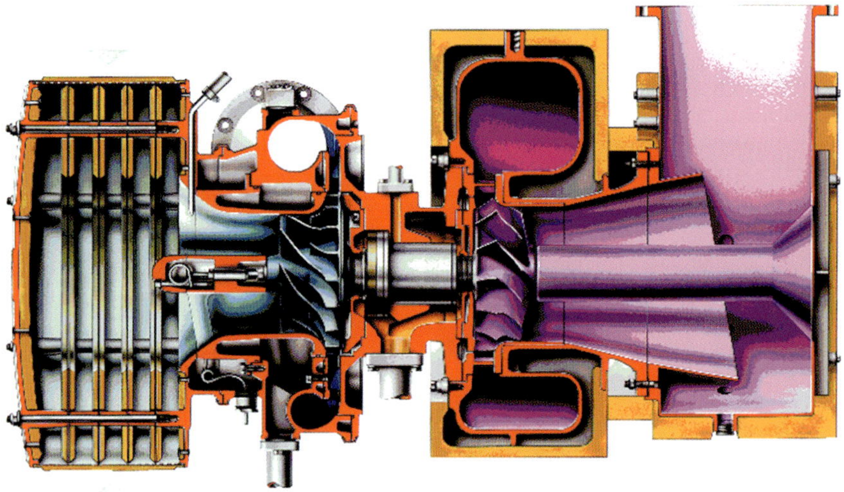

Querschnitt durch einen mittelschnell laufenden MAN-Dieselmotor und seinen Abgasturbolader. Rechts die abgasgetriebene Turbine (5.000–10.000 min^{-1}), links der Radialverdichter, der die Ansaugluft komprimiert. Eine kontinuierliche Weiterentwicklung. 1925 waren die Motorschiffe PREUSSEN und HANSESTADT DANZIG die ersten mit Turbo-Aufladung. Die Leistung der Motoren wurde dadurch um 47% gesteigert. Seit den 1960ern erfahren die Motorenkomponenten eine ständige Weiterentwicklung, vor allem um Schweröl immer schlechterer Qualität verbrennen zu können.

Bei den heutigen Schiffsdieseln sind Kobenmaschine und Abgasturbine (ohne eigene Brennkammer) eine Einheit, was zu enormer Leistungssteigerung und Senkung des Leistungsgewichtes geführt hat.

Ab 1930 gewann der doppelt wirkende Zweitakt-Diesel mehr und mehr Freunde für hohe Antriebsleistungen.

So waren beispielsweise die Dampfer SIANTAR und MODJOKERTO, 8.400 tdw, des Rotterdamschen *Lloyd* 1933 auf Dieselantrieb umgebaut und erhalten neue Vorschiffe.

Die Lebensdauer der Dieselmotoren war noch nicht belegt (1933). Aber auf dem ersten Schiff SELANDIA waren sie dann schon 21 Jahre ununterbrochen im Betrieb.

Vor dem Ersten Weltkrieg kostete das Motorschiff 40% mehr als das Dampfschiff, 1930 nur noch 10%, da man die Baukosten des Dieselmotors senken konnte.

Durch den Übergang von 4-Takt auf 2-Takt und sogar doppelt wirkend konnte die spezifische Leistung auf Bruchteile des Gewichts pro PS herabgesetzt werden. Der thermische Effekt des 2-Takters ist geringer, also entstehen höhere Betriebskosten. In kleineren Schiffen wurden deshalb fast ausschließlich 4-Takter eingebaut.

Als Leistungsgrenze wird (1930) für den Diesel 30.000–40.000 PS angegeben. Zu große Zylinder-Ø haben Abkühlungsprobleme, und die Lagerung langer Motoren im elastischen Schiffsrumpf ist problematisch.

1939 waren 60% der Neubautonnage dieselgetrieben, 1920 waren es nur 4% gewesen.

Eine Daumenregel sagte:

Für gleiche Antriebsleistung braucht man im Dieselmotor eine Tonne Treibstoff, in der Dampfmaschine mit Ölfeuerung zwei Tonnen Schweröl und in der Dampfmaschine mit Kohlefeuerung drei Tonnen Kohle.

Daneben war der Dieselmotor immer einsatzbereit, eine ölgefeuerte Dampfmaschine brauchte wenige Stunden, eine kohlegefeuerte Dampfmaschine einen halben Tag zur Betriebsbereitschaft.

Die günstigere unmittelbare Verbrennung des flüssigen Brennstoffs (Benzin, Schweröle, Teeröle) in der Brennkraftmaschine ist durch die zulässigen Drücke und Temperaturen im Wirkungsgrad begrenzt, die Zylindergröße durch die auftretenden Wärmedehnungen und -spannungen. Die Leistung kann dann nur durch die Drehzahl (Kolbengeschwindigkeit) und Zylinderzahl erhöht werden.

Die unmittelbare Verbrennung fester Brennstoffe pulverisiert (Kohlenstaub) oder vergast in Gasgeneratoren ist bisher an Bord gescheitert. Man hätte dann ja auch wieder das Problem der Bunkerung und schlechter Regelbarkeit.

Da die Temperatur des Verbrennungsprodukts für die Werkstoffe des Motors zu hoch ist, müssen diese intensiv gekühlt werden, sodass in der Brennkraftmaschine erhebliche Wärmeverluste, in den Ventilen und Rohrleitungen Strömungsverluste und im Kolben-Kurbeltrieb und Lagerung Reibungsverluste auftreten. Mit dem Abgas, das höhere Temperatur (300–400°) und Druck als die Umgebungsluft hat, geht ebenfalls Energie verloren, die man zu nutzen versucht, beispielsweise im Abgasturbolader, der die angesaugte Verbrennungsluft verdichtet, um mehr Sauerstoff zur Verbrennung in den Zylinder zu bringen oder zur Dampferzeugung für Turbogeneratoren zur Heizung des Schiffs und zur Frischwassererzeugung.

Verlust ist auch der Antrieb der Hilfsmaschinen wie die Kühlwasserpumpe, die Brennstoffpumpe, die Schmierölpumpe und bei Zweitakt die Spülpumpe sowie ggf. das Untersetzungsgetriebe, um auf Propellerdrehzahl zu kommen. Ferner braucht man über einen Kompressor Druckluft zum Anlassen der Hauptmaschine.

Die Energiebilanz sieht so aus:

Die zugeführte Energie (100%) bleibt:

– 25% Kühlwasser
– 35% Abgas
+ 40 % Antrieb (indiziert)
– 4 % Reibung, Hilfsmaschinen, Wärmeabstrahlung
+ 4 % Rückgewinnung aus Kühlwasser und Abgas.

1997 fertigte Bosch, Stuttgart, die erste Speichereinspritzung (Common Rail) im Automobilbau für den Alfa JTD. Dieses Prinzip der gemeinsamen Druckversorgung aller Einspritzdüsen mit 1.600 bar Einspritzdruck hat sich sehr schnell bei Fahrzeugdieselmotoren und dann auch für Schiffsdiesel verbreitet. Die Düse hat fünf bis sieben Löcher mit 0,2 mm Durchmesser. Man arbeitet zu kleineren und mehr Löchern, um die Verbrennung zu verbessern. Das Öffnen der Injektoren findet magnetisch gesteuert statt, zukünftig piezo-elektrisch. Dieses Prinzip wurde schon 1880 durch die Brüder *Pierre* und *Jacques Curie* entdeckt: Ein Kristall baut unter Druck eine Spannung auf, umgekehrt verkleinert es blitzschnell seine Länge unter elektrischer Spannung (z.B. 130 V). Durch ein Paket (z.B. 50 mm Höhe) von Piezoplättchen kommt man zu brauchbaren Längenänderungen.

8.6 Kolben – das Herz des Diesel-Motors

Das Patent Nr. 67 207

Für seine Erfindung erhielt *Rudolf Diesel* das Patent mit dem Titel »Arbeitsverfahren und Ausführungsart für Verbrennungskraftmaschinen« im Februar 1892.

PATENT-URKUNDE

№ 67207.

AUF GRUND DER ANGEHEFTETEN BESCHREIBUNG UND ZEICHNUNG IST DURCH BESCHLUSS DES KAISERLICHEN PATENTAMTES

an Rudolf Diesel, Ingenieur, in Berlin

EIN PATENT ERTHEILT WORDEN.

GEGENSTAND DES PATENTES IST:

Arbeitsverfahren und Ausführungsart für Verbrennungskraftmaschinen.

GESETZ v. 7. APRIL 1891

ANFANG DES PATENTES: 28. Februar 1892.

DIE RECHTE UND PFLICHTEN DES PATENTINHABERS SIND DURCH DAS PATENTGESETZ VOM 7. APRIL 1891 (REICHS-GESETZBLATT FÜR 1891 SEITE 79) BESTIMMT.

ZU URKUND DER ERTHEILUNG DES PATENTES IST DIESE AUSFERTIGUNG ERFOLGT.

Berlin, den 23. Februar 1893.

KAISERLICHES PATENTAMT.

Beglaubigt durch Fank

Bureau-Vorsteher des Kaiserlichen Patentamtes.

Das Patent 67 207 von Rudolf Diesel

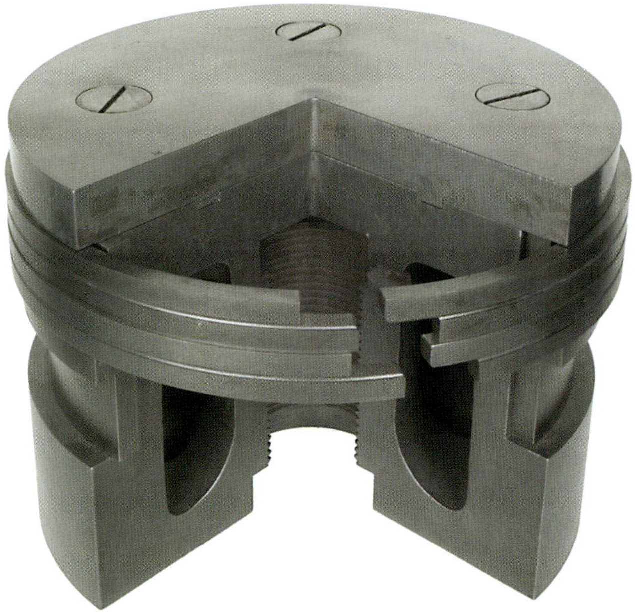

Kolben der Versuchsmaschine von Rudolf Diesel

Als 1897 – 5 Jahre nach der Patentanmeldung – *Diesels* »Rationeller Wärmemotor« mit einer Leistung von 20 PS (14,7 kW) und dem Wirkungsgrad von 26,2 % bei den Fachleuten lebhaftes Interesse fand, wurden die seegehenden Schiffe bereits mit Antriebsleistungen von einigen tausend PS gebaut.

Man war sich seinerzeit sehr bewusst, dass die bekannten Kohleflöze keinen unendlichen Reichtum darstellten und sah das Ende voraus.

Diesel beschrieb seine Erfindung des rationellen Wärmemotors mit der Überschrift:

»Die Wärme unserer Brennstoffe rationeller auszunützen«

Einige Daten des ersten Diesel-Motors:

Erbauer: Maschinenfabrik Augsburg

Bauart: Einzylinder, Viertakt mit Kreuzkopf

Zylinderdurchmesser:	250	mm
Kolbenhub:	400	mm
Leistung:	20	PS
Drehzahl:	172	min^{-1}
Gesamtgewicht:	5.200	kg
Gesamthöhe:	3	m
Leistungsgewicht:	260	kg/PS
effektiver Mitteldruck:	5,2	bar
mittlere Kolbengeschwindigkeit:	2,29	m/s
Zünddruck:	35	bar
Kolbenflächenbelastung:	0,0237	kW/cm^2

Der gebaute und gekühlte Kolben hatte zwei Kolbenringe mit gasdichtem Stoß. Zur Ringmontage musste die Bodenplatte abgeschraubt werden.

Es war also noch ein weiter Weg, bis der Dieselmotor die Leistung einer Dampfmaschine mit über 1.000 PS/Zylinder erreichen konnte.

Mit dem Ergebnis der offiziellen Abnahmeversuche des ersten Motors von *Rudolf Diesel* durch Professor *Moritz Schröter* von der TH München im Jahre 1897 trat der Dieselmotor an die Spitze aller damals bekannten Wärmekraftmaschinen.

Nach Auslauf des Dieselpatents im Jahre 1908 nahmen weitere Interessenten den Bau von Dieselmotoren auf. Die Lizenznehmer glaubten, dass der Motor bereits entwickelt wäre und wurden durch die Probleme der ersten Motoren sehr enttäuscht. Manche Firmen stellten die Entwicklung wieder ein. Es wurde schwierig, die vielen Lizenznehmer zu betreuen. Der Motor bekam zunächst einen schlechten Ruf. Es sollte noch einige Jahrzehnte dauern, bis der Dieselmotor die Dampfmaschine in der Schifffahrt verdrängen konnte. Doch die *Maschinenfabrik Augsburg* war von der Idee überzeugt und intensivierte die Entwicklung:

1898 wurde dann der erste Dieselmotor ausgeliefert. Es war ein 2-Zylinder mit 60 PS, den die UNION-Zündholzfabrik in Kempten erhielt. Dieser Viertakter hatte einen Kreuzkopf, eine Zylinderbohrung von 300 mm und eine Drehzahl von 180 min^{-1}. 1901 baut die *Maschinenfabrik Augsburg* die Motoren ohne Kreuzkopf und führt den Tauchkolben ein, der bereits von den *Deutzer* Gasmotoren bekannt war. Das Leistungsgewicht konnte wesentlich reduziert werden.

Der Augsburger Motor DM 70 (Bohrung/Hub: 400/600 mm) wurde ohne Kolbenkühlung gebaut und leistete 70 PS bei 160 min^{-1}. Der kleinere Motor DM 8 (165/270 mm) benötigte eine Kolbenkühlung. Das Leistungsgewicht lag noch über 200 kg/PS.

Um dem Dieselmotor zum Durchbruch zu verhelfen, mussten jedoch noch andere Hürden überwunden werden. Für den Betrieb der Motoren benötigte man Petroleum, das in Deutschland Mangelware war. Es wurde von Russland oder Amerika bezogen und unterlag hohen Zöllen. Die Maschinenfabrik Augsburg betrieb den Abbau des Zolls und gründete die Treibölverkaufsgesellschaft. Deutschland hatte Steinkohlenlagerstätten und konnte Steinkohlenteeröl herstellen, das aber nicht so zündwillig war wie das Petroleum.

Erste Marine-Diesel

Das erste Schiff, das einen Dieselmotor erhielt, war 1903 das Kanalboot PETIT PIERRE, das auf dem Rhein-Marne-Kanal verkehrte. Es war ein liegender Motor mit 25 PS von der Firma *Fréderic Dyckhoff* in Bar-le-Duc. Dyckhoff war ein Freund von *Rudolf Diesel*. Der Motor lief über viele Jahre sehr zufriedenstellend.

Besonders die beiden Entwicklungsfirmen *Maschinenfabrik Augsburg* und *Krupp* bildeten eine enge Zusammenarbeit mit den Schiffswerften.

Die ersten Marinemotoren waren große Zweitakt-*Otto*-Motoren mit Vergaser, die von *Körting* 1904 für U-Boote geliefert wurden. Nach dem Warmlaufen mit Benzin wurde der Motor mit Petroleum betrieben. Es war klar, dass bei solchen Booten die Dampfmaschine im Nachteil war. Dies war nun ein Ansporn für die *Maschinenfabrik Augsburg* und *Krupp*, die dann gemeinsam die Entwicklung eines U-Boot-Diesels aufnahmen. 1907 wurden dann je zwei Motoren in die französischen U-Boote CIRCÉ und CALYPSO eingebaut. Das Leistungsgewicht betrug nur noch 33 kg/PS.

Endlich hatte nun auch die deutsche Marine Interesse am Dieselmotor. Ihre Forderung war jedoch 850 PS bei 450 min^{-1}. Dieser Motor wurde 1910 als 6-Zylinder-Viertakter mit Bohrung/Hub 400/400 mm abgeliefert.

Ab 1908 firmierten die Maschinenfabriken Augsburg und Nürnberg unter *Maschinenfabrik Augsburg Nürnberg* (MAN).

Für ein Linienschiff wollte das Reichsmarineamt im Jahre 1909 Motoren mit 2.000 PS/Zylinder als Sechszylinder. Der Motor war 1917 einbaufertig. Zylinderbohrung 850 mm, Hub 1.050 mm, Leistung 12.200 PS bei 135 U/min. Der Motor wurde mit Teeröl gefahren. Mit solchen Motoren wurden nach dem Krieg in der Handelsschifffahrt Erfahrungen gesammelt.

1912 liefert *BENZ & Cie*, Rheinische Automobil- und Motorenfabrik, für das erste deutsche Schiff, die BENZ, einen direkt umsteuerbaren Dieselmotor.

Im 2. Kriegsjahr (1915) forderte die Marineleitung die *Germania-Werft* auf, Handelsunterseeboote zu bauen, welche die Blockade brechen konnten, um damit wichtige Rohstoffe aus Amerika zu holen. Sie waren mit je zwei Viertaktern ausgerüstet, die bei den Zylinderabmessungen 320/420 mm je 450 PS bei 400 min^{-1} Leistung entwickelten. Die beiden Boote DEUTSCHLAND und BREMEN machten bis zum Kriegseintritt der USA mehrere Fahrten.

1917 war *MAN Augsburg* bei einer Leistung von 3.000 PS bei 390 min^{-1} mit einem 10-Zylinder und den Abmessungen 530/530 mm als Viertaktmotor angelangt.

Während des Ersten Weltkriegs ruhte die Entwicklung der Handelsschiffsmotoren.

Der Dieselantrieb setzt sich durch

Nach dem Ersten Weltkrieg wurden vorhandene U-Bootsmotoren – meist Viertakter mit höheren Drehzahlen – mit Getriebe versehen und in Handelsschiffe eingebaut. Dieses Prinzip wurde als sehr vorteilhaft erkannt, sodass für neue Fahrgastschiffe dieser Motortyp als Mittelschnellläufer gebaut wurde.

Aber nun bekam der Dieselmotor auch schnell eine Konkurrenz, und zwar die Dampfturbine, kombiniert ebenfalls mit Getriebe.

Es begann eine stürmische Entwicklung. Der Dieselmotor wurde mit Abgasturbogebläse aufgeladen. Die Leistung wurde dadurch deutlich erhöht. Zweitakter wurden als Kreuzkopfmotor einfach- und auch doppelt wirkend gebaut.

Die Dampfmaschine verlor in der Schifffahrt ihre Bedeutung.

1933 wurde von MAN die Motorenanlage für das Panzerschiff DEUTSCHLAND geliefert. 12 Zweitaktmotoren (420/580 mm) mit 92 doppelt wirkenden Kolben erzeugten eine Leistung von 71.000 PS.

Pielstick war von 1911–1945 Mitarbeiter von *MAN*, seit 1934 als Direktor der Motorenkonstruktion. Nach 1945 war er von

Abb. und Schnitt vom meistgebauten U-Boot-Motor der Welt, der Sechszylinder-Viertaktmotor F 46a 6pn der Germaniawerft, *Kiel, ab 1938. Es wurden 1.396 Stück gebaut, 16 wurden als Neunzylinder F 46a 9pn gebaut.*

Gewicht betriebsbereit:	*19,3 t*
Zylinderdurchmesser:	*400 mm*
Hub:	*460 mm*
Drehzahl:	*470–490 min^{-1}*
Roots-Aufladegebläse:	*2.056 min^{-1}*
Aufladedruck:	*0,27–0,30 bar*
Leistung ohne Aufladung:	*860 PS bei 400 min^{-1}*
Mit Aufladung:	*1.400 PS bei 470 min^{-1}*
Überlast für 2 h:	*1.500 PS bei 480 min^{-1}*
Für 30 min:	*1.600 PS bei 490 min^{-1}*
9 Zylinder:	*2.400 PS*
Treibölverbrauch:	*177 g/PSh*
Motorenölverbrauch:	*5,12 kg/h*

Die Abgastemperatur ist entscheidend für die Belastbarkeit,
im Dauerbetrieb: *470°*

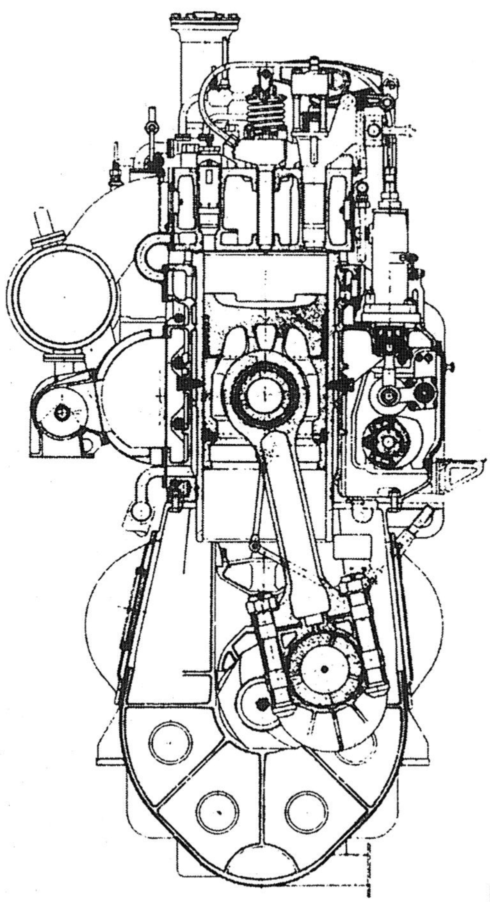

Paris aus als Lizenzgeber für die nach ihm benannten Motoren ein bedeutender Wettbewerber von *MAN* bei mittelschnell laufenden Motoren. Von ihm soll der weitsichtige Reim stammen:

»Und müht der Dampf sich noch so sehr
mit vielen tausend Pferden,
der Antrieb wird trotz alledem
der Dieselmotor werden.«

Kennwerte zur Entwicklung

Bei einem Fahrzeug sind wegen einer möglichst hohen Zuladung geringe Eigengewichte von großer Bedeutung. Ein Entwicklungsziel war und ist daher die Reduzierung der Motormasse. Eine Leistungseinheit soll mit möglichst geringem Motorgewicht erreicht werden. Man definierte das Leistungsgewicht kg/PS. Dieses gibt an, wie viel Masse benötigt wird, um eine Leistungseinheit darzustellen. Die doppelt wirkenden Zweitakter der *MAN* erreichten damals ein niedrigeres Leistungsgewicht als die Viertakter.

Leistung ist das Produkt Kraft mal Geschwindigkeit. Übertragen auf den Kolben bedeutet das: die auf den Kolbenboden wirksame gemittelte Gaskraft multipliziert mit der mittleren Kolbengeschwindigkeit. Zur Erzielung einer höheren Leistung müssen die Beträge für den Gasdruck, die Kolbenfläche und die Kolbengeschwindigkeit angehoben werden. Größere Bauteile erhöhen dadurch ihr Gewicht meist in der dritten Potenz. Die Erhöhung der Drehzahl steigert die Massenkraft mit der zweiten Potenz. Diagramme zeigen die verwirklichten Grenzen der mittleren Kolbengeschwindigkeit bei den Vier- und Zweitaktmotoren.

Neben dem Gasdruck, der bei der Zündung als maximaler Zünddruck entsteht, sind bei der Kolbenentwicklung auch die Massenkräfte und die spezifische Kolbenflächenbelastung wichtig. Die Entwicklung der spezifischen Kolbenflächenbelastung in den ersten Jahrzehnten ist beeindruckend. Die doppelt wirkenden Zweitakter erreichten in ihrer Bauzeit bis 1945 höhere Werte als die Viertakter mit Abgasturboaufladung. Mit Einführung der Ladeluftkühlung konnte die Leistung eines Zylinders weiter gesteigert werden.

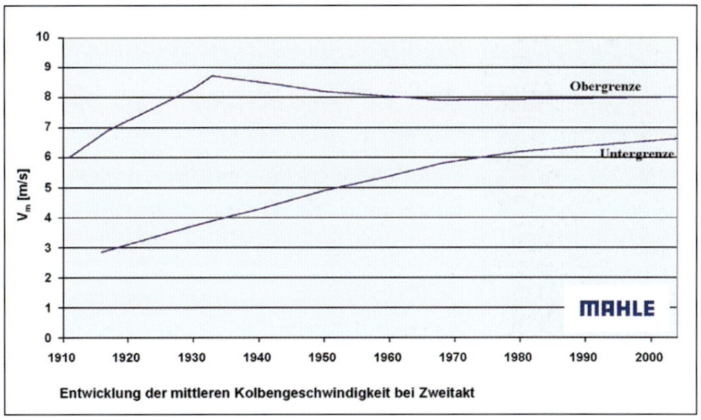

Entwicklung der mittleren Kolbengeschwindigkeit bei Zweitakt-Maschinen

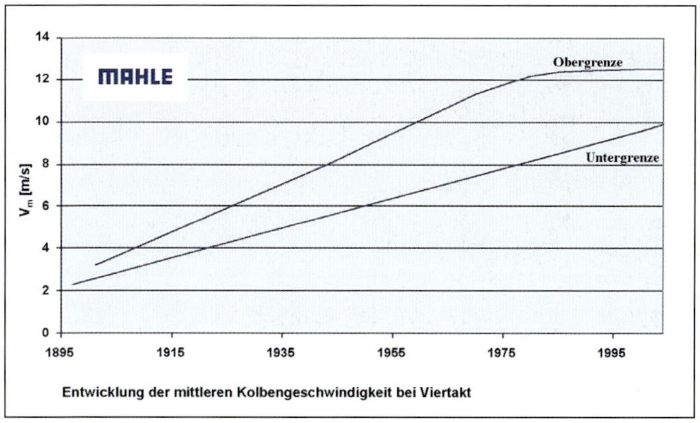

Entwicklung der mittleren Kolbengeschwindigkeit bei Viertakt-Maschinen

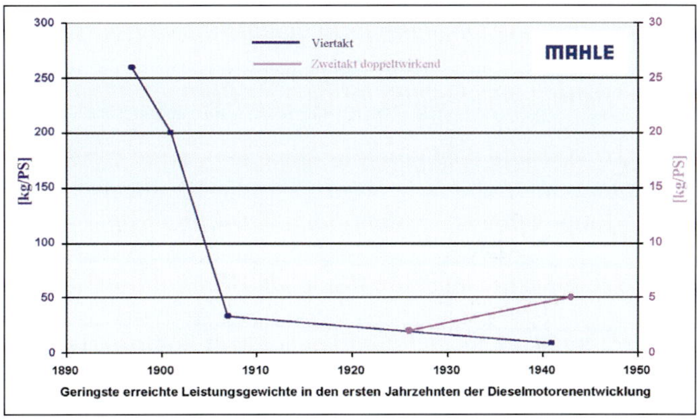

Geringste erreichte Leistungsgewichte in den ersten Jahrzehnten der Dieselmotorenentwicklung

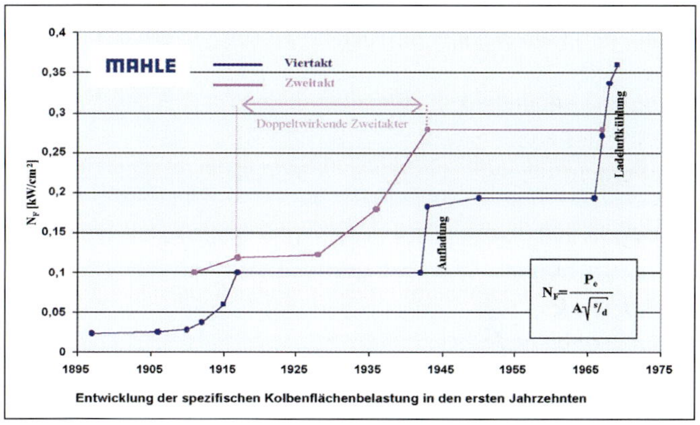

Entwicklung der spezifischen Kolbenflächebelastung in den ersten Jahrzehnten

Zweitakt-Diesel

Güldner beschäftigte sich 1899 mit dem Diesel-Zweitakter mit Spülpumpe, hatte jedoch große Probleme und stellte die Entwicklung wieder ein.

MAN Nürnberg glaubte mit einem Zweitakter das niedrigere Leistungsgewicht für die Marine zu erreichen. Der Motor hatte ölgekühlte Kolben. Das Öl wurde über Pleuel und Bolzen dem Kolben zugeführt. Mit den Zylinderabmessungen 175/220 mm erreichte ein Sechszylinder bereits im Jahr 1910 die Leistung von 150 PS bei 450 min^{-1}. Bei größeren Motoren mit 8 Zylindern wurden 900 PS bei 450 min^{-1} erreicht, wobei die größere Ölmenge über Teleskop- oder Gelenkrohre dem Kolben zugeführt wurde.

Die ersten Motoren lieferte Nürnberg für Kanonenboote an Portugal. Größere Motoren wurden 1914 an Holland für den Antrieb von U-Booten geliefert.

Das Leistungsgewicht lag bei 50 kg/PS bei den langsam drehenden Motoren und bei den Zweitaktschnellläufern bei nur noch 18 kg/PS.

Während beim Viertakter zum Ausspülen der Verbrennungsgase und Auffüllen des Zylinders mit Frischluft eine ganze Umdrehung genutzt wird, stehen beim Zweitakter dafür nur etwa 120–130° Kurbeldrehwinkel zur Verfügung. Die Güte der Spülung ist bestimmend für die spezifische Leistung des Zweitaktmotors. Dazu dient entweder der Kurbelkasten als Ladeluftpumpe (bis 60 PSe Zylinderleistung) oder man hat Fremdspülung, die im Schiffsmaschinenbetrieb vorherrscht. Einige Prozent der Motorenleistung müssen dafür aufgewendet werden, allerdings ohne Aufladung genügt ein Spülen mit 0,4 bar Überdruck.

Die insbesondere im Schiffbau beliebten Zweitakt-Rohölmotoren waren alsbald auf das Dieselverfahren umgestellt, zunächst mit Kurbelkastenspülung, dann mit Kolbenspülpumpe, später wegen zunehmender Motordrehzahl mit Rootsgebläse. *Deutz*-Zweitaktmotoren arbeiten überwiegend mit *Schnürle*-Umkehrspülung, bei der durch geschickte Führung der Frischluft das Abgas gut aus dem Zylinder ausgeschoben wird. Die Fertigung von Zweitakt-Dieselmotoren gab *Deutz* 1966 auf. Heute werden Zweitakt-Maschinen vor allem in Japan und Korea gebaut. Das Verhältnis Zweitakt zu Viertakt bei Schiffsantrieben ist etwa 70:30, Leistungen 100.000 kW bzw. 20.000 kW.

Doppelt wirkende Diesel

Im Wettbewerb zu Nürnberg begann *MAN Augsburg* 1912 mit den doppelt wirkenden Zweitaktern. Die thermisch hoch belasteten Kolben mussten mit Wasser gekühlt werden.

1913/14 wurde der erste Diesel für ein Handelsschiff gebaut. Es war ein doppelt wirkender 3-Zylinder-Zweitakter mit den Zylinderabmessungen 480/710 mm mit 830 PS bei 120 U/min. Die spezifische Kolbenflächenbelastung erreichte fast den Wert 0,1 kW/cm^2. Zwei solcher Motoren wurden in das Schiff FRITZ eingebaut.

Langsamläufer und Schnellläufer

Als Langsamläufer werden die großen Zweitaktmotoren mit Kreuzkopf (Drehzahl unter 240 min^{-1}) bezeichnet, die heute nur noch einfach wirkend und mit Abgasturboaufladung gebaut werden. Sie haben niedrige Drehzahlen bei verhältnismäßig langem Kolbenhub. Das Hub-Bohrungsverhältnis kann beispielsweise 4:1 betragen. Der Motor wird direkt mit der Schiffsschraube gekuppelt. Die mittlere Kolbengeschwindigkeit liegt heute bei 6,5–8 m/s. Diese Zweitaktmotoren mit ihrer enormen Leistung bis fast 100.000 kW (in 2004) als Reihenmotor mit bis zu 14 Zylindern findet man als Maschinenanlage auf den großen Containerschiffen und Supertankern.

Ein Problem ist, dass heutige schnell laufende Schiffe nicht gut langsam fahren können, da der Antriebsdiesel nur bis zu 70 min^{-1} herunter langsam drehen kann. Man kommt heute durch Maßnahmen beim Einspritzsystem weiter nach unten.

Der langsam laufende Zweitakt-Diesel ist einfach und robust. Trotzdem ist die Tendenz nach ein oder mehreren mittelschnell laufenden Dieselmotoren mit Untersetzungsgetriebe, was sich günstig auf Bau- und Betriebskosten auswirkt. Raumsparende Antriebssysteme bekommen nur dann einen Vorteil, wenn sie die Baukosten nicht erhöhen. Die Anordnung ist mehr und mehr achtern für eine günstige Laderaumanordnung und kurze Propellerwellen.

Unter Schnellläufer versteht man die sehr schnell drehenden Viertakter für schnelle Schiffe, Lokomotiven und Aggregate (über 960 min^{-1}). Die Kolben müssen sehr leicht sein. Als Kraftstoff kommt nur Gasöl oder Marinedieselöl zum Einsatz. Die mittlere Kolbengeschwindigkeit kann 12 m/s überschreiten.

Zwischen diesen beiden Bauarten liegen die Viertakt-Mittelschnellläufer (Drehzahl 240–960 min^{-1}), die in der Schifffahrt meist mit Schweröl betrieben werden. Diese Motoren findet man in kleineren Fracht- und Tankschiffen, großen Fähren und Kreuzfahrtschiffen oder großen Schiffen, wenn niedrige Bauhöhen erforderlich sind. Die mittlere Kolbengeschwindigkeit beträgt heute ca. 10 m/s.

Die Leistung einer Kraftmaschine ist:

Leistung = Drehmoment x Drehzahl

Das Drehmoment ist bei einer Kolbenmaschine abhängig vom mittleren Druck im Zylinder, der Kolbenfläche und dem Hub, der durch die Kröpfung der Kurbelwelle festgelegt ist. Die Leistung steigt mit der Drehzahl, weswegen schnell laufende Maschinen kleiner und leichter gebaut werden können, heute herunter bis z.B. zur MTU-Baureihe 890 mit 0,625 kg/PS.

In den vergangenen über 100 Jahren ist das Leistungsgewicht der Maschinen ständig gesunken. So beträgt heute für einen Dieselmotor kleiner Leistung:

Hilfsantrieb für Yacht	40 kW	8–10 kg/kW
Hauptantrieb	3.000 kW	6–8 kg/kW

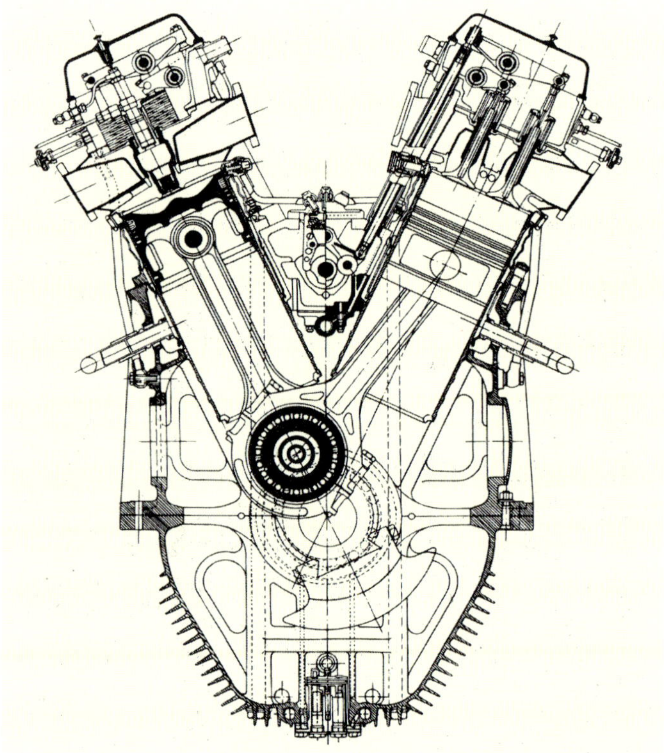

Mercedes-Benz-*Schnellbootmotor der deutschen Kriegsmarine. Ein Viertakt-Einspritzdiesel in V-Anordnung mit bis zu zwanzig Zylindern. Einspritzdruck 110 bar, Verdichtungsdruck 40 bar, Zünddruck 50–52 bar, 1.650 min^{-1}, zur Propellerwelle 2:1 untersetzt.*

Das Leistungsgewicht sinkt mit der Drehzahl, z.B. ein V16 von *Deutz* leistet bei 750 Umdrehungen 2.760 kW (7,68 kg/kW), bei 1.000 Umdrehungen 3.600 kW (5,88 kg/kW).

Bei der Wahl des Antriebs gehen eine Vielfalt von Einflüssen in die Entscheidung des Auftraggebers bzw. des Reeders ein. Obwohl der langsam laufende Zweitakt-Diesel etliche Vorteile hat, gehen gegenwärtig mehr Reeder zur mittelschnell laufenden Viertaktmaschine über. Dabei spielt die Lieferzeit – die Zweitakt-Hersteller großer Anlagen sind momentan (2004) für vier Jahre ausgebucht –, Rauchfreiheit, die hohen Brennstoffkosten für Gasturbinen usw. eine Rolle. Das erforderliche Getriebe amortisiert sich durch die passende Propellerdrehzahl und damit höheren Wirkungsgrad.

Dieselelektrische Antriebe

Bei dieser Art von Schiffsantrieb mit Mittelschnellläufern wird der Motor mit einem Stromgenerator gekuppelt. Die Drehzahl des Elektromotors an der Propellerwelle wird über die Drehstrom-Frequenz gesteuert. Dadurch wird ein äußerst ruhiges Fahren ermöglicht.

1986/87 lieferte MAHLE 81 Kolben an die MAN B&W Augsburg für neun Viertakt-Dieselmotoren des Typs 58/64 von insgesamt 130.000 PS für das Passagierschiff QUEEN ELIZABETH 2. Es ist der weltgrößte dieselelektrische Antrieb und damit die größte Antriebsleistung für ein ziviles Schiff. Der Wirkungsgrad der Motoren liegt bei 50 %. Der tägliche Verbrauch an Schweröl liegt bei 390 t. Dieses Schiff wurde nach dem Einsatz im Falkland-Krieg modernisiert und auf den energiesparenden Antrieb mit Dieselmotoren umgerüstet. Bereits in dieser Zeit hatte der Dampfturbinenantrieb in der zivilen Schifffahrt seine Bedeutung verloren.

Die Entwicklung der Kolben

Der Kolben wird als Herz des Motors bezeichnet. Kein Wunder, dass bei jeder Leistungserhöhung das »Herz« verstärkt werden muss. Denn mehrmals in der Sekunde wirkt eine enorme Gaskraft auf den heißen Kolben. Bei den heutigen Serienkolben beträgt diese Gaskraft bei den Schnellläufern das 5.000–6.000fache des Kolbengewichts und kann beim Mittelschnellläufer mehr als das 2.000fache betragen. Es ist deshalb verständlich, dass der Kolben mit seinen Ringen und dem Bolzen zu einem der empfindlichsten Teile des Motors wurde.

Am Anfang der Entwicklung des Dieselmotors bestanden die Kolben aus Gusseisen und wurden mit Wasser, teilweise sogar direkt mit Seewasser, zugeführt über Teleskop- oder Gelenkrohre, gekühlt. Sobald über Leckagen das Wasser in den Ölsumpf gelangte, entstand eine Emulsion. Einige Bauarten hatten die damals noch weniger wirksame Ölkühlung. Das Kühlöl wurde, wie auch heute bei den großen Kolben üblich, über das Pleuel und den Bolzen zugeführt. Die Drehzahlen dieser Motoren waren im Vergleich zu heute noch sehr niedrig.

MAHLE hat in den 1920er Jahren begonnen, Kolben aus Leichtmetalllegierungen zu entwickeln. Das niedrige Gewicht machte größere Drehzahlen möglich. Die oszillierenden Massenkräfte konnten reduziert werden. Auch die gute Eigenschaft einer hohen Wärmeleitung wurde schnell anerkannt. In den 1930er Jahren wurden auch für große Viertakt-Mittelschnellläufer mit Aufladung gegossene Kolben aus Aluminiumsiliziumlegierungen mit ø 400 und 420 in Serie geliefert. Diese Kolben benötigten durch die gute Wärmeleitfähigkeit keine direkte Kühlung mehr und bewährten sich so gut, dass eine weitere Leistungssteigerung während des Zweiten Weltkriegs möglich war.

Nach der Beseitigung der schlimmsten Kriegsschäden konnte nach der Währungsreform 1948 der Motorenbau mühsam wieder aufgenommen werden. Neuentwicklungen folgten. Dabei wurden die Erfahrungen mit den Motoren während der Kriegszeit berücksichtigt. Der Bedarf an Schiffen war groß.

Eine weitere Leistungssteigerung wurde durch Ladeluftkühlung ermöglicht. Die Kolbenflächenbelastung stieg dadurch um 50 % an. Die Aluminiumkolben mussten mit Öl gekühlt werden. In die Kolben wurde eine Rohrschlange eingegossen. Für Höchstleistungen wurden in den 1960er Jahren gebaute Kolben mit einem Oberteil aus Stahl, wobei die Nutflanken gehärtet wurden, und einem geschmiedeten Unterteil aus Aluminium entwickelt. Mit solchen Kolben konnte der Motor auch mit dem preiswerten Schweröl betrieben werden. Infolge der guten Kühlung (Shaker-Effekt) und der schlechteren Wärmeleitung von Stahlwerkstoffen konnte die Temperatur in der ersten Ringnut auf einen niedrigen Wert abgesenkt werden. Das Problem eines Festbrennens der Ringe war gelöst. Für einige Motoren wurden auch Monobloc-Kolben aus globularem Grauguss (GGG) nach einer Lizenz von *M. Jacques Gallois* von *SEMT Pielstick* entwickelt. *Gustav E. Pielstick* (25. Januar 1880–11. März 1961) war ein genialer Konstrukteur bei *MAN*, der sich in Frankreich selbstständig machte. Dieses Kolbenkonzept wurde ursprünglich für die SEMT PA4-Motoren mit Vorkammer entwickelt. In das Zentrum der Brennraummulde musste ein Stift für die Gestaltung der variablen Geometrie dieser Art Vorkammer eingeschraubt werden. Damit entfielen die sonst vorhandenen kleinen Bohrungen im thermisch hoch belasteten Brenner der Vorkammer.

In der Folgezeit wurden im Zweitakt- und Viertaktbereich immer größere Motoren für die Schifffahrt gebaut. Der größte Diesel-Viertakter, der jemals entwickelt wurde, hatte Anfang der 1970er Jahre die Zylinderabmessungen 650/650 mm und eine Zylinderleistung von 2.000 PS. MAHLE begann mit MAN in einem 4V-Versuchsmotor mit der Kolbenerprobung. Infolge der ersten Ölkrise mussten MAN und Sulzer diese Gemeinschaftsentwicklung wieder einstellen. Die Nachfrage nach sehr schnellen Schiffen war durch die steigenden Kraftstoffpreise nicht mehr vorhanden. Die Zylinderdurchmesser gehen heute bis etwas über 1.000 mm. Neben technischen setzen auch wirtschaftliche Probleme (Werkzeugkosten) eine Grenze.

Diese Kolbendimension war eine große Herausforderung und bestätigte den noch heute gültigen, sehr weisen Spruch von *Dr. Ernst Mahle*, dem Gründer des Unternehmens:

»Der Kolben ist ein Stück Metall, unbedingt notwendig zum Betrieb eines Verbrennungsmotors, aber auch geeignet zu verhindern, dass Ingenieure eingebildet werden.«

Die Leistung eines Kolbenmotors ergibt sich aus:

$$P = V \cdot z \cdot n \cdot p_e \cdot C$$

V	– Volumen eines Zylinders
z	– Zylinderzahl
n	– Drehzahl
p_e	– mittlerer Druck
C	– Motorkonstante

Für die Wahl der Kolbenkonzeption ist neben dem Zünddruck auch die spezifische Kolbenflächenbelastung a_F eine wichtige Größe, die wir nach folgender Formel definieren:

1

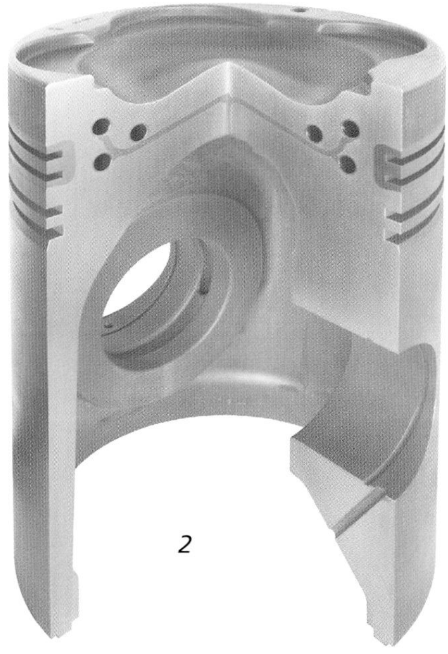
2

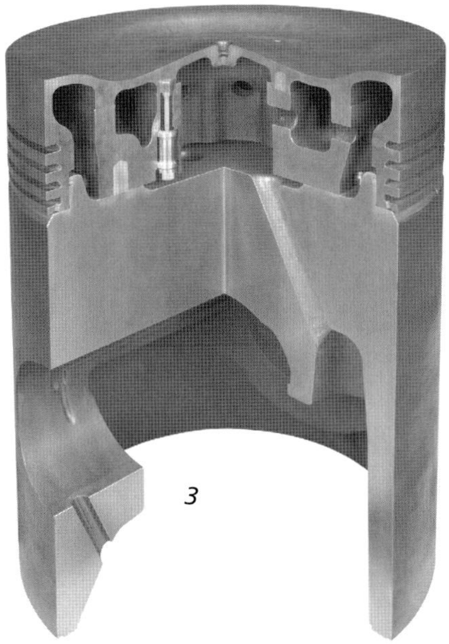
3

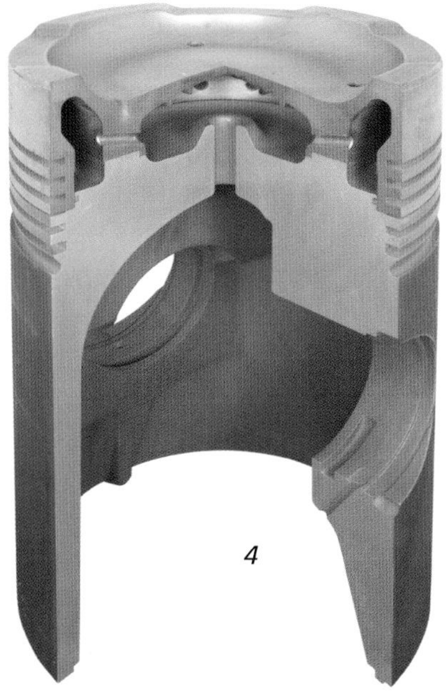
4

5

1. *Gegossener Kolben, Ø 400 mm, P_e=184 KW/Zylinder. Dieser Kolben löst 1937 im MAN-Motor 40/46 den Eisenkolben ab. Bis 1945 für U-BootMotoren verwendet. Gewicht 76 kg*
2. *Schnitt durch gegossenen Aluminiumkolben mit Kühlschlange und Doppelringträger*
3. *Schnitt durch den ersten gebauten Kolben für Mittelschnellläufer mit Oberteil aus Stahl, Ringnuten gehärtet und Unterteil aus Aluminium geschmiedet.*
4. *Schnitt durch einen Monobloc-Kolben aus GGG mit Stufenabstützung*
5. *Schnitt durch den größten Viertakt-Dieselkolben, Ø 650 mm, mit Oberteil aus Stahl, gegossenem Zwischenring und geschmiedetem Unterteil aus Aluminium*

$$a_F = \frac{P_e}{A \cdot \sqrt{s/d}} \quad \frac{kW}{cm^2}$$

P_e = Zylinderleistung in kW
A = projizierte Fläche des Kolbenbodens in cm^2
s = Kolbenhub in mm
d = Durchmesser des Kolbens in mm

Beim ersten Dieselmotor lag die Kolbenflächenbelastung noch bei 0,0237 kW/cm^2. Die heutigen Werte (2004) sind bei Mittelschnellläufern über 20-mal und bei Schnellläufern bis zu 40-mal höher. Auch bei den großen Zweitaktmotoren der heutigen Zeit werden 15- bis 18fache Werte erreicht.

Die spezifische Kolbenflächenbelastung wurde durch eine weitere Erhöhung der Leistung pro Zylinder über eine höhere Aufladung auch in den letzten Jahrzehnten weiter gesteigert. Dabei erreichen die kleineren Schnellläufer die höchste Kolbenflächenbelastung. Die hohen Leistungen sind auch mit hohen Zünddrücken verbunden. Es werden mehrteilige, so genannte gebaute Kolben verwendet.

Entwicklungen in den MAHLE-Forschungs- und Entwicklungszentren

Die stetige Weiterentwicklung der Verbrennungsmotoren ist gekennzeichnet durch Wettbewerbsforderungen, um den Preis für eine erzeugte Kilowattstunde (kWh) günstiger zu machen. Das bedeutet Ausweitung der Überholungsintervalle bei gleichzeitiger Leistungssteigerung, Reduzierung des Schmieröl- und spezifischen Kraftstoffverbrauchs und damit Wirkungsgradverbesserung auf der einen Seite und Erfüllung der Emissionsvorschriften auf der anderen Seite. Diese Bedingungen führen zu einer höheren mechanischen und thermischen Belastung der Motorkomponenten. Für die Teile der Kolben-Zylinder-Einheit bedeutet dies vor allem höhere Verbrennungsdrücke und höhere Bauteiltemperaturen, aber auch höheren Verschleiß. Eine höhere mechanische Belastung der Teile durch die höheren Gasdrücke muss durch eine kräftigere Statik der Konstruktionselemente aufgefangen werden. Kolben, Kolbenbolzen, Zylinder und andere Komponenten werden schwerer. Bei den heute erreichten Gasdrücken der neuen Motoren wird das Kolbenunterteil aus globularem Grauguss (GGG) oder aus geschmiedetem Stahl hergestellt. Ebenso führen die höheren Gasdrücke zu erhöhten Flächenpressungen in den Kontaktbereichen der Bauteile, wie z.B. in der Bolzennabenbohrung, am Kolbenschaft, an Kolbenringen und Ringnuten oder an den Lagern. Dies zeigt die Notwendigkeit auf, mittels numerischer Simulation die Beanspruchung der Bauteile zu analysieren.

Über Optimierungs- bzw. Variantenberechnungen können gezielt an den hoch belasteten Bauteilstellen die Flächenpressungen vergleichmäßigt oder reduziert werden. Durch geeignete Gestaltung der Kontaktflächen zwischen den Bauteilen der Kolben-Zylinder-Einheit mittels Finite-Elemente-Simulation ist es möglich, Verstärkungen und damit Gewichtszunahmen auf ein Minimum zu reduzieren. Des Weiteren können damit das Aussehen von Kontaktflächen z.B. in der Bolzennabenbohrung und im kleinen Pleuelauge verbessert werden. Die Fortschritte in den Simulationstechniken in den MAHLE- Forschungs- und Entwicklungszentren erlauben auch Studien zur Reduzierung der Reibleistung unter Einbeziehung des Schmierfilms zwischen dem Kolbenschaft bzw. den Kolbenringen und der Zylinderbuchse. Durch die entsprechende Gestaltung des Kolbenober- und Unterteils werden Kühlräume gebildet, die von Kühlöl durchflossen werden. Diese von Kühlöl nur teilgefüllten Kühlräume sorgen aufgrund des dabei entstehenden Shakereffekts für eine sehr gute Kühlwirkung. Die Grundlagen werden auf Prüfständen erforscht. Bei den Schnellläufern wird das Kühlöl dem Kolben meist über einen Strahl aus einer Spritzdüse zugeführt. Die größeren Kolben der Mittelschnellläufer erhalten das Öl über einen Kanal im Pleuel und Bohrungen im Kolbenbolzen.

Infolge der unterschiedlichen Temperaturverteilung und die Belastung durch die Gaskraft verformt sich der Zylinder-Kolben-Bolzen-Pleuel-Verband. Schon seit vielen Jahren wird der Kolbenschaft phosphatiert und graphitiert und erhält dadurch eine Notlaufschicht.

Als es noch keine Finite-Elemente-Berechnungen gab, wurden zur Spannungsanalyse spannungsoptische Modelle hergestellt.

Verschleißschutz für die Ringnutflanken

Um den Verbrennungsraum gegenüber dem Zylinderkurbelgehäuse abzudichten, hat ein Kolben für einen Viertakt-Dieselmotor heute meist nur noch drei oder vier Kolbenringe, bestehend aus zwei oder drei Verdichtungs- und einem Dachfasenschlauchfeder-Ölabstreifring. Zwischen den Ring- und den Ringnutflanken herrscht ein Zustand der Mischreibung; ebenso zwischen den Ringlaufflächen und der gehonten Zylinderlauffläche in den so genannten Totpunktlagen oder Umkehrpunkten, die sich durch den Kolbenhub ergeben. Das heißt an den Oberflächen dieser Bauteile ist kein

1

2

3

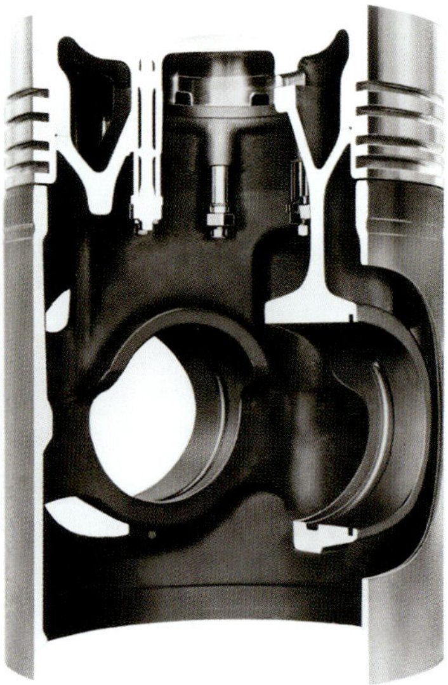

4

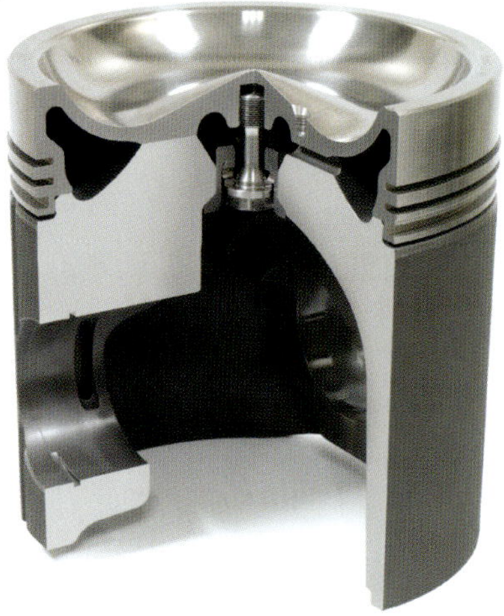

5

6

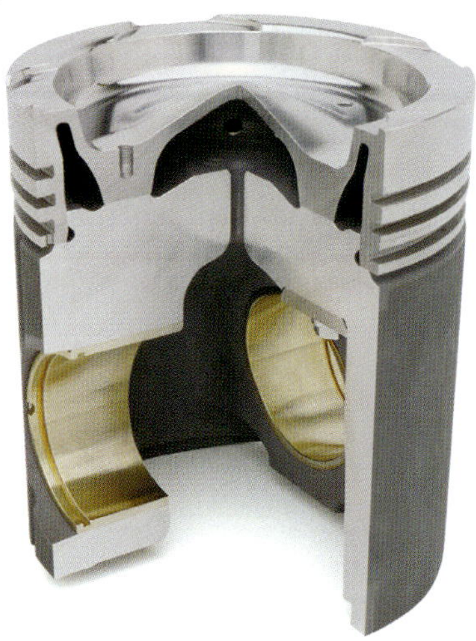

1. Zylinderbuchse mit wassergekühltem Bund
2. Schnitt durch einen Kolbenbolzen mit Bohrung zur Kühlölzuführung
3. Gebauter Kolben mit Oberteil aus Stahl und Unterteil aus GGG
4. Gebauter Kolben mit Oberteil aus Stahl und Unterteil aus geschmiedetem Aluminium mit Zentralverschraubung
5. Elektronenstrahlgeschweißter Kolben
6. Gebauter Kolben mit Oberteil aus Stahl, Unterteil aus geschmiedetem Aluminium und Buchsen aus Bronze in den Nabenbohrungen.

tragfähiger Schmierfilm vorhanden, der die Gleitpartner trennt. Dadurch entsteht Verschleiß, der die Lebensdauer der Teile zeitlich begrenzt. Die extremsten Betriebsbedingungen durch Hitze und Druck, aber auch durch Aschen, die bei der Verbrennung entstehen, liegen am obersten Kolbenring vor. Bei den Dieselkolben aus Aluminium-Silizium-Legierungen mussten daher Ringträger mit hohem Verschleißwiderstand nach dem so genannten Alfinverfahren eingegossen werden.

Bei den gebauten Kolben der Mittelschnellläufer, die heute meist im Schwerölbetrieb eingesetzt werden, können die Nutflanken gehärtet werden und bieten bei harten Verbrennungsprodukten einen guten Verschleißschutz. Für den Betrieb mit Schweröl ist außerdem ein alkalisches Motorenöl mit ausreichender Neutralisationswirkung notwendig, um Säuren, die durch die Verbrennung des enthaltenen Schwefels entstehen, zu neutralisieren. Bei Anlagen mit einem hohen Anteil Teillastbetrieb kann es zu Taupunktunterschreitungen mit starkem Korrosionsangriff kommen. In solchen Fällen werden die Nutflanken verchromt.

Die Kolbenringe haben an der Lauffläche ebenfalls eine Verschleißschutzschicht und können mit einer verchromten Flankenbewehrung gegen Korrosion versehen werden. In den 90er Jahren wurden mit der Einführung von so genannten Feuer- oder Antipolishingringen hinsichtlich Zylinderbuchsenverschleiß und Schmierölverbrauch enorme Fortschritte erzielt.

Dadurch wird der harte Ölkohleaufbau am Kolben kalibriert und hat keinen Kontakt mit der Zylinderlauffläche. Die Honstruktur auf der Zylinderoberfläche bleibt wesentlich länger erhalten. Der Ölverbrauch steigt nicht an.

Erfahrungen mit den Kolben

Der Verschleiß begrenzt die Lebensdauer. Nach etwa 10.000–15.000 Betriebsstunden oder etwa 2 Jahren Betrieb müssen die Kolben zum Ringwechsel ausgebaut werden. Der Verschleiß in der obersten Ringnut ist für das Kolbenoberteil lebensdauerbestimmend. Bei dem ersten Ringwechsel liegt ein Flankenverschleiß von üblicherweise 10–70 µm vor. Dieser ist abhängig von den Betriebsbedingungen, der Wartung und Pflege sowie dem Kraftstoff. Beim zweiten oder dritten Ringwechsel muss dann auch der Kolben oder das Kolbenoberteil getauscht werden. Das Kolbenunterteil erreicht heute wesentlich längere Laufzeiten. Bei den größeren Kolben können Nutflanken mit Verschleißstufe aufgechromt werden. Kolbenbolzen der Mittelschnellläufer zeigen auch nach sehr langer Laufzeit kaum messbaren Verschleiß.

MAN B&W ist Partner in einem Drei-Jahres-Projekt ab 2002, das die Beziehungen zwischen Abfall der Leistung im Laufe der Nutzung und steigender Emission klären soll. Ein ähnliches auch von der EU gefördertes Forschungsprojekt befasst sich mit dem Zusammenhang zwischen Zustand der Maschine und den akustischen Emissionen.

Ausblick

Mit der jüngsten Kolbenentwicklung, dem MAHLE FERROCOMP®, wurde ein zukunftsweisendes Spitzenprodukt geschaffen. Wie das Kolbenoberteil mit den Ringnuten, ist auch das Kolbenunterteil aus geschmiedetem Stahl hergestellt und erfüllt damit die heutigen und künftigen Anforderungen der Dieselmotoren hinsichtlich höchster und weiter steigender Zünddrücke bei hoher Betriebssicherheit. Mittels Finite-Elemente-Simulation werden die Bereiche der Kontaktflächen der Bauteile optimiert und mit feinstenOberflächenstrukturen für geringsten Laufflächen- und Kontaktverschleiß (Reibkorrosion) versehen. Für eine sehr wirkungsvolle Kühlung hat dieser Kolbentyp hohe Shaker-Räume.

Der Dieselmotor wird mit seinem von keiner anderen Verbrennungskraftmaschine erreichten hohen Wirkungsgrad seine Marktstellung behaupten. Nur die Gasturbine mit ihrem

MAHLE FERROCOMP®

Schnellfähre Spirit Of Ontario 1 L 86 m, gebaut 2003 von Anstal Ships Perth. Aluminium-Bau, Antrieb vier MTU-Dieselmotoren 20 V 8.000. Die Zwanzig-Zylinder-V-Dieselmotoren leisten je 8.200 kW, vier Wasserstrahldüsen, 45,7 kn mit 774 Passagieren und 238 PKW. Übersetzzeit zwischen Rochester, Bundesstaat New York und Toronto, Kanada 2h 45min, weniger als 50% vorher. Wartungsintervall 24.000 h zwischen Generalüberholungen, also etwa nur alle drei Jahre. Der spez. Verbrauch beträgt im weiten Lastbereich 195 g/kWh, bestenfalls 190 g/kWh.

günstigeren Leistungsgewicht hat sich einige Bereiche erobern können.

Der Verbrauch eines Großdiesels liegt heute bei 200 g/kWh aufbereitetes Schweröl. Es wird daran gearbeitet, auf 190 g herunterzukommen.

Das Schweröl muss auf 160° C erwärmt werden, um seine Zähigkeit (Viskosität) herabzusetzen und es einspritzen zu können.

Meist handelt es sich dabei um kombinierte Antriebe, der wirtschaftliche Dieselmotor übernimmt die Marschfahrt. Bei erforderlichen Höchstgeschwindigkeiten werden Gasturbinen mit höherem und teuerem – allerdings schwefelfreiem – Kraftstoffverbrauch zugeschaltet.

8.7 Der doppelt wirkende Zweitaktdiesel als Hauptantrieb auf großen Kriegsschiffen – eine Innovation

Nachdem *Blohm & Voss* zu Beginn der 1910er Jahre erfolgreich einfach wirkende Zweitaktmotoren zu bauen begonnen hatte, wagte man sich auch an die doppelt wirkende Maschine. Nach vielen Mühen fuhr schließlich das Motorschiff FRITZ, ein Eigenbau der Werft *Blohm & Voss,* im Sommer 1914 mit zwei doppelt wirkenden Zweitaktmaschinen die Elbe hinunter. Beim Zünden auf der Unterseite der Kolben müssen sehr starke Geräusche aufgetreten sein, die man erst in späteren Jahren – der Beginn des Ersten Weltkriegs unterbrach die Weiterentwicklung – mildern konnte durch Änderung der Zündungs- und Spülvorgänge. Die FRITZ musste im Oktober 1919 als Reparationsleistung abgeliefert werden. Dort wurden übrigens nach langer Liegezeit die Motoren ausgebaut und durch Dampfmaschinen ersetzt. Das geschah damals öfter, wenn man mit der Dieselanlage nicht zurecht kam. Die Maschine konnte natürlich auch mit abgeschalteter Unterseite betrieben werden.

Nach längerer Pause folgte am 8. Dezember 1926 die MAGDEBURG (3.476 BRT, 5400 tdw, L 137,0 m, B 17,8 m, T 7,7 m, 40 Mann Besatzung) von *Blohm & Voss* mit einem doppelt wirkenden 6-Zylinder-Diesel von 4.000 PS (2.950 kW) und 13 kn Geschwindigkeit, bei Überlast wurden kurzzeitig 15,4 kn erreicht. Auf ihrer ersten Reise von 114 Tagen und 25.000 sm nach Südostasien gab es keinen Ausfall des Motors, auch nicht in den heißen Klimazonen. Das Schiff gehörte der *Hamburg-Austral-Linie*, die später von der *HAPAG* übernommen wurde. Beim Notstopp kommt das Schiff nach 400 m zum Stehen und der Motor sprang auf rückwärts noch bei vorwärts drehender Schraube an.

Am 19. Mai 1931 läuft das »Westentaschen-Schlachtschiff« der deutschen Reichsmarine vom Stapel. Eine Innovation,

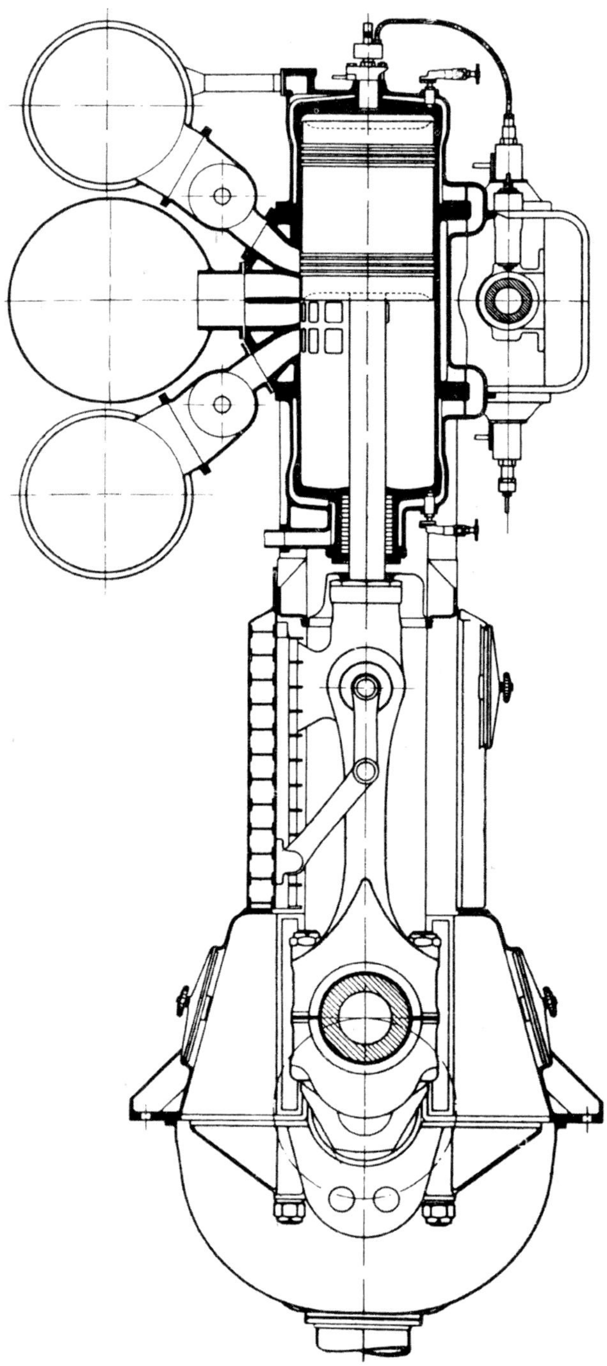

MAN-doppeltwirkender-Zweitakt-Dieselmotor für drei deutsche Panzerschiffe um 1930

denn es ist das erste große Kriegsschiff der Welt mit Diesel-Hauptantrieb. Es erreicht damit einen Aktionsradius von bis zu 20.000 sm Fahrtstrecke. Der geringe Aktionsradius der großen kohlegefeuerten und dampfgetriebenen Schiffe der Kaiserlichen Marine und das Fehlen überseeischer Bunkerstationen unter deutschem Einfluss soll damit überwunden werden. Dieses war der Hauptgrund, dass die kaiserliche Flotte im Ersten Weltkrieg nicht zur Wirkung gebracht werden konnte.

Am 10. August 1928 hatte die deutsche Reichsregierung unter der Kanzlerschaft von *Hermann Müller-Franken* (SPD) den Bau eines neuen Panzerschiffes »A« für die Reichsmarine als Ersatz für das außer Dienst gestellte Linienschiff PREUSSEN (13.200 tdw) beschlossen. Der Reichstag bestätigt nach langer Diskussion den Beschluss am 16. November 1928, die *Deutschen Werke* in Kiel erhalten den Bauauftrag.

Der Versailler Vertrag von 1919 erlaubte Deutschland aber nur Kriegsschiffe bis 10.000 tdw Maximalverdrängung. Das zwang zur Innovation. Das Schiff soll die auf 15.000 Mann begrenzte kleine Reichsmarine wieder zur Seemacht machen. Nach einem Vorentwurf 1920–1923 wurde bereits seit 1924 alles neu durchdacht. Es ging vor allem um Gewichtsreduzierung durch gewagte Schiffbau-Statik – die Panzerung ist zugleich mittragendes Material –, Verwendung von Aluminium (Duralumin) im Innenausbau sowie 550 t Gewichtsersparnis, indem 90% der Verbindungen elektrisch geschweißt anstatt genietet werden, von *Oberbaurat Burkhardt* in die Reichsmarine eingeführt, insbesondere aber durch die Antriebsanlage: das Projekt A, das Panzerschiff DEUTSCHLAND, später Schwerer Kreuzer LÜTZOW genannt. Zusammen mit ihren beiden bei der *Marinewerft Wilhelmshaven* gebauten Schwestern ADMIRAL GRAF SPEE (Stapellauf 01.04.1933) und ADMIRAL SCHEER (Stapellauf 30.06.1934) sind diese die ersten dieselgetriebenen Großkampfschiffe und bis heute die einzigen geblieben.

Eine Erleichterung in der Gewichtsproblematik ergab sich durch das Abkommen von Washington von 1922, obwohl Deutschland nicht Vertragspartner war. Dort wurde ein Standard-Deplacement für Kriegsschiffe festgelegt in englischen »tons« des voll ausgerüsteten seeklaren Schiffes, aber ohne Brennstoff. Dieses und das Rechnen mit metrischen Tonnen lässt das Schiff 15–20% größer sein, ohne die 10.000-tons-Grenze zu überschreiten. Allein die 3000 t Treibstoff für die Reichweite von 15.000–20.000 sm sind ein nennenswerter Posten, der nicht in die Begrenzung eingeht. Acht Großdiesel, Neunzylinder, werden in zwei Vierergruppen für die beiden Propellerwellen raumsparend angeordnet, konzipiert zusammen mit der *Maschinenfabrik Augsburg-Nürnberg AG* (M.A.N.) Dazu kommen vier kleinere Hilfsdiesel, Fünfzylinder, für Spülluftgebläse sowie Kühlwasser-, Kühlöl-, Schmieröl- und Kompressorantrieb.

Die Dieselmotoren sind doppelt wirkende Zweitakter, also Zündung und Arbeitstakt auf der Ober- und Unterseite des Kolbens bei jedem Hub. Bei wenig Leistungsbedarf lässt sich die Zündung auf der Unterseite abschalten.

Ein Turbogebläse drückt Frischluft in die Spülluftleitung, um einerseits in beiden Zylinderräumen das Abgas herauszuschieben, andererseits die Zylinder wieder mit frischer Verbrennungsluft aufzuladen. Als erste deutsche Firma hat M.A.N. nicht nur den doppelt wirkenden Zweitaktmotor geschaffen, sondern auch die Umkehr-Schlitzspülung anstatt der aufwendigeren Ventilspülung. Durch den patentierten Auslassdrehschieber werden die Auspuffschlitze schon verschlossen, bevor der Kolben beim Verdichtungshub die Spülluftschlitze verschließt. Die Spülluftkanäle sind übrigens so groß, dass man hindurchkriechen und durch die Schlitze den Zustand von Kolben und Zylinder kontrollieren kann.

Durch Leistungskonzentration konnte das Leistungsgewicht von 68 kg/kW, wie im Ersten Weltkrieg normal, auf 11 kg/kW gesenkt werden. Dazu trugen auch eine neue Zugankerbauart und geschweißte Stahlmaschinengestelle bei.

Mit diesem Antriebskonzept wurde eine sehr gute Manövrier- und Steuereigenschaft erreicht. In der so genannten Manöverschaltung läuft die Hälfte der Diesel vorwärts, die andere Hälfte rückwärts. Sie können also ohne Umsteuerung über das Schalten der Kupplungen je nach Bedarf sofort wirken.

Die DEUTSCHLAND erreichte mit 377 min^{-1} Propellerumdrehungen 25 kn in Dauerfahrt. Mit 400 min^{-1} kann 3–5 h gelaufen werden, Höchstfahrt 28,2 kn kann 1 h lang gefahren werden.

Bei 19 kn Marschfahrt werden 11.600 sm Reichweite errechnet, sparsamste Fahrt erlaubt bis zu 20.000 sm.

Die Antriebsanlage mit doppelt wirkenden Zweitaktmotoren war ab 14.07.1932 im Artillerieschulschiff BREMSE ausprobiert worden. Es war damit eigentlich das allererste Schiff mit einer derartigen Antriebsanlage. Es fuhr mit acht Achtzylinder, Zweitaktern, je vier arbeiten über eine hydraulische *Vulkan*-Kupplung über ein Untersetzungsgetriebe auf die beiden Propellerwellen, Ölfüllung oder -leerung der Kupplungen erlaubt das Fahren mit ein bis vier Antriebsmaschinen.

Dennoch gibt es dann bei der DEUTSCHLAND-Antriebsanlage eine unangenehme Überraschung, nämlich ein infernalischer Abgaslärm, der eine Neukonstruktion der Schalldämp-

*Doppelt wirkender 24-Zylinder-Zweitakt-*MAN*-Dieselmotor in V-Form V 127 42/58 mit 16.000 PS, vorgesehen für Schlachtkreuzer, 1941 und in kleinerer Version für Zerstörer, 1943. Kam dann aber nicht zum Einsatz.*

fung bedingt. Abgaslärm und -temperatur bleiben bei hoher Fahrt ein Schwachpunkt der Antriebsanlage.

Trotzdem: Die dieselgetriebenen Panzerschiffe erwiesen sich als zuverlässiger als die hochgezüchteten Turbinen-Antriebsanlagen, die den Einsatz der deutschen Kriegsschiffe während des gesamten Zweiten Weltkriegs behinderten.

Die dieselgetriebenen Panzerschiffe waren aber noch kein Durchbruch für diese Antriebsart. Erst das dann nicht realisierte große Schlachtschiff H (56.440 t, Baubeginn 15. Juli 1939, am 15. November 1941 auf der Helling abgebrochen) sollte wieder eine Motorenanlage erhalten.

Der Vorsitzende des Neubauausschusses der deutschen Marine stellte am 16. Dezember 1938 fest: *»… dass sich im Hause in der Zeit vom Dezember 1933 bis heute die Ansicht über den zweckmäßigsten Antrieb großer Schiffe etwa sechsmal geändert hat«.*

Der doppelt wirkende Zweitaktmotor fand auch schon in den 30er Jahren des 20. Jhdts. Eingang in die zivile Schifffahrt, so für die schnellen Passagier- und Frachtschiffe (Kombischiffe) für den Europa-Asien-Verkehr.

Die Fracht- und Passagierschiffe im Asienverkehr hatten in den 1960er Jahren große kompressorlose doppelt wirkende Zweitakt-Motoren. Eine Schwachstelle blieb der untere Zylinderdeckel mit der Durchführung der Kolbenstange, bei dem immer wieder Wärmerisse auftraten. Die Komplexität dieses Deckels und damit die Störanfälligkeit der Maschine war sicher ein Hauptgrund, dass sich dieses Prinzip in der zivilen Schifffahrt nicht behaupten konnte, als der Dieselmotor mit Aufladung (Kompressor) gleiche Leistungswerte erreichte. Die Zeit der doppelt wirkenden Dieselmotoren endete, als der letzte Hersteller *Doxford* in England um 1970 aufgab.

Zunächst war der Bau von Marineschiffen nach dem Zweiten Weltkrieg in Deutschland verboten. Die ersten Getriebe-Marine-Anlagen wurden deshalb (1958) für ausländische Marinen gebaut. Erst 1960 wurde das erste größere Schiff für die Bundesmarine abgeliefert, Schulschiff DEUTSCHLAND, noch mit zwei Dampfturbinen, zusammen 6.250 PS, 11.380 min^{-1} HD-Teil, 5.000 min^{-1} ND-Teil, was 25 Jahre lang anstandslos lief. Dann aber wurden nur noch Dieselmotoren und Gasturbinen als Antrieb eingesetzt. Vor dem Krieg waren Dieselmotoren als Hauptantrieb nur auf U-Booten und Schnellbooten zum Einsatz gekommen, von den drei »exotischen« Panzerschiffen abgesehen.

8.8 Nach über 100 Jahren ist die Innovation »Dieselmotor« noch nicht abgeschlossen

Bei großen Dieselmaschinen wurde in die frühen 1930er das Treiböl mit Luft von 50 bis zu 80 bar in den Zylinder geblasen, wenn die Kompression im oberen Totpunkt des Kolbens abgeschlossen war (35–40 bar, 800° C). Die Druckluft wurde in zweistufigen Kompressoren für die höheren Drücke, insbesondere bei Schnellläufern, in drei- bis vierstufigen mit Zwischenkühlung erzeugt und auch zum Anlassen und zum Ausblasen der Tanks, zum Auftauchen des U-Boots sowie zum Ausstoßen eines Torpedos genutzt. Die Druckluft zum Anlassen der Dieselmotoren hat 20–50 bar.

Heute wird zur Treibstoff-Einspritzung nur noch luftlos mit feiner Zerstäubung unter hohem Druck (400 bar und mehr)

Dieselmotor für kleine und schnelle Wasserfahrzeuge mit Aufladung und integriertem Getriebe der Deutz AG Köln und der ZF, Friedrichshafen (2003). Die Hauptabmessungen des TCD 2016 V16, also V-Motor mit 16 Zylindern, sind A: 2.830 mm, B: 1.335 mm, C: 1.400 mm. Die Leistung bei 2.300 min^{-1} ist 1.500 kW, Zylinderdurchmesser 132 mm, Hub 160 mm, Hubvolumen 35,04 l, Brennstoffverbrauch 216 g/kWh, bei Marschfahrt 196 g/kWh, Gewicht 3.700 kg, also 2,47 kg/kW.

gearbeitet. Man kann die direkte Einspritzung auf 1923 datieren, denn dann (1924) kamen die ersten Lastwagen mit Dieselantrieb. MAN-Lastwagen begannen mit einem 30-kW-Diesel und nur 272 g/kWh Verbrauch. In den 1920ern begann auch die Entwicklung für die Luftfahrt mit etwas über 2.000 PS (1.470 kW) und einem Leistungsgewicht von nur 0,68 kg/kW. Nach dem Zweiten Weltkrieg verschwand der Dieselmotor aus der Luftfahrt und die Kolbenmaschine wurde seit 1955 von der leichteren Gasturbine verdrängt.

In den 1930ern erreichten die großen doppelt wirkenden Viertakt-Dieselmaschinen, wie sie z.B. auf den großen Passagierdampfschiffen wie BRITANNIC oder SATURNIA eingebaut wurden, 735 kW je Zylinder.

Die Versorgung mit leichtem Öl war um 1900 noch nicht aufgebaut. Es gab reichlich Teeröl als Abfallprodukt der Kohleverarbeitung. Damit gab es Zündungsprobleme, deshalb wurde eine kleine Menge von Gasöl durch dieselbe Einspritzdüse voreingeblasen. Die meisten Dieselmaschinen zwischen 1905 bis 1914 arbeiteten so. In den 1920/1930ern wurde leichtes Dieselöl genommen, nach dem Zweiten Weltkrieg wurde Schweröl-Verbrennung auch auf Schiffen gefordert, denn der Bedarf an leichteren Ölen stieg erheblich und damit der Preis.

Die sinkende Qualität des für Schiffe verfügbaren und wirtschaftlich bezahlbaren Schweröls führte zu neuen Anforderungen und Änderungen der Maschinenkonstruktion seit den 1960ern, auf die hier im Detail nicht eingegangen werden kann.

Eine natürlich ansaugende Dieselmaschine erreicht einen mittleren Arbeitsdruck von 6 bar, ein Viertakter-Mittelschnellläufer mit Aufladung in den 1950ern 12–14 bar, 1980ern 18 bar, 1990ern 23 bar, 2003 26 bar, heute 28 bar, also eine Leistungssteigerung auf 460%. Mit einem zweistufigen Turbolader wird seit 1976 experimentiert, man erreicht über 30 bar mittleren Druck, allerdings mit nennenswert mehr Aufwand.

Durch Kühlen der komprimierten Aufladeluft wird die Füllung des Zylinders noch verbessert.

Zum Umsteuern der Verbrennungsmotoren gehört, wozu früher zwei Handräder zu bedienen waren:

- Stoppen des Motors durch Sperren der Brennstoffzufuhr,
- Verschieben der Nockenwelle,
- Anlassen mit Druckluft in der neuen Drehrichtung,
- Umschalten von Anlassen (Druckluft) auf Brennstoff-Betrieb.

Die Nockenwelle hat vier Vorwärts- und vier Rückwärtsnocken (Einlass-, Auslass-, Anlass-, Brennstoffventilnocken) beim Viertakt, beim Zweitakt bedürfen nur Brennstoff-, Anlass- und Spülventile einer Umsteuerung, was durch Verdrehen der Nockenwelle geschehen kann, allerdings hat das Anlassventil u.a. einen Vorwärts- und Rückwärtsnocken wegen genauer Einhaltung der Steuerzeitpunkte. Auf weitere technische Details und Varianten kann an dieser Stelle nicht eingegangen werden. In den letzten Jahren wird der mechanische Aufwand zunehmend reduziert und die Bedienung erleichtert, indem die Ventile elektronisch angesteuert werden.

In jedem Fall ist natürlich das Umsteuern ein Schock für die Zylinder, wenn kalte Anlassluft in die etwa 400° C heißen Zylinder strömt.

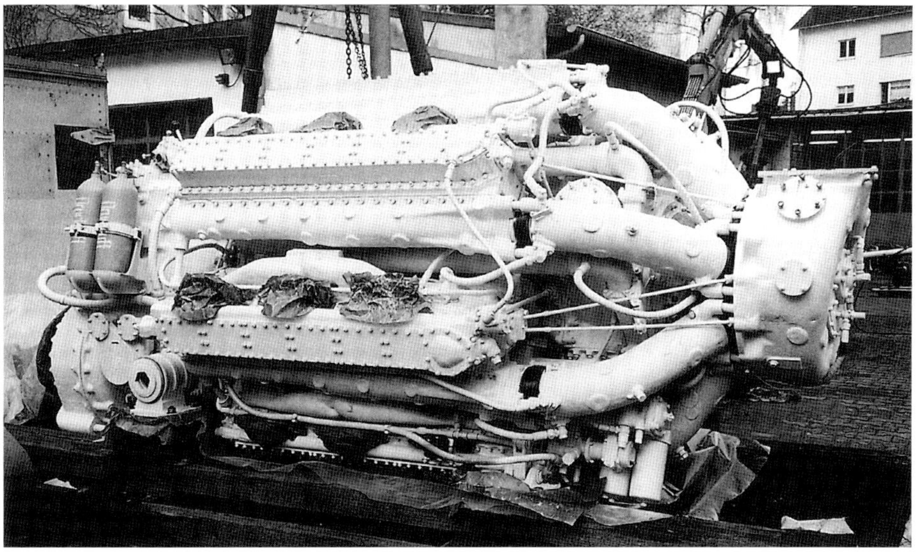

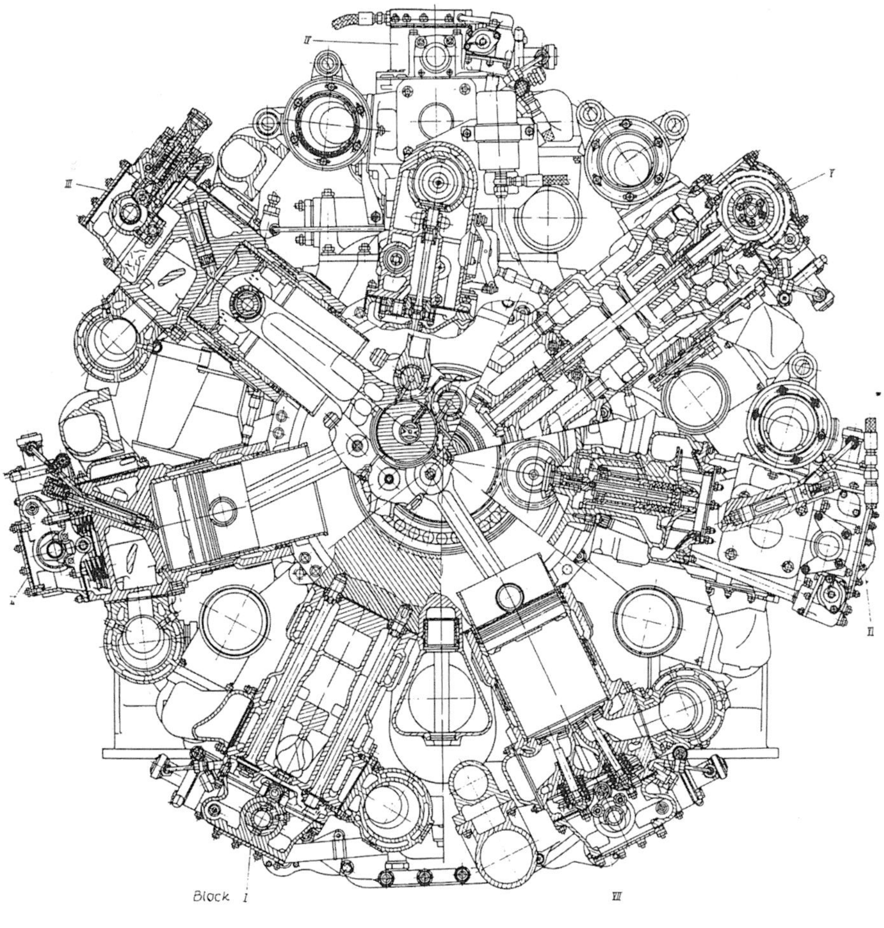

42-Zylinder-Stern-Reihen-Viertakt-Dieselmotor M 503 A 2 mit 4.000 PS für Schnellboot der DDR von Motorenwerk Stern, *Leningrad. Eingesetzt in schnellen kleineren Marineschiffen. Der Motor besteht aus Sechszylinder-Reihenmotoren, die in einem Stern mit jeweils 7 Zylindern angeordnet sind. Dauerleistung 3.300 PS bei 2.000 min^{-1}. Länge 2.700 mm, Leitungsgewicht 1,64 kg/PS. Problem: Zugänglichkeit. Wartungsintervalle etwa 1.000 h*

Der Tanker BOW CECIL (1998) wurde im November 2000 umgebaut. Er ist das erste Schiff mit einer elektronisch gesteuerten Zweitakt-Dieselmaschine, seit 2003 hat das Schwesterschiff BOW FIRDA keine Nockenwelle für die Einspritzung mehr bzw. kein mechanisches »backup system«, dafür sind alle wesentlichen Komponenten redundant. Damit kann das Einspritzen, die Einspritzmenge und die Betätigung der Auslassventile elektronisch gesteuert und beeinflusst werden. Damit wurde der Verbrauch weiter gesenkt, die Zahl der Teile wird reduziert sowie Zuverlässigkeit, Verfügbarkeit gesteigert, der Wartungsaufwand gesenkt. Fahren mit Luftüberschuss senkt die Temperatur des Abgases, falls für das Abgasventil notwendig.

Für aktuelle Containerschiffe bot die *MAN* erstmals den Motor *GV 52/55* mit einer Zylinderleistung von 1.000 PS an. Aus 18 Zylindern wurden 18.000 PS bei 450/100 min^{-1} Umdrehungen erzeugt. Wegen des schlanken Achterschiffes kamen erstmalig Planeten-Untersetzungsgetriebe zum Einsatz. Allerdings gab es Probleme, sodass die Motoren dann nur mit 14.000 PS betrieben wurden. Die Erfahrung kam aber *RENK* zugute beim Bau des ersten Großgetriebes für gegenläufige Propeller (CRP). Von einem langsam laufenden Dieselmotor mit 28.000 PS bei 123 min^{-1} werden zwei gegenläufige Propeller mit je 14.000 PS und 123 bzw. 118,8 min^{-1} angetrieben. Das Planetengetriebe (7 Planeten) hat 3,6 m Durchmesser.

Die Zweitakt-Langsamläufer wurden in ihrer Entwicklung durch die Verteuerung des Brennstoffes Öl gefördert, bis herunter zu Drehzahlen von 65 min^{-1}. Sie werden deshalb den etwas besseren und teureren Brennstoff benötigenden 4-Takt-Motoren immer häufiger vorgezogen.

Die 4-Takter können auch heute mit Schweröl betrieben werden, haben aber vor allem dann eine Chance, wenn niedrige Maschinenräume verlangt sind. Die Langsamläufer benötigen meist kein Getriebe, nur in Sonderfällen. Genannt sei z.B. Shuttletanker zu den Bohrinseln, bei denen der große Motor nicht tief genug ins Hinterschiff gesenkt werden kann oder die Propellerdrehzahl noch niedriger, z.B. 55 min^{-1}, sein muss.

Wende-Untersetzungsgetriebe im Leistungsbereich 500–3.500 kW bei Antrieb mit mittelschnell laufenden Dieselmotoren gestatten langsames Fahren mit 2–3 kn, wobei die Motoren mit ihrer niedrigst möglichen Drehzahl laufen, was von der Fa. *Reintjes*, Hameln, in den letzten Jahren mehrfach realisiert wurde.

Die Motoren haben dann auch häufig einen Abtrieb vorn für Generatorantrieb.

Wellengeneratoren wurden in den 1940ern als Gleichstromgeneratoren auf Fischereifahrzeugen angewendet, dann ab den 1970ern, gefördert durch die Ölkrise als Dreiphasen-Wechselspannungsgenerator. Er wurde durch Halbleiter-Leistungsgleichrichter uneingeschränkt anwendbar. Trotzdem vereinfachen Verstellpropeller durch ihre konstante Drehzahl seinen Einsatz und nur dann darf der Wellengenerator Hauptgeneratoranlage sein. Er hat entweder einen Antrieb direkt von der Propellerwelle oder das Untersetzungsgetriebe hat einen PTO (Power Take-Off). Wellen- und Dieselgeneratoren zur Stromerzeugung laufen nur kurzzeitig nebeneinander, bis einer allein übernimmt.

Die Energieversorgung auf Schiffen wird heute fast ausschließlich durch Synchrongeneratoren ausgeführt. Seit Anfang der 1970er bürstenlos, die Gleichstromzuführung z.B. für die Erregermaschine erfolgt induktiv als Wechselspannung, die durch mittellaufende Gleichrichter zu Gleichstrom gewandelt wird.

Die Anforderungen ändern ihren Schwerpunkt, bleiben aber alle immer erhalten. So in den 1970ern: Verbrauchssenkung, 1980ern: Zuverlässigkeit, Wartung, 1990ern: Umgebungsbeeinflussung.

Großdiesel haben so viel Abwärme, dass davon ein Dampf-Turbo-Generator für den normalen Stromverbrauch auf See angetrieben werden kann, als Alternative zum Wellengenerator.

Die Abwärme ist aber nicht allein ausreichend, das Schiff zu heizen, sodass fast alle Schiffe eine besondere Ölheizung haben für Räume und auch für Brennstoff-Erwärmung. Tanker haben große Ölheizungen, auch um die Ladung pumpfähig zu halten, auch diese Pumpen sind dann dampfgetrieben. Anstatt Wasser wird auch Thermoöl als Heizmedium verwendet.

Die Abwärme im Kühlwasser kann auch genutzt werden, um bei reduziertem Druck Seewasser zum Verdampfen zu bringen, sodass nach Kondensation des Dampfs Frischwasser erzeugt ist. Dazu gibt es noch eine andere Möglichkeit: die Membranfilterung, die Salzmoleküle micht passieren lässt (umgekehrte Osmose).

Bei den Umweltauflagen steht NO_x-, CO_2- und SO_2-Senkung im Vordergrund, dazu weniger Rauch (unsichtbar) und weniger Partikel, was allerdings noch nicht quantifiziert ist.

Einzelne Staaten erlassen Grenzwerte für Schiffe in ihren Gewässern und Verbote, z.B. Alaska/USA, oder erheben Gebühren. Die NO_x-Werte sollen im Straßenverkehr bis 2006 (EURO 5) auf 2 g/kWh sinken, für Schiffe liegen sie gegenwärtig bei 11–14 g/kWh und werden wohl auch auf 2 reduziert. Bekannt ist das Dieseldilemma. Wenn man Verbrauch und Partikelausstoß senkt, steigt der NO_x-Gehalt.

NO_x entsteht durch Reaktionen bei hohen Temperaturen. Eine Möglichkeit, die Temperaturen zu egalisieren, ist Wassereinspritzung und damit NO_x-Absenkung. Eine Daumenregel sagt: Prozentsatz Wasserzusatz gleich NO_x-Absenkung in Prozent. Selbst mit 30% Wasseranteil in einer Emulsion (FWE) ist kein negativer Effekt auf den Treibstoffverbrauch gegeben. Erfahrungen mit Wasserzusatz gibt es schon seit 1984 in Land-Kraftstationen. Anstatt in einer aufbereiteten Emulsion kann das Wasser auch direkt in den Zylindern eingespritzt werden (DWI). 50 % scheint die praktische Grenze zu sein. Es ist Aufwand erforderlich, um Wasser mit 3,5 bar zuzuführen und dann mit 200–400 bar einzuspritzen. Aber es ist noch wenig Erfahrung vorhanden.

Eine andere Möglichkeit ist die Abgasnachbehandlung in einem Katalysator (SCR) mit Ammoniak oder Urea. Der NOx-Ausstoß von Schiffen ist 21,88 Mio. t je Jahr, er ist damit weit höher als andere Verkehrsmittel, aber es sind nur 0,44 g NO_x/ tkm; Lastwagen sind 4,3 x, Flugzeuge 19 x schlechter je tkm.

Die EU fördert mit € 1,08 Mio. ein Projekt, das € 1,84 Mio. Gesamtkosten hat mit dem Ziel, die NO-Emission zu reduzieren und die Rußpartikel durch die Zuführung von Hochdruckdampf in die Brennkammer (Zylinder) zu verringern. Außerdem wird dadurch eine Wirkungsgradsteigerung erwartet. Der wissenschaftliche Koordinator ist das norwegische Institut für Marineforschung (*Marintek*).

Der Schwefelanteil ist kein Motor-, sondern ein Brennstoffproblem und bedarf aufwendiger Nachbehandlung. Deswegen sind z.Zt. Gasturbinen umweltfreundlicher, denn sie verbrennen reineren, aber auch teureren Brennstoff.

Gegenwärtig ist der Schwefelgehalt in Schweröl 2,5–3% und soll ab 2005 nur noch 1,5% betragen dürfen, was gegen-

2002 feierte die POLARSTERN *ihr 20-jähriges Dienstjubiläum. In dieser Zeit hat das zurzeit leistungsfähigste Polarforschungsschiff der Welt in über 30 Expeditionen in Arktis und Antarktis rund eine Million Seemeilen zurückgelegt. Seit dem Stapellauf an Bord: vier* Deutz-*Motoren der Baureihe RBV8M mit jeweils 3.530 kW (4.800 PS) bei 650 min*$^{-1}$. *Damit erreicht die* POLARSTERN *eine Höchstgeschwindigkeit von 16 Knoten und kann bei fünf Knoten Fahrt immer noch 1,5 m dickes Eis brechen. Die Motoren sind elastisch auf Federpaketen gelagert, sodass Erschütterungen und Körperschall nur sehr geringfügig weitergeleitet werden; ein Muss bei der Vielzahl von empfindlichen Mess- und Analyseinstrumenten an Bord. Zu ihrem Jubiläum wurde die* POLARSTERN *von Grund auf überholt und mit modernster Schiffstechnik ausgerüstet. Bei den Antriebsaggregaten sahen die Betreiber keinen Grund, die bewährten* Deutz-*Motoren auszutauschen.*
Die Baureihe R/S/BV/6/8/12/16M540 allgemein:
Markteinführung: 1968
Hub: 400 mm
Bohrung: 370 mm
Einsatzspektrum: Schiffsantriebe und stationäre Anlagen
RBV8M 540.
Gesamt-Hubvolumen: 344 Liter
Drehzahl: 650 min^{-1}
Leistung: 3.530 kW
Gewicht: 4.1000 kg
Leistungsgewicht: 11,6 kg/kW
Kraftstoffverbrauch: 197 g/kWh

wärtig über 20% teurer wäre. Im Hafen will die EU nur Gasöl mit maximal 0,2% Schwefel zulassen. Gasöl ist mehr als 5% teurer als Schweröl. Anreiz zum Einsatz wird auch durch ermäßigte Hafengebühren gegeben.

P&O hat in 2003 ihre Fähre PRIDE OF KENT mit einem *EcoSilencer* in der Bremerhavener *Lloyd*-Werft ausrüsten lassen. Der Ausstoß an Schwefeloxiden (SO_x) soll um 95% gesenkt werden. Das Abgas wird durch Seewasser gepumpt, das das Schwefeloxid als Sulfat bindet, und ins Meer zurückgeführt wird. Da es dabei auch Rußpartikel aufnimmt, wird es vor der Entsorgung gefiltert. Man schätzt, dass pro Jahr 1,1 Mio. t SO_x über Nord- und Ostsee ausgestoßen werden, sodass bald die EU-Kommission entsprechende Auflagen erlassen wird.

Steigende Forderungen nach Laufruhe, bester Kraftstoffausnutzung und sinkenden Emissionen treiben die weitere Entwicklung des Dieselmotors voran. Der Druck zum Einspritzen des Treibstoffes wird in der Regel durch Stempelpumpen (Fa. *Bosch*) aufgebaut. Die *Fiat*-Tochter *Elasis* entwickelte *Common Rail* (gemeinsame Leitung), bei dem alle Einspritzventile eines Motors von einem Druckspeicher versorgt werden. Anfang der 90er Jahre betrug der Druck 1.350 bar – im Gegensatz bei Gangrohreinspritzung eines Ottomotors nur 3 bar. Der Druck wird gegenwärtig auf 1.500 bis bald 1.800 bar gesteigert. Je höher der Druck, desto besser die Zerstäubung und Verbrennung. Die Steuerung der Einspritzventile erfolgt entweder magnetisch oder von Piezoaktuatoren, die viermal schneller schalten. Die Piezokristalle werden in Form 0,1 mm dicker Folie zu Stapeln z.B. von 300 Folien geschichtet, um nötigen Hub und Kraft zu erzeugen. Magnetventile erreichen nur ein Zehntel der Öffnungskraft.

Eine weitgehende Mechanisierung, Automatisierung und Rationalisierung des Schiffbetriebs begann Anfang der 1960er Jahre. So waren z.B. auf dem Kühlmotorschiff POLARLICHT der *Hamburg-Süd*, das am 22. September 1964 abgeliefert wurde, die Hauptantriebsanlage von der Brücke aus ferngesteuert, die Hilfsmaschinen sind so weit wie möglich teilautomatisiert. Ein zentraler Leitstand mit Datenerfassungsanlage registriert die maschinentechnischen Messwerte, auf der Brücke ersetzt ein Kommandodrucker das Logbuch etc. Das wirkt sich natürlich auf die Besatzungsstärke aus, die 27 Mann ist. Das 1959 gebaute Kühlmotorschiff ALSTERBLICK brauchte noch 39 Mann.

Fast nur ein Komfortproblem ist der Kolbenmotor als Schwingungserreger. Man muss darauf achten, dass keine Resonanzen auftreten, die bei Schiffsstrukturen in der Größenordnung von 30 Hz liegen. Ein Langsamläufer hat etwa 6 Hz, liegt also weit davon entfernt.

9. Die Gasturbine

9.1 Historische Entwicklung

Soll die Entwicklung einer speziellen Maschine oder Anlage betrachtet werden, dann ist diese immer in den Rahmen der allgemeinen technischen Entwicklung und des technischen Standes zur entsprechenden Zeit einzuordnen. Voraussetzung zur Entwicklung der Gasturbinenanlage (GTA) waren fortgeschrittene thermodynamische und strömungstechnische Kenntnisse und vielseitige Erfahrungen in der Werkstoffherstellung und in Fertigungstechnologien. Eine Reihe anderer Energieumwandlungsanlagen mussten in ihrem Entwicklungsprozess vorangehen, ehe eine betriebsfähige Gasturbinenanlage eine nutzbare Leistung abgeben konnte.

Erinnern wir uns: Der Schotte *James Watt* gab 1769 in seinem Patent und 1776 der gefertigten einfach wirkenden Kolbendampfmaschine den prinzipiellen Aufbau, den sie bis heute beibehalten hat: Dampfkessel, Arbeitszylinder, Kondensator. Er ersetzte in dem Konstruktionsvorschlag des Franzosen *Papin* (Modell 1690) und in den in größerer Stückzahl gebauten und vorwiegend in Bergbaubetrieben zur Wasserhebung wirksamen Maschinen des Engländers *Newcomen* (1712) die Wassereinspritzung in den Zylinder ihrer atmosphärischen Dampfmaschine zur Erzeugung eines Vakuums durch einen getrennten Kondensator. Während außerdem der Dampf bisher nur zur Gewinnung des Vakuums diente und die wirksame Kraft auf den Kolben durch den äußeren Luftdruck aufgebracht wurde, füllte *Watt* die Zylinder auch gesteuert mit Dampf höheren Druckes. Diese Wärmekraftmaschine trat ihren Siegeszug an, war beweglich und schnell betriebsbereit, ersetzte Wind- und Wassermühlen und führte im 19. Jhdt. zur industriellen Revolution auf allen Gebieten. Auch der Schiffbau und dessen Antriebe wandelten sich im 19. Jhdt. rasch und tiefgreifend durch das neue hochwertige Schiffbaumaterial Eisen/Stahl, den Dampfmaschinenantrieb anstelle der Segel und den Einsatz der Schiffsschraube anstelle der Schaufelräder.

Um die Kolbenmaschine weiterzuentwickeln, bemühte man sich, die Zufuhr des Arbeitsmittels Dampf durch die innere Verbrennung direkt im Zylinder zu ersetzen. *Lenoir* baute 1860 den ersten Zweitakt-Gasmotor, ähnlich der Dampfmaschine, den er mit Leuchtgas betrieb. Der Kaufmann *Otto* verbesserte 1867 den atmosphärischen Gasmotor und führte 1876 die Ladungsverdichtung im Viertaktverfahren ein. Der Ingenieur *Rudolf Diesel* leitete daraus das Ziel ab, eine Wärmekraftmaschine zu konstruieren, die die Energie des Kraftstoffs besser umwandelt als Dampfmaschine oder Explosionsmotor. Auf sein Patent 1892 lief 1894 der erste Motor im Leerlauf und 1897 der betriebsreife, hochverdichtende, selbstzündende Motor, der bereits 26,2 % Wirkungsgrad bei 13,1 kW Leistung erreichte. Diese Erfindungen boten die Voraussetzungen zum Bau wesentlich kleinerer und leichterer Kraftmaschinen, die durch höhere Gastemperaturen im Arbeitszylinder die im Brennstoff enthaltene Wärmeenergie besser ausnutzten. Neue technische Entwicklungen wie Kraftfahrzeug und Motorflugzeug wurden dadurch möglich. Der Schiffbau profitierte von immer leistungsstärkeren Antriebsanlagen.

Der Schwede *Carl Gustav Patrik de Laval* und der Engländer *Charles Algernon Parsons* suchten nach Maschinen, die den Dampf besser ausnutzten als die Dampfmaschine. Im weiteren Streben nach einem guten Massenausgleich der bewegten Teile kamen sie von der Kolbendampfmaschine zur Dampfturbine, in der gleichförmig rotierende Massen die oszillierenden Massen der Kolbenmaschine ersetzten. Voraussetzung waren thermodynamische Kenntnisse über die Eigenschaften und das Arbeitsvermögen des strömenden Dampfes im Nassdampfgebiet, im gesättigten und überhitzten Zustand. Gleichzeitig setzte die rotierende Bewegung der Scheiben und Wellen mit hohen Drehzahlen eine genauere Fertigung voraus. Die erste betriebsfähige Dampfturbine wurde 1883 von *de Laval* als einstufige Gleichdruckturbine mit erweiterter Düse, die den Dampf auf Überschallströmung entspannte, gebaut. *Parsons* baute 1884 die erste vielstufige Überdruckturbine, in der sowohl in den Leitschaufeln als auch in den Laufschaufeln einer Stufe gleichermaßen der Dampf entspannt wurde (Gleichdruck oder Überdruck bezeichnet den Druck vor und hinter den Laufschaufeln). Anlagen mit hoher Leistungskonzentration wurden dadurch auch als Schiffsantriebe möglich.

Der Traum vieler Erfinder und Ingenieure, die Vorteile der inneren Verbrennung mit denen der gleichförmig rotierenden

Massen zu verbinden, führte zur Beschäftigung mit der Verbrennungsturbine oder Gasturbine. Sie hat zu vielen Patenten angeregt. Das erste Patent wurde 1791 an den Engländer *John Barber* vergeben. In seiner Gasmaschine sollte in einem Gaserzeuger aus Kohle, Holz, Öl oder anderen brennbaren Stoffen durch äußere Erhitzung Gas erzeugt werden. Ein Kolbenkompressor verdichtet das Gas, ein weiterer Kompressor verdichtet Luft, die beide in die Brennkammer geleitet werden. Das Gemisch tritt nach der Zündung kontinuierlich aus einer wassergekühlten Düse aus und gelangt danach zu einem Turbinenrad. Die Kompressoren werden über ein Untersetzungsgetriebe von der Turbine angetrieben.

Die erste Gleichdruck-GTA wurde wohl von *Franz Stolze* in Berlin gebaut (1873 erste Konzeption, Patent abgelehnt, 1897 Patent erteilt). 1900 und 1904 wurden Versuche daran durchgeführt. Sie enthielt alle Elemente einer modernen Anlage, d.h. 10-stufiger Axialverdichter, Brennkammer, 15-stufige Axialturbine, Wärmeübertrager.

Armengaud und *Lemale* betrieben 1905/1906 in Paris in der *Société Anonyme des Turbomoteurs* eine Anlage, deren Turbomaschinen sich gerade im Gleichgewicht hielten. Die Verdichtung mit zweifacher Rückkühlung erfolgte durch 25 in drei Gehäusen hintereinander geschaltete Radialräder der Firma *BBC*.

Den frühen Anfängen war jedoch kein Erfolg beschieden, da es an grundlegenden aerodynamischen Kenntnissen bei der Ausführung der Schaufelformen in Verdichtern und Turbinen und an warmfesten Werkstoffen mangelte. Die Nutzleistung ist bei der GTA immer die Differenz zwischen der abgegebenen Turbinenleistung und der aufgenommenen Verdichterleistung zur Verdichtung der benötigten Verbrennungs- und Mischluft. Deshalb kommt den Wirkungsgraden der Turbomaschinen und der Gastemperatur vor der Turbine eine entscheidende Bedeutung für die Wirtschaftlichkeit der Anlage zu. Sehr nachteilig ist dabei, dass große Luftmengen angesaugt und verdichtet werden müssen, um die Verbrennungsgase von über 2.000° C bei Verbrennung von Öl auf die zulässigen Werkstofftemperaturen der Turbinen- und Brennkammerbauteile zu mischen und abzukühlen.

Um diese Schwierigkeiten zu umgehen, wandte sich *Holzwarth* 1906 der Gleichraum- oder Verpuffungsturbine zu. In einem geschlossenen, mit verdichteter Luft gefülltem Raum wurde der Brennstoff eingespritzt und gezündet, wobei der Druck auf ein Mehrfaches anstieg. Zur Verbrennung wurde nur ein geringer Luftüberschuss gewählt, da die heißgasführenden Bauteile mit Wasser gekühlt wurden. Die Nachteile und technischen Probleme durch gesteuerte Ventile, Verdampfen des Kühlwassers, Antrieb des Kompressors durch eine Dampfturbine, Kondensationsbetrieb mit Kühlwasser waren jedoch bedeutend, sodass sich dieser Anlagentyp nach mehreren Versuchsmustern nicht durchgesetzt hat. Mit der weiteren Entwicklung der Strömungsmaschinen schritt das Entwicklungskonzept für Gleichdruck-Verfahren voran.

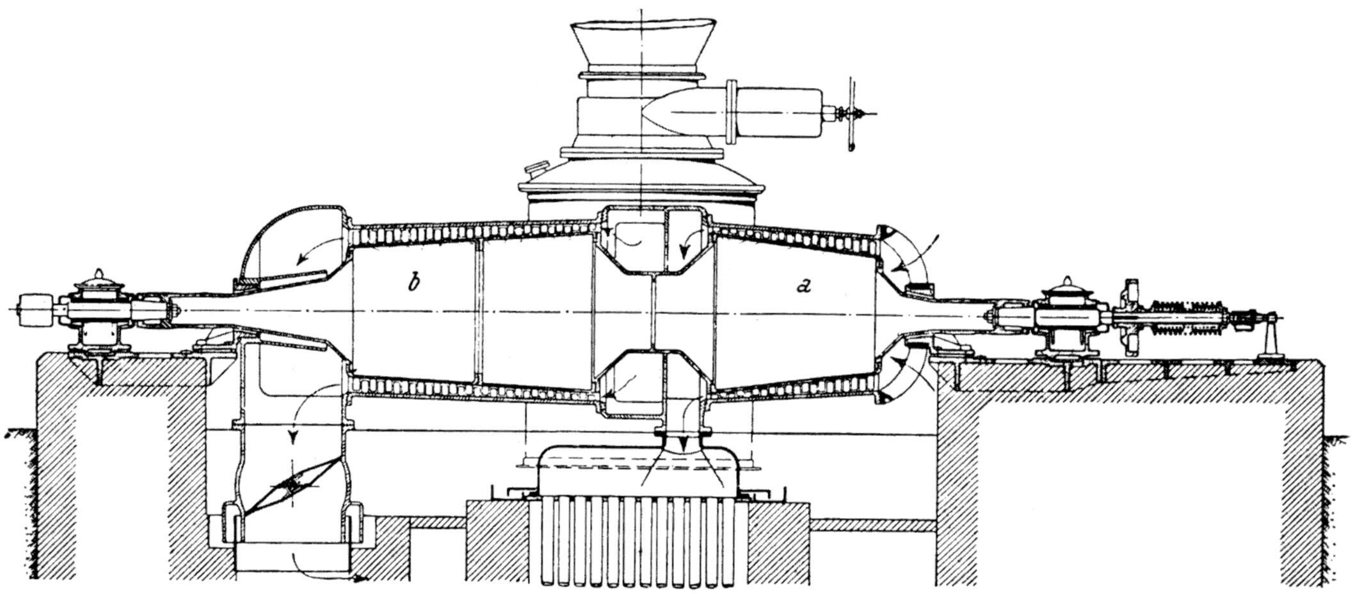

Versuchs-Gasturbinenanlage von Stolze:
a) Axialverdichter, b) Axialturbine, c) Wärmeübertrager
vorgesehene Turbineneintrittstemperatur 400° C, Druckverhältnis 2,5

Während die Entwicklung von Industrie-GTA ziemlich zeitgleich mit der Entwicklung von Turbo-Luftstrahltriebwerken voranschritt, darf jedoch ein umfassender Blick auf die Entwicklung der Strahltriebwerke nicht vernachlässigt werden, da sich GTA als Schiffsantriebe wesentlich von den Flugtriebwerken ableiten bzw. von ihnen beeinflusst wurden.

Hans-Joachim Pabst von Ohain, ein junger Physiker in Göttingen, stellte 1933 fest: *»Mein Interesse an einem Strahlantrieb wurde durch den großen Lärm und die Vibrationen des propellertreibenden Kolbenmotors ausgelöst, der die Eleganz des Fliegens zerstörte. Es schien mir, dass ein stetiger thermodynamischer Strömungsprozess nötig wäre, der keine Schwingungen produziert und wahrscheinlich in einer Maschine resultiert, die leichter als der Kolbenmotor ist. Das könnte bei Flugzeugen für hohe Geschwindigkeiten bedeutend sein.«* Aus vorbereitenden Studien erkannte von *Ohain* 1934: *»Für einen solchen Prozess scheinen viele Möglichkeiten zu existieren. Ich entschied mich schließlich für einen Gasturbinenprozess mit Radialverdichter und Radialturbine, Rücken an Rücken. Dies versprach eine gute Übereinstimmung der Außendurchmesser beider Komponenten.«* Er war sich über die Möglichkeiten zur Herstellung axialer Verdichter und Turbinen bewusst, verwarf sie aber als zu komplex und zu teuer für beginnende Untersuchungen. Während des Jahres 1934 führte er ansatzweise Berechnungen und Gewichtsstudien durch und meldete 1935 die Konstruktion zum Patent an (Patent Nr. 317/38). Die Kalkulation sah ein Druckverhältnis von 3 und Gastemperaturen von 640–750° C vor. 1935 konstruierte er ein Arbeitsmodell und fand in dem Mechaniker *Max Hahn* starke Unterstützung. Anfang 1936 zeigte von *Ohain* seine Theorien und Berechnungen dem Göttinger Professor *Robert W. Pohl*, der ihm die Benutzung seiner Laboratoriumsgeräte gestattete. Bei der Verbrennung stieß von *Ohain* auf ernste Hindernisse *(»lange gelbe Flammen schlugen aus der Turbine und der Apparat ähnelte mehr einem Flammenwerfer als einer Turbine«)*. Professor *Pohl* vermittelte eine Unterredung des Erfinders von *Ohain* mit dem Flugzeugkonstrukteur und Unternehmer *Ernst Heinkel*, der selbst ein Verfechter schneller Flugzeuge war. Von *Ohain* fand offene Ohren bei *Heinkel*; bereits im April 1936 begann er in Rostock-Marienehe die Arbeiten an der Flugzeuggasturbine. *Heinkel* übernahm die Entwicklungskosten, gab jedoch auch den Zeitplan der Entwicklung und die technischen Ziele vor. Um die Schwierigkeiten und Rückschläge einer nicht funktionierenden Brennkammer zu entgehen und um das gesamte Programm nicht zu gefährden, baute von *Ohain* ein einfaches Demonstrationsmodell zur Demonstration des Prinzips. Die Verbrennung von gasförmigem Wasserstoff mit einem breiten, stabilen Brennstoff-Luft-Verhältnis und hoher Flammengeschwindigkeit in der Brennkammer barg das geringste Risiko. Das Modell HeS2 wurde im April 1937 erfolgreich erprobt, gleichzeitig wurde ein systematisches Entwicklungsprogramm für die Brennkammer gestartet. Der Physiker von *Ohain* wurde durch den Ingenieur *Wilhelm Gundermann* sehr unterstützt, der die konstruktiven und praktischen Seiten der Entwicklung verfolgte und auch die Anordnung des Triebwerks im Flugzeug festlegte. Neben der Brennkammerentwicklung, die 18 Monate dauerte, wurde an einem Verdichter mit höherem Massenstrom und besserem Wirkungsgrad gearbeitet. Eine axiale Verdichterstufe wurde dem Radialrad vorgeschaltet und erbrachte eine Vorverdichtung und einen Vordrall, wodurch die Eintrittsgeschwindigkeit und die Krümmung der Rotoreintrittskante vermindert wurden. Im Jahre 1938 wurde eine Maschine HeS3A neu ausgelegt und mit ihr auch Flugtests in einem Trägerflugzeug durchgeführt, bis die Turbine verbrannte. Die verbesserte HeS3B absolvierte erfolgreiche Testläufe im März 1939. Der Erstflug des Flugzeugs He 178 mit dem weltweit ersten flugfähigen Turbo-Luftstrahltriebwerk erfolgte am 27.8.1939.

Im Sommer 1938 schlug von *Ohain* die Entwicklung vielstufiger Axialverdichter für zukünftige Strahlantriebe als Resultat von Konsultationen in der Aerodynamischen Versuchsan-

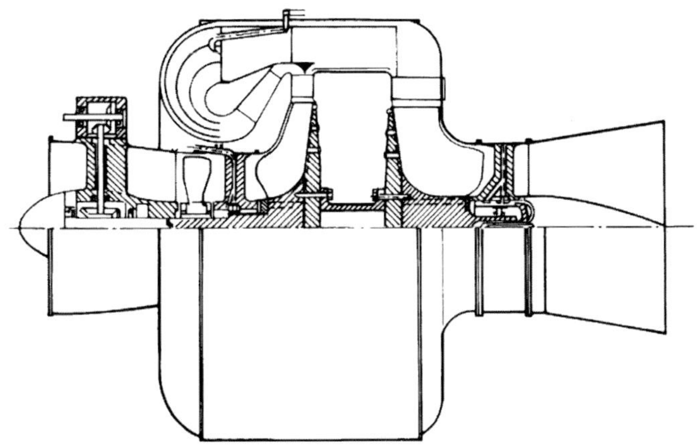

Das erste Turbo-Luftstrahltriebwerk HeS3B. Mit 450 kp Schub (später auf 500 kp, 4,9 kN Schub gesteigert) erreichte das Flugzeug eine maximale Geschwindigkeit von 600 km/h. Wir erkennen links den Lufteintritt, den Radialverdichter mit einer axialen Vorsatzstufe, die über den Turbomaschinen liegende Brennkammer und rechts die Radialturbine mit dem Gasaustritt.

stalt (AVA) Göttingen vor. 1940 wurden die HeS8 (mit Radialverdichter) und die HeS30 (axial, auf Basis der Projekte, die die von *Junkers* zu *Heinkel* gewechselte Gruppe um *Max Adolf Müller* und *Rudolf Friedrich* einbrachte und bearbeitete) entwickelt. Die HeS8 wurde am 30.3.1941 erstmals in dem Flugzeug He 280 geflogen. Schwierigkeiten in der Verbrennung, beim Materialeinsatz und ungleiche Temperaturverteilung führten jedoch zu keiner Serienreife. Die HeS30 erreichte nicht ihre Projektwerte infolge ungenügender Abstimmung des Verdichters (5-stufig) und der Turbine (einstufig). Die Flugvorbereitungen wurden durch zentrale Weisungen des deutschen Reichsluftfahrtministeriums abgebrochen, weil die von *Junkers* und *BMW* gebauten Triebwerke mit Axialmaschinen einen höheren Entwicklungsstand aufwiesen und ihre Serienproduktion absehbar war.

Zwischenzeitlich wurde in Deutschland ein zweiter Entwicklungsweg beschritten, der sich von der beschriebenen Entwicklung beträchtlich unterschied. Er gründete sich nicht auf Radialmaschinen, sondern von Anfang an auf axiale Turbomaschinen. Im Mai 1935 kam Professor *Wagner*, bisher Lehrstuhlinhaber für Luftfahrtwissenschaften an der TH Berlin-Charlottenburg (vorher Danzig), zur Firma *Junkers* und brachte seine bisherigen Ideen und ersten Untersuchungen zum Entwurf eines Triebwerkes ein. Aus Überlegungen zu transkontinentalen Langstrecken-Höhenflugzeugen schlussfolgerte er, dass der Kolbenmotor dafür nicht geeignet wäre. 1936 bildete er bei Junkers eine kleine Forschungsgruppe mit seinem früheren Assistenten *Max Adolf Müller*, mit *Wilhelm Peppler* und *Rudolf Friedrich* (Axialverdichter) in einem Zweigbetrieb in Magdeburg. In Voruntersuchungen wurden Brennkammern sowie einstufige und dreistufige Axialverdichter mit verschiedenen Schaufelprofilen gebaut und untersucht. 1938 wurde ein Triebwerk mit einem 14-stufigen Axialverdichter, einer Ringbrennkammer und einer zweistufigen Turbine gebaut und Anfang 1939 erprobt. Brennkammer und Verdichter bereiteten Probleme. Umstrukturierungen bei *Junkers* führten dazu, dass die Gruppe *Müller* im Juni 1939 zur Firma *Heinkel* wechselte und auch *Wagner* die Firma *Junkers* ver-

Triebwerk Jumo B 004 mit axialen Turbomaschinen.

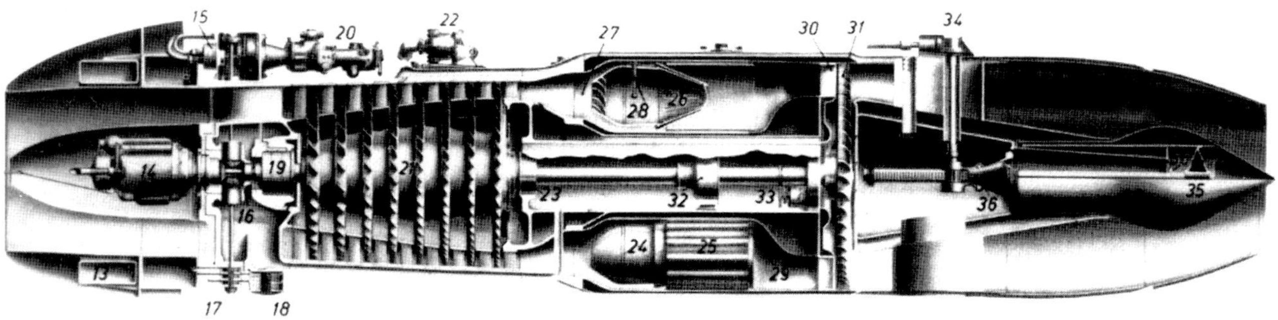

1 Stirnring
2 Schmierstoffbehälter
3 Stirngehäuse
4 Geräteträger
5 Verdichtergehäuse
6 Ölmotor
7 Zündgeräte
8 Bediengestängehebel
9 Tragmantel
10 Aufhängung
11 Düsennadelverstellwelle
12 Schubdüse
13 Kraftstoffringbehälter
14 Riedelanlasser
15 Einspritzpumpe
16 Abzweiggetriebe
17 Schmierstoffpumpen
18 Schmierstofffilter
19 Vorderer Verdichterlager
20 Drehzahlregler
21 Verdichterläufer
22 Kraftstofffilter
23 Hinterer Verdichterlager
24 Muffel
25 Brennkammereinsatz
26 Schlitzmischer
27 Brennkammer
28 Einspritzdüse
29 Sammler
30 Leitkranz
31 Turbinenläufer
32 Vorderes Turbinenlager
33 Hinterer Turbinenlager mit Schmierstoffrückförderpumpen
34 Düsennadelverstellgetriebe
35 Düsennadel
36 Düsennadellagerung

ließ. *Anselm Franz* übernahm die Entwicklungsabteilung, setzte jedoch die begonnenen Projekte nicht fort. Er begann einen neuen Entwicklungsauftrag mit völlig neuen Mitarbeitern. Ausgewählt wurde ein 8-stufiger Verdichter, dessen Beschauflung *Walter Encke*, Leiter des Instituts für Strömungsforschung in der AVA Göttingen, entworfen hatte. Er hatte bereits eine Reihe von aerodynamisch gut ausgebildeten Axialverdichtern entworfen und im Versuch Wirkungsgrade von ca. 80% erreicht. Seine Beschauflungen waren mit Reaktionsgraden von 80% versehen, d.h. 80% des Druckaufbaus erfolgten im Laufrad, 20% im Leitrad. *Rudolf Friedrich* führte seine Beschauflungen mit 50% Reaktionsgrad aus, d.h. Leitrad und Laufrad hatten gleichen Anteil am Druckaufbau. Weitere Bestandteile des Projekts waren 6 einzelne ringförmige Brennkammern und eine einstufige Axialturbine, dessen Beschauflung von Professor *Kraft* in der *AEG* Berlin entworfen wurde. Der Prototyp machte im Oktober 1940 seinen ersten Versuchslauf. Schwingungen der Leitschaufeln des Verdichters verzögerten die weiteren Schritte um ca. 6 Monate. Im März 1942 erfolgte der erste Flug des Versuchstriebwerks T 1 (Jumo 004) in einem Erprobungsträger (mit Kolbenmotor). Das Triebwerk Jumo A 004 wurde am 18.7.1942 das erste Mal selbstständig in einer Me 262 (bereits mit gepfeilten Tragflächen) geflogen. In der Version des Jumo B 004 wurde es das erfolgreichste frühe Triebwerk, das bis 1945 in 6.010 Stück gebaut wurde (Schub 910 kp, 8,9 kN), Druckverhältnis 3,1; Massendurchsatz 21,2 kg/s.

An dieser Stelle sollte erwähnt werden, dass auch bei *BMW* das Triebwerk 003 entwickelt und mit ca. 450 Stück gefertigt wurde. Es bestand aus einem 7-stufigen Verdichter (Beschauflung *Encke*, AVA, Druckverhältnis 3,1; Massenstrom 19 kg/s), einer Ringbrennkammer und einer einstufigen Turbine mit gekühlten Hohlschaufeln, Bei der Turbine griff man auf die eigenen Erfahrungen mit Abgasturboladern zurück. Prüfstandsläufe wurden 1941 durchgeführt, aber Flüge erfolgten erst am 6.9.1944 mit einer Arado Ar 234-B, Schub 800 kp (7,8 kN), kurzzeitig auch 9 kN.

In England erhielt Air Commodore *Frank Whittle* 1930 ein erstes Patent über eine Gasturbine für Düsenantrieb von Flugzeugen (britisches Patent Nr. 347206). Er sah zwei axiale Vorsatzstufen, Radialverdichter und eine zweistufige Axialturbine vor, fand jedoch weder in der Industrie noch im britischen Luftfahrtministerium Unterstützung. 1935 interessierten sich zwei ehemalige Angehörige der *Royal Air Force* (RAF) für die Ideen von *Whittle*, und man gründete im Januar 1936 gemeinsam die Firma *Power Jets Ltd.*, um die Maschine zu bauen. Sie fanden durch eine Investmentbank finanzielle Unterstützung, überzeugten schließlich die Firma *British Thomson Houston* (BTH) zur Mitarbeit an der Konstruktion und zur Fertigung von Teilen und gewannen weitere Firmen zur Fertigung des Verbrennungssystems, der Lager und Wellen. *Whittle* konzipierte einen doppelseitigen Radialverdichter, eine Einzelbrennkammer und eine einstufige Axialturbine. Im April 1937 konnte ein erster Testlauf durchgeführt werden, bei dem sich vor allem große Verbrennungsprobleme zeigten. Zusätzlich kam *Power Jets* durch die schwankende Haltung des britischen Luftfahrtministeriums in eine finanzielle Krise, und Auseinandersetzungen mit der Firma *BTH* schwächten die Position von Power Jets. Mit dem Hintergrund fehlender finanzieller Mittel, begrenzter Einrichtungen und nur einer Versuchsanlage, ohne Ausweichmöglichkeiten auf weitere Prototypanlagen, wurden die Untersuchungen verschoben und Verbrennungsuntersuchungen durchgeführt. Auch Verbesserungen in der Turbine durch radiale Anpassung der Schaufeln an die Strömungswinkel und deren Verwindung sah ein Vorschlag von *Whittle* vor. Die nächsten Untersuchungen an der Anlage 1938 zerstörten die Turbine, weil die Leitschaufeln auf dem rotierenden Rad schliffen und sich überhitzten. Es wurde ein zweiter Aufbau entschieden, dessen Entwicklungskosten das Ministerium übernahm. Die Brennkammer wurde in zehn kleine Kammern aufgeteilt.

Die im Juni 1939 durchgeführten Testläufe waren trotz schlechter Temperaturverteilung in der Brennkammer erfolgreich. Im weiteren Verlauf wurde der Flugzeughersteller *Gloster* vom Ministerium bestellt, das Erprobungsflugzeug zu fertigen. Am 15.5.1941 erfolgte der Erstflug des *Whittle*-Triebwerks mit der *Gloster* E. 28/39 mit einem Schub von 3,8 kN. Nacheinander wurden die Firma *Rover* und nach erneuten Auseinandersetzungen die Firma *Rolls-Royce* in die weitere Entwicklung und Fertigung der Folgetriebwerke eingeschaltet. Die *Whittle*-Firma *Power Jets* wurde 1944 verstaatlicht. *Rolls-Royce* produzierte nach den Typen *Welland* und *Derwent* 1944 das Triebwerk *Nene*, eine Variante des *Whittle* W.2B.

In den USA erfolgte am 2.10.1942 der Erstflug auf einer Bell XP-59A mit nachgebauten *Whittle*-Triebwerken. Im August 1944 standen eigene Triebwerke von *General Electric* bereit. Weitere englische (*De Havilland, Metropolitan Vickers, Armstrong Siddeley, Bristol*), amerikanische (*Westinghouse*) und französische Firmen (*Rateau, Socema*) folgten mit eigenen Entwicklungen bald darauf.

Ausführlich wurden an dieser Stelle die drei Richtungen der Entwicklung von Luftstrahltriebwerken beschrieben, weil sie

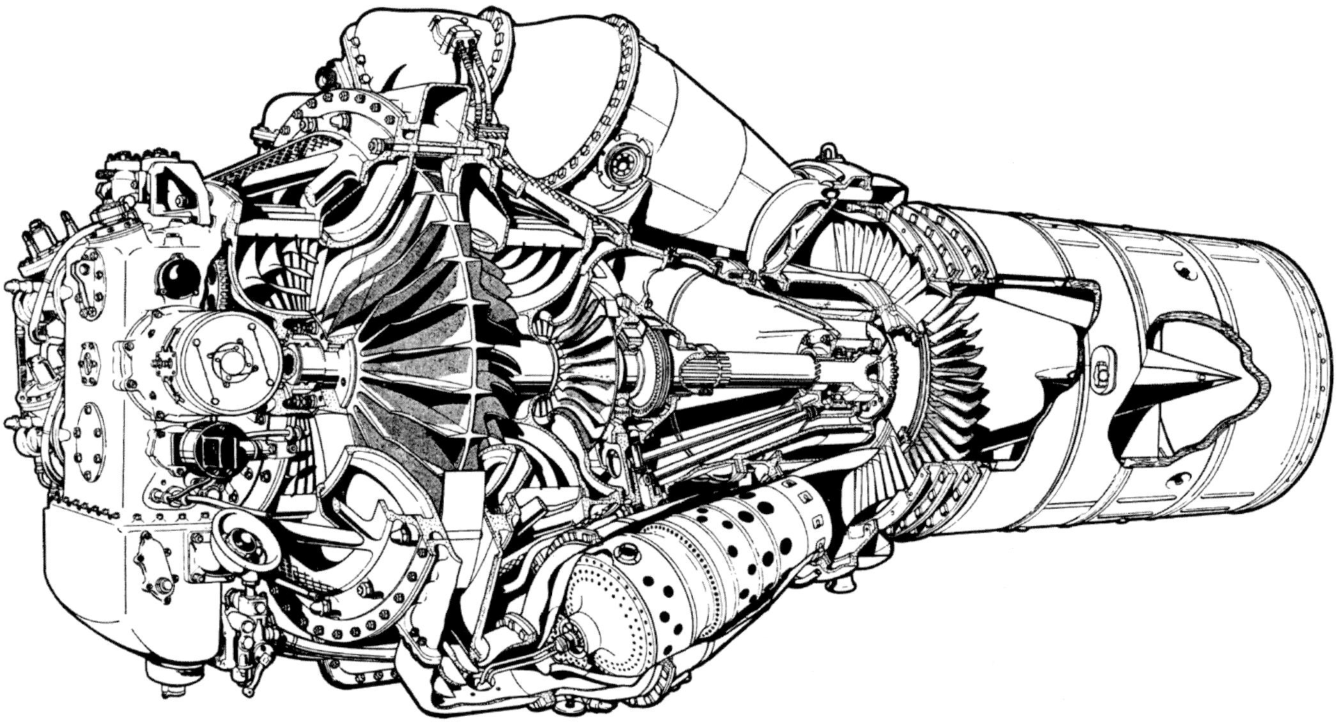

Rolls-Royce-*Triebwerk Nene in* Whittle-*Bauart. Es dokumentiert ausführlich die* Whittle-*Bauart mit doppelseitigem einstufigem Radialverdichter, neun Brennkammern und einstufiger Axialturbine (Druckverhältnis 4; 22 kN Schub). Hinter dem doppelseitigen Radialverdichter erkennt man einen Kühlluftventilator, der Luft zur Kühlung der Lager und der Turbinenscheibe liefert.*

einerseits gut dokumentiert den langwierigen technischen Weg und die organisatorischen Schwierigkeiten bis zu einer Serienproduktion aufzeigen, andererseits aber den Ausgangspunkt für weiterentwickelte Triebwerke zum Einsatz als Schiffsantrieb repräsentieren. Sowohl von *Ohain* als auch *Whittle* waren besessen, eine neue Antriebsart zu schaffen. Von *Ohains* frühe und gute Beziehungen zu *Heinkel* sicherten sein Vorhaben. Die Bestrebungen von *Whittle* wurden durch die anhaltenden Schwierigkeiten mit dem britischen Ministerium und dem Fertigungsbetrieb gestört. Die geringen aerodynamischen Kenntnisse der Ingenieure in der Firma, die gewohnt waren große elektrische Maschinen zu bauen, bei denen Kosten, aber nicht das Gewicht eine Rolle spielten, die unzureichenden Werkzeuge und Einrichtungen für die neuartige Fertigung und dazu *Whittles* Intoleranz und Unduldsamkeit, die auf eine Kontrolle aller Entwicklungsaspekte hinauslief, untergruben die Arbeitsbeziehungen und verzögerten sein Vorhaben beträchtlich. Die frühen Anlagen waren mit Radialverdichtern ausgestattet, deren Entwicklungspotenzial und Einsatz begrenzt waren. In Deutschland wurde dieser Weg durch den Übergang auf Axialmaschinen sehr früh korrigiert. Dabei wurden in diese Entwicklungsschritte auch Erfahrungen der Industrie und der Forschungsinstitute integriert und bei der Bearbeitung spezieller Probleme die Basis entscheidend verbreitert.

Etwa zeitgleich mit der Entwicklung von Triebwerken in Deutschland und zum Teil etwas früher begannen *BBC* und *Escher Wyss* in der Schweiz mit der Entwicklung stationärer GTA. Die erste kommerzielle Industrie-GTA für den Kraftwerkseinsatz in Neuchâtel (Neuenburg) mit 4.000 kW Leistung und mit einem Kupplungswirkungsgrad von 18% bei 550° C Gastemperatur wurde im Juli 1939 von *BBC* auf dem Prüfstand erprobt. Der 23-stufige Verdichter erreichte 86,6%, die 7-stufige Turbine 88,4% isentropen Wirkungsgrad (Druckverhältnis 4,39; Massenstrom 62,2 kg/s, Einzelbrennkammer). Zusätzliche Nutzleistung von 450–900 kW neben dem Antrieb eines 20-stufigen Verdichters wurde bereits 1936 in einer von *BBC* gelieferten Industrieanlage für eine Ölraffinerie in Philadelphia, USA, gewonnen. Die Ladegruppe im sog. *Houdry*-Verfahren lieferte Luft, um wechselweise die Katalyseräume des Crackingprozesses durch Verbrennung der Kohlerückstände zu regenerieren. Die Abgase wurden in einer mehrstufigen Axialturbine entspannt. Auf Erkenntnisse eines hohen Wärmeübergangs in Dampfkesseln bei höherem Druck gehen noch

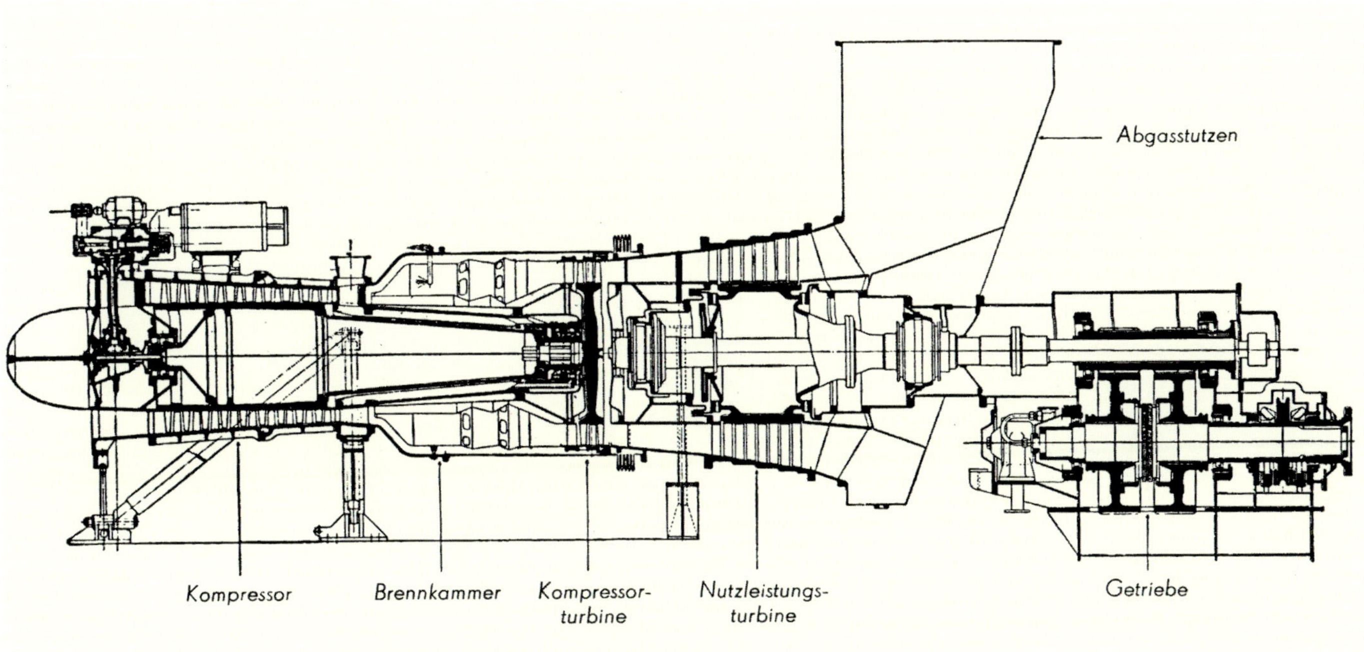

Schiffsantriebsanlage von Metropolitan Vickers
MV begann 1938 mit der Entwicklung von Luftfahrttriebwerken, die mit Axialverdichtern ausgestattet waren. Aus dem Triebwerk F.2 ging die Schiffsantriebsanlage hervor, die aus dem 9-stufigen Verdichter, der ringförmigen Brennkammer, der zweistufigen Verdichterantriebsturbine und der 4-stufigen Nutzleistungsturbine besteht (Gastemperatur vor der Turbine 750° C; Druckverhältnis 3,5). Der Abtrieb war mit einer selbsttätigen Kupplung für freies Rotieren der Propellerwelle bei Marschfahrt versehen. Durch die Ölhaftung in der Kupplung wurde die Nutzleistungsturbine langsam bewegt, um Beschädigungen der Kugel- und Rollenlager infolge der Stöße der Dieselmotoren zu vermeiden.

frühere Ausführungen von *Velox*-Kesseln zurück. Die Aufladung des Brennraumes von Kesseln durch Luft- und Brenngasverdichter, die von einer Turbine angetrieben wurden, in der sich die Abgase entspannen, wurde bereits 1931 realisiert. Mit 10-15-stufigen Axialverdichtern und vierstufigen Axialturbinen erzielte *BBC* Druckverhältnisse von 2,4.

Früh wurde die Verbesserung des Gefechtswertes von Kriegsschiffen durch den einfachen Aufbau der GTA als Spitzenlastanlage erkannt. *Metropolitan Vickers* (MV) stattete 1947 ein Kanonenboot mit einer GTA aus, wobei die Marsch- und Rückwärtsfahrt von Dieselmotoren (je 920 kW) übernommen wurden und die GTA als Spitzenlastanlage (1.840 kW) im Gefechtsbetrieb auf die mittlere der drei Schrauben wirkte.

Auf dem Tanker AURIS wurde 1951 der Steuerborddieselmotor durch eine GT-Generatorenanlage ersetzt, deren Einsatz befriedigte. Die von *British Thomson Houston* gelieferte Anlage bestand aus dem 24-stufigen Verdichter, der 7-stufigen Hochdruckturbine, der 6-stufigen Nutzleistungsturbine und einem Wärmeübertrager zur Vorwärmung der verdichteten Luft durch die Abgase. Mit 880 kW wurde ein Generator angetrieben. Die Gastemperatur betrug 650° C, der Massenstrom 11,3 kg/s. Schiffe der Marinen wurden in den folgenden Jahren und Jahrzehnten kontinuierlich mit GT-Antrieben ausgerüstet. Ihre Verwendung in der Handelsschifffahrt (z.B. vier Containerschiffe der Euroliner-Klasse) wurde nach der Erhöhung der Brennstoffpreise mit der Umrüstung auf Dieselmotoren vorerst beendet. Mit der Verbesserung des Wirkungsgrades und der Verminderung des Brennstoffverbrauchs werden zunehmend vor allem Hochgeschwindigkeitsschiffe (Fähren, Kreuzfahrtschiffe und Schnellfrachter) mit GT-Antrieben ausgerüstet.

In diesem Abschnitt wurden die technischen Entwicklungslinien skizziert, an deren Ende die Verbrennungsturbine oder Gasturbine steht. Dabei wurde der Blick auf nur wenige Männer fokussiert, die entscheidende Beiträge zu dieser Entwicklung lieferten. An dieser Stelle konnte nicht auf die vielen unbekannten und ungenannten Träumer und Realisten, Patentinhaber, Erfinder, Techniker, Konstrukteure, interessierte Laien oder ausgebildete Fachleute, auch Mäzene, eingegangen werden, die alle ihren Traum von besseren Maschinen verwirklichen wollten und ihren Beitrag zur schrittweisen technischen Entwicklung leisteten.

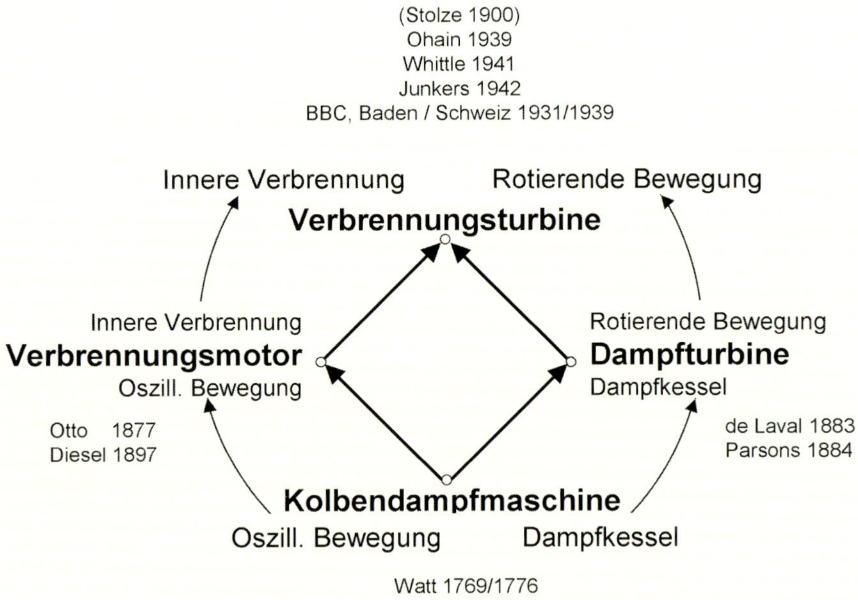

Entwicklungslinien

Mit der Verbrennungsturbine wurden zwei Zweige einer auseinanderstrebenden Entwicklung von Kraftmaschinen vereinigt: Ausgehend von der Kolbendampfmaschine hat man vom oszillierenden Verbrennungsmotor die Vorteile der inneren Verbrennung und von der Dampfturbine die Vorteile der gleichförmig rotierenden Massen genutzt.

Die Entwicklungslinien sind im obigen Rhombus dargestellt.

9.2 Charakteristik und Kreisprozess der Gasturbinenanlage

Gasturbinenanlagen (GTA) sind wie die Diesel- und Ottomotoren Wärmekraftmaschinen einschließlich aller zum Betrieb notwendigen Hilfseinrichtungen und treiben Propeller, Generatoren, Fahrzeuge, Luft- und Gasverdichter oder Pumpen an. In Verbindung mit Schubdüsen in Strahltriebwerken liefern Turbogasgeneratoren Heißgas mit nutzbarem Druckgefälle. Während im Motor als Kolbenmaschine der thermodynamische Kreisprozess in ständiger Wiederholung der Zustandsänderungen im gleichen Arbeitszylinder durchlaufen wird und sich dadurch zeitlich gemittelte werkstoffverträgliche Temperaturen in den Bauteilen einstellen, sind die Teilprozesse des Arbeitsprozesses bei der GTA den einzelnen Komponenten der Anlage – Verdichter (Kompression), Brennkammer (Wärmezufuhr), Turbine (Expansion) – zugeordnet. Zu den Vorteilen einer GTA gehören hohe Leistungskonzentration, geringer Masseaufwand und Raumbedarf, vibrationsarmer Lauf sowie die Möglichkeit, durch Schaltungsvarianten mittels spezieller Anlagenteile (Wärmeübertrager, Kühler) die Anlage einem Verwendungszweck optimal anzupassen. Nachteilig ist die Notwendigkeit, Brennkammer und Eintrittsteil der Turbine einschließlich der stehenden und rotierenden Beschauflung ständig im Bereich der Maximaltemperatur des Prozesses betreiben zu müssen. Dies erfordert hochlegierte Werkstoffe wie Nickellegierungen und effektive Kühlmethoden der hoch belasteten heißgasführenden Durchströmteile. Der technische Stand begrenzt somit zum jeweiligen Zeitpunkt die Maximaltemperatur, von der jedoch spezifische Leistung und Wirkungsgrad der Anlage stark abhängen.

Antriebanlagen werden nach ihrer Wirtschaftlichkeit beurteilt, d.h. ihre Eignung wird aufgrund der Anschaffungs- und Betriebskosten und ihrer Betriebs- und Wartungseigenschaften ausgewählt. Bei Schiffsanlagen spielen spezifische Leistung, Masseaufwand, Raumbedarf und Manövrierfähigkeit eine größere Rolle als bei Landanlagen. Trotz der früher vorhandenen Unterlegenheit der GTA gegenüber dem Dieselmotor bezüglich des Wirkungsgrades durch die Beschränkung der Gastemperatur war die GTA als Schiffsanlage bereits bald für bestimmte Anwendungsfälle die vorherrschende Lösung, d.h. dort wo geringer Raumbedarf und Masseaufwand, schnelle Betriebsbereitschaft, hohe Manövrierfähigkeit und einfache Wartung entscheidende Eigenschaften sind. Das trifft auf Schiffe der Marinen (Kreuzer, Zerstörer, Fregatten, Korvetten, Schnell-, Patrouillen-, Landungsboote) und kleinere leichte Fahrzeuge wie Tragflächenboote und Luftkissenfahrzeuge zu. Durch die Steigerung der Prozessparameter, deren Grenzen noch lange nicht erreicht sind, wird die GTA auch im Wirkungsgrad dem Dieselmotor ebenbürtig und ist vor allem konkurrenzfähig, wo höhere Geschwindigkeiten gefordert werden. Die Ausrüstung von Kreuzfahrtschiffen, Hochgeschwindigkeitsfähren und schnellen Frachtern nimmt immer breiteren Raum ein. Der zunehmende Eingang in die zivile Flotte wird durch die Überlegenheit in der Leistungskonzen-

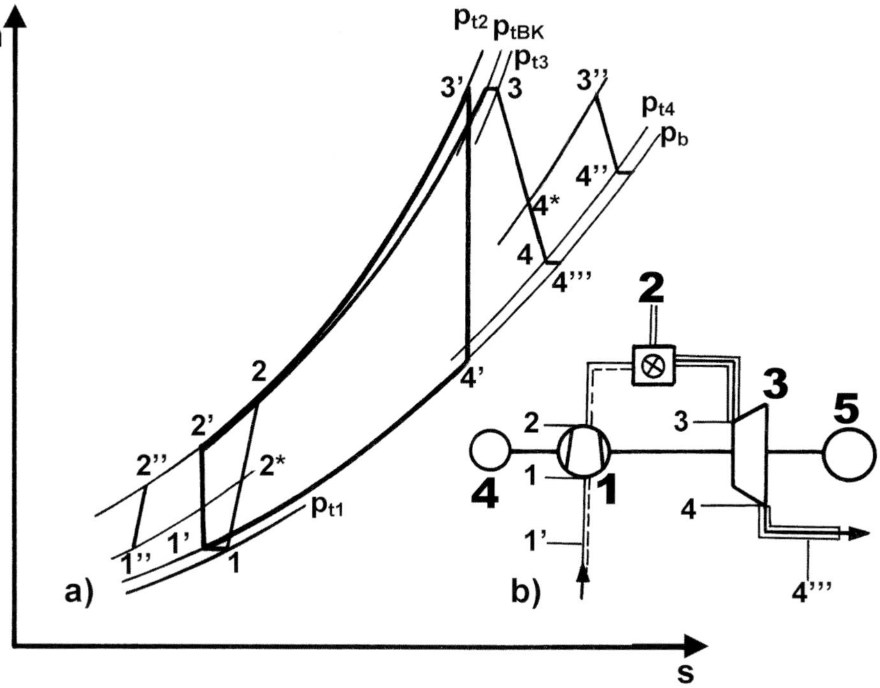

Enthalpie (h)-Entropie (s)-Diagramm des idealen und des realen Kreisprozesses einer einfachen GTA
Kleine Bezugszahlen in der Skizze entsprechen den Prozesspunkten im Diagrammgroße Bezugszahlen:
1 Verdichter, 2 Brennkammer, 3 Turbine, 4 Anfahreinrichtung, 5 Nutzleistung
Der Kreisprozess einer einfachen GTA stellt sich wie folgt dar: Der Verdichter saugt Luft von atmosphärischem Zustand an (1'–1) und verdichtet sie auf das vorgegebene Druckverhältnis (2). In der Brennkammer wird bei stetiger Verbrennung von flüssigem oder gasförmigem Brennstoff mit einer Teilluftmenge und anschließender Mischung mit der Restluftmenge die Temperatur des entstandenen Arbeitsgases auf ihren Betriebswert eingestellt (3). Das Arbeitsgas wird in der Turbine auf nahezu atmosphärischen Druck entspannt (4) und mit der verbleibenden Übertemperatur ins Freie geführt (4–4'''). Die an eine Arbeitsmaschine (z. B. Propeller oder Generator) abgegebene Nutzleistung resultiert aus der Differenz der erhaltenen Turbinenleistung und der aufzuwendenden Verdichterleistung. Prozessverbesserungen sind durch Zwischenkühlung der zu verdichtenden Luft (2–1''), Zwischenerhitzung des Arbeitsgases (4*–3''), durch Vorwärmung der Luft vor der Brennkammer durch die heißen Abgase und durch Ausnutzung der Abgase in einem Abhitzekessel und Dampfnutzung in einer Abdampfturbine möglich. Der ideale Vergleichsprozess nach Joule besteht aus verlustloser Verdichtung (1'–2'), Wärmezufuhr bei konstantem Druck (2'–3'), verlustloser Entspannung (3'–4') und Wärmeabfuhr bei konstantem Druck (4'–1').*

tration und im geringeren Schadstoffaustausch gegenüber dem Dieselmotor unterstützt. Verbreitet sind schon kombinierte Anlagen, bei denen die Leistung für die Marschfahrt durch Dieselmotoren bereitgestellt wird, während die Maximalleistung, die bei Kriegsschiffen ein Vielfaches der Leistung bei Marschfahrt beträgt, entweder durch eine GTA allein oder gemeinsam mit einem Dieselmotor aufgebracht wird (Combined Diesel or Gasturbine – CODOG, Combined Diesel and Gasturbine – CODAG). Es werden auch GTA kleinerer Leistung für die Reisegeschwindigkeit und eine GTA hoher Leistung für die Spitzengeschwindigkeit über ein Getriebe auf eine Welle geführt (Combined Gas or Gas – COGOG, Combined Gas and Gas – COGAG). Zunehmend werden GTA und Dieselmotoren mit Elektromotoren gekoppelt (Combined Diesel Electric or Gas – CODLOG, Combined Diesel Electric and Gas – CODLAG) bzw. in einem integrierten System von Dieselmotoren, GTA und Abhitzekessel mit Dampfturbinen (Combined Gas Integrated Electric System – COGES) eingesetzt.

9.3 Leistung und Wirkungsgrad

Die Hauptkennwerte der GTA sind spezifische Leistung und Wirkungsgrad an der Kupplung. Sie sind von Schaltungsart, Druckverhältnis des Verdichters, Prozesstemperatur, Wirkungsgraden der Strömungsmaschinen, Druckverlusten der Anlagenteile und von atmosphärischen Bedingungen abhängig. Leistung und Wirkungsgrad erreichen jeweils maximale Werte bei unterschiedlichen optimalen Druckverhältnissen. Maßgebend ist dafür die unterschiedliche Verdichtungs- und Entspannungsarbeit in Verdichter und Turbine und im Quotienten des Wirkungsgrades der zugeführte Brennstoffstrom, der von der Verdichtungsendtemperatur abhängt.

Kombinierte Gas-Dampf-Anlagen in Kraftwerken erreichen gegenwärtig Wirkungsgrade von 58–60 %. Zu erwähnen ist die Klimaempfindlichkeit der GTA. Bei erhöhter Lufttemperatur saugt der Verdichter eine geringere Luftmenge an. Seine Charakteristik ist auf dem bezogenen Ansaugvolumen aufgebaut. Mit Änderung der atmosphärischen Werte ändern

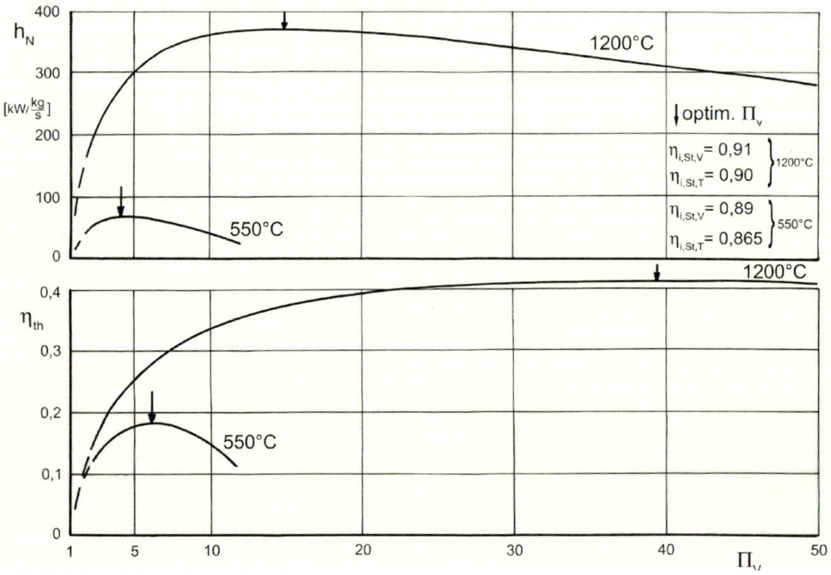

Im Diagramm sind Anlagenwirkungsgrade und spezifische Leistung der frühen Anlagen einfacher Schaltung bei 550° C und gegenwärtiger Anlagen bei moderaten 1200° C dargestellt. Die Entwicklung der Werte ist unverkennbar.

Spezifische Leistung und Wirkungsgrad verschiedener Anlagen
T_{t1} = 288 K; Temperatur der angesaugten Luft,
p_b = 101kPa; atmosphärischer Druck der angesaugten Luft.
Druckverluste als Anteil des Druckes vor dem betreffenden Anlagenteil ($\Delta p_t/p_t$):
vor Verdichter 0,98
zwischen Verdichter und Turbine 0,95
hinter Turbine 0,985
Heizwert 42.500 kJ/kg
Ausbrandgrad 0,99
Stufenwirkungsgrade bei 1.200° C $\eta_{V,st}$ = 0,91, $\eta_{T,st}$ = 0,9
bei 550° C $\eta_{V,st}$ = 0,89; $\eta_{T,st}$ = 0,865
mechanischer Wirkungsgrad 0,995
energetisch im Prozess verlorener Kühlluftmassenstrom 3,5%

sich Dichte und Masse der angesaugten Luft. Darauf reagiert die Turbine durch ihre Kennlinie, sodass Verschiebungen der Betriebspunkte und neue Gleichgewichtszustände auftreten. Für je 10° C Temperaturänderung kann eine Leistungsdifferenz von 8% erwartet werden (d.h. bei 10° C höherer Lufttemperatur vermindert sich die Leistung um 8%).

9.4 Anlagenkomponenten

Verdichter

Die Luft wird in Kreiselverdichtern radialer oder axialer Bauart verdichtet. In einstufigen Radialverdichtern werden größere Stufendruckverhältnisse von etwa 4 bis 8, abhängig von den eingesetzten Werkstoffen und erzielten Umfangsgeschwindigkeiten, erreicht, jedoch sind nur kleine Luftvolumenströme möglich. In Axialverdichtern liegen typische Stufendruckverhältnisse im Bereich von 1,15 bis 1,3; eine Reihe von Stufen sind notwendig, um ein bestimmtes Gesamtdruckverhältnis zu erreichen. Im Gegensatz zum Axialverdichter, in dem die Druckerhöhung stets durch Verzögerung der Strömung erfolgt, ergibt sich beim Radialverdichter durch Förderung des Fluids gegen das Fliehkraftfeld (Umfangsgeschwindigkeit $v_{u2} > v_{u1}$) bereits ein wesentlicher Druckanstieg, der durch zusätzliche Verzögerung noch verstärkt wird. Wegen der höheren Wirkungsgrade bei großen Volumenströmen werden in GTA vorrangig Axialverdichter eingesetzt.

Das Fluid strömt dem rotierenden Laufgitter mit der Geschwindigkeit v_{c1} zu, der die Relativgeschwindigkeit V_{w1} im bewegten System entspricht (vektoriell ist $\vec{v_c} = \vec{v_w} + \vec{v_u}$ Der Beschauflung wird über die Welle mechanische Energie zugeführt. Durch Änderung des Drehimpulses der Strömung wird diese Energie auf das strömende Fluid übertragen. Mit der Umlenkung der Strömung sind eine Verzögerung und ein Druckanstieg im Laufrad verbunden ($v_{w2} < v_{w1}$). Mit der absoluten Austrittsgeschwindigkeit v_{c2} tritt das Fluid in das nachfolgende Leitgitter ein, in dem durch abermalige Umlenkung und Verzögerung ein weiterer Anstieg des Druckes erfolgt. Vor das Laufrad der ersten Stufe wird meistens ein Vorleitgitter vorgeschaltet, das die Strömung richtet und dem Laufgitter entsprechend seiner Formgebung zuführt.

Die vom Laufrad an das Fluid abgegebene spezifische Arbeit e_u beträgt

$$e_u = v_{u2} \cdot v_{c2u} - v_{u1} \cdot v_{c1u}.$$

Diese Hauptgleichung für Strömungsmaschinen wurde schon 1754 von dem Schweizer Mathematiker, Physiker und Astronomen *Leonhard Euler* aufgestellt. Unter v_{c1u} und v_{c2u} versteht man dabei die Umfangskomponenten der Absolutgeschwindigkeiten v_{c1} vor und v_{c2} hinter dem Laufgitter. Aufgabe der Profilierung der Beschauflung ist es, die für den Auf-

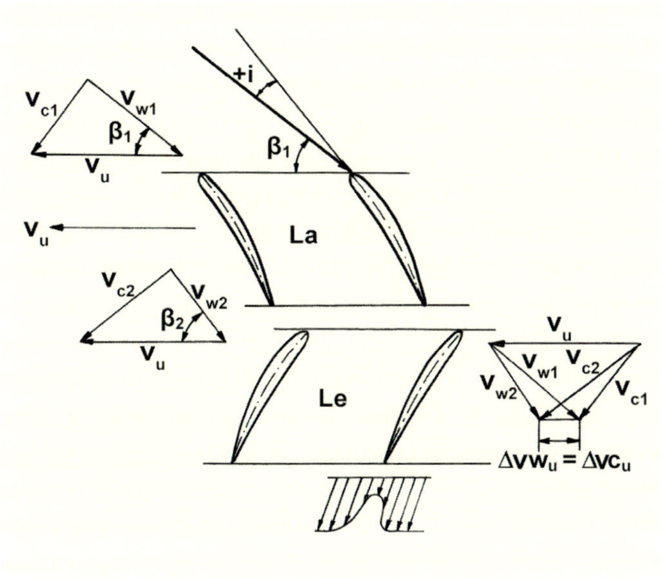

Schema einer Axialverdichterstufe Schnitt durch die Beschauflung einschließlich der Geschwindigkeitsdreiecke. La Laufschaufeln, Le Leitschaufeln

bau des Stufendruckverhältnisses verlangte Umlenkung mit kleinsten Verlusten zu erreichen.

Die gekrümmten Strombahnen im Schaufelkanal führen zu einem Druckfeld und zu unterschiedlichen Drücken auf den Profiloberflächen. Auf der stärker gekrümmten Saugseite treten niedrigere Drücke und höhere Strömungsgeschwindigkeiten, auf der Druckseite höhere Drücke und niedrigere Geschwindigkeiten auf.

Diese Geschwindigkeitsverteilungen, insbesondere die Verzögerung auf der Saugseite, sind entscheidend für das Verhalten der Strömung, für die Verluste in der Beschauflung und für die gesamte Arbeitsweise des Verdichters. Bei optimaler Anströmung der Profile bleibt die Grenzschicht durch die Reibung auf den Profiloberflächen dünn, die Verluste sind gering. Bei größeren Abweichungen vom optimalen Anströmwinkel entstehen dickere Grenzschichten und die Verluste steigen an. Bei Überschreitung zulässiger Werte und hoher Unterdruckspitzen auf der Profilsaugseite (hohe Geschwindigkeiten, die sich nicht mehr auf die Austrittsgeschwindigkeiten verzögern lassen) löst die Strömung vom Profil ab; es treten hohe Strömungsverluste und gravierende Änderungen in der Betriebsweise des Verdichters auf. Einen wesentlichen Anteil an den gesamten Verlusten nehmen Verluste durch Sekundärströmungen ein, die an den seitlichen Begrenzungen der Beschauflung entstehen.

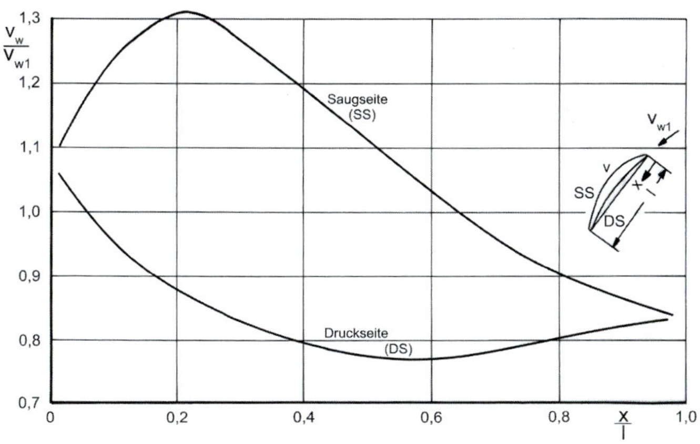

Geschwindigkeitsverteilung auf der Profiloberfläche eines Schaufelschnitts

Das Betriebsverhalten eines Verdichters als Folge von hintereinander angeordneten Stufen wird durch sein *Kennfeld* beschrieben. Die Kombination der möglichen Arbeitspunkte in den Stufenkennlinien wird durch das Druckverhältnis π in Abhängigkeit vom Ansaugvolumen $\dot{V}$ mit der Drehzahl n als Parameter charakterisiert. Drehzahl und Volumenstrom werden auf die

Ansaugtemperatur $\sqrt{T}$

bezogen. Die weiterhin auf die Auslegungswerte bezogenen Größen bezeichnet man mit ξ (Volumenstrom) und ζ (Drehzahlwert). Das sensible Verhalten eines vielstufigen Verdichters soll an seinem Kennfeld beispielhaft erklärt werden.

Der optimale Betriebsbereich ist relativ schmal und konzentriert sich um den Auslegungspunkt (hier: $\xi = 1$, $\zeta = 1$, $\pi = 10{,}5$). Die so genannte Fahrlinie wird durchlaufen, wenn der Verdichter angefahren wird. Um die Strömungsverhältnisse in dem unteren Bereich günstiger zu gestalten und die Anfahrleistung zu reduzieren, werden Abblasventile zwischen verschiedenen Stufengruppen angeordnet, durch die Luft abgeblasen wird. Sie beginnen bei $\zeta = 0{,}6$ automatisch zu schließen (A) und sind bei $\zeta = 0{,}9$ geschlossen (B). Nach Erreichen des Leerlaufpunktes bei $\zeta = 1$ wird die Anlage belastet und der Verdichter angedrosselt, bis er seinen Auslegungspunkt erreicht. Wird er weiter gedrosselt, z.B. durch Änderungen im nachfolgenden System (Brennkammer, Turbine, Abgastrakt), erreicht er schließlich die Pumpgrenze S. Lautstark zu bemerken ist das Abreißen der Strömung in den letzten Stufen, und die damit verbundene geringere Druckerhöhung steht nicht mehr mit dem vorher erreichten Enddruck im Gleichgewicht. Die Folge ist ein Wechsel des Betriebspunktes zu negativem Volumenstrom, ein Rückströmen des Fördermediums und ein

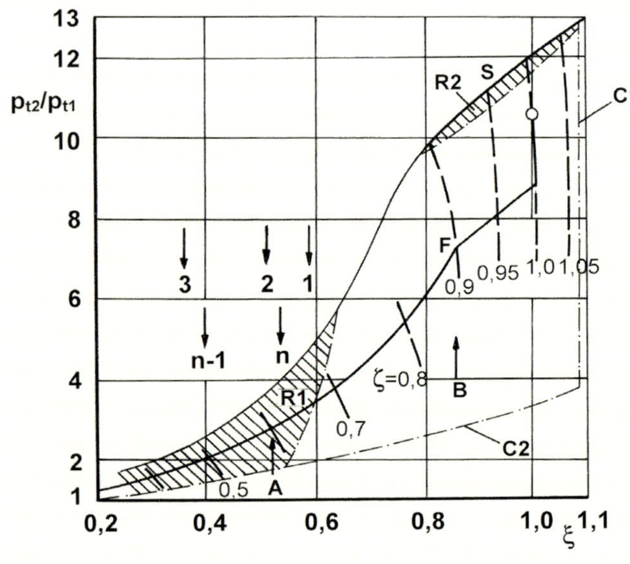

Kennfeld eines Axialverdichters

Freikolben-Luftverdichter nach Junkers. *In der Mitte ist der Zweitakt-Dieselmotor mit zwei gegenläufigen Kolben zu sehen. Der linke Arbeitskolben ist fest über eine Kolbenstange mit den Verdichterkolben der ersten und vierten Verdichtungsstufe verbunden, der rechte Motorkolben mit den Verdichterkolben der zweiten und dritten Stufe. Die beiden Motorkolben sind durch Zahnstangen und Zahnräder miteinander gekuppelt und werden so zu gleichen Hubwegen gegenläufig gezwungen. Die Spülluft für den Motor wird auf der Innenseite des Kolbens der Stufe-1 erzeugt, nach ihrer Verdichtung durch die beiden zueinander laufenden Motorkolben wird Kraftstoff eingespritzt und die Motorkolben werden wieder auseinander getrieben. Verdichtete Luft in den Toträumen der Verdichterzylinder treibt sie wieder gegeneinander zurück. Die gesamte Wärmeenergie wird also in Arbeit der Luftverdichtung umgewandelt. Nach jeder Verdichtungsstufe wird die Luft in einem gesonderten Kühler gekühlt. Der Verdichter schaltet beim Erreichen von 205 bar Druckluft ab. Angelassen wird mit Druckluft von 27 bar auf die Verdichterkolben, die Maschine springt schon beim ersten Anlasshub an. Sie baut klein und bedarf wegen Schwingungsfreiheit keiner Fundamente.*

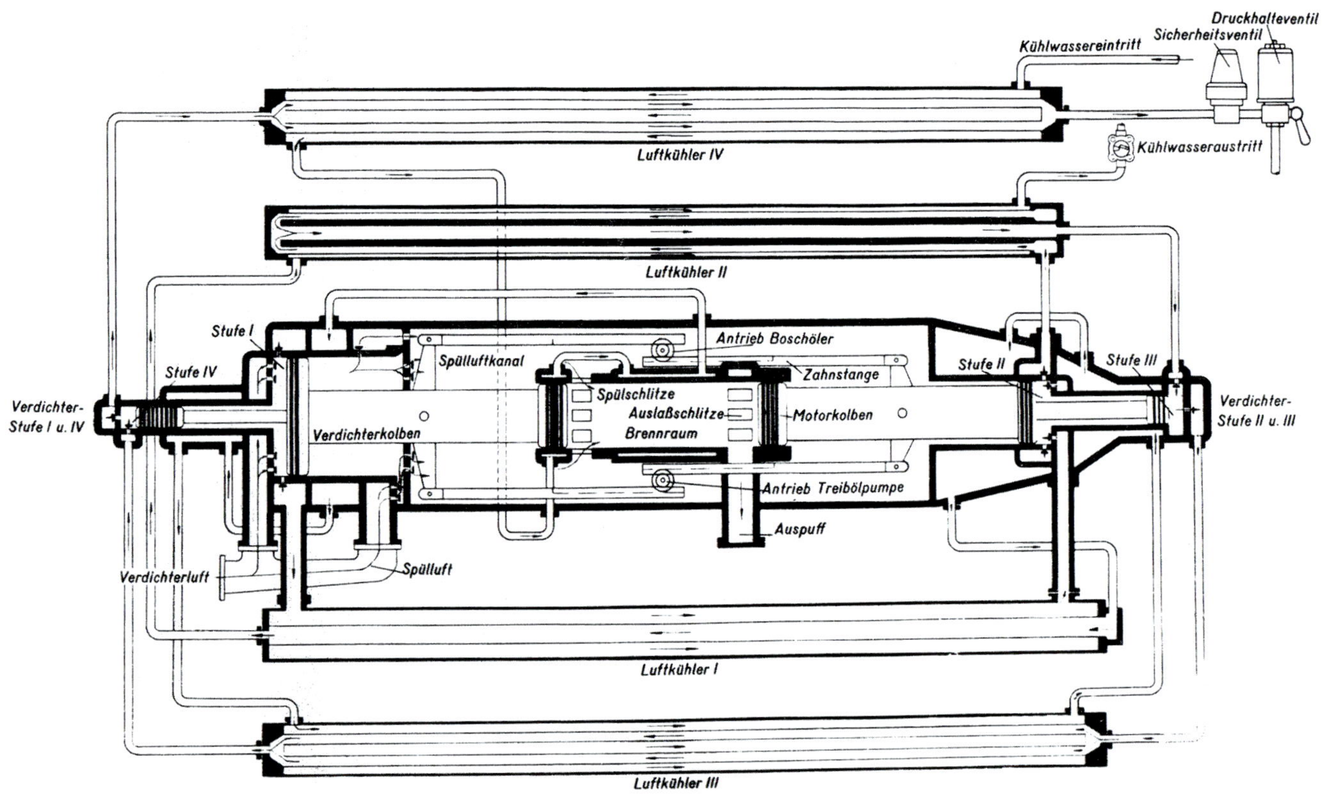

Druckausgleich. Nachdem sich ein neuer Gleichgewichtszustand eingestellt hat, führt eine positive Förderung zu einem neuen Druckaufbau, bis der Ausgangspunkt des Rückströmens wieder erreicht ist. Diese zyklische Wiederholung des Rückströmens wird mit »Pumpen« bezeichnet, weil damit Geräusche ähnlich denen einer Kolbenpumpe verbunden sind. Dem vollständigen Abreißen der Strömung geht ein teilweises Abreißen an einzelnen Stellen des Umfanges voraus, das ebenfalls mit geringerer Geschwindigkeit rotiert (rotierendes Abreißen, rotating stall, schraffiertes Gebiet R2). Beim Anfahren löst die Strömung in den ersten Stufen ab (schraffiertes Gebiet rotating stall R1), die stabile Stufenarbeit in den mittleren Stufen sorgt dafür, dass trotzdem äußerlich stabil gefördert wird und ein weiterer Druckaufbau stattfindet. Der Betrieb bei diesen instabilen Strömungsformen ist jedoch nicht zulässig, weil er zu selbsterregten Schwingungen der Schaufeln und bald zu Schwingungsbrüchen führt. Gekennzeichnet ist das Anlegen der Strömung an die Schaufelprofile in den Stufen 3, 2 und 1. Außerdem ist der Verdichtungsbeginn in der vorletzten (n-1) und in der letzten Stufe (n) gekennzeichnet. Die Grenzlinie C1 zeigt das Sperren in der ersten Stufe (das Ansaugvolumen kann nicht weiter erhöht werden) und die Grenzlinie C2 das Sperren in der letzten Stufe an. In beiden Fällen wird die Schallgeschwindigkeit als maximale Geschwindigkeit im engsten Querschnitt des Gitters erreicht. Dabei kann auf den Profilen vor dem engsten Querschnitt eine höhere Geschwindigkeit, d.h. Überschallgeschwindigkeit, auftreten, die durch einen senkrechten Verdichtungsstoß sehr verlustreich auf Unterschall abgebaut wird. Größere Druckerhöhungen lassen sich mit einer Anströmung bei Überschall und Verzögerung bis auf Unterschall erzielen (moderne Eintrittsstufen). Eine Verminderung der Verluste ist erreichbar, wenn die Saugseiten der Profile speziell als Überschalldiffusor ausgebildet werden. Die entstehenden schrägen Verdichtungsstöße verzögern die Strömung kontinuierlich und ein abschließender senkrechter Stoß fällt schwächer aus. Die Verluste resultieren vor allem durch Stoß-Grenzschicht-Interaktion mit zusätzlichen Grenzschichtablösungen.

Radialverdichter werden in Kleingasturbinen (Notstromerzeugung) und manchmal am Ende der Verdichtung in Axialverdichtern verwendet. Vergleichbare Wirkungsgrade des Radialverdichters liegen etwa 6% niedriger.

Verdichtete Luft kann auch gesondert erzeugt werden, z.B. im *Junkers*-Luft- oder Freikolbenverdichter. Das Prinzip ist durch Junkers schon seit 1911 bekannt und wurde erstmals 1936 auf der Leipziger Messe in einem Drucklufterzeuger gezeigt. Im Freikolbenverdichter sind Kraft- und Arbeitsmaschine in liegender Anordnung vereinigt. Es kann Druckluft über 150 bar Druck erzeugt werden.

Aus dem Angesprochenen sollten einige Charakteristika der empfindlichen Anlagenkomponente Verdichter zu erkennen sein.

Brennkammer

In der Brennkammer wird die im Brennstoff enthaltene chemische Energie (Heizwert H_u) in Wärme gewandelt und

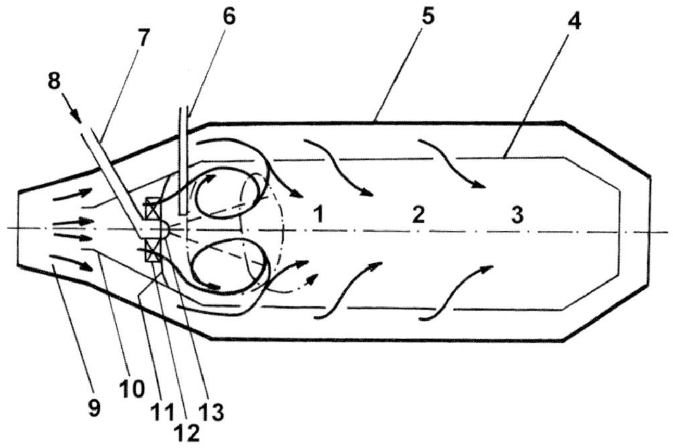

Prinzip der Strömungsführung in der Brennkammer: 1 Primärzone, Rezirkulationsgebiet, 2 Sekundärzone, 3 Mischzone, 4 Flammrohr, 5 Gehäuse, 6 Zündung, 7 Brennstoffzufuhr, 8 Brennstoff, 9 Diffusor, 10 Einlaufhaube, 11 Deckel, 12 Drallkörper, 13 Brennstoffdüse

die Temperatur der verdichteten Luft durch stetige Verbrennung des fein zerstäubten flüssigen oder des gasförmigen Brennstoffs erhöht. Die komplexen Vorgänge sind durch Kopplungen von chemischer Reaktion, Strömung mit Wärmefreisetzung und Turbulenz geprägt. Die Grundelemente der Brennkammer sind Flammrohr, Gehäuse, Brenner mit Drallkörper und Zündsystem. Weiterhin zählen Diffusor, Einlaufhaube (Strömungsteiler), Dom (Deckel) und Flammrohrkühlung zur Ausstattung der Brennkammer.

Nach geometrischen Gesichtspunkten unterscheidet man Rohrbrennkammern, Ringbrennkammern und Rohr-Ringbrennkammern (eine Anzahl von Flammrohren, die in einem ringförmigen Gehäuse zusammengefasst sind). Je nach gewählter Grundkonzeption der Brennkammer werden ein oder mehrere Brenner, bestehend aus Zerstäuber und Drallkörper, im Flammrohr angeordnet. Die Primärluft liefert für die Primärzone (Brennraum) den zur Verbrennung notwendigen Sauerstoff. Der Drallkörper versetzt die Primärluft in Rotation; durch den entstehenden Wirbel wird ein relatives Unterdruck- und Rückströmgebiet (Rezirkulationsgebiet) geschaffen, das die Verweilzeit des Brennstoffs in der Brennzone erhöht und die Flamme stabilisiert. Die Sekundärluft wird in der Mischzone zur Mischung und Kühlung des Gases auf die Turbineneintrittstemperatur verwendet und dient gleichzeitig zur Kühlung des Flammrohrs von innen und/oder von außen. Die Feinstzerstäubung des Brennstoffes wird durch Kraftstoffdüsen erreicht. Hauptaufgaben des Zerstäubers sind die Bildung ausreichend großer Kontaktoberflächen der Brennstofftropfen als Voraussetzung zu ihrer Verdampfung und die gewünschte Verteilung der Tropfen in der Verbrennungszone. Große Bedeutung kommen deshalb Tropfengröße und Tropfenverteilung im zerstäubten Brennstoff zu. Bei der Druckzerstäubung wird der Kraftstoff mit höherem Druck dem Drallraum in der Düse durch Tangentialbohrungen zugeführt und verlässt die Düse mit Drall. Hinter der Düsenmündung bildet sich ein kegelförmiger Brennstoffstrahl aus. Zur Verbesserung des Teillastverhaltens der Simplexdüsen werden Duplexdüsen eingesetzt. Bei der Zweistoffzerstäubung wird die mangelhafte Zerstäubung bei geringen Brennstoffdurchsätzen durch zusätzliche Einblasung von Druckluft oder Dampf in den Brennstoffstrahl ausgeglichen und eine gute Zerstäubung erreicht. Rotationszerstäuber werden nur in kleineren GTA verwendet. Meistens wird der Brennstoffzulauf zum Zerstäuber geregelt. Rücklaufzerstäuber sind Druckzerstäuber, bei denen ein Teil des Brennstoffes aus dem Zerstäuber wieder zurückfließt, nachdem er zur Drallerzeugung beigetragen hat. Die thermische Brennraumbelastung wird auf das Volumen des Flammrohrs bezogen und bewegt sich zwischen 20 und 120 MW/m^3 bar. Dabei gelten die unteren Werte für stationäre GTA, die oberen Werte für Flugtriebwerke und aus ihnen abgeleitete GTA. Vergleichsweise beträgt die thermische Brennraumbelastung bei Kohle-Rostfeuerung im Dampfkessel 1,5 bis 2 MW/m^2, bei Ölfeuerung unter 5 MW/m^2. Instabile Zustände können durch Wechselwirkung zwischen Strömung und Wärmefreisetzung in der Flamme entstehen und Druckschwankungen einleiten, die bei Resonanz zu Schäden führen. Im Abgas sind nach der Verbrennung Kohlendioxid CO_2, Wasserdampf H_2O und Stickstoff N_2 enthalten. Kohlenmonoxid CO, unverbrannte Kohlenwasserstoffe UHC und Stickoxide NO, NO_2, evtl. Schwefeldioxid SO_2 kommen als Schadstoffe hinzu. Die bestimmende thermische Stickoxidbildung ist von der Flammentemperatur bei der Verbrennung und von der Verweilzeit der Verbrennungsprodukte in der Zone hoher Temperatur abhängig. Hohe Stickoxidemissionen treten bei hohen Verbrennungstemperaturen (ca. 2.400–2.500° C bei minimal benötigtem Luftbedarf) auf, wobei der molekulare Stickstoff durch sehr reaktive Sauerstoffradikale aufgebrochen wird und zu NO und NO_2 (NO_x) oxidiert. NO_x begünstigt in Höhen unter 12 km die klimatisch unerwünschte Ozonbildung. Die Emissionen können durch Senkung der Flammentemperaturen bei hohem Luftüberschuss und sehr gleichmäßiger Vermischung und durch Senkung der Verweilzeit verringert werden. Durch gute Vermischung werden vor allem lokale Bereiche mit nahestöchiometrischer Verbrennung und hohen örtlichen Flammentemperaturen vermieden. Zur Verminderung der NO_x-Emissionen werden verschiedene Verfahren angewendet: In der Low NO_x-Diffusionsbrennkammer wird im Wesentlichen der Brennstoff optimal aufbereitet. Wassereinspritzung in die Brennkammer senkt die Schadstoffbildung. Bei Dampfkühlung der heißgasführenden Bauteile sind zusätzliche Kühlluftmengen in der Brennkammer zur Senkung der Flammentemperatur verfügbar. Bei Magerverbrennung mit Vorverdampfung und Vorvermischung wird die Absenkung der Verbrennungstemperatur durch ein mageres Gemisch (Sauerstoffüberschuss) erreicht, das in einer Vormischstrecke homogen aufgemischt und verdampft wird. Bei Fett-Mager-Verbrennung wird in einer ersten Brennkammerstufe ein fettes Gemisch bei Sauerstoffmangel und vergleichsweise niedriger Flammentemperatur verbrannt. Durch rasche Luftzuführung zur Vermeidung der Schadstoffbildung wird der Verbrennungsprozess bei weiterhin niedriger Flammentemperatur abgeschlossen. Bei gestufter Verbrennung sind in einer radial oder axial gestuften Brennkammer Pilot- und Hauptbrenner in zwei räumlich getrennten Bereichen angeordnet. Der Pilotbrenner wird bei Teillast eingesetzt und dient bei hoher Belastung zur Stabilisierung der Hauptstufe. Bei zugeschalteter Hauptstufe wird die Verweilzeit in der Primärzone verkürzt und der Betrieb zu magerer Verbrennung verschoben. Mit den unterschiedlichen Maßnahmen können niedrige NO_x-Emissionen von weniger als 3 g NO_x/kWh, in verschiedenen Fällen weniger als 1 g NO_x/kWh erreicht werden. Für Dieselmotoren gelten obere Grenzwerte von 10 bis 17 g NO_x/kWh, abhängig von der Drehzahl (größere Werte für Langsamläufer n = 130 min^{-1}).

Turbine

Das Arbeitsgas wird in Turbinen radialer oder axialer Bauart entspannt. In GTA werden vorrangig Axialturbinen eingesetzt. Radialturbinen kommen nur in Kleingasturbinen zum Einsatz.

Das Fluid strömt dem Leitgitter mit der Geschwindigkeit v_{C0} zu, wird im Gitter entspannt und am Austritt auf v_{c1} entspannt. Die relative Eintrittsgeschwindigkeit v_{w1} findet man durch Vektoraddition ($\vec{v_c} = \vec{v_u} + \vec{v_w}$). Bei weiterer Entspannung und Beschleunigung wird durch Umlenkung des Arbeitsmediums und Änderung des Drehimpulses der Strömung Energie auf die Laufbeschauflung übertragen. Der Änderung der Umfangskomponente v_{cu} entspricht die Änderung des Impulsmomentes, wobei das Drehmoment $M = \dot{m}(r_2 \cdot v_{cu2} - r_1 v_{cu1})$ auf die Beschauflung wirkt. Über den Läufer wird die mechanische

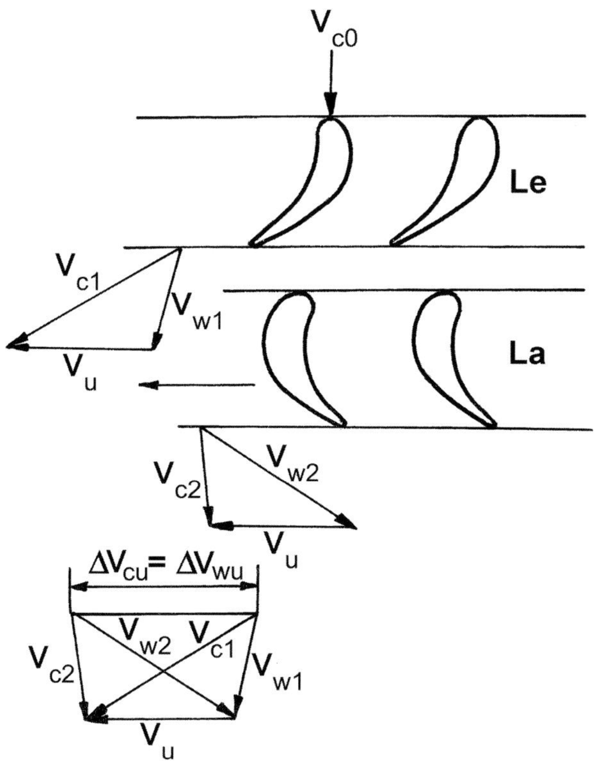

Schema einer Axialturbinenstufe
La Laufschaufeln, Le Leitschaufeln

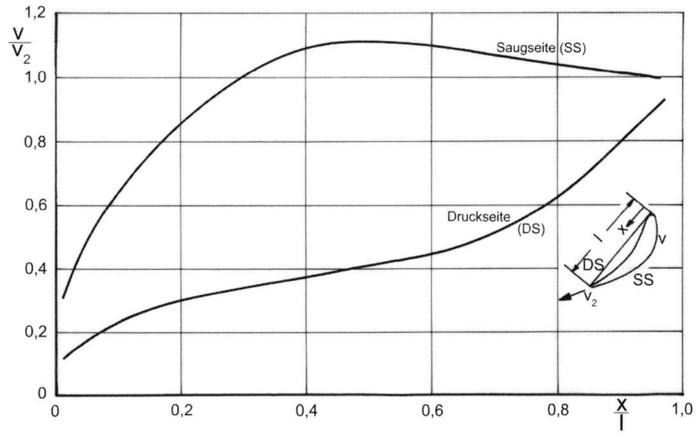

Geschwindigkeitsverteilung auf der Profiloberfläche

Energie an Arbeitsmaschinen abgegeben. Das Fluid tritt mit der Geschwindigkeit v_{c2} in das Leitrad einer Folgestufe. Die Turbinengitter sind als Beschleunigungsgitter weitaus geringer anströmempfindlich als Verzögerungsgitter in Verdichtern. Trotz der allgemeinen Beschleunigung der Strömung im Schaufelkanal muss auf den Saugseiten der Profile nach Beschleunigung der Strömung im vorderen Teil und einer erreichten Übergeschwindigkeit in allen praktisch auftretenden Fällen im hinteren Teil die Strömung auf die Austrittsgeschwindigkeit verzögert werden. Lokale Ablösungsgebiete führen im Allgemeinen zu keinen nennenswerten Beeinträchtigungen der Strömungsverhältnisse und Verluste, da die Strömung im hinteren Teil wieder zum Anliegen kommt.

Die Verluste in den Schaufeln setzen sich aus Profilverlusten durch die Reibung in der Grenzschicht und den Sekundär- und Spaltverlusten in der Nähe der Schaufelenden zusammen. Bei hohen Strömungsgeschwindigkeiten in der Nähe der Schallgeschwindigkeit (transsonische und supersonische Strömung) treten weitere Verluste durch die Stoßvorgänge in der örtlichen Überschallströmung auf. Charakteristisch für die Beschauflung der Strömungsmaschinen ist die Verwindung der Schaufeln, insbesondere der Laufschaufeln, die bei Verhältnissen des mittleren Durchmessers der Beschauflung zur Schaufellänge unter D_m/L 9 bis 10 angewendet wird. Die Umfangskomponente der Gasgeschwindigkeit führt im Axialspalt zu einer Fliehkraftwirkung der Strömung und erfordert als Reaktionskraft einen radialen Druckanstieg. An der Nabe innen ist im Axialspalt zwischen zwei Schaufelreihen deshalb der Druck immer niedriger, als an der Gehäusewand außen, d.h. die Strömungsgeschwindigkeit ist innen größer als außen. Außerdem ändert sich die Umfangsgeschwindigkeit über dem Radius beträchtlich, sodass die relativen Eintrittswinkel der Strömung in die Schaufeln radial sehr verschieden sind. Um Stoßverluste und Wirkungsgradeinbußen zu vermeiden, passt man deshalb die Profilform den unterschiedlichen radialen Anströmwinkeln an.

Wie bei Verdichtern kann man auch in Turbinen das Betriebs- und Teillastverhalten in einem Kennfeld darstellen. Das Schluckvermögen der Turbine ist eine wichtige Einflussgröße auf das Betriebsverhalten der gesamten Anlage. Im Gegensatz zu Dampfturbinen haben Turbinen von GTA geringe Stufenzahlen. Änderungen des Druckverhältnisses beeinflussen Schluckvermögen der Turbine, Drosselzustand (Druckverhältnis) des Verdichters und Teillastverhalten der Anlage. Die Beherrschung der hohen Gastemperaturen am Turbineneintritt, die im Streben nach Erhöhung des Wirkungsgrades und der Leistung deutlich über den zulässigen Materialtemperaturen liegen, wird nur durch eine intensive Kühlung der Bauteile möglich. Durch Weiterentwicklungen in der Metallurgie sind zwar auch die zulässigen Materialtemperaturen gestiegen, aber die Schaufelkühlung wird bei Temperaturen über 950° C notwendig. Flüssigkeitskühlung ist die wirkungsvollere, aber bedeutend kompliziertere Kühlmethode und befindet sich im Versuchsstadium. Bisher wird die Luftkühlung

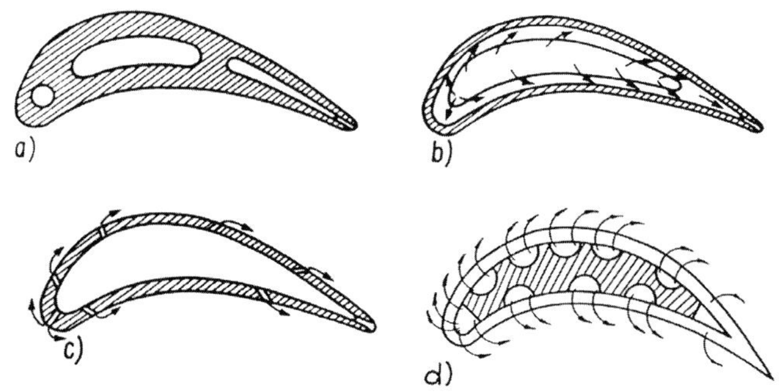

Luftgekühlte Turbinenschaufeln
a) Konvektionskühlung
b) Prallkühlung
c) Filmkühlung
d) Effusions- oder Schwitzkühlung

eingesetzt, in Einzelfällen wird Dampfkühlung im geschlossenen Kreislauf angewendet. Gleichzeitige Forderungen nach ausreichender Kühleffektivität, minimaler Kühlluftmenge und geringsten Verlusten verlangen genaue Kenntnisse über Strömung und Wärmeübergang in den Kühlkanälen und auf der Profilkontur. Man unterscheidet zwischen Konvektionskühlung in zahlreichen Schaufelausführungen (Profile mit tragender Hülle und eingesetzten Deflektoren oder Profile mit tragendem Kern und aufgesetzter Hülle; die Kühlluft wird am Schaufelfuß zugeführt und entweder am Kopf radial oder an den Profilhinterkanten in Strömungsrichtung in den Gasstrom geblasen), Prallkühlung (eine intensivierte Konvektionskühlung, bei der Kühlluft aus einem Deflektor vorwiegend auf die Vorderkante prallt und den großen gasseitigen äußeren Wärmeübergang am Staupunkt an der Profilnase abbaut), Filmkühlung (Schleierkühlung ab ca. 1.320° C, durch die nach dem Austritt der Luft aus gerichteten Bohrungen ein äußerer isolierender Kühlfilm zwischen Heißgas und Schaufelmaterial liegt), Effusions- oder Transpirationskühlung (Schwitzkühlung, die die Porosität gesinterter Werkstoffe ausnutzt und einen Luftschleier um die Schaufel legt, aber noch in Entwicklung ist).

Die Gastemperaturen stellen höchste Anforderungen an die eingesetzten Werkstoffe und ihr plastisches Verhalten. Zeitstandsfestigkeit, Kriechgeschwindigkeit, Kriechgrenze, Dauerschwingfestigkeit, Thermoschock- und Korrosionsverhalten sind von Einsatzzeit, Spannungen, Temperatur und vom Werkstoffgefüge abhängig. In den heißgasführenden Bauteilen können Verzunderungen und Heißgaskorrosion durch Angriff von Sulfatschmelzen, Vanadiumoxiden V_2O_5 oder von Komplexverbindungen auftreten. Die korrosionsfördernden Substanzen sind in den meisten Fällen im Brennstoff enthalten, besonders bei Heizölen mit höheren Aschebestandteilen. Die Korrosion kann durch Zugabe von Additiven (Magnesiumverbindungen) gemindert und die Lebensdauer der Werkstoffe erheblich verlängert werden.

Hilfssysteme

Eine GTA kann nicht selbst anfahren, sondern muss bis zu ihrer Freilaufdrehzahl (ca. 55% der Nenndrehzahl) durch eine Anfahreinrichtung hochgefahren werden, wozu Elektromotoren, Verbrennungsmotoren oder Luftturbinen mit Speicherluft und Brennstoffeinspritzung dienen. Der Startvorgang der GTA wird von der Anfahreinrichtung eingeleitet. Nach Erreichen der Zünddrehzahl wird Brennstoff in die Brennkammer eingespritzt und das Brennstoff-Luft-Gemisch gezündet. Der Temperatursprung sollte zur Vermeidung hoher Wärmespannungen in den Bauteilen klein gehalten und eine Beharrungszeit zum Ausgleich eingelegt werden. Die Anfahreinrichtung beschleunigt die Anlage weiter bis zur Freilaufdrehzahl, bei der die Anfahreinrichtung abgeschaltet wird. Die Turbine unterstützt dabei bereits den Beschleunigungsvorgang. Im Freilaufpunkt herrscht Leistungsgleichgewicht zwischen Verdichter und Turbine. Die Anlage wird aus eigener Kraft durch weitere Brennstoffzufuhr bis zur Leerlaufdrehzahl beschleunigt und steht dann zur Lastaufnahme bereit. Die Anfahreinrichtung muss auch einen längeren Betrieb zulassen, weil während der Waschperioden der Gaserzeugersatz vom Starter angetrieben wird. Wegen der Überlegenheit des elektrischen Startsystems in fast allen Anforderungen (Masse, Raumbedarf, Kosten, Unterhaltung, Zuverlässigkeit) hat es sich gegenüber dem pneumatischen und dem hydraulischen System durchgesetzt.

Zu den Hilfssystemen zählen weiterhin die Schmierölanlage, die Brennstoffförderanlage, die Ansaugluft- und Abgasanlage sowie die Steuer-, Regel- und Sicherheitseinrichtungen. An die Regelung der Anlage werden folgende Anforderungen gestellt: konstante Leistungsabgabe, minimaler Brennstoffverbrauch, sicheres Anfahren, Hochfahren und Abfahren, geringer Verbrauch an Lebensdauer, Einhaltung der Drehzahl, Einhaltung der Turbineneintrittstemperatur, Verhinderung von Pumpen des Verdichters, Verhinderung von Verlöschen der Flamme, Reaktion auf Störungen und Schäden. Die modernen Regler arbeiten digital (FADEC – full authority digital engine control). Von der Stellung des Bedienhebels wird der Befehl an einen Computer gegeben, der ihn dann optimal umsetzt. Dazu sind Regelgesetze erforderlich, die die Arbeitslinien der Antriebsanlage und ihrer Komponenten erfassen und verknüpfen. Die Regelung arbeitet nur so gut, wie die Gesetzmäßigkeiten der Anlage, auch bei instationären Arbeitsweisen, nachgebildet wurden. Die Sensoren zur Messung des Brennstoffmassenstroms, der Drehzahlen, Drücke und Temperaturen und die Antriebe zur Betätigung der Stellgrößen müssen genau und zuverlässig arbeiten. Die Sensoren werden auch als Teil des Überwachungssystems (engine condition monitoring) verwendet. Aus den Messwerten und ihren zeitlichen Veränderungen können über Kreisprozessrechnungen der Zustand der Anlagenkomponenten festgestellt und langsam entstehende Schäden lokalisiert und rechtzeitig behoben werden. Das Reglungssystem stellt auch die Verbindung zum Schiff her. Sämtliche Steuerbefehle an die GTA sind von der Brücke möglich, dort laufen auch alle kritischen Überwachungsgrößen in einer gemeinsamen Alarmanlage ein. Für Schiffsantriebe hat die Verfügbarkeit gegenüber dem Schutz der Antriebsanlage einen höheren Stellenwert als für Landanlagen, da der Schiffsantrieb für Hilfsmanöver zum Schutz von Schiff, Passagieren und Besatzung verfügbar sein muss. Einen störungsarmen Betrieb schafft man z.B. dadurch, dass die Antriebe des Brennstoffregelventils und der Leitschaufelverstellung mit zweifacher Wicklung versehen sind und von zwei Treibermodulen angesteuert werden, um ein mögliches Fehlverhalten dieser betriebsbestimmenden Gerätefunktionen zu vermeiden. Übersprungfunktionen erlauben dem Bedienpersonal das manuelle Ausschalten verschiedener Funktionen (z.B. Vermeidung von Schnellschluss bei Überleistung und Übertemperatur). Diese Fahrweise ist passwortgeschützt.

9.5 Gestaltung der Schaufelprofile

Die Energieumwandlung in dem Verdichter mit Wandlung des Drehmoments über Strömungs- in Druckenergie sowie in der Turbine mit Wandlung von Druck- und Strömungsenergie in ein Abtriebsmoment erfolgt in den Beschaufungen der Turbomaschinen. Grund genug, die Profile der Beschauflungen sehr sorgfältig auszubilden, um die Energieumwandlung mit geringsten Verlusten zu gestalten.

Als *C. A. Parsons* 1884 seine erste Dampfturbine vorführte, war die Beschauflung noch sehr einfach beschaffen. Seine erste Maschine war mit geraden Platten bestückt, die unter 45° aus einem Ring geschnitten wurden (blades cut out of the solid). Dabei muss man sich fragen, wie eine Drehbewe-

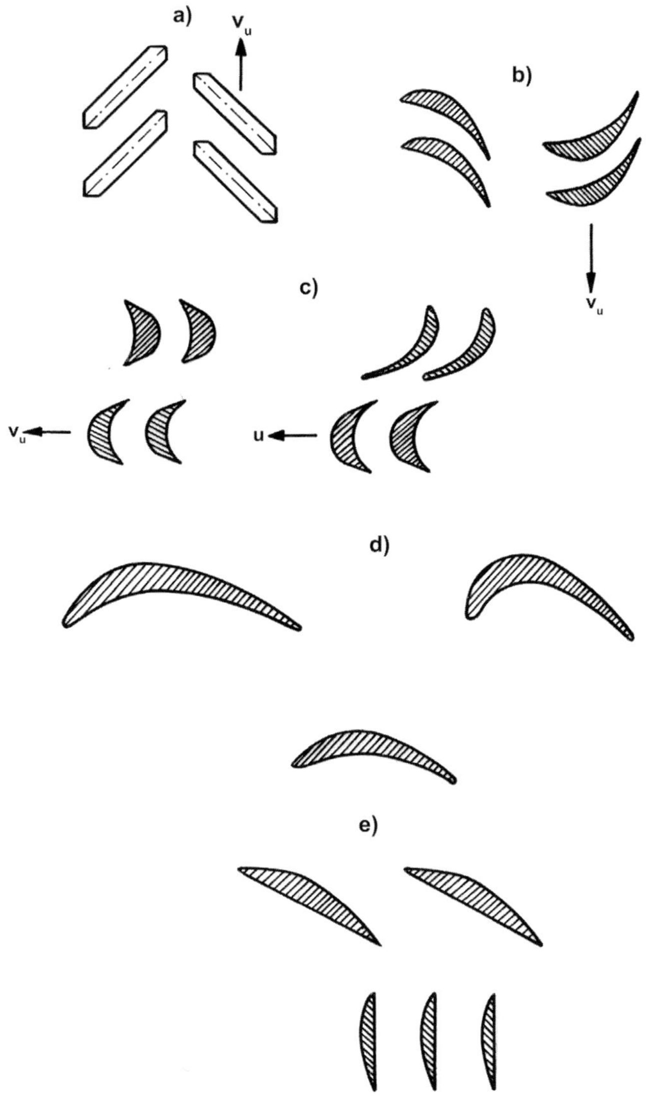

Schaufelprofile aus den Anfängen des Turbomaschinenbaus, von Parsons *verwendete Profilformen:*
a) erste Turbine mit geraden Platten
b) Turbinenbeschauflung für das Schiff TURBINIA
c) Schaufeluntersuchungen im Jahre 1900
d) weitere Untersuchungen von Profilformen
e) Vorschlag von Parsons *(1901) für Profile einer »blowing engine« (Verdichter)*

Die Beschauflung wurde nach der Art ihrer Anordnung (ohne theoretische Vorkenntnisse) mit einem Reaktionsgrad von 100% betrieben. Die Leitschaufeln lenkten den Luftstrom nur um und richteten ihn auf die folgenden Laufschaufeln. Mit 4.000 min^{-1} in einer Anlage wurden 1,42 m^3/s (3.000 ft^3/min) bei einem Druck von 0,12 at (1,75 psi) gefördert. Die ersten axialen Verdichter wurden zur Lieferung von Verbrennungsluft für Hochöfen eingesetzt; ihre anfänglich geringen Luftmengen konnten Radialverdichter jedoch mit besserem Wirkungsgrad bereitstellen.

gung und ein Drehmoment zustande kommen, wenn ein Fluid ein ungewölbtes, gestaffeltes Plattengitter durchströmt. Trifft das Medium stoßfrei die Eintrittskante, dann wird aufgrund der Reibung an den Platten die Strömung hinter der Austrittskante in Richtung der Gitterfront bereits abgelenkt. Die Ablenkung ist umso größer, je dicker die Platten sind, da die Totwassergebiete hinter den Platten und die Mischungsverluste beträchtlich ansteigen. Im *Parsonsschen* Fall der sehr dicken Platten kann man mit Ablenkungen von 12° bis 15° rechnen. Auf diese Ablenkung reagiert das Plattengitter mit einer Reaktionskraft entgegen dem Austrittsimpuls, dessen Umfangskomponente das Drehmoment liefert. Die Gitterkraft kann gesteigert werden, wenn das Plattengitter nicht stoßfrei, sondern unter einem Winkel angeströmt wird, bei dem der Eintrittsimpuls die Kraft auf das Gitter verstärkt. *Parsons* setzte ab1888 an der Eintrittskante gekrümmte Schaufeln ein, die Umlenkung und Strömungskräfte schon beträchtlich verbesserten. Da er feststellte, dass die Form der Schaufeln noch unzulänglich war, untersuchte er in den folgenden Jahren rein experimentell in einer Modellturbine eine Reihe von Schaufelformen, um günstige Konturen für kleine Verluste, eine sichere Fußbefestigung und eine hohe Festigkeit der Schaufelblätter zu finden. Bereits im Jahr 1894 wurde in England ein Schiff der Torpedobootklasse für Dampfturbinenantrieb auf Kiel gelegt. Die TURBINIA überraschte 1897 auf der Flottenparade mit einer Geschwindigkeit von 32,75 kn (60,6 km/h) und war mehr als 5 kn schneller als die konventionellen Torpedoboote. Die erste Maschine des Schiffes wurde vom Dampf mehrfach radial durchströmt, in einer verbesserten zweiten Ausführung wurde der Dampf rein axial geführt. Neben den experimentellen Untersuchungen an Profilformen von Beschauflungen beschäftigte *Parsons* in dieser Zeit eine verlustgeminderte Wirkungsweise der Propeller und die Vermeidung von Kavitation. Mit dem Geschick, Gefühl und der Intuition des erfahrenen Experimentators gelangen ihm wesentliche Verbesserungen an beiden Profilformen.

Die Theorie des frühen Strömungsmaschinenbaus, auch der ersten Gasturbinen, ging von der Vorstellung aus, dass zwei benachbarte Schaufeln einen Strömungskanal bilden, der eine gekrümmte Mittellinie aufweist. Die Querschnitte, d.h. die Profilformen, wurden so gewählt, dass die Umlenkung unter stetiger Beschleunigung bzw. Verzögerung erfolgt. Über die Querschnitte senkrecht zur Kanalmittellinie wurde konstante Geschwindigkeit angenommen. Man bezeichnet dieses Vorgehen als Stromfaden- oder Kanaltheorie. Am Austritt des gekrümmten Kanals führte das Vorgehen zu einem Abschnitt

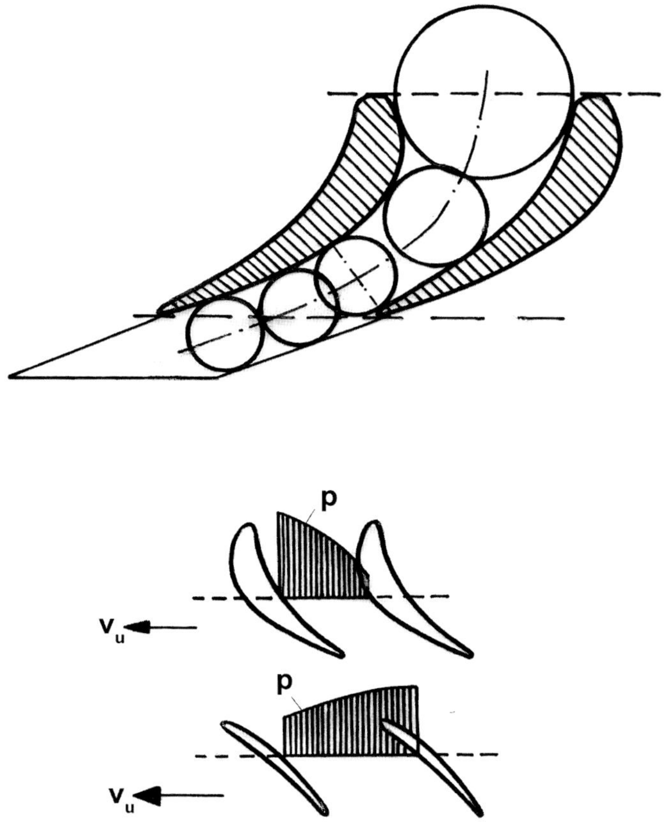

Gestaltung von Schaufelprofilen nach der Kanaltheorie:
a) stetige Beschleunigung im Kanal
b) von der Kanaltheorie nicht erfasste Querdruckverteilungen im Schaufelkanal, abhängig von der Weglänge

mit gerader Profilkontur. Der Übergang von der Profilkrümmung auf die gerade Austrittskante war mit einem Krümmungssprung verbunden, den man später zur Verbesserung des Grenzschichtverhaltens und der Verminderung der Reibungsverluste zu vermeiden versuchte. Die Theorie geht stark auf *Aurel Stodola* zurück (*Aurel Boleslav Stodola*, 1859–1942, in der slowakischen Stadt Liptovský Mikuláš – St. Nikolaus in der Liptau – geboren), der von 1892 bis 1929 an der Eidgenössischen Technischen Hochschule Zürich lehrte und mit den Entwicklungsaufgaben in der Firma BBC/Baden, Schweiz, eng verbunden war. In den ersten Jahrzehnten des 20. Jhdts. war *Stodola* führend in der Lehre über Dampf- und Gasturbinen.

Die unterschiedlichen Krümmungen der beiden Kanalwände führen zu verschiedenen Druckverteilungen längs der Kontur und zu Druckgradienten quer zur gekrümmten Mittellinie, der Kanalachse. Das empirische Vorgehen der Kanaltheorie ist dabei unbefriedigend, da es keine Aussagen zur örtlichen Geschwindigkeitsverteilung und Schaufelbelastung liefert und Verbesserungsmöglichkeiten an der Profilkontur ausschließt.

Erst in den dreißiger Jahren wurden Berechnungsverfahren bekannt, die auch die Druckverteilung um das Profil lieferten.

Um die Profilumströmung richtig verstehen zu können, sollte ein kleiner Ausflug in die Theorie der bewegten Flüssigkeiten vorausgehen. Wir betrachten in einem Strömungsgebiet ein Flüssigkeitselement auf einer Stromlinie und formulieren nach dem Grundgesetz der Dynamik (Masse x Beschleunigung = Kraft)

$\rho \cdot V \cdot (dv/dt) = - V \cdot (dp/ds) - \rho \cdot g \cdot V \cdot (dh/ds)$.

Druckkraft Schwerkraft

Eine Reibungskraft wurde hier vernachlässigt, weil das Fluid in einer gewissen Entfernung von umströmten Körpern als reibungsfrei angesehen werden kann. Außerdem betrachten wir die Strömung in einem festen System. In einem reibungsbehafteten, rotierenden System treten Zusatzglieder auf. Auch instationäre Vorgänge werden mit einem Zusatzglied berücksichtigt. Nach kurzer Umformung erhält man ($ds/dt = v$)

$v \cdot dv = - dp/\rho - g \cdot dh$

Diese Gleichung wurde von *Euler* (1707–1783) aufgestellt. Die Integration liefert unter der Voraussetzung konstanter Dichte ρ die Gleichung

$\rho \cdot (v^2/2) + p + \rho \cdot g \cdot h = \text{konstant} = p_t$.

Die Gleichung hat der Schweizer Mathematiker *Daniel Bernoulli* (1700–1782) 1738 gelöst, sein Vater *Johann Bernoulli* hat sie aber erst später in diese Form gebracht. Die Schwerkraft ist bei Strömungen mit gasförmigen Medien sehr klein und kann vernachlässigt werden. Die konstante Dichte gilt für inkompressible Flüssigkeiten; für Gase ist sie auf Geschwindigkeiten beschränkt, die wesentlich kleiner als die Schallgeschwindigkeit sind. Bei kompressiblen Strömungen ist die gasdynamische Beziehung der isentropen Zustandsgleichung eines vollkommenen Gases $(p/p_t) = (\rho/\rho_t)^{\kappa}$ zu berücksichtigen. Die hydrodynamische Form der *Bernoulli*-Gleichung $\rho \cdot (v^2/2) + p = p_t$ sagt nun aus, dass man auf einer Stromlinie in einer strömenden Flüssigkeit einen statischen Druck p, einen dynamischen Druck oder Staudruck $\rho \cdot (v^2/2)$ und einen Totaldruck (Ruhedruck, Gesamtdruck) p_t unterscheiden muss. Bei reibungsfreier Strömung ist der Totaldruck konstant und ist derjenige Druck bei der Geschwindigkeit null. Er ist beim Stau einer Strömung im Staupunkt vorzufinden. Wird die Strömungsgeschwindigkeit gesteigert, dann fällt der statische Druck ab. Bei reibungsbehafteter Strömung wird der Totaldruck um eine Verlusthöhe vermindert. *Ludwig Prandtl* hat 1904 eine Vereinfachung der hier nicht angeführten Bewegungsgleichungen in der Nähe umströmter Körper vorgeschlagen, die als Grenzschichtgleichungen bekannt wurden. Damit erschloss er viele Anwendungsgebiete der Berechnung. Insbesondere folgerte er, dass ein Druckgradient senkrecht zur Strömung in der Grenzschicht verschwindet, d.h. der Druck bleibt senkrecht zur Wand in der Grenzschicht konstant, er wird der Grenzschicht aus dem Außenbereich der Strömung aufgeprägt. Die Berechnung der Geschwindigkeitsverteilung der reibungsfreien Strömung auf einer Körperkontur liefert demnach den statischen Druck auch innerhalb einer vorhandenen Grenzschicht.

Die Wirkung der *Bernoulli*-Gleichung kann im Alltag beobachtet werden. Tritt ein Luftzug durch eine halb offene Tür auf, wird die Tür zugeschlagen, weil durch den Luftzug eine Strömungsgeschwindigkeit und damit ein geringerer statischer Druck als auf der anderen Türseite vorhanden ist. Bläst man zwischen zwei Papierblätter, dann bewegen sie sich aufeinander zu, weil im Spalt der Druck geringer ist als auf den Außenseiten. In der Technik gibt es vielfältige Anwendungen. Die bekannteste ist wohl der Tragflügel des Flugzeugs. Ähnlich dem Tragflügel werden auch die Schaufelprofile der Turbomaschinen so umströmt, dass sich auf den Saugseiten höhere Geschwindigkeiten und kleinere Drücke, auf den Druckseiten niedrigere Geschwindigkeiten und höhere Drücke einstellen. Die vorhandene Druckdifferenz sorgt bei Turbinen für die Drehbewegung und das abzugebende Drehmoment. Bei Verdichtern führt das aufgenommene Antriebsmoment zur entsprechenden Profildruckverteilung und zum Druckaufbau.

Noch ein Wort zu den folgenden Beschreibungen mit den mathematisch-strömungstechnischen Fachausdrücken: Aus einer Parallelströmung und den einzuführenden Singularitäten lassen sich eine Menge Strömungsbilder aufbauen. Zu den Singularitäten zählen Quellen, Senken und Potenzialwirbel. Sie werden so genannt, weil der Strömungszustand dieser Elemente in ihrem Ursprung ein singuläres Verhalten besitzt, beispielsweise sind die Geschwindigkeiten unendlich groß. Die Ergiebigkeit der Quelle wird mit Q bezeichnet, ist sie negativ, liegt eine Senke vor. Die Wirbelstärke Γ des Potenzialwirbels wird auch als Zirkulation bezeichnet. Man sagt, die Singularitäten induzieren ein Geschwindigkeitsfeld, wobei der Ausdruck einer analogen mathematischen Situation in der Elektrotechnik entstammt.

Frühzeitiger als für Beschauflungen wurde die Umströmung eines schlanken widerstandsarmen Körpers behandelt, da sie für die Flugtechnik grundlegende Bedeutung besaß. Profilierte Tragflügel für hohen Auftrieb und geringen Widerstand konnten damit auch theoretisch untersucht werden. Bei ihrer

Berechnung können wir zwei Methoden unterscheiden: Bei der Singularitätenmethode werden in geeigneter Weise Wirbel, Quellen und Senken im Inneren des Tragflügels angeordnet und das Stromlinienbild gesucht. Die Überlagerung der Grundströmung mit den örtlichen Geschwindigkeiten der Singularitäten führt zu einer geschlossenen Stromlinie; die Stärke der Singularitäten ist richtig gewählt, wenn diese Stromlinie mit der gewünschten Körperform übereinstimmt. Die Wirbelbelegung ergibt eine gekrümmte Skelettlinie, die für den Auftrieb verantwortlich ist. Durch die Quellbelegung im vorderen Teil des Profils wird die Außenströmung abgedrängt und im hinteren Teil durch die Senken wieder angezogen, sodass der Profiltropfen entsteht. Quell- und Senkenströmung verlaufen im Inneren des Profils. Die Theorie dieser Strömung wurde zuerst von *Birnbaum* und *Ackermann* 1923 angegeben und von *Glauert* 1929 weiterentwickelt. Bei der Methode der konformen Abbildung wird von einfach zu behandelnden Umströmungen bekannter Körper, z. B. Kreiszylinder, ausgegangen und mit geeigneten Abbildungsfunktionen in komplexen Koordinatenebenen jeder Punkt einer Bildebene einem Punkt der Abbildungsebene zugeordnet. Die Umströmung eines konzentrischen Kreises geht bei Anwendung einer Abbildungsfunktion nach *Joukowski* (auch *Shukowski*, russischer Aerodynamiker, 1847–1921, »Vater des russischen Flugwesens«) in eine umströmte Platte, ein auf der positiven y-Achse verschobener Kreis in einen Kreisbogen, ein auf der negativen x-Achse verschobener Kreis in ein symmetrisches Profil, das als *Joukowski*-Tropfen bezeichnet wird, über. Die Grundfälle sind kombinierbar, wodurch im allgemeinen Fall ein gewölbtes *Joukowski*-Profil erreicht wird. Beliebige Profile können zur Nachrechnung zunächst mittels einer Abbildungsfunktion in eine kreisähnliche Figur abgebildet werden. In weiteren Rechengängen werden diese Figuren iterativ in Kreise überführt. Der rechentechnische Aufwand ist in allen Fällen sehr beträchtlich, die praktische Nutzanwendung eher gering. Mit den exakten Lösungen können allerdings andere Näherungsverfahren überprüft werden.

Ausgangspunkt der Theorie zur Berechnung der Geschwindigkeitsverteilung um Profile von Beschauflungen war die Annahme einer gleichmäßigen Verteilung von Wirbeln auf einer einzigen Geraden, der Gitterachse, mit der Überlagerung einer Parallelströmung. Im zweiten Schritt wurde die Wirbelbelegung auf der Gitterachse durch eine Wirbelverteilung auf vielen Geraden in Gitterachsrichtung im Bereich der Gitterbreite ersetzt. Das gesamte Strömungsfeld wurde somit kontinuierlich mit Wirbeln belegt. Eine endliche Profildicke konnte durch eine Quell-Senken-Verteilung erzielt werden. Die berechneten örtlichen Konturgeschwindigkeiten galten jedoch streng nur für unendlich kleine Schaufelteilungen, da der Einfluss eines endlichen Schaufelabstandes durch die kontinuierlichen

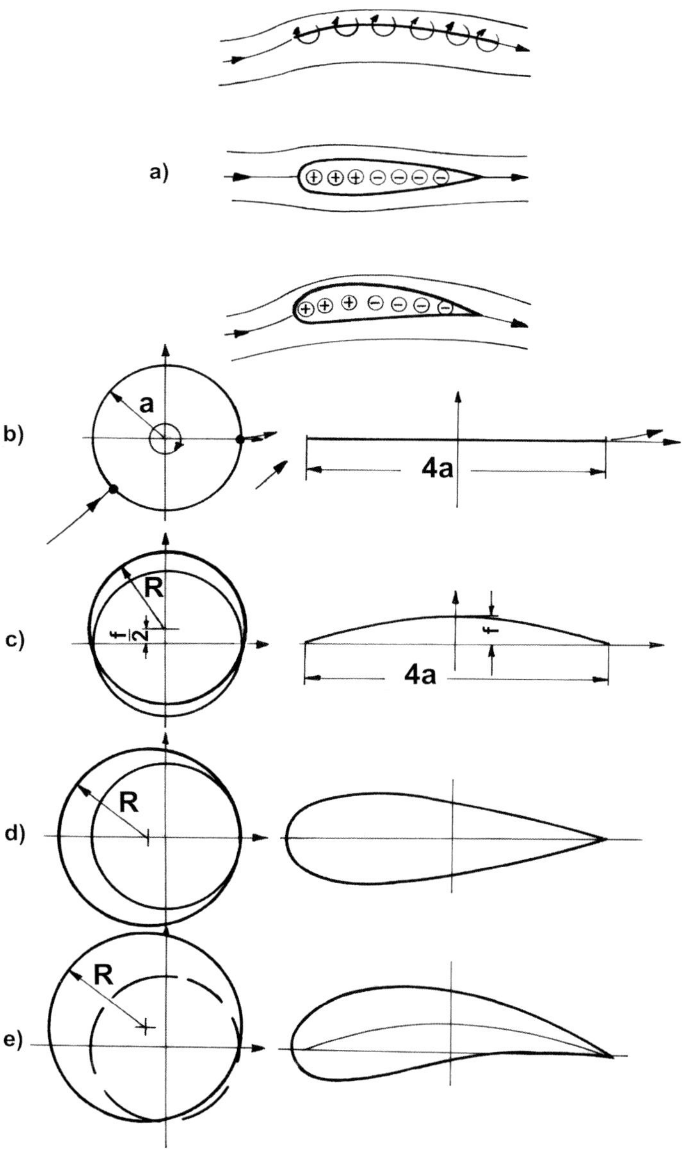

Singularitäten und konforme Abbildung für Tragflügelprofile:
a) Profilskelett mit Wirbelbelegung, Profiltropfen mit Quell-Senken-Verteilung, Überlagerung
b) konforme Abbildung der Kreiszylinderumströmung auf die Umströmung der angestellten ebenen Platte. Die Zirkulation Γ_s eines Potenzialwirbels ist erforderlich, um den hinteren Staupunkt an die Hinterkante der Platte zu legen und die Abflussbedingungen zu erfüllen
c) Abbildung des Kreises auf Kreisbogenprofil
d) Abbildung des Kreises auf symmetrischen Tropfen
e) Abbildung des Kreises auf das Joukowski-*Profil*

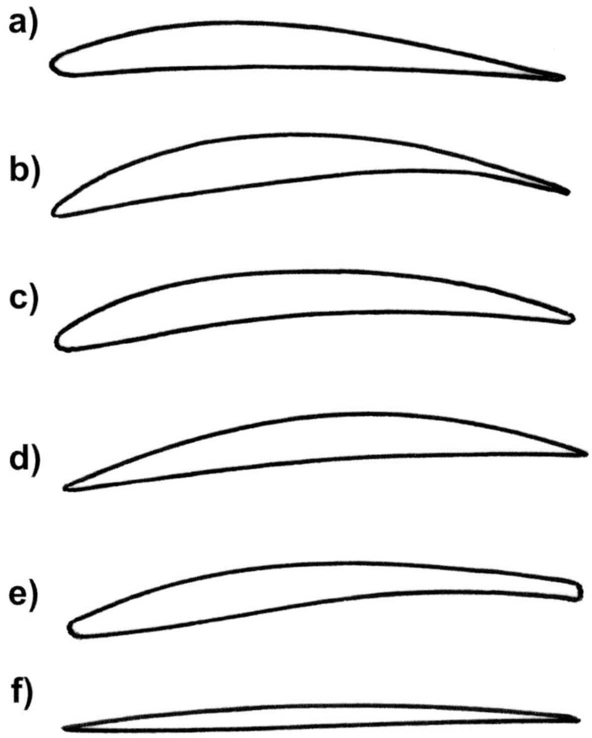

Profile von Profilreihen und spezielle Profilformen für Verdichter bei subsonischer und supersonischer Strömung
a) Profil Göttingen Gö 265
*b) Profil der amerikanischen NACA-65-Serie (NACA-**N**ational **A**dvisory **C**ommittee for **A**eronautics, Washington) mit einer Geschwindigkeitsverteilung mit flachem Maximum, erreicht durch konstante Wirbelbelegung über der gesamten Profillänge hier NACA 65-(18)10:*
6 - bezeichnet die Serie
5 - relative Dicke tritt bei 50% der Profillänge auf
(18) - Auftriebsbeiwert im Auslegungsfall 1,8
10 - größte relative Dicke in Prozent, bezogen auf die Profillänge. Daneben existiert eine vierziffrige Profilserie
c) Profil der englischen C- Reihe (C_1...C_4)
d) DCA-Profil (double circular arc)
e) CDA-Profil (controlled diffusion airfoil)
f) Profil für Überschallströmung

Wirbelreihen nicht vorhanden war. Eine Abhängigkeit von der Teilung konnte man nach einem Vorschlag von *Ackeret* erhalten, wenn eine mit der Schaufelteilung periodisch veränderliche Wirbeldichte, beispielsweise durch eine cos-Funktion dargestellt, verwendet wurde.

Leistungsfähige Verfahren zur Berechnung von Gittern aus mäßig gekrümmten und mäßig dicken Profilen wurden von *Hermann Schlichting*, Professor an der TH Braunschweig, und Mitarbeiter *Norbert Scholz* entwickelt. Die Schaufel wird ebenfalls durch eine Wirbel- und Quell-Senken-Verteilung ersetzt und ein die Schaufelteilung berücksichtigendes periodisches komplexes Potenzial verwendet. Entgegen den Ausführungen von *Isay*, der dieses komplexe Potenzial 1953 verwendete und die Wirbel richtigerweise auf der Kontur anordnete, aber zu einer sehr aufwändigen, seiner Zeit kaum durchführbaren Rechnung kam, belegte *Schlichting* 1955 die Sehne der Profile mit der Wirbel- und Quellverteilung. Dadurch waren auch die Grenzen des Verfahrens vorgegeben.

Verfahren mit den Methoden der konformen Abbildung bei Verwendung einer die Teilung berücksichtigenden periodischen Abbildungsfunktion sind auch bekannt geworden. *Weinig* stellte ein solches Verfahren bereits 1935 vor. In den frühen Jahren der Verdichterentwicklung für Flugtriebwerke wurde dieses Verfahren angewandt. Speziell für Verdichter fehlte es nicht an Versuchen, auch die Tragflügeltheorie anzuwenden. Bereits 1922 wurden diesbezügliche Vorschläge von *Bauersfeld* gemacht. Eine gute Grundlage bildeten zu dieser Zeit bereits die Ergebnisse der experimentellen Untersuchungen von Tragflügeln in Windkanälen in der Aerodynamischen Versuchsanstalt Göttingen, die unter der Leitung von *Ludwig Prandtl* durchgeführt wurden. Es zeigte sich jedoch, dass die Ergebnisse allenfalls auf weit auseinander stehende Schaufeln in Gebläsen anwendbar waren; die dicht stehenden Schaufeln von Verdichtern lassen die Übertragung vom Einzelprofil auf das Gitter nicht direkt zu. Auf jeden Fall sind dann weitere experimentelle Untersuchungen zum Einfluss dicht stehender, endlich langer Schaufeln bestimmter Verhältnisse Länge/Breite erforderlich. Sowohl Forschungsinstitute als auch industrielle Anwender haben sich später in den sechziger Jahren des 20. Jhdts. ihre eigenen Profilfamilien für spezielle Anwendungen geschaffen. Mit umfangreichen experimentellen Resultaten konnten optimierte Anordnungen für den jeweiligen Anwendungsfall ermittelt werden. Die vorstehend genannten Rechenverfahren dienten dabei zur Vorauswahl.

In jüngster Zeit sind die Anwendungen der Profilfamilien jedoch nicht mehr gebräuchlich, da sie meist nur Umlenkungen und Verluste bei inkompressibler oder schwach kompressibler Strömung erfassen. Mit der Steigerung der Parameter in den Anlagen, speziell der Stufenbelastung, werden subsonische, transsonische und supersonische Strömungen in den Gittern erreicht. Ein Charakteristikum dieser Strömungen ist die auftretende Machzahl (als Kennzahl für kompressible Strömungen wird bei der Machzahl die Strömungsgeschwindigkeit auf die Schallgeschwindigkeit bezogen). Strömt das Fluid gerade mit Schallgeschwindigkeit, dann wird die kritische oder *Laval*-Geschwindigkeit erreicht (wir erinnern uns, die erste von *de Laval* 1883 gebaute Gleichdruckturbine war mit Düsen mit überkritischer Entspannung des Dampfes ausgestattet). Sie trennt die Bereiche der Unterschall- (subsonisch) und der Überschallgeschwindigkeit (supersonisch). Das Gitter sperrt, wenn die im engsten Querschnitt erreichte maximale Geschwindigkeit die Schallgeschwindigkeit ist. Die entsprechende Zuströmmachzahl, die kleiner als eins ist, wird als Sperrmachzahl bezeichnet. Durch die Geschwindigkeitserhöhung auf der vorderen Saugseitenkontur tritt dabei örtlich Überschallgeschwindigkeit auf, die durch senkrechte Verdichtungsstöße auf Unterschall abgebaut wird. Bei subsonisch und supersonisch nebeneinander bestehenden Strömungsfeldern spricht man von transsonischer Strömung. Sind die Zuströmmachzahlen größer als eins, liegen supersonisch angeströmte Profile vor. Vor den Gittern liegende abgelöste Kopfwellen, schräge und senkrechte Verdichtungsstöße und deren Interaktion mit der Grenzschicht verlangen sehr spezielle Konturformen.

Seit ca. 1990 werden verstärkt stationäre und instationäre Strömungsfelder in Schaufelgittern durch die numerische Behandlung der Bewegungsgleichungen mit die Strömung hoch auflösenden Rechennetzen bei Einsatz leistungsfähiger Computer gewonnen, deren Ende nicht abzusehen ist.

Mit diesen Ausführungen sollte ein Eindruck entstehen, mit welchem Aufwand an experimentellen und theoretischen Untersuchungen unter Einsatz komplizierter mathematischer Verfahren, die zu diesem Zweck erst entwickelt werden mussten, in mehr als 100 Jahren um die Verbesserung des Energieumsatzes in den Beschauflungen der Turbomaschinen gerungen wurde. Der Ideenreichtum und das Stehvermögen vieler Theoretiker und Experimentatoren waren erforderlich, um den hohen Stand bei der Gestaltung der Strömungsmaschinen in der Gasturbinenanlage zu erreichen.

9.6 Probleme und Entwicklungstendenzen

Die Nachteile einer Einwellenanlage (Verdichter-Turbine-Nutzleistungsabnehmer auf einer Welle) vermeidet man, wenn die Entspannung des Gases auf eine Verdichterantriebsturbine und eine Nutzleistungsturbine mit getrennten Wellen aufgeteilt wird. Dadurch wird die ungünstige Kopplung der Verdichterdrehzahl mit der Drehzahl des Nutzleistungsabnehmers vermieden. Als Nutzleistungsturbine kann sowohl die Hochdruck- als auch die Niederdruckturbine geschaltet werden. Letztere Variante ist nicht nur wegen der einfachen Gasführung und der hintereinander liegenden Maschinenanordnung die bevorzugte praktische Lösung. Bei Teillast wird außerdem ein stabiler Betrieb der Anlage gesichert. Im gegenteiligen Fall, wenn die Niederdruckturbine den Verdichter antreiben würde, nähme bei Teillast und verminderter Verdichterdrehzahl das Druckverhältnis der Verdichterantriebsturbine schnell ab, sodass nach dem Leistungsgleichgewicht des Gaserzeugers höhere Gastemperaturen, die auch über dem Nennwert liegen können und die Turbine thermisch überlasten, eingestellt werden müssten. Dabei nähert sich die Betriebslinie bei Teillast bedenklich der Pumpgrenze und schneidet sie bei kleinen Teillasten oder bei instationärem Betrieb. Vor allem bei schnellen Betriebspunktänderungen (Manöver, Gefechtszustände) muss zur Steigerung der Leistung und zur Beschleunigung des Verdichtersatzes die Heißgastemperatur zusätzlich erhöht werden, wobei dann die Fahrlinie näher zur Stabilitätsgrenze liegt oder diese überschreitet. Diese Schaltung scheidet deshalb für Propellerbetrieb aus. Bei hintereinander geschalteten Verdichtern mit jeweils eigenem Antrieb kann die Anlage bei Teillast pumpfrei betrieben werden, wenn die Hochdruckturbine den Hochdruckverdichter, die Mitteldruckturbine den Niederdruckverdichter und die Niederdruckturbine den Nutzleistungsabnehmer antreibt. Die Turbinen treiben ihre Verdichter über eine Hohlwelle an.

Die hohe Verfügbarkeit und Zuverlässigkeit der Luftstrahltriebwerke beruht auch auf einem hoch entwickelten System der Wartung und Instandhaltung. Diese Erfahrungen werden bei den Schiffsantrieben genutzt. Durch die vielseitigen Überwachungsmöglichkeiten der einzelnen Anlagenkomponenten mit dem Monitoringsystem können sich anbahnende Abweichungen und Fehler schnell erkannt werden und ermöglichen Eingriffe in den Betriebsablauf oder erlauben Trendanalysen zur Wartung. Die äquivalenten Betriebsstunden für die Gesamtlebensdauer und für die Intervalle der Heißteil- und Überholinspektionen hängen von Prozesstemperaturen, Werkstoffeinsatz, Belastungen, Betriebsregime und von den Erfahrungen der Hersteller ab und differieren stark bei den einzelnen Anlagen. Die Lebensdauer der Rotorschaufeln der vorderen Stufen kann zwischen 48.000 und 80.000 äquivalenten Betriebsstunden liegen. Dabei wird ein regulärer An- und Abfahrvorgang 10 bis 20 Betriebsstunden gleichgesetzt. Bei einer Volllast-Schnellschlussabschaltung werden aufgrund der hohen Beanspruchungen 100 bis 150 Betriebsstunden angerechnet. Mit der Kenntnis der tatsächlichen örtlichen Gastemperatur und den daraus ermittelten Bauteiltemperaturen und mechanischen Spannungen ist die Bestimmung der Lebensdauer der Bauteile in Abhängigkeit von der Kriechbeanspruchung des Werkstoffes und der thermischen Wechselbeanspruchung möglich. Bei Festigkeits- und Lebensdauerberechnungen sowie Schadensanalysen werden zunehmend probabilistische Betrachtungen (nach Gesichtspunkten der Wahrscheinlichkeit) einbezogen, bei denen statistische Streuungen berücksichtigt, bewertet und begrenzt werden. Das in den Verdichter eintretende Fluid ist mit wässrigen Schmutz-, Ruß- oder Salzpartikeln belastet, die sich während des Verdichtungsvorgangs bei Erhöhung der Temperatur auf den Schaufeloberflächen festsetzen und verkrusten. Die raue Oberfläche auf den Schaufelprofilen führt zu höheren Reibungsverlusten, zu früherer Neigung zur Ablösung und zu steigenden mechanischen Belastungen durch Schaufelschwingungen. Deshalb ist ein regelmäßiges Waschen des Verdichters erforderlich, wobei nach Hochfahren der Anlage mit der Anfahreinrichtung bis zu einer Waschdrehzahl beim Auslaufen der Welle über installierte Düsen mit einem breiten Fächerungswinkel Wasser und Reinigungsmittel in die Beschauflung gespritzt werden. Die Antriebsanlagen unterliegen der natürlichen Abnutzung. Die fein abgestimmten Komponenten einer GTA reagieren besonders empfindlich auf Veränderungen. Neben der Verschmutzung treten Korrosion (chemische Reaktion der Schaufelmaterialien mit komplexen Salzen im Brennstoff), Oxidation, Erosion (Abtragungen des Materials durch harte Partikel in der Ansaugluft oder im Brennstoff), Abrasion (Berührung rotierender mit stehenden Teilen) und Schäden durch Fremdobjekte (Eis, gebrochene Maschinenteile) auf. Weitere Schäden können durch Schaufelbrüche (Schaufelschwingungen oder Überhitzung), Überhitzung der Flammrohre in der Brennkammer, Störungen an den Einspritzdüsen (Verkokung, Verzunderung, Erosion, Verschleiß), Ausfall der Zündspannung und an den Wälzlagern auftreten. Den größeren Anteil zum erzwungenen Stillstand liefern oft die Hilfssysteme wie Brennstoff- und Regelsystem. Ausfallzeiten bei diesen Systemen können bereits bei der Konzipierung der Anlage mit Mehrfachschaltungen und der Bereitstellung genügender Ersatzteile in Grenzen gehalten werden.

Aus den Darlegungen der vorangegangenen Gliederungspunkte ist die Erkenntnis zu gewinnen, dass in einer GTA hoch entwickelte, aber auch sehr sensibel auf die verschiedenen aerodynamischen und betrieblichen Einflüsse reagierende Anlagenkomponenten Verdichter-Brennkammer-Turbinen-Nutzleistungsabnehmer eingebunden sind. Weiterentwicklungen müssen sowohl die Steigerung der Parameter der Komponenten als auch ihr Zusammenspiel ins Auge fassen. Entwicklungen und Entwicklungstendenzen bei Luftstrahltriebwerken sind eng mit denen der Schiffsantriebe verbunden.

Wenn auch die Schiffs-Gasturbine enorm von der Luftfahrt-Gasturbine profitiert – nur sie kann die enormen Entwicklungskosten tragen –, müssen etliche Anpassungen vorgenommen werden. Vor allem entfällt der Fan und die verfügbare Leistung in der Niederdruckturbine steht als Nutzleistung an der Kupplung zur Verfügung. Das im Triebwerk in Schub umgesetzte Druckgefälle wird zusätzlich in der Nutzleistungsturbine verarbeitet.

Bei modernen Antriebssystemen mit höheren Leistungen kann auf die GTA schon seit längerer Zeit nicht mehr verzichtet werden. Waren es in den zurückliegenden Jahrzehnten vor allem die hohe spezifische Leistung, der niedrige Masseaufwand und der geringe Raumbedarf, auch der vibrationsarme Lauf, die guten Betriebseigenschaften und Manövrierfähigkeiten, die diesem Antrieb traditionell Vorteile gegenüber dem Dieselmotor verschafften und die auch sehr früh in Kriegsschiffen genutzt wurden, so ist die gerade beginnende Konkurrenzfähigkeit bezüglich Wirkungsgrad bzw. Brennstoffverbrauch und die sehr aktuelle Überlegenheit bezüglich des Schadstoffausstoßes von weitreichender Bedeutung für den Einsatz der GTA als Schiffsantrieb im zivilen Dienst. Die Steigerung von Leistung und Wirkungsgrad ist nach wie vor ein wesentlicher Gesichtspunkt, steht jedoch nicht mehr allein im Mittelpunkt der Entwicklung. Die Steigerung dieser Parameter ist durch Steigerung der Gaseintrittstemperatur, des Druckverhältnisses sowie der Verminderung der Kühlluftentnahme möglich. Grenzen für die Steigerung der Gastemperatur setzen die verfügbaren Werkstoffe und die Kühltechnologien für die heißgasführenden Bauteile in Brennkammer und Turbine. Kleine Schritte lassen Weiterentwicklungen warmfester Werkstoffe zu, größere Schritte sind mit dem Übergang auf keramische Bauteile und neue Kühlungsarten (Transpirationskühlung) nach Lösung der technischen Probleme bis zur Betriebsreife möglich. Mit der Steigerung des Druckverhältnisses müssen eine wesentliche Steigerung der Stufenzahlen, des Gewichts und der Baulänge der Anlage vermieden werden. Die verlustarme Profilgestaltung bei schallnahen und Überschallströmungen ist dabei notwendig. Die Verbesserung des Prozesses durch Zwischenkühlung, Zwischenerhitzung und Vorwärmung wird breiteren Raum einnehmen. Ein markanter Baustein ist bereits die

Inbetriebnahme der Anlage WR-21 mit Zwischenkühlung und Vorwärmung der Verbrennungsluft. Kombinationsanlagen, die hohe Abgastemperaturen des GTA-Prozesses in Abhitzekesseln ausnutzen und die Nachschaltung von dampfturbinengetriebenen Generatoren zulassen, sind aus der Entwicklung nicht mehr wegzudenken. Solche Kombianlagen erreichen Wirkungsgrade bis zu 58%. An die Brennkammern werden gegenwärtig und zukünftig höchste Anforderungen gestellt. Verbrennungsvorgang und Brennkammerkonstruktion sind Schlüsseltechnologien. Zum weiteren Ausbau der gerade errungenen Konkurrenzfähigkeit der GTA zum Dieselmotor, auch bezüglich des Brennstoffverbrauchs, ist in der Brennkammer nicht nur die hohe und gleichmäßig verteilte Gastemperatur zur Verfügung zu stellen, sondern mit verfeinerten Methoden der Brennstoffaufbereitung und der Verbrennung sind die guten Ergebnisse des geringen Schadstoffausstoßes weiterhin zu minimieren und deren Konzepte zielstrebig weiterzuentwickeln. Zur Verbesserung der Verbrennungsstabilität gehört auch die Verfügung über genügend Verbrennungs- und Mischluft, die man aus einer Kühlluftreduzierung gewinnen kann.

Ob sich ein Getriebe zwischen Verdichter und Antriebsturbine zur Anpassung an optimale Betriebsdrehzahlen der jeweiligen Baugruppen in Schiffsanlagen einführen wird, ist abzuwarten. In Flugtriebwerken wird der Einsatz eines Getriebes in einem Advanced-Technology-Fan-Integrator-Programm (ATFI) durch *MTU Aero Engines München, Pratt & Whitney* Canada und *Fiat Avia* Italien vorbereitet. Das Getriebe wird zwischen Fan und Niederdruckturbine geschaltet, sodass beide Komponenten optimal betrieben werden können. Der Fan weist eine geringere, die Turbine eine höhere Drehzahl auf. In der Turbine kann bei höheren Umfangsgeschwindigkeiten das Druckgefälle mit weniger Stufen abgebaut werden. Der Treibstoffverbrauch soll dabei um 10%, die Geräuschentwicklung um 50% sinken.

Mit in den Mittelpunkt der Anstrengungen sind die Verbesserung der Lebensdauer und die Verminderung der Kosten gerückt. Selbst in den Kriegsmarinen tritt die Frage nach den Kosten von Beschaffung, Betrieb und Wartung in den Vordergrund. Mit steigenden Material- und Brennstoffpreisen drohen Anlagen- und Betriebskosten in die Höhe zu schnellen. Eine moderate Fahrweise der Anlage zur Erhöhung und konstruktive Maßnahmen zur Ausschöpfung der Lebensdauer und des Revisionszyklus sowie eine Verbesserung der Wirtschaftlichkeit durch Einsatz geeigneter billigerer Brennstoffe werden angestrebt.

9.7 Ausgeführte Schiffsantriebsanlagen

Ab 1943 versuchte man in Großbritannien Flugzeug-Düsentriebwerke als Schiffsantrieb zu nutzen. Die Gasturbine musste dann natürlich mit Dieselöl betrieben werden können. Die Gasaustritts-Geschwindigkeit beträgt etwa 100 m/s, die Temperatur 500°C. Doch die Lebensdauer war zunächst unbefriedigend. Im Jahr 1947 wurde eine Gatrix-Gasturbine von 2.500 PS in das Schnellboot MGB 2009 eingebaut, die 600 Betriebsstunden erreichte, aber auch noch unbefriedigend war. Die Navy war an der Gasturbine interessiert, da sie leicht ist, eine gute Startbereitschaft hat und schnell auf volle Leistung hochgefahren werden kann.

So dass man für Marsch- wie für Höchstfahrt die beste Konstellation hat. Wenn auch nicht die Wirtschaftlichkeit, so hat doch gleichbedeutend die Reichweite einen großen Einfluss auf die Entscheidung.

Die Handelmarine stand der Gasturbine zögerlich gegenüber. 1951 wurde der dieselelektrische Tanker AURIS (12.290 t) für einen der vier Dieselmotoren mit einer 1.250 PS-Gasturbine ausgerüstet, 1956 insgesamt mit einer 5.800 PS Gasturbine.

Ende 1967 war die ADMIRAL WILLIAM CALLAGHAN mit 20 Mio. USD Baukosten »The world's largest jet«. Sie hatte zwei Gasturbinen, abgewandelte Boeing 707-Triebwerke mit zusammen 21.000 PS (15.500 kW) und erreichte damit 25 kn.

Die am meisten eingesetzte Schiffs-GTA ist wohl die von *General Electric* produzierte LM 2500. Sie wurde in Hunderten von Kriegsschiffen von weltweit 29 Kriegsmarinen und in schnellen Fähren (auch in Verbindung mit COGAG und CODAG) in mehr als tausend Stück verwendet und aus den frühen militärischen und zivilen Zweikreistriebwerken TF 39 und CF 6-6 entwickelt. Sie besteht aus einem einwelligen Gaserzeuger und einer frei laufenden, nur aerodynamisch gekoppelten sechsstufigen Nutzleistungsturbine. Der Verdichter besitzt 16 Stufen, davon sind die Stufen 1 bis 6 mit in Betrieb verstellbaren Leitschaufeln zur Anpassung an Betriebszustände bei Teillast ausgerüstet. Er erreicht ein Druckverhältnis von 17. Die Verdichterantriebsturbine ist zweistufig, Leit- und Laufschaufeln werden konvektions- und filmgekühlt. Der thermische Wirkungsgrad beträgt 34,8% (Brennstoffverbrauch ca. 243 g/kWh). Mit dem Luftmassenstrom von 61,2 kg/s werden 25 MW Nutzleistung erreicht. Die seit 1996 ausgelieferte modernisierte Version LM 2500^{+} fördert durch Vorschaltung einer zusätzlichen Verdichterstufe einen höheren Luftdurchsatz und liefert bei gleichzeitiger Erhöhung der Turbineneintrittstemperatur eine Leistung von 30,2 MW. Die Produktpalette umfasst weiterhin die LM 500 (4,5 MW), LM 1600 (14,9 MW) und die LM 6000 (42,75 MW, 41,9%). Die LM 2500 ist an drei Punkten aufgehängt, die ihrerseits auf einer Grundplatte abgestützt sind. Diese ruht auf elastischen Stützgliedern, damit Schwingungen des Schiffskörpers und harte Stöße, z.B. Unterwasserexplosionen, abgefangen werden. Zu diesem Zweck sind auch die Verbindungen des Schutzraumes mit den Schächten für Ansaugluft und Abgas elastisch ausgeführt. Die Anlagen wurden z.B. 1996/97 in den Hochgeschwindigkeitsfähren der *Stena*-Linie (EXPLORER, VOYAGER, DISCOVERY) im Dienst für Nordsee und Irische See eingesetzt. Jedes Schiff wird von zwei LM 2500 und zwei LM 1600 in COGAG-Anordnung angetrieben. Weitere Anlagen sind u.a. in den Fähren zwischen Italien und Sardinien installiert (CODAG). Attraktives Beispiel ist der Einsatz der LM 2500^{+} in der QUEEN MARY 2. Das gegenwärtige Cunard-Flaggschiff QM 2, das weltgrößte transatlantische Passagier- und Kreuzfahrtschiff, verwendet zwei LM 2500^{+} in CODAG-Anordnung zum Antrieb der Elektrogeneratoren. Der Vortrieb wird durch vier 21,5-MW-Elektromotoren erzeugt, die in mit dem Schiffskörper verbundenen separaten und zum Teil drehbaren Schalen (pods) sitzen und dem Schiff eine Geschwindigkeit von 30 Knoten (56 km/h) verleihen. Insgesamt sind ca. 30 Anlagen dieser Größe in mehr als 20 Kreuzfahrtschiffen im Einsatz.

Bei der großen Anzahl der gefertigten Anlagen ist ein Blick auf die Entwicklung der Triebwerke, aus denen der Schiffsantrieb hervorging, sehr interessant. Das Triebwerk TF 39 (TF-Turbofan) von *General Electric* (GE) ist im Wettbewerb mit *Pratt & Whitney* zur Herstellung eines Triebwerkes mit hohem Bypassverhältnis entwickelt worden. Die Bestrebungen gingen 1962 dahin, bessere Triebwerke mit höherem Schub und niedrigerem Brennstoffverbrauch einzusetzen. Daraus resultierten die Zweikreistriebwerke mit hohem Bypassverhältnis, hier von 8:1, d.h. in einer ersten Fanstufe (Gebläse, Bläser) werden ungleich größere Luftmengen angesaugt und auf ein Druckverhältnis von ca. 1,45 verdichtet, die zum größten Teil um das Kerntriebwerk geleitet und gleich zur Schuberzeugung genutzt werden. Ein kleiner Teil wird im Hochdruckverdichter (HDV) verdichtet, passiert die Brennkammer, wird in der Hochdruckturbine zum Antrieb des HDV und in der Niederdruckturbine (NDT) zum Antrieb des Fan genutzt. Das Druckgefälle für die NDT wird anteilig aus dem Druckgefälle der Schuberzeugung bezogen. Die daraus resultierenden geringeren Austrittsgeschwindigkeiten in der Schubdüse im Zusammenspiel mit den großen Luftmassen aus dem äußeren Kreis verbessern den Vortriebswirkungsgrad beträchtlich. Ein Nebeneffekt des verbesserten Brennstoffverbrauchs sind leisere Triebwerke, da der umgebende Luftstrom den Lärm beachtlich dämpft. Das Triebwerk TF 39 wurde 1963 entworfen, 1964 wurde ein Demonstrationsmodell erfolgreich getestet, im Oktober 1965 wurde der Kontrakt mit der Air Force unterzeichnet. Die Lieferung sah 440 Maschinen vor, einschließlich 30 Testmaschinen. Noch im Dezember 1965 wurde der HD-Verdichtertest, im Frühjahr 1966 der Fantest abgeschlossen. Weitere Testläufe des Triebwerks ein-

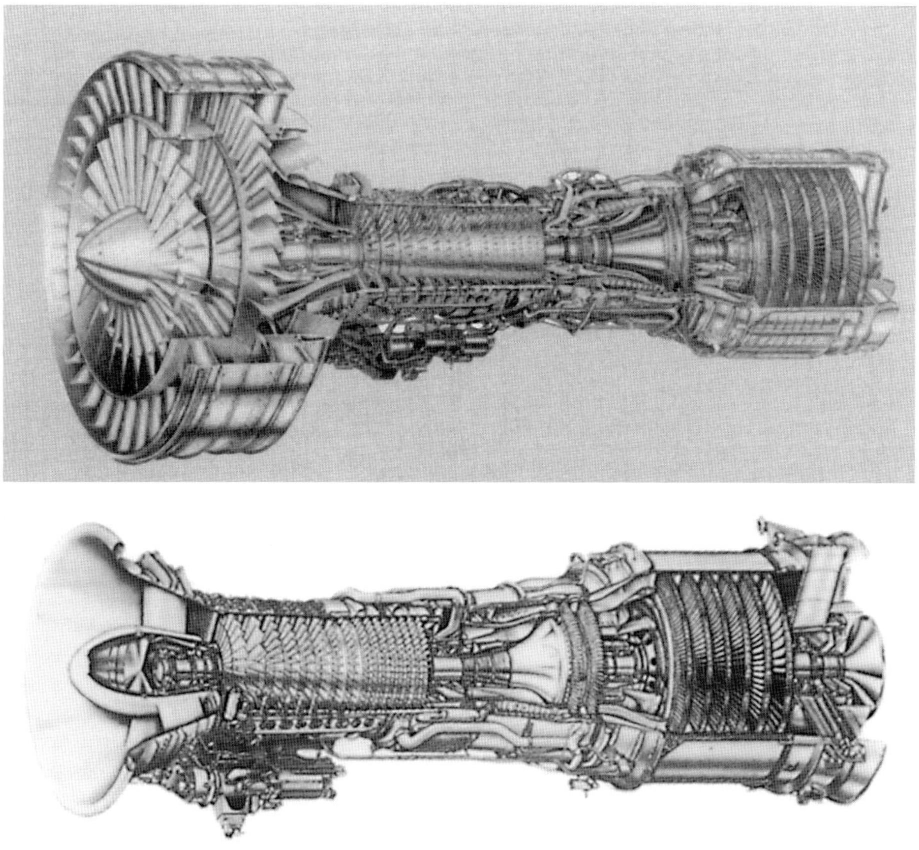

Triebwerk TF 39 und der Schiffsantrieb LM 2500
Unschwer ist zu erkennen, wie das Triebwerk bei Wegfall des ND-Verdichters (Fan) in die Maschine LM 2500 übergeht.

Fähre FINNJET mit Diesel- und Gasturbinenantrieb (CODLAG). Ziel war eine Fahrtzeit von 22 h Travemünde–Helsinki, Rundreise 600 sm, Größe 26.000 ts, 23.000 BRT, 1.532 Passagiere, 350 Autos, 30,5 kn, Dienstgeschwindigkeit 29,5 kn, Antrieb 2 x 37.500 PS, L 212 m, T 7,5 m. In den ersten 10 Jahren ab April 1977 gab es erhebliche Getriebeprobleme. Dann Veränderungen 1993/ 94. Die CODLAG-Anlage erlaubt jetzt vier Betriebszustände:
Gasturbinen: 2 x 37.500 PS, 3.800 1/min, Propeller 175,5 min^{-1}; komb. Betrieb: 2 x 40.800 PS, 3.800 1/min, Propeller 175,5 min^{-1}; Dieselelektrisch (mit zwei 18-Zylindern-V-Motoren, 500 1/min, 18,5 kn im Winterbetrieb): 2 x 7.200 PS (5.300 kW), 3.800 1/min, Propeller 99,5 min^{-1}; Gem.-Betrieb (24 kn): 1 x 37.500 PS, 3.800 1/min, Propeller 175,5 min^{-1}, 1 x 7.200 PS, 3.800 1/min, Propeller 120,0 min^{-1}
Die beiden Verstellpropeller haben 5 m Durchmesser, Schub je 230 t. Die Gasturbinenanlage wurde gewählt wegen ihrerZuverlässigkeit, bei geringem Raumbedarf, geringem Gewicht und der niedrigen Gesamtkosten. Der Verbrauch (clean marine diesel oil) ist hoch mit 201 g/hph = 270 g/kWh. Der Preis ist etwa doppelt so hoch wie Schweröl. 1977–1980 hat sich der Preis vervierfacht. Heute wird mit 30% Gasöl und 70% Schweröl gefahren mit einer Viskosität von 230 cSt bei 50° C. Untersetzung 1:22 dreistufig, in der letzten Stufe wird das Drehmoment auf zwei Treibritzel aufgeteilt.

schließlich eines 60-Stunden-Tests schlossen sich 1967 an. Während der Testfahrten mussten ein Ermüdungsbruch und weitere aufgetretene Risse am Steg zwischen Schaufel und Schaufelfuß, ein Anstreifen der Welle an einer Labyrinthdichtung und ein Schaufelschaden an der ersten Turbinenstufe durch einen Fremdkörper aus einer Dichtung behoben werden. Erste Flugtests erfolgten 1968/69. Ab 1970 wurde das Triebwerk in dem Militärtransporter *Lockheed* C-5A Galaxy eingesetzt. Parallel zu dieser Entwicklung erfolgte 1967 der Einstieg von GE in die kommerzielle Turbofan-Entwicklung. Mit Vorläufertypen wurde das neue Projekt CF 6 (CF-Commercial Fan mit einem ursprünglichen Bypassverhältnis 6:1) verschmolzen und kommerzielle Maschinenprojekte kreiert, in denen die TF 39 bereits als Basis diente. Der HD-Verdichter wurde mit 16 Stufen von der TF 39 direkt übernommen, die Hochtemperaturturbine zeigte das Design der TF 39, eine weiterentwickelte Film-Konvektionskühlung wurde eingeführt. Die NDT wurde fünfstufig ausgeführt. Der Produktionsbeginn war 1969, die Zertifikation wurde 1970 durchgeführt, wobei Änderungen an den Turbinen (Überhitzungen) und der Brennkammer (Verstärkungen) vorgenommen wurden. Nach den erfolgreichen Flugtests 1970 in der *McDonnell-Douglas* DC 10 gingen die Triebwerke im August 1971 in den Service der Fluggesellschaften über. Es schlossen sich in den nachfolgenden Jahrzehnten mehrere weiterentwickelte Varianten mit höherem Schub an. Neben Verbesserungen am Fan wurden im HD-Verdichter die Leitschaufelverstellung, die Radialspalte, die Abdichtungen unter den Leitschaufeln und die Materialüberzüge auf den Schaufeln optimiert. Es wurden noch effizientere Schaufelformen in mehreren Versuchsreihen entwickelt, die Luftleckagen reduziert und die Strömungswege verbessert. Zum Betreiben bei Turbineneintrittstemperaturen über 1.360° C wurden eine neue Brennkammer und eine neue HD-Turbine eingesetzt. Der Schub wurde von anfangs 142 kN auf 310 kN gesteigert. In die Entwicklung und Fertigung von Komponenten wurden später die französische Firma *SNECMA* und die deutsche Firma *MTU München* einbezogen. Aus der Schilderung dieser Entwicklung ist vor allem der Reifeprozess der Triebwerke und damit auch des Schiffsantriebs LM 2500 zu ersehen.

Den Antrieb schneller Fähren, Hochgeschwindigkeitsfrachter, Kreuzfahrtschiffe, Flüssiggastanker, Fregatten, Zerstörer und Flugzeugträger will *Rolls-Royce* mit der neuen Marine Trent 30 abdecken. Die Entwicklung basiert auf dem seit 1996 gefertigten, erfolgreichen und leistungsstarken Triebwerk Aero Trent 800, das im Eintrittsbereich (Fan, Mantelstrom) konstruktiv verändert wurde.

Die Industriegasturbine FT 8 wurde gemeinsam von *MAN Turbomaschinen AG/GHH Borsig* und *Turbo Power and Marine Systems, Inc.* entwickelt und ist auch als Schiffsantrieb vorgesehen. Der Gaserzeuger basiert auf der modernsten Version des am meisten in der Zivilluftfahrt eingesetzten Triebwerks JT8D-219 von *Pratt & Whitney.*

Die Marine-Gasturbine WR-21 ICR mit Verdichter-Zwischenkühlung und Vorwärmung der Verbrennungsluft durch die Abgase wurde seit Ende 1991 von einem Firmenkonsortium entwickelt, wobei *Rolls-Royce* die Gasturbine konstruierte und sich dabei auf sein Flugtriebwerk RB 211-535 stützte. Dabei entstand ein Antrieb, der der Schiffs-GTA weitere Aussichten eröffnen wird. Das wurde im Wesentlichen dadurch erreicht, dass der spezifische Kraftstoffverbrauch bis auf Laststufen von 30% unter 0,2 kg/kWh durch Einfügen eines Zwischenkühlers und eines Vorwärmers in den einfachen Kreisprozess gesenkt wurde.

Das Musterbeispiel der von einer Industrie-GTA leichterer Bauart abgeleiteten Schiffs-GTA ist die GT 35 von *ABB Stal* Schweden. In ihr wird billigerer, schwererer Brennstoff eingesetzt, sodass daraus niedrigere Betriebskosten resultieren. Das Rücklaufsystem des Brennstoffes ermöglicht eine Zirkulation und Vorwärmung des Brennstoffes vor der Zündung bis zur Zerstäuberdüse. Vergleichbar mit anderen Anlagen ist die maximale Turbineneintrittstemperatur mit 880° C niedrig. Die Turbinenbeschauflung kommt ohne Schaufelkühlung und ohne empfindliche Austrittsbohrungen der Kühlluft auf den Schaufeloberflächen aus. Die Reinigung der Turbinenbeschauflung während des Betriebs wird mit Nussschalen vorgenommen. Der Start erfolgt mit Gasöl, nach 10 Minuten wird auf das schwerere Öl umgeschaltet. Durch das Zurückschalten auf Gasöl 45 Minuten vor dem Abstellen werden Schwierigkeiten beim folgenden Start vermieden. Die Anlage wird vorwiegend in schnellen Fähren eingesetzt. Der regelmäßige Fährverkehr der CARISMA zwischen Schweden und Dänemark

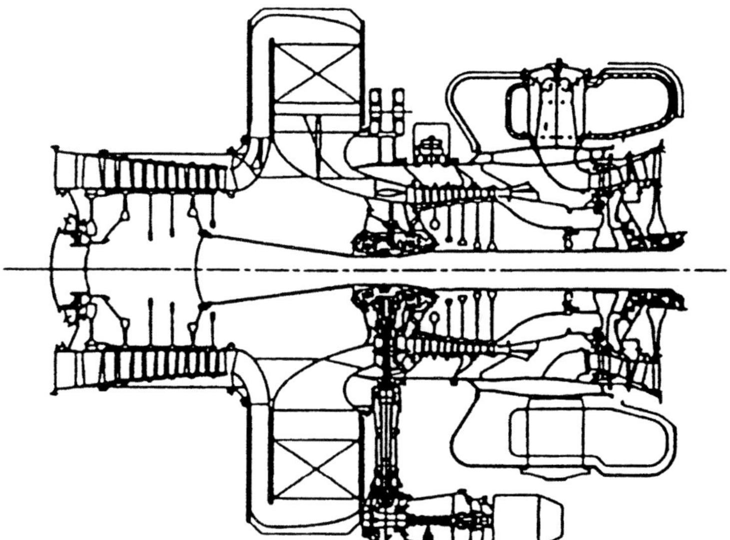

Gaserzeuger der WR-21. Die kompakte segmentförmige Anordnung des Zwischenkühlers zwischen dem 6-stufigen Mitteldruck- und dem 6stufigen Hochdruckverdichter ist gut zu erkennen (als Niederdruckverdichter wird die weggefallene Fanstufe bezeichnet). Der Wärmeübertrager liegt über der hier nicht dargestellten Nutzleistungsturbine. Der Zwischenkühler arbeitet in einer Zweikreisanlage. Die Verdichtungswärme der Luft führt im Primärkreis eine aus gleichen Teilen bestehende Mischung aus Frischwasser und Glykol ab, während die Rückkühlung dieses Zwischenträgers im Sekundärkreis in einem mit Seewasser beaufschlagten Wärmeübertrager erfolgt. Die einstufigen Beschauflungen der Hochdruck- und Mitteldruckturbine sind mit Silizium-Aluminid-Überzügen versehen. Die Laufschaufeln der Mitteldruckturbine sind als Einkristall-Gusslegierung ausgeführt. Die erste Stufe der fünfstufigen Nutzleistungsturbine wurde neu ausgelegt, um den großen Bereich des Anströmwinkels abdecken zu können, der sich durch die verstellbaren Leitschaufeln ergibt. Die Verstellung gibt nur eine minimale Querschnittsfläche unterhalb von 40% Leistung frei und öffnet ab 100% Leistung den gesamten Querschnitt. Durch die Verstellung der Leitschaufeln kann die Turbinentemperatur bei Teillast auf ein Niveau eingestellt werden, das eine optimale Wärmeübertragung im Luftvorwärmer ermöglicht. Die unterschiedlichen Leistungen der Kriegs- und Handelsschiffe, die sehr verschiedenen Einsatzfälle und Anforderungen an die Fahrtstufen können mit der Anlage WR 21 zweckmäßig realisiert werden, da ihre optimale Auslegung bei 67% Leistung liegt und sie auch bei 10% Last einen noch sehr günstigen Brennstoffverbrauch besitzt.

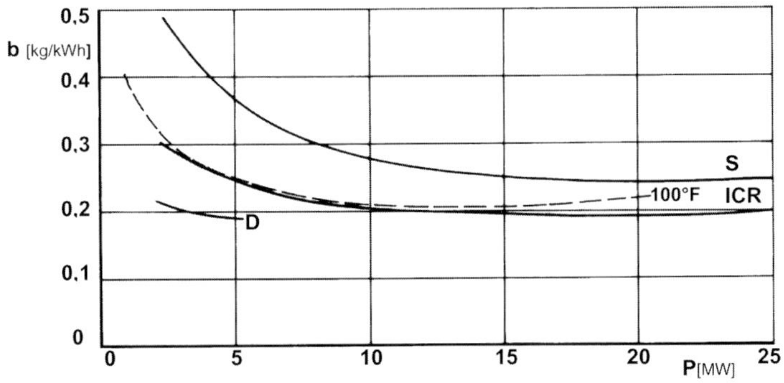

Spezifischer Brennstoffverbrauch der WR-21. Unter S verstehen wir den einfachen (Single-)Prozess früherer Anlagen, unter ICR den Prozess der Anlage WR-21 (ICR – intercooled recuperated). Vergleichsweise ist mit D der spezifische Verbrauch eines großen Dieselmotors angegeben.
In der Abb. ist auch der Brennstoffverbrauch an einem 100°-F-Tag enthalten, d.h. für eine Ansaugtemperatur von 100° F (310,9° K; 37,8° C)
Mit der Anlage wird eine Leistung von 25,2 MW erreicht.
Der Wirkungsgrad liegt bei 42,5% (0,199 kg/kWh).
Im Bestpunkt sind 44,3% (0,191 kg/kWh) zu erwarten.
Das Druckverhältnis in der Anlage beträgt 13,8.
Der Abgasmassenstrom 73,5 kg/s.

erlaubt eine kontinuierliche Bunkerung und Säuberung des Brennstoffes durch einen Zentrifugalseparator sowie eine Vorwärmung auf 60° C an Land. Außer Filter werden an Bord keine Reinigungsanlagen betrieben. Die Vorwärmung des zirkulierenden Brennstoffes in der Anlage auf 90° C bis zu den Brennstoffdüsen ist zum Erreichen einer niedrigen Viskosität beim Einspritzen erforderlich. Mit 2x17 MW können 33–38 Knoten (61–70 km/h) Geschwindigkeit, maximal 80 km/h erreicht werden. Beachtlich ist der Einsatz von zwei Anlagen in einer Passagier/Wagenfähre im River-Plate-Dienst zwischen Buenos Aires und Montevideo, die bis 60 Knoten (111 km/h) erreicht.

Kleinere Leistungseinheiten von ca. 4 MW werden von *Vericor Power Systems* mit der TF 40 und TF 50 angeboten. Ungefähr 500 Einheiten sind gegenwärtig in den Handels- und Kriegsmarinen in Patrouillenbooten, Luftkissen-Landebooten, Korvetten, Fähren, Yachten und Hovercraft-Schiffen weltweit im Einsatz (auch in Kombination von CODOG, CODAG und COGAG). Sie wurden von zivilen und militärischen Triebwerken abgeleitet.

Eine Variante einer Maschinenkonzeption lag in den sechziger und siebziger Jahren des vergangenen Jahrhunderts in der Erzeugung von Treibgas in Freikolbengaserzeugern und Zuführung zu einer Turbine. Verdichter und Brennkammer sind im Freikolbengaserzeuger vereint, der nach dem Zweitakt-Dieselverfahren mit gegenläufigen Kolben arbeitet. Die Gaserzeuger liefern ein Treibgas von 3 (bis 6) bar Überdruck, von 430 bis 570° C Temperatur bei einer Gasmenge von 1,2 bis 4 kg/s. Das Gas wird aus dem Brennraum bei geeigneter Kolbenstellung nahe den äußeren Totpunkten durch Schlitze entlassen und der Turbine zugeführt. Die Ideen von *Junkers* (1911) und seine Konstruktion eines Drucklufterzeugers, erstmalig 1936 auf der Leipziger Messe gezeigt, spiegelten sich vor allem in der Fertigung des *Pescara*-Gaserzeugers in Frankreich wider. Die Gasleistung eines Gaserzeugers betrug 400 bis 1.700 PS bei guten Wirkungsgraden von 40 bis 45 %. Damit waren Kupplungswirkungsgrade an der Turbine von 34 bis 37% möglich. Einige Schiffe der Kriegsmarinen (Minenräum-

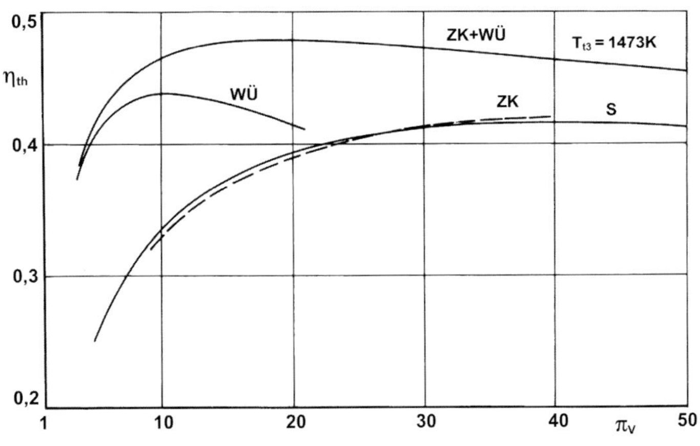

Die Wirkung von Zwischenkühlung (ZK) und Vorwärmung (WÜ) der Verbrennungsluft. Die Zwischenkühlung allein führt zwar zu einer Verbesserung der spezifischen Leistung, ein wesentlicher Wirkungsgradgewinn wird jedoch nicht erzielt, weil durch die niedrigere Austrittstemperatur der Luft aus dem Verdichter eine höhere Brennstoffmenge in der Brennkammer zur Erwärmung auf die gleiche Turbineneintrittstemperatur benötigt wird. Der Wirkungsgrad mit ZK weicht vom Wirkungsgrad des einfachen Prozesses S nur geringfügig ab. Erst durch die Nachschaltung des Vorwärmers kann die Verbrennungsluft so vorgewärmt werden, dass eine niedrigere Brennstoffmenge benötigt wird. In diesem Fall (ZK+WÜ) schlagen sich der verminderte Brennstoffverbrauch und die erhöhte Nutzleistung (durch die verminderte Verdichterantriebsleistung) in einer beachtlichen Erhöhung des Wirkungsgrades nieder. Er liegt dann auch beträchtlich höher als ein nur durch Vorwärmung der Verbrennungsluft erzielbarer Wirkungsgrad (WÜ).
Austauschgrad des Wärmeübertragers 70%, dessen Druckverluste luftseitig 1,5%, gasseitig 3%; Druckverluste des Zwischenkühlers luftseitig 3%, Temperatur der Rückkühlung 303 K.

Schema der Gasturbinenanlage der Hai-Klasse (U-Boot-Jäger) der DDR-Marine ab 1963. Die beiden Außenwellen haben Gasturbinen-Antrieb, die Mittelwelle Dieselmotor-Antrieb (1.200 PS), Gesamtleistung 12.200 PS, 29 kn Foto: U-Jäger RIBNITZ-DAMGARTEN*, 1966–1983, 320 t, L 51,7 m*

boote) und wenige Frachter wurden mit Freikolbengaserzeugern ausgerüstet. Die geringen gelieferten Gasmassenströme erforderten Parallelschaltungen von beispielsweise acht Stück auf eine Turbine.

Schon 1957 hatte der US-amerikanische Frachter WILLIAM PATTERSON, 8.970 tdw, 6 Freikolbengaserzeuger zu je 905 kW und 2 Gasturbinen je 2.208 kW.

Mit wachsenden Leistungen konnte die notwendig steigende Anzahl der Gaserzeuger nicht mehr Schritt halten, und ihre Anwendung verlor an Bedeutung.

Hochgeschwindigkeitsschiffe kommen ohne Gasturbinenanlagen als Antriebe nicht mehr aus. Bei Schiffen der Kriegsmarinen bestimmt die Geschwindigkeit unter anderem den Gefechtswert. Kreuzfahrtschiffe, schnelle Fähren und Schnellfrachter nutzen die hohe Leistungskonzentration der GTA. Das gilt auch für die kleineren Leistungseinheiten in Patrouillenbooten, Luftkissen- und Landefahrzeugen, Yachten und Hovercraftschiffen. Für einen großen Teil der Frachter in der Handelsmarine sind höhere Geschwindigkeiten und höhere Leistungsdichten für die Wirtschaftlichkeit und die Anlagenkosten des Schiffs zwar interessant, die Brennstoffwirtschaftlichkeit beherrscht jedoch das Betriebsergebnis. Wird der Wirkungsgrad der GTA auch konkurrenzfähig zum Dieselmotor, so beeinflusst hier die Schweröltauglichkeit des Dieselmotors doch sehr maßgebend die Gesamtwirtschaftlichkeit und den Einsatz als Antriebsanlage. Der Verbrennung von billigeren Schwerölen in Dieselmotoren steht der Einsatz von leichten Heizölen, Dieselölen, Benzin und Kerosin in GTA gegenüber, die als Destillate teurer sind. Bei der Schwerölverbrennung in GTA sind die Kühlluftbohrungen auf den Schaufeln gefährdet, die sich durch die im Öl enthaltenen Aschen zusetzen können. Um die Verschmutzung der Bohrungen zu vermeiden, wäre der Wegfall der Kühlung bei niedrigeren Gas- und Werkstofftemperaturen erforderlich. Dabei fällt der Wirkungsgrad der Anlage stark ab, sodass die Konkurrenzfähigkeit nicht mehr gegeben ist. In Einzelfällen stellt der Schwerölbetrieb in GTA eine Alternative dar, wie der Einsatz der GT 35 von *Stal Laval* in verschiedenen Fähren beweist. Erdgas wird in Antriebsanlagen von LNG-Tankern (Liquid Natural Gas) eingesetzt, wobei das verdampfte Gas als Brennstoff verwendet wird.

Der rasche Vormarsch der GTA in den letzten beiden Jahrzehnten des vergangenen Jahrhunderts wird sich dennoch fortsetzen und einzelne Zweige der Anwendung werden fest von ihr besetzt. Die Zukunft des Gasturbinenantriebs liegt in seiner Kombinationsfähigkeit. Mit Dieselmotoren und vor allem mit Dampfturbinen gemeinsam werden sehr wirtschaftliche Betriebsweisen ermöglicht. Die Gewinnung des Dampfes aus dem mit Abgasen hoher Temperatur aus dem GTA-Prozess beaufschlagten Abhitzekessel ohne und mit Zusatzfeuerung wird auch in den Fällen interessant, wo die Vorteile der hohen Leistungsdichte und des geringen Raumbedarfs zurücktreten.

Getribe des eisgehenden Schüttgut-Transporter ARCTIC*, 28.000 tdw, Mitte 1978 gebaut in Kanada, ein Dieselmotor mit Getriebeuntersetzung 3,2 : 1, Eisdicke bis 70 cm, Antriebsleistung bis 11.000 kW, Verstellpropeller in Kort-Düse.*

Fregatte F122 der Deutschen Bundesmarine, 1981. Bei Marschfahrt treibt je eine Gasturbine, 19.000 kW, über Planeten- und Stirnradgetriebe mit 15,3:1 Untersetzung die beiden Propeller, bei Schleichfahrt treiben je ein schnelllaufender Dieselmotor, 3.744 kW, 10,2 : 1 zweistufig untersetzt. Die Drehrichtungsumkehr erfolgt im Planetengetriebe oder im Dieselbetrieb durch ein zusätzliches Umkehrrad auf der Steuerbordseite. Da das Gesamtgetriebe elastisch aufgestellt ist, ist das Drucklager extra freistehend in der Wellenleitung. Ein großer Erfolg war, dass die Geräuschwerte der Getriebe deutlich kleiner waren als die Forderung der Marine. Der CODOG-Antrieb wurde Standard für die Fregatten und Korvetten. Allerdings ging das Interesse an weiterer Geräuschminderung ab etwa 1985 zurück, da Satellitenortung sich entwickelte.

Getriebe für ein in Japan gebautes Containerschiff. Drei Dieselmotoren mit 2 x 10.300 kW und 1 x 13.200 kW arbeiten 3,8:1 auf einem Verstellpropeller. Die unsymmetrische Anordnung der drei Antriebswellen hat schiffbaulichen Gründe.

Britisches Kreuzfahrtschiff ORIANA*, gebaut bei der Meyer-Werft, Papenburg, Ausdocken 30. Juli 1994, April 1995 an P&O Cruises, London. Vier Dieselmotoren über zwei Getriebe auf zwei Verstellpropeller, 67.000 BRT, L 260 m, B 32,2 m, T 7,9 m, 24 kn, Antriebsleistung gesamt 47.750 kW, Getriebegewicht 2 x 106 t. Die beiden Doppelschiffsgetriebe auf dem Prüfstand der RENK AG.*

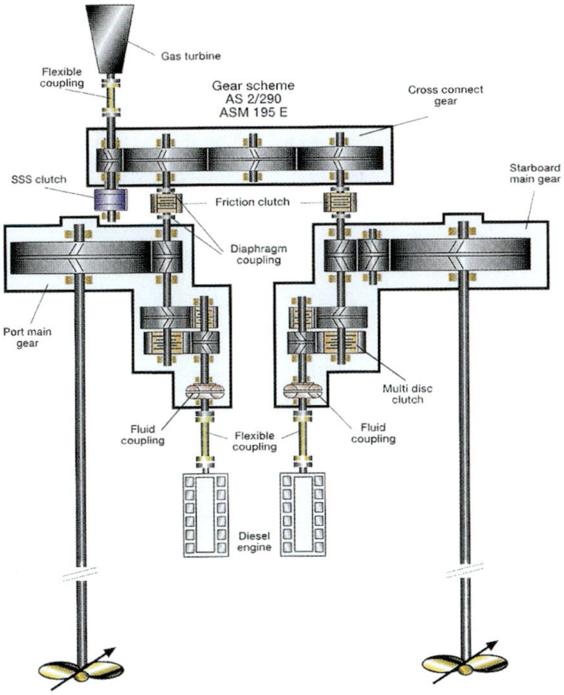

Antrieb der deutschen Fregatte F124.
Zwei Diesel MTU-Motoren 20 V1 163 je 7.400 kW und eine GE Gasturbine LM2500 mit 23.500 kW. Dieses Antriebssystem von RENK gilt gegenwärtig als das fortschrittlichste, flexibelste und wirtschaftlichste für Marineschiffe. Die Geräuschforderungen werden weit unterschritten. Bei der Korvette MEKO® A-100, LÜA 90,6 m, 1.900 t, Reichweite 4.000 sm sieht der Antrieb wie folgt aus: Zwei Dieselmaschinen treiben jeweils einen Verstellpropeller an. Die Dieselmaschinen sind über ein Getriebe verbunden, so dass auch eine Maschine beide Wellen antreiben kann. Eine Gasturbine wirkt auf einen Wasserstrahlantrieb. Im Geschwindigkeitsbereich von 0–20 kn arbeitet nur eine Maschine. Das deckt 80% des Einsatzprofils ab. Bei hoher Geschwindigkeit sind alle Maschinen im Einsatz. Die Propeller sind auf niedrige Schallwerte ausgelegt. Die Gasturbine ist hinter den Dieselmaschinen angeordnet und ist so im achteren Teil des Schiffs angeordnet, lässt also eine optimale Nutzung der Räume zu. Alle Abgase treten am Heck des Schiffs in der Nähe der Wasserlinie aus (niedrige Infrarot-Charakteristik) und sind über Seewasser-Einspritzung heruntergekühlt. Schornsteine werden damit überflüssig und wären für die Infrarot-Signatur des Schiffs gefährlich.

Zeitliche Verteilung des Leistungseinsatzes für Fähre, Kreuzfahrtschiff und Kriegsschiff

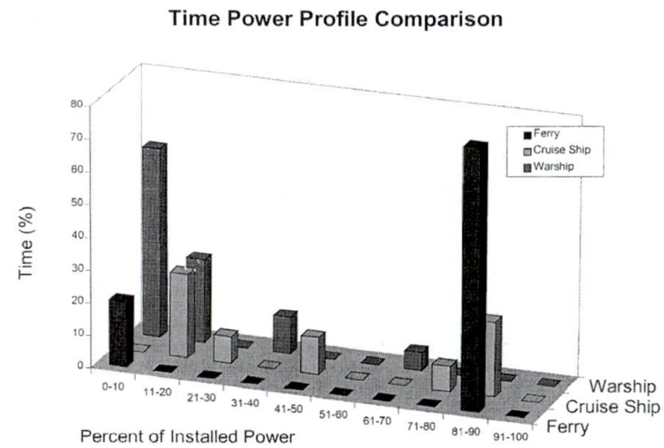

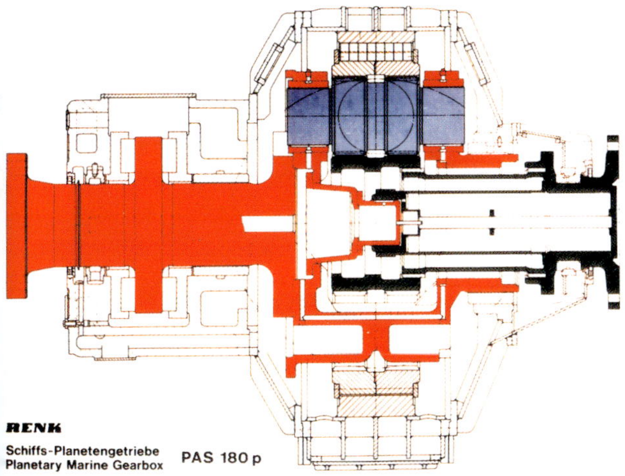

Schiffs-Planetengetriebe, die erheblich kleiner und leichter als Stirnraduntersetzungsgetriebe (Leistungsgewichte unter 0,5 kg/kW), aber auch komplizierter im Aufbau sind, hier für ein Containerschiff, 13.000 kW, Untersetzung 3,1:1 auf dem RENK-Prüfstand.
An- und Abtriebswelle sind fluchtend und laufen mit gleichem Drehsinn. Das eingeleitete Drehmoment wird auf drei Planetenräder verteilt, die im umlaufenden Planetenträger rotieren und sich im äußeren Zentralrad, das über Hülsenfedern elastisch mit dem Getriebegehäuse feststehend verbunden ist, abwälzen. Das innere Zentralrad des Abtriebs ist in der Verzahnung der Planetenräder geführt. Seit 1978 werden Planetengetriebe auch als Wendegetriebe mit zwei hintereinander geschalteten Planetenrädersätzen gebaut. Beim Umkehren der Drehrichtung wird der eine Steg von einer Lamellenbremse festgehalten. Das Verständnis für die kinematischen Abläufe im Planetengetriebe ist auch in der Fachwelt nicht immer einfach zu vermitteln.

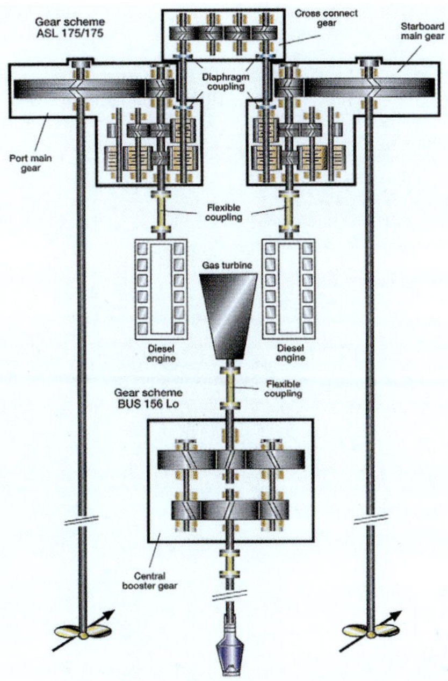

WARP-Antrieb für südafrikanische Korvette, gebaut bei Blohm&Voss, Hamburg.
Ein oder zwei MTU-Dieselmotoren Typ 16V1163 wahlweise auf einem oder zwei Verstellpropeller und eine GE Gasturbine auf den zentralen Wasserstrahlantrieb. Entsprechend dem Leistungseinsatz kann die Propellerdrehzahl dreistufig angepasst werden.

10. Der Kernenergieantrieb

10.1 Der Antrieb mit Kernenergie auf Schiffen

Anfang Januar 1939 waren die Atomphysiker Deutschlands, Frankreichs, Großbritanniens und der USA sicher in ihrer Erkenntnis, dass der Atomkern des Isotop-Urans 235 nur zu 0,7 % im in der Natur vorkommenden Uran mit dem Atomgewicht 238 enthalten ist. Es muss deshalb in einer Gasphase des natürlichen Urans (Uranhexafluorid) angereichert werden. U-235 kann durch Neutronenbeschuss gespalten werden und setzt dabei enorme Mengen Energie frei und weitere Neutronen. Wenn letztere wieder auf U-235-Atome treffen, dabei dürfen sie nicht zu schnell sein, sie müssen also gebremst oder »moderiert« werden, wozu am besten Wasserstoff und damit Wasser geeignet ist oder Graphit, kommt eine selbstständig weiterlaufende Kettenreaktion in Gang. Die Neutronen, die nicht entweichen, werden von U-238 aufgenommen, das künstliche Element Plutonium wird gebildet. Das wurde im Mai 1939 von dem Collège de France praktisch für den ersten Atomreaktor vorgeschlagen. Man dachte aber auch gleichzeitig an die Möglichkeit der Atombombe. US-Admiral *Harold G. Bowen* schrieb schon am 13. November 1939 ein »*Memorandum on Sub-Atomic Power Sources for Submarine Propulsion*«. Er sah vor allem die Vorteile des außenluftunabhängigen Antriebs für U-Boote. Aber dann bekommt der Bau der Atombombe Priorität. In Frankreich – noch nicht besetzt – wurde *Frédéric Joliot-Curie* als Wissenschaftler beauftragt, einen entsprechenden U-Boot-Antrieb zu entwickeln. Er fand heraus, dass Schweres Wasser (Deuterium) weniger Neutronen absorbiert als H_2O, sodass Frankreich den ganzen Weltbestand (1940 165 l) von Norwegen aufkaufte. Der größte Teil der französischen Wissenschaftler- und Ingenieurgruppe floh aber am 16. Juni 1940 nach England. Engländer und Amerikaner zusammen begannen das bekannte Atomprogramm.

In Deutschland hatte man den Sieg vor Augen, nach 1942 fehlen Ressourcen und Kapazitäten, um noch etwas zustande zu bringen, obwohl *Dr. Werner Heisenberg* auch schon im Februar 1942 die Anwendung des Uranium-Reaktors als U-Boot-Antrieb vorschlug.

Am 15. Mai 1944 wurde der erste Reaktor in USA mit 250 kW kritisch. Schweres Wasser war Moderation und Kühl-

US-U-Boot NAUTILUS (SS 571), gebaut General Dynamics, Groton, 21. Jan. 1954 vom Stapel, 3533 t über, 4092 t unter Wasser, bei Nuklearreaktor 52 W mit etwa 15.000 PS, 25 kn unter Wasser, L 98,7 m, B 8,4 m, T 6,6 m.

flüssigkeit zugleich und gab seine Wärmeenergie über einen Wärmetauscher an normales Wasser ab. Er hatte 3 ts U-235/238 und 6,5 ts Schweres Wasser.

In Großbritannien wurde im Juli 1941 die Studie »*Use of Uranium as a source of power*« dem zuständigen Ministerium vorgelegt, aber zurückgestellt, denn man konzentrierte sich auf die Atombombe. Erst 1956 wurde das Thema konsequent aufgegriffen und eine aktive Zusammenarbeit mit den USA gepflegt. Ein Mock-up wurde in Southampton installiert für ein Atom-U-Boot, der Reaktor von Rolls-Royce wurde Anfang 1965 erstmals kritisch.

Das erste britische U-Boot war HMS DREADNOUGHT, das am 21. Oktober 1960 bei Barow-in-Furness vom Stapel lief (3.500/4.000 ts getaucht, 30 kn) mit einem Reaktor aus USA. Die Getriebe-Dampfturbinen können im Notfall ausgekuppelt werden und ein Elektromotor, gespeist aus Batterien, ganz konventionell, übernimmt den Antrieb. Das erste voll britisch gebaute Boot ist die HMS VALIANT, August 1960 bestellt, am 18. Juli 1966 in Dienst gestellt. Im April 1967 fuhr sie getaucht von Singapur nach Großbritannien. Weitere nukleare U-Boote folgten, sodass Großbritannien eine schlagkräftige U-Boot-Flotte hat.

Vieles sprach für die Kernenergie zur Dampferzeugung auf Schiffen. In den 50er und 60er Jahren des 20. Jhdts. gab es zunächst die Anwendung in Kriegsschiffen. Vom Amerikaner *Abelson* kommt im April 1946 der erste Entwurf eines Atom-U-Boots.

In 1946 wurde Admiral *Hyman Rickover* Vorsitzender eines Navy-Teams in Oak Ridge, USA, um zu nukleargetriebenen Marineschiffen, insbesondere U-Boote, zu kommen. Das erste Atom-U-Boot lief dann acht Jahre später vom Stapel, der erste Flugzeugträger vierzehn Jahre und der erste Zerstörer fünfzehn Jahre.

Es dauerte einige Jahre, bis das Programm Gewicht bekam und die Entscheidung fiel für einen Druckwasserreaktor mit leichtem Wasser, Kühlwasser und Moderator; beauftragt wurde Westinghouse Company. Die Startfinanzierung betrug nur drei Mio. US-Dollar. Der an Land aufgebaute Reaktor musste in ein hölzernes Mock-up eines U-Boots. Es wurde eine konventionelle bekannte Form eines U-Boots genommen, um den Grad an Neuheit und Unsicherheit klein zu halten. Weiter wurden mehrere Lösungen für den Reaktor verfolgt, so zum Beispiel ein natriumgekühlter Reaktor anstatt Wasser, der erste STR 1 wurde am 31. Mai 1953 in Betrieb genommen. Seine gesamte Leistung wurde als Hilfsenergie für seinen Betrieb verbraucht, 30 Mio. US-Dollar waren verbraucht.

Das US-amerikanische U-Boot NAUTILUS, im September 1954 von der Werft *General Dynamics*, Groton, USA, abgeliefert, 3.180/3.500 tdw groß, am 30. Semptember 1954 in Dienst gestellt, tauchte erstmalig mit Hilfe eines Nuklearantriebes unter dem Nordpol durch.

Der Aufbau der sowjetischen nukleargetriebenen U-Boot-Flotte folgte mit einigen Jahren Verspätung.

Am 9. September 1952 beschloss die sowjetische Regierung den Bau eines Atom-U-Boots, das zwei Reaktoren und zwei Schrauben erhielt. Das Projekt 627 lief am 9. September 1957 vom Stapel, am 19. Mai 1959 startet Marinechef *Gorschkow* die Reaktoren, am 3. Juli 1958 läuft das Boot erstmals aus. Es werden 23,3 kn über Wasser erreicht. Ab 30. Dezember 1958 übernimmt die Flotte das Boot in Versuchsbetrieb. Die größte Tauchtiefe beträgt 310 m. Viele Probleme müssen in den nächsten Jahren noch überwunden werden.

Das erste sowjetische U-Boot am Nordpol war die N-Klasse, die LENINSKY KOMSOMOL (3.200 ts/4.000 ts getaucht, L 328 ft, B 32 ft, 15.000 PS, 25 kn/30 kn getaucht), im März 1963.

Das größte Atom-U-Boot der Welt ist wohl die russische AKULA (Projekt 941), NATO-Bezeichnung TYPHOON, das in der Zeit vom 3. März 1977 bis 12. Dezember 1981 entstand. Die Wasserverdrängung beträgt 23.200/48.000 t, dagegen der OHIO-Typ der USA 16.000/18.750 t.

Die zivile Schifffahrt begann mit dem US-amerikanischen Frachter SAVANNAH (13.560 BRT) 1959, sie war 1957 bestellt, der schon seit 1970 aufliegt. In der Sowjietunion kam ab 15. September 1959 der Eisbrecher LENIN, am 3. Dezember 1957 vom Stapel, in Fahrt, denn das hohe Gewicht der Reaktoranlage ist von Vorteil.

Der US-amerikanische Präsident Eisenhower schlug in der Versammlung der Vereinten Nationen die Bildung einer internationalen Atomenergie-Agentur vor, die spaltbares Material verwaltet und für zivile Zwecke verkauft. Sie nahm am 30. August 1954 ihre Arbeit auf.

Bei Schiffsanwendung gab es sicher Probleme aus dem sehr viel höheren Gewicht der Antriebsanlage und den hohen Baukosten sowie den höheren Kosten für eine qualifizierte Besatzung. Um die Zeit rechnete man mit 450 US-Dollar/PS bei einem Tanker, 850 US-Dollar/PS beim Kernenergieantrieb. 600.000 US-Dollar war der jährliche Brennstoffverbrauch, ergab also in der Gesamtbetrachtung keinen allzu großen Ersparniswert. Es wurde angenommen, dass die Entsorgung verbrauchten radioaktiven Materials nicht mehr Probleme verursacht als die Entsorgung von Altöl. Schiffe mit weiten Strecken

Mit 25.000 ts das größte U-Boot der Welt, die nukleargetriebene russische TYPHOON-Klasse. Sie hat 20 SS-N-20-Intercontinental-Raketen an Bord in Behältern vor der Flosse.

und kurzen Hafenzeiten, damals vor allem Tanker und Erzfrachter, schienen am geeignetsten, um die Anwendung zu testen.

Im Kernreaktor wird Dampf geringerer Qualität erzeugt, als der Stand der ölgefeuerten Dampfkessel ist.

Die damalige Sowjetunion hat das erste nukleargetriebene Überwasserschiff, den Eisbrecher LENIN (16.000 ts, davon 3.017 ts Gewicht des Reaktorsgetriebes, 44.000 PS, 18 kn frei fahrend, 330 t Schub gegen das Eis, noch 2 kn bei 2,6 m dickem Eis, Baubeginn 25. August 1956, Stapellauf 5. Dezember 1957 bei den *Kirov Elektosia* Werken, Leningrad. Am 15. September 1959 wurde sie in den Dienst gestellt.), der auf Grund seines Atomantriebs keinerlei Reichweitenbeschränkung hat. Die Leistung kommt von 3 je 90-mW-Druckwasserreaktoren, die mittschiffs quer angeordnet sind, zwei sind in Betrieb, der dritte ist in Reserve. Der Reaktorbrennstoff ist gesintertes Urandioxyd, angereichert auf 5% U-235, in Zirkonium-Röhren. Zwei ölgefeuerte Kessel sind notfalls auch vorhanden. Mit dem Dampf werden Turbogeneratoren getrieben; die drei Propeller werden von Gleichstromelektromotoren angetrieben, der mittlere mit 19.600 PS, die beiden äußeren mit je 9.800 PS. Elektrischer Antrieb ist ein für Eisbrecher übliches Antriebskonzept wegen der hohen Manövrierfähigkeit, das Leistungsgewicht ist kleiner als bei einer Getriebeturbine. Die vier Turbogeneratoren stehen oberhalb anderer Hilfsaggregate, um die Maschinenraumlänge kurz zu halten und ein kleines (Manövrierfähigkeit!) Länge-zu-Breite-Verhältnis zu erreichen. Jede Turbine treibt drei Gleichstromgeneratoren (2 x 1.920 kW und 1 x 3.840 kW) bei 1.200 V. Die Stromversorgung im Schiff ist mit 380 V, 50 Hz Wechselstrom, der im lokalen Bereich mit 127 V zur Verfügung steht.

Jeder Reaktor hat 11.000 Stunden bis zur Neufüllung (Frühjahr 1963) gearbeitet.

LENIN arbeitete so erfolgreich, dass weitere nukleargetriebene Eisbrecher folgten, so die AKTIKA mit 2.5000 ts und 25 kn frei fahrend sowie die LEONID BRESHNEW, SIBIR und ROSSIJA.

In Deutschland lief am 13. Juni 1964 bei den *Howaldtswerken HDW* in Kiel der Nuklearfrachter OTTO HAHN als Testschiff vom Stapel. Es kostete 53 Millionen DM, davon 30 Millionen DM für den 220 t schweren Druckwasserreaktor.

Die OTTO HAHN wurde am 1. Januar 1968 von der *HDW*, Kiel, abgeliefert. Sie war Ende 1962 von der 1958 gegründeten *Gesellschaft für Kernenergieverwendung in Schiffbau und Schifffahrt mbH* (GKSS) bestellt worden. Die OTTO HAHN (16.870 BRT, 7.258 NRT) wurde als Erzfrachter konzipiert, $L_{ÜG}$ 172,02 m, B 23,4 m, T 92 m, D 25.812 t, 15.000 tdw, 73 Mann Besatzung, 36 Mann Forschungspersonal. Druckwasser-Reaktor der *Babcock & Wilcox* AG, Oberhausen. Thermische Leistung 38.000 kW. 16 Brennstäbe aus Urandioxyd von 1,12 m Höhe und 2,95–2,98 t Gesamtmasse. Der Sicherheitsbehälter war 13,1 m hoch und hatte 9,5 m Durchmesser. Die Gesamtreaktoranlage mit 50–60 cm Betonabschirmung wog 2.185 t. Das Schiff konnte 500 Tage fahren, in 25.000 Betriebsstunden wurden 24 kg Uran verbraucht, was 40.000 t Heizöl entspricht. Turbinenleistung 11.000 PS (8.096 kW), 15,75 kn. Das Schiff machte 126 Reisen oder 642.000 sm und verbrauchte 80 kg Uran. Die Liegekosten nach der Stilllegung waren 22 Mio. DM. Am 20. Juni 1979 wurde sie außer Dienst

Der deutsche nukleargetriebene Erzfrachter OTTO HAHN, D 2.600 ts, $L_{üa}$ 172 m, B 23,4 m, T 9,2 m, Tragfähigkeit 15.000 ts, Antrieb 10.000 PSw, Hilfsantriebe 2.000 PS, 15,75 kn, Elektrizitätsversorgung 1.590 kW. Kiellegung 1963 bei HDW Kiel, 13. Juni 1964 Stapellauf, ursprünglich war ein mit organischer Flüssigkeit moderierter Reaktor von Interatom vorgesehen, man ging dann doch zum Druckwasser-Reaktor über. Druckgefäß 2,4 m Durchmesser, 8,6 m hoch, 16 Brennstäbe mit UO_2 auf 3,6% angereichert, 12 Kontrollstäbe aus Borkarbid, Erwärmung des Druckwassers von 266° C auf 278° C, Druck 22,4 bar, Menge 2,36 . 10^6 kg/h. Dampfkessel: Menge 63.958 kg/h, Druck 31 bar, aus dem Überhitzter 273° C. Gesamtgewicht des Reaktors mit Sicherheitsarchivierung 930 ts. Ölgefeuerte Kessel geben notfalls noch 8,5 kn Geschwindigkeit.

gestellt. 1982 wurde der Reaktor ausgebaut, das Schiff erhielt einen konventionellen Dieselantrieb und wurde nach China verkauft. 1997 wurde sie verschrottet. Die OTTO HAHN hatte 126 Fahrten gemacht. Mitte der 70er Jahre des 20. Jhdts. war aber die zivile Schifffahrt mit Nuklearantrieb nicht mehr möglich, denn weltweit wurde der politische und gesellschaftliche Widerstand zu groß.

Die japanische MUTSU (Kiellegung 27. November 1968, Stapellauf 12. Juni 1969, 1973 Abbruch) kam nie zum Einsatz.

In Großbritannien zeigte eine Studie 1960, dass ein nukleargetriebenes Handelsschiff nicht mit einem konventionellen konkurrieren kann. Ein ölgefeuerter Tanker wurde mit £ 4.600.000 angenommen. Ein entsprechender nukleargetriebener Tanker mit Siedewasser-Reaktor 134 % davon, mit Druckwasser 146 %. Die Betriebskosten waren auch 28–37% höher. Andere Kalkulationen zeigten 9 % Rentabilität für einen ölgefeuerten Tanker, 3,8% für den nukleargetriebe-nen. Darin sind auch £ 20.000 Versicherungsprämie gegen Nuklearunfälle enthalten. Nach langen Für-und-Wider-Diskussionen war die Regierungsentscheidung in Großbritannien, das Projekt nicht weiterzuverfolgen. Ähnliches passierte auch in Italien, den Niederlanden, Norwegen und Schweden. Anfang der 1960er. Gleichzeitig wurden internationale Regelungen ausgearbeitet und jeder Schiffsbetreiber für einen nuklearen Unfall und seine Folgen verantwortlich gemacht, sodass die Hürde, sich für zivilen Nuklearantrieb zu entscheiden, zu hoch wurde und kein entsprechender kommerzieller Anreiz dem gegenüberstand.

In Frankreich begann 1954 ein Programm für nuklearen Schiffsantrieb für Militärschiffe. Das erforderliche angereicherte Uran wurde von den USA gekauft, was seit 1985 an NATO-Partner möglich wurde. Das erste französische nukleare U-Boot war LE REDOUBTABLE, 1961 in Cherbourg auf Kiel gelegt, 29. März 1967 vom Stapel. Ihre Daten sind 7.900 ts/ 9.000 ts getaucht, 20 kn/25 kn getaucht, 15.000 PS. Schwesterschiffe sind LE TERRIBLE und LE FORMIDABLE. Sie brauchen nur alle drei Jahre neue Brennstoff-Reaktorbeladung. Die Tauchtiefe wird mit 200 m angegeben.

Der Kernenergie-Antrieb ist auf große Kriegsschiffe, Flugzeugträger und Kreuzer sowie Unterseeboote beschränkt geblieben. Ob er je wieder in der zivilen Schifffahrt vorkommt, hängt sicher von seiner Einordnung in die Energiekonzepte an Land und diese sicher sehr stark von den Energie-Versorgungspreisen, von Umweltproblemen sowie Sicherheitsauflagen ab. Aber auch die Wirtschaftlichkeit zu vorhandenen Antrieben ist bisher nicht gegeben.

Bei den genannten Kriegsschifftypen herrschen andere Gesichtspunkte vor, wie: Mit der NAUTILUS wurden Unterwassergeschwindigkeiten von 30 kn und mehr möglich bei Reichweiten um den halben Erdball. Allerdings ergeben sich neue Probleme, wie z.B. die Aufbereitung der Atemluft bei wochenlanger Unterwasserfahrt.

An Kernreaktoren sind folgende Überlegungen gebunden:
- gasgekühlter graphitmodersierter Reaktor (AGR)
- gasgekühlter, mit Schwerem Wasser moderierter Reaktor (GCHW)
- mit organischer Flüssigkeit gekühlter und modersierter Reaktor (OLMR)
- Siedewasser-Reaktor (BWR)
- Druckwasser-Reaktor (DWR)

Hauptsächlich ist bisher der Druckwasser-Reaktor angewendet worden. Es erfolgt eine regelbare atomare Kettenreaktion der wärmegebundenen Kernspaltung. Die Wärmeabfuhr erfolgt durch das Druckwasser im Primärkreislauf unter einem Druck von 120–200 bar, sodass kein Verdampfen stattfindet. Die Wärme wird dann an den dichten Sekundärkreislauf abgegeben.

Die druckfeste Sicherheitsummantelung erfordert einen erheblichen Aufwand, der den Vorteil des geringen Brennstoff-Raumbedarfes bedeutend vermindert. Da die zivile Anwendung gegenwärtig nicht verfolgt wird, sind auch bestehende Probleme der Entsorgung oder der erforderlichen Automatisierung und Besatzungsqualifikation für den sicheren Betrieb nicht weiterverfolgt worden.

Neben der mangelnden Wirtschaftlichkeit verhindert die ungelöste Problematik der Entsorgung bei Untergang oder bei Abbruch des Schiffes eine weitere Verbreitung oder ein Aufleben des kommerziellen nuklearen Schiffsantriebes. Ein eklatantes Beispiel für diese Problematik gibt das Abwracken der sowjetischen Atom-U-Boote, die ohne Klärung dieser Fragen gebaut wurden. In der Sayda-Bucht nördlich von Murmansk am Nordmeer wird seit 20 Jahren eine Anlage zur sicheren Lagerung der Reaktorsektionen von 120 ausgemusterten U-Booten gebaut. Man denkt, dass sie vollends entsorgt werden können. Insgesamt 21 Staaten beteiligen sich an den Entsorgungskosten, die auf 20 Milliarden US-Dollar in zehn Jahren kalkuliert sind. Alleine die Zerlegung eines U-Bootes wird mit bis zu 4 Millionen Euro angesetzt.

Der erste nukleargetriebene Flugzeugträger ist die 1961 in Dienst gestellte US-amerikanische ENTERPRISE von der Werft *Newport News Shipbuilding.* L 340 m, 20.500 kW (280.000 PS) für 35 kn mit acht Kernreaktoren, die nur alle drei bis vier Jahre mit neuen Brennstäben versehen werden müssen, was einer Reichweite von 300.000 sm entspricht. Das Schiff soll noch bis 2013 im Dienst bleiben. Die nächste Serie NIMITZ (1975), DWIGHT D. EISENHOWER (1977) und CARL WINSON (1982) mit 93.000 tdw, L 330 m, 280.000 PS, sollen bis 2025 im Dienst bleiben können. Die folgenden Flugzeugträger der 1990er sollen sogar 50 Jahre Lebensdauer haben. Am 12.07.03 nahm z.B. der nukleargetriebene amerikanische Flugzeugträger USS RONALD REAGAN im Marinestützpunkt in Norfolk (Virginia) seinen Dienst auf. Baukosten 5 Mrd. US-Dollar, L 333 m, 20 Stockwerke hoch, 6.000 Personen Besatzung, 80 Flugzeuge. Russland hat den Bau nukleargetriebener Flugzeug- oder Helikopterträger, der in den 1980ern begonnen war, in den 1990ern aufgegeben.

Der US-amerikanische Flugzeugträger ENTERPRISE, der erste mit Nuklearantrieb 1961, L 340 m, 90.000 tdw, 280.000 PS. Hier während des Vietnam-Krieges 1969

Außer den USA sind bis auf Frankreich alle anderen Marinen, einschließlich Großbritannien, die Flugzeugträger haben, bei konventionellem ölgefeuertem Dampfturbinenantrieb – vor allem aus Finanzgründen – geblieben.

Bei großem Leistungsbedarf, hoher Autonomie und Einsatzdauer und Reisen in entfernte Gebiete ohne Infrastruktur haben große Spezialschiffe allerdings heute schon gleichwertige Chancen gegenüber den ölbetriebenen konventionellen Antrieben, sodass man diese Antriebsart im kommerziellen Nischenbereich nicht völlig vergessen sollte.

Niemand kann sagen, ob der Nuklearantrieb für alle Zeit aus der kommerziellen Schifffahrt gebannt bleibt. Wenn er wiederkäme, bleibt er sicher auf wenige Bereiche beschränkt, wie zum Beispiel große und schnelle Containerschiffe oder Kühlfrachter; vielleicht wird auch wieder der Einsatz in großen Öltankern oder Erzfrachtern diskutiert.

Möglich würde dann auch eine andere immer wieder aufkommende Idee: große Untersee-Frachtschiffe, die auf dem kurzen Seeweg Europa–Südostasien unter der Arktis verkehren. Bis dahin sind aber sicher noch etliche Probleme zu lösen.

10.2 Der französische nukleargetriebene Flugzeugträger CHARLES DE GAULLES

Im Februar 1986 – das Dokument umfasst 400 Seiten und 100 Pläne – wird der Bau eines nukleargetriebenen Flugzeugträgers für die französische Marine entschieden, nach dem schon 1974 ein nukleargetriebener Hubschrauberträger von 18.000 tdw in die Planung genommen war. Das Projekt wurde aber 1980 zugunsten eines größeren Flugzeugträgers aufgegeben. Das erste Bauteil wurde am 24. November 1987 zugeschnitten, 17 Monate vor Beginn des Zusammenbaus im Dock in Brest am 14. April 1989. Offizielle Taufzeremonie war am 7. Mai 1994. Am 31. Januar 1997 erhielt der Kapitän den Schlüssel für das Schiff, am 23. Februar 1998 verließ das Schiff das Dock und die Reaktoren wurden in Betrieb genommen, d.h. mit Kernbrennstoff beladen und die Kettenreaktion in Gang gesetzt.

Der CHARLES DE GAULLES hat: L 261,5 m, B 31,5m, Flugdeck 64,5 m, T 10 m, 35.500 tdw, voll ausgerüstet 40.600 t, Antriebsleistung 56.000 kW, Bordelektrizität 21.000 kW, Geschwindigkeit max. 27 kn, normal 25 kn, 2.000 Mann Besatzung, 2.500 t Flugbenzin, 600 t Munition, 45 Tage Reichweite mit einer Proviantierung, max. Startgewicht der Flugzeuge 20–25 t, 20 Flugzeuge, alle 30 s ein Katapultstart bei zwei Dampfkatapulten. Jedes Katapult benötigt 400 kg Dampf. Es bringt in 2 s auf 75 m das Flugzeug (20 t) auf 275 km/h und verbraucht dabei 50 MW Leistung. Mit drei paar Stabilisatoren kann das Deck bei Seegang 6–7 (4 m hohe Wellen) auf ± 3° Rollen stabilisiert werden. Die Systemintegration wurde von der Werft *DCN Brest* vorgenommen.

Der Flugzeugträger CHARLES DE GAULLE verlässt am 25. Januar 1999 erstmals den Hafen von Brest. Im ersten Halbjahr 1999 folgten etliche mehrtägige Testfahrt. Der Flugbetrieb wurde im Juli 1999 aufgenommen. Am 17. Oktober 1999 ging CHARLES DE GAULLE nochmals ins Dock in Brest für Restarbeiten und Verbesserungen, die etwa 400 Mio. Francs kosteten, 2 % der Gesamtkosten. Am 30. September 2000 verließ CHARLES DE GAULLE Brest und lief am 4. Oktober 2000 in seinem Heimathafen Toulon ein.

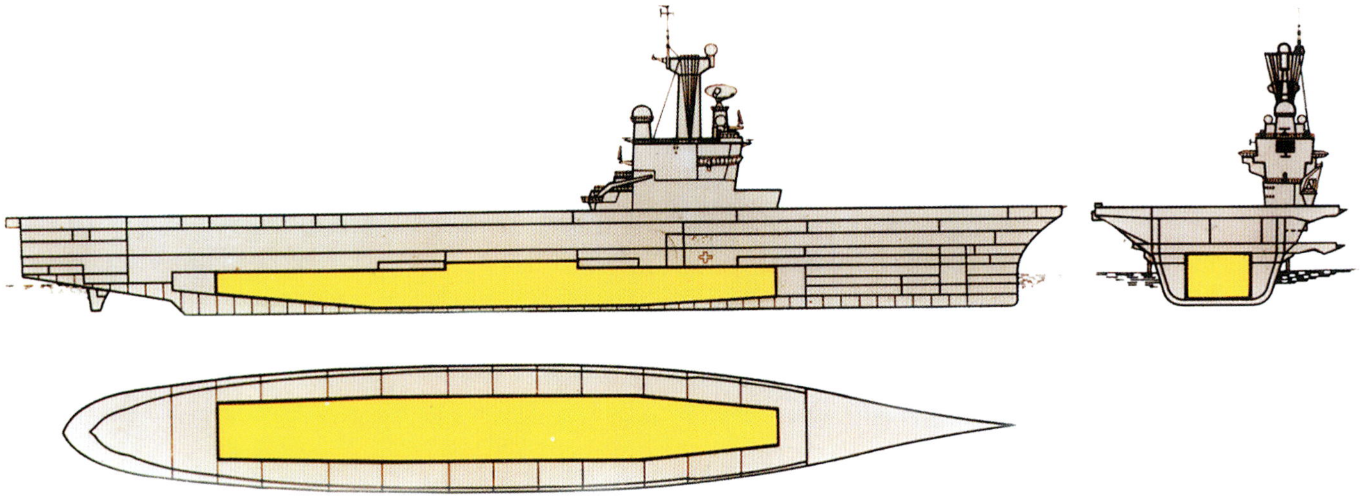

Der Sicherheitsbehälter für den Nuklear-Antrieb. Nur eine kleine Anzahl von Personen hat Zutritt zu diesem Bereich.

Die Antriebsanlage der CHARLES DE GAULLE: zwischen Hoch- und Niedrigdruck-Turbine ist ein Dampftrockner geschaltet, da nicht mit überhitztem Dampf gearbeitet wird. Unterhalb der Kernreaktoren wird die Temperatur unter 60°C durch Belüftung gehalten.

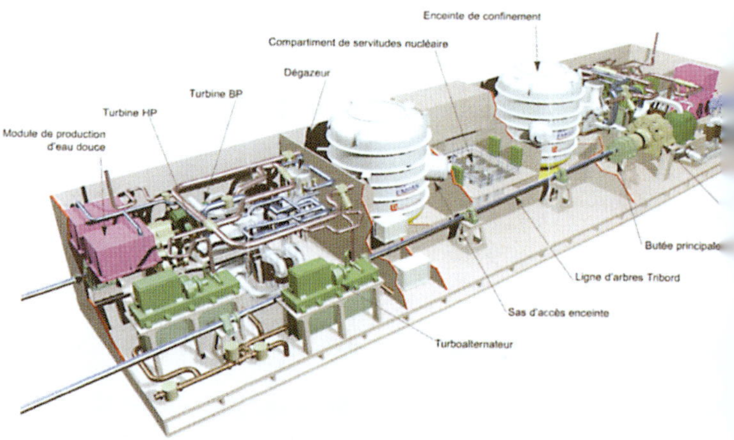

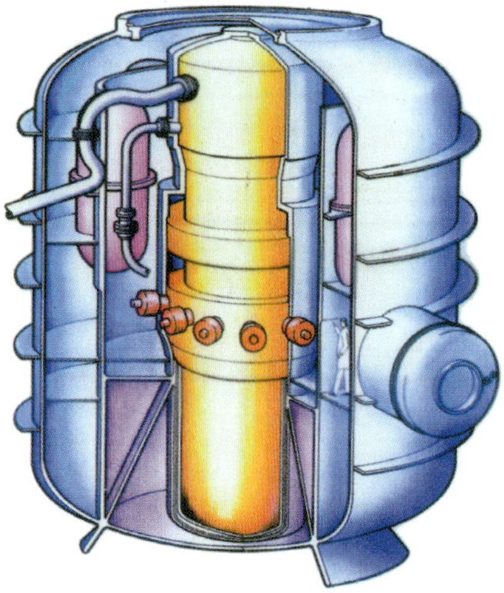

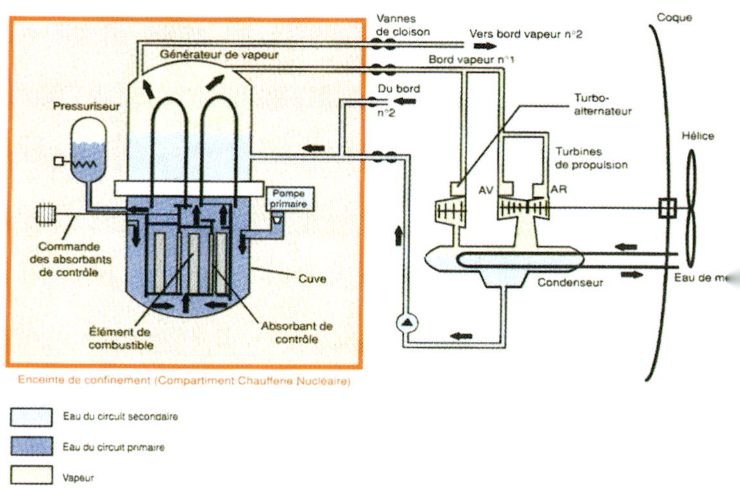

Prinzipbild des Kernreaktors, der betriebsfertig 800 t wiegt, und der gesamten Antriebsanlage. Die Kernreaktion der Brennstäbe, der Neutronfluss, wird durch die »Absorbent de contrôle« geregelt. Die Kettenreaktion des Uranoxides 235 wird bei 250° C gehalten und entsprechendem Dampfdruck. In einem Wärmetauscher wird Dampf für die Antriebsanlage im Sekundärkreislauf erzeugt.

Montage des Steuerbord-Propellers der CHARLES DE GAULLE und Blick auf das achtere Unterwasserschiff. Die Propeller wurden in ihrer Gestaltung im großen hydrodynamischen Becken in Val de Renil untersucht. Die Propeller haben 5,90 m Durchmesser und wiegen jeder 19 t. Anfangs gab es Probleme mit Schwingungen durch die Propeller, die behoben werden konnten. Die Propeller drehen bei voller Kraft 170 min^{-1}.

Modellversuche wurden mit Paraffin-Modellen 1:33 angestellt, mit einem 1:12 Modell wurden vor allem Stabilisatoren und ihre Dämpfungseigenschaften untersucht.

Der Kontrollraum für die Maschinenanlage

11. *Der elektrische Antrieb*

11.1 Der elektrische Antrieb – die Anfänge

Die ersten elektrischen Schiffsantriebe bauten auf Akkumulatoren auf, als diese transportabel und leistungsfähig wurden. Anwendungen waren Verkehrsboote in Häfen, Fähren, Lastkähne, Schlepper und Sportfahrzeuge. Trotz großen Gewichts und Bindung an Ladestationen an Land wurde die einfache Bedienung, der geruchlose, geräusch- und schwingungsfreie Betrieb, günstige Raumausnutzung und große Sicherheit gegen Feuer geschätzt. Die Batterien mit Großoberflächenplatten werden bei größeren Schiffen in besonderen Räumen, bei kleinen unter den Sitzbänken untergebracht. Die Bleibatterie steht immer im Wettbewerb zur Ni-Cd-Zelle, die robuster ist und auch den entladenen Zustand besser aushalten kann. Man setzt für 180 V 40 Akku-Elemente, für 220 V 80 an. Damit ergeben sich für den Elektro-Antriebsmotor 80 oder 160 V Betriebsspannung. Der Gleichstrommotor ist im Hauptschluss geschaltet, da er eine geeignetere Charakteristik als ein Nebenschlussmotor hat. Die Geschwindigkeitssteuerung erfolgt durch Zu- oder Abschalten von Akku-Elementen, natürlich nicht durch energieverzehrende Vorschaltwiderstände.

Der erste praktisch verwendbare Elektromotor, mit dem Moritz Hermann Jacobi *1838 ein kleines Boot antrieb.* Jacobi *trieb mit seiner elektromagnetischen Kraftmaschine ein Boot mit 12 Personen auf der Newa in Rußland an. Man prophezeite aber der »elektromagnetischen Betriebsmaschine« keine große Zukunft, da sie in ihrer Leistung zu der Zeit noch allein vom galvanischen Strom aus der Batterie abhing, die auf die beiden italienischen Professoren* Galvani *in Bologna und* Alexander Volta *in Pisa 1790 zurückgeht. Erst 1879 eröffnen sich mit den Dynamos (Generatoren) durch* Siemens *neue Perspektiven, da hohe Leistungen möglich werden.*

1883 lässt Werner von Siemens *die kleine* ELEKTRA *bauen. Das erste Schiff mit elektrisch angetriebenem Propeller in Deutschland , L 12 m, Antrieb Elektromotor 4,5 kW. Vier Akkublöcke erlauben drei Stunden Fahrt mit voller Kraft, 12 km/h.*

Schon 1838 baut der russische Professor *Moritz H. von Jacobi* in ein Boot für 14 Personen einen Elektromotor mit 3/4 PS und galvanischer Batterie ein, Geschwindigkeit 2 kn, hat aber keine praktische Anwendung gefunden.

Vor und im Ersten Weltkrieg haben die Forderungen des U-Boot-Antriebes die Entwicklung stark gefördert. So baut 1888 der Schiffbauingenieur *Gustav Zédé* das Unterseeboot GYMNOTE, L 20 m, in Frankreich, das von einem 50-PS-Elektromotor angetrieben wird.

Der Ire *John Philip Holland* konstruierte 1871–1881 seine ersten vier U-Boote in den USA, doch erst das fünfte Boot wurde gebaut, jedoch nicht eingesetzt. Erst 1895 wurde der Auftrag für das »Hollandboot« erteilt, die Holland-Klasse (L 16,3 m, 3 m Durchmesser, 64 t, 4–6 Mann Besatzung), das 1897 als HOLLAND in Dienst gestellt wurde. Es war das erste mit einem Dieselmotor für Überwasserfahrt sowie Akkus und Elektromotor für die Tauchfahrt. Er hatte auch schon 1881 das U-Boot FENIAN RAM, L 10 m, mit Antrieb durch Petroleummotor gebaut, mit dem er gut Kurs und Tiefe halten konnte. Es ist heute noch in New Jersey, USA, ausgestellt. Im dieselelektrischen Betrieb bei Überwasserfahrt treibt der Diesel die Schraube und den Elektromotor an, der dann als Generator zum Laden der Akkus dient, dadurch wird die Unabhängigkeit von einer Landstation erreicht. Der Ölmotor – die Bezeichnung »Diesel« kam erst später – kann auch durch die Elektromaschine angelas-

Propeller-Doppelmaschine mit Fremdlüftung. 1.000 kW 270 min^{-1} 1 Std., 700 kW 240 min^{-1} dauernd, in den 1910er Jahren.

sen werden. Wegen seiner geringen Drehzahl (Propellerdrehzahl!) bedarf der Elektromotor der Fremdlüftung.

1904 baut die russische Marine drei U-Boote, die mit E-Maschinen von Siemens ausgerüstet werden. Der U-Boot-Bau wird Treiber für die weitere Entwicklung dieser Elektroantriebe.

Nach den Vorstellungen des Ingenieurs *d'Equevilly* baute die Krupp Germaniawerft das erste U-Boot FORELLE, 16 t, die 1903 die Versuchsfahrten begann. 1904 erteilt der Staatssekretär des Reichsmarineamtes *von Tirpitz* der Werft den Auftrag für das erste U-Boot. U1 mit Petroleummotor über, Elektromotor unter Wasser. Es wurde am 14. Dezember 1906 in Dienst gestellt, (238 t, L 42,4 m, Petroleummotor 11 kn, Bleiakku und Elektromotor unter Wasser 8,7 kn).

U-Boote waren die ersten vollelektrischen Schiffe. Dieselmotor und Propeller sind nicht starr direkt gekuppelt, sondern Dieselgeneratoren erzeugen elektrische Energie, die in Batterien gespeichert wird und hieraus bei Unterwasserfahrt dem elektrischen Fahrmotor, der Überwasser als Generator gearbeitet hat und anderen Bordverbrauchern zur Verfügung steht.

Als Antriebsmotor hat der Elektromotor bei größeren Überwasserschiffen Eingang gefunden.

1913 wurde das Kohlenschiff JUPITER in den USA. mit etwa 6.000 PSw (4.400 kW) Antriebsleistung gebaut und erfolgreich getestet. Auch die amerikanische Navy nutzte diese Art Antrieb bei ihren Kriegsschiffen alsbald danach. England und Schweden folgten, die deutschen Reeder, noch mit dem Wiederaufbau der Handelsflotte beschäftigt, verhielten sich abwartend.

Der Elektroantrieb hat bei größeren Schiffen den weiteren Vorteil der Flexibilität, der leichten Umsteuerbarkeit und des Wegfalls des langen Wellentunnels, da der Elektromotor, soweit es sein Durchmesser zulässt, nahe dem Propeller angeordnet werden kann.

Wegen seiner Regelbarkeit sah man (1923) die Zukunft weiterhin beim Gleichstrombetrieb und hoffte, dass man die damalige Spannungsgrenze von 1.800 V höher treiben könne. Das Problem dabei war und ist der Kommutator.

Die Wirkweise von Gleichstrommaschinen beruht auf dem Zusammenspiel von magnetischem Feld, Strom durchflossenem Leiter und ihrer Relativbewegung zueinander. Dabei sorgt ein mit dem Rotor (Läufer, Anker) verbundener Kommutator beim Motor für den passenden Wechsel der Stromrichtung und damit des Magnetfeldes bzw. beim Generator für die Gleichrichtung der in der Ankerwicklung induzierten Wechselströme. Die Gleichstrommaschinen wurden größtenteils verdrängt durch Wechselstrommaschinen, insbesondere Dreiphasen-Wechselstrommaschinen (Drehstrom-), die einfacher im Aufbau sind. Bei der Synchronmaschine stehen Stromfrequenz und Drehzahl in einem festen Verhältnis, bei Asynchronmaschinen erzeugt das sich im Gehäuse (Stator) drehende Magnetfeld in der Wicklung des Rotors Spannung und Magnetfeld. Der Kurzschluss- oder Käfigläufer muss deshalb mit Schlupf hinter dem Drehfeld nachhinken. Dreiphasen-Kommutatormotoren erlauben die Regelung ihrer Drehzahl.

Das erste deutsche Großschiff mit elektrischem Propellerantrieb ist 1935 die POTSDAM. Auch das KdF-Schiff ROBERT LEY wurde elektrisch angetrieben.

Hohe Leistungen werden mit Zwei- oder meist Dreiphasenstrom (Drehstrom) übertragen.

Der Asynchronmotor (Induktionsmotor) ist an Bord der häufigste Elektroantrieb. Die gewünschte Nenndrehzahl kann bei

SS Scharnhorst des Norddt. Lloyd *für den Fernostverkehr, Schwesterschiff Gneisenau, 26.000 PSe, 21 kn, von der* De-SchiMAG *»Weser«, Bremen, 1934, 18.000 BRT, 14.300 tdw. Die Scharnhorst hatte turboelektrischen Antrieb, die Gneisenau Hochdruck-Getriebeturbinen zum Vergleich. Die Reise Bremen–Shanghai dauerte 32 Tage. Sie waren geschätzte Passagier- und Frachtschiffe mit – auf der Route – überdurchschnittlicher Geschwindigkeit. Die Scharnhorst und die zugekaufte Potsdam (vorher* Hapag*) waren die ersten deutschen Handelsschiffe mit turboelektrischem Antrieb. Rumpf: Maierform. Am 17.11.44 von US-U-Boot versenkt als japanischer Hilfsflugzeugträger Shinyo.*

gegebener Frequenz über die Polzahl herabgesetzt werden.

1954 führt Siemens die Drehstromtechnik allgemein auf Schiffen ein, die sich in den folgenden Jahren weltweit durchsetzt.

Heute sind drei Dieselgeneratoren aus Sicherheitsgründen üblich mit 440 V, 60 Hz dreiphasigem Drehstrom. Dazu kommt noch ein Notstromdiesel für notwendige Verbraucher.

Bis in die 1970er waren die Fahrmotoren in der Regel Gleichstrommotoren. Dann kamen Drehstrom-Kurzschlussläufermotoren mit Verstellpropellern zum Einsatz und schließlich ab den 1980ern geregelte Drehstrommotoren, sodass kein Verstellpropeller erforderlich ist. Es wird Raum und Gewicht gespart.

Beim Entwurf geht man von der Propeller-Drehzahl aus, zusammen mit der Frequenz ergibt sich die Polzahl des Motors und damit sein Gehäusedurchmesser. Deswegen kann dieselelektrisch günstiger sein als turboelektrisch, da ersterer niedrigere Drehzahlen und damit niedrigere Frequenz wirtschaftlich zulässt. Durch Aufteilung der geforderten Leistung auf mehrere Generatorsätze ergibt sich eine sehr große Flexibilität und Wirtschaftlichkeit im Brennstoffverbrauch. Bekanntlich steigt bei zunehmender Geschwindigkeit der Leistungsbedarf mit der dritten Potenz, das Drehmoment mit der zweiten Potenz der Schraubendrehzahl. Der Vorteil des Elektroantriebs sehr schnell von »Voll voraus« auf »Voll zurück« schalten zu können, bedeutet andererseits große Belastung. Eine Messung auf einem amerikanischen Kriegsschiff zeigte, dass der auf »zurück« geschaltete Motor Volllast-Drehmoment ausübt, während die Schraube noch 40% ihrer Vorwärts-Drehzahl hat und gleich wiedererreicht, wenn die Schraube auf 40% ihre Rückwärtsdrehzahl hochgelaufen ist, das Schiff aber noch Vorausfahrt macht.

Bei dem 3.500-Fahrgast-Schiff Cuba konnte mit 200% des Normaldrehmomentes der Propeller in $2^1/_2$ s gestoppt und in $7^1/_2$ s auf die volle Rückwärtsdrehzahl gebracht und das Schiff in 140 s gestoppt werden.

Zunächst wurden die Drehstrommotoren als Asynchronmaschinen gebaut, wobei sich aber mit zunehmender Polzahl die Blindleistung – die muss ja von den Generatoren zunächst erbracht werden – erhöht.

Das war der Grund zur Anwendung der Synchronmaschinen, bei denen keine Blindleistung anfällt und die damit

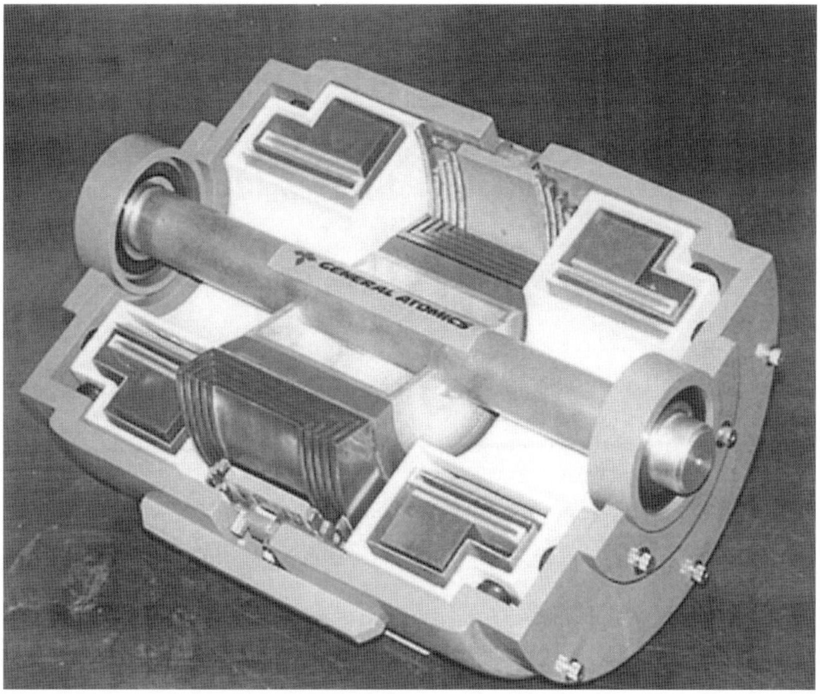

Konzept eines supraleitenden Gleichstrommotors f ür 25 MW, äußerer Durchmesser 2,65 m, Länge 3,05 m, Kühlaggregat < 1,4 m³ Baugröße

gewichts- und kostengünstiger sind. Durch entsprechende Steuerapparate läuft die Maschine als Asynchronmotor an, bis die Solldrehzahl erreicht ist, dann wird auf Synchronbetrieb umgeschaltet. Auf weitere Details der Regelvorgänge kann hier nicht eingegangen werden. Es sei nur noch erwähnt, dass die Frequenz im System durch die Drehzahl des Generators bestimmt wird und die Drehzahl des Synchronantriebsmotors durch die Zahl der eingeschalteten wirksamen Pole.

Der dieselelektrische Antrieb relativ kleiner Leistung mit Gleichstrom-Generatoren und Motoren war schon lange bekannt und angewendet. In den 1930ern, besonders in Deutschland, kamen große Wechselstrom-Generatoren und Synchronmotoren auf. So wurde 1936 der Frachter WUPPERTAL der HAPAG mit drei 2.600-hp-MAN-Zweitaktdieselmotoren (1.940 kW) und Wechselstromgeneratoren mit 250 min^{-1} Umdrehungen und einem Synchronmotor an der Schraubenwelle ausgerüstet. Das wurde auch bei dem Passagierschiff PATRIA 1938 so gestaltet. 16.595 BRT, 17 kn, sechs Dieselgeneratoren mit zusammen 18.000 PS (13.240 kW), L 171 m, B 22,6 m, T 7,8 m.

Vorher (1935) hatte schon der Fracht- und Passagierdampfer SCHARNHORST, L 190,65 m, B 22,59 m, T 12,45 m, 18.184 t, zwei Turbogeneratoren je 10.000 kW, 3.120 min^{-1} erhalten, Wasserrohrkessel 52 bar, 21 kn, die beiden Elektromotoren der Propeller hatten je 13.177 PSw, konnten aber häufig auf den Asienreisen von nur einem Generator gespeist werden, der dann mit seiner max. Leistung (hoher Wirkungsgrad) arbeitete.

11.2 Die französische Normandie – turboelektrischer Antrieb mit 160.000 PS (117.680 kW)

Bis 1927 – auch noch bei der französischen ILE DE FRANCE – herrschte der Direktantrieb Turbine–Propeller bei den großen Antriebsleistungen der Transatlantikliner vor. In den USA hatte man schon in den 1910ern turboelektrische Antriebsanlagen großer Leistungen bei Kriegsschiffen realisiert. *W.L.R. Emmet* der *General Electric, Company*, ein früherer Marine-ingenieuroffizier, war der Treiber. Zuerst wurde der Marine-Collier JUPITER so ausgerüstet, dann der Flugzeugträger LANGLEY und später mehrere Schlachtschiffe sowie die großen Flugzeugträger LEXINGTON und SARATOGA. Dann wurde erstmals bei der BREMEN es gewagt, über ein Untersetzungsgetriebe die 30.000 PS je Propeller zu übertragen, es folgten in gleicher Konfiguration die Schnelldampfer REX und CONTE DE SAVOIA (Italien) sowie die QUEEN ELISABETH und später die QUEEN MARY (ENGLAND) entsprechend. Nur die Franzosen gingen bei ihrer NORMANDIE den in den USA favorisierten Weg: turboelektrisch und 40.000 PS (29.500 kW) je Propeller, die größte Anlage ihrer Zeit. Es standen drei Alternativen zur Wahl:

1. Dampfturbinen-Direktantrieb der Propeller mit 200 min^{-1} Umdrehungen.
   Dann müssten die Turbinenläufer bei der Leistung einen nicht unterzubringenden großen Durchmesser bekommen und die Maschinen würden sehr teuer.
2. Dampfturbinen mit 2.500 min^{-1} Umdrehungen-Untersetzungsgetriebe-Propeller 200 1/min Umdrehungen. Der Wirkungsgrad bleibt hoch bei 97… 98%, aber es besteht Risiko von Geräusch und Schwingungen, auch bei Schrägverzahnung. Allerdings verursachen auch die Propeller Schwingungen, ein bis heute immer wieder bei Neubauten auftretendes Problem.
3. Dampfturbinen-Generatoren-Elektromotoren-Propeller. Wegen des Umwegs der Energieumsetzung sinkt der Wir-

Die französische NORMANDIE *lief 1932 vom Stapel und war bis 1940 das größte Schiff der Welt. Von Le Havre nach New York Geschwindigkeitsrekord. 1941 von der US-Navy in Dienst gestellt als* LAFAYETTE, *1942 ausgebrannt in New York, 1946 verschrottet. 83.423 BRT, L 313,6 m, B 35,7 m, T 10,2 m, vier Propeller, erst dreiflügelig, dann wegen Schwingungsproblemen vierflügelig. 165.000 hp, 29 kn, auf der Jungfernfahrt eastbound 30,2 kn, gebaut von Chantiers et Ateliers de l'Atlantique, St. Nazaire Reederei: Compagnie Generale Transatlantique; Baukosten: 60 Mio. US-Dollar; Verschrottung: 160.000 US-Dollar*

Etwa 1931 entschied man sich im Schnelldampfer-Projekt – der Name NORMANDIE wurde erst kurz vor dem Stapellauf festgelegt – für die Alternative drei.

Die vier Turbogeneratoren, je 33.000 kW, laufen mit 2.430 min^{-1} Umdrehungen, sind 4-polig, der Strom hat 6.000 V und maximal 81 Hz. Die 4 *Alsthom*-Antriebsmotoren haben 40 Pole, 40.000 PS (29.500 kW) und laufen bis 243 min^{-1} Umdrehungen.

Bei der Probefahrt wurden 8 Std. lang 32,125 kn bei 170.000 PS (125.000 kW) erreicht bei 228 min^{-1} Umdrehungen der vier Propeller. Man hielt geheim, dass die Antriebsanlage bis zu 200.000 PS (147.100 kW) überlastet werden konnte,

kungsgrad auf etwa 96%, aber das wird kompensiert durch die Flexibilität des Antriebs, weniger Geräusch und Schwingungen sowie eine gute Manövrierfähigkeit, so konnte dann das Schiff aus 31 kn Geschwindigkeit nach 1.700 m stoppen.

Die NORMANDIE *ausgebrannt und durch Löschwasser gekentert am Pier im Hafen von New York im Zweiten Weltkrieg.*

Einer der vier Propeller der NORMANDIE *1935, 4,88 m Durchmesser, Masse 37 t, Leistung 4x 40.000 PSw.*

die Generatoren also bis 37.000 kW, 160.000 PS (117.680 kW) Dauerleistung und 130.000 PS (95.600 kW) für wirtschaftliche Fahrt (28 kn).

Die 29 Wasserrohrkessel wurden bewusst nicht sehr hoch belastet mit 28 bar und 350° C.

Wie alle schnellen Schiffe vorher und nachher, hatte die NORMANDIE hohle Wasserlinien des Vorschiffs. *Wladimir Yourkewitch* entwickelte diese in 82 Versuchsreihen.

Das Schiff wurde von der Reederei *Compagnie Generale Transatlantique* bereedert. Es lief am 28. Oktober 1932 bei *Chantiers de Saint-Nazaire* vom Stapel, 68.500 t dw, $L_{üA}$ 313,75 m, B 35,9 m. Sie war im Wettstreit mit der neuen britischen QUEEN MARY um die schnellste Überfahrt. Im Juli/August 1937 schaffte die NORMANDIE einen neuen Rekord

Schiffsdynamoanlage aus den 1880er Jahren

Im Kesselraum der NORMANDIE

Der Maschinen-Fahrstand der NORMANDIE

Zwei der vier Generatoren der NORMANDIE

SINAVYCIS Permasyn-Gleichstrom-Antriebsmotor, besonders für U-Boote, da niedrige Signatur, klein und leicht vor allem durch Dauermagnete. Hohes Drehmoment bei kleinen Drehzahlen und Regelbarkeit im gesamten Drehzahlbereich. Guter Wirkungsgrad. Leistung bis 5000 kW. Erregte Gleichstrommotoren, die auf Synchronmotoren aufbauen, bis 8000 kW. Den ersten Permasyn-Motor, der kleiner, leiser und leichter als die üblichen Synchronmotoren ist, wurde 1987 von Siemens vorgestellt.

westwärts mit 30,58 kn in 3 d, 23 h, 2 min. Die QUEEN MARY wird von einmal untersetzten *Parsons*-Getriebeturbinen mit 200.000 hp (149.140 kW) angetrieben und erreichte 32,07 kn.

Die NORMANDIE wurde im September 1939 in New York interniert. Am 9. Februar 1942, kurz bevor sie als Truppentransporter eingesetzt werden sollte, ist sie ausgebrannt und am 10.2. gekentert an ihrem Pier in New York. Sie wird in 1943 wieder aufgerichtet, inspiziert, Totalverlust, der 1946 in New York verschrottet wird.

11.3 Der Übergang von der Linien-Passagier-Schifffahrt zur Kreuzfahrt bedingt neue Antriebskonzepte

Im Oktober 1958 flog erstmals ein Passagier-Düsenflugzeug von USA nach Europa. Sechs Monate danach hatten die Düsenflugzeuge bereits $^2/_3$ des Passagieraufkommens über den Atlantik an sich gezogen, Mitte der 1960er 95%. Das war das Ende des schnellen und regelmäßigen Transatlantik-Passagierverkehrs mit den prestigeträchtigen »Linern«.

Dadurch wurde besonders die traditionsreiche britische *Cunard Line* getroffen, die elf Schiffe im Nordatlantikdienst beschäftigte und seit 1954 über einen Neubau und Ersatz der seit 1936 bzw. 1940 in Dienst befindlichen QUEEN MARY (81.237 tons) und QUEEN ELIZABETH (83.673 tons) nachdachten. Das »Q3-Projekt« wurde aufgrund der Entwicklung überdacht, und es entstand das »Q4-Projekt«, die QUEEN ELIZABETH 2, die im Sommerhalbjahr die klassische Nordatlantikroute befahren und im Winterhalbjahr in dann warmen Regionen Kreuzfahrten durchführen sollte. Nach mehreren Umbauten ist sie seit 1994 mit 70.327 BRT, 53.453 ts Verdrängung, $L_{üA}$ 293,53 m, B 32,09 m und T 9,94 m vermessen. Die Baukosten betrugen 69.818.400 US-Dollar (29.091.00 GBP) und wurden von der Regierung mit einem Kredit von GBP 24 Millionen gefördert, die übrigens erhöht worden waren, nachdem die Baukosten GBP 4 Mio. höher wurden als kalkuliert. Am 2. Mai 1969 begann sie ihre Jungfernreise von Southampton nach New York, also vier Jahre nach der Kiellegung am 5. Juli 1965.

Man blieb bei dem für schnelle Europa-Nordamerika-Liner klassischen Antriebskonzept: Dampfturbinen mit Untersetzungsgetriebe und Festpropeller, wie seit den 1920ern üblich.

Das meist als »QE2« bezeichnete Schiff entstand 1965–1968 auf derselben Helling von *John Brown and Co./Clydebank/Ltd*, auf der auch die beiden QUEENS früher entstanden waren.

Der Antrieb bestand aus zwei Sätzen doppelt untersetzter Getriebeturbinen von der Bauwerft mit insgesamt 82.060 kW an der Welle bei 174 Propeller-Umdrehungen und max. 32,66 kn Geschwindigkeit mit maximalen 110.000 hp (82.000 kW), normale Dienstgeschwindigkeit 28,5 kn mit 94.000 hp (70.100 kW). Die beiden Turbinensätze hatten einen Hochdruckteil sowie einen zweiflutigen Niederdruckteil. Das gesamte Antriebskonzept, ursprünglich für ein 4-Schrauben-Schiff, geht auf *John Brown* (Clydebank/1954) zurück.

QUEEN ELISABETH 2 mit ihrem ursprünglichen Aussehen als Dampfer, Southampton auslaufend.

Drei Forster-Wheeler-Kessel mit 60 bar Druck und 510° C Temperatur und einem Verbrauch von 520 ts/Tag Bunker »C« Öl. Die Kessel gehörten zu den größten, die je in einem Schiff installiert wurden. Jeder wog 278 ts und hatte Überhitzer für 540° C und 60 bar Druck. Zwei sechsflügelige Festpropeller mit 5,79 m Durchmesser wurden eingebaut, jeder wog 31,75 ts, kostete über 500.000 GBP und hatte 6,6 m Steigung. Die elektrische Energie erzeugen drei 5.500-kW-Turbogeneratoren.

Dieses Antriebskonzept war für schnelle Langfahrten richtig, Kreuzfahrten bedeuten aber für das Schiff meist kurze Strecken zwischen den Häfen mit unterschiedlicher Geschwindigkeit – also

Die QUEEN ELISABETH 2 kurz vor dem Stapellauf im September 1967. Die sechsflügeligen Propeller und das 70-t-Ruder sind installiert. Die Menschen am Backbord-Propeller und am Ruder geben einen Größenvergleich.

verschiedenste Antriebsleistungen werden abgefordert – und viele Hafenmanöver. Als der Kreuzfahrtanteil bei der »QE2« immer größer wurde, entschloss man sich zum größten Antriebsumbau, den es bisher gegeben hat, mit der *Lloyd Werft* in Bremerhaven. Die »QE2« bekam einen Diesel-Elektro-Antrieb in 1.700.000 Arbeitsstunden in nur 179 Tagen vom 27. Oktober 1986 bis 25. April 1987 für US-Dollar 160 Mio., mehr als das Doppelte der ursprünglichen Neubaukosten.

Bedingung war, dass Schwingungen und Geräusch des neuen Motorschiffes nicht größer sind als bei dem ruhig laufenden Turbinenschiff. Deswegen sind die neun Dieselgeneratoren schwingungsisoliert aufgestellt. Der installierte Antrieb besteht aus 9 *MAN B&W*-Viertakt-Dieselmaschinen vom Typ 9 L58/64 mit je 10.625 hp (7.925 kW) Leistung bei 400 min^{-1} Umdrehungen, 580 mm Bohrung, 640 mm Hub, 220 ts schwer.

Die britische Regierung verweigerte finanzielle Unterstützung, obwohl 30% der Umbaukosten in Großbritannien ausgegeben wurden und die englischen Werften kein Angebot abgaben. Die Umbaukosten beinhalteten nicht nur den neuen Antrieb, sondern auch die Renovierung der Passagiereinrichtungen.

Die Geschwindigkeiten betragen wieder 28,5 kn normal, 32,5 kn maximal aus den insgesamt 88.000 kW. Bei Notstopp steht das Schiff nach 3 Minuten 18 Sekunden und 1,1 Meilen.

Die aufgeladenen Dieselmotoren treiben flexibel gekuppelte *General Electric*-Generatoren mit je 10,5 Megawatt an, die wiederum bei 10.000 Volt, 60 Hz Spannung, 18-polig mit Dauermagneterregung auf 2 *G.E.C.* elektrische Synchronmotoren (je 44 Megawatt Leistung, 9 m Durchmesser, 295 ts Gewicht, max. 144 min^{-1} Umdrehungen, direkt an die Propellerwelle gekuppelt), wirken.

Axialbewegungen der Rotoren beim Stampfen des Schiffs werden durch Axiallager bei den vorderen Radiallagern aufgefangen.

Für Normalfahrt genügen 7 Dieselmaschinen. Die Drehzahl der elektrischen Antriebsmotoren kann auf 72 min^{-1} reduziert werden. Dann stehen je Propeller 11 MV voraus (also je 1 Diesel) zur Verfügung. Zwei weitere Diesel sind aufgewärmt »Stand-by«, sodass die Antriebsanlage sehr schnell hochgefahren werden kann.

Die übrigen Stromverbraucher des Schiffes werden mit transformierter Spannung versorgt, die mit 3.300 V über das Schiff verteilt und dann dezentral lokal auf 450 V, 220 V oder 110 V herabgesetzt werden.

Es wird der gleiche Kraftstoff IF 380 (Bunker »C«) verwendet, der zur Einspritzung nach Reinigung auf 140° C erwärmt wird. Dazu sind 2 ölbetriebene Dampf-Heizkessel vorhanden sowie Abgas-Heizkessel hinter jedem Dieselmaschinen-Auslass, sodass etwa 74% der Verlustwärme genutzt wird. Die Bunkerkapazität beträgt 4.311 ts.

Gegenüber dem vorhergehenden Turbinenantrieb wird eine Kraftstoffeinsparung von 35% genannt. Bei Reisegeschwindigkeit von 28,5 kn werden 380 t/Tag verbraucht. Die Reichweite beträgt bei Normalfahrt 12 Tage, bei 20 kn Geschwindigkeit 30 Tage, sodass sie so $^2/_3$ der Erde umkreisen könnte. Bei der Probefahrt wurden 34,6 kn erreicht. Das Maschinenpersonal konnte reduziert werden.

Die beiden Verstellpropeller von *Lips BV*, Holland, haben 5 Flügel und 6,1 m Durchmesser, Gewicht 42 ts. Die Propellerwelle hat 590 mm Durchmesser. Die Drehzahl der Propeller 144 min^{-1}.

Zur Verbesserung des Wirkungsgrades der Propeller wurde beim Umbau hinter sie je ein Grimmsches Leitrad angeordnet. Diese verloren aber schon bei der Probefahrt mehrere Flügel, sodass man sie im Trockendock wieder entfernte.

Für die Technik sind 24 Ingenieure und 48 Techniker an Bord. Ein Ingenieur und 3 Techniker sind im Wachdienst, 4 h Wache, 8 h frei. Über Computer werden die Maschinen nach Leistungsbedarf automatisch gestartet und gestoppt sowie überwacht.

Zur Belüftung des Maschinenraumes wurden über 24 Ventilatoren installiert, die 2 Millionen m^3/h zuführen und 1,4 Millionen m^3/h abführen.

Mit dem Umbau des Antriebs der QE2 hat man von der Zeit der Atlantik-Liner endgültig Abschied genommen. Diese Zeit sei aus der Sicht des Antriebs in einer Übersicht gezeigt:

Schnelle Fahrten über den Nord-Atlantik

Datum		Schiff	Linie	Reise	Entfernung	Zeit			Geschw.	aufgestellte Rekorde Ostwärts	aufgestellte Rekorde Westwärts
				von – nach	sm	d	h	min	kn		
04	1838	Sirius	*British-American*	Cork – New York	2.800	18	12		6,31		ja
04	1838	Great Western	*Great Western*	Bristol – Sandy Hook	3.173	15	3		8,74		ja
-		Great Western	*Great Western*	New York – Bristol	3.000	12	6		10,20	ja	
08	1840	Britannia	*Cunard*	Halifax – Liverpool	2.534	10	0		10,56	ja	
09	1842	Acadia	*Cunard*	Halifax – Liverpool	2.534	9	15		10,97	ja	
-	1846	Europa	*Cunard*	Liverpool – New York	3.017	11	3		11,30		ja
07	1847	Hibernia	*Cunard*	Halifax – Liverpool	2.534	9	1	30	11,65	ja	
-		America	*Cunard*	Halifax – Liverpool	2.500	8	10		12,38	ja	
-	1850	Asia	*Cunard*	Liverpool – New York	3.080	10	11	30	12,75		ja
05	1851	Pacific	*Collins*	New York – Liverpool	3.078	9	20	26	13,02	ja	
08	1852	Baltic	*Collins*	Liverpool – New York	3.054	9	13		13,34		ja
06	1866	Scotia	*Cunard*	Queenstown – Sandy Hook	2.851	8	4	34	14,50		ja
12	1869	City of Brussels	*Inman*	Sandy Hook – Queenstown	2.786	7	22	3	14,66	ja	
01	1873	Baltic	*White Star*	Sandy Hook – Queenstown	2.843	7	20	9	15,11	ja	
09	1875	City of Berlin	*Inman*	Queenstown – Sandy Hook	2.829	7	18	2	15,20		ja
10	1875	City of Berlin	*Inman*	Sandy Hook – Queenstown	2.820	7	15	28	15,37	ja	
02	1876	Germanic	*White Star*	Sandy Hook – Queenstown	2.894	7	15	17	15,79	ja	
12	1876	Britannic	*White Star*	Sandy Hook – Queenstown	2.882	7	12	41	(-)15,95	ja	
07	1879	Arizona	*Guion*	Sandy Hook – Queenstown	2.810	7	8	9	(+)15,95	ja	
09	1882	Alaska	*Guion*	Sandy Hook – Queenstown	2.800	6	18	38	17,22	ja	
08	1884	Oregon	*Guion*	Queenstown – Sandy Hook	2.792	6	9	42	18,17		ja
08	1884	Oregon	*Guion*	Sandy Hook – Queenstown	2.853	6	11	9	18,39	ja	

Datum		Schiff	Linie	Reise von — nach	Entfernung sm	Zeit d	h	min	Geschw. kn	aufgestellte Rekorde Ostwärts	Westwärts
05	1885	ETRURIA	*Cunard*	Queenstown — Sandy Hook	2.821	6	5	31	18,87		ja
05	1888	ETRURIA	*Cunard*	Queenstown — Sandy Hook	2.872	6	2	7	19,66		ja
05	1889	CITY OF PARIS *	*Inman*	Queenstown — Sandy Hook		5	23	7	19,95		ja
05	1889	CITY OF PARIS *	*Inman*	Sandy Hook — Queenstown	2.894	6	0	29	20,03	ja	
08	1891	TEUTONIC	*White Star*	Queenstown — Sandy Hook	2.778	5	16	31	20,35		ja
07	1892	CITY OF PARIS *	*Inman*	Queenstown — Sandy Hook		5	15	58	20,48		ja
10	1892	CITY OF PARIS *	*Inman*	Queenstown — Sandy Hook	2.782	5	14	24	20,70		ja
05	1893	CAMPANIA	*Cunard*	Sandy Hook — Queenstown	2.899	5	17	27	21,09	ja	
06	1893	CAMPANIA	*Cunard*	Queenstown — Sandy Hook	2864	5	17	37	21,12		
05	1894	LUCANIA	*Cunard*	Queenstown — Sandy Hook	2873	5	12	57	21,75		ja
05	1895	LUCANIA	*Cunard*	Queenstown — Sandy Hook	2879	5	11	41	22,00		ja
11	1897	KAISER WILHELM DER GROSSE	*North German Lloyd*	Sandy Hook — Needles	3065	5	17	8	22,35	ja	
11	1898	KAISER WILHELM DER GROSSE	*North German Lloyd*	Sandy Hook — Needles	3146	5	19	45	22,51		
06	1904	KAISER WILHELM II	*North German Lloyd*	Sandy Hook — Eddystone	3112	5	11	58	23,58	ja	
08	1909	LUSITANIA	*Cunard*	Daunts Rock — Sandy Hook	2734	4	11	42	25,85		ja
08	1924	MAURETANIA	*Cunard*	Ambrose C.L.V. — Cherbourg	3198	5	1	49	26,25	ja	
07	1929	BREMEN	*North German Lloyd*	Cherbourg — Ambrose C.L.V.	3164	4	17	42	27,83		ja
06	1933	EUROPA	*North*								
			German Lloyd	Cherbourg — Ambrose C.L.V.	3149	4	16	48	27,92		ja
08	1933	REX	*Italian*	Gibralta — Ambrose C.L.V.	3181	4	13	58	28,92		ja
06	1935	NORMANDIE	*French*	Ambrose C.L.V. — Bishop's Rock	3015	4	3	25	30,31	ja	
08	1936	QUEEN MARY	*Cunard*	Ambrose C.L.V. — Bishop's Rock	2939	3	23	57	30,63	ja	
			White Star								
08	1937	NORMANDIE	*French*	Ambrose — Bishop's Rock	2936	3	22	7	31,20	ja	
08	1938	QUEEN MARY	*Cunard* Ambrose	C.L.V. — Bishop's Rock	2938	3	20	42	31,69	ja	
			White Star								
07	1952	UNITED STATES	*United States Line*	Ambrose C.L.V. — Bishop's Rock	2938	3	10	40	35,59	ja	

Markante Dimensionen der für ihre hohen Geschwindigkeiten bekannten Nord-Atlant

Schiff	Linie	gebaut wo	Jahr	$L_{ÜA}$ m	B m	Verdrängung t	Material des Rumpfs	Vortrieb
Savannah		New York	1819	44,20	7,92	1.850	Holz	Schaufelräder
Sirius	*British American*	Leith	1838	60,96	7,75	1.995	Holz	Schaufelräder
Great Western	*Great Western*	Bristol	1838	71,93	10,74	2.300	Holz	Schaufelräder
British Queen	*British American*	London	1839	83,82	12,19	2.970	Holz	Schaufelräder
Britania	*Cunard*	Greenock	1840	69,49	10,36	2.050	Holz	Schaufelräder
Great Britain	*Great Western*	Bristol	1843	98,76	14,68	5.780	Holz, Eisen	Einzel-Schraube
America	*Cunard*	Greenock	1848	82,30	11,58	4.250	Holz	Schaufelräder
Asia	*Cunard*	Greenock	1850	88,39	13,72	3.620	Holz	Schaufelräder
Pacific	*Collins*	New York	1850	91,44	13,72	6.200	Holz	Schaufelräder
Baltic	*Collins*	New York	1850	91,44	13,72	6.200	Holz	Schaufelräder
Persia	*Cunard*	Glasgow	1856	118,87	13,72	7.130	Holz, Eisen	Schaufelräder
Adriatic	*Collins*	New York	1857	115,82	15,24	7.564	Holz	Schaufelräder
Great Eastern	*Great Eastern*	Millwall	1858	191,72	25,30	27.384	Holz, Eisen	Schaufelräder und Einzel-Schraube
Scotia	*Cunard*	Glasgow	1862	121,92	14,53	7.600	Holz, Eisen	Schaufelräder
City of Paris	*Inman*	Glasgow	1866	109,42	12,29	6.411	Holz, Eisen	Einzel-Schraube
Russia	*Cunard*	Glasgow	1867	115,82	13,11	6.770	Holz, Eisen	Einzel-Schraube
City of Brussels	*Inman*	Glasgow	1869	126,49	12,27	6.900	Holz, Eisen	Einzel-Schraube
Baltic	*White Star*	Belfast	1871	128,93	12,42	7.240	Holz, Eisen	Einzel-Schraube
Britannic	*White Star*	Belfast	1874	142,65	13,77	9.600	Holz, Eisen	Einzel-Schraube
City of Berlin	*Inman*	Greenock	1875	158,50	13,46	10.100	Holz, Eisen	Einzel-Schraube
Arizona	*Guion*	Glasgow	1879	141,73	13,87	9.900	Holz, Eisen	Einzel-Schraube
Alaska	*Guion*	Glasgow	1881	158,50	15,24	9.500	Holz, Eisen	Einzel-Schraube
Oregon	*Guion*	Glasgow	1883	158,50	16,51	12.500	Holz, Eisen	Einzel-Schraube
America	*National*	Glasgow	1884	139,90	15,62	9.550	Stahl	Einzel-Schraube
Etruria	*Cunard*	Glasgow	1885	158,50	17,45	13.300	Stahl	Einzel-Schraube
City of Paris	*Inman*	Clydebank	1889	170,69	19,25	17.270	Stahl	Doppel-Schraube
Teutonic	*White Star*	Belfast	1889	177,39	17,58	16.740	Stahl	Doppel-Schraube
Lucania	*Cunard*	Glasgow	1893	188,98	19,89	21.000	Stahl	Doppel-Schraube
Kaiser Wilhelm der Grosse	*North German Lloyd*	Stettin	1897	197,66	20,12	23.700	Stahl	Doppel-Schraube
Deutschland	*Hamburg-American*	Stettin	1899	201,78	19,94	23.000	Stahl	Doppel-Schraube
Kaiser Wilhelm II	*North German Lloyd*	Stettin	1903	215,37	21,95	26.500	Stahl	Doppel-Schraube
Lusitania	*Cunard*	Clydebank	1907	239,27	26,82	38.000	Stahl	Vier Schrauben
Mauretania	*Cunard*	Wallsend-on-Tyne	1907	240,79	26,82	38.000	Stahl	Vier Schrauben
Bremen	*North German Lloyd*	Germany	1929	273,92	33,50		Stahl	Vier Schrauben
Europa	*North German Lloyd*	Germany	1930	273,92	33,50		Stahl	Vier Schrauben
Rex	*Italian*	Genoa	1932	268,22	31,09		Stahl	Vier Schrauben
Normandie	*French*	St. Nazaire	1935	313,03	35,97	67.500	Stahl	Vier Schrauben
Queen Mary	*Cunard White Star*	Clydebank	1936	310,90	35,97		Stahl	Vier Schrauben
Queen Elisabeth	*Cunard White Star*	Clydebank	1938	313,94			Stahl	Vier Schrauben
United States	*United States Line*	New York	1952	301,8	31	53.399	Stahl, Aluminium	Vier Schrauben

ner

Maschine	Anzahl und Maße der Zylinder Anzahl	Bohrung mm	Hub mm	Dampf-Druck bar	Leistung PS	kW	Geschwindigkeit Knoten
schräg, direkt wirkend	1	1016,0	1524,00	0,690	90	67	6,00
Seiten-Balken	2	1524,0	1828,80	1,034	600	447	8,50
Seiten-Balken	2	1854,2	2133,60	1,034	750	559	10,20
Seiten-Balken	2	1968,5	2133,60	1,034	700	522	9,00
Seiten-Balken	2	1841,5	2082,80	0,827	740	552	10,56
invertierter V Antrtiebsstrang	4	2032,0	1828,80	1,655	1.500	1.119	11,00
Seiten-Balken	2	2254,3	2438,40	0,896	1.400	1.044	12,38
Seiten-Balken	2	2438,4	3048,00	1,034	2.000	1.491	12,75
Seiten-Balken	2	2438,4	2743,20	1,172	2.000	1.491	13,02
Seiten-Balken	2	2438,4	3048,00	1,172	2.000	1.491	13,34
Seiten-Balken	2	2552,7	3048,00	1,379	3.600	2.685	12,55
oszillierend	2	2641,6	3657,60	1,724	4.000	2.983	13,50
oszillierend	4	1879,6	4267,20	1,724	5.000	3.729	13,00
horizontal, direkt wirkend	4	2133,6	1219,20	1,724	6.500	4.847	13,00
Seiten-Balken,	2	2540,0	3657,60	1,724	4.000	2.983	14,50
direkt wirkend	2	2260,6	1066,80	2,069	2.600	1.939	13,78
vertikal, direkt wirkend,	2	2209,8	1143,00	1,724	2.500	1.864	14,22
direkt wirkend	2	2286,0	1371,60	2,069	3.000	2.237	14,66
Verbundmaschinen	2	1041,4	1524,00	4,482	3.000	2.237	15,11
	2	1981,2	1524,00				
Verbundmaschinen	2	1219,2	1524,00	5,171	5.100	3.803	15,95
	2	2108,2	1524,00				
Verbundmaschinen	1	1828,8	1676,40	5,171	5.200	3.878	15,37
	1	3048,0					
Verbundmaschinen	1	1574,8	1676,40	6,206	6.300	4.698	15,95
	2	2286,0	1676,40				
Verbundmaschinen	1	1727,2	1828,80	6,895	11.000	8.203	17,22
	2	2540,0	1828,80				
Verbundmaschinen	1	1778,0	1828,80	7,585	13.000	9.694	18,39
	2	2641,6	1828,80				
Verbundmaschinen	1	1600,2	1676,40	6,550	8.300	6.189	17,80
	2	2311,4	1676,40				
Verbundmaschinen	1	1803,4	1828,80	7,585	14.500	10.813	19,66
	2	2667,0	1828,80				
	2	1143,0	1524,00				
Dreifach-Expansionsmaschine	2	1803,4	1524,00	10,343	18.350	13.684	20,70
	2	2870,2	1524,00				
	2	1092,2	1524,00				
Dreifach-Expansionsmaschine	2	1727,2	1524,00	12,411	18.000	13.423	20,48
	2	2794,0	1524,00				
	4	939,8	1752,60				
Dreifach-Expansionsmaschine	2	2006,6	1752,60	11,377	30.000	22.371	22,00
	4	2489,2	1752,60				
	2	1320,8	1752,60				
Dreifach-Expansionsmaschine	2	2279,7	1752,60	12,273	32.000	23.862	22,51
	4	2451,1	1752,60				
Vierfach - Expansionsmaschine	4	930,3	1847,85	15,514	33.000	24.608	23,51
	2	1866,9					
	2	2641,6					
	4	2692,4					
Vierfach-Expansionsmaschine					40.000	29.828	23,58
Direktgekuppelte Parsons Turb.				13,445	68.000	50.708	25,85
Direktgekuppelte Parsons Turb.				13,445	68.000	507.078	26,25
					90.000	671.133	
Dampfturbinen					130.000	96.941	28,00
Dampfturbinen					130.000	96.941	27,92
Dampfturbinen							28,92
Turboelektrisch					160.000	119.312	31,20
Dampfturbinen				24,133	200.000	149.140	31,72
Dampfturbinen							
Dampfturbinen					173.800	130.000	38,32

E.S. PATRIA der Hapag für den Dienst an der Pazifikküste Südamerikas. 1938 gebaut, 16.595 BRT, in zwei getrennten Maschinenräumen arbeiten 6 Dieselgeneratoren mit zusammen 18.000 PS, im Achterschiff auf die beiden Propeller Elektromotoren, Geschwindigkeit 17 kn.

Die QUEEN ELIZABETH 2 im Hamburger Hafen, noch als turbinengetriebenes Schiff und in New York vor Manhattan nach Umbau als dieselelektrisches Schiff. Die beiden Türme des World Trade Center, wurden am 11. September 2001 durch einem Terrorangriff zerstört.

Frachtmotorschiff CAP BLANCO der Reederei Hamburg-Süd 1955. Das erste Schiff mit Drehstrom- statt Gleichstrom-Versorgung, die es bis dahin nur gab.

11.4 Die Brennstoffzelle als »Prime Mover« für den Schiffsantrieb

Heute ist die Brennstoffzelle ein prominentes Element neuer Antriebe, insbesondere wegen ihrer umweltschonenden Eigenschaften und ihres verlustarmen Betriebes: Mit einem *Carnot*-Wirkungsgrad von 100% geht sie im Voll-Lastbetrieb äußerst sparsam mit dem Brennstoffverbrauch um, erzeugt kaum, u.U. keine Abgase, sondern Wasser im Massengleichgewicht mit ihrem Verbrauch von Wasserstoff und Sauerstoff. Im Teillastbereich sinken diese kleinen Verluste noch, da sie ihre Gleichstromenergie mit dem Elektronenstrom transportiert und insofern den Brennkraftmaschinen weit überlegen ist. Dabei muss sie sich trotzdem erst noch durchsetzen gegen seit über 100 Jahren eingeführte und hoch entwickelte Konkurrenz von Otto- und Dieselmotor, Dampf- und Gasturbine, die eine ausentwickelte Infrastruktur haben, während die Brennstoffzelle diese noch nicht hat und ihre Versorgung mit Wasserstoff in großen Mengen noch nicht aufgebaut ist.

Die erste Brennstoffzelle baute der Engländer *William Robert Grove* schon 1839. Aber erst 1958 gelingt es in den USA und England im Raumfahrtprogramm »Gemini«, funktionstüchtige Zellen zu bauen. Der Engländer *Francis T. Bacon* entwickelt in Cambridge eine Brennstoffzelle, die mit 20 bar Überdruck bei 220° C arbeitet. Die Stromdichte beträgt 500 mA/cm^2, die Klemmenspannung 0,7 V.

In den 1950er Jahren wurde *Prof. Justi*, ein Physiker an der TH Braunschweig, durch seine Arbeiten auf diesem Gebiet bekannt, in den 1960er Jahren erfolgten erste Anwendungen in der Raumfahrt. Für stationäre und mobile Anwendungen laufen seit der Zeit intensive Entwicklungsarbeiten.

1968–1974 läuft eine Gemeinschaftsentwicklung Siemens-Varta im Auftrag des BMVg, die aber nur zu einer sehr schweren (60 kg/kW) Brennstoffzelle führt und nicht als U-Boot-Antrieb – das war die Zielsetzung – in Frage kommt.

Siemens setzt ab 1975 mit der alkalischen Brennstoffzellentechnik, ab Beginn der 1980er dann mit der Polymer-Elektrolyt-Membran-Technologie fort und weist im Versuchsboot U1 1988 die Brauchbarkeit nach.

Heute hat die Brennstoffzelle in einigen Nischenanwendungen ihren Serieneinsatz gefunden und steht vor einem breiter werdenden Einsatz als innovativer »Prime Mover« mit hohen Zuwachsraten in den kommenden Dekaden dieses Jahrhunderts in steter Verdrängung der Antriebe des 20. Jhdts.

Die Brennstoffzelle zur Zeit ihrer Entdeckung

Es war, in der Auswahl an Schiffsantrieben nach heutigen Gesichtspunkten auf der Suche nach höchster Umweltverträglichkeit, mit dem Rudern und dem Segeln zwar eine exzellente Lösung gefunden, die z.T. ja auch heute »wiederentdeckt«, wie z.B. mit dem Segelzusatz für Frachtschiffe diskutiert wird. Aber was geschah damals, wenn die Schiffsführung den Ruderern an Bord der Galeeren die frohe Botschaft vom Besuch des Schiffseigners in Person des obersten Marinechefs ankündigen durfte, allerdings verbunden mit dem Wunsch des Herrn Admirals, im Laufe der Ausfahrt in See Surfen zu wollen? Wenn aufziehende Windwolken und schwere Wetter den Segel zerfetzenden Hurrikan ankündigten oder genauso die für den sicheren und effektiven, d.h. termingerechten Seetransport von Passagieren und Gütern abträgliche Flautenprognose jede verlässliche Aussage des Reeders und des Kapitäns für Schiffsmakler und Kaufmann für den Transportvertrag unmöglich machten?

Nun waren in England schon zur Mitte des 18. Jhdts. die Dampfmaschine und Anfang des 19. Jhdts. die dampfgetriebene Lokomotive den Bergleuten unter Tage beim Transport des schwarzen Goldes in den britischen Kohlegruben zur Hilfe gekommen und hatten den Koh-

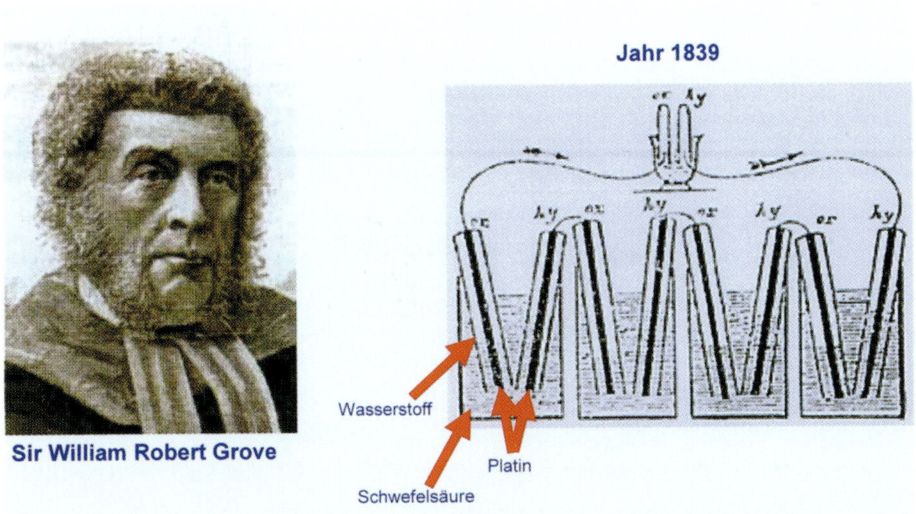

Sir William Robert Grove *und seine Brennstoffzelle*

lebergbau mit einem Quantensprung im Untertagetransport effektiver, zuverlässiger und besser planbar gestaltet. Das wurde dann auch der Ansatz für den Seetransport: Die chemisch-thermisch-mechanische Energiewandlung konnte über das Holz-, besser das Kohlefeuer unter dem Großwasserraumkessel mit dem dort erzeugten Dampf über den auf- und abbewegbaren Kolben der Kolbendampfmaschine und über den Kurbeltrieb in rotierende mechanische Drehbewegung und damit in kinetische Energie gewandelt werden, um das Schaufelrad oder den Propeller zu treiben.

»Rechtzeitig« ist nun allerdings das entscheidende Stichwort, um auf die Brennstoffzelle von heute, schon im Zusammenhang mit der frühen Suche nach Schiffsmaschinen für den Vortrieb im 19. Jhdt. zu sprechen zu kommen: Zwar war im Jahre 1839 in den Blättern der technischen Wissenschaften bekannt geworden, dass in Umkehrung der Wasserelektrolyse mit gasförmig in ein schwefelsäurehaltiges, also elektrisch leitendes Bad einströmenden Elemente Wasserstoff (H_2) und Sauerstoff (O_2) an zwei Platinelektroden ein fließender Gleichstrom gemessen werden konnte. Gleichzeitig entstand Wasser (H_2O) und verdünnte den Elektrolyten. Es war eben genau der mit Brennstoffzellen mögliche Prozess, das Bindungsenergiepotenzial von einigen Elektronenvolt (eV) aus der Elektronenhülle des Atoms zu nutzen, indem katalytisch angeregt die chemischen Vorgänge der Ionisation ($H^+ + O^- \rightarrow H_2O$) für den physikalischen Vorgang der Wasserelektrolyseumkehr in der Brennstoffzelle ausgenützt worden: der Ionenfluss der H- und O-Atome und die gleichzeitig hiervon getrennt mögliche Ableitung der Elektronen als arbeitverrichtender Gleichstrom mit einem theoretischen Spannungspotenzial von 1V-Gleichstrom je Element!

Phantastisch! Umweltschonend, weil ohne heiße Verbrennung von Holz, Kohle, Öl, Erdgas, verbunden mit Erzeugung großer Abgasmengen unter Verbrauch gewaltiger Sauerstoffströme aus der Erdatmosphäre und Vernichtung der über Jahrmillionen gewachsenen Kohlewasserstoffverbindungen, steht mit der Brennstoffzelle (BZ) ein großes Energiepotenzial in Form von elektrischem Gleichstrom zur Verfügung. Die Produktion von Wasser (H_2O) stellt gleichzeitig die beim BZ-Prozess verbrauchten Reaktanten H_2 und O_2 wieder zur Verfügung!

Wo liegt nun der Hase im Pfeffer? Wieso wurde damals diese phantastische Entdeckung aus England nicht jubelnd begrüßt?

Mit der Benennung der Form dieses Energiepotenzials als »elektrischem Gleichstrom« wird klar, dass diese neue direkte Energieumsetzung mit ihrem sofortigen Übergang von chemischer Bindungsenergie in elektrische Nutzenergie zu früh, zur Unzeit und damit »nicht recht in die Zeit« passend entdeckt worden war. Das Auslassen der umweltbelastenden und verlustreichen Energieumwandlung von thermischen und mechanischen Energiepotenzialen direkt in elektrische Energie erschien uninteressant. Man brauchte doch mechanische Energie zum Drehen der Lokomotivräder oder in See des Schaufelrades und Propellers! Elektrische Energie, was sollte das denn nur?

Erst im Jahre 1866 eröffnete Werner von Siemens mit der Beschreibung des generatorischen Dynamoprozesses die Möglichkeit der mechanisch-elektrischen (Generator) und umgekehrt der elektrisch-mechanischen (Elektromotor) Energieumwandlung die technische Nutzung der Brennstoffzelle. Die Brennstoffzelle ermöglichte nun mit ihrer direkten chemisch-elektrischen Wandlung der Bindungsenergie aus der Elektronenhülle eines Atoms des Elementes Wasserstoff im Potenzial eines Energiehubes von einigen Elektronenvolt zum Sauerstoff die saubere, direkte verlustarme Energieerzeugung bei der gleichzeitigen Bildung von Wasser. Gut 25 Jahre zu spät, um den dann schon laufenden Zug der Entwicklung der Brennkraftmaschine noch aufzuhalten!

Entwicklungsgeschichtlich im 19. Jhdt., also in der Suche nach geeignet erscheinenden Technologien für Schiffsantriebe zum Ersatz der Ruder- und Segelvortriebseinrichtungen, viel zu spät, denn der kohlegefeuerte Dampfkessel mit Kolbendampfmaschine war an Land erprobt und gereift. Trittbrettfahrend entwickelte daraus die maritime Industrie mit Reedern und Schiffbauern schiffsgebundene, seefahrende Antriebe, zunächst als Hilfsantrieb für Segelschiffe, später Schiffsdampfmaschinen als Hauptantrieb mit Hilfs- und Stützbesegelung.

Na, und dann kam nach dem ölgefeuerten Dampfkessel der Otto- und der Dieselmotor, der den Brennstoff direkt über dem Kolben zur Zündung brachte und so die Verbrennung von Öl oder Kohle im Dampfkessel und die Erzeugung von Satt- und später Heißdampf aus Wasser umging. Die Dampfturbine vermied die Umsetzung der transversalen Auf- und-nieder-Bewegungsenergie in Rotation, die Gasturbine verbindet beide Vereinfachungen und erzeugt klein- und leichtbauend Energie an Bord von Schiffen zum Vortrieb, wie auch für Flugzeuge zur Schuberzeugung und an Land für Kraftwerke die Rotationsenergie für die stromerzeugenden Generatoren.

Die Brennstoffzelle – ihre Wiederentdeckung für Nischenanwendungen

Experten schätzen, dass in 20 bis 25 Jahren Erdöl als Treibstoff zu knapp und zu teuer werden wird. Sie fordern den Umstieg auf Wasserstoff als Treibstoff. Aber auch der Kohlendioxid-Ausstoß soll drastisch in den nächsten zwanzig Jahren gesenkt werden, was einen kohlenstofffreien Brennstoff, Wasserstoff, erfordert. Die Produktion von Wasserstoff aus Erdgas oder Methanol ist möglich, aber nicht die Lösung, sondern mit erneuerbaren Energien, z.B. aus Wasserkraft, Wind oder Sonne durch Elektrolyse aus Wasser. Der Wasserstoff kann dann entweder in Kolbenmotoren in mechanische Energie oder in der Brennstoffzelle in elektrische Energie gewandelt werden. Der wirtschaftliche Zwang ist gegenwärtig noch nicht groß genug, sodass in einigen Regionen die Gesetzgebung Zwang ausübt. Island und Kalifornien gehen voran. Aus Island ist der Daumenwert bekannt: 1 t Fischnahrung erfordern etwa 1 t Erdöl, man will auch den Schiffsantrieb alsbald auf Wasserstoff umstellen.

Die heutigen Brennstoffzellen arbeiten mit Methanol und sog. Reformern, die das Methanol chemisch in Wasserstoff umwandeln, da eine wirtschaftliche Wasserstoff-Erzeugung und -Infrastruktur noch fehlt. Dieses Reformieren geht zu Lasten des Wirkungsgrades, der dann dem Dieselmotor entspricht.

Die Kosten je kW_{el} sind bisher bei der Brennstoffzelle 10-20-mal höher als beim Dieselantrieb.

Eine gute Nischenanwendung der Brennstoffzelle ist das U-Boot, das wird wohl auch noch lange so bleiben, nur noch in Wasserstoff(H_2)-Tankern wäre ihre nächste Anwendung vorstellbar.

Die Tauchdauer eines U-Boots, in der es außenluftunabhängig operieren kann, ist eine entscheidende Größe für seine taktischen Fähigkeiten. Im Zweiten Weltkrieg trieb man diese von Stunden auf Tage hoch, wobei die Grenze mehr durch die an Bord speicherbare elektrische Energie als durch die begrenzte Atemluft gezogen wird. Außenluftzufuhr über Schnorchel scheidet heute wegen der Erkennbarkeit aus.

Um auf Wochen und Monate Tauchdauer zu kommen, sind heutige Antworten:

- Nuklearantrieb mit Dampf-Turbomaschinen

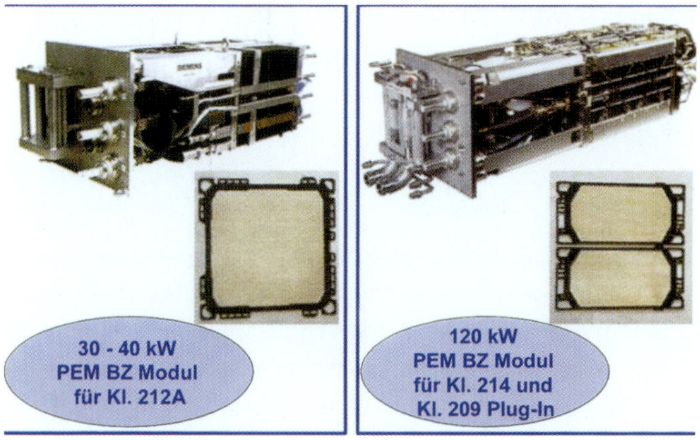

Brennstoffzellenmodule für verschiedene HDW-U-Bootklassen. Auf U 212 wird mit neun Modulen gearbeitet. Das Boot hat eine extreme Flachwasserfähigkeit. Der leistungsfähigere Modul, U 214 hat zwei davon, ist kompakter und kostengünstiger.

Oder bei nichtnuklearen U-Booten:

- Brennstoffzellen, also elektrochemisch
- Stirlingmotor
- Kreislaufdiesel

Die Deutsche Marine hat sich für die Brennstoffzelle entschieden, die – insbesondere bei geringen Geschwindigkeiten von einigen Knoten – die Tauchdauer im Vergleich zum reinen Batteriebetrieb auf mehrere Wochen verlängert.

Brennstoffzellen erzeugen Strom und Wärme. Für die Schifffahrt ist die bekannteste Anwendung in U-Booten, wie in der Klasse U 212 der *HDW* in Kiel, aber auch der Einsatz auf zivi-

Layout eines neuzeitlichen U-Boot-Antriebes

len und militärischen Überwasserschiffen, zunächst als Not- oder Hafenstrom-Versorgung, zeichnen sich ab.

Da die NATO bei Überwasserschiffen die Verwendung logistischen Kraftstoffs (NATO-Diesel F-76) fordert, muss der Wasserstoff mit einem Dieselreformer aus dem Kraftstoff gewonnen werden.

In der Brennstoffzelle wird chemische Energie in elektrische umgesetzt. Von einer Seite wird Wasserstoffgas in die Zelle geleitet, von der anderen Sauerstoff. Der Wasserstoff wird an einem Katalysator in Wasserstoffionen und Elektronen zerlegt. Eine Trennschicht zwischen dem Plus- und Minuspol ist für die Wasserstoffionen durchlässig, die sich dann auf der Sauerstoffseite mit ihm zu Wasser vereinigen. Dazu werden zwei Wasserstoffionen, ein Sauerstoffatom und zwei Elektronen gebraucht. Die beiden Elektronen kommen auch von der Wasserstoffseite, aber als Strom vom Minus- zum Pluspol der Sauerstoffseite. Bei der Reaktion entsteht Wärme, die sich zu Heizzwecken nutzen lässt. Man spricht von einer Niedertemperatur-Brennstoffzelle, denn die PEM-(Polymer-Electrolyt -Membran)-Brennstoffzelle – es gibt z.Zt. sechs Arten – arbeitet bei 80° C. Man versucht auf 200° C zu kommen, um kostengünstiger, effizienter und zuverlässiger zu arbeiten. Sie wird heute für kleinere bewegliche Verbraucher eingesetzt. Bei 700° C bis 1.200° C arbeitet die Hochtemperatur-SOFC-Brennstoffzelle (Solid Oxide Fuel Cell). Die Trennschicht ist eine besondere Keramikscheibe. Die heiße Abluft kann zum Antrieb eines Turbogenerators genutzt werden, der zusätzlich Strom erzeugt. Die Hochtemperatur-Brennstoffzelle braucht keinen reinen Wasserstoff, sondern kann auch mit Erdgas, Biogas oder Benzin betrieben werden, wobei dann allerdings noch CO_2-haltige Abgase entstehen. Allerdings nicht zu viel, denn der Wirkungsgrad liegt bei über 60 % zum Vergleich: ein Kohle-Kraftwerk heute liegt bei maximal 35 bis 45 %.

Ein großes, bisher ungelöstes Problem ist die Versorgung mit freiem Wasserstoff, was eine weite Verbreitung und Anwendung unmöglich macht.

Die Anwendung der Brennstoffzelle wird sich ausweiten, wenn zunächst die Versorgung mit Wasserstoff aus Methanol durch sog. Reformer in einem ausreichenden Umfang sichergestellt werden kann.

Siemens arbeitet an einer transportablen Brennstoffzelle von 160 kW zur emissionsfreien Energieversorgung auf Schiffen, beispielsweise im Hafen, die dann natürlich den Luftsauerstoff nutzen müsste.

Neben den Gas-Versorgungen (Wasserstoff und Sauerstoff) braucht der Brennstoffzellen-Modul Hilfseinrichtungen für Kühlung, Restgas, Reaktionswasser, Stickstoff-Gas-Trocknung und Versorgung. Der eigentliche Reaktionsmodul ist mit nicht reagierendem Gas im Überdruck umgeben. Hinzu kommt das Evakuierungssystem. Das ergibt ein Subsystem, das in das gesamte elektrische Automatisierungs-, Steuer- und Kontrollsystem des Schiffs integriert wird.

Der Sauerstoff wird tiefkalt flüssig (Liquid Oxygen LO_X) gelagert, Wasserstoff in atomaren Zwischengitterplätzen von Metallhybriden. Der Wasserstoff wird durch Wärme aus dem Kühlwasser der Brennstoffzelle wieder freigesetzt.

Die Entwicklung der Brennstoffzelle verdeutlicht, wie viele weitere Erfindungen und Innovationen erforderlich sind, um zur technisch-wirtschaftlichen Akzeptanz und Anwendung zu kommen. Es wird verständlich, warum fast zwei Jahrhunderte von der Erkenntnis bis zur Anwendung vergehen mussten.

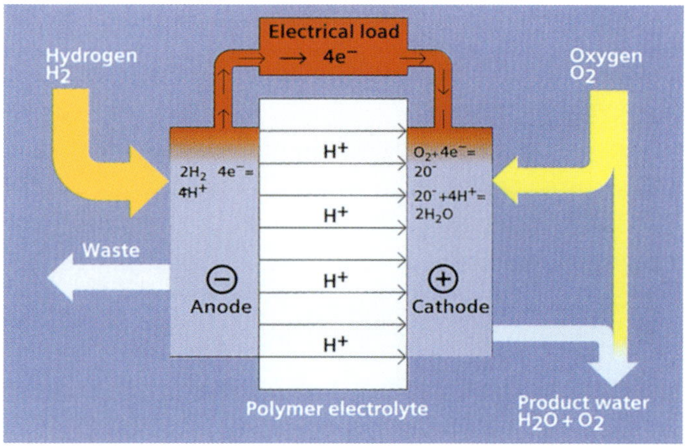

Wirkprinzip der PEM-Brennstoffzelle. Sauerstoff O_2 bzw. Wasserstoff H_2 werden mit 2,3–2,6 bar zugeführt. Eine Zelle hat theoretisch 1,48 V, praktisch etwas mehr als 1 V unbelastet. Die Abmessungen einer Zelle ist 400 mm x 400 mm, der Spannungsabfall im Betrieb 2μV/h. Mit zunehmender Leistungsabnahme sinkt die Spannung von z.B. 1 V auf 0,7 V, der Strom steigt auf über 400 A, die Leistung auf etwa 0,9 kW. Bei der Siemens BZM34 fließen bei 34 kW etwa 650 A mit 50–55 V (angewendet bei HDW-V212 A der deutschen Marine), bei der BZM120 bei 120 kW 560 A mit 208–234 V (eingesetzt bei HDW-V214 der griechischen Marine). Erstere hat 72 Einzelzellen, letztere 320. Der Wirkungsgrad liegt bei 59%, bei 20% Last 69%.

12. Außenluftunabhängige Antriebe (AIP – Air-Independent Propulsion)

Das meistgebaute deutsche U-Boot des Zweiten Weltkriegs, der Typ VII C, konnte Unterwasser bei 7,6 kn Höchstgeschwindigkeit eine Reichweite von etwa 22 sm mit seinen Bleibatterien und Elektromotoren durchlaufen. Diese unbefriedigende Leistungsfähigkeit hat natürlich die Erfindertätigkeit angereizt. Dabei heißt außenluftunabhängig immer – außer beim Nuklearantrieb –, dass der Sauerstoff in Tanks mitgenommen werden muss, um den Brennstoff zu verbrennen oder in der Brennstoffzelle sich mit Wasserstoff zu vereinigen. Von den entwickelten Möglichkeiten

- Batterie und Elektromotor
- Natronkessel und Dampfmaschine
- Kreislauf-Diesel (closed cycle Diesel)
- Stirlingmotor
- Walter- und MESMA-Turbine
- Nuklearantrieb
- Brennstoffzelle und Elektromotor

scheint die Brennstoffzelle wegen ihres hohen Wirkungsgrades sehr gute Perspektiven zu haben. Die anderen, außer Nuklearantrieb, haben auch das Problem, dass sie Wärme und Kohlendioxid notwendigerweise als Abfall produzieren, was beim Außenbordsschaffen die Erkennbarkeit (Signatur) des Bootes erhöht. Das Kohlendioxid kann auch an Bord gespeichert werden durch Kompression oder Lösen in Lauge.

Die Tauchzeiten – um etwa zwei Wochen – sollen alsbald auf vier bis fünf Wochen gebracht werden.

12.1 Natronkessel und Dampfmaschine

Im Ersten Weltkrieg experimentierte die *AG Weser Bremen*, nach einer Idee von *Moritz Honigmann*, Grevenberg, mit Natronkesseln zur Dampferzeugung bei Unterwasserfahrt: Der Abdampf aus dem ND-Zylinder wird im Natronkessel von Natronlauge aufgenommen, die dadurch so heiß wird, dass Wasser in den umgebenden Räumen verdampft und die Dampfmaschine betreiben kann. Der Gegendruck im Natronraum steigt, sodass dann Dampf aus dem MD-Zylinder genommen werden muss. Bei Überwasserfahrt muss die Natronlauge wieder durch Eindampfen von ihrem Wassergehalt befreit werden. Dazu wurden die dann leeren Wasserräume des Kessels mit Dampf aus dem ölgefeuerten Kessel beheizt. Das verdampfte Wasser wird als Speisewasser für den Hauptkessel genutzt. Es waren zwei Natronkessel gegen Trimmänderungen vorgesehen und dazwischen ein Warmwasserbehälter zum Ausgleichen des Wasserstandes. Die Versuche müssen wohl nicht aussichtsreich verlaufen sein, denn es gab keine weitere Verlautbarung dazu. Eine Lösung war dann fünfzig Jahre später der Kernenergie-Antrieb.

12.2 Kreislauf-Diesel bei Unterwasserfahrt

Schon 1901 macht der Franzose *Georg F. Jaubert* in Paris dazu einen Vorschlag, der ihm in Deutschland im selben Jahr patentiert wird:

»Arbeitsverfahren ... dadurch gekennzeichnet, dass die Brennstoff-Sauerstoffladung mit toten Gasen vermengt wird, welche aus einem Reiniger angesaugt werden, der von den aus dem Zylinder austretenden Gasen beschickt wird«, also einfach gesagt: Dem Abgas wird wieder frischer Sauerstoff zugemischt und vom Motor wieder angesaugt. 1905 erweitert er den Patentschutz speziell auf den U-Boot-Antrieb bezogen. Vorher war im Mai 1902 mit dem Bau des U-Boots Y (Q37) begonnen, das am 24. Juli 1905 in Toulon vom Stapel lief (L 43,5 m, B 3 m, T 2,8 m, 250 PS Diesel, Verdrängung über Wasser 213 t) mit einem Kreislauf-Diesel für die Unterwasserfahrt mit 6 kn. Es hat aber wohl nicht funktioniert und wird im Mai 1909 abgebrochen. Weitere Projekte folgen, aber unter den französischen U-Booten des Ersten Weltkriegs wird keines mit Kreislauf-Diesel genannt.

In Deutschland gibt es entsprechende Ambitionen. *Paul Winand* hat ähnliche Patente. 1905 schließt die Gasmotoren-Fabrik Deutz mit ihm einen Vertrag über die Verwertung, das

Prüfstand für Kreislauf-Dieselmotor

Reichsmarineamt ist interessiert. Die Anstrengungen von Deutz bringen aber bis Ende des Ersten Weltkriegs keinen Erfolg und sind dann auch erst einmal beendet.

Gleiches Schicksal haben auch Arbeiten von *Prof. von Linde*, der seit 1905 mit einem Kreislauf-Diesel von MAN experimentiert, sowie von Marinebaurat *Berling* bei der Germaniawerft in Kiel. Interessant ist sein 1913 erstellter Vergleich damals bekannter Ansätze im gleichen Maschinenraum (84 m^3) und gleichem Gewicht (59 t) bei 8 kn:

	Reichweite sm	Fahrzeit h
Bleibatterien und Elektromotoren	28	3,5
Komprimierte Luft von 200 bar und Luftmotoren	26,8	3,35
Natronkessel und Dampfmaschine	bis 29	bis 3,6
Dieselmotoren im Kreislaufbetrieb	214	26,8

Druckluftmotoren sind lange Zeit der übliche Antrieb für Torpedos gewesen mit dem Nachteil, dass sie sich durch Luftblasenbahn selbst verraten. Erst im Lauf des Zweiten Weltkriegs erfolgt der Umstieg auf Batterie- und Elektroantrieb.

Nach dem verlorenen Ersten Weltkrieg gab es erst wohl 1927 wieder ein Aufgreifen des Themas, zunächst für einen Langstreckentorpedo, für den an der TH Berlin ein Benzolmotor mit 230 PS und Kreislaufantrieb entwickelt wurde. Aber bis zum Beginn des Zweiten Weltkriegs war nichts Greifbares vorhanden.

Seit Dezember 1940 arbeitet das Forschungsinstitut für Kraftfahrzeugwesen und Fahrzeugmotoren der TH Stuttgart (FKFS) im privaten Auftrag von *Dr. H. Dräger*, Lübeck, an einem Kreislauf-Dieselmotor, der im Mai 1943, als die konventionellen deutschen U-Boote die Atlantikschlacht begannen zu verlieren, das Interesse des Oberkommandos der Kriegsmarine fand. Es wird sogar an einem Erprobungsboot U 798 auf der Germaniawerft in Kiel in der ersten Hälfte 1944 gebaut, dann verzögert sich das Projekt aber, sodass das Boot am 15. Februar 1945 von der Helling genommen wird, im Mai wird es durch Bomben zerstört.

Nach dem Krieg gibt es entsprechende Versuche in Norwegen und Schweden, in USA, wo man die Verbrauchsangaben 0,24 kg/PSh Dieselöl, 0,94 kg/PSh Sauerstoff der Stuttgarter von 1943 bestätigt, aber der Nuklearantrieb verhindert weiteres Interesse. In der Sowjetunion soll es in der QUEBEK-Klasse von 1954–1957 einen Kreislaufmotor für die Mittelwelle gegeben haben.

Um 1990 ist das Interesse für den Kreislauf-Dieselmotor in Deutschland wieder aufgelebt. Zwei Aktivitäten sind zu nennen: *MAN Augsburg* und *Bruker Meerestechnik*, Karlsruhe, seit 1982 und seit 1989 mit dem Versuchsboot SEAHORSE-KD, 136 PS bei 1.500 min^{-1}, sowie etwa ab gleicher Zeit *Cosworth*

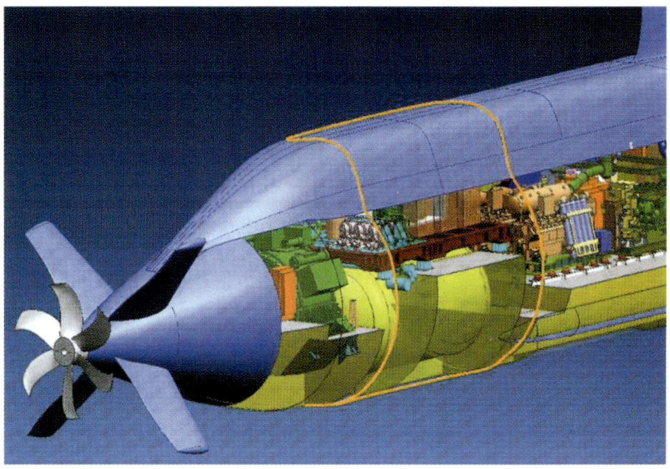

Nachrüstsektion mit Kreislaufdiesel
Der Fahrmotor ist ein drehzahlgeregelter Gleichstrommotor mit Permanentmagneten, wodurch ein höherer Wirkungsgrad und kompaktere Bauweise möglich ist.

Engineering, Northampton, und *Thyssen Nordseewerke*, Emden:

Erprobungsträger ist das am 29. November 1991 außer Dienst gestellte U1 der Klasse 205 mit 4,5 m Druckkörper-Durchmesser.

Ein MTU-Dieselmotor von 340 PS bei 1.500 min^{-1} treibt einen Drehstromgenerator an.

Am 14. Oktober 1993 dann Stilllegung nach erfolgreicher Erprobung und anschließende Verschrottung.

Die Bundesmarine hat sich gegen Kreislaufantrieb und für die Brennstoffzelle Mitte der 1990er entschieden. Die Diesel unter Wasser haben heute Ortungsprobleme.

Das Kreislaufdieselsystem wurde an der Universität Newcastle/Großbritannien entwickelt. Zwischen 1986 bis 1993 wurden von den Nordseewerken Emden zunächst Landtestanlagen und dann eine Bord-Erprobung auf dem Boot EX-U1 vorgenommen, die erfolgreich verlief. Es zeigte sich auch, dass die akustische Signatur unterhalb der Grenzwerte liegt, die man heute für konventionelle U-Boote ansetzt.

Das 450° C heiße Abgas des üblichen kommerziellen Dieselmotors wird durch Seewassereinspritzung auf 80° C heruntergekühlt. Dann wird in einem Absorber – in ihm rotiert ein Kunststoffgitter, durch das Abgas und Seewasser invers geleitet wird – das CO_2 des Abgases herausgewaschen. Seewasser kann insbesondere Kohlendioxyd aufnehmen, etwa 3 g/kg Seewasser bei 0°C und 1,3 g/kg bei 25°C. Dabei spielt der Druck im System eine Rolle, der zwischen 3 bis 5 bar liegt, gegen den also der Dieselmotor arbeiten muss, der deswegen einen möglichst hohen Zünd-Spitzendruck haben muss. Der Druck im System wird unabhängig von der Tauchtiefe konstant gehalten. Das gewaschene Gas wird in einem Wasserabscheider getrocknet, es wird Sauerstoff und eine geringe Menge Argon zugesetzt und dann dieses Gas dem Motor als Verbrennungsluft zugeführt. Das Edelgas Argon beeinflusst den Isentropenexponenten und damit die Verdichtungseigenschaften. Sauerstoff und Argon werden in flüssiger Form in vakuumisolierten Edelstahltanks gebunkert.

Bei einer Geschwindigkeit von 5–7 kn für Ortungsfahrt soll die Tauchdauer um das Vier- bis Fünffache bisheriger Lösungen erhöht werden.

12.3 Heißgasmotor (Stirlingmotor)

Im Jahr 1816 meldet der schottische Pastor *Dr. Robert Stirling* ein Patent an, nach dem 1827 ein erster Motor gebaut

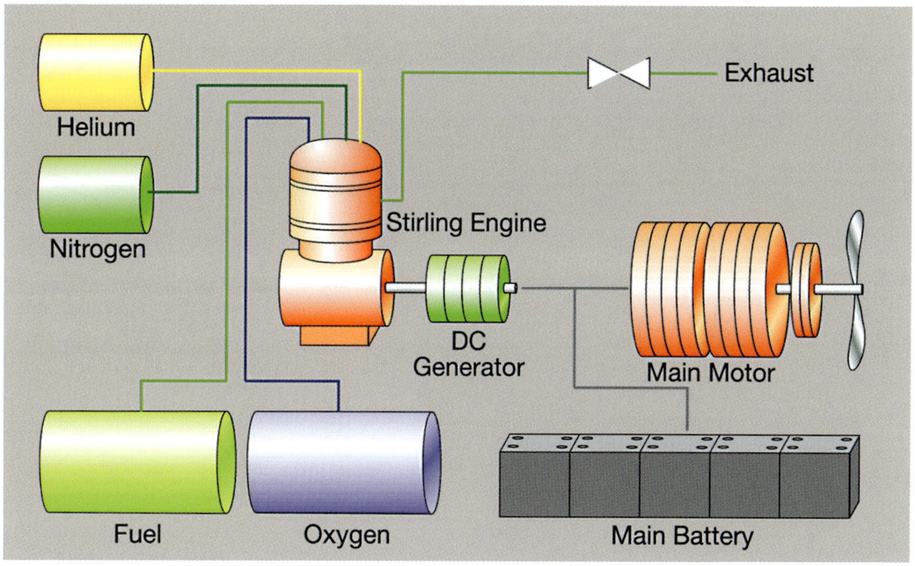

Gesamtprinzip des Stirling-Antriebes nach HDW, Kiel, und Kockums, Schweden

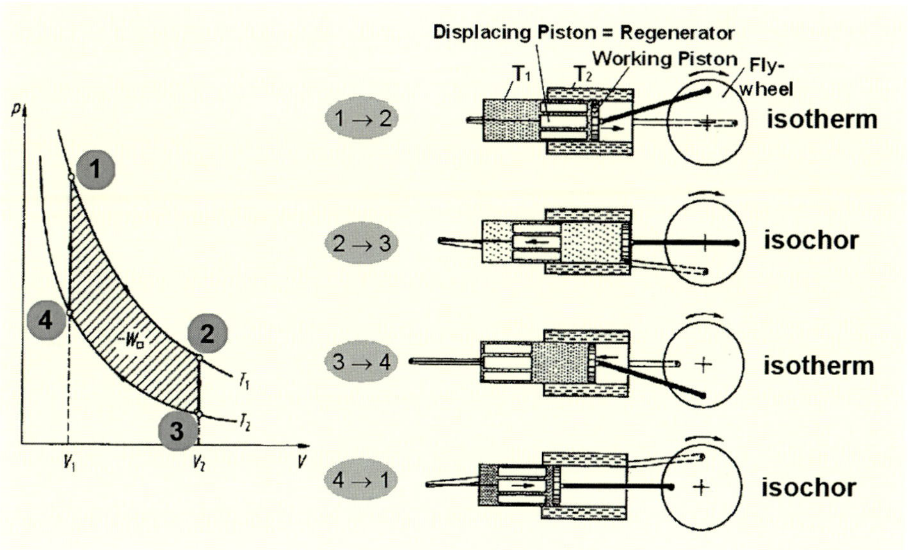

Der Stirling-Kreisprozess

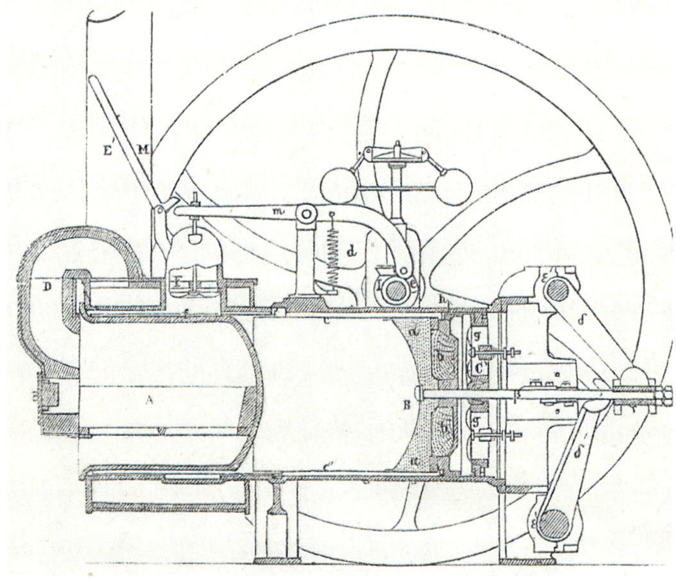

Ericsons *Heißluftmaschine, Vorderansicht und Längsschnitt:*
A Feuerraum
aa' wärmeisolierende Füllung
B Speisekolben, der doppelten Weg wie der Arbeitskolben zurücklegt und Luft in den Zylinder schafft
C Arbeitskolben
CC' blecherne Hülse am Speisekolben zur Wärmeaufnahme der äußeren Luft auf ca. 300° C. Diese drückt man dann auf den Arbeitskolben
D Rauchgasleitung am linken Teil des Zylinders
E Schornstein
F Auslassventil
gg Ventilklappen, die äußere Luft von rechts ansaugen lassen, wenn sich der Abstand zwischen den beiden Kolben vergrößert
h Nut im Speisekolben, in der Ring rechts dichtend beim Ansaughub nach links und links Luftkanäle freilassend anliegt beim Arbeitshub nach rechts
oo Enden der beiden Kolbenstangen des Arbeitskolbens, die nicht in der Zeichenebene liegend, nicht dargestellt sind

wird, der heute im Department of Natural Philosophy der Universität Glasgow steht.

Bei diesem Motor ist der Dampf der bekannten Dampfmaschine durch Luft – heute meist Helium – ersetzt, die in einem geschlossenen System immer wieder den Kreisprozess durchläuft:

1. Kompression bei niedriger Temperatur (Isotherme mit Wärmezufuhr)
2. Wärmezufuhr bei konstantem Volumen (Isochore) bis zum maximalen Druck 140 bar
3. Expansion bei hoher Temperatur (Isotherme mit Wärmezufuhr)
4. Wärmeabfuhr bei konstantem Volumen (Isochore)

Das Gas wird zwischen einem heißen und einem kalten Raum hin- und hergeschoben. Diese beiden Räume sind beim doppelt wirkenden Motor auf mindestens zwei Zylinder auf oberhalb der Kolben (heißer) und unterhalb der Kolben (kalter Raum) verteilt. Zur Abdichtung des unteren Zylinderraumes gibt es eine Kolbenstange und Kreuzkopf wie bei einer Dampfmaschine. Bei der anderen Art, dem Verdrängungsmotor, ist eine Einzylinder-Maschine möglich, die mit Kolben und Verdränger, also Volumenänderung des Kaltraumes, arbeitet, relativ kompliziert ist und hier nicht weiter betrachtet zu werden braucht.

– Die Vorteile sind
– äußere Wärmezufuhr
– schadstoffarmes Abgas
– geringe Geräuschentwicklung, keine Druckstöße
– guter Wirkungsgrad etwa wie Dieselmotor, 36% erreichbar.

Allerdings nach einem Boom für den Motor in der zweiten Hälfte des 19.Jhdts. (eine deutsche Firma bietet z.B. 1895 ihren größten 2-PS-Motor mit 4.100 kg Gewicht an) gerät er auf Grund des aufkommenden Dieselmotors fast in Vergessenheit. Erst ab 1938 entwickelt Philips in Eindhoven den Motor weiter.

1968 greift in Malmö, Schweden, die *United Stirling AB* mit Lizenzen von *Philips* den Motor als U-Boot-Antrieb auf, die in der U-Boot-Klasse A19 von *Kockums* 1996 bis 1998 in drei Einheiten mit jeweils 200 PS Leistung eingebaut sind.

Nach *Stirling* kam Kapitän *Ericson* 1833 mit seiner Kalorischen Maschine, für die er in Nordamerika Kapitalgeber fand. Am 15. Februar 1853 fuhr die ERICSON, das erste Schiff, das durch eine Heißluftmaschine bewegt wurde, nach Alexandria, dem Hafen von Washington. Die Abmessungen des Schiffes waren L 75,75 m, B 12,73 m, D 2.200 t, die der Schaufelräder 9,70 m Durchmesser, Breite 3 m, Antriebsleistung 600 PS. Trotz günstiger Berichte – man sei mit einem Zehntel der Kohlenmenge einer gleich starken Dampfmaschine ausgekommen – wurde das Schiff im Folgejahr wieder in ein herkömmliches Dampfschiff umgewandelt und vergessen. *Ericson* arbeitete aber an seiner Maschine weiter, die jedoch bis heute aufgrund etlicher Probleme ein Nischendasein führen musste. Diese Maschinen nutzen den Effekt aus, dass Luft um 100° C erwärmt $^{12}/_{30}$ mehr Volumen hat bzw. einen entsprechenden Druck ausübt.

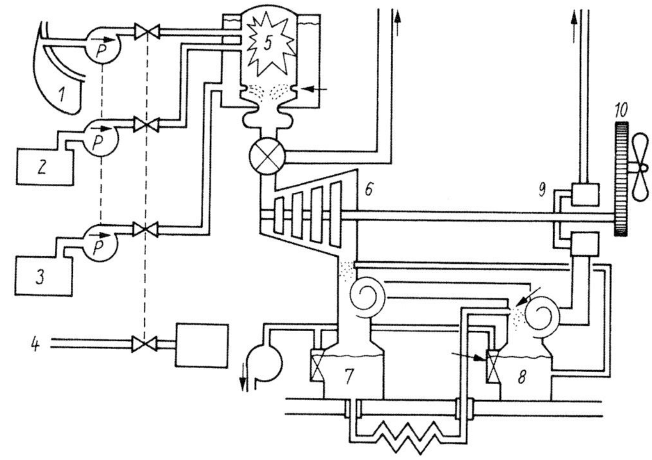

Antriebsschema eines Walter-U-Bootes. Auch Torpedos wurden mit Walter-Antrieb probiert, eine 500-PS-Turbine ermöglichte etwa 50 kn Geschwindigkeit und eine beträchtliche Langstrecke.
1 Wasserstoffperoxyd, 2 Dieselkraftstoff, 3 Frischwasser, 4 Seewasser, 5 Reaktionskessel/Brennkammer, 6 Turbine, 7 Heißwasser, 8 Kühlwasser, 9 Kompressoren, 10 Getriebe, P Pumpen

12.4 Walter-Antrieb

Die unbefriedigende Leistung der deutschen U-Boote unter Wasser – allerdings auch der fremder Marinen:
UB 60: 06.06.1917; 55 sm bei 4 kn, max. 8 kn
U 27: 12.06.1936; 73–94 sm bei 4 kn, max. 8 kn
stimulieren den Maschinenbauingenieur und Konstrukteur *Hellmuth Walter* (26. August 1900–1980) am 28. Okt. 1925 zu einem ersten Patent, dann noch fast 200 Patenten, seine Vision »Unterwasser-Schnellboot mit Gasturbinenantrieb«.

Am 27. Dez. 1933 erteilt die Marineleitung den Auftrag für eine Studie, dann am 10. April 1934 für eine Versuchsanlage. Am 1. Juli 1935 macht Walter sich selbstständig.

1935 wurde die erste Turbine bei der *H. Walter KG* in Kiel fertiggestellt mit 4.000 PS Leistung. *Prof. Hellmuth Walter* hatte das Arbeitsprinzip einer von der Außenluft unabhängigen Turbine entwickelt, die hochtourig mit einem Gas-Dampf-Gemisch betrieben wird: 80–85%-iges Wasserstoffperoxid H_2O_2 wird über Katalysatoren in Wasser und Sauerstoff zerlegt. Es wird zähflüssig in Tanks mitgeführt, allerdings unter besonderen Schutzmaßnahmen, da es bei geringen Verunreinigungen oder Erschütterungen explosiv zerfällt.

Das Versuchsboot V80, am 20. April 1940 zu Wasser gelassen, erreicht bei Probefahrten auf der Schlei eine Unterwassergeschwindigkeit von 28,1 kn und dabei eine Reichweite von 50 sm; das Boot war in privater Initiative bei der Germaniawerft in Kiel gebaut. Die Turbine leistete 2.000 PS und drehte mit 14.000 min^{-1}. Das Boot zeigte auch noch den Vorteil geringer Geräuschabstrahlung.

Mit Kaliumpermanganat als Katalysator entsteht Wasserdampf von etwa 500–600° C und freier Sauerstoff, der in einer Brennkammer mit Dieselkraftstoff mit etwa 2.000° C verbrannte und durch Wassereinspritzung auf 500–600° C

U-Boot U 1407 (Typ XVII B), gebaut von Blohm & Voss, *Hamburg, Stapellauf Febr. 1945, 312 t über, 337 t unter Wasser, Antrieb eine* Walter-Turbine, *2.500 PS, ein Dieselmotor für Marschfahrt, 8,8 kn über, 25 kn unter Wasser, L 41,45 m, 5. Mai 1945 bei Cuxhaven versenkt, gehoben, britische* METEORITE, *1949 abgebrochen*

gebracht wurde. Das entstandene Gas-Dampf-Gemisch von 35–40 bar trieb dann die Turbine an.

Es entstehen in 1943/44 mehrere verschiedene Walter-Boot-Typen. So wird z.B. bei Blohm & Voss, Hamburg, das erste Boot des Typs XVII B (300 t; 12 Mann Besatzung) am 21. Dez. 1944 als U 794 in Dienst gestellt, das 25 kn maximale Unterwassergeschwindigkeit hat und dabei 123 sm Reichweite.

Aber keines der Walter-U-Boote verlässt vor Kriegsende Mai 1945 die Heimatgewässer und keiner von Walters 21 Torpedotypen – auch mit Turbinenantrieb und Wasserstoffperoxid-Basis – kommt zum Einsatz. Es war zu spät. *Aschomeit* schreibt: *»Der Krieg der Ingenieure findet vor dem Kriege statt.«*

Die versenkten Boote wurden nach dem Kriege gehoben und nach USA bzw. England gebracht. Die Entwicklung wurde aber 1954 eingestellt nach Beginn des Kernkraftantriebs bei U-Booten.

Mesma-Turbine

Eine ähnliche Entwicklung wie die Walter-Turbine läuft gegenwärtig in Frankreich, nur dass der Sauerstoff flüssig bei Niederdruck mitgeführt wird und der Antrieb für Schleichfahrt unter Wasser gedacht ist. Nach Angabe des Konsortialführers DCN wurden in den letzten Jahren drei Antriebe dieser Art in pakistanische U-Boote eingebaut. Da das Abgas noch etwa 60 bar haben soll, kann es direkt außenbords gedrückt werden.

13. Neue Antriebskonzepte

13.1 Der Wasserstrahlantrieb

Schon der Schweizer Mathematiker *Daniel Bernoulli* (29.1.1700–17.3.1782) hatte darauf hingewiesen, dass ein Schiff auch durch einen kräftigen am Heck austretenden Wasserstrahl vorwärtsgetrieben werden könne.

1722 schlug *Dr. John Allan* vor, ein Schiff voranzutreiben *»by forcing water or some other fluid through the stern or hinder part, at a convenient distance under the surface of the water, into the sea, by proper engines placed within the ship«*. Als Maschine hatte er einen Zylinder in der Vorstellung, in dem mit Schießpulver ein Kolben getrieben wird. 1729 bekam er ein Patent.

Rumsey soll 1787 mit einem derartig eingerichteten Bootsantrieb auf dem Potomac in den USA experimentiert haben und zwei Stunden lang 4,83 km/h erreicht haben.

1855 baute *Seydel* in Stettin – wie man damals sagte – das Prallschiff ALBERT, das einige Jahre auf der Oder fuhr. Das englische Kanonenboot WATERWICH erreichte 9 kn, und es gab Ende des 19. Jhdts. einige Schleppschiffe auf der Elbe und dem Main mit Strahlantrieb.

Als der Turbinenantrieb Anfang des 20. Jhdts. als Schiffsantrieb aktuell wurde, die Schraube aber keine Drehzahlen über 300 min^{-1} Umdrehungen aufnehmen kann wegen Sinken des Wirkungsgrads durch Kavitation, wurde der Wasserstrahlantrieb als Alternative diskutiert. Der Wasserstrahl kann mit einer Kreiselpumpe erzeugt werden, die mit hoher Drehzahl von einer Turbine angetrieben wird. Es gab entsprechende Konzeptionen.

Alle Propeller, die einen Strahl erzeugen und dadurch Schub entwickeln, kann man als Strahlpropeller bezeichnen, also auch die Schraube, das Schaufelrad, Riemen, Fischschwanz. Obwohl die beiden Letztgenannten ohne Strahl-, sondern Wirbelerzeugung auskommen, wirken sie so wie Pumpen mit angesaugtem und ausgestoßenem Strahl. Nur letztere werden aber allgemein als Strahlpropeller bezeichnet.

Wenn man von vielen Vorschlägen etlicher Erfinder absieht, so sind die Wasserstrahl-Antriebe mit Ansaugung vorn, Beschleunigung mit Zentrifugalpumpe im Inneren des Schiffs und Austritt des Wasserstrahls achtern aufgebaut. Will man mit diesem Wasserstrahl das Gleiche erreichen wie mit einem Schraubenpropeller, der ja ebenfalls einen Wasserstrahl erzeugt, so muss man entweder Wassermenge in der Zeiteinheit und Geschwindigkeit genauso machen oder bei kleineren Wassermengen die Geschwindigkeit erhöhen. Mit Erhöhen der Wassergeschwindigkeit steigen die Reibungsverluste in

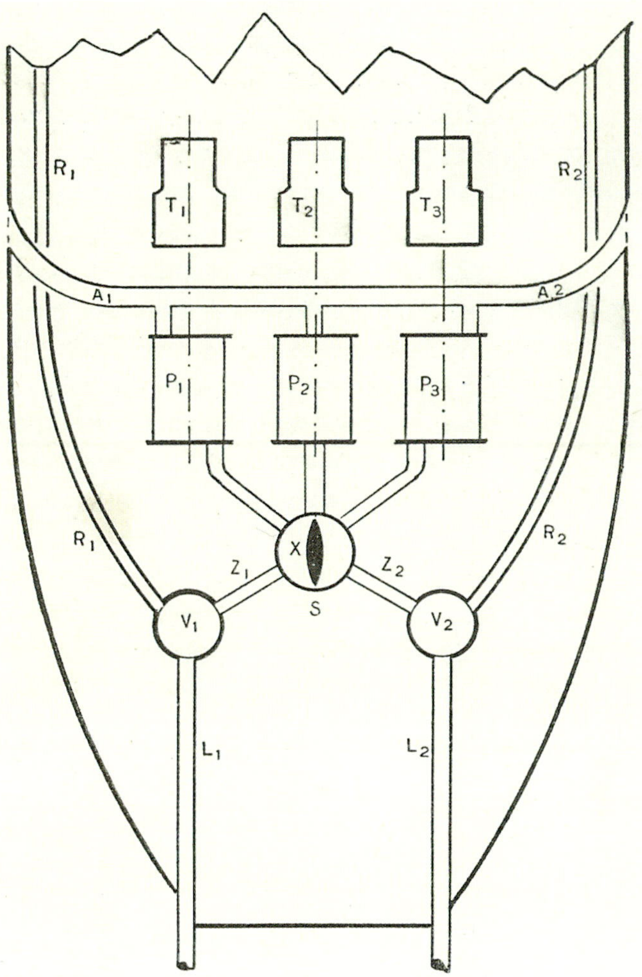

Konzept für einen Wasserstrahlantrieb anstatt Schrauben, um deren Drehzahlbegrenzung zu vermeiden, etwa 1907. Die schnell laufende Hochdruck-Kreiselpumpe passt drehzahlmäßig mit der Dampfturbine zusammen. Frühere Vorschläge ließen sich mit der Kolbendampfmaschine nicht verwirklichen (zu schwer und zu aufwendig). In der Zeit experimentierte auch André Gambin *mit einem kleinen sog. Typhonoide-Boot: Das Boot sitzt auf einem Wasserrohr, in dem eine Wasserpumpe arbeitet. Es sollen Geschwindigkeiten von 60 km/h erreicht worden sein.*

den Rohrleitungen, außerdem ist jede Richtungsänderung im Durchfluss problematisch.

1980 waren Antriebsleistungen etwa bei 10 kW und der Wasserstrahldurchmesser 10 cm, im Jahr 2000 25.000 kW und 200 cm Durchmesser. Der Einsatzbereich ist bis jetzt auf Fähren, Yachten und kleine Kriegsschiffe begrenzt geblieben, man sieht jedoch für den Transport hochwertiger zeitempfindlicher Güter (HVTS) auf schnellen Schiffen und langen Routen zwischen den Industrieregionen. Studien zukünftiger Einsatzfelder: Studien laufen hierzu, wobei eine Geschwindigkeit von 40 kn zugrunde gelegt wird. Auch in den Marinen sieht man steigende Anwendung z.B. wegen des Vorteils geringen Geräuschs und Schwingungen.

Typische Anwendungsbeispiele heute sind:

- Einrumpf-Yachten mit 3 Waterjets (2 x 2.540 kW + 1 x 5.000 kW, 49 kn)
- Katamaran-Fähren mit 4 Waterjets (je 7.200 kW, 38 kn)
- Kriegsschiffe oder schnelle Yachten mit hybridem Antrieb – Propeller und Waterjet für 30–32 kn
- flachgehende Schiffe mit nur 20–25 kn, z.B. 2 x 3.200 kW

Wenn man von großen Wasserstrahlantrieben (VLW) spricht, meint man 20–50 MW, 200–325 cm Strahldurchmesser und Geschwindigkeiten von 30–45 kn. Dabei werden Leistungsgewichte (ohne Antrieb), also mit Propellergewicht plus Welle, vergleichbar, von 2,0 (100 cm Ø) bis 0,5 (325 cm Ø) kW/kg erreicht.

Die Umdrehungen der Pumpe sind 200 min^{-1}. Der Kamewa 325 von *Rolls-Royce* hat dann 104 m^3/s Volumenstrom und 32 m/s Strahlgeschwindigkeit. Sie werden heute als standardisierte Einheit mit Pumpe sowie Steuer- und Umkehreinrichtung einbaufertig geliefert.

Der Wirkungsgrad des Wasserstrahls liegt bei max. 68% und bleibt so, wenn die Schiffsgeschwindigkeit etwa halb der Strahlgeschwindigkeit entspricht. Ist der Strahl zu klein bemessen und die Schiffsgeschwindigkeit kann nur mit höheren Strahlgeschwindigkeiten erreicht werden, sinkt der Wirkungsgrad rapide auf unter 50%.

Waterjets haben den Vorteil, einen besseren Wirkungsgrad bei hoher Geschwindigkeit zu haben als Propeller, verbessern die Manövrierfähigkeit und reduzieren den Tiefgang. Sie sind deshalb besonders für Schiffe geeignet, die in extrem flachen Gewässern operieren müssen.

Er kann aber auch gut als Manövrierhilfe im Bug konventionell angetriebener Schiffe eingesetzt werden. Das erhöht die Sicherheit für Schiffe mit gefährlicher Ladung, so er als »Take-home-Device« benutzt werden kann. So erreicht beispielsweise ein indischer Ethylen-Tanker mit einem Pump-Jet von 375 kW im Bug noch 6 kn Geschwindigkeit, wobei die Hilfsmaschinen der Energieversorgung verwendet werden können.

Elektromagnetischer Antrieb

Da Wasser auch magnetische Eigenschaften besitzt, hat man in den 1980ern in Japan versucht, ein Wasserstrahl elektromagnetisch zu erzeugen. Natürlich braucht man sehr starke

Japanisches Versuchsboot YAMATO 1 mit Elektromagnet-Antrieb und Verwendung der Supraleitfähigkeit Ende des 20., Anfang 21. Jhdts.

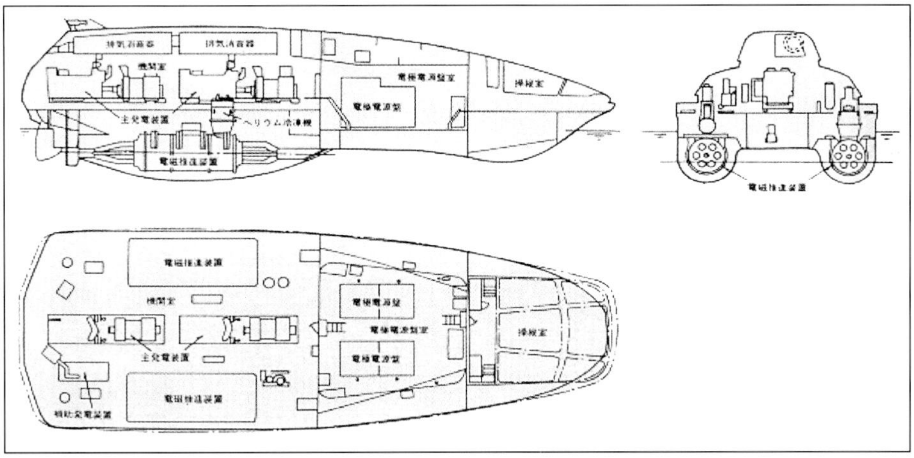

Schnittbild der YAMATO 1 und Anordnung der beiden Antriebsaggregate

Magnetkräfte, die nur bei Supraleitung (elektrischer Widerstand der Magnetspulen geht gegen null), die wiederum heute nur bei Kühlung der Drahtwindungen auf sehr hohe Kältegrade (ideal wäre der absolute Gefrierpunkt bei –273° C) erreicht wird. Die Versuche gelangen nicht, denn die erreichten Magnetkräfte beschleunigten den Wasserstrahl nicht genug, sodass das Boot nur 7 kn erreichte. Vielleicht ist der Versuch seiner Zeit noch zu weit voraus.

13.2 Neue Antriebskonzepte – der POD

Der POD-Antrieb (POD = Podded Drive) ist ein starker elektrischer Antriebsmotor – bis 30.000 PS – außenbords, bis 15% Raumersparnis im Schiff, der den Propeller direkt treibt. Der Propeller ist ziehend, arbeitet also in ungestörtem Wasser. Dies steigert den Wirkungsgrad, reduziert Schwingungen und spart Treibstoff. Er hängt unter dem Schiff und kann um 360° gedreht werden, was höchste Manövrierfähigkeit und gleichzeitig Steuern ohne Ruder ermöglicht. Deswegen nennt die *ABB* ihren Antrieb auch »Azipod«, für »Azimuthing«.

Der Anstoß für die Entwicklung des POD war der Wunsch, die Eisbrecher im Bottnischen Meerbusen, die sich mitunter durch 6 m dickes Eis kämpfen müssen, manövrierfähiger zu machen. So entwickelte die *ABB Oy* in Helsinki Anfang der 90er Jahre des 20. Jhdts. diese Antriebsart. Die örtlich benachbarte *Kvaerner Werft* (ehemals *Wärtsilä*) rüstete 1994 erstmals den Eisbrecher RÖTHELSTEIN damit aus.

Bald darauf wurde auch das erste Kreuzfahrtschiff mit diesem Antrieb ausgerüstet, denn dort ist ebenfalls ein intensiver Wunsch gegeben, denn die Kreuzfahrer müssen häufig in engen Häfen und Buchten ohne Schlepphilfe manövrieren, und das mit Schiffslängen über 300 m. Heute (2003) sind bereits ein großer Teil der 316 Kreuzfahrtschiffe auf der Welt mit diesem Antriebssystem ausgerüstet, meist zwei, um den Leistungsbedarf zu decken. Man sieht weiteren Bedarf bei Spezialschiffen und Ölplattformen.

POD-Antriebe mit hoher Leistung (über 20.000 kW) je Propeller gab es 2001 bei etwa 40 Schiffen, meist mit zwei, einige mit drei, wobei dann nur zwei um 360° schwenkbar sind, und ab 2004 das erste mit vier. Die Gründe, warum es vor allem Kreuzfahrer sind, sind die freiere Raumgestaltung, die effektive Verwendung von Elektrizität (Schiffs- und Hotelbetrieb), geringe Geräusch- und Schwingungsbeeinträchtigung und die sehr gute Manövrierfähigkeit in Häfen. Letzteres führte auch bei einigen Spezialschiffen zur POD-Anwendung. Der Brennstoffverbrauch ist bei der Entscheidung nicht der alleinige Einfluss.

Antrieb mit zwei SSP-Propulsoren (Siemens-Schottel-Propulsoren), Leistungsbereich 5 bis 20 MW je Einheit bei 190–130 min^{-1}, Propellerdurchmesser 3.750–6.250mm. Der Rotor des Elektromotors trägt Permanentmagnete und verhält sich wie eine untererregte Synchronmaschine, er hat damit 2% Wirkungsgradvorteile. Somit ist keine externe Kühlung erforderlich. Ursache dafür ist auch die Verwendung von zwei Propellern (schiebend und ziehend) sowie die beiden Flossen am Gehäuse, und das Verhältnis Gehäuse- zu Propellerdurchmesser ist nur 35–40%, insgesamt bis 10% Energieeinsparung, Gewichtseinsparungen zu bisherigen Motoren 15%.

Bei POD kann die Propellerwelle geneigt werden, um den Propeller günstig in den Aufwärtsstrom am Hinterschiff arbeiten zu lassen. Es besteht die Annahme, dass der Verlust, der durch den »Umweg« über Elekrizitätserzeugung gegangen wird, durch bessere Platzierung des Propellers im Nachstrom wettgemacht werden kann. Dazu läuft gegenwärtig ein 5-Mio.-Euro-EU-Forschungsprojekt, um zu klären, ob ein Einzel-POD-Antrieb aus der freien Anordnung der Schraube Vorteile bringen kann. Eine Vergleichsstudie der schwedischen Schiffbauversuchsanstalt (SSPA) zeigte, dass beim POD-Antrieb – vor allem durch den dieselelektrischen Umweg – 15–20% mehr Treibstoffverbrauch eintreten kann als beim üblichen Diesel-Direktantrieb, sodass nur sehr hohe Forderungen an die schiffseigene Manövrierfähigkeit den POD-Antrieb rechtfertigen, sowie die Flexibilität im Energie- und Leistungseinsatz bei Mehrmotorenanlagen.

Die Firma *Schottel* als Hersteller von Ruderpropellern und Firma *Siemens* als Elektromotorenhersteller entwickelten als neues Antriebskonzept den POD-Antrieb unter dem Namen SSP Propulsor.

Basis ist ein permanenterregter Elektromotor (PEM), der bis 30 MW übertragen kann und einen 10% höheren Wirkungsgrad als konventionelle Schraubenanlage haben soll. Als Einsatzgebiete werden Kreuzfahrtschiffe, große Fähren, Kühlschiffe und Eisbrecher besonders gesehen.

Diese SSP Propulsoren werden bis 30 MW von der *Schottel-Antriebstechnik GmbH* in Wismar gefertigt.

POD-Propulsion hat leicht erkennbare Vorteile, welche die gleichen sind, wie schon beim Schottelantrieb erläutert, nur dass PODs für sehr viel mehr Antriebsleistung ausgelegt sind. Damit werden 2 Ps, propulsion und precision, von einem 3. P, problems, begleitet. In *Lloyds List* No. 58 vom 13. August 2003 heißt es: *»The prototype of a marine innovation, is is fair to say, is usually that fitted to the ship of the first willing customer.«*

Ein Schwachpunkt beim POD sind gegenwärtig die Lager, beim Drucklager ist es die Wärmeabfuhr, bei den Radiallagern, die ständig kleine Bewegungen beim Kurshalten ertragen müssen und dabei verschleißen. So hat *Celebrity Cruises* Probleme mit 4 Kreuzfahrtschiffen und die Hersteller *Alstom* und *Rolls-Royce* auf $ 300 Mio. verklagt, weil ihr POD-Antrieb Mermaid, Wettbewerber zu Azipod, Probleme bereitet. Die Antriebsleistung für 7 MW wurde 1998 erstmalig gebaut, die hier beklagten PODs haben 20,3 MW, je zwei für 24 kn Geschwindigkeit.

Am 8. Juni 1998 kündigte *Cunard*, jetzt *Cunard Seabourn* und im Besitz zu 32% norwegischer Investoren und 68% der *US Carnival Corporation*, das Projekt QUEEN MARY 2 an. Obwohl als neuer Transatlantik-Liner bezeichnet, ist die QUEEN MARY 2 von Gestaltung und Antriebskonzept her ein Kreuzfahrtschiff, das größte und längste, das bisher gebaut wurde. Am 9. März 2000 wurde mit der französischen Bauwerft *Chantiers de l'Atlantique*, St.-Nazaire, die Absichtserklärung und am 6. November 2000 der Vertrag für das bisher teuerste Passagierschiff, 780 Mio. US-Dollar, L 345 m, B 41 m, T 10 m, 150.000 BRT, unterzeichnet. Am 12. Januar 2004 trat sie ihre Jungfernreise nach USA an.

Der Antrieb: 2 Gasturbinen und 4 Dieselmotoren mit zusammen 118 MW (157.000 hp) erzeugen Elektrizität, die auf 4 Mermaid-Pods wirken. Die Geschwindigkeit ist 30 kn, Passagiere 2.620, Besatzung 1.254.

Antriebsanlage und Energieerzeugung bei dem Kreuzfahrtschiff RADIANCE OF THE SEAS *Bauwerft: Meyer Werft, Papenburg Reederei: Royal Caribbean Cruise Line (RCCL) Ablieferung: 9. März 2001 Einsatzgebiet: Karibik und Alaska, Typschiff der Radiance-Klasse, 4 Schiffe. Das Antriebskonzept (COGES) wurde gewählt, um eine hohe Laufruhe, einen guten Wirkungsgrad, eine ausgezeichnete Manövrierfähigkeit und kleinen Raumbedarf für die hohe Antriebsleistung (2 x 20.000 kW) zu erreichen.*

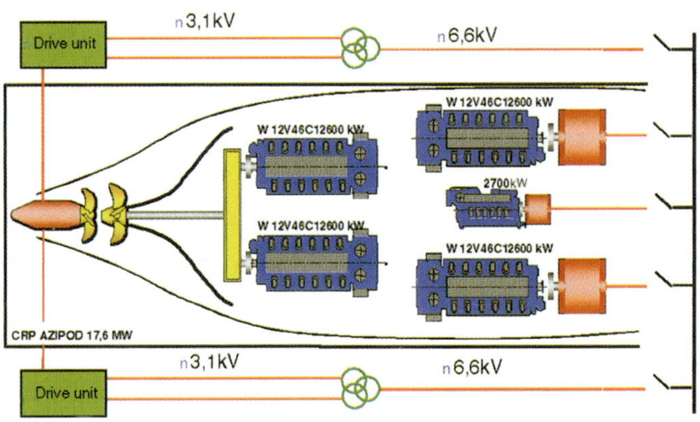

Modelle zum Test von Einschrauben- und CRP-AziPod-Antrieb

CRP AziPod – Antrieb von ABB Marine, erstmals auf japanischen RoPax-Fähren mit 31,5 kn Geschwindigkeit

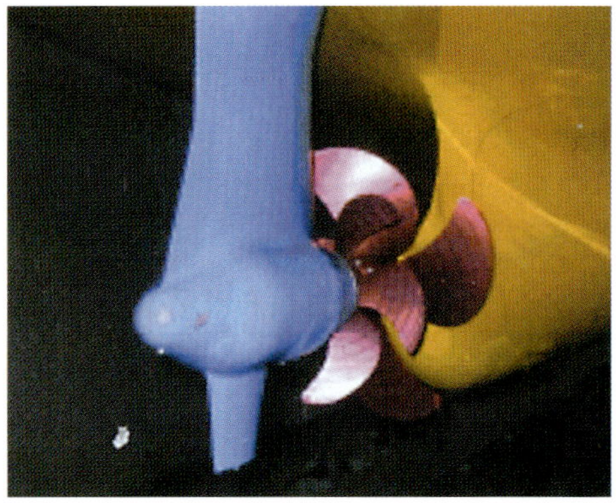

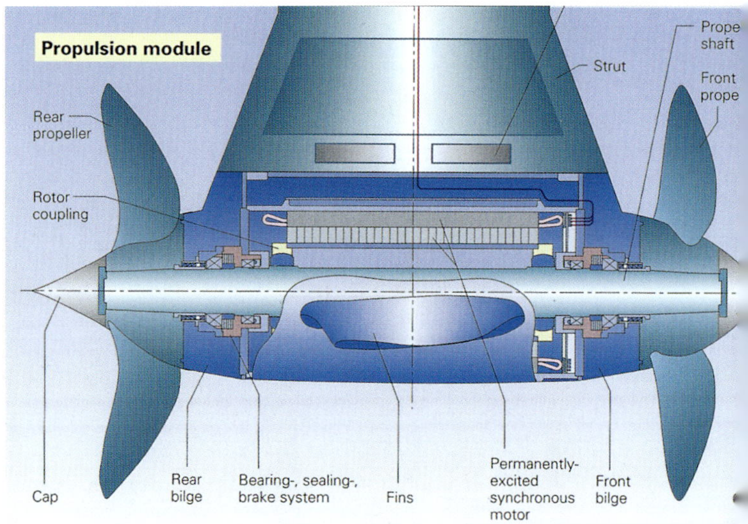

Aufbau eines SSP Propulsors. Der Propulsionsmodul kann auch am schwimmenden Schiff montiert / demontiert werden.

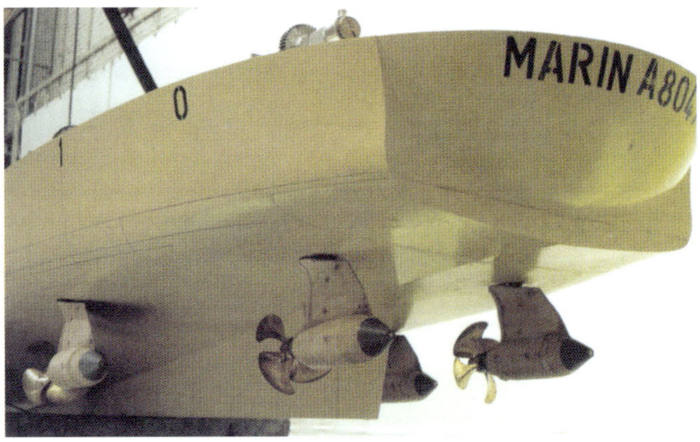

Eines der Modelle der QUEEN MARY 2 *beim Maritime Research Institute Netherlands (Marin) im Frühjahr 2001.*
Das Versuchsprogramm umfasste Leistungsbedarf, Kavitation, Manövrierfähigkeit und Seeverhalten. Die Modelle sind etwa 11 m lang. Die Tests bewirkten erhebliche Änderungen nicht nur am Rumpf, sondern auch bei den Kamewa-Propellern und den POD's. Die Versuche zur Anordnung der vier PODS zeigten einen leichten Vorteil, wenn die Propeller nach innen schlagen. Geschlossene Öffnungen der Bugstrahlruder lohnen sich ebenfalls. Versuche zeigten, dass Kurshalten bei starker Hecksee Rudereinschläge von bis zu 15° erforderlich sind, bei den beiden schwenkbaren POD's aber nur 4°, so dass auch aus diesen Grund kein Ruder vorgesehen wurde.
Die Versuche zeigten, dass das Schiff noch bei 7 Bft Seitenwind ohne Schlepphilfe an- bzw. ablegen kann. Ein übliches Ruder hätte den Widerstand um 2,2% erhöht. Mit den Wellendaten 1995–1999 wurden sechs-Tage-Querungen des Nordatlantiks simuliert, die z.B. zeigten, dass eine südlichere Route nur etwas den Komfort der Passagiere erhöht aber 11% den Weg und Brennstoff-Verbrauch erhöht.

Die QUEEN MARY 2 im Trockendock. Das erste Schiff mit vier POD-Antriebseinheiten. Die gegenwärtig übertragbare Leistung je POD wird mit 20 MW angesetzt. Die vorderen sind fest, die achteren sind schwenkbar, also Antriebs- und Steuereinheiten. Bauwerft: Alstom Chantiers de l'Atlantique, *St.-Nazaire. Vertragsunterzeichnung 6. Nov. 2000, Kiellegung im Baudock 4. Juli 2002, Aufschwimmen 21. März 2003, Ablieferung Dezember 2003, Taufe 8. Januar 2004, Jungfernfahrt ab Southampton 12. Januar 2004, 150.000 BRT, $L_{üa}$ 345 m, B 41 m in CWL, T 10,0 m, 14.300 tdw, D 79.461 ts, Rumpfgewicht 52.000 ts, Vertragsgeschwindigkeit 29,35 kn, Antriebsleistung insgesamt 114.800 kW, 4.400 Passagiere und Besatzung. Bunker Kerninhalte: Schweröl 5.300 m³, Gas 3.500 m³, Schmieröl 250 m³, Trinkwasser 3.700 m³, Ballastwasser 7.500 m³. Der Bau erforderte 80.000 Zeichnungen und 1 Mio. Konstruktionsstunden, Gesamtarbeitsstunden 8 Mio.*

Die QUEEN MARY 2 – das erste Schiff mit vier PODs

Der elektrische POD-Antrieb hat den Vorteil, dass die Gestaltung des Schiffsinneren nicht durch Propellerwellen und deren Antriebsmotoren bestimmt wird. Das Unterwasserschiff kann für optimale Umströmung geformt werden und auch für gute Anströmung des Propellers. Ein schwingungsarmer Lauf kann erreicht werden. Deshalb sind die Propellerspitzen so weit wie möglich von der Schiffsstruktur entfernt.

Die QUEEN MARY 2 hat vier Mermaid-Antriebe achtern. Die beiden äußeren sind fest installiert, die beiden inneren, weiter achtern angeordneten können um 360° geschwenkt werden und dienen auch als Steuerorgan (engl.: azimuthing pod). Ein Extraruder, über das man anfangs nachgedacht hatte, ist nicht vorhanden, es hätte nur unnötig Widerstand verursacht.

Jeder schwenkbare POD hat vier elektrische frequenzgesteuerte Elektromotoren, die über Planetengetriebe und Ritzel, den Lagerring des POD, drehen, also eine vierfache Redundanz. Wenn kein Steuerkommando anliegt, ist der POD von einer Scheibenbremse blockiert.

Die QUEEN MARY 2 ist ein schlankes Schiff mit einem Blockkoeffizienten von 0,6.

Die Gesamt-Antriebsleistung ist 86.000 kW, jede einzelne Mermaid-Einheit hat 21.500 kW, wiegt 260 ts mit den 6-m-Ø-Zugpropellern, vierflügelig aus rostfreiem Stahl. Die Flügel sind an die Nabe geschraubt. Rostfreier Stahl ist verschleißfester als Bronze, sodass der Kraftstoffverbrauch konstant bleibt. Die vier Elektromotoren sind Synchronmotoren, die luftgekühlt werden von einem Belüftungssystem aus dem Schiffsinneren. Die schwenkbaren PODs haben ein geschlossenes Kühlsystem, in dem die Luft wassergekühlt wird. Die elektrische Leistung wird über Schleifringe übertragen. Der Stator, der in sein Gehäuse eingeschrumpft ist, hat natürlich auch noch eine Kühlung durch das umgebende Wasser. Eines der Rollenlager nimmt nur die radialen Lagerkräfte auf, das zweite achtere auch den Propellerschub. Jeder Propeller hat ein hydraulisches Bremssystem, um ihn zu blockieren, falls das Schiff einmal nur mit drei Antriebseinheiten seinen Fahrplan einhalten muss.

Zur Erhöhung der Manövrierfähigkeit sind noch drei Bugstrahlruder mit zusammen 3,2 MW vorhanden.

13.3 Hybrid-Antriebe

Für eine ökonomische Anwendung ist der Systementwurf hinsichtlich Energie- und Propulsionsbedarf wichtig. So sind schnelle Fähren gewichtsempfindlich und arbeiten meist bei hohen Geschwindigkeiten, werden zunehmend als Katamarane gebaut, haben über 25.000 kW Antriebsleistung und aus Gewichts- und Raumüberlegungen Gasturbinenantrieb. Der Elektrizitätsbedarf für den Hotelbetrieb ist nicht hoch, sodass meist eine mechanische Getriebeuntersetzung zum Propeller gewählt wird.

Kreuzfahrtschiffe laufen dagegen meist mit moderater Geschwindigkeit von 16–22 kn, haben Antriebsleistungen von 50.000 bis 120.000 kW, der Hotelbetrieb erfordert 10.000–13.000 kW. 30% ihrer Zeit sind sie im Hafen. Vergleichsstudien zeigen COGES und CODELAG als gute Lösung, wobei letzteres im Verbrauch etwas ökonomischer ist, aber mehr Raum beansprucht. Letztere Kombination wurde bei der QUEEN MARY 2 gewählt und die leichteren Gasturbinen hoch oben beim Schornstein untergebracht, um Raum für die Passagierkabinen zu gewinnen.

Militärschiffe wiederum müssen kurzzeitig zu hoher Sprintgeschwindigkeit über 30 kn fähig sein, andererseits laufen sie in Friedenszeiten nur mit 10–15 kn. So hat der US-Zerstörer der DDG51-Klasse 85.000 kW installierte Leistung bei nur 9.200 t. Die britischen Zerstörer des Typs 45 und der US-amerikanischen DD21 haben elektrische Übertragung bei vier Gasturbo-Generatoren wegen ökonomischen Betriebs durch flexiblen Maschinen- bzw. Leistungseinsatz.

Eine mechanische Getriebeuntersetzung hat einen Wirkungsgrad von 98–99%, dagegen hat sie begrenzte Flexibilität in der Leistungsverteilung als eine elektrische Übertragung, die allerdings nur 91% bei Volllast erreicht.

Schiffe mit viel Volllastbetrieb sind meist mit mechanischer Getriebekupplung ausgestattet, bei viel Teillastbetrieb wird elektrische Übertragung bevorzugt.

Insgesamt muss das Schiffs- und Antriebskonzept die Lebenskosten (Life Cycle Cost, LCC) möglichst niedrig machen.

Folgende Kombinationen sind heute anzutreffen, insbesondere auf Militärschiffen:

COGES	Combined Gasturbine Electric and Steam
CODOG	Combined Diesel Or Gasturbine
CODELAG	Combined Diesel Electric And Gasturbine
CODAG	Combined Diesel And Gasturbine
CODAD	Combined Diesel And Diesel
COGAG	Combined Gasturbine And Gasturbine

Mehrzweckfregatte ARADU, Probefahrt 1981. Bei Fregatten setzt sich mehr und mehr das Antriebskonzept durch: zwei Diesel je 3.830 kW für die Marschfahrt 20 kn, Gasturbinen für die Höchstfahrt 30 kn auf zwei Verstellpropeller, CODOG-Antriebssystem. Bei neueren Fregatten werden für noch höhere Geschwindigkeiten bis 38 kn zwei Gasturbinen eingebaut je 22.300 kW. CODAG mit z.B. vier 20-Zylinder-MTU-Motoren mit je 6.210 kW auf zwei Verstellpropeller wird ebenfalls angewendet.

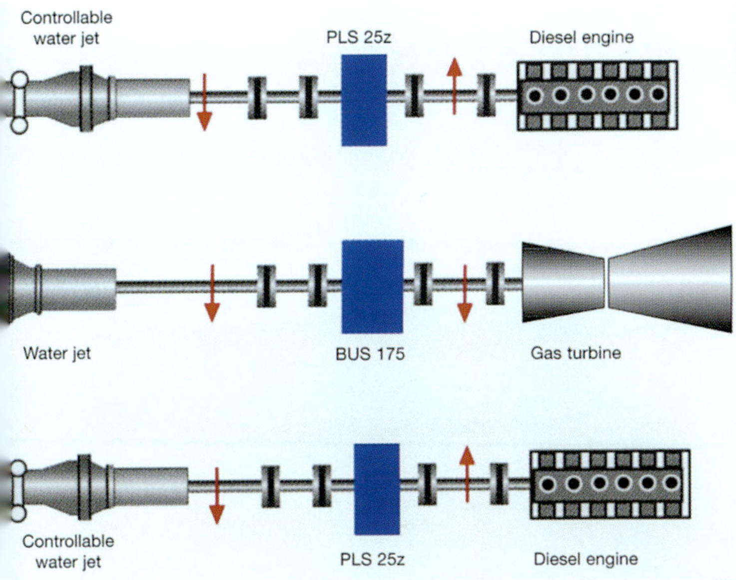

Wasserstrahlantrieb der schnellen italienischen Einrumpf-Fähren GUIZZO *und* SCATTO *im Thyramischen Meer, 1993, gebaut von Rodriguez, Messina, für Tirrenia, Neapel, L 102 m, 450 Passagiere und 126 Fahrzeuge, 43 kn. Eine Gasturbine GE LM 2500, 20.800 kW, 3550 min*$^{-1}$ *treibt feststehenden Wasserstrahl mit 387 min*$^{-1}$*, Gesamtgewicht 15 t, die beiden schwenkbaen außen liegenden Wasserstrahlantriebe, 574 min*$^{-1}$*, werden von je einem MTU-Diesel 16 V 595 TB, 35.665 kW, 1.740 min*$^{-1}$*, Gesamtgewicht der Anlage 1,7 t, angetrieben. Das RENK-Getriebe BUS 175 ist zweistufig und hat Aluminiumgehäuse.*

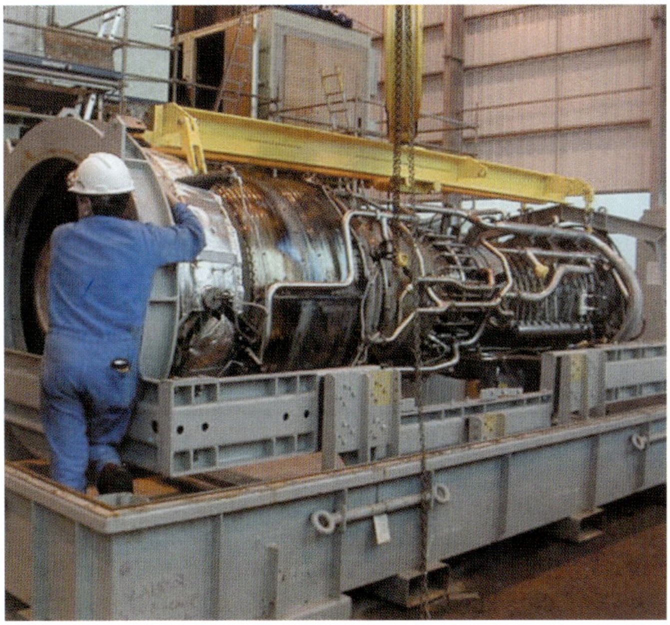

Eine der zwei Gasturbinen GE LM 2500+ der QUEEN MARY 2 *vor der Verschiffung im Genearl Electric Werk Houston, gekuppelt mit dem 25.000 kW Brush Generator, U.K., Gesamtgewicht 40 ts, spez. Brennstoffverbrauch 160 g/shph, thermischer Wirkungsgrad 39%. Die Gasturbine soll vor allem genutzt werden bei hohem Leistungsbedarf und in Häfen sowie bei Forderung nach geringer Umweltbelastung. Betrieb zwischen zwei Überholungen 20.000 h, also alle zwei bis drei Jahre. Das Abgas heizt zwei 30 ts/h Dampfkessel.*

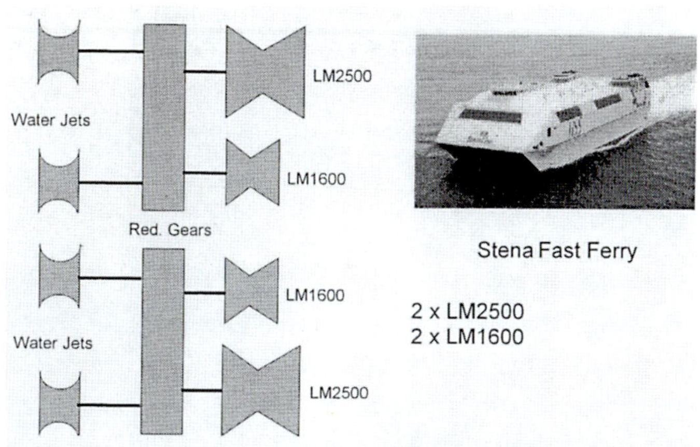

Vater-Sohn-Gasturbinen auf vier Wasserstrahlantrieben bei einer schnellen Fähre. Die mechanische Übertragung ist wirtschaftlicher als eine elektrische.

14. Ausblick – Die weitere Entwicklung der Schiffsantriebe

14.1 Der Seetransport

Mehrere tausend Jahre kulturelle und technische Entwicklung der Welt, ja Globalisierung, haben den engen Zusammenhang zwischen Schiff und seinem Antrieb einerseits sowie Weltwirtschaft und Transportaufkommen andererseits gezeigt. Das wird wohl auch in Zukunft so sein. Je höher sich Regionen entwickeln, desto mehr sind sie in politischen und wirtschaftlichen Beziehungen vernetzt. Der Seetransport wird also weiter wachsen, die Transportkosten werden weniger relevant bzw. die Transportentfernungen schränken die internationale Verflechtung immer weniger ein. Die »economy of scale« wird auch weiterhin das Größenwachstum der Schiffe und damit auch ihrer Antriebe beeinflussen, wobei andere Einflussfaktoren wie Wassertiefe der Häfen und ihrer Zufahrten oder andere Infrastrukturen oder Umweltfragen Grenzen setzen können.

Am 01.01.1999 waren statistisch erfasst:
38.567 Handelsschiffe
496.210.000 BRT
750.900.000 tdw

in tdw	Tanker	38,5%
	Massengutschiffe	33,7%
	Standardfrachter	10,2%
	Containerschiffe	8,1%
	OBO-Frachter	2,4%
	Flüssiggas-Tanker	2,2%
	Ro-ro-Schiffe	1,4%
	Chemikalienschiffe	1,1%
	Passagier-Kombi-Schiffe	0,2%
	Spezialschiffe	Rest

Die »Economy of Scale« lässt ein weiteres Wachstum der Größe von Passagierschiffen, Container- und Massengutschiffen erwarten.

Die Häfen stehen im Wettbewerb, vor allem schnell zu sein. So wurde z.B. das größte Containerschiff der Welt, die OOCL SHENZEN, in 2002 im Hafen Hamburg mit 4.639 Umschlagsbewegungen in 48 h gelöscht und beladen.

Eines der größten Containerschiffe der Welt, die dänische REGINA MARSK, 6.400 TEU, zur Reparatur im Trockendock ELBE 1 bei Blohm + Voss.

Die Begrenzung der Panama-Kanal-Schleusen (290 m x 32 m x 12 m) wird nicht mehr als allein maßgebend gesehen, jüngstes Beispiel das Kreuzfahrtschiff QUEEN MARY 2, das den Kanal nicht passieren kann. Gleiches geschieht auch bei den großen Containerschiffen, der sog. 5. Generation, für die L 350 m, B 43 m, T 15 m geplant sind, damit sie bis zu 10.000 TEU – die 1. Generation hatte 1.000 TEU – aufnehmen können.

Das gegenwärtig (2004) größte Containerschiff ist die CONTI EVEREST von *Hyundai Heavy Ind. Co. Ltd.* Gebaut mit 89.900 BRT, 110.000 tdw, 8.189 TEU und 700 Kühlcontainern, 25,4 kn, $L_{ÜA}$ 334 m, B 42,8 m, T 14,5 m, 68.647 kW von einem Dieselmotor (HHI/MAN B&W 12K 98MC).

Die sehr großen Containerschiffe mit Stellplatzkapazitäten von 8.000 TEU und mehr erfordern an ihren Häfen in Europa, Asien oder Amerika kleine sog. Feederschiffe zum Verteilen der Container. *Lloyds Register*, London, schätzt, dass 2010 2.400 kleine Containerfrachter mit bis zu 1.500 TEU Stellplätzen unterwegs vor den Küsten sein werden, die kleineren haben bis 500 TEU.

Bei Fährschiffen spielt auch die Geschwindigkeit eine große Rolle. Sie steigt in der 2. Hälfte des 20. Jhdts. auf 25 kn bei Größen bis etwa 60.000 BRT. Eine weitere Geschwindigkeitserhöhung ist wirtschaftlich nicht vertretbar, sodass neue Konzepte kamen:
- Luftkissenfahrzeuge (Hovercraft), mehr als doppelt so schnell wie Verdränger.
- Tragflügelboote, auch mehr als doppelt so schnell wie Verdränger. 1956 erstes Tragflügelboot, ca. 50 kn schnell, verkehrt über die Straße von Messina.

Die Erprobung des Luftkissenfahrzeugs SOUNDERS-ROE SR NR.1 beginnt im Juli 1954, aber erst ein Jahrzehnt später beginnt der kommerzielle Verkehr über den Ärmelkanal. 1968 wurde der erste Hovercraft von Ingenieur *Christopher Cockrall* konstruiert, 135 t Gewicht, L 40 m, B 23,5 m, 4 Gasturbinen, 60 kn. Nach Eröffnung des Kanaltunnels wurde der Betrieb eingestellt.

Technische Trends, beispielsweise bei Antriebsentwicklungen, kann man in die Zukunft extrapolieren, trotzdem wissen wir nicht, was wir morgen Neues wissen werden. Probleme und Aufgaben sind da, aber das Ob und Wann ihrer Lösung entzieht sich genauerer Planung und Vorhersage. Es gibt zu viele Beispiele von Fehleinschätzungen, als dass ich noch eine weitere hinzufügen möchte.

Vermutlich wird die Entwicklung weniger rasant und mehr kontinuierlich als in der Luft- und Raumfahrt sein, da nur ein Bruchteil der Forschungsfinanzierung in den maritimen Bereich läuft und nüchterne Forderungen nach Wirtschaftlichkeit vorherrschen. So hat der Dieselmotor im Laufe des 20. Jhdts. alle anderen Antriebsmöglichkeiten verdrängt bzw. sie überleben in Nischen. Entscheidend ist die hohe Wirtschaftlichkeit der Energieausnutzung. Erst in einigen Jahrzehnten können vor allem Energieprobleme andere Antriebskonzepte verlangen und erzwingen.

Gegenwärtig haben wir die Situation:

Militärschiffe
- Dieselmotoren mit Schweröl-Verbrennung für ökonomische Fahrt, Gasturbine mit Gasöl-Verbrennung für hohe Geschwindigkeit; große Unterwasserschiffe und Flugzeugträger mit Kernenergie und Dampfturbine

Handelsschiffe
- Dieselantrieb, nur Gastanker noch mit Dampfturbine

Passagierschiffe
- hybride Antriebe, meist dieselelektrisch oder/und gasturboelektrisch

Sollte es einen neuen genialen »Rudolf Diesel« – was wir nicht wissen – mit einem völlig neuen besseren und revolutionierendem Antrieb geben, so dauert es doch erfahrungsgemäß

Ein Sepzialschiff: Das absenkbare Transportschiff DAN LIFTER *von der dänischen Reederei* Lauritzen *unter Bahama-Flagge, bis 12.000 ts Tragfähigkeit. Hier, 1982, das beschädigte britische Logistic-Support-Schiff* SIR LANCELOT *von den Falkland-Inseln heimbringend.*

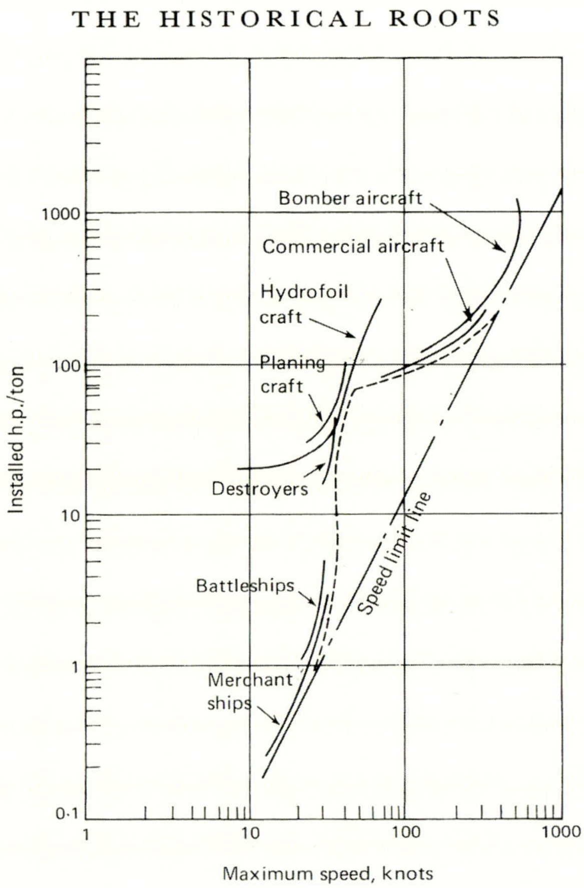

Installierte Antriebsleistung in kW je Tonne Gesamtgewicht in Abhängigkeit von der Geschwindigkeit. Man sieht die Lücke zwischen Wasser (Schiff) und Luft (Flugzeug), es ist keine Lösung für 60–100 kn mit Leistungen von 35–50 kW/t bekannt.

einige Jahrzehnte, bis die Verdrängung des Dieselantriebs nennenswert wird. Neben der weiteren technischen Entwicklung wird die wirtschaftliche, insbesondere die Energiepreisentwicklung (Ölpreis!) entscheidenden Einfluss haben.

In der Natur wie auch im Zusammenwirken der Menschen gibt es das allgemeingültige Gesetz, dass sich das effizientere System letztlich durchsetzt. Für den Schiffsantrieb heißt das:

- Ein Schiff zuverlässig und planbar von A nach B bringen.
- Großes Nutzlastvolumen
- Wettbewerbsfähige Anschaffungs-, Betriebs-, Wartungskosten
- Minimale Umweltbelastung

Noch immer ist es nicht möglich, die erforderliche Antriebsleistung für eine gegebene Rumpfform und gewünschte Geschwindigkeit theoretisch zu kalkulieren, man ist nach wie vor auf das Experiment mit Modellen angewiesen.

Während die Geschwindigkeit zu Lande und in der Luft in den letzten 100 Jahren mehr als verzehnfacht wurde, ist sie zu Wasser nur etwa verdoppelt worden. Es zeichnet sich nichts ab, was die hydrodynamischen Gesetze wirkungslos werden lassen könnte.

Wenn man die installierte Antriebsleistung je Tonne Gewicht in Relation zur Transportgeschwindigkeit aufträgt, so hat

Datum	Typ	Verdrängung (Tonnen)	Geschwindigkeit (Knoten)	Transportmomentum
100 n. Chr.	romanisches Getreideschiff	270	3	810
1000 n. Chr.	Wikinger-Galeere	60	3	180
1492	SANTA MARIA	80	4	280
1850	schnelles Segelschiff	3.000	7	18.000
1857	GREAT EASTERN	27.000	11	297.000
1900	Einwandererschiff	8.000	8	64.000
1935	atlantischer Passagierexpress	79.000	31	2.449.000
1945	Siegerschiff	16.000	16	256.000
1950	Tanker	40.000	18	720.000
1960	Linienschiff für Frachtgut	13.000	14	176.000
1960	Massengutfrachter	100.000	15	1.500.000
1968	Öltanker	265.000	17	4.400.000
1968	Containerschiff	43.000	22	946.000
1945	Lufttransport	70	250	18.000
1958	Düsenverkehrsflugzeug	130	450	60.000
1968	Düsenverkehrsflugzeug	325	434	141.050
1969	Öltanker	400.000	16	6.400.000

heute ein Frachtschiff von 20 kn Geschwindigkeit etwa 0,5 kW/t, ein Flugzeug mit 200 kn etwa 140 kW/t. Die wirtschaftliche Einsatzgrenze des Tragflügelschiffs liegt bei maximal 50 kn, darüber steigt der Leistungsbedarf so stark an, dass die Wirtschaftlichkeit nicht mehr gegeben ist. Es zeichnet sich keine Lösung ab, die Lücke zum Flugzeug für den Seetransport zu schließen. Andererseits: Wenn man sich in der Geschwindigkeit bescheidet, ist Wasser unangefochten das Medium für hohe Transportgewichte bzw. -volumina bei relativ geringem Leistungsbedarf, weil das Schiff auf seinem Bauch rutscht. Ein Fahrzeug, das die Tragfähigkeit des Schiffs mit der Geschwindigkeit des Flugzeugs kombiniert, also so etwas wie ein großes Luftkissen- oder ein Tragflügelschiff, wird immer wieder, bisher ohne Durchbruch probiert. Große Unterwassertransporter, die den Wellenwiderstand vermeiden, kommen auch immer wieder in die Überlegung. Das Luftschiff wurde kürzlich wieder erfolglos probiert, denn es hat bei 60 kn etwa 15 kW/t, aber bietet doch erhebliche andere Probleme.

Um es nochmals klar zu machen: Das heutige Düsenflugzeug ist 30-mal schneller als die schnellsten Passagierschiffe, aber das Schiff kann 2000-mal mehr Ladung fassen. Dabei beträgt das Verhältnis Fracht zu Eigengewicht 75%, beim Flugzeug ist das Verhältnis weniger als 30%.

Trotzdem wird die Steigerung der Geschwindigkeit ein Thema bleiben, wenn man die riesigen Kapitalbeträge bedenkt, die in Schiff und Ladung gebunden sind und einen schnellen Umschlag fordern. Die zur Zeit im Bau befindlichen Containerschiffe, die in Südkorea für 8.000 TEU, 100.000 tdw, L 323 m, sollen ca. 85 Mio. US-Dollar Kosten.

1957 führte *Kenneth Davidson* den Begriff »Transportmomentum« als Produkt aus Verdrängung mal Geschwindigkeit zur Charakterisierung von Schiffen ein. Einige Beispiele zeigen die Entwicklung und die großen Unterschiede.

Die Bedeutung dieser Kennzahl wird eingeschränkt, da keine Kosten- und Wirtschaftlichkeitsgrößen eingehen, wenn auch tendenziell der Wert installierte Leitung je Transportmomentum mit steigendem Tansportmoment sinkt.

14.2 Schiffsmaschinenanlagen – ein charakteristisches Beispiel für Innovationsgeschehen

Die Entwicklung maschinengetriebener Schiffe eignet sich besonders, die Bedingungen zu verdeutlichen, unter denen

Testen von Hochstrom-Schaltungen bei Siemens

Innovationen gedeihen oder ersticken, und das Schicksal von Erfindern bestimmen, das allzu oft tragisch endete.

Wegen der Komplexität der Aufgabe ist die Systemlösung vom Entwicklungsstand der beteiligten Komponenten abhängig, und das Auftreten einer technischen Neuheit für ein Element kann erhebliche Änderungen für die Gesamtlösung nach sich ziehen. Gegenüber dem Schaufelrad erforderte z.B. der Propeller letztlich einen Wellenaustritt unter Wasser mit Konsequenzen für Dichtung und Anordnung der Antriebsmaschine.

Und wie oben beschrieben, gibt es einen optimalen Bereich für das Verhältnis von Umfangsgeschwindigkeit des Propel-

400-kW-Elektromotor in HTS-Technik auf dem Prüfstand bei Simens. Bei Hochtemperatur-Supra-Leitung haben bestimmte Werkstoffe unterhalb einer bestimmten Temperatur keinen elektrischen Widerstand mehr und erlauben eine fünfzigfache Stromdichte, interessant u.a. für kleinbauende Elektromotoren in POD's.

lers zur Anströmgeschwindigkeit, aus dem Drehzahlen folgen, die keineswegs immer mit den Drehzahlen der Antriebsmaschine verträglich waren.

Für die ersten Dampfmaschinen musste die Drehzahl erhöht werden, was entsprechende Getriebelösungen nach sich zog. Im Gegensatz dazu musste später die große Drehzahl der Dampfturbinen stark reduziert werden.

Da die Dampfturbine ihre Drehrichtung nicht ändern konnte, fand man spezielle Lösungen für die Rückwärtsfahrt bis hin zu eleganten Lösungen der Föttinger-Getriebe.

Der langsam laufende Dieselmotor schließlich eignete sich im Prinzip für eine direkte Kupplung mit dem Propeller, jedoch wurde im Interesse günstigerer Leistungsgewichte die Motordrehzahl in der Tendenz eher etwas höher als energetisch optimal gewählt, wobei wiederum die zwischenzeitlich in vielfachen Formen entwickelten Funktionselemente zur Reduzierung der Drallverluste in den Hintergrund traten und sogar aus dem Blickfeld der Ingenieure verschwanden. Umbrüche erfolgten weiterhin mit dem Auftreten der elektrischen Maschinen und deren Weiterentwicklungen, aus der Werkstoffentwicklung, aus technologischen Fortschritten und natürlich mit jeder neuen oder wesentlich veränderten Transportaufgabe.

Maschinenantrieb von Schiffen war und ist ein ideales Betätigungsfeld für Erfinder: vielseitig, interessant und anspruchsvoll.

Eine Herausforderung besonderer Art bietet die Eigenschaft des Wassers, auch bei komplizierten Geometrien und kleinsten Spalten jeweils den ganzen Raum zu erfüllen und damit eine dreidimensionale Behandlung der Strömung anzufordern und dies auch noch wegen der großen Schiffsabmessungen und der damit verbundenen Kennzahlbereiche in der theoretisch nicht hinreichend erschlossenen turbulenten Strömungsform. Und in Bereichen großer Druckabsenkung tritt örtliche Verdampfung hinzu, zusätzlich kompliziert durch gelöste Gase und andere Keime im realen Wasser, auch hier gibt es noch erhebliche weiße Flecken in der wissenschaftlichen Landkarte. Kurzum: Es erhebt sich die Frage nach dem Verhältnis von Theorie und Praxis (Experiment) bei der Suche nach neuen Wegen.

14.3 Theorie, Experiment und Intuition

Praxis ohne Theorie ist blind, Theorie ohne Praxis ist wirkungslos!

Besonders wer mit Strömungsproblemen konfrontiert ist, muss berücksichtigen, dass sich Theorie und Praxis wechselseitig ergänzen und befruchten.

Erfahrung und Intuition müssen aber helfen herauszufinden, in welchem Verhältnis theoretische Analyse und Experiment für die jeweilige Aufgabe heranzuziehen sind. Leonardo da Vinci empfahl zu seiner Zeit:

»Bei Fragen mit Wasser schreite zuerst zum Versuch und danach erst zu Erörterungen.«

Diese Haltung galt etwa bis zum Ende des 19. Jhdts., doch dann vollzog sich ein Umbruch. Angestoßen durch die Entwicklung der Luftfahrt traten wissenschaftliche Analysen, Modellbildung und Berechungsverfahren in den Vordergrund des Interesses. Die »Grenzschichttheorie« von *Ludwig Prandtl* (1904) ermöglichte z.B. einen Zugang zur Widerstandsberechnung bei realen, reibungsbehafteten Medien, die Wirbeltheorie wurde von *Shukowski* und *Albert Betz* auf Schraubenpropeller angewendet und eröffnete ein vertieftes Verständnis. Es entwickelte sich das theoriegeführte Experiment, und der Schiffsentwurf wurde zunehmend wissenschaftlich unterstützt.

Theorie und Praxis befruchten sich gegenseitig. *Werner Schmeidler* schreibt 1949 im Vorwort zu seinem Buch Integralgleichungen mit Anwendungen in Physik und Technik: »Wenn jemand mich fragen sollte, ob dies Buch … der reinen oder angewandten Mathematik angehört, so muss ich die Antwort schuldig bleiben. Nachdem ich in vierzig Jahren nicht gelernt habe, wo eigentlich die Grenze zwischen beiden verläuft, gebe ich es auf, zumal im vorliegenden Gebiete die meisten Fortschritte für die Anwendungen einer vertieften Erkenntnis der Theorie und viele Fortschritte der Theorie der anregenden Kraft der Anwendungen zu verdanken sind.« Integralgleichungen, genauer Integraldifferenzialgleichungen waren zu seiner Zeit das theoretische Hilfsmittel zur Behandlung der Strömung bei Tragflügeln, Luft- und Schiffsschrauben und Schaufelgittern in Strömungsmaschinen nach der Wirbeltheorie.

Doch neue Erkenntnisse und Methoden setzen sich nur langsam durch.

Noch 1953 wird in Dubbels Taschenbuch für den Maschinenbau im Absatz »Allgemein gültige Strömungsgesetze« für Schraubenräder in freier Strömung ausgeführt: »Trotz sehr eingehender theoretischer Untersuchungen ist auch heute noch eine zuverlässige theoretische Vorausberechnung von Schrauben unmöglich. Im Allgemeinen wird eine Schraube auf Grund bekannter Versuchsergebnisse ausgewählt. Bei Schiffsschrauben muss mit Rücksicht auf die Kavitation mit sehr niedrigen

Ca.-Werten gerechnet werden, wodurch sich die breiten Flügel dieser Schraube ergeben.«

Ausgangs des 20. Jhdts. erfolgte ein weiterer Umbruch: Die Entwicklung der Computer ermöglichte die numerische Berechnung von Strömungsfeldern und den Übergang zur Modellierung und Optimierung großer komplexer Systeme. Theorie und Experiment differenzierten sich: In der Theorie trat die numerische Strömungsberechnung neben den klassischen analytischen Zugang, und im Experimentellen wurde neben den Modellversuchen zunehmend die Untersuchung im Originalmaßstab zur Überprüfung der Modellannahmen wichtig. Dabei müssen die interdisziplinäre Zusammenarbeit und die Zusammenarbeit mit dem Nutzer vertieft werden.

Gegenwärtig werden beispielsweise Methoden zur automatischen Schiffsoptimierung auf CFD-Basis angeboten, und es wird für die Antriebsleistung eines Schiffes ein Entwicklungspotenzial von 5% gegenüber Vertragsdaten eröffnet, wenn der Schiffseigner an der Systemoptimierung vor Ort mitwirkt.

Der Umbruch zu CFD und Systemoptimierung eröffnet anspruchsvolle Aufgaben und neue Möglichkeiten für Innovationen: Wer sich etwas zutraut, sei herausgefordert mitzuwirken!

14.4 Lehren aus 5.000 Jahren Innovationsgeschehen

Der amerikanische Nobelpreisträger von 1993, Douglas North, hat einige Einflussgrößen auf den Fortschritt, auf Innovation herausgearbeitet, die alle gleichzeitig gegeben sein müssen:

- neue Erkenntnisse aus der Forschung durch analytisch denkende und arbeitende Menschen oder einfach nur eine neue Idee
- Erfindungen durch synthetisch ganzheitlich denkende Menschen, wie die Aufgabe z.B., ein Schiff von A nach B zu bringen, besser zu lösen ist.
- Häufig ist dann der Erfinder nicht der Innovator, der letztlich die neue Problemlösung zur Anerkennung und praktisch wirtschaftlichen Anwendung bringt.
- Auf jeden Fall braucht der Erfinder hohes Engagement für seine Sache, darum ist auch die Wirkung anonymer Verwertungsstellen so gering.
- Meist baut der Erfinder auf den Arbeiten von Vorgängern auf, und oft liegt das Neue auch in der »Luft«, sodass es weltweit parallel zu ähnlichen Entwicklungen kommt.
- So stehen z.B. bei der Dampfmaschine James Watt und Robert Symington als Erfinder in der Geschichte, die Innovatoren des Dampfers waren Robert Fulton in Amerika und Henry Bell in England. Die Schiffsschraube bedurfte noch mehr Erfindern und Innovatoren.
- eine qualifizierte Mannschaft, die das Neue, Erkenntnisse und Erfindungen, versteht und beherrschen lernt.
- eine motivierte Mannschaft, die das Risiko eingeht, Vertrautes zu verlassen und Neues zu riskieren.
- einen Reeder und einen Kapitän, die das Neue zulassen, und eine Regierung, die nicht durch Gesetze, Regelungen und Auflagen sachlichen Wettbewerb behindert, gar verhindert oder durch falsche Förderungen oder Subventionen verzerrt. Ferner ein Klima der Zuversicht und des Vertrauens auf verlässliche Rahmenbedingungen, denn ein Innovationsprozess ist eine Zukunftsinvestition, die Optimismus benötigt. Was man am Beispiel Schiffsantrieb lernt, kann man verallgemeinern: Innovationsprozesse laufen sehr viele in einer Volkswirtschaft ständig ab. Es sind dezentrale Vorgänge, die der Freiheit und des Wettbewerbs bedürfen.
- Eine Regierung kann deshalb nur durch Setzen von Rahmenbedingungen fördern, sie kann sogar bei großen Innovationen, die Infrastrukturmaßnahmen erfordern, diskret Einfluss nehmen; sie kann aber vor allem Innovationen verhindern durch Vorschriften, Regelungen, Bürokratisierung und Bewirken von Unsicherheiten und Zukunftsängsten.
- ein Umfeld, das an das Neue glaubt und entsprechende Infrastrukturmaßnahmen ergreift bzw. ermöglicht.

Das Buch zeigt an vielen Beispielen der Entwicklung der Schiffsantriebe auf, welche Vielfalt von Innovationsprozessen dezentral abgelaufen sind und wie viel schwerer es ist, Eintritt, Dauer und Größe des Erfolges vorauszusehen. Da die Unsicherheit des Erfolges immer besteht, braucht das innovierende Unternehmen eigenes Risikokapital, sodass Innovationsfähigkeit auch etwas mit Rücklagenbildung und Steuerbelastung zu tun hat.

Ein Phänomen ist, dass sich der Erfolg eines Innovationsprozesses so schwer vorhersehen lässt, selbst wenn die Plausibilität eines Erfolges groß ist. Vermutlich unterliegt die letzte Entscheidung der Kunden so vielen Einflüssen, auch schwer zu quantifizierenden, dass sie sich nur begrenzt vorhersagen lässt. Vorlaufende Tests bei bedeutenden Kunden können helfen.

Es zeigt aber vor allem die Bedeutung der menschlichen Komponente in diesem Prozess. Selbst eine herausragende neue technische Lösung ist kein Selbstläufer am Markt, sondern bedarf des außerordentlichen Engagements desjenigen, der die Vision vom Neuen hat, denn es ist in jedem Fall ein schwieriger Prozess, weil das unausgereifte Neue gegen das ausgereifte Vertraute und bewährte Vorhandene antreten muss. Dieses persönliche Engagement kann leider nicht durch anonyme Patent- oder Innovationseinrichtungen ersetzt werden, die deshalb in ihrer Wirkung meist unbefriedigend bleiben.

Aber trotz allem Engagement fehlt es meist dem, der Neues will, an Macht, Einfluss und Finanzkraft, man spricht von einem Machtpromotor, der mit dem Fachpromotor gepaart sein muss, um Neues probieren und demonstrieren zu können. Etliche Beispiele in dem Buch bestätigen das.

Unternehmen, die Innovationen in ihrem eigenen Hause fördern wollen, stellen dem Fachpromotor finanzielle Mittel, Venture Capital, ohne Bürokratie zur Verfügung. Das ist sicher auch ein Weg für eine Regierung, die Innovationen fördern will. Dabei ist die Frage nach dem richtigen, nicht erstickenden Maß an Bürokratie, ohne die es dann vermutlich nicht geht, um Missbrauch zu verhindern und Wettbewerb nicht zu verzerren.

Der Slogan des Verbesserungsvorschlagswesens: Keiner ist so schlau wie alle, gilt sicher immer noch. Anreize dazu sollten also immer wieder gegeben werden, ebenso wie die Möglichkeiten zur Weiterbildung/Aufgeschlossenheit und Vernetzung mit anderen, aus anderen Fachbereichen.

Innovationshemmnisse sind natürlich und auch zur Stabilität eines Systems notwendig. Erst äußere oder innere Änderungen lassen Innovationen zu, die sich – zunächst neu und unausgereift – gegen das Ausgereifte und häufig damit auf bestem Entwicklungsstand Befindliche, Etablierte durchsetzen müssen. Hilfreich sind:

- besondere Anforderungen verlangen nach neuen Lösungen
- die Zeit ist reif und alle notwendigen Komponenten stehen unterstützend zur Verfügung
- Förderer und Entscheidungsträger verstehen das Neue
- die neue Lösung hat einen Bedarf. Wenn der Bedarf, aus welchen Gründen auch immer, entfällt, geraten auch technisch gut Lösungen in Vergessenheit

Innovationsprozesse sind derartig komplex und vielschichtig, dass es nicht gelingt, aus den vielen Beispielen allgemeine Regeln und Vorgehensweisen zusammenzufassen. Schon viel ist dazu gesagt und geschrieben worden, wie ....

»Es ist das Schicksal jeder Wahrheit, vor ihrer Anerkennung ein Gegenstand des Lächelns zu sein.«
Albert Schweitzer

»Wer keine Ideen hat, kann immerhin die anderer zerreden.«
Klaus Klages

»Doch die Wissenschaft, man weiß es, achtet nicht des Laienfleißes.« *Christian Morgenstern*

»Fachleute sind immer böse, wenn dem Laien was einfällt.« *John Steinbeck*

»Den Fortschritt verdankt die Menschheit den Unzufriedenen.« *Aldous Huxley*

»Es sind die Faulen, die die Welt bewegen. Die anderen haben keine Zeit dazu.« *Albert Camus*

»Überließest du die Segel dem Wind, würdest du steuern, nicht wohin dein Wille verlangt, sondern dorthin, wohin das Wehen dich triebe.« *Boetius*

»Oft finden wir etwas ganz anderes, ja Besseres, als wir suchten, oft auch das Gesuchte selbst auf einem ganz anderen Wege, als den wir zuerst vergeblich danach eingeschlagen hatten.« *Arthur Schopenhauer*

Einheiten, Größen, Kennwerte

Das internationale Einheitensystem (SI)

Mit der Einführung des Système International d'Unités (in allen Sprachen mit SI abgekürzt) im Jahr 1960 endete die jahrhundertelange Suche nach einem weltweit einheitlichen System der Maßeinheiten. Das SI entstammt den Bedürfnissen der Wissenschaft, ist aber mittlerweile auch das vorherrschende Maßsystem der internationalen Wirtschaft. In Deutschland sind die SI-Einheiten als gesetzliche Einheiten für den amtlichen und geschäftlichen Verkehr eingeführt und vorgeschrieben. Davor hatten sich eine Vielfalt willkürlich festgelegter Maßeinheiten regional entwickelt.

Größe	Name	Symbol
Länge	Meter	[m]

Das Meter ist die Länge der Strecke, die Licht im Vakuum während der Dauer von 1/299.792.458 Sekunden durchläuft.

Masse	Kilogramm	[kg]

Das Kilogramm ist die Einheit der Masse; es ist gleich der Masse des Internationalen Kilogrammprototyps.

Zeit	Sekunde	[s]

Die Sekunde ist das 9.192.631.770-fache der Periodendauer der dem Übergang zwischen den beiden Hyperfeinstrukturniveaus des Grundzustandes von Atomen des Nuklids ^{133}Cs entsprechenden Strahlung.

elektrische Stromstärke	Ampère	[A]

Das Ampere ist die Stärke eines konstanten elektrischen Stromes, der, durch zwei parallele, geradlinige, unendlich lange und im Vakuum im Abstand von einem Meter voneinander angeordnete Leiter von vernachlässigbar kleinem, kreisförmigem Querschnitt fließend, zwischen diesen Leitern je einem Meter Leiterlänge die Kraft $2 \cdot 10^{-7}$ Newton hervorrufen würde.

thermodynamische Temperatur	Kelvin	[K]

Das Kelvin, die Einheit der thermodynamischen Temperatur, ist der 273,16te Teil der thermodynamischen Temperatur des Tripelpunkts (Gefrierpunkts) des Wassers.

Substanzmenge	Mol	[mol]

Das Mol ist die Stoffmenge eines Systems, das aus ebenso viel Einzelteilchen besteht, wie Atome in 0,012 Kilogramm des Kohlenstoffnuklids ^{12}C enthalten sind. Bei Benutzung des Mol müssen die Einzelteilchen spezifiziert sein und können Atome, Moleküle, Ionen, Elektronen sowie andere Teilchen oder Gruppen solcher Teilchen genau angegebener Zusammensetzung sein.

Lichtstärke	Candela	[cd]

Die Candela ist die Lichtstärke in einer bestimmten Richtung einer Strahlungsquelle, die monochromatische Strahlung der Frequenz $540 \cdot 10^{12}$ Hertz aussendet und deren Strahlstärke in dieser Richtung 1/683 Watt durch Steradiant (Einheit für Raumwinkel) beträgt.

Aus diesen SI-Grundeinheiten werden viele Kombinationen zur Beschreibung physikalischer Größen gebildet.

Daneben existieren immer noch im täglichen Leben viele Einheiten aus veralteten Maßsystemen mit den daraus resultierenden Problemen. Beispielsweise gab es in der zweiten Hälfte des 19. Jhdts. im Deutschen Reich allein 600 verschiedene Flächenmaße. Es ist sicherlich vorstellbar, welche Irrtümer, Betrügereien, Missverständnisse und Umrechnungsprobleme dieses Durcheinander mit sich brachte.

Darüber hinaus sind in speziellen Bereichen, wie beispielsweise dem Schiffbau, entsprechend angepasste und für die Beschreibung der speziellen Größen notwendige Einheiten eingeführt worden.

Die im Buch vorkommenden Einheiten werden zum besseren Verständnis im Folgenden genannt, bei Bedarf erläutert und ihr Bezug auf die SI-Einheiten hergestellt.

Weiterhin werden für das Verständnis wichtige Größen und Kennwerte angeführt und erklärt.

Längen-, Flächen- und Raummaße

Längenmaße

1 » (Zoll, inch)	=	0,02540	m	1 m	=	39,37 »	(inch)
1 Fuß (foot)	=	0,3048	m = 12 Zoll	1 m	=	3,2808	(foot, Fuß)
1 ' (yard)	=	0,9144	m = 36 Zoll = 3 Fuß	1 m	=	1,0936'	yds
1 Meile (Landmeile)	=	1,6093	km				
1 Faden (engl.)	=	1,8288	m (Tiefenmaß)	1 m	=	0,5468	Faden
1 Faden (int.)	=	1,852	m = 1/1000 Seemeile	1 m	=	0,5399	Faden
1 Kabellänge	=	185,2	m = 1/10 Seemeile	1 km	=	5,40	Kabellänge
1 Seemeile (int.)	=	1852	m (nautische Meile)	1 km	=	0,5399	sm
1 Seemeile (engl.)	=	1853,184	m bis 1855 m	1 km	=	0,5396–0,5390	sm (engl.)

1 Seemeile ist die Länge einer Winkelminute Längengrad am Äquator

Flächenmaße

1 sq.in	(square inch – Quadratzoll)	=	0,00064516	m^2	1 m^2	=	1550,0031	sq.in
1 sq.ft	(square foot – Quadratfuß)	=	0,092903	m^2	1 m^2	=	10,763915	sq.ft
1 sq.yd	(square yard – Quadratyard)	=	0,83613	m^2	1 m^2	=	1,195986	sq.yd

Raummaße

1 cu.in	(cubic inch – Kubikzoll)	=	$1{,}6387 \cdot 10^{-5}$	m^3	1 m^3	=	61024	cu.in
1 cu.ft	(cubic foot – Kubikfuß)	=	0,028317	m^3	1 m^3	=	35,3145	cu.ft

1 l (Liter)	=	0,001	m^3	1 m^3	=	1000	l
1 gallon (Brit.)	=	4,5461	l	1 l	=	0,220	gallon (Brit.)
1 gallon (USA)	=	3,7854	l	1 l	=	0,2642	gallon (USA)
1 barrel	=	159	l	1 l	=	0,0063	barrel

Weitere SI-Grundgrößen

Masse

1 g	=	0,001	kg	1 kg	=	1000	g
1 ounce	=	28,35	g	1 g	=	0,0353	ounce
1 lb (pound)	=	0,4536	kg	1 kg	=	2,2046	lbs
1 long ton (ts)	=	1,016	t	1 t	=	0,9842	long ton
1 short ton	=	0,9072	t	1 t	=	1,1023	short tons
1 cwt (Brit.) (centweight)	=	50,802	g	1 g	=	0,0197	cwt (Brit.)
1 cwt (USA)	=	45,359	g	1 g	=	0,0220	cwt (USA)

Zeit

1 s (Sekunde)	=	1/60	min	=	1/3.600	h	=	1/86400	d
1 min (Minute)	=	60	s	=	1/60	h	=	1/1440	d
1 h (Stunde)	=	3.600	s	=	60	min	=	1/24	h
1 d (Tag) = 24 h	=	1.440	min	=	86.400	s			

Temperatur

K (Kelvin)	0 K	= −273,15° C (Celsius)	0° C	=	273,15 K
F (Fahrenheit)		= 9/5 K −459,67	K	=	5/9·(F −459,67)
F		= 9/5° C + 32	° C	=	5/9·(F −32)

Abgeleitete Einheiten und Größen

Geschwindigkeiten

1 kn (Knoten)	=	1,852 km/h (= 1 sm/h)	=	0,5144	m/s
1 km/h	=	0,278 m/s	=	0,540	kn
1 m/s	=	1,944 kn	=	3,600	km/h

Kraft

1 N (Newton)	=	1	$kg \cdot m/s^2$				
1 kN	=	1000	N				
1 MN	=	$1 \cdot 10^6$	N				
1 kp (Kilopond)	=	9,80665	N	1 N	=	0,10197	kp
1 lb	=	4,448	N	1 N	=	0,22482	lb

Druck

1 Pa (Pascal [N/m^2])	=	$1 \cdot 10^{-5}$	bar	1 bar	=	$1 \cdot 10^5$	Pa
1 Pa	=	$0{,}102 \cdot 10^{-4}$	at (techn. Atmosphäre)	1 at	=	98100	Pa
1 Pa	=	$0{,}987 \cdot 10^{-5}$	atm (physikal. Atmosphäre)	1 atm	=	101325	Pa
1 Pa	=	0,0075	Torr (mm-Quecksilbersäule)	1 Torr	=	133	Pa
1 Pa	=	0,000145	psi oder lb/sq.in	1 psi	=	6894,76	Pa
1 bar	=	14,50377	psi oder lb/sq.in	1 psi	=	0,0689	bar
1 bar	=	0,986923	atm	1 atm	=	1,0133	bar
1 bar	=	0,981	at	1 at	=	1,0194	bar
1 atü	=	1 at über Atmosphärendruck					

Energie, Arbeit, Wärmeenergie

1 J	(Joule [Ws])	=	0,2388	cal (Kalorie)	1 cal	=	4,1876	J
1 J		=	$2{,}77778 \cdot 10^{-7}$	kWh (Kilowattstunde)	1 kWh	=	3.600.000	J
1 kJ	(Kilojoule)	=	1.000	J	1 J	=	0,001	kJ
1 MJ	(Megajoule)	=	$1 \cdot 10^6$	J	1 J	=	0,000001	MJ
1 kcal	(Kilokalorie)	=	1.000	cal	1 J	=	0,001	kcal
1 kWh		=	859,681	kcal	1 kcal	=	0,001163	kWh
1 kWh		=	3.600	kJ	1 kJ	=	0,000278	kWh

Von 1 kg Kohle können theoretisch 7.500 kcal Energie gewonnen werden oder 8,7 kWh, von 1 kg Schweröl 11,37 kWh. Bei einem Wirkungsgrad von 33% gehen zwei Drittel in die Erwärmung der Umgebung als Steigerung der Entropie. Die Entropie ist ein Maß für die Unordnung in einem System. Die Prozesse streben immer in Richtung größter Unordnung. Ordnung schaffen bedeutet zusätzlich Energie zuführen.

Leistung

Leistung ist die Arbeit pro Zeiteinheit.
Die Einheiten, in denen die Leistung gemessen wird, sind Watt bzw. Kilowatt, früher auch PS (Pferdestärke) und Kilopondmeter pro Sekunde. Die Einheiten PS, hp und kpm/s sind seit 1. Januar 1978 im amtlichen und geschäftlichen Verkehr nicht mehr zugelassen.
Pferdestärke (horsepower hp) wurde von James Watt zur Leistungskennzeichnung von Maschinenleistung definiert. Er maß in Versuchen als Dauerleistung eines Pferdes 550 foot-pounds in der Sekunde (ft·lbs/s). In Deutschland nahm man die Pferdekraft zu 75 kg 1 m hoch in 1 Sekunde, also 75 kg·m/s oder heute 735,5 N·m/s.
75 kg·m/s = 542,5 ft·lbs/s, oder 1 hp = 0,986 PS; der hp-Wert ist also etwas kleiner als der PS-Wert.
Bei Kolbenmaschinen besteht die Möglichkeit, die »nominal hp« nach Zylinderfläche, Drehzahl/min und mittlerem Druck zu bestimmen. Dies ist aber nur rechnerischer Wert. Die effektiven hp-Werte können drei- bis sechsmal größer sein. Unterschiedliche Methoden werden auch für Maschinen mit bzw. ohne Kondensator angewandt, denn mit »Kondensator« ist der Gegendruck am Auslass nahe null.

1 W	(Watt [N·m/s])	=	0,001	kW	1 kW	=	1.000	W
1 kW	(Kilowatt)	=	1,35962	PS (Pferdestärke)	1 PS	=	0,7355	kW
1 kW		=	1,34102	hp (horse power)	1 hp	=	0,7457	kW
1 MW		=	1.000	kW = $1 \cdot 10^6$ W				
1 PS	(Pferdestärke)	=	0,98632	hp	1 hp	=	1,0139	PS

PSi oder hpi	indizierte PS, am Zylinder gemessen
PSe	effektive PS, an der Kupplung gemessen,~ PSi–20%
PSw oder shp (shaft horse power	Wellen-PS, an der Propellerwelle gemessen

Leistung = Drehmoment (mit Torsionsindikator messbar) x Winkelgeschwindigkeit (Drehzahl, n/60)

Angaben zur Motorleistung werden von den Betriebsbedingungen beeinflusst, ebenso der Verbrauch. Meist sind auch die vom Motor zu seinem Betrieb erforderlichen und angetriebenen Hilfsaggregate eingeschlossen. Wenn britische Standards bei der Leistungsmessung angewendet werden, gibt man in bhp (Britisch Horsepower) an.
Bei Leistungsangaben sind also die Bedingungen bei der Messung von starkem Einfluss auf das Ergebnis.

Die indizierte Leistung einer doppelt wirkenden Dampfkolbenmaschine ist

$P_i = A_{wirks} \cdot p_m \cdot (s \cdot n)/30 \cdot 1/75$ [PS]

oder $P_i = C \cdot p_m \cdot n$

worin $C = A_{wirks} \cdot s/30 \cdot 75$ eine Maschinenkonstante

$s \cdot n/30$ die mittlere Kolbengeschwindigkeit in m/s ist.

Gesamter Wirkungsgrad eines Maschinenantriebs:

$\eta_g = \Pi\, \eta_i$

Für eine Kolben-Dampfanlage (beispielhaft Anfang 20. Jhdt.) ist der Gesamtwirkungsgrad $\eta_g = \eta_1 \cdot \eta_2 \cdot \eta_3 \cdot \eta_4 \cdot \eta_5$

Kesselwirkungsgrad	$\eta_1 \approx 0{,}7$	(Kohlefeuerung)	
	$\eta_1 \approx 0{,}75–0{,}8$	(Ölfeuerung)	
Dampfwirkungsgrad	$\eta_2 \approx 0{,}31$	von der Temperaturdifferenz Ein-/Austritt abhängig	
Maschinenwirkungsgrad	$\eta_3 \approx 0{,}57$	Einfach-Expansionsmaschine	$\eta_3 \approx 0{,}65–0{,}73$
		Zweifach-Expansionsmaschine	$\eta_3 \approx 0{,}55–0{,}63$

		Dreifach-Expansionsmaschine	$\eta_3 \approx 0{,}52–0{,}60$
		Vierfach-Expansionsmaschine	$\eta_3 \approx 0{,}51–0{,}53$

Mechanischer Wirkungsgrad PS_w/PS_i $\eta_4 \approx 0{,}9–0{,}92$
Schraubenwirkungsgrad $\eta_5 \approx 0{,}73$ bei direktem Turbinenantrieb 0,67
Der Gesamtwirkungsgrad ist demnach

$$\eta_g = 0{,}7 \cdot 0{,}31 \cdot 0{,}57 \cdot 0{,}92 \cdot 0{,}73 = 0{,}083$$

also nur etwa 8% der aufgewendeten Energie treiben das Schiff voran.

Die englische Admiralitätsformel zur Näherung der notwendigen Maschinenleistung:

$$Pi = \frac{D^{2/3} \cdot v^3}{C}$$

D – Displacement in ts Displacement (Masse der Verdrängung) $V = L \cdot B \cdot T \cdot \delta$ δ-Völligkeitsgrad
v – Schiffsgeschwindigkeit in kn
C – schiffsindividuelle Konstante
P_i – Maschinenleistung in PS
V – Verdrängungsvolumen in m^3

Antriebsleistung $P \sim v^z$
Der Exponent z kann Werte zwischen 2,8–3,2 annehmen, aber auch 4 bei völligen Schiffen und hoher Geschwindigkeit. z ändert sich mit der Geschwindigkeit.

Antriebsleistung $P \sim T^{2/3}$
Wenn ein Schiff anstatt 6 m auf 7 m Tiefgang um 16,6% tiefer getaucht läuft, steigt die erforderliche Maschinenleistung aber nur um ≈ 11%. Der Tiefgangeinfluss auf die Geschwindigkeit beträgt $v \sim T^{2/9}$ bei P = const. Im vorhergehenden Beispiel würde die Geschwindigkeit von 10 kn auf 9,66 kn gesenkt, also nur um 3,4 %.

Wichtige Maschinenkennwerte sind kg/kW und der spezifische Verbrauch g/kWh.

Schiffsschraube:
Slip ist das Verhältnis des Wegs des Schiffs durchs Wasser im Verhältnis zum theoretischen Weg des Propellers, wenn er sich im Gewinde seiner Flügelsteigung fortbewegen würde.

$$\text{Slip} \qquad S = 1 - \frac{30{,}84 \cdot v}{H \cdot n}$$

H – Schraubensteigung in m
n – Drehzahl min^{-1}
v – Schiffsgeschwindigkeit in m/s

Scheinbarer Slip ist Verlust an Weg oder Geschwindigkeit durchs Wasser. Tatsächlicher Slip ist Verlust gegenüber dem Mitstrom oder Nachstrom des Wassers im achteren Bereich des Schiffs, der aber in seiner Größe nicht bekannt ist. Der Slip kann dadurch sogar negativ werden. Für v muss die Geschwindigkeit relativ zum Mitstrom eingesetzt werden, um realistische Werte zu erhalten. Slip ist nicht gleich Wirkungsgrad der Energieumsetzung.
Die Schiffsgeschwindigkeit ist in weiten Bereichen proportional der Schraubendrehzahl.

Schiffs- und schiffsverwandte Maße, Kennwerte und Abkürzungen

Festlegungen zur Schiffsvermessung wurden ursprünglich 1854 bestätigt = Moorson-Regel. Die Vermessung wurde durch die Oslo-Konvention von 1947 erneut bestätigt und war bis zum 18. Juli 1994 gültig. Das neue Schiffsvermessungs-Übereinkommen von London vom 23. Juni 1969 übernahm die Bundesrepublik Deutschland durch Gesetz (BGBl vom 25. Januar 1975). Im Jahr 1994 nach 12 Jahren Übergangsfrist trat eine neue internationale Schiffsvermessung in Kraft. BRT wird BRZ. Das Schiff wird mit allen Aufbauten nach Außenmaßen vermessen. Bei Passagierschiffen, Tankern, Massengutfrachtern sind die Änderungen minimal. Bei Frachtern dagegen ist die BRZ bis doppelt so groß, bei Autotransportern bis 3-mal so groß. Der Zweck ist eine gerechtere Gebührenfestlegung. Seit 1. Juli 1994 gilt somit:

BRT Bruttoregistertonne – Gesamtinhalt des seefest abgeschlossenen Raumes.

BRZ Brutto-Raumzahl – Die Raumzahl (engl. gross tonnage) ist im Gegensatz zu Registertonne oder Kubikmeter eine dimensionslose Zahl und kein Raummaß, basiert aber auf dem m^3 vermessenen Schiffsraum. Der neue Wert wird durch eine einfache Formel ermittelt: BRZ = k x V.
V ist das Gesamtvolumen in m^3
k ein von der Schiffsgröße abhängiger Faktor zwischen 0,22 und 0,32.

cgt compensated gross tonnage – soll Schiffe vergleichbar hinsichtlich ihres erforderlichen Bauaufwands machen

D Wasserverdrängung in m^3 mal spez. Gewicht des Wassers in engl. Tonne (1 engl. ts = 0,9072 metr. t) je m^3. Bei Kriegsschiffen ist von Bedeutung, ob mit tdw, im britischen oder metrischen System gearbeitet wird sowie der Ladezustand (Gefechtsbereitschaft). Bei den Verträgen zur Rüstungsbegrenzung wurden derartige Unklarheiten gern ausgenutzt.

GT Gross Tonnage – Gesamtheit aller geschlossenen Räume multipliziert mit dem Faktor k zur Angleichung der neuen Vermessung an die alte: GT = k x V.

LNG Liquid Natural Gas entsteht aus der Natur (Methan, Ethan, Propan, Butan), flüssig bei –161,7° C, der kritische Punkt liegt bei –82° C und 47,2 bar, wärmer kann es nicht verflüssigt werden. Flüssig-Methan: 0,42 t/m^3, also hat ein 75.000-m^3-Schiff etwa eine Dimension von 150.000 tdw.

LPG Liquid Petrol Gas entsteht aus dem Raffinerieprozess (Propan, Butan, etwas Propylen und Butylen), –42,5° C für flüssig unter Atmosphärendruck, –5° C und 9 bar, 24° C und 17,5 bar oder 96,8° C und 43,3 bar. Eine Kombination von LPG/LNG ist teuer, deswegen gibt es kaum LNG/LPG-Carrier.

NRT Nettoregistertonne – für Ladung und Fahrgäste nutzbarer Raum.

NRZ Die Nettoraumzahl ergibt sich nicht mehr im Abzugsverfahren aus BRZ, sondern aus einer komplizierteren Formel, in der Laderäume, Anzahl der Passagiere und weitere Faktoren als Parameter auftreten.

NT Nettotonnage – Abzug bestimmter Räume wie früher, aber eine leichtere und präzisere Berechnung.
Statt GT und NT in einigen Ländern RZ = Registrierzahl.

tdw Tragfähigkeit in Tonnen (1 metrische Tonne = 1000 kg), betrifft die Nutzladung, Treib- und Schmierstoffe, Speise- und Frischwasser, Verbrauchsmaterial, Besatzung und Fahrgäste mit Gepäck.; (tdw = tons deadweight) tdw ist also die Differenz zwischen der größten Verdrängung (load displacement) zur Verdrängung des leeren, nicht fahrbereiten Schiffs (light displacement). Das Verhältnis beträgt bei einem Frachter etwa 70%, geht bei einem großen Tanker auf 80%. Die Ladefähigkeit ist die Tragfähigkeit minus Ballast, Treibstoff und Vorräte.

TEU Twenty feet Equal Units – entspricht einem 20-ft-Container. Der 40-ft-Container wird mehr verwendet. Ab 1960er genormt durch die International Standard Organisation (ISO) in 20, 30 oder 40 ft Länge.

Schlankheitsgrad oder Volumen-Verdrängungs-Längen-Verhältnis ts/ft^3 wurde erstmals von *Taylor/Gertler* in England angewendet für Rumpfanalysen mit cft/ft^3.
amerikanisch: $D/(L_{CWL}{}^3/100)$ [ts/ft^3]
deutsch: auch Längenschärfegrad genannt:

$$\varphi = L / V^{1/3}$$

oder Würfelkoeffizient, auch Volumen-Längenkoeffizient:

$$c_V = \frac{V}{L^3}$$

oder britisch: Längen-Verdrängungsgrad, die Werte nehmen mit zunehmender Verdrängung ab bzw. zunehmender Schlankheit zu, entsprechen also dem Kehrwert.

	amerikanisch	deutsch
Rennyacht	5	0,14
Zerstörer	45	1,3
Frachtschiff	200	5,76
Lastkähne	> 400	11,5
Passagierschiff NORMANDIE	60	1,73
Passagierschiff UNITED STATES	50	1,44
Frachtschiff UNIVERSE IRELAND (400.000 ts, L 1.135 ft)	280	8,06

Völligkeitsgrad der Verdrängung oder Blockkoeffizient:

$$\delta = \frac{V}{L\ B\ T}$$

z.B. Motorrennboot	0,14
Segelyacht	0,27
Fregatte	0,5–0,55
Kühlschiff	0,55–0,7
Containerschiff	0,6–0,75
Tanker	0,8–0,9
Prahm	0,9

Prismenkoeffizient $c_p = \frac{V}{L_{pp} \cdot A_m}$

Völligkeitsgrad der CWL:

$$\alpha = \frac{A}{L \cdot B}$$

A = von der CWL umschlossene Fläche

Völligkeitsgrad des Hauptspants:

$$\beta = \frac{\text{getauchte Fläche des Hauptspants } A_m}{B \cdot T}$$

Beispiele:

	Frachtschiffe	Schnelle Kriegsschiffe
v	10–13 kn	32–40 kn
δ	0,7–0,75	0,48–0,52
α	0,78–0,86	0,7–0,73
β	0,98–0,99	0,88–0,9
L/B	7,6–8,0	10–11
$L/V^{1/3}$	5,3–6,0	7,5–9

Relative Geschwindigkeit:

Geschwindigkeits-Längen-Verhältnis $v / \sqrt{L_{CWL}}$

Wesentlich für den Wellenwiderstand.

Wenn $\frac{v_1}{\sqrt{g \cdot L_1}} = \frac{v_2}{\sqrt{g \cdot L_2}}$,

ist der Wellenwiderstand beider Schiffe gleich und damit auch der spez. Wellenwiderstand. Bei der Länge ist immer die Länge der Wasserlinie L_{CWL} maßgebend.

Bei Modellversuchen ergibt gleiche Froudezahl gleiches Wellenbild und Ähnlichkeit des Wellenwiderstands zwischen Modell und Original.

Ein Zerstörer, der mit 31 kn läuft, hat einen Gesamtwiderstand in der Größenordnung von 100 ts, ein Passagierschiff mit gleicher Geschwindigkeit hat den vier- bis fünffachen, ein Frachter mit halber Geschwindigkeit hat nur ein Viertel des Zerstörers.

Der spezifische Widerstand wird in N/t oder angelsächsisch pds/ts angegeben.

Ein 6.000-ts-Verdränger hat bei 8 ts Widerstand 3 pds/ts (13 N/t) spezifischen Widerstand.

Segeltragfähigkeit oder Segeltragzahl = Segelfläche/Verdrängung A_S zu D

		A_s m^2	D t	amerikanisch $A_S/D^{2/3}$	deutsch $A_S^{1/2}/D^{1/3}$
Clipper SEAMAN'S BRIDE					
63.000 sqft (5.853 m^2)/668 t				= 77	≈ 8,8
Moderne Rennyacht				≈ 20	
Fregatte CONSTITUTION				≈ 40	
1900 Segelyachten des Kaisers		650–1.300	250	16–32	5–6
1902 Vollschiff	PREUSSEN	6.800	11.150	13,6	3,7
1905 Bark	PAMIR	3.800	4.172	13,9	3,85
1930 Kreuzfahrtsegler	SEA CLOUD	3.287	3.075	15,5	3,94
1958 Segelschulschiff	GORCH FOCK	1.952	1.930	12,6	3,55
2004 Fahrtenyacht	von 11–13 m L_{Lcw}	85–110	8–10	21,25–23,7	4,4–5

Je kleiner die Segeltragzahl, desto mehr Wind kann bis zum Reffen wegen zu großer Schräglage über 15°, bei Yachten über 25° ausgehalten werden.

Werkstoffkennwerte ausgewählter Werkstoffe:

	spez. Masse [kg/m^3]	Elastizitätsmodul [kN/mm^2]	Zugfestigkeit [N/mm^2]	Reißlänge [km]
Holz (Eiche)	670	13	72	15–17
Aluminium	2.800	65	40–180	28,6
Unlegierter Qualitätsstahl	7.850	210	ca. 500	6,2–8,0
Hochfester Stahl	7.900	210	ca. 1.200	23,3–28,4
	Zulässige Belastungen			
Zäher Stahl (MS)	235 N/mm^2			
Hochfester Stahl (HS)	265–390 N/mm^2			
Extra hochfester Stahl (EHS)	420–600 N/mm^2			
Glasfaser	2.600	72–83	bis 2.400	70,6–117,6
Kohlefaser	1.800	230–700	bis 3.600	135,9–396,4

Die Reißlänge gibt an, wie lang ein hängender Faden des entsprechenden Werkstoffs sein kann, bis er durch sein eigenes Gewicht reißt.

Die Dichte eines Werkstoffes ist seine Masse/Volumen:

Luft	1,275 kg/m^3 bei 1,0132 bar, 0° C
	1,188 kg/m^3 bei 1,0132 bar, 20° C
Seewasser	1,025 t/m^3

Kennwerte für Wasser, Dampf und Brennstoffe:

Siedetemperatur und Dampfvolumen bei verschiedenen Drücken:

atm	Siedetemperatur in ° C	Volumen in [Vielfache Volumen Wasser]
0,1	46,2	14.560
1	100	1.650
5	152,2	364
10	180,3	190

Wärmedurchgangszahl K

– gibt diejenige Wärme an, die bei einer Differenz von 1° C zwischen Innen- und Außentemperatur je Stunde und je Quadratmeter Außenfläche des Materials entweicht. Je niedriger die Wärmedurchgangszahl, umso kleiner die Wärmeverluste.

Luft – Wand – Wasser	0,0515	kcal/m^2 ° C h
Dampf – Wand – Wasser	2.300	kcal/m^2 ° C h

Brennstoffe	Heizwert [kcal/kg]	[kg/m^3]	[m^3/t]	Luftbedarf [Nm^3/kg]
Steinkohle, Anthrazit	7.500–7.900	800	1,3	11,2
Holz	2.000–3.700	200	6	6,8
Heizöl (schwer)	9.800	950 (900 bei 100° C)	1,05	12,5

1 t Steinkohle entspricht in Heizwert 1,6–2,5 t Holzabfälle oder 0,75 t Heizöl.

Luftüberschuss 1,25–1,33 bei Kohle, bei Heizöl nur 1,02–1,1, dann ganz leichter, kaum sichtbarer Rauch im Vergleich zum theoretischen Luftbedarf bei Verbrennung.

Die Lagerhöhe der Kohle beträgt etwa 6–10 m.

Bei Kohlefeuerung wird je Heizer 600–700 kg/h Steinkohle zugeführt. Dies entspricht einer Rostbelastung von ca. 100 bis 250 kg/m^{3}h bei Unterwind-Zufuhr und einer Schichthöhe bis 100 mm.

Die höchste Kesseldauerleistung wird bei einem Luftüberschuss von etwa 1,25 erreicht.

	Viskosität E		Schwefelgehalt	Asche
	bei 50° C	100° C		
Heizöl	25–45	3–4	1–2,5%	0,04%
Anthrazitkohle				4–7%

E = *Engler*-Grad:

Der *Engler*-Grad gibt an, wie viel mal höher die Ausfließzeit ist von 200 cm^3 Öl im Vergleich zu Wasser. Stockpunkt um –20–20° C, Lagerung bei 25–30° C, also Beheizung mit Dampf in Rohrschleife über Boden des Tanks oder elektrisch.

Ladevolumen zu Gewicht

	cft/ts (1 cft ≈ 0,03 m^3)
Erz	14–20
Petroleum	38–42
Kohle	40–45
Korn	45–65

Der Preis beträgt (August 2004):

Bunkerkohle	in der Regel 50% billiger als Schweröl
Dieselöl	370 $/t
Schweröl	170 $/t

Die Preise sind fob (free on board) und schwanken nicht nur von Tag zu Tag, sondern auch von Ort zu Ort. Für Bunkeröl werden vor allem die Orte Houston, Rotterdam und Singapore verglichen. Singapore ist meist etwas teurer als die beiden anderen Orte, die etwa gleich liegen.

Für 1 kg Wasser von 100° C sind bei 1 bar 496,3 kcal innere Verdampfungswärme zum Verdampfen erforderlich, hinzu kommen 40,2 kcal äußere Verdampfungswärme wegen Volumenvergrößerung und 100,5 kcal Flüssigkeitswärme. Dies ergibt eine Gesamtwärme von 637 kcal Dampf bei 1 bar.
Diese Gesamtwärme ändert sich nur wenig mit dem Druck, beispielsweise bei 10 bar 661,5 kcal, also 10facher Druck mit nur 24,5 kcal oder 3,8 % mehr Wärme. Die Tabelle zeigt hierfür eine Zusammenstellung.

Druck	bar	1	10	50	100	200
Siedetemperatur	° C	99	179	263	310	364
Flüssigkeitswärme	kcal/kg	99	181	274	334	431
Verdampfungswärme	kcal/kg	540	482	393	317	151
Ges. Wärmeinhalt	kcal/kg	639	663	667	651	582

Zur quantitativen Vorstellung einige Zahlen:
für Sattdampf:

Temperatur	Druck	Volumen v		Dichte ρ		Wärmeinhalt. i		Verd. w.	Energie u	
T	p	flüssig	Dampf	flüssig	Dampf	flüssig	Dampf	l	flüssig	Dampf
° C	bar	m³/kg	m³/kg	kg/m³	kg/m³	kcal/kg	kcal/kg	kcal/kg	kcal/kg	kcal/kg
100	1,03	0,0010	1,6750	958	0,59	100,1	639,2	539,2	100,0	598,7
150	4,85	0,0010	0,3930	917	2,54	150,9	656,5	505,7	150,7	611,8
200	15,85	0,0012	0,1275	865	7,84	203,3	667,6	464,3	202,9	620,3
250	40,52	0,0013	0,0518	799	19,53	259,1	669,1	410,0	257,9	621,5
300	87,60	0,0014	0,0216	713	46,33	321,3	656,0	334,7	318,4	611,7
350	168,80	0,0017	0,0087	575	115,60	403,6	612,7	209,1	396,7	578,5
364	200,00	0,0020	0,0059	505	168,40	442,3	582,9	140,6	433,0	555,1

Darin ist I der Wärmeinhalt (Enthalpie) und die freisetzbare Energie $u = i - pV \cdot 1/427$, da 1 Joule = 1/427 cal sind.

für überhitzten Dampf:

	p = 1 bar			p = 10			p = 100	
t [° C]	i	v	t	i	v	t	i	v
100	639,3	1,7300	180	664,5	0,1989	310	651,9	0,0185
200	686,5	2,2131	200	675,8	0,2103	400	741,3	0,0273
300	734,2	2,6885	300	728,6	0,2630	500	808,0	0,0337
350	758,5	2,9251	400	779,6	0,3126	550	838,2	0,0366

	p = 150			p = 200			p = 250	
t [° C]	i	v	t	i	v	t	i	v
350	645,6	0,0120	370	617,5	0,0072	400	621,3	0,0063
400	712,2	0,0163	400	673,2	0,0104	500	761,4	0,0116
500	794,2	0,0216	500	778,8	0,0154	550	803,6	0,0132
550	827,4	0,0230	550	815,9	0,0171			

Formelzeichen und Einheiten

a	m/s^2	Beschleunigung
a_F	kW/cm^2	spez. Kolbenflächenbelastung
A	m^2	Hauptspantfläche des Schiffes
A	m^2	benetzte Fläche
A_0	m^2	Schrauben-Kreisfläche
A_E	m^2	Flügelfläche
A_K	cm^2	projizierte Fläche des Kolbenbodens
A_m	m^2	Getauchte Fläche des Hauptspants
A_S	m^2	Segelfläche
A_{wirks}	m^2	wirksame Kolbenfläche
B	m	Breite
C	–	Beiwert
c_f	–	Reibungsbeiwert
c_L	–	Auftriebskoeffizient
c_p	–	Zylinderkoeffizient
c_s	–	Schubbelastungsgrad
c_v	–	Würfelkoeffizient
c_w	–	Widerstandsbeiwert
C	–	Admiralitätskonstante/Motorkonstante
C_B	–	Blockkoeffizient
d	mm	Durchmesser
D	ts, m^3	Deplacement (Verdrängung)
D_m	mm	Durchmessermittlerer
Ekin	$kg\frac{m^2}{s^2}$	kinetische Energie
e_u	J/kg	spezifische Arbeit eines Fluids
F_a	N	Auftriebskraft
F_A	N	Auftrieb einer Fläche
F_{AT}	N	aufrichtende Kraft
F_q	N	Querkraft
F_R	N	Reibungswiderstand, Ruderkraft
F_S	N	Antriebsschub
F_v	N	Vortriebskraft
F_W	N	Widerstand(skraft)
Fz	–	Froudsche Zahl
GM	m	metazentrische Höhe
g	m/s^2	Erdbeschleunigung 9,81 m/s^2
h	m	Hebelarm
H	°	Schraubensteigung, Höhe
i	–	Stufenzahl
L	m, ft	Länge
L_{CWL}	m, ft	Länge in der Konstruktionswasserlinie
L_G	m	Länge Großausführung
L_M	m	Länge Modell

L_{pp}	m	Länge zwischen den xxx
$L_{ÜA}$	m, ft	Länge über alles
m	kg, t	Masse
M	Nm	Drehmoment
M_{SK}	Nm	krängendes Moment (um die Schiffslängsachse)
M_{SS}	Nm	aufrichtendes Moment
n	min^{-1}	Drehzahl
N_F	N/cm^2	Kolbenflächenbelastung
P_e	kW, PS	effektive Maschinenleistung
P_i	kW, PS	indizierte Maschinenleistung
P_w	PS_W	Maschinenleistung an der Propellerwelle
Q	dV/dt, z.B. m^2/h	Ergiebigkeit der Quelle
r	mm	Radius
Re	–	Reynoldszahl
s	m	Weg (z.B. Kolbenhub)
t	s, min, h, d	Zeit
T	K	Temperatur, absolute
T	m	Tiefgang
u	m/s	Umfangsgeschwindigkeit
v	m/s	(Schiffs-/Wind-)Geschwindigkeit
ν	m^2/s	kinematische Viskosität bzw. Zähigkeit
v_A	m/s	Anströmgeschwindigkeit
v_G	m/s	Geschwindigkeit Großausführung
v_{kr}	m/s	kritische Geschwindigkeit
v_M	m/s	Geschwindigkeit Modell
v_{max}	m/s	Maximalgeschwindigkeit
V	m^3	Volumen, z.B. Ansaugvolumen
V_h	m^3	Hubvolumen
z	–	Zylinderzahl
Γ	A	Wirbelstärke eines Potenzialwirbels
α	°	Winkel
α	°	Anstellwinkel
β	°	Winkel Rah zu Kiellinie, Abdriftwinkel
δ	°	Einstellwinkel
Δ	t	Masse der Verdrängung
Δ	m^3	Wasserverdrängung
ΔT	m	Veränderung des Tiefganges
ε	°	Winkel am Wind
ζ	°	experimentell ermittelter Reibungsbeiwert
ξ	–	Widerstandsbeiwert

η_{ideell}	–	Wirkungsgrad ideel
	–	Längenschärfengrad
π	–	Druckverhältnis
ρ	g/cm^3, kg/m^3	Dichte
Y	N/cm^3	spezifisches Gewicht
ϕ	°	Neigungswinkel
ξ	m^3/s	Volumenstrom

Abkürzungsverzeichnis

abw.	abwärts
aufw.	aufwärts
B & W	Burmester & Wain
B & V	Blohm & Voss
bzw.	beziehungsweise
ca.	circa
CFD	Computational Fluid Dynamics
CfK	Kohlefaser-Kunststoff
CODAG	Combined Diesel and Gasturbine
CODLAG	Combined Diesel Electric and Gas
CODLOG	Combined Diesel Electric or Gas
CODOG	Combined Diesel or Gasturbine
COGAG	Combined Gas and Gasturbine
COGES	Combined Gas Integrated Electric System
COGOG	Combined Gas or Gasturbine
COSAG	Combined Steam and Gas
cos-Funktion	Kosinus-Funktion
CRP	Contra-Rotating-Propeller
d.h.	das heißt
GGG	globularer Grauguss
GPS	Global Positioning System
GTA	Gasturbine-Antrieb bzw. Anlage
GUD-Anlage	Gasturbine und Dieselanlage
HD-Zylinder/-Turbine	Hochdruck-Zylinder/-Turbine
HFO	Heavy Fuel Oil (Schweröl)
HMS	Her/His Majesty Ship
HSVA	Hamburger Schiffbauversuchsanstalt
IHI	Ishikawa Heavy Industries
Jhdt.	Jahrhundert
KFK	Kriegsfischkutter
KVA	Kilo Volt Ampere
LP	Lateralschwerpunkt Unterwasserschiff
LNG	Liquid Natural Gas
LPG	Liquid Petrol Gas
MDO	Marine Diesel Oil (für Schnellläufer)
MD-Zylinder/-Turbine	Mitteldruck-Zylinder/-Turbine
n.Chr.	nach Christus
ND-Zylinder/-Turbine	Niederdruck-Zylinder/-Turbine
OBO	Oil-Bulk-Ove-Fracht
o.g.	oben genannt
RT	Registertonne
POD	Electric Propulsion Drive
RoRo	Roll on – Roll off
S	Segelschwerpunkt
SCR	spezielles Verfahren in der Katalysator-Technik
sog.	so genannt
SSP	Siemens-Schottel-Propulsor
SVA	Schiffbauversuchsanstalt
TH	Technische Hochschule
v.a.m.	viele andere mehr
v.Chr.	vor Christus
V.O.C.	niederländische Ostindien-Company
VSP	Voith-Schneider-Propeller
z.B.	zum Beispiel
z.Zt.	zur Zeit
ZAD	Zustromausgleichdüse

Erläuterungen einiger Begriffe

Beaufort

– der englische Admiral Sir Francis Beaufort (1774–1857) legte 1806 eine Windskala fest

Windstärke		Geschwindigkeit		Erscheinungen auf dem Wasser	
Beaufort		m/s	kn	Seegang	Wellenhöhe in freier See [m]
0	still	0,0–0,2	<1	glatte See	0
1	Sehr leicht	0,3–1,5	1–3	sehr ruhige See	0–$^1/_2$
2	leicht	1,6–3,3	4–7	ruhige See	$^1/_2$–$^3/_4$
3	schwach	3,4–5,4	8–11		
4	mäßig	5,5–7,9	12–15	leicht bewegte See	$^3/_4$–2
5	frisch	8,0–10,7	16–21	mäßig bewegte See	2–4
6	stark	10,8–13,8	22–27	ziemlich grobe See	4–6
7	steif	13,9–17,1	28–33	grobe See	6–8
8	stürmisch	17,2–20,7	33–40	hohe See	8–10
9	Sturm	20,8–24,4	41–47		
10	Schwerer Sturm	24,5–28,4	48–55	sehr hohe See	10–12
11	Orkanartiger Sturm	28,5–32,6	56–63	äußerst schwere See	>12
12	Orkan	> 32,6	> 63		

Man kann leicht umrechnen:

- Wind in kn = Wind in m/s · 2
- Wind in km/h = Wind in kn · 2–10%
- Wind in km/h = Wind in m/s · 4–10%.

Oder eine Merkregel dazu: Windstärke 6 ~ 12 m/s ~ 24 kn ~ 50 km/h, entspricht also dem Fahrtwind, wenn man 50 km/h schnell fährt.

Asynchronmaschine Drehstrom-Elektromotor, bei dem sich der Rotor langsamer dreht als das Magnetdrehfeld des Stators

Blindleistung Blindleistung muss bei Phasenverschiebung der Wechselströme aufgebracht werden, ohne dass dies in Leistung umgesetzt wird, sondern nur das Netz belastet

Economy of Scale Eine allgemein gültige Gesetzmäßigkeit der Betriebswirtschaft: Eine große Transport- oder Produktionseinheit liefert das Einzelstück billiger als eine kleine Einheit, da die Kosten je Stück ~ Fixkosten/x (x = Transport- oder Produktionsmenge)

Enthalpie Sie ist eine Zustandsgröße eines Systems. Sie setzt sich zusammen aus innerer Energie (also in den Bewegungen der Elementarteilchen gespeicherte Energie) und potenzieller sowie kinetischer Energie bzw. Druck mal Volumen eines Fluids.

Entropie Sie ist eine Zustandsgröße eines Systems. Der zweite Hauptsatz der Thermodynamik lehrt: Alle natürlichen Prozesse sind irreversibel, alle Prozesse mit Reibung sind irreversibel, Wärme geht nie von selbst auf einen Körper höherer Temperatur über. Bei irreversiblen Vorgängen steigt die Entropie, d.h. sie strebt einem maximalen Gleichgewicht zu. Man könnte auch sagen größter Unordnung, alles ist ausgeglichen.

Etmal zurückgelegte Wegstrecke eines Schiffs zwischen zwei Mittagshöhen der Sonne

Expansion, adiabatisch Ausdehnung oder Komprimierung eines Gases ohne Wärmetausch mit der Umgebung. Das ist der Fall bei schnell laufenden Maschinen, Turbinen und Dieselmotoren.
Es gilt das Gesetz $p \cdot V^n = \text{const.}$, worin $n \approx 1{,}7$ bei zweiatomigen Gasen bzw. $= 1{,}4$ bei Luft ist.

Expansion, isotherm Ausdehnung oder Komprimierung eines Gases bei konstanter Temperatur, also Wärmeaustausch mit der Umgebung. Das ist wahrscheinlicher bei langsam laufenden Maschinen, also z.B. bei Kolben-Dampfmaschinen. Es gilt das Gesetz von Boyle-Marriot: $p \cdot V = \text{const.}$

Legerwall	Küste an der Leeseite des Schiffs, die besonders dem Segelschiff gefährlich wird, wenn nicht gegen den Wind aufgekreuzt werden kann.
Liek	Rand des Segels, meist nicht nur durch Saum, sondern durch eingenähtes Tau verstärkt.
MARPOL	Marine Pollution Reglungen begannen 1954 wegen Ölverschmutzung, z.Zt. gilt mit diversen Ergänzungen MARPOL 73/78
Metazentrische Höhe	Der Franzose Pierre Bouger definierte sie Mitte des 18. Jhdts. und fand die Gesetzmäßigkeit für die Stabilität von Schiffen. Wenn das Schiff sich neigt (krängt), bleibt natürlich die Lage des Gewichtsschwerpunkts im Schiff konstant – es sei denn, die Ladung verrutscht –, während der Auftriebsschwerpunkt des Unterwasserschiffs zur geneigten Seite auswandert. Es ergibt sich ein aufrichtendes Moment. Die Metazentrische Höhe liegt über dem Gewichtsschwerpunkt, je weiter, desto größer ist der Hebelarm das aufrichtende Moment der Auftriebskraft. Andererseits hat ein zu stabiles (steifes) Schiff unangenehme schnelle Rollbewegungen.
Plimsoll-Marke	Die International Load Line Convention führte 1930 zur international gleichen Einführung der Lademarke zur Einhaltung des notwendigen Freibords zur Kentersicherheit des Schiffs. Lloyds Register of Shipping hatte schon 1835 drei in je ein Fuß Laderaumtiefe (0,076 m je 0,305 m) vorgeschrieben. Rechtlich wurde das in Großbritannien 1890 im British Merchant Shipping Act verankert. Die Marke an der Schiffsseite wurde bekannt als Plimsoll-Marke nach dem britischen Parlamentarier Samuel Plimsoll. Deutschland folgte 1904.
Polzahl	Zahl der Magnetpole im Stator eines Drehstrommotors, bestimmt die Drehzahl des Rotors
Reynolds-Zahl	Die Reynolds-Zahl ist eine dimensionslose Kennzahl in der Ähnlichkeitsmechanik zur Erfassung von Strömungs- oder Wärmeübergangsvorgängen. Sie wird gebildet aus $Re = v \cdot l / \nu$, worin v die Strömungsgeschwindigkeit, l eine charakteristische Abmessung um Strömungsraum und ν die kinematische Viskosität oder Zähigkeit des Strömungsmediums ist. η ist die dynamische Viskosität, als ein Maß für die innere Reibung der Strömung, z.B. des Schmieröls, geteilt durch seine Dichte ergibt die kinematische Zähigkeit. Bei Überschreiten eines jeweils bestimmten Werts von Re (z.B. Re = 2.320 bei Strömungen in Rohren) schlägt eine laminare in eine turbulente Strömung (der Hauptströmung überlagern sich Geschwindigkeitskomponenten in allen Richtungen) um. Für Wasser von 20° C ist die dynamische Zähigkeit $\eta = 1 \cdot 10^{-3}$ Ns/m², die kinematische Zähigkeit $\nu = 1 \cdot 10^{-6}$ m²/s. [Zur Vorstellung: Luft hat mehr als eine 50fach geringere dynamische Zähigkeit, zähflüssiges Öl 150fach mehr.]
Slamming	Aufschlagen des Vorschiffs auf die Wellen
SOLAS	Safety of Life at Sea begann 1914, trat aber erst nach dem Zweiten Weltkrieg international in Kraft, z.Zt. gilt die Version SOLAS 1974
Synchronmaschine	Der Rotor des Drehstrommotors läuft »synchron« mit dem Drehfeld des Stators um.

Schriftum

Schiffbau und Antriebe

Abeking & Rasmussen: SWATH: Ein innovatives Konzept der Deutschen Bucht. in Schiffbau – Industrie, Heft 2 (1999), S. 26–29

Akademischer Verein Hütte (Hrsg.): Hütte – des Ingenieurs Taschenbuch, 28. Aufl., Berlin: Ernst & Sohn 1954

Auerbach, F. u.a.: Handbuch der physikalischen und technischen Mechanik Band VI, Verlag von Johann Ambrosius Barth, Leipzig 1928

Baker, W. A.: From Paddle-Steamer to Nuclear Ship – A History of the Engine-powered Vessel. London: C.A.Watts 1965, ausgearbeitet in Gotenburg von Tre Tryckare

Bavin, W.F.; Savadovski,N J.; Levkovski,J.L.; Mischkevitsch,W.G.: Grebnye vinty (Schraubenpropeller), Leningrad: Sudostroenie, 1983

Beik, W. und Grole: Dubbel – Taschenbuch für den Maschinenbau. 19. Aufl., Berlin / Heidelberg: Springer 1997

Beitz, W., Grote, K.-H. (Hrsg.): Dubbel Taschenbuch für den Maschinenbau, 19. Aufl. Berlin, Heidelberg: Springer, 1997

Börnsen, Heinrich: Zweitakt, Viertakt und Turbinen- Erlebnisse eines Schiffs-und Garantie- Ingenieurs.Berlin: Junge Generation Verlag, 0.7., ca.1935

Bragagnolo, Aldo: Propulsion des Navres d'hier et d'aujourdhui. Eigenverlag 1997

Brennecke, J.: Geschichte der Schifffahrt, Sigloch Edition, Künzelsau o.J.

Breslin, J.P.; Andersen, P.: Hydrodynamics of Ship Propellers, Cambridge: Cambridge University Press, 1994

Buracerovic, M.: Wenn der Vorstand weg war, atmeten alle auf – Industriemessen gehören heute zum selbstverständlichen Pflichtprogramm für Unternehmen und Medien. Wie das Messegeschäft in früheren Zeiten ablief, zeigt das Rheinische Industriemuseum in Oberhausen (RIM) mit einer Fotoausstellung aus Archivbeständen der Gutehoffnungshütte (GHH), VDI-Nachrichten 11. Oktober 2002, Nr.41, S.12

Carisma Confirms GT 35 Heavy Fuel Capability. Speed at Sea, October 2001.

Chapman, F. H. af: Architectura Navalis Mercatoria, VEB Hinstorff Verlag, Rostock 1968

Corlett, E.C.B.: Twin Hull Ships in Transaction of Royal Institution of Naval architects, Bd. 3 (1969)

Dana, R. W., O.B.E., M.A. M.Inst.C.E.: Transactions of the Institution of Naval Architects, London: 1929

de Jong, K.: On the optimization and the design of ship screw propellers with and without end plates, Groningen, Rijksuniversiteit Groningen, Diss., 1991

Dokkum, Klaas van: Ship Knowledge – A Modern Encyclopedia. Enkhuizen: Dokmar 2003

Dopatka, R. ; Perepeczko, A.: Das Buch vom Schiff, 3. Auflage, Transpress VEB Verlag für Verkehrswesen, Berlin 1979

Dressel, Carl: Die Entwicklund des deutschen Schiffbaus unter besonderer Berücksichtigung des Frachtdampferbaus. Diss. Universität Jena 1919

Eckardt, D., Rufli, P.: Advanced Gas Turbine Technology – ABB/BBC Historical Firsts. 2001- GT- 0395 ASME Turbo Expo 2001, New Orleans, USA.

Fisher, Stephen (Hrsg.): Innovation in Shipping and Trade. Exeter Maritime Studies, Heft 6, Exeter: University of Exeter Press 1989

Foerster, E.: Die Technik der Weltschiffahrt in der Reihe Nautische Bibliothek. Berlin: Konrad W. Mecklenburg 1909

Foerster, E.: Johows Hilfsbuch für den Schiffbau, 4. Aufl., Berlin: Julins Springer 1920

Föttinger, H.: Die hydrodynamische Arbeitsübertragung, insbesondere durch Transformatoren, ein Rückblick und Ausblick 100 Jahre Schiffbautechnische Gesellschaft. Ausgewählte Vorträge, Berlin: Springer-Verlag, 1999

Fürst, Artur: Das Weltreich der Technik – Entwicklung und Gegenwart, 3. Band. Berlin: Ullstein, 1929

Galline, C; Hiersig, H; Heiderich, O: Ships and their Propulsion Systems – Developments in Power Transmission. Lohmann & Stolterfoht GmbH, o. Jgg. (ca. 1985)

Gebers, F.; Horn, F.: Das Schaufelrad im Modellversuch, Wien: Springer-Verlag, 1952

Gersdorff, K., Grasmann, K., Schubert, H.: Flugmotoren und Strahltriebwerke. Bernard & Graefe Verlag, Bonn, 3. Auflage, 1995.

Gümbel: Die maschinellen Anlagen an Bord von Handelsschiffen vom Gesichtspunkt der Wärmewirtschaft- Ein Beitrag zur Frage des Wiederaufbaues unserer Handelsflotte. Sonderdruck aus der Zeitschrift »Schiffbau«, XXI 7hg, Nr. 19–21, 1920

Hapgood, Charles H.: Maps of the ancient Sea Kings, New Hampshire (1966), deutsche Übersetzung: Die Weltkarten der alten Seefahrer (2002) besprochen von Kluke, Ulli: Hatte Kolumbus eine Karte? – Hatte er bei seiner Fahrt über den Atlantik viel ältere Landkarten von Amerika bei sich? Ein Autor aus den USA sammelte Indizien dafür. Er vermutet auch das die Antarktis bereits von Steinzeitmenschen besucht wurde. Jetzt erscheint sein Buch auf Deutsch. Die Welt, 21. August 2002, S.10

Hashagen, Hinrich: Der Weg des Eisenschiffbaus von seinen Anfängen bis heute. in Nauticus – Jahrbuch für Deutschlands Seeinteressen, 23 (1940), S.124–135

Heeckt, Hugo; Steuder, Heinz: Der Wiederaufbau der deutschen Handelsflotte – Volkswirtschaftliche und juristische Grundsatzfragen der Wiederaufbaufinanzierung. Kiel: Forschungsberichte des Instituts für Weltwirtschaft an der Universität Kiel, 1954

Henriot, E.: Geschichte des Schiffbaues, Urania Verlag, Leipzig/Jena, 1955

Henschke, W. (Herausgeber): Schiffbautechnisches Handbuch, Band 1, 2. Auflage, VEB Verlag Technik, Berlin 1956

Henschke, W.: Schiffbautechnisches Handbuch, Berlin: Verlag Technik Bd.1, 1967, Bd.2 1965

Herner- Rusch: Theorie des Schiffes, 5.Auflage. Leipzig: Dr. Max Jänecke Verlagsbuchhandlung 1944

Hütte – Das Ingenieurs Taschenbuch – Theoretische Grundlagen und Maschinenbau Teil A, 28. Aufl. Berlin: Wilhelm Ernst & Sohn, 1955

Hütte des Ingenieurs Taschenbuch, 2. Band, 22. Auflage, Verlag Wilhelm Ernst & Sohn, Berlin 1915

Illies, Kurt (Hrsg.): Handbuch der Schiffsbetriebtechnik. 2 Bde, 2. Auflage, Braunschweig: Friedr. Vieweg & Sohn 1984

Isay, W. H.: Propellertheorie, Berlin/Göttingen/Heidelberg: Springer-Verlag, 1964

Ishikawajima-Harima Heavy Industries Co., Ltd.: Contra-Rptating Propellers (CRP) System

Jakobi, Rainer: Vom Windmühlenflügel zum Verstellpropeller – Von der Entwicklung des Schiffspropellers. Rostock: VEB Hinstorff Verlag 1988, Reihe Maritime Miniaturen

Jonas, P., Sauer, H.: Abschnitt Gasturbinenanlagen im Handbuch Schiffsmaschinenbetrieb. Hrsg. Moeck/ Strickert/ Begemann, 5. Auflage, Verlag Technik, Berlin 1990.

Jürgens, B., Fork, W.: Faszination Voith-Schneider-Propeller. Geschichte und Technik, Hamburg: Koehlers Verlagsgesellschaft mbH, 2002

Just, W.: Windmotor mit vertikaler Achse bei Auftriebsausnutzung, Dissertation Breslau 1936

Kauffeldt, A.: Deutsche Techniker aus sechs Jahrhunderten Leipzig: VEB Verlag Enzyklopädie, 1963

King, R. W.: Naval Engineering and American Sea Power. Baltimore: The Nautical and Aviation Publishing Company of America, Inc. o.j., 1995

Klamroth: Schiffsmaschinenkunde mit besonderer Berücksichtigung der Dampfturbinen und Ölmotoren. Berlin: Mittler und Sohn 1916, Text und Atlas. Band

Korth, J. TU. D.: Die Schiffbaukunst, In der Paulischen Buchhandlung, Berlin 1826 (Nachdruck 1985)

Korth, J.: Die Schiffbaukunst, In der Paulischen Buchhandlung, Berlin 1826

Krietemeijer, J. H.: Constructie van het ship en van de scheepsonderdelen, College k1, deel 1, Technische Hochschule Delft, 1978

Krietemeijer, J.H.: Scheepsbouwkunde, College k1, Technische Hochschule Delft, 1971

Kruschik, J., Hüttner, E.: Die Gasturbine. Springer- Verlag, Wien, 1960, 2. Auflage.

Küchemann, D.; Weber, J.: Aerodynamics of Propulsion, New York: McGraw-Hill Book Comp., 1953

Lauersen, Walther: Kohle und Öl in ihrem Wettkampf als Triebkraft für die Schifffahrt und ihren gegenseitigen kostenmäßigen Beziehungen. Universität Frankfurt: Dissertationsschrift, Febr. 1929

Lehmann, E.: Schiffbautechnische Forschung in Deutschland – Gestern und heute. Die deutschen Schiffbauversuchsanstalten, Hamburg: Seehafen Verlag GmbH, 2003

Lehmann, Eike: Schiffbautechnische Forschung in Deutschland- Gestern und heute- Die deutschen Schiffbauversuchsanstalten.Edition Schiff & Hafen Band 4, Hamburg Seehafen Verlag 2003

Lingen: Neues Universal Lexikon. Köln: Lingen Verlag 1974

Lorentzen, Per Arne: Dampmaschine oder Dieselmotor – Eine betriebswirtschaftliche Studie aus der Trampschifffahrt. Frankfurt: Institut für Verkehrswissenschaft, Wintersemester 1933/34

Matschoss Conrad: Geschichte der Firma Gebrüder Sulzer Winterthur und Ludwigshafen. Berlin: Julius Springer 1910

Meier – Peter, Hausheinrich: Unconventional Hull Forms for Naval Vessels. Bericht über den STG – Sprechtag in Schiff & Hafen, 12 (2001) S. 49–53

Menzel, Horst: Die bedeutendsten technischen Neuerungen der englischen Marine im letzten Quartal des 18.Jahrhundert in das Logbuch 34 (1998 H.1, S.20–23)

Mewis, F., Peters, H.-E.: Verbesserung der Propulsion durch ein neuartiges Flossensystem, Schiffbauforschung 26. Jahrgang, Sonderheft Band 2 Hydrodynamik

Mewis, F.: Urban, M.: Hydrodynamische Aspekte sehr großer Containerschiffe Schiffbauforschung 40 (2001) Heft Nr. 4, S.39 bis 68

Meyer, G.W.: Windkraft, Leipzig: Fachbuchverlag, 1954

Meyers Taschenlexikon Schiffbau/Schiffahrt, Leipzig: VEB Bibliographisches Institut, 1973

Moltrecht, Torsten, Palm, Michael und Schmidt, Sven-Dietmar: Entwicklung des Cycloidal-Ruders in Schiff und Hafen 3/2002 S. 43–46

Mulcahy, Frank S.: High-Speed Sealift is a Joint Mission in Proceedings, Januar 2005 S. 34–37

Müller, Ernst und Pieper, Paul: Schiffs- und Schiffsmaschinenkunde – Ein Leitfaden zum Gebrauch an Seefahrtsschulen. Bremen: G. Winters Buchhandlung 1933

Müller, F.: Die relative Geschwindigkeit von Schiffen in das Logbuch, Arbeitskreis historischer Schiffbau 35 (1999/H.4, S.141–147)

Müller, W.:Die Schiffsmaschinen, ihre Konstruktionsprinzipien, sowie ihre Entwicklung und Anordnung- Ein Handbuch für Maschinisten und Offiziere der Handelsmarine. 2.Auflage, Braunschweig: Friedrich Vieweg und Sohn, 1896

Nachtigall, Werner und Blüchel, Kurt G.: Das große Buch der Bionik – Neue Technologien nach dem Vorbild der Natur. Stuttgart: Deutsche Verlagsanstalt 2000

Nauticus 1939 – Jahrbuch für Deutschlands Seeinteressen, 22.Jahrgang (1939), Berlin: Verlag Mittler

Navratil, Hans: Atlas zur Schiffsmaschinenkunde; Pola: Sebstverlag der maschinenschule, 1915

Newcastle-on-Tyne and London: The Shipbuilder, Anual International Number, 1912

NN.: Neues Universal Lexikon, 3 Bde, Köln: Lingen Verlag 1974

NN.: Weniger Vibration, aber größere Wendigkeit. FAZ Nr. 232, 7. Okt. 2003, S. 19

NN: Ein Wiener namens Meier … , in Die Seekiste, Nr. 10, 1950, S.42–44

NN: EU gets tough on pollution. Lloyd's Ship Manager Jan/Feb 2003, S.50–51

NN: Pushing back the boundaries. Lloyd's Ship Manager Jan/Feb 2003, S.47–49

NN: Und ewig lächelt der Sphinx. Die Welt, 10. Januar 2003, S. R1

NN: Voith – Die Geschichte. Heidenheim: Firmenschrift im Eigenverlag, 2002

Nowacki, H.: Zur Entwicklung der Schiffshydrodynamik im 20. Jahrhundert in 100 Jahre Schiffbautechnische Gesellschaft, Berlin Heidelberg New York et al.: Springer-Verlag, 1999

Pawlenko, G.E.: Soprotivlenie bodi dwischeniju sudow (Widerstand des Wassers bei der Bewegung von Schiffen), Moskau, Morskoi transport, 1956

Peter, J.St.: The History of Aircraft Gas Turbine Engine Development in the United States… A Tradition of Excellence. International Gas Turbine Institute of the American Society of Mechanical Engineers. Atlanta, Georgia, USA, 1999.

Peter, Rudolph: RENK Schiffsgetriebe – Entwicklungen bis zum zweiten Weltkrieg und 1945–1995. Interne Firmenschrift, Augsburg, im Oktober 1995

Peters, H.-E., Rinke, A.-Ch.: Ansätze zur Analyse und Bewertung der Antriebsleistung von Schiffen, Schiffbauforschung 30 (1991) Heft Nr.3/4, S.103 bis 107

Pfleiderer, Carl: Strömungsmaschinen. Berlin-Springer Verlag 1952

Pocock, Rowland F. : Nuclear Ship Propulsion. London: Ian Allan 1970

Prandtl, L.: Führer durch die Strömungslehre, Braunschweig, Vieweg & Sohn, 1957

Rabbeno, Georgio: Allgemeine Betrachtungen über Strahlpropeller im Jahrbuch der Schiffbautechnischen Gesellschaft, 31. Bd. (1930), S.215–228

Renk: Moderne Schiffsgetriebe – Neue Aufgaben, neue Lösungen. Firmenschrift der Renk AG, Augsburg, o. Jgg

Richards, John: Further Developments in Pod Propulsion, in HSVA News Wave, The Hamburg Ship Model Basin Newsletter 2003/1

Robertson, J.: The Elements of Navigation. London 1772

Russel, J. Scott, F.R.S. :The modern System of Naval Architecture, In three volumes, J. S. Russel Vice-President of the Institution of civil engeneers and of the institution of Naval Architects Day ans Son, Lithographers to the Queen and H.R.H. the prince of wales, Gate Street, Lincoln' Inn Fields, 1865

Sailer, Karl: Wetterpraxis – Ostsee – Nordsee, Atlantikküste, Mittelmeer. Oldenburg: Stalling 1982

Scharnow, U. u.a.: Transpress Lexikon Seefahrt, 5. Auflage, Transpress VEB Verlag für Verkehrswesen, Berlin 1988

Schinkel, Max: Der elektrische Schiffszug – Eine technische

und wirtschaftliche Untersuchung über die Möglichkeit bzw. Zweckmäßigkeit einer Erhöhung der Fahrgeschwindigkeit auf verkehrsreichen Kanälen. Mitteilungen der Gesellschaft für wissenschaftliche Ausbildung. Neue Folge, Heft 1, Jena: Verlag Gustav Fischer, 1906.

Schmeidler, W.: Integralgleichungen mit Anwendungen in Physik und Technik, Leipzig: Geest & Portig K.-G. 1955

Schneekluth, H.: Entwerfen von Schiffen, Koehlers Verlagsgesellschaft mbH, 3. Auflage, Herford 1985

Schneekluth, H.: Hydromechanik zum Schiffsentwurf, Herford: Koehlers Verlagsgesellschaft mbH, 1988

Schneekluth, Herbert: Entwerfen von Schiffen, Vorlesungen; Herford: Koehlers Verlagsgesellschaft mbH, 1980

Schnerr, Günter H.: Modeeling and Computation of Unsteady Cavitation Flows based on Bubble Dynamics in Festschrift Prof. Schiele 80 Jahre, KSB-Stiftung, Frankenthal 2002, S. 45–71

Scholz, N.: Aerodynamik der Schaufelgitter. Verlag G. Braun, Karlsruhe, 1965.

Schottel GmbH & CoKG: Antriebs- und Manöversysteme für jeden denkbaren maritimen Einsatz. in Schiffbau-Industrie Heft 2 (1999) S.14–17

Shepard, S.B., Bowen, T.L., Chiprich, J.M.: Design and Development of the WR – 21 Intercooled Recuperated (ICR) Marine Gas Turbine. Journal of Engineering for Gas Turbines and Power. Vol. 117, July 1995.

Siemens: 125 Jahr Innovation im Schiffbau und Verschieden Druckschriften der Fa. Siemens, 2004

Siemens: SINAVY – CIS – More stability, more availibility, more power. Druckschrift der Fa. Siemens, 2004

Siemens: SISHIP – CIS – More efficiency, more performance, more power. Druckschrift der Fa. Siemens, 2004

Smith, J.R., Creek, E.J.: Me 262, Konzepte und Entwicklungen. Heel Verlag, Königswinter, 1997.

Sothern, J.W. The Marine Steam Turbine (2. Aufl.) – A Practical Description of the Parsons Marine Turbine. London: Whittaker 1906

Steffens, K.: Höhere Wirkung, weniger Lärm in Welt Special Luft- und Raumfahrt, 3.Mai 2002, S. 1

Streckwall,H., Gatchell, S.: A complete numerical model for podded propulsion; in HSVA News Wave, The Hamburg Ship Model Basin Newsletter 2003/2

Teale, John: Fast Boats- A Guide to Speed under Sail and power. London: Temple Press Ltd 1961

Timmermann, G.: Auf der Suche nach der günstigsten Schiffsform, Schriften des Deutschen Schiffahrtsmuseums, Band 11, Gerhard Stalling VerlagOldenburg/Hamburg 1979

Tooke, R.W., Bricknell, D.: Propulsion Systems and the MT 30 Marine Gas Turbine, the Quest of Power. GT-2003-38951 ASME Turbo Expo 2003, Atlanta,USA

Ulrich, W., Danckwardt, E.: Konstruktionsgrundlagen für Schiffsschrauben. Leipzig: VEB Fachbuchverlag, 1956

Veikonheimo, T.: The most efficient propulsion system for ULCV, Schiffbauforschung 40 (2001) Heft Nr. 4, S.85 bis 90

Voith Geschäftsbericht 2001/02, darin S.76f Voith Schiffstechnik GmbH & Co.KG., Heidenheim

Völkel, Thomas: CRP Azipod – Optimiertes Antriebssystem für große Schiffe. In Schiff & Hafen 10 (2004) S. 164–167

Völker, Handbuch der Werften XII

VWS Berlin: Ship Hydrodynamics, Ocean Engineering, Enviromental Engineering, Model Basin; Versuchsanstalt für Wasserbau und Schiffbau, Berlin: VWS, 1988

Wagner R.: Rückblick und Ausblick auf die Entwicklung des Contrapropellers. J. STG, 30. Band, Berlin: Springer Verlag, 1929

Wagner, W.: Die ersten Strahlflugzeuge der Welt. Bernard & Graefe Verlag, Koblenz, 1989.

Wenzel, H.-J. u.a.: Ansätze innovativer Technologien im Schiffbau und ihre Einordnung in den Gesamtprozeß, Schiffbauforschung 34 (1995), Heft 2/3, Seite 47–56

Werkspoor: Werkspoor Diesel-Engines for Marine Purposes, Amsterdam: Prospectus 13, Sept. 1927

Werksprospekte der Fa. MAN Turbomaschinen AG, GHH Borsig, Oberhausen Deutschland.

Werksprospekte der Fa. Rolls-Royce Industrial & Marine Gas Turbines, Ansty, Coventry, England.

Wiebeck, E. u.a.: Taschenlexikon Schiffbau-Schiffahrt, VEB Bibliographisches Institut, Leipzig 1982

Wille, Walter: Die schwedische Revolution – Steuerbarer IPS-Bootsantrieb mit Zugpropellern von Volvo Penta/ schneller, komfortabler, sparsamer in FAZ, 1. Februar 2005, Nr.26, S. T6

Woodyard, D.: Gas Turbines Sharpen their Competitive Edge. Speed at Sea, August 2002.

Zöllner, J.: Die Kräfte der Natur und ihre Benutzung. – Eine physikalische Technologie. Leipzig/Berlin: Otto Spanner 1865, S. 3–32 aus der Reihe: Das neue Buch der Erfindungen, Gewerbe und Industrien. Rundschau auf allen Gebieten der gewerblichen Arbeit. Band 2

Schiffe

»Monster des Kaspischen Meeres« enttarnt, VDI nachrichten, Oktober 96, S. 44

Ackeret, J.: Das Rotorschiff und seine physikalischen Grundlagen. Göttingen: Vandenhoeck & Ruprecht, 1925, 2. Auflage

Aderet, J: Das Rotorschiff und seine physikalischen Grundlagen; Göttingen: Bandenhoed & Ruprecht, 1925

Andrich, D. u.a.: Bodeneffektfahrzeuge als maritimes Verkehrsmittel – Stand, Entwicklung und Forschung zum HYDROWING-Konzept (Bei Techno-Trans ergänzen)

Autorenkollektiv: Das Große Buch der Schiffe, Göteborg: AB NORDBOK, 1975, München: Orbis Verlag für Publizistik, Sonderausgabe 1992

Aylmer, Gerald: RMS Mauretania – The Ship and her Record. The Mill, Brimscombe Port, Stroud, Gloucestershire: Tempus Publishing Limited, GL5 2QG, 2000

Bessel, Georg: Norddeutscher Lloyd 1857–1957 – Geschichte einer bremischen Reederei. Bremen: Carl Schünemann Verlag, 1057

Betz, Helmut: Historisches vom Strom – Die Rheinschifffahrt – Vom Treidelschiff zum Containerliner. Bd 10, Duisburg: Verlag Krüpfganz 1994

Beute, Klaus (Hrsg.): Boote Jahrbuch 2003 – Neue Boote übersichtlich in einer Reihe – Segelboote, Motorboote, Schaluppen – 73 Ausführliche Testimpressionen von den neusten Modellen. 3. Jahrgang, Edition 2002, Enschede: Waterbeek

Biedermann, Koch, Hein: Der Vierschrauben-Turbinen-Schnelldampfer BREMEN, erbaut für den Norddeutschen Lloyd von der Deutschen Schiff- und Maschinenbau AG, Bremen. Abschnitt: Die Maschinen- und Kesselanlage von Dipl.-Ing. Koch, in Werft-Reederei-Hafen, II(1930)Heft 10, S. 200–216

Bligh, W., Lieutenant: The Log of H.M.S. Bounty 1787–1789. Guildford, England: Genesis Punblications Limited, 1975.(Das Logbuch, dessen Erhalt wir John Samuel verdanken, Bligh's Sekretär. Das Original wird im Public Record Office, London, aufbewahrt. Es wurden nur 500 Kopien gedruckt.)

Bossow, G. u.a.: Schiffskatastrophen, Pietsch Verlag, Stuttgart 1999

Bredt, Alexander(Hrsg.): Weyer's Taschenbuch der Kriegsflotten. München: Lehmanns Verlag 1940, Neuauflage 1973

Brennecke, Jochen: Tanker – Vom Petroleumklipper zum Supertanker; Herford: Koehlers Verlagsgesellschaft, 1975

Brinkmann-Zigarettenbilder, Martin Brinkmann AG Zigarettenfabrik Bremen

Brown, David: TIRPITZ – the floating fortress, London: Arms and Armor Press 1977

Christie's New York: Auktionskatalog Maritime, 10. Februar 2004

Christie's New York: Auktionskatalog The Wayne LaPoe Collection of Oceanliner Memorabilia and Art, Wednesday, 16 June 2004

Christie's South Kensington, Maritime, 21. Mai 2003, Auktionskatalog S. 298 und 299

Christie's South Kensington: Auktionskatalog Maritime , Wendnesday, 26 May 2004

Christie's South Kensington: Auktionskatalog Maritime and Naval Battles 19.November 2003

Christie's: Christie's New York – The Wayne La Poe Collection of Oceanliner Memorabilia and Art. Auktionskatalog 16. Juni 2004

Correia, Luis Miguel, Miller, William H.:RMS Queen Elizabeth 2 of 1969, Liners Book. Lisbon: Endicoes e Iniciativas Nauticas, Lda. 1999, 2. Aufl. 2001

Cox, Bernard: Paddle Steamers. Poole: Blandford Press 1979

Crossley, Harley, Gemälde, Rainbow Art Images, The Old School, Nether Compton, Dorset

Danner, Herwig: Kriegsfischkutter KFK. Hamburg: Verlag E.S. Mittler & Sohn GmbH 2001

Das Logbuch, Zeitschrift für Schiffbaugeschichte und Schiffsmodellbau, Arbeitskreis Historischer Schiffbau e.V., Heft 2003-4

Der Albatros – Mitteilungsblatt der Deutschen Kap Horner, Jhg. 48 (2003) H.2

Detlefsen, Gert Uwe: Vom Ewer zum Containerschiff- Die Entwicklung der deutschen Küstenmotorschiffe. Herford: Kochlers Verlagsgesellschaft, 1983

Downs, Art: Paddle Wheels on the Frontier – The Story of British Columbia and Yukon Sternwheel Steamers. Seattle: Superior Publishing Company 1972

Dudszus, A. u.a.: Das große Buch der Schiffstypen, Band 1, Transpress, VEB Verlag für Verkehrswesen, Berlin 1983

Dudszus, A. u.a.: Das große Buch der Schiffstypen, Band 2, Transpress/Pietsch Verlag, Berlin 1990

Dudszus, A. u.a.: Das große Buch der Schiffstypen, Transpress, VEB Verlag für Verkehrswesen, Berlin 1983

Dudszus, A., Köpcke, A. u.a.: Das große Buch der Schiffstypen, Augsburg: Weltbild Verlag, 1995

Ehrenreich, Bernd: Das Können eben nur Tanker- Von Erdöl und Tankschiffen.Hamburg: Junge Generation Verlag 1938

Everitt, Don: K Boats- Steam-powered submarines in World War I.Shrewsbury: Airlife Publishing Ltd.1999. Erste Auflage1963 von George C.Harrays & Co Ltd, England.

Ewerth, Hannes: Die Ubootflotille der Deutschen Marine – von 1957 bis heute. Hamburg: Mittler 2001

Fulton, K.: Jet Ferries are Revolutionizing Commercial Marine Transport. Gas Turbine World, March/April 1996.

Gabtree, Reginald: The Luxury Yacht from Steam to Diesel. Newton Abbot: David & Charles 1973

Geißler. Christoph: Katamaran-Fähre: High-Speed mit Mahle Großkolben in global – Zeitung für die Mitarbeiter der Mahle Gruppe, 15 (2004), S. 14

Gerald Ayhmer: RMS Mauretania – The Ship and her Record. Stroud, Gloucestershire: Tempus Publishing Ltd. 2000, Neuauflage seines Buches von 1934

Gibbous, Tony (Hrsg.): The Encyclopedia of Ships – Over 1500 Military and Civilian Ships from 5000 BC to the presents Day. London: Ambes Borks Ltd. 2001

Globke, Werner (Hrsg.): Weyers Flottentaschenbuch – Warships of the World. 64. Jg. 1999–2001, Bonn: Bernard Graefe Verlag 2001

Greve, Uwe (Hrsg.): Schiffe-Menschen-Schicksale, Turbinentanker TINA ONASSIS – Der erste »Supertanker« und seine Entstehungsgeschichte, Nr. 112

Gröbis, Klaus: Schlachtschiff MINAS GERAIS Reihe Schiffe, Menschen, Schicksale. Nr. 124 Kiel: Verlag Rudolf Stade 2004

Hackmann, Peter: Die Schiffe der Radience-Klasse der RCCL (Royal Caribbean Cruise Ltd.). Papenburg: Jos.L.Meyer GmbH (Meyer Werft) 2003

Hamburg-Amerika Linie; ES Patria, für den Expreßdienst nach den Ländern der südamerikanischen Westküste, Hamburg: Broschek 6 Co.

Hand, Marcus: PT Arpeni eyes world's first CNG ships order in Lloyd's list, No.58, 730, 25 August 2004, S. 1

Hope, Ronald: A New History of British Shipping. London: John Murray 1990

Hovgaard, William: Modern History of Warships – Comprising a Discussion of Present standpoint and Recent War Experiences. London: Conway Maritime Press 1971

HSS Captain and his ship in Ships monthly, Jan. 2002, S. 34–37

Husumer Schiffswerft: Vielseitiger Neubau für die Öl- und Gasindustrie, in Schiffbau – Industrie Heft 2 (1999), S. 35–37

Hynds, Paul: Worldwide High Speed Ferries. London: Conway Maritime Press 1992

Israel, U. u.a.: Kriegsschiffe unter Segel und Dampf, Militärverlag der DDR, 2. Auflage, Berlin 1989

Jane, Fred T.: The British Battle Fleet – Ist Inception and Growth throughout the Centuries to the present Day. 2 Bde, Nachdruck der Ausgabe 1915. London: Tri-Service Press 1990

Johnston, Ian: Ships for a Nation 1847–1971, John Brown & Company Clydebank, Glascow: West Dunbartoshire Sibrarics & Museums 2000, 2.Aufl. 2001

Jubelin, Frank u.a.: Le Porte Avions Charles de Gaulle. Paris: Editions S.P.E. Barthéléuvy, 2000

Kennemann, Werner: Flettner Rotorschiff BUCKAU in Die Seekiste, Nr. 11, 1950, S. 23–25

Kludas, Arnold: Die großen Passagierschiffe der Welt, 5 Bde, Hamburg: Gerhard Stalling 1973

Kludas, Arnold: Die großen Passagierschiffe der Welt, Herford: Kochler 1987

Kludas, Arnold: Die Schnelldampfer Bremen und Europa – Höhepunkte und Ausklang einer Epoche. Herford: Kochlers Verlagsgesellschaft 1993

Knaggs, Tim (Hrsg.): Queen Mary 2: Genesis of a Queen. International Journal of The Royal Institution of Navel Architects. Special Publication. London: Jan 2004

Köhlers Flottenkalender 1990, Herford: Koehlers Verlagsgesellschaft mbH, 1989

Kopenhagen, Wilfried: Atom-U-Boote der UdSSR und Rußlands, Schiff- Profile, H.4

Krüger – Kopiske, Karsten Kunibert: Die Schiffe von Hapag-Lloyd – Zeichnungen und Lebensläufe. Hamburg: Koehlers Vertragsgesellschaft 2003

Lanitzki, G.: Die Wasa von 1628, Transpress VEB Verlag für Verkehrswesen, Berlin 1984

Lawrenz, Hans – Joachim: Die Entstehungsgeschichte der U-Boote. München: J.F. Lehmanns Verlag 1968.

Lincoln, Paine: Ships of the World – An Historical Encyclopedia. London: Conway Maritime Press 1998

Lindsay, W.S.: History of Merchant Shipping and Ancient Commerce, 1. Band. London: Sampson Low, Marston, Low, and Searle, 1873

Lindsay, W.S.: History of Merchant Shipping and Ancient Commerce, 2. Band. London: Sampson Low, Marston, Low, and Searle, 1874

Lindsay, W.S.: History of Merchant Shipping and Ancient Commerce, 3. Band. London: Sampson Low, Marston, Low, and Searle, 1875

Lindsay, W.S.: History of Merchant Shipping and Ancient Commerce, 4. Band. London: Sampson Low, Marston, Low, and Searle, 1876

Lobley, D.: Ships through the ages, Galley Press, London 1979

Logatschew, S. I.: Frachtschiffe der Zukunft, transpress VEB Verlag für Verkehrswesen, Berlin 1979

Mack Angas, W.: Rivalry on the Atlantic. New York: Lee Furman, Inc., 1939

Maierform, Firmenschrift zum Gedenken an Fritz franz Maier. Maierformgesellschaft 1939

Marine Art Posters, Hull, England

Maritime Life and Traditions, No. 16, September 2002

Marquardt, Karl-Heinz: U.S. Paketschiff DRAPER, 1830 – Ein Amerikaner in Bremerhaven in Das Logbuch 38. Jahrgang (2002) Heft 1, S. 29–36

Mc Grail, S.: The ship (Rafts, boats and ships), National Maritime Museum, London 1981

Mehl, H. u.a.: Vom Küstenschutzboot zum Raketenschiff, Militärverlag der DDR, Berlin 1986

Miller, William H.: Merchant Ships of a Bygone Era – The Post-War Years, Unit 212, Station House, 49 Greenwich High Road, London SE10 8JL, Great Britain: Carmania Press, First published 1997, reprinted 2001

Möller Eberhard und Brack, Werner: Enzyklopädie deutscher U-Boote – Von 1904 bis zur Gegenwart. Stuttgart: Motorbuch Verlag 2002

Mondfeld, W. u.a.: Die Schiffe des Christoforo Colombo 1492, Koehlers Verlagsgesellschaft mbH, Herford 1991

Mulach, G. A.: Die Schifffahrt im Wandel der Zeiten, 2. Auflage, Verlegt bei Dieck & Co., Stuttgart 1925

NATO: Die Korvette – Ein Optimum aus Effizienz und Ökonomie, in Schiffbau – Industrie Heft 2 (1999), S. 40–42

Neubaur, Paul: Der Norddeutsche Lloyd – 50 Jahre der Entwicklung 1857–1907, 2 Bände, Leipzig: Cernnow 1907

Neukirchen, H.: Seefahrt im Wandel der Jahrtausende, VEB Verlag für Verkehrswesen, Berlin 1985

Neukirchen, H.: Seefahrt im Wandel der Jahrtausende. transpress, Verlag für Verkehrswesen, Berlin, 1985.

NN.: News in Ships monthly, September 2004, S. 9

NN.: Russian Revival in Ships monthly, November 2004, S. 11

NN.: Trasmediterranea uses web to sell vessels in Lloyd's List, No. 58, 725, 18. August 2004, S. 3

Norddeutscher Lloyd: Bremen, Europa – Die kommenden Grossbauten des Norddeutschen Lloyd Bremen, Imagebroschüre zu den beiden im Bau befindlichen Schiffen Bremen und Europa, Bremen: Norddeutscher Lloyd 1928

Paasch, H., Capt.: Illustrated Marine Encyclopedia. Amsterdam: Ratinckx Antwerp, 1890

Pemsel, H.: Weltgeschichte der Seefahrt. Geschichte der zivilen Schifffahrt von 1800 bis 2002. Koehler nwv Marine; Wien, Graz, 2002.

Pemsel, Helmut: Weltgeschichte der Seefahrt, Band 1: Geschichte der zivilen Schifffahrt … Von den Anfängen der Seefahrt bis zum Ende des Mittelalters. Band 2: Geschichte der zivilen Seefahrt … Vom Beginn der Neuzeit bis zum Jahr 1800 mit Vorgeschichte von Asien und Amerika. Band 3: Geschichte der zivilen Seefahrt … Von 1800 bis 2002 – Die Zeit der Dampf- und Motorschifffahrt. Wien: Verlag Österreich und Kochlers Verlagsgesellschaft, 2000 und 2002,

Petersen, Lorenz: Klassifikation von Marinefahrzeugen in Schiffbauforschung – Schriftenreihe für Ingenieurwissenschaften der Universität Rostock, 43. Jg (2004) H. 3, S. 55–66

Phillips-Birt, D.: The Future of Ships. Saint Ives: Imray Laurie Norie and Wilson Ltd. 1970

Powen, Frank C.; Wedge, F.J.N.: Merchant Ships of the World 1923 – Being an illustrated Descriptive funnel of the World's Merchant Ships. London: Sampson Low, Marston & Co, Ltd. 1923

Prager, Hans Georg: Panzerschiff Deutschland – Schwerer Kreuzer Lützow. Hamburg: Kochlers Verlagsgesellschaft 2001

Robickon, Francois: NORMANDIE- L'Epcopee du »Geant des Mers«. Paris: Edition Herscher 1985

Robins, Nick: Turbine Steamers of the British Isles. Newtonards: Colourpoint Books 1999

Sachnowskij, B. M.: Modeli sudow nowich tipow (Schiffsmodelle neuer Typen), Leningrad: Sudostroenie, 1987

Schapiro, L. S.: Schnelle Schiffe Berlin: Militärverlag der DDR, 2. Auflage 1989

Schapiro: Schnelle Schiffe. Berlin: Militärverlag der DDR, 1985

Schmelzkopf, Reinhart: Die deutsche Handelsschiffahrt 1919-1939, Schiffregister sämtlicher über 500 BRT großen Schiffe mit allen technischen und historischen Daten, Bd.I, II. Hamburg: Verlag G. Stalling 1975

Schöttelndreyer, Friedrich und Bohlmann, Berend: Entwurf einer 50 km Ro – Pax – Fähre aus hochfestem Stahl in Schiff & Hafen, 12 (2001) S. 29–33

Sebak, Per Kristian: A disaster of Titanic propations. In Ships monthly, December 2004, S. 46–49.

Sietz, Henning: Nach 130 Jahren ist die »Hunley« wieder aufgetaucht. FAZ vom 26.September 2000, Nr. 224, S. T6

Spannhake, W.: Die Transformatorenanlage des Schnelldampfers KÖNIGIN LUISE der Hamburg-Amerika-Linie. Sonderdruck aus VDI-Z (1914) S. 181–196

Tauge, Ingo: SS Great Eastern- Vom Kartonbogen zum Fahrmodell in Modell Werft, Juni 2004, 28.Jahrgang, S.58-61

Thomsen, D.: Ekranoplan: Transportmittel der Zukunft?, Internationale Transport Zeitschrift 13/97, S. 4–5

Ulrich, K., Schenk, A.: Luxusliner, München: C.J. Bucher Verlag GmbH & Co. KG, 1998

Von Müllenheim – Rechberg, Burkhard Freiher: Schlachtschiff Bismarck 1940/41 – Der Bericht eines Überlebenden. Berlin: Ullstein GmbH 1980.

Warren, Mark D.: The Amard Royal Meil Twin-Screw Steamers Campania and Lucania. Sparkford: Patrick Stephans Ltd 1993, ergänzter Nachdruck der Ausgabe 1893

Warship 46

Warwick, Captain Ronald W.: QE2, with a Foreword by H.R.H., the Prince Philip, Duke of Edinburgh. New York, London: W.W. Norton & Company, 1988

Werner, R., Konteradmiral a.D.:Das Buch von der Deutschen Flotte. Bielfeld und Leipzig: Verlag von Belhagen & Klasing, 1893

Weyer, B.:Taschenbuch der Kriegsflotten, 15.Jahrgang, 1914 München: Bernard & Graefe Verlag, Nachdruck 1978

Whitley, M.J.: Die deutschen Zerstörer im 2. Weltkrieg. Stuttgart: Motorbuch Verlag 1985 aus dem englischen

Witthöft, Hans- Jürgen: Container-Transportrevolution unseres Jahrhunderts. Herford: Kochlers Verlagsgesellschaft mbH, 1978

Witthöft, Hans Jürgen: HAPAG Hamburg – Amerika – Linie. Herford: Kochlers Verlagsgesellschaft 1973

Woodman, Richard: The History of the Ship – The comprehensive story of seafaring from the earliest times to the present day. Conway: Maritime Press, first published in 1997, reprinted 1999

Zeitschrift: Cruise business Review, 2 (1993), Vantax, Finnland.

Zemke, H.: Das Schiff und seine wirtschaftliche Gestaltung, Fachbuchverlag, Leipzig 1954

Muskelantrieb

Alexander, F.H., The Propulsive Efficiency of Rowing in Transactions of Royal Institution of Naval Architects, Bd. 69 (1927), S. 228–244

Anderson, R. C.: Oared Fighting Ships – From Classical times to the comming of steam. London: Percival Marshall 1962

Fircks, J. von: Wikingerschiffe, VEB Hinstorff Verlag, Rostock 1979

Mondfeld, W.: Die Galeere vom Mittelalter bis zur Neuzeit, VEB Hinstorff Verlag, Rostock 1972

Morrison, J. S.; Coates, J. F.: The Athenian trireme, Cambridge University Press, Cambridge 1987

Nelson, Anne: Nga Waka Maori – Maori Canoes. Wellington: IPL Books 1998, 2. Aufl. (1. Aufl. 1991)

Stettner, Heinrich: Treideln – treiben – trekken – jagen – bomätschen ... – Vormaschineller ufergebundener Schiffsantrieb durch Seilzug und Flüssen, Kanälen und in schmalen Hafenzufahrten – Eine kommentierte Bildauswahl im Deutschen Schifffahrtsarchiv 25 (2002) S. 383–423 und im Deutschen Schifffahrtsarchiv 26 (2003) S. 43–47

Segel

Autorenkollektiv: Was Segler über Ihren Antrieb wissen sollten. YACHT 2(2004) S. 28–53, (Autoren: Judel, Friedrich; Vroligk, Rolf; Kammling, Carsten; Bolle, Lars; Bock, Jörn; Fritsch, Andreas; Schuhmann, Christoph.)

Bartels, Klaus : Läuft gut auf allen Kursen – Die »Super Maramie 2000« nennt der frühere Werft-Chef eine perfekte Yacht. Perfekt für den langen Törn. Welt am Sonntag 2. März 2003, Nr. 9, S. 58

Bradford, Ernle: Three centuries of sailing, London: Country Life Ltd. 1964

Broelmann, Jobst: Aerodynamik in der Segelschifffahrt in Wissenschaftliches Jahrbuch 1991 München: Deutsches Museum 1992, S. 25–65

Clowes, L.: Sailing Ships, their History and Development. London: Science Museum, 1936, Reprint 1982

Crumlin – Tedersen, o.(Hrsg.): Sailing into the Past. Roskilde: International Ship Replica Seminar, 1984 darin: Wagner-Smitt, Leif: Propulsion by Sail

Curry, M.: Regatta-Segeln – Die Aerodynamik der Segel, 5. Auflage, Schweizer Druck- und Verlagshaus, Zürich 1949

Curry, Manfred: Yacht Racing – The Aerodynamics of Sails and Racing Tactics, London: G. Bell & Sons 1935, 4. Auflage, 1. Auflage 1925 in deutsch

Deutscher Hochseesportverband »Hansa« e.V. (Hrsg.): Seemannschaft – Ein Handbuch für den Yachtsport, 14. und 17. Auflage, Bielefeld: Klasing und Co. 1971 bzw. 1979

Ewe, H.: Schiffe auf Siegeln, VEB Hinstorff Verlag, Rostock 1972

Gillmer, Thomas C.: Old Ironsides – The Rise, Decline and Resurrection of the USS CONSTITUTION. Camden: International Marine, 1993, paperback 1997

Gischer Norbert und Jens, Detlef: Segelsport extrem in Die Welt, 9. Oktober 2004 A8

Gisder, Norbert und Jens, Detlef: Segelsport extrem – Exclusiv: Die Route des härtesten Rennens der Welt – so fahren die VO-70-Racer um die drei Kaps. In Die Welt, 9.Oktober 2004, S. A8

Goodenough, S.: Sailing ships, Galahad Books, New York 1981

Greenhill, Basil (Hrsg.): The Evolution of the Sailing Ship 1250–1580 – Keynote Studies from the Mariner's Mirror. London: Conway Maritime Press, 1995

Haack-Vörsmann, Lore: Mit dem Atem der Welt – Auf Großseglern unterwegs – gestern und heute. Stuttgart: Pietsch Verlag 2002

Hahme, Peter: Segeltrimm in Theorie und Praxis. Stuttgart: Pietsch Verlag 2004

Harland, J.: Seamanship in the Age of sail. Conway, London: 1984
Hawkins, C. W.: Praus of Indonesia, Nautical Books, London 1982
Heinsius, P.: Das Schiff der hansischen Frühzeit. Köln, Wien: 1986
Heinsius, Paul: Das Schiff der Hansischen Frühzeit. Weimar: Verlag Hermann Böhlans Nachfolger 1956
Heyerdahl, T.: Early man and the ocean, London 1978
Heyerdahl, T.: Expedition Ra, Verlag Volk und Welt, Berlin 1985, 5. Auflage
Hoeckel, R. u.a.: Risse von Schiffen des 16. und 17. Jahrhunderts, VEB Hinstorff Verlag, Rostock 1985
Hölzel, W.: Klipperschiffe des 19. Jahrhunderts, VEB Hinstorff Verlag, Rostock 1984
Howard, Frank: Segel – Kriegsschiffe 1400-1860 Koblenz: Bernard & Graefe Verlag 1989, erschienen in England 1979
Israel, U. u.a.: Segelkriegsschiffe, Militärverlag der DDR, Berlin 1982
Kiedel, K.-P., Schnall, W.: Die Hanse-Kogge von 1380. Bremerhaven 1989
Koch, G.: Materielle Kultur der Santa Cruz-Inseln, Museum für Völkerkunde, Berlin 1971
Köster, A.: Schifffahrt und Handelsverkehr des östlichen Mittelmeeres im 3. und 2. Jahrtausend v. Chr., J.C. Hinrich´sche Buchhandlung, Leipzig 1924
Kozian, W:Die Brasswinde(Brasswinde)- Ein schifbautechnisches Detail. In das Logbuch 30 (1994, H.1, S. 44–51)
Kozian, W:Die Brasswinde(Brasswinde)- Ein schifbautechnisches Detail. In das Logbuch 30 79, H.1, S. 44–57
Kozian, Walter A.: Klipperschiffe und Schnellsegler. Hamburg, Wien, Graz: Koehler Verlagsgesellschaft mbH, 2002
Kreuzfahrten, vorm. Schifffahrt international, Heft 1, Febr./März 2005, S. 12.
Laas, Walter: Die grossen Segelschiffe – Ihre Entwicklung und Zukunft. Kassel: Hamecher 1972, Nachdruck der Ausgabe 1969
Landström, Björn: Segelschiffe – Von den Papyrusbooten bis zu den Vollschiffen in Wort und Bild, Bertelsmann Lexikon-Verlag Reihard Mohn, Gütersloh 1970
László, Veres und Woodman, Richard: The Story of Sail – Illustrated with 1000 Drawings. London: Chatham Publishing 1999
Laszló, Veres und Woodman, Richard: The Story of Sail. London: Chatham Publishing 1999
Leather, John: Gaff Rig with drawings by the author. London: Adlard Coles Ltd, 1970, reprinted 1989
Leather, John: Spritsails & Lugsails with drawings by the author. London: Adlard Coles Ltd, 1979, reprinted 1989
Mac Gregor, David R.: Square Rigged Sailing Ships. Watford: Argus Book 1977
MacGregor, David R.: Fast Sailing Ships 1775-1875 – Their Design and Construction. Lymington: Nautical Publishing Co. Ltd. 1973
Marchaj, C.A. : Aerodynamik und Hydrodynamik des Segelns. Bielefeld: Delius, Klasing & Co. 1979
Marchaj, C.A.: Segeltheorie und -praxis. Berlin 1971
Marquardt, K.H.: Bemastung und Takelung von Schiffen des 18. Jahrhunderts, VEB Hinstorff Verlag, Rostock 1986
Marsh, Roger: The Frigate – History and Development – the Sailing Frigate. Ships in Scale, 14 (2003) H. 4, S. 22–25
McGrail, S.(Hrsg.): Medieval Ships and Harbours in Northern Europe. – Christensen, A.E.:Viking Age Rigging und Gillmer, T.: The Capability of the Single Square Rig, a Technical Assessment. Greenwich: National Maritime Museum, 1979
Meier-Peter, H.: 100 Jahre Schiffsdampfturbinen in 100 Jahre Schiffbautechnische Gesellschaft, Berlin Heidelberg New York et al.: Springer-Verlag, 1999
Mondfeld, W.: Die Schebecke und andere Schiffstypen des Mittelmeerraumes, VEB Hinstorff Verlag, Rostock 1980
Morris, Roger: Pacific Sail – Four Centuries of Western Ships in the Pacific. Auckland: David Bateman 1987
Mudie, R. und Mudie, C.: The story of the sailing ship, Marshall Cavendish, London & New York, 1975
Nickel, Hans- Jochen: Was macht ein Schiff zur Kogge in das Logbuch 35 (1999/H.2, S. 72–76)
NN: Mit dem Erfolg von ALINGHI siegt auch der deutsche Yachtbau – VDI-Nachrichten 21.Februar 2003, Nr.8, S.44
Ostermann, Hermann: Am und vor dem Wind – Zur Segeltechnik bei lateinerbesegelten Fahrzeugen. Das Logbuch 39. Jg. (2003) H 4, S. 192–197
Pelly, David: Faster! Faster!. London: Nautical Books 1984
Putsch, Christian: Jagd ohne Gegner in WELT am Sonntag, Nr. 49 (2004) S. 64
Risch, H. u.a.: Windschiffe, VEB Verlag Technik, Berlin 1988
Robinson, Bill (Hrsg.): The Science of Sailing. London: MacMillan&Co. 1961
Steel Elements of Mastmaking, Sailmaking and Rigging A94
Ulffers, Franz: Handbuch der Seemannschaft. Berlin: Mittler & Sohn 1872, Nachdruck Kassel: Hamecker 1981
Wheatley, Joseph; Howarth, Stephen: Historic Sail-The Glory of the Sailing Ship from the13th to the 19th Century, London: Greenhill Books, 2000

Wiebeck, E. & Winkler, H.: Segler im Monsun, Neuer Hochschulschriftenverlag Dr. Ingo Koch & Co. KG, Rostock 2000

Wiebeck, E. u.a.: Welt der Entdeckerschiffe in berühmten Nachbauten, Busse-Seewald DSV – Verlag, Hamburg 1994

Wiebeck, E.: Indiens Schifffahrt in fünf Jahrtausenden, Ingo Koch Verlag, Rostock 2003

Wieg, P.: Chinesische Dschunken, Transpress Verlag, Berlin 1990

Wieg, P.: Chinesische See-Dschunken, VEB Hinstorff Verlag, Rostock 1984

Pokorny, Tatjana: Man muss nicht wahnsinnig sein, aber es hilft, in FAZ Nr. 220, 21.9.2001, S. 48

Schumann, Christoph: Klar zum Wenden!, in Yacht 25–26, 1.12.2004, S.16-25

Wille, Walter: Schnell wie der Wind und leichter als der Gegner, in FAZ Nr. 130, 6.6.2000, S.5

Dampf

Armstrong, Richard: Powered Ships – The Beginnings. London: Ernest Benn Ltd 1974

Gardiner, Robert (Hrsg.): The Advent of Steam – The Merchant Steamship before 1900. Conway's History of the Ship. London: Conway Maritime Press Ltd 1993

Gottschalk, Friedrich: Feuer, Wasser, Dampf – Über den Dampfantrieb auf Seeschiffen, Bremen: Hemschild 2002

Gottschalk, Friedrich: Feuer, Wasser, Dampf – Über den Dampfantrieb auf Seeschiffen. Bremen: Verlag H.M. Hausschild 2002

Haldame, J.W.C.: Steamships and their Machinery from First to Last. London: E.& F.N. Spon 1893

Haman, Andreas: Die Kohleversorgung russischer Seestreitkräfte auf ihrem Wege nach Ostasien durch die Hapag-Reederei im deutschen Schifffahrtsarchiv 26 (2003) S. 101–110

Kedenburg, H., Baurat: Abdampfturbinen mit Kondensationsanlagen und Vulcangetrieben. Verden/Aller: Verlag:Der Betriebs-Ökonom G.M.B.H.1953

Kedenburg, H.: Dampfkolbenmaschinen. Die Deutsche Arbeitsfront, ohne Datum, ca. 1937

Krebs, A. Moderne Dampfturbinen und Turbinen-Schiffe, Berlin: Georg Siemens 1908, 3.Auflage

Matschoss, C.: Geschichte der Dampfmaschine. Gerstenberg Verlag, Hildesheim, 1983.

Mollier, Richard: Neue Tabellen und Diagramme für Wasserdampf, 7. Auflage (die erste erschien 1906), Berlin: Julius Springer 1932

Muirhead: James Watt, London 1854, Band 2, S. 4,8,11

Nuber, Karl: Kohle, Öl und Dampf in Deiner Hand – Ein Lehrbuch für die Kesselwertung nach Handgriffen für die Praxis. Verden: Verlag Betriebs-Ökonom 1969, 10. Aufl.

Richardson, A.: The Evolution of the Parsons Steam Turbine. Offices of Engineering, London, 1911.

Rolt, L.T.C.: Isambard Kingdom Brumel- A Biography, London: Longmans, Green and Co. 1957

Wagenbreth, O., Düntzsch, H., Gieseler, A.: Die Geschichte der Dampfmaschine. Aschendorff Verlag, Münster, 2002.

Motor

Bartsch, Ch.: Common Rail mit Piezo-Steuerung senkt Emissionen in ...VDI-Nachrichten Nr. 2, 15. März 2002, S. 15

Borchi, Emilio; Macii, Renzo; Ricci, Giacomo: Barsanti & Mattencci – die Väter des Verbrennungsmotors 1853, München: Salou Literatur Verlag 2004

Desmond, Kevin: Power Boat Speed-Racing and Record Breaking: 1897 to the Present. London: Conway Maritime Press Ltd. 1988

Deucker, Stefan: Der Kreislaufdiesel als außenluftunabhängiges Antriebssystem für Uboote in Schiffbauforschung – Schriftenreihe für Ingenieurwissenschaften der Universität Rostock, 43. Jg (2004) H. 3, S. 31–36

Deutz Marine Power: TCD 2016 – the high perfomance engine for yachts. Deutz AG: Deutz Motor, 2003

Deutz: Der Gasmotor im Dienste der Schifffahrt – Gewidmet den Besuchern des Internationalen Schifffahrts-Kongresses zu Düsseldorf. Köln-Deutz: Eigenverlag Gasmotoren-Fabrik Deutz, Juni 1902

Goroncy, J.: Common Rail macht mächtig Druck in VDI-Nachrichten, Nr. 14 (31. Oktober 2002) S. 18

Heerde, Werner: Weiterentwicklung durch Wankel. Leserzuschrift in VDI-Nachrichten Nr. 38 (20. September 2002), S. 5

Hollmann, Michael: Sauberes Schiff ahoi! – EU will Schiffen schwefelarmen Sprit verordnen. VDI-Nachrichen, Nr. 19, 10. Mai 2002, S. 15

Hollmann, Michael: Schiffsabgase bald frei verkäuflich? – Der billigste Weg aus der Luftverschmutzung gesucht. VDI-Nachrichten, Nr. 26, 28. Juni 2002, S. 17

Hollmann, Michael: Schiffs-Katalysator auf dem Prüfstand – Neue Technik filtert auch Ruß aus Schiffsabgasen. VDI-Nachrichten, 16. Mai 2003, Nr. 20, S. 14

Lamb, John: Question ans Answers on the Marine Diesel Engine – Areference book for engineers of the Merchant Navy and those seeking and working Knowledge of marine diesel engines – guide to Ministry of Transport and other engineering administration. 6. Aufl. London: Charles Griffin & Comp. Ltd. 1950

Landesmuseum für Technik und Arbeit (Hrsg.): Felix Wankel, Leben und Werk in Bildern. Mannheim: Wartburg Verlag, 2002

Maskow: Motorkunde – Leitfaden für die Mot I Sonderlehrgänge im Bereich der Schiffsmaschinen-Inspektion Wilhelmshaven, Wort- und Bildteil, Kiel: Kommando der Marineschule Kiel 1942 und für Mot II und Mot III Sonderlehrgänge und die Fachlehrgänge der UO Lfb.II

Meyer, Hans W.: Neues Coupé zum Wankel-Jubiläum – Enthusiasten feiern 100. Geburtstag von Felix Wankel in Lindau am Bodensee und Lakr im Schwarzwald. VDS-Nachrichten, Nr. 31, 2. August 2002, S. 18

Möller Eberhard und Brack, Werner: Hundert Jahre Dieselmotoren für fünf deutsche Marinen. Hamburg: Mittler & Sohn 1998

NN.: Das DEUTZ Common-Rail-System – Gelungene Synthese aus Pumpe, Leitung, Düse und Common Rail. In DEUTZ LIVE 2 (2003), Firmenschrift der Deutz AG, S.18-19

NN.: MTU-Baureihe 8000 weltweit gefragt. In Schiff & und Hafen, 10 (2004) S. 168–169

Rippl, Alexander: MAN B&W – Turboladergeneration TCA – Produktentwicklung unter dem Aspekt der Kundenerwartungen. In Schiff & Hafen 11 (2001) S.105–108

Werksprospekte der Fa. Motoren- Turbinen- Union, München, Deutschland.

Zöllner, Julius: Die Kräfte der Natur und ihre Nutzung. 2. Band des sechsbändigen Werkes: Das neue Buch der Erfindungen, Gewerbe und Industrien. Leipzig/Berlin: Otto Spanner, 1865

Hybridantriebe

AEG: Elektrizität auf Schiffen-Berlin:Eigenverlag 1923

Bodderas, Elke: Wasserstoff marsch! In VDI-Nachrichten, 4. Oktober 2002, Nr. 40 S. 9

Hauschildt, Peter: Bremsstoffzellen im Marineschiffbau in Schiffbauforschung – Schriftenreihe fü Ingenieurwissenschaften der Universität Rostock, 43. Jg (2004) H. 3, S. 37–46

Kivelä, Thomas und Nurmi, Jari: Machinery Selection from an Operator's Point of View: Alternatives for Steam Turbine in an LNG Carrier in Ship Propulsion Systems 2001, Hamburg: Lloyd's Events 2001

Lloyd, Geraint u.a.: The next generation of marine gasturbines in Ship Propulsion Systems 2001, Hamburg: Lloyd's Events 2001

NN.: ABB Marine – Informationstag für Kunden. In Schiff & Hafen 8 (2004) S. 64

NN.: Dank interessierter Inverstoren kann Sky Sails demnächst mit einem Prototypen auf Fahrt gehen. In VDI Nachrichten, 1. Oktober 2004, Nr. 40, S. 9

NN.: Innovative Sky Sails – Technologie auf der AURORA in Schiff & Hafen, 12 (2004) S. 16

Rieken, Martina: Hochfliegender Plan sucht nach Kapital. In VDI-Nachrichten 21 (24. Mai 2002) S. 21

Tuddenham, Read: The uses of gas turbines in mashine propulsion system applikations in conference handbook ship propulsion, Lloyd's List events, Hamburg 2002

Verzeichnisse

Herzlicher Dank an alle, die mit ihrer Freigabe zur Bereicherung des Buches beitrugen.

Bilder

Aderet, J: **Das Rotorschiff und seine physikalischen Grundlagen;** Göttingen: Bandenhoed & Ruprecht, 1925 **148, 149**

AEG: **Elektrizität auf Schiffen-Berlin**; Eigenverlag 1923 **250, 276, 314, 385, 389**

Anderson, R. C.: **Oared Fighting Ships – From Classical times to the comming of steam.** London: Percival Marshall 1962 **68**

Armstrong, Richard: **Powered Ships – The Beginnings**. London: Ernest Benn Ltd 1974 **68, 187, 188, 189, 190, 191, 193, 195, 200, 203, 205, 211, 215, 224, 236**

Auerbach, F. u.a.: **Handbuch der physikalischen und technischen Mechanik Band VI**, Verlag von Johann Ambrosius Barth, Leipzig 1928 **116, 124**

Aylmer, Gerald: **RMS Mauretania – The Ship and her Record.** Brimscombe Port, Stroud, Gloucestershire: Tempus Publishing Limited, The Mill, GL5 2QG, 2000 **287, 288**

Baker, W. A.: **From Paddle-Steamer to Nuclear Ship – A History of the Engine-powered Vessel.** London: C.A.Watts 1965, ausgearbeitet in Gotenburg von Tre Tryckare **203**

Betz, Helmut: **Historisches vom Strom – Die Rheinschifffahrt – Vom Treidelschiff zum Containerliner.** Bd 10, Duisburg: Verlag Krüpfganz 1994 **81, 82**

Biedermann, Koch, Hein: **Der Vierschrauben-Turbinen-Schnelldampfer BREMEN, erbaut für den Norddeutschen Lloyd von der Deutschen Schiff- und Maschinenbau AG, Bremen**. Abschnitt: Die Maschinen- und Kesselanlage von Dipl.-Ing. Koch, in Werft-Reederei-Hafen, II(1930)Heft 10, S. 200-216 **295, 296**

Bligh, W., Lieutenant: **The Log of H.M.S. Bounty 1787–1789.** Guildford, England: Genesis Punblications Limited, 1975 **110**

Bordphotograph der Queen Elizabeth 2 **211, 247, 396**

Börnsen, Heinrich: **Zweitakt, Viertakt und Turbinen- Erlebnisse eines Schiffs-und Garantie-Ingenieurs.** Berlin: Junge Generation Verlag, 0.7., ca.1935 **314**

Bradford, Ernle: **Three centuries of sailing**. London: Country Life Ltd. 1964 **31, 40, 136**

Brennecke, Jochen: **Tanker vom Petroleumklipper zum Supertanker;** Herford: Koehlers Verlagsgesellschaft, 1975« **59, 60**

Brinkmann-Zigarettenbilder, Martin Brinkmann AG Zigarettenfabrik Bremen **149, 291**

Christie's New York: **Auktionskatalog The Wayne LaPoe Collection of Oceanliner Memorabilia and Art**, Wednesday, 16 June 2004 **388**

Christie's South Kensington: **Auktionskatalog Maritime**, Wednesday, 26 May 2004 **41, 247**

Correia, Luis Miguel; Miller, William H.: **RMS Queen Elizabeth 2 of 1969**, Liners Book. Lisbon: Endicoes e Iniciativas Nauticas, Lda., 2001 **30, 390, 396**

Crossley, Harley; Gemälde: **Rainbow Art Images**, The Old School, Nether Compton, Dorset **263**

Cruise Business Review, 2 (1993), Vantax, Finnland. **42**

Curry, Manfred: **Regatta-Segeln – Die Aerodynamik der Segel**, 5. Auflage, Schweizer Druck- und Verlagshaus, Zürich 1949 **124**

Curry, Manfred: **Yacht Racing – The Aerodynamics of Sails and Racing Tactics**, London: G. Bell & Sons 1935, 4. Auflage, 1. Auflage 1925 in deutsch **11, 12, 31, 104, 121**

Dana, R. W., O.B.E., M.A. M.Inst.C.E.: **Transactions of the Institution of Naval Architects**, London, 1929 **69**

Danner, Herwig: **Kriegsfischkutter KFK**. Hamburg: Verlag E.S. Mittler & Sohn GmbH 2001 **57**

Desmond, Kevin: **Power Boat Speed-Racing and Record Breaking: 1897 to the Present**. London: Conway Maritime Press Ltd., 1988 **41, 45, 46, 50, 56, 324**

Detlefsen, Gert Uwe: **Vom Ewer zum Containerschiff- Die Entwicklung der deutschen Küstenmotorschiffe**. Herford: Kochlers Verlagsgesellschaft, 1983 **316**

Deucker, Stefan: **Der Kreislaufdiesel als außenluftunabhängiges Antriebssystem für Uboote in Schiffbauforschung** – Schriftenreihe für Ingenieurwissenschaften der Universität Rostock, 43. Jg (2004) H. 3, S. 31–36 **402**

Deutz Marine Power: **TCD 2016 – the high perfomance engine for yachts**, Deutz AG: Deutz Motor, 2003 **341**

Deutz: der Gasmotor im Dienste der Schifffahrt – Gewidmet den Besuchern des Internationalen Schifffahrts-Kongresses zu Düsseldorf. Köln-Deutz: Eigenverlag Gasmotoren-Fabrik Deutz, Juni 1902 **313**

Diverse Postkarten **131, 225, 298, 299**

Dopatka, R.; Perepeczko, A.: **Das Buch vom Schiff**, 3. Auflage, Transpress VEB Verlag für Verkehrswesen, Berlin 1979 **17, 24, 25, 61**

Dr.-Ing. Dr.sc.techn. Helmut Sauer **352, 353, 354, 355, 356, 357, 359, 360, 361, 362, 364, 365, 369, 371, 372**

Dudszus, A. u.a.: **Das große Buch der Schiffstypen**, Band 1 & 2, Transpress/Pietsch Verlag, Berlin 1990 **22, 37, 52, 57, 68, 155, 156, 160, 161, 169, 185, 220, 233, 235, 236, 291, 318, 324, 388, 405**

Ehrenreich, Bernd: **Das Können eben nur Tanker- Von Erdöl und Tankschiffen**. Hamburg: Junge Generation Verlag 1938 **268**

Everitt, Don: **K Boats Steam-powered submarines in World War I**. Shrewsbury: Airlife Publishing Ltd.1999. Erste Auflage1963 von George C.Harrays & Co Ltd, England. **290**

Ewe, H.: **Schiffe auf Siegeln,** VEB Hinstorff Verlag, Rostock 1972 **93**

Fircks, J. von: **Wikingerschiffe**, VEB Hinstorff Verlag, Rostock 1979 **88**

Firmenprospekt **174, 387**

Firmenprospekt Schottel, Titelbild und Boot **177**

Firmen-Prospekt Voith Hydro Schiffstechnik, S. 6 **176, 179**

Firmenprospekt Voith-Schneider **176**

Fisher, Stephen (Hrsg.): **Innovation in Shipping and Trade**. Exeter Maritime Studies, Heft 6, 1989 Exeter: University of Exeter Press **68, 226**

Foto Technik-Museum Berlin **79, 189, 193, 207, 209, 303**

Foto Warnecke **80, 98, 109, 294**

Fürst, Artur: **Das Weltreich der Technik – Entwicklung und Gegenwart**, 3. Band. Berlin: Ullstein, 1929 **240, 249**

Galline, C; Hiersig, H; Heiderich, O: **Ships and their Propulsion Systems – Developments in Power Transmission**. Lohmann & Stolterfoht GmbH, o. Jgg. (ca. 1985)« **34, 184, 185, 270**

Gibbons, Tony (Hrsg): **The Encyclopedia of Ships** – over 1500 Military and Civilian Ships from 5000 BC to the Present Day , Enderby/Leicester: Amber Boote Ltd 2001, Nachdruck 2003 **229, 236, 285**

Gillmer, Thomas C.: **Old Ironsides** – The Rise, Decline and Resurrection of the USS CONSTITUTION. Camden: International Marine, 1993, paperback 1997 **115**

Greenhill, Basil: **The Evolution of the Sailing Ships 1250–1580.** London: Conway Maritime Press, 1995 **88**

Haack-Vörsmann, Lore: **Mit dem Atem der Welt – Auf Großseglern unterwegs – gestern und heute**. Stuttgart: Pietsch Verlag 2002 **97, 102, 103, 108, 111, 122, 135**

Hackmann, Peter: **Die Schiffe der Radience-Klasse der RCCL** (Royal Caribbean Cruise Ltd.). Papenburg: Jos. L. Meyer GmbH (Meyer Werft), 2003 **410**

Hahme, Peter: **Segeltrimm in Theorie und Praxis.** Stuttgart: Pietsch Verlag 2004 **121**

Hamburg-Amerika Linie; ES Patria, für den Expreßdienst nach den Ländern der südamerikanischen Westküste, Hamburg: Broschek 6 Co. **396**

Hamecher, Horst: **Fünfmast-Vollschiff** PREUSSEN – Königin der See – Der Lebensweg eines Tiefwasserseglers. Kessel: Hamecher 1993, 2. verbesserte und um die Bauvorschrift vermehrte Auflage. **142**

Hauschildt, Peter: **Bremsstoffzellen im Marineschiffbau in Schiffbauforschung** – Schriftenreihe fü Ingenieurwissenschaften der Universität Rostock, 43. Jg (2004) H. 3, S. 37–46 **397, 399**

Henriot, E.: **Geschichte des Schiffbaues**, Urania Verlag, Leipzig/Jena, 1955 **18**

Hölzel, W.: **Klipperschiffe des 19. Jahrhunderts,** VEB Hinstorff Verlag, Rostock 1984 **33, 120**

HSVA-Prospekt **172**

Hunley **77**

Hynds, Paul: **Worldwide High Speed Ferries.** London: Conway Maritime Press 1992 **42, 47, 52**

Illies, Kurt (Hrsg.): **Handbuch der Schiffsbetriebtechnik**. 2 Bde, 2. Auflage, Braunschweig: Friedr. Vieweg & Sohn 1984 **185**

Ishikawajima-Harima Heavy Industries Co., Ltd.: **Contra-Rotating Propellers (CRP) System** **167**

Israel, U. u.a.: **Kriegsschiffe unter Segel und Dampf**, Militärverlag der DDR, 2. Auflage, Berlin 1989 **61**

Israel, U. u.a.: **Segelkriegsschiffe**, Militärverlag der DDR, Berlin 1982 **124**

Jakobi, Rainer: **Vom Windmühlenflügel zum Verstellpropeller** – Von der Entwicklung des Schiffspropellers. Rostock: VEB Hinstorff Verlag 1988, Reihe Maritime Miniaturen **160, 164, 173**

Jakobi, Rainer: **Vom Windmühlenflügel zum Verstellpropeller** – Von der Entwicklung des Schiffspropellers. Rostock: VEB Hinstorff Verlag 1988, Reihe Maritime Miniaturen **23, 39, 62, 100, 105, 121, 144, 160, 164, 173**

Jubelin, Frank u.a.: **Le Porte Avions Charles de Gaulle**. Paris: Editions S.P.E. Barthéléuvy, 2000 **380, 381, 382, 383**

Jürgens, B.; Fork, W.: **Faszination Voith-Schneider-Propeller.** Geschichte und Technik, Hamburg: Koehlers Verlagsgesellschaft mbH, 2002 **181**

Kedenburg, H.: Baurat: **Abdampfturbinen mit Kondensationsanlagen und Vulcangetrieben.** Verden/Aller: Verlag: Der Betriebs-ökonom G.M.B.H., 1953 **263, 265**

Kedenburg, H.: **Dampfkolbenmaschinen**. Berlin: Die Deutsche Arbeitsfront o.f., ca. 1938 **197, 198, 199, 240**

Klamroth: **Schiffsmaschinenkunde mit besonderer Berücksichtigung der Dampfturbinen und Ölmotoren**. Berlin: Mittler & Sohn 1916, Text und Atlas. Band **264, 306, 311**

Kludas, Arnold: **Die großen Passagierschiffe der Welt**, 5 Bde, Hamburg: Gerhard Stalling 1973 **315**

Knaggs, Tim (Hrsg): **Queen Mary 2: Genesis of a Queen**. International Journal of The Royal Institution of Navel Architects. Special Publication. London: Jan 2004 **410, 411, 413**

Koch, G.: **Materielle Kultur der Santa Cruz-Inseln**, Museum für Völkerkunde, Berlin 1971 **89**

Kockums AB, Schweden **403**

Korth, J.: **Die Schiffbaukunst**, In der Paulischen Buchhandlung, Berlin 1826 **116**

Kozian, Walter A.: **Klipperschiffe und Schnellsegler**, Hamburg, Wien, Graz: Koehler Verlagsgesellschaft mbH, 2002 **134**

Krebs, A.: **Moderne Dampfturbinen und Turbinen-Schiffe**. Berlin: Georg Siemens, 1908, 3. Auflage **265, 407**

Kruschik, J.; Hüttner, E.: **Die Gasturbine**. Springer- Verlag, Wien, 1960, 2. Auflage. **346, 350, 351**

Laas, Walter: **Die grossen Segelschiffe – Ihre Entwicklung und Zukunft.** Kassel: Hamecher 1972, Nachdruck der Ausgabe 1969 **135**

László, Veres; Woodman, Richard: **The Story of Sail** – Illustrated with 1000 Drawings. London: Chatham Publishing 1999 **152**

Leather, John: **Gaff Rig with drawings by the author,** London: Adlard Coles Ltd, 1970, reprinted 1989 **120, 123**

Leather, John: **Spritsails & Lugsails with drawings by the author.** London: Adlard Coles Ltd, 1979, reprinted 1989 **118, 119, 121**

Lehmann, Eike: **100 Jahre Schiffbautechnische Gesellschaft-Ausgewählte Vorträge.** Berlin: Julius Springer 1999 **93, 291**

Lehmann, Eike: **Schiffbautechnische Forschung in Deutschland-Gestern und heute- Die deutschen Schiffbauversuchsanstalten.** Edition Schiff & Hafen Band 4, Hamburg Seehafen Verlag 2003 **156, 163, 170, 185, 251**

Lindsay, W.S.: **History of Merchant Shipping and Ancient Commerce,** 1. Band. London: Sampson Low, Marston, Low, and Searle, 1873 **66, 85**

Lindsay, W.S.: **History of Merchant Shipping and Ancient Commerce**, 3. Band. London: Sampson Low, Marston, Low, and Searle, 1875 **128, 137**

Lindsay, W.S.: **History of Merchant Shipping and Ancient Commerce**, 4. Band. London: Sampson Low, Marston, Low, and Searle, 1876 **76, 155, 186, 190, 195, 201, 202, 211, 213, 217, 222, 224, 235, 239, 253**

Lingen: **Neues Universal Lexikon**. Köln: Lingen Verlag 1974 **384**

MacGregor, David R.: **Fast Sailing Ships 1775–1875** – Their Design and Construction. Lymington: Nautical Publishing Co. Ltd., 1973 **136**

Mack Angas, W.: **Rivalry on the Atlantic.** New York: Lee Furman, Inc., 1939 **214, 216, 232, 233, 236, 284, 288, 296, 317, 324**

Mahle **318, 325, 328, 331, 334, 336, 337**

Maierform: Firmenschrift zum Gedenken an Fritz Franz Maier. Maierformgesellschaft 1939 **58, 60, 61, 386**

MAN **293, 301, 308, 310, 316, 318, 320, 326**

Marine Technology 35 Nr.3 Juli 1998 **182**

Maritime Life and Traditions, No.16, September 2002 **143**

Maskow: **Motorkunde** – Leitfaden für die Mot I Sonderlehrgänge im Bereich der Schiffsmaschinen-Inspektion Wilhelmshaven, Wort- und Bildteil, Kiel: Kommando der Marineschule Kiel 1942 und für Mot II und Mot III Sonderlehrgänge und die Fachlehrgänge der UO Lfb.II **314, 332, 338, 356**

Matschoss Conrad: **Geschichte der Firma Gebrüder Sulzer Winterthur und Ludwigshafen.** Berlin: Julius Springer 1910 **247**

Matschoss, Conrad: **Geschichte der Dampfmaschine** – Ihre Kulturelle Bedeutung, technische Entwicklung und ihre großen Männer. Hildesheim: Gerstenberg Verlag 1982, 2. Aufl., Regwind Berlin 1901 **196, 207, 241, 251**

Mehrere Autoren: **Il lido illustrato** – I manifesti; Tourismusförderschrift unterstützt vom italienischen Ministero Per eni le Atti vita Culturali, o.7. **202**

Meier-Peter, Hausheinrich: **Unconventional Hull Forms for Naval Vessels.** Bericht über den STG – Sprechtag in Schiff & Hafen, 12 (2001), S. 49–53 **43**

Mewis, F.; Urban, M.: **Hydrodynamische Aspekte sehr großer Containerschiffe Schiffbauforschung 40** (2001) Heft Nr. 4, S. 39–68 **178**

Miller, William H.: **Merchant Ships of a Bygone Era** – The Post-War Years, Carmania Press, Unit 212, Station House, 49 Greenwich High Road, London SE10 8JL, Great Britain, First published 1997, reprinted 2001 **266, 269**

Möller Eberhard; Brack, Werner: **Enzyklopädie deutscher U-Boote** – Von 1904 bis zur Gegenwart. Stuttgart: Motorbuch Verlag 2002 **402**

Möller Eberhard; Brack, Werner: **Hundert Jahre Dieselmotoren für fünf deutsche Marinen**. Hamburg: Mittler & Sohn 1998 **315, 316, 319, 321, 324, 328, 330, 340, 342, 373, 376, 405**

Moltrecht, Torsten; Palm, Michael; Schmidt, Sven-Dietmar: **Entwicklung des Cycloidal-Ruders in Schiff und Hafen 3/2002** S. 43–46 **181**

Mondfeld, W. u.a.: **Die Schiffe des Christoforo Colombo** 1492, Koehlers Verlagsgesellschaft mbH, Herford 1991 **93**

Morris, Roger: **Pacific Sail – Four Centuries of Western Ships in the Pacific.** Auckland: David Bateman, 1987 **113**

Morrison, J. S.; Coates, J. F.: **The Athenian trireme**, Cambridge University Press, Cambridge 1987 **71**

Mudie, R.; Mudie, C.: **The story of the sailing ship**, Marshall Cavendish, London & New York, 1975 **67**

Mulach, G. A.: **Die Schifffahrt im Wandel der Zeiten**, 2. Auflage, Verlegt bei Dieck & Co., Stuttgart 1925 **25, 62**

Mulcahy, Frank S.: **High-Speed Sealift is a Joint Mission in Proceedings**, Januar 2005, S. 34-37 **48**

Müller, F.: **Die relative Geschwindigkeit von Schiffen**, in das Logbuch, Arbeitskreis historischer Schiffbau 35 (1999/H.4, S. 141–147) **32, 36**

Müller, W.: **Die Schiffsmaschinen, ihre Konstruktionsprinzipien, sowie ihre Entwicklung und Anordnung** – Ein Handbuch für Maschinisten und Offiziere der Handelsmarine. 2. Auflage, Braunschweig: Friedrich Vieweg und Sohn, 1896 **188, 192, 204**

Navratil, Hans: **Atlas zur Schiffsmaschinenkunde**; Pola: Sebstverlag der maschinenschule, 1915« **246, 279, 281, 286, 302, 304, 309, 312**

Nelson, Anne: **Nga Waka Maori – Maori Canoes.** Wellington: IPL Books 1998, 2. Aufl. (1. Aufl. 1991) **64, 65, 68**

Neukirchen, H.: **Seefahrt im Wandel der Jahrtausende,** VEB Verlag für Verkehrswesen, Berlin 1985 **94**

Newcastle-on-Tyne and London: **The Shipbuilder**, Anual International Number, 1912 **166**

NN.: ABB Marine – Informationstag für Kunden. In Schiff & Hafen 8 (2004), S. 64 **410**

Norddeutscher Lloyd: BREMEN, EUROPA – Die kommenden Grossbauten des Norddeutschen Lloyd Bremen, Imagebroschüre zu den beiden im Bau befindlichen Schiffen Bremen und Europa, Bremen: Norddeutscher Lloyd, 1928 **297**

Paasch, H., Capt.: **Illustrated Marine Encyclopedia**. Amsterdam: Ratinckx Antwerp, 1890 **138, 140, 218, 223, 238, 243, 254, 255, 258, 273**

Pelly, David: **Faster! Faster!**. London: Nautical Books 1984 **16, 40, 44, 47, 120, 124, 136**

Penzo, Gilberto: **Navi Veneziane, Venetian Ships,** An illustrated Catalogue of Draughts. Triest: LINT 2000 **125**

Peter, J.St.: **The History of Aircraft Gas Turbine Engine Development in the United States** – A Tradition of Excellence. International Gas Turbine Institute of the American Society of Mechanical Engineers. Atlanta, Georgia, USA, 1999. **369**

Phillips-Birt, D.: **The Future of Ships**. Saint Ives: Imray Laurie Norie and Wilson Ltd. 1970 **33, 60, 416**

Pocock, Rowland F.: **Nuclear Ship Propulsion**. London: Ian Allan 1970 **379**

Prager, Hans-Georg: **F. Laeisz** – Vom Frachtsegler bis zum Bulk Carrier. Herford: Kochlers Verlagsgesellschaft 1974 **60**

Prof. Dr.-Ing. Dr.h.c. E. Wiebeck **18**

Prof. Dr.-Ing. H.-E. Peters **157**

Prospekt **408**

Prospekt der Firma AIR Rostock **165**

Putsch, Christian: **Jagd ohne Gegner,** in WELT am Sonntag, Nr. 49 (2004), S. 64 **40**

Renk **42, 175, 178, 277, 344, 370, 374, 375, 413**

Richards, John: **Further Developments in Pod Propulsion,** in HSVA News Wave, The Hamburg Ship Model Basin Newsletter 2003/1 **171**

Risch, H. u.a.: **Windschiffe**, VEB Verlag Technik, Berlin 1988 **24, 97**

Robickon, Francois: NORMANDIE **– L'Epcopee du Geant des Mers**. Paris: Edition Herscher 1985 **388, 389**

Rolt, L.T.C.: **Isambard Kingdom Brumel** – A Biography, London: Longmans, Green and Co. 1957 **29, 212**

Royal Clipper **151**

Russel, J. Scott, F.R.S.: **The modern System of Naval Architecture**, In three volumes, J.S. Russel Vice-President of the Institution of civil engineers and of the institution of Naval Architects Day ans Son. Gate Street, Lincoln' Inn Fields: Lithographers to the Queen and H.R.H. the Prince of Wales, 1865 **206, 224, 228, 230, 232, 252**

Schapiro: **Schnelle Schiffe**. Berlin: Militärverlag der DDR, 1985 **42**

Scharnow, U. u.a.: **Transpress Lexikon Seefahrt**, 5. Auflage, Transpress VEB Verlag für Verkehrswesen, Berlin 1988 **21**

Schneekluth, H.: **Hydromechanik zum Schiffsentwurf,** Herford: Koehlers Verlagsgesellschaft mbH, 1988 **154**

Schnerr, Günter H.: **Modeeling and Computation of Unsteady Cavitation Flows based on Bubble Dynamics in Festschrift Prof. Schiele 80 Jahre,** KSB-Stiftung, Frankenthal 2002, S. 45–71 **163**

Shaw, Jim: **Explosive Ships?** In ships monthly, August 2004, S. 44–47 **272**

Siemens **400**

Siemens: 125 Jahr Innovation im Schiffbau und verschieden Druckschriften der Fa. Siemens, 2004 **296, 384, 396, 417**

Siemens: SINAVY – CIS – More stability, more availibility, more power. Druckschrift der Fa. Siemens, 2004 **399**

Siemens: SISHIP – CIS – More efficiency, more performance, more power. Druckschrift der Fa. Siemens, 2004 **409**

SiemensPermasyn **389**

SiemensSSP **410**

Spannhake, W.: **Die Transformatorenanlage des Schnelldampfers** KÖNIGIN LUISE **der Hamburg-Amerika-Linie.** Sonderdruck aus VDI-Z (1914), S. 181–196 **282**

Stettner, Heinrich: **Treideln – treiben – trekken – jagen – bomätschen** – Vormaschineller ufergebundener Schiffsantrieb durch Seilzug und Flüssen, Kanälen und in schmalen Hafenzufahrten – Eine kommentierte Bildauswahl im Deutschen Schifffahrtsarchiv 25 (2002), S. 383–423 und im Deutschen Schifffahrtsarchiv 26 (2003), S. 43–47 **78, 80, 81**

Streckwall,H., Gatchell, S.: **A complete numerical model for podded propulsion**; in HSVA News Wave, The Hamburg Ship Model Basin Newsletter 2003/2 **171**

Teale, John: **Fast Boats – A Guide to Speed under Sail and Power.** London: Tempel Press Ltd. 1961 **41, 43, 44, 45, 51**

The Naval Architect, July/August 1996 **170**

Thomsen, D.: **Ekranoplan: Transportmittel der Zukunft?**, Internationale Transport Zeitschrift 13/97, S. 4–5 **55**

Tuddenham, Read: **The uses of gas turbines in machine propulsion system applikations in conference handbook ship propulsion**, Lloyd's List events, Hamburg 2002 **413**

Völkel, Thomas: **CRP Azipod – Optimiertes Antriebssystem für große Schiffe.** In Schiff & Hafen 10 (2004), S. 164–167 **337, 410**

Volvo-Penta IPS **177**

von Müllenheim-Rechberg, Burkhard Freiher: **Schlachtschiff BISMARCK 1940/41** – Der Bericht eines öberlebenden. Berlin: Ullstein GmbH, 1980. **300**

Wagner R.: **Rückblick und Ausblick auf die Entwicklung des Contrapropellers.** J. STG, 30. Band, Berlin: Springer Verlag, 1929 **166, 168**

Wagner, W.: **Die ersten Strahlflugzeuge der Welt.** Bernard & Graefe Verlag, Koblenz, 1989. **347, 348**

Warwick, Captain Ronald W.: QE2, with a Foreword by H.R.H., the Prince Philip, Duke of Edinburgh. New York, London: W.W. Norton & Company, 1988 **40, 318, 391**

Werkspoor: **Werkspoor Diesel-Engines for Marine Purposes**, Amsterdam: Prospectus 13, Sept. 1927 **315**

Werner, R., Konteradmiral a.D.: **Das Buch von der Deutschen Flotte.** Bielfeld und Leipzig: Verlag von Belhagen & Klasing, 1893 **77**

Wheatley, Joseph; Howarth, Steven: **Historic Sail – The Glory of the Sailing Ship from the 13th to the 19th Century**, London: Greenhill Books , 2000« **68**

Wiebeck, E.; Winkler, H.: **Segler im Monsun**, Neuer Hochschulschriftenverlag Dr. Ingo Koch & Co. KG, Rostock 2000 **19, 120**

Wiebeck, E. u.a.: **Taschenlexikon Schiffbau-Schiffahrt,** VEB Bibliographisches Institut, Leipzig 1982 **26**

Wiebeck, E.: **Indiens Schifffahrt in fünf Jahrtausenden**, Ingo Koch Verlag, Rostock 2003 **90, 91**

Wieg, P.: **Chinesische Dschunken**, Transpress Verlag, Berlin 1990 **126**

Wieg, P.: **Chinesische See-Dschunken,** VEB Hinstorff Verlag, Rostock 1984 **20**

Wille, Walter: **Wenn allein ein Segel anderthalb Tonnen wiegt.** FAZ 3. August 2004, S.T& **127**

Witthöft, Hans-Jürgen: **Tradition und Fortschritt** – 125 Jahre Blohm + Voss. Hamburg: Koehlers Verlaggesellschaft mbH, 2002. **38, 58, 265, 290, 291 314, 315, 317, 323, 412, 414**

Woodman, Richard: **The History of the Ship** – The comprehensive story of seafaring from the earliest times to the present day, Conway Maritime Press, first published in 1997, reprinted 1999 **30, 49, 67, 72, 95, 96, 113, 130, 210, 267, 292, 378, 415**

Woodyard, Doug (Hrsg.) : **Pouders Marine Diesel Engines,** 7. Ausgabe. Oxford: Butterworth-Heinemann, 1999 Nachdruck von 1998 **322**

Yacht **39, 62, 100, 105, 121, 144**

Zemke, H.: **Das Schiff und seine wirtschaftliche Gestaltung**, Fachbuchverlag, Leipzig 1954 **27**

Zöllner, Julius: **Die Kräfte der Natur und ihre Nutzung.** 2. Band des sechsbändigen Werkes: **Das neue Buch der Erfindungen, Gewerbe und Industrien.** Leipzig/Berlin: Otto Spanner, 1865 **404**

Namen

Schiffe